山东土壤地球化学参数

代杰瑞　王增辉　曾宪东　庞绪贵　蔡　青　等著

海洋出版社

2021年·北京

内容提要

本书基于 2003—2015 年期间覆盖山东全省 15.79×10⁴ km² 的多目标区域地球化学调查数据资料，主要覆盖平原盆地、湖泊湿地、森林草地和丘陵山地等第四系发育地区。采用原始数据统计了山东省表层土壤和深层土壤地球化学平均值、标准离差和变异系数等参数，按照市级行政区划、地貌类型、土壤类型、土地利用类型、成土母质类型、大地构造单元等进行分类统计，同时提供了原始数据剔除异常值后分类统计单元的土壤地球化学平均值，方便不同科研人员使用。

本书包括数据来源与统计方法和数据统计表两部分，可为土壤学、生态学、生物学、环境学、地学和农学等学科领域，为国土、环保、农业、林业、卫生和水利等行业部门提供系统的大数据信息资料。

图书在版编目（CIP）数据

山东土壤地球化学参数/代杰瑞等著．—北京：
海洋出版社，2021.12
ISBN 978-7-5210-0840-1

Ⅰ.①山…　Ⅱ.①代…　Ⅲ.①土壤地球化学-参数-
山东　Ⅳ.①S153

中国版本图书馆 CIP 数据核字（2021）第 234496 号

审图号：鲁 SG（2021）011 号

SHANDONG TURANG DIQIU HUAXUE CANSHU

责任编辑：王　溪
责任印制：安　淼

海洋出版社　　出版发行

http://www.oceanpress.com.cn
北京市海淀区大慧寺路 8 号　邮编：100081
北京顶佳世纪印刷有限公司印刷　新华书店北京发行所经销
2021 年 12 月第 1 版　2021 年 12 月第 1 次印刷
开本：889mm×1194mm　1/16　印张：26.75
字数：616 千字　定价：200.00 元
发行部：010-62100090　邮购部：010-62100072　总编室：010-62100034

海洋版图书印、装错误可随时退换

《山东土壤地球化学参数》
作者名单

代杰瑞　王增辉　曾宪东　庞绪贵　蔡　青

任文凯　王永刚　任天龙　张明杰　熊玉祥

赵西强　王红晋　张秀文　喻　超　战金成

宫玉鑫　董　健　侯建华　刘华峰　陈　磊

前　言

　　山东省多目标区域地球化学调查从 2003 年开始实施，至 2015 年完成 15.79×10^4 km^2 陆域全覆盖，取得了一系列丰硕成果，开创了山东省地质工作的新领域和新格局。本书基于山东省多目标区域地球化学调查工作成果，将进一步为土壤学、生态学、生物学、环境学、地学和农学等学科领域，以及国土、环保、农业、林业、卫生和水利等行业部门提供系统的大数据信息资料，指导和深化各方面的应用实践与学术研究。

　　本书基于山东省在 2003—2015 年期间开展的多目标区域地球化学调查取得的数据资料，覆盖全省平原盆地、湖泊湿地、森林草地和丘陵山地等第四系发育地区。山东省多目标区域地球化学调查采用双层网格化土壤测量布局，分别采集表层土壤样品与深层土壤样品，总计采集样品 20 余万件，测试表层土壤与深层土壤组合样品近 5 万件，每件样品分析 54 项元素（指标），测试元素（指标）数据总量达到 270 余万个。多目标区域地球化学调查在采样布局、采样物质、采样代表性及样品加工与样品分析等各环节按照统一的标准实施，对野外工作与实验室样品分析实行全过程质量管理，确保各项数据的准确度与精密度，最终实现元素地球化学图在全省范围内的无缝拼接，元素地球化学数据在全国范围的对比研究，实现了大数据综合集成研究与分类统计应用。

　　本书依据山东全省双层网格化土壤地球化学调查数据，采用原始数据方法统计了表层土壤和深层土壤地球化学参数，包括元素（指标）算数平均值、几何平均值、算数标准差、几何标准差、变异系数、众值、中位值、最大值、最小值和累积频率分段值等。进一步按照行政区划、地貌类型、土壤类型、土地利用类型、成土母质类型和大地构造单元等分类系统进行地球化学参数统计，同时提供了原始数据剔除离群值后各分类系统的土壤地球化学平均值，方便不同的科研人员使用。分类系统的数据统计，行政区划单元统计地级市，土壤类型、地貌类型统计亚类，土地利用类型、成土母质类型根据分类需要统计，大地构造单元统计三级分类，全面系统地发布了山东省表层土壤和深层土壤系列地球化学参数。

　　面对日益突出的环境问题，20 世纪 60 年代，欧美和苏联等开始研究环境背景值问题，进行较大规模的土壤背景值调查，发布一系列土壤背景值数据。中国于 20 世纪七八十年代开始由国家规划，农业、环保等部门主导的土壤背景值调查，陆续发布土壤背景值数据。与地壳丰度研究方式不同，土壤背景值可以按照一定规则采集土壤样品进行测试和统计获得。但是，以往各部门在土壤调查工作方法、样品分析指标、标准及测试精度方面不一致，分析数据精度较低，缺乏可比性。地球化学背景值在地学领域定义为不受矿化作用影响区域内的元素含量，引入环境领域则定义为不受人类活动影响区域内的元素含量。由于土壤环境污染问题无处不在，即使是极地区域亦难避免，因此所取得的数据还不是理想意义上的土壤背景值。

　　多目标区域地球化学调查采用双层网格化土壤测量方法，成功完善了土壤背景值研究方法。其中深层土壤（150~200 cm）代表基本未受人类影响的属于自然本底的第一环境，统计取得深层土壤元素平均值，即第一环境土壤地球化学背景值，也可视为土壤地球化学基准值。表层土壤（0~20 cm）代表人类活动深度影响的第二环境，统计取得表层土壤元素平均值，即第二环境土壤地球化学背景值。双层土壤地球化学背景值系列参数具有重要的理论价值与应用价值。首先在全省范围内首次取得第一环境土壤背景值系列参数，为系统研究自然环境土壤元素丰度提供了极为重要的数据资料。其次以第一环境土壤地球化学背景值为基准含量，研究不同地理景观、气候环境条件以及人类作用影响下土壤第二环境元素地球化学富集与贫化特征，揭示表生环境条件下元素地球化学迁移规律。最后发现大量土壤环境质量问题，提出经济社会健康和可持续发展面临的重大生态环境问题，成为省级和地方土壤污染管控与治理修复的主要依据，推动生态环境调查、评价、监测、风险评估及修复等各项工作进入全面实施和依法治理阶段。

本书作为一项基础性研究成果，以其大数据科学优势，建立了双层土壤地球化学系列参数，为研究土壤地球化学背景与异常变化幅度提供基准，对于划分土壤环境质量等级，研究土壤环境容量、土壤污染程度以及评价土壤环境质量与生态风险，深入研究各项元素指标赋存形态及其交互作用与生物效应，有效防治土壤污染和保障生态安全，具有标志性意义。随着山东省高精度土地质量地球化学调查的持续开展，在土壤环境质量地球化学评价基础上，按照土地资源管理需求，依据相关标准划分土壤养分与土壤有益元素含量等级，综合大气、水体环境质量等级，形成完整的土地质量地球化学等级标准，该标准将会极大地促进土地数量管控、质量管理与生态管护工作。针对土地质量地球化学调查评价发现的关系经济社会发展的重要科学问题，进一步按照农田、河流、湖泊、森林、矿山及城市生态系统在区域或局部层面上开展生态地球化学评价，促进自然资源实现科学开发、合理利用和整体保护，服务社会经济发展。

山东省多目标区域地球化学调查是在原国土资源部中国地质调查局和原山东省国土资源厅的主导下，由山东省地质调查院具体负责实施，山东省地质矿产勘查开发局和山东省煤田地质局等地质调查部门，湖北省地质实验测试中心和山东省地质科学实验研究院等测试部门参与，实际参加这项工作的各类人员达2 000人之多，集中凝聚了广大地球化学调查、研究与样品测试分析工作者的辛劳和智慧。在此对在项目实施过程中做出贡献的广大地质工作者表示衷心的感谢！

本书在编著过程中，参考了地球化学领域诸位专家学者的部分相关研究内容，在此谨表谢意。

由于作者的能力和水平有限，书中难免有不足和疏漏之处，敬请读者批评指正。

作　者
2021 年 5 月

目　录

1 数据来源与统计方法

山东省多目标区域地球化学调查始于 2003 年，原国土资源部中国地质调查局与山东省人民政府合作开展了"山东省黄河下游流域生态地球化学调查"，面积达 $5.40×10^4\ km^2$。2006 年，财政部设立"全国土壤现状调查及污染防治"专项，山东省开展了"乐陵—河口地区多目标区域地球化学调查"，面积为 $0.82×10^4\ km^2$。同年，山东省人民政府加大对多目标区域地球化学调查的支持力度，调查工作向山地丘陵区推进，开展了"山东省东部地区农业生态地球化学调查"，面积为 $5.37×10^4\ km^2$。2011 年，开展了"山东省中南部地区农业生态地球化学调查"，面积为 $4.20×10^4\ km^2$。至 2015 年累计完成 $15.79×10^4\ km^2$，覆盖全省陆域，见图 1.1.1。

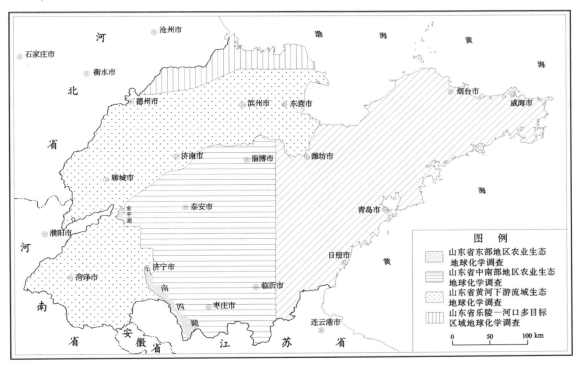

图 1.1.1 山东省多目标区域地球化学调查工作程度

这项工作由山东省地质调查院组织协调国土、冶金和煤田等 20 余家单位 2 000 余人次开展实施，调查工作方法技术依据《多目标区域地球化学调查规范（1∶250 000）》，主要采用土壤地球化学测量方法（在近海与湖泊分别采用海底沉积物测量和湖底沉积物测量）实施采样调查。委托湖北省地质实验测试中心（原国土资源部武汉矿产资源监督检测中心）运用大型精密测试仪器，测试分析土壤及近岸海域（湖泊）沉积物样品中 54 项元素（指标），获得海量高精度分析数据。

依据山东省多目标区域地球化学调查土壤及近岸海域（湖泊）沉积物样品分析数据进行土壤地球化学参数统计与研究是一项基础性工作。本次山东土壤地球化学参数统计的数据，覆盖全省陆域 15.79×

1

10^4 km^2，总数据量达 270 余万个，为土壤学、生态学、生物学、环境学、地学、农学等学科领域以及国土、农业、环保、林业、卫生和水利等部门研究与应用提供宝贵的基础数据和资料。

1.1 样品采集与测试质量控制

1.1.1 样品采集与加工

按照《多目标区域地球化学调查规范（1∶250 000）》，土壤地球化学测量采用双层网格化方式进行采样布局，依据规范化的采样密度、采样深度与采样方法分别采集表层土壤与深层土壤样品。深层土壤代表第一环境，即未受到人类活动影响的自然土壤环境；表层土壤代表第二环境，即受到人类活动影响的土壤环境。

1.1.1.1 采样密度

表层土壤样品采样密度：全省陆域平均采样密度为 1 个点/km^2，湖区采样密度放稀至 1 个点/4 km^2。深层土壤样品采样密度：全省陆域平均采样密度为 1 个点/4 km^2，湖区放稀至 1 个点/16 km^2。

近海滩涂采样范围限于退潮线以下 10 m 以浅区域，表层海底沉积物样品采样密度为 1 个点/4 km^2，深层海底沉积物样品采样密度为 1 个点/16 km^2。向海面延伸方向一般不少于 3~5 个采样网格。

1.1.1.2 采样深度

表层土壤样品采样深度为 0~20 cm。深层土壤样品采样深度：厚覆盖区、湖泊和海域为 150~200 cm，山地丘陵土层较薄地区为 120 cm 或 100 cm 以下 30 cm 的土柱。当调查区土层较薄难以达到样品采集深度要求时，采样深度依据土壤平均厚度确定，且在一定地理景观区内采样深度保持一致。

1.1.1.3 采样方法

表层土壤样品采集以代表性为主要原则，采样点布设兼顾均匀性与合理性，以便最大限度地控制调查面积。地势平缓地区采样点布设在网格的中间部位，丘陵山地布设在土壤易于汇集的沟谷坡地等部位。具体采样位置，农用地采样点位布置在耕地、林地或草地等地块，城镇区布置在公园和绿化带等部位，均应远离现代建筑和公路等人为扰动地段，当土地利用方式多样时应布置在分布面积较大的农用地地块内，避开建设用地。

为保证采样物质的代表性，采集样品时在采样点周围 100 m 范围内由 3~5 处多点采集等量组合。采样时在 0~20 cm 土壤剖面上下均匀采集，去除植物根叶、碎石等杂物。近海、湖泊等水域采集底积物。采样过程严格防止人为污染。

深层土壤采样点布设，地势平缓地区采样点布设在网格的中间部位，丘陵山地等布设在土壤覆盖较厚的沟谷地带。采样时用取样器连续采集 150~200 cm 土壤柱，避开人工堆积土或垃圾物等，以保证深层土壤样品的原生性。丘陵山地避免采集基岩风化层，以保证样品的代表性。湖泊和海底沉积物样品使用水下取样器采集完整沉积柱，截取 150~200 cm 沉积物样品。

野外采样工作依据 1∶50 000 地形图预先布设的采样点位图进行采样，采用 GPS 导航仪定位与定点，记录内容包括坐标、编号及样品组分、颜色、地貌等。野外采样时如需变动采样点位，应记录原因，重新标定实际采样点位。

1.1.1.4　样品加工

野外采集的表层与深层土壤样品确保原始质量大于 1 000 g。样品在野外进行自然阴干，干燥后样品过 20 目（<0.84 mm）尼龙筛。样品经充分混匀后，其中 500 g 样品装瓶长期保留。另一部分样品，表层土壤样品按 4 km² 大格组合，组成表层土壤分析样品；深层土壤样品按 16 km² 大格组合，组成深层土壤分析样品。组合时大格内各单样等量均匀组合，样品质量大于等于 200 g，送样品分析测试单位进行测试。

野外样品采集、运输、加工、组合和包装过程均严格采取防污染措施。

野外工作全过程实行野外作业组、项目承担部门及项目主管单位三级质量检查和验收制度。一般野外工作达到优秀后，才可送样品分析测试单位进行样品测试。

1.1.2　分析测试与质量控制

1.1.2.1　测试指标

按照《多目标区域地球化学调查规范（1∶250 000）》分析指标要求，土壤、湖泊沉积物和近岸海域沉积物样品分析指标共 54 项，包括 Ag，As，Au，B，Ba，Be，Bi，Br，Cd，Ce，Cl，Co，Cr，Cu，F，Ga，Ge，Hg，I，La，Li，Mn，Mo，N，Nb，Ni，P，Pb，Rb，S，Sb，Sc，Se，Sn，Sr，Th，Ti，Tl，U，V，W，Y，Zn，Zr，SiO_2，Al_2O_3，TFe_2O_3，MgO，CaO，Na_2O，K_2O，TC（全碳），SOC（有机碳）和 pH。

1.1.2.2　分析方法

样品分析需采用以 X 射线荧光光谱法（XRF）、电感耦合等离子体质谱法（ICP-MS）、电感耦合等离子体发射光谱法（ICP-OES）为主体，辅以原子发射光谱法（AES）、原子荧光光谱法（AFS）等多种分析方法的配套方案，各种分析方法的检出限、准确度、精密度等质量参数均需达到或优于《多目标区域地球化学调查规范（1∶250 000）》要求。

《多目标区域地球化学调查规范（1∶250 000）》中各项指标分析方法的检出限见表 1.1.1，要求各项指标的检出限达到或低于克拉克值，总报出率大于等于 99%，分析方法的准确度与精密度达到表 1.1.2 所规定的各项指标。严格分析方法质量控制，尽量避免或减少分析数据的系统误差或偶然误差，保证了全省 16 地市 136 个县（区）地球化学图的无缝拼接。

1.1.2.3　分析质量控制

样品分析质量控制采用实验室内部和外部相结合的控制方法，对样品分析准确度、精密度及报出率等质量指标进行全程监控。其中，准确度主要控制样品测定值与真值的符合程度；精密度控制样品多次测定相互间的符合程度，以监控不同实验室、不同方法、不同批次、不同地区或不同时间段可能存在的系统偏倚。

实验室内部质量控制由实验室负责制订日常监控措施，包括利用国家一级标准物质进行准确度与精密度控制，以及样品重复性检验、异常值抽查检验、分析过程控制等，对分析数据质量进行控制。

表 1.1.1 各项指标分析方法检出限

序号	元素（指标）		分析方法	方法检出限	序号	元素（指标）		分析方法	方法检出限
1	Ag	银	ES	0.02 mg/kg	28	Pb	铅	ICP-MS	2 mg/kg
2	As	砷	AFS	1 mg/kg	29	Rb	铷	XRF	10 mg/kg
3	Au	金	ICP-MS	0.000 3 mg/kg	30	S	硫	VOL	50 mg/kg
4	B	硼	ES	1 mg/kg	31	Sb	锑	AFS	0.05 mg/kg
5	Ba	钡	ICP-OES	10 mg/kg	32	Sc	钪	ICP-MS	1 mg/kg
6	Be	铍	ICP-MS	0.5 mg/kg	33	Se	硒	AFS	0.01 mg/kg
7	Bi	铋	AFS	0.05 mg/kg	34	Sn	锡	ES	1 mg/kg
8	Br	溴	XRF	1.5 mg/kg	35	Sr	锶	ICP-OES	5 mg/kg
9	Cd	镉	ICP-MS	0.03 mg/kg	36	Th	钍	ICP-MS	2 mg/kg
10	Ce	铈	ICP-MS	1 mg/kg	37	Ti	钛	XRF	10 mg/kg
11	Cl	氯	XRF	20 mg/kg	38	Tl	铊	ICP-MS	0.1 mg/kg
12	Co	钴	ICP-MS	1 mg/kg	39	U	铀	ICP-MS	0.1 mg/kg
13	Cr	铬	XRF	5 mg/kg	40	V	钒	ICP-OES	5 mg/kg
14	Cu	铜	ICP-OES	1 mg/kg	41	W	钨	POL	0.4 mg/kg
15	F	氟	ISE	100 mg/kg	42	Y	钇	XRF	1 mg/kg
16	Ga	镓	ICP-MS	2 mg/kg	43	Zn	锌	ICP-OES	4 mg/kg
17	Ge	锗	ICP-MS	0.1 mg/kg	44	Zr	锆	XRF	2 mg/kg
18	Hg	汞	AFS	0.000 5 mg/kg	45	SiO_2	二氧化硅	XRF	0.10%
19	I	碘	COL	0.5 mg/kg	46	Al_2O_3	三氧化二铝	XRF	0.05%
20	La	镧	ICP-MS	5 mg/kg	47	TFe_2O_3	三氧化二铁	XRF	0.05%
21	Li	锂	ICP-OES	1 mg/kg	48	MgO	氧化镁	ICP-OES	0.05%
22	Mn	锰	ICP-OES	10 mg/kg	49	CaO	氧化钙	ICP-OES	0.05%
23	Mo	钼	POL	0.3 mg/kg	50	Na_2O	氧化钠	ICP-OES	0.10%
24	N	氮	VOL	20 mg/kg	51	K_2O	氧化钾	XRF	0.05%
25	Nb	铌	XRF	2 mg/kg	52	TC	总碳	HFI	0.10%
26	Ni	镍	ICP-OES	2 mg/kg	53	SOC	有机碳	VOL	0.10%
27	P	磷	XRF	10 mg/kg	54	pH	pH 值	ISE	0.1（无量纲）

注：分析方法 ICP-MS 等离子体质谱法；XRF X 射线荧光光谱法；ICP-OES 等离子体发射光谱法；ISE 离子选择性电极法；AFS 原子荧光光谱法；ES 发射光谱法；POL 比色分析法；VOL 容量分析法；COL 催化比色法；HFI 高频燃烧-红外线吸收法。

表 1.1.2　分析方法的准确度、精密度

检出限	准确度	精密度
	$\overline{\Delta \lg C}\,(\mathrm{GBW}) = \mid \lg \overline{C_i} - \lg C_s \mid$	$\mathrm{RSD\%}\,(\mathrm{GBW}) = \dfrac{\sqrt{\dfrac{\sum\limits_{i=1}^{n}(C_i - C_s)^2}{n-1}}}{C_s} \times 100\%$
检出限 3 倍以内	≤0.1	17%
检出限 3 倍以上	≤0.05	10%
>1%	≤0.04	8%

注：$\overline{C_i}$ 为每个 GBW 标准物质 12 次实测值的平均值；C_s 为 GBW 标准物质的标准值；n 为每个 GBW 标准物质的测量次数；C_i 为每个 GBW 标准物质的单次实测值。

实验室外部质量控制由全国区域性地球化学样品测试质量检查验收专家组进行控制，采用在批量分析的样品中插入密码标准控制样方法进行。密码标准控制样由全国分析质量监控站负责制备，利用若干不同的国家土壤一级标准物质按照不同比例配制成数千个不同的标准控制样，其元素含量标准值由样品配制比例计算取得试用值，经高精度测试方法检验后定值。全国质量检查验收专家组负责将密码标准控制样编入各批次分析样品中，与样品同时分析，统计标准控制样单元素合格率、测量值与试用值相关系数，并进行双样本方差分析等 8 个准确度、精密度参数统计，绘制测量值与试用值虚拟相似度图，对全部样品的分析质量进行考核。

1.1.2.4　分析质量评估与验收

实验室对所报出的分析数据进行质量评估，包括分析方案与分析方法、各项分析质量指标及内部质量管理机制等方面，提交分析质量评估报告。

全国多目标区域性地球化学调查样品测试质量检查验收专家组对实验室提交的分析质量评估报告进行全面和综合评估，对全部分析数据进行质量验收。经验收的所有分析数据达到如下要求：

（1）准确度控制国家一级标准物质合格率 100%；

（2）精密度控制国家一级标准物质或监控合格率 100%；

（3）各元素报出率>95% 与总报出率≥99%；

（4）样品重复性检验合格率 90%；

（5）异常值抽样检查合格率 85%；

（6）标准控制样合格率 90%；

（7）标准控制样标准值与测量值的相关系数≥0.90；

（8）标准控制样标准值与测量值方差检验的 $F_{测量值} \leq F_{临界值}$；

（9）虚拟相似度图判别合格；

（10）元素地球化学图与实际地质特征一致。

全国样品分析质量监控部门对所提交的分析数据质量进行评定，确认达到优秀级水平，并报送相关部门进入数据整理、图件绘制和报告编写等工作阶段。

1.1.3 数据量

本次山东土壤地球化学参数统计的多目标区域地球化学调查表层土壤、深层土壤与近岸海域（湖泊）沉积物数据，起止时间为2003—2015年，覆盖面积达15.79×10⁴ km²，全部原始数据经全国多目标区域地球化学调查样品测试质量检查验收专家组验收合格并达到优秀级质量水平，总数据量为2 694 870个。其中，表层土壤（含湖泊表层沉积物）39 794件，数据量为2 148 876个；深层土壤（含湖泊深层沉积物）10 111件，数据量为545 994个。山东省土壤样品工作实施时序分布情况详见表1.1.3。

表1.1.3 山东省多目标区域地球化学调查采样密度及工作量

地区		黄河下游地区	乐陵–河口地区	鲁东地区	鲁中南地区		合计
					陆地	湖区	
表层样	采样密度	1 件/km²	1 件/km²	1 件/km²	1 件/km²	1 件/4 km²	—
	单点样/件	57 075	7 791	57 022	43 481	228	165 597
	组合样/件	13 722	1 911	13 669	10 264	228	39 794
深层样	采样密度	1 件/4 km²	1 件/4 km²	1 件/4 km²	1 件/4 km²	1 件/16 km²	—
	单点样/件	14 360	2 054	14 455	10 935	28	41 832
	组合样/件	3 518	487	3 505	2 573	28	10 111

1.2 数据处理与统计分析

在对调查获取的表层土壤与深层土壤数据计量单位、属性、坐标等全面核对基础上，进行统计单元划分、异常值剔除与参数统计等各项工作。

1.2.1 统计单元划分

为便于不同学科专业和管理部门使用数据，按照全省陆域、市级行政区、地貌类型、土壤类型、土地利用类型、成土母质类型和大地构造单元等划分统计单元，分别进行地球化学参数统计。

1.2.1.1 地市级行政区

按照山东省行政区划代码顺序，依次为济南市、青岛市、淄博市、枣庄市、东营市、烟台市、潍坊市、济宁市、泰安市、威海市、日照市、临沂市、德州市、聊城市、滨州市和菏泽市，合计16个统计单元（见附图1）。

1.2.1.2 地貌类型

按照《山东省环境地质图集》（1996年）地貌类型划分方案，将山东省地貌类型划分为8个Ⅰ级地貌类型和22个Ⅱ级地貌类型（见表1.2.1，附图2）。其中岛屿未开展调查，本次地貌类型单元土壤地球化学参数统计对7个Ⅰ级地貌类型单元进行参数统计。

表 1.2.1　地貌类型单元划分

Ⅰ级地貌单元	Ⅱ级地貌单元	Ⅰ级地貌单元	Ⅱ级地貌单元
中山Ⅰ	强切割中山Ⅰ$_1$	山间平原Ⅳ	剥蚀-溶蚀平原Ⅳ$_2$
	强切割-微剥蚀中山Ⅰ$_2$		冲积-洪积平原Ⅳ$_3$
	溶蚀-切割中山Ⅰ$_3$	山前倾斜平原Ⅴ	洪积-冲积平原Ⅴ
低山Ⅱ	中度切割低山Ⅱ$_1$	微倾斜低平原Ⅵ	黄河冲积平原Ⅵ$_1$
	中度剥蚀低山Ⅱ$_2$		冲积-湖积平原Ⅵ$_2$
	溶蚀-剥蚀低山Ⅱ$_3$		冲积-海积平原Ⅵ$_3$
丘陵Ⅲ	微弱切割丘陵Ⅲ$_1$		海积平原Ⅵ$_4$
	微切割-强剥蚀丘陵Ⅲ$_2$		剥蚀-海蚀平原Ⅵ$_5$
	剥蚀-溶蚀丘陵Ⅲ$_3$	三角洲平原Ⅶ	海积-冲积平原Ⅶ
	溶蚀-剥蚀丘陵Ⅲ$_4$	岛屿Ⅷ	构造海蚀岛Ⅷ$_1$
山间平原Ⅳ	剥蚀平原Ⅳ$_1$		堆积海蚀岛Ⅷ$_2$

1.2.1.3　土壤类型

根据山东省第二次土壤普查制定的土壤分类方案，全省土壤类型可分为 15 个土类、35 个亚类（见表 1.2.2，附图 3）。其中酸性棕壤、火山灰土、山地灌丛草甸土、碱化盐土、草甸碱土和潜育水稻土等土壤亚类统计单元样本数量少，未参与统计，对其余的 29 个土壤亚类进行了参数统计。

表 1.2.2　土壤类型分类

土纲	亚纲	土壤类型	土壤亚类	土纲	亚纲	土壤类型	土壤亚类
淋溶土	湿暖温淋溶土	棕壤	棕壤	初育土	石质初育土	粗骨土	酸性粗骨土
			白浆化棕壤				中性粗骨土
			酸性棕壤				钙质粗骨土
			潮棕壤	暗半水成土		砂姜黑土	砂姜黑土
			棕壤性土				石灰性砂姜黑土
半淋溶土	半湿暖温淋溶土	褐土	褐土	半水成土	山地草甸土		山地灌丛草甸土
			石灰性褐土		淡半水成土	潮土	潮土
			淋溶褐土				脱潮土
			潮褐土				湿潮土
			褐土性土				盐化潮土
初育土	土质初育土	红黏土	红黏土				碱化潮土
		新积土	冲积土	盐碱土	盐土	盐土	草甸盐土
		风沙土	草甸风沙土				碱化盐土
	石质初育土	火山灰土	火山灰土			滨海盐土	滨海盐土
		石质土	酸性石质土				滨海潮滩盐土
			中性石质土		碱土	碱土	草甸碱土
			钙质石质土	人为土	水稻土	水稻土	潜育水稻土
							淹育水稻土

1.2.1.4 土地利用类型

根据山东省第二次土地利用现状调查数据库，结合《土地利用现状分类》（GB/T21010—2017）标准，并根据土地利用类型的重要程度和样本数量，确定本次土地利用类型统计单元划分方案（见表1.2.3），共划分为12个土地利用类型统计单元。需要说明的是水域土地利用类型统计单元不是严格意义上的水域本身，而是土地利用现状调查划定的水库、河流和湖泊等周边区域；湖泊底泥土地利用类型统计单元主要指南四湖、东平湖水域范围内湖底沉积物。

表 1.2.3 土地利用类型统计单元划分方案

统计单元划分方案		土地利用类型	统计单元划分方案		土地利用类型
序号	方案名称	名称	序号	方案名称	名称
1	灌溉水田	灌溉水田	9	其他用地	设施农用地
2	水浇地	水浇地			农村道路
3	旱地	旱地			坑塘水面
4	园地	果园			农田水利用地
		茶园			盐碱地
		其他园地			沙地
5	林地	有林地			裸土地
		灌木林地	10	交通用地	铁路用地
		其他林地			公路用地
6	草地	天然草地			民用机场
		人工草地			港口码头用地
		其他草地	11	建设用地	城市
7	水域	水库水面			建制镇
		水工建筑用地			农村居民点
		河流水面			独立工矿用地
		湖泊水面			特殊用地
8	滩涂	沿海滩涂	12	湖泊底泥	
		内陆滩涂			

1.2.1.5 成土母质类型

采用山东省地质1：500 000数字地质图作为底图，根据《火成岩岩石的分类和命名方案》（GB/T17412.1—1998）、《沉积岩岩石的分类和命名方案》（GB/T17412.2—1998）、《变质岩岩石的分类和命名方案》（GB/T17412.3—1998），依据岩石单位的主要岩性进行归并，第四系按沉积物成因类型进行合并。将成土母质类型统计单元划分为4个大类，30个亚类（见表1.2.4）。其中除表层土壤的超基性侵入岩类、洪积物和深层土壤的超基性侵入岩类、洪积物、酸性火山岩类、板岩类、石英岩类、角闪岩类、麻粒岩类等统计单元样品量少未参与统计外，对其余的成土母质单元进行了参数统计。

表 1.2.4　成土母质类型统计单元划分

大类	亚类
岩浆岩类	超基性侵入岩类、基性侵入岩类、中性火山岩类、中性侵入岩类、酸性火山岩类、酸性侵入岩类、碱性火山岩类、碱性侵入岩类
沉积岩类	火山碎屑岩类、陆源碎屑岩类、泥页岩类、碳酸盐岩类、碳酸盐岩–泥页岩类、硅质岩类
变质岩类	板岩类、片岩类、变粒岩类、变粒岩–片岩类、石英岩类、角闪岩类、麻粒岩类、大理岩类、片岩–大理岩类
第四系	残坡积物、洪积物、冲积物、风成沉积物、海洋沉积物、湖泊沉积物、沼泽沉积物

1.2.1.6　大地构造单元

参照原山东省国土资源厅《山东省地层侵入岩构造单元划分方案》中的大地构造单元划分方案，分为 2 个Ⅰ级、5 个Ⅱ级和 11 个Ⅲ级大地构造单元（见表 1.2.5，附图 4），本次按Ⅲ级大地构造单元进行土壤地球化学参数统计。

表 1.2.5　大地构造单元划分

Ⅰ级构造单元	Ⅱ级构造单元	Ⅲ级构造单元	
华北板块	华北坳陷区Ⅰ	济阳坳陷Ⅰa	
		临清坳陷Ⅰb	
	鲁西隆起区Ⅱ	鲁中隆起Ⅱa	
		鲁西南潜隆起Ⅱb	
		沂沭断裂带Ⅱc	
	胶辽隆起区Ⅲ	胶北隆起Ⅲa	
		胶莱盆地	西部Ⅲb
			东部Ⅳa
秦岭–大别–苏鲁造山带	胶南–威海隆起区Ⅳ	威海隆起Ⅳb	
		胶南隆起Ⅳc	
	苏北隆起区Ⅴ	海州隆起Ⅴa	

1.2.2　统计参数及计算方法

统计参数类型有算术平均值（X_a）、算术标准差（S_a）、几何平均值（X_g）、几何标准差（S_g）、变异系数（CV）、众值（X_{mo}）、中位值（X_{me}）、中位绝对离差（MAD）、最小值（X_{min}）、累积频率值（$X_{0.5\%}$，$X_{2.5\%}$，$X_{25\%}$，$X_{75\%}$，$X_{97.5\%}$，$X_{99.5\%}$）、最大值（X_{max}）、偏度系数（SK）、峰度系数（BK）等，各参数计算方法如下：

算术平均值 X_a

$$X_a = \frac{1}{n} \sum_{i=1}^{n} X_i$$

算术标准差 S_a

$$S_a = \sqrt{\frac{\sum_{i=1}^{n} (X_i - X_a)^2}{n}}$$

几何平均值 X_g

$$X_g = \sqrt[n]{\prod_{i=1}^{n} X_i} = \exp\left(\frac{1}{n}\sum_{i=1}^{n} \ln X_i\right)$$

几何标准差 S_g

$$S_g = \exp\left(\sqrt{\frac{\sum_{i=1}^{n}(\ln X_i - \ln X_g)^2}{n}}\right)$$

变异系数 CV

$$CV = \frac{S_a}{X_a} \times 100\%$$

众值 X_{mo}：一组数据中出现频次最多的数值。

中位值 X_{me}：将一组数据按大小排序后，位置在最中间的数值。当样本数为奇数时，中位数为第 $(N+1)/2$ 位数的值；当样本数为偶数时，中位数为第 $N/2$ 位与 $(N+1)/2$ 位数的均值。

中位绝对离差（MAD）：为观测值与中位值差值的绝对值再取其中位值，计算公式为

$$MAD = \mathrm{median}\big[\ |\ X_i - \mathrm{median}(X_i)\ |\ \big]$$

最小值 X_{min}：一组数据中数值最小的值为最小值。

最大值 X_{max}：一组数据中数值最大的值为最大值。

累积频率值：一组数据中累积频率分别为 0.5%，2.5%，25%，75%，97.5% 和 99.5% 所对应的数值，分别用 $X_{0.5\%}$，$X_{2.5\%}$，$X_{25\%}$，$X_{75\%}$，$X_{97.5\%}$ 和 $X_{99.5\%}$ 表示。

偏度系数 SK：偏度是对分布偏斜方向和程度的一种度量，总体分布的偏斜程度可用总体参数偏度系数来衡量，计算公式为：

$$SK = \frac{1}{n\,S_a^3}\sum_{i=1}^{n}(X_i - X_a)^3$$

当 SK 等于 0 时，表示一组数据分布完全对称。当 SK 为正时，表示一组数据分布为正偏态或右偏态；反之，当 SK 为负时，表示一组数据分布为负偏态或左偏态。不论正、负哪种偏态，偏态系数的绝对值越大表示偏斜的程度越大，反之偏斜程度越小。

峰度系数 BK：如果某分布与标准正态分布比较其形状更瘦更高，则称为尖峰分布；反之，比正态分布更矮更胖，则称为平峰分布，又称厚尾分布。峰度可以描述分布形态的陡缓程度。峰度的高低用总体参数峰度系数来衡量，计算公式为

$$BK = \frac{1}{n\,S_a^4}\sum_{i=1}^{n}(X_i - X_a)^4 - 3$$

由于标准正态分布的峰度系数为 0，因此，当某一分布的峰度系数 BK 大于 0 时，称其为尖峰分布；当某一分布的峰度系数 BK 小于 0 时，称其为平峰分布。

本书提供了表层土壤原始数据的统计表 A 和深层土壤原始数据的统计表 B。为了方便不同的科研人员引用，统计表中还分别给出了表层土壤原始数据在剔除离群值后的背景值和深层土壤原始数据在剔除离群值后的基准值（X_a'），以及剔除离群数据后的剩余样本数量（n'）。离群值是按照平均值加减 2 倍标准离差进行反复剔除，直至无离群值为止。

2 山东土壤地球化学参数

表2.0.1A 山东省表层土壤（0~20 cm）地球化学参数（n=39 794）

指标	单位	算术平均值 X_a	算术标准差 S_a	几何平均值 X_g	几何标准差 S_g	变异系数 CV	众值 X_mo	中位值 X_me	中位绝对离差 MAD	最小值 X_min	累积频率 X_0.5%	X_2.5%	X_25%	X_75%	X_97.5%	X_99.5%	最大值 X_max	偏度系数 SK	峰度系数 BK	背景值 n'	X_a'
Ag	mg/kg	0.073	0.046	0.068	1.368	0.64	0.065	0.067	0.011	0.008	0.031	0.039	0.057	0.080	0.132	0.244	3.704	31.8	1 832.1	38 222	0.068
As	mg/kg	8.8	3.7	8.1	1.5	0.43	9.6	8.7	2.3	0.1	2.5	3.2	6.2	10.8	16.4	21.2	162.3	4.5	116.5	39 154	8.6
Au	µg/kg	1.9	4.8	1.6	1.6	2.49	1.3	1.5	0.3	0.3	0.6	0.8	1.2	1.9	4.3	15.9	438.0	44.8	3 012.2	37 629	1.5
B	mg/kg	43.2	16.6	39.5	1.6	0.39	56.0	45.2	10.6	1.4	8.1	12.5	31.5	53.9	73.3	97.5	380.0	0.6	6.8	39 452	42.7
Ba	mg/kg	649	386	605	1	0.60	468	535	70	127	369	421	482	693	1 450	2 063	38 800	30.9	2 568.1	33 893	550
Be	mg/kg	1.97	0.38	1.94	1.19	0.19	1.88	1.92	0.18	0.44	1.19	1.40	1.76	2.13	2.79	3.47	16.43	4.1	84.8	38 736	1.94
Bi	mg/kg	0.28	0.18	0.26	1.43	0.64	0.25	0.26	0.05	0.02	0.09	0.13	0.21	0.32	0.52	0.85	19.00	38.1	3 213.4	38 656	0.27
Br	mg/kg	5.8	8.7	4.3	1.9	1.49	3.1	4.0	1.1	0.4	1.3	1.8	3.0	5.4	26.1	69.0	155.8	6.9	59.1	35 984	4.0
TC	%	1.33	0.70	1.17	1.66	0.53	0.77	1.23	0.47	0.11	0.32	0.46	0.79	1.75	2.72	4.03	13.50	2.7	23.3	39 101	1.28
Cd	mg/kg	0.143	0.414	0.130	1.444	2.90	0.140	0.130	0.029	0.010	0.049	0.066	0.104	0.160	0.270	0.435	79.750	180.1	34 538.6	38 460	0.132
Ce	mg/kg	69.4	19.6	67.3	1.3	0.28	65.6	67.0	6.7	7.4	30.1	41.6	60.7	74.1	114.7	169.7	735.6	5.1	83.7	37 663	66.8
Cl	mg/kg	651	2 606	151	3	4.00	70	104	38	28	43	50	74	192	6 896	20 646	39 772	6.9	54.7	31 259	100
Co	mg/kg	12.2	3.7	11.7	1.4	0.30	11.1	11.7	1.9	0.6	4.1	6.3	10.0	13.9	20.8	26.8	50.1	1.5	6.5	38 836	11.9
Cr	mg/kg	64.6	24.5	61.4	1.4	0.38	64.9	63.7	8.4	3.7	19.3	29.9	54.7	71.5	111.0	176.8	1 118.3	9.1	249.5	38 393	62.0
Cu	mg/kg	24.3	12.0	22.5	1.5	0.49	21.0	22.4	4.3	1.1	7.3	10.7	18.5	27.3	49.2	76.8	696.1	11.6	426.4	37 987	22.6
F	mg/kg	535	149	516	1	0.28	530	528	77	96	229	298	446	600	874	1 148	4 006	2.1	20.3	38 751	521
Ga	mg/kg	15.8	2.5	15.6	1.2	0.16	14.6	15.6	1.7	4.4	10.1	11.4	14.0	17.5	21.1	22.8	30.6	0.3	0.2	39 592	15.6
Ge	mg/kg	1.31	0.17	1.30	1.13	0.13	1.30	1.30	0.10	0.45	0.92	1.01	1.20	1.40	1.68	1.87	3.92	0.7	3.7	39 194	1.30
Hg	mg/kg	0.042	0.154	0.032	1.759	3.64	0.024	0.031	0.009	0.002	0.009	0.013	0.023	0.042	0.119	0.336	22.415	89.7	11 658.1	36 817	0.031
I	mg/kg	2.14	1.81	1.93	1.50	0.85	1.61	1.91	0.44	0.02	0.67	0.90	1.52	2.43	4.37	8.36	123.00	31.3	1 668.9	38 343	1.96
La	mg/kg	35.9	10.8	34.8	1.3	0.30	34.0	34.3	3.0	3.2	16.1	22.0	31.6	37.8	61.3	91.8	502.2	6.2	127.1	37 057	34.2
Li	mg/kg	30.7	9.3	29.3	1.4	0.30	32.0	30.7	5.7	1.6	10.4	14.5	24.5	36.0	51.0	60.4	123.0	0.7	2.3	39 347	30.3
Mn	mg/kg	591	158	572	1	0.27	530	568	76	50	249	348	500	656	961	1 241	3 109	2.0	12.8	38 563	576
Mo	mg/kg	0.63	0.37	0.59	1.37	0.60	0.53	0.57	0.10	0.16	0.28	0.34	0.49	0.69	1.19	2.01	33.91	30.9	2 047.9	37 948	0.58
N	%	0.091	0.034	0.086	1.416	0.37	0.092	0.089	0.016	0.013	0.024	0.036	0.073	0.105	0.156	0.228	1.011	4.5	63.0	39 012	0.089
Nb	mg/kg	13.8	2.7	13.6	1.2	0.20	13.5	13.6	1.0	2.7	7.8	9.7	12.7	14.6	20.0	28.2	74.8	3.7	35.8	37 838	13.5
Ni	mg/kg	28.3	12.2	26.6	1.4	0.43	28.0	27.3	4.7	1.7	8.2	12.4	22.8	32.2	48.8	84.2	568.8	9.3	236.6	38 783	27.1

指标	单位	算术平均值 X_a	算术标准差 S_a	几何平均值 X_g	几何标准差 S_g	变异系数 CV	众值 X_{mo}	中位值 X_{me}	中位绝对离差 MAD	最小值 X_{min}	累积频率 $X_{0.5\%}$	$X_{2.5\%}$	$X_{25\%}$	$X_{75\%}$	$X_{97.5\%}$	$X_{99.5\%}$	最大值 X_{max}	偏度系数 SK	峰度系数 BK	背景值 n'	X_a
P	mg/kg	836	290	788	1	0.35	690	813	191	95	258	376	630	1 014	1 410	1 803	7 591	1.8	19.8	39 363	824
Pb	mg/kg	25.2	14.0	24.1	1.3	0.55	22.2	23.4	3.1	8.7	13.6	16.1	20.6	27.0	43.6	76.6	934.9	28.9	1 438.4	37 928	23.6
Rb	mg/kg	96.7	17.2	95.3	1.2	0.18	91.0	93.7	7.7	20.0	56.1	69.2	87.0	103.1	140.5	168.7	259.7	1.6	6.4	38 069	94.7
S	mg/kg	330	1 014	229	2	3.07	196	206	46	11	91	114	167	266	1 133	4 970	65 343	25.5	1 008.3	35 717	211
Sb	mg/kg	0.77	0.43	0.72	1.45	0.56	0.55	0.74	0.19	0.01	0.28	0.35	0.55	0.94	1.36	1.72	45.37	42.4	3 632.2	39 287	0.75
Sc	mg/kg	10.2	2.7	9.9	1.3	0.26	10.4	10.2	1.5	0.6	3.2	5.2	8.7	11.6	16.2	18.9	30.4	0.4	1.6	39 220	10.2
Se	mg/kg	0.19	0.10	0.18	1.37	0.53	0.17	0.17	0.03	0.02	0.07	0.10	0.15	0.20	0.35	0.62	10.10	34.1	2 903.3	38 082	0.18
Sn	mg/kg	2.9	1.0	2.8	1.3	0.34	2.8	2.8	0.5	0.2	1.3	1.6	2.4	3.3	5.0	7.1	54.6	7.1	227.7	38 749	2.8
Sr	mg/kg	223	92	210	1	0.41	196	203	26	27	86	111	182	236	467	667	2 978	3.7	37.4	36 884	203
Th	mg/kg	11.4	4.5	10.8	1.4	0.40	10.6	10.8	1.5	0.4	4.4	6.1	9.3	12.4	23.2	37.8	96.9	4.3	32.5	37 721	10.7
Ti	mg/kg	3 720	635	3 664	1	0.17	3 808	3 728	264	251	1 784	2 484	3 439	3 966	4 975	6 315	11 661	1.2	11.8	38 444	3 704
Tl	mg/kg	0.60	0.12	0.59	1.20	0.20	0.55	0.59	0.06	0.13	0.35	0.42	0.53	0.65	0.89	1.13	4.69	2.7	40.7	38 614	0.59
U	mg/kg	2.21	0.59	2.15	1.29	0.26	2.26	2.20	0.29	0.35	0.89	1.24	1.89	2.47	3.40	4.94	15.49	2.7	29.0	38 702	2.16
V	mg/kg	76.3	17.5	74.2	1.3	0.23	74.0	76.0	9.2	6.3	27.9	42.4	66.8	85.2	113.4	139.3	250.3	0.6	3.5	38 961	75.6
W	mg/kg	1.53	0.57	1.46	1.36	0.37	1.59	1.56	0.23	0.08	0.49	0.69	1.26	1.75	2.29	3.45	36.98	14.8	628.1	39 282	1.50
Y	mg/kg	22.7	3.6	22.4	1.2	0.16	22.8	23.1	1.7	1.2	10.6	14.8	21.0	24.6	29.5	34.1	85.2	0.3	10.2	38 654	22.8
Zn	mg/kg	64.7	20.0	62.3	1.3	0.31	62.2	63.3	9.1	3.4	25.0	35.0	54.4	72.7	102.3	141.2	994.6	7.3	214.5	38 986	63.3
Zr	mg/kg	260	65	253	1	0.25	249	252	33	42	121	157	221	288	401	506	1 526	2.9	29.9	38 807	255
Al$_2$O$_3$	%	12.96	1.38	12.88	1.11	0.11	12.86	12.86	1.00	4.18	9.30	10.59	11.94	13.94	15.66	16.58	20.77	0.1	0.4	39 572	12.96
CaO	%	3.42	2.24	2.70	2.05	0.66	1.30	2.58	1.53	0.18	0.57	0.77	1.45	5.36	7.74	9.61	26.41	0.9	2.2	39 610	3.36
MgO	%	1.62	0.63	1.49	1.55	0.39	1.90	1.65	0.42	0.01	0.37	0.56	1.14	1.98	2.84	3.64	8.27	0.7	3.3	39 501	1.59
K$_2$O	%	2.52	0.41	2.49	1.17	0.16	2.25	2.40	0.17	0.65	1.62	1.94	2.26	2.68	3.56	4.02	6.20	1.3	3.1	38 372	2.47
Na$_2$O	%	2.05	0.60	1.96	1.36	0.30	1.88	1.94	0.33	0.13	0.69	0.95	1.68	2.41	3.39	3.86	5.77	0.6	0.5	39 548	2.04
SiO$_2$	%	63.17	5.27	62.95	1.09	0.08	62.32	63.06	3.19	25.76	46.83	52.09	60.14	66.56	73.03	77.15	89.12	-0.3	1.7	39 268	63.29
TFe$_2$O$_3$	%	4.35	1.04	4.22	1.29	0.24	4.03	4.25	0.57	0.29	1.75	2.49	3.73	4.90	6.67	7.76	12.41	0.6	2.2	39 209	4.31
SOC	%	0.84	0.39	0.77	1.51	0.47	0.77	0.78	0.16	0.01	0.15	0.31	0.64	0.96	1.65	2.69	11.43	5.2	69.4	38 522	0.79
pH	无量纲						8.10	7.80	0.51	3.80	4.81	5.08	6.51	8.15	8.61	8.81	9.56				

表 2.0.1B 山东省深层土壤（150~200 cm）地球化学参数（n=10 111）

指标	单位	算术平均值 X_a	算术标准差 S_a	几何平均值 X_g	几何标准差 S_g	变异系数 CV	众值 X_{mo}	中位值 X_{me}	中位绝对离差 MAD	最小值 X_{min}	累积频率 $X_{0.5\%}$	$X_{2.5\%}$	$X_{25\%}$	$X_{75\%}$	$X_{97.5\%}$	$X_{99.5\%}$	最大值 X_{max}	偏度系数 SK	峰度系数 BK	基准值 n'	基准值 X_a'
Ag	mg/kg	0.063	0.043	0.059	1.337	0.69	0.056	0.059	0.010	0.008	0.029	0.035	0.050	0.069	0.104	0.170	3.328	47.5	3 389.4	9 826	0.059
As	mg/kg	9.0	3.7	8.3	1.5	0.41	8.6	8.7	2.1	0.8	2.1	3.1	6.6	10.8	16.8	21.5	71.3	2.6	28.8	9 954	8.7
Au	μg/kg	1.7	3.6	1.5	1.4	2.06	1.4	1.5	0.3	0.3	0.7	0.8	1.2	1.9	3.2	7.1	218.0	48.2	2 738.7	9 763	1.5
B	mg/kg	41.8	15.8	38.2	1.6	0.38	50.8	43.6	10.5	1.4	6.7	12.1	30.3	52.3	70.2	88.0	293.0	0.6	7.2	10 055	41.4
Ba	mg/kg	644	293	602	1	0.46	461	534	80	18	383	419	472	704	1 448	1 951	6 760	4.0	41.5	8 862	564
Be	mg/kg	2.01	0.39	1.98	1.20	0.19	1.88	1.96	0.21	0.39	1.17	1.43	1.78	2.20	2.82	3.47	13.48	3.8	82.4	9 894	1.99
Bi	mg/kg	0.24	0.10	0.23	1.42	0.40	0.23	0.23	0.05	0.03	0.07	0.11	0.19	0.28	0.43	0.56	2.74	6.7	124.3	9 912	0.24
Br	mg/kg	4.0	4.5	3.2	1.8	1.11	2.6	3.0	0.9	0.1	0.9	1.3	2.3	4.2	13.3	32.0	95.8	7.8	94.7	9 212	3.1
TC	%	0.88	0.58	0.69	2.08	0.66	0.32	0.76	0.45	0.03	0.13	0.18	0.36	1.29	2.02	2.62	12.49	1.6	17.9	10 033	0.86
Cd	mg/kg	0.096	0.044	0.089	1.482	0.45	0.090	0.090	0.020	0.007	0.025	0.039	0.070	0.113	0.180	0.250	1.568	7.2	169.2	9 873	0.092
Ce	mg/kg	70.9	19.2	68.8	1.3	0.27	64.2	67.9	7.0	10.1	29.8	42.7	61.7	76.1	116.6	163.6	421.0	3.4	30.1	9 575	68.3
Cl	mg/kg	414	1 466	129	3	3.54	60	91	40	27	35	42	60	193	3 928	10 605	24 528	8.1	85.7	8 300	97
Co	mg/kg	13.0	4.9	12.3	1.4	0.37	10.6	12.2	2.3	0.6	3.7	6.4	10.1	14.9	24.4	35.4	113.3	3.0	30.2	9 760	12.5
Cr	mg/kg	65.3	23.7	62.0	1.4	0.36	60.4	63.3	8.3	2.8	17.6	29.6	55.4	72.0	114.7	191.8	607.1	4.8	57.5	9 655	62.6
Cu	mg/kg	22.1	10.3	20.7	1.4	0.47	18.5	21.0	4.2	1.4	5.7	9.5	17.2	25.7	39.4	57.6	600.4	20.1	1 006.8	9 878	21.3
F	mg/kg	521	146	503	1	0.28	506	506	68	86	211	299	442	577	837	1 126	4 210	3.5	53.5	9 807	508
Ga	mg/kg	16.1	2.8	15.9	1.2	0.17	16.5	16.2	2.1	1.8	10.1	11.2	13.9	18.1	21.4	23.2	28.0	0.1	-0.3	10 075	16.1
Ge	mg/kg	1.32	0.18	1.31	1.15	0.14	1.30	1.30	0.10	0.49	0.90	1.00	1.20	1.41	1.72	1.87	2.78	0.5	1.4	10 007	1.32
Hg	mg/kg	0.019	0.035	0.016	1.585	1.80	0.014	0.016	0.004	0.001	0.005	0.007	0.013	0.020	0.045	0.104	1.400	26.7	874.7	9 623	0.016
I	mg/kg	2.00	1.45	1.78	1.58	0.73	1.47	1.75	0.49	0.39	0.58	0.77	1.32	2.35	4.62	7.59	87.00	23.1	1 203.1	9 686	1.76
La	mg/kg	36.1	10.0	35.0	1.3	0.28	35.5	34.6	3.3	4.0	15.1	22.3	31.6	38.3	59.9	85.7	236.7	4.2	42.2	9 508	34.7
Li	mg/kg	31.7	9.2	30.3	1.4	0.29	31.0	31.1	5.4	3.3	10.0	15.5	25.9	36.7	51.1	62.3	113.9	0.8	3.8	9 971	31.3
Mn	mg/kg	657	348	608	1	0.53	574	579	107	59	225	344	485	713	1 523	2 506	8 250	6.2	82.0	9 421	590
Mo	mg/kg	0.61	0.36	0.57	1.39	0.60	0.52	0.55	0.10	0.20	0.24	0.31	0.47	0.67	1.13	2.05	18.49	23.6	1 013.0	9 711	0.57
N	%	0.040	0.017	0.037	1.427	0.42	0.040	0.035	0.007	0.015	0.018	0.021	0.029	0.045	0.085	0.110	0.188	2.3	8.9	9 641	0.037
Nb	mg/kg	13.9	2.7	13.6	1.2	0.20	13.7	13.7	1.0	3.8	7.7	9.6	12.7	14.7	20.0	26.6	74.0	4.1	50.6	9 649	13.6
Ni	mg/kg	29.4	12.5	27.5	1.4	0.43	26.0	27.8	5.0	1.5	7.5	13.3	23.1	33.2	54.6	90.9	314.8	5.6	72.0	9 768	27.9

指标	单位	算术平均值 X_a	算术标准差 S_a	几何平均值 X_g	几何标准差 S_g	变异系数 CV	众数 X_{mo}	中位值 X_{me}	中位绝对离差 MAD	最小值 X_{min}	累积频率							最大值 X_{max}	偏度系数 SK	峰度系数 BK	n'	基准值 X_a'
											$X_{0.5\%}$	$X_{2.5\%}$	$X_{25\%}$	$X_{75\%}$	$X_{97.5\%}$	$X_{99.5\%}$					
P	mg/kg	511	206	475	2	0.40	606	539	97	63	158	206	369	609	928	1 477	4 549	3.1	36.1	9 873	492
Pb	mg/kg	22.4	9.6	21.5	1.3	0.43	18.4	21.1	3.3	7.6	12.6	14.4	18.1	24.7	37.4	61.5	513.1	18.7	771.1	9 758	21.4
Rb	mg/kg	96.7	17.1	95.2	1.2	0.18	88.3	94.3	9.7	6.5	53.8	70.8	85.3	105.0	136.5	161.4	240.2	1.1	4.0	9 835	95.5
S	mg/kg	151	117	136	2	0.78	144	130	29	31	62	73	103	166	360	684	4 466	14.9	400.0	9 554	134
Sb	mg/kg	0.81	0.49	0.76	1.44	0.61	0.75	0.80	0.18	0.14	0.26	0.34	0.61	0.97	1.41	1.85	36.83	41.2	2 851.6	9 974	0.79
Sc	mg/kg	10.5	2.6	10.2	1.3	0.25	9.7	10.4	1.5	0.6	3.1	5.5	9.0	12.0	16.0	18.8	30.8	0.4	2.0	9 932	10.5
Se	mg/kg	0.11	0.05	0.10	1.41	0.43	0.09	0.09	0.02	0.02	0.04	0.05	0.08	0.12	0.21	0.30	1.60	6.5	147.5	9 786	0.10
Sn	mg/kg	2.6	0.7	2.5	1.3	0.27	2.5	2.5	0.4	0.3	1.2	1.5	2.1	2.9	3.8	4.7	22.0	6.0	126.0	9 963	2.5
Sr	mg/kg	216	88	203	1	0.41	196	199	25	45	86	108	176	225	465	640	1 214	3.1	16.9	9 356	197
Th	mg/kg	11.4	4.4	10.8	1.4	0.39	10.1	10.8	1.6	0.8	4.2	6.1	9.3	12.5	21.6	33.3	206.6	11.1	400.5	9 637	10.8
Ti	mg/kg	3 756	680	3 693	1	0.18	3 629	3 739	259	267	1 651	2 434	3 496	4 017	5 021	6 473	13 292	1.6	17.8	9 743	3 745
Tl	mg/kg	0.61	0.11	0.60	1.20	0.19	0.57	0.59	0.06	0.19	0.34	0.42	0.54	0.66	0.86	1.04	1.61	1.2	5.2	9 898	0.60
U	mg/kg	2.15	0.56	2.08	1.28	0.26	2.11	2.15	0.27	0.28	0.77	1.16	1.86	2.40	3.16	4.18	25.80	8.3	322.9	9 879	2.12
V	mg/kg	79.2	18.6	76.8	1.3	0.24	79.0	78.1	10.3	7.0	26.5	43.7	68.6	89.3	117.9	143.7	285.8	0.6	4.2	9 931	78.7
W	mg/kg	1.56	0.55	1.49	1.35	0.36	1.58	1.58	0.21	0.32	0.46	0.72	1.32	1.77	2.27	3.42	21.00	10.0	244.5	9 927	1.53
Y	mg/kg	23.1	3.6	22.8	1.2	0.16	23.4	23.3	1.7	3.7	10.6	15.4	21.6	24.9	30.1	34.9	59.9	0.1	6.4	9 825	23.2
Zn	mg/kg	59.8	19.1	57.5	1.3	0.32	60.8	58.3	8.6	4.0	21.7	32.3	50.0	67.4	94.1	127.4	689.8	8.4	201.1	9 880	58.6
Zr	mg/kg	251	62	245	1	0.25	248	246	32	19	123	155	215	278	376	484	1 709	4.0	64.0	9 896	247
Al_2O_3	%	13.20	1.77	13.08	1.15	0.13	11.44	13.34	1.42	2.06	9.21	10.31	11.65	14.55	16.40	17.45	20.00	0.0	-0.4	10 086	13.20
CaO	%	3.63	2.33	2.84	2.10	0.64	1.12	3.02	1.95	0.28	0.54	0.74	1.47	5.62	7.92	9.67	30.32	0.7	2.3	10 083	3.59
MgO	%	1.61	0.59	1.51	1.47	0.37	1.77	1.62	0.32	0.03	0.37	0.63	1.26	1.90	2.71	3.75	20.81	4.6	115.8	9 976	1.58
K_2O	%	2.46	0.41	2.42	1.17	0.17	2.16	2.35	0.19	0.14	1.58	1.90	2.19	2.63	3.46	3.90	6.12	1.3	3.6	9 817	2.42
Na_2O	%	2.01	0.55	1.93	1.34	0.28	1.97	1.96	0.30	0.06	0.70	1.00	1.67	2.28	3.28	3.72	4.68	0.6	0.8	10 005	2.00
SiO_2	%	62.72	4.54	62.55	1.08	0.07	63.02	63.02	2.55	5.01	48.09	53.03	60.22	65.36	71.17	75.78	86.65	-0.4	4.5	9 935	62.75
TFe_2O_3	%	4.45	1.08	4.32	1.29	0.24	3.96	4.34	0.66	0.30	1.65	2.58	3.73	5.07	6.78	8.03	12.74	0.7	2.4	9 957	4.36
SOC	%	0.29	0.19	0.25	1.76	0.64	0.24	0.25	0.09	0.01	0.05	0.08	0.17	0.35	0.81	1.17	2.32	2.5	11.2	9 536	0.26
pH	无量纲						8.58	8.26	0.40	4.61	5.51	5.96	7.50	8.57	8.96	9.16	9.66				

2.1 山东土壤地球化学参数——按市级行政区划

表 2.1.1A 济南市表层土壤（0~20 cm）地球化学参数（n=2 543）

指标	单位	算术平均值 X_a	算术标准差 S_a	几何平均值 X_g	几何标准差 S_g	变异系数 CV	众值 X_{mo}	中位值 X_{me}	中位绝对离差 MAD	最小值 X_{min}	累积频率 $X_{0.5\%}$	$X_{2.5\%}$	$X_{25\%}$	$X_{75\%}$	$X_{97.5\%}$	$X_{99.5\%}$	最大值 X_{max}	偏度系数 SK	峰度系数 BK	背景值 n'	X_a'
Ag	mg/kg	0.075	0.028	0.072	1.347	0.38	0.073	0.072	0.012	0.008	0.031	0.042	0.061	0.085	0.126	0.230	0.570	5.4	62.0	2 462	0.071
As	mg/kg	10.1	2.8	9.7	1.3	0.28	10.8	10.2	1.5	1.3	3.3	4.4	8.6	11.6	15.1	17.4	69.1	3.5	74.8	2 526	10.3
Au	μg/kg	1.8	0.8	1.7	1.4	0.42	1.5	1.7	0.3	0.6	0.8	1.0	1.4	2.0	3.1	5.0	18.7	7.4	120.6	2 482	1.6
B	mg/kg	50.0	13.7	47.9	1.4	0.27	51.3	50.2	6.9	5.2	12.8	20.4	43.3	57.1	77.4	94.0	165.2	0.6	5.2	2 496	50.4
Ba	mg/kg	497	86	492	1	0.17	479	487	27	256	340	394	462	516	649	792	2 115	8.9	141.2	2 403	482
Be	mg/kg	2.05	0.32	2.02	1.16	0.16	1.87	1.99	0.18	1.12	1.39	1.55	1.84	2.20	2.83	3.39	4.60	1.4	4.9	2 474	1.96
Bi	mg/kg	0.33	0.18	0.31	1.33	0.56	0.26	0.31	0.05	0.09	0.16	0.20	0.26	0.37	0.55	1.09	7.32	23.2	830.2	2 471	0.30
Br	mg/kg	3.9	1.3	3.7	1.4	0.34	3.2	3.7	0.8	0.7	1.5	2.0	3.0	4.6	7.1	9.3	12.4	1.3	3.6	2 481	3.6
TC	%	1.61	0.64	1.48	1.51	0.40	1.81	1.61	0.39	0.33	0.45	0.62	1.14	1.94	3.08	4.24	5.79	1.2	3.7	2 483	1.52
Cd	mg/kg	0.155	0.058	0.148	1.314	0.38	0.130	0.148	0.024	0.060	0.080	0.090	0.125	0.173	0.259	0.385	1.884	11.7	308.8	2 473	0.144
Ce	mg/kg	71.5	20.7	70.1	1.2	0.29	67.2	69.0	4.6	29.9	47.0	54.2	64.6	73.8	109.0	163.6	735.6	15.5	430.8	2 405	68.5
Cl	mg/kg	152	207	114	2	1.36	64	94	27	44	49	54	73	152	613	1 281	3 952	8.4	113.8	2 114	76
Co	mg/kg	12.9	2.8	12.6	1.2	0.22	11.4	12.5	1.5	4.2	7.7	8.8	11.1	14.1	20.0	24.1	32.3	1.4	3.7	2 452	12.2
Cr	mg/kg	72.6	30.8	69.8	1.3	0.42	66.4	68.5	6.5	10.0	31.2	45.6	62.5	75.6	122.4	208.0	739.6	10.5	168.9	2 360	67.8
Cu	mg/kg	26.3	7.9	25.4	1.3	0.30	22.6	25.1	3.7	8.4	13.6	16.5	21.6	29.1	43.7	59.5	144.1	3.8	36.9	2 453	24.0
F	mg/kg	585	123	575	1	0.21	519	556	46	328	400	443	518	615	936	1 217	2 031	3.1	18.8	2 377	545
Ga	mg/kg	16.0	2.4	15.8	1.2	0.15	16.5	16.1	1.7	8.1	10.4	11.4	14.4	17.7	20.7	22.0	24.3	0.0	0.0	2 536	16.1
Ge	mg/kg	1.38	0.18	1.37	1.14	0.13	1.20	1.40	0.11	0.90	1.00	1.05	1.25	1.50	1.74	1.86	2.15	0.2	0.0	2 534	1.37
Hg	mg/kg	0.051	0.184	0.037	1.780	3.61	0.028	0.034	0.010	0.005	0.011	0.015	0.026	0.047	0.140	0.466	5.660	25.1	688.3	2 332	0.030
I	mg/kg	1.94	0.65	1.84	1.37	0.34	1.87	1.85	0.35	0.52	0.81	1.00	1.51	2.21	3.63	4.64	7.99	1.7	6.7	2 449	1.78
La	mg/kg	36.4	9.3	35.8	1.2	0.26	34.0	34.9	2.0	19.0	25.8	28.9	33.0	37.3	56.8	84.2	263.2	9.6	168.2	2 380	34.5
Li	mg/kg	35.2	6.5	34.6	1.2	0.18	32.8	34.5	3.6	11.8	21.9	25.2	31.1	38.4	49.6	63.4	96.2	2.0	12.0	2 486	34.2
Mn	mg/kg	586	100	578	1.25	0.17	585	579	58	167	336	416	522	637	811	930	1 129	0.6	2.1	2 498	573
Mo	mg/kg	0.62	0.16	0.60	1.276	0.25	0.53	0.59	0.08	0.29	0.36	0.42	0.52	0.68	1.01	1.28	2.51	2.5	15.5	2 440	0.57
N	%	0.102	0.026	0.099	1.276	0.26	0.112	0.099	0.014	0.035	0.045	0.059	0.086	0.113	0.158	0.213	0.358	1.8	10.2	2 490	0.098
Nb	mg/kg	14.2	1.9	14.1	1.1	0.14	13.8	14.1	0.7	6.9	9.5	11.1	13.4	14.8	17.6	24.2	42.6	4.6	48.9	2 426	14.1

指标	单位	算术平均值 X_a	算术标准差 S_a	几何平均值 X_g	几何标准差 S_g	变异系数 CV	众值 X_{mo}	中位值 X_{me}	中位绝对离差 MAD	最小值 X_{min}	$X_{0.5\%}$	$X_{2.5\%}$	$X_{25\%}$	$X_{75\%}$	$X_{97.5\%}$	$X_{99.5\%}$	最大值 X_{max}	偏度系数 SK	峰度系数 BK	n'	X_a'
Ni	mg/kg	32.1	13.9	30.9	1.3	0.43	28.5	30.5	3.6	5.6	16.2	21.2	27.1	34.2	54.0	91.3	426.1	14.3	326.5	2 414	30.1
P	mg/kg	900	271	869	1	0.30	919	883	135	262	372	504	747	1 017	1 396	1 876	6 195	5.0	74.2	2 491	873
Pb	mg/kg	25.6	10.4	24.8	1.2	0.41	23.5	24.4	2.5	9.6	14.7	17.9	22.0	27.0	39.2	69.1	391.0	19.7	623.7	2 428	24.0
Rb	mg/kg	99.3	19.9	97.7	1.2	0.20	89.8	94.8	7.1	41.1	60.2	75.5	88.8	103.6	151.1	196.4	256.2	2.5	10.7	2 336	92.8
S	mg/kg	245	111	230	1	0.45	204	220	36	100	122	137	189	263	493	894	1 897	5.0	43.4	2 399	211
Sb	mg/kg	0.90	0.93	0.84	1.34	1.04	0.86	0.86	0.12	0.11	0.39	0.47	0.73	0.98	1.41	2.39	45.37	43.0	2 046.8	2 475	0.85
Sc	mg/kg	11.4	2.1	11.2	1.2	0.19	10.9	11.1	1.1	3.2	6.5	8.1	10.1	12.3	16.7	19.1	24.6	1.0	2.9	2 454	10.9
Se	mg/kg	0.22	0.09	0.21	1.38	0.42	0.17	0.20	0.03	0.08	0.11	0.13	0.17	0.24	0.45	0.71	1.51	3.8	27.5	2 383	0.18
Sn	mg/kg	3.2	1.0	3.1	1.3	0.32	3.0	3.1	0.4	0.7	1.6	1.9	2.7	3.6	5.5	8.1	16.6	3.9	32.2	2 448	3.1
Sr	mg/kg	178	50	172	1	0.28	194	180	27	77	94	109	143	199	293	376	1 202	4.3	69.6	2 466	170
Th	mg/kg	12.3	5.3	11.6	1.4	0.43	11.5	11.3	1.3	4.4	6.3	7.4	10.0	12.6	28.5	41.7	78.9	4.1	26.1	2 320	11.3
Ti	mg/kg	3 863	374	3 844	1	0.10	3 864	3 878	202	1 821	2 566	3 073	3 667	4 071	4 639	4 929	6 235	0.0	3.2	2 485	3 886
Tl	mg/kg	0.63	0.14	0.62	1.22	0.22	0.63	0.62	0.06	0.28	0.38	0.44	0.56	0.67	1.01	1.32	1.73	2.2	9.0	2 396	0.61
U	mg/kg	2.40	0.55	2.35	1.22	0.23	2.24	2.31	0.21	0.70	1.26	1.68	2.12	2.56	3.88	5.31	7.15	2.9	15.1	2 372	2.27
V	mg/kg	81.4	12.5	80.4	1.2	0.15	75.1	80.6	6.7	26.7	48.5	59.9	74.0	87.4	109.5	132.0	160.8	1.0	4.1	2 465	80.1
W	mg/kg	1.74	0.58	1.70	1.23	0.33	1.69	1.72	0.15	0.51	0.83	1.09	1.56	1.87	2.37	3.91	21.49	18.1	555.4	2 449	1.72
Y	mg/kg	24.1	3.3	23.9	1.1	0.14	22.9	23.9	1.7	11.1	14.9	18.6	22.3	25.7	29.5	34.7	79.6	3.9	57.0	2 476	24.0
Zn	mg/kg	71.0	25.0	69.5	1.2	0.35	65.9	68.6	6.8	42.5	47.0	51.4	62.2	76.1	100.1	146.3	994.6	22.9	775.0	2 470	67.5
Zr	mg/kg	249	38	246	1	0.15	256	248	23	132	161	184	225	271	322	382	576	1.1	6.7	2 516	246
Al_2O_3	%	12.97	1.20	12.92	1.10	0.09	12.63	13.07	0.92	8.75	10.41	10.79	12.01	13.89	15.13	15.57	16.23	0.0	0.0	2 540	12.98
CaO	%	4.12	2.02	3.58	1.75	0.49	1.53	4.27	1.55	0.84	1.04	1.17	2.27	5.54	7.97	11.44	14.36	0.5	0.7	2 514	3.94
MgO	%	1.80	0.48	1.75	1.26	0.27	1.80	1.76	0.22	0.56	0.93	1.11	1.54	1.97	2.84	4.47	6.28	2.9	17.9	2 453	1.74
K_2O	%	2.41	0.29	2.39	1.12	0.12	2.30	2.34	0.12	1.43	1.70	1.96	2.24	2.50	3.16	3.48	4.54	1.4	4.0	2 377	2.31
Na_2O	%	1.83	0.50	1.77	1.30	0.27	1.67	1.75	0.22	0.13	0.82	1.09	1.54	1.98	3.12	3.63	5.09	1.3	2.7	2 453	1.70
SiO_2	%	60.80	3.87	60.67	1.07	0.06	61.04	61.13	2.47	38.92	47.08	52.38	58.50	63.46	67.27	68.52	70.18	0.0	1.2	2 514	61.39
TFe_2O_3	%	4.68	0.71	4.62	1.16	0.15	4.74	4.60	0.44	2.25	3.23	3.52	4.20	5.08	6.27	6.97	8.13	0.7	0.8	2 517	4.52
SOC	%	0.96	0.36	0.91	1.40	0.38	0.82	0.89	0.17	0.23	0.35	0.47	0.74	1.11	1.81	2.61	4.03	2.3	11.1	2 467	0.83
pH	无量纲						8.06	8.01	0.22	4.55	5.04	5.47	7.62	8.19	8.55	8.72	8.85				

表 2.1.1B 济南市深层土壤（150~200 cm）地球化学参数（n=635）

指标	单位	算术平均值 X_a	算术标准差 S_a	几何平均值 X_g	几何标准差 S_g	变异系数 CV	众值 X_{mo}	中位值 X_{me}	中位绝对离差 MAD	最小值 X_{min}	累积频率 $X_{0.5\%}$	$X_{2.5\%}$	$X_{25\%}$	$X_{75\%}$	$X_{97.5\%}$	$X_{99.5\%}$	最大值 X_{max}	偏度系数 SK	峰度系数 BK	基准值 n'	X_a'
Ag	mg/kg	0.063	0.018	0.061	1.279	0.28	0.056	0.061	0.008	0.024	0.027	0.036	0.053	0.070	0.097	0.127	0.296	4.2	48.9	624	0.060
As	mg/kg	10.2	2.8	9.8	1.3	0.27	10.3	10.0	1.5	3.0	3.8	5.1	8.6	11.5	16.9	20.4	23.9	0.8	2.4	624	9.9
Au	µg/kg	2.1	2.0	1.8	1.5	0.99	1.5	1.8	0.3	0.6	0.8	1.0	1.4	2.1	5.3	20.0	22.1	7.2	57.8	597	1.7
B	mg/kg	50.7	16.4	48.7	1.3	0.32	48.0	50.1	6.9	10.6	18.2	26.1	43.2	56.7	77.2	104.2	293.0	5.9	78.9	624	49.9
Ba	mg/kg	505	152	497	1	0.30	478	490	28	266	357	390	464	522	663	811	3 881	17.7	383.9	606	485
Be	mg/kg	2.05	0.31	2.03	1.16	0.15	1.87	2.01	0.19	1.37	1.43	1.58	1.83	2.22	2.73	3.03	3.61	0.9	1.6	624	1.96
Bi	mg/kg	0.28	0.07	0.27	1.28	0.26	0.26	0.27	0.04	0.13	0.15	0.17	0.23	0.32	0.46	0.55	0.61	1.1	2.0	620	0.27
Br	mg/kg	3.4	1.4	3.2	1.4	0.41	2.7	3.1	0.7	1.0	1.1	1.7	2.5	3.9	6.9	9.7	12.1	2.1	7.7	614	2.9
TC	%	1.07	0.60	0.90	1.92	0.56	0.37	1.10	0.38	0.08	0.14	0.21	0.59	1.39	2.49	3.64	4.85	1.1	3.8	620	0.99
Cd	mg/kg	0.109	0.028	0.105	1.292	0.26	0.100	0.106	0.016	0.032	0.050	0.061	0.090	0.121	0.180	0.200	0.280	1.1	3.9	623	0.104
Ce	mg/kg	69.7	12.4	68.8	1.2	0.18	67.2	67.8	4.7	43.5	49.9	53.7	63.7	73.1	100.2	144.6	169.7	3.2	17.4	603	68.1
Cl	mg/kg	111	84	93	2	0.75	51	79	28	38	40	44	60	141	314	430	1 073	4.0	32.5	602	61
Co	mg/kg	13.1	3.4	12.8	1.3	0.26	11.8	12.7	1.6	7.2	7.6	8.5	11.1	14.4	21.0	28.7	45.1	2.8	17.6	615	12.3
Cr	mg/kg	69.6	15.7	68.2	1.2	0.23	59.4	67.7	6.4	31.7	36.9	49.5	61.3	74.1	109.0	155.8	172.0	2.6	11.6	598	66.7
Cu	mg/kg	25.8	10.8	24.8	1.3	0.42	24.5	24.5	3.4	12.6	13.5	15.9	21.4	28.1	41.6	56.0	231.7	11.7	209.8	616	23.6
F	mg/kg	556	121	547	1	0.22	527	528	44	343	377	425	490	586	868	1 057	2 064	4.4	40.5	594	515
Ga	mg/kg	16.3	2.5	16.1	1.2	0.15	16.5	16.5	1.8	9.6	11.0	11.6	14.6	18.2	20.5	21.8	26.5	0.0	0.0	634	16.4
Ge	mg/kg	1.37	0.19	1.36	1.15	0.14	1.30	1.32	0.12	0.90	1.00	1.05	1.22	1.50	1.76	1.92	2.07	0.5	0.0	632	1.32
Hg	mg/kg	0.021	0.015	0.018	1.520	0.71	0.014	0.018	0.004	0.004	0.007	0.009	0.014	0.022	0.050	0.088	0.260	8.9	124.4	587	0.017
I	mg/kg	1.81	0.75	1.67	1.49	0.42	1.56	1.71	0.44	0.43	0.58	0.72	1.31	2.19	3.46	4.89	6.43	1.6	5.9	621	1.63
La	mg/kg	35.6	6.0	35.2	1.2	0.17	31.9	34.8	2.2	22.9	26.9	28.6	32.6	37.1	48.1	73.7	83.1	3.8	22.8	608	34.5
Li	mg/kg	35.2	7.1	34.5	1.2	0.20	33.5	34.5	3.7	19.2	22.0	24.6	31.0	38.5	50.7	67.1	85.3	1.8	8.4	621	33.9
Mn	mg/kg	610	168	594	1	0.28	628	587	70	318	347	407	520	664	959	1 534	2642	4.4	39.7	608	571
Mo	mg/kg	0.58	0.22	0.57	1.27	0.37	0.52	0.55	0.07	0.28	0.33	0.38	0.49	0.64	0.90	1.03	4.75	11.8	213.9	622	0.55
N	%	0.050	0.021	0.046	1.498	0.43	0.040	0.041	0.010	0.016	0.019	0.022	0.036	0.060	0.100	0.120	0.150	1.2	1.2	630	0.041
Nb	mg/kg	14.3	1.6	14.2	1.1	0.11	14.2	14.1	0.8	10.2	10.3	11.6	13.5	15.0	17.2	22.2	26.1	1.9	10.4	618	14.0
Ni	mg/kg	30.3	6.9	29.6	1.2	0.23	28.5	29.6	3.6	10.2	16.1	19.9	26.1	33.5	44.7	65.9	91.1	2.4	14.9	618	29.3

指标	单位	算术平均值 X_a	算术标准差 S_a	几何平均值 X_g	几何标准差 S_g	变异系数 CV	众值 X_{mo}	中位值 X_{me}	中位绝对离差 MAD	最小值 X_{min}	累积频率 $X_{0.5\%}$	$X_{2.5\%}$	$X_{25\%}$	$X_{75\%}$	$X_{97.5\%}$	$X_{99.5\%}$	最大值 X_{max}	偏度系数 SK	峰度系数 BK	n'	基准值 X_a'
P	mg/kg	569	195	551	1	0.34	607	573	65	257	316	355	476	625	817	1 415	4 059	10.0	164.7	623	568
Pb	mg/kg	21.4	4.0	21.1	1.2	0.19	18.8	20.7	2.2	12.9	14.1	15.3	18.8	23.5	30.8	36.9	45.3	1.3	3.5	620	20.5
Rb	mg/kg	100.6	17.9	99.2	1.2	0.18	100.6	98.1	8.8	49.9	66.8	78.6	89.2	106.8	150.0	187.0	201.6	2.0	7.1	604	95.5
S	mg/kg	152	59	145	1	0.39	137	144	22	64	74	88	122	167	248	523	860	5.4	49.2	617	141
Sb	mg/kg	0.88	0.22	0.85	1.28	0.25	0.93	0.87	0.13	0.35	0.37	0.46	0.75	1.00	1.32	1.60	2.67	1.2	7.6	624	0.86
Sc	mg/kg	11.4	2.0	11.2	1.2	0.17	12.1	11.2	1.2	6.7	6.8	7.8	10.0	12.4	15.9	18.1	18.8	0.6	1.1	620	11.1
Se	mg/kg	0.11	0.05	0.10	1.47	0.46	0.09	0.09	0.02	0.03	0.05	0.06	0.08	0.13	0.24	0.34	0.47	2.2	8.1	603	0.08
Sn	mg/kg	2.8	0.7	2.8	1.2	0.23	2.9	2.8	0.3	0.7	1.5	1.8	2.4	3.1	4.2	5.2	7.8	2.2	13.6	623	2.8
Sr	mg/kg	170	41	165	1	0.24	193	170	29	90	93	106	138	196	265	301	372	0.8	1.7	627	166
Th	mg/kg	12.2	4.0	11.7	1.3	0.33	12.1	11.6	1.5	7.0	7.0	7.6	10.0	13.1	23.9	36.2	40.2	2.9	12.8	591	11.2
Ti	mg/kg	3 859	390	3 839	1	0.10	3 772	3 830	213	2 541	2 794	3 104	3 636	4 069	4 667	4 960	6 470	0.5	3.7	627	3 823
Tl	mg/kg	0.63	0.12	0.62	1.19	0.19	0.63	0.62	0.06	0.38	0.42	0.45	0.56	0.68	0.93	1.23	1.40	2.0	7.6	613	0.61
U	mg/kg	2.32	0.48	2.28	1.19	0.21	2.11	2.23	0.21	1.38	1.52	1.70	2.06	2.49	3.78	4.75	5.77	2.6	11.1	610	2.22
V	mg/kg	84.1	13.0	83.1	1.2	0.16	81.5	82.6	7.6	44.5	50.5	59.2	75.7	91.4	115.1	125.5	140.6	0.6	1.5	623	82.4
W	mg/kg	1.75	0.34	1.73	1.19	0.19	1.79	1.73	0.14	0.70	0.86	1.15	1.61	1.89	2.29	3.30	4.95	3.6	31.8	610	1.75
Y	mg/kg	24.2	2.4	24.1	1.1	0.10	24.3	24.3	1.4	16.3	17.3	19.1	22.8	25.5	29.0	31.6	34.3	0.1	1.5	623	24.1
Zn	mg/kg	62.4	9.6	61.7	1.2	0.15	60.8	61.9	5.9	34.7	39.5	45.6	56.3	68.3	83.5	96.8	105.9	0.6	1.6	627	61.8
Zr	mg/kg	249	39	246	1	0.16	248	247	24	139	155	179	223	272	329	385	466	0.7	2.4	628	246
Al$_2$O$_3$	%	13.39	1.52	13.31	1.12	0.11	13.83	13.69	1.07	9.84	10.16	10.62	12.13	14.55	15.89	16.69	18.29	0.0	0.0	634	13.42
CaO	%	4.18	2.23	3.55	1.83	0.53	1.38	4.37	1.71	0.86	1.04	1.19	2.13	5.70	8.49	12.08	14.59	0.7	0.9	625	3.95
MgO	%	1.76	0.44	1.72	1.24	0.25	1.70	1.71	0.20	0.78	0.94	1.15	1.52	1.92	2.88	3.76	6.06	2.9	18.2	609	1.67
K$_2$O	%	2.39	0.29	2.37	1.12	0.12	2.17	2.34	0.15	1.60	1.74	1.96	2.19	2.51	3.20	3.50	3.78	1.3	3.2	608	2.31
Na$_2$O	%	1.82	0.47	1.76	1.28	0.26	1.68	1.74	0.24	0.74	0.90	1.07	1.53	2.01	3.05	3.34	3.76	1.1	1.9	607	1.73
SiO$_2$	%	61.38	4.12	61.23	1.07	0.07	62.82	62.06	2.52	46.39	47.76	51.38	59.11	64.26	67.42	68.73	70.30	0.0	0.8	620	62.57
TFe$_2$O$_3$	%	4.66	0.76	4.60	1.18	0.16	4.76	4.65	0.52	2.69	2.98	3.37	4.11	5.15	6.27	6.65	8.54	0.5	1.0	633	4.56
SOC	%	0.37	0.25	0.30	1.85	0.69	0.15	0.29	0.12	0.07	0.08	0.11	0.19	0.45	1.05	1.32	1.51	1.6	2.6	609	0.23
pH	无量纲						8.25	8.30	0.18	5.43	5.54	6.45	8.11	8.48	8.81	8.93	8.95				

表2.1.2A 青岛市表层土壤（0~20 cm）地球化学参数（n = 2 910）

| 指标 | 单位 | 算术平均值 X_a | 算术标准差 S_a | 几何平均值 X_g | 几何标准差 S_g | 变异系数 CV | 众值 X_{mo} | 中位值 X_{me} | 中位绝对离差 MAD | 最小值 X_{min} | 累积频率 | | | | | | 最大值 X_{max} | 偏度系数 SK | 峰度系数 BK | 背景值 | |
											$X_{0.5\%}$	$X_{2.5\%}$	$X_{25\%}$	$X_{75\%}$	$X_{97.5\%}$	$X_{99.5\%}$				n'	X_a'
Ag	mg/kg	0.076	0.100	0.069	1.393	1.31	0.061	0.068	0.011	0.030	0.035	0.042	0.058	0.079	0.143	0.358	3.704	26.2	816.1	2 755	0.068
As	mg/kg	7.2	3.1	6.7	1.4	0.43	5.8	6.8	1.5	0.8	2.8	3.4	5.4	8.5	12.5	16.6	98.1	10.1	262.6	2 876	7.0
Au	μg/kg	2.0	10.1	1.4	1.6	5.04	1.3	1.4	0.3	0.4	0.6	0.7	1.1	1.7	4.1	16.1	438.0	33.9	1 322.7	2 748	1.4
B	mg/kg	30.4	8.7	29.0	1.4	0.29	32.2	30.6	5.1	1.4	9.2	14.2	24.9	35.2	47.3	63.2	106.4	0.8	4.8	2 854	30.0
Ba	mg/kg	835	278	800	1	0.33	738	791	135	127	322	478	672	948	1 425	1 804	4 753	4.2	44.3	2 829	809
Be	mg/kg	1.90	0.56	1.84	1.27	0.30	1.72	1.76	0.19	0.83	1.17	1.33	1.59	1.98	3.51	4.59	8.15	3.0	15.1	2 615	1.75
Bi	mg/kg	0.22	0.11	0.21	1.35	0.51	0.20	0.20	0.03	0.06	0.10	0.13	0.17	0.24	0.40	0.75	2.64	9.7	148.8	2 778	0.21
Br	mg/kg	5.0	6.4	4.1	1.7	1.28	3.0	3.8	1.0	0.4	1.5	1.9	3.0	5.1	13.3	49.4	116.9	8.6	94.4	2 744	4.0
TC	%	0.88	0.39	0.82	1.44	0.45	0.69	0.80	0.17	0.13	0.27	0.43	0.65	1.01	1.78	2.94	7.11	3.8	33.7	2 785	0.82
Cd	mg/kg	0.115	0.211	0.101	1.465	1.84	0.090	0.096	0.018	0.025	0.049	0.058	0.080	0.119	0.253	0.489	10.540	42.4	2 059.6	2 719	0.098
Ce	mg/kg	63.4	20.6	60.9	1.3	0.33	58.2	60.6	10.0	24.4	30.3	35.7	51.2	71.4	109.7	138.1	521.1	5.0	87.8	2 826	61.4
Cl	mg/kg	376	1 679	112	3	4.47	55	86	28	34	40	45	64	135	2 784	13 813	25 041	8.4	80.0	2 468	87
Co	mg/kg	10.5	3.7	9.9	1.4	0.36	7.7	9.7	2.1	1.7	3.9	5.4	7.8	12.4	19.3	24.9	36.4	1.4	4.0	2 839	10.2
Cr	mg/kg	54.8	21.5	51.5	1.4	0.39	49.5	51.2	11.1	6.3	18.0	26.8	41.2	64.0	106.7	148.0	398.7	3.1	28.9	2 819	52.4
Cu	mg/kg	18.8	12.2	17.5	1.4	0.65	14.6	17.2	3.4	3.6	6.8	9.4	14.1	20.9	38.8	58.8	514.4	24.2	951.4	2 755	17.3
F	mg/kg	411	103	399	1	0.25	356	394	57	116	214	259	343	460	652	815	1 227	1.5	5.2	2 849	403
Ga	mg/kg	15.2	2.1	15.0	1.1	0.14	15.6	15.1	1.2	6.0	10.1	11.0	13.9	16.3	19.6	22.0	24.1	0.3	1.1	2 876	15.1
Ge	mg/kg	1.28	0.15	1.28	1.13	0.12	1.26	1.27	0.10	0.54	0.94	1.03	1.18	1.37	1.62	1.83	2.19	0.7	1.8	2 867	1.28
Hg	mg/kg	0.049	0.437	0.030	1.798	9.00	0.025	0.027	0.007	0.003	0.008	0.013	0.022	0.037	0.120	0.339	22.415	47.2	2 377.7	2 619	0.028
I	mg/kg	2.64	1.25	2.45	1.43	0.48	2.07	2.38	0.46	0.39	0.94	1.33	1.97	2.95	5.64	10.30	15.10	4.1	25.8	2 758	2.42
La	mg/kg	32.8	10.3	31.6	1.3	0.31	30.5	31.3	4.7	12.2	16.4	19.3	26.9	36.3	56.7	74.5	259.1	5.1	85.0	2 790	31.4
Li	mg/kg	22.6	6.3	21.8	1.3	0.28	20.8	21.7	3.7	5.7	10.5	13.3	18.3	25.8	37.0	49.4	65.3	1.4	4.5	2 839	22.1
Mn	mg/kg	591	212	561	1	0.36	432	543	104	151	292	336	454	668	1 152	1 534	2 888	2.2	10.2	2 794	563
Mo	mg/kg	0.62	0.50	0.55	1.51	0.81	0.43	0.52	0.11	0.21	0.26	0.30	0.43	0.66	1.56	2.92	13.90	11.7	230.0	2 673	0.53
N	%	0.081	0.023	0.078	1.309	0.28	0.069	0.079	0.013	0.018	0.029	0.044	0.067	0.092	0.125	0.180	0.295	2.0	12.6	2 861	0.080
Nb	mg/kg	14.2	5.3	13.6	1.3	0.37	12.3	12.8	1.2	6.5	8.4	9.4	11.7	14.4	31.1	41.4	74.8	3.7	20.6	2 524	12.6
Ni	mg/kg	23.7	11.5	22.0	1.5	0.49	19.4	21.4	4.7	2.8	8.1	11.2	17.3	27.5	48.2	67.4	355.9	9.5	242.5	2 811	22.5

指标	单位	算术平均值 X_a	算术标准差 S_a	几何平均值 X_g	几何标准差 S_g	变异系数 CV	众值 X_{mo}	中位值 X_{me}	中位绝对离差 MAD	最小值 X_{min}	累积频率 $X_{0.5\%}$	累积频率 $X_{2.5\%}$	累积频率 $X_{25\%}$	累积频率 $X_{75\%}$	累积频率 $X_{97.5\%}$	累积频率 $X_{99.5\%}$	最大值 X_{max}	偏度系数 SK	峰度系数 BK	背景值 n'	背景值 X_a'
P	mg/kg	607	196	578	1	0.32	584	584	115	126	209	296	473	702	1 071	1 330	2 417	1.5	6.8	2 841	590
Pb	mg/kg	26.3	21.2	24.9	1.3	0.81	23.5	24.1	2.6	10.8	15.4	17.2	21.8	27.1	45.4	91.8	934.9	29.6	1 178.4	2 741	24.2
Rb	mg/kg	92.0	18.9	90.3	1.2	0.21	95.7	89.5	8.5	49.5	60.2	64.9	80.7	97.7	142.4	176.4	245.5	1.9	6.6	2 786	89.4
S	mg/kg	270	1 066	194	2	3.94	149	176	34	28	90	109	146	220	783	2 494	41 827	28.5	968.8	2 623	177
Sb	mg/kg	0.63	0.40	0.60	1.35	0.63	0.52	0.59	0.09	0.21	0.31	0.36	0.50	0.69	1.10	1.85	16.15	23.0	802.3	2 806	0.60
Sc	mg/kg	7.9	2.1	7.6	1.3	0.26	7.7	7.7	1.2	1.5	3.3	4.6	6.6	8.9	13.0	15.9	22.4	1.1	3.7	2 829	7.7
Se	mg/kg	0.17	0.07	0.16	1.36	0.40	0.14	0.15	0.02	0.05	0.07	0.10	0.13	0.18	0.33	0.57	0.89	3.8	23.8	2 740	0.16
Sn	mg/kg	2.6	0.9	2.5	1.3	0.33	2.5	2.5	0.3	0.3	1.4	1.7	2.2	2.9	4.4	6.9	19.7	5.6	72.3	2 803	2.5
Sr	mg/kg	224	73	213	1	0.33	201	212	40	27	79	119	175	258	401	488	956	1.5	6.1	2 828	217
Th	mg/kg	9.5	3.1	9.2	1.3	0.33	8.8	8.9	1.2	2.8	5.1	5.9	8.0	10.3	16.9	23.0	96.9	8.8	211.9	2 751	9.0
Ti	mg/kg	3 345	599	3 290	1	0.18	3 375	3 331	363	542	1 801	2 192	2 979	3 701	4 621	5 271	6 231	0.3	1.5	2 866	3 330
Tl	mg/kg	0.57	0.13	0.56	1.20	0.23	0.55	0.56	0.05	0.35	0.38	0.41	0.51	0.62	0.87	1.01	4.69	10.9	311.3	2 790	0.56
U	mg/kg	1.82	0.38	1.79	1.22	0.21	1.67	1.78	0.20	0.61	1.00	1.20	1.59	2.00	2.71	3.39	5.42	1.5	7.9	2 838	1.79
V	mg/kg	65.4	17.7	63.1	1.3	0.27	59.0	63.2	10.9	14.3	28.5	36.3	53.5	76.1	104.6	130.9	185.1	1.1	3.6	2 858	64.3
W	mg/kg	1.26	0.77	1.20	1.31	0.61	1.24	1.21	0.18	0.40	0.53	0.72	1.03	1.40	2.00	3.06	36.98	34.8	1 594.8	2 835	1.21
Y	mg/kg	20.9	3.2	20.7	1.2	0.15	20.4	20.8	1.7	5.9	13.0	15.5	19.1	22.5	27.3	31.6	85.2	3.4	58.0	2 846	20.8
Zn	mg/kg	51.5	24.8	48.6	1.4	0.48	47.5	47.1	7.6	13.2	24.6	29.5	40.4	56.2	97.4	156.0	689.5	10.2	196.8	2 764	48.0
Zr	mg/kg	308	64	302	1	0.21	292	297	36	79	167	213	266	340	451	520	891	1.5	7.0	2 841	304
Al$_2$O$_3$	%	12.73	1.18	12.67	1.10	0.09	13.20	12.77	0.66	7.37	8.95	9.94	12.12	13.44	14.95	15.87	17.26	0.0	1.3	2 855	12.78
CaO	%	1.44	0.78	1.30	1.54	0.54	1.28	1.25	0.29	0.18	0.44	0.62	1.01	1.61	3.71	5.44	9.09	2.8	11.9	2 692	1.27
MgO	%	1.01	0.41	0.94	1.46	0.41	0.91	0.94	0.22	0.11	0.33	0.47	0.74	1.18	2.08	2.72	5.05	1.9	7.4	2 797	0.96
K$_2$O	%	2.67	0.50	2.63	1.20	0.19	2.25	2.61	0.36	1.36	1.78	1.92	2.27	3.02	3.71	4.14	5.00	0.6	0.2	2 894	2.66
Na$_2$O	%	2.20	0.48	2.15	1.24	0.22	1.71	2.16	0.38	1.18	1.36	1.47	1.79	2.57	3.18	3.54	4.00	0.4	0.0	2 901	2.20
SiO$_2$	%	69.37	3.58	69.27	1.05	0.05	69.02	69.58	2.11	47.00	58.14	61.15	67.35	71.56	76.63	78.82	80.71	0.0	1.5	2 862	69.48
TFe$_2$O$_3$	%	3.60	0.88	3.50	1.27	0.25	3.48	3.48	0.55	0.96	1.75	2.19	2.99	4.13	5.63	6.92	8.29	0.9	2.1	2 851	3.54
SOC	%	0.82	0.32	0.77	1.43	0.39	0.66	0.77	0.15	0.06	0.17	0.39	0.64	0.93	1.51	2.75	3.76	3.1	18.4	2 805	0.78
pH	无量纲						7.54	6.57	0.97	4.29	4.69	4.93	5.62	7.55	8.28	8.48	9.56				

表 2.1.2B 青岛市深层土壤（150～200 cm）地球化学参数（n=751）

指标	单位	算术平均值 X_a	算术标准差 S_a	几何平均值 X_g	几何标准差 S_g	变异系数 CV	众值 X_{mo}	中位值 X_{me}	中位绝对离差 MAD	最小值 X_{min}	累积频率 $X_{0.5\%}$	$X_{2.5\%}$	$X_{25\%}$	$X_{75\%}$	$X_{97.5\%}$	$X_{99.5\%}$	最大值 X_{max}	偏度系数 SK	峰度系数 BK	基准值 n'	X_a'
Ag	mg/kg	0.060	0.017	0.058	1.287	0.28	0.059	0.058	0.009	0.027	0.034	0.037	0.049	0.067	0.102	0.131	0.178	1.9	7.3	722	0.058
As	mg/kg	8.0	4.6	7.3	1.5	0.57	7.1	7.3	1.7	2.0	2.8	3.5	5.8	9.2	14.6	37.2	63.9	6.6	67.2	733	7.5
Au	μg/kg	1.5	0.7	1.4	1.4	0.45	1.3	1.4	0.3	0.5	0.6	0.8	1.1	1.7	2.8	3.9	12.5	6.8	93.8	728	1.4
B	mg/kg	29.1	8.6	27.6	1.4	0.30	23.4	29.0	5.2	1.4	6.4	11.9	23.7	34.1	46.5	56.7	61.1	0.2	1.0	739	28.9
Ba	mg/kg	823	245	788	1	0.30	853	786	149	199	360	457	649	948	1 400	1 626	2 140	1.0	2.0	738	808
Be	mg/kg	1.99	0.65	1.93	1.26	0.33	1.86	1.88	0.20	0.96	1.19	1.37	1.70	2.10	3.41	4.56	13.48	8.4	132.0	700	1.87
Bi	mg/kg	0.20	0.06	0.19	1.34	0.32	0.17	0.19	0.03	0.04	0.08	0.10	0.17	0.23	0.31	0.47	1.09	4.1	49.4	736	0.20
Br	mg/kg	4.5	4.7	3.6	1.8	1.04	2.6	3.3	1.2	0.4	0.7	1.2	2.5	5.1	11.8	29.4	76.6	7.5	90.5	713	3.8
TC	%	0.54	0.41	0.45	1.79	0.75	0.32	0.39	0.12	0.14	0.17	0.20	0.29	0.60	1.70	2.09	3.05	2.1	5.0	648	0.40
Cd	mg/kg	0.073	0.039	0.067	1.471	0.53	0.060	0.065	0.013	0.014	0.020	0.032	0.054	0.080	0.157	0.240	0.560	5.3	49.5	711	0.067
Ce	mg/kg	70.0	22.7	66.8	1.4	0.32	67.8	67.8	13.5	13.6	28.6	36.8	54.8	82.2	115.8	147.7	272.6	1.9	11.3	742	68.8
Cl	mg/kg	290	1 242	94	3	4.28	60	71	19	31	34	39	56	100	2 591	6 856	23 615	11.5	180.4	610	68
Co	mg/kg	13.7	6.7	12.3	1.6	0.49	9.6	12.0	3.4	1.3	3.7	5.3	9.0	16.8	31.9	37.5	46.9	1.4	2.2	718	12.8
Cr	mg/kg	60.1	28.8	55.0	1.5	0.48	48.0	53.6	11.7	4.3	16.2	24.3	44.5	68.9	132.7	201.2	284.7	2.8	14.3	715	55.5
Cu	mg/kg	18.0	10.4	16.7	1.5	0.58	15.8	16.6	3.4	2.6	5.5	8.2	13.8	20.5	34.2	50.5	224.6	11.3	209.2	726	16.9
F	mg/kg	443	170	421	1	0.38	381	407	68	126	173	244	349	496	796	1 242	2 198	4.0	30.1	727	422
Ga	mg/kg	15.8	2.2	15.6	1.2	0.14	16.2	15.9	1.4	10.4	10.9	11.5	14.4	17.2	20.2	22.0	24.0	0.1	0.2	747	15.7
Ge	mg/kg	1.33	0.21	1.31	1.17	0.16	1.28	1.33	0.14	0.66	0.87	0.97	1.19	1.46	1.71	1.94	2.30	0.2	0.7	743	1.32
Hg	mg/kg	0.019	0.059	0.014	1.673	3.17	0.011	0.013	0.003	0.003	0.005	0.006	0.010	0.017	0.039	0.145	1.345	18.5	379.4	691	0.013
I	mg/kg	2.92	1.43	2.65	1.53	0.49	2.42	2.62	0.70	0.67	0.85	1.15	2.03	3.46	6.41	10.30	13.70	2.4	10.7	719	2.71
La	mg/kg	34.2	10.4	32.8	1.3	0.31	27.5	33.1	5.7	6.5	14.1	19.8	27.5	39.1	58.4	70.2	151.5	2.6	21.9	729	33.3
Li	mg/kg	25.4	7.1	24.4	1.3	0.28	22.9	24.2	4.1	5.2	9.5	13.6	20.9	29.3	42.4	50.4	58.4	0.8	1.5	739	25.1
Mn	mg/kg	807	507	700	2	0.63	466	634	183	130	240	323	492	927	2 239	2 982	3 594	2.2	5.6	676	668
Mo	mg/kg	0.63	0.94	0.55	1.51	1.48	0.48	0.52	0.12	0.21	0.24	0.28	0.43	0.66	1.28	2.59	18.49	16.6	301.5	712	0.54
N	%	0.036	0.014	0.034	1.315	0.39	0.035	0.033	0.005	0.019	0.022	0.023	0.029	0.038	0.061	0.113	0.177	5.0	38.7	726	0.034
Nb	mg/kg	14.0	4.6	13.5	1.3	0.33	13.0	13.0	1.4	6.4	7.9	9.1	11.7	14.5	26.7	36.7	48.1	2.9	12.5	667	12.8
Ni	mg/kg	29.7	18.1	26.5	1.6	0.61	24.5	25.6	6.7	3.5	6.7	11.7	19.8	35.3	64.6	99.0	314.8	6.3	84.5	715	27.1

指标	单位	算术平均值 X_a	算术标准差 S_a	几何平均值 X_g	几何标准差 S_g	变异系数 CV	众值 X_{mo}	中位值 X_{me}	中位绝对离差 MAD	最小值 X_{min}	累积频率 $X_{0.5\%}$	$X_{2.5\%}$	$X_{25\%}$	$X_{75\%}$	$X_{97.5\%}$	$X_{99.5\%}$	最大值 X_{max}	偏度系数 SK	峰度系数 BK	基准值 n'	X_a'
P	mg/kg	340	182	312	1	0.54	286	292	57	129	136	174	245	366	832	1 172	2 472	4.3	32.7	693	300
Pb	mg/kg	24.2	11.8	23.2	1.3	0.49	20.4	22.9	2.8	9.5	13.1	15.1	20.2	25.8	36.6	67.9	279.1	14.4	291.1	726	22.9
Rb	mg/kg	93.2	18.9	91.5	1.2	0.20	82.6	89.8	9.0	40.4	52.7	65.9	81.7	100.7	138.3	170.9	240.2	1.8	7.9	728	91.5
S	mg/kg	159	267	128	2	1.68	119	119	20	67	73	84	101	140	437	1 524	4 466	11.3	150.5	689	118
Sb	mg/kg	0.84	1.44	0.72	1.53	1.72	0.63	0.71	0.15	0.16	0.31	0.36	0.57	0.88	1.56	2.33	36.83	21.8	529.7	724	0.73
Sc	mg/kg	9.1	2.5	8.7	1.3	0.28	8.9	8.9	1.4	1.2	3.7	4.3	7.5	10.3	14.6	17.8	30.8	1.4	8.0	740	9.0
Se	mg/kg	0.11	0.08	0.10	1.55	0.70	0.10	0.10	0.03	0.03	0.04	0.04	0.07	0.13	0.24	0.40	1.60	10.8	195.8	719	0.10
Sn	mg/kg	2.4	1.0	2.3	1.3	0.40	2.2	2.3	0.3	1.1	1.2	1.5	2.0	2.6	3.6	5.3	20.0	11.3	184.3	732	2.3
Sr	mg/kg	216	79	203	1	0.36	190	202	41	47	76	108	166	252	397	565	879	2.0	9.7	731	208
Th	mg/kg	9.9	2.8	9.6	1.3	0.28	9.6	9.6	1.3	3.5	4.7	5.7	8.3	10.9	17.2	21.8	34.7	2.4	13.5	726	9.6
Ti	mg/kg	3 498	726	3 417	1	0.21	3 468	3 535	443	492	1 741	2 113	3 016	3 909	5 103	5 591	7 076	0.2	1.3	744	3 489
Tl	mg/kg	0.59	0.10	0.58	1.18	0.18	0.58	0.57	0.05	0.35	0.38	0.42	0.53	0.63	0.85	0.97	1.35	1.8	8.1	720	0.60
U	mg/kg	1.86	0.43	1.81	1.24	0.23	1.77	1.83	0.21	0.74	0.87	1.16	1.62	2.04	2.73	3.61	6.29	2.5	19.7	728	1.82
V	mg/kg	72.5	21.6	69.3	1.4	0.30	88.3	69.6	14.3	8.4	26.6	36.0	57.5	86.1	117.8	133.0	179.2	0.6	1.0	746	72.2
W	mg/kg	1.32	0.58	1.26	1.35	0.44	1.32	1.27	0.20	0.40	0.57	0.66	1.07	1.46	2.06	3.62	10.06	7.9	98.0	737	1.27
Y	mg/kg	22.2	3.5	21.9	1.2	0.16	21.7	22.2	1.9	7.4	10.8	15.8	20.2	24.1	29.7	34.1	44.6	0.4	3.9	731	22.1
Zn	mg/kg	48.8	27.8	46.0	1.4	0.57	44.8	46.1	7.9	11.7	19.6	26.7	38.8	54.7	80.6	132.1	689.8	16.7	377.2	736	46.7
Zr	mg/kg	281	64	275	1	0.23	262	276	34	52	141	183	246	314	412	502	1 063	2.9	30.3	729	277
Al_2O_3	%	13.59	1.45	13.51	1.12	0.11	14.09	13.73	0.90	9.01	10.10	10.47	12.77	14.55	16.15	17.15	17.56	0.0	0.1	749	13.60
CaO	%	2.07	1.82	1.58	1.97	0.88	0.97	1.32	0.42	0.28	0.43	0.56	0.99	2.30	7.50	8.88	10.98	2.0	3.9	583	1.24
MgO	%	1.18	0.51	1.09	1.50	0.43	1.13	1.10	0.25	0.10	0.34	0.45	0.86	1.35	2.34	3.09	5.87	2.2	11.7	731	1.13
K_2O	%	2.56	0.51	2.51	1.22	0.20	2.23	2.48	0.34	0.98	1.36	1.75	2.19	2.90	3.71	4.17	5.12	0.6	0.9	742	2.55
Na_2O	%	2.09	0.50	2.03	1.28	0.24	1.80	2.03	0.35	0.49	1.04	1.32	1.71	2.43	3.16	3.59	3.75	0.5	0.1	744	2.08
SiO_2	%	65.99	4.32	65.85	1.07	0.07	69.15	66.43	2.85	51.17	53.22	56.98	63.25	69.10	73.39	75.78	79.22	0.0	0.2	745	66.07
TFe_2O_3	%	4.07	1.18	3.91	1.34	0.29	3.48	3.95	0.75	0.79	1.92	2.22	3.24	4.76	6.59	8.77	10.71	0.9	2.2	743	4.02
SOC	%	0.32	0.20	0.29	1.56	0.63	0.29	0.29	0.07	0.05	0.08	0.13	0.22	0.36	0.72	1.75	2.24	4.8	33.2	716	0.29
pH	无量纲						8.32	7.50	0.61	4.94	5.43	5.93	7.04	8.20	8.61	8.82	9.10				

表2.1.3A 淄博市表层土壤（0～20 cm）地球化学参数（n=1 515）

指标	单位	算术平均值 X_a	算术标准差 S_a	几何平均值 X_g	几何标准差 S_g	变异系数 CV	众值 X_{mo}	中位值 X_{me}	中位绝对离差 MAD	最小值 X_{min}	累积频率						最大值 X_{max}	偏度系数 SK	峰度系数 BK	背景值	
											$X_{0.5\%}$	$X_{2.5\%}$	$X_{25\%}$	$X_{75\%}$	$X_{97.5\%}$	$X_{99.5\%}$				n'	X_a'
Ag	mg/kg	0.093	0.051	0.086	1.420	0.55	0.094	0.085	0.016	0.038	0.042	0.049	0.069	0.102	0.193	0.401	1.098	7.9	113.9	1 447	0.085
As	mg/kg	10.1	3.2	9.7	1.4	0.31	10.1	9.9	1.8	2.8	3.7	4.4	8.3	11.9	16.5	19.5	57.6	2.6	33.0	1 491	10.0
Au	μg/kg	1.9	1.1	1.7	1.4	0.59	1.5	1.7	0.3	0.5	0.9	1.0	1.4	2.1	3.7	9.3	19.6	7.7	86.6	1 454	1.7
B	mg/kg	51.1	17.4	48.1	1.4	0.34	48.3	50.6	8.7	6.3	13.2	19.0	41.5	59.0	90.2	120.0	171.8	1.2	5.2	1 481	49.7
Ba	mg/kg	521	224	508	1	0.43	519	503	36	217	348	391	467	539	694	1 007	5 985	17.8	379.5	1 462	502
Be	mg/kg	2.21	0.31	2.19	1.15	0.14	2.23	2.18	0.22	1.31	1.59	1.71	1.97	2.41	2.87	3.11	3.64	0.5	0.3	1 508	2.21
Bi	mg/kg	0.36	0.18	0.34	1.39	0.49	0.28	0.34	0.06	0.09	0.14	0.17	0.28	0.41	0.67	1.22	3.78	8.2	119.4	1 464	0.34
Br	mg/kg	5.5	2.3	5.0	1.6	0.41	5.2	5.3	1.6	0.9	1.5	2.0	3.8	6.9	10.3	12.5	19.2	0.8	2.3	1 502	5.4
TC	%	1.83	0.82	1.65	1.58	0.45	1.87	1.73	0.45	0.35	0.45	0.57	1.31	2.20	3.87	4.82	7.63	1.4	4.2	1 468	1.74
Cd	mg/kg	0.229	2.049	0.163	1.479	8.93	0.140	0.158	0.031	0.042	0.075	0.088	0.130	0.199	0.345	0.498	79.750	38.7	1 502.6	1 446	0.162
Ce	mg/kg	73.6	20.9	71.7	1.2	0.28	66.8	69.1	6.1	42.1	46.7	52.9	63.8	76.2	130.0	188.4	348.5	4.4	32.9	1 383	68.8
Cl	mg/kg	103	85	92	1	0.83	80	85	16	44	52	56	71	106	250	481	2 164	12.3	247.3	1 380	87
Co	mg/kg	13.9	3.3	13.6	1.2	0.24	14.1	13.4	1.7	6.2	8.3	9.5	11.8	15.1	21.8	27.2	50.1	2.2	12.4	1 471	13.6
Cr	mg/kg	73.2	26.0	71.0	1.3	0.36	65.2	70.9	5.1	22.0	35.0	42.3	65.9	76.3	113.0	173.2	733.5	13.1	292.1	1 355	70.8
Cu	mg/kg	31.4	13.7	29.7	1.4	0.44	25.8	28.5	4.6	10.6	14.2	17.6	24.5	34.1	62.4	90.2	313.0	7.4	124.1	1 416	28.9
F	mg/kg	646	165	629	1	0.26	565	606	66	234	400	448	551	690	1 105	1 451	1 880	2.5	10.4	1 416	615
Ga	mg/kg	17.1	2.2	17.0	1.1	0.13	15.7	16.9	1.6	9.9	12.7	13.6	15.5	18.6	21.5	23.0	24.1	0.3	0.0	1 509	17.1
Ge	mg/kg	1.45	0.20	1.43	1.15	0.14	1.20	1.44	0.13	0.73	1.00	1.10	1.30	1.56	1.88	2.05	2.83	0.5	1.8	1 502	1.44
Hg	mg/kg	0.059	0.082	0.046	1.814	1.38	0.036	0.043	0.013	0.009	0.014	0.017	0.032	0.063	0.179	0.532	1.568	10.5	152.3	1 392	0.045
I	mg/kg	2.25	0.78	2.13	1.38	0.35	2.31	2.15	0.39	0.54	0.86	1.04	1.79	2.57	4.09	5.07	12.10	2.3	18.4	1 473	2.18
La	mg/kg	38.8	11.6	37.7	1.2	0.30	33.8	35.8	2.7	22.4	25.8	28.9	33.5	39.6	70.4	106.4	196.5	4.9	39.5	1 369	35.9
Li	mg/kg	39.8	10.0	38.7	1.3	0.25	32.8	38.2	5.2	17.2	22.6	26.5	33.4	43.7	64.8	84.5	123.0	1.9	7.5	1 454	38.4
Mn	mg/kg	622	149	607	1	0.24	575	599	70	308	360	418	535	676	970	1 184	2 922	3.7	41.1	1 465	605
Mo	mg/kg	0.76	0.41	0.72	1.36	0.53	0.61	0.69	0.12	0.35	0.39	0.45	0.59	0.84	1.47	2.22	9.66	11.5	210.4	1 454	0.71
N	%	0.110	0.032	0.106	1.320	0.29	0.095	0.107	0.018	0.040	0.048	0.059	0.090	0.125	0.180	0.226	0.337	1.4	6.3	1 487	0.108
Nb	mg/kg	14.6	2.3	14.5	1.1	0.16	13.4	14.2	0.9	8.2	9.8	11.5	13.4	15.4	20.0	25.5	40.3	3.2	21.6	1 440	14.3
Ni	mg/kg	33.2	16.1	32.0	1.3	0.49	34.7	32.2	3.8	7.9	15.4	19.8	28.5	36.0	50.3	74.7	568.8	24.9	815.0	1 465	32

24

指标	单位	算术平均值 X_a	算术标准差 S_a	几何平均值 X_g	几何标准差 S_g	变异系数 CV	众值 X_{mo}	中位值 X_{me}	中位绝对离差 MAD	最小值 X_{min}	累积频率 $X_{0.5\%}$	$X_{2.5\%}$	$X_{25\%}$	$X_{75\%}$	$X_{97.5\%}$	$X_{99.5\%}$	最大值 X_{max}	偏度系数 SK	峰度系数 BK	n'	背景值 X_a'
P	mg/kg	897	294	855	1	0.33	802	876	175	273	379	462	698	1 050	1 542	2 000	3 517	2.0	12.0	1 485	875
Pb	mg/kg	31.2	17.7	29.2	1.4	0.57	23.2	27.6	4.0	11.9	17.8	19.5	24.1	32.5	63.1	129.7	333.1	8.6	105.9	1 398	27.9
Rb	mg/kg	107.0	22.7	105.0	1.2	0.21	90.4	99.6	9.2	56.6	72.9	80.8	92.3	115.6	168.4	190.7	250.5	1.6	3.3	1 450	103.9
S	mg/kg	282	171	256	1.34	0.61	218	241	46	100	112	136	202	302	699	1 198	2 875	5.5	52.5	1 380	242
Sb	mg/kg	0.85	0.34	0.81	1.34	0.40	0.82	0.82	0.15	0.29	0.38	0.45	0.67	0.96	1.39	2.11	8.96	10.2	213.9	1 484	0.82
Sc	mg/kg	11.9	2.5	11.7	1.2	0.21	10.6	11.6	1.3	4.5	6.6	7.9	10.4	12.9	18.1	21.9	26.2	1.2	3.1	1 475	11.7
Se	mg/kg	0.28	0.19	0.25	1.51	0.69	0.19	0.24	0.06	0.10	0.12	0.13	0.19	0.31	0.65	0.86	5.23	13.1	301.5	1 423	0.25
Sn	mg/kg	3.4	1.0	3.3	1.2	0.29	3.2	3.2	0.4	1.7	1.9	2.2	2.9	3.6	5.1	7.9	23.2	7.7	122.8	1 465	3.3
Sr	mg/kg	171	47	165	1	0.28	198	166	30	67	85	100	139	198	289	354	426	1.1	2.8	1 466	166
Th	mg/kg	14.4	7.3	13.3	1.4	0.51	11.8	12.1	1.5	3.8	7.2	8.7	10.9	14.3	37.5	48.5	73.8	3.1	12.0	1 297	12.0
Ti	mg/kg	3 995	479	3 968	1	0.12	3 853	3 938	239	2 174	2 844	3 097	3 718	4 217	5 104	6 056	6 788	1.1	4.6	1 473	3 958
Tl	mg/kg	0.71	0.15	0.69	1.21	0.22	0.60	0.67	0.07	0.32	0.50	0.53	0.61	0.76	1.12	1.31	1.90	1.9	6.2	1 415	0.68
U	mg/kg	2.61	0.74	2.54	1.26	0.28	2.21	2.42	0.28	0.97	1.55	1.81	2.19	2.80	4.76	6.02	9.20	2.7	11.6	1 381	2.44
V	mg/kg	84.6	15.6	83.3	1.2	0.18	82.7	82.8	8.4	42.9	51.6	60.6	74.8	91.5	121.9	146.7	195.5	1.5	6.0	1 474	83.2
W	mg/kg	1.79	0.42	1.75	1.22	0.23	1.70	1.78	0.17	0.62	0.88	1.11	1.60	1.95	2.38	3.67	9.78	6.3	99.6	1 473	1.77
Y	mg/kg	25.1	3.4	24.9	1.1	0.14	25.0	24.9	1.5	12.5	15.9	18.8	23.4	26.4	32.7	37.0	51.5	1.5	9.2	1 459	24.9
Zn	mg/kg	80.2	28.5	77.8	1.2	0.36	78.4	75.9	9.1	43.0	50.7	56.8	67.7	86.1	127.9	213.8	761.9	11.6	235.8	1 442	76.4
Zr	mg/kg	249	58	244	1	0.23	244	247	24	118	148	168	220	268	362	575	888	4.2	34.7	1 469	242
Al_2O_3	%	13.52	1.29	13.46	1.10	0.10	13.38	13.58	0.87	7.73	10.36	11.22	12.59	14.33	16.16	17.32	17.86	0.1	0.4	1 501	13.51
CaO	%	3.87	2.24	3.27	1.80	0.58	1.48	3.34	1.53	0.81	0.93	1.10	2.03	5.41	8.69	12.16	17.56	1.2	2.4	1 497	3.76
MgO	%	1.88	0.60	1.80	1.33	0.32	1.76	1.76	0.27	0.53	0.92	1.08	1.51	2.09	3.36	4.42	6.26	2.0	7.9	1 459	1.80
K_2O	%	2.52	0.40	2.49	1.16	0.16	2.19	2.41	0.19	1.48	1.80	2.00	2.25	2.70	3.52	3.81	4.60	1.2	1.6	1 479	2.49
Na_2O	%	1.70	0.51	1.62	1.35	0.30	1.69	1.64	0.25	0.33	0.67	0.86	1.38	1.88	2.97	3.29	3.63	0.9	1.1	1 487	1.67
SiO_2	%	59.80	4.29	59.64	1.08	0.07	63.79	60.05	2.85	39.33	45.03	50.37	57.30	62.97	66.70	68.01	70.03	0.0	1.3	1 497	59.99
TFe_2O_3	%	5.07	0.83	5.01	1.17	0.16	5.02	4.98	0.52	3.06	3.52	3.83	4.47	5.53	6.96	8.00	9.99	1.1	2.6	1 490	5.02
SOC	%	1.20	0.50	1.12	1.46	0.41	1.22	1.13	0.24	0.29	0.41	0.52	0.89	1.38	2.56	3.32	4.48	1.9	6.6	1 441	1.13
pH	无量纲						8.10	7.96	0.21	4.80	5.06	5.36	7.60	8.12	8.36	8.57	8.96				

表2.1.3B 淄博市深层土壤（150～200 cm）地球化学参数（n=373）

指标	单位	算术平均值 X_a	算术标准差 S_a	几何平均值 X_g	几何标准差 S_g	变异系数 CV	众值 X_{mo}	中位值 X_{me}	中位绝对离差 MAD	最小值 X_{min}	累积频率 $X_{0.5\%}$	$X_{2.5\%}$	$X_{25\%}$	$X_{75\%}$	$X_{97.5\%}$	$X_{99.5\%}$	最大值 X_{max}	偏度系数 SK	峰度系数 BK	基准值 n'	X_a'
Ag	mg/kg	0.076	0.027	0.072	1.345	0.35	0.059	0.072	0.013	0.027	0.029	0.039	0.061	0.086	0.134	0.187	0.337	3.8	30.0	361	0.073
As	mg/kg	10.1	2.6	9.8	1.3	0.26	11.3	10.1	1.4	3.3	3.8	5.6	8.5	11.4	16.5	18.4	20.7	0.6	1.4	366	9.9
Au	μg/kg	1.8	0.5	1.7	1.3	0.28	1.6	1.7	0.3	0.7	0.9	1.0	1.5	2.0	2.9	3.7	4.8	1.6	6.1	363	1.7
B	mg/kg	49.9	13.4	48.1	1.3	0.27	51.7	48.9	6.9	11.4	16.4	24.6	42.1	55.8	82.5	96.2	102.2	0.7	1.9	364	49.1
Ba	mg/kg	506	65	502	1	0.13	442	501	37	306	334	386	466	539	637	774	791	0.8	3.3	363	503
Be	mg/kg	2.17	0.31	2.15	1.15	0.14	2.25	2.17	0.22	1.44	1.57	1.62	1.95	2.38	2.78	2.91	3.66	0.4	0.7	372	2.17
Bi	mg/kg	0.29	0.08	0.28	1.30	0.27	0.26	0.28	0.04	0.10	0.12	0.16	0.24	0.33	0.44	0.53	0.92	1.7	11.3	369	0.28
Br	mg/kg	4.5	1.9	4.1	1.5	0.42	3.6	4.1	1.1	1.2	1.5	1.9	3.2	5.3	9.6	10.4	11.9	1.1	1.2	362	4.3
TC	%	1.22	0.71	1.03	1.84	0.58	1.29	1.17	0.47	0.18	0.21	0.29	0.65	1.59	2.64	3.82	5.58	1.4	4.8	366	1.17
Cd	mg/kg	0.111	0.034	0.106	1.331	0.31	0.090	0.105	0.016	0.029	0.055	0.062	0.090	0.123	0.200	0.230	0.325	1.7	6.2	358	0.106
Ce	mg/kg	70.5	12.9	69.5	1.2	0.18	68.8	68.6	5.6	47.8	48.8	53.1	63.1	74.2	103.5	136.9	144.6	2.2	8.6	358	68.6
Cl	mg/kg	114	97	90	2	0.85	67	71	19	38	39	43	58	132	395	526	595	2.3	5.4	301	74
Co	mg/kg	13.9	2.8	13.6	1.2	0.20	13.1	13.5	1.5	8.5	8.8	9.4	12.1	15.1	20.7	24.6	27.5	1.2	2.7	364	13.6
Cr	mg/kg	72.1	23.3	70.1	1.2	0.32	66.8	69.4	5.7	28.3	37.5	46.6	63.8	75.3	108.2	221.0	357.6	7.0	72.0	349	69.1
Cu	mg/kg	27.8	7.7	26.9	1.3	0.28	31.5	26.8	4.2	10.3	15.1	17.0	22.9	31.0	46.7	58.5	84.7	2.0	9.7	362	26.9
F	mg/kg	599	149	585	1	0.25	533	566	59	350	383	434	514	634	1 052	1 281	1 457	2.4	8.1	346	567
Ga	mg/kg	17.0	2.4	16.9	1.2	0.14	15.7	17.0	1.7	11.4	12.1	12.7	15.4	18.8	21.6	22.4	25.6	0.1	0.0	372	17.0
Ge	mg/kg	1.43	0.23	1.41	1.17	0.16	1.30	1.40	0.16	1.00	1.00	1.08	1.28	1.60	1.91	2.08	2.43	0.5	0.3	372	1.43
Hg	mg/kg	0.028	0.029	0.023	1.733	1.05	0.014	0.021	0.007	0.005	0.009	0.010	0.016	0.029	0.079	0.227	0.350	6.7	59.3	337	0.022
I	mg/kg	2.15	0.83	2.02	1.42	0.39	1.88	2.03	0.46	0.79	0.92	1.02	1.58	2.49	4.29	5.48	7.53	1.8	6.2	360	2.05
La	mg/kg	37.4	7.1	36.9	1.2	0.19	35.5	36.2	2.6	25.9	27.7	28.8	33.8	39.2	54.4	74.8	102.5	3.7	24.0	351	36.10
Li	mg/kg	38.6	10.2	37.5	1.3	0.26	35.9	36.3	4.3	14.8	23.1	26.0	32.7	41.4	65.2	84.1	108.3	2.3	9.3	353	37.0
Mn	mg/kg	645	186	627	1	0.29	600	620	76	383	391	418	549	702	991	1 198	3 028	6.2	73.5	363	626
Mo	mg/kg	0.66	0.17	0.64	1.27	0.26	0.59	0.62	0.09	0.31	0.38	0.43	0.55	0.73	1.09	1.33	1.36	1.5	3.1	358	0.64
N	%	0.055	0.024	0.050	1.497	0.43	0.050	0.050	0.010	0.019	0.021	0.024	0.040	0.060	0.110	0.150	0.170	1.4	3.1	364	0.053
Nb	mg/kg	14.4	1.9	14.3	1.1	0.13	14.4	14.3	0.9	9.4	10.3	11.1	13.4	15.2	18.6	23.5	26.9	1.8	8.6	363	14.3
Ni	mg/kg	31.5	9.7	30.7	1.2	0.31	33.0	30.7	3.4	14.6	17.2	20.4	27.4	34.2	48.3	87.8	158.5	7.3	84.6	360	30.4

26

指标	单位	算术平均值 X_a	算术标准差 S_a	几何平均值 X_g	几何标准差 S_g	变异系数 CV	众值 X_{mo}	中位值 X_{me}	中位绝对离差 MAD	最小值 X_{min}	累积频率 $X_{0.5\%}$	$X_{2.5\%}$	$X_{25\%}$	$X_{75\%}$	$X_{97.5\%}$	$X_{99.5\%}$	最大值 X_{max}	偏度系数 SK	峰度系数 BK	n'	基准值 X_a'
P	mg/kg	544	155	526	1	0.29	463	515	83	262	333	356	441	608	902	1 169	1 775	2.5	13.2	359	524
Pb	mg/kg	24.4	7.0	23.7	1.3	0.29	18.4	23.2	3.1	14.5	15.0	16.4	20.2	26.5	42.0	60.7	76.3	2.8	13.4	357	23.3
Rb	mg/kg	105.4	20.9	103.5	1.2	0.20	86.4	100.8	12.0	61.7	72.6	77.5	90.7	116.3	155.7	184.2	218.2	1.4	3.2	366	103.9
S	mg/kg	175	84	161	1	0.48	137	152	36	31	69	88	125	202	386	659	759	3.0	14.4	353	160
Sb	mg/kg	0.86	0.26	0.83	1.28	0.30	0.73	0.84	0.12	0.32	0.33	0.51	0.73	0.96	1.30	1.79	4.05	5.4	61.6	369	0.84
Sc	mg/kg	11.9	2.1	11.7	1.2	0.18	11.6	11.7	1.2	7.0	7.3	8.0	10.6	12.9	16.5	18.5	21.0	0.8	1.6	365	11.8
Se	mg/kg	0.13	0.06	0.12	1.45	0.47	0.09	0.12	0.03	0.05	0.06	0.07	0.09	0.15	0.29	0.35	0.73	3.4	24.3	354	0.12
Sn	mg/kg	3.0	0.8	2.9	1.3	0.28	2.7	2.8	0.4	1.7	1.7	1.9	2.5	3.2	4.6	6.4	11.4	4.0	34.1	363	2.9
Sr	mg/kg	173	49	166	1	0.29	194	162	29	68	83	101	138	196	298	328	429	1.2	2.7	362	168
Th	mg/kg	13.9	5.4	13.2	1.4	0.39	11.6	12.3	1.6	6.8	7.7	8.5	11.1	14.3	28.8	41.9	46.3	2.7	9.6	340	12.5
Ti	mg/kg	3 933	438	3 910	1	0.11	3 796	3 911	267	2 881	2 942	3 136	3 660	4 203	4 774	5 259	6 021	0.6	1.5	369	3 917
Tl	mg/kg	0.69	0.13	0.68	1.20	0.20	0.61	0.65	0.07	0.44	0.48	0.51	0.59	0.75	1.02	1.26	1.44	1.6	4.5	361	0.70
U	mg/kg	2.46	0.56	2.40	1.22	0.23	2.10	2.33	0.26	1.38	1.58	1.74	2.10	2.69	4.07	4.61	5.39	1.9	5.2	350	2.35
V	mg/kg	84.4	14.0	83.3	1.2	0.17	85.4	83.4	8.8	54.1	56.4	59.8	74.4	92.1	119.0	127.8	133.4	0.6	0.6	367	83.7
W	mg/kg	1.76	0.31	1.74	1.19	0.18	1.84	1.76	0.17	0.69	1.04	1.23	1.59	1.93	2.31	2.87	4.14	1.5	10.3	365	1.75
Y	mg/kg	24.8	2.9	24.6	1.1	0.12	25.4	25.0	1.8	15.7	16.6	18.4	23.1	26.6	30.2	32.2	36.5	0.0	1.3	368	24.8
Zn	mg/kg	67.7	12.6	66.7	1.2	0.19	63.5	66.1	7.6	44.6	45.4	49.0	59.0	73.7	96.2	118.0	141.5	1.5	4.7	364	66.6
Zr	mg/kg	244	53	239	1	0.22	248	241	22	139	146	166	217	260	349	465	817	4.1	38.3	362	238
Al_2O_3	%	13.66	1.56	13.57	1.12	0.11	14.20	13.99	1.01	9.91	10.20	10.68	12.64	14.79	16.41	17.56	19.63	0.0	0.0	372	13.65
CaO	%	4.21	2.48	3.49	1.88	0.59	1.45	3.72	1.90	0.90	0.96	1.18	2.02	5.97	9.43	11.29	14.77	0.8	0.4	371	4.15
MgO	%	1.90	0.63	1.82	1.32	0.33	1.75	1.76	0.22	0.67	0.99	1.08	1.56	2.05	3.44	5.56	6.11	2.7	12.3	354	1.79
K_2O	%	2.47	0.37	2.45	1.15	0.15	2.31	2.39	0.20	1.61	1.88	1.94	2.22	2.65	3.31	3.78	4.01	1.1	1.4	368	2.45
Na_2O	%	1.71	0.44	1.65	1.29	0.26	1.68	1.67	0.23	0.49	0.83	0.98	1.44	1.90	2.80	3.44	3.61	1.0	2.4	365	1.68
SiO_2	%	59.55	3.84	59.42	1.07	0.06	61.27	59.90	2.57	43.46	46.16	51.56	57.24	62.27	65.46	66.89	68.69	0.0	1.2	367	59.77
TFe_2O_3	%	4.97	0.79	4.91	1.17	0.16	4.39	4.91	0.52	3.28	3.42	3.62	4.39	5.43	6.58	7.44	7.94	0.5	0.4	369	4.94
SOC	%	0.48	0.28	0.40	1.82	0.59	0.48	0.41	0.14	0.08	0.09	0.11	0.28	0.58	1.26	1.42	1.46	1.2	1.3	360	0.45
pH	无量纲						8.20	8.27	0.18	5.17	5.71	6.35	8.10	8.45	8.74	8.83	8.88				

表 2.1.4A 枣庄市表层土壤（0~20 cm）地球化学参数（n=1 166）

指标	单位	算术平均值 X_a	算术标准差 S_a	几何平均值 X_g	几何标准差 S_g	变异系数 CV	众值 X_{mo}	中位值 X_{me}	中位绝对离差 MAD	最小值 X_{min}	累积频率 $X_{0.5\%}$	$X_{2.5\%}$	$X_{25\%}$	$X_{75\%}$	$X_{97.5\%}$	$X_{99.5\%}$	最大值 X_{max}	偏度系数 SK	峰度系数 BK	背景值 n'	背景值 X_a'
Ag	mg/kg	0.078	0.026	0.075	1.312	0.34	0.070	0.074	0.009	0.008	0.038	0.046	0.065	0.084	0.136	0.231	0.422	4.8	43.4	1 112	0.074
As	mg/kg	9.0	2.9	8.6	1.4	0.32	9.1	8.9	2.0	2.5	3.4	4.3	6.8	10.8	15.0	17.9	32.1	0.8	3.2	1 156	8.9
Au	μg/kg	1.5	0.5	1.5	1.4	0.33	1.3	1.5	0.3	0.4	0.7	0.8	1.2	1.8	2.7	3.8	5.1	1.7	6.4	1 140	1.5
B	mg/kg	53.9	15.6	51.7	1.3	0.29	52.5	53.3	8.1	10.5	19.0	25.4	44.6	60.6	93.9	115.5	134.1	1.1	3.4	1 123	52.3
Ba	mg/kg	573	193	562	1	0.34	578	562	59	342	378	407	505	622	795	922	6 288	22.4	660.3	1 144	562
Be	mg/kg	2.18	0.30	2.16	1.15	0.14	1.97	2.15	0.21	1.13	1.60	1.68	1.97	2.39	2.82	3.01	3.39	0.4	0.1	1 160	2.18
Bi	mg/kg	0.34	0.10	0.33	1.30	0.29	0.34	0.33	0.05	0.13	0.16	0.19	0.28	0.38	0.54	0.69	1.34	2.3	15.2	1 145	0.33
Br	mg/kg	3.7	1.4	3.5	1.4	0.39	3.1	3.3	0.6	0.7	1.5	1.9	2.8	4.1	7.5	10.2	13.8	2.3	8.4	1 102	3.4
TC	%	1.27	0.59	1.17	1.49	0.46	1.29	1.15	0.27	0.31	0.41	0.53	0.90	1.45	2.87	3.83	7.41	2.6	13.9	1 096	1.16
Cd	mg/kg	0.154	0.052	0.147	1.334	0.34	0.141	0.147	0.025	0.070	0.077	0.088	0.122	0.172	0.275	0.354	0.724	3.1	21.5	1 126	0.147
Ce	mg/kg	76.9	14.8	75.6	1.2	0.19	72.4	75.7	7.1	33.2	42.6	52.4	68.4	82.8	111.8	157.3	183.8	1.8	9.0	1 127	75.5
Cl	mg/kg	102	63	91	2	0.61	62	84	21	31	43	49	66	113	275	425	604	3.2	14.3	1 061	87
Co	mg/kg	14.8	3.6	14.4	1.3	0.24	13.9	14.5	2.1	4.7	7.6	8.9	12.5	16.7	22.3	28.1	40.0	1.2	4.9	1 146	14.6
Cr	mg/kg	67.9	20.5	65.4	1.3	0.30	74.1	68.6	10.5	15.3	25.4	33.6	57.6	78.4	93.5	141.0	389.8	4.9	64.9	1 152	66.7
Cu	mg/kg	28.5	8.3	27.6	1.3	0.29	25.1	27.1	3.6	12.2	15.6	18.3	23.9	31.1	48.6	74.1	94.0	2.9	14.8	1 115	27.3
F	mg/kg	585	143	570	1	0.24	495	554	73	249	348	395	491	645	982	1 128	1 376	1.5	3.4	1 120	566
Ga	mg/kg	17.1	1.9	17.0	1.1	0.11	15.4	17.0	1.4	8.8	12.6	13.8	15.7	18.4	21.2	22.2	24.3	0.2	0.2	1 162	17.1
Ge	mg/kg	1.39	0.18	1.38	1.14	0.13	1.35	1.38	0.11	0.45	0.91	1.06	1.28	1.50	1.79	1.96	2.18	0.3	1.8	1 147	1.39
Hg	mg/kg	0.049	0.229	0.037	1.620	4.67	0.031	0.035	0.008	0.009	0.013	0.017	0.028	0.044	0.104	0.419	7.729	32.5	1 090.7	1 081	0.035
I	mg/kg	2.35	1.26	2.13	1.53	0.53	1.73	2.05	0.50	0.62	0.82	1.03	1.61	2.64	6.21	8.57	11.40	2.7	10.9	1 106	2.13
La	mg/kg	38.4	7.2	37.8	1.2	0.19	35.0	37.7	3.3	17.1	22.5	27.3	34.6	41.1	52.4	81.4	97.5	2.5	15.6	1 130	37.8
Li	mg/kg	36.7	8.9	35.6	1.3	0.24	32.5	36.1	5.7	15.4	19.2	21.8	30.7	41.9	55.2	66.7	74.1	0.6	0.8	1 148	36.2
Mn	mg/kg	747	230	720	1	0.31	695	713	102	221	359	439	615	823	1 258	1 873	3 109	3.2	21.4	1 122	718
Mo	mg/kg	0.60	0.17	0.58	1.29	0.29	0.53	0.57	0.09	0.29	0.32	0.38	0.49	0.68	1.03	1.29	2.11	2.0	9.1	1 126	0.58
N	%	0.114	0.028	0.110	1.282	0.25	0.098	0.112	0.017	0.045	0.052	0.064	0.095	0.130	0.174	0.216	0.251	0.6	1.5	1 153	0.113
Nb	mg/kg	14.6	1.6	14.5	1.1	0.11	15.1	14.9	0.8	7.4	9.7	10.8	13.8	15.6	16.8	18.6	22.7	0.0	2.0	1 143	14.6
Ni	mg/kg	31.6	12.4	30.1	1.4	0.39	30.1	31.2	5.4	9.1	12.5	15.6	25.7	36.5	46.8	79.9	250.6	7.6	110.1	1 150	30.7

指标	单位	算术平均值 X_a	算术标准差 S_a	几何平均值 X_g	几何标准差 S_g	变异系数 CV	众值 X_{mo}	中位值 X_{me}	中位绝对离差 MAD	最小值 X_{min}	累积频率 $X_{0.5\%}$	$X_{2.5\%}$	$X_{25\%}$	$X_{75\%}$	$X_{97.5\%}$	$X_{99.5\%}$	最大值 X_{max}	偏度系数 SK	峰度系数 BK	n'	背景值 X_a'
P	mg/kg	832	255	797	1	0.31	770	788	141	207	389	466	666	960	1 421	1 869	2 897	1.5	5.8	1 138	810
Pb	mg/kg	27.6	7.6	26.9	1.2	0.28	27.6	26.5	3.0	14.8	16.6	18.7	23.7	29.6	43.8	64.2	112.3	5.1	46.0	1 119	26.5
Rb	mg/kg	101.6	16.8	100.3	1.2	0.17	97.9	100.2	9.2	40.9	65.3	72.8	91.1	109.4	143.8	165.6	172.5	0.9	2.1	1 134	100.3
S	mg/kg	241	105	227	1	0.44	219	221	37	67	116	139	187	262	477	865	1 410	4.6	34.0	1 102	223
Sb	mg/kg	0.73	0.21	0.70	1.32	0.29	0.51	0.70	0.15	0.28	0.37	0.42	0.57	0.86	1.18	1.46	1.88	0.9	1.5	1 155	0.72
Sc	mg/kg	11.7	2.5	11.5	1.2	0.21	10.4	11.2	1.4	3.2	5.1	7.6	10.2	13.2	17.4	20.0	22.1	0.6	1.3	1 135	11.6
Se	mg/kg	0.22	0.07	0.21	1.31	0.34	0.18	0.20	0.03	0.09	0.12	0.13	0.18	0.23	0.43	0.65	0.84	3.0	14.5	1 099	0.20
Sn	mg/kg	3.4	0.9	3.3	1.3	0.25	3.5	3.4	0.5	0.9	1.5	2.0	2.9	3.8	5.4	6.8	11.3	1.4	7.9	1 136	3.4
Sr	mg/kg	185	94	165	2	0.51	104	151	47	55	66	78	113	242	414	519	618	1.2	1.2	1 139	178
Th	mg/kg	12.7	2.7	12.5	1.2	0.21	11.6	12.5	1.3	6.2	7.8	8.6	11.2	13.8	18.4	28.9	35.4	2.6	15.3	1 133	12.4
Ti	mg/kg	4 231	522	4 197	1	0.12	3 856	4 268	315	2 148	2 652	3 211	3 899	4 549	5 350	5 783	6 586	0.0	1.5	1 144	4 230
Tl	mg/kg	0.58	0.07	0.58	1.14	0.13	0.58	0.58	0.05	0.35	0.39	0.44	0.53	0.63	0.73	0.79	0.87	0.1	0.3	1 162	0.58
U	mg/kg	2.39	0.39	2.36	1.17	0.16	2.34	2.36	0.19	1.10	1.48	1.68	2.18	2.56	3.19	3.90	6.09	1.8	12.7	1 142	2.37
V	mg/kg	88.9	15.5	87.5	1.2	0.18	84.1	87.5	9.7	36.2	49.3	61.7	78.6	98.3	122.1	139.4	172.7	0.6	1.9	1 149	88.4
W	mg/kg	1.81	0.36	1.77	1.25	0.20	1.82	1.86	0.22	0.58	0.79	0.99	1.62	2.05	2.43	2.76	3.45	0.0	1.0	1 156	1.82
Y	mg/kg	24.6	3.7	24.3	1.2	0.15	26.4	25.1	2.5	11.0	14.3	17.1	22.1	27.1	31.5	33.5	39.9	0.0	0.5	1 157	24.7
Zn	mg/kg	68.3	15.4	66.8	1.2	0.23	59.1	66.6	8.3	30.4	39.7	46.7	58.7	75.3	103.5	128.0	226.2	2.4	16.9	1 134	66.9
Zr	mg/kg	271	40	268	1	0.15	296	270	28	138	178	197	243	299	349	375	496	0.3	0.7	1 161	271
Al_2O_3	%	13.94	1.22	13.89	1.09	0.09	12.83	13.85	0.88	6.86	11.33	11.94	13.05	14.86	16.29	17.01	18.00	0.0	0.5	1 161	13.94
CaO	%	2.06	1.45	1.81	1.58	0.71	1.24	1.68	0.42	0.63	0.74	0.95	1.33	2.21	5.98	8.87	25.73	6.0	69.2	1 043	1.69
MgO	%	1.36	0.44	1.31	1.31	0.32	1.23	1.29	0.20	0.49	0.66	0.82	1.11	1.52	2.46	3.41	6.83	3.6	27.8	1 125	1.31
K_2O	%	2.36	0.38	2.33	1.17	0.16	2.22	2.29	0.22	0.86	1.62	1.79	2.11	2.56	3.30	3.61	3.90	0.8	1.2	1 148	2.34
Na_2O	%	1.55	0.64	1.42	1.52	0.42	1.07	1.34	0.39	0.23	0.53	0.64	1.04	2.07	2.88	3.33	3.81	0.7	0.0	1 163	1.54
SiO_2	%	62.05	3.97	61.92	1.07	0.06	66.10	62.54	2.63	30.20	49.75	53.15	59.67	64.93	68.22	69.33	72.91	0.0	3.6	1 158	62.16
TFe_2O_3	%	5.04	1.01	4.94	1.22	0.20	4.41	4.98	0.71	2.47	2.79	3.29	4.30	5.73	7.25	7.89	8.76	0.4	0.1	1 161	5.02
SOC	%	1.10	0.40	1.04	1.42	0.36	1.05	1.06	0.23	0.19	0.37	0.50	0.84	1.29	2.01	3.06	4.00	1.7	6.3	1 140	1.07
pH	无量纲						7.50	7.18	0.54	4.62	5.01	5.25	6.48	7.60	8.07	8.17	8.35				

表 2.1.4B　枣庄市深层土壤（150~200 cm）地球化学参数（n=295）

指标	单位	算术平均值 X_a	算术标准差 S_a	几何平均值 X_g	几何标准差 S_g	变异系数 CV	众值 X_{mo}	中位值 X_{me}	中位绝对离差 MAD	最小值 X_{min}	累积频率						最大值 X_{max}	偏度系数 SK	峰度系数 BK	基准值	
											$X_{0.5\%}$	$X_{2.5\%}$	$X_{25\%}$	$X_{75\%}$	$X_{97.5\%}$	$X_{99.5\%}$				n'	X_a'
Ag	mg/kg	0.069	0.021	0.067	1.275	0.31	0.063	0.066	0.008	0.025	0.036	0.043	0.059	0.074	0.115	0.183	0.263	4.1	28.1	280	0.066
As	mg/kg	11.0	4.2	10.2	1.5	0.39	10.4	10.4	2.4	2.0	2.6	4.1	8.4	13.0	22.5	26.1	33.2	1.2	3.6	287	10.6
Au	μg/kg	1.6	0.6	1.6	1.4	0.37	1.4	1.6	0.3	0.3	0.6	0.8	1.3	1.8	2.7	5.7	6.9	3.8	26.6	287	1.6
B	mg/kg	49.9	16.9	46.8	1.5	0.34	46.5	48.8	10.5	2.3	14.7	22.0	39.0	60.2	89.0	110.4	129.7	0.8	2.1	288	48.9
Ba	mg/kg	609	142	591	1	0.23	525	581	64	18	345	431	525	657	990	1 255	1 371	1.5	5.7	281	591
Be	mg/kg	2.28	0.31	2.25	1.18	0.14	2.38	2.28	0.20	0.39	1.14	1.76	2.08	2.48	2.85	3.11	3.13	0.0	4.2	293	2.29
Bi	mg/kg	0.31	0.08	0.30	1.34	0.26	0.33	0.31	0.05	0.03	0.11	0.17	0.26	0.35	0.47	0.70	0.79	1.0	5.4	289	0.31
Br	mg/kg	3.6	1.7	3.3	1.5	0.47	2.9	3.3	0.8	0.7	1.1	1.5	2.6	4.2	6.6	10.9	19.6	3.6	28.1	289	3.4
TC	%	0.74	0.92	0.54	2.16	1.24	0.35	0.54	0.26	0.03	0.06	0.13	0.32	0.90	2.25	6.59	12.49	8.2	95.0	280	0.61
Cd	mg/kg	0.110	0.046	0.103	1.452	0.41	0.098	0.103	0.023	0.020	0.031	0.047	0.084	0.127	0.206	0.366	0.464	2.6	14.9	290	0.107
Ce	mg/kg	82.3	23.7	79.7	1.3	0.29	79.8	78.5	8.5	13.9	26.8	48.4	70.9	88.3	139.5	175.6	310.3	3.8	30.3	276	78.7
Cl	mg/kg	76	70	67	2	0.92	58	62	13	29	33	39	52	80	186	528	1 005	9.5	114.3	280	66
Co	mg/kg	18.4	8.6	17.3	1.4	0.47	15.4	16.7	2.1	7.6	7.6	9.7	14.9	19.0	42.7	56.3	113.3	5.7	51.7	280	17.0
Cr	mg/kg	72.1	16.9	69.8	1.3	0.23	79.6	74.6	7.8	11.3	22.8	33.1	64.7	81.1	101.0	110.8	206.5	1.1	13.8	289	72.4
Cu	mg/kg	28.5	6.9	27.7	1.3	0.24	27.3	27.4	2.8	8.4	13.6	18.1	24.7	30.2	47.2	59.4	64.2	1.8	6.3	281	27.5
F	mg/kg	603	143	588	1	0.24	504	580	61	151	326	387	524	647	971	1 310	1 419	1.8	6.7	284	587
Ga	mg/kg	18.0	2.0	17.8	1.2	0.11	18.5	18.0	1.1	1.8	9.3	14.8	17.0	19.1	21.5	22.4	23.3	0.0	15.2	291	18.1
Ge	mg/kg	1.37	0.18	1.36	1.15	0.13	1.34	1.37	0.12	0.49	0.74	1.04	1.26	1.49	1.71	1.85	1.87	0.0	1.7	293	1.38
Hg	mg/kg	0.021	0.011	0.019	1.498	0.55	0.019	0.019	0.004	0.004	0.005	0.010	0.015	0.024	0.046	0.104	0.117	4.2	27.4	285	0.019
I	mg/kg	2.39	1.08	2.17	1.57	0.45	1.21	2.26	0.67	0.47	0.57	0.81	1.61	2.93	4.64	7.16	8.20	1.4	4.1	288	2.29
La	mg/kg	38.8	8.0	37.9	1.2	0.21	37.6	38.4	3.4	7.0	11.5	25.6	35.1	41.7	57.5	78.4	83.9	1.4	8.3	283	38.3
Li	mg/kg	39.3	9.5	38.1	1.3	0.24	35.8	39.0	4.7	5.0	17.5	24.6	34.3	43.5	60.8	98.3	102.7	1.8	11.3	286	38.4
Mn	mg/kg	1 073	734	944	2	0.69	849	849	173	156	353	460	733	1 144	3 500	4 661	7 742	4.2	27.0	259	864
Mo	mg/kg	0.58	0.21	0.55	1.38	0.36	0.57	0.55	0.10	0.22	0.22	0.28	0.45	0.66	1.02	1.52	2.37	2.8	18.6	290	0.56
N	%	0.053	0.023	0.049	1.440	0.43	0.035	0.046	0.010	0.025	0.027	0.029	0.037	0.062	0.119	0.153	0.180	1.9	4.9	276	0.049
Nb	mg/kg	14.4	1.9	14.3	1.2	0.13	15.4	14.7	1.0	5.3	8.1	10.6	13.6	15.6	17.0	20.1	25.1	0.0	4.8	289	14.5
Ni	mg/kg	36.8	13.5	34.9	1.4	0.37	37.2	36.5	5.1	4.8	12.4	16.4	31.0	41.0	61.1	139.3	147.2	3.5	26.0	288	35.7

续表

指标	单位	算术平均值 X_a	算术标准差 S_a	几何平均值 X_g	几何标准差 S_g	变异系数 CV	众值 X_{mo}	中位值 X_{me}	中位绝对离差 MAD	最小值 X_{min}	累积频率 $X_{0.5\%}$	$X_{2.5\%}$	$X_{25\%}$	$X_{75\%}$	$X_{97.5\%}$	$X_{99.5\%}$	最大值 X_{max}	偏度系数 SK	峰度系数 BK	基准值 n'	X_a'
P	mg/kg	478	169	451	1	0.35	495	445	96	63	204	254	358	556	878	1 124	1 194	1.2	2.2	288	464
Pb	mg/kg	27.6	9.9	26.4	1.3	0.36	22.9	25.6	3.5	8.3	12.0	16.7	22.7	30.3	51.5	77.2	122.3	4.3	32.3	280	26.1
Rb	mg/kg	102.1	16.0	100.3	1.2	0.16	117.9	101.8	9.2	6.5	42.0	70.7	93.2	111.2	133.4	145.6	147.0	0.0	4.7	288	102.5
S	mg/kg	128	55	120	1	0.43	83	111	20	70	71	74	95	139	277	450	465	2.7	10.3	268	114
Sb	mg/kg	0.92	0.38	0.85	1.48	0.41	0.75	0.86	0.19	0.23	0.23	0.36	0.68	1.07	1.91	2.51	2.67	1.5	3.9	281	0.86
Sc	mg/kg	12.3	2.2	12.1	1.2	0.18	12.8	12.4	1.2	1.3	5.9	7.7	11.1	13.5	16.8	19.2	20.0	0.0	2.8	289	12.3
Se	mg/kg	0.13	0.05	0.12	1.47	0.39	0.11	0.12	0.03	0.02	0.04	0.05	0.09	0.15	0.24	0.31	0.38	1.2	3.0	288	0.12
Sn	mg/kg	3.0	1.3	2.9	1.3	0.42	2.9	3.0	0.4	0.5	1.6	1.8	2.6	3.3	4.2	5.9	22.0	11.5	171.2	290	3.0
Sr	mg/kg	178	96	158	2	0.54	96	142	45	45	68	81	108	224	418	544	547	1.5	2.3	285	168
Th	mg/kg	13.0	2.7	12.7	1.3	0.21	13.0	13.0	1.3	0.8	5.2	7.6	11.7	14.3	19.4	25.6	26.8	0.6	5.1	285	12.8
Ti	mg/kg	4 230	574	4 168	1	0.14	4 495	4 330	308	267	1 946	2 941	3 933	4 593	4 995	5 437	5 612	0.0	7.9	290	4 268
Tl	mg/kg	0.60	0.08	0.59	1.15	0.14	0.60	0.60	0.05	0.23	0.35	0.41	0.55	0.65	0.74	0.81	0.98	0.0	2.9	291	0.60
U	mg/kg	2.26	0.36	2.23	1.19	0.16	2.21	2.24	0.18	0.71	0.95	1.49	2.08	2.44	2.95	3.45	3.60	0.0	2.5	285	2.25
V	mg/kg	95.1	16.2	93.3	1.2	0.17	91.8	95.8	8.8	9.0	46.8	59.5	87.6	104.6	123.0	144.1	164.7	0.0	4.1	284	95.6
W	mg/kg	1.91	0.40	1.86	1.27	0.21	2.06	1.97	0.20	0.57	0.76	0.98	1.70	2.13	2.61	3.07	4.14	0.1	3.4	290	1.91
Y	mg/kg	25.3	4.2	24.9	1.2	0.17	25.1	25.6	2.6	7.9	13.6	15.4	23.0	28.1	34.0	36.4	36.5	0.0	1.0	294	25.4
Zn	mg/kg	64.7	13.7	63.3	1.2	0.21	63.7	63.3	6.7	12.0	30.7	41.0	57.4	70.4	106.5	130.1	131.1	1.3	5.6	283	63.4
Zr	mg/kg	248	36	245	1	0.14	236	248	20	19	110	181	228	267	315	329	380	0.0	5.9	292	249
Al_2O_3	%	14.79	1.41	14.69	1.15	0.10	14.62	14.85	0.72	2.06	6.73	12.77	14.12	15.55	16.88	18.37	20.00	0.0	25.7	289	14.86
CaO	%	2.70	2.91	2.14	1.82	1.08	1.18	1.93	0.66	0.83	0.84	0.95	1.41	2.83	8.95	29.47	30.32	6.1	51.4	256	1.93
MgO	%	1.52	1.17	1.43	1.29	0.77	1.41	1.42	0.16	0.71	0.75	0.98	1.28	1.59	2.21	3.57	20.81	15.3	251.4	286	1.42
K_2O	%	2.35	0.40	2.30	1.27	0.17	2.48	2.34	0.22	0.14	0.87	1.61	2.14	2.59	3.15	3.31	3.45	0.0	3.4	291	2.36
Na_2O	%	1.45	0.63	1.31	1.61	0.43	1.01	1.25	0.36	0.06	0.11	0.62	0.99	1.85	3.00	3.27	3.36	0.8	0.1	294	1.44
SiO_2	%	60.57	5.10	60.09	1.18	0.08	61.40	61.37	1.97	5.01	25.46	51.99	59.07	63.08	66.50	67.31	68.11	0.0	54.1	289	61.02
TFe_2O_3	%	5.56	0.92	5.47	1.22	0.17	6.06	5.60	0.52	0.78	2.70	3.45	5.05	6.10	7.53	8.12	8.22	0.0	2.7	290	5.58
SOC	%	0.40	0.27	0.32	1.96	0.69	0.17	0.32	0.14	0.03	0.04	0.08	0.21	0.50	1.10	1.48	1.65	1.6	3.0	285	0.37
pH	无量纲						8.16	7.96	0.27	5.06	5.59	6.50	7.64	8.17	8.45	8.62	9.16				

表 2.1.5A 东营市表层土壤（0~20 cm）地球化学参数（n=1 873）

指标	单位	算术平均值 X_a	算术标准差 S_a	几何平均值 X_g	几何标准差 S_g	变异系数 CV	众数 X_{mo}	中位值 X_{me}	中位绝对离差 MAD	最小值 X_{min}	累积频率 $X_{0.5\%}$	$X_{2.5\%}$	$X_{25\%}$	$X_{75\%}$	$X_{97.5\%}$	$X_{99.5\%}$	最大值 X_{max}	偏度系数 SK	峰度系数 BK	背景值 n'	背景值 X_a'
Ag	mg/kg	0.065	0.017	0.063	1.289	0.26	0.059	0.063	0.009	0.022	0.029	0.037	0.054	0.073	0.103	0.127	0.160	1.0	2.9	1 836	0.064
As	mg/kg	10.4	2.5	10.2	1.3	0.24	8.5	10.0	1.6	2.4	6.1	7.0	8.6	11.8	16.3	18.6	21.2	0.9	0.7	1 846	10.3
Au	μg/kg	1.7	0.8	1.6	1.3	0.46	1.6	1.6	0.3	0.6	0.8	1.0	1.3	1.9	2.9	5.8	18.7	9.0	151.5	1 812	1.6
B	mg/kg	52.3	8.0	51.7	1.2	0.15	49.3	51.6	4.8	15.6	35.2	39.2	46.9	56.5	70.2	78.8	95.1	0.8	2.1	1 840	51.8
Ba	mg/kg	587	1 145	509	1	1.95	493	481	26	360	395	416	456	508	1 079	4 998	38 800	23.7	704.3	1 730	479
Be	mg/kg	1.87	0.20	1.86	1.11	0.11	1.90	1.85	0.13	1.29	1.44	1.52	1.73	1.99	2.30	2.44	2.53	0.4	0.1	1 864	1.87
Bi	mg/kg	0.27	0.07	0.26	1.28	0.26	0.25	0.25	0.04	0.05	0.14	0.17	0.22	0.30	0.43	0.50	0.85	1.3	4.4	1 836	0.26
Br	mg/kg	22.1	19.7	15.6	2.3	0.89	9.9	13.7	7.3	1.0	2.2	3.6	8.5	30.0	75.0	95.0	118.2	1.6	2.2	1 794	19.6
TC	%	1.69	0.37	1.65	1.24	0.22	1.57	1.66	0.25	0.87	0.99	1.09	1.42	1.92	2.51	2.82	3.41	0.6	0.4	1 861	1.68
Cd	mg/kg	0.128	0.035	0.124	1.288	0.27	0.120	0.120	0.020	0.058	0.070	0.080	0.100	0.150	0.202	0.250	0.520	2.0	14.7	1 844	0.126
Ce	mg/kg	66.9	6.4	66.6	1.1	0.10	64.8	66.4	4.1	46.5	51.5	55.7	62.5	70.7	80.3	86.4	99.7	0.5	1.0	1 857	66.7
Cl	mg/kg	5 399	6 251	2 091	5	1.16	82	2 896	2 607	59	66	83	553	8 229	21 727	26 600	32 158	1.4	1.5	1 812	4 773
Co	mg/kg	11.4	2.0	11.3	1.2	0.17	10.4	11.2	1.3	6.1	7.3	8.2	10.0	12.6	15.8	17.0	19.9	0.5	0.2	1 866	11.4
Cr	mg/kg	65.8	6.6	65.5	1.1	0.10	63.1	65.2	3.8	37.2	52.1	55.1	61.5	69.3	78.8	88.2	134.3	1.6	11.3	1 853	65.5
Cu	mg/kg	21.2	4.6	20.7	1.2	0.22	18.4	20.6	3.0	10.7	12.3	14.1	17.9	23.9	32.2	35.5	45.1	0.8	1.0	1 849	21.0
F	mg/kg	550	111	543	1	0.20	515	541	51	322	365	407	495	599	725	766	4 006	16.0	492.8	1 867	547
Ga	mg/kg	14.2	1.7	14.1	1.1	0.12	13.8	14.0	1.1	4.5	10.8	11.4	13.0	15.2	18.1	19.0	20.3	0.5	0.7	1 864	14.1
Ge	mg/kg	1.24	0.11	1.23	1.09	0.09	1.20	1.20	0.10	0.90	1.00	1.00	1.20	1.30	1.42	1.52	1.63	0.2	0.2	1 863	1.23
Hg	mg/kg	0.025	0.021	0.022	1.611	0.84	0.020	0.021	0.006	0.004	0.009	0.010	0.016	0.029	0.060	0.110	0.537	11.2	216.6	1 771	0.022
I	mg/kg	1.46	0.62	1.37	1.40	0.42	1.33	1.35	0.31	0.49	0.59	0.75	1.08	1.72	2.65	3.59	15.90	7.9	163.8	1 835	1.41
La	mg/kg	33.6	2.7	33.5	1.1	0.08	32.8	33.4	1.7	22.6	27.7	29.1	31.8	35.2	39.4	42.5	52.8	0.8	2.7	1 845	33.5
Li	mg/kg	33.1	6.8	32.5	1.2	0.20	30.3	31.8	3.8	17.6	21.2	23.1	28.5	36.6	49.3	59.0	63.2	1.1	1.8	1 841	32.7
Mn	mg/kg	544	98	536	1	0.18	485	525	61	354	380	409	472	598	794	876	1 006	1.0	1.1	1 831	537
Mo	mg/kg	0.62	0.14	0.61	1.23	0.22	0.56	0.60	0.08	0.27	0.38	0.43	0.53	0.69	0.97	1.13	1.44	1.2	2.6	1 820	0.61
N	%	0.062	0.027	0.056	1.593	0.43	0.056	0.061	0.021	0.016	0.019	0.022	0.040	0.082	0.116	0.135	0.195	0.4	0.0	1 870	0.062
Nb	mg/kg	13.3	0.8	13.2	1.1	0.06	13.3	13.2	0.5	8.8	10.9	11.6	12.8	13.7	14.9	15.5	16.9	0.0	2.5	1 845	13.3
Ni	mg/kg	27.6	4.9	27.2	1.2	0.18	25.5	27.1	3.2	14.6	17.0	19.5	24.1	30.5	38.4	41.8	62.7	0.7	1.5	1 861	27.5

指标	单位	算术平均值 X_a	算术标准差 S_a	几何平均值 X_g	几何标准差 S_g	变异系数 CV	众值 X_{mo}	中位值 X_{me}	中位绝对离差 MAD	最小值 X_{min}	$X_{0.5\%}$	$X_{2.5\%}$	$X_{25\%}$	$X_{75\%}$	$X_{97.5\%}$	$X_{99.5\%}$	最大值 X_{max}	偏度系数 SK	峰度系数 BK	n'	背景值 X_a'
P	mg/kg	769	188	750	1	0.25	630	703	83	481	553	581	635	855	1 278	1 494	1 845	1.7	3.7	1 784	742
Pb	mg/kg	19.8	8.7	19.3	1.2	0.44	17.7	19.0	2.4	11.0	12.3	13.5	16.9	22.0	27.9	37.3	350.9	29.3	1 099.1	1 855	19.4
Rb	mg/kg	90.9	8.8	90.5	1.1	0.10	87.0	89.9	5.9	65.7	72.9	76.3	84.6	96.4	110.9	116.4	119.8	0.5	0.0	1 865	90.8
S	mg/kg	708	1 007	458	2	1.42	211	389	178	70	122	152	241	716	3 356	5 498	20 402	6.8	92.3	1 561	392
Sb	mg/kg	0.93	0.18	0.91	1.22	0.20	0.88	0.91	0.11	0.27	0.51	0.61	0.81	1.02	1.34	1.51	2.21	0.9	3.2	1 849	0.92
Sc	mg/kg	10.5	1.6	10.4	1.2	0.16	9.2	10.3	1.1	5.5	7.2	7.9	9.3	11.4	14.4	16.2	17.0	0.8	0.9	1 842	10.4
Se	mg/kg	0.15	0.04	0.14	1.33	0.29	0.12	0.14	0.03	0.06	0.07	0.08	0.12	0.17	0.24	0.28	0.35	0.7	0.9	1 854	0.15
Sn	mg/kg	2.7	0.5	2.6	1.2	0.20	2.3	2.6	0.3	1.5	1.6	1.8	2.3	3.0	3.9	4.7	6.3	0.9	2.2	1 849	2.7
Sr	mg/kg	208	39	206	1	0.19	199	206	9	141	151	163	197	215	256	369	1 249	14.5	325.6	1 788	205
Th	mg/kg	9.7	2.4	9.4	1.3	0.24	9.9	9.9	1.4	0.4	3.2	4.9	8.3	11.2	14.2	15.4	17.7	0.0	0.3	1 862	9.7
Ti	mg/kg	3 651	259	3 643	1	0.07	3 584	3 652	119	2 440	3 049	3 239	3 524	3 762	4 044	4 432	8 245	5.6	94.1	1 841	3 644
Tl	mg/kg	0.57	0.07	0.56	1.13	0.13	0.57	0.57	0.05	0.37	0.41	0.44	0.52	0.61	0.72	0.76	0.86	0.2	0.0	1 871	0.57
U	mg/kg	2.36	0.30	2.34	1.13	0.13	2.24	2.34	0.18	1.49	1.70	1.83	2.17	2.53	2.96	3.32	5.34	0.9	5.6	1 855	2.35
V	mg/kg	72.5	9.1	71.9	1.1	0.13	66.3	71.6	5.7	48.1	52.3	56.8	66.3	77.8	93.2	101.4	106.2	0.6	0.6	1 850	72.1
W	mg/kg	1.63	0.16	1.63	1.11	0.10	1.73	1.63	0.10	0.71	1.22	1.34	1.53	1.73	1.97	2.20	2.48	0.3	1.8	1 854	1.63
Y	mg/kg	23.6	1.7	23.5	1.1	0.07	23.8	23.7	1.0	14.3	18.7	20.1	22.7	24.6	26.7	29.3	37.8	0.3	5.0	1 836	23.6
Zn	mg/kg	62.5	11.5	61.5	1.2	0.18	56.0	61.3	7.1	34.8	38.8	43.5	54.5	69.0	87.4	96.7	186.5	1.2	7.3	1 861	62.2
Zr	mg/kg	227	51	221	1	0.23	220	220	28	119	130	144	194	251	356	445	579	1.5	4.9	1 808	221
Al_2O_3	%	11.77	0.83	11.74	1.07	0.07	12.18	11.73	0.55	9.47	9.76	10.24	11.20	12.30	13.53	13.90	14.29	0.2	0.0	1 872	11.77
CaO	%	5.90	1.06	5.79	1.23	0.18	5.38	5.86	0.51	1.53	2.34	3.23	5.41	6.45	8.19	9.02	10.65	0.0	2.4	1 755	5.95
MgO	%	2.12	0.36	2.09	1.18	0.17	1.90	2.07	0.26	1.36	1.44	1.55	1.84	2.38	2.89	3.13	3.30	0.5	0.0	1 865	2.12
K_2O	%	2.28	0.15	2.28	1.07	0.07	2.17	2.26	0.10	1.82	1.94	2.02	2.17	2.37	2.63	2.74	2.86	0.6	0.4	1 858	2.28
Na_2O	%	2.17	0.60	2.09	1.30	0.28	1.88	2.01	0.31	0.80	1.02	1.28	1.76	2.47	3.66	4.05	5.01	1.0	1.1	1 842	2.14
SiO_2	%	59.94	3.34	59.85	1.06	0.06	61.17	60.36	2.14	47.88	49.92	52.05	57.95	62.23	65.52	66.75	70.72	0.0	0.4	1 858	60.02
TFe_2O_3	%	4.25	0.71	4.20	1.17	0.17	4.10	4.12	0.45	2.67	2.99	3.18	3.73	4.67	6.00	6.52	6.76	0.8	0.5	1 854	4.23
SOC	%	0.58	0.26	0.51	1.66	0.46	0.68	0.56	0.19	0.08	0.11	0.17	0.37	0.75	1.08	1.40	2.15	0.7	1.0	1 859	0.57
pH	无量纲						8.09	8.23	0.16	7.07	7.71	7.84	8.09	8.41	8.78	8.91	9.17				

33

表 2.1.5B 东营市深层土壤（150～200 cm）地球化学参数（n=482）

指标	单位	算术平均值 X_a	算术标准差 S_a	几何平均值 X_g	几何标准差 S_g	变异系数 CV	众值 X_{mo}	中位值 X_{me}	中位绝对离差 MAD	最小值 X_{min}	累积频率 $X_{0.5\%}$	$X_{2.5\%}$	$X_{25\%}$	$X_{75\%}$	$X_{97.5\%}$	$X_{99.5\%}$	最大值 X_{max}	偏度系数 SK	峰度系数 BK	n'	基准值 X_a'
Ag	mg/kg	0.054	0.012	0.053	1.235	0.21	0.049	0.053	0.007	0.027	0.029	0.034	0.047	0.060	0.081	0.091	0.094	0.7	0.8	475	0.054
As	mg/kg	9.4	2.1	9.2	1.2	0.22	8.5	8.9	1.1	5.8	6.4	6.6	8.0	10.3	14.5	17.8	19.3	1.4	2.8	472	9.2
Au	μg/kg	1.4	0.3	1.4	1.2	0.24	1.2	1.3	0.2	0.8	0.9	1.0	1.2	1.5	2.2	2.7	4.1	2.0	9.0	471	1.4
B	mg/kg	50.2	6.9	49.7	1.2	0.14	51.1	50.1	4.2	15.0	31.4	38.0	46.0	54.4	64.1	73.4	85.0	0.2	3.0	473	50.2
Ba	mg/kg	474	129	468	1	0.27	439	462	22	386	398	413	441	486	539	966	2790	14.3	235.1	476	464
Be	mg/kg	1.80	0.19	1.79	1.11	0.10	1.89	1.79	0.13	1.35	1.37	1.47	1.67	1.92	2.18	2.33	2.53	0.4	0.2	480	1.80
Bi	mg/kg	0.22	0.05	0.22	1.24	0.24	0.19	0.21	0.03	0.11	0.14	0.15	0.19	0.25	0.36	0.44	0.47	1.4	2.9	465	0.22
Br	mg/kg	8.9	7.7	6.7	2.1	0.87	3.4	6.7	3.3	1.2	1.3	1.7	3.7	11.3	26.5	58.3	68.2	2.9	14.7	465	7.9
TC	%	1.33	0.25	1.30	1.20	0.19	1.21	1.28	0.13	0.63	0.69	0.94	1.18	1.45	1.86	2.39	2.43	1.1	3.2	471	1.31
Cd	mg/kg	0.103	0.026	0.100	1.269	0.25	0.090	0.100	0.015	0.050	0.060	0.070	0.087	0.120	0.160	0.200	0.210	1.1	1.9	471	0.101
Ce	mg/kg	64.5	6.1	64.2	1.1	0.10	65.8	64.4	3.7	42.8	46.7	52.7	61.0	68.3	77.0	83.2	87.3	0.0	0.8	475	64.5
Cl	mg/kg	2581	2688	1519	3	1.04	544	1649	1105	76	86	122	679	3709	8954	15312	19040	2.1	6.8	467	2275
Co	mg/kg	10.4	1.8	10.3	1.2	0.17	9.3	10.2	1.2	6.5	6.9	7.7	9.1	11.4	14.4	16.5	17.1	0.8	0.5	478	10.4
Cr	mg/kg	63.5	5.4	63.3	1.1	0.09	60.8	63.2	3.4	49.1	51.2	55.6	59.7	66.6	75.7	82.4	84.2	0.7	1.0	474	63.2
Cu	mg/kg	19.3	4.1	19.0	1.2	0.21	19.2	18.7	2.4	12.1	12.8	13.5	16.4	21.2	30.0	34.5	37.5	1.2	1.9	467	18.9
F	mg/kg	495	68	491	1	0.14	486	486	42	335	364	391	447	533	650	747	798	0.9	1.5	477	493
Ga	mg/kg	13.5	1.5	13.5	1.1	0.11	13.7	13.3	0.8	10.6	10.9	11.3	12.5	14.2	17.0	18.9	19.3	1.0	1.1	476	13.5
Ge	mg/kg	1.24	0.09	1.23	1.08	0.08	1.20	1.20	0.10	0.80	0.90	1.10	1.20	1.30	1.40	1.50	1.50	0.0	1.2	479	1.24
Hg	mg/kg	0.022	0.086	0.016	1.559	3.92	0.013	0.015	0.003	0.006	0.007	0.009	0.013	0.018	0.041	0.068	1.400	15.4	236.6	459	0.015
I	mg/kg	1.27	0.64	1.15	1.51	0.50	0.91	1.06	0.25	0.47	0.50	0.58	0.88	1.44	3.32	4.00	4.41	2.1	5.3	450	1.14
La	mg/kg	34.3	2.7	34.2	1.1	0.08	33.8	34.2	1.6	25.4	27.9	29.2	32.6	35.9	39.6	42.0	42.8	0.1	0.2	479	34.25
Li	mg/kg	30.7	5.9	30.2	1.2	0.19	31.0	29.7	3.4	17.9	20.2	21.8	26.7	33.7	46.5	52.9	53.7	1.0	1.4	468	30.2
Mn	mg/kg	500	90	493	1	0.18	457	477	50	366	374	389	437	544	720	833	1084	1.6	4.7	465	490
Mo	mg/kg	0.56	0.10	0.55	1.19	0.18	0.49	0.55	0.06	0.28	0.38	0.41	0.49	0.61	0.82	0.96	1.02	1.2	2.5	466	0.55
N	%	0.029	0.011	0.028	1.308	0.37	0.025	0.027	0.004	0.015	0.015	0.017	0.024	0.032	0.051	0.070	0.187	7.2	96.6	465	0.028
Nb	mg/kg	13.2	0.8	13.2	1.1	0.06	13.2	13.2	0.5	9.7	10.1	11.4	12.8	13.7	14.7	15.4	15.7	0.0	1.7	475	13.2
Ni	mg/kg	25.6	4.4	25.2	1.2	0.17	22.5	25.0	2.6	15.6	17.4	19.0	22.5	27.8	35.8	38.7	41.0	0.8	0.7	475	25.4

指标	单位	算术平均值 X_a	算术标准差 S_a	几何平均值 X_g	几何标准差 S_g	变异系数 CV	众值 X_{mo}	中位值 X_{me}	中位绝对离差 MAD	最小值 X_{min}	$X_{0.5\%}$	$X_{2.5\%}$	$X_{25\%}$	$X_{75\%}$	$X_{97.5\%}$	$X_{99.5\%}$	最大值 X_{max}	偏度系数 SK	峰度系数 BK	n'	基准值 X_a'
P	mg/kg	602	49	600	1	0.08	595	604	19	399	421	490	585	622	687	773	1 032	1.7	21.3	454	604
Pb	mg/kg	17.3	2.6	17.1	1.2	0.15	16.6	16.7	1.3	12.3	12.6	13.7	15.6	18.4	24.0	27.2	31.8	1.4	3.6	468	17.0
Rb	mg/kg	87.1	8.6	86.7	1.1	0.10	89.1	85.7	4.9	69.8	71.0	75.0	81.0	91.3	109.0	115.1	119.3	1.0	1.1	471	86.5
S	mg/kg	218	111	199	2	0.51	144	174	36	89	100	114	152	248	524	716	768	2.1	4.8	446	194
Sb	mg/kg	0.85	0.14	0.84	1.18	0.17	0.82	0.83	0.08	0.50	0.55	0.61	0.76	0.92	1.16	1.39	1.53	0.9	2.2	475	0.84
Sc	mg/kg	9.9	1.4	9.8	1.2	0.15	9.1	9.6	0.9	6.3	7.0	7.7	8.8	10.7	13.1	15.1	15.8	0.8	0.9	478	9.8
Se	mg/kg	0.09	0.02	0.09	1.23	0.22	0.09	0.09	0.01	0.03	0.05	0.06	0.08	0.10	0.14	0.17	0.21	1.2	4.0	471	0.09
Sn	mg/kg	2.4	0.5	2.4	1.2	0.21	2.3	2.3	0.2	1.3	1.6	1.8	2.1	2.6	3.3	3.8	9.2	5.6	71.9	474	2.4
Sr	mg/kg	199	16	199	1	0.08	199	198	7	150	154	163	192	206	234	255	280	0.5	3.4	456	199
Th	mg/kg	10.0	1.6	9.9	1.2	0.16	9.6	10.0	0.9	4.1	5.7	6.2	9.1	10.9	13.4	14.9	15.5	0.0	0.9	477	10.0
Ti	mg/kg	3 606	198	3 600	1	0.06	3 629	3 619	109	2 605	2 796	3 136	3 505	3 722	3 979	4 183	4 334	0.0	3.3	464	3 618
Tl	mg/kg	0.56	0.06	0.55	1.11	0.11	0.54	0.55	0.04	0.44	0.44	0.46	0.51	0.59	0.69	0.76	0.77	0.8	0.8	473	0.60
U	mg/kg	2.24	0.29	2.23	1.13	0.13	2.07	2.21	0.14	1.58	1.72	1.81	2.07	2.36	2.98	3.31	3.54	1.1	2.1	472	2.22
V	mg/kg	67.1	8.2	66.6	1.1	0.12	66.4	66.1	5.1	48.0	50.5	54.2	61.2	71.5	87.1	93.7	99.1	0.8	0.8	476	66.8
W	mg/kg	1.60	0.16	1.59	1.10	0.10	1.65	1.59	0.09	1.10	1.20	1.30	1.49	1.68	1.96	2.02	2.27	0.3	0.6	480	1.60
Y	mg/kg	23.6	1.8	23.5	1.1	0.08	24.6	23.7	1.0	16.1	17.3	19.8	22.5	24.7	26.8	28.0	29.3	0.0	1.5	473	23.6
Zn	mg/kg	58.4	24.2	56.3	1.3	0.42	54.3	54.3	6.4	36.2	40.3	42.6	48.7	61.4	95.1	220.4	412.2	8.7	106.5	465	55.2
Zr	mg/kg	247	53	242	1	0.21	240	241	29	112	134	159	214	271	365	472	503	1.1	2.9	473	243
Al_2O_3	%	11.44	0.72	11.42	1.06	0.06	11.28	11.29	0.42	10.04	10.11	10.39	10.94	11.80	13.20	14.02	14.42	1.0	1.2	475	11.40
CaO	%	5.59	0.81	5.53	1.16	0.15	5.29	5.50	0.39	2.71	2.92	3.72	5.16	5.97	7.28	8.87	9.64	0.5	3.4	466	5.60
MgO	%	1.86	0.30	1.84	1.16	0.16	1.85	1.81	0.14	1.28	1.36	1.47	1.68	1.95	2.56	2.95	3.25	1.3	2.5	474	1.85
K_2O	%	2.22	0.13	2.22	1.06	0.06	2.19	2.19	0.07	1.95	2.03	2.06	2.14	2.29	2.57	2.62	2.79	1.2	1.4	465	2.21
Na_2O	%	2.08	0.30	2.06	1.16	0.15	1.97	2.07	0.19	1.18	1.24	1.47	1.90	2.28	2.65	2.85	3.76	0.2	1.8	478	2.08
SiO_2	%	61.99	2.91	61.92	1.05	0.05	62.87	62.53	1.54	49.32	51.92	55.55	60.60	63.79	66.90	68.02	69.42	0.0	1.3	475	62.14
TFe_2O_3	%	3.96	0.59	3.92	1.15	0.15	3.48	3.84	0.35	2.94	3.02	3.14	3.53	4.25	5.41	6.21	6.41	1.3	2.0	470	3.91
SOC	%	0.20	0.09	0.18	1.56	0.47	0.15	0.19	0.06	0.03	0.06	0.08	0.13	0.24	0.42	0.63	0.79	1.7	5.7	471	0.19
pH	无量纲						8.61	8.62	0.10	8.15	8.24	8.33	8.52	8.73	8.93	9.08	9.10				

表 2.1.6A 烟台市表层土壤（0~20 cm）地球化学参数（n=3 537）

指标	单位	算术平均值 X_a	算术标准差 S_a	几何平均值 X_g	几何标准差 S_g	变异系数 CV	众值 X_{mo}	中位值 X_{me}	中位绝对离差 MAD	最小值 X_{min}	累积频率 $X_{0.5\%}$	$X_{2.5\%}$	$X_{25\%}$	$X_{75\%}$	$X_{97.5\%}$	$X_{99.5\%}$	最大值 X_{max}	偏度系数 SK	峰度系数 BK	n'	背景值 X_a'
Ag	mg/kg	0.085	0.077	0.076	1.503	0.91	0.057	0.072	0.015	0.028	0.034	0.042	0.059	0.092	0.213	0.428	2.894	17.9	539.7	3 293	0.074
As	mg/kg	7.1	5.1	6.4	1.5	0.72	6.1	6.3	1.5	1.5	2.4	2.9	4.9	8.0	16.0	31.3	162.3	13.0	304.7	3 384	6.4
Au	μg/kg	4.3	12.1	2.3	2.3	2.79	1.3	1.9	0.7	0.4	0.6	0.8	1.3	3.1	23.6	72.4	327.1	14.1	294.6	2 957	1.9
B	mg/kg	30.7	16.0	27.4	1.6	0.52	33.6	28.9	7.4	2.0	3.7	9.2	21.5	36.2	67.9	105.0	258.9	3.2	25.4	3 404	28.6
Ba	mg/kg	882	361	823	1	0.41	551	805	194	193	385	446	630	1 026	1 887	2 413	3 393	1.7	4.2	3 373	829
Be	mg/kg	1.87	0.43	1.83	1.26	0.23	1.87	1.84	0.24	0.62	0.84	1.15	1.61	2.08	2.90	3.45	4.17	0.8	2.1	3 456	1.85
Bi	mg/kg	0.27	0.22	0.24	1.61	0.83	0.20	0.23	0.05	0.03	0.06	0.09	0.18	0.30	0.71	1.43	5.83	9.5	155.9	3 326	0.23
Br	mg/kg	4.0	2.5	3.6	1.5	0.63	3.4	3.4	0.7	0.4	1.3	1.9	2.8	4.4	9.1	18.9	48.9	6.1	63.7	3 321	3.5
TC	%	0.83	0.39	0.77	1.47	0.47	0.75	0.75	0.15	0.11	0.19	0.36	0.62	0.93	1.83	2.93	5.30	3.7	24.9	3 365	0.77
Cd	mg/kg	0.140	0.178	0.119	1.651	1.27	0.088	0.114	0.028	0.010	0.025	0.051	0.089	0.151	0.380	0.734	8.273	29.0	1 250.4	3 293	0.117
Ce	mg/kg	66.6	28.8	61.8	1.5	0.43	49.7	62.1	13.1	7.4	14.2	26.8	50.2	76.7	134.7	215.7	373.0	2.9	17.5	3 415	62.9
Cl	mg/kg	218	703	117	2	3.23	73	98	28	28	47	54	76	142	1 022	5 600	13 406	9.6	109.4	3 099	101
Co	mg/kg	11.6	5.1	10.5	1.6	0.43	9.6	10.8	3.1	0.6	1.5	3.7	8.1	14.4	23.6	29.0	45.2	0.9	1.8	3 487	11.4
Cr	mg/kg	62.1	41.2	55.0	1.6	0.66	44.6	56.7	14.8	3.7	8.9	18.9	42.6	72.6	139.9	217.3	1 118.3	11.0	248.0	3 391	57.0
Cu	mg/kg	29.3	21.0	24.2	1.9	0.72	18.0	23.6	8.3	1.1	3.3	7.2	16.8	35.4	81.0	117.6	302.1	3.5	27.3	3 357	26.0
F	mg/kg	495	187	467	1	0.38	380	460	81	96	136	238	390	562	912	1 232	3 388	3.4	31.8	3 435	477
Ga	mg/kg	17.3	2.7	17.1	1.2	0.16	16.0	17.3	1.7	7.3	9.8	11.7	15.6	18.9	23.0	25.1	29.4	0.1	0.8	3 502	17.3
Ge	mg/kg	1.26	0.18	1.25	1.15	0.14	1.30	1.26	0.11	0.50	0.80	0.93	1.15	1.37	1.61	1.81	2.98	0.6	4.6	3 482	1.26
Hg	mg/kg	0.061	0.177	0.038	2.148	2.89	0.023	0.033	0.012	0.004	0.007	0.012	0.023	0.052	0.287	0.847	7.450	24.6	906.1	3 105	0.034
I	mg/kg	2.27	2.44	2.05	1.51	1.07	1.91	2.07	0.49	0.37	0.56	0.89	1.63	2.62	4.38	7.02	119.00	33.8	1 518.0	3 430	2.10
La	mg/kg	35.5	16.4	32.8	1.5	0.46	31.7	32.5	6.8	3.2	8.0	14.2	26.4	40.4	77.1	124.1	214.4	3.2	19.3	3 373	33.0
Li	mg/kg	24.9	8.3	23.5	1.4	0.34	24.9	24.0	4.0	4.1	5.8	9.7	20.2	28.3	45.4	59.3	78.6	1.3	4.5	3 436	24.1
Mn	mg/kg	511	163	485	1	0.32	480	495	90	63	103	226	412	594	852	1 089	2 788	1.6	14.0	3 487	504
Mo	mg/kg	0.66	0.43	0.60	1.49	0.66	0.54	0.57	0.12	0.20	0.26	0.32	0.46	0.72	1.60	2.47	11.70	9.0	157.7	3 291	0.58
N	%	0.084	0.027	0.079	1.406	0.32	0.083	0.083	0.014	0.015	0.022	0.030	0.069	0.096	0.139	0.192	0.339	1.5	10.1	3 477	0.082
Nb	mg/kg	12.6	3.1	12.2	1.3	0.25	12.2	12.3	1.4	2.7	4.6	7.4	10.9	13.8	20.4	25.4	45.7	1.9	11.3	3 343	12.3
Ni	mg/kg	26.3	15.0	23.4	1.6	0.57	21.9	24.1	6.5	2.0	4.0	7.8	18.1	31.3	57.9	82.8	375.7	6.6	112.8	3 411	24.6

指标	单位	算术平均值 X_a	算术标准差 S_a	几何平均值 X_g	几何标准差 S_g	变异系数 CV	众值 X_{mo}	中位值 X_{me}	中位绝对离差 MAD	最小值 X_{min}	累积频率						最大值 X_{max}	偏度系数 SK	峰度系数 BK	背景值	
											$X_{0.5\%}$	$X_{2.5\%}$	$X_{25\%}$	$X_{75\%}$	$X_{97.5\%}$	$X_{99.5\%}$				n'	X_a'
P	mg/kg	678	300	625	2	0.44	428	634	150	95	136	245	498	804	1 320	1 706	7 591	4.8	86.4	3 458	655
Pb	mg/kg	30.1	27.7	27.7	1.4	0.92	25.0	27.2	4.4	8.9	13.4	15.8	23.1	31.8	57.5	124.8	917.6	20.7	557.1	3 358	27.2
Rb	mg/kg	94.8	19.0	92.9	1.2	0.20	95.2	93.4	10.0	29.7	49.8	58.9	84.0	104.5	138.7	160.1	211.9	0.7	2.0	3 472	93.8
S	mg/kg	224	629	182	2	2.81	164	172	32	11	66	99	144	213	485	1 219	24 511	27.4	873.9	3 288	175
Sb	mg/kg	0.62	0.67	0.57	1.43	1.09	0.53	0.56	0.11	0.15	0.23	0.30	0.46	0.67	1.24	2.20	26.60	30.9	1 140.8	3 367	0.56
Sc	mg/kg	8.8	3.4	8.1	1.6	0.38	8.1	8.4	2.0	0.6	1.2	2.8	6.7	10.7	17.1	20.0	23.5	0.7	1.1	3 482	8.7
Se	mg/kg	0.17	0.07	0.16	1.37	0.40	0.15	0.16	0.03	0.03	0.05	0.08	0.13	0.19	0.31	0.44	1.68	7.5	125.1	3 418	0.16
Sn	mg/kg	2.7	1.6	2.5	1.5	0.59	2.3	2.4	0.5	0.3	0.6	1.3	2.0	3.0	5.6	10.9	54.6	13.1	356.9	3 369	2.5
Sr	mg/kg	296	144	269	2	0.49	229	261	64	70	100	119	209	344	681	971	1 287	2.1	6.7	3 386	275
Th	mg/kg	10.3	4.9	9.5	1.5	0.47	8.1	9.3	2.0	1.2	2.1	4.3	7.6	11.7	23.0	33.3	79.8	3.2	24.0	3 350	9.5
Ti	mg/kg	3 404	879	3 271	1	0.26	3 276	3 420	479	251	704	1 523	2 930	3 892	5 041	6 196	11 661	0.5	5.8	3 448	3 415
Tl	mg/kg	0.61	0.13	0.60	1.23	0.22	0.60	0.60	0.07	0.25	0.33	0.37	0.54	0.67	0.88	1.01	2.11	1.9	15.7	3 476	0.60
U	mg/kg	1.80	0.61	1.71	1.39	0.34	1.50	1.74	0.30	0.35	0.52	0.80	1.45	2.06	3.22	4.47	8.09	1.7	8.2	3 447	1.75
V	mg/kg	68.1	23.7	63.4	1.5	0.35	63.2	66.7	14.8	6.3	11.1	24.6	52.4	82.1	119.6	143.4	193.5	0.5	1.0	3 507	67.3
W	mg/kg	1.37	0.84	1.23	1.55	0.62	1.04	1.24	0.29	0.30	0.31	0.47	0.98	1.56	2.91	5.87	18.12	7.4	102.4	3 401	1.26
Y	mg/kg	19.6	4.5	19.0	1.3	0.23	18.8	19.5	2.3	1.2	5.5	9.8	17.3	21.9	28.2	33.3	72.5	0.8	11.9	3 442	19.6
Zn	mg/kg	62.7	25.3	58.6	1.5	0.40	54.7	59.6	11.4	4.5	10.8	24.3	48.9	72.6	112.1	174.3	493.9	4.0	44.8	3 448	60.4
Zr	mg/kg	252	53	245	1	0.21	271	255	32	51	70	133	221	285	346	409	518	0.0	1.6	3 445	253
Al_2O_3	%	13.97	1.49	13.88	1.12	0.11	14.12	14.17	0.80	6.22	8.44	10.11	13.27	14.88	16.32	17.32	20.56	0.0	2.9	3 422	14.11
CaO	%	1.59	0.90	1.42	1.58	0.57	1.00	1.37	0.38	0.22	0.50	0.63	1.06	1.91	3.70	6.05	13.79	3.6	26.0	3 385	1.46
MgO	%	1.28	0.72	1.11	1.73	0.57	1.13	1.13	0.34	0.03	0.12	0.36	0.83	1.54	3.05	4.72	8.27	2.4	10.7	3 372	1.17
K_2O	%	2.77	0.50	2.72	1.21	0.18	2.71	2.79	0.31	0.78	1.54	1.73	2.47	3.09	3.74	4.06	4.55	0.0	0.1	3 529	2.77
Na_2O	%	2.43	0.61	2.35	1.31	0.25	2.37	2.41	0.39	0.28	1.03	1.28	2.04	2.82	3.69	3.99	4.73	0.1	0.0	3 533	2.43
SiO_2	%	66.99	4.36	66.85	1.07	0.07	67.27	67.13	2.59	35.53	53.49	58.52	64.36	69.52	76.23	81.82	87.21	0.1	2.7	3 434	66.86
TFe_2O_3	%	4.06	1.38	3.80	1.47	0.34	4.09	3.94	0.87	0.29	0.75	1.56	3.12	4.88	7.12	8.27	11.63	0.5	0.7	3 507	4.02
SOC	%	0.78	0.33	0.71	1.58	0.42	0.72	0.74	0.14	0.01	0.08	0.22	0.61	0.90	1.51	2.55	4.14	2.6	16.5	3 419	0.74
pH	无量纲						5.88	6.32	0.80	4.46	4.70	4.89	5.60	7.24	8.41	8.93	9.47				

表2.1.6B 烟台市深层土壤（150～200 cm）地球化学参数（n=915）

指标	单位	算术平均值 X_a	算术标准差 S_a	几何平均值 X_g	几何标准差 S_g	变异系数 CV	众值 X_{mo}	中位值 X_{me}	中位值绝对离差 MAD	最小值 X_{min}	累积频率 $X_{0.5\%}$	$X_{2.5\%}$	$X_{25\%}$	$X_{75\%}$	$X_{97.5\%}$	$X_{99.5\%}$	最大值 X_{max}	偏度系数 SK	峰度系数 BK	基准值 n'	X_a'
Ag	mg/kg	0.065	0.046	0.060	1.416	0.71	0.059	0.058	0.010	0.020	0.030	0.035	0.048	0.069	0.133	0.257	1.107	14.3	298.2	865	0.058
As	mg/kg	6.6	4.5	5.8	1.6	0.68	5.8	6.0	1.6	1.2	1.6	2.2	4.4	7.7	14.0	25.3	71.3	7.7	95.2	883	6.0
Au	μg/kg	2.3	8.0	1.6	1.7	3.44	1.2	1.5	0.4	0.4	0.6	0.8	1.2	2.0	6.5	25.1	216.0	22.2	567.9	845	1.6
B	mg/kg	29.1	15.8	25.4	1.7	0.54	28.1	27.5	7.8	1.7	3.6	6.8	19.4	35.1	69.8	110.0	146.9	2.3	10.8	884	27.2
Ba	mg/kg	895	351	837	1	0.39	660	813	195	329	409	474	641	1052	1854	2229	2445	1.4	2.3	874	846
Be	mg/kg	1.95	0.43	1.91	1.26	0.22	1.96	1.94	0.25	0.63	0.82	1.12	1.70	2.19	2.92	3.34	4.34	0.5	1.9	896	1.94
Bi	mg/kg	0.22	0.16	0.19	1.62	0.72	0.18	0.20	0.05	0.03	0.04	0.07	0.15	0.25	0.50	1.10	2.37	6.9	75.3	875	0.20
Br	mg/kg	3.6	2.5	3.2	1.6	0.68	2.6	3.1	0.8	0.3	0.8	1.3	2.4	4.1	8.9	16.3	41.1	6.0	68.2	850	3.1
TC	%	0.39	0.25	0.35	1.53	0.65	0.32	0.33	0.07	0.12	0.14	0.17	0.27	0.43	0.96	1.96	3.05	4.7	32.1	856	0.34
Cd	mg/kg	0.075	0.067	0.064	1.631	0.90	0.053	0.064	0.015	0.010	0.015	0.023	0.050	0.080	0.174	0.473	0.943	7.8	81.5	862	0.064
Ce	mg/kg	68.1	29.1	62.9	1.5	0.43	63.8	65.2	14.0	10.9	14.3	24.8	51.0	79.1	125.8	210.8	330.9	2.7	16.5	898	65.6
Cl	mg/kg	202	612	102	2	3.03	75	84	24	27	40	46	64	120	1536	4046	8846	9.0	98.4	791	85
Co	mg/kg	12.4	5.9	11.1	1.7	0.47	10.8	11.8	3.2	0.7	1.3	3.4	8.7	15.1	25.6	42.7	47.9	1.7	6.5	892	11.9
Cr	mg/kg	61.4	34.7	54.0	1.7	0.57	64.0	56.6	15.6	2.8	7.6	18.1	41.5	72.6	146.9	233.6	430.1	3.3	21.4	877	56.3
Cu	mg/kg	19.8	10.7	17.6	1.7	0.54	14.8	18.2	5.0	1.4	2.7	5.7	13.6	23.6	43.2	63.4	158.7	3.8	35.8	883	18.5
F	mg/kg	486	224	452	1	0.46	408	450	88	89	115	211	372	553	914	1358	4210	6.4	90.4	888	462
Ga	mg/kg	17.8	2.7	17.5	1.2	0.15	17.0	17.9	1.4	7.6	9.2	10.8	16.5	19.3	23.1	24.9	28.0	0.0	1.5	880	17.9
Ge	mg/kg	1.28	0.21	1.26	1.18	0.16	1.16	1.27	0.13	0.51	0.69	0.91	1.14	1.40	1.73	1.90	2.25	0.3	1.3	898	1.28
Hg	mg/kg	0.020	0.051	0.014	1.796	2.54	0.012	0.013	0.003	0.003	0.004	0.006	0.010	0.018	0.057	0.228	1.123	15.3	280.7	848	0.014
I	mg/kg	2.24	1.53	2.03	1.53	0.68	1.90	2.01	0.48	0.43	0.56	0.88	1.60	2.60	4.57	6.83	36.50	13.1	277.4	887	2.09
La	mg/kg	35.7	16.2	32.9	1.5	0.45	31.8	34.0	7.1	5.8	8.7	13.1	26.7	40.8	69.0	119.0	172.6	3.2	19.9	889	33.9
Li	mg/kg	26.6	9.2	24.9	1.5	0.35	24.6	25.7	5.2	4.2	5.3	10.2	20.6	31.3	48.1	59.5	94.8	1.0	4.1	899	26.0
Mn	mg/kg	551	211	511	1	0.38	493	524	110	59	97	218	420	649	1086	1407	1729	1.2	3.4	888	529
Mo	mg/kg	0.62	0.46	0.54	1.62	0.75	0.43	0.50	0.13	0.20	0.21	0.24	0.39	0.67	1.73	3.38	5.17	4.6	29.6	839	0.51
N	%	0.036	0.011	0.034	1.298	0.31	0.035	0.033	0.005	0.017	0.020	0.023	0.029	0.039	0.062	0.086	0.149	3.2	21.8	881	0.034
Nb	mg/kg	12.7	3.9	12.2	1.3	0.31	13.2	12.4	1.6	3.8	4.6	7.4	10.8	13.9	21.0	31.1	54.6	4.1	33.9	876	12.2
Ni	mg/kg	28.2	16.3	24.8	1.7	0.58	25.9	26.1	6.7	1.5	4.0	7.5	19.3	32.7	68.9	97.2	233.8	4.3	37.7	871	25.6

38

指标	单位	算术平均值 X_a	算术标准差 S_a	几何平均值 X_g	几何标准差 S_g	变异系数 CV	众值 X_{mo}	中位值 X_{me}	中位绝对离差 MAD	最小值 X_{min}	累积频率 $X_{0.5\%}$	$X_{2.5\%}$	$X_{25\%}$	$X_{75\%}$	$X_{97.5\%}$	$X_{99.5\%}$	最大值 X_{max}	偏度系数 SK	峰度系数 BK	基准值 n'	X_a'
P	mg/kg	396	264	350	2	0.67	274	332	89	98	138	169	256	444	1 048	1 522	4 549	6.0	72.0	842	339
Pb	mg/kg	25.7	18.5	24.1	1.4	0.72	22.9	24.0	3.7	8.9	10.7	13.2	20.7	28.1	46.1	75.4	513.1	20.4	524.9	879	23.9
Rb	mg/kg	97.0	19.9	95.0	1.2	0.21	89.4	96.4	11.3	32.3	49.5	58.7	85.4	108.3	134.6	172.0	209.0	0.6	2.9	901	96.3
S	mg/kg	132	96	121	1	0.73	99	114	15	65	73	80	99	131	283	759	1 354	7.4	69.1	843	114
Sb	mg/kg	0.63	0.52	0.57	1.49	0.82	0.44	0.57	0.13	0.15	0.18	0.28	0.44	0.71	1.18	3.10	9.08	10.7	144.6	884	0.57
Sc	mg/kg	9.4	3.5	8.6	1.6	0.37	10.6	9.3	2.2	0.6	1.2	2.8	7.1	11.5	17.1	21.9	24.0	0.5	1.1	907	9.3
Se	mg/kg	0.11	0.05	0.10	1.47	0.47	0.09	0.10	0.02	0.03	0.04	0.05	0.08	0.12	0.20	0.30	0.80	4.5	47.8	893	0.10
Sn	mg/kg	2.3	0.7	2.2	1.4	0.31	2.3	2.3	0.4	0.3	0.6	1.2	1.9	2.7	3.8	4.4	12.0	3.0	35.5	895	2.3
Sr	mg/kg	286	141	259	2	0.49	224	249	64	92	102	119	197	336	653	879	1 137	1.9	5.8	878	267
Th	mg/kg	10.4	4.7	9.6	1.5	0.45	8.4	9.8	2.1	1.6	2.4	3.6	7.6	11.9	22.9	28.6	49.7	2.4	11.6	888	9.7
Ti	mg/kg	3 465	1 092	3 289	1	0.32	3 481	3 481	533	440	684	1 431	2 926	3 987	5 445	9 265	11 085	1.6	9.9	888	3 409
Tl	mg/kg	0.60	0.13	0.59	1.24	0.21	0.60	0.60	0.07	0.19	0.26	0.34	0.53	0.67	0.86	1.01	1.22	0.3	1.5	904	0.60
U	mg/kg	1.74	0.62	1.63	1.43	0.36	1.74	1.69	0.33	0.28	0.47	0.67	1.38	2.03	3.15	3.84	7.62	2.1	14.6	895	1.69
V	mg/kg	71.3	26.8	65.9	1.5	0.38	72.4	70.8	15.7	7.4	9.4	24.3	54.2	85.6	128.9	169.3	285.8	1.0	5.4	900	69.7
W	mg/kg	1.36	1.08	1.20	1.59	0.79	1.07	1.25	0.31	0.32	0.34	0.42	0.93	1.55	2.91	5.86	21.00	10.2	152.5	881	1.23
Y	mg/kg	20.7	4.8	20.0	1.3	0.23	21.6	21.0	3.0	3.7	5.4	10.2	17.9	23.7	30.4	33.4	42.9	0.0	1.5	899	20.8
Zn	mg/kg	56.8	23.6	52.9	1.5	0.42	52.5	55.2	9.5	4.0	8.6	21.4	46.1	65.0	101.8	154.9	440.7	5.7	80.2	881	54.8
Zr	mg/kg	233	53	226	1	0.23	254	235	30	58	72	119	204	265	319	355	681	0.5	7.1	896	234
Al_2O_3	%	14.52	1.63	14.41	1.13	0.11	14.18	14.65	0.78	6.93	8.32	9.80	13.93	15.49	17.29	18.18	19.31	0.0	3.0	875	14.71
CaO	%	1.57	0.95	1.38	1.60	0.61	1.12	1.30	0.35	0.43	0.49	0.62	1.02	1.82	4.21	6.68	9.44	3.1	15.0	853	1.37
MgO	%	1.32	0.75	1.15	1.73	0.57	1.13	1.18	0.33	0.05	0.11	0.38	0.89	1.56	3.03	5.43	7.59	2.8	14.6	880	1.22
K_2O	%	2.74	0.51	2.69	1.22	0.19	2.65	2.75	0.33	1.26	1.43	1.71	2.43	3.09	3.67	4.07	4.23	0.0	0.0	915	2.74
Na_2O	%	2.40	0.63	2.31	1.32	0.26	2.23	2.38	0.44	0.68	1.02	1.24	1.97	2.84	3.65	3.94	4.68	0.2	0.0	913	2.39
SiO_2	%	66.61	4.15	66.48	1.06	0.06	66.29	66.51	2.09	51.36	54.78	58.12	64.42	68.61	76.18	82.47	84.60	0.5	2.9	884	66.38
TFe_2O_3	%	4.26	1.50	3.97	1.51	0.35	3.47	4.21	0.92	0.32	0.75	1.43	3.32	5.14	7.19	10.10	11.37	0.6	1.8	904	4.20
SOC	%	0.29	0.16	0.25	1.64	0.55	0.21	0.25	0.07	0.01	0.03	0.10	0.20	0.34	0.64	0.97	2.32	4.1	38.1	880	0.27
pH	无量纲						7.50	7.28	0.52	4.61	5.29	5.68	6.76	7.76	8.54	8.93	9.17				

表2.1.7A 潍坊市表层土壤（0~20 cm）地球化学参数（n＝3 985）

指标	单位	算术平均值 X_a	算术标准差 S_a	几何平均值 X_g	几何标准差 S_g	变异系数 CV	众值 X_{mo}	中位值 X_{me}	中位绝对离差 MAD	最小值 X_{min}	$X_{0.5\%}$	$X_{2.5\%}$	$X_{25\%}$	$X_{75\%}$	$X_{97.5\%}$	$X_{99.5\%}$	最大值 X_{max}	偏度系数 SK	峰度系数 BK	n'	背景值 X_a'
Ag	mg/kg	0.073	0.022	0.071	1.281	0.30	0.065	0.071	0.010	0.031	0.037	0.043	0.061	0.081	0.119	0.171	0.554	5.3	75.6	3 866	0.071
As	mg/kg	7.8	1.9	7.5	1.3	0.25	7.1	7.6	1.2	1.5	3.3	4.4	6.5	9.0	11.9	13.2	26.4	0.7	2.8	3 965	7.8
Au	μg/kg	1.5	1.2	1.4	1.4	0.79	1.3	1.4	0.3	0.6	0.7	0.8	1.1	1.7	2.6	4.5	43.2	21.6	633.3	3 876	1.4
B	mg/kg	41.6	10.9	40.1	1.3	0.26	36.6	40.7	6.2	4.8	12.6	20.3	35.1	47.7	65.9	75.9	98.1	0.4	1.2	3 934	41.3
Ba	mg/kg	605	245	584	1	0.41	485	566	65	212	364	422	510	644	988	1 544	6 466	13.4	272.9	3 754	571
Be	mg/kg	1.87	0.30	1.84	1.17	0.16	1.77	1.85	0.21	1.02	1.24	1.35	1.65	2.07	2.47	2.69	4.29	0.5	1.4	3 971	1.86
Bi	mg/kg	0.24	0.10	0.23	1.34	0.42	0.22	0.22	0.03	0.04	0.10	0.12	0.19	0.27	0.40	0.54	3.61	13.2	375.4	3 909	0.23
Br	mg/kg	6.6	7.5	5.2	1.8	1.14	4.2	4.8	1.3	0.6	1.8	2.2	3.7	6.6	25.1	60.1	105.4	6.2	49.8	3 644	5.0
TC	%	1.06	0.47	0.98	1.44	0.44	0.92	0.95	0.20	0.23	0.42	0.52	0.77	1.21	2.30	3.12	7.81	3.0	20.0	3 762	0.98
Cd	mg/kg	0.119	0.044	0.113	1.365	0.37	0.090	0.111	0.021	0.040	0.050	0.061	0.092	0.136	0.216	0.300	0.914	4.0	43.1	3 850	0.114
Ce	mg/kg	64.7	12.1	63.7	1.2	0.19	64.9	64.2	7.0	30.5	39.0	44.4	57.1	71.0	89.4	119.3	165.3	1.4	6.6	3 902	63.8
Cl	mg/kg	676	2 791	132	3	4.13	70	87	23	35	45	51	69	134	6 581	21 697	39 772	7.5	65.8	3 181	85
Co	mg/kg	12.1	4.3	11.5	1.4	0.36	10.8	11.4	2.1	3.5	6.1	6.8	9.4	13.6	23.5	33.0	47.6	2.4	10.2	3 800	11.5
Cr	mg/kg	70.9	26.3	67.7	1.3	0.37	53.6	66.0	9.5	13.5	34.9	42.7	56.6	75.6	142.5	203.5	459.5	3.7	27.3	3 685	65.3
Cu	mg/kg	22.2	11.0	20.8	1.4	0.50	18.5	20.9	4.5	4.1	8.0	10.6	16.6	25.7	42.5	53.6	472.8	18.3	704.7	3 862	21.2
F	mg/kg	477	116	464	1	0.24	391	462	74	211	276	306	393	543	744	915	1 148	1.1	2.6	3 906	469
Ga	mg/kg	14.9	2.4	14.7	1.2	0.16	14.4	14.8	1.7	8.2	9.9	10.6	13.1	16.5	19.8	21.2	30.6	0.3	0.2	3 976	14.9
Ge	mg/kg	1.33	0.16	1.32	1.12	0.12	1.30	1.32	0.10	0.68	0.94	1.04	1.22	1.42	1.64	1.81	3.03	0.6	4.4	3 944	1.33
Hg	mg/kg	0.040	0.076	0.033	1.725	1.89	0.029	0.032	0.009	0.003	0.008	0.012	0.024	0.043	0.109	0.264	3.194	28.5	1 036.6	3 726	0.032
I	mg/kg	2.09	0.59	2.02	1.32	0.28	2.03	2.03	0.33	0.44	0.80	1.13	1.72	2.38	3.47	4.47	9.95	1.6	10.7	3 899	2.05
La	mg/kg	33.6	6.2	33.1	1.2	0.18	32.8	33.3	3.2	17.7	21.3	23.9	29.9	36.4	46.8	63.9	86.2	2.0	10.7	3 882	33.0
Li	mg/kg	29.2	7.5	28.3	1.3	0.26	26.0	27.9	4.6	10.4	15.2	18.0	24.0	33.5	45.6	57.4	86.9	1.2	4.4	3 930	28.8
Mn	mg/kg	576	137	561	1	0.24	548	562	81	211	323	356	485	646	904	1 064	1 740	1.1	3.3	3 905	566
Mo	mg/kg	0.53	0.19	0.51	1.33	0.36	0.47	0.50	0.09	0.21	0.27	0.31	0.42	0.60	0.93	1.33	5.08	5.6	93.4	3 858	0.51
N	%	0.089	0.028	0.084	1.452	0.31	0.095	0.089	0.014	0.013	0.021	0.027	0.075	0.104	0.146	0.186	0.243	0.3	1.9	3 943	0.088
Nb	mg/kg	13.8	2.4	13.6	1.2	0.17	12.7	13.6	1.2	3.4	9.2	10.5	12.4	14.7	19.5	25.5	42.2	3.0	20.5	3 827	13.5
Ni	mg/kg	30.1	16.1	27.6	1.5	0.54	25.6	26.7	5.9	5.7	12.4	14.7	21.5	33.3	77.4	123.4	183.9	3.7	20.0	3 739	26.9

指标	单位	算术平均值 X_a	算术标准差 S_a	几何平均值 X_g	几何标准差 S_g	变异系数 CV	众值 X_{mo}	中位值 X_{me}	中位绝对离差 MAD	最小值 X_{min}	累积频率 $X_{0.5\%}$	$X_{2.5\%}$	$X_{25\%}$	$X_{75\%}$	$X_{97.5\%}$	$X_{99.5\%}$	最大值 X_{max}	偏度系数 SK	峰度系数 BK	n'	背景值 X_a'
P	mg/kg	758	248	721	1	0.33	649	712	148	197	332	406	578	888	1 373	1 642	2 586	1.2	2.4	3 902	740
Pb	mg/kg	24.1	9.3	23.3	1.3	0.39	23.8	23.0	2.3	10.8	13.4	15.6	20.8	25.4	38.5	63.0	351.9	15.9	454.1	3 810	22.9
Rb	mg/kg	93.4	14.3	92.4	1.2	0.15	87.8	91.8	7.5	44.9	64.1	71.5	84.9	100.0	128.0	151.4	234.9	1.6	8.1	3 857	92.1
S	mg/kg	438	1 996	230	2	4.56	174	203	35	77	107	125	172	246	1 316	13 793	49 884	14.5	258.3	3 564	201
Sb	mg/kg	0.65	0.15	0.63	1.25	0.24	0.61	0.63	0.09	0.25	0.35	0.41	0.54	0.72	0.98	1.22	2.61	1.6	9.5	3 928	0.64
Sc	mg/kg	9.8	2.5	9.5	1.3	0.25	7.8	9.5	1.7	3.3	5.2	6.1	7.9	11.3	15.5	18.3	23.3	0.8	1.3	3 934	9.7
Se	mg/kg	0.16	0.17	0.15	1.34	1.01	0.14	0.15	0.02	0.05	0.06	0.08	0.13	0.18	0.28	0.37	10.10	54.9	3 300.6	3 877	0.16
Sn	mg/kg	2.8	0.7	2.7	1.3	0.27	2.6	2.7	0.4	0.2	1.4	1.7	2.3	3.1	4.3	5.9	13.2	3.0	24.4	3 888	2.7
Sr	mg/kg	196	76	189	1	0.39	183	186	26	87	107	123	162	214	332	537	2 978	14.7	470.1	3 814	187
Th	mg/kg	11.3	4.4	10.7	1.3	0.39	9.6	10.4	1.4	3.0	4.9	6.6	9.1	12.0	24.8	35.6	53.8	3.5	17.4	3 700	10.4
Ti	mg/kg	3 874	839	3 800	1	0.22	4 104	3 794	397	1 473	2 424	2 730	3 374	4 171	6 089	8 185	10 797	2.5	11.5	3 805	3 745
Tl	mg/kg	0.58	0.10	0.57	1.17	0.17	0.55	0.56	0.05	0.30	0.38	0.43	0.52	0.62	0.80	1.01	1.62	1.8	9.0	3 888	0.57
U	mg/kg	2.06	0.40	2.02	1.20	0.20	2.09	2.01	0.22	1.04	1.28	1.45	1.80	2.24	3.03	3.82	4.85	1.5	5.2	3 883	2.02
V	mg/kg	75.1	17.5	73.3	1.2	0.23	71.0	73.0	10.5	28.0	43.5	49.0	63.0	84.2	118.8	141.4	220.9	1.2	3.3	3 880	73.6
W	mg/kg	1.38	0.35	1.34	1.25	0.25	1.26	1.35	0.18	0.40	0.66	0.82	1.18	1.55	1.98	2.28	8.47	5.1	84.7	3 946	1.36
Y	mg/kg	23.0	2.7	22.9	1.1	0.12	22.3	23.0	1.7	8.0	15.7	17.8	21.4	24.7	27.7	30.9	44.6	0.3	3.0	3 931	23.0
Zn	mg/kg	59.5	18.0	57.2	1.3	0.30	62.2	57.9	11.0	22.1	30.5	34.0	47.2	69.2	93.2	123.6	414.5	3.4	47.5	3 934	58.5
Zr	mg/kg	293	51	289	1	0.17	296	289	29	104	172	205	261	320	405	477	731	1.1	4.9	3 924	291
Al_2O_3	%	12.49	1.33	12.42	1.12	0.11	12.13	12.58	0.91	7.47	8.91	9.54	11.67	13.49	14.81	15.42	16.63	0.0	0.0	3 975	12.50
CaO	%	2.36	1.40	2.05	1.68	0.59	1.32	1.98	0.67	0.51	0.70	0.84	1.39	2.88	5.75	8.36	14.14	2.0	7.0	3 864	2.21
MgO	%	1.46	0.53	1.37	1.41	0.37	1.34	1.39	0.30	0.38	0.57	0.69	1.09	1.69	2.70	3.58	6.77	1.8	8.6	3 880	1.41
K_2O	%	2.39	0.24	2.37	1.11	0.10	2.33	2.37	0.13	1.30	1.71	1.97	2.24	2.50	2.97	3.31	4.14	0.8	3.9	3 844	2.37
Na_2O	%	1.96	0.46	1.91	1.25	0.24	1.71	1.86	0.23	0.61	0.98	1.26	1.67	2.19	3.13	3.74	5.67	1.3	3.5	3 869	1.92
SiO_2	%	65.23	4.77	65.05	1.08	0.07	65.34	65.18	3.03	44.57	51.90	55.31	62.34	68.39	74.51	77.27	83.36	0.0	0.4	3 960	65.26
TFe_2O_3	%	4.26	1.12	4.13	1.28	0.26	3.67	4.09	0.69	1.94	2.42	2.69	3.46	4.85	6.96	8.71	11.73	1.3	3.3	3 885	4.17
SOC	%	0.83	0.33	0.76	1.56	0.40	0.72	0.81	0.15	0.04	0.11	0.21	0.66	0.97	1.53	2.16	7.30	3.1	44.1	3 903	0.80
pH	无量纲						7.98	7.74	0.41	4.55	4.90	5.22	6.96	8.05	8.53	8.75	9.25				

表 2.1.7B　潍坊市深层土壤（150～200 cm）地球化学参数（n=1 001）

指标	单位	算术平均值 X_a	算术标准差 S_a	几何平均值 X_g	几何标准差 S_g	变异系数 CV	众值 X_{mo}	中位值 X_{me}	中位绝对离差 MAD	最小值 X_{min}	$X_{0.5\%}$	$X_{2.5\%}$	$X_{25\%}$	$X_{75\%}$	$X_{97.5\%}$	$X_{99.5\%}$	最大值 X_{max}	偏度系数 SK	峰度系数 BK	基准值 n'	基准值 X_a'
Ag	mg/kg	0.062	0.034	0.059	1.313	0.54	0.058	0.059	0.009	0.008	0.033	0.038	0.051	0.068	0.095	0.161	0.639	12.1	181.4	972	0.059
As	mg/kg	8.2	2.2	7.9	1.3	0.27	7.2	8.1	1.4	2.9	3.5	4.3	6.7	9.6	12.5	15.3	22.3	0.7	2.9	994	8.1
Au	μg/kg	1.7	6.9	1.4	1.4	4.04	1.3	1.4	0.2	0.7	0.7	0.9	1.2	1.7	2.3	3.0	218.0	31.5	993.4	984	1.5
B	mg/kg	38.7	10.6	37.2	1.3	0.27	36.5	38.2	6.5	7.4	13.1	19.3	31.7	44.6	61.4	69.5	98.3	0.4	1.2	993	38.5
Ba	mg/kg	594	139	581	1	0.23	539	560	63	311	397	430	507	646	951	1 190	1 928	2.5	12.4	959	575
Be	mg/kg	1.89	0.30	1.86	1.18	0.16	1.95	1.89	0.21	1.25	1.30	1.36	1.67	2.08	2.54	2.77	3.06	0.3	0.0	997	1.88
Bi	mg/kg	0.22	0.07	0.21	1.35	0.31	0.20	0.21	0.04	0.06	0.08	0.11	0.18	0.25	0.34	0.39	0.90	2.1	17.8	997	0.21
Br	mg/kg	5.3	4.5	4.5	1.7	0.85	3.2	4.3	1.3	0.8	1.2	1.7	3.2	6.1	14.6	35.3	52.1	5.2	38.9	931	4.4
TC	%	0.79	0.49	0.66	1.84	0.63	0.34	0.66	0.29	0.13	0.17	0.22	0.41	1.04	2.01	2.35	3.85	1.4	2.7	981	0.75
Cd	mg/kg	0.084	0.029	0.080	1.384	0.35	0.080	0.080	0.016	0.007	0.033	0.042	0.065	0.098	0.145	0.206	0.335	2.1	10.9	978	0.081
Ce	mg/kg	68.0	14.3	66.6	1.2	0.21	70.0	66.7	7.5	36.8	40.1	45.9	59.0	73.9	104.1	135.0	151.6	1.5	4.8	966	66.3
Cl	mg/kg	629	2 274	116	4	3.61	52	70	18	32	39	43	56	111	6 674	15 705	24 383	6.1	44.2	772	66
Co	mg/kg	13.4	5.2	12.6	1.4	0.39	12.8	12.6	2.5	5.5	6.1	6.9	10.1	15.0	26.3	37.7	51.7	2.0	7.4	968	12.8
Cr	mg/kg	72.2	28.6	68.6	1.3	0.40	70.4	66.9	9.2	20.9	36.0	43.2	57.4	75.3	148.7	228.5	347.1	3.5	18.9	903	65.0
Cu	mg/kg	21.2	19.9	19.4	1.5	0.94	21.5	19.6	4.0	6.6	7.6	8.8	15.8	24.0	37.7	56.3	600.4	24.7	714.7	984	20.1
F	mg/kg	480	112	468	1	0.23	418	466	66	246	271	306	405	538	750	855	1 043	0.9	1.6	985	474
Ga	mg/kg	15.1	2.6	14.9	1.2	0.17	16.1	15.2	1.8	9.5	9.7	10.3	13.3	17.0	20.2	22.0	23.1	0.0	0.0	1 000	15.1
Ge	mg/kg	1.33	0.19	1.31	1.15	0.14	1.10	1.32	0.13	0.77	0.88	0.99	1.20	1.45	1.70	1.80	1.90	0.1	0.0	999	1.33
Hg	mg/kg	0.019	0.026	0.016	1.660	1.32	0.015	0.015	0.004	0.004	0.005	0.007	0.012	0.019	0.053	0.129	0.521	11.9	187.1	926	0.015
I	mg/kg	2.11	0.67	2.02	1.35	0.32	1.64	1.99	0.37	0.73	0.81	1.05	1.69	2.45	3.58	4.23	9.56	2.0	15.2	986	2.08
La	mg/kg	34.3	7.1	33.7	1.2	0.21	32.0	33.6	3.3	19.6	21.5	24.3	30.1	36.9	50.7	68.0	95.7	2.4	13.2	972	33.5
Li	mg/kg	29.7	7.0	28.9	1.3	0.24	24.7	29.3	4.8	13.9	16.4	18.2	24.5	34.2	44.3	51.2	61.6	0.6	0.6	991	29.5
Mn	mg/kg	671	321	622	1	0.48	595	594	114	283	319	350	487	720	1 585	1 944	4 923	3.9	33.8	922	599
Mo	mg/kg	0.52	0.23	0.49	1.37	0.44	0.43	0.48	0.09	0.20	0.23	0.28	0.40	0.59	0.97	1.40	4.21	6.8	88.5	965	0.49
N	%	0.039	0.015	0.037	1.403	0.40	0.030	0.035	0.006	0.015	0.016	0.020	0.029	0.042	0.081	0.110	0.140	2.1	6.0	930	0.036
Nb	mg/kg	13.6	2.8	13.4	1.2	0.20	12.7	13.4	1.3	6.6	9.0	9.9	12.0	14.6	19.7	27.5	41.2	3.3	22.0	967	13.3
Ni	mg/kg	30.9	16.6	28.3	1.5	0.54	26.2	28.5	5.8	10.8	12.8	14.4	22.3	33.9	76.4	134.5	176.6	4.1	24.4	944	27.7

指标	单位	算术平均值 X_a	算术标准差 S_a	几何平均值 X_g	几何标准差 S_g	变异系数 CV	众值 X_{mo}	中位值 X_{me}	中位绝对离差 MAD	最小值 X_{min}	累积频率 $X_{0.5\%}$	$X_{2.5\%}$	$X_{25\%}$	$X_{75\%}$	$X_{97.5\%}$	$X_{99.5\%}$	最大值 X_{max}	偏度系数 SK	峰度系数 BK	n'	基准值 X'_a
P	mg/kg	443	182	413	1	0.41	252	420	112	164	193	220	309	532	925	1 178	1 684	1.9	6.9	967	422
Pb	mg/kg	21.1	7.7	20.4	1.3	0.36	20.4	20.4	2.5	10.1	11.1	13.6	17.8	22.8	32.4	47.0	164.5	10.3	166.0	971	20.3
Rb	mg/kg	93.0	16.0	91.8	1.2	0.17	94.2	91.9	9.5	45.9	56.3	69.5	81.7	101.0	129.4	160.6	182.0	1.2	3.6	981	91.9
S	mg/kg	146	146	126	2	1.00	102	114	23	48	58	68	98	144	505	842	3 350	12.2	236.1	904	116
Sb	mg/kg	0.72	0.20	0.69	1.31	0.27	0.60	0.70	0.13	0.32	0.35	0.40	0.58	0.85	1.13	1.30	1.92	0.9	2.6	993	0.71
Sc	mg/kg	10.3	2.7	10.0	1.3	0.26	8.1	10.1	1.8	5.1	5.8	6.4	8.3	11.8	16.4	20.7	25.3	1.1	2.4	982	10.1
Se	mg/kg	0.09	0.03	0.08	1.38	0.37	0.07	0.08	0.02	0.03	0.04	0.05	0.07	0.10	0.16	0.22	0.37	2.3	11.1	972	0.08
Sn	mg/kg	2.5	0.7	2.4	1.3	0.28	2.5	2.4	0.3	1.2	1.4	1.5	2.1	2.8	3.7	5.7	13.6	5.2	66.3	979	2.4
Sr	mg/kg	196	64	188	1	0.33	196	184	28	78	98	126	159	218	310	581	855	4.2	32.9	976	189
Th	mg/kg	11.6	5.1	10.9	1.4	0.44	10.1	10.8	1.5	1.9	3.9	6.3	9.2	12.2	26.7	41.3	52.1	3.8	19.9	928	10.6
Ti	mg/kg	3 810	906	3 723	1	0.24	3 624	3 711	419	2 108	2 291	2 547	3 284	4 114	6 219	8 633	10 487	2.5	11.2	955	3 664
Tl	mg/kg	0.59	0.12	0.58	1.20	0.20	0.62	0.58	0.06	0.31	0.34	0.43	0.52	0.64	0.86	1.18	1.61	2.3	13.0	967	0.60
U	mg/kg	2.00	0.39	1.96	1.20	0.20	2.02	1.95	0.20	1.09	1.23	1.37	1.76	2.16	2.98	3.43	4.64	1.3	4.3	969	1.95
V	mg/kg	78.0	18.9	75.9	1.3	0.24	79.0	77.6	10.6	39.8	42.8	47.0	65.9	86.4	125.0	151.0	185.0	1.0	2.9	974	76.3
W	mg/kg	1.43	0.49	1.39	1.26	0.35	1.41	1.41	0.19	0.42	0.62	0.84	1.23	1.60	1.90	2.26	11.93	13.0	256.4	993	1.41
Y	mg/kg	23.0	2.9	22.8	1.1	0.13	25.0	23.0	1.9	12.1	15.5	17.5	21.2	24.9	28.2	31.3	39.5	0.2	1.6	992	22.9
Zn	mg/kg	54.4	22.2	52.0	1.3	0.41	45.2	52.5	10.1	25.7	28.3	31.1	42.5	62.7	86.9	134.6	512.7	9.9	187.2	984	52.8
Zr	mg/kg	273	46	269	1	0.17	276	268	28	133	171	200	242	297	373	449	605	1.2	5.5	983	270
Al_2O_3	%	12.66	1.55	12.57	1.14	0.12	13.03	12.90	1.10	8.63	8.96	9.28	11.62	13.87	15.12	15.72	15.92	0.0	0.0	1 001	12.66
CaO	%	3.29	1.99	2.76	1.81	0.61	1.45	2.72	1.17	0.45	0.80	1.01	1.75	4.34	8.35	9.64	10.44	1.1	0.8	981	3.16
MgO	%	1.51	0.52	1.45	1.32	0.34	1.28	1.43	0.23	0.63	0.72	0.88	1.22	1.70	2.61	3.85	8.02	4.1	37.2	964	1.45
K_2O	%	2.30	0.27	2.29	1.12	0.12	2.13	2.29	0.16	1.35	1.58	1.84	2.13	2.44	2.94	3.21	3.70	0.6	1.8	981	2.29
Na_2O	%	1.89	0.43	1.85	1.25	0.23	1.66	1.77	0.22	0.70	1.06	1.27	1.61	2.11	2.93	3.20	3.84	1.0	1.0	992	1.88
SiO_2	%	62.74	4.56	62.57	1.08	0.07	61.78	63.00	2.80	45.93	49.95	53.08	59.93	65.56	71.62	75.17	76.84	0.0	0.5	996	62.78
TFe_2O_3	%	4.39	1.20	4.25	1.29	0.27	4.57	4.30	0.68	2.19	2.35	2.67	3.59	4.95	7.34	9.57	10.80	1.4	4.1	971	4.27
SOC	%	0.32	0.17	0.29	1.64	0.53	0.24	0.29	0.08	0.05	0.06	0.09	0.22	0.38	0.79	1.05	1.62	2.1	8.1	952	0.29
pH	无量纲						8.20	8.27	0.22	5.37	5.74	6.60	8.05	8.48	8.97	9.25	9.66				

表 2.1.8A　济宁市表层土壤（0~20 cm）地球化学参数（n=2 581）

指标	单位	算术平均值 X_a	算术标准差 S_a	几何平均值 X_g	几何标准差 S_g	变异系数 CV	众值 X_{mo}	中位值 X_{me}	中位绝对离差 MAD	最小值 X_{min}	累积频率						最大值 X_{max}	偏度系数 SK	峰度系数 BK	背景值	
											$X_{0.5\%}$	$X_{2.5\%}$	$X_{25\%}$	$X_{75\%}$	$X_{97.5\%}$	$X_{99.5\%}$				n'	X_a'
Ag	mg/kg	0.073	0.025	0.070	1.331	0.35	0.071	0.070	0.011	0.014	0.033	0.041	0.059	0.081	0.128	0.180	0.451	4.3	43.8	2 497	0.071
As	mg/kg	10.1	4.4	9.2	1.6	0.44	6.6	9.1	2.5	1.4	2.6	3.6	6.8	12.1	20.5	22.8	34.1	0.9	0.6	2 569	10.4
Au	μg/kg	1.8	1.5	1.6	1.5	0.84	1.3	1.5	0.4	0.4	0.6	0.8	1.2	2.0	3.6	7.1	46.0	15.4	367.7	2 497	1.7
B	mg/kg	48.3	14.9	46.0	1.4	0.31	56.0	50.0	8.0	5.3	10.4	18.7	40.9	57.0	70.0	78.0	380.0	4.4	100.9	2 568	47.1
Ba	mg/kg	575	139	566	1	0.24	534	551	43	276	429	459	515	606	807	950	4 760	15.4	404.0	2 482	556
Be	mg/kg	2.01	0.26	1.99	1.14	0.13	1.97	1.98	0.17	1.06	1.44	1.55	1.83	2.17	2.57	2.75	3.03	0.4	0.1	2 572	2.02
Bi	mg/kg	0.31	0.38	0.29	1.40	1.22	0.25	0.29	0.06	0.06	0.12	0.16	0.23	0.36	0.54	0.59	19.00	45.3	2 212.0	2 572	0.32
Br	mg/kg	3.9	1.3	3.7	1.4	0.34	3.0	3.7	0.8	0.4	1.1	1.7	3.0	4.6	6.9	8.3	11.8	0.8	1.7	2 549	3.9
TC	%	1.51	0.86	1.29	1.77	0.57	0.99	1.24	0.50	0.21	0.32	0.43	0.86	1.97	3.66	4.05	7.57	1.1	1.1	2 565	1.56
Cd	mg/kg	0.159	0.112	0.147	1.437	0.70	0.140	0.141	0.030	0.047	0.063	0.078	0.117	0.180	0.300	0.402	4.710	27.0	1 061.4	2 521	0.158
Ce	mg/kg	70.9	17.1	69.7	1.2	0.24	66.4	69.1	6.1	29.8	41.5	50.9	63.5	75.9	99.2	124.9	656.3	16.6	542.1	2 483	69.7
Cl	mg/kg	165	228	119	2	1.38	75	99	33	37	44	50	73	163	768	1 690	3 003	5.7	43.1	2 288	112
Co	mg/kg	14.0	3.5	13.6	1.3	0.25	11.6	13.3	2.1	6.1	7.5	8.8	11.5	16.0	21.4	25.2	43.9	1.3	4.9	2 557	14.0
Cr	mg/kg	65.0	16.7	63.2	1.3	0.26	63.0	64.4	8.0	17.6	26.4	36.0	57.1	73.2	89.9	112.2	414.3	5.9	106.5	2 547	66.0
Cu	mg/kg	28.6	9.6	27.2	1.4	0.34	21.0	25.9	5.2	9.5	13.3	16.5	21.7	33.7	48.4	66.9	103.1	1.6	5.4	2 547	28.8
F	mg/kg	595	147	578	1	0.25	542	566	85	288	338	382	491	673	925	1 085	1 954	1.3	4.3	2 557	596
Ga	mg/kg	16.6	2.2	16.4	1.1	0.13	15.4	16.3	1.6	7.9	12.3	13.0	14.9	18.1	21.0	22.3	23.8	0.3	0.0	2 574	16.7
Ge	mg/kg	1.29	0.12	1.29	1.10	0.09	1.30	1.29	0.08	0.93	1.01	1.07	1.21	1.37	1.54	1.66	2.25	0.5	2.2	2 562	1.29
Hg	mg/kg	0.047	0.083	0.037	1.744	1.77	0.033	0.034	0.009	0.005	0.010	0.015	0.027	0.047	0.142	0.412	2.270	17.9	415.7	2 348	0.036
I	mg/kg	1.93	0.82	1.79	1.47	0.42	1.40	1.71	0.38	0.49	0.69	0.85	1.40	2.27	3.94	4.93	7.93	1.5	3.6	2 520	1.91
La	mg/kg	36.7	11.4	36.0	1.2	0.31	34.8	36.2	3.4	16.2	21.1	24.9	33.0	39.8	50.7	63.0	502.2	27.1	1 082.6	2 522	36.3
Li	mg/kg	35.6	9.8	34.3	1.3	0.27	34.0	34.0	6.5	15.1	18.1	20.8	28.2	42.0	57.0	60.0	71.2	0.6	0.0	2 580	36.4
Mn	mg/kg	669	150	654	1	0.22	567	637	87	248	358	450	564	752	981	1 128	1 704	1.0	2.1	2 558	673
Mo	mg/kg	0.59	0.22	0.56	1.38	0.37	0.45	0.53	0.11	0.20	0.26	0.32	0.45	0.69	1.05	1.41	4.51	3.6	44.3	2 544	0.59
N	%	0.107	0.039	0.101	1.405	0.37	0.088	0.099	0.019	0.031	0.040	0.050	0.082	0.121	0.219	0.253	0.297	1.4	2.9	2 446	0.101
Nb	mg/kg	13.6	1.7	13.5	1.1	0.12	13.5	13.7	0.8	6.5	8.8	10.2	12.9	14.6	16.5	20.1	24.5	0.4	4.7	2 526	13.6
Ni	mg/kg	30.5	9.2	29.4	1.3	0.30	28.7	29.3	4.9	8.8	12.9	16.6	25.0	35.1	46.1	58.1	212.4	4.8	77.0	2 567	30.8

指标	单位	算术平均值 X_a	算术标准差 S_a	几何平均值 X_g	几何标准差 S_g	变异系数 CV	众值 X_{mo}	中位值 X_{me}	中位绝对离差 MAD	最小值 X_{min}	累积频率 $X_{0.5\%}$	$X_{2.5\%}$	$X_{25\%}$	$X_{75\%}$	$X_{97.5\%}$	$X_{99.5\%}$	最大值 X_{max}	偏度系数 SK	峰度系数 BK	背景值 n'	X_a'
P	mg/kg	930	264	896	1	0.28	699	908	152	257	431	513	761	1 065	1 470	2 129	3 020	1.6	7.6	2 544	896
Pb	mg/kg	23.3	4.4	22.9	1.2	0.19	23.6	22.7	2.6	8.9	14.8	16.8	20.4	25.6	32.1	43.0	62.7	2.1	12.0	2 542	23.3
Rb	mg/kg	100.0	14.4	98.9	1.2	0.14	91.0	98.7	9.2	20.0	59.2	72.3	90.6	110.0	126.2	141.0	226.4	0.3	3.0	2 544	100.4
S	mg/kg	259	149	231	2	0.57	189	209	50	73	93	117	171	300	650	931	1 525	2.6	10.9	2 397	231
Sb	mg/kg	0.84	0.33	0.77	1.48	0.40	0.60	0.76	0.21	0.22	0.30	0.38	0.57	1.03	1.59	1.79	2.69	0.8	0.2	2 569	0.86
Sc	mg/kg	11.7	2.6	11.4	1.2	0.22	10.6	11.2	1.6	4.2	6.1	7.3	9.9	13.3	17.0	18.3	26.6	0.5	0.3	2 575	11.8
Se	mg/kg	0.20	0.07	0.19	1.30	0.36	0.17	0.18	0.03	0.08	0.09	0.12	0.16	0.22	0.32	0.45	1.87	8.3	156.6	2 523	0.19
Sn	mg/kg	3.3	1.1	3.2	1.3	0.32	3.0	3.2	0.5	1.2	1.6	1.8	2.7	3.7	5.7	8.2	19.4	3.5	32.6	2 499	3.2
Sr	mg/kg	236	86	224	1	0.36	218	216	28	92	121	137	189	247	498	611	898	2.4	7.5	2 344	217
Th	mg/kg	12.0	2.6	11.8	1.2	0.22	10.8	11.8	1.5	2.0	6.6	7.8	10.5	13.5	16.4	19.5	64.2	4.5	73.8	2 558	12.0
Ti	mg/kg	3 807	474	3 779	1	0.13	3 831	3 785	224	2 072	2 474	2 879	3 563	4 011	4 735	5 622	8 238	1.4	10.7	2 513	3 777
Tl	mg/kg	0.59	0.11	0.58	1.20	0.18	0.61	0.59	0.07	0.18	0.37	0.41	0.51	0.66	0.84	0.97	1.14	0.6	1.2	2 537	0.60
U	mg/kg	2.29	0.40	2.26	1.19	0.17	2.20	2.28	0.25	0.69	1.30	1.51	2.03	2.55	3.11	3.46	4.43	0.3	1.0	2 557	2.31
V	mg/kg	84.4	15.9	83.0	1.2	0.19	78.7	81.8	9.7	38.2	51.2	58.7	73.4	93.8	115.7	134.9	250.3	1.3	7.5	2 552	84.6
W	mg/kg	1.62	0.42	1.57	1.29	0.26	1.82	1.64	0.20	0.44	0.64	0.80	1.42	1.84	2.25	2.59	11.80	5.8	134.3	2 562	1.64
Y	mg/kg	23.0	2.9	22.7	1.2	0.13	22.8	23.4	1.5	9.4	13.3	15.5	21.8	24.9	27.4	28.7	31.3	0.0	1.3	2 515	22.9
Zn	mg/kg	71.6	17.9	69.6	1.3	0.25	66.4	67.9	10.2	30.1	36.8	44.5	59.8	82.2	104.8	130.3	277.3	1.7	11.0	2 562	72.2
Zr	mg/kg	237	58	230	1	0.25	244	240	40	111	128	133	197	277	344	400	621	0.2	0.5	2 569	229
Al_2O_3	%	13.52	1.10	13.47	1.09	0.08	14.70	13.55	0.83	6.59	11.17	11.52	12.67	14.34	15.61	16.64	17.78	0.0	0.4	2 567	13.51
CaO	%	4.03	2.56	3.27	1.92	0.64	1.48	2.80	1.36	1.01	1.13	1.28	1.81	6.15	8.87	9.39	26.41	0.8	1.1	2 579	4.27
MgO	%	1.83	0.63	1.73	1.41	0.34	1.90	1.75	0.46	0.63	0.72	0.90	1.34	2.31	2.99	3.60	5.92	0.7	0.9	2 568	1.87
K_2O	%	2.41	0.24	2.40	1.11	0.10	2.28	2.37	0.14	0.65	1.65	2.03	2.25	2.56	2.86	3.14	3.69	0.2	3.5	2 536	2.41
Na_2O	%	1.84	0.61	1.74	1.42	0.33	1.81	1.81	0.39	0.51	0.74	0.82	1.41	2.18	3.23	3.60	4.18	0.5	0.1	2 570	1.77
SiO_2	%	60.74	6.20	60.40	1.11	0.10	66.95	62.01	3.93	28.50	46.14	47.19	57.17	65.53	69.59	71.85	73.97	0.0	0.0	2 580	59.97
TFe_2O_3	%	4.87	1.06	4.76	1.23	0.22	3.87	4.63	0.66	2.38	2.89	3.36	4.08	5.54	7.09	7.79	11.61	0.8	0.9	2 568	4.93
SOC	%	0.92	0.38	0.85	1.48	0.41	0.90	0.85	0.17	0.16	0.26	0.37	0.69	1.03	1.97	2.29	2.88	1.4	2.8	2 434	0.86
pH	无量纲						8.10	7.85	0.35	4.81	5.15	5.51	7.16	8.11	8.46	8.61	8.93				

表 2.1.8B 济宁市深层土壤（150～200 cm）地球化学参数（n=670）

指标	单位	算术平均值 X_a	算术标准差 S_a	几何平均值 X_g	几何标准差 S_g	变异系数 CV	众值 X_{mo}	中位值 X_{me}	中位绝对离差 MAD	最小值 X_{min}	累积频率						最大值 X_{max}	偏度系数 SK	峰度系数 BK	基准值	
											$X_{0.5\%}$	$X_{2.5\%}$	$X_{25\%}$	$X_{75\%}$	$X_{97.5\%}$	$X_{99.5\%}$				n'	X_a'
Ag	mg/kg	0.062	0.016	0.060	1.291	0.26	0.058	0.060	0.010	0.020	0.030	0.038	0.051	0.071	0.096	0.116	0.187	1.4	6.6	661	0.061
As	mg/kg	9.9	4.1	9.2	1.5	0.41	9.2	9.2	2.0	1.8	2.6	4.1	7.4	11.5	20.6	25.7	31.0	1.4	3.0	643	9.4
Au	μg/kg	1.8	1.0	1.6	1.4	0.57	1.4	1.6	0.3	0.4	0.5	0.9	1.3	1.9	3.5	6.2	16.6	8.7	108.3	645	1.6
B	mg/kg	44.9	11.1	43.3	1.3	0.25	49.0	45.9	6.5	6.3	12.0	21.9	38.4	51.6	68.1	76.9	81.7	0.0	0.7	661	45.0
Ba	mg/kg	564	129	552	1	0.23	457	538	75	351	398	421	474	627	820	1 112	1 924	3.6	29.4	659	555
Be	mg/kg	2.07	0.31	2.05	1.16	0.15	2.17	2.05	0.21	1.00	1.45	1.55	1.84	2.26	2.73	3.04	3.10	0.4	0.2	664	2.07
Bi	mg/kg	0.26	0.08	0.25	1.34	0.31	0.22	0.24	0.04	0.08	0.12	0.15	0.20	0.30	0.49	0.54	0.65	1.2	2.1	647	0.25
Br	mg/kg	2.8	1.0	2.6	1.4	0.35	2.1	2.6	0.6	0.3	0.9	1.3	2.1	3.3	5.1	6.1	7.7	1.0	1.9	660	2.7
TC	%	0.91	0.64	0.69	2.20	0.71	0.32	0.73	0.45	0.03	0.11	0.16	0.37	1.31	2.35	2.68	5.05	1.1	2.0	668	0.90
Cd	mg/kg	0.107	0.042	0.100	1.425	0.39	0.090	0.096	0.018	0.029	0.043	0.054	0.080	0.120	0.222	0.252	0.278	1.5	2.0	616	0.097
Ce	mg/kg	72.9	13.5	71.8	1.2	0.19	69.7	71.1	7.2	41.7	45.9	52.1	64.4	79.0	100.9	135.7	195.6	2.1	12.6	658	71.9
Cl	mg/kg	108	66	94	2	0.61	59	84	27	34	37	44	63	135	260	392	775	3.0	18.9	651	101
Co	mg/kg	13.7	3.7	13.2	1.3	0.27	10.8	13.2	2.2	6.8	8.1	8.8	11.1	15.4	21.1	30.9	39.6	2.1	9.7	658	13.4
Cr	mg/kg	64.7	16.9	62.9	1.3	0.26	57.9	63.2	8.0	18.8	27.3	35.5	56.7	72.4	91.9	113.1	302.7	4.6	60.4	660	64.1
Cu	mg/kg	25.4	8.1	24.4	1.3	0.32	24.9	24.0	4.2	12.1	14.3	15.6	20.1	28.4	40.9	63.4	106.2	2.9	19.6	658	24.7
F	mg/kg	574	128	562	1	0.22	532	547	66	205	339	394	496	637	840	1 095	1 396	1.6	6.2	655	564
Ga	mg/kg	16.8	2.9	16.6	1.2	0.17	17.4	17.1	2.0	6.4	10.4	11.8	14.8	18.9	22.1	24.8	26.5	0.0	0.0	668	16.8
Ge	mg/kg	1.29	0.14	1.29	1.11	0.11	1.20	1.30	0.10	0.74	0.99	1.08	1.20	1.40	1.59	1.68	1.80	0.4	0.5	665	1.29
Hg	mg/kg	0.021	0.016	0.019	1.514	0.74	0.017	0.019	0.004	0.006	0.008	0.010	0.015	0.024	0.050	0.113	0.276	9.0	121.9	640	0.019
I	mg/kg	1.59	0.59	1.49	1.44	0.37	1.26	1.48	0.35	0.42	0.57	0.72	1.18	1.93	3.07	3.70	4.60	1.1	1.8	653	1.55
La	mg/kg	36.3	7.4	35.7	1.2	0.20	32.2	35.0	3.6	18.8	23.1	26.9	31.9	39.3	51.4	64.3	135.4	4.5	50.7	651	35.6
Li	mg/kg	35.4	9.0	34.4	1.3	0.26	32.4	33.8	5.3	11.9	18.0	22.3	29.0	40.0	56.5	67.9	75.9	1.0	1.2	664	35.2
Mn	mg/kg	688	271	652	1	0.39	495	635	124	258	374	420	519	774	1 292	2 313	3 114	3.5	20.7	643	648
Mo	mg/kg	0.58	0.25	0.55	1.36	0.42	0.52	0.53	0.09	0.21	0.29	0.33	0.46	0.64	1.06	1.63	3.77	6.0	65.4	640	0.55
N	%	0.042	0.018	0.039	1.465	0.43	0.040	0.038	0.010	0.016	0.018	0.019	0.029	0.050	0.085	0.119	0.188	2.2	9.5	650	0.040
Nb	mg/kg	13.8	1.8	13.6	1.1	0.13	13.6	13.7	1.0	7.2	8.7	10.1	12.8	14.8	17.0	20.6	26.0	0.7	6.3	660	13.8
Ni	mg/kg	30.2	10.2	29.0	1.3	0.34	25.5	28.9	4.6	12.0	13.5	18.3	24.8	34.2	45.8	65.9	188.9	6.7	93.3	663	29.6

指标	单位	算术平均值 X_a	算术标准差 S_a	几何平均值 X_g	几何标准差 S_g	变异系数 CV	众值 X_{mo}	中位值 X_{me}	中位绝对离差 MAD	最小值 X_{min}	累积频率 $X_{0.5\%}$	$X_{2.5\%}$	$X_{25\%}$	$X_{75\%}$	$X_{97.5\%}$	$X_{99.5\%}$	最大值 X_{max}	偏度系数 SK	峰度系数 BK	n'	基准值 X_a'
P	mg/kg	559	175	537	1	0.31	587	567	62	204	242	301	460	606	996	1 539	1 757	2.5	11.8	635	530
Pb	mg/kg	21.9	4.9	21.4	1.2	0.22	20.8	21.4	2.8	10.9	12.9	14.5	18.8	24.3	31.8	38.5	63.0	2.0	12.3	661	21.6
Rb	mg/kg	97.7	14.0	96.7	1.2	0.14	93.0	97.5	9.2	41.6	52.3	75.9	87.6	106.0	126.7	133.8	149.2	0.1	0.6	665	97.9
S	mg/kg	142	61	132	1	0.43	129	129	30	51	68	72	101	166	283	456	545	2.4	9.1	648	134
Sb	mg/kg	0.87	0.31	0.82	1.42	0.35	0.85	0.83	0.19	0.27	0.30	0.41	0.64	1.02	1.60	1.84	2.28	0.9	1.2	659	0.85
Sc	mg/kg	11.6	2.3	11.4	1.2	0.20	10.1	11.3	1.5	3.1	6.9	7.8	9.8	12.9	16.8	18.5	23.1	0.6	0.9	664	11.5
Se	mg/kg	0.10	0.04	0.10	1.41	0.41	0.08	0.09	0.02	0.04	0.04	0.05	0.08	0.12	0.19	0.31	0.50	2.9	18.1	654	0.10
Sn	mg/kg	2.6	0.5	2.6	1.2	0.21	2.7	2.6	0.4	1.2	1.4	1.7	2.2	3.0	3.8	4.2	4.8	0.4	0.2	666	2.6
Sr	mg/kg	221	78	211	1	0.35	200	203	22	106	114	130	182	227	462	593	605	2.3	6.3	604	200
Th	mg/kg	11.3	2.6	11.0	1.3	0.23	8.9	11.1	1.8	4.2	5.2	7.3	9.4	13.0	16.7	19.3	23.3	0.6	0.8	665	11.2
Ti	mg/kg	3 861	471	3 830	1	0.12	3 746	3 825	245	1 203	2 521	2 955	3 618	4 124	4 761	5 341	6 118	0.1	3.0	657	3 854
Tl	mg/kg	0.60	0.11	0.59	1.20	0.18	0.62	0.60	0.07	0.27	0.31	0.43	0.53	0.67	0.84	0.91	1.00	0.4	0.4	666	0.60
U	mg/kg	2.27	0.43	2.23	1.21	0.19	2.34	2.27	0.25	1.07	1.12	1.52	2.00	2.49	3.17	3.96	4.29	0.6	2.4	660	2.25
V	mg/kg	85.8	15.2	84.6	1.2	0.18	72.4	84.1	9.5	44.3	56.0	63.0	75.1	94.3	118.0	131.0	194.4	1.3	5.7	665	85.3
W	mg/kg	1.66	0.35	1.62	1.26	0.21	1.54	1.68	0.18	0.41	0.62	0.91	1.49	1.86	2.24	2.84	4.13	0.5	5.8	656	1.66
Y	mg/kg	22.9	2.9	22.7	1.1	0.13	23.5	23.3	1.6	11.6	12.5	16.3	21.6	24.8	27.8	29.5	41.2	0.0	3.1	658	23.0
Zn	mg/kg	65.2	16.6	63.5	1.2	0.26	59.3	62.3	8.1	20.0	37.4	42.4	55.0	72.4	98.8	113.3	287.6	4.0	47.3	665	64.7
Zr	mg/kg	238	57	231	1	0.24	242	236	33	101	123	131	204	270	361	467	526	0.7	2.1	661	235
Al_2O_3	%	13.37	1.61	13.27	1.13	0.12	14.24	13.76	0.99	6.29	10.09	10.48	12.00	14.49	15.95	16.90	17.56	0.0	0.0	669	13.39
CaO	%	4.02	2.42	3.33	1.87	0.60	1.45	3.18	1.73	0.90	1.11	1.25	1.87	5.83	9.27	10.08	16.50	0.8	0.2	669	4.00
MgO	%	1.70	0.48	1.65	1.30	0.28	1.79	1.65	0.27	0.39	0.80	1.01	1.38	1.91	2.77	3.05	6.30	2.0	13.5	659	1.68
K_2O	%	2.34	0.22	2.33	1.10	0.09	2.16	2.31	0.13	1.33	1.71	2.02	2.19	2.45	2.84	2.98	3.49	0.5	2.5	659	2.34
Na_2O	%	1.90	0.54	1.82	1.35	0.28	1.96	1.89	0.28	0.59	0.70	0.89	1.58	2.15	3.16	3.64	4.04	0.6	1.0	662	1.87
SiO_2	%	61.53	4.94	61.32	1.09	0.08	63.57	62.80	2.30	40.77	45.82	47.84	59.68	64.57	67.85	71.37	72.87	0.0	1.8	620	62.54
TFe_2O_3	%	4.75	0.99	4.65	1.22	0.21	4.28	4.63	0.66	2.61	3.12	3.32	4.01	5.32	6.89	7.86	9.28	0.8	0.8	665	4.72
SOC	%	0.28	0.19	0.23	1.92	0.69	0.14	0.23	0.10	0.03	0.04	0.06	0.14	0.36	0.78	1.06	1.91	2.3	10.7	644	0.25
pH	无量纲						8.38	8.33	0.23	5.24	5.69	6.26	8.05	8.52	8.99	9.19	9.30				

表2.1.9A 泰安市表层土壤（0~20 cm）地球化学参数（n=1 927）

指标	单位	算术平均值 X_a	算术标准差 S_a	几何平均值 X_g	几何标准差 S_g	变异系数 CV	众值 X_{mo}	中位值 X_{me}	中位绝对离差 MAD	最小值 X_{min}	$X_{0.5\%}$	$X_{2.5\%}$	$X_{25\%}$	$X_{75\%}$	$X_{97.5\%}$	$X_{99.5\%}$	最大值 X_{max}	偏度系数 SK	峰度系数 BK	背景值 n'	背景值 X_a'
Ag	mg/kg	0.069	0.025	0.066	1.304	0.36	0.069	0.067	0.010	0.028	0.033	0.040	0.056	0.077	0.112	0.142	0.565	9.0	160.7	1 875	0.067
As	mg/kg	7.6	3.0	7.0	1.5	0.40	5.9	7.3	1.9	1.3	2.3	3.0	5.4	9.3	14.2	17.4	44.0	1.8	12.7	1 887	7.4
Au	μg/kg	1.6	0.9	1.5	1.4	0.53	1.3	1.5	0.3	0.6	0.8	0.9	1.2	1.8	3.0	4.6	26.0	14.1	349.6	1 853	1.5
B	mg/kg	40.4	15.2	36.9	1.6	0.38	39.6	41.5	10.3	3.1	7.0	11.2	29.4	50.5	69.1	78.5	129.8	0.2	0.6	1 921	40.1
Ba	mg/kg	568	98	559	1	0.17	535	558	60	226	307	386	505	631	770	854	957	0.2	0.6	1 906	566
Be	mg/kg	1.98	0.38	1.95	1.18	0.19	2.05	1.96	0.17	0.99	1.16	1.36	1.80	2.14	2.63	3.19	11.51	8.4	201.9	1 899	1.97
Bi	mg/kg	0.30	0.28	0.27	1.40	0.92	0.27	0.27	0.05	0.09	0.12	0.15	0.23	0.32	0.50	1.20	6.44	16.7	335.7	1 867	0.27
Br	mg/kg	3.2	1.0	3.0	1.3	0.31	3.1	3.0	0.5	1.2	1.5	1.8	2.5	3.6	5.4	7.6	16.3	2.7	21.1	1 876	3.1
TC	%	1.06	0.49	0.97	1.53	0.46	1.00	0.95	0.23	0.19	0.33	0.42	0.75	1.24	2.44	2.83	4.49	1.6	3.4	1 821	0.98
Cd	mg/kg	0.136	0.059	0.130	1.323	0.43	0.120	0.129	0.021	0.050	0.067	0.077	0.110	0.152	0.239	0.352	1.903	15.2	423.9	1 866	0.131
Ce	mg/kg	68.4	20.5	66.1	1.3	0.30	67.6	66.2	8.2	22.6	31.9	41.4	57.6	73.8	127.7	169.7	263.6	2.8	14.8	1 834	65.4
Cl	mg/kg	102	110	86	2	1.07	58	77	18	34	42	47	63	106	308	720	2 749	11.3	208.6	1 719	80
Co	mg/kg	12.4	3.4	12.0	1.3	0.28	11.5	11.9	1.8	4.2	5.5	7.0	10.3	13.9	20.5	27.9	37.1	1.6	5.9	1 880	12.2
Cr	mg/kg	60.8	22.3	57.7	1.4	0.37	46.7	59.1	10.0	10.3	22.6	28.8	48.7	68.8	105.1	188.1	367.4	3.8	32.1	1 876	58.8
Cu	mg/kg	23.9	8.1	22.8	1.3	0.34	23.8	22.9	3.6	6.8	9.2	12.7	19.3	26.6	42.3	57.5	126.1	3.2	24.9	1 847	22.9
F	mg/kg	527	180	505	1.323	0.34	472	491	71	218	266	316	428	574	1 007	1 493	2 196	3.1	16.0	1 838	500
Ga	mg/kg	17.1	2.0	17.0	1.1	0.12	16.6	16.7	1.3	11.2	12.6	13.9	15.6	18.3	21.4	22.9	25.1	0.5	0.2	1 914	17.1
Ge	mg/kg	1.33	0.17	1.32	1.13	0.13	1.30	1.31	0.11	0.95	1.01	1.04	1.21	1.43	1.70	1.87	2.13	0.6	0.7	1 910	1.32
Hg	mg/kg	0.037	0.051	0.030	1.790	1.37	0.022	0.029	0.009	0.004	0.008	0.011	0.021	0.040	0.117	0.212	1.315	14.9	302.7	1 779	0.030
I	mg/kg	1.60	0.54	1.53	1.37	0.34	1.45	1.52	0.28	0.20	0.65	0.84	1.27	1.84	3.02	4.00	5.27	1.7	5.9	1 863	1.55
La	mg/kg	34.6	9.9	33.5	1.3	0.29	36.0	33.6	4.1	12.5	16.8	20.9	29.2	37.3	60.9	82.4	142.1	2.9	16.4	1 824	33.1
Li	mg/kg	30.4	7.8	29.5	1.3	0.26	25.0	29.7	4.6	9.7	14.2	17.8	25.2	34.4	48.6	54.7	106.7	1.2	6.2	1 894	30.1
Mn	mg/kg	563	125	549	1	0.22	550	554	70	176	250	338	487	627	848	1 019	1 528	1.0	4.2	1 881	557
Mo	mg/kg	0.63	0.81	0.58	1.36	1.29	0.52	0.57	0.10	0.22	0.28	0.34	0.48	0.69	1.07	1.57	33.91	37.0	1 509.1	1 867	0.59
N	%	0.093	0.024	0.090	1.307	0.26	0.092	0.092	0.015	0.027	0.040	0.049	0.078	0.108	0.142	0.167	0.222	0.4	0.8	1 914	0.093
Nb	mg/kg	13.4	2.7	13.2	1.2	0.20	14.8	13.5	1.4	6.1	7.5	8.5	11.8	14.8	19.0	24.5	38.2	1.3	8.2	1 885	13.3
Ni	mg/kg	28.2	11.1	26.8	1.4	0.39	28.0	27.0	4.5	6.8	10.8	14.1	22.6	31.6	49.4	86.4	213.0	5.3	59.8	1 870	27.1

指标	单位	算术平均值 X_a	算术标准差 S_a	几何平均值 X_g	几何标准差 S_g	变异系数 CV	众值 X_{mo}	中位值 X_{me}	中位绝对离差 MAD	最小值 X_{min}	累积频率						最大值 X_{max}	偏度系数 SK	峰度系数 BK	n'	背景值 X_a'
											$X_{0.5\%}$	$X_{2.5\%}$	$X_{25\%}$	$X_{75\%}$	$X_{97.5\%}$	$X_{99.5\%}$					
P	mg/kg	787	314	744	1	0.40	733	746	140	235	299	383	614	894	1 484	2 236	5 115	4.3	39.5	1 863	747
Pb	mg/kg	23.0	5.4	22.5	1.2	0.24	22.8	22.6	2.5	8.7	11.8	14.3	20.1	25.0	33.5	41.6	128.1	4.8	78.1	1 882	22.6
Rb	mg/kg	99.2	21.5	96.9	1.2	0.22	97.1	98.2	7.3	27.5	41.3	54.9	91.2	105.7	153.4	188.5	259.7	1.2	6.6	1 803	98.1
S	mg/kg	221	88	209	1	0.40	211	203	34	78	110	123	172	243	440	634	1 309	3.7	25.8	1 813	205
Sb	mg/kg	0.67	0.25	0.63	1.40	0.37	0.54	0.62	0.14	0.20	0.29	0.33	0.50	0.80	1.21	1.51	3.36	2.4	17.4	1 889	0.65
Sc	mg/kg	10.5	2.5	10.2	1.3	0.24	9.9	10.3	1.3	3.4	4.6	6.1	9.0	11.7	15.9	20.3	30.4	1.2	5.6	1 895	10.4
Se	mg/kg	0.19	0.06	0.19	1.29	0.32	0.17	0.18	0.02	0.05	0.10	0.12	0.16	0.21	0.33	0.51	1.03	4.1	33.9	1 834	0.18
Sn	mg/kg	3.0	1.0	2.8	1.3	0.34	3.1	2.9	0.5	1.2	1.4	1.7	2.4	3.3	4.8	7.0	23.5	6.6	109.2	1 883	2.9
Sr	mg/kg	229	81	216	1	0.35	206	215	52	78	102	118	168	275	428	506	617	1.0	1.2	1 889	224
Th	mg/kg	11.9	5.4	11.2	1.4	0.45	11.6	11.2	1.5	3.5	5.0	6.3	9.6	12.7	22.8	45.7	82.8	5.3	42.3	1 827	11.1
Ti	mg/kg	3 620	630	3 565	1	0.17	3 750	3 676	351	1 245	1 822	2 344	3 253	3 976	4 704	6 395	7 638	0.7	5.0	1 879	3 606
Tl	mg/kg	0.62	0.13	0.61	1.23	0.21	0.63	0.62	0.05	0.13	0.31	0.38	0.56	0.67	0.94	1.22	1.68	1.7	9.2	1 840	0.61
U	mg/kg	2.22	0.65	2.14	1.30	0.29	2.19	2.19	0.24	0.62	0.87	1.13	1.94	2.42	3.42	5.86	8.75	3.4	24.5	1 865	2.16
V	mg/kg	75.7	17.4	73.8	1.3	0.23	77.8	74.7	9.3	25.5	35.6	44.9	65.4	83.8	112.7	147.1	197.8	1.3	6.4	1 883	74.8
W	mg/kg	1.47	0.75	1.39	1.38	0.51	1.60	1.48	0.29	0.42	0.52	0.66	1.16	1.74	2.19	3.29	26.04	19.8	616.2	1 910	1.44
Y	mg/kg	22.1	3.8	21.8	1.2	0.17	24.3	22.4	2.6	9.3	11.6	14.3	19.6	24.7	28.6	31.2	45.7	0.0	1.4	1 912	22.1
Zn	mg/kg	64.1	14.9	62.5	1.3	0.23	58.8	62.6	8.4	21.9	31.5	39.1	54.7	71.5	98.2	118.4	148.5	0.9	2.5	1 891	63.6
Zr	mg/kg	259	47	255	1	0.18	271	261	30	118	143	168	229	288	350	407	525	0.4	1.8	1 902	257
Al_2O_3	%	13.57	0.90	13.55	1.07	0.07	13.38	13.56	0.59	10.27	11.13	11.88	12.96	14.13	15.42	15.96	17.37	0.1	0.5	1 909	13.59
CaO	%	2.55	1.54	2.25	1.59	0.61	1.77	2.03	0.49	0.69	0.98	1.12	1.63	2.84	7.42	9.11	12.18	2.3	5.8	1 717	2.09
MgO	%	1.43	0.49	1.35	1.37	0.34	1.09	1.32	0.25	0.40	0.57	0.73	1.10	1.61	2.72	3.40	4.51	1.6	4.1	1 856	1.37
K_2O	%	2.39	0.37	2.36	1.18	0.15	2.36	2.40	0.15	0.84	1.16	1.53	2.25	2.55	3.18	3.53	5.36	0.1	4.9	1 828	2.41
Na_2O	%	2.26	0.66	2.17	1.36	0.29	1.62	2.24	0.51	0.73	0.94	1.17	1.73	2.74	3.57	3.86	4.64	0.2	0.0	1 926	2.25
SiO_2	%	63.82	4.31	63.67	1.07	0.07	65.52	64.40	2.64	47.97	49.42	53.56	61.46	66.79	70.95	73.00	75.33	0.0	0.8	1 895	64.02
TFe_2O_3	%	4.40	0.92	4.31	1.23	0.21	4.19	4.32	0.52	1.85	2.28	2.69	3.83	4.88	6.51	7.35	9.80	0.7	1.9	1 900	4.38
SOC	%	0.88	0.30	0.83	1.40	0.34	0.85	0.85	0.16	0.16	0.29	0.39	0.69	1.02	1.54	1.96	3.96	1.4	7.9	1 890	0.86
pH	无量纲						7.50	7.28	0.59	4.55	4.92	5.21	6.44	7.74	8.23	8.41	8.66				

表 2.1.9B 泰安市深层土壤（150~200 cm）地球化学参数（n=480）

指标	单位	算术平均值 X_a	算术标准差 S_a	几何平均值 X_g	几何标准差 S_g	变异系数 CV	众值 X_{mo}	中位值 X_{me}	中位绝对离差 MAD	最小值 X_{min}	累积频率 $X_{0.5\%}$	$X_{2.5\%}$	$X_{25\%}$	$X_{75\%}$	$X_{97.5\%}$	$X_{99.5\%}$	最大值 X_{max}	偏度系数 SK	峰度系数 BK	基准值 n'	X_a'
Ag	mg/kg	0.064	0.016	0.062	1.261	0.24	0.066	0.062	0.009	0.026	0.033	0.039	0.054	0.072	0.092	0.117	0.192	1.8	11.7	475	0.063
As	mg/kg	8.4	2.9	7.9	1.4	0.34	7.3	8.2	2.0	2.3	2.7	3.8	6.3	10.1	14.6	18.7	20.1	0.6	0.7	476	8.3
Au	μg/kg	1.8	0.5	1.8	1.3	0.28	1.7	1.8	0.3	0.8	0.9	1.1	1.5	2.1	3.0	3.8	4.7	1.2	3.3	468	1.8
B	mg/kg	39.9	14.1	37.1	1.5	0.35	36.6	40.1	8.4	4.7	10.3	14.1	30.9	48.0	69.8	92.1	94.8	0.6	1.4	470	38.9
Ba	mg/kg	575	89	568	1	0.16	538	564	52	320	326	413	522	630	768	841	844	0.4	0.3	477	573
Be	mg/kg	2.04	0.28	2.02	1.15	0.14	2.03	2.03	0.18	1.23	1.32	1.46	1.87	2.21	2.52	2.76	2.82	0.0	0.0	480	2.04
Bi	mg/kg	0.26	0.08	0.25	1.29	0.32	0.27	0.26	0.04	0.11	0.12	0.15	0.22	0.30	0.39	0.46	1.54	7.4	110.3	473	0.26
Br	mg/kg	3.0	1.0	2.9	1.4	0.32	3.1	3.0	0.6	1.0	1.2	1.5	2.4	3.5	4.9	6.2	13.0	2.7	22.5	472	3.0
TC	%	0.55	0.43	0.44	1.90	0.79	0.26	0.40	0.16	0.09	0.12	0.16	0.27	0.66	1.81	2.25	2.81	2.1	4.7	435	0.43
Cd	mg/kg	0.094	0.027	0.091	1.316	0.29	0.101	0.091	0.017	0.039	0.041	0.051	0.075	0.109	0.159	0.202	0.294	1.6	7.0	467	0.092
Ce	mg/kg	71.8	16.6	70.2	1.2	0.23	67.5	69.6	7.4	36.5	40.8	49.2	63.0	77.6	114.6	157.4	188.4	2.5	11.7	460	69.3
Cl	mg/kg	67	27	63	1	0.41	48	59	11	34	35	39	50	75	147	189	246	2.6	9.4	455	62
Co	mg/kg	13.8	3.6	13.4	1.3	0.26	12.9	13.2	1.8	5.9	6.7	8.5	11.6	15.4	22.3	29.1	38.2	1.7	6.5	466	13.5
Cr	mg/kg	64.0	20.3	61.6	1.3	0.32	68.7	62.8	9.0	20.1	27.3	35.1	53.9	71.8	102.4	205.5	270.2	4.1	32.7	464	61.7
Cu	mg/kg	23.6	7.1	22.8	1.3	0.30	19.8	23.0	2.9	9.0	11.3	14.5	20.0	25.8	38.8	49.8	118.2	5.5	65.3	465	22.8
F	mg/kg	521	164	503	1	0.32	494	493	59	303	306	336	435	552	1 009	1 491	1 895	3.5	19.3	450	488
Ga	mg/kg	17.9	1.7	17.8	1.1	0.10	17.7	17.8	1.2	13.3	13.8	14.8	16.6	19.0	21.6	22.7	24.4	0.4	0.4	478	17.8
Ge	mg/kg	1.44	0.16	1.43	1.12	0.11	1.30	1.45	0.12	0.97	1.01	1.11	1.32	1.56	1.72	1.80	2.00	0.0	0.0	479	1.44
Hg	mg/kg	0.022	0.046	0.018	1.612	2.09	0.015	0.017	0.004	0.006	0.007	0.009	0.013	0.022	0.048	0.151	0.978	18.9	388.4	453	0.018
I	mg/kg	1.59	0.43	1.53	1.31	0.27	1.43	1.53	0.25	0.58	0.75	0.89	1.30	1.84	2.60	3.12	3.18	0.8	1.1	469	1.56
La	mg/kg	35.8	7.7	35.1	1.2	0.22	35.5	35.2	3.3	18.4	21.6	23.9	31.9	38.5	54.1	77.2	86.3	2.4	11.5	462	34.8
Li	mg/kg	31.6	6.9	30.9	1.2	0.22	33.3	31.5	3.9	14.8	16.5	19.8	27.5	35.2	46.1	57.3	83.7	1.2	6.9	476	31.4
Mn	mg/kg	648	253	617	1	0.39	535	601	89	225	304	366	524	710	1 169	2 002	3 722	5.2	50.9	460	613
Mo	mg/kg	0.58	0.17	0.56	1.32	0.29	0.50	0.56	0.10	0.26	0.28	0.34	0.46	0.66	0.98	1.18	1.38	1.1	2.0	469	0.57
N	%	0.050	0.015	0.048	1.336	0.31	0.040	0.050	0.010	0.018	0.023	0.030	0.040	0.060	0.090	0.110	0.110	1.2	2.0	473	0.049
Nb	mg/kg	13.8	2.3	13.6	1.2	0.16	14.9	13.9	1.2	7.3	8.0	9.5	12.4	15.0	18.2	22.6	26.6	0.7	3.7	469	13.6
Ni	mg/kg	29.4	8.0	28.5	1.3	0.27	28.8	28.8	4.3	11.2	14.2	17.2	24.5	33.1	46.5	64.4	102.8	2.3	16.3	469	28.7

指标	单位	算术平均值 X_a	算术标准差 S_a	几何平均值 X_g	几何标准差 S_g	变异系数 CV	众值 X_{mo}	中位值 X_{me}	中位绝对离差 MAD	最小值 X_{min}	累积频率 $X_{0.5\%}$	$X_{2.5\%}$	$X_{25\%}$	$X_{75\%}$	$X_{97.5\%}$	$X_{99.5\%}$	最大值 X_{max}	偏度系数 SK	峰度系数 BK	n'	基准值 X_a'
P	mg/kg	506	260	471	1	0.51	451	454	78	193	224	270	385	543	1 204	1 840	3 595	5.5	49.3	452	459
Pb	mg/kg	21.0	4.4	20.6	1.2	0.21	19.2	20.8	2.3	10.0	10.3	13.4	18.4	23.0	29.4	36.7	61.3	2.0	15.7	471	20.7
Rb	mg/kg	99.6	18.3	97.8	1.2	0.18	94.7	99.4	7.6	40.1	43.0	55.1	92.2	107.2	140.4	164.1	182.6	0.2	2.9	455	99.6
S	mg/kg	124	40	119	1	0.32	106	116	21	63	68	76	98	139	226	319	419	2.2	9.4	463	119
Sb	mg/kg	0.76	0.25	0.72	1.39	0.33	0.67	0.73	0.17	0.25	0.26	0.36	0.58	0.92	1.28	1.52	2.09	0.8	1.6	476	0.75
Sc	mg/kg	11.2	2.0	11.1	1.2	0.18	12.1	11.2	1.1	4.9	6.2	7.4	10.0	12.3	15.4	18.1	20.1	0.5	1.8	470	11.2
Se	mg/kg	0.11	0.04	0.10	1.35	0.33	0.10	0.10	0.02	0.04	0.05	0.06	0.09	0.12	0.19	0.26	0.29	1.6	4.2	468	0.10
Sn	mg/kg	2.6	0.5	2.6	1.2	0.20	2.8	2.7	0.4	1.4	1.5	1.7	2.3	3.0	3.8	4.3	4.8	0.4	0.6	475	2.6
Sr	mg/kg	218	78	206	1	0.36	165	200	44	111	112	117	161	256	412	515	705	1.5	3.9	465	210
Th	mg/kg	11.9	3.4	11.5	1.3	0.29	11.6	11.6	1.3	4.6	5.0	7.1	10.2	12.9	20.3	30.6	42.2	3.1	19.1	461	11.4
Ti	mg/kg	3 757	572	3 714	1	0.15	3 809	3 799	327	1 852	2 187	2 674	3 405	4 089	5 015	5 934	6 693	0.4	2.6	467	3 741
Tl	mg/kg	0.62	0.11	0.61	1.19	0.17	0.59	0.62	0.05	0.31	0.33	0.41	0.57	0.67	0.87	1.04	1.16	0.7	3.5	463	0.61
U	mg/kg	2.14	0.45	2.09	1.23	0.21	2.18	2.15	0.21	0.91	0.99	1.25	1.92	2.32	3.04	4.15	5.05	1.3	7.9	467	2.12
V	mg/kg	82.0	14.7	80.7	1.2	0.18	88.4	81.2	8.6	37.9	46.1	55.8	72.8	90.2	114.6	139.3	150.7	0.6	1.9	471	81.4
W	mg/kg	1.51	0.39	1.46	1.31	0.26	1.86	1.54	0.26	0.47	0.56	0.77	1.25	1.78	2.11	3.42	3.72	0.7	4.2	477	1.50
Y	mg/kg	22.9	3.5	22.6	1.2	0.15	23.4	23.2	2.4	10.5	13.7	15.7	20.6	25.5	28.5	31.4	41.2	0.0	1.3	477	22.9
Zn	mg/kg	61.8	12.9	60.6	1.2	0.21	59.0	60.3	6.9	29.6	36.7	42.2	53.7	67.3	92.8	117.6	131.6	1.4	4.2	467	60.5
Zr	mg/kg	249	42	246	1	0.17	231	247	25	157	162	171	223	272	346	395	437	0.7	1.6	470	246
Al_2O_3	%	14.19	1.01	14.15	1.08	0.07	14.17	14.25	0.62	9.83	10.97	11.96	13.60	14.80	16.17	16.59	16.99	0.0	1.2	477	14.21
CaO	%	2.49	1.57	2.18	1.61	0.63	1.50	1.95	0.48	0.87	0.95	1.16	1.53	2.76	7.53	9.27	11.37	2.3	6.0	427	2.02
MgO	%	1.47	0.38	1.42	1.28	0.26	1.46	1.39	0.21	0.54	0.74	0.90	1.21	1.65	2.46	2.82	3.21	1.1	1.8	467	1.43
K_2O	%	2.34	0.33	2.32	1.16	0.14	2.34	2.35	0.13	1.19	1.23	1.57	2.21	2.47	3.04	3.40	3.82	0.0	2.7	466	2.35
Na_2O	%	2.14	0.60	2.06	1.32	0.28	1.69	2.08	0.45	1.11	1.12	1.25	1.64	2.57	3.29	3.91	4.09	0.5	0.0	477	2.12
SiO_2	%	63.15	3.43	63.06	1.06	0.05	65.05	63.75	2.05	49.32	52.00	55.25	61.30	65.50	68.74	69.98	70.42	0.0	1.0	473	63.32
TFe_2O_3	%	4.64	0.80	4.57	1.19	0.17	4.56	4.58	0.47	2.32	2.83	3.24	4.12	5.07	6.44	7.13	8.02	0.5	0.8	477	4.62
SOC	%	0.34	0.19	0.30	1.64	0.55	0.25	0.29	0.08	0.04	0.08	0.12	0.22	0.41	0.87	1.06	1.26	1.7	3.3	443	0.30
pH	无量纲						8.40	7.92	0.34	5.03	5.41	5.84	7.36	8.17	8.51	8.75	8.80				

表2.1.10A 威海市表层土壤（0～20 cm）地球化学参数（n=1 526）

指标	单位	算术平均值 X_a	算术标准差 S_a	几何平均值 X_g	几何标准差 S_g	变异系数 CV	众数 X_{mo}	中位值 X_{me}	中位绝对离差 MAD	最小值 X_{min}	累积频率						最大值 X_{max}	偏度系数 SK	峰度系数 BK	背景值	
											$X_{0.5\%}$	$X_{2.5\%}$	$X_{25\%}$	$X_{75\%}$	$X_{97.5\%}$	$X_{99.5\%}$				n'	X_a'
Ag	mg/kg	0.066	0.059	0.060	1.460	0.90	0.050	0.057	0.011	0.022	0.028	0.033	0.047	0.071	0.140	0.287	1.610	17.3	400.0	1 443	0.059
As	mg/kg	4.8	3.5	4.4	1.4	0.74	4.2	4.4	0.9	0.9	1.8	2.4	3.6	5.4	8.5	13.3	107.0	19.3	504.1	1 482	4.5
Au	μg/kg	2.1	4.3	1.5	1.8	2.12	1.1	1.3	0.3	0.4	0.5	0.7	1.0	1.8	7.6	24.6	84.4	12.2	183.4	1 391	1.4
B	mg/kg	17.8	7.9	16.5	1.5	0.44	13.2	16.3	3.6	1.9	6.2	8.0	13.1	20.4	37.7	58.2	68.0	2.2	7.9	1 466	16.7
Ba	mg/kg	1 143	421	1 079	1	0.37	1 036	1 060	201	331	454	553	880	1 294	2 231	2 975	3 734	1.8	5.3	1 448	1 077
Be	mg/kg	2.08	0.83	1.98	1.34	0.40	1.74	1.94	0.27	0.44	0.74	1.16	1.70	2.28	3.97	7.01	16.43	6.2	74.5	1 444	1.97
Bi	mg/kg	0.24	0.21	0.20	1.68	0.90	0.17	0.19	0.05	0.02	0.05	0.07	0.15	0.26	0.66	1.41	4.61	8.8	136.2	1 404	0.20
Br	mg/kg	4.6	4.3	3.8	1.7	0.94	3.1	3.4	0.7	0.6	1.3	1.8	2.8	4.5	16.1	31.5	50.9	5.0	33.2	1 360	3.5
TC	%	0.71	0.27	0.67	1.43	0.38	0.63	0.67	0.11	0.12	0.17	0.29	0.58	0.80	1.38	2.07	3.47	2.5	13.9	1 460	0.67
Cd	mg/kg	0.110	0.178	0.093	1.583	1.62	0.090	0.091	0.019	0.013	0.022	0.038	0.074	0.114	0.225	0.527	4.799	19.5	441.2	1 444	0.092
Ce	mg/kg	73.0	28.6	68.4	1.4	0.39	60.2	68.3	12.4	7.4	16.7	29.6	57.4	82.9	130.8	233.5	399.0	2.9	19.9	1 487	70.1
Cl	mg/kg	412	1 342	148	3	3.26	93	111	31	44	52	62	86	159	3 852	10 233	16 768	6.6	51.9	1 251	107
Co	mg/kg	9.8	3.7	9.1	1.5	0.38	8.4	9.3	2.0	0.6	1.3	3.2	7.5	11.7	18.7	23.3	32.5	1.0	3.0	1 497	9.6
Cr	mg/kg	50.6	30.5	45.3	1.6	0.60	42.6	44.4	10.9	7.4	9.5	17.8	35.1	58.1	112.4	168.6	562.0	6.3	75.5	1 461	46.4
Cu	mg/kg	20.7	15.4	17.4	1.8	0.74	13.8	16.7	4.7	1.5	2.2	5.0	12.9	23.2	62.6	97.1	189.0	4.2	30.4	1 396	17.2
F	mg/kg	443	149	422	1	0.34	335	422	73	100	134	220	352	500	793	1 110	2 040	2.5	16.3	1 478	426
Ga	mg/kg	16.6	2.5	16.4	1.2	0.15	17.0	16.9	1.2	4.4	6.5	9.3	15.6	18.0	20.7	21.9	25.4	0.0	3.9	1 455	16.9
Ge	mg/kg	1.24	0.14	1.23	1.12	0.11	1.24	1.23	0.09	0.81	0.90	0.98	1.14	1.32	1.53	1.64	2.08	0.5	1.3	1 520	1.23
Hg	mg/kg	0.033	0.104	0.024	1.790	3.15	0.020	0.023	0.006	0.004	0.005	0.008	0.018	0.030	0.097	0.227	3.720	30.3	1 049.7	1 385	0.023
I	mg/kg	3.77	6.40	2.92	1.76	1.70	2.12	2.73	0.74	0.51	0.70	1.23	2.07	3.66	11.30	35.90	123.00	12.2	183.6	1 383	2.75
La	mg/kg	39.0	16.6	36.1	1.5	0.43	30.9	35.9	7.6	3.5	8.8	15.6	29.6	45.6	74.0	126.6	208.0	2.6	15.6	1 489	37.4
Li	mg/kg	17.3	4.6	16.6	1.3	0.27	15.9	16.9	2.4	1.6	4.9	8.2	14.7	19.4	27.8	33.4	45.2	0.9	4.0	1 472	17.0
Mn	mg/kg	536	168	508	1	0.31	513	525	87	50	87	230	441	614	877	1 127	1 981	1.3	8.0	1 490	529
Mo	mg/kg	0.80	0.86	0.68	1.59	1.08	0.49	0.63	0.15	0.20	0.23	0.33	0.51	0.85	2.09	3.99	21.00	14.0	277.2	1 405	0.66
N	%	0.070	0.021	0.067	1.422	0.30	0.072	0.071	0.010	0.015	0.016	0.022	0.060	0.080	0.116	0.149	0.225	0.6	4.0	1 500	0.069
Nb	mg/kg	14.9	4.1	14.4	1.3	0.28	14.0	14.3	1.6	4.2	6.1	8.6	12.9	16.1	25.5	36.9	54.8	2.6	14.2	1 448	14.4
Ni	mg/kg	20.0	13.9	17.6	1.6	0.70	14.7	17.3	4.9	1.7	3.0	6.7	13.2	23.5	44.5	70.1	319.0	9.9	179.0	1 475	18.5

指标	单位	算术平均值 X_a	算术标准差 S_a	几何平均值 X_g	几何标准差 S_g	变异系数 CV	众值 X_{mo}	中位值 X_{me}	中位绝对离差 MAD	最小值 X_{min}	累积频率 $X_{0.5\%}$	$X_{2.5\%}$	$X_{25\%}$	$X_{75\%}$	$X_{97.5\%}$	$X_{99.5\%}$	最大值 X_{max}	偏度系数 SK	峰度系数 BK	背景值 n'	X_a'
P	mg/kg	653	301	597	2	0.46	657	602	140	97	126	229	480	772	1 301	2 058	4 667	3.3	27.7	1 487	623
Pb	mg/kg	29.3	16.4	27.5	1.4	0.56	22.2	26.8	4.9	10.3	13.5	16.3	22.2	32.3	57.4	89.0	464.0	13.9	332.8	1 451	27.1
Rb	mg/kg	95.6	21.2	93.3	1.3	0.22	92.9	94.8	13.0	30.5	48.7	59.0	81.2	107.1	142.1	163.3	240.5	0.6	2.0	1 509	94.8
S	mg/kg	234	1 011	159	2	4.33	132	145	22	16	40	70	125	175	706	2 048	30 800	23.9	644.8	1 393	147
Sb	mg/kg	0.44	0.13	0.42	1.29	0.31	0.38	0.42	0.06	0.13	0.18	0.25	0.37	0.49	0.69	0.92	3.00	6.3	97.9	1 485	0.43
Sc	mg/kg	7.8	2.7	7.3	1.5	0.34	7.2	7.6	1.6	0.6	1.4	2.7	6.1	9.3	13.7	17.2	19.3	0.6	1.2	1 503	7.7
Se	mg/kg	0.17	0.05	0.17	1.37	0.31	0.17	0.17	0.02	0.04	0.05	0.07	0.14	0.19	0.30	0.42	0.57	1.8	9.3	1 480	0.17
Sn	mg/kg	2.3	0.7	2.2	1.3	0.29	2.2	2.2	0.3	0.6	0.9	1.3	1.9	2.5	3.7	4.7	9.8	2.8	23.4	1 483	2.2
Sr	mg/kg	313	148	288	1	0.47	242	279	69	94	121	145	223	366	683	1 129	1 390	2.7	12.4	1 464	292
Th	mg/kg	12.2	8.4	10.4	1.7	0.69	7.7	9.1	2.1	1.4	2.2	4.5	7.5	13.3	37.0	50.0	71.6	2.5	8.0	1 297	9.2
Ti	mg/kg	3 301	711	3 207	1	0.22	3 095	3 321	344	284	816	1 576	2 974	3 660	4 637	6 082	7 372	0.0	4.3	1 460	3 337
Tl	mg/kg	0.60	0.16	0.58	1.30	0.26	0.55	0.58	0.10	0.15	0.29	0.35	0.49	0.68	0.97	1.12	1.65	0.9	2.3	1 495	0.59
U	mg/kg	2.11	1.06	1.91	1.52	0.50	1.45	1.79	0.34	0.40	0.56	0.93	1.50	2.31	5.18	6.54	10.40	2.2	7.3	1 380	1.83
V	mg/kg	62.1	21.2	58.4	1.4	0.34	56.5	59.6	11.3	7.5	12.6	24.6	49.3	72.4	109.0	143.1	177.4	1.0	3.0	1 499	60.7
W	mg/kg	1.33	0.95	1.17	1.62	0.72	0.79	1.14	0.31	0.08	0.31	0.48	0.87	1.52	3.29	6.17	20.20	7.7	115.1	1 444	1.18
Y	mg/kg	20.2	4.9	19.6	1.3	0.24	18.7	20.4	2.5	2.2	4.8	10.4	17.9	22.8	30.1	38.3	50.3	0.3	3.7	1 475	20.2
Zn	mg/kg	53.9	21.4	50.1	1.5	0.40	43.2	51.4	10.1	3.4	7.4	18.8	42.0	62.0	105.0	150.0	261.0	2.6	15.7	1 473	51.7
Zr	mg/kg	308	145	287	1	0.47	246	280	39	42	71	147	245	328	801	1 193	1 526	3.9	20.5	1 418	282
Al$_2$O$_3$	%	13.83	1.73	13.70	1.16	0.13	13.96	14.04	0.79	4.18	5.71	8.54	13.22	14.80	16.44	16.98	19.03	0.0	6.3	1 458	14.09
CaO	%	1.51	0.72	1.36	1.58	0.48	1.18	1.40	0.42	0.23	0.36	0.54	0.99	1.84	3.20	4.79	6.89	1.8	6.7	1 486	1.44
MgO	%	1.01	0.58	0.88	1.76	0.58	0.75	0.87	0.28	0.01	0.11	0.30	0.63	1.25	2.37	3.48	7.84	2.6	16.6	1 469	0.94
K$_2$O	%	3.06	0.53	3.02	1.18	0.17	2.96	3.03	0.29	1.31	1.85	2.18	2.74	3.32	4.34	5.00	6.20	0.9	2.7	1 484	3.02
Na$_2$O	%	2.66	0.51	2.60	1.25	0.19	3.02	2.70	0.29	0.51	0.89	1.43	2.39	2.98	3.59	3.84	4.52	0.0	1.3	1 496	2.68
SiO$_2$	%	68.07	4.13	67.95	1.06	0.06	68.66	68.07	2.11	51.38	57.07	60.60	65.72	70.00	78.10	85.02	89.12	0.9	4.0	1 462	67.78
TFe$_2$O$_3$	%	3.51	1.07	3.33	1.42	0.30	3.42	3.42	0.58	0.34	0.57	1.41	2.87	4.07	5.93	7.28	8.60	0.6	1.9	1 494	3.47
SOC	%	0.67	0.27	0.61	1.68	0.41	0.65	0.64	0.11	0.02	0.04	0.14	0.55	0.77	1.35	1.88	3.44	1.8	11.3	1 465	0.65
pH	无量纲						5.37	5.74	0.50	3.80	4.68	4.86	5.34	6.54	8.43	9.01	9.33				

表 2.1.10B　威海市深层土壤（150～200 cm）地球化学参数（n=404）

指标	单位	算术平均值 X_a	算术标准差 S_a	几何平均值 X_g	几何标准差 S_g	变异系数 CV	众值 X_{mo}	中位值 X_{me}	中位绝对离差 MAD	最小值 X_{min}	$X_{0.5\%}$	$X_{2.5\%}$	$X_{25\%}$	$X_{75\%}$	$X_{97.5\%}$	$X_{99.5\%}$	最大值 X_{max}	偏度系数 SK	峰度系数 BK	n'	基准值 X_a'
Ag	mg/kg	0.061	0.058	0.055	1.499	0.94	0.043	0.053	0.012	0.022	0.024	0.029	0.043	0.066	0.138	0.259	0.876	10.6	135.0	389	0.055
As	mg/kg	4.8	1.8	4.4	1.5	0.38	4.7	4.6	1.1	0.8	1.8	2.1	3.5	5.7	8.3	11.3	16.4	1.3	4.9	397	4.6
Au	μg/kg	1.6	1.3	1.4	1.6	0.81	1.1	1.4	0.3	0.5	0.5	0.7	1.1	1.7	4.5	10.9	14.0	6.0	45.7	380	1.4
B	mg/kg	20.6	8.5	19.1	1.5	0.41	22.0	20.1	4.5	3.4	5.3	8.8	15.2	23.7	40.2	51.2	76.9	2.0	8.5	389	19.5
Ba	mg/kg	1 129	400	1 070	1	0.35	883	1 051	211	481	520	580	865	1 310	2 081	2 839	3 134	1.6	4.0	390	1 083
Be	mg/kg	2.14	0.58	2.06	1.32	0.27	1.96	2.08	0.26	0.50	0.62	1.00	1.86	2.38	3.58	4.39	6.40	1.6	9.5	378	2.09
Bi	mg/kg	0.23	0.21	0.19	1.69	0.93	0.19	0.19	0.05	0.03	0.04	0.06	0.15	0.25	0.50	1.28	2.74	8.4	92.2	385	0.20
Br	mg/kg	4.7	4.4	3.7	1.9	0.94	2.7	3.5	1.1	0.5	0.9	1.2	2.6	4.8	17.6	29.9	34.0	3.6	16.1	365	3.5
TC	%	0.42	0.18	0.39	1.44	0.42	0.38	0.38	0.09	0.12	0.15	0.19	0.30	0.49	0.89	1.36	1.50	2.3	9.1	391	0.40
Cd	mg/kg	0.062	0.036	0.056	1.569	0.58	0.052	0.054	0.013	0.008	0.015	0.024	0.043	0.070	0.145	0.222	0.457	4.5	38.3	376	0.055
Ce	mg/kg	76.0	24.3	72.0	1.4	0.32	69.2	73.1	11.7	10.1	21.6	30.4	62.9	87.3	134.6	162.3	189.1	0.9	2.8	395	74.4
Cl	mg/kg	419	1 169	140	3	2.79	67	99	28	47	48	53	76	146	4 061	7 549	9 700	4.9	26.6	333	96
Co	mg/kg	10.5	4.4	9.5	1.7	0.42	11.3	10.2	2.5	0.6	1.1	2.2	7.8	12.8	20.0	24.0	39.0	1.2	5.8	396	10.2
Cr	mg/kg	52.4	36.2	46.4	1.6	0.69	47.5	48.0	11.8	4.5	7.1	16.2	37.1	61.4	113.0	163.0	607.1	9.4	137.6	386	47.8
Cu	mg/kg	16.2	7.8	14.6	1.6	0.48	15.8	15.4	3.3	1.4	2.3	4.5	12.0	18.5	33.6	47.4	79.3	2.9	18.1	387	15.1
F	mg/kg	412	124	394	1	0.30	390	403	57	86	116	148	349	464	658	983	1 300	1.7	9.6	392	403
Ga	mg/kg	17.1	2.8	16.8	1.2	0.17	16.5	17.4	1.1	4.9	5.9	8.4	16.3	18.5	21.6	23.4	26.6	0.0	4.1	371	17.5
Ge	mg/kg	1.23	0.15	1.23	1.13	0.12	1.21	1.23	0.11	0.82	0.93	0.97	1.12	1.33	1.52	1.62	1.67	0.2	0.0	404	1.23
Hg	mg/kg	0.014	0.009	0.013	1.538	0.59	0.013	0.013	0.003	0.002	0.003	0.005	0.010	0.016	0.030	0.045	0.115	6.1	61.6	390	0.014
I	mg/kg	4.13	4.97	3.29	1.86	1.20	1.99	3.27	1.21	0.43	0.66	0.90	2.25	4.79	11.10	21.50	87.00	12.0	193.4	374	3.35
La	mg/kg	40.4	14.3	37.8	1.5	0.35	34.9	38.7	7.0	4.0	9.3	14.2	32.1	46.9	75.8	89.6	108.1	1.0	2.8	393	39.1
Li	mg/kg	19.7	6.2	18.6	1.5	0.32	19.2	19.7	3.4	3.3	3.7	5.8	16.3	23.1	31.4	39.3	49.8	0.5	2.6	400	19.5
Mn	mg/kg	553	233	511	2	0.42	454	529	110	63	90	168	427	646	1 014	1 207	3 213	4.0	42.2	395	534
Mo	mg/kg	0.82	0.57	0.72	1.59	0.70	0.58	0.67	0.16	0.21	0.24	0.33	0.56	0.90	1.97	3.51	7.45	5.5	49.6	377	0.71
N	%	0.039	0.012	0.037	1.330	0.31	0.036	0.037	0.006	0.018	0.019	0.022	0.031	0.043	0.069	0.089	0.106	1.6	4.2	392	0.038
Nb	mg/kg	15.1	4.6	14.6	1.3	0.30	14.7	14.7	1.6	4.8	6.7	8.7	13.2	16.3	24.8	32.3	74.0	5.9	69.3	389	14.6
Ni	mg/kg	21.2	14.9	18.5	1.7	0.70	19.4	19.4	4.8	1.5	2.8	4.8	15.0	24.6	46.4	65.2	249.0	9.4	137.4	388	19.4

续表

指标	单位	算术平均值 X_a	算术标准差 S_a	几何平均值 X_g	几何标准差 S_g	变异系数 CV	众值 X_{mo}	中位值 X_{me}	中位绝对离差 MAD	最小值 X_{min}	累积频率 $X_{0.5\%}$	$X_{2.5\%}$	$X_{25\%}$	$X_{75\%}$	$X_{97.5\%}$	$X_{99.5\%}$	最大值 X_{max}	偏度系数 SK	峰度系数 BK	n'	基准值 X_a'
P	mg/kg	379	207	339	2	0.55	286	326	96	91	127	149	245	441	1 035	1 329	1 592	2.3	7.7	386	346
Pb	mg/kg	27.0	10.9	25.7	1.3	0.41	25.6	25.5	4.2	10.7	12.7	15.8	21.6	30.2	45.1	62.5	161.0	6.5	69.9	392	25.8
Rb	mg/kg	97.0	19.9	94.9	1.2	0.21	97.6	96.8	13.0	36.1	43.0	59.1	83.5	109.1	139.6	153.4	191.7	0.3	1.4	399	96.8
S	mg/kg	160	194	134	2	1.21	114	120	18	68	76	88	103	140	615	1 153	2 923	8.9	108.9	358	118
Sb	mg/kg	0.50	0.24	0.47	1.38	0.48	0.41	0.48	0.09	0.14	0.19	0.25	0.39	0.57	0.83	1.05	4.29	10.0	153.7	397	0.48
Sc	mg/kg	8.3	2.7	7.7	1.5	0.33	8.8	8.4	1.7	0.8	0.9	2.2	6.7	9.9	13.9	15.6	20.0	0.1	1.0	402	8.3
Se	mg/kg	0.15	0.06	0.14	1.43	0.43	0.17	0.14	0.03	0.04	0.04	0.06	0.11	0.17	0.26	0.36	0.94	5.4	61.6	394	0.14
Sn	mg/kg	2.2	0.6	2.2	1.3	0.25	2.0	2.2	0.3	0.7	1.1	1.3	1.9	2.6	3.5	4.1	5.8	1.1	4.2	396	2.2
Sr	mg/kg	310	142	285	1	0.46	236	269	65	120	128	147	218	364	673	931	1 182	2.1	7.6	391	293
Th	mg/kg	12.4	11.5	10.8	1.6	0.93	9.6	10.0	2.1	1.7	2.4	4.5	8.4	13.4	30.0	41.5	206.6	12.2	200.0	370	10.5
Ti	mg/kg	3 386	805	3 269	1	0.24	3 665	3 437	443	675	862	1 439	2 989	3 841	4 785	5 707	8 048	0.0	3.6	389	3 421
Tl	mg/kg	0.61	0.14	0.60	1.27	0.23	0.60	0.60	0.09	0.22	0.28	0.37	0.52	0.71	0.87	1.07	1.23	0.5	1.1	400	0.61
U	mg/kg	2.11	1.46	1.91	1.51	0.69	1.44	1.85	0.36	0.38	0.55	0.89	1.55	2.29	4.47	5.59	25.80	10.9	172.3	377	1.89
V	mg/kg	66.8	21.7	62.5	1.5	0.33	63.9	66.3	14.8	7.0	10.1	21.3	52.4	81.6	108.1	120.6	151.8	0.0	0.3	403	66.6
W	mg/kg	1.33	0.67	1.20	1.57	0.51	1.06	1.21	0.27	0.32	0.35	0.45	0.97	1.54	3.17	4.53	5.71	2.4	9.4	385	1.23
Y	mg/kg	21.1	5.7	20.3	1.4	0.27	20.4	21.2	2.9	3.8	4.5	9.4	18.2	24.0	30.4	42.6	56.5	0.9	7.3	389	21.1
Zn	mg/kg	50.0	16.6	46.8	1.5	0.33	45.0	49.9	8.2	5.0	6.1	13.6	41.7	58.0	84.0	105.3	157.0	1.1	7.2	391	49.3
Zr	mg/kg	284	140	267	1	0.49	262	262	36	59	96	150	230	301	570	1 226	1 709	5.8	46.7	382	262
Al_2O_3	%	14.69	2.10	14.49	1.19	0.14	14.97	14.93	0.86	5.20	5.63	8.05	14.14	15.90	17.62	18.54	19.25	0.0	5.1	379	15.08
CaO	%	1.37	0.80	1.21	1.64	0.58	0.95	1.21	0.37	0.32	0.35	0.43	0.87	1.64	3.28	5.21	7.16	2.9	14.7	390	1.27
MgO	%	1.04	0.70	0.89	1.79	0.67	0.73	0.90	0.24	0.03	0.09	0.25	0.69	1.23	2.37	5.95	7.38	4.5	31.6	391	0.95
K_2O	%	2.98	0.52	2.93	1.18	0.18	2.59	2.94	0.32	1.58	1.91	2.05	2.65	3.27	3.97	5.35	6.12	1.4	6.5	397	2.94
Na_2O	%	2.48	0.58	2.41	1.29	0.23	2.49	2.49	0.35	0.78	0.92	1.24	2.13	2.82	3.64	4.11	4.43	0.1	0.7	402	2.47
SiO_2	%	67.24	4.30	67.11	1.06	0.06	67.06	66.82	2.26	56.34	57.43	60.68	64.63	69.14	78.48	84.68	86.65	1.3	3.9	386	66.72
TFe_2O_3	%	3.78	1.15	3.56	1.49	0.31	4.56	3.81	0.74	0.30	0.50	1.05	3.06	4.49	6.18	6.82	7.91	0.0	0.8	401	3.77
SOC	%	0.32	0.16	0.28	1.76	0.51	0.28	0.29	0.09	0.01	0.02	0.08	0.21	0.39	0.74	0.91	1.23	1.4	3.6	393	0.31
pH	无量纲						7.02	6.72	0.44	4.94	5.27	5.55	6.24	7.10	8.41	8.85	9.27				

表 2.1.11A　日照市表层土壤（0~20 cm）地球化学参数（$n=1\,349$）

指标	单位	算术平均值 X_a	算术标准差 S_a	几何平均值 X_g	几何标准差 S_g	变异系数 CV	众值 X_{mo}	中位值 X_{me}	中位绝对离差 MAD	最小值 X_{min}	累积频率						最大值 X_{max}	偏度系数 SK	峰度系数 BK	背景值	
											$X_{0.5\%}$	$X_{2.5\%}$	$X_{25\%}$	$X_{75\%}$	$X_{97.5\%}$	$X_{99.5\%}$				n'	X_a'
Ag	mg/kg	0.068	0.045	0.063	1.386	0.66	0.055	0.062	0.011	0.023	0.031	0.037	0.051	0.074	0.130	0.234	1.367	19.2	535.1	1 292	0.063
As	mg/kg	5.7	2.3	5.4	1.4	0.41	4.1	5.3	1.1	1.9	2.3	2.9	4.3	6.7	11.2	18.1	32.6	3.3	22.8	1 298	5.4
Au	μg/kg	1.3	2.4	1.1	1.4	1.91	1.0	1.1	0.2	0.5	0.6	0.7	0.9	1.3	2.4	5.0	87.7	33.0	1 163.0	1 283	1.1
B	mg/kg	27.3	12.7	24.8	1.6	0.47	24.8	24.7	6.5	3.1	6.3	10.7	19.0	32.6	61.5	81.7	108.7	1.7	4.4	1 288	25.4
Ba	mg/kg	1 015	367	959	1	0.36	989	964	224	350	431	531	749	1 203	1 801	2 244	5 499	2.3	18.3	1 335	999
Be	mg/kg	2.07	0.39	2.04	1.19	0.19	1.91	2.00	0.20	0.77	1.33	1.53	1.82	2.24	3.18	3.50	3.95	1.4	2.9	1 286	2.02
Bi	mg/kg	0.22	0.14	0.21	1.40	0.61	0.17	0.20	0.04	0.07	0.10	0.12	0.17	0.25	0.44	0.68	3.74	14.7	344.6	1 284	0.21
Br	mg/kg	2.8	1.2	2.7	1.4	0.43	2.7	2.7	0.5	1.0	1.2	1.6	2.2	3.2	5.0	8.5	24.5	7.0	95.4	1 306	2.7
TC	%	0.79	0.36	0.74	1.42	0.46	0.63	0.71	0.14	0.17	0.29	0.41	0.59	0.89	1.54	2.53	6.27	5.2	55.6	1 281	0.73
Cd	mg/kg	0.126	0.141	0.113	1.479	1.12	0.116	0.111	0.025	0.024	0.044	0.059	0.088	0.140	0.272	0.463	4.810	27.7	912.6	1 295	0.114
Ce	mg/kg	87.3	30.2	83.0	1.4	0.35	78.6	81.4	13.9	26.9	33.3	44.5	69.5	98.3	169.2	216.6	286.8	1.9	6.4	1 303	83.6
Cl	mg/kg	97	199	78	2	2.05	62	71	13	39	42	46	59	89	223	778	4 536	15.3	276.9	1 236	72
Co	mg/kg	12.1	3.6	11.6	1.4	0.30	10.9	11.6	2.4	2.1	4.3	6.2	9.6	14.4	19.9	22.0	27.0	0.5	0.2	1 344	12.1
Cr	mg/kg	60.1	29.4	54.9	1.5	0.49	57.9	54.3	13.8	7.4	16.5	24.1	42.1	72.8	124.0	168.2	535.8	4.4	54.1	1 310	57.1
Cu	mg/kg	20.9	12.6	19.1	1.5	0.61	16.8	18.6	4.4	2.9	6.2	9.3	15.0	23.9	46.6	66.2	319.9	11.2	237.8	1 289	19.2
F	mg/kg	475	136	457	1	0.29	377	452	82	139	212	270	378	547	825	954	1 208	1.1	2.2	1 304	461
Ga	mg/kg	17.2	2.1	17.1	1.1	0.12	18.0	17.3	1.4	6.9	12.2	13.5	15.8	18.7	21.4	22.3	27.4	0.0	0.5	1 344	17.2
Ge	mg/kg	1.34	0.17	1.33	1.13	0.13	1.34	1.33	0.10	0.89	0.96	1.05	1.24	1.43	1.69	1.83	3.92	2.8	37.3	1 336	1.33
Hg	mg/kg	0.037	0.101	0.028	1.759	2.72	0.021	0.025	0.007	0.005	0.009	0.012	0.020	0.035	0.119	0.346	3.280	26.0	803.5	1 226	0.026
I	μg/kg	1.86	0.57	1.79	1.31	0.30	1.76	1.76	0.28	0.62	0.89	1.07	1.51	2.07	3.27	4.39	6.86	2.1	9.7	1 306	1.79
La	mg/kg	47.0	18.0	44.4	1.4	0.38	41.3	42.4	7.9	18.1	20.7	25.0	36.0	52.9	99.7	132.0	159.5	2.1	7.4	1 285	44.1
Li	mg/kg	24.0	8.7	22.7	1.4	0.36	17.9	21.8	4.2	4.4	10.9	13.6	18.1	27.0	47.1	59.0	68.9	1.6	3.1	1 280	22.6
Mn	mg/kg	614	146	597	1	0.24	549	603	87	162	308	363	520	693	943	1 171	1 250	0.7	1.4	1 329	608
Mo	mg/kg	0.71	0.55	0.65	1.44	0.78	0.56	0.62	0.12	0.21	0.31	0.37	0.51	0.77	1.48	3.09	15.52	16.2	392.7	1 285	0.64
N	%	0.080	0.022	0.077	1.319	0.28	0.069	0.077	0.013	0.020	0.032	0.045	0.066	0.092	0.130	0.161	0.239	1.1	3.2	1 325	0.079
Nb	mg/kg	15.5	3.4	15.2	1.2	0.22	15.8	14.9	1.5	8.9	9.5	10.7	13.5	16.5	25.5	29.6	38.6	1.8	5.4	1 266	14.8
Ni	mg/kg	25.6	13.9	23.3	1.5	0.54	20.9	22.5	5.9	2.6	7.7	10.9	17.8	31.0	53.7	72.0	304.5	7.5	130.0	1 312	24.3

续表

指标	单位	算术平均值 X_a	算术标准差 S_a	几何平均值 X_g	几何标准差 S_g	变异系数 CV	众值 X_{mo}	中位值 X_{me}	中位绝对离差 MAD	最小值 X_{min}	$X_{0.5\%}$	$X_{2.5\%}$	$X_{25\%}$	$X_{75\%}$	$X_{97.5\%}$	$X_{99.5\%}$	最大值 X_{max}	偏度系数 SK	峰度系数 BK	n'	背景值 X_a'
P	mg/kg	719	263	675	1	0.37	740	678	153	158	239	327	542	847	1 389	1 697	2 023	1.2	2.3	1 312	695
Pb	mg/kg	29.3	14.9	27.8	1.3	0.51	24.5	26.5	3.3	11.7	17.5	19.2	23.7	30.4	57.2	109.3	362.3	11.2	205.0	1 262	26.8
Rb	mg/kg	99.1	16.1	97.9	1.2	0.16	94.2	96.1	8.5	63.7	70.3	76.3	88.2	105.8	140.0	157.8	204.1	1.3	2.8	1 306	97.4
S	mg/kg	182	202	167	1	1.11	133	157	26	66	90	105	136	192	332	790	6 632	25.4	787.2	1 277	163
Sb	mg/kg	0.53	0.15	0.52	1.28	0.28	0.44	0.51	0.08	0.22	0.29	0.34	0.44	0.60	0.86	1.21	1.68	2.0	8.5	1 317	0.52
Sc	mg/kg	9.1	2.6	8.8	1.3	0.28	8.4	8.9	1.6	1.4	3.2	4.5	7.4	10.6	14.6	16.5	24.9	0.6	1.5	1 340	9.1
Se	mg/kg	0.17	0.06	0.17	1.28	0.37	0.16	0.16	0.02	0.04	0.09	0.11	0.14	0.19	0.27	0.39	1.20	8.8	121.2	1 301	0.16
Sn	mg/kg	2.4	0.6	2.3	1.2	0.26	2.4	2.4	0.3	0.4	1.3	1.5	2.1	2.7	3.5	4.5	14.6	6.4	113.4	1 320	2.4
Sr	mg/kg	267	105	248	1	0.39	176	249	66	75	106	116	189	325	510	621	747	1.0	1.1	1 327	261
Th	mg/kg	11.9	5.3	11.1	1.4	0.45	10.0	10.6	1.8	3.3	5.0	6.0	9.0	12.8	26.4	41.3	52.2	3.1	13.4	1 251	10.7
Ti	mg/kg	3 840	657	3 782	1	0.17	3 297	3 834	420	1 172	2 088	2 683	3 408	4 247	5 170	5 632	6 857	0.2	0.9	1 336	3 838
Tl	mg/kg	0.59	0.11	0.58	1.20	0.19	0.52	0.57	0.07	0.35	0.40	0.44	0.51	0.65	0.87	1.07	1.36	1.3	3.5	1 320	0.58
U	mg/kg	1.98	0.57	1.91	1.29	0.29	1.71	1.87	0.27	0.79	1.00	1.23	1.63	2.20	3.35	4.62	6.85	2.4	11.9	1 293	1.90
V	mg/kg	75.8	20.5	73.1	1.3	0.27	74.0	73.5	13.3	15.5	34.9	42.0	61.3	87.8	122.6	149.9	174.3	0.7	1.2	1 325	74.7
W	mg/kg	1.15	0.52	1.09	1.38	0.45	0.81	1.09	0.23	0.40	0.47	0.59	0.87	1.33	1.93	3.41	12.20	9.3	169.1	1 325	1.11
Y	mg/kg	24.9	4.5	24.5	1.2	0.18	24.6	24.5	2.6	12.1	14.4	16.8	22.2	27.3	35.5	38.7	44.0	0.6	1.1	1 324	24.7
Zn	mg/kg	66.6	20.7	63.8	1.3	0.31	52.8	64.5	11.2	9.1	28.1	35.9	53.4	75.7	116.7	155.4	223.9	1.6	6.0	1 310	64.6
Zr	mg/kg	329	72	322	1	0.22	296	322	39	101	192	220	282	361	495	629	1 008	1.7	8.8	1 313	322
Al$_2$O$_3$	%	13.68	1.06	13.64	1.08	0.08	13.75	13.74	0.69	6.86	10.90	11.69	12.97	14.38	15.66	16.84	18.34	0.0	1.6	1 333	13.67
CaO	%	1.44	0.68	1.32	1.48	0.48	1.05	1.28	0.31	0.45	0.54	0.66	1.03	1.67	3.03	4.56	8.73	3.0	19.4	1 299	1.35
MgO	%	1.23	0.54	1.13	1.50	0.44	1.05	1.13	0.30	0.16	0.40	0.51	0.87	1.48	2.48	3.06	6.12	2.0	10.4	1 319	1.19
K$_2$O	%	2.97	0.40	2.95	1.14	0.14	2.80	2.96	0.25	1.97	2.11	2.27	2.71	3.21	3.87	4.27	4.78	0.5	0.7	1 337	2.96
Na$_2$O	%	2.63	0.49	2.58	1.23	0.18	2.58	2.67	0.30	0.94	1.17	1.47	2.35	2.95	3.49	3.86	4.52	0.0	0.8	1 326	2.65
SiO$_2$	%	65.57	3.65	65.46	1.06	0.06	65.42	65.70	2.49	50.26	56.28	58.58	63.01	68.05	72.47	74.97	81.98	0.0	0.3	1 345	65.57
TFe$_2$O$_3$	%	4.17	0.97	4.05	1.28	0.23	4.12	4.10	0.66	1.01	1.93	2.46	3.51	4.82	6.14	6.69	8.72	0.3	0.2	1 344	4.16
SOC	%	0.76	0.28	0.71	1.42	0.37	0.60	0.71	0.14	0.03	0.20	0.38	0.59	0.86	1.40	1.79	4.40	3.1	26.8	1 306	0.73
pH	无量纲						5.65	6.01	0.68	4.59	4.65	4.95	5.44	6.91	8.04	8.26	9.14				

表 2.1.11B 日照市深层土壤（150~200 cm）地球化学参数（n=347）

指标	单位	算术平均值 X_a	算术标准差 S_a	几何平均值 X_g	几何标准差 S_g	变异系数 CV	众值 X_{mo}	中位值 X_{me}	中位绝对离差 MAD	最小值 X_{min}	累积频率 $X_{0.5\%}$	$X_{2.5\%}$	$X_{25\%}$	$X_{75\%}$	$X_{97.5\%}$	$X_{99.5\%}$	最大值 X_{max}	偏度系数 SK	峰度系数 BK	n'	基准值 X_a'
Ag	mg/kg	0.062	0.038	0.058	1.354	0.62	0.060	0.057	0.010	0.031	0.032	0.035	0.048	0.068	0.103	0.172	0.664	11.9	181.8	337	0.058
As	mg/kg	6.0	2.4	5.5	1.5	0.40	5.1	5.5	1.5	1.5	2.1	2.5	4.3	7.3	11.5	13.6	14.3	0.9	1.0	338	5.8
Au	µg/kg	1.5	5.6	1.2	1.4	3.71	1.0	1.1	0.2	0.5	0.6	0.7	1.0	1.3	2.3	3.0	104.5	18.5	343.6	328	1.1
B	mg/kg	25.1	11.8	22.7	1.6	0.47	28.3	23.6	6.6	3.3	6.2	8.7	17.1	30.3	56.2	66.9	84.3	1.4	3.3	331	23.5
Ba	mg/kg	1 050	441	990	1	0.42	959	991	231	436	443	568	772	1 250	1 862	2 203	6 384	5.5	61.4	341	1 018
Be	mg/kg	2.10	0.40	2.07	1.19	0.19	2.06	2.05	0.23	1.35	1.43	1.55	1.82	2.29	3.12	3.69	3.87	1.4	3.4	335	2.06
Bi	mg/kg	0.20	0.11	0.19	1.42	0.55	0.20	0.19	0.04	0.08	0.09	0.10	0.15	0.23	0.34	0.70	1.47	6.8	66.9	338	0.19
Br	mg/kg	2.7	1.2	2.5	1.5	0.45	2.3	2.5	0.6	0.7	0.9	1.1	1.9	3.1	5.4	7.6	11.4	2.1	9.4	337	2.6
TC	%	0.43	0.23	0.38	1.57	0.54	0.28	0.36	0.11	0.14	0.16	0.19	0.27	0.50	0.97	1.30	2.00	2.4	9.5	329	0.39
Cd	mg/kg	0.096	0.095	0.084	1.593	0.99	0.056	0.081	0.021	0.018	0.028	0.038	0.063	0.106	0.210	0.351	1.568	11.4	168.1	335	0.085
Ce	mg/kg	84.9	32.2	80.5	1.4	0.38	63.8	79.5	14.1	28.8	34.8	43.4	66.2	96.2	154.8	181.5	421.0	3.9	34.5	336	81.4
Cl	mg/kg	86	189	64	2	2.20	53	57	9	35	38	41	50	71	182	1381	2551	9.8	107.8	322	59
Co	mg/kg	13.1	4.6	12.4	1.4	0.35	14.9	12.8	2.7	4.3	4.8	6.1	10.1	15.5	24.2	29.8	39.6	1.3	4.2	337	12.7
Cr	mg/kg	61.5	34.3	55.4	1.6	0.56	54.4	55.0	13.6	16.3	17.0	24.0	43.0	71.2	132.4	211.2	367.3	3.9	26.5	335	57.0
Cu	mg/kg	19.4	9.8	17.9	1.5	0.50	16.0	18.0	4.2	6.2	6.9	8.8	14.0	22.6	38.4	62.2	117.1	4.4	34.2	333	18.0
F	mg/kg	486	127	470	1	0.26	454	459	76	173	234	290	394	558	762	888	1 005	0.8	1.0	342	480
Ga	mg/kg	17.4	2.1	17.3	1.1	0.12	17.5	17.5	1.4	11.8	12.5	13.3	16.0	18.7	21.3	22.9	23.6	0.0	0.0	347	17.4
Ge	mg/kg	1.38	0.18	1.36	1.14	0.13	1.16	1.36	0.13	0.94	0.95	1.02	1.24	1.50	1.74	1.84	1.92	0.1	0.0	347	1.38
Hg	mg/kg	0.020	0.048	0.016	1.579	2.39	0.014	0.015	0.003	0.003	0.006	0.008	0.013	0.020	0.040	0.065	0.897	17.8	325.5	321	0.016
I	mg/kg	2.05	0.88	1.95	1.35	0.43	1.67	1.87	0.30	0.68	1.07	1.22	1.62	2.24	3.84	4.98	13.14	6.6	74.0	333	1.93
La	mg/kg	45.8	17.9	43.5	1.4	0.39	34.1	42.3	7.3	21.9	22.3	25.9	35.8	50.9	84.6	113.8	236.7	4.3	37.6	330	43.1
Li	mg/kg	25.4	9.8	23.8	1.4	0.38	18.8	23.0	4.8	9.5	10.5	13.0	19.0	29.0	48.6	51.9	91.6	1.7	6.0	345	25.1
Mn	mg/kg	734	297	689	1	0.40	700	672	123	253	272	391	564	819	1 687	2 012	2 321	2.2	6.7	326	675
Mo	mg/kg	0.68	0.32	0.62	1.45	0.48	0.61	0.61	0.13	0.20	0.27	0.32	0.49	0.77	1.41	2.35	3.50	3.6	21.7	327	0.62
N	%	0.043	0.017	0.040	1.390	0.39	0.035	0.037	0.007	0.022	0.024	0.026	0.032	0.049	0.086	0.109	0.144	2.0	5.5	327	0.040
Nb	mg/kg	15.3	3.2	15.0	1.2	0.21	13.8	14.8	1.5	9.6	9.8	10.8	13.3	16.4	24.0	26.9	33.1	1.7	5.3	333	14.9
Ni	mg/kg	27.9	16.4	25.3	1.5	0.59	24.4	24.9	6.7	7.5	8.7	11.2	19.6	33.4	57.1	91.0	224.4	6.0	62.0	336	26.0

指标	单位	算术平均值 X_a	算术标准差 S_a	几何平均值 X_g	几何标准差 S_g	变异系数 CV	众值 X_{mo}	中位值 X_{me}	中位绝对离差 MAD	最小值 X_{min}	累积频率 $X_{0.5\%}$	$X_{2.5\%}$	$X_{25\%}$	$X_{75\%}$	$X_{97.5\%}$	$X_{99.5\%}$	最大值 X_{max}	偏度系数 SK	峰度系数 BK	基准值 n'	X_a'
P	mg/kg	522	258	470	2	0.49	314	463	130	146	162	193	351	626	1 154	1 378	1 919	1.6	3.9	336	495
Pb	mg/kg	27.2	11.4	25.9	1.3	0.42	24.6	24.7	3.1	14.9	15.8	17.6	22.0	28.6	54.5	94.7	144.6	5.3	41.2	325	25.0
Rb	mg/kg	101.7	17.4	100.4	1.2	0.17	92.7	98.5	8.8	71.6	72.9	75.5	90.1	109.3	148.5	164.9	182.5	1.4	2.9	329	99.0
S	mg/kg	116	97	106	1	0.83	85	102	18	55	61	68	85	122	230	322	1 508	11.1	145.2	325	103
Sb	mg/kg	0.58	0.18	0.55	1.34	0.32	0.52	0.55	0.11	0.26	0.30	0.33	0.46	0.67	0.99	1.37	1.72	1.7	6.1	338	0.56
Sc	mg/kg	9.1	2.5	8.7	1.3	0.28	9.8	8.9	1.8	3.2	3.9	4.4	7.3	10.8	14.0	16.1	17.5	0.2	0.0	345	9.1
Se	mg/kg	0.13	0.04	0.12	1.32	0.32	0.10	0.12	0.02	0.06	0.07	0.08	0.10	0.15	0.21	0.25	0.52	3.2	25.5	338	0.12
Sn	mg/kg	2.3	0.5	2.2	1.2	0.21	2.4	2.2	0.3	1.2	1.4	1.5	1.9	2.5	3.4	3.7	3.9	0.6	0.9	340	2.2
Sr	mg/kg	256	100	238	1	0.39	210	239	62	82	97	111	181	313	475	531	679	1.0	1.3	345	253
Th	mg/kg	11.5	4.7	10.8	1.4	0.41	10.1	10.5	2.0	4.1	4.3	5.6	8.7	13.0	24.2	28.8	43.8	2.4	9.9	326	10.6
Ti	mg/kg	3 858	823	3 787	1	0.21	3 502	3 864	446	2 071	2 110	2 481	3 414	4 283	4 928	5 983	13 292	4.3	49.1	344	3 818
Tl	mg/kg	0.58	0.11	0.57	1.20	0.20	0.56	0.56	0.06	0.38	0.39	0.42	0.50	0.64	0.85	1.03	1.16	1.5	4.4	337	0.57
U	mg/kg	1.86	0.58	1.77	1.37	0.31	1.75	1.78	0.30	0.46	0.70	0.95	1.51	2.10	3.25	3.89	4.54	1.1	2.8	340	1.81
V	mg/kg	79.3	20.9	76.5	1.3	0.26	76.0	80.0	14.0	29.3	32.0	43.0	65.0	92.0	118.0	144.0	185.0	0.5	1.8	343	78.4
W	mg/kg	1.23	0.53	1.16	1.37	0.43	1.00	1.17	0.22	0.49	0.55	0.62	0.95	1.40	1.90	3.49	6.67	5.2	44.8	339	1.18
Y	mg/kg	25.4	4.6	25.0	1.2	0.18	26.5	24.9	2.5	14.5	15.6	18.1	22.5	27.4	36.7	40.4	49.5	1.2	3.8	336	24.9
Zn	mg/kg	64.7	20.0	62.2	1.3	0.31	64.1	61.5	9.8	30.1	32.6	37.8	52.5	71.9	110.4	163.6	183.8	2.1	8.2	336	62.4
Zr	mg/kg	301	73	294	1	0.24	279	295	40	178	193	200	252	333	478	557	825	2.0	9.0	337	294
Al_2O_3	%	14.09	0.99	14.05	1.07	0.07	14.36	14.13	0.65	10.04	11.03	12.13	13.44	14.74	15.91	16.62	17.12	0.0	1.4	342	14.12
CaO	%	1.43	0.72	1.31	1.51	0.50	1.17	1.26	0.29	0.50	0.51	0.60	1.01	1.62	3.15	5.47	6.28	2.8	12.5	331	1.32
MgO	%	1.27	0.48	1.19	1.45	0.38	1.16	1.21	0.31	0.39	0.46	0.59	0.91	1.54	2.38	3.02	3.10	1.0	1.4	342	1.25
K_2O	%	2.94	0.43	2.91	1.15	0.15	2.88	2.91	0.29	2.04	2.07	2.26	2.62	3.19	3.82	4.22	4.54	0.6	0.4	344	2.93
Na_2O	%	2.55	0.52	2.50	1.25	0.20	2.30	2.56	0.33	0.85	1.12	1.46	2.22	2.89	3.57	3.68	4.11	0.0	0.3	344	2.56
SiO_2	%	64.17	3.40	64.08	1.05	0.05	64.39	64.31	2.24	54.07	55.68	57.31	61.80	66.33	70.42	73.33	75.03	0.0	0.2	345	64.17
TFe_2O_3	%	4.39	0.96	4.28	1.25	0.22	4.73	4.39	0.62	1.80	2.28	2.65	3.74	5.00	6.33	7.05	9.02	0.4	1.1	346	4.37
SOC	%	0.38	0.19	0.35	1.55	0.49	0.24	0.33	0.09	0.11	0.13	0.16	0.25	0.47	0.90	1.06	1.31	1.7	3.9	330	0.35
pH	无量纲						7.45	7.14	0.48	5.23	5.34	5.64	6.60	7.61	8.38	8.71	9.02				

表 2.1.12A 临沂市表层土壤（0~20 cm）地球化学参数（$n=4\ 373$）

指标	单位	算术平均值 X_a	算术标准差 S_a	几何平均值 X_g	几何标准差 S_g	变异系数 CV	众值 X_{mo}	中位值 X_{me}	中位绝对离差 MAD	最小值 X_{min}	$X_{0.5\%}$	$X_{2.5\%}$	$X_{25\%}$	$X_{75\%}$	$X_{97.5\%}$	$X_{99.5\%}$	最大值 X_{max}	偏度系数 SK	峰度系数 BK	n'	背景值 X_a'
Ag	mg/kg	0.074	0.045	0.068	1.443	0.61	0.062	0.067	0.013	0.008	0.031	0.037	0.055	0.082	0.154	0.262	1.770	15.5	502.1	4 163	0.068
As	mg/kg	6.6	3.2	6.0	1.6	0.48	4.2	6.0	1.8	1.0	2.0	2.6	4.4	8.2	13.9	18.6	55.2	2.1	15.2	4 302	6.5
Au	μg/kg	1.4	2.1	1.2	1.6	1.49	1.0	1.2	0.3	0.3	0.5	0.6	0.9	1.5	3.0	11.3	95.6	26.6	1 027.2	4 160	1.2
B	mg/kg	40.5	22.8	34.5	1.8	0.56	18.5	36.5	14.8	3.7	7.2	10.2	22.5	53.0	96.4	119.7	149.2	1.1	1.3	4 286	39.0
Ba	mg/kg	737	354	685	1	0.48	538	639	122	276	354	401	538	814	1 633	2 061	8 832	5.5	84.1	3 973	654
Be	mg/kg	2.10	0.42	2.06	1.22	0.20	1.86	2.05	0.26	1.03	1.24	1.39	1.81	2.34	3.06	3.46	4.90	0.8	1.7	4 326	2.08
Bi	mg/kg	0.27	0.18	0.25	1.50	0.66	0.20	0.25	0.07	0.05	0.10	0.12	0.19	0.33	0.53	0.84	7.70	18.7	684.8	4 289	0.26
Br	mg/kg	3.1	1.3	2.9	1.4	0.42	2.7	2.9	0.6	0.7	1.1	1.5	2.3	3.5	6.5	9.3	20.3	2.9	17.9	4 184	2.9
TC	%	0.95	0.47	0.86	1.54	0.49	0.67	0.85	0.24	0.20	0.30	0.39	0.64	1.13	2.09	3.02	7.17	2.6	16.4	4 199	0.88
Cd	mg/kg	0.135	0.088	0.125	1.435	0.65	0.104	0.122	0.026	0.033	0.055	0.067	0.099	0.153	0.269	0.444	3.019	17.2	488.8	4 203	0.125
Ce	mg/kg	76.5	25.7	73.0	1.3	0.34	78.2	73.4	11.8	13.4	32.3	40.4	61.4	84.9	146.8	197.6	260.2	2.2	8.9	4 160	72.4
Cl	mg/kg	85	48	78	1	0.56	60	73	16	31	38	43	59	95	218	330	673	3.9	24.5	4 048	75
Co	mg/kg	13.6	4.4	12.9	1.4	0.33	13.4	13.1	2.7	4.3	5.6	6.8	10.6	15.9	23.1	30.8	48.0	1.4	5.7	4 310	13.3
Cr	mg/kg	64.8	28.9	60.1	1.5	0.45	64.6	62.4	14.1	13.2	21.6	27.9	47.4	75.7	130.2	206.6	537.0	4.4	48.5	4 218	61.1
Cu	mg/kg	24.9	11.2	23.0	1.5	0.45	23.9	23.5	5.6	6.4	8.2	10.2	18.1	29.3	49.2	71.8	279.5	4.7	73.0	4 254	23.7
F	mg/kg	552	203	519	1	0.37	471	513	109	168	216	261	415	642	1 073	1 317	2 037	1.4	3.2	4 227	530
Ga	mg/kg	17.4	2.3	17.3	1.1	0.13	15.1	17.3	1.7	9.6	12.3	13.2	15.7	19.1	22.0	23.1	25.5	0.1	0.0	4 367	17.4
Ge	mg/kg	1.32	0.21	1.30	1.17	0.16	1.26	1.29	0.13	0.54	0.87	0.99	1.17	1.43	1.81	1.98	2.21	0.7	0.8	4 309	1.31
Hg	mg/kg	0.034	0.070	0.029	1.634	2.02	0.022	0.028	0.007	0.002	0.009	0.013	0.021	0.036	0.088	0.184	3.544	37.7	1 724.6	4 095	0.028
I	mg/kg	1.88	0.99	1.70	1.54	0.53	1.57	1.66	0.40	0.25	0.61	0.78	1.30	2.13	4.48	7.20	11.68	2.8	13.4	4 088	1.69
La	mg/kg	39.4	14.3	37.5	1.4	0.36	36.0	37.2	5.5	12.0	16.9	21.1	31.8	42.9	79.3	116.0	162.3	2.8	13.5	4 140	36.9
Li	mg/kg	30.2	11.0	28.3	1.4	0.36	27.5	28.8	7.4	9.4	11.5	13.6	22.0	36.9	53.0	72.2	112.8	1.0	2.7	4 316	29.6
Mn	mg/kg	651	216	619	1	0.33	594	616	122	227	279	332	504	755	1 200	1 458	2 009	1.3	3.1	4 246	629
Mo	mg/kg	0.63	0.25	0.60	1.38	0.40	0.53	0.58	0.11	0.21	0.27	0.34	0.49	0.70	1.24	1.79	3.65	3.6	27.3	4 176	0.59
N	%	0.094	0.030	0.089	1.377	0.32	0.101	0.091	0.020	0.018	0.039	0.048	0.072	0.112	0.162	0.185	0.262	0.7	0.8	4 337	0.093
Nb	mg/kg	14.4	3.2	14.1	1.2	0.22	15.3	14.4	1.6	6.4	7.7	8.9	12.5	15.8	22.4	28.5	39.6	1.5	6.1	4 236	14.1
Ni	mg/kg	29.2	15.7	26.8	1.5	0.54	33.5	27.7	6.6	5.5	9.9	12.2	20.9	34.2	59.1	113.0	413.3	7.4	121.3	4 234	27.3

指标	单位	算术平均值 X_a	算术标准差 S_a	几何平均值 X_g	几何标准差 S_g	变异系数 CV	众值 X_{mo}	中位值 X_{me}	中位绝对离差 MAD	最小值 X_{min}	累积频率						最大值 X_{max}	偏度系数 SK	峰度系数 BK	n'	背景值 X_a'
											$X_{0.5\%}$	$X_{2.5\%}$	$X_{25\%}$	$X_{75\%}$	$X_{97.5\%}$	$X_{99.5\%}$					
P	mg/kg	760	298	715	1	0.39	526	707	145	195	317	377	576	870	1 472	2 025	6 090	3.3	32.3	4 205	721
Pb	mg/kg	28.2	15.4	26.7	1.3	0.55	26.0	26.1	3.9	8.9	13.1	16.1	22.5	30.3	54.0	95.8	629.1	19.7	663.1	4 143	26.1
Rb	mg/kg	107.2	22.1	105.0	1.2	0.21	102.5	105.0	12.6	33.3	49.5	68.5	93.3	118.7	156.4	182.8	220.9	0.7	1.7	4 314	106.5
S	mg/kg	191	92	180	1	0.48	171	177	34	69	92	108	146	216	342	501	3 157	12.3	308.8	4 242	182
Sb	mg/kg	0.61	0.38	0.57	1.41	0.62	0.49	0.55	0.12	0.20	0.26	0.32	0.46	0.71	1.15	1.56	18.60	27.0	1 206.2	4 259	0.59
Sc	mg/kg	10.5	3.1	10.1	1.3	0.29	10.2	10.2	2.0	2.9	4.3	5.3	8.3	12.4	17.5	20.9	24.1	0.6	0.7	4 318	10.4
Se	mg/kg	0.18	0.09	0.17	1.31	0.47	0.16	0.17	0.03	0.05	0.10	0.11	0.15	0.20	0.31	0.42	3.91	22.6	877.4	4 210	0.17
Sn	mg/kg	2.7	0.9	2.6	1.3	0.32	2.2	2.7	0.5	0.2	1.2	1.5	2.2	3.2	4.5	5.9	25.0	4.5	93.5	4 297	2.7
Sr	mg/kg	234	115	210	2	0.49	159	211	65	53	71	87	152	286	533	673	999	1.4	2.9	4 236	222
Th	mg/kg	13.2	6.0	12.3	1.4	0.46	12.4	12.2	2.2	3.4	5.0	6.4	9.9	14.4	30.6	45.1	68.3	2.9	13.4	4 059	11.9
Ti	mg/kg	3 944	866	3 856	1	0.22	4 158	3 919	510	1 614	2 119	2 526	3 381	4 414	5 671	7 518	11 483	1.4	7.2	4 302	3 889
Tl	mg/kg	0.65	0.16	0.63	1.26	0.25	0.61	0.62	0.08	0.23	0.34	0.42	0.55	0.71	1.06	1.31	2.15	1.7	6.1	4 195	0.63
U	mg/kg	2.27	0.72	2.18	1.34	0.32	2.39	2.22	0.36	0.61	0.99	1.19	1.84	2.55	4.04	5.74	10.03	2.0	10.0	4 232	2.19
V	mg/kg	80.3	21.5	77.5	1.3	0.27	76.1	79.0	13.9	32.7	37.3	43.9	65.4	93.2	127.7	159.1	224.3	0.8	2.3	4 307	79.1
W	mg/kg	1.50	0.69	1.39	1.50	0.46	1.43	1.46	0.40	0.40	0.46	0.58	1.06	1.87	2.55	4.28	21.77	7.4	178.3	4 308	1.46
Y	mg/kg	22.7	5.0	22.1	1.3	0.22	25.0	22.8	3.4	6.9	10.5	12.7	19.3	26.1	32.3	36.6	59.5	0.2	1.4	4 351	22.6
Zn	mg/kg	66.5	21.7	63.6	1.3	0.33	70.7	64.9	10.9	20.5	26.3	33.2	53.9	75.8	112.0	160.5	397.2	3.2	30.1	4 269	64.5
Zr	mg/kg	275	67	268	1	0.24	242	263	36	102	148	177	231	306	442	531	744	1.3	3.4	4 255	269
Al_2O_3	%	13.72	1.22	13.66	1.09	0.09	12.86	13.76	0.87	9.43	10.60	11.31	12.85	14.59	15.99	16.77	17.82	0.0	0.0	4 364	13.71
CaO	%	1.83	1.06	1.62	1.61	0.58	1.31	1.53	0.45	0.37	0.55	0.69	1.16	2.18	4.53	7.15	11.50	2.7	12.7	4 185	1.68
MgO	%	1.37	0.62	1.25	1.52	0.46	1.12	1.25	0.31	0.26	0.37	0.50	0.98	1.60	2.92	4.18	8.26	2.0	8.8	4 192	1.28
K_2O	%	2.72	0.50	2.67	1.20	0.18	2.48	2.62	0.28	1.10	1.46	1.85	2.39	2.99	3.90	4.23	4.73	0.6	0.7	4 327	2.71
Na_2O	%	2.15	0.78	1.98	1.54	0.36	2.65	2.24	0.60	0.35	0.53	0.73	1.51	2.75	3.50	3.88	4.60	0.0	0.0	4 372	2.15
SiO_2	%	63.94	4.44	63.78	1.07	0.07	63.09	63.95	2.82	43.83	50.92	54.87	61.20	66.84	72.66	75.23	77.28	0.0	0.5	4 345	64.00
TFe_2O_3	%	4.61	1.26	4.44	1.32	0.27	4.48	4.48	0.84	1.65	2.07	2.44	3.72	5.41	7.23	8.92	12.41	0.7	1.7	4 330	4.56
SOC	%	0.85	0.34	0.79	1.47	0.40	0.58	0.81	0.21	0.08	0.27	0.36	0.61	1.03	1.55	1.96	6.40	2.1	20.7	4 319	0.83
pH	无量纲						7.50	6.39	0.85	4.48	4.69	4.92	5.57	7.29	8.04	8.19	8.37				

表 2.1.12B　临沂市深层土壤（150~200 cm）地球化学参数（$n=1\,108$）

指标	单位	算术平均值 X_a	算术标准差 S_a	几何平均值 X_g	几何标准差 S_g	变异系数 CV	众值 X_{mo}	中位值 X_{me}	中位绝对离差 MAD	最小值 X_{min}	累积频率 $X_{0.5\%}$	$X_{2.5\%}$	$X_{25\%}$	$X_{75\%}$	$X_{97.5\%}$	$X_{99.5\%}$	最大值 X_{max}	偏度系数 SK	峰度系数 BK	基准值 n'	基准值 X_a'
Ag	mg/kg	0.069	0.032	0.065	1.404	0.47	0.053	0.064	0.012	0.019	0.026	0.035	0.053	0.076	0.145	0.229	0.610	6.2	79.8	1 055	0.064
As	mg/kg	8.2	3.6	7.4	1.6	0.43	10.8	8.0	2.4	1.1	1.8	2.4	5.7	10.5	15.8	18.6	29.5	0.7	1.5	1 097	8.1
Au	μg/kg	1.6	2.1	1.5	1.4	1.31	1.3	1.4	0.3	0.6	0.7	0.8	1.2	1.8	2.7	5.0	67.9	28.9	912.7	1 081	1.5
B	mg/kg	38.2	19.2	33.1	1.8	0.50	29.8	36.0	13.1	3.1	5.7	9.4	23.8	50.0	82.3	92.6	124.4	0.7	0.2	1 103	37.9
Ba	mg/kg	758	359	708	1	0.47	592	658	114	342	375	420	569	810	1 633	2 117	6 760	5.6	73.2	980	660
Be	mg/kg	2.26	0.42	2.22	1.20	0.19	2.01	2.23	0.25	1.24	1.37	1.57	1.99	2.48	3.18	3.63	6.95	1.7	13.9	1 090	2.24
Bi	mg/kg	0.25	0.10	0.24	1.50	0.39	0.23	0.25	0.06	0.04	0.07	0.09	0.19	0.31	0.45	0.57	1.06	1.3	6.3	1 095	0.25
Br	mg/kg	2.9	1.4	2.6	1.6	0.50	2.8	2.7	0.8	0.1	0.6	0.9	1.9	3.6	6.8	8.6	11.6	1.6	4.5	1 070	2.8
TC	%	0.44	0.33	0.37	1.79	0.74	0.28	0.34	0.12	0.05	0.10	0.14	0.25	0.52	1.36	1.96	3.31	2.9	12.3	1 010	0.36
Cd	mg/kg	0.092	0.038	0.086	1.432	0.41	0.087	0.086	0.019	0.026	0.037	0.044	0.069	0.107	0.176	0.281	0.388	2.5	12.0	1 069	0.088
Ce	mg/kg	79.9	26.5	76.3	1.3	0.33	80.5	75.8	12.5	31.5	37.4	43.7	63.9	88.9	148.3	208.9	235.8	2.1	7.7	1 055	75.6
Cl	mg/kg	61	31	58	1	0.50	50	56	9	27	31	34	47	67	118	182	590	8.6	119.9	1 044	56
Co	mg/kg	16.2	5.7	15.3	1.4	0.35	18.0	15.7	2.9	4.1	5.9	7.8	12.7	18.6	28.4	40.0	83.4	2.7	21.2	1 080	15.6
Cr	mg/kg	70.1	29.7	65.3	1.5	0.42	69.3	68.5	12.9	14.2	17.9	29.1	53.7	80.1	138.9	205.4	361.0	3.1	20.2	1 070	66.2
Cu	mg/kg	24.4	9.5	22.8	1.4	0.39	19.0	23.4	4.8	3.6	6.8	10.8	18.8	28.2	44.0	67.1	123.6	2.6	18.3	1 083	23.5
F	mg/kg	572	178	548	1	0.31	502	541	94	189	244	312	461	650	992	1 226	1 626	1.5	4.7	1 082	557
Ga	mg/kg	18.5	1.9	18.4	1.1	0.10	18.9	18.6	1.2	11.1	13.6	14.8	17.4	19.7	22.4	23.6	26.5	0.0	0.7	1 099	18.5
Ge	mg/kg	1.36	0.21	1.35	1.16	0.15	1.37	1.35	0.14	0.90	0.94	1.04	1.21	1.49	1.81	1.92	2.78	0.7	1.8	1 105	1.36
Hg	mg/kg	0.018	0.018	0.016	1.503	0.97	0.014	0.016	0.004	0.005	0.006	0.007	0.013	0.021	0.037	0.067	0.531	22.7	648.0	1 072	0.017
I	mg/kg	2.05	0.87	1.90	1.49	0.42	1.42	1.89	0.47	0.42	0.64	0.88	1.47	2.44	4.22	5.76	7.84	1.6	4.6	1 073	1.96
La	mg/kg	40.0	13.8	38.2	1.3	0.35	37.1	37.5	5.8	15.0	18.9	23.2	32.3	44.0	79.0	109.3	151.4	2.7	11.9	1 052	37.6
Li	mg/kg	34.7	10.9	33.0	1.4	0.31	29.5	34.1	7.0	7.9	12.4	16.7	27.1	41.1	56.0	75.5	113.9	1.0	4.0	1 092	34.1
Mn	mg/kg	877	562	784	2	0.64	617	766	186	197	277	367	595	970	2 231	3 528	8 250	5.7	58.3	1 037	772
Mo	mg/kg	0.63	0.27	0.59	1.42	0.42	0.53	0.57	0.12	0.21	0.24	0.31	0.47	0.72	1.33	1.96	3.22	2.9	15.7	1 066	0.59
N	%	0.044	0.016	0.041	1.380	0.37	0.030	0.040	0.009	0.022	0.023	0.025	0.032	0.050	0.085	0.110	0.159	1.9	5.6	1 061	0.042
Nb	mg/kg	14.4	3.0	14.2	1.2	0.21	15.5	14.4	1.5	6.7	7.7	9.2	12.7	15.8	21.6	26.2	33.1	1.3	5.4	1 077	14.2
Ni	mg/kg	33.9	14.6	31.5	1.5	0.43	32.5	32.5	6.6	7.3	9.7	14.0	25.7	39.0	68.7	101.5	177.3	2.9	17.5	1 061	31.8

指标	单位	算术平均值 X_a	算术标准差 S_a	几何平均值 X_g	几何标准差 S_g	变异系数 CV	众值 X_{mo}	中位值 X_{me}	中位绝对离差 MAD	最小值 X_{min}	累积频率							最大值 X_{max}	偏度系数 SK	峰度系数 BK	基准值	
											$X_{0.5\%}$	$X_{2.5\%}$	$X_{25\%}$	$X_{75\%}$	$X_{97.5\%}$	$X_{99.5\%}$					n'	X_a'
P	mg/kg	488	274	437	2	0.56	376	422	101	105	145	195	334	539	1 337	1 843	2 350	2.7	10.0	1 033	430
Pb	mg/kg	26.3	11.3	25.0	1.3	0.43	26.0	24.5	3.5	7.6	13.0	15.8	21.2	28.1	48.5	89.9	203.0	6.3	67.9	1 044	24.3
Rb	mg/kg	109.0	19.1	107.3	1.2	0.18	106.4	108.5	11.7	34.1	56.8	73.3	97.1	120.5	147.1	161.9	218.2	0.3	1.7	1 097	108.9
S	mg/kg	102	49	96	1	0.48	83	93	14	31	55	62	81	111	188	251	1 024	10.7	179.7	1 043	94
Sb	mg/kg	0.72	0.27	0.67	1.46	0.37	0.56	0.69	0.17	0.19	0.25	0.29	0.53	0.88	1.26	1.48	2.88	1.1	4.6	1 099	0.71
Sc	mg/kg	11.5	2.9	11.2	1.3	0.25	11.9	11.5	1.9	3.7	4.7	5.9	9.6	13.4	17.3	21.3	23.4	0.3	0.7	1 099	11.5
Se	mg/kg	0.11	0.04	0.11	1.35	0.31	0.09	0.11	0.02	0.03	0.05	0.06	0.09	0.13	0.20	0.23	0.32	1.1	2.0	1 086	0.11
Sn	mg/kg	2.6	0.6	2.5	1.3	0.25	2.3	2.5	0.4	1.2	1.3	1.5	2.1	3.0	3.9	4.3	5.0	0.4	0.0	1 103	2.6
Sr	mg/kg	222	118	198	2	0.53	174	191	58	58	74	88	142	265	531	640	1 214	2.0	7.3	1 064	207
Th	mg/kg	12.9	4.9	12.2	1.4	0.38	12.8	12.1	2.1	4.4	5.3	6.6	10.0	14.2	25.5	34.1	65.2	3.2	20.1	1 040	12.0
Ti	mg/kg	4 069	841	3 986	1	0.21	4 325	4 071	502	1 752	2 212	2 561	3 564	4 568	5 597	6 999	11 200	1.4	9.2	1 092	4 026
Tl	mg/kg	0.66	0.13	0.64	1.21	0.20	0.65	0.65	0.07	0.24	0.37	0.44	0.58	0.72	0.94	1.10	1.44	1.0	3.2	1 087	0.65
U	mg/kg	2.17	0.56	2.10	1.30	0.26	2.52	2.16	0.30	0.67	0.98	1.15	1.84	2.44	3.40	4.23	6.04	1.1	5.4	1 087	2.13
V	mg/kg	90.0	21.1	87.5	1.3	0.23	99.0	89.7	12.5	24.5	40.0	50.0	77.0	102.0	133.0	170.0	191.0	0.6	2.4	1 092	89.0
W	mg/kg	1.62	0.73	1.52	1.42	0.45	1.65	1.62	0.36	0.44	0.57	0.71	1.22	1.95	2.45	3.33	12.68	7.5	96.7	1 097	1.58
Y	mg/kg	23.7	5.0	23.2	1.2	0.21	23.3	23.7	3.3	9.6	11.7	14.3	20.5	27.1	32.7	39.5	59.9	0.6	3.5	1 097	23.6
Zn	mg/kg	65.5	22.0	63.1	1.3	0.34	64.7	63.8	9.4	18.3	30.3	37.7	54.1	72.9	105.0	166.9	462.1	6.7	101.5	1 077	63.5
Zr	mg/kg	249	53	244	1	0.21	229	242	28	125	143	166	215	270	385	448	632	1.5	4.9	1 063	242
Al_2O_3	%	14.62	1.02	14.58	1.07	0.07	14.59	14.60	0.63	10.66	12.22	12.64	13.99	15.22	16.67	17.60	18.60	0.1	0.7	1 097	14.60
CaO	%	1.87	1.16	1.63	1.65	0.62	1.20	1.53	0.47	0.42	0.61	0.73	1.12	2.24	4.96	7.25	10.63	2.5	9.6	1 047	1.66
MgO	%	1.49	0.59	1.40	1.44	0.40	1.26	1.39	0.25	0.28	0.43	0.65	1.16	1.69	2.98	4.16	6.32	2.1	9.1	1 053	1.40
K_2O	%	2.65	0.41	2.61	1.17	0.16	2.47	2.58	0.23	1.26	1.66	1.95	2.38	2.87	3.60	3.93	4.46	0.6	1.0	1 090	2.63
Na_2O	%	2.02	0.74	1.87	1.50	0.37	1.88	1.99	0.57	0.31	0.62	0.79	1.41	2.55	3.48	3.73	4.05	0.2	0.0	1 108	2.02
SiO_2	%	62.36	3.47	62.26	1.06	0.06	63.13	62.60	2.03	47.47	52.29	54.93	60.39	64.51	69.16	71.99	76.08	0.0	0.9	1 096	62.40
TFe_2O_3	%	5.13	1.15	5.00	1.26	0.22	4.80	5.12	0.74	1.61	2.45	2.97	4.37	5.85	7.32	8.82	12.74	0.4	1.9	1 098	5.10
SOC	%	0.32	0.18	0.28	1.72	0.55	0.24	0.29	0.10	0.01	0.04	0.09	0.21	0.40	0.79	1.07	1.56	1.7	5.3	1 069	0.30
pH	无量纲						7.50	7.53	0.48	5.08	5.38	5.78	7.01	7.98	8.36	8.49	8.59				

表2.1.13A 德州市表层土壤（0~20 cm）地球化学参数（n=2 644）

指标	单位	算术平均值 X_a	算术标准差 S_a	几何平均值 X_g	几何标准差 S_g	变异系数 CV	众值 X_{mo}	中位值 X_{me}	中位绝对离差 MAD	最小值 X_{min}	$X_{0.5\%}$	$X_{2.5\%}$	$X_{25\%}$	$X_{75\%}$	$X_{97.5\%}$	$X_{99.5\%}$	最大值 X_{max}	偏度系数 SK	峰度系数 BK	n'	背景值 X_a'
Ag	mg/kg	0.065	0.015	0.063	1.268	0.23	0.060	0.064	0.009	0.010	0.029	0.039	0.055	0.073	0.098	0.119	0.182	0.8	2.9	2 600	0.064
As	mg/kg	11.0	1.9	10.9	1.2	0.17	9.8	10.8	1.2	4.4	7.0	8.1	9.7	12.0	15.4	18.2	26.9	1.1	3.7	2 595	10.9
Au	μg/kg	1.7	0.5	1.7	1.3	0.27	1.4	1.7	0.3	0.8	0.9	1.1	1.4	2.0	2.7	3.3	5.8	1.6	7.8	2 613	1.7
B	mg/kg	52.8	6.9	52.4	1.1	0.13	52.3	52.5	4.2	26.0	35.6	39.7	48.4	56.8	67.5	73.6	108.9	0.5	2.4	2 623	52.7
Ba	mg/kg	478	40	477	1	0.08	470	475	15	384	413	431	461	491	537	564	1 791	15.9	473.9	2 606	476
Be	mg/kg	1.92	0.17	1.91	1.09	0.09	1.87	1.91	0.11	1.42	1.54	1.62	1.80	2.02	2.31	2.47	2.70	0.6	0.7	2 619	1.92
Bi	mg/kg	0.28	0.06	0.28	1.20	0.20	0.25	0.28	0.03	0.05	0.18	0.21	0.25	0.31	0.41	0.51	1.00	2.9	23.2	2 558	0.28
Br	mg/kg	5.0	1.3	4.8	1.3	0.26	4.4	4.9	0.7	1.4	2.2	2.8	4.2	5.6	8.0	9.9	12.2	1.0	2.6	2 587	4.9
TC	%	1.77	0.26	1.75	1.15	0.15	1.62	1.74	0.15	0.65	1.14	1.35	1.61	1.91	2.35	2.62	3.46	0.7	2.2	2 604	1.76
Cd	mg/kg	0.153	0.044	0.149	1.249	0.29	0.140	0.150	0.020	0.070	0.090	0.100	0.130	0.170	0.230	0.320	1.090	7.6	130.2	2 589	0.149
Ce	mg/kg	67.0	4.9	66.8	1.1	0.07	66.8	66.8	2.9	49.3	53.9	57.7	63.9	69.8	77.6	82.7	100.9	0.5	2.6	2 612	66.9
Cl	mg/kg	348	434	249	2	1.25	137	222	93	60	76	89	143	365	1 390	2 958	5 863	5.3	41.0	2 307	230
Co	mg/kg	11.3	1.5	11.2	1.1	0.14	11.1	11.2	0.9	6.8	7.9	8.7	10.3	12.2	14.9	16.6	19.2	0.7	1.2	2 610	11.3
Cr	mg/kg	65.2	6.7	64.9	1.1	0.10	65.8	64.9	4.1	31.5	47.5	52.4	61.0	69.2	78.9	85.8	91.6	0.2	0.8	2 613	65.1
Cu	mg/kg	22.6	13.6	22.1	1.2	0.60	20.9	21.8	2.0	11.6	15.1	16.9	19.9	24.1	30.6	36.2	696.1	45.9	2 270.8	2 593	22.1
F	mg/kg	560	58	557	1	0.10	574	555	37	344	415	454	520	595	685	733	828	0.4	0.7	2 618	559
Ga	mg/kg	14.3	1.7	14.2	1.1	0.12	13.8	14.1	1.0	8.9	10.2	11.3	13.2	15.3	18.0	19.4	25.8	0.6	1.5	2 620	14.3
Ge	mg/kg	1.29	0.14	1.28	1.12	0.11	1.30	1.30	0.10	0.80	1.00	1.00	1.20	1.40	1.50	1.60	1.70	0.0	0.0	2 643	1.29
Hg	mg/kg	0.039	0.026	0.036	1.470	0.66	0.029	0.034	0.007	0.006	0.015	0.019	0.028	0.043	0.084	0.155	0.844	13.9	369.2	2 480	0.035
I	mg/kg	2.13	0.67	2.02	1.40	0.32	2.07	2.09	0.42	0.12	0.63	0.95	1.66	2.49	3.49	4.33	8.44	1.0	4.9	2 613	2.10
La	mg/kg	33.7	2.2	33.6	1.1	0.07	34.2	33.7	1.4	23.7	27.6	29.2	32.2	35.1	38.0	39.7	42.1	0.0	0.5	2 623	33.7
Li	mg/kg	33.3	4.2	33.0	1.1	0.13	30.1	32.8	2.6	19.3	24.1	26.3	30.4	35.6	43.4	47.1	54.0	0.7	1.1	2 601	33.1
Mn	mg/kg	567	73	563	1	0.13	530	555	43	360	419	455	519	605	747	829	917	1.0	1.6	2 583	562
Mo	mg/kg	0.58	0.11	0.57	1.20	0.20	0.58	0.57	0.06	0.31	0.37	0.41	0.51	0.64	0.83	1.00	1.87	1.8	11.1	2 606	0.58
N	%	0.096	0.020	0.093	1.233	0.21	0.088	0.094	0.012	0.027	0.045	0.061	0.083	0.107	0.139	0.158	0.243	0.7	2.6	2 617	0.095
Nb	mg/kg	13.8	1.1	13.8	1.1	0.08	14.0	13.8	0.4	3.1	11.1	12.1	13.4	14.2	15.1	15.8	31.1	4.8	95.5	2 599	13.8
Ni	mg/kg	27.8	3.7	27.5	1.1	0.13	27.0	27.4	2.2	15.5	19.8	21.8	25.3	29.8	36.1	40.3	55.2	0.9	2.3	2 607	27.6

指标	单位	算术平均值 X_a	算术标准差 S_a	几何平均值 X_g	几何标准差 S_g	变异系数 CV	众值 X_{mo}	中位值 X_{me}	中位绝对离差 MAD	最小值 X_{min}	累积频率 $X_{0.5\%}$	$X_{2.5\%}$	$X_{25\%}$	$X_{75\%}$	$X_{97.5\%}$	$X_{99.5\%}$	最大值 X_{max}	偏度系数 SK	峰度系数 BK	n'	背景值 X_a'
P	mg/kg	1 032	154	1 021	1	0.15	1 094	1 024	95	553	674	756	931	1 121	1 340	1 546	2 093	0.7	2.9	2 614	1 027
Pb	mg/kg	22.9	3.0	22.7	1.1	0.13	22.0	22.6	1.8	13.9	16.9	18.1	20.9	24.5	29.3	34.3	46.8	1.4	6.2	2 602	22.7
Rb	mg/kg	92.0	6.6	91.8	1.1	0.07	87.5	91.0	4.0	74.2	78.1	81.8	87.4	95.9	107.7	114.8	121.1	0.8	1.0	2 603	91.7
S	mg/kg	285	151	263	1	0.53	196	248	49	114	134	157	204	311	671	1 147	2 068	4.6	32.3	2 470	255
Sb	mg/kg	0.97	0.16	0.96	1.18	0.17	0.94	0.95	0.10	0.42	0.62	0.71	0.86	1.06	1.34	1.47	2.50	1.0	3.9	2 605	0.96
Sc	mg/kg	10.5	1.1	10.4	1.1	0.11	9.8	10.4	0.7	6.2	7.8	8.5	9.8	11.1	13.2	14.5	16.9	0.7	1.7	2 592	10.4
Se	mg/kg	0.19	0.06	0.19	1.22	0.30	0.19	0.19	0.02	0.09	0.11	0.13	0.17	0.20	0.26	0.44	1.64	12.2	246.3	2 573	0.19
Sn	mg/kg	3.2	0.9	3.1	1.3	0.27	3.0	3.1	0.4	1.2	1.6	2.0	2.7	3.6	5.4	7.1	15.6	2.6	21.3	2 556	3.1
Sr	mg/kg	199	11	199	1	0.05	193	198	7	159	175	181	192	206	221	231	249	0.5	0.5	2 616	199
Th	mg/kg	10.5	1.5	10.4	1.2	0.14	11.2	10.6	0.9	6.1	7.0	7.5	9.5	11.4	13.4	14.5	15.9	0.0	0.0	2 635	10.5
Ti	mg/kg	3 736	139	3 733	1	0.04	3 819	3 758	76	2 669	3 202	3 397	3 671	3 827	3 944	4 004	4 079	0.0	3.8	2 583	3 747
Tl	mg/kg	0.58	0.07	0.58	1.13	0.12	0.58	0.58	0.04	0.36	0.41	0.44	0.54	0.62	0.72	0.77	0.89	0.2	0.3	2 630	0.58
U	mg/kg	2.31	0.25	2.30	1.11	0.11	2.29	2.31	0.15	1.34	1.69	1.84	2.16	2.46	2.83	3.16	4.33	0.7	3.8	2 616	2.31
V	mg/kg	78.7	7.1	78.4	1.1	0.09	77.9	78.1	4.4	53.6	60.6	66.4	73.9	82.7	94.7	100.5	109.8	0.4	0.7	2 616	78.5
W	mg/kg	1.66	0.16	1.65	1.10	0.10	1.64	1.66	0.08	0.57	1.25	1.37	1.57	1.74	1.96	2.33	4.35	2.2	32.8	2 580	1.65
Y	mg/kg	23.2	1.4	23.2	1.1	0.06	23.3	23.3	0.7	2.1	18.7	20.7	22.6	24.1	25.2	26.1	37.7	0.0	40.3	2 610	23.3
Zn	mg/kg	66.1	9.0	65.5	1.1	0.14	63.0	65.0	4.9	37.0	47.6	51.4	60.6	70.4	86.1	99.7	162.4	1.8	12.1	2 596	65.6
Zr	mg/kg	237	25	235	1	0.11	243	238	16	146	165	184	220	253	284	307	383	0.0	1.0	2 619	236
Al_2O_3	%	12.01	0.61	12.00	1.05	0.05	12.00	11.94	0.39	10.14	10.77	11.03	11.57	12.36	13.43	14.14	14.49	0.7	0.8	2 608	11.98
CaO	%	5.39	0.59	5.36	1.11	0.11	5.24	5.30	0.36	4.00	4.27	4.48	4.97	5.72	6.86	7.43	8.15	0.9	1.3	2 590	5.35
MgO	%	1.97	0.21	1.96	1.11	0.11	1.88	1.94	0.13	1.18	1.48	1.62	1.83	2.09	2.45	2.59	2.81	0.6	0.5	2 617	1.97
K_2O	%	2.36	0.12	2.36	1.05	0.05	2.29	2.34	0.07	2.09	2.17	2.20	2.28	2.43	2.65	2.76	2.86	1.0	0.7	2 614	2.36
Na_2O	%	1.84	0.20	1.83	1.12	0.11	1.87	1.85	0.12	1.04	1.20	1.39	1.73	1.97	2.20	2.27	2.47	0.0	0.7	2 612	1.85
SiO_2	%	61.39	2.64	61.33	1.05	0.04	63.53	61.93	1.53	49.27	52.21	54.66	60.03	63.24	65.17	66.08	69.14	0.0	1.4	2 575	61.6
TFe_2O_3	%	4.28	0.48	4.26	1.12	0.11	4.02	4.20	0.29	2.70	3.25	3.52	3.95	4.55	5.44	5.89	6.36	0.8	1.1	2 600	4.26
SOC	%	0.81	0.18	0.79	1.26	0.23	0.79	0.80	0.11	0.16	0.34	0.49	0.70	0.91	1.22	1.40	2.45	0.9	4.9	2 607	0.81
pH	无量纲						8.24	8.23	0.15	7.05	7.67	7.82	8.08	8.37	8.66	8.81	9.34				

表 2.1.13B　德州市深层土壤（150～200 cm）地球化学参数（n=679）

指标	单位	算术平均值 X_a	算术标准差 S_a	几何平均值 X_g	几何标准差 S_g	变异系数 CV	众值 X_{mo}	中位值 X_{me}	中位绝对离差 MAD	最小值 X_{min}	$X_{0.5\%}$	$X_{2.5\%}$	$X_{25\%}$	$X_{75\%}$	$X_{97.5\%}$	$X_{99.5\%}$	最大值 X_{max}	偏度系数 SK	峰度系数 BK	n'	基准值 X_a'
Ag	mg/kg	0.057	0.014	0.055	1.284	0.24	0.049	0.056	0.008	0.015	0.025	0.032	0.049	0.065	0.085	0.097	0.114	0.3	0.5	674	0.057
As	mg/kg	11.3	2.9	11.0	1.3	0.25	8.6	10.8	1.9	5.4	6.3	7.3	9.2	13.2	17.9	20.1	24.5	0.8	0.5	672	11.2
Au	μg/kg	1.7	0.5	1.6	1.3	0.27	1.6	1.6	0.3	0.8	0.9	1.0	1.4	1.9	2.8	3.4	4.0	1.1	2.2	667	1.6
B	mg/kg	54.2	7.6	53.7	1.1	0.14	52.9	53.6	4.4	30.6	36.0	40.8	49.4	58.4	70.6	83.6	93.0	0.7	2.1	667	53.8
Ba	mg/kg	472	31	471	1	0.07	464	469	21	390	397	415	450	492	535	555	559	0.2	0.0	679	472
Be	mg/kg	1.93	0.23	1.92	1.12	0.12	1.80	1.91	0.16	1.43	1.47	1.55	1.77	2.09	2.40	2.62	2.92	0.6	0.4	674	1.93
Bi	mg/kg	0.26	0.07	0.25	1.29	0.26	0.22	0.25	0.04	0.12	0.14	0.16	0.21	0.30	0.41	0.48	0.57	0.8	0.9	671	0.26
Br	mg/kg	2.8	0.8	2.7	1.3	0.29	2.4	2.7	0.5	0.7	1.1	1.4	2.2	3.3	4.6	5.7	7.2	0.9	2.1	672	2.8
TC	%	1.41	0.27	1.38	1.20	0.19	1.24	1.37	0.18	0.84	0.95	1.02	1.20	1.56	2.03	2.25	2.71	0.9	0.9	673	1.40
Cd	mg/kg	0.116	0.030	0.113	1.285	0.26	0.100	0.110	0.020	0.050	0.060	0.070	0.094	0.131	0.180	0.211	0.235	0.8	0.7	672	0.115
Ce	mg/kg	66.4	5.6	66.1	1.1	0.08	64.2	66.1	3.9	51.6	52.8	56.2	62.4	70.1	77.7	83.0	85.8	0.3	0.1	675	66.3
Cl	mg/kg	265	176	236	2	0.67	185	232	67	72	80	104	172	313	606	862	3 448	9.4	157.0	654	244
Co	mg/kg	11.8	2.2	11.6	1.2	0.19	10.6	11.4	1.5	6.3	7.6	8.3	10.1	13.1	16.8	19.0	19.5	0.6	0.2	674	11.7
Cr	mg/kg	64.9	7.7	64.5	1.1	0.12	61.4	64.3	5.2	46.7	48.7	51.7	59.6	70.0	81.0	86.7	91.2	0.4	0.1	676	64.8
Cu	mg/kg	22.5	5.0	22.0	1.2	0.22	19.2	21.8	3.4	10.4	13.3	15.1	18.8	25.8	33.2	39.0	43.8	0.8	0.7	670	22.3
F	mg/kg	544	70	540	1	0.13	465	536	50	378	400	427	490	591	693	760	795	0.5	0.1	673	542
Ga	mg/kg	14.7	2.1	14.5	1.2	0.14	13.9	14.4	1.3	9.4	10.1	11.1	13.2	15.9	19.5	21.4	21.7	0.5	0.3	674	14.6
Ge	mg/kg	1.30	0.11	1.30	1.09	0.08	1.30	1.30	0.10	1.00	1.10	1.10	1.20	1.40	1.50	1.60	1.60	0.1	0.0	679	1.30
Hg	mg/kg	0.018	0.007	0.017	1.365	0.36	0.018	0.017	0.003	0.007	0.008	0.010	0.014	0.021	0.033	0.048	0.086	3.2	23.4	661	0.018
I	mg/kg	1.56	0.56	1.47	1.38	0.36	1.38	1.44	0.30	0.63	0.66	0.78	1.19	1.78	2.81	3.78	6.11	2.1	10.6	662	1.50
La	mg/kg	34.0	2.8	33.9	1.1	0.08	34.4	33.9	1.9	26.6	27.2	28.9	32.0	35.7	39.6	42.1	43.5	0.3	0.0	676	33.9
Li	mg/kg	34.5	6.4	34.0	1.2	0.18	30.2	33.5	4.1	21.3	22.0	24.5	29.9	38.3	48.8	56.2	63.3	0.8	0.9	671	34.3
Mn	mg/kg	564	108	555	1	0.19	455	546	71	344	389	416	479	631	809	927	997	0.9	0.7	672	560
Mo	mg/kg	0.60	0.13	0.59	1.23	0.21	0.53	0.59	0.08	0.33	0.37	0.41	0.51	0.68	0.90	1.05	1.24	0.9	1.4	670	0.60
N	%	0.035	0.012	0.033	1.330	0.33	0.030	0.032	0.006	0.016	0.018	0.021	0.027	0.040	0.061	0.074	0.172	3.3	29.6	661	0.034
Nb	mg/kg	13.7	0.7	13.7	1.1	0.05	13.7	13.7	0.4	10.0	11.2	12.3	13.3	14.2	14.9	15.4	16.1	0.0	1.8	671	13.7
Ni	mg/kg	28.6	5.3	28.1	1.2	0.19	26.9	28.0	3.7	15.9	18.2	20.7	24.6	32.0	40.9	46.3	48.2	0.7	0.3	673	28.5

指标	单位	算术平均值 X_a	算术标准差 S_a	几何平均值 X_g	几何标准差 S_g	变异系数 CV	众值 X_{mo}	中位值 X_{me}	中位绝对离差 MAD	最小值 X_{min}	累积频率 $X_{0.5\%}$	$X_{2.5\%}$	$X_{25\%}$	$X_{75\%}$	$X_{97.5\%}$	$X_{99.5\%}$	最大值 X_{max}	偏度系数 SK	峰度系数 BK	n'	基准值 X_a'
P	mg/kg	612	51	610	1	0.08	609	605	20	484	518	554	586	626	713	954	1 161	4.4	34.6	644	605
Pb	mg/kg	19.8	3.2	19.5	1.2	0.16	17.1	19.4	2.1	11.2	14.2	14.8	17.4	21.7	26.9	29.5	30.9	0.6	0.1	675	19.7
Rb	mg/kg	93.2	9.6	92.7	1.1	0.10	98.2	92.3	6.9	69.6	74.5	78.2	85.6	99.3	114.1	122.0	125.3	0.6	0.0	674	93.0
S	mg/kg	189	65	181	1	0.34	152	174	30	75	90	114	152	211	331	435	857	3.6	26.5	653	180
Sb	mg/kg	1.00	0.20	0.98	1.21	0.20	1.00	0.98	0.13	0.47	0.60	0.68	0.86	1.12	1.42	1.66	1.77	0.7	0.7	671	0.99
Sc	mg/kg	10.8	1.7	10.7	1.2	0.16	9.9	10.6	1.0	7.0	7.3	7.9	9.7	11.7	14.6	16.2	17.0	0.6	0.4	673	10.7
Se	mg/kg	0.09	0.02	0.09	1.25	0.22	0.08	0.08	0.01	0.04	0.05	0.06	0.07	0.10	0.13	0.15	0.17	0.7	0.7	674	0.09
Sn	mg/kg	2.7	0.5	2.6	1.2	0.20	2.5	2.6	0.3	1.4	1.6	1.8	2.3	3.0	3.9	4.6	5.2	0.7	1.2	668	2.7
Sr	mg/kg	198	11	198	1	0.05	198	198	7	161	166	179	191	204	220	227	230	0.1	0.5	672	198
Th	mg/kg	10.8	1.7	10.7	1.2	0.16	11.4	10.8	1.1	6.2	7.2	7.7	9.6	11.9	14.4	15.2	16.0	0.0	0.6	678	10.8
Ti	mg/kg	3 727	170	3 723	1	0.05	3 730	3 734	112	2 995	3 190	3 381	3 620	3 844	4 023	4 195	4 245	0.2	0.6	672	3 730
Tl	mg/kg	0.60	0.09	0.59	1.17	0.15	0.62	0.59	0.06	0.29	0.39	0.42	0.54	0.66	0.77	0.82	0.89	0.2	0.0	677	0.60
U	mg/kg	2.32	0.27	2.30	1.12	0.12	2.26	2.32	0.18	1.51	1.63	1.81	2.15	2.51	2.82	2.98	3.22	0.0	0.0	676	2.32
V	mg/kg	80.4	9.8	79.8	1.1	0.12	73.6	79.2	6.8	53.7	60.3	64.9	72.9	86.5	102.2	109.5	114.4	0.6	0.2	673	80.1
W	mg/kg	1.68	0.16	1.67	1.10	0.09	1.74	1.68	0.11	0.99	1.24	1.41	1.56	1.79	2.00	2.11	2.17	0.0	0.9	674	1.68
Y	mg/kg	23.7	1.4	23.6	1.1	0.06	24.3	23.7	0.8	17.5	20.3	20.7	22.8	24.5	26.2	27.9	28.7	0.0	1.0	673	23.6
Zn	mg/kg	62.3	11.3	61.3	1.2	0.18	50.2	60.8	8.0	38.1	40.1	44.9	53.5	69.9	86.9	95.3	103.6	0.6	0.0	677	62.2
Zr	mg/kg	233	55	228	1	0.23	201	224	32	113	136	158	195	261	357	481	612	1.6	5.7	667	230
Al₂O₃	%	11.93	0.89	11.90	1.08	0.08	11.35	11.81	0.65	10.02	10.17	10.56	11.21	12.57	13.82	14.27	14.55	0.4	0.0	679	11.93
CaO	%	6.02	0.84	5.97	1.14	0.14	5.58	5.86	0.51	4.33	4.67	4.81	5.41	6.49	8.01	9.31	9.56	1.0	1.3	667	5.97
MgO	%	1.96	0.26	1.94	1.14	0.13	1.86	1.93	0.18	1.37	1.47	1.55	1.76	2.12	2.54	2.66	2.89	0.6	0.1	676	1.95
K₂O	%	2.31	0.17	2.30	1.07	0.07	2.20	2.28	0.12	1.98	2.03	2.08	2.18	2.41	2.67	2.83	2.90	0.7	0.1	675	2.30
Na₂O	%	1.83	0.25	1.82	1.16	0.14	1.97	1.86	0.16	0.79	1.06	1.28	1.68	2.00	2.24	2.37	2.46	0.0	0.6	672	1.84
SiO₂	%	60.93	4.02	60.79	1.07	0.07	56.64	61.57	2.74	46.03	48.13	51.77	58.42	64.03	66.95	67.97	68.48	0.0	0.3	674	61.03
TFe₂O₃	%	4.32	0.69	4.27	1.17	0.16	4.46	4.23	0.47	3.04	3.10	3.29	3.79	4.75	5.84	6.44	6.80	0.7	0.1	675	4.31
SOC	%	0.22	0.09	0.20	1.54	0.42	0.13	0.21	0.07	0.05	0.07	0.08	0.15	0.28	0.43	0.52	0.56	0.7	0.2	673	0.22
pH	无量纲						8.53	8.58	0.11	8.19	8.25	8.31	8.47	8.70	9.01	9.16	9.25				

表2.1.14A 聊城市表层土壤（0~20 cm）地球化学参数（n=2 238）

指标	单位	算术平均值 X_a	算术标准差 S_a	几何平均值 X_g	几何标准差 S_g	变异系数 CV	众值 X_{mo}	中位值 X_{me}	中位绝对离差 MAD	最小值 X_{min}	累积频率 $X_{0.5\%}$	$X_{2.5\%}$	$X_{25\%}$	$X_{75\%}$	$X_{97.5\%}$	$X_{99.5\%}$	最大值 X_{max}	偏度系数 SK	峰度系数 BK	背景值 n'	X_a'
Ag	mg/kg	0.065	0.016	0.063	1.267	0.25	0.060	0.063	0.009	0.016	0.030	0.039	0.055	0.073	0.098	0.119	0.251	1.7	12.5	2 201	0.064
As	mg/kg	10.7	2.0	10.6	1.2	0.18	9.6	10.5	1.0	1.9	6.5	7.7	9.6	11.7	15.2	17.0	42.0	2.4	29.6	2 183	10.6
Au	μg/kg	1.7	0.5	1.6	1.3	0.31	1.5	1.6	0.3	0.5	0.8	1.0	1.4	1.9	2.7	3.3	15.1	8.4	199.6	2 202	1.6
B	mg/kg	50.1	6.4	49.7	1.1	0.13	50.1	50.1	4.0	22.3	34.3	37.6	46.0	54.0	63.0	70.0	81.9	0.2	1.2	2 214	50.0
Ba	mg/kg	478	38	477	1	0.08	460	474	22	375	405	422	454	498	555	590	1 077	3.2	40.2	2 217	477
Be	mg/kg	1.86	0.16	1.85	1.09	0.08	1.80	1.85	0.10	1.41	1.48	1.58	1.75	1.95	2.21	2.34	2.48	0.4	0.5	2 224	1.86
Bi	mg/kg	0.28	0.08	0.27	1.19	0.28	0.25	0.27	0.02	0.09	0.17	0.20	0.25	0.29	0.39	0.46	2.56	16.0	423.5	2 176	0.27
Br	mg/kg	4.5	1.1	4.4	1.3	0.24	4.4	4.5	0.7	0.9	1.9	2.5	3.9	5.2	6.8	8.3	10.9	0.5	1.9	2 207	4.5
TC	%	1.72	0.24	1.70	1.15	0.14	1.68	1.71	0.13	0.88	1.14	1.28	1.57	1.84	2.26	2.51	3.75	0.9	5.0	2 195	1.71
Cd	mg/kg	0.150	0.035	0.147	1.231	0.24	0.140	0.148	0.018	0.070	0.080	0.100	0.130	0.162	0.228	0.327	0.580	3.0	22.5	2 172	0.146
Ce	mg/kg	66.7	5.9	66.4	1.1	0.09	65.6	66.0	3.5	48.2	52.6	56.4	62.8	70.0	79.7	86.4	108.6	0.8	2.3	2 203	66.4
Cl	mg/kg	330	487	210	2	1.48	94	165	68	66	71	79	112	326	1 633	3 515	6 433	4.9	33.9	1 822	170
Co	mg/kg	10.9	1.3	10.8	1.1	0.12	10.6	10.7	0.8	7.0	7.7	8.5	10.0	11.6	13.8	15.1	17.5	0.5	0.9	2 214	10.8
Cr	mg/kg	63.1	5.9	62.8	1.1	0.09	65.2	63.0	3.5	39.4	47.3	51.5	59.4	66.5	75.8	80.9	87.5	0.2	0.9	2 213	63.0
Cu	mg/kg	21.6	3.6	21.4	1.2	0.17	20.5	21.2	2.0	12.0	14.0	15.6	19.3	23.3	30.1	35.7	52.4	1.4	6.5	2 185	21.3
F	mg/kg	552	59	549	1.1	0.11	562	550	36	342	398	433	515	588	674	722	827	0.2	0.7	2 220	552
Ga	mg/kg	13.7	1.7	13.6	1.1	0.12	13.7	13.6	0.9	7.8	9.6	10.6	12.7	14.5	17.4	19.6	24.5	0.8	2.8	2 189	13.6
Ge	mg/kg	1.27	0.11	1.26	1.09	0.09	1.20	1.30	0.10	0.90	1.00	1.10	1.20	1.30	1.50	1.60	1.80	0.5	0.8	2 212	1.27
Hg	mg/kg	0.042	0.043	0.037	1.520	1.02	0.033	0.035	0.008	0.008	0.013	0.018	0.029	0.046	0.095	0.170	1.635	25.7	906.3	2 105	0.037
I	mg/kg	1.99	0.75	1.86	1.48	0.38	1.56	1.89	0.42	0.02	0.52	0.83	1.51	2.36	3.76	5.14	7.56	1.3	4.3	2 189	1.94
La	mg/kg	33.6	2.1	33.5	1.1	0.06	33.8	33.5	1.3	25.6	27.9	29.5	32.3	34.8	37.9	40.2	42.5	0.2	0.9	2 206	33.5
Li	mg/kg	32.5	4.7	32.2	1.2	0.14	31.5	32.0	2.8	19.5	22.2	24.5	29.5	35.1	43.7	47.7	53.3	0.7	1.0	2 205	32.3
Mn	mg/kg	543	62	539	1	0.11	512	534	36	380	402	439	502	577	688	753	894	0.8	1.5	2 206	540
Mo	mg/kg	0.58	0.10	0.57	1.18	0.17	0.57	0.57	0.05	0.30	0.36	0.41	0.52	0.63	0.81	0.94	1.41	1.1	4.3	2 195	0.57
N	%	0.092	0.018	0.091	1.218	0.19	0.088	0.092	0.011	0.038	0.048	0.058	0.081	0.104	0.127	0.150	0.181	0.4	1.6	2 205	0.092
Nb	mg/kg	13.6	0.8	13.6	1.1	0.06	14.0	13.7	0.5	8.8	11.1	11.8	13.2	14.1	15.0	15.4	16.3	0.0	1.3	2 218	13.6
Ni	mg/kg	26.6	3.3	26.4	1.1	0.12	25.1	26.3	2.0	15.9	18.3	20.7	24.5	28.5	33.9	37.4	43.0	0.5	1.0	2 218	26.5

指标	单位	算术平均值 X_a	算术标准差 S_a	几何平均值 X_g	几何标准差 S_g	变异系数 CV	众值 X_{mo}	中位值 X_{me}	中位绝对离差 MAD	最小值 X_{min}	累积频率						最大值 X_{max}	偏度系数 SK	峰度系数 BK	n'	背景值 X_a'
											$X_{0.5\%}$	$X_{2.5\%}$	$X_{25\%}$	$X_{75\%}$	$X_{97.5\%}$	$X_{99.5\%}$					
P	mg/kg	1 107	190	1 091	1	0.17	1 063	1 093	123	641	697	773	975	1 220	1 516	1 706	2 610	0.7	2.1	2 220	1 101
Pb	mg/kg	21.8	3.4	21.6	1.1	0.16	21.7	21.4	1.5	12.9	15.6	17.2	20.0	23.2	27.4	31.0	125.3	12.8	374.8	2 209	21.6
Rb	mg/kg	89.9	6.0	89.7	1.1	0.07	88.2	89.2	3.6	73.5	76.5	79.6	85.9	93.0	103.7	110.2	118.2	0.7	0.9	2 211	89.6
S	mg/kg	278	172	251	1	0.62	181	230	48	106	122	141	193	297	711	1 294	2 617	4.9	40.6	2 000	234
Sb	mg/kg	0.96	0.28	0.94	1.21	0.30	0.90	0.92	0.08	0.24	0.59	0.68	0.85	1.02	1.34	1.90	8.27	13.6	298.3	2 174	0.93
Sc	mg/kg	10.2	1.2	10.1	1.1	0.11	10.1	10.1	0.6	6.7	7.2	7.9	9.5	10.8	12.7	14.1	15.7	0.5	1.4	2 206	10.1
Se	mg/kg	0.19	0.05	0.19	1.22	0.25	0.19	0.19	0.02	0.07	0.11	0.13	0.17	0.21	0.27	0.34	1.42	9.3	204.3	2 193	0.19
Sn	mg/kg	3.5	0.9	3.3	1.3	0.27	3.2	3.3	0.5	1.0	1.6	2.0	2.9	3.8	5.7	7.2	11.1	1.6	5.9	2 171	3.4
Sr	mg/kg	197	10	196	1	0.05	196	196	6	161	170	177	190	202	217	227	251	0.3	1.1	2 218	196
Th	mg/kg	10.4	1.5	10.2	1.2	0.14	10.9	10.6	0.8	6.7	7.0	7.4	9.5	11.2	13.1	14.0	16.6	0.0	0.0	2 234	10.3
Ti	mg/kg	3 768	176	3 763	1	0.05	3 862	3 799	91	2 582	3 058	3 362	3 691	3 877	4 030	4 085	4 192	0.0	4.2	2 189	3 781
Tl	mg/kg	0.58	0.08	0.57	1.15	0.14	0.58	0.58	0.05	0.31	0.38	0.43	0.53	0.63	0.75	0.82	0.96	0.2	0.5	2 221	0.58
U	mg/kg	2.32	0.26	2.31	1.12	0.11	2.47	2.31	0.17	1.32	1.67	1.85	2.15	2.48	2.83	3.02	4.61	0.6	4.1	2 225	2.32
V	mg/kg	77.1	7.3	76.7	1.1	0.09	73.2	76.6	4.6	53.9	58.1	63.4	72.4	81.4	92.8	99.6	115.4	0.4	1.0	2 213	76.8
W	mg/kg	1.63	0.14	1.63	1.09	0.09	1.59	1.63	0.08	1.05	1.22	1.35	1.55	1.71	1.90	2.19	2.51	0.5	3.7	2 185	1.63
Y	mg/kg	23.3	1.2	23.3	1.1	0.05	23.6	23.4	0.7	16.6	19.0	20.6	22.7	24.1	25.3	26.0	27.7	0.0	2.2	2 201	23.4
Zn	mg/kg	63.8	8.5	63.3	1.1	0.13	60.3	63.1	4.7	40.5	43.6	47.8	58.9	68.2	81.8	96.5	132.8	1.0	4.8	2 202	63.3
Zr	mg/kg	242	30	241	1	0.12	234	241	18	141	169	189	224	259	302	341	536	0.9	5.9	2 212	241
Al_2O_3	%	11.75	0.62	11.74	1.05	0.05	11.44	11.72	0.38	10.05	10.29	10.64	11.33	12.10	13.09	13.79	14.90	0.5	1.0	2 214	11.73
CaO	%	5.32	0.61	5.29	1.11	0.11	5.26	5.23	0.32	3.97	4.25	4.46	4.94	5.58	6.94	8.00	9.47	1.7	5.0	2 137	5.24
MgO	%	1.92	0.19	1.91	1.11	0.10	1.91	1.92	0.12	1.17	1.38	1.52	1.80	2.04	2.32	2.47	2.88	0.1	0.7	2 220	1.92
K_2O	%	2.30	0.10	2.30	1.04	0.04	2.25	2.28	0.06	2.08	2.13	2.16	2.24	2.35	2.55	2.66	2.81	1.1	1.7	2 186	2.29
Na_2O	%	1.91	0.19	1.90	1.11	0.10	1.95	1.92	0.11	0.98	1.23	1.48	1.80	2.03	2.24	2.39	2.81	0.0	1.5	2 201	1.91
SiO_2	%	61.64	2.45	61.59	1.04	0.04	62.32	62.08	1.21	47.69	51.94	55.11	60.68	63.18	65.28	66.85	69.41	0.0	3.2	2 153	61.93
TFe_2O_3	%	4.12	0.44	4.09	1.11	0.11	4.01	4.05	0.24	2.80	3.10	3.32	3.85	4.34	5.16	5.67	6.32	0.8	1.7	2 199	4.10
SOC	%	0.76	0.16	0.75	1.24	0.21	0.80	0.76	0.09	0.21	0.35	0.44	0.67	0.85	1.07	1.29	1.74	0.6	3.6	2 215	0.76
pH	无量纲						8.09	8.10	0.17	7.04	7.47	7.66	7.95	8.29	8.63	8.82	9.15				

表 2.1.14B 聊城市深层土壤（150~200 cm）地球化学参数（n=565）

指标	单位	算术平均值 X_a	算术标准差 S_a	几何平均值 X_g	几何标准差 S_g	变异系数 CV	众值 X_{mo}	中位值 X_{me}	中位绝对离差 MAD	最小值 X_{min}	累积频率 $X_{0.5\%}$	$X_{2.5\%}$	$X_{25\%}$	$X_{75\%}$	$X_{97.5\%}$	$X_{99.5\%}$	最大值 X_{max}	偏度系数 SK	峰度系数 BK	基准值 n'	X_a'
Ag	mg/kg	0.059	0.012	0.058	1.233	0.21	0.053	0.059	0.008	0.030	0.032	0.037	0.051	0.067	0.086	0.093	0.101	0.3	0.2	562	0.059
As	mg/kg	10.8	2.5	10.5	1.2	0.24	9.8	10.2	1.3	4.2	5.9	7.0	9.1	11.9	17.2	19.4	21.5	1.2	1.8	551	10.5
Au	μg/kg	1.7	0.7	1.6	1.3	0.40	1.5	1.6	0.3	0.8	0.9	1.0	1.3	1.9	3.1	5.0	11.0	6.0	67.2	540	1.6
B	mg/kg	53.0	7.1	52.5	1.1	0.14	51.5	52.9	4.3	27.5	32.5	39.6	48.5	57.1	69.0	73.4	77.3	0.1	1.0	554	53.1
Ba	mg/kg	470	31	469	1	0.07	461	467	21	390	404	420	448	489	537	576	583	0.6	0.6	556	469
Be	mg/kg	1.90	0.20	1.89	1.11	0.11	1.97	1.89	0.12	1.34	1.47	1.57	1.76	2.00	2.36	2.57	2.69	0.7	1.0	556	1.89
Bi	mg/kg	0.25	0.06	0.24	1.25	0.24	0.22	0.24	0.04	0.11	0.15	0.16	0.21	0.28	0.40	0.47	0.51	1.1	1.5	552	0.24
Br	mg/kg	2.6	0.7	2.5	1.3	0.26	2.4	2.6	0.5	0.9	1.1	1.5	2.1	3.1	4.0	4.7	5.4	0.4	0.1	561	2.6
TC	%	1.35	0.24	1.33	1.18	0.18	1.21	1.27	0.14	0.90	0.95	1.03	1.18	1.47	1.93	2.26	2.34	1.2	1.6	552	1.33
Cd	mg/kg	0.110	0.025	0.108	1.241	0.23	0.100	0.103	0.013	0.050	0.070	0.078	0.090	0.120	0.170	0.200	0.244	1.2	2.1	552	0.108
Ce	mg/kg	66.5	5.3	66.2	1.1	0.08	69.5	66.0	3.2	52.4	54.5	56.3	63.2	69.4	77.9	83.0	90.3	0.5	1.1	558	66.2
Cl	mg/kg	185	101	166	2	0.55	133	161	45	63	66	79	122	218	441	711	1 016	2.9	14.4	537	169
Co	mg/kg	11.3	1.9	11.1	1.2	0.17	10.3	11.0	1.2	7.2	7.8	8.4	9.9	12.4	15.7	17.5	19.0	0.8	0.9	556	11.2
Cr	mg/kg	62.6	7.0	62.2	1.1	0.11	62.3	61.9	4.3	45.4	48.1	51.5	58.0	66.5	78.4	83.5	85.8	0.6	0.4	560	62.4
Cu	mg/kg	21.1	4.3	20.7	1.2	0.21	18.5	20.0	2.5	12.2	14.4	15.1	18.0	23.3	31.0	36.1	37.7	1.0	1.0	556	20.8
F	mg/kg	527	66	523	1	0.13	488	517	43	371	400	426	479	567	677	745	759	0.7	0.5	558	524
Ga	mg/kg	14.1	1.9	14.0	1.1	0.14	14.1	13.8	1.0	10.3	10.6	11.3	12.8	14.9	19.2	21.3	23.1	1.3	2.4	545	13.9
Ge	mg/kg	1.29	0.16	1.28	1.14	0.12	1.30	1.30	0.10	0.60	0.80	0.90	1.20	1.40	1.60	1.70	1.70	0.0	1.7	557	1.30
Hg	mg/kg	0.016	0.007	0.015	1.423	0.45	0.013	0.015	0.003	0.004	0.006	0.008	0.012	0.019	0.028	0.046	0.102	4.7	43.1	553	0.016
I	mg/kg	1.52	0.51	1.43	1.40	0.34	1.21	1.45	0.29	0.44	0.55	0.68	1.19	1.77	2.70	3.50	3.82	1.0	1.8	554	1.48
La	mg/kg	33.2	2.6	33.1	1.1	0.08	31.6	32.9	1.7	26.4	27.8	28.8	31.4	35.0	38.8	40.9	42.6	0.5	0.4	560	33.2
Li	mg/kg	33.6	5.9	33.1	1.2	0.18	29.8	32.3	3.4	20.1	23.5	24.9	29.6	36.6	48.1	52.5	54.7	0.9	0.7	556	33.3
Mn	mg/kg	549	93	542	1	0.17	496	524	52	400	419	430	484	596	783	871	947	1.2	1.6	551	542
Mo	mg/kg	0.61	0.13	0.59	1.23	0.22	0.53	0.59	0.08	0.28	0.37	0.41	0.51	0.67	0.91	1.04	1.34	1.1	2.0	554	0.60
N	%	0.034	0.011	0.032	1.322	0.32	0.027	0.031	0.005	0.018	0.019	0.021	0.027	0.038	0.063	0.077	0.092	1.9	5.0	535	0.032
Nb	mg/kg	13.9	0.7	13.9	1.1	0.05	13.9	13.9	0.5	11.2	11.8	12.3	13.5	14.4	15.4	15.8	16.9	0.0	0.8	561	13.9
Ni	mg/kg	27.3	4.8	26.9	1.2	0.18	27.7	26.5	3.1	17.3	19.1	20.2	23.8	30.1	38.2	43.3	45.7	0.8	0.7	556	27.0

指标	单位	算术平均值 X_a	算术标准差 S_a	几何平均值 X_g	几何标准差 S_g	变异系数 CV	众值 X_{mo}	中位值 X_{me}	中位绝对离差 MAD	最小值 X_{min}	累积频率 $X_{0.5\%}$	$X_{2.5\%}$	$X_{25\%}$	$X_{75\%}$	$X_{97.5\%}$	$X_{99.5\%}$	最大值 X_{max}	偏度系数 SK	峰度系数 BK	基准值 n'	X_a'
P	mg/kg	611	33	610	1	0.06	609	607	17	534	547	558	591	626	692	748	824	1.6	5.6	550	608
Pb	mg/kg	19.0	3.1	18.8	1.2	0.16	16.4	18.4	1.8	13.5	14.0	14.9	16.9	20.6	27.0	30.3	31.2	1.1	1.4	550	18.8
Rb	mg/kg	90.6	8.9	90.2	1.1	0.10	87.7	88.9	5.6	73.1	74.4	77.4	84.2	95.7	111.7	120.9	125.2	0.9	1.0	552	90.0
S	mg/kg	159	39	155	1	0.24	144	152	22	76	86	100	137	174	263	285	363	1.2	2.8	546	155
Sb	mg/kg	1.02	0.19	1.00	1.19	0.18	0.95	1.00	0.10	0.58	0.65	0.70	0.91	1.11	1.47	1.72	1.86	1.0	2.4	553	1.01
Sc	mg/kg	10.4	1.5	10.3	1.1	0.14	10.4	10.2	0.8	7.4	7.8	8.2	9.4	11.1	14.0	15.3	16.6	1.0	1.1	552	10.3
Se	mg/kg	0.09	0.02	0.09	1.22	0.20	0.09	0.09	0.01	0.05	0.05	0.06	0.08	0.10	0.13	0.15	0.17	0.9	1.8	553	0.09
Sn	mg/kg	2.6	0.5	2.6	1.2	0.19	2.7	2.6	0.3	1.1	1.6	1.7	2.3	2.9	3.8	4.2	4.6	0.5	1.0	557	2.6
Sr	mg/kg	196	9	196	1	0.05	196	196	6	153	171	181	189	202	213	216	229	0.0	1.2	560	196
Th	mg/kg	10.7	1.7	10.5	1.2	0.16	10.9	10.7	1.0	6.3	7.2	7.6	9.5	11.7	14.1	15.4	16.6	0.1	0.0	562	10.6
Ti	mg/kg	3 774	174	3 770	1	0.05	3 746	3 779	111	3 094	3 254	3 420	3 666	3 890	4 086	4 178	4 302	0.0	0.5	560	3 777
Tl	mg/kg	0.58	0.08	0.58	1.14	0.13	0.58	0.58	0.05	0.38	0.42	0.45	0.53	0.63	0.75	0.82	0.86	0.6	0.8	557	0.58
U	mg/kg	2.36	0.24	2.35	1.11	0.10	2.31	2.36	0.14	1.57	1.63	1.86	2.22	2.51	2.85	3.02	3.24	0.0	0.7	559	2.36
V	mg/kg	78.7	8.9	78.2	1.1	0.11	77.1	77.0	5.5	57.9	63.1	65.7	72.3	83.9	99.4	105.5	110.4	0.8	0.5	558	78.4
W	mg/kg	1.69	0.16	1.69	1.10	0.10	1.70	1.69	0.10	1.18	1.30	1.42	1.58	1.79	2.03	2.21	2.83	1.0	4.6	555	1.69
Y	mg/kg	23.5	1.3	23.5	1.1	0.05	23.2	23.5	0.8	19.8	20.1	21.2	22.7	24.3	26.1	27.1	30.1	0.3	1.5	562	23.5
Zn	mg/kg	59.0	10.2	58.2	1.2	0.17	52.8	57.2	5.9	37.4	41.6	44.0	51.7	64.6	83.9	91.8	96.0	0.9	0.7	558	58.6
Zr	mg/kg	240	54	235	1	0.23	197	234	31	132	138	155	203	266	359	451	591	1.5	5.6	555	237
Al_2O_3	%	11.57	0.81	11.55	1.07	0.07	11.03	11.40	0.49	9.77	10.10	10.34	11.00	12.07	13.50	14.02	15.31	0.9	0.8	560	11.55
CaO	%	5.90	0.79	5.85	1.13	0.13	5.53	5.68	0.39	4.02	4.61	4.88	5.38	6.28	7.79	8.93	9.39	1.3	2.3	551	5.83
MgO	%	1.90	0.22	1.89	1.12	0.12	1.81	1.87	0.14	1.33	1.45	1.57	1.74	2.03	2.42	2.65	2.71	0.7	0.7	556	1.89
K_2O	%	2.24	0.15	2.24	1.07	0.07	2.12	2.20	0.09	1.98	2.00	2.03	2.13	2.33	2.60	2.76	2.86	1.1	1.3	555	2.23
Na_2O	%	1.91	0.24	1.89	1.15	0.12	2.00	1.96	0.13	0.97	1.02	1.35	1.79	2.07	2.25	2.34	2.57	0.0	1.8	554	1.92
SiO_2	%	61.42	3.48	61.32	1.06	0.06	63.23	62.48	1.87	47.77	49.18	53.03	59.67	63.87	65.84	66.89	68.92	0.0	1.2	555	61.63
TFe_2O_3	%	4.16	0.62	4.11	1.15	0.15	3.96	4.01	0.37	3.09	3.19	3.32	3.73	4.48	5.69	6.34	6.76	1.1	1.3	557	4.13
SOC	%	0.19	0.08	0.18	1.49	0.41	0.18	0.18	0.05	0.04	0.07	0.08	0.14	0.24	0.37	0.48	0.60	1.1	2.3	555	0.19
pH	无量纲						8.61	8.66	0.14	8.09	8.21	8.32	8.53	8.81	9.14	9.29	9.34				

表 2.1.15A　滨州市表层土壤（0～20 cm）地球化学参数（n=2 271）

指标	单位	算术平均值 X_a	算术标准差 S_a	几何平均值 X_g	几何标准差 S_g	变异系数 CV	众值 X_{mo}	中位值 X_{me}	中位绝对离差 MAD	最小值 X_{min}	累积频率 $X_{0.5\%}$	$X_{2.5\%}$	$X_{25\%}$	$X_{75\%}$	$X_{97.5\%}$	$X_{99.5\%}$	最大值 X_{max}	偏度系数 SK	峰度系数 BK	背景值 n'	X_a'
Ag	mg/kg	0.068	0.016	0.066	1.289	0.24	0.064	0.067	0.011	0.016	0.028	0.036	0.057	0.078	0.102	0.116	0.183	0.5	1.6	2 255	0.067
As	mg/kg	11.4	2.6	11.1	1.2	0.23	10.2	10.9	1.5	4.3	6.5	7.3	9.6	12.7	18.1	19.9	23.2	0.9	1.1	2 225	11.2
Au	μg/kg	1.8	0.5	1.7	1.3	0.30	1.5	1.7	0.3	0.8	0.9	1.0	1.4	2.0	2.9	3.5	8.1	1.7	10.5	2 231	1.7
B	mg/kg	54.3	8.9	53.5	1.2	0.16	55.7	53.6	5.5	16.2	33.6	39.1	48.4	59.4	73.4	83.1	101.1	0.5	1.0	2 242	54.0
Ba	mg/kg	498	142	492	1	0.29	482	486	20	266	397	425	468	509	591	872	4 919	22.0	589.8	2 190	487
Be	mg/kg	1.96	0.20	1.95	1.11	0.10	1.90	1.95	0.13	1.22	1.54	1.61	1.83	2.08	2.44	2.58	2.68	0.5	0.6	2 241	1.95
Bi	mg/kg	0.30	0.07	0.29	1.25	0.25	0.25	0.28	0.04	0.13	0.18	0.20	0.25	0.33	0.47	0.55	1.15	2.0	11.2	2 229	0.30
Br	mg/kg	15.4	21.1	9.8	2.2	1.38	8.0	8.3	2.4	1.9	2.3	3.1	6.2	11.2	81.6	115.4	155.8	3.0	9.4	1 909	7.8
TC	%	1.77	0.36	1.73	1.23	0.21	1.74	1.75	0.22	0.71	0.92	1.10	1.53	1.98	2.60	2.97	3.25	0.5	0.9	2 241	1.76
Cd	mg/kg	0.149	0.041	0.144	1.296	0.28	0.140	0.140	0.020	0.060	0.080	0.090	0.120	0.170	0.247	0.290	0.510	1.3	4.5	2 238	0.147
Ce	mg/kg	68.0	5.8	67.7	1.1	0.09	69.9	68.0	3.7	40.9	51.2	56.6	64.2	71.7	79.2	83.7	92.8	0.0	0.6	2 250	68.0
Cl	mg/kg	2 837	6 370	463	6	2.25	82	255	166	55	65	72	121	1 045	23 815	28 613	35 186	2.7	6.3	1 518	195
Co	mg/kg	12.3	2.1	12.1	1.2	0.17	11.6	12.0	1.3	7.3	8.1	8.9	10.9	13.5	17.1	19.0	23.0	0.8	0.8	2 248	12.2
Cr	mg/kg	68.9	8.5	68.4	1.1	0.12	66.5	67.8	3.9	38.3	51.9	56.5	64.2	72.2	84.9	101.9	193.1	4.1	46.5	2 228	68.4
Cu	mg/kg	24.3	6.1	23.7	1.2	0.25	24.3	23.3	3.0	9.6	14.2	15.8	20.5	26.9	36.9	53.3	84.3	2.7	17.2	2 225	23.8
F	mg/kg	587	78	582	1	0.13	580	578	48	230	416	456	534	632	759	828	899	0.5	0.7	2 241	585
Ga	mg/kg	15.0	1.8	14.9	1.1	0.12	14.6	14.8	1.1	9.4	10.4	11.9	13.8	16.1	19.1	20.1	21.1	0.4	0.3	2 259	15.0
Ge	mg/kg	1.27	0.13	1.26	1.11	0.10	1.20	1.30	0.10	0.90	1.00	1.00	1.20	1.40	1.55	1.66	1.83	0.4	0.2	2 257	1.27
Hg	mg/kg	0.033	0.019	0.029	1.604	0.59	0.024	0.029	0.009	0.006	0.010	0.012	0.021	0.039	0.080	0.128	0.290	3.8	29.2	2 167	0.030
I	mg/kg	1.86	0.60	1.78	1.34	0.32	1.81	1.78	0.32	0.58	0.74	0.95	1.49	2.16	3.14	3.95	12.80	3.6	50.5	2 242	1.83
La	mg/kg	34.3	2.8	34.2	1.1	0.08	33.7	34.1	1.7	21.8	27.8	29.5	32.5	35.9	40.5	42.8	49.7	0.5	1.1	2 254	34.3
Li	mg/kg	35.5	6.4	34.9	1.2	0.18	33.8	34.4	3.7	18.5	23.4	25.4	31.1	38.6	50.8	56.6	61.6	0.9	0.9	2 235	35.2
Mn	mg/kg	602	101	594	1	0.17	549	586	60	379	423	450	531	655	845	920	1 105	0.8	0.7	2 233	597
Mo	mg/kg	0.61	0.13	0.59	1.24	0.21	0.50	0.59	0.08	0.16	0.33	0.40	0.51	0.68	0.89	1.03	1.39	0.7	1.5	2 239	0.60
N	%	0.087	0.027	0.082	1.449	0.31	0.091	0.091	0.016	0.021	0.025	0.031	0.072	0.104	0.141	0.163	0.196	0.0	0.2	2 264	0.087
Nb	mg/kg	13.4	0.7	13.4	1.1	0.05	13.7	13.5	0.4	9.4	11.2	12.0	13.0	13.9	14.8	15.2	16.0	0.0	1.6	2 247	13.5
Ni	mg/kg	29.7	4.9	29.3	1.2	0.17	29.8	29.0	3.0	16.7	20.1	21.7	26.2	32.5	41.4	44.6	48.3	0.7	0.5	2 252	29.5

指标	单位	算术平均值 X_a	算术标准差 S_a	几何平均值 X_g	几何标准差 S_g	变异系数 CV	众值 X_{mo}	中位值 X_{me}	中位绝对离差 MAD	最小值 X_{min}	$X_{0.5\%}$	$X_{2.5\%}$	$X_{25\%}$	$X_{75\%}$	$X_{97.5\%}$	$X_{99.5\%}$	最大值 X_{max}	偏度系数 SK	峰度系数 BK	n'	X_a'
P	mg/kg	995	241	967	1	0.24	870	988	156	535	584	613	828	1 139	1 525	1 747	2 656	0.7	1.8	2 243	985
Pb	mg/kg	22.2	3.4	21.9	1.2	0.16	21.5	21.7	2.2	13.9	15.6	16.7	19.8	24.3	29.8	32.0	46.9	0.8	1.4	2 264	22.1
Rb	mg/kg	95.2	8.8	94.8	1.1	0.09	90.2	93.6	5.3	70.0	78.2	81.3	89.2	100.0	115.9	120.1	126.5	0.7	0.3	2 260	95.0
S	mg/kg	709	2 088	358	2	2.95	218	263	67	120	137	159	211	382	3 860	9 607	65 343	17.3	450.3	1 800	252
Sb	mg/kg	0.97	0.21	0.95	1.23	0.22	0.90	0.96	0.11	0.25	0.51	0.60	0.85	1.07	1.41	1.59	4.79	3.1	49.6	2 244	0.96
Sc	mg/kg	11.2	1.7	11.1	1.2	0.15	10.1	11.0	1.1	5.7	7.8	8.5	10.0	12.3	14.9	16.6	20.6	0.7	1.0	2 251	11.2
Se	mg/kg	0.19	0.05	0.18	1.30	0.28	0.19	0.18	0.03	0.05	0.09	0.10	0.15	0.21	0.31	0.42	0.64	1.8	8.1	2 206	0.18
Sn	mg/kg	3.0	0.7	3.0	1.2	0.23	2.9	3.0	0.4	1.1	1.7	2.0	2.6	3.4	4.5	5.4	11.8	2.0	17.1	2 235	3.0
Sr	mg/kg	204	26	203	1	0.13	196	201	8	134	158	174	193	209	255	338	790	8.2	140.3	2 151	200
Th	mg/kg	10.8	1.8	10.7	1.2	0.16	10.1	10.8	1.2	4.3	6.3	7.5	9.6	12.0	14.6	15.6	16.8	0.1	0.1	2 267	10.8
Ti	mg/kg	3 728	207	3 723	1	0.06	3 764	3 735	113	2 512	3 109	3 304	3 617	3 845	4 115	4 384	4 819	0.0	2.3	2 238	3 728
Tl	mg/kg	0.60	0.07	0.59	1.13	0.12	0.57	0.59	0.05	0.38	0.42	0.47	0.55	0.64	0.77	0.82	0.84	0.4	0.3	2 256	0.60
U	mg/kg	2.37	0.29	2.35	1.13	0.13	2.39	2.36	0.19	1.31	1.64	1.85	2.16	2.55	2.96	3.36	3.82	0.4	0.9	2 244	2.36
V	mg/kg	78.1	10.8	77.4	1.1	0.14	76.6	76.7	5.9	49.0	55.6	60.8	71.2	83.2	101.4	117.9	160.1	1.3	4.7	2 225	77.3
W	mg/kg	1.68	0.16	1.67	1.1	0.09	1.66	1.68	0.09	0.31	1.27	1.38	1.59	1.78	1.99	2.18	2.47	0.0	3.5	2 249	1.68
Y	mg/kg	24.1	1.5	24.1	1.1	0.06	24.0	24.2	0.9	15.7	19.4	20.7	23.2	25.1	26.7	28.6	35.4	0.0	3.2	2 238	24.1
Zn	mg/kg	69.3	12.0	68.4	1.2	0.17	66.8	67.9	6.8	34.1	45.9	50.1	61.5	75.2	95.2	101.0	231.0	2.0	18.7	2 260	69.1
Zr	mg/kg	223	42	219	1	0.19	211	218	22	126	139	157	197	242	312	413	609	1.8	9.3	2 221	219
Al_2O_3	%	12.28	0.90	12.25	1.07	0.07	11.84	12.13	0.55	9.57	10.36	10.92	11.65	12.81	14.39	14.90	16.07	0.7	0.3	2 259	12.27
CaO	%	5.57	1.17	5.42	1.30	0.21	5.53	5.61	0.57	1.05	1.69	2.31	5.09	6.22	7.73	8.74	11.24	0.0	2.3	2 111	5.72
MgO	%	2.16	0.38	2.13	1.19	0.18	1.90	2.12	0.29	1.18	1.40	1.54	1.86	2.46	2.94	3.18	3.43	0.4	0.0	2 269	2.16
K_2O	%	2.38	0.18	2.38	1.07	0.07	2.30	2.34	0.09	1.73	2.05	2.15	2.26	2.47	2.84	2.98	3.11	1.1	1.3	2 212	2.37
Na_2O	%	1.95	0.60	1.87	1.30	0.31	1.84	1.83	0.18	0.76	0.96	1.19	1.65	2.00	3.77	4.36	5.77	2.1	5.5	2 012	1.77
SiO_2	%	59.43	3.60	59.32	1.06	0.06	61.99	60.05	2.22	40.24	48.80	50.97	57.25	62.03	65.05	66.35	70.32	0.0	0.7	2 257	59.50
TFe_2O_3	%	4.60	0.69	4.55	1.16	0.15	4.21	4.50	0.43	2.72	3.29	3.48	4.12	4.99	6.21	6.72	7.35	0.7	0.4	2 254	4.58
SOC	%	0.78	0.26	0.73	1.47	0.34	0.77	0.78	0.17	0.14	0.21	0.28	0.61	0.95	1.31	1.51	2.13	0.2	0.2	2 264	0.78
pH	无量纲						8.24	8.26	0.15	5.30	6.85	7.76	8.12	8.41	8.76	8.92	9.36				

表 2.1.15B 滨州市深层土壤（150~200 cm）地球化学参数（n=575）

指标	单位	算术平均值 X_a	算术标准差 S_a	几何平均值 X_g	几何标准差 S_g	变异系数 CV	众值 X_{mo}	中位值 X_{me}	中位值绝对差 MAD	最小值 X_{min}	累积频率 $X_{0.5\%}$	$X_{2.5\%}$	$X_{25\%}$	$X_{75\%}$	$X_{97.5\%}$	$X_{99.5\%}$	最大值 X_{max}	偏度系数 SK	峰度系数 BK	基准值 n'	X_a'
Ag	mg/kg	0.066	0.137	0.059	1.335	2.08	0.056	0.058	0.008	0.021	0.028	0.035	0.051	0.067	0.094	0.112	3.328	23.6	562.6	567	0.059
As	mg/kg	11.3	3.1	10.9	1.3	0.27	8.9	10.8	1.8	5.8	6.1	6.9	9.2	12.8	17.9	18.8	47.6	3.2	32.9	573	11.2
Au	μg/kg	1.7	1.2	1.6	1.4	0.72	1.3	1.5	0.3	0.9	0.9	1.0	1.3	1.9	2.9	5.2	26.3	15.1	288.1	560	1.6
B	mg/kg	52.1	7.4	51.6	1.2	0.14	53.1	51.5	5.0	34.7	36.1	38.9	47.1	57.0	66.4	74.6	78.0	0.3	0.1	571	52.0
Ba	mg/kg	481	41	479	1	0.08	477	478	23	394	403	415	456	502	568	643	819	1.7	9.9	566	478
Be	mg/kg	1.98	0.26	1.96	1.13	0.13	1.90	1.93	0.15	1.43	1.49	1.57	1.80	2.10	2.65	2.83	2.97	1.0	1.2	559	1.95
Bi	mg/kg	0.27	0.06	0.26	1.26	0.24	0.25	0.26	0.04	0.14	0.15	0.17	0.22	0.31	0.42	0.46	0.49	0.8	0.5	568	0.27
Br	mg/kg	8.6	11.8	5.5	2.3	1.37	3.5	4.5	1.5	1.4	1.6	1.8	3.3	7.4	41.8	69.9	95.8	3.6	16.2	467	4.3
TC	%	1.42	0.29	1.38	1.30	0.21	1.29	1.40	0.16	0.11	0.37	0.77	1.26	1.57	2.03	2.26	2.49	0.0	2.5	559	1.43
Cd	mg/kg	0.115	0.028	0.112	1.281	0.24	0.120	0.110	0.020	0.036	0.054	0.070	0.095	0.130	0.178	0.200	0.200	0.4	0.2	571	0.114
Ce	mg/kg	66.2	6.5	65.9	1.1	0.10	63.9	66.0	3.9	43.8	49.6	53.7	62.3	70.3	78.3	85.4	96.1	0.2	1.3	569	66.1
Cl	mg/kg	1705	3528	578	4	2.07	326	428	237	50	62	91	242	967	12306	21113	24528	3.4	13.3	458	412
Co	mg/kg	12.1	2.1	11.9	1.2	0.17	11.8	11.8	1.3	7.5	7.8	8.7	10.7	13.4	16.6	18.2	20.8	0.6	0.4	571	12.1
Cr	mg/kg	67.3	6.4	67.0	1.1	0.10	64.1	66.4	4.4	48.8	51.3	57.5	62.5	71.2	80.2	89.1	98.8	0.6	1.3	569	67.1
Cu	mg/kg	23.3	5.3	22.8	1.2	0.23	22.5	22.5	3.0	11.7	14.4	15.8	19.8	25.8	34.3	38.9	74.1	2.2	15.3	566	23.0
F	mg/kg	549	69	545	1	0.13	558	543	45	389	409	432	499	590	709	743	813	0.6	0.3	572	548
Ga	mg/kg	14.8	1.7	14.7	1.1	0.12	13.9	14.6	1.2	11.1	11.4	11.9	13.6	15.9	18.6	19.5	21.2	0.6	0.2	572	14.8
Ge	mg/kg	1.25	0.11	1.25	1.09	0.09	1.20	1.20	0.10	1.00	1.00	1.10	1.20	1.30	1.50	1.60	1.66	0.4	0.7	569	1.25
Hg	mg/kg	0.019	0.011	0.018	1.343	0.59	0.018	0.018	0.003	0.007	0.010	0.011	0.015	0.021	0.033	0.050	0.253	15.6	315.3	555	0.018
I	mg/kg	1.90	0.88	1.73	1.53	0.46	1.18	1.65	0.46	0.52	0.64	0.83	1.29	2.25	4.12	5.11	5.78	1.4	2.1	557	1.81
La	mg/kg	35.0	2.9	34.9	1.1	0.08	34.7	34.8	1.8	25.5	28.0	30.0	33.1	36.7	41.4	42.9	46.8	0.4	0.8	571	35.0
Li	mg/kg	35.0	6.2	34.4	1.2	0.18	32.5	34.4	4.2	20.9	23.3	25.0	30.3	38.7	48.8	51.8	56.6	0.5	0.1	572	34.9
Mn	mg/kg	583	126	572	1	0.22	565	565	71	377	402	418	502	645	820	900	2265	4.5	53.8	569	577
Mo	mg/kg	0.63	0.14	0.62	1.24	0.23	0.63	0.61	0.09	0.37	0.39	0.42	0.53	0.71	0.98	1.12	1.28	1.0	1.3	566	0.62
N	%	0.037	0.012	0.035	1.327	0.33	0.040	0.036	0.007	0.016	0.019	0.021	0.029	0.042	0.061	0.080	0.176	3.5	32.1	566	0.036
Nb	mg/kg	13.5	0.7	13.5	1.1	0.05	13.6	13.6	0.4	9.9	11.4	12.1	13.1	14.0	14.7	15.5	16.1	0.0	1.7	563	13.5
Ni	mg/kg	29.3	4.9	28.8	1.2	0.17	26.2	28.6	3.3	16.7	19.6	21.1	25.8	32.4	39.9	43.6	44.6	0.5	0.0	574	29.2

指标	单位	算术平均值 X_a	算术标准差 S_a	几何平均值 X_g	几何标准差 S_g	变异系数 CV	众值 X_{mo}	中位值 X_{me}	中位绝对离差 MAD	最小值 X_{min}	$X_{0.5\%}$	$X_{2.5\%}$	$X_{25\%}$	$X_{75\%}$	$X_{97.5\%}$	$X_{99.5\%}$	最大值 X_{max}	偏度系数 SK	峰度系数 BK	基准值 n'	基准值 X_a'
P	mg/kg	617	78	612	1	0.13	620	611	28	340	400	454	586	644	775	882	1 350	2.8	26.0	533	614
Pb	mg/kg	19.3	2.8	19.1	1.2	0.15	17.5	19.0	1.7	13.1	13.6	14.6	17.4	20.8	25.7	27.5	30.9	0.6	0.5	572	19.2
Rb	mg/kg	94.5	9.8	94.0	1.1	0.10	88.9	93.1	6.1	75.0	76.8	79.0	87.7	100.0	116.5	122.5	132.8	0.7	0.5	572	94.3
S	mg/kg	212	94	198	1	0.45	174	189	35	102	107	122	159	226	516	634	834	2.7	8.8	507	185
Sb	mg/kg	0.94	0.22	0.92	1.22	0.24	0.88	0.92	0.12	0.54	0.56	0.61	0.81	1.05	1.36	1.56	4.04	5.0	65.3	571	0.93
Sc	mg/kg	11.0	1.7	10.9	1.2	0.15	10.3	10.7	1.0	6.9	7.5	8.3	9.8	12.0	14.6	16.2	18.2	0.6	0.5	570	10.9
Se	mg/kg	0.10	0.02	0.10	1.26	0.25	0.09	0.09	0.01	0.05	0.06	0.06	0.08	0.11	0.16	0.18	0.25	1.6	5.7	555	0.10
Sn	mg/kg	2.6	0.6	2.6	1.2	0.22	2.6	2.6	0.3	1.4	1.5	1.8	2.3	2.9	3.8	4.7	9.8	3.7	38.6	563	2.6
Sr	mg/kg	198	18	197	1	0.09	192	196	8	107	156	165	189	205	239	274	299	0.8	5.6	563	197
Th	mg/kg	11.1	1.7	11.0	1.2	0.15	10.9	11.1	1.2	3.6	7.3	8.0	10.0	12.3	14.7	16.0	16.3	0.1	0.4	572	11.1
Ti	mg/kg	3 707	195	3 702	1	0.05	3 650	3 704	110	2 740	3 123	3 335	3 597	3 815	4 107	4 299	4 748	0.2	3.5	562	3 704
Tl	mg/kg	0.60	0.07	0.60	1.12	0.12	0.57	0.59	0.04	0.41	0.44	0.48	0.56	0.64	0.76	0.81	0.85	0.5	0.4	571	0.60
U	mg/kg	2.29	0.32	2.27	1.14	0.14	2.17	2.27	0.20	1.49	1.60	1.79	2.07	2.47	2.94	3.34	4.37	1.0	3.8	570	2.28
V	mg/kg	76.7	10.9	76.0	1.1	0.14	73.5	75.3	7.0	51.4	56.1	59.1	69.0	83.1	98.3	110.9	139.2	0.9	2.1	570	76.3
W	mg/kg	1.70	0.17	1.69	1.11	0.10	1.68	1.69	0.11	1.12	1.19	1.39	1.59	1.80	2.03	2.25	2.87	0.7	3.9	565	1.70
Y	mg/kg	24.2	1.7	24.1	1.1	0.07	25.4	24.3	1.0	14.8	18.9	20.7	23.2	25.2	27.1	29.4	33.2	0.1	4.4	559	24.2
Zn	mg/kg	64.1	11.0	63.2	1.2	0.17	63.7	63.1	7.0	38.0	43.1	45.4	56.5	70.4	88.4	97.0	106.2	0.6	0.5	568	63.6
Zr	mg/kg	226	49	222	1	0.22	199	217	25	133	141	149	198	246	340	407	634	1.9	10.1	563	223
Al_2O_3	%	12.17	0.94	12.13	1.08	0.08	12.56	12.03	0.59	10.28	10.54	10.80	11.47	12.71	14.24	15.59	16.10	0.9	1.0	569	12.13
CaO	%	5.88	1.05	5.76	1.24	0.18	5.40	5.83	0.50	1.29	1.77	3.25	5.41	6.46	7.87	8.77	10.01	0.0	3.6	547	5.93
MgO	%	2.03	0.33	2.01	1.17	0.17	1.79	1.93	0.21	1.29	1.33	1.50	1.79	2.27	2.77	2.98	3.10	0.6	0.0	574	2.03
K_2O	%	2.33	0.17	2.33	1.07	0.07	2.18	2.30	0.11	1.96	2.04	2.08	2.20	2.42	2.74	2.86	3.03	0.8	0.6	570	2.33
Na_2O	%	1.90	0.38	1.86	1.20	0.20	1.80	1.85	0.18	0.89	1.16	1.31	1.67	2.03	2.80	3.46	4.11	1.6	5.8	552	1.85
SiO_2	%	59.58	3.20	59.49	1.06	0.05	59.40	59.92	2.11	48.12	50.01	52.61	57.54	61.90	64.97	66.08	67.12	0.0	0.2	571	59.65
TFe_2O_3	%	4.49	0.68	4.45	1.16	0.15	4.82	4.42	0.46	3.06	3.18	3.45	3.98	4.91	5.99	6.69	7.50	0.7	0.8	570	4.47
SOC	%	0.27	0.11	0.24	1.53	0.42	0.27	0.25	0.07	0.07	0.08	0.10	0.19	0.33	0.51	0.61	1.05	1.2	4.5	567	0.26
pH	无量纲						8.54	8.62	0.11	7.00	7.90	8.26	8.52	8.74	9.02	9.15	9.20				

表2.1.16A 菏泽市表层土壤（0~20 cm）地球化学参数（n=3 128）

指标	单位	算术平均值 X_a	算术标准差 S_a	几何平均值 X_g	几何标准差 S_g	变异系数 CV	众值 X_{mo}	中位值 X_{me}	中位绝对离差 MAD	最小值 X_{min}	累积频率						最大值 X_{max}	偏度系数 SK	峰度系数 BK	背景值	
											$X_{0.5\%}$	$X_{2.5\%}$	$X_{25\%}$	$X_{75\%}$	$X_{97.5\%}$	$X_{99.5\%}$				n'	X_a'
Ag	mg/kg	0.064	0.023	0.062	1.240	0.36	0.059	0.062	0.008	0.022	0.034	0.041	0.055	0.071	0.091	0.110	0.948	23.3	813.1	3 090	0.063
As	mg/kg	10.8	2.3	10.6	1.2	0.21	10.1	10.5	1.2	0.1	6.1	7.2	9.4	11.9	16.6	19.3	22.9	1.0	2.2	3 042	10.7
Au	μg/kg	1.7	0.6	1.6	1.4	0.35	1.4	1.5	0.3	0.7	0.8	0.9	1.3	1.9	3.1	4.2	6.7	2.1	9.2	3 036	1.6
B	mg/kg	52.5	7.1	52.0	1.2	0.14	54.0	53.0	4.0	23.9	31.0	37.4	48.1	57.0	66.0	72.0	91.0	0.0	1.1	3 091	52.6
Ba	mg/kg	497	34	496	1	0.07	484	493	19	389	427	442	476	515	573	630	776	1.2	4.4	3 067	495
Be	mg/kg	1.88	0.17	1.87	1.09	0.09	1.92	1.87	0.10	1.30	1.50	1.58	1.77	1.97	2.26	2.40	3.82	1.0	6.0	3 091	1.87
Bi	mg/kg	0.29	0.09	0.29	1.23	0.31	0.26	0.28	0.03	0.12	0.17	0.20	0.25	0.32	0.45	0.56	3.29	14.6	415.2	3 023	0.28
Br	mg/kg	3.9	1.1	3.7	1.4	0.27	4.4	3.9	0.7	0.4	1.1	1.8	3.2	4.6	5.9	6.5	14.0	0.3	2.8	3 112	3.9
TC	%	1.84	0.27	1.83	1.16	0.15	1.85	1.82	0.16	0.96	1.21	1.37	1.67	1.98	2.48	2.73	3.59	0.7	1.6	3 078	1.83
Cd	mg/kg	0.156	0.032	0.153	1.212	0.21	0.140	0.150	0.020	0.080	0.098	0.110	0.136	0.170	0.236	0.284	0.430	1.6	6.3	3 043	0.153
Ce	mg/kg	63.4	5.5	63.2	1.1	0.09	63.8	63.4	3.7	36.7	49.2	52.3	59.8	67.1	74.0	78.5	93.1	0.0	0.6	3 113	63.4
Cl	mg/kg	208	259	160	2	1.25	94	137	44	45	63	75	101	219	754	1 559	5 536	8.7	124.0	2 708	143
Co	mg/kg	11.9	2.1	11.8	1.2	0.17	11.4	11.6	1.2	6.0	7.9	8.6	10.5	13.0	16.6	18.7	24.5	0.9	1.7	3 078	11.8
Cr	mg/kg	62.4	6.8	62.0	1.1	0.11	64.4	61.9	3.9	32.3	45.5	50.6	58.2	66.1	76.7	82.6	146.3	1.0	8.8	3 088	62.2
Cu	mg/kg	23.0	5.0	22.5	1.2	0.22	21.6	22.2	2.8	8.9	12.9	15.2	19.7	25.5	35.4	40.5	49.9	1.0	1.8	3 058	22.7
F	mg/kg	566	79	560	1	0.14	485	557	47	282	391	434	513	608	764	846	958	0.8	1.7	3 047	559
Ga	mg/kg	14.2	1.4	14.1	1.1	0.10	13.9	14.1	0.8	7.9	11.3	11.9	13.3	14.9	17.5	19.2	22.6	0.8	2.4	3 073	14.1
Ge	mg/kg	1.31	0.11	1.30	1.09	0.09	1.30	1.30	0.06	0.70	1.00	1.10	1.24	1.37	1.60	1.60	1.70	0.1	1.3	3 105	1.31
Hg	mg/kg	0.037	0.063	0.032	1.535	1.74	0.028	0.030	0.007	0.006	0.012	0.016	0.025	0.039	0.091	0.159	3.375	46.8	2 454.8	2 894	0.031
I	mg/kg	2.10	0.72	1.99	1.40	0.34	2.03	1.98	0.45	0.46	0.79	1.04	1.58	2.51	3.77	4.49	6.64	1.0	2.2	3 092	2.07
La	mg/kg	34.2	2.4	34.1	1.1	0.07	34.0	34.2	1.4	20.6	27.0	29.4	32.7	35.5	39.1	42.1	45.2	0.0	1.9	3 067	34.2
Li	mg/kg	33.6	5.3	33.2	1.2	0.16	31.0	33.0	3.0	14.9	20.8	24.0	30.0	36.4	46.0	50.0	58.5	0.5	1.0	3 088	33.4
Mn	mg/kg	579	89	573	1	0.15	524	566	52	344	404	444	518	623	806	910	950	1.0	1.6	3 049	572
Mo	mg/kg	0.61	0.16	0.59	1.27	0.26	0.56	0.59	0.09	0.21	0.30	0.37	0.51	0.68	0.99	1.20	2.07	1.8	9.0	3 042	0.59
N	%	0.086	0.016	0.084	1.220	0.19	0.085	0.086	0.010	0.024	0.039	0.054	0.076	0.096	0.118	0.130	0.158	0.0	0.7	3 100	0.086
Nb	mg/kg	13.2	1.0	13.2	1.1	0.08	13.5	13.3	0.5	7.2	10.2	10.7	12.7	13.9	14.9	15.5	16.4	0.0	1.1	3 089	13.2
Ni	mg/kg	28.4	4.3	28.1	1.2	0.15	28.0	28.0	2.5	13.3	18.8	21.1	25.6	30.8	38.6	42.2	50.7	0.6	1.2	3 092	28.3

指标	单位	算术平均值 X_a	算术标准差 S_a	几何平均值 X_g	几何标准差 S_g	变异系数 CV	众值 X_{mo}	中位值 X_{me}	中位绝对离差 MAD	最小值 X_{min}	累积频率 $X_{0.5\%}$	$X_{2.5\%}$	$X_{25\%}$	$X_{75\%}$	$X_{97.5\%}$	$X_{99.5\%}$	最大值 X_{max}	偏度系数 SK	峰度系数 BK	背景值 n'	X_a'
P	mg/kg	1 019	174	1 005	1	0.17	1 042	1 005	104	540	648	699	908	1 120	1 376	1 569	2 528	0.8	3.3	3 094	1 012
Pb	mg/kg	20.5	3.2	20.3	1.1	0.15	20.5	20.1	1.5	14.1	15.5	16.3	18.7	21.7	27.9	36.3	57.5	3.1	21.1	3 026	20.2
Rb	mg/kg	91.4	7.2	91.2	1.1	0.08	89.6	90.8	4.5	63.2	75.1	79.2	86.5	95.6	108.6	114.1	125.1	0.6	0.9	3 096	91.3
S	mg/kg	238	98	225	1	0.41	174	214	34	102	123	139	182	259	486	738	1 743	4.1	33.4	2 926	219
Sb	mg/kg	0.98	0.18	0.96	1.22	0.18	0.88	0.96	0.10	0.01	0.56	0.69	0.87	1.06	1.41	1.63	1.89	0.8	2.5	3 059	0.97
Sc	mg/kg	10.8	1.4	10.7	1.1	0.13	10.6	10.7	0.8	4.8	7.4	8.4	9.9	11.5	14.2	15.8	18.4	0.8	2.1	3 056	10.7
Se	mg/kg	0.18	0.04	0.17	1.20	0.21	0.17	0.17	0.02	0.02	0.10	0.12	0.16	0.19	0.24	0.28	0.82	4.8	72.6	3 097	0.18
Sn	mg/kg	3.1	0.8	3.0	1.3	0.26	2.8	2.9	0.4	1.3	1.7	2.0	2.6	3.4	4.9	6.2	14.5	3.2	28.2	3 022	3.0
Sr	mg/kg	209	13	208	1	0.06	204	206	7	165	185	189	200	215	239	252	284	1.0	1.6	3 076	208
Th	mg/kg	11.0	1.1	10.9	1.1	0.10	10.9	10.9	0.6	6.3	8.2	9.1	10.3	11.5	13.5	15.0	17.4	0.8	3.2	3 040	10.9
Ti	mg/kg	3 612	215	3 605	1	0.06	3 808	3 623	153	2 235	2 898	3 154	3 470	3 777	3 963	4 029	4 083	0.0	0.9	3 090	3 621
Tl	mg/kg	0.59	0.08	0.58	1.15	0.14	0.55	0.58	0.05	0.38	0.41	0.45	0.53	0.64	0.78	0.85	0.94	0.6	0.6	3 096	0.58
U	mg/kg	2.37	0.28	2.36	1.13	0.12	2.41	2.37	0.17	0.82	1.57	1.86	2.20	2.55	2.90	3.12	4.93	0.4	4.4	3 089	2.37
V	mg/kg	77.4	8.6	76.9	1.1	0.11	77.7	76.7	5.1	46.3	56.8	62.8	71.7	81.9	97.2	107.5	116.6	0.7	1.3	3 077	77.0
W	mg/kg	1.62	0.20	1.61	1.13	0.12	1.59	1.62	0.11	0.71	1.02	1.24	1.51	1.72	2.05	2.24	3.08	0.3	3.6	3 055	1.62
Y	mg/kg	23.0	1.2	23.0	1.1	0.05	22.7	23.1	0.7	4.7	19.2	20.4	22.4	23.8	25.3	26.1	28.4	0.0	15.9	3 087	23.1
Zn	mg/kg	64.3	9.7	63.6	1.2	0.15	59.0	63.3	5.4	29.8	41.3	47.2	58.3	69.2	87.9	97.1	125.9	0.8	2.2	3 058	63.7
Zr	mg/kg	221	34	218	1	0.15	208	219	21	115	137	158	199	241	292	326	419	0.5	1.2	3 094	220
Al$_2$O$_3$	%	12.10	0.76	12.08	1.06	0.06	12.05	12.04	0.48	9.36	10.40	10.77	11.57	12.55	13.75	14.31	14.78	0.4	0.2	3 106	12.09
CaO	%	5.90	0.86	5.85	1.15	0.15	5.53	5.75	0.47	3.93	4.35	4.63	5.33	6.30	8.02	9.00	12.30	1.3	3.0	3 053	5.83
MgO	%	2.09	0.28	2.07	1.14	0.13	1.94	2.00	0.18	1.13	1.50	1.65	1.88	2.30	2.68	2.92	3.29	0.6	0.1	3 107	2.08
K$_2$O	%	2.32	0.12	2.32	1.05	0.05	2.28	2.30	0.08	1.81	2.11	2.14	2.23	2.39	2.62	2.73	2.91	0.9	1.0	3 063	2.31
Na$_2$O	%	1.83	0.24	1.81	1.16	0.13	1.90	1.87	0.14	0.80	1.01	1.25	1.71	2.00	2.22	2.32	2.48	0.0	1.1	3 086	1.84
SiO$_2$	%	60.02	3.20	59.93	1.06	0.05	62.03	60.47	2.00	45.06	49.91	52.39	58.24	62.25	65.13	66.37	69.24	0.0	0.9	3 095	60.12
TFe$_2$O$_3$	%	4.28	0.58	4.24	1.14	0.14	4.03	4.21	0.33	2.36	3.01	3.34	3.89	4.57	5.69	6.31	6.68	0.8	1.3	3 059	4.24
SOC	%	0.73	0.14	0.71	1.23	0.19	0.77	0.73	0.08	0.14	0.34	0.45	0.64	0.81	1.01	1.13	2.03	0.3	3.2	3 090	0.73
pH	无量纲						7.99	8.16	0.18	7.09	7.69	7.78	8.00	8.36	8.75	8.91	9.08				

表 2.1.16B 菏泽市深层土壤（150~200 cm）地球化学参数（n=803）

指标	单位	算术平均值 X_a	算术标准差 S_a	几何平均值 X_g	几何标准差 S_g	变异系数 CV	众值 X_{mo}	中位值 X_{me}	中位绝对离差 MAD	最小值 X_{min}	$X_{0.5\%}$	$X_{2.5\%}$	$X_{25\%}$	$X_{75\%}$	$X_{97.5\%}$	$X_{99.5\%}$	最大值 X_{max}	偏度系数 SK	峰度系数 BK	n'	基准值 X_a'
Ag	mg/kg	0.055	0.013	0.053	1.262	0.23	0.055	0.054	0.008	0.027	0.029	0.033	0.046	0.063	0.084	0.093	0.119	0.6	0.7	798	0.055
As	mg/kg	9.7	2.3	9.5	1.3	0.24	8.5	9.3	1.2	4.4	5.6	6.2	8.3	10.9	15.2	18.5	21.3	1.1	2.1	789	9.6
Au	μg/kg	1.6	1.0	1.5	1.4	0.61	1.3	1.4	0.2	0.6	0.8	0.9	1.2	1.7	3.0	6.0	20.0	11.0	181.3	760	1.5
B	mg/kg	48.7	6.9	48.2	1.2	0.14	50.6	48.9	4.4	21.4	29.4	34.3	44.5	53.2	62.4	67.0	73.7	0.0	0.6	800	48.7
Ba	mg/kg	466	34	464	1	0.07	449	461	18	399	409	415	443	479	565	616	688	1.7	5.4	778	462
Be	mg/kg	1.86	0.20	1.84	1.11	0.11	1.76	1.84	0.12	1.32	1.42	1.51	1.72	1.97	2.29	2.51	2.73	0.6	1.1	794	1.85
Bi	mg/kg	0.23	0.05	0.22	1.22	0.22	0.22	0.22	0.03	0.12	0.14	0.16	0.19	0.26	0.35	0.41	0.51	1.3	2.8	785	0.23
Br	mg/kg	2.1	0.6	2.1	1.3	0.27	2.0	2.1	0.4	0.7	0.8	1.0	1.8	2.5	3.4	3.7	3.9	0.3	0.0	800	2.1
TC	%	1.27	0.22	1.26	1.18	0.18	1.24	1.24	0.12	0.75	0.83	0.95	1.13	1.37	1.80	2.08	2.80	1.4	4.3	783	1.25
Cd	mg/kg	0.103	0.024	0.101	1.239	0.23	0.090	0.100	0.011	0.050	0.060	0.070	0.089	0.114	0.160	0.183	0.223	1.2	2.3	791	0.102
Ce	mg/kg	65.9	6.2	65.6	1.1	0.09	68.8	66.0	3.9	43.7	49.1	52.9	62.1	69.8	78.2	82.3	91.3	0.0	0.5	799	65.9
Cl	mg/kg	172	81	156	2	0.47	100	159	49	52	60	65	113	214	368	509	737	1.5	4.4	783	165
Co	mg/kg	10.7	1.8	10.5	1.2	0.17	9.5	10.4	1.1	6.6	7.1	7.8	9.5	11.7	15.0	16.5	20.6	0.9	1.7	795	10.6
Cr	mg/kg	60.6	6.7	60.2	1.1	0.11	59.0	60.2	4.0	38.0	44.3	48.8	56.2	64.2	75.8	82.5	95.7	0.6	1.8	790	60.4
Cu	mg/kg	19.7	4.0	19.4	1.2	0.20	17.8	19.1	2.3	10.1	11.2	13.4	17.0	22.0	29.5	33.2	40.0	0.9	1.7	791	19.5
F	mg/kg	504	68	499	1	0.13	481	497	41	277	330	376	460	542	651	706	755	0.3	0.6	796	503
Ga	mg/kg	13.4	1.7	13.3	1.1	0.13	13.0	13.1	0.9	8.8	9.8	10.7	12.3	14.1	17.4	19.7	22.4	1.1	2.5	783	13.2
Ge	mg/kg	1.28	0.11	1.28	1.09	0.08	1.20	1.30	0.10	1.00	1.10	1.10	1.20	1.30	1.50	1.60	1.70	0.6	0.5	791	1.28
Hg	mg/kg	0.015	0.006	0.015	1.412	0.39	0.013	0.014	0.003	0.001	0.005	0.008	0.012	0.018	0.029	0.044	0.075	2.9	17.9	768	0.015
I	mg/kg	1.33	0.53	1.25	1.40	0.40	1.24	1.23	0.24	0.39	0.53	0.67	1.01	1.52	2.76	3.41	6.17	2.5	13.2	767	1.25
La	mg/kg	32.9	2.7	32.8	1.1	0.08	32.5	32.9	1.7	24.0	26.2	27.6	31.3	34.7	38.2	40.9	45.2	0.1	0.7	796	32.9
Li	mg/kg	32.0	5.7	31.5	1.2	0.18	31.6	31.2	3.5	17.1	19.7	23.2	28.0	35.5	45.0	51.1	54.9	0.7	0.8	795	31.8
Mn	mg/kg	506	77	501	1	0.15	455	487	40	359	391	408	453	544	704	827	1 007	1.6	4.2	778	498
Mo	mg/kg	0.54	0.10	0.53	1.20	0.19	0.47	0.53	0.06	0.33	0.35	0.38	0.47	0.60	0.77	0.86	0.99	0.8	0.9	796	0.54
N	%	0.028	0.007	0.027	1.270	0.26	0.026	0.027	0.004	0.015	0.016	0.018	0.023	0.032	0.045	0.056	0.065	1.2	2.6	783	0.028
Nb	mg/kg	13.3	0.9	13.3	1.1	0.07	13.7	13.4	0.5	9.5	10.3	11.2	12.8	13.9	14.9	15.5	16.1	0.0	1.3	789	13.4
Ni	mg/kg	25.6	4.3	25.3	1.2	0.17	23.1	25.1	2.6	13.5	16.6	18.3	22.7	28.1	35.5	39.3	49.1	0.8	1.7	796	25.5

78

指标	单位	算术平均值 X_a	算术标准差 S_a	几何平均值 X_g	几何标准差 S_g	变异系数 CV	众值 X_{mo}	中位值 X_{me}	中位绝对离差 MAD	最小值 X_{min}	累积频率 $X_{0.5\%}$	$X_{2.5\%}$	$X_{25\%}$	$X_{75\%}$	$X_{97.5\%}$	$X_{99.5\%}$	最大值 X_{max}	偏度系数 SK	峰度系数 BK	n'	基准值 X_a'
P	mg/kg	600	39	599	1	0.07	603	599	17	475	509	538	582	616	661	734	1 095	4.9	59.0	781	599
Pb	mg/kg	18.0	2.5	17.9	1.1	0.14	16.5	17.5	1.5	13.5	13.9	14.7	16.2	19.3	24.4	27.1	30.3	1.2	1.7	788	17.9
Rb	mg/kg	86.4	7.4	86.1	1.1	0.09	82.3	85.1	4.5	70.4	73.4	75.7	81.3	90.6	104.5	111.7	123.8	0.9	1.2	796	86.2
S	mg/kg	149	39	145	1	0.26	137	144	22	69	80	89	122	169	247	291	404	1.3	4.7	782	146
Sb	mg/kg	0.96	0.23	0.94	1.23	0.23	0.88	0.92	0.11	0.42	0.55	0.64	0.82	1.05	1.57	1.94	2.75	2.2	9.5	771	0.93
Sc	mg/kg	10.0	1.4	9.9	1.1	0.14	9.8	9.8	0.8	6.3	6.6	7.7	9.1	10.8	13.2	15.4	17.5	0.9	2.5	792	10.0
Se	mg/kg	0.09	0.02	0.09	1.21	0.19	0.08	0.09	0.01	0.04	0.05	0.06	0.08	0.10	0.12	0.15	0.16	0.6	1.4	796	0.09
Sn	mg/kg	2.5	0.5	2.4	1.2	0.19	2.4	2.4	0.3	1.3	1.6	1.7	2.2	2.7	3.6	4.2	6.4	1.5	7.3	791	2.5
Sr	mg/kg	205	10	205	1	0.05	204	204	6	181	183	188	198	211	227	243	250	0.7	1.1	796	204
Th	mg/kg	9.9	1.5	9.8	1.2	0.16	10.3	10.0	1.0	4.8	7.0	7.3	8.7	10.9	12.9	14.6	17.2	0.2	0.5	796	9.9
Ti	mg/kg	3 679	197	3 674	1	0.05	3 767	3 695	111	2 598	2 919	3 193	3 584	3 806	3 999	4 058	4 178	0.0	3.2	780	3 699
Tl	mg/kg	0.57	0.08	0.56	1.16	0.15	0.51	0.55	0.05	0.23	0.37	0.42	0.51	0.61	0.76	0.83	0.91	0.6	1.0	791	0.56
U	mg/kg	2.28	0.27	2.26	1.13	0.12	2.27	2.27	0.16	1.40	1.59	1.70	2.13	2.45	2.79	2.99	3.53	0.0	1.2	797	2.28
V	mg/kg	75.3	8.7	74.8	1.1	0.12	73.3	73.8	5.0	46.0	53.0	59.7	69.7	80.5	95.7	103.4	112.7	0.6	1.2	793	75.0
W	mg/kg	1.60	0.18	1.59	1.12	0.11	1.62	1.59	0.10	0.94	1.05	1.26	1.51	1.70	1.93	2.34	2.59	0.3	3.9	778	1.60
Y	mg/kg	22.6	1.4	22.5	1.1	0.06	22.9	22.6	0.8	17.3	18.7	19.6	21.8	23.4	25.3	26.1	28.7	0.0	1.3	796	22.6
Zn	mg/kg	56.9	9.7	56.0	1.2	0.17	52.8	54.9	6.0	31.2	35.7	41.0	49.9	63.1	79.2	87.2	100.5	0.7	0.7	795	56.5
Zr	mg/kg	247	51	242	1	0.21	270	240	32	126	148	170	210	275	363	411	422	0.7	0.5	793	245
Al$_2$O$_3$	%	11.16	0.69	11.14	1.06	0.06	10.87	11.02	0.42	9.59	9.93	10.11	10.66	11.55	12.84	13.49	14.36	0.9	1.0	795	11.14
CaO	%	5.83	0.68	5.79	1.12	0.12	5.43	5.68	0.39	3.85	4.55	4.90	5.36	6.17	7.53	8.53	9.08	1.2	2.3	779	5.77
MgO	%	1.86	0.22	1.85	1.13	0.12	1.76	1.85	0.14	1.14	1.33	1.48	1.71	2.00	2.33	2.62	2.83	0.5	1.1	791	1.86
K$_2$O	%	2.22	0.12	2.22	1.05	0.05	2.16	2.19	0.07	2.01	2.03	2.06	2.13	2.28	2.51	2.61	2.85	1.2	1.9	794	2.21
Na$_2$O	%	1.98	0.21	1.97	1.12	0.10	2.17	2.02	0.12	0.84	1.33	1.50	1.88	2.13	2.30	2.35	2.53	0.0	1.8	791	1.99
SiO$_2$	%	62.36	3.03	62.28	1.05	0.05	63.07	63.11	1.61	47.11	50.92	54.61	60.85	64.46	66.55	67.43	68.98	0.0	1.9	782	62.62
TFe$_2$O$_3$	%	3.87	0.54	3.84	1.14	0.14	3.82	3.77	0.32	2.55	2.77	3.04	3.50	4.17	5.17	5.76	6.71	1.0	1.7	788	3.84
SOC	%	0.15	0.06	0.14	1.48	0.40	0.13	0.15	0.04	0.03	0.05	0.07	0.11	0.18	0.31	0.38	0.51	1.2	2.8	781	0.15
pH	无量纲						8.58	8.64	0.11	8.26	8.29	8.37	8.54	8.78	9.14	9.31	9.43				

2.2 山东土壤地球化学参数——按地貌类型

表 2.2.1A 微倾斜低平原表层土壤（0~20 cm）地球化学参数（n=14 561）

指标	单位	算术平均值 X_a	算术标准差 S_a	几何平均值 X_g	几何标准差 S_g	变异系数 CV	众值 X_{mo}	中位值 X_{me}	中位绝对离差 MAD	最小值 X_{min}	$X_{0.5\%}$	$X_{2.5\%}$	$X_{25\%}$	$X_{75\%}$	$X_{97.5\%}$	$X_{99.5\%}$	最大值 X_{max}	偏度系数 SK	峰度系数 BK	n'	背景值 X_a'
Ag	mg/kg	0.067	0.039	0.064	1.310	0.58	0.060	0.064	0.010	0.010	0.030	0.039	0.055	0.075	0.109	0.163	2.894	45.1	2 956.1	14 214	0.065
As	mg/kg	10.5	3.4	10.0	1.4	0.32	10.1	10.4	1.5	0.1	2.8	4.1	8.9	12.0	17.9	20.6	162.3	6.7	282.3	14 335	10.3
Au	μg/kg	1.7	1.2	1.6	1.4	0.72	1.5	1.6	0.3	0.4	0.6	0.8	1.3	2.0	3.2	5.3	95.7	37.7	2 477.3	14 123	1.6
B	mg/kg	49.4	12.3	47.1	1.4	0.25	56.0	51.1	5.5	1.9	8.0	16.1	45.3	56.2	68.9	78.0	200.3	0.0	4.4	13 406	51.6
Ba	mg/kg	553	224	530	1	0.41	468	492	26	193	410	431	469	525	1 197	1 719	5 985	6.4	78.7	12 657	489
Be	mg/kg	1.92	0.33	1.90	1.16	0.17	1.88	1.89	0.13	0.44	1.02	1.42	1.77	2.03	2.49	3.18	16.43	9.4	307.7	14 075	1.90
Bi	mg/kg	0.28	0.11	0.27	1.38	0.38	0.25	0.27	0.04	0.02	0.07	0.12	0.24	0.31	0.48	0.58	4.61	10.9	306.9	14 170	0.27
Br	mg/kg	6.2	7.9	5.0	1.7	1.27	4.4	4.6	1.0	0.4	1.4	2.1	3.7	5.9	21.0	67.6	155.8	7.6	73.8	13 029	4.6
TC	%	1.67	0.54	1.55	1.53	0.33	1.68	1.72	0.22	0.11	0.25	0.50	1.49	1.93	2.71	3.66	5.30	0.0	2.3	14 366	1.64
Cd	mg/kg	0.148	0.071	0.139	1.420	0.48	0.140	0.140	0.021	0.010	0.035	0.063	0.120	0.170	0.260	0.356	4.710	26.1	1 437.4	14 206	0.143
Ce	mg/kg	66.6	11.6	65.7	1.2	0.17	65.4	66.3	4.3	7.4	24.2	47.9	62.1	70.7	85.7	110.1	521.1	6.8	217.2	13 858	66.4
Cl	mg/kg	700	2 436	235	3	3.48	94	175	80	28	56	70	111	353	5 440	20 061	39 772	7.7	69.9	11 792	176
Co	mg/kg	11.6	2.8	11.3	1.3	0.24	10.4	11.4	1.3	0.6	2.6	6.5	10.2	12.9	18.3	21.4	34.1	0.6	3.4	13 969	11.5
Cr	mg/kg	63.7	15.8	61.9	1.3	0.25	64.4	64.1	5.2	4.9	13.5	31.7	58.9	69.4	85.4	110.3	739.6	10.8	375.7	13 585	64.6
Cu	mg/kg	22.8	9.4	21.6	1.4	0.41	20.5	21.9	3.0	1.1	4.7	9.8	19.2	25.3	40.2	48.5	696.1	28.0	1 870.6	13 951	22.1
F	mg/kg	548	113	534	1	0.21	555	552	53	96	178	291	499	606	781	888	1 441	0.0	2.3	14 188	549
Ga	mg/kg	14.5	2.1	14.4	1.2	0.14	14.1	14.3	1.2	4.4	9.3	10.8	13.3	15.6	19.2	20.8	25.8	0.5	1.1	14 404	14.5
Ge	mg/kg	1.28	0.13	1.27	1.11	0.11	1.30	1.30	0.10	0.50	0.90	1.00	1.20	1.38	1.50	1.67	2.45	0.1	1.8	14 404	1.28
Hg	mg/kg	0.037	0.048	0.032	1.632	1.28	0.028	0.032	0.008	0.003	0.007	0.013	0.024	0.041	0.094	0.179	3.375	36.8	2 086.8	13 672	0.032
I	mg/kg	2.25	2.27	2.03	1.51	1.01	1.81	2.00	0.46	0.02	0.63	0.94	1.59	2.54	4.56	9.17	119.00	29.7	1 242.5	14 055	2.06
La	mg/kg	34.3	5.8	33.9	1.2	0.17	33.5	34.0	1.7	3.2	12.9	25.3	32.3	35.8	44.4	59.4	259.1	7.8	231.6	13 647	34.1
Li	mg/kg	32.6	8.2	31.4	1.4	0.25	31.0	32.6	3.8	1.6	7.2	14.2	29.0	36.7	51.0	58.0	76.4	0.0	1.5	14 276	32.6
Mn	mg/kg	581	129	567	1.30	0.22	512	560	56	50	181	392	511	630	901	1 027	2 888	1.8	15.9	13 730	569
Mo	mg/kg	0.61	0.26	0.59	1.413	0.42	0.58	0.58	0.08	0.16	0.28	0.35	0.50	0.68	1.01	1.55	21.00	36.4	2 733.0	14 124	0.59
N	%	0.089	0.028	0.085	1.2	0.31	0.088	0.089	0.014	0.013	0.021	0.031	0.075	0.103	0.148	0.217	0.339	1.1	5.8	14 265	0.087
Nb	mg/kg	13.6	2.2	13.5	1.2	0.16	13.5	13.6	0.6	2.7	6.8	10.4	13.0	14.1	17.0	25.1	74.8	6.4	115.6	13 637	13.5

指标	单位	算术平均值 X_a	算术标准差 S_a	几何平均值 X_g	几何标准差 S_g	变异系数 CV	众值 X_{mo}	中位值 X_{me}	中位绝对离差 MAD	最小值 X_{min}	$X_{0.5\%}$	$X_{2.5\%}$	$X_{25\%}$	$X_{75\%}$	$X_{97.5\%}$	$X_{99.5\%}$	最大值 X_{max}	偏度系数 SK	峰度系数 BK	n'	背景值 X_a'
Ni	mg/kg	27.8	7.5	26.7	1.4	0.27	28.0	27.6	3.1	1.7	5.4	12.4	24.7	31.0	42.4	48.4	304.5	5.4	171.8	14 148	27.8
P	mg/kg	963	262	920	1	0.27	968	985	137	95	198	386	839	1 115	1 427	1 685	7 591	0.9	29.2	14 361	965
Pb	mg/kg	22.7	7.7	22.2	1.2	0.34	20.5	21.8	2.2	8.9	14.6	16.4	19.9	24.4	32.5	48.8	510.2	33.7	1 943.3	14 129	22.1
Rb	mg/kg	93.1	11.2	92.4	1.1	0.12	89.0	91.4	5.4	29.7	62.5	74.5	86.7	97.9	118.9	135.9	240.5	1.3	7.5	14 202	92.6
S	mg/kg	388	1 441	259	2	3.72	196	233	52	16	79	124	189	308	1 078	5 953	65 343	22.2	653.0	13 163	237
Sb	mg/kg	0.92	0.41	0.88	1.39	0.44	0.94	0.92	0.13	0.01	0.26	0.37	0.80	1.05	1.46	1.74	26.60	33.6	2 036.4	14 430	0.91
Sc	mg/kg	10.4	2.2	10.1	1.3	0.21	10.6	10.4	1.0	0.6	2.2	5.2	9.5	11.5	15.3	16.9	22.0	0.0	2.5	14 025	10.5
Se	mg/kg	0.18	0.06	0.18	1.32	0.34	0.17	0.18	0.02	0.02	0.06	0.09	0.16	0.20	0.29	0.45	1.87	7.7	142.0	14 125	0.18
Sn	mg/kg	3.1	0.9	3.0	1.3	0.31	3.0	3.0	0.5	0.2	1.1	1.6	2.6	3.5	5.1	7.0	19.7	2.8	28.4	14 167	3.0
Sr	mg/kg	212	58	208	1	0.27	196	202	10	87	131	160	193	213	350	561	1 390	7.2	83.6	13 019	202
Th	mg/kg	10.7	2.5	10.4	1.3	0.24	10.6	10.7	1.0	1.2	3.4	6.4	9.6	11.7	15.1	17.8	96.9	6.5	166.2	14 194	10.7
Ti	mg/kg	3 641	435	3 602	1	0.12	3 781	3 721	141	251	1 192	2 527	3 538	3 839	4 206	4 696	9 400	0.0	4.2	13 378	3 705
Tl	mg/kg	0.59	0.09	0.58	1.17	0.16	0.58	0.58	0.06	0.15	0.37	0.43	0.53	0.64	0.79	0.93	1.65	0.9	18.9	14 336	0.58
U	mg/kg	2.28	0.41	2.24	1.23	0.18	2.29	2.31	0.20	0.35	0.80	1.35	2.10	2.51	2.95	3.47	10.40	0.6	18.9	14 090	2.30
V	mg/kg	75.9	13.7	74.3	1.3	0.18	74.2	76.5	6.1	6.3	19.1	43.5	70.5	82.7	102.4	112.1	175.0	0.0	4.2	14 061	76.8
W	mg/kg	1.59	0.34	1.55	1.27	0.21	1.59	1.63	0.12	0.08	0.45	0.80	1.50	1.74	2.09	2.46	11.63	3.7	94.1	13 381	1.63
Y	mg/kg	23.0	2.7	22.8	1.2	0.12	22.8	23.3	1.0	1.2	8.2	16.5	22.3	24.3	26.4	28.7	85.2	0.0	38.8	13 710	23.3
Zn	mg/kg	64.7	15.7	62.7	1.3	0.24	62.2	64.1	6.7	3.4	15.7	33.8	57.8	71.2	96.7	110.9	493.9	3.0	63.6	14 191	64.5
Zr	mg/kg	238	64	231	1	0.27	234	232	25	42	105	144	207	258	370	500	1 526	4.7	56.4	14 004	231
Al$_2$O$_3$	%	12.21	1.14	12.15	1.10	0.09	11.76	12.04	0.57	4.18	8.57	10.24	11.55	12.76	14.77	15.91	19.03	0.3	3.3	14 217	12.19
CaO	%	5.05	1.75	4.54	1.73	0.35	5.34	5.35	0.58	0.22	0.59	0.89	4.78	5.94	8.12	9.04	14.88	0.0	0.9	14 550	5.05
MgO	%	1.90	0.51	1.80	1.48	0.27	1.90	1.93	0.20	0.01	0.25	0.58	1.76	2.18	2.81	3.04	8.27	0.0	4.2	13 667	1.98
K$_2$O	%	2.43	0.31	2.41	1.12	0.13	2.28	2.34	0.10	0.78	2.03	2.15	2.26	2.48	3.35	3.92	6.20	3.1	14.8	13 346	2.36
Na$_2$O	%	1.90	0.42	1.85	1.25	0.22	1.88	1.87	0.17	0.13	0.82	1.08	1.70	2.04	2.96	3.64	4.84	1.1	4.5	13 719	1.86
SiO$_2$	%	61.52	4.95	61.32	1.08	0.08	62.32	61.62	2.23	35.53	47.24	50.98	59.05	63.57	72.75	79.63	89.12	0.4	2.6	14 150	61.37
TFe$_2$O$_3$	%	4.27	0.88	4.16	1.28	0.21	4.01	4.20	0.40	0.29	1.16	2.45	3.85	4.67	6.35	7.06	10.39	0.1	2.7	13 993	4.26
SOC	%	0.77	0.27	0.72	1.50	0.35	0.77	0.76	0.12	0.01	0.10	0.26	0.64	0.88	1.38	1.99	3.71	1.5	8.7	13 969	0.75
pH	无量纲						8.10	8.15	0.18	3.80	5.22	5.83	7.97	8.34	8.70	8.90	9.56				

表 2.2.1B　微倾斜低平原深层土壤（150~200 cm）地球化学参数（n=3 782）

指标	单位	算术平均值 X_a	算术标准差 S_a	几何平均值 X_g	几何标准差 S_g	变异系数 CV	众值 X_{mo}	中位值 X_{me}	中位绝对离差 MAD	最小值 X_{min}	$X_{0.5\%}$	$X_{2.5\%}$	$X_{25\%}$	累积频率 $X_{75\%}$	$X_{97.5\%}$	$X_{99.5\%}$	最大值 X_{max}	偏度系数 SK	峰度系数 BK	n'	基准值 X_a'
Ag	mg/kg	0.058	0.018	0.056	1.289	0.31	0.056	0.056	0.009	0.015	0.027	0.033	0.048	0.066	0.089	0.110	0.694	12.4	420.5	3 734	0.057
As	mg/kg	10.1	3.3	9.5	1.4	0.33	8.6	9.7	1.8	1.2	2.5	3.9	8.1	11.7	17.5	20.8	52.9	1.2	8.2	3 730	9.9
Au	μg/kg	1.6	1.2	1.5	1.4	0.76	1.4	1.5	0.3	0.4	0.6	0.8	1.2	1.8	3.1	6.0	53.3	22.8	828.2	3 632	1.5
B	mg/kg	48.1	12.5	45.7	1.5	0.26	51.5	50.0	5.7	1.4	7.6	15.9	43.9	55.3	67.5	77.9	146.9	0.0	3.2	3 650	49.1
Ba	mg/kg	543	220	518	1	0.41	461	477	27	329	404	418	454	512	1 238	1 683	3 134	4.1	23.7	3 248	473
Be	mg/kg	1.92	0.33	1.89	1.18	0.17	1.88	1.88	0.16	0.50	0.99	1.41	1.74	2.05	2.64	3.29	6.40	2.0	17.9	3 640	1.90
Bi	mg/kg	0.24	0.09	0.23	1.41	0.39	0.22	0.23	0.04	0.03	0.06	0.11	0.19	0.28	0.41	0.51	2.74	9.6	231.3	3 716	0.24
Br	mg/kg	3.8	4.6	3.0	1.8	1.19	2.0	2.7	0.7	0.3	0.9	1.3	2.1	3.6	14.5	33.9	76.6	6.3	56.6	3 345	2.7
TC	%	1.21	0.45	1.08	1.71	0.37	1.24	1.25	0.19	0.10	0.17	0.24	1.07	1.45	2.04	2.46	3.05	0.0	0.6	3 769	1.20
Cd	mg/kg	0.104	0.040	0.098	1.461	0.38	0.090	0.100	0.020	0.008	0.021	0.039	0.082	0.120	0.181	0.233	0.943	4.9	86.8	3 716	0.102
Ce	mg/kg	67.2	12.3	66.0	1.2	0.18	64.2	66.5	4.6	10.1	22.9	45.1	62.1	71.2	92.7	125.5	220.2	2.2	22.8	3 546	66.6
Cl	mg/kg	540	1 630	228	3	3.02	88	189	78	27	45	62	129	306	4 337	11 782	24 383	7.7	75.1	3 253	190
Co	mg/kg	11.4	3.2	11.0	1.4	0.28	10.6	11.0	1.5	0.6	2.1	6.1	9.7	12.8	18.1	24.5	42.7	1.7	12.0	3 643	11.3
Cr	mg/kg	62.5	15.8	60.4	1.3	0.25	60.4	62.2	5.7	2.8	11.3	29.2	56.9	68.5	86.2	114.5	430.1	5.1	103.6	3 549	63.0
Cu	mg/kg	20.8	7.0	19.7	1.4	0.34	17.5	20.1	3.2	1.4	3.6	8.4	17.3	24.0	33.9	40.2	224.6	7.0	191.1	3 702	20.5
F	mg/kg	509	105	496	1	0.21	509	510	54	86	140	269	460	568	712	782	1 564	0.0	4.1	3 708	513
Ga	mg/kg	14.4	2.4	14.2	1.2	0.16	13.0	14.1	1.4	4.9	9.4	10.6	12.9	15.8	19.8	21.7	26.5	0.6	1.0	3 725	14.4
Ge	mg/kg	1.28	0.14	1.27	1.12	0.11	1.30	1.30	0.10	0.51	0.82	1.00	1.20	1.40	1.56	1.69	2.30	0.1	2.7	3 717	1.28
Hg	mg/kg	0.018	0.015	0.016	1.485	0.86	0.014	0.016	0.003	0.001	0.005	0.008	0.013	0.020	0.035	0.062	0.722	29.8	1 306.3	3 636	0.016
I	mg/kg	1.88	2.02	1.61	1.64	1.07	1.47	1.50	0.40	0.39	0.55	0.71	1.17	2.06	5.10	9.88	87.00	22.9	875.2	3 469	1.56
La	mg/kg	34.1	5.9	33.6	1.2	0.17	33.5	33.7	2.2	4.0	11.9	25.1	31.6	36.0	45.0	66.2	108.1	2.7	29.6	3 574	33.8
Li	mg/kg	32.1	8.3	30.8	1.4	0.26	32.4	31.7	4.6	3.3	5.8	14.2	27.6	36.9	49.6	56.3	63.3	0.0	1.0	3 719	32.2
Mn	mg/kg	562	182	540	1	0.32	455	525	68	59	152	350	470	617	918	1 423	3 455	5.1	55.3	3 608	544
Mo	mg/kg	0.60	0.35	0.58	1.31	0.58	0.53	0.57	0.09	0.20	0.26	0.36	0.49	0.67	0.99	1.36	18.49	35.9	1 786.9	3 678	0.58
N	%	0.034	0.012	0.032	1.362	0.37	0.027	0.031	0.006	0.015	0.016	0.019	0.026	0.038	0.063	0.084	0.188	3.0	22.9	3 638	0.032
Nb	mg/kg	13.7	2.2	13.5	1.2	0.16	13.7	13.6	0.6	3.8	6.8	10.0	13.0	14.2	17.0	24.6	74.0	7.8	175.2	3 488	13.6
Ni	mg/kg	27.1	8.9	25.9	1.4	0.33	26.0	26.3	3.8	1.5	4.5	12.8	23.0	30.8	42.2	55.7	233.8	6.9	146.5	3 678	26.9

续表

指标	单位	算术平均值 X_a	算术标准差 S_a	几何平均值 X_g	几何标准差 S_g	变异系数 CV	众值 X_{mo}	中位值 X_{me}	中位绝对离差 MAD	最小值 X_{min}	累积频率						最大值 X_{max}	偏度系数 SK	峰度系数 BK	n'	基准值 X_a'
											$X_{0.5\%}$	$X_{2.5\%}$	$X_{25\%}$	$X_{75\%}$	$X_{97.5\%}$	$X_{99.5\%}$					
P	mg/kg	573	146	554	1	0.25	606	597	25	91	145	218	569	621	732	1 061	4 549	5.8	158.5	3 089	602
Pb	mg/kg	20.1	10.4	19.5	1.2	0.52	17.0	19.0	2.3	9.7	13.0	14.4	17.0	21.9	30.3	41.9	513.1	33.2	1 448.3	3 671	19.4
Rb	mg/kg	91.9	12.8	91.1	1.1	0.14	82.8	89.6	6.9	36.1	66.2	74.3	83.5	98.1	121.2	136.2	240.2	1.8	11.3	3 693	91.1
S	mg/kg	184	161	166	1.41	0.88	152	159	30	65	78	90	136	194	451	936	4 466	14.1	285.8	3 548	160
Sb	mg/kg	0.92	0.37	0.87	1.3	0.40	0.98	0.92	0.15	0.14	0.25	0.36	0.77	1.06	1.49	1.83	12.85	12.8	357.9	3 741	0.90
Sc	mg/kg	10.2	2.2	9.9	1.3	0.22	9.7	10.1	1.1	0.6	1.8	5.3	9.1	11.4	14.7	16.5	24.0	0.0	2.7	3 663	10.3
Se	mg/kg	0.10	0.04	0.09	1.34	0.46	0.08	0.09	0.01	0.03	0.04	0.05	0.08	0.10	0.18	0.25	1.60	14.6	419.4	3 600	0.09
Sn	mg/kg	2.6	0.7	2.5	1.3	0.27	2.4	2.5	0.3	0.3	1.1	1.5	2.2	2.9	3.8	4.5	20.0	6.6	143.5	3 722	2.5
Sr	mg/kg	207	56	203	1	0.27	196	199	9	75	114	151	191	209	330	568	1182	7.2	80.5	3 353	199
Th	mg/kg	10.5	4.0	10.2	1.3	0.38	10.3	10.4	1.3	1.6	3.0	6.0	9.0	11.7	14.9	18.4	206.6	31.6	1 527.7	3 693	10.4
Ti	mg/kg	3 651	484	3 604	1	0.13	3 679	3 714	140	440	1 091	2 301	3 565	3 847	4 357	4 946	9 265	0.0	15.9	3 396	3 721
Tl	mg/kg	0.59	0.10	0.58	1.17	0.16	0.57	0.58	0.06	0.22	0.37	0.43	0.52	0.64	0.80	0.88	1.30	0.8	2.6	3 744	0.58
U	mg/kg	2.24	0.56	2.19	1.24	0.25	2.30	2.27	0.21	0.38	0.74	1.27	2.04	2.46	2.88	3.33	25.80	19.4	806.5	3 656	2.25
V	mg/kg	75.9	15.0	74.0	1.3	0.20	72.4	75.6	7.1	7.0	16.5	42.0	69.3	84.0	105.2	117.3	196.0	0.0	4.0	3 671	76.6
W	mg/kg	1.60	0.32	1.56	1.27	0.20	1.62	1.63	0.12	0.32	0.42	0.77	1.50	1.75	2.04	2.36	6.96	0.8	27.6	3 561	1.63
Y	mg/kg	23.0	2.9	22.8	1.2	0.13	23.2	23.3	1.1	3.7	7.6	15.6	22.1	24.4	27.1	31.1	56.5	0.0	18.0	3 572	23.3
Zn	mg/kg	58.6	19.1	56.3	1.3	0.33	53.0	57.2	7.9	4.0	11.9	30.5	50.0	66.1	87.7	101.4	689.8	12.2	360.0	3 700	58.3
Zr	mg/kg	244	70	236	1	0.29	201	235	35	52	97	144	203	274	379	517	1 709	4.5	69.7	3 706	239
Al_2O_3	%	11.95	1.43	11.87	1.12	0.12	11.44	11.66	0.77	5.20	8.65	9.86	11.01	12.66	15.46	16.97	19.25	0.9	2.1	3 675	11.86
CaO	%	5.19	1.87	4.57	1.84	0.36	5.58	5.59	0.57	0.32	0.50	0.81	5.05	6.20	8.04	9.41	10.54	0.0	0.8	3 782	5.19
MgO	%	1.79	0.46	1.69	1.48	0.26	1.77	1.83	0.19	0.03	0.18	0.60	1.65	2.03	2.58	2.89	4.15	0.0	2.3	3 581	1.84
K_2O	%	2.36	0.34	2.34	1.13	0.15	2.16	2.26	0.12	1.58	2.00	2.06	2.16	2.43	3.37	3.98	6.12	3.1	16.4	3 441	2.28
Na_2O	%	1.94	0.37	1.91	1.22	0.19	1.91	1.94	0.18	0.66	0.88	1.23	1.74	2.11	2.85	3.35	4.68	0.9	4.5	3 628	1.92
SiO_2	%	62.26	4.79	62.07	1.08	0.08	62.62	62.66	2.37	45.37	47.69	52.16	59.70	64.68	72.59	80.48	86.65	0.2	2.6	3 687	62.17
TFe_2O_3	%	4.13	0.90	4.01	1.30	0.22	3.96	4.02	0.48	0.30	0.96	2.38	3.61	4.62	6.17	6.80	10.10	0.2	2.3	3 684	4.13
SOC	%	0.22	0.13	0.19	1.69	0.59	0.13	0.19	0.06	0.01	0.04	0.07	0.14	0.27	0.51	0.77	2.24	3.6	33.6	3 665	0.21
pH	无量纲						8.58	8.58	0.14	4.94	6.10	6.85	8.45	8.73	9.07	9.26	9.66				

表2.2.2A 山前倾斜平原表层土壤（0～20 cm）地球化学参数（n=3 420）

指标	单位	算术平均值 X_a	算术标准差 S_a	几何平均值 X_g	几何标准差 S_g	变异系数 CV	众值 X_{mo}	中位值 X_{me}	中位绝对离差 MAD	最小值 X_{min}	$X_{0.5\%}$	$X_{2.5\%}$	$X_{25\%}$	$X_{75\%}$	$X_{97.5\%}$	$X_{99.5\%}$	最大值 X_{max}	偏度系数 SK	峰度系数 BK	n'	背景值 X_a'
Ag	mg/kg	0.079	0.023	0.076	1.272	0.30	0.073	0.075	0.010	0.013	0.042	0.051	0.065	0.087	0.126	0.188	0.460	4.9	55.0	3 315	0.076
As	mg/kg	7.8	2.1	7.5	1.3	0.27	7.5	7.5	1.3	1.0	3.3	4.3	6.4	8.9	12.2	14.9	32.1	1.3	8.8	3 374	7.7
Au	μg/kg	1.7	1.5	1.5	1.5	0.89	1.3	1.5	0.3	0.4	0.6	0.8	1.2	1.8	3.7	8.2	46.5	15.7	368.1	3 268	1.5
B	mg/kg	45.5	9.4	44.4	1.3	0.21	48.0	45.7	5.7	2.2	17.9	26.0	40.0	51.3	63.3	72.0	114.0	0.1	2.2	3 369	45.6
Ba	mg/kg	593	178	581	1	0.30	524	558	51	324	441	460	516	623	966	1 301	5 735	14.9	394.7	3 172	563
Be	mg/kg	1.95	0.25	1.93	1.14	0.13	1.86	1.93	0.15	0.84	1.33	1.47	1.79	2.09	2.50	2.84	3.41	0.5	1.9	3 353	1.94
Bi	mg/kg	0.27	0.09	0.26	1.29	0.35	0.25	0.26	0.04	0.05	0.13	0.16	0.22	0.30	0.41	0.62	2.40	9.1	159.8	3 359	0.26
Br	mg/kg	4.9	2.2	4.4	1.6	0.46	3.2	4.1	1.4	0.7	1.4	2.0	3.1	6.5	9.9	11.9	19.2	1.0	1.0	3 384	4.8
TC	%	1.22	0.53	1.14	1.45	0.43	0.96	1.09	0.23	0.12	0.40	0.58	0.90	1.41	2.50	3.89	7.57	3.0	19.5	3 285	1.15
Cd	mg/kg	0.137	0.047	0.131	1.324	0.34	0.120	0.130	0.020	0.020	0.062	0.080	0.110	0.152	0.235	0.371	0.826	4.3	39.0	3 301	0.131
Ce	mg/kg	66.6	11.7	65.5	1.2	0.18	64.8	66.9	6.7	10.5	32.7	41.1	60.4	73.7	89.1	98.8	116.7	0.0	1.0	3 386	66.6
Cl	mg/kg	125	128	106	2	1.02	81	94	22	41	50	57	76	129	381	801	2 533	9.3	130.9	3 030	97
Co	mg/kg	11.8	2.7	11.5	1.3	0.23	11.1	11.6	1.5	1.3	5.5	6.6	10.3	13.2	17.9	20.3	32.1	0.6	2.5	3 379	11.7
Cr	mg/kg	64.2	12.8	62.9	1.2	0.20	63.7	64.5	6.7	3.7	30.3	39.4	57.1	70.7	90.0	108.6	193.1	1.1	9.6	3 354	63.8
Cu	mg/kg	24.2	6.8	23.3	1.3	0.28	21.4	23.5	3.3	5.7	9.4	12.9	20.4	27.0	38.7	56.7	100.1	2.3	15.3	3 341	23.6
F	mg/kg	514	98	504	1	0.19	519	517	60	143	257	321	453	573	712	804	999	0.1	0.7	3 396	513
Ga	mg/kg	15.6	1.8	15.4	1.1	0.12	14.6	15.4	1.0	7.9	10.8	11.9	14.4	16.6	19.7	21.7	23.8	0.5	1.4	3 368	15.5
Ge	mg/kg	1.32	0.15	1.31	1.12	0.12	1.30	1.31	0.10	0.68	0.94	1.04	1.21	1.42	1.62	1.75	2.83	0.4	3.2	3 395	1.32
Hg	mg/kg	0.059	0.126	0.046	1.737	2.16	0.036	0.043	0.012	0.003	0.013	0.020	0.033	0.058	0.167	0.449	5.005	25.9	876.1	3 134	0.044
I	mg/kg	1.80	0.49	1.74	1.30	0.27	1.73	1.76	0.29	0.42	0.72	0.99	1.48	2.07	2.80	3.37	8.82	2.1	22.0	3 376	1.78
La	mg/kg	34.3	5.5	33.9	1.2	0.16	34.8	34.5	2.9	6.9	18.1	22.4	31.6	37.4	45.4	49.5	60.0	0.0	1.2	3 386	34.4
Li	mg/kg	31.5	7.8	30.5	1.3	0.25	32.0	31.1	4.9	5.7	13.8	18.4	26.1	35.9	48.7	57.0	90.3	0.7	2.2	3 373	31.1
Mn	mg/kg	574	132	560	1	0.23	558	565	67	63	277	337	498	632	873	1 116	1 873	1.5	8.0	3 340	564
Mo	mg/kg	0.51	0.13	0.50	1.26	0.25	0.50	0.50	0.07	0.20	0.27	0.32	0.43	0.57	0.80	0.99	2.64	2.6	26.0	3 340	0.50
N	%	0.104	0.024	0.101	1.274	0.24	0.104	0.102	0.014	0.027	0.043	0.060	0.088	0.117	0.158	0.184	0.337	0.8	3.7	3 364	0.103
Nb	mg/kg	13.8	1.6	13.7	1.1	0.12	14.4	14.0	0.9	3.3	8.2	10.1	13.0	14.8	16.5	18.0	20.5	0.0	2.1	3 347	13.9
Ni	mg/kg	27.7	7.7	26.8	1.3	0.28	26.1	27.1	3.8	3.2	12.1	15.7	23.5	31.2	43.3	54.2	212.4	5.4	106.7	3 347	27.2

指标	单位	算术平均值 X_a	算术标准差 S_a	几何平均值 X_g	几何标准差 S_g	变异系数 CV	众值 X_{mo}	中位值 X_{me}	中位绝对离差 MAD	最小值 X_{min}	累积频率 $X_{0.5\%}$	$X_{2.5\%}$	$X_{25\%}$	$X_{75\%}$	$X_{97.5\%}$	$X_{99.5\%}$	最大值 X_{max}	偏度系数 SK	峰度系数 BK	n'	背景值 X_a'
P	mg/kg	945	287	905	1	0.30	804	907	174	107	390	515	747	1 100	1 589	1 985	3 517	1.4	6.0	3 358	927
Pb	mg/kg	24.8	4.7	24.4	1.2	0.19	22.8	24.0	2.3	12.8	16.7	18.5	22.0	26.7	34.8	45.9	82.5	3.3	26.1	3 321	24.3
Rb	mg/kg	97.6	10.3	97.1	1.1	0.11	97.9	97.0	6.2	44.1	70.2	79.1	91.0	103.5	120.1	133.6	145.2	0.4	1.6	3 367	97.3
S	mg/kg	232	112	219	1	0.48	196	212	34	73	111	134	182	253	445	881	3 305	10.0	198.6	3 263	216
Sb	mg/kg	0.64	0.18	0.62	1.28	0.28	0.55	0.61	0.09	0.18	0.35	0.40	0.53	0.71	1.08	1.42	2.61	2.5	13.3	3 288	0.62
Sc	mg/kg	10.1	2.0	9.9	1.2	0.20	10.4	10.2	1.1	0.8	4.3	5.9	9.0	11.2	14.2	16.4	17.8	0.0	1.2	3 370	10.1
Se	mg/kg	0.20	0.19	0.19	1.36	0.93	0.19	0.19	0.03	0.04	0.09	0.11	0.16	0.22	0.37	0.55	10.10	44.0	2 291.2	3 281	0.19
Sn	mg/kg	3.4	1.2	3.3	1.3	0.35	3.0	3.2	0.5	0.5	1.5	1.9	2.8	3.7	6.1	9.9	27.5	5.1	64.7	3 273	3.2
Sr	mg/kg	206	61	199	1	0.30	184	190	25	96	108	125	170	225	361	471	898	2.2	10.1	3 269	198
Th	mg/kg	11.1	2.1	10.9	1.2	0.19	11.2	11.2	1.3	1.5	5.1	7.2	9.8	12.4	15.2	17.2	30.5	0.4	4.2	3 384	11.1
Ti	mg/kg	3 842	545	3 798	1	0.14	3 856	3 894	249	343	1 988	2 539	3 621	4 126	4 836	5 270	6 920	0.0	2.8	3 336	3 867
Tl	mg/kg	0.58	0.07	0.58	1.12	0.12	0.55	0.58	0.04	0.34	0.41	0.45	0.54	0.62	0.72	0.75	1.68	1.3	19.7	3 405	0.58
U	mg/kg	2.22	0.39	2.19	1.20	0.17	2.18	2.23	0.24	0.43	1.18	1.43	1.99	2.46	2.99	3.35	4.11	0.0	0.8	3 388	2.22
V	mg/kg	74.5	13.6	73.2	1.2	0.18	72.0	74.4	7.7	6.8	37.2	46.5	67.0	82.2	103.5	115.0	127.7	0.0	1.2	3 377	74.4
W	mg/kg	1.59	0.38	1.55	1.25	0.24	1.71	1.59	0.18	0.40	0.66	0.95	1.40	1.76	2.19	2.47	11.80	7.6	182.4	3 376	1.58
Y	mg/kg	23.1	3.1	22.9	1.2	0.13	24.0	23.4	1.7	6.3	12.6	15.9	21.6	25.0	28.7	30.9	34.5	0.0	1.7	3 353	23.2
Zn	mg/kg	63.7	16.8	62.2	1.2	0.26	62.2	62.7	6.9	17.4	32.1	39.0	56.0	69.9	91.3	121.9	414.5	7.5	127.8	3 361	62.8
Zr	mg/kg	267	38	264	1	0.14	258	266	25	75	164	191	242	292	340	362	413	0.0	0.3	3 405	267
Al_2O_3	%	12.85	1.14	12.80	1.09	0.09	12.41	12.79	0.61	6.59	9.79	10.69	12.20	13.43	15.51	16.71	17.76	0.4	1.8	3 353	12.82
CaO	%	2.42	1.62	2.10	1.63	0.67	1.68	1.90	0.52	0.51	0.81	1.02	1.49	2.75	6.47	10.38	26.41	4.2	36.7	3 070	2.00
MgO	%	1.42	0.37	1.37	1.33	0.26	1.29	1.42	0.24	0.11	0.54	0.73	1.17	1.65	2.25	2.62	3.38	0.4	1.2	3 377	1.41
K_2O	%	2.37	0.21	2.36	1.09	0.09	2.32	2.34	0.11	1.07	1.79	2.01	2.24	2.46	2.90	3.21	3.71	1.0	4.8	3 287	2.35
Na_2O	%	1.91	0.40	1.87	1.25	0.21	1.72	1.87	0.23	0.64	0.90	1.09	1.67	2.15	2.78	3.18	4.02	0.4	1.0	3 391	1.90
SiO_2	%	64.74	3.98	64.61	1.07	0.06	63.81	64.92	2.22	28.50	51.25	56.03	62.67	67.12	72.20	74.46	80.76	0.0	5.5	3 369	64.90
TFe_2O_3	%	4.27	0.86	4.18	1.24	0.20	4.00	4.25	0.48	0.67	2.02	2.58	3.77	4.73	6.18	7.08	8.76	0.3	1.3	3 378	4.25
SOC	%	0.98	0.29	0.94	1.35	0.30	0.88	0.95	0.16	0.02	0.34	0.50	0.80	1.12	1.61	1.99	4.16	1.6	9.6	3 351	0.96
pH	无量纲						8.24	7.68	0.46	4.71	5.12	5.54	6.98	8.06	8.35	8.48	9.05				

表 2.2.2B　山前倾斜平原深层土壤（150~200 cm）地球化学参数（n=870）

指标	单位	算术平均值 X_a	算术标准差 S_a	几何平均值 X_g	几何标准差 S_g	变异系数 CV	众值 X_{mo}	中位值 X_{me}	中位绝对离差 MAD	最小值 X_{min}	累积频率 $X_{0.5\%}$	$X_{2.5\%}$	$X_{25\%}$	$X_{75\%}$	$X_{97.5\%}$	$X_{99.5\%}$	最大值 X_{max}	偏度系数 SK	峰度系数 BK	n'	基准值 X_a'
Ag	mg/kg	0.064	0.015	0.062	1.264	0.23	0.058	0.063	0.009	0.008	0.029	0.040	0.054	0.072	0.095	0.120	0.159	1.0	4.2	852	0.063
As	mg/kg	8.8	3.0	8.4	1.4	0.34	7.2	8.4	1.7	2.8	3.5	4.5	6.8	10.4	15.3	19.3	33.2	1.9	9.7	850	8.5
Au	μg/kg	1.7	1.6	1.6	1.4	0.91	1.5	1.5	0.3	0.3	0.7	0.9	1.3	1.8	2.7	16.6	25.1	10.9	135.0	841	1.5
B	mg/kg	42.3	9.2	41.1	1.3	0.22	41.7	42.5	5.6	9.2	13.9	23.0	37.2	48.5	59.8	64.8	77.6	0.0	0.7	860	42.5
Ba	mg/kg	604	156	589	1	0.26	500	562	64	354	401	442	513	643	1067	1402	1871	3.2	16.4	827	577
Be	mg/kg	2.03	0.29	2.01	1.16	0.14	1.88	2.01	0.19	1.00	1.38	1.53	1.84	2.22	2.66	2.94	3.51	0.4	0.9	862	2.03
Bi	mg/kg	0.25	0.07	0.24	1.33	0.27	0.24	0.24	0.04	0.05	0.08	0.13	0.20	0.28	0.39	0.44	0.70	0.7	2.9	863	0.24
Br	mg/kg	3.6	1.7	3.2	1.6	0.47	2.9	3.3	1.0	0.3	0.7	1.1	2.5	4.4	7.8	9.9	11.9	1.2	2.1	846	3.4
TC	%	0.78	0.60	0.59	2.16	0.77	0.32	0.61	0.32	0.03	0.08	0.14	0.34	1.10	2.09	2.55	6.59	2.2	12.0	864	0.76
Cd	mg/kg	0.089	0.029	0.084	1.375	0.33	0.090	0.085	0.015	0.023	0.032	0.044	0.070	0.101	0.155	0.200	0.278	1.3	4.0	848	0.086
Ce	mg/kg	68.2	13.6	66.8	1.2	0.20	65.1	67.3	8.4	23.9	32.7	43.6	59.3	76.3	96.7	109.4	148.4	0.5	1.6	860	68.0
Cl	mg/kg	107	117	88	2	1.10	64	78	20	33	37	44	61	113	310	610	2473	11.5	205.1	750	79
Co	mg/kg	13.0	3.6	12.6	1.3	0.27	10.8	12.7	1.9	3.0	5.0	6.8	10.9	14.8	20.0	27.1	45.1	1.7	10.7	853	12.8
Cr	mg/kg	65.8	12.1	64.5	1.2	0.18	59.8	66.2	6.4	17.8	24.6	39.6	59.4	72.5	89.8	103.3	122.4	0.0	2.0	849	66.0
Cu	mg/kg	22.8	6.3	21.9	1.3	0.28	20.5	22.4	3.7	5.7	7.2	10.9	18.9	26.2	35.9	43.1	67.1	0.7	3.4	860	22.5
F	mg/kg	521	108	509	1	0.21	493	518	61	209	235	314	458	580	746	872	1020	0.4	1.7	858	517
Ga	mg/kg	16.3	2.4	16.1	1.2	0.15	16.6	16.3	1.7	9.3	10.4	11.8	14.6	17.9	21.3	23.6	26.5	0.3	0.5	865	16.3
Ge	mg/kg	1.29	0.16	1.28	1.13	0.12	1.20	1.30	0.10	0.69	0.94	1.02	1.20	1.40	1.61	1.74	1.84	0.2	0.2	864	1.29
Hg	mg/kg	0.022	0.038	0.018	1.649	1.71	0.013	0.018	0.005	0.004	0.005	0.008	0.013	0.023	0.060	0.117	0.978	20.0	486.3	818	0.018
I	mg/kg	1.88	0.69	1.77	1.41	0.37	1.69	1.80	0.38	0.60	0.67	0.87	1.43	2.20	3.42	4.41	9.56	2.5	18.8	849	1.82
La	mg/kg	34.9	6.2	34.4	1.2	0.18	34.2	34.9	3.7	13.1	16.5	23.2	31.3	38.6	47.5	55.0	58.7	0.1	1.0	855	34.9
Li	mg/kg	33.7	8.5	32.6	1.3	0.25	33.7	33.1	5.0	10.2	15.2	18.5	28.1	37.9	53.0	64.8	79.9	0.8	2.5	851	33.1
Mn	mg/kg	691	404	640	1	0.59	549	619	111	170	297	349	521	751	1427	2631	8250	9.5	151.5	819	627
Mo	mg/kg	0.51	0.19	0.49	1.35	0.37	0.40	0.48	0.08	0.20	0.22	0.29	0.40	0.57	0.93	1.33	3.24	4.7	53.7	834	0.48
N	%	0.040	0.014	0.038	1.349	0.36	0.040	0.037	0.007	0.020	0.022	0.023	0.030	0.044	0.080	0.108	0.147	2.4	9.2	829	0.037
Nb	mg/kg	13.6	1.8	13.5	1.2	0.13	14.0	13.8	1.2	5.8	7.5	9.6	12.5	14.9	16.8	17.7	18.4	0.0	0.9	857	13.7
Ni	mg/kg	29.7	7.9	28.7	1.3	0.27	26.2	28.9	4.2	7.4	11.9	16.1	25.1	33.6	45.8	58.5	106.2	1.7	12.1	854	29.2

指标	单位	算术平均值 X_a	算术标准差 S_a	几何平均值 X_g	几何标准差 S_g	变异系数 CV	众值 X_{mo}	中位值 X_{me}	中位绝对离差 MAD	最小值 X_{min}	累积频率 $X_{0.5\%}$	$X_{2.5\%}$	$X_{25\%}$	$X_{75\%}$	$X_{97.5\%}$	$X_{99.5\%}$	最大值 X_{max}	偏度系数 SK	峰度系数 BK	n'	基准值 X_a'
P	mg/kg	473	175	447	1	0.37	414	448	75	145	181	231	378	533	888	1 347	1 898	2.7	14.9	841	450
Pb	mg/kg	21.6	4.3	21.3	1.2	0.20	20.1	21.1	2.1	12.0	14.0	15.7	19.1	23.4	30.7	36.8	81.3	4.1	45.9	850	21.3
Rb	mg/kg	98.4	12.4	97.6	1.1	0.13	98.0	97.8	8.6	42.0	72.7	77.3	89.2	106.4	122.5	135.8	157.1	0.3	0.9	860	98.1
S	mg/kg	126	55	119	1	0.43	114	114	22	58	62	70	95	137	263	449	721	3.8	25.8	809	115
Sb	mg/kg	0.74	0.20	0.71	1.31	0.27	0.69	0.72	0.13	0.31	0.32	0.40	0.60	0.85	1.15	1.39	1.74	0.7	1.5	859	0.73
Sc	mg/kg	10.8	2.2	10.6	1.3	0.21	10.4	10.9	1.4	2.5	4.3	6.4	9.4	12.3	15.1	16.4	17.7	0.0	0.3	863	10.8
Se	mg/kg	0.09	0.03	0.08	1.38	0.37	0.08	0.08	0.02	0.03	0.04	0.05	0.07	0.10	0.16	0.22	0.39	2.7	17.7	851	0.09
Sn	mg/kg	2.6	0.7	2.5	1.3	0.27	2.7	2.6	0.3	0.7	1.4	1.7	2.2	2.9	3.8	4.9	13.6	5.2	73.1	857	2.6
Sr	mg/kg	204	64	196	1	0.31	204	192	30	94	105	121	164	228	370	482	738	2.2	9.5	830	194
Th	mg/kg	11.4	2.2	11.1	1.2	0.20	10.9	11.4	1.5	3.5	5.2	7.1	10.0	12.9	15.7	17.3	21.5	0.1	0.9	864	11.4
Ti	mg/kg	3 787	590	3 735	1	0.16	4 017	3 831	342	1 130	1 782	2 441	3 475	4 158	4 812	5 129	5 660	0.0	1.3	858	3 811
Tl	mg/kg	0.61	0.08	0.60	1.14	0.13	0.56	0.60	0.05	0.35	0.43	0.47	0.56	0.65	0.77	0.89	0.90	0.6	1.4	850	0.60
U	mg/kg	2.14	0.41	2.10	1.22	0.19	2.21	2.12	0.25	0.82	1.09	1.35	1.89	2.38	2.98	3.64	4.29	0.5	2.2	855	2.12
V	mg/kg	78.6	15.2	77.0	1.2	0.19	78.0	78.0	9.5	21.9	32.5	47.7	69.2	88.3	109.5	118.9	133.5	0.0	0.7	861	78.7
W	mg/kg	1.62	0.34	1.58	1.25	0.21	1.59	1.62	0.22	0.51	0.72	0.94	1.41	1.84	2.27	2.45	3.16	0.0	0.6	865	1.62
Y	mg/kg	23.1	3.2	22.8	1.2	0.14	23.9	23.5	1.9	10.2	12.8	15.3	21.3	25.2	28.6	30.3	35.2	0.0	1.1	855	23.2
Zn	mg/kg	57.2	12.8	55.7	1.3	0.22	59.5	57.0	7.9	15.2	24.3	32.7	49.2	64.9	83.1	96.3	131.1	0.3	1.6	861	56.9
Zr	mg/kg	246	45	242	1	0.18	227	241	25	110	145	170	217	269	341	379	526	0.9	3.0	860	244
Al_2O_3	%	13.32	1.54	13.22	1.13	0.12	13.79	13.42	1.05	6.73	9.40	10.31	12.32	14.41	16.10	16.92	18.60	0.0	0.0	867	13.32
CaO	%	3.39	2.40	2.76	1.87	0.71	1.45	2.57	1.12	0.65	0.86	1.02	1.67	4.53	8.65	11.20	29.47	2.5	16.7	863	3.29
MgO	%	1.49	0.37	1.45	1.29	0.25	1.53	1.47	0.21	0.41	0.53	0.80	1.28	1.69	2.32	2.98	3.32	0.8	2.8	845	1.47
K_2O	%	2.33	0.24	2.32	1.11	0.10	2.24	2.31	0.13	0.87	1.70	1.95	2.18	2.45	2.82	3.37	3.59	0.7	5.1	846	2.32
Na_2O	%	1.83	0.42	1.78	1.27	0.23	1.68	1.76	0.22	0.61	0.76	1.01	1.60	2.06	2.80	3.10	3.79	0.5	1.3	860	1.82
SiO_2	%	62.30	4.78	62.10	1.08	0.08	57.65	62.73	2.99	25.46	50.07	53.18	59.28	65.24	71.71	75.41	76.71	0.0	4.3	863	62.32
TFe_2O_3	%	4.51	0.95	4.41	1.25	0.21	4.30	4.50	0.56	1.28	2.02	2.60	3.94	5.06	6.42	7.37	7.86	0.1	0.6	860	4.50
SOC	%	0.28	0.16	0.24	1.71	0.58	0.17	0.25	0.08	0.03	0.05	0.08	0.17	0.33	0.73	1.08	1.40	2.2	8.2	830	0.26
pH	无量纲						8.38	8.28	0.19	5.93	7.07	7.41	8.08	8.46	8.85	9.10	9.39				

表 2.2.3A 山间平原表层土壤（0～20 cm）地球化学参数（n = 7 825）

指标	单位	算术平均值 X_a	算术标准差 S_a	几何平均值 X_g	几何标准差 S_g	变异系数 CV	众值 X_{mo}	中位值 X_{me}	中位绝对离差 MAD	最小值 X_{min}	累积频率						最大值 X_{max}	偏度系数 SK	峰度系数 BK	背景值	
											$X_{0.5\%}$	$X_{2.5\%}$	$X_{25\%}$	$X_{75\%}$	$X_{97.5\%}$	$X_{99.5\%}$				n'	X_a'
Ag	mg/kg	0.077	0.041	0.073	1.336	0.53	0.072	0.072	0.011	0.008	0.038	0.045	0.062	0.083	0.137	0.254	1.770	17.1	529.5	7 474	0.072
As	mg/kg	7.6	2.9	7.2	1.4	0.38	6.7	7.3	1.6	1.8	2.7	3.6	5.8	9.0	12.8	17.2	98.1	6.4	159.4	7 720	7.4
Au	μg/kg	1.8	5.4	1.4	1.6	2.96	1.3	1.4	0.3	0.4	0.6	0.7	1.1	1.7	4.1	16.4	327.1	38.4	1 991.6	7 362	1.4
B	mg/kg	38.1	12.6	35.9	1.4	0.33	37.4	36.8	7.2	1.4	10.3	15.9	30.2	44.8	65.7	79.8	115.5	0.7	1.5	7 728	37.5
Ba	mg/kg	733	307	697	1	0.42	598	654	103	342	429	472	569	804	1 410	2 055	8 832	7.7	130.2	7 385	683
Be	mg/kg	1.88	0.29	1.86	1.16	0.15	1.87	1.86	0.19	0.83	1.27	1.38	1.68	2.05	2.53	2.80	3.68	0.6	0.9	7 752	1.87
Bi	mg/kg	0.26	0.15	0.24	1.38	0.59	0.20	0.23	0.04	0.06	0.12	0.14	0.20	0.29	0.48	0.82	6.20	17.8	566.7	7 556	0.24
Br	mg/kg	3.8	1.4	3.6	1.4	0.36	3.0	3.5	0.8	0.7	1.5	1.9	2.9	4.5	7.1	8.8	20.3	1.4	5.2	7 667	3.7
TC	%	1.01	0.46	0.94	1.45	0.46	0.78	0.91	0.20	0.18	0.40	0.49	0.73	1.16	2.18	3.17	7.81	3.5	25.8	7 428	0.93
Cd	mg/kg	0.144	0.909	0.121	1.471	6.33	0.100	0.116	0.024	0.027	0.056	0.066	0.095	0.146	0.274	0.543	79.750	85.8	7 510.3	7 442	0.119
Ce	mg/kg	65.2	17.6	63.3	1.3	0.27	57.5	63.7	9.0	12.6	33.5	39.3	55.0	73.0	101.9	133.8	656.3	6.1	169.1	7 653	63.9
Cl	mg/kg	100	96	88	2	0.97	70	81	19	31	42	47	65	108	261	454	5 065	23.8	1 016.5	7 152	84
Co	mg/kg	11.7	3.5	11.3	1.3	0.30	11.4	11.4	2.1	2.7	5.4	6.5	9.3	13.5	19.6	26.0	50.1	1.6	7.4	7 666	11.5
Cr	mg/kg	62.9	22.8	59.8	1.4	0.36	55.4	60.3	10.7	12.8	25.5	31.9	49.9	71.3	116.7	171.2	469.5	3.8	39.3	7 534	60.0
Cu	mg/kg	22.6	11.4	21.0	1.4	0.51	18.5	20.8	4.5	3.0	8.6	11.0	16.7	26.0	45.8	71.5	472.8	12.0	371.3	7 512	21.2
F	mg/kg	463	117	450	1	0.25	435	450	71	168	230	281	383	526	726	911	1 485	1.2	3.8	7 684	456
Ga	mg/kg	15.6	2.0	15.4	1.1	0.13	15.9	15.6	1.3	6.0	10.4	11.5	14.3	16.8	19.5	21.5	27.4	0.1	0.7	7 772	15.5
Ge	mg/kg	1.31	0.17	1.30	1.14	0.13	1.27	1.30	0.11	0.54	0.92	1.02	1.20	1.42	1.67	1.86	3.92	1.0	9.7	7 731	1.31
Hg	mg/kg	0.048	0.144	0.036	1.765	3.02	0.025	0.032	0.008	0.006	0.012	0.016	0.025	0.044	0.143	0.478	7.729	35.2	1 558.9	7 077	0.033
I	mg/kg	2.00	0.63	1.91	1.35	0.31	1.95	1.94	0.36	0.43	0.79	1.04	1.59	2.32	3.47	4.34	9.51	1.6	8.5	7 658	1.96
La	mg/kg	33.7	9.9	32.7	1.3	0.29	32.8	32.8	4.3	7.0	17.7	20.9	28.6	37.2	53.5	70.3	502.2	15.1	660.7	7 581	32.7
Li	mg/kg	27.4	7.9	26.3	1.3	0.29	25.0	26.4	5.2	6.5	12.1	14.6	21.8	32.3	45.1	54.8	87.0	0.8	1.3	7 738	27.1
Mn	mg/kg	594	170	574	1	0.29	519	571	89	169	310	352	487	666	996	1 323	2 567	2.1	10.6	7 594	577
Mo	mg/kg	0.58	0.47	0.54	1.37	0.82	0.51	0.53	0.09	0.21	0.27	0.32	0.44	0.63	1.08	1.80	33.91	48.2	3 278.2	7 487	0.53
N	%	0.093	0.023	0.090	1.286	0.25	0.089	0.090	0.015	0.016	0.045	0.055	0.077	0.106	0.146	0.173	0.292	0.8	2.0	7 724	0.092
Nb	mg/kg	13.3	2.0	13.2	1.2	0.15	12.7	13.2	1.3	3.4	8.4	9.6	12.0	14.5	17.4	20.5	29.8	0.7	3.0	7 714	13.2
Ni	mg/kg	27.2	12.1	25.6	1.4	0.45	23.2	25.6	5.5	5.9	10.3	13.3	20.6	31.7	49.1	82.9	413.3	9.0	217.5	7 607	26.0

指标	单位	算术平均值 X_a	算术标准差 S_a	几何平均值 X_g	几何标准差 S_g	变异系数 CV	众值 X_{mo}	中位值 X_{me}	中位绝对离差 MAD	最小值 X_{min}	累积频率 $X_{0.5\%}$	$X_{2.5\%}$	$X_{25\%}$	$X_{75\%}$	$X_{97.5\%}$	$X_{99.5\%}$	最大值 X_{max}	偏度系数 SK	峰度系数 BK	n'	背景值 X_a'
P	mg/kg	723	223	692	1	0.31	680	690	129	143	320	390	570	836	1 240	1 619	3 340	1.5	6.4	7 660	706
Pb	mg/kg	26.5	12.9	25.5	1.3	0.49	22.6	24.6	2.8	9.7	16.1	18.0	22.2	28.0	45.2	79.2	488.9	17.8	504.0	7 413	24.9
Rb	mg/kg	93.8	13.2	92.9	1.1	0.14	92.8	92.8	7.6	40.9	62.4	69.6	85.7	101.0	123.1	140.0	182.0	0.7	2.1	7 711	93.3
S	mg/kg	221	153	203	1	0.69	181	196	37	11	102	119	163	239	483	945	7435	18.4	689.8	7 323	198
Sb	mg/kg	0.65	0.37	0.62	1.33	0.56	0.55	0.61	0.10	0.22	0.32	0.37	0.52	0.73	1.07	1.69	18.60	27.5	1 181.6	7 643	0.63
Sc	mg/kg	9.3	2.3	9.0	1.3	0.25	8.2	9.1	1.5	2.1	4.4	5.3	7.6	10.7	14.1	16.6	25.5	0.6	1.3	7 764	9.2
Se	mg/kg	0.19	0.11	0.17	1.38	0.60	0.14	0.17	0.03	0.04	0.09	0.11	0.14	0.20	0.40	0.66	5.23	19.4	736.5	7 312	0.17
Sn	mg/kg	2.8	1.0	2.7	1.3	0.35	2.5	2.7	0.4	0.6	1.4	1.7	2.3	3.2	4.9	7.4	25.0	5.5	79.4	7 582	2.7
Sr	mg/kg	216	83	205	1	0.39	166	201	41	59	94	116	164	250	405	558	2 978	6.4	162.9	7 575	207
Th	mg/kg	10.6	2.9	10.3	1.3	0.28	9.6	10.2	1.5	2.4	5.5	6.5	8.8	11.9	17.0	24.2	54.3	2.7	20.3	7 621	10.3
Ti	mg/kg	3 625	650	3 568	1	0.18	3 532	3 616	412	946	2 042	2 434	3 201	4 023	4 842	6 122	9 565	0.9	4.8	7 712	3 597
Tl	mg/kg	0.58	0.10	0.58	1.17	0.17	0.55	0.58	0.05	0.30	0.39	0.43	0.53	0.63	0.79	0.91	4.69	9.1	339.5	7 671	0.58
U	mg/kg	2.02	0.44	1.97	1.24	0.22	1.71	1.98	0.26	0.51	1.11	1.29	1.72	2.25	2.96	3.62	7.15	1.4	8.1	7 699	1.99
V	mg/kg	72.7	16.8	70.8	1.3	0.23	67.0	71.7	11.0	18.7	35.8	43.2	61.0	83.1	108.4	128.0	175.1	0.6	1.2	7 754	72.1
W	mg/kg	1.39	0.49	1.33	1.34	0.35	1.26	1.33	0.24	0.40	0.56	0.72	1.12	1.62	2.19	2.91	21.49	11.1	381.2	7 749	1.37
Y	mg/kg	22.0	3.4	21.7	1.2	0.16	22.6	21.9	2.2	4.3	12.7	15.3	19.8	24.2	28.6	31.6	48.3	0.1	1.3	7 764	22.0
Zn	mg/kg	57.7	20.1	55.2	1.3	0.35	48.5	55.2	10.2	11.6	26.6	31.8	45.8	66.3	98.2	148.9	504.9	4.6	60.2	7 625	55.8
Zr	mg/kg	287	51	282	1	0.18	266	281	29	68	176	204	254	313	406	468	669	0.8	2.0	7 709	284
Al$_2$O$_3$	%	12.92	1.18	12.87	1.10	0.09	13.48	12.92	0.72	7.69	9.32	10.47	12.22	13.66	15.31	16.18	18.77	0.0	1.0	7 728	12.94
CaO	%	1.80	1.05	1.61	1.57	0.58	1.26	1.51	0.39	0.37	0.60	0.75	1.18	2.05	4.73	7.07	11.97	2.8	12.2	7 195	1.56
MgO	%	1.19	0.43	1.12	1.42	0.37	1.09	1.13	0.23	0.26	0.40	0.53	0.92	1.38	2.25	2.98	5.52	1.7	7.6	7 601	1.14
K$_2$O	%	2.48	0.37	2.46	1.15	0.15	2.25	2.41	0.20	0.86	1.73	1.92	2.24	2.66	3.41	3.78	4.28	1.0	1.5	7 632	2.46
Na$_2$O	%	2.03	0.52	1.97	1.31	0.26	1.68	1.94	0.35	0.23	0.86	1.07	1.66	2.41	3.10	3.45	5.67	0.4	0.1	7 809	2.03
SiO$_2$	%	66.60	4.35	66.46	1.07	0.07	66.27	66.70	2.84	44.19	53.97	58.03	63.74	69.43	75.08	78.11	83.96	0.0	0.5	7 761	66.64
TFe$_2$O$_3$	%	4.04	0.95	3.93	1.27	0.24	3.65	3.96	0.62	1.11	2.04	2.44	3.36	4.62	6.09	7.27	9.99	0.7	1.4	7 742	4.00
SOC	%	0.90	0.35	0.85	1.39	0.39	0.84	0.84	0.16	0.05	0.35	0.46	0.70	1.02	1.68	2.60	7.30	3.7	35.4	7 561	0.86
pH	无量纲						7.50	7.07	0.72	4.61	4.80	5.07	6.16	7.68	8.21	8.34	9.47				

表 2.2.3B 山间平原深层土壤（150~200 cm）地球化学参数（n=1 964）

指标	单位	算术平均值 X_a	算术标准差 S_a	几何平均值 X_g	几何标准差 S_g	变异系数 CV	众值 X_{mo}	中位值 X_{me}	中位绝对离差 MAD	最小值 X_{min}	累积频率 $X_{0.5\%}$	$X_{2.5\%}$	$X_{25\%}$	$X_{75\%}$	$X_{97.5\%}$	$X_{99.5\%}$	最大值 X_{max}	偏度系数 SK	峰度系数 BK	n'	基准值 X_a'
Ag	mg/kg	0.068	0.082	0.063	1.338	1.21	0.061	0.062	0.009	0.022	0.032	0.038	0.053	0.072	0.106	0.192	3.328	33.9	1 314.5	1 911	0.063
As	mg/kg	8.7	4.2	8.0	1.5	0.49	8.1	8.3	1.8	1.1	2.3	3.2	6.5	10.2	16.0	22.9	71.3	6.1	73.6	1 922	8.3
Au	μg/kg	1.7	1.8	1.5	1.4	1.09	1.3	1.5	0.3	0.6	0.7	0.9	1.3	1.8	2.8	5.5	72.6	31.7	1 189.5	1 921	1.6
B	mg/kg	35.6	12.4	33.1	1.5	0.35	40.3	34.6	7.6	3.1	6.2	11.9	27.6	42.7	61.7	71.8	110.0	0.5	1.2	1 951	35.3
Ba	mg/kg	737	247	706	1	0.34	592	663	105	320	431	477	575	820	1 386	1 879	2 831	2.3	8.6	1 825	686
Be	mg/kg	2.01	0.35	1.98	1.18	0.17	2.01	1.99	0.22	1.09	1.33	1.42	1.77	2.20	2.71	3.10	6.95	1.9	20.6	1 941	1.99
Bi	mg/kg	0.23	0.08	0.22	1.36	0.34	0.20	0.23	0.04	0.04	0.08	0.11	0.19	0.27	0.37	0.46	1.54	4.4	58.1	1 942	0.23
Br	mg/kg	3.7	1.8	3.3	1.6	0.49	3.3	3.3	0.9	0.4	0.8	1.2	2.5	4.4	8.1	10.0	21.1	1.6	6.2	1 908	3.5
TC	%	0.58	0.44	0.47	1.86	0.75	0.29	0.43	0.16	0.08	0.12	0.18	0.30	0.70	1.78	2.35	4.85	2.3	8.4	1 760	0.46
Cd	mg/kg	0.085	0.049	0.079	1.443	0.57	0.064	0.079	0.017	0.007	0.028	0.039	0.063	0.099	0.160	0.227	1.568	16.4	461.4	1 906	0.081
Ce	mg/kg	72.6	20.9	70.0	1.3	0.29	70.0	70.0	10.5	16.9	34.8	41.0	60.0	81.2	118.8	175.6	232.8	1.9	8.7	1 923	70.9
Cl	mg/kg	75	115	66	1	1.54	60	62	12	27	33	37	52	78	159	314	4 214	26.5	881.8	1 847	64
Co	mg/kg	15.0	6.0	14.0	1.4	0.40	13.1	13.8	2.9	3.9	5.3	7.0	11.3	17.3	29.7	41.4	83.4	2.3	13.1	1 894	14.3
Cr	mg/kg	68.0	24.7	64.4	1.4	0.36	65.4	65.5	11.3	14.2	22.3	32.3	54.1	76.3	131.1	191.8	279.1	2.6	13.5	1 881	64.4
Cu	mg/kg	21.7	9.2	20.5	1.4	0.43	15.8	20.8	4.4	3.6	7.4	10.5	16.6	25.3	37.4	55.5	231.7	8.7	166.1	1 925	21.0
F	mg/kg	503	152	485	1	0.30	470	483	72	189	246	309	413	556	838	1 297	2 198	3.0	20.8	1 904	486
Ga	mg/kg	16.6	2.3	16.4	1.2	0.14	16.5	16.8	1.5	10.3	11.0	11.8	15.2	18.1	20.9	23.0	28.0	0.0	0.4	1 956	16.6
Ge	mg/kg	1.35	0.21	1.33	1.16	0.15	1.37	1.34	0.14	0.77	0.90	0.99	1.20	1.48	1.77	1.92	2.78	0.5	1.4	1 957	1.35
Hg	mg/kg	0.021	0.049	0.016	1.681	2.39	0.012	0.015	0.004	0.003	0.006	0.007	0.012	0.019	0.053	0.253	1.345	18.7	423.4	1 823	0.015
I	mg/kg	2.19	0.79	2.06	1.41	0.36	1.72	2.04	0.45	0.42	0.85	1.04	1.64	2.57	4.18	5.22	6.46	1.3	2.7	1 911	2.12
La	mg/kg	35.6	9.9	34.5	1.3	0.28	30.9	34.7	4.8	6.5	17.3	21.4	29.9	39.3	56.2	85.9	140.1	2.8	18.9	1 917	34.7
Li	mg/kg	30.8	8.7	29.6	1.3	0.28	23.6	30.1	5.6	7.9	13.3	16.8	24.5	35.8	49.0	57.4	108.3	1.3	6.8	1 948	30.5
Mn	mg/kg	853	535	752	2	0.63	584	695	181	184	296	351	558	956	2 247	3 594	8 225	3.6	26.6	1 776	720
Mo	mg/kg	0.57	0.28	0.53	1.42	0.49	0.43	0.52	0.10	0.20	0.24	0.28	0.42	0.63	1.15	2.13	3.77	4.9	40.7	1 873	0.52
N	%	0.039	0.012	0.038	1.307	0.30	0.040	0.038	0.006	0.020	0.023	0.024	0.032	0.043	0.070	0.090	0.100	1.5	3.6	1 891	0.038
Nb	mg/kg	13.4	2.2	13.2	1.2	0.16	13.9	13.3	1.4	6.0	8.4	9.6	12.0	14.7	17.7	22.0	28.6	0.9	3.9	1 936	13.3
Ni	mg/kg	32.0	12.9	30.0	1.4	0.40	29.5	30.3	6.3	7.3	10.2	14.9	24.2	36.8	63.0	91.0	176.6	2.9	20.2	1 890	30.2

指标	单位	算术平均值 X_a	算术标准差 S_a	几何平均值 X_g	几何标准差 S_g	变异系数 CV	众值 X_{mo}	中位值 X_{me}	中位绝对离差 MAD	最小值 X_{min}	累积频率 $X_{0.5\%}$	$X_{2.5\%}$	$X_{25\%}$	$X_{75\%}$	$X_{97.5\%}$	$X_{99.5\%}$	最大值 X_{max}	偏度系数 SK	峰度系数 BK	n'	基准值 X_a'
P	mg/kg	397	182	367	1	0.46	309	358	90	105	150	191	278	463	862	1 292	2 111	2.6	12.7	1 879	370
Pb	mg/kg	23.8	7.4	23.1	1.3	0.31	22.0	22.6	2.9	10.1	13.2	15.7	20.0	25.9	39.3	51.5	164.5	6.5	93.3	1 886	22.9
Rb	mg/kg	96.1	15.4	94.8	1.2	0.16	90.8	95.6	9.7	40.4	56.3	69.5	85.5	104.9	129.8	143.7	189.6	0.5	1.6	1 944	95.7
S	mg/kg	118	61	111	1	0.52	121	107	19	48	58	68	90	130	236	462	1 354	8.3	122.4	1 870	109
Sb	mg/kg	0.81	0.87	0.74	1.43	1.08	0.69	0.75	0.16	0.21	0.28	0.37	0.60	0.92	1.48	2.06	36.83	36.0	1 479.4	1 904	0.76
Sc	mg/kg	10.3	2.5	10.0	1.3	0.24	10.6	10.3	1.6	2.7	4.4	5.8	8.6	11.9	15.2	18.4	23.0	0.4	1.0	1 945	10.2
Se	mg/kg	0.10	0.04	0.09	1.43	0.40	0.09	0.09	0.02	0.03	0.04	0.05	0.08	0.12	0.20	0.29	0.50	2.5	14.7	1 897	0.10
Sn	mg/kg	2.5	0.6	2.4	1.3	0.26	2.5	2.4	0.4	1.2	1.3	1.5	2.1	2.8	3.8	4.7	12.0	3.0	31.1	1 931	2.4
Sr	mg/kg	207	82	195	1	0.39	174	188	41	70	90	107	155	242	408	588	871	2.4	10.5	1 893	197
Th	mg/kg	11.1	3.2	10.7	1.3	0.29	10.8	10.7	1.5	3.5	5.5	6.5	9.3	12.3	18.9	25.6	42.9	2.7	16.3	1 901	10.7
Ti	mg/kg	3 738	714	3 672	1	0.19	3 587	3 737	424	1 681	2 044	2 432	3 293	4 147	5 074	6 646	8 964	0.9	4.9	1 937	3 706
Tl	mg/kg	0.60	0.10	0.60	1.17	0.16	0.58	0.59	0.05	0.31	0.37	0.44	0.54	0.65	0.82	0.95	1.61	1.7	11.5	1 919	0.60
U	mg/kg	2.00	0.43	1.95	1.24	0.22	1.96	1.99	0.26	0.66	0.96	1.19	1.73	2.24	2.90	3.49	6.29	1.0	6.5	1 935	1.98
V	mg/kg	81.5	18.9	79.2	1.3	0.23	79.0	81.5	12.2	24.5	36.0	45.5	69.0	93.2	119.0	133.0	190.5	0.3	1.3	1 952	81.1
W	mg/kg	1.47	0.46	1.41	1.32	0.32	1.41	1.45	0.26	0.36	0.57	0.76	1.20	1.72	2.17	2.69	12.68	7.7	178.8	1 948	1.45
Y	mg/kg	22.9	3.7	22.6	1.2	0.16	24.2	22.8	2.3	10.0	13.3	16.0	20.5	25.0	30.1	34.5	59.9	1.0	7.8	1 940	22.8
Zn	mg/kg	55.2	18.5	53.1	1.3	0.33	52.5	54.5	9.2	18.3	25.9	30.7	44.9	63.2	82.7	127.4	512.7	8.8	196.0	1 932	54.0
Zr	mg/kg	258	44	254	1	0.17	250	255	26	112	158	181	230	282	352	399	632	0.9	4.1	1 937	256
Al_2O_3	%	13.82	1.41	13.75	1.11	0.10	14.39	13.96	0.83	9.53	10.11	10.62	13.05	14.72	16.51	17.43	20.00	0.0	0.5	1 957	13.81
CaO	%	2.43	1.82	1.98	1.83	0.75	1.12	1.73	0.58	0.42	0.63	0.79	1.27	2.88	7.85	9.64	13.04	2.0	4.1	1 706	1.83
MgO	%	1.36	0.51	1.29	1.39	0.37	1.27	1.29	0.23	0.28	0.43	0.65	1.09	1.55	2.46	3.55	8.02	3.5	29.5	1 909	1.31
K_2O	%	2.41	0.38	2.38	1.17	0.16	2.37	2.37	0.21	0.98	1.57	1.80	2.17	2.59	3.36	3.62	4.46	0.8	1.6	1 912	2.39
Na_2O	%	1.91	0.53	1.84	1.33	0.28	1.60	1.81	0.30	0.11	0.71	0.99	1.58	2.22	3.12	3.53	4.00	0.6	0.6	1 941	1.89
SiO_2	%	63.46	4.10	63.32	1.07	0.07	63.92	63.58	2.55	46.34	51.17	54.80	61.02	66.09	71.17	73.37	76.84	0.0	0.6	1 945	63.56
TFe_2O_3	%	4.56	1.07	4.43	1.27	0.24	4.17	4.54	0.69	1.61	2.21	2.63	3.84	5.23	6.77	7.75	10.80	0.4	0.9	1 949	4.53
SOC	%	0.31	0.14	0.29	1.51	0.45	0.24	0.29	0.07	0.04	0.09	0.13	0.22	0.37	0.64	0.96	1.62	2.2	10.6	1 899	0.29
pH	无量纲						8.21	8.00	0.31	5.25	5.79	6.44	7.50	8.24	8.55	8.76	8.95				

表 2.2.4A 三角洲平原表层土壤（0~20 cm）地球化学参数（n=1 838）

指标	单位	算术平均值 X_a	算术标准差 S_a	几何平均值 X_g	几何标准差 S_g	变异系数 CV	众值 X_{mo}	中位值 X_{me}	中位绝对差 MAD	最小值 X_{min}	$X_{0.5\%}$	$X_{2.5\%}$	$X_{25\%}$	$X_{75\%}$	$X_{97.5\%}$	$X_{99.5\%}$	最大值 X_{max}	偏度系数 SK	峰度系数 BK	n'	背景值 X_a'
Ag	mg/kg	0.064	0.016	0.062	1.287	0.26	0.059	0.062	0.010	0.022	0.029	0.037	0.053	0.072	0.099	0.127	0.160	1.1	3.2	1 806	0.063
As	mg/kg	10.5	2.4	10.2	1.3	0.23	8.5	10.0	1.5	2.4	6.3	7.0	8.7	11.8	16.5	18.6	21.2	0.9	1.0	1 805	10.3
Au	µg/kg	1.7	0.8	1.6	1.4	0.46	1.6	1.6	0.3	0.6	0.8	1.0	1.3	1.9	3.1	5.8	18.7	8.5	139.6	1 781	1.6
B	mg/kg	52.4	7.9	51.9	1.2	0.15	52.1	51.9	4.8	20.3	35.6	39.2	47.0	56.7	70.0	78.8	95.1	0.8	1.9	1 809	52.0
Ba	mg/kg	586	1 156	506	1	1.97	470	475	23	360	397	415	454	501	1 098	4 998	38 800	23.4	690.4	1 679	474
Be	mg/kg	1.86	0.19	1.85	1.11	0.10	1.78	1.84	0.12	1.29	1.44	1.53	1.73	1.98	2.28	2.43	2.66	0.4	0.3	1 827	1.86
Bi	mg/kg	0.27	0.07	0.26	1.27	0.26	0.22	0.26	0.04	0.08	0.15	0.17	0.22	0.30	0.43	0.51	1.15	2.2	16.3	1 801	0.26
Br	mg/kg	24.3	21.2	17.1	2.3	0.87	8.6	15.7	8.7	1.0	2.2	3.6	9.2	33.2	79.0	101.6	153.5	1.6	2.6	1 772	21.9
TC	%	1.70	0.37	1.66	1.24	0.22	1.68	1.68	0.25	0.87	1.00	1.09	1.44	1.92	2.51	2.89	3.41	0.6	0.6	1 823	1.69
Cd	mg/kg	0.128	0.035	0.124	1.290	0.28	0.120	0.120	0.020	0.058	0.070	0.080	0.100	0.150	0.202	0.260	0.520	2.1	14.3	1 807	0.126
Ce	mg/kg	66.5	6.0	66.2	1.1	0.09	64.8	66.0	3.9	46.5	51.9	56.1	62.4	70.2	79.2	84.3	99.7	0.5	1.3	1 822	66.3
Cl	mg/kg	6 109	6 518	2 827	4	1.07	325	3 763	3 211	66	116	171	853	9 151	22 612	27 638	33 809	1.3	1.1	1 799	5 672
Co	mg/kg	11.4	2.0	11.2	1.2	0.17	9.8	11.2	1.3	6.2	7.5	8.2	9.9	12.6	15.9	17.3	19.9	0.6	0.4	1 827	11.4
Cr	mg/kg	65.6	6.6	65.3	1.1	0.10	61.6	65.0	3.9	37.2	52.1	55.1	61.4	69.2	78.8	88.2	134.3	1.7	11.6	1 817	65.3
Cu	mg/kg	21.0	4.6	20.6	1.2	0.22	18.4	20.2	2.8	10.7	12.4	14.2	17.8	23.6	32.2	35.4	45.1	0.9	1.2	1 808	20.8
F	mg/kg	552	111	545	1	0.20	515	544	52	322	374	410	498	600	725	766	4 006	16.4	506.1	1 831	549
Ga	mg/kg	14.1	1.7	14.0	1.1	0.12	13.1	13.9	1.0	4.5	10.8	11.4	12.9	15.1	18.1	19.1	20.3	0.5	0.9	1 822	14.1
Ge	mg/kg	1.22	0.10	1.22	1.09	0.08	1.20	1.20	0.10	0.90	1.00	1.00	1.20	1.30	1.40	1.50	1.50	0.1	0.0	1 837	1.22
Hg	mg/kg	0.023	0.015	0.020	1.553	0.68	0.020	0.020	0.005	0.004	0.009	0.010	0.015	0.026	0.054	0.091	0.310	7.4	98.3	1 738	0.020
I	mg/kg	1.39	0.53	1.32	1.37	0.38	1.58	1.31	0.27	0.49	0.59	0.74	1.06	1.61	2.47	3.34	12.80	6.4	120.3	1 798	1.35
La	mg/kg	33.4	2.6	33.3	1.1	0.08	33.0	33.1	1.6	22.6	27.7	29.0	31.5	34.8	39.4	42.5	52.8	0.9	2.9	1 808	33.2
Li	mg/kg	33.1	6.5	32.5	1.2	0.20	30.3	31.9	3.7	17.6	21.3	23.5	28.5	36.2	48.7	58.9	63.2	1.1	2.0	1 798	32.6
Mn	mg/kg	543	99	535	1	0.18	458	523	62	354	380	407	471	598	797	885	1 006	1.1	1.2	1 795	536
Mo	mg/kg	0.63	0.13	0.61	1.23	0.21	0.56	0.61	0.09	0.27	0.38	0.43	0.53	0.70	0.97	1.13	1.36	1.1	1.9	1 789	0.62
N	%	0.059	0.025	0.054	1.564	0.42	0.061	0.057	0.019	0.016	0.019	0.022	0.039	0.076	0.112	0.135	0.195	0.6	0.2	1 823	0.059
Nb	mg/kg	13.2	0.7	13.1	1.1	0.05	13.3	13.2	0.4	8.8	11.0	11.7	12.8	13.6	14.5	15.0	16.9	0.0	3.1	1 813	13.2
Ni	mg/kg	27.5	4.9	27.1	1.2	0.18	25.5	27.0	3.1	15.0	17.8	19.7	24.0	30.3	38.7	42.2	62.7	0.8	1.6	1 824	27.4

指标	单位	算术平均值 X_a	算术标准差 S_a	几何平均值 X_g	几何标准差 S_g	变异系数 CV	众值 X_{mo}	中位值 X_{me}	中位绝对离差 MAD	最小值 X_{min}	累积频率 $X_{0.5\%}$	$X_{2.5\%}$	$X_{25\%}$	$X_{75\%}$	$X_{97.5\%}$	$X_{99.5\%}$	最大值 X_{max}	偏度系数 SK	峰度系数 BK	n'	背景值 X_a'
P	mg/kg	739	146	726	1	0.20	630	690	70	530	554	580	632	810	1 112	1 321	1 572	1.5	2.9	1 779	723
Pb	mg/kg	19.4	8.8	18.9	1.2	0.45	17.0	18.6	2.1	11.0	12.3	13.5	16.8	21.0	27.9	37.3	350.9	29.9	1 119.1	1 801	18.9
Rb	mg/kg	90.4	8.5	90.0	1.1	0.10	87.0	89.5	5.5	65.7	73.1	76.3	84.3	95.6	110.7	116.4	119.0	0.6	0.3	1 822	90.2
S	mg/kg	791	1 048	509	2	1.33	241	432	206	70	122	144	263	844	3 566	5 314	20 402	6.0	77.9	1 501	427
Sb	mg/kg	0.95	0.17	0.93	1.19	0.18	0.88	0.93	0.10	0.27	0.57	0.68	0.84	1.03	1.36	1.53	2.21	1.1	4.0	1 802	0.94
Sc	mg/kg	10.5	1.6	10.4	1.2	0.15	9.2	10.2	1.0	5.5	7.4	8.0	9.3	11.4	14.4	16.0	17.0	0.8	1.0	1 808	10.4
Se	mg/kg	0.14	0.04	0.14	1.30	0.26	0.14	0.14	0.03	0.05	0.07	0.08	0.11	0.17	0.22	0.24	0.35	0.6	0.6	1 830	0.14
Sn	mg/kg	2.7	0.5	2.6	1.2	0.20	2.3	2.6	0.3	1.2	1.6	1.8	2.3	3.0	3.8	4.4	5.3	0.7	1.1	1 824	2.6
Sr	mg/kg	211	29	210	1	0.14	204	207	8	161	177	186	199	216	254	329	910	12.1	239.3	1 763	208
Th	mg/kg	9.5	2.2	9.2	1.3	0.24	9.9	9.7	1.3	0.4	3.5	4.9	8.2	10.8	13.7	15.0	16.3	0.0	0.3	1 829	9.5
Ti	mg/kg	3 627	245	3 620	1	0.07	3 654	3 633	112	2 440	3 060	3 254	3 510	3 734	3 963	4 432	8 245	6.8	121.4	1 806	3 619
Tl	mg/kg	0.57	0.07	0.56	1.14	0.13	0.56	0.56	0.05	0.37	0.40	0.43	0.52	0.61	0.72	0.77	0.86	0.3	0.1	1 833	0.57
U	mg/kg	2.35	0.28	2.33	1.13	0.12	2.24	2.33	0.17	1.31	1.70	1.82	2.17	2.52	2.95	3.29	3.61	0.4	0.8	1 819	2.34
V	mg/kg	73.0	9.0	72.5	1.1	0.12	66.3	72.0	5.7	48.1	52.7	57.7	66.7	78.3	93.7	101.4	106.3	0.6	0.6	1 817	72.7
W	mg/kg	1.64	0.16	1.63	1.10	0.10	1.56	1.63	0.10	0.71	1.26	1.34	1.53	1.73	1.97	2.20	2.48	0.3	1.8	1 820	1.63
Y	mg/kg	23.5	1.6	23.5	1.1	0.07	23.8	23.6	0.9	14.3	18.8	20.2	22.7	24.4	26.7	29.3	37.8	0.5	6.0	1 790	23.5
Zn	mg/kg	62.2	11.4	61.2	1.2	0.18	57.2	60.7	7.2	35.5	38.8	43.7	54.2	68.8	87.5	96.7	186.5	1.3	7.8	1 823	61.9
Zr	mg/kg	222	51	217	1	0.23	220	215	25	119	129	144	191	242	360	443	579	1.7	5.8	1 755	214
Al_2O_3	%	11.75	0.83	11.72	1.07	0.07	11.41	11.69	0.54	9.47	9.83	10.24	11.18	12.26	13.56	13.92	14.47	0.3	0.0	1 834	11.74
CaO	%	6.10	0.82	6.04	1.14	0.13	5.38	5.94	0.47	4.26	4.67	4.89	5.53	6.49	8.36	8.89	10.65	1.1	2.0	1 783	6.02
MgO	%	2.15	0.35	2.13	1.17	0.16	1.90	2.12	0.25	1.36	1.44	1.59	1.88	2.40	2.90	3.18	3.30	0.5	0.0	1 830	2.15
K_2O	%	2.27	0.15	2.27	1.07	0.07	2.16	2.25	0.09	1.85	1.94	2.02	2.17	2.36	2.64	2.75	2.86	0.7	0.8	1 816	2.27
Na_2O	%	2.23	0.62	2.15	1.31	0.28	1.88	2.06	0.33	0.80	1.01	1.29	1.81	2.55	3.72	4.07	5.23	1.0	0.9	1 816	2.20
SiO_2	%	59.52	3.33	59.42	1.06	0.06	61.17	60.00	2.06	44.19	48.75	51.36	57.66	61.81	64.65	66.34	70.72	0.0	1.0	1 807	59.68
TFe_2O_3	%	4.23	0.69	4.18	1.17	0.16	3.77	4.11	0.44	2.67	3.06	3.19	3.73	4.64	5.98	6.44	6.76	0.8	0.6	1 821	4.21
SOC	%	0.54	0.25	0.49	1.63	0.45	0.38	0.52	0.17	0.08	0.11	0.17	0.36	0.69	1.04	1.43	2.15	0.9	2.0	1 812	0.53
pH	无量纲			8.09			8.09	8.24	0.17	7.07	7.71	7.83	8.09	8.42	8.78	8.91	9.17				

表 2.2.4B　三角洲平原深层土壤（150～200 cm）地球化学参数（n=473）

指标	单位	算术平均值 X_a	算术标准差 S_a	几何平均值 X_g	几何标准差 S_g	变异系数 CV	众值 X_{mo}	中位值 X_{me}	中位绝对离差 MAD	最小值 X_{min}	$X_{0.5\%}$	$X_{2.5\%}$	$X_{25\%}$	$X_{75\%}$	$X_{97.5\%}$	$X_{99.5\%}$	最大值 X_{max}	偏度系数 SK	峰度系数 BK	基准值 n'	基准值 X_a'
Ag	mg/kg	0.054	0.012	0.053	1.234	0.22	0.049	0.053	0.007	0.028	0.029	0.034	0.047	0.060	0.081	0.091	0.130	1.1	3.7	466	0.054
As	mg/kg	9.6	2.2	9.3	1.2	0.23	9.0	9.0	1.2	6.3	6.4	6.7	8.1	10.5	15.1	18.1	19.3	1.4	2.4	457	9.3
Au	µg/kg	1.4	0.4	1.4	1.3	0.25	1.2	1.3	0.2	0.8	0.9	1.0	1.2	1.6	2.3	2.7	4.1	1.9	7.5	458	1.4
B	mg/kg	50.3	7.0	49.8	1.2	0.14	51.1	49.9	4.1	15.0	31.7	38.5	46.0	54.4	64.8	73.4	85.0	0.4	2.9	467	50.1
Ba	mg/kg	472	131	466	1	0.28	452	459	20	386	398	413	440	480	539	966	2 790	14.2	232.1	467	462
Be	mg/kg	1.80	0.19	1.79	1.11	0.11	1.89	1.80	0.13	1.35	1.37	1.48	1.66	1.92	2.19	2.43	2.57	0.5	0.5	470	1.80
Bi	mg/kg	0.23	0.06	0.22	1.26	0.25	0.19	0.21	0.03	0.11	0.14	0.15	0.19	0.25	0.36	0.45	0.47	1.4	2.9	462	0.22
Br	mg/kg	9.5	8.6	7.0	2.2	0.91	3.4	6.9	3.5	1.2	1.3	1.7	3.8	12.2	31.4	59.0	68.2	2.7	11.4	447	8.0
TC	%	1.35	0.24	1.33	1.18	0.18	1.21	1.30	0.12	0.88	1.00	1.03	1.19	1.47	1.88	2.32	2.39	1.4	3.1	463	1.33
Cd	mg/kg	0.103	0.026	0.100	1.274	0.26	0.090	0.100	0.019	0.050	0.060	0.070	0.087	0.120	0.170	0.200	0.210	1.1	1.6	460	0.101
Ce	mg/kg	64.5	6.2	64.2	1.1	0.10	65.8	64.4	3.4	42.8	46.7	52.1	61.1	68.0	77.0	84.2	91.5	0.1	1.6	463	64.5
Cl	mg/kg	2 841	2 814	1 814	3	0.99	466	1 936	1 261	205	222	280	871	3 996	10 537	15 312	19 040	2.1	5.8	455	2 463
Co	mg/kg	10.4	1.8	10.3	1.2	0.17	9.1	10.2	1.2	6.5	6.9	7.8	9.1	11.5	14.2	16.6	17.1	0.8	0.6	467	10.4
Cr	mg/kg	63.7	5.6	63.5	1.1	0.09	64.4	63.2	3.6	49.1	51.2	55.6	59.8	67.1	76.3	82.9	84.2	0.7	0.7	469	63.6
Cu	mg/kg	19.4	4.2	19.0	1.2	0.22	19.2	18.8	2.4	12.1	12.8	13.5	16.4	21.2	30.5	36.1	38.0	1.3	2.5	456	18.9
F	mg/kg	498	70	493	1	0.14	483	489	44	335	364	392	448	534	650	748	798	1.0	1.7	464	493
Ga	mg/kg	13.5	1.5	13.4	1.1	0.11	12.8	13.2	0.8	10.6	10.9	11.3	12.5	14.2	16.9	18.9	19.5	1.0	1.2	465	13.4
Ge	mg/kg	1.23	0.09	1.23	1.08	0.07	1.20	1.20	0.10	0.80	0.90	1.10	1.20	1.30	1.40	1.40	1.50	0.0	1.3	469	1.23
Hg	mg/kg	0.022	0.087	0.016	1.553	3.98	0.014	0.015	0.003	0.006	0.007	0.009	0.012	0.019	0.033	0.068	1.400	15.2	232.6	455	0.015
I	mg/kg	1.20	0.53	1.11	1.45	0.44	0.91	1.04	0.23	0.47	0.50	0.58	0.86	1.38	2.66	3.50	4.18	2.0	5.3	432	1.08
La	mg/kg	34.1	2.7	34.0	1.1	0.08	34.9	33.9	1.5	25.4	27.7	29.2	32.4	35.4	39.6	42.2	46.8	0.4	1.2	468	34.0
Li	mg/kg	30.8	6.0	30.3	1.2	0.20	31.0	29.8	3.6	17.9	20.2	21.8	26.7	34.3	46.7	52.9	53.7	1.0	1.4	459	30.3
Mn	mg/kg	499	91	492	1	0.18	457	475	48	366	374	389	436	544	716	841	1 084	1.7	4.8	458	489
Mo	mg/kg	0.57	0.10	0.56	1.19	0.18	0.49	0.55	0.06	0.28	0.38	0.42	0.49	0.61	0.80	0.95	1.02	1.1	1.7	465	0.56
N	%	0.029	0.011	0.028	1.324	0.39	0.024	0.027	0.004	0.015	0.015	0.017	0.024	0.032	0.053	0.070	0.187	6.6	82.4	459	0.028
Nb	mg/kg	13.2	0.8	13.1	1.1	0.06	13.2	13.2	0.4	9.7	10.1	11.5	12.8	13.7	14.4	14.9	15.7	0.0	2.3	465	13.2
Ni	mg/kg	25.6	4.4	25.3	1.2	0.17	22.5	25.0	2.8	15.6	17.4	19.1	22.5	28.1	35.3	39.7	42.1	0.8	0.7	464	25.4

指标	单位	算术平均值 X_a	算术标准差 S_a	几何平均值 X_g	几何标准差 S_g	变异系数 CV	众值 X_{mo}	中位值 X_{me}	中位绝对离差 MAD	最小值 X_{min}	累积频率 $X_{0.5\%}$	$X_{2.5\%}$	$X_{25\%}$	$X_{75\%}$	$X_{97.5\%}$	$X_{99.5\%}$	最大值 X_{max}	偏度系数 SK	峰度系数 BK	基准值 n'	X_a'
P	mg/kg	608	31	608	1	0.05	590	608	18	521	524	557	590	625	678	708	773	0.6	2.2	461	607
Pb	mg/kg	17.1	2.7	16.9	1.2	0.16	16.6	16.6	1.3	12.3	12.6	13.5	15.5	18.1	24.1	27.4	31.8	1.7	4.6	455	16.8
Rb	mg/kg	87.0	8.6	86.6	1.1	0.10	86.6	85.5	5.0	69.8	71.0	75.0	80.9	91.4	107.5	116.5	121.8	1.0	1.2	464	86.4
S	mg/kg	226	116	204	2	0.51	144	181	37	89	100	122	152	266	546	701	768	1.9	3.5	433	198
Sb	mg/kg	0.87	0.15	0.85	1.18	0.17	0.82	0.85	0.08	0.50	0.56	0.63	0.77	0.94	1.21	1.45	1.53	1.1	2.3	464	0.86
Sc	mg/kg	9.9	1.4	9.8	1.2	0.14	9.1	9.6	1.0	6.3	6.9	7.7	8.8	10.7	13.1	14.2	15.1	0.6	0.2	469	9.8
Se	mg/kg	0.09	0.02	0.09	1.22	0.21	0.09	0.09	0.01	0.03	0.05	0.07	0.08	0.10	0.14	0.17	0.21	1.4	4.4	462	0.09
Sn	mg/kg	2.4	0.5	2.4	1.2	0.21	2.3	2.3	0.2	1.3	1.6	1.8	2.1	2.6	3.3	4.1	9.2	5.3	64.8	465	2.4
Sr	mg/kg	201	13	200	1	0.07	197	199	7	166	174	181	193	206	231	255	280	1.5	5.0	460	200
Th	mg/kg	9.9	1.6	9.8	1.2	0.16	9.6	9.9	0.9	4.1	5.7	6.5	9.1	10.9	13.1	14.2	16.3	0.0	1.2	470	9.9
Ti	mg/kg	3 598	184	3 593	1	0.05	3 606	3 609	106	2 605	2 796	3 223	3 502	3 714	3 890	4 086	4 149	0.0	3.8	460	3 609
Tl	mg/kg	0.56	0.06	0.55	1.11	0.10	0.54	0.55	0.04	0.44	0.44	0.46	0.51	0.59	0.69	0.74	0.75	0.7	0.6	465	0.55
U	mg/kg	2.24	0.29	2.22	1.13	0.13	2.07	2.21	0.14	1.71	1.72	1.81	2.07	2.34	2.96	3.45	3.82	1.3	3.4	457	2.21
V	mg/kg	67.2	8.4	66.7	1.1	0.13	65.1	66.1	5.2	48.0	50.5	54.2	61.2	71.6	87.1	96.1	99.1	0.9	1.0	466	66.8
W	mg/kg	1.61	0.16	1.60	1.11	0.10	1.65	1.61	0.10	1.10	1.23	1.32	1.49	1.71	1.97	2.08	2.27	0.4	0.5	470	1.61
Y	mg/kg	23.6	1.8	23.5	1.1	0.08	24.6	23.7	1.0	16.1	17.3	19.8	22.5	24.6	26.7	28.4	33.0	0.0	2.6	465	23.6
Zn	mg/kg	59.1	24.4	56.9	1.3	0.41	55.4	54.7	6.2	36.2	40.3	43.0	49.3	62.1	90.3	220.4	412.2	8.6	104.3	456	55.9
Zr	mg/kg	244	55	239	1	0.22	209	239	30	112	134	159	209	269	365	472	634	1.6	6.8	462	240
Al_2O_3	%	11.43	0.72	11.41	1.06	0.06	11.28	11.28	0.42	10.04	10.11	10.39	10.93	11.80	13.20	14.02	14.09	1.0	1.0	466	11.39
CaO	%	5.69	0.71	5.65	1.12	0.12	5.29	5.59	0.38	3.65	4.36	4.69	5.26	6.01	7.27	8.87	9.64	1.4	4.0	461	5.64
MgO	%	1.90	0.31	1.88	1.16	0.16	1.85	1.83	0.14	1.34	1.38	1.48	1.70	1.99	2.63	2.98	3.25	1.3	2.1	463	1.87
K_2O	%	2.23	0.14	2.22	1.06	0.06	2.17	2.19	0.07	1.95	2.03	2.06	2.13	2.28	2.58	2.72	2.79	1.4	2.0	451	2.21
Na_2O	%	2.11	0.29	2.09	1.15	0.14	2.02	2.11	0.18	1.13	1.18	1.52	1.94	2.30	2.66	2.99	3.76	0.2	2.3	465	2.12
SiO_2	%	61.86	3.05	61.78	1.05	0.05	61.37	62.49	1.66	48.12	50.91	55.07	60.45	63.72	66.86	67.89	69.42	0.0	1.7	466	62.02
TFe_2O_3	%	3.96	0.60	3.92	1.15	0.15	3.48	3.84	0.35	2.94	3.02	3.14	3.53	4.25	5.36	6.28	6.62	1.3	2.2	463	3.92
SOC	%	0.20	0.10	0.18	1.59	0.49	0.15	0.18	0.05	0.03	0.06	0.08	0.13	0.24	0.44	0.63	0.79	1.7	4.9	458	0.19
pH	无量纲						8.61	8.61	0.11	8.15	8.24	8.32	8.51	8.72	8.93	9.09	9.20				

表 2.2.5A　中山表层土壤（0~20 cm）地球化学参数（n=887）

指标	单位	算术平均值 X_a	算术标准差 S_a	几何平均值 X_g	几何标准差 S_g	变异系数 CV	众值 X_{mo}	中位值 X_{me}	中位绝对离差 MAD	最小值 X_{min}	累积频率 $X_{0.5\%}$	$X_{2.5\%}$	$X_{25\%}$	$X_{75\%}$	$X_{97.5\%}$	$X_{99.5\%}$	最大值 X_{max}	偏度系数 SK	峰度系数 BK	背景值 n'	X_a'
Ag	mg/kg	0.074	0.033	0.068	1.468	0.45	0.065	0.069	0.015	0.008	0.028	0.033	0.054	0.086	0.149	0.241	0.475	3.6	29.4	851	0.069
As	mg/kg	6.8	3.1	6.0	1.6	0.47	4.1	5.9	2.2	1.3	2.1	2.5	4.1	9.3	13.2	15.0	16.9	0.6	0.0	886	6.7
Au	μg/kg	1.7	1.1	1.5	1.6	0.68	1.2	1.5	0.4	0.3	0.5	0.6	1.1	2.0	3.8	8.1	16.8	6.4	66.0	854	1.5
B	mg/kg	38.2	22.9	31.9	1.9	0.60	17.8	32.9	15.4	3.1	5.9	9.7	20.3	52.7	87.6	129.8	169.8	1.3	3.3	873	36.8
Ba	mg/kg	558	206	533	1	0.37	452	512	78	181	254	331	446	621	1111	1505	3478	4.8	49.9	847	526
Be	mg/kg	2.20	0.68	2.11	1.31	0.31	2.24	2.15	0.32	0.99	1.08	1.29	1.78	2.42	3.96	5.19	8.15	2.4	12.3	840	2.08
Bi	mg/kg	0.34	0.29	0.30	1.58	0.87	0.27	0.30	0.08	0.07	0.09	0.13	0.22	0.38	0.72	1.53	5.94	11.4	185.1	857	0.30
Br	mg/kg	4.0	2.0	3.7	1.5	0.50	2.9	3.4	0.9	1.1	1.6	1.9	2.7	5.0	8.6	12.1	25.4	2.6	16.6	865	3.8
TC	%	1.43	0.79	1.25	1.70	0.55	0.91	1.22	0.43	0.27	0.32	0.46	0.86	1.83	3.38	4.22	5.26	1.3	1.9	867	1.37
Cd	mg/kg	0.146	0.066	0.137	1.424	0.45	0.143	0.139	0.028	0.033	0.055	0.069	0.111	0.168	0.281	0.471	1.193	6.0	77.5	855	0.138
Ce	mg/kg	74.6	30.1	70.2	1.4	0.40	69.1	69.0	10.1	24.2	28.6	35.5	59.6	80.0	151.1	232.6	348.5	3.0	15.4	824	68.3
Cl	mg/kg	102	209	84	2	2.06	71	77	16	38	42	48	64	101	221	494	4602	18.5	368.7	810	80
Co	mg/kg	13.9	4.6	13.1	1.4	0.33	15.1	14.1	2.7	3.3	3.8	5.0	10.7	16.5	23.5	30.2	37.1	0.5	1.5	878	13.7
Cr	mg/kg	67.6	40.3	60.4	1.6	0.60	46.0	66.0	17.2	10.0	17.2	23.4	44.8	79.3	151.0	257.3	598.1	5.7	59.6	856	62.4
Cu	mg/kg	27.9	13.1	25.2	1.6	0.47	29.7	26.6	7.2	5.4	7.3	9.9	18.5	33.2	59.5	85.3	121.0	1.7	5.9	857	26.4
F	mg/kg	615	223	583	1	0.36	600	574	114	248	267	330	471	705	1212	1755	1967	2.0	7.3	852	585
Ga	mg/kg	18.7	1.8	18.6	1.1	0.09	18.5	18.6	1.2	12.2	14.4	15.5	17.5	19.8	22.1	23.8	25.1	0.2	0.2	879	18.7
Ge	mg/kg	1.33	0.20	1.32	1.16	0.15	1.23	1.32	0.14	0.91	0.97	1.01	1.19	1.46	1.77	1.94	2.04	0.5	0.0	882	1.33
Hg	mg/kg	0.038	0.038	0.032	1.712	1.01	0.022	0.031	0.009	0.006	0.009	0.013	0.022	0.043	0.107	0.179	0.778	11.0	183.7	834	0.032
I	mg/kg	2.15	1.21	1.92	1.57	0.56	1.28	1.81	0.53	0.61	0.80	0.92	1.39	2.61	4.62	9.32	15.10	3.6	26.4	868	2.04
La	mg/kg	39.2	16.3	36.8	1.4	0.42	36.0	35.9	4.9	10.1	14.2	18.4	31.5	41.5	82.1	125.6	196.5	3.1	17.3	823	35.8
Li	mg/kg	34.6	12.4	32.6	1.4	0.36	38.8	33.6	7.4	10.5	11.6	16.0	26.1	40.5	63.3	86.9	123.0	1.5	5.5	867	33.6
Mn	mg/kg	576	159	554	1	0.28	552	563	103	167	243	319	466	672	926	1094	1634	0.8	2.4	877	569
Mo	mg/kg	0.76	0.55	0.69	1.46	0.72	0.63	0.65	0.12	0.28	0.31	0.38	0.55	0.79	1.64	4.50	8.68	7.7	81.4	841	0.67
N	%	0.110	0.038	0.104	1.414	0.34	0.113	0.107	0.024	0.037	0.040	0.049	0.084	0.131	0.196	0.262	0.304	0.9	2.1	873	0.108
Nb	mg/kg	15.3	6.3	14.4	1.4	0.41	15.0	14.3	2.2	6.4	7.0	8.1	11.7	16.1	34.5	44.9	56.7	2.5	8.5	811	13.7
Ni	mg/kg	31.7	17.6	28.6	1.6	0.56	34.6	31.5	7.0	5.6	7.8	10.2	22.0	36.7	65.5	111.9	213.0	4.8	40.7	854	29.4

指标	单位	算术平均值 X_a	算术标准差 S_a	几何平均值 X_g	几何标准差 S_g	变异系数 CV	众值 X_{mo}	中位值 X_{me}	中位绝对离差 MAD	最小值 X_{min}	$X_{0.5\%}$	$X_{2.5\%}$	$X_{25\%}$	$X_{75\%}$	$X_{97.5\%}$	$X_{99.5\%}$	最大值 X_{max}	偏度系数 SK	峰度系数 BK	n'	背景值 X_a'
P	mg/kg	800	380	730	2	0.47	837	774	189	126	180	289	575	948	1 560	2 855	5 115	3.6	29.7	865	763
Pb	mg/kg	26.1	11.2	24.5	1.4	0.43	21.5	24.7	4.9	8.9	9.6	13.1	19.7	29.4	50.8	85.7	152.1	4.5	37.4	850	24.4
Rb	mg/kg	108.5	31.0	103.9	1.4	0.29	106.4	106.3	18.6	33.3	41.1	50.2	90.3	126.8	178.0	203.5	252.6	0.5	0.9	880	107.6
S	mg/kg	216	75	206	1	0.35	210	206	38	70	103	115	171	246	378	573	868	2.5	13.6	865	209
Sb	mg/kg	0.62	0.23	0.58	1.42	0.38	0.54	0.60	0.16	0.20	0.26	0.29	0.45	0.77	1.02	1.25	3.88	3.4	43.3	880	0.61
Sc	mg/kg	11.4	3.7	10.8	1.4	0.33	13.9	11.7	2.5	2.5	3.2	4.3	8.7	13.8	18.7	23.2	30.4	0.3	0.7	882	11.4
Se	mg/kg	0.22	0.07	0.21	1.34	0.33	0.19	0.20	0.03	0.09	0.11	0.13	0.17	0.24	0.41	0.50	0.65	1.7	4.0	840	0.21
Sn	mg/kg	2.8	0.9	2.7	1.3	0.31	3.0	2.8	0.5	0.3	1.2	1.5	2.2	3.3	4.3	6.3	10.9	2.2	16.4	878	2.8
Sr	mg/kg	222	107	198	2	0.48	127	207	80	36	58	88	128	291	463	553	721	0.9	0.6	876	218
Th	mg/kg	13.7	7.7	12.2	1.6	0.56	12.1	11.9	2.9	3.5	4.4	5.4	9.2	15.3	36.9	48.5	65.6	2.3	6.9	806	11.8
Ti	mg/kg	3 828	785	3 745	1	0.21	4 106	3 896	492	1 696	1 876	2 244	3 309	4 298	5 269	6 593	7 638	0.4	1.9	875	3 788
Tl	mg/kg	0.68	0.18	0.65	1.31	0.26	0.65	0.67	0.11	0.23	0.30	0.35	0.56	0.77	1.08	1.27	1.54	0.7	1.7	877	0.67
U	mg/kg	2.35	0.84	2.22	1.41	0.36	2.28	2.27	0.39	0.70	0.78	1.01	1.86	2.63	4.51	6.11	7.72	1.6	5.3	853	2.24
V	mg/kg	81.7	23.5	78.1	1.4	0.29	86.0	83.8	13.2	21.3	26.7	36.2	66.2	93.6	134.2	169.0	220.9	0.7	2.7	877	80.7
W	mg/kg	1.53	1.34	1.38	1.52	0.88	1.88	1.48	0.39	0.38	0.46	0.56	1.08	1.86	2.45	3.83	36.98	21.2	555.9	876	1.45
Y	mg/kg	22.3	5.7	21.6	1.3	0.25	24.0	22.6	3.5	9.0	10.0	11.6	18.8	25.9	32.9	40.2	59.5	0.6	3.3	879	22.1
Zn	mg/kg	76.3	17.3	74.5	1.2	0.23	73.6	75.4	9.5	34.2	39.3	47.7	65.8	84.5	117.5	147.4	186.0	1.3	5.2	866	74.8
Zr	mg/kg	241	67	234	1	0.28	221	231	27	128	136	150	205	261	391	566	888	2.7	15.8	838	230
Al_2O_3	%	14.10	0.77	14.08	1.06	0.05	14.00	14.08	0.47	10.44	11.81	12.58	13.65	14.57	15.75	16.23	16.63	0.0	1.6	877	14.11
CaO	%	2.89	1.84	2.40	1.88	0.64	1.80	2.49	0.86	0.18	0.31	0.56	1.74	3.55	7.78	11.44	14.14	1.8	4.9	842	2.60
MgO	%	1.81	0.84	1.62	1.62	0.47	1.79	1.75	0.46	0.25	0.34	0.50	1.26	2.15	3.91	5.62	6.28	1.4	4.2	862	1.73
K_2O	%	2.63	0.57	2.56	1.26	0.22	2.54	2.62	0.37	1.10	1.15	1.48	2.27	3.00	3.71	4.06	4.54	0.0	0.1	885	2.62
Na_2O	%	2.37	0.82	2.21	1.50	0.35	2.90	2.53	0.59	0.55	0.76	0.93	1.58	3.00	3.74	4.02	5.09	0.0	0.0	886	2.37
SiO_2	%	61.11	4.82	60.91	1.08	0.08	60.35	61.42	3.18	39.82	45.27	50.76	57.97	64.41	70.34	72.32	72.99	0.0	0.7	880	61.24
TFe_2O_3	%	4.89	1.19	4.73	1.31	0.24	5.32	5.03	0.80	1.75	1.99	2.38	4.09	5.64	7.11	8.08	9.80	0.0	0.3	885	4.88
SOC	%	1.14	0.47	1.05	1.51	0.42	1.19	1.09	0.28	0.25	0.31	0.43	0.82	1.38	2.22	3.26	3.99	1.5	4.9	870	1.10
pH	无量纲						7.99	6.65	1.14	4.55	4.80	4.97	5.59	7.85	8.16	8.25	8.44				

表 2.2.5B　中山深层土壤（150～200 cm）地球化学参数（n=226）

指标	单位	算术平均值 X_a	算术标准差 S_a	几何平均值 X_g	几何标准差 S_g	变异系数 CV	众值 X_{mo}	中位值 X_{me}	中位绝对离差 MAD	最小值 X_{min}	$X_{0.5\%}$	$X_{2.5\%}$	$X_{25\%}$	$X_{75\%}$	$X_{97.5\%}$	$X_{99.5\%}$	最大值 X_{max}	偏度系数 SK	峰度系数 BK	n'	X_a'
Ag	mg/kg	0.065	0.043	0.060	1.409	0.67	0.059	0.060	0.013	0.026	0.027	0.034	0.047	0.073	0.108	0.139	0.639	10.6	140.3	221	0.061
As	mg/kg	7.3	2.8	6.7	1.6	0.38	8.9	7.4	2.1	1.3	1.4	2.4	5.3	9.4	12.3	12.9	16.5	0.1	0.0	225	7.3
Au	μg/kg	2.7	14.4	1.7	1.6	5.40	1.9	1.6	0.3	0.7	0.8	1.0	1.3	1.9	3.5	5.3	218.0	15.0	225.2	216	1.6
B	mg/kg	39.0	25.4	33.2	1.8	0.65	30.7	35.4	12.4	4.6	4.7	10.0	23.6	49.5	81.6	104.2	293.0	4.7	43.9	221	36.8
Ba	mg/kg	555	176	536	1	0.32	484	516	67	199	320	378	453	595	938	1234	2077	3.8	26.1	211	525
Be	mg/kg	2.20	0.51	2.15	1.24	0.23	2.21	2.20	0.25	1.23	1.27	1.43	1.88	2.40	3.27	4.56	4.85	1.6	5.7	220	2.15
Bi	mg/kg	0.28	0.13	0.26	1.52	0.45	0.22	0.27	0.05	0.04	0.06	0.10	0.22	0.33	0.51	1.06	1.09	2.8	14.6	221	0.27
Br	mg/kg	4.1	2.2	3.6	1.6	0.55	3.0	3.5	1.0	1.2	1.2	1.5	2.6	4.8	9.3	11.1	20.1	2.4	11.5	219	3.8
TC	%	0.95	0.75	0.73	2.08	0.79	0.49	0.67	0.33	0.07	0.16	0.20	0.43	1.31	2.52	4.36	5.58	2.1	7.7	222	0.89
Cd	mg/kg	0.102	0.034	0.097	1.377	0.33	0.102	0.098	0.019	0.043	0.045	0.054	0.080	0.117	0.195	0.217	0.229	1.1	1.7	218	0.099
Ce	mg/kg	72.3	21.3	69.4	1.3	0.29	68.5	68.8	8.4	12.7	16.8	43.9	60.7	77.3	137.7	166.3	169.7	1.6	4.8	210	68.8
Cl	mg/kg	93	193	73	2	2.08	55	65	12	34	36	40	55	84	194	498	2868	13.4	192.9	202	67
Co	mg/kg	13.8	4.2	13.2	1.4	0.31	13.6	13.8	2.4	3.5	3.7	6.7	11.1	15.9	22.3	29.0	33.8	0.9	2.7	220	13.5
Cr	mg/kg	67.5	29.3	62.0	1.5	0.43	70.2	67.3	15.2	9.8	16.2	23.4	48.2	80.2	128.0	207.6	236.5	1.9	7.4	220	64.4
Cu	mg/kg	28.7	39.7	24.4	1.6	1.38	25.7	25.4	6.9	5.6	6.3	8.6	18.8	32.7	47.5	97.6	600.4	13.4	193.4	223	25.6
F	mg/kg	590	218	559	1	0.37	521	542	99	271	304	319	463	655	1094	1620	2064	2.5	10.9	213	552
Ga	mg/kg	18.8	1.8	18.7	1.1	0.10	18.5	18.9	1.3	12.6	13.0	15.4	17.5	20.0	22.4	23.1	25.1	0.0	0.8	223	18.8
Ge	mg/kg	1.40	0.22	1.38	1.17	0.16	1.46	1.41	0.16	0.91	0.97	1.02	1.25	1.55	1.80	2.07	2.08	0.2	0.0	224	1.39
Hg	mg/kg	0.025	0.035	0.021	1.680	1.36	0.014	0.021	0.007	0.006	0.007	0.009	0.015	0.028	0.057	0.088	0.508	12.3	170.1	215	0.021
I	mg/kg	2.13	1.06	1.94	1.51	0.50	2.03	1.89	0.47	0.44	0.56	0.95	1.49	2.53	4.38	6.41	11.10	3.4	23.2	217	1.99
La	mg/kg	37.9	12.5	36.3	1.3	0.33	34.5	35.9	4.2	7.1	11.2	23.6	31.7	39.9	73.3	102.5	109.3	2.3	8.9	206	35.4
Li	mg/kg	34.6	10.9	33.0	1.4	0.32	34.9	33.9	5.4	12.0	12.5	18.4	28.3	38.9	61.6	83.7	84.1	1.5	4.8	219	33.3
Mn	mg/kg	584	157	564	1	0.27	619	580	95	257	279	325	485	672	871	1198	1546	1.3	6.1	224	577
Mo	mg/kg	0.71	0.41	0.66	1.42	0.57	0.52	0.63	0.13	0.30	0.35	0.38	0.52	0.81	1.22	4.21	4.21	6.1	48.4	220	0.66
N	%	0.068	0.028	0.062	1.507	0.41	0.060	0.060	0.020	0.024	0.025	0.029	0.047	0.085	0.130	0.159	0.170	0.8	0.7	223	0.066
Nb	mg/kg	15.2	5.3	14.6	1.3	0.35	14.4	14.4	1.8	7.2	7.5	9.0	12.4	16.0	28.2	46.6	48.1	3.1	14.0	210	14.1
Ni	mg/kg	29.2	10.8	27.4	1.4	0.37	32.5	29.4	4.9	7.6	8.2	11.2	23.4	33.3	52.0	87.8	91.1	2.0	9.6	222	28.3

指标	单位	算术平均值 X_a	算术标准差 S_a	几何平均值 X_g	几何标准差 S_g	变异系数 CV	众值 X_{mo}	中位值 X_{me}	中位绝对离差 MAD	最小值 X_{min}	累积频率 $X_{0.5\%}$	$X_{2.5\%}$	$X_{25\%}$	$X_{75\%}$	$X_{97.5\%}$	$X_{99.5\%}$	最大值 X_{max}	偏度系数 SK	峰度系数 BK	基准值 n'	X_a'
P	mg/kg	580	391	515	2	0.67	480	539	124	133	154	193	409	654	1 262	3 595	4 059	5.7	43.7	216	519
Pb	mg/kg	23.8	8.4	22.7	1.4	0.35	19.6	22.2	4.4	10.0	10.7	13.4	18.4	27.4	42.0	60.7	81.5	2.5	11.6	219	22.8
Rb	mg/kg	108.5	27.5	105.0	1.3	0.25	101.2	106.0	17.5	40.1	45.0	56.8	92.1	126.1	168.3	198.7	218.2	0.6	1.4	224	107.6
S	mg/kg	147	53	140	1	0.36	119	132	26	66	72	81	113	166	290	366	373	1.7	3.9	216	139
Sb	mg/kg	0.65	0.20	0.61	1.41	0.31	0.73	0.66	0.15	0.26	0.26	0.28	0.51	0.78	1.00	1.17	1.30	0.1	0.0	225	0.65
Sc	mg/kg	11.3	3.1	10.8	1.3	0.27	10.9	11.3	2.0	2.4	3.2	6.2	9.0	13.0	18.1	19.2	20.5	0.2	0.3	225	11.3
Se	mg/kg	0.15	0.06	0.14	1.43	0.39	0.12	0.14	0.03	0.05	0.06	0.07	0.11	0.17	0.30	0.37	0.40	1.4	2.7	217	0.15
Sn	mg/kg	2.7	0.6	2.7	1.3	0.23	2.6	2.7	0.4	1.3	1.4	1.5	2.3	3.1	4.1	4.6	4.9	0.4	0.8	221	2.7
Sr	mg/kg	211	98	191	2	0.47	141	188	59	47	61	91	136	259	455	555	705	1.4	3.2	218	199
Th	mg/kg	13.9	7.0	12.7	1.5	0.50	12.2	12.2	2.6	3.4	4.1	5.9	9.9	15.4	35.3	45.9	46.3	2.3	6.5	208	12.3
Ti	mg/kg	3 814	722	3 741	1	0.19	3 586	3 900	357	1 618	1 761	2 227	3 423	4 223	5 041	6 470	6 693	0.0	2.1	220	3 808
Tl	mg/kg	0.67	0.16	0.65	1.27	0.25	0.65	0.65	0.10	0.32	0.32	0.41	0.56	0.76	1.06	1.26	1.44	1.0	2.7	223	0.66
U	mg/kg	2.28	0.72	2.17	1.37	0.32	1.98	2.17	0.32	0.55	0.67	1.09	1.89	2.56	3.92	5.32	5.77	1.3	4.1	221	2.21
V	mg/kg	82.1	20.9	79.3	1.3	0.26	86.5	83.9	13.9	26.5	28.5	40.3	67.4	93.8	123.2	144.0	150.7	0.2	0.6	224	81.6
W	mg/kg	1.55	0.86	1.43	1.49	0.56	1.77	1.56	0.32	0.33	0.34	0.56	1.15	1.80	2.25	3.85	11.93	8.0	94.0	221	1.47
Y	mg/kg	22.9	4.4	22.4	1.2	0.19	24.6	23.6	2.7	9.4	10.1	13.8	19.8	25.6	30.0	32.9	36.5	0.0	0.3	224	22.9
Zn	mg/kg	69.1	14.4	67.8	1.2	0.21	70.1	67.8	7.0	34.7	39.9	45.1	60.7	74.6	100.7	140.3	141.5	1.6	6.2	220	67.7
Zr	mg/kg	235	53	230	1	0.22	232	228	25	136	136	151	203	251	354	438	478	1.3	3.0	221	231
Al$_2$O$_3$	%	14.44	0.88	14.42	1.06	0.06	14.29	14.43	0.53	10.68	10.84	13.04	13.92	14.97	16.17	17.30	17.73	0.0	3.0	221	14.44
CaO	%	2.88	2.08	2.33	1.92	0.72	1.70	2.28	0.89	0.28	0.41	0.62	1.55	3.58	7.83	12.57	14.77	2.2	7.1	217	2.60
MgO	%	1.76	0.75	1.61	1.55	0.43	1.42	1.65	0.43	0.29	0.32	0.68	1.23	2.13	3.55	3.76	5.66	1.2	3.1	225	1.74
K$_2$O	%	2.60	0.49	2.55	1.22	0.19	2.42	2.61	0.33	1.19	1.26	1.62	2.28	2.93	3.48	3.82	4.20	0.0	0.3	225	2.59
Na$_2$O	%	2.30	0.75	2.17	1.43	0.32	2.62	2.39	0.56	0.70	0.81	1.08	1.67	2.85	3.67	4.06	4.60	0.1	0.0	225	2.29
SiO$_2$	%	62.15	4.93	61.94	1.09	0.08	63.42	63.28	3.29	43.46	45.06	53.24	58.68	65.48	69.99	71.06	74.02	0.0	0.8	222	62.44
TFe$_2$O$_3$	%	4.85	1.10	4.72	1.27	0.23	4.80	4.89	0.70	2.15	2.17	2.82	4.07	5.50	6.92	7.95	8.02	0.2	0.3	226	4.85
SOC	%	0.62	0.34	0.53	1.86	0.55	0.45	0.56	0.23	0.01	0.11	0.16	0.35	0.82	1.39	1.84	1.98	1.1	1.7	222	0.60
pH	无量纲						8.30	7.18	0.96	5.03	5.15	5.39	6.34	8.20	8.40	8.42	8.48				

表 2.2.6A 低山表层土壤（0~20 cm）地球化学参数（n=2 638）

指标	单位	算术平均值 X_a	算术标准差 S_a	几何平均值 X_g	几何标准差 S_g	变异系数 CV	众值 X_{mo}	中位值 X_{me}	中位绝对离差 MAD	最小值 X_{min}	$X_{0.5\%}$	$X_{2.5\%}$	$X_{25\%}$	累积频率 $X_{75\%}$	$X_{97.5\%}$	$X_{99.5\%}$	最大值 X_{max}	偏度系数 SK	峰度系数 BK	背景值 n'	背景值 X_a'
Ag	mg/kg	0.078	0.054	0.071	1.478	0.69	0.060	0.068	0.014	0.015	0.034	0.039	0.056	0.083	0.186	0.394	1.183	8.4	120.7	2 452	0.068
As	mg/kg	7.6	3.8	6.8	1.6	0.50	4.6	6.9	2.3	1.3	1.9	2.6	4.9	9.8	15.2	20.1	69.1	3.4	39.9	2 604	7.4
Au	μg/kg	2.2	8.8	1.5	1.7	4.02	1.2	1.4	0.3	0.3	0.5	0.7	1.1	1.8	5.3	31.2	286.9	23.8	674.7	2 496	1.5
B	mg/kg	40.9	24.2	34.5	1.8	0.59	25.9	34.8	15.0	4.8	6.7	10.0	22.9	55.8	96.1	121.0	380.0	1.9	14.7	2 599	39.7
Ba	mg/kg	638	319	588	1	0.50	491	527	92	217	314	364	457	689	1 515	1 937	6 288	4.0	42.4	2 240	529
Be	mg/kg	2.27	0.44	2.23	1.22	0.19	2.23	2.26	0.27	0.95	1.15	1.37	2.00	2.53	3.24	3.67	4.60	0.4	1.3	2 604	2.25
Bi	mg/kg	0.33	0.23	0.29	1.54	0.71	0.20	0.30	0.09	0.04	0.10	0.13	0.22	0.39	0.61	1.26	7.70	15.2	413.3	2 580	0.31
Br	mg/kg	3.5	1.7	3.2	1.5	0.47	2.5	3.1	0.8	0.6	1.1	1.5	2.5	4.2	7.8	10.5	19.1	2.0	7.4	2 538	3.3
TC	%	1.19	0.70	1.03	1.69	0.59	0.81	0.94	0.31	0.23	0.35	0.44	0.70	1.51	2.99	3.95	6.56	1.7	4.2	2 549	1.11
Cd	mg/kg	0.150	0.081	0.139	1.443	0.54	0.146	0.138	0.029	0.034	0.060	0.073	0.110	0.168	0.302	0.524	1.697	8.0	122.5	2 522	0.139
Ce	mg/kg	81.4	31.9	77.3	1.4	0.39	78.1	75.0	10.4	13.4	35.7	44.0	65.7	88.0	164.4	227.8	735.6	5.2	73.5	2 484	75.9
Cl	mg/kg	86	40	81	1	0.47	65	76	15	37	43	48	64	96	181	293	671	4.6	41.5	2 484	79
Co	mg/kg	14.6	4.7	13.9	1.4	0.32	13.2	14.1	2.8	2.9	5.2	6.7	11.5	17.2	24.2	31.6	48.0	1.1	4.2	2 600	14.3
Cr	mg/kg	71.3	49.5	64.0	1.5	0.70	66.7	66.9	14.8	11.8	17.5	27.1	49.4	79.8	156.8	322.4	1 118.3	10.1	173.7	2 515	64.4
Cu	mg/kg	30.8	15.4	28.0	1.5	0.50	24.0	28.4	7.1	4.1	8.7	11.6	21.6	36.0	69.7	97.4	279.5	3.7	36.6	2 523	28.6
F	mg/kg	657	217	626	1	0.33	572	612	123	252	318	367	505	761	1 217	1 478	2 037	1.4	3.4	2 555	635
Ga	mg/kg	18.7	1.8	18.6	1.1	0.10	18.8	18.7	1.1	12.7	13.9	15.3	17.6	19.9	22.4	23.5	30.6	0.2	1.1	2 624	18.7
Ge	mg/kg	1.38	0.20	1.37	1.16	0.15	1.34	1.37	0.13	0.87	0.96	1.03	1.24	1.51	1.81	1.97	2.31	0.4	0.1	2 626	1.38
Hg	mg/kg	0.040	0.112	0.029	1.771	2.84	0.023	0.027	0.008	0.005	0.009	0.013	0.021	0.037	0.114	0.440	4.579	29.1	1 071.4	2 419	0.028
I	mg/kg	2.11	1.18	1.88	1.59	0.56	1.53	1.82	0.52	0.37	0.58	0.80	1.37	2.51	4.82	9.00	12.50	2.9	15.4	2 528	1.94
La	mg/kg	43.2	17.2	40.9	1.4	0.40	35.6	39.0	5.3	12.2	18.5	23.8	34.6	46.6	89.0	134.1	263.2	3.3	20.6	2 448	39.6
Li	mg/kg	34.4	11.8	32.5	1.4	0.34	23.0	33.7	8.1	12.4	15.1	17.2	25.2	41.1	61.8	80.8	112.8	1.1	2.8	2 579	33.5
Mn	mg/kg	626	185	600	1	0.30	530	608	112	161	262	331	501	724	1 050	1 290	1 756	1.0	2.6	2 596	616
Mo	mg/kg	0.74	0.51	0.69	1.41	0.69	0.61	0.66	0.12	0.22	0.32	0.39	0.55	0.81	1.49	2.16	15.52	17.6	449.6	2 496	0.68
N	%	0.101	0.034	0.096	1.381	0.34	0.072	0.095	0.020	0.031	0.041	0.052	0.077	0.119	0.184	0.237	0.334	1.4	3.8	2 578	0.098
Nb	mg/kg	15.3	3.8	14.9	1.3	0.25	14.8	14.8	1.4	6.5	8.0	9.5	13.3	16.1	26.1	32.1	42.6	2.0	7.2	2 499	14.6
Ni	mg/kg	32.3	22.3	29.1	1.5	0.69	29.0	30.1	6.7	5.5	9.2	12.9	22.4	36.1	72.8	151.6	568.8	10.4	188.4	2 507	29.1

指标	单位	算术平均值 X_a	算术标准差 S_a	几何平均值 X_g	几何标准差 S_g	变异系数 CV	众值 X_{mo}	中位值 X_{me}	中位绝对离差 MAD	最小值 X_{min}	累积频率 $X_{0.5\%}$	$X_{2.5\%}$	$X_{25\%}$	$X_{75\%}$	$X_{97.5\%}$	$X_{99.5\%}$	最大值 X_{max}	偏度系数 SK	峰度系数 BK	背景值 n'	X_a'
P	mg/kg	787	352	733	1	0.45	690	733	157	133	262	364	588	910	1 588	2 400	6 195	4.6	49.9	2 550	746
Pb	mg/kg	30.1	27.2	27.5	1.4	0.90	24.0	26.6	3.9	10.5	12.5	15.9	23.1	31.0	60.5	133.7	821.1	17.3	405.4	2 489	26.7
Rb	mg/kg	115.6	27.4	112.4	1.3	0.24	105.5	112.2	15.6	30.3	47.5	63.6	98.5	130.8	179.4	216.3	259.7	0.7	2.1	2 582	114.0
S	mg/kg	200	77	189	1	0.39	154	185	34	59	100	112	154	225	379	590	1 410	4.3	40.6	2 537	189
Sb	mg/kg	0.69	0.92	0.63	1.45	1.34	0.50	0.63	0.16	0.20	0.25	0.32	0.49	0.81	1.22	1.80	45.37	44.0	2 135.0	2 584	0.65
Sc	mg/kg	11.7	3.5	11.2	1.4	0.30	12.6	11.6	2.4	2.4	4.2	5.6	9.2	13.9	19.3	22.1	24.7	0.4	0.1	2 624	11.7
Se	mg/kg	0.19	0.07	0.19	1.33	0.34	0.16	0.18	0.03	0.07	0.10	0.12	0.15	0.22	0.36	0.47	1.01	3.1	23.5	2 537	0.19
Sn	mg/kg	2.9	0.8	2.8	1.3	0.28	2.8	2.8	0.5	0.9	1.3	1.7	2.3	3.3	4.5	5.8	12.6	2.5	19.8	2 596	2.8
Sr	mg/kg	230	129	200	2	0.56	140	192	69	55	69	83	134	293	558	706	1 202	1.5	3.3	2 566	218
Th	mg/kg	15.9	8.3	14.3	1.6	0.52	12.6	13.4	3.0	3.6	4.9	6.3	11.0	17.9	38.9	50.8	73.8	2.0	5.1	2 397	13.8
Ti	mg/kg	4 048	840	3 964	1	0.21	4 160	4 024	473	1 473	2 052	2 557	3 534	4 476	5 848	7 311	10 205	1.1	5.0	2 579	3 989
Tl	mg/kg	0.72	0.19	0.69	1.28	0.26	0.63	0.69	0.10	0.23	0.34	0.42	0.60	0.80	1.19	1.47	1.90	1.4	3.8	2 563	0.70
U	mg/kg	2.54	0.94	2.40	1.40	0.37	2.21	2.37	0.38	0.61	0.90	1.15	2.02	2.80	5.08	6.68	10.03	1.9	6.7	2 488	2.38
V	mg/kg	85.3	21.9	82.4	1.3	0.26	80.1	84.8	13.0	23.9	33.5	43.5	71.3	97.4	132.9	159.5	195.5	0.5	1.3	2 611	84.5
W	mg/kg	1.63	0.72	1.51	1.47	0.44	1.87	1.60	0.37	0.39	0.52	0.67	1.19	1.94	3.10	5.38	12.20	3.9	35.8	2 569	1.55
Y	mg/kg	23.8	5.2	23.2	1.3	0.22	24.6	24.0	3.0	6.9	10.2	13.8	20.7	26.7	33.4	42.6	79.6	1.1	9.3	2 610	23.7
Zn	mg/kg	77.4	24.4	75.1	1.3	0.32	76.3	74.5	8.9	27.0	38.9	48.0	66.3	84.3	122.2	164.0	761.9	10.5	251.0	2 558	75.0
Zr	mg/kg	261	70	254	1	0.27	236	247	30	102	148	174	221	282	439	588	1 008	2.8	15.6	2 513	250
Al_2O_3	%	14.31	0.87	14.28	1.06	0.06	14.07	14.27	0.56	9.43	11.96	12.61	13.75	14.88	16.08	16.76	17.59	0.0	0.9	2 617	14.31
CaO	%	2.55	1.71	2.13	1.80	0.67	1.23	2.02	0.75	0.28	0.53	0.76	1.41	3.13	7.14	10.06	14.01	1.9	5.0	2 473	2.23
MgO	%	1.70	0.68	1.59	1.46	0.40	1.54	1.61	0.34	0.30	0.52	0.72	1.28	1.97	3.38	4.77	6.83	1.9	7.3	2 541	1.62
K_2O	%	2.80	0.50	2.75	1.21	0.18	2.50	2.78	0.31	0.87	1.48	1.72	2.49	3.11	3.84	4.18	5.36	0.1	0.8	2 619	2.80
Na_2O	%	2.20	0.83	2.02	1.57	0.38	2.69	2.37	0.65	0.33	0.55	0.71	1.45	2.85	3.57	3.95	4.51	0.0	0.0	2 638	2.20
SiO_2	%	61.45	4.66	61.27	1.08	0.08	60.54	61.56	3.20	38.92	48.16	52.17	58.34	64.69	70.18	72.04	77.57	0.0	0.2	2 624	61.51
TFe_2O_3	%	5.10	1.18	4.96	1.27	0.23	4.88	5.06	0.72	1.57	2.32	2.84	4.35	5.79	7.48	8.42	12.29	0.4	1.5	2 624	5.07
SOC	%	0.95	0.40	0.87	1.48	0.43	0.77	0.87	0.22	0.13	0.31	0.41	0.68	1.13	1.89	2.99	4.14	1.9	7.6	2 568	0.91
pH	无量纲						8.00	6.78	1.04	4.29	4.68	4.95	5.68	7.78	8.16	8.24	8.44				

表 2.2.6B 低山深层土壤（150～200 cm）地球化学参数（n=652）

指标	单位	算术平均值 X_a	算术标准差 S_a	几何平均值 X_g	几何标准差 S_g	变异系数 CV	众值 X_{mo}	中位值 X_{me}	中位绝对离差 MAD	最小值 X_{min}	$X_{0.5\%}$	$X_{2.5\%}$	$X_{25\%}$	$X_{75\%}$	$X_{97.5\%}$	$X_{99.5\%}$	最大值 X_{max}	偏度系数 SK	峰度系数 BK	n'	基准值 X_a'
Ag	mg/kg	0.070	0.039	0.064	1.427	0.57	0.056	0.063	0.011	0.020	0.031	0.035	0.052	0.074	0.161	0.280	0.610	6.5	67.1	609	0.062
As	mg/kg	7.9	3.1	7.2	1.5	0.39	8.9	7.7	2.2	1.2	1.8	2.8	5.6	10.0	14.1	16.5	19.1	0.4	0.0	650	7.8
Au	μg/kg	1.7	1.0	1.6	1.4	0.57	1.7	1.6	0.3	0.7	0.7	0.8	1.2	1.9	3.7	6.1	17.4	8.2	114.6	624	1.6
B	mg/kg	41.3	20.8	36.3	1.7	0.50	37.6	38.2	14.4	6.3	8.0	12.3	25.3	54.5	87.4	103.1	167.0	1.0	2.0	646	40.6
Ba	mg/kg	641	309	594	1	0.48	538	533	80	266	320	377	474	682	1 517	1 885	3 881	3.4	21.5	555	536
Be	mg/kg	2.26	0.38	2.23	1.19	0.17	2.23	2.25	0.23	1.09	1.35	1.50	2.02	2.49	3.02	3.54	3.75	0.3	0.9	644	2.25
Bi	mg/kg	0.28	0.11	0.26	1.46	0.40	0.25	0.26	0.07	0.07	0.10	0.12	0.20	0.34	0.54	0.70	1.04	1.5	5.6	640	0.27
Br	mg/kg	3.6	2.0	3.2	1.5	0.56	2.4	3.1	0.8	0.8	1.1	1.5	2.4	4.1	8.4	13.3	22.5	4.0	27.6	619	3.2
TC	%	0.73	0.57	0.58	1.92	0.79	0.32	0.51	0.20	0.11	0.12	0.21	0.36	0.90	2.46	3.64	3.85	2.2	6.1	614	0.62
Cd	mg/kg	0.104	0.043	0.097	1.451	0.41	0.110	0.098	0.022	0.025	0.035	0.046	0.077	0.120	0.201	0.336	0.388	2.2	9.1	626	0.099
Ce	mg/kg	76.8	26.7	73.8	1.3	0.35	64.9	71.9	8.7	28.1	36.6	45.8	64.6	82.3	135.1	190.4	421.0	5.0	48.9	615	72.4
Cl	mg/kg	77	60	68	2	0.78	60	61	11	34	37	41	53	80	202	528	756	6.3	51.3	603	65
Co	mg/kg	14.6	4.0	14.0	1.3	0.28	13.3	14.3	2.4	4.3	5.4	7.3	12.1	16.8	23.1	27.9	42.2	0.9	4.1	644	14.4
Cr	mg/kg	69.6	33.4	64.5	1.5	0.48	74.5	66.0	11.7	16.0	20.9	30.4	53.5	76.7	146.9	287.3	357.6	4.0	26.2	619	64.0
Cu	mg/kg	26.5	10.4	24.7	1.5	0.39	27.3	25.3	5.6	5.5	8.1	10.8	20.0	31.5	50.3	76.3	106.2	1.9	8.6	636	25.5
F	mg/kg	616	203	589	1	0.33	534	576	101	272	314	345	490	702	1 118	1 457	2 422	2.3	12.0	624	587
Ga	mg/kg	18.6	1.7	18.6	1.1	0.09	18.8	18.7	1.1	13.0	13.9	15.4	17.6	19.7	21.8	22.8	23.1	0.0	0.2	649	18.7
Ge	mg/kg	1.42	0.20	1.40	1.16	0.14	1.45	1.41	0.14	0.89	0.96	1.04	1.28	1.55	1.83	1.92	1.93	0.1	0.0	652	1.42
Hg	mg/kg	0.024	0.039	0.019	1.668	1.65	0.013	0.019	0.005	0.005	0.007	0.008	0.014	0.024	0.056	0.165	0.897	18.2	393.7	611	0.019
I	mg/kg	2.10	1.10	1.91	1.52	0.53	1.34	1.88	0.48	0.57	0.66	0.91	1.46	2.45	4.36	7.84	11.70	3.6	22.3	624	1.94
La	mg/kg	40.6	15.0	38.9	1.3	0.37	37.4	37.4	4.6	13.6	19.2	23.9	33.9	43.9	77.0	101.5	236.7	5.2	51.6	602	37.7
Li	mg/kg	34.6	11.6	32.8	1.4	0.34	35.0	34.0	6.9	13.0	13.4	17.3	26.9	40.6	60.8	83.9	113.9	1.4	5.9	638	33.7
Mn	mg/kg	644	190	620	1	0.30	574	617	96	245	286	370	532	732	1 061	1 386	2 506	2.4	16.3	641	630
Mo	mg/kg	0.67	0.24	0.63	1.37	0.37	0.52	0.62	0.11	0.25	0.30	0.37	0.52	0.75	1.31	1.96	2.40	2.5	10.9	627	0.63
N	%	0.059	0.024	0.055	1.455	0.40	0.060	0.054	0.015	0.024	0.026	0.029	0.040	0.070	0.115	0.153	0.180	1.3	2.7	643	0.058
Nb	mg/kg	15.1	3.3	14.8	1.2	0.22	14.4	14.7	1.2	7.6	8.3	10.2	13.4	15.9	24.2	28.9	33.1	1.8	5.8	604	14.5
Ni	mg/kg	31.2	14.0	29.1	1.4	0.45	27.5	29.5	5.3	8.6	11.9	14.0	24.2	34.6	67.1	118.9	158.5	3.8	24.4	627	29.1

指标	单位	算术平均值 X_a	算术标准差 S_a	几何平均值 X_g	几何标准差 S_g	变异系数 CV	众值 X_{mo}	中位值 X_{me}	中位绝对离差 MAD	最小值 X_{min}	累积频率 $X_{0.5\%}$	$X_{2.5\%}$	$X_{25\%}$	$X_{75\%}$	$X_{97.5\%}$	$X_{99.5\%}$	最大值 X_{max}	偏度系数 SK	峰度系数 BK	n'	基准值 X_a'
P	mg/kg	558	250	517	1	0.45	453	497	97	172	193	255	415	624	1 266	1 700	2 350	2.4	8.8	619	516
Pb	mg/kg	26.2	11.0	24.9	1.3	0.42	22.6	24.3	3.0	10.3	12.2	15.3	21.4	27.4	53.3	99.7	130.5	4.9	32.5	615	24.2
Rb	mg/kg	113.4	23.2	110.9	1.2	0.21	98.9	111.9	13.5	43.0	51.2	64.6	99.1	126.1	165.5	189.1	218.2	0.4	1.4	644	112.6
S	mg/kg	129	49	122	1	0.38	119	119	21	31	31	73	101	146	227	276	860	5.6	74.2	641	126
Sb	mg/kg	0.70	0.28	0.66	1.44	0.41	0.75	0.67	0.16	0.19	0.26	0.32	0.52	0.85	1.20	1.92	4.05	3.7	34.8	644	0.68
Sc	mg/kg	11.9	3.0	11.5	1.3	0.25	11.7	11.8	1.8	3.8	5.0	5.9	10.1	13.7	18.3	22.1	25.3	0.4	1.1	646	11.8
Se	mg/kg	0.13	0.05	0.13	1.39	0.35	0.11	0.12	0.03	0.05	0.05	0.07	0.10	0.15	0.25	0.31	0.45	1.5	4.3	635	0.13
Sn	mg/kg	2.8	1.0	2.7	1.3	0.36	2.6	2.7	0.4	1.3	1.4	1.6	2.3	3.1	4.1	5.3	22.0	11.2	209.2	643	2.7
Sr	mg/kg	219	117	193	2	0.54	113	187	62	65	76	88	133	269	519	636	879	1.5	2.9	628	205
Th	mg/kg	14.7	6.3	13.7	1.5	0.43	11.6	13.1	2.5	4.8	5.4	6.8	11.1	16.7	32.6	43.1	52.1	1.8	4.7	623	13.8
Ti	mg/kg	4 058	765	3 990	1	0.19	3 802	4 035	424	1 756	2 181	2 794	3 607	4 448	5 519	6 746	9 900	1.5	9.1	637	4 014
Tl	mg/kg	0.69	0.16	0.67	1.26	0.24	0.61	0.67	0.09	0.31	0.33	0.42	0.59	0.77	1.10	1.28	1.44	1.0	2.1	634	0.67
U	mg/kg	2.36	0.68	2.28	1.32	0.29	2.11	2.27	0.32	0.67	0.99	1.28	1.98	2.63	4.11	4.92	6.04	1.3	3.3	626	2.28
V	mg/kg	86.6	19.1	84.3	1.3	0.22	93.6	86.1	10.8	22.0	34.5	49.0	75.9	98.0	125.9	139.9	164.6	0.1	1.0	647	86.5
W	mg/kg	1.67	0.70	1.56	1.44	0.42	1.84	1.65	0.34	0.43	0.50	0.74	1.27	1.96	3.01	4.95	8.91	4.1	35.2	637	1.60
Y	mg/kg	24.3	4.2	23.9	1.2	0.18	25.7	24.5	2.4	11.4	12.3	15.8	21.8	26.6	32.4	39.5	49.5	0.5	3.2	639	24.2
Zn	mg/kg	69.5	16.3	67.9	1.2	0.23	65.6	67.1	7.6	33.1	38.8	44.9	60.1	75.7	111.6	132.8	224.3	2.4	15.7	631	67.7
Zr	mg/kg	259	66	253	1	0.25	221	248	25	141	152	180	225	276	410	514	1 063	4.8	44.3	621	249
Al_2O_3	%	14.47	0.87	14.44	1.06	0.06	14.80	14.48	0.52	11.30	12.09	12.77	13.97	15.01	16.17	17.04	18.29	0.0	1.0	645	14.47
CaO	%	2.41	1.75	2.00	1.80	0.73	1.40	1.85	0.65	0.43	0.56	0.73	1.32	2.91	7.36	10.88	12.08	2.3	6.4	596	1.98
MgO	%	1.65	0.58	1.56	1.39	0.35	1.41	1.60	0.30	0.38	0.56	0.73	1.31	1.91	3.00	4.02	6.64	2.0	10.9	635	1.60
K_2O	%	2.73	0.43	2.70	1.18	0.16	2.71	2.71	0.27	1.23	1.58	1.83	2.46	3.02	3.62	3.95	4.17	0.1	0.6	647	2.73
Na_2O	%	2.15	0.74	2.00	1.48	0.34	2.06	2.19	0.60	0.42	0.69	0.86	1.54	2.75	3.43	3.74	3.82	0.0	0.0	652	2.15
SiO_2	%	62.06	4.28	61.90	1.07	0.07	63.50	62.35	2.78	45.93	49.26	52.76	59.46	65.06	69.89	71.23	72.14	0.0	0.4	645	62.20
TFe_2O_3	%	5.06	1.04	4.95	1.24	0.21	4.76	5.05	0.62	2.04	2.26	2.96	4.45	5.70	7.09	8.03	10.10	0.2	1.0	649	5.05
SOC	%	0.49	0.25	0.43	1.65	0.52	0.29	0.44	0.15	0.10	0.11	0.16	0.31	0.61	1.11	1.44	1.65	1.3	2.0	636	0.47
pH	无量纲						8.11	7.48	0.71	4.87	5.05	5.46	6.52	8.11	8.40	8.46	8.58				

表 2.2.7A　丘陵表层土壤（0~20 cm）地球化学参数（n=8 270）

指标	单位	算术平均值 X_a	算术标准差 S_a	几何平均值 X_g	几何标准差 S_g	变异系数 CV	众值 X_{mo}	中位值 X_{me}	中位绝对离差 MAD	最小值 X_{min}	累积频率 $X_{0.5\%}$	$X_{2.5\%}$	$X_{25\%}$	$X_{75\%}$	$X_{97.5\%}$	$X_{99.5\%}$	最大值 X_{max}	偏度系数 SK	峰度系数 BK	背景值 n'	X_a'
Ag	mg/kg	0.075	0.067	0.068	1.452	0.90	0.057	0.066	0.013	0.008	0.031	0.038	0.054	0.081	0.158	0.305	3.704	28.8	1 295.3	7 811	0.067
As	mg/kg	7.3	4.1	6.5	1.6	0.56	4.6	6.4	2.1	0.9	2.3	2.8	4.6	9.4	14.3	22.2	107.0	6.4	115.8	8 153	7.0
Au	μg/kg	2.4	7.3	1.6	1.9	3.03	1.1	1.5	0.4	0.4	0.6	0.8	1.1	2.0	9.7	37.3	438.0	31.9	1 628.0	7 478	1.5
B	mg/kg	35.4	20.8	30.1	1.8	0.59	22.7	30.1	12.1	1.9	7.0	9.9	20.0	47.9	84.1	114.6	258.9	1.5	4.5	8 080	33.8
Ba	mg/kg	795	377	728	1	0.48	512	678	175	127	362	415	528	942	1 823	2 365	4 753	2.0	7.0	7 845	734
Be	mg/kg	2.06	0.46	2.01	1.23	0.23	2.03	2.00	0.25	0.93	1.22	1.37	1.77	2.28	3.09	3.87	11.51	2.9	33.0	8 099	2.02
Bi	mg/kg	0.28	0.28	0.25	1.53	1.00	0.17	0.25	0.07	0.06	0.09	0.12	0.19	0.33	0.58	1.14	19.00	39.9	2 443.1	8 012	0.26
Br	mg/kg	3.4	1.4	3.2	1.4	0.42	2.7	3.1	0.7	0.4	1.2	1.6	2.5	3.9	7.0	10.2	19.2	2.4	11.8	7 909	3.2
TC	%	0.93	0.54	0.83	1.57	0.58	0.66	0.77	0.19	0.19	0.31	0.40	0.61	1.05	2.44	3.57	7.63	2.8	13.5	7 540	0.80
Cd	mg/kg	0.135	0.165	0.121	1.487	1.23	0.096	0.118	0.029	0.026	0.051	0.061	0.093	0.153	0.287	0.462	10.540	46.0	2 639.5	7 927	0.122
Ce	mg/kg	75.5	26.6	72.0	1.4	0.35	66.8	70.9	11.0	17.6	30.9	40.1	60.8	83.2	143.7	207.5	399.0	2.7	14.3	7 883	71.4
Cl	mg/kg	97	184	83	2	1.91	67	77	18	31	39	46	63	102	231	420	11 138	40.8	2 042.2	7 670	81
Co	mg/kg	13.1	4.7	12.3	1.4	0.36	13.4	12.6	2.8	2.8	4.4	5.8	9.9	15.4	23.8	31.9	47.6	1.3	4.5	8 105	12.7
Cr	mg/kg	64.7	29.6	59.5	1.5	0.46	65.6	62.4	14.9	8.5	20.2	26.7	45.6	75.5	137.6	206.6	456.0	2.8	18.4	7 924	60.5
Cu	mg/kg	26.5	16.0	23.8	1.6	0.60	25.5	23.8	6.3	5.2	8.3	10.3	17.8	30.5	62.7	99.5	514.4	7.4	148.4	7 847	24.1
F	mg/kg	533	180	509	1	0.34	521	501	88	202	259	300	418	599	975	1 284	3 388	2.6	18.9	7 986	512
Ga	mg/kg	17.5	2.2	17.4	1.1	0.13	18.0	17.5	1.5	9.8	12.3	13.4	16.0	18.9	22.0	24.1	27.1	0.3	0.3	8 213	17.5
Ge	mg/kg	1.34	0.19	1.32	1.15	0.14	1.31	1.32	0.12	0.45	0.94	1.02	1.21	1.45	1.76	1.96	2.52	0.6	1.0	8 180	1.33
Hg	mg/kg	0.045	0.282	0.030	1.844	6.28	0.022	0.027	0.008	0.002	0.009	0.012	0.021	0.038	0.134	0.472	22.415	64.2	4 887.6	7 421	0.028
I	mg/kg	2.20	1.17	2.01	1.51	0.53	1.79	2.00	0.51	0.25	0.70	0.89	1.55	2.60	4.54	7.22	44.60	9.2	256.2	7 999	2.07
La	mg/kg	39.3	15.0	37.2	1.4	0.38	36.8	36.4	5.7	8.8	16.2	20.7	31.2	42.7	78.7	121.7	214.4	3.0	16.3	7 803	36.6
Li	mg/kg	27.7	10.0	26.0	1.4	0.36	21.5	26.1	6.7	6.8	10.7	13.6	20.1	33.9	49.6	64.0	106.7	1.0	2.2	8 175	27.3
Mn	mg/kg	608	191	582	1	0.31	541	584	101	202	249	322	488	692	1 078	1 370	3 109	2.1	13.4	8 016	588
Mo	mg/kg	0.68	0.43	0.63	1.44	0.64	0.53	0.60	0.11	0.21	0.30	0.36	0.50	0.74	1.49	2.61	16.50	12.8	322.6	7 808	0.61
N	%	0.086	0.025	0.082	1.325	0.30	0.069	0.082	0.015	0.018	0.039	0.047	0.069	0.099	0.143	0.179	0.358	1.5	6.9	8 103	0.084
Nb	mg/kg	14.3	3.4	13.9	1.2	0.24	14.0	14.0	1.6	4.4	8.0	9.2	12.3	15.5	23.0	30.7	51.7	2.3	12.5	7 916	13.8
Ni	mg/kg	28.8	15.7	26.1	1.5	0.54	33.2	27.1	7.3	5.2	8.6	11.3	19.5	34.1	62.8	111.7	375.7	5.2	65.0	7 968	26.7

指标	单位	算术平均值 X_a	算术标准差 S_a	几何平均值 X_g	几何标准差 S_g	变异系数 CV	众值 X_{mo}	中位值 X_{me}	中位绝对离差 MAD	最小值 X_{min}	$X_{0.5\%}$	$X_{2.5\%}$	$X_{25\%}$	$X_{75\%}$	$X_{97.5\%}$	$X_{99.5\%}$	最大值 X_{max}	偏度系数 SK	峰度系数 BK	n'	X_a'
P	mg/kg	721	279	678	1	0.39	614	673	145	114	269	349	542	840	1 354	1 939	4 667	2.6	17.8	8 035	693
Pb	mg/kg	28.1	19.0	26.4	1.4	0.68	25.0	25.7	4.2	8.7	13.2	16.1	21.9	30.5	53.4	105.3	934.9	28.0	1 233.9	7 851	25.9
Rb	mg/kg	99.3	21.1	97.1	1.2	0.21	99.8	96.5	11.2	20.0	49.7	61.3	86.6	109.5	149.1	173.7	245.5	0.8	2.2	8 121	98.1
S	mg/kg	188	182	174	1	0.97	149	167	31	51	90	105	140	205	370	699	12 711	46.4	2 941.1	7 891	172
Sb	mg/kg	0.64	0.29	0.60	1.43	0.45	0.49	0.58	0.14	0.11	0.28	0.33	0.46	0.78	1.16	1.68	8.96	7.4	165.7	8 155	0.63
Sc	mg/kg	10.2	3.1	9.7	1.4	0.31	10.9	10.1	2.1	1.5	3.4	4.7	7.9	12.1	17.0	20.2	26.6	0.5	0.6	8 196	10.1
Se	mg/kg	0.18	0.07	0.17	1.34	0.39	0.16	0.17	0.03	0.07	0.10	0.11	0.14	0.20	0.36	0.59	1.07	4.0	27.0	7 830	0.17
Sn	mg/kg	2.7	1.0	2.6	1.3	0.39	2.2	2.5	0.5	0.2	1.3	1.6	2.1	3.1	4.5	6.3	54.6	17.1	755.5	8 069	2.6
Sr	mg/kg	252	133	225	2	0.53	132	223	73	27	78	100	156	309	582	872	1 287	2.0	7.3	7 983	237
Th	mg/kg	12.4	6.2	11.4	1.5	0.50	9.4	11.1	2.2	2.0	4.8	5.9	8.9	13.4	30.4	44.5	82.8	3.3	17.7	7 627	11.0
Ti	mg/kg	3 811	835	3 729	1	0.22	3 400	3 771	459	1 439	2 064	2 426	3 289	4 203	5 562	7 769	11 661	1.8	9.9	8 098	3 746
Tl	mg/kg	0.62	0.15	0.60	1.25	0.24	0.62	0.61	0.08	0.13	0.32	0.39	0.53	0.68	0.98	1.21	2.15	1.6	7.9	8 033	0.61
U	mg/kg	2.09	0.71	1.99	1.35	0.34	2.11	2.00	0.35	0.48	0.84	1.09	1.65	2.36	3.94	5.55	9.45	2.2	10.3	7 957	2.00
V	mg/kg	78.2	22.6	74.9	1.3	0.29	76.0	78.0	14.0	18.9	28.5	38.6	62.5	90.7	128.6	161.3	250.3	0.7	2.3	8 154	77.1
W	mg/kg	1.46	0.82	1.34	1.50	0.56	1.28	1.35	0.38	0.31	0.45	0.60	1.02	1.79	2.67	4.67	26.04	10.5	228.9	8 099	1.39
Y	mg/kg	22.5	4.6	22.0	1.2	0.21	21.9	22.4	3.1	7.3	10.7	13.8	19.3	25.5	31.7	37.2	72.5	0.5	2.8	8 171	22.3
Zn	mg/kg	66.4	24.4	63.6	1.3	0.37	67.9	64.2	11.2	22.5	31.5	36.7	53.1	75.6	110.1	158.1	994.6	10.8	323.7	8 078	64.4
Zr	mg/kg	283	70	276	1	0.25	264	272	33	111	158	184	243	310	437	549	1 449	3.7	37.2	8 034	276
Al_2O_3	%	14.05	1.07	14.01	1.08	0.08	13.61	14.06	0.67	9.19	11.03	11.91	13.38	14.72	16.17	16.98	18.47	0.0	0.6	8 201	14.06
CaO	%	2.02	1.38	1.71	1.74	0.68	1.05	1.61	0.55	0.23	0.54	0.68	1.15	2.39	5.98	8.46	14.36	2.5	9.4	7 636	1.71
MgO	%	1.41	0.67	1.27	1.57	0.48	1.13	1.32	0.37	0.14	0.38	0.52	0.96	1.69	3.07	4.46	8.26	1.9	7.8	7 990	1.33
K_2O	%	2.71	0.51	2.66	1.21	0.19	2.36	2.67	0.34	0.65	1.47	1.78	2.35	3.05	3.83	4.21	5.12	0.3	0.4	8 211	2.71
Na_2O	%	2.28	0.74	2.14	1.46	0.33	2.71	2.36	0.57	0.37	0.61	0.87	1.68	2.84	3.58	3.93	4.66	0.0	0.0	8 267	2.28
SiO_2	%	64.31	4.64	64.14	1.32	0.07	64.49	64.51	3.17	39.33	50.01	54.70	61.32	67.67	72.23	74.19	78.26	0.0	0.4	8 194	64.44
TFe_2O_3	%	4.51	1.23	4.35	1.32	0.27	4.59	4.46	0.79	1.33	1.99	2.45	3.64	5.22	7.12	8.91	12.41	0.7	1.8	8 165	4.46
SOC	%	0.79	0.32	0.74	1.42	0.40	0.68	0.74	0.15	0.08	0.27	0.37	0.60	0.91	1.54	2.34	4.16	2.6	14.2	7 981	0.75
pH	无量纲						7.50	6.34	0.94	4.48	4.68	4.91	5.51	7.48	8.18	8.37	9.35				

表 2.2.7B 丘陵深层土壤（150~200 cm）地球化学参数（n = 2 082）

指标	单位	算术平均值 X_a	算术标准差 S_a	几何平均值 X_g	几何标准差 S_g	变异系数 CV	众值 X_{mo}	中位值 X_{me}	中位绝对离差 MAD	最小值 X_{min}	$X_{0.5\%}$	$X_{2.5\%}$	$X_{25\%}$	$X_{75\%}$	$X_{97.5\%}$	$X_{99.5\%}$	最大值 X_{max}	偏度系数 SK	峰度系数 BK	n'	基准值 X_a'
Ag	mg/kg	0.065	0.034	0.061	1.386	0.52	0.058	0.059	0.011	0.019	0.029	0.035	0.050	0.072	0.131	0.229	0.876	10.8	210.6	1 981	0.060
As	mg/kg	7.4	3.7	6.6	1.6	0.49	5.2	6.7	2.3	0.8	1.8	2.4	4.8	9.8	14.8	22.3	45.4	1.8	9.9	2 056	7.2
Au	μg/kg	1.9	5.6	1.6	1.5	2.91	1.2	1.5	0.4	0.6	0.7	0.8	1.2	1.9	3.9	13.8	216.0	30.4	1 064.7	1 997	1.6
B	mg/kg	34.4	18.6	29.7	1.8	0.54	19.8	29.8	11.4	2.3	5.8	9.4	20.6	46.3	78.0	92.6	142.1	1.0	1.3	2 056	33.6
Ba	mg/kg	811	402	744	1	0.50	532	690	170	18	363	425	543	955	1 783	2 301	6 760	4.0	41.8	1 973	749
Be	mg/kg	2.14	0.48	2.09	1.22	0.23	2.03	2.08	0.24	0.39	1.18	1.44	1.87	2.35	3.10	3.73	13.48	6.8	146.0	2 031	2.10
Bi	mg/kg	0.24	0.12	0.22	1.49	0.51	0.18	0.23	0.06	0.03	0.08	0.10	0.17	0.29	0.46	0.86	2.37	6.4	85.3	2 039	0.23
Br	mg/kg	3.2	1.6	2.9	1.6	0.49	2.7	2.9	0.8	0.1	0.8	1.3	2.2	3.9	7.0	10.4	19.6	2.5	13.9	2 009	3.0
TC	%	0.49	0.47	0.40	1.78	0.95	0.32	0.36	0.11	0.03	0.13	0.17	0.27	0.52	1.54	2.38	12.49	10.0	218.8	1 813	0.36
Cd	mg/kg	0.088	0.049	0.080	1.555	0.56	0.065	0.080	0.022	0.010	0.024	0.035	0.060	0.106	0.186	0.351	0.777	4.5	39.1	2 021	0.083
Ce	mg/kg	76.5	25.7	73.0	1.3	0.34	73.9	72.3	10.9	13.9	29.8	40.3	62.8	84.8	139.8	208.9	330.9	2.7	16.0	1 990	72.9
Cl	mg/kg	81	166	69	2	2.05	50	63	14	29	34	39	52	83	173	436	5 620	25.6	758.9	1 928	66
Co	mg/kg	14.2	6.0	13.2	1.5	0.43	12.9	13.3	2.8	3.0	4.4	6.0	10.7	16.3	28.2	42.7	113.3	3.7	39.7	2 009	13.4
Cr	mg/kg	66.1	34.0	60.4	1.5	0.52	67.4	62.5	13.9	11.3	18.8	27.1	47.3	75.3	147.0	244.9	607.1	4.4	43.1	1 980	60.6
Cu	mg/kg	22.9	10.2	21.1	1.5	0.45	22.9	22.0	5.5	5.3	7.6	9.4	16.3	27.0	45.5	68.0	123.6	2.7	17.1	2 021	21.8
F	mg/kg	523	179	500	1	0.34	504	496	86	151	256	305	413	587	951	1 186	4 210	5.4	89.4	2 012	503
Ga	mg/kg	18.1	2.1	17.9	1.1	0.12	18.4	18.0	1.3	1.8	12.4	14.1	16.8	19.3	22.3	24.4	26.6	0.0	2.8	2 060	18.0
Ge	mg/kg	1.36	0.20	1.34	1.16	0.15	1.30	1.35	0.13	0.49	0.91	1.00	1.22	1.49	1.75	1.92	2.25	0.2	0.3	2 070	1.36
Hg	mg/kg	0.018	0.016	0.015	1.562	0.93	0.014	0.015	0.004	0.002	0.005	0.007	0.012	0.019	0.045	0.080	0.535	18.2	513.9	1 975	0.015
I	mg/kg	2.21	1.05	2.02	1.53	0.48	1.82	1.98	0.50	0.42	0.68	0.89	1.54	2.60	4.98	6.86	9.78	2.0	6.6	2 003	2.07
La	mg/kg	39.4	14.0	37.5	1.4	0.36	35.5	36.9	5.5	7.0	15.2	21.3	31.9	43.2	74.8	113.8	172.6	3.0	17.7	1 972	37.1
Li	mg/kg	29.5	9.9	27.9	1.4	0.34	23.9	28.5	6.5	5.0	10.6	14.1	22.2	35.1	51.4	65.2	97.1	1.0	3.0	2 058	29.0
Mn	mg/kg	679	336	630	1.49	0.50	580	616	120	156	247	316	509	764	1 373	2 362	7 742	7.0	109.5	1 976	628
Mo	mg/kg	0.66	0.53	0.59	1.375	0.81	0.52	0.57	0.12	0.20	0.24	0.31	0.47	0.71	1.52	3.00	17.11	16.8	459.0	1 943	0.58
N	%	0.043	0.016	0.041	1.2	0.37	0.040	0.039	0.008	0.018	0.023	0.025	0.032	0.050	0.086	0.109	0.149	1.8	4.8	1 985	0.040
Nb	mg/kg	14.3	3.6	14.0	1.2	0.25	14.1	14.1	1.5	5.3	7.5	9.0	12.4	15.5	22.8	32.3	54.6	3.0	20.4	2 000	13.9
Ni	mg/kg	31.0	18.1	27.9	1.5	0.59	23.5	28.5	7.0	4.8	9.0	12.3	21.5	35.4	69.9	144.5	314.8	5.3	52.7	1 975	28.0

指标	单位	算术平均值 X_a	算术标准差 S_a	几何平均值 X_g	几何标准差 S_g	变异系数 CV	众值 X_{mo}	中位值 X_{me}	中位绝对离差 MAD	最小值 X_{min}	累积频率 $X_{0.5\%}$	$X_{2.5\%}$	$X_{25\%}$	$X_{75\%}$	$X_{97.5\%}$	$X_{99.5\%}$	最大值 X_{max}	偏度系数 SK	峰度系数 BK	n'	基准值 X_a'
P	mg/kg	472	247	425	2	0.52	296	422	118	63	158	190	312	552	1143	1684	2307	2.3	8.7	1961	427
Pb	mg/kg	25.4	10.5	24.2	1.3	0.41	22.5	23.6	3.5	7.6	11.1	14.0	20.6	27.9	48.8	88.0	203.0	5.8	63.6	1993	23.9
Rb	mg/kg	100.5	19.3	98.6	1.2	0.19	94.4	99.3	10.4	6.5	46.5	62.0	89.6	110.3	143.5	168.8	201.6	0.4	2.0	2046	100.2
S	mg/kg	121	69	113	1	0.57	95	110	18	51	61	69	93	129	228	581	1508	9.6	137.5	1973	111
Sb	mg/kg	0.69	0.34	0.64	1.46	0.49	0.60	0.64	0.17	0.20	0.25	0.31	0.49	0.85	1.23	1.76	7.73	7.9	137.9	2053	0.67
Sc	mg/kg	10.7	3.1	10.2	1.4	0.29	9.9	10.6	2.0	1.3	3.8	5.0	8.6	12.6	17.3	21.3	30.8	0.5	1.4	2061	10.6
Se	mg/kg	0.12	0.05	0.11	1.41	0.39	0.10	0.11	0.02	0.02	0.05	0.06	0.09	0.14	0.21	0.30	0.73	2.9	23.4	2039	0.11
Sn	mg/kg	2.5	0.7	2.4	1.3	0.26	2.3	2.4	0.4	0.5	1.2	1.5	2.1	2.9	4.0	4.8	11.4	1.9	17.0	2051	2.5
Sr	mg/kg	248	131	220	2	0.53	126	217	72	45	79	96	153	305	568	810	1214	1.9	6.2	2008	232
Th	mg/kg	12.1	5.2	11.3	1.4	0.43	11.6	11.3	2.2	0.8	4.3	5.6	9.1	13.4	26.8	40.2	65.2	2.9	14.9	1955	11.1
Ti	mg/kg	3885	931	3788	1	0.24	3761	3850	458	267	1868	2384	3360	4278	5685	8844	13292	2.5	16.4	2034	3807
Tl	mg/kg	0.62	0.13	0.60	1.23	0.21	0.63	0.61	0.07	0.19	0.28	0.39	0.54	0.68	0.90	1.08	1.40	0.6	2.3	2042	0.61
U	mg/kg	2.01	0.62	1.92	1.36	0.31	2.05	1.97	0.32	0.28	0.65	0.98	1.64	2.28	3.54	4.52	6.13	1.3	4.8	2018	1.95
V	mg/kg	83.0	23.8	79.5	1.4	0.29	80.0	82.4	13.8	9.0	28.4	38.8	68.4	96.1	135.7	175.0	285.8	0.9	4.3	2039	81.4
W	mg/kg	1.52	0.89	1.39	1.48	0.59	1.86	1.42	0.36	0.32	0.44	0.62	1.08	1.79	2.77	5.86	21.00	9.3	151.8	2031	1.43
Y	mg/kg	23.2	4.5	22.7	1.2	0.20	24.3	23.3	2.7	7.9	10.8	14.6	20.4	25.9	32.0	37.2	46.4	0.2	1.2	2053	23.1
Zn	mg/kg	63.0	19.7	60.9	1.3	0.31	56.8	61.0	8.8	12.0	30.6	37.7	52.4	70.0	104.9	164.5	462.1	5.6	87.5	2010	60.8
Zr	mg/kg	262	58	256	1	0.22	248	256	29	19	135	168	228	286	395	492	825	1.8	10.7	2022	257
Al_2O_3	%	14.68	1.18	14.62	1.09	0.08	14.42	14.63	0.68	2.06	11.15	12.39	14.01	15.40	16.94	17.76	19.31	0.0	7.9	2058	14.70
CaO	%	1.94	1.50	1.63	1.74	0.77	1.20	1.51	0.49	0.41	0.51	0.67	1.10	2.24	5.85	8.88	30.32	5.4	69.7	1915	1.61
MgO	%	1.46	0.81	1.33	1.52	0.56	1.32	1.36	0.31	0.26	0.41	0.55	1.04	1.66	3.16	5.56	20.81	8.2	160.3	1995	1.35
K_2O	%	2.66	0.48	2.61	1.22	0.18	2.36	2.62	0.30	0.14	1.35	1.73	2.34	2.97	3.65	3.98	4.54	0.1	0.6	2069	2.66
Na_2O	%	2.21	0.72	2.08	1.46	0.33	2.21	2.22	0.56	0.06	0.62	0.87	1.64	2.75	3.57	3.91	4.21	0.0	0.0	2082	2.21
SiO_2	%	63.73	4.15	63.56	1.09	0.07	64.48	63.93	2.61	5.01	50.87	55.68	61.26	66.47	70.52	72.80	78.02	0.0	19.4	2055	63.89
TFe_2O_3	%	4.77	1.28	4.60	1.31	0.27	4.75	4.68	0.75	0.78	2.05	2.54	3.97	5.45	7.53	10.12	12.74	0.9	2.8	2045	4.69
SOC	%	0.33	0.18	0.30	1.63	0.54	0.25	0.29	0.08	0.03	0.06	0.12	0.22	0.40	0.84	1.10	1.58	2.0	5.8	1964	0.30
pH	无量纲						7.50	7.28	0.60	4.61	5.47	5.74	6.74	7.94	8.40	8.56	9.16				

2.3 山东土壤地球化学参数——按土壤类型

表 2.3.1A 棕壤表层土壤（0~20 cm）地球化学参数（n=3 751）

指标	单位	算术平均值 X_a	算术标准差 S_a	几何平均值 X_g	几何标准差 S_g	变异系数 CV	众值 X_{mo}	中位值 X_{me}	中位绝对离差 MAD	最小值 X_{min}	累积频率 $X_{0.5\%}$	$X_{2.5\%}$	$X_{25\%}$	$X_{75\%}$	$X_{97.5\%}$	$X_{99.5\%}$	最大值 X_{max}	偏度系数 SK	峰度系数 BK	n'	背景值 X_a'
Ag	mg/kg	0.074	0.059	0.067	1.442	0.80	0.066	0.065	0.011	0.028	0.033	0.038	0.054	0.078	0.153	0.406	1.367	12.2	209.8	3 517	0.065
As	mg/kg	6.5	2.7	6.1	1.4	0.42	5.8	6.1	1.4	1.1	2.3	3.0	4.7	7.6	12.4	18.5	39.0	3.3	25.1	3 653	6.2
Au	μg/kg	2.4	7.4	1.5	1.9	3.07	1.1	1.3	0.3	0.4	0.6	0.7	1.1	1.9	9.9	43.7	286.9	20.7	651.5	3 305	1.4
B	mg/kg	30.0	13.8	27.3	1.5	0.46	32.2	28.7	7.8	1.4	8.1	10.8	20.9	36.4	60.0	88.4	258.9	3.1	31.6	3 663	28.8
Ba	mg/kg	845	361	788	1	0.43	545	745	174	232	377	447	604	991	1 765	2 423	6 450	2.7	20.6	3 598	797
Be	mg/kg	1.94	0.46	1.90	1.23	0.24	1.70	1.87	0.23	0.44	1.15	1.33	1.67	2.13	2.86	3.74	11.51	5.0	73.2	3 665	1.90
Bi	mg/kg	0.25	0.21	0.22	1.48	0.86	0.20	0.21	0.04	0.02	0.08	0.12	0.18	0.27	0.52	1.15	5.94	14.6	316.8	3 561	0.22
Br	mg/kg	3.5	1.9	3.2	1.5	0.56	2.9	3.1	0.7	0.6	1.3	1.7	2.5	3.9	7.2	13.1	39.6	6.6	78.7	3 601	3.2
TC	%	0.79	0.31	0.75	1.39	0.38	0.63	0.74	0.13	0.12	0.30	0.40	0.62	0.90	1.60	2.16	4.47	2.8	15.6	3 585	0.75
Cd	mg/kg	0.125	0.162	0.111	1.486	1.30	0.084	0.108	0.023	0.014	0.046	0.059	0.087	0.136	0.272	0.600	8.273	36.5	1 737.3	3 551	0.110
Ce	mg/kg	71.7	25.4	68.3	1.4	0.35	70.3	66.9	11.2	16.7	30.5	39.5	56.7	79.4	135.6	195.8	373.0	2.7	14.9	3 567	67.7
Cl	mg/kg	145	444	96	2	3.05	65	85	23	31	40	47	66	119	431	2 421	11 138	15.5	293.5	3 360	88
Co	mg/kg	11.9	4.1	11.2	1.4	0.35	11.8	11.3	2.4	0.8	4.6	5.9	9.0	14.0	22.0	28.3	46.7	1.4	4.1	3 648	11.5
Cr	mg/kg	59.6	28.0	55.0	1.5	0.47	57.9	54.6	12.8	9.5	21.4	27.2	42.6	68.5	126.1	188.1	456.0	3.5	27.7	3 578	55.4
Cu	mg/kg	24.0	15.4	21.3	1.6	0.64	18.5	20.5	5.3	1.5	7.4	9.9	15.8	27.1	60.0	97.4	319.9	6.4	88.6	3 518	21.2
F	mg/kg	467	155	447	1	0.33	482	438	74	117	223	266	371	522	868	1 178	1 755	2.2	9.0	3 572	443
Ga	mg/kg	16.6	2.4	16.4	1.2	0.15	17.0	16.7	1.6	6.0	9.9	11.4	15.0	18.3	21.2	22.9	25.3	-0.2	0.4	3 732	16.6
Ge	mg/kg	1.29	0.16	1.28	1.13	0.12	1.26	1.28	0.10	0.54	0.92	1.02	1.19	1.39	1.64	1.83	2.52	0.6	2.2	3 708	1.29
Hg	mg/kg	0.045	0.166	0.031	1.882	3.69	0.024	0.027	0.008	0.002	0.009	0.013	0.021	0.039	0.149	0.504	7.450	33.0	1 313.1	3 358	0.028
I	mg/kg	2.41	3.87	2.04	1.59	1.61	1.79	2.01	0.53	0.46	0.69	0.91	1.53	2.63	5.12	12.40	123.00	21.7	566.1	3 584	2.06
La	mg/kg	37.0	14.2	35.1	1.4	0.38	31.2	34.0	5.8	8.7	15.6	20.7	28.9	40.9	72.9	112.4	204.0	3.0	17.3	3 552	34.6
Li	mg/kg	24.1	7.4	23.0	1.4	0.31	23.8	23.3	4.6	1.6	10.2	12.9	18.9	28.3	41.0	51.4	78.6	1.1	3.4	3 688	23.7
Mn	mg/kg	579	154	560	1	0.27	572	558	85	50	272	336	480	651	944	1 152	1 786	1.4	5.3	3 656	566
Mo	mg/kg	0.65	0.55	0.60	1.43	0.85	0.54	0.58	0.11	0.21	0.28	0.34	0.48	0.71	1.34	2.30	21.00	22.8	721.0	3 573	0.59
N	%	0.081	0.021	0.079	1.307	0.26	0.069	0.080	0.013	0.017	0.030	0.046	0.068	0.092	0.130	0.153	0.243	0.8	2.2	3 692	0.081
Nb	mg/kg	13.8	3.2	13.5	1.2	0.23	13.0	13.2	1.5	6.0	8.2	9.4	11.9	14.9	22.6	28.1	38.9	2.0	7.3	3 570	13.3

指标	单位	算术平均值 X_a	算术标准差 S_a	几何平均值 X_g	几何标准差 S_g	变异系数 CV	众值 X_{mo}	中位值 X_{me}	中位绝对离差 MAD	最小值 X_{min}	累积频率 $X_{0.5\%}$	$X_{2.5\%}$	$X_{25\%}$	$X_{75\%}$	$X_{97.5\%}$	$X_{99.5\%}$	最大值 X_{max}	偏度系数 SK	峰度系数 BK	背景值 n'	X_a'
Ni	mg/kg	25.9	14.2	23.6	1.5	0.55	17.0	23.5	5.8	2.0	8.7	11.3	18.0	30.0	56.8	95.4	355.9	6.9	111.1	3 596	24.0
P	mg/kg	690	285	647	1	0.41	541	634	134	97	255	336	517	798	1 344	1 891	4 236	3.2	23.3	3 621	656
Pb	mg/kg	27.3	24.6	25.4	1.4	0.90	25.0	24.6	3.6	10.3	13.2	16.3	21.4	28.9	50.1	97.6	917.6	25.3	801.6	3 556	24.8
Rb	mg/kg	95.5	20.8	93.4	1.2	0.22	93.3	93.1	11.9	30.3	50.6	61.5	81.9	106.0	145.3	171.4	206.4	0.9	2.0	3 676	94.2
S	mg/kg	200	523	177	1	2.62	142	169	31	16	84	105	142	207	394	826	30 800	54.0	3 132.3	3 535	173
Sb	mg/kg	0.60	0.23	0.57	1.35	0.38	0.51	0.56	0.10	0.14	0.28	0.33	0.47	0.67	1.06	1.56	4.97	5.5	71.8	3 631	0.57
Sc	mg/kg	9.1	2.7	8.7	1.4	0.30	7.8	8.7	1.7	1.5	3.4	4.7	7.2	10.6	15.4	18.8	30.4	1.0	2.6	3 683	8.9
Se	mg/kg	0.17	0.05	0.16	1.28	0.32	0.16	0.16	0.02	0.04	0.08	0.11	0.14	0.18	0.28	0.43	1.07	5.3	57.6	3 590	0.16
Sn	mg/kg	2.6	1.3	2.5	1.3	0.48	2.5	2.5	0.4	0.9	1.3	1.5	2.1	2.9	4.5	7.0	54.6	20.7	761.1	3 631	2.5
Sr	mg/kg	260	115	241	1	0.44	214	237	59	75	105	125	183	305	552	715	1 288	2.4	11.6	3 614	246
Th	mg/kg	11.5	5.9	10.6	1.5	0.51	8.1	9.9	1.9	1.4	4.4	5.8	8.3	12.4	28.6	42.3	62.5	3.1	13.3	3 398	10.0
Ti	mg/kg	3 587	734	3 518	1	0.21	3 477	3 523	389	658	1 882	2 378	3 148	3 924	5 159	6 921	9 565	1.6	8.1	3 651	3 532
Tl	mg/kg	0.60	0.14	0.58	1.25	0.24	0.52	0.57	0.08	0.15	0.33	0.39	0.50	0.66	0.96	1.15	1.65	1.3	3.4	3 634	0.58
U	mg/kg	1.97	0.66	1.88	1.33	0.34	1.68	1.83	0.28	0.40	0.91	1.13	1.58	2.17	3.75	5.13	9.20	2.6	13.2	3 567	1.86
V	mg/kg	72.1	20.6	69.3	1.3	0.29	75.0	70.1	12.3	12.8	30.2	39.0	58.2	82.9	121.8	155.5	197.8	1.1	2.9	3 666	70.6
W	mg/kg	1.32	0.69	1.23	1.43	0.53	1.22	1.22	0.24	0.31	0.48	0.62	0.99	1.49	2.54	4.79	18.12	8.4	138.1	3 620	1.24
Y	mg/kg	21.4	4.0	21.0	1.2	0.19	20.4	21.1	2.3	5.4	10.9	13.9	18.9	23.6	30.2	35.8	48.3	0.6	2.4	3 678	21.2
Zn	mg/kg	60.2	22.5	57.0	1.4	0.37	48.6	57.5	11.6	5.9	23.5	30.6	46.2	69.7	105.4	152.0	493.9	4.1	50.1	3 665	58.3
Zr	mg/kg	297	83	288	1	0.28	269	286	40	62	155	187	249	331	461	772	1 210	3.6	28.6	3 660	290
Al_2O_3	%	13.52	1.31	13.45	1.11	0.10	14.03	13.67	0.75	4.97	9.07	10.49	12.81	14.33	15.84	16.83	18.47	-0.8	2.5	3 665	13.59
CaO	%	1.61	0.82	1.45	1.56	0.51	1.14	1.41	0.41	0.26	0.53	0.67	1.05	1.94	3.59	5.15	11.01	2.4	12.8	3 626	1.51
MgO	%	1.19	0.55	1.08	1.54	0.46	1.00	1.09	0.30	0.04	0.33	0.47	0.81	1.42	2.54	3.39	7.10	1.9	8.2	3 636	1.13
K_2O	%	2.69	0.51	2.64	1.21	0.19	2.65	2.67	0.33	0.87	1.48	1.79	2.34	3.00	3.73	4.26	5.34	0.5	1.0	3 710	2.68
Na_2O	%	2.39	0.55	2.32	1.28	0.23	2.25	2.41	0.38	0.51	1.02	1.37	2.00	2.78	3.43	3.76	4.12	0.0	-0.2	3 741	2.39
SiO_2	%	66.72	4.37	66.58	1.07	0.07	69.88	66.89	2.82	46.37	54.16	57.55	63.98	69.62	75.41	78.37	87.08	-0.1	0.9	3 716	66.74
TFe_2O_3	%	4.09	1.11	3.94	1.31	0.27	3.32	3.96	0.68	0.72	1.87	2.36	3.32	4.69	6.67	8.05	10.39	0.8	1.5	3 678	4.02
SOC	%	0.75	0.26	0.71	1.41	0.34	0.74	0.72	0.13	0.02	0.23	0.37	0.60	0.86	1.34	1.79	3.36	2.1	13.0	3 632	0.73
pH	无量纲						5.37	6.18	0.72	4.37	4.70	4.94	5.53	7.07	8.03	8.32	9.39				

表2.3.1B 棕壤深层土壤（150~200 cm）地球化学参数（n=1 002）

指标	单位	算术平均值 X_a	算术标准差 S_a	几何平均值 X_g	几何标准差 S_g	变异系数 CV	众值 X_{mo}	中位值 X_{me}	中位绝对离差 MAD	最小值 X_{min}	$X_{0.5\%}$	$X_{2.5\%}$	$X_{25\%}$	$X_{75\%}$	$X_{97.5\%}$	$X_{99.5\%}$	最大值 X_{max}	偏度系数 SK	峰度系数 BK	基准值 n'	基准值 X_a'
Ag	mg/kg	0.062	0.040	0.058	1.375	0.65	0.059	0.057	0.009	0.022	0.027	0.034	0.049	0.066	0.110	0.263	0.694	10.9	149.0	956	0.057
As	mg/kg	6.8	3.8	6.2	1.5	0.56	5.3	6.5	1.7	0.8	1.9	2.5	4.8	8.4	12.7	17.0	71.3	9.0	142.9	989	6.6
Au	μg/kg	1.8	4.3	1.5	1.5	2.35	1.3	1.4	0.3	0.6	0.7	0.8	1.2	1.8	3.4	11.2	104.5	19.3	411.0	958	1.5
B	mg/kg	28.8	12.5	26.2	1.6	0.44	27.6	27.3	7.1	3.1	5.7	9.6	20.7	35.0	58.2	85.4	110.8	1.4	4.8	980	27.8
Ba	mg/kg	847	332	794	1	0.39	649	755	169	320	342	459	613	984	1 636	2 279	2 658	1.7	4.3	978	818
Be	mg/kg	2.06	0.53	2.02	1.22	0.26	2.02	2.02	0.22	0.65	1.10	1.38	1.82	2.27	2.88	3.64	13.48	10.4	219.6	980	2.03
Bi	mg/kg	0.22	0.15	0.20	1.47	0.67	0.19	0.21	0.04	0.03	0.06	0.09	0.17	0.25	0.41	1.09	2.74	10.3	150.3	974	0.21
Br	mg/kg	3.4	2.3	3.0	1.6	0.66	2.7	2.9	0.8	0.5	0.9	1.2	2.2	3.9	8.8	15.2	29.9	4.4	33.9	944	3.0
TC	%	0.40	0.25	0.35	1.57	0.63	0.32	0.34	0.09	0.03	0.12	0.16	0.26	0.45	0.95	1.70	3.78	5.1	47.3	939	0.35
Cd	mg/kg	0.080	0.055	0.071	1.548	0.69	0.077	0.071	0.017	0.014	0.020	0.030	0.055	0.091	0.178	0.312	0.943	8.5	109.4	955	0.072
Ce	mg/kg	74.9	24.7	71.4	1.4	0.33	78.6	70.9	11.9	16.8	27.2	39.9	60.8	84.6	134.9	188.4	233.3	1.8	6.6	970	72.0
Cl	mg/kg	152	525	80	2	3.46	48	67	17	31	34	39	53	94	743	4 278	8 661	10.1	119.7	874	69
Co	mg/kg	13.8	5.7	12.7	1.5	0.41	11.8	12.9	3.0	2.0	3.9	5.4	10.2	16.2	28.6	37.7	45.1	1.6	4.6	970	13.1
Cr	mg/kg	62.6	34.9	56.8	1.5	0.56	59.1	57.2	12.7	11.9	17.2	23.4	44.9	70.5	146.9	225.9	607.1	5.8	68.1	952	57.1
Cu	mg/kg	21.2	12.6	19.2	1.5	0.60	15.9	19.1	4.3	2.5	5.3	8.2	15.3	24.3	42.0	79.3	231.7	7.5	98.8	958	19.5
F	mg/kg	478	156	457	1	0.33	407	446	73	147	199	267	383	534	874	1 134	1 895	2.2	11.0	970	460
Ga	mg/kg	17.5	2.2	17.4	1.1	0.13	17.0	17.7	1.3	6.9	11.1	12.5	16.4	18.9	21.6	23.4	24.8	-0.4	1.6	993	17.6
Ge	mg/kg	1.34	0.19	1.33	1.15	0.14	1.27	1.34	0.13	0.66	0.93	0.99	1.20	1.47	1.72	1.83	2.30	0.3	0.8	997	1.34
Hg	mg/kg	0.017	0.032	0.014	1.617	1.82	0.012	0.014	0.003	0.002	0.005	0.007	0.011	0.018	0.040	0.115	0.661	16.0	285.9	957	0.014
I	mg/kg	2.47	1.66	2.16	1.63	0.67	1.76	2.09	0.63	0.57	0.68	0.87	1.56	2.89	5.99	10.70	26.80	5.2	54.6	931	2.15
La	mg/kg	37.7	13.1	35.9	1.4	0.35	32.8	35.6	5.9	10.4	13.8	19.7	30.1	42.1	72.5	98.1	151.4	2.3	10.9	958	35.8
Li	mg/kg	26.9	8.3	25.7	1.4	0.31	25.1	26.1	4.9	3.3	10.0	13.9	21.4	31.5	44.9	58.4	94.8	1.5	7.7	980	26.4
Mn	mg/kg	692	338	633	2	0.49	632	607	127	90	197	293	505	782	1 619	2 408	3 145	2.4	9.0	933	622
Mo	mg/kg	0.63	0.37	0.57	1.49	0.59	0.46	0.55	0.12	0.21	0.23	0.29	0.44	0.71	1.35	3.24	4.70	5.3	41.8	954	0.57
N	%	0.039	0.013	0.037	1.340	0.33	0.030	0.035	0.006	0.019	0.021	0.024	0.030	0.043	0.071	0.092	0.170	2.4	11.5	948	0.037
Nb	mg/kg	14.0	3.4	13.7	1.2	0.25	13.6	13.5	1.5	6.0	7.5	9.2	12.2	15.1	22.5	28.6	45.9	2.6	15.4	964	13.6
Ni	mg/kg	29.5	18.6	26.4	1.6	0.63	26.0	26.8	6.5	3.2	7.6	10.7	20.5	33.4	65.1	134.5	314.8	6.7	79.9	958	26.8

指标	单位	算术平均值 X_a	算术标准差 S_a	几何平均值 X_g	几何标准差 S_g	变异系数 CV	众值 X_{mo}	中位值 X_{me}	中位绝对离差 MAD	最小值 X_{min}	累积频率						最大值 X_{max}	偏度系数 SK	峰度系数 BK	基准值	
											$X_{0.5\%}$	$X_{2.5\%}$	$X_{25\%}$	$X_{75\%}$	$X_{97.5\%}$	$X_{99.5\%}$				n'	X_a'
P	mg/kg	431	265	377	2	0.61	261	361	107	98	135	165	266	500	1 204	1 658	2 472	2.6	10.5	927	373
Pb	mg/kg	25.1	18.4	23.6	1.3	0.73	22.5	23.1	3.2	9.5	12.1	14.0	20.1	26.7	44.8	88.5	513.1	19.6	497.7	960	23.2
Rb	mg/kg	98.2	20.6	96.0	1.2	0.21	95.3	96.9	11.5	36.1	46.9	57.1	86.4	109.2	142.3	169.8	208.3	0.5	1.6	992	97.7
S	mg/kg	128	149	114	1	1.17	95	109	18	51	57	67	94	129	274	659	3 024	15.2	273.2	943	110
Sb	mg/kg	0.66	0.29	0.62	1.43	0.44	0.59	0.62	0.14	0.14	0.23	0.30	0.49	0.77	1.22	1.73	5.25	5.5	69.2	977	0.63
Sc	mg/kg	9.9	2.9	9.5	1.4	0.29	9.9	9.8	1.8	2.1	3.3	4.5	8.1	11.7	15.5	19.1	30.8	0.7	3.3	987	9.8
Se	mg/kg	0.11	0.06	0.11	1.44	0.49	0.09	0.10	0.02	0.03	0.05	0.05	0.08	0.13	0.22	0.32	0.94	6.1	73.5	973	0.11
Sn	mg/kg	2.4	0.5	2.3	1.2	0.23	2.2	2.3	0.3	1.2	1.2	1.5	2.0	2.7	3.5	4.3	6.5	1.3	6.0	982	2.3
Sr	mg/kg	252	114	230	2	0.45	192	221	61	74	90	115	168	300	550	687	931	1.6	3.9	965	238
Th	mg/kg	11.6	5.1	10.8	1.4	0.44	11.2	10.4	2.0	2.2	4.3	5.7	8.7	12.8	24.4	33.9	50.1	2.8	13.1	936	10.6
Ti	mg/kg	3 714	885	3 620	1	0.24	3 839	3 651	431	1 091	1 796	2 157	3 230	4 095	5 437	8 155	10 487	2.0	11.1	976	3 640
Tl	mg/kg	0.61	0.13	0.59	1.24	0.21	0.60	0.59	0.07	0.22	0.29	0.37	0.53	0.67	0.91	1.06	1.23	0.7	1.7	987	0.60
U	mg/kg	1.91	0.56	1.84	1.33	0.29	1.84	1.84	0.30	0.38	0.77	1.03	1.57	2.17	3.24	3.99	5.50	1.2	3.7	982	1.88
V	mg/kg	78.1	22.1	74.8	1.4	0.28	79.0	77.0	13.7	14.5	27.1	37.0	63.7	91.0	125.3	152.6	185.0	0.6	1.5	989	77.2
W	mg/kg	1.37	0.77	1.27	1.45	0.56	1.27	1.30	0.26	0.35	0.44	0.60	1.03	1.56	2.44	5.72	13.20	7.9	97.3	976	1.29
Y	mg/kg	22.3	4.3	21.9	1.2	0.19	22.1	22.1	2.4	7.5	10.5	14.9	19.8	24.6	31.2	41.0	56.5	1.0	6.5	982	22.2
Zn	mg/kg	57.8	21.9	55.0	1.4	0.38	47.2	55.2	8.9	11.9	18.4	30.8	46.8	64.8	101.9	160.7	440.7	6.6	98.1	969	55.5
Zr	mg/kg	266	66	259	1	0.25	245	259	34	102	130	163	229	296	395	524	1 011	3.1	26.3	982	261
Al_2O_3	%	14.47	1.29	14.41	1.10	0.09	14.21	14.47	0.65	6.78	10.37	11.95	13.81	15.12	17.15	18.16	19.25	-0.4	3.3	986	14.49
CaO	%	1.64	0.99	1.44	1.63	0.60	1.01	1.37	0.39	0.32	0.43	0.59	1.03	1.93	4.07	7.01	10.25	2.8	12.8	945	1.47
MgO	%	1.30	0.65	1.18	1.55	0.50	1.28	1.20	0.29	0.16	0.29	0.45	0.92	1.52	2.69	4.47	7.59	3.5	24.1	971	1.22
K_2O	%	2.64	0.50	2.59	1.22	0.19	2.62	2.62	0.32	0.98	1.35	1.67	2.30	2.96	3.63	4.05	4.76	0.2	0.4	995	2.64
Na_2O	%	2.30	0.60	2.22	1.32	0.26	2.24	2.30	0.43	0.68	0.99	1.21	1.87	2.72	3.49	3.76	4.32	0.1	-0.3	1 001	2.30
SiO_2	%	65.06	3.84	64.94	1.06	0.06	64.92	65.20	2.32	49.89	54.09	57.43	62.74	67.38	72.48	76.61	84.48	0.1	1.8	989	65.04
TFe_2O_3	%	4.49	1.23	4.32	1.33	0.27	4.56	4.40	0.73	0.84	1.84	2.34	3.69	5.17	7.19	9.12	10.73	0.9	2.9	984	4.43
SOC	%	0.31	0.15	0.28	1.60	0.50	0.24	0.28	0.07	0.02	0.05	0.12	0.21	0.36	0.72	1.00	1.44	2.1	7.4	954	0.29
pH	无量纲						7.50	7.31	0.49	4.94	5.38	5.73	6.81	7.80	8.36	8.54	9.20				

表2.3.2A 白浆化棕壤表层土壤（0~20 cm）地球化学参数（n=253）

指标	单位	算术平均值 X_a	算术标准差 S_a	几何平均值 X_g	几何标准差 S_g	变异系数 CV	众值 X_{mo}	中位值 X_{me}	中位绝对离差 MAD	最小值 X_{min}	累积频率 $X_{0.5\%}$	$X_{2.5\%}$	$X_{25\%}$	$X_{75\%}$	$X_{97.5\%}$	$X_{99.5\%}$	最大值 X_{max}	偏度系数 SK	峰度系数 BK	背景值 n'	背景值 X_a'
Ag	mg/kg	0.061	0.017	0.059	1.282	0.28	0.052	0.058	0.008	0.028	0.030	0.039	0.051	0.068	0.109	0.136	0.139	1.6	4.2	244	0.059
As	mg/kg	5.0	1.4	4.8	1.3	0.29	5.5	4.8	0.7	1.8	2.2	2.6	4.1	5.6	8.4	9.5	11.9	0.9	2.2	251	4.9
Au	μg/kg	1.1	1.7	1.0	1.5	1.50	0.9	0.9	0.1	0.5	0.5	0.6	0.8	1.1	2.1	4.0	27.3	14.6	224.8	237	1.0
B	mg/kg	22.7	7.2	21.6	1.4	0.32	18.3	21.7	4.2	3.7	8.2	11.8	18.0	26.2	37.7	50.9	57.1	1.2	3.0	249	22.3
Ba	mg/kg	1124	579	1063	1	0.51	1072	1005	132	493	562	649	893	1215	2009	2382	8832	9.6	124.9	244	1062
Be	mg/kg	1.86	0.39	1.82	1.22	0.21	1.68	1.76	0.24	1.13	1.17	1.26	1.57	2.12	2.78	3.26	3.42	0.9	0.9	251	1.85
Bi	mg/kg	0.18	0.06	0.18	1.31	0.31	0.16	0.17	0.02	0.06	0.09	0.11	0.15	0.20	0.32	0.50	0.59	2.8	14.4	243	0.18
Br	mg/kg	2.6	0.8	2.5	1.3	0.29	2.4	2.4	0.4	1.2	1.2	1.5	2.1	2.9	4.2	5.3	8.5	2.4	15.0	251	2.5
TC	%	0.75	0.29	0.71	1.37	0.39	0.61	0.69	0.12	0.34	0.36	0.39	0.59	0.82	1.70	2.17	2.79	3.1	14.4	243	0.70
Cd	mg/kg	0.102	0.042	0.095	1.411	0.41	0.086	0.091	0.015	0.026	0.036	0.057	0.077	0.112	0.215	0.310	0.348	2.6	9.3	236	0.093
Ce	mg/kg	71.2	25.7	67.3	1.4	0.36	60.4	66.1	14.2	30.5	30.6	36.2	54.2	83.9	146.3	192.0	193.3	1.8	5.2	246	68.3
Cl	mg/kg	83	55	74	2	0.67	68	68	14	31	37	42	57	87	188	419	592	5.0	36.1	229	69
Co	mg/kg	9.9	2.8	9.6	1.3	0.28	9.7	9.9	1.7	3.2	4.9	5.4	7.9	11.4	16.2	19.9	22.1	0.8	1.7	247	9.7
Cr	mg/kg	45.9	21.3	42.8	1.4	0.46	37.9	41.1	7.2	17.3	20.0	23.4	34.3	50.6	95.1	154.2	207.2	3.4	18.0	241	42.4
Cu	mg/kg	16.7	8.6	15.2	1.5	0.51	16.1	15.2	3.9	6.2	6.3	7.8	11.3	19.0	43.2	66.1	66.8	2.6	10.0	241	15.3
F	mg/kg	359	125	342	1	0.35	372	339	61	172	178	196	282	406	642	963	1289	2.7	14.0	242	341
Ga	mg/kg	15.5	2.0	15.3	1.1	0.13	16.2	15.3	1.3	8.4	11.6	12.0	14.0	16.6	19.5	20.5	20.8	0.2	0.0	252	15.5
Ge	mg/kg	1.25	0.16	1.24	1.14	0.13	1.21	1.22	0.10	0.67	0.86	0.96	1.14	1.35	1.60	1.67	1.82	0.3	0.6	251	1.25
Hg	mg/kg	0.030	0.029	0.026	1.582	0.97	0.022	0.024	0.005	0.010	0.011	0.013	0.020	0.032	0.084	0.242	0.353	7.7	75.0	234	0.025
I	mg/kg	1.83	0.61	1.74	1.38	0.33	1.77	1.76	0.39	0.66	0.78	0.90	1.40	2.20	3.09	3.91	5.70	1.4	6.0	250	1.80
La	mg/kg	36.2	13.9	34.2	1.4	0.38	29.7	32.8	7.0	15.7	16.2	19.5	27.5	41.6	73.7	98.7	104.6	2.0	5.9	243	34.3
Li	mg/kg	18.3	4.9	17.7	1.3	0.27	17.5	17.6	2.4	9.4	9.9	10.7	15.3	20.4	30.3	38.5	42.6	1.4	3.9	246	17.8
Mn	mg/kg	573	137	557	1	0.24	540	560	84	180	290	338	482	658	855	963	1166	0.6	1.2	252	571
Mo	mg/kg	0.61	0.19	0.59	1.33	0.31	0.56	0.58	0.11	0.32	0.33	0.36	0.48	0.70	1.10	1.28	1.61	1.5	3.4	246	0.60
N	%	0.076	0.018	0.074	1.260	0.24	0.069	0.074	0.010	0.037	0.039	0.045	0.064	0.085	0.115	0.128	0.153	0.7	1.2	251	0.075
Nb	mg/kg	14.2	2.9	13.9	1.2	0.20	15.1	14.4	2.0	7.9	8.6	9.4	12.1	15.9	20.1	23.2	24.5	0.4	0.2	251	14.1
Ni	mg/kg	19.6	8.1	18.4	1.4	0.41	15.3	17.9	3.6	6.7	7.9	9.4	14.8	22.3	38.3	68.8	72.0	2.7	12.4	242	18.4

指标	单位	算术平均值 X_a	算术标准差 S_a	几何平均值 X_g	几何标准差 S_g	变异系数 CV	众值 X_{mo}	中位值 X_{me}	中位绝对离差 MAD	最小值 X_{min}	累积频率 $X_{0.5\%}$	$X_{2.5\%}$	$X_{25\%}$	$X_{75\%}$	$X_{97.5\%}$	$X_{99.5\%}$	最大值 X_{max}	偏度系数 SK	峰度系数 BK	n'	背景值 X_a'
P	mg/kg	620	241	583	1	0.39	545	581	117	228	239	336	465	699	1 258	1 822	1 945	2.1	7.2	245	590
Pb	mg/kg	26.4	6.3	25.8	1.2	0.24	26.8	25.5	3.1	16.8	17.3	19.4	22.5	28.6	39.5	60.5	82.9	3.9	28.4	244	25.6
Rb	mg/kg	94.5	16.0	93.3	1.2	0.17	89.3	91.0	9.9	65.5	65.8	70.5	82.4	103.5	134.0	145.6	149.6	0.9	0.7	248	93.5
S	mg/kg	186	195	170	1	1.04	150	164	26	75	88	103	143	195	312	504	3 157	14.3	217.9	240	167
Sb	mg/kg	0.51	0.11	0.49	1.25	0.22	0.47	0.50	0.07	0.23	0.29	0.33	0.43	0.56	0.73	0.80	0.91	0.5	0.2	252	0.50
Sc	mg/kg	7.3	2.2	7.0	1.3	0.31	8.1	7.2	1.4	3.1	3.2	3.9	5.7	8.5	12.3	15.1	19.5	1.2	3.8	248	7.1
Se	mg/kg	0.18	0.10	0.17	1.28	0.56	0.17	0.17	0.02	0.10	0.11	0.12	0.15	0.19	0.30	0.38	1.63	12.3	177.0	244	0.17
Sn	mg/kg	2.2	0.6	2.2	1.3	0.26	1.7	2.1	0.4	1.0	1.2	1.4	1.8	2.5	3.3	4.5	5.5	1.4	4.7	248	2.2
Sr	mg/kg	256	105	238	1	0.41	310	237	69	115	120	126	176	311	565	661	676	1.4	2.7	245	245
Th	mg/kg	9.9	4.0	9.3	1.4	0.40	8.8	8.6	1.5	4.9	4.9	5.6	7.4	11.4	20.0	29.5	31.3	2.1	6.1	239	9.2
Ti	mg/kg	3 303	625	3 247	1	0.19	2 883	3 238	364	1 647	1 858	2 207	2 892	3 646	4 691	5 702	5 953	0.8	2.2	248	3 259
Tl	mg/kg	0.58	0.13	0.57	1.22	0.22	0.50	0.56	0.07	0.33	0.35	0.41	0.49	0.64	0.90	1.16	1.21	1.6	4.8	244	0.57
U	mg/kg	1.70	0.46	1.65	1.27	0.27	1.61	1.60	0.18	0.98	1.07	1.11	1.43	1.79	3.01	3.38	4.02	1.8	4.3	234	1.60
V	mg/kg	60.9	15.7	59.1	1.3	0.26	62.0	59.0	9.0	27.6	34.2	37.1	50.5	69.1	95.8	128.0	131.8	1.2	2.9	248	59.8
W	mg/kg	1.03	0.36	0.98	1.35	0.35	0.96	0.97	0.16	0.40	0.43	0.55	0.82	1.15	1.77	2.55	4.04	3.0	20.8	249	1.00
Y	mg/kg	22.4	4.6	21.9	1.2	0.20	23.3	22.2	3.1	10.2	10.9	14.8	19.1	25.2	31.9	35.9	38.2	0.3	0.4	251	22.3
Zn	mg/kg	47.7	16.5	45.2	1.4	0.35	36.3	45.3	9.0	17.7	20.5	24.2	36.3	54.7	88.3	117.8	132.2	1.5	4.4	245	45.9
Zr	mg/kg	345	67	339	1	0.19	340	341	41	188	192	214	304	383	484	582	638	0.6	1.6	250	342
Al_2O_3	%	12.49	1.16	12.43	1.10	0.09	12.19	12.57	0.90	7.95	9.86	10.33	11.58	13.33	14.51	14.99	15.43	-0.2	0.1	252	12.50
CaO	%	1.22	0.62	1.11	1.54	0.50	0.73	1.06	0.29	0.44	0.49	0.54	0.82	1.49	2.77	4.42	5.42	2.4	10.5	246	1.16
MgO	%	0.79	0.42	0.72	1.54	0.52	0.61	0.71	0.20	0.22	0.26	0.32	0.54	0.95	1.72	2.89	4.13	3.2	19.1	246	0.75
K_2O	%	3.01	0.48	2.98	1.17	0.16	2.87	2.96	0.32	1.97	1.98	2.13	2.69	3.32	4.04	4.25	4.34	0.3	-0.2	253	3.01
Na_2O	%	2.54	0.36	2.51	1.17	0.14	2.48	2.55	0.21	1.27	1.32	1.74	2.36	2.76	3.20	3.41	3.88	-0.4	1.6	248	2.55
SiO_2	%	69.49	3.77	69.39	1.06	0.05	69.28	69.63	2.40	56.81	58.62	60.48	67.22	72.02	76.33	77.26	81.47	-0.4	0.6	250	69.54
TFe_2O_3	%	3.28	0.78	3.19	1.26	0.24	2.99	3.18	0.50	1.42	1.89	2.08	2.72	3.76	5.02	6.22	6.45	0.8	1.3	251	3.25
SOC	%	0.72	0.25	0.69	1.36	0.34	0.64	0.69	0.12	0.29	0.29	0.35	0.58	0.83	1.27	2.08	2.39	2.3	11.2	246	0.70
pH	无量纲						5.38	5.49	0.39	4.54	4.55	4.68	5.20	6.05	7.94	8.06	8.21				

表 2.3.2B 白浆化棕壤深层土壤（150~200 cm）地球化学参数（n=60）

指标	单位	算术平均值 X_a	算术标准差 S_a	几何平均值 X_g	几何标准差 S_g	变异系数 CV	众值 X_{mo}	中位值 X_{me}	中位绝对离差 MAD	最小值 X_{min}	$X_{0.5\%}$	$X_{2.5\%}$	累积频率 $X_{25\%}$	$X_{75\%}$	$X_{97.5\%}$	$X_{99.5\%}$	最大值 X_{max}	偏度系数 SK	峰度系数 BK	n'	基准值 X_a'
Ag	mg/kg	0.070	0.047	0.062	1.522	0.67	0.046	0.056	0.010	0.038	0.038	0.039	0.046	0.068	0.263	0.275	0.275	3.3	11.4	53	0.056
As	mg/kg	6.9	3.5	6.2	1.6	0.50	7.9	6.6	2.0	2.5	2.5	2.5	4.3	8.0	15.8	20.4	20.4	1.4	3.0	58	6.5
Au	μg/kg	1.3	0.4	1.2	1.3	0.28	1.3	1.2	0.2	0.6	0.6	0.7	1.0	1.5	1.9	2.7	2.7	1.1	3.5	59	1.2
B	mg/kg	21.8	8.4	19.8	1.6	0.38	20.7	22.2	6.8	3.7	3.7	7.8	15.2	27.6	38.7	39.7	39.7	-0.1	-0.7	60	21.8
Ba	mg/kg	1181	792	1077	1	0.67	1432	1046	234	482	482	616	832	1368	1822	6760	6760	6.1	43.1	59	1087
Be	mg/kg	2.26	0.71	2.19	1.24	0.31	1.99	2.13	0.21	1.63	1.63	1.67	1.96	2.38	3.69	6.95	6.95	5.1	32.8	57	2.14
Bi	mg/kg	0.20	0.08	0.18	1.48	0.40	0.19	0.19	0.04	0.07	0.07	0.08	0.15	0.23	0.44	0.47	0.47	1.2	2.8	58	0.19
Br	mg/kg	2.1	1.3	1.8	1.8	0.62	1.8	2.0	0.5	0.1	0.1	0.5	1.5	2.6	5.0	10.0	10.0	3.7	20.6	58	1.9
TC	%	0.28	0.09	0.27	1.38	0.30	0.33	0.29	0.08	0.12	0.12	0.13	0.21	0.36	0.43	0.49	0.49	0.2	-0.7	60	0.28
Cd	mg/kg	0.078	0.040	0.071	1.534	0.50	0.064	0.068	0.015	0.027	0.027	0.028	0.056	0.083	0.176	0.272	0.272	2.4	9.0	57	0.072
Ce	mg/kg	90.9	25.0	87.5	1.3	0.27	79.6	87.0	15.5	40.3	40.3	43.4	76.7	104.2	147.4	148.1	148.1	0.5	0.0	60	90.9
Cl	mg/kg	55	24	52	1	0.42	53	52	10	31	31	33	42	62	114	182	182	3.0	13.8	58	52
Co	mg/kg	15.7	6.9	14.3	1.5	0.44	14.1	13.9	3.5	4.3	4.3	5.6	11.5	18.1	34.8	36.5	36.5	1.1	1.1	58	15.0
Cr	mg/kg	59.1	30.3	53.2	1.6	0.51	55.8	57.3	13.0	16.7	16.7	17.0	41.4	66.4	122.1	211.2	211.2	2.4	10.0	59	56.5
Cu	mg/kg	19.7	11.8	17.3	1.6	0.59	13.9	16.2	3.7	3.6	3.6	6.2	13.6	20.9	61.6	62.2	62.2	2.3	5.5	55	16.5
F	mg/kg	466	126	451	1	0.27	360	444	86	277	277	287	365	545	761	871	871	0.8	0.5	59	459
Ga	mg/kg	17.9	1.9	17.8	1.1	0.10	19.8	18.0	1.5	13.7	13.7	13.8	16.6	19.4	21.2	21.2	21.2	-0.3	-0.6	60	17.9
Ge	mg/kg	1.37	0.22	1.35	1.17	0.16	1.41	1.37	0.13	0.93	0.93	1.00	1.24	1.50	1.82	1.89	1.89	0.2	-0.4	60	1.37
Hg	mg/kg	0.014	0.005	0.013	1.439	0.36	0.011	0.014	0.003	0.005	0.005	0.006	0.011	0.016	0.022	0.035	0.035	1.3	4.6	59	0.013
I	mg/kg	2.21	0.81	2.09	1.39	0.36	1.66	2.10	0.46	1.18	1.18	1.20	1.66	2.50	4.74	4.93	4.93	1.4	2.2	58	2.12
La	mg/kg	42.5	12.9	40.8	1.3	0.30	38.2	39.8	7.6	25.0	25.0	25.5	33.5	48.0	75.2	79.1	79.1	1.1	0.7	60	42.5
Li	mg/kg	26.5	7.4	25.5	1.3	0.28	24.4	25.0	4.4	10.5	10.5	16.2	21.4	30.9	48.9	49.7	49.7	1.0	1.8	58	25.7
Mn	mg/kg	922	531	810	2	0.57	803	801	239	287	287	402	567	1026	2701	2776	2776	1.8	3.6	56	815
Mo	mg/kg	0.73	0.41	0.67	1.43	0.56	0.64	0.64	0.11	0.35	0.35	0.37	0.57	0.76	2.05	3.22	3.22	4.4	23.8	56	0.64
N	%	0.032	0.006	0.032	1.193	0.19	0.029	0.032	0.003	0.022	0.022	0.023	0.029	0.035	0.045	0.053	0.053	0.8	1.5	59	0.032
Nb	mg/kg	15.1	2.9	14.9	1.2	0.19	16.4	15.2	1.9	9.8	9.8	10.7	13.0	16.5	21.6	24.2	24.2	0.7	0.7	59	15.0
Ni	mg/kg	29.5	13.1	27.1	1.5	0.44	29.7	28.9	6.3	9.0	9.0	10.2	21.8	34.7	54.0	91.0	91.0	1.8	7.0	59	28.5

指标	单位	算术平均值 X_a	算术标准差 S_a	几何平均值 X_g	几何标准差 S_g	变异系数 CV	众值 X_{mo}	中位值 X_{me}	中位绝对离差 MAD	最小值 X_{min}	累积频率 $X_{0.5\%}$	$X_{2.5\%}$	$X_{25\%}$	$X_{75\%}$	$X_{97.5\%}$	$X_{99.5\%}$	最大值 X_{max}	偏度系数 SK	峰度系数 BK	n'	基准值 X_a'
P	mg/kg	402	304	328	2	0.75	166	284	96	145	145	156	206	442	1 176	1 678	1 678	2.0	4.6	58	367
Pb	mg/kg	30.2	23.7	27.5	1.4	0.78	27.4	25.4	3.4	18.2	18.2	18.3	22.8	31.2	50.3	203.0	203.0	6.8	50.3	57	26.5
Rb	mg/kg	103.6	22.7	101.3	1.2	0.22	91.4	99.3	9.0	49.1	49.1	61.4	90.8	109.5	156.1	189.6	189.6	1.2	3.2	59	102.2
S	mg/kg	106	122	92	1	1.14	86	91	14	54	54	55	78	106	122	1 024	1 024	7.5	57.4	59	91
Sb	mg/kg	0.68	0.27	0.63	1.46	0.40	0.43	0.64	0.16	0.31	0.31	0.33	0.49	0.79	1.36	1.45	1.45	1.0	0.7	60	0.68
Sc	mg/kg	9.3	3.1	8.8	1.4	0.33	6.8	9.2	2.0	3.7	3.7	4.2	7.1	11.0	17.6	19.5	19.5	0.9	1.5	58	8.9
Se	mg/kg	0.13	0.05	0.12	1.41	0.35	0.11	0.12	0.02	0.05	0.05	0.06	0.10	0.14	0.25	0.25	0.25	1.0	0.5	60	0.13
Sn	mg/kg	2.3	0.5	2.2	1.3	0.24	2.4	2.3	0.3	1.3	1.3	1.4	2.0	2.4	3.7	4.2	4.2	1.0	2.2	59	2.2
Sr	mg/kg	251	97	233	1	0.38	210	244	76	90	90	118	168	313	435	531	531	0.5	-0.2	60	251
Th	mg/kg	11.1	3.8	10.5	1.4	0.34	9.0	10.5	1.9	4.2	4.2	5.7	8.6	12.4	20.2	27.2	27.2	1.6	4.6	59	10.8
Ti	mg/kg	3 728	734	3 653	1	0.20	3 965	3 722	458	1 752	1 752	2 256	3 306	4 145	5 320	5 719	5 719	0.0	0.6	60	3 728
Tl	mg/kg	0.62	0.12	0.61	1.22	0.19	0.60	0.60	0.06	0.34	0.34	0.39	0.56	0.68	0.88	0.94	0.94	0.3	0.5	60	0.62
U	mg/kg	1.81	0.43	1.76	1.27	0.24	1.70	1.77	0.23	0.73	0.73	1.19	1.55	2.00	2.88	3.08	3.08	0.7	1.1	60	1.81
V	mg/kg	81.9	22.9	78.4	1.4	0.28	82.0	81.5	14.5	24.5	24.5	29.3	67.0	92.0	129.0	149.0	149.0	0.2	1.0	60	81.9
W	mg/kg	1.45	1.54	1.24	1.57	1.05	1.44	1.21	0.26	0.49	0.49	0.55	1.02	1.47	2.90	12.68	12.68	6.8	50.5	58	1.23
Y	mg/kg	25.7	6.4	25.1	1.2	0.25	25.8	25.3	3.3	15.8	15.8	18.4	21.2	28.0	40.1	59.9	59.9	2.7	12.9	58	24.9
Zn	mg/kg	65.8	57.0	57.9	1.5	0.86	53.5	55.8	12.0	34.1	34.1	34.9	44.0	66.4	181.7	462.1	462.1	6.0	41.0	57	55.7
Zr	mg/kg	280	61	274	1	0.22	252	272	39	125	125	191	247	313	412	478	478	0.6	1.2	59	277
Al_2O_3	%	14.45	0.87	14.43	1.06	0.06	14.35	14.44	0.49	12.13	12.13	12.69	13.96	14.91	16.30	16.51	16.51	0.0	0.5	60	14.45
CaO	%	1.29	0.67	1.16	1.59	0.52	1.34	1.12	0.39	0.42	0.42	0.60	0.80	1.61	3.36	3.86	3.86	1.6	3.4	58	1.21
MgO	%	1.10	0.49	1.01	1.52	0.44	0.96	0.98	0.27	0.43	0.43	0.46	0.73	1.32	2.34	2.35	2.35	1.0	0.4	60	1.10
K_2O	%	2.88	0.54	2.83	1.21	0.19	2.88	2.88	0.36	1.38	1.38	2.03	2.53	3.19	4.13	4.22	4.22	0.1	0.4	60	2.88
Na_2O	%	2.42	0.53	2.37	1.24	0.22	2.30	2.30	0.37	1.45	1.45	1.56	2.09	2.73	3.51	3.57	3.57	0.5	-0.6	60	2.42
SiO_2	%	63.79	3.73	63.68	1.06	0.06	65.68	63.91	2.36	50.87	50.87	55.98	61.55	65.85	70.21	70.80	70.80	-0.6	1.4	59	64.00
TFe_2O_3	%	4.53	1.17	4.39	1.29	0.26	3.88	4.38	0.71	2.45	2.45	2.64	3.84	5.14	6.75	8.89	8.89	0.9	2.1	59	4.46
SOC	%	0.25	0.09	0.23	1.51	0.35	0.27	0.26	0.08	0.05	0.05	0.09	0.18	0.32	0.39	0.47	0.47	0.0	-0.6	60	0.25
pH	无量纲						6.90	7.09	0.27	5.76	5.76	6.00	6.85	7.36	8.33	8.56	8.56				

表 2.3.3A　潮棕壤表层土壤（0~20 cm）地球化学参数（$n=1\ 405$）

指标	单位	算术平均值 X_a	算术标准差 S_a	几何平均值 X_g	几何标准差 S_g	变异系数 CV	众值 X_{mo}	中位值 X_{me}	中位绝对离差 MAD	最小值 X_{min}	累积频率						最大值 X_{max}	偏度系数 SK	峰度系数 BK	n'	背景值 X_a'
											$X_{0.5\%}$	$X_{2.5\%}$	$X_{25\%}$	$X_{75\%}$	$X_{97.5\%}$	$X_{99.5\%}$					
Ag	mg/kg	0.075	0.038	0.071	1.368	0.51	0.060	0.069	0.011	0.030	0.037	0.043	0.059	0.082	0.139	0.259	0.565	7.2	75.0	1 344	0.070
As	mg/kg	6.6	2.3	6.3	1.4	0.35	6.8	6.4	1.3	1.7	2.5	3.3	5.1	7.7	11.2	13.8	39.0	3.3	35.6	1 381	6.5
Au	μg/kg	2.0	4.9	1.4	1.7	2.52	1.1	1.3	0.3	0.4	0.5	0.7	1.1	1.7	6.4	20.7	123.0	16.7	338.5	1 281	1.3
B	mg/kg	33.0	12.0	30.9	1.5	0.36	32.8	32.6	6.8	2.9	9.1	13.6	25.6	39.2	56.3	79.6	157.2	1.6	10.9	1 387	32.4
Ba	mg/kg	800	298	760	1	0.37	624	712	123	341	411	501	610	908	1 529	1 880	4 713	3.1	24.1	1 324	751
Be	mg/kg	1.88	0.35	1.85	1.19	0.19	1.79	1.84	0.19	1.14	1.26	1.37	1.66	2.03	2.72	3.40	5.37	2.1	11.2	1 368	1.85
Bi	mg/kg	0.24	0.13	0.22	1.38	0.54	0.19	0.22	0.04	0.10	0.11	0.13	0.18	0.26	0.49	0.91	2.83	9.0	139.5	1 342	0.22
Br	mg/kg	3.6	1.7	3.4	1.4	0.47	3.1	3.3	0.6	1.3	1.5	1.9	2.8	4.0	6.7	12.0	34.7	8.0	118.5	1 350	3.4
TC	%	0.88	0.33	0.83	1.37	0.37	0.69	0.81	0.15	0.17	0.39	0.47	0.68	1.00	1.69	2.41	4.49	3.0	18.2	1 346	0.83
Cd	mg/kg	0.128	0.159	0.114	1.477	1.24	0.100	0.107	0.021	0.035	0.051	0.064	0.089	0.137	0.293	0.497	4.810	22.1	597.3	1 310	0.110
Ce	mg/kg	65.5	20.4	63.1	1.3	0.31	55.8	63.3	8.7	14.3	33.6	38.6	54.7	72.0	108.4	185.9	278.2	3.7	27.9	1 352	62.9
Cl	mg/kg	131	412	96	2	3.13	70	87	24	36	40	48	68	121	334	1 318	10 966	20.6	482.0	1 305	92
Co	mg/kg	10.7	2.9	10.3	1.3	0.27	10.1	10.4	1.7	2.4	5.1	6.0	8.8	12.2	17.8	20.8	28.3	0.9	1.9	1 380	10.6
Cr	mg/kg	55.2	18.0	52.7	1.3	0.33	52.1	53.2	9.3	11.8	24.6	29.0	44.2	62.5	99.1	125.5	229.1	2.2	12.3	1 357	53.2
Cu	mg/kg	21.5	10.0	20.0	1.4	0.47	16.4	19.6	3.9	4.0	8.3	10.5	15.9	23.8	47.9	69.1	126.1	3.5	22.3	1 322	19.7
F	mg/kg	429	116	416	1	0.27	412	410	55	168	220	272	358	470	709	917	1 493	2.3	11.7	1 357	415
Ga	mg/kg	15.7	2.0	15.6	1.1	0.13	14.6	15.7	1.1	10.1	10.7	11.7	14.5	16.8	20.0	22.4	25.6	0.4	1.4	1 389	15.6
Ge	mg/kg	1.27	0.16	1.26	1.13	0.13	1.32	1.27	0.10	0.60	0.91	1.00	1.16	1.37	1.61	1.78	2.19	0.5	1.6	1 388	1.27
Hg	mg/kg	0.054	0.184	0.036	1.868	3.41	0.024	0.033	0.010	0.009	0.012	0.015	0.025	0.048	0.155	0.688	4.623	18.8	400.6	1 287	0.035
I	mg/kg	2.02	1.18	1.88	1.42	0.58	1.93	1.88	0.42	0.65	0.79	0.96	1.48	2.34	3.58	5.37	34.60	16.4	430.6	1 377	1.94
La	mg/kg	33.6	10.7	32.4	1.3	0.32	31.9	32.1	4.4	8.0	17.1	20.1	27.9	36.8	57.8	90.8	149.5	3.9	30.0	1 344	32.1
Li	mg/kg	23.8	6.3	23.0	1.3	0.27	21.5	23.4	4.1	8.2	11.8	13.8	19.4	27.6	37.2	47.1	69.9	1.0	3.5	1 390	23.6
Mn	mg/kg	563	144	548	1.41	0.26	529	541	69	238	294	355	477	619	937	1 185	1 703	1.9	8.1	1 356	546
Mo	mg/kg	0.60	0.94	0.54	1.41	1.57	0.52	0.52	0.09	0.24	0.27	0.31	0.44	0.64	1.09	1.82	33.91	31.9	1 114.2	1 349	0.54
N	%	0.086	0.021	0.083	1.275	0.24	0.072	0.085	0.013	0.024	0.040	0.052	0.072	0.098	0.129	0.156	0.241	1.0	3.5	1 382	0.085
Nb	mg/kg	13.3	2.4	13.1	1.2	0.18	12.4	13.0	1.3	3.4	8.1	9.5	11.8	14.4	19.1	23.4	29.0	1.3	4.4	1 358	13.0
Ni	mg/kg	23.8	9.9	22.5	1.4	0.42	21.2	22.6	4.5	5.7	10.1	12.2	18.2	27.1	44.8	66.7	212.4	6.3	98.8	1 357	22.7

指标	单位	算术平均值 X_a	算术标准差 S_a	几何平均值 X_g	几何标准差 S_g	变异系数 CV	众值 X_{mo}	中位值 X_{me}	中位绝对离差 MAD	最小值 X_{min}	累积频率 $X_{0.5\%}$	$X_{2.5\%}$	$X_{25\%}$	$X_{75\%}$	$X_{97.5\%}$	$X_{99.5\%}$	最大值 X_{max}	偏度系数 SK	峰度系数 BK	背景值 n'	X_a'
P	mg/kg	707	232	673	1	0.33	580	666	125	126	308	380	556	810	1 273	1 736	1 939	1.4	3.8	1 366	684
Pb	mg/kg	26.0	13.5	24.8	1.3	0.52	23.0	23.8	3.0	11.1	14.9	17.4	21.3	27.6	43.6	95.1	351.9	14.4	296.1	1 340	24.3
Rb	mg/kg	93.5	15.4	92.3	1.2	0.17	93.2	92.8	8.5	46.2	59.1	65.4	84.4	101.5	126.9	147.3	198.7	0.8	3.3	1 381	92.8
S	mg/kg	218	326	192	1	1.49	166	182	32	82	98	116	154	222	437	1 030	8 561	20.6	484.1	1 313	185
Sb	mg/kg	0.61	0.75	0.56	1.34	1.23	0.53	0.55	0.08	0.23	0.30	0.34	0.47	0.65	0.99	1.63	26.60	30.8	1 057.1	1 359	0.56
Sc	mg/kg	8.5	2.1	8.2	1.3	0.24	9.6	8.4	1.3	1.8	3.8	5.0	7.1	9.7	13.1	15.2	18.3	0.5	1.1	1 384	8.4
Se	mg/kg	0.17	0.06	0.16	1.29	0.33	0.16	0.16	0.02	0.05	0.10	0.11	0.14	0.18	0.30	0.43	0.82	4.3	33.1	1 340	0.16
Sn	mg/kg	2.8	1.1	2.7	1.4	0.38	2.5	2.6	0.4	0.9	1.3	1.7	2.2	3.1	5.5	9.0	13.1	3.4	19.0	1 325	2.6
Sr	mg/kg	253	123	237	1	0.49	244	233	50	90	121	136	186	288	482	817	2 978	9.1	174.4	1 339	236
Th	mg/kg	10.5	4.1	10.0	1.3	0.39	9.4	9.8	1.5	2.4	5.0	6.2	8.4	11.4	20.9	29.4	82.8	5.7	72.9	1 318	9.8
Ti	mg/kg	3 430	529	3 388	1	0.15	3 691	3 429	323	683	1 981	2 350	3 127	3 763	4 386	5 064	6 227	0.1	1.8	1 389	3 424
Tl	mg/kg	0.57	0.10	0.57	1.19	0.18	0.56	0.56	0.06	0.29	0.36	0.40	0.51	0.63	0.83	0.98	1.23	1.2	3.8	1 357	0.56
U	mg/kg	1.94	0.45	1.90	1.24	0.23	1.72	1.89	0.25	0.66	1.05	1.26	1.66	2.17	2.92	3.70	6.26	1.8	10.9	1 377	1.91
V	mg/kg	66.2	14.3	64.6	1.2	0.22	59.0	66.0	8.7	14.1	32.7	40.5	56.8	74.4	96.7	116.3	132.8	0.5	1.3	1 389	65.7
W	mg/kg	1.30	0.53	1.24	1.36	0.41	1.10	1.24	0.22	0.41	0.55	0.67	1.05	1.47	2.11	3.53	11.80	7.8	124.9	1 375	1.25
Y	mg/kg	20.9	3.4	20.6	1.2	0.16	21.6	20.8	2.0	6.9	12.0	14.4	18.8	22.8	27.9	31.1	43.7	0.4	2.6	1 385	20.8
Zn	mg/kg	55.2	16.9	53.0	1.3	0.31	48.5	52.3	9.1	17.3	27.2	31.5	44.3	62.8	94.0	124.9	215.7	2.1	10.8	1 367	53.5
Zr	mg/kg	289	57	284	1	0.20	280	282	30	74	164	197	254	315	411	482	925	1.6	12.3	1 380	286
Al$_2$O$_3$	%	12.97	1.09	12.92	1.09	0.08	13.03	13.00	0.61	8.77	9.74	10.54	12.39	13.59	15.23	16.09	16.98	-0.1	1.1	1 386	12.98
CaO	%	1.60	0.68	1.49	1.44	0.42	1.58	1.48	0.34	0.48	0.61	0.77	1.17	1.87	3.18	5.25	8.32	2.5	13.6	1 349	1.51
MgO	%	1.05	0.40	0.99	1.42	0.38	0.91	1.01	0.21	0.21	0.38	0.49	0.79	1.22	1.96	2.78	4.35	2.3	12.0	1 360	1.00
K$_2$O	%	2.58	0.42	2.55	1.17	0.16	2.27	2.51	0.27	1.52	1.68	1.92	2.27	2.85	3.49	3.78	4.72	0.7	0.7	1 396	2.57
Na$_2$O	%	2.32	0.49	2.27	1.24	0.21	2.19	2.31	0.33	0.85	1.27	1.47	1.97	2.64	3.29	3.83	4.01	0.3	0.2	1 392	2.31
SiO$_2$	%	67.86	3.60	67.76	1.05	0.05	68.94	67.89	2.25	53.68	57.88	59.95	65.67	70.17	75.00	77.28	80.52	-0.1	0.6	1 396	67.89
TFe$_2$O$_3$	%	3.69	0.79	3.61	1.24	0.21	3.65	3.63	0.48	0.89	1.96	2.32	3.17	4.13	5.51	6.08	7.30	0.5	0.7	1 393	3.68
SOC	%	0.82	0.27	0.79	1.36	0.33	0.77	0.79	0.14	0.04	0.33	0.43	0.66	0.94	1.39	1.96	3.96	2.7	20.5	1 370	0.80
pH	无量纲						7.50	6.66	0.76	4.33	4.70	5.01	5.87	7.40	8.10	8.34	9.35				

表 2.3.3B　潮棕壤深层土壤（150~200 cm）地球化学参数（n=351）

指标	单位	算术平均值 X_a	算术标准差 S_a	几何平均值 X_g	几何标准差 S_g	变异系数 CV	众值 X_{mo}	中位值 X_{me}	中位绝对离差 MAD	最小值 X_{min}	累积频率						最大值 X_{max}	偏度系数 SK	峰度系数 BK	基准值	
											$X_{0.5\%}$	$X_{2.5\%}$	$X_{25\%}$	$X_{75\%}$	$X_{97.5\%}$	$X_{99.5\%}$				n'	X_a'
Ag	mg/kg	0.063	0.019	0.061	1.298	0.30	0.062	0.061	0.009	0.026	0.031	0.037	0.052	0.070	0.105	0.146	0.214	2.5	14.7	337	0.061
As	mg/kg	7.4	3.6	6.8	1.5	0.49	7.1	7.1	1.7	1.5	2.0	2.8	5.2	8.8	14.4	18.7	43.2	4.5	38.1	341	7.0
Au	μg/kg	1.6	0.9	1.5	1.4	0.56	1.4	1.5	0.3	0.7	0.8	0.8	1.2	1.8	2.8	4.0	14.7	9.4	131.1	342	1.5
B	mg/kg	31.8	11.9	29.4	1.5	0.38	33.4	30.6	7.3	5.6	6.6	10.0	23.8	38.7	53.9	70.3	99.2	1.0	4.2	346	31.1
Ba	mg/kg	791	282	753	1	0.36	695	705	120	470	472	486	605	868	1591	1928	2204	1.9	4.4	331	741
Be	mg/kg	2.01	0.34	1.98	1.18	0.17	1.90	1.99	0.22	1.19	1.32	1.44	1.78	2.21	2.68	3.41	3.53	0.8	2.0	347	1.99
Bi	mg/kg	0.22	0.09	0.21	1.38	0.43	0.21	0.21	0.04	0.07	0.08	0.11	0.18	0.25	0.35	0.46	1.54	7.9	106.2	345	0.21
Br	mg/kg	3.3	1.8	3.0	1.5	0.54	3.1	3.0	0.7	0.6	0.7	1.2	2.4	3.8	7.2	9.9	23.7	5.2	51.1	335	3.0
TC	%	0.40	0.26	0.36	1.62	0.65	0.32	0.33	0.09	0.03	0.15	0.17	0.27	0.48	1.06	1.65	2.81	4.0	25.5	330	0.35
Cd	mg/kg	0.078	0.037	0.073	1.438	0.47	0.064	0.071	0.015	0.017	0.032	0.037	0.058	0.090	0.146	0.239	0.473	4.7	41.8	340	0.074
Ce	mg/kg	74.3	22.8	71.6	1.3	0.31	63.0	71.0	9.9	28.4	33.9	44.8	61.5	81.1	122.4	165.7	231.1	2.6	13.3	341	71.9
Cl	mg/kg	108	288	75	2	2.66	60	66	13	31	35	41	57	88	328	2591	3918	10.6	121.3	319	68
Co	mg/kg	14.0	5.0	13.3	1.4	0.36	11.1	13.1	2.4	5.0	5.9	7.1	11.0	15.8	26.0	34.8	39.0	1.7	4.2	341	13.5
Cr	mg/kg	62.3	24.9	58.7	1.4	0.40	60.4	59.2	10.6	22.0	24.2	29.1	49.4	69.9	122.3	167.5	245.2	3.2	17.1	336	58.5
Cu	mg/kg	20.6	7.6	19.5	1.4	0.37	16.5	19.7	3.7	6.9	8.5	9.8	16.0	23.4	37.7	58.3	80.1	2.6	14.2	337	19.5
F	mg/kg	467	136	451	1	0.29	424	441	71	226	249	292	377	522	803	979	1300	1.8	5.7	331	444
Ga	mg/kg	17.0	2.1	16.9	1.1	0.12	17.7	17.2	1.3	10.6	12.0	12.7	15.8	18.3	21.2	22.3	24.9	0.0	0.5	349	17.0
Ge	mg/kg	1.34	0.18	1.33	1.14	0.13	1.34	1.33	0.12	0.91	0.95	1.01	1.22	1.46	1.72	1.82	1.91	0.3	0.0	350	1.34
Hg	mg/kg	0.020	0.031	0.016	1.662	1.55	0.015	0.016	0.004	0.003	0.005	0.008	0.013	0.020	0.057	0.145	0.531	13.1	204.4	331	0.016
I	mg/kg	2.17	0.94	2.00	1.49	0.44	1.86	1.96	0.48	0.64	0.68	0.95	1.56	2.57	4.34	5.53	9.14	2.0	9.0	344	2.09
La	mg/kg	37.0	12.9	35.5	1.3	0.35	40.6	35.1	4.9	16.1	16.2	22.2	30.4	40.4	67.8	93.4	140.1	3.6	21.9	330	34.7
Li	mg/kg	27.8	7.7	26.8	1.3	0.28	33.0	26.9	5.2	10.8	12.7	15.4	22.4	32.9	44.1	50.1	77.3	1.1	4.4	344	27.3
Mn	mg/kg	757	389	695	1	0.51	603	649	148	279	314	381	546	849	1968	2564	3722	3.2	14.8	328	676
Mo	mg/kg	0.57	0.29	0.53	1.43	0.51	0.44	0.51	0.10	0.21	0.22	0.30	0.43	0.64	1.15	1.66	3.38	4.9	38.4	331	0.52
N	%	0.039	0.011	0.038	1.288	0.28	0.040	0.036	0.005	0.023	0.023	0.025	0.032	0.042	0.065	0.080	0.090	1.6	3.3	342	0.038
Nb	mg/kg	13.4	2.3	13.3	1.2	0.17	12.5	13.2	1.5	8.4	8.7	9.4	11.9	14.7	18.2	22.6	22.8	0.8	1.7	346	13.3
Ni	mg/kg	29.3	11.2	27.6	1.4	0.38	26.0	27.8	5.5	9.6	11.2	13.5	22.3	33.1	59.3	77.4	99.0	2.0	7.2	340	28.0

指标	单位	算术平均值 X_a	算术标准差 S_a	几何平均值 X_g	几何标准差 S_g	变异系数 CV	众值 X_{mo}	中位值 X_{me}	中位绝对离差 MAD	最小值 X_{min}	累积频率 $X_{0.5\%}$	$X_{2.5\%}$	$X_{25\%}$	$X_{75\%}$	$X_{97.5\%}$	$X_{99.5\%}$	最大值 X_{max}	偏度系数 SK	峰度系数 BK	基准值 n'	X_a'
P	mg/kg	411	220	370	2	0.54	393	362	97	115	146	181	270	471	1 110	1 267	1 919	2.6	9.8	327	365
Pb	mg/kg	23.5	7.2	22.8	1.3	0.31	22.0	22.4	2.9	11.8	13.4	15.1	19.8	25.6	37.3	57.8	94.5	4.4	34.0	338	22.6
Rb	mg/kg	96.6	15.8	95.3	1.2	0.16	99.2	97.0	9.9	50.9	55.8	65.8	85.8	105.7	127.2	139.9	143.2	0.0	0.2	351	96.6
S	mg/kg	117	54	111	1	0.46	93	107	17	62	64	72	92	127	231	376	799	7.1	77.4	330	107
Sb	mg/kg	0.70	0.42	0.65	1.42	0.60	0.67	0.65	0.12	0.25	0.28	0.34	0.53	0.78	1.25	1.99	6.54	9.2	115.7	340	0.66
Sc	mg/kg	10.1	2.5	9.8	1.3	0.24	10.4	10.1	1.5	3.9	4.8	5.7	8.5	11.4	15.0	18.5	21.9	0.7	2.1	343	9.9
Se	mg/kg	0.10	0.03	0.10	1.36	0.31	0.10	0.10	0.02	0.04	0.05	0.06	0.08	0.12	0.18	0.21	0.32	1.4	4.8	345	0.10
Sn	mg/kg	2.4	0.5	2.4	1.2	0.22	2.2	2.4	0.3	1.1	1.4	1.6	2.0	2.7	3.6	4.5	5.5	1.2	4.2	344	2.4
Sr	mg/kg	237	105	222	1	0.44	228	216	46	94	103	127	173	268	484	671	1 132	3.3	18.6	327	216
Th	mg/kg	11.3	4.1	10.7	1.4	0.36	10.6	10.5	1.6	3.2	5.2	6.4	9.0	12.2	21.8	31.1	42.9	2.9	14.4	331	10.6
Ti	mg/kg	3 662	613	3 611	1	0.17	3 702	3 620	362	1 782	2 320	2 580	3 292	4 001	4 997	5 591	6 365	0.5	1.7	343	3 638
Tl	mg/kg	0.59	0.10	0.59	1.19	0.18	0.59	0.59	0.06	0.35	0.37	0.40	0.53	0.65	0.84	0.92	1.06	0.8	1.7	347	0.59
U	mg/kg	1.93	0.53	1.87	1.28	0.27	1.83	1.89	0.28	0.65	0.82	1.09	1.64	2.19	2.78	3.51	7.62	3.7	37.9	346	1.90
V	mg/kg	77.9	17.7	75.9	1.3	0.23	79.0	76.9	10.0	32.5	38.6	46.0	67.4	87.2	119.6	133.0	173.9	0.8	2.8	344	76.7
W	mg/kg	1.39	0.40	1.33	1.34	0.29	1.32	1.37	0.26	0.49	0.57	0.70	1.12	1.63	2.13	2.98	3.42	0.8	2.9	346	1.36
Y	mg/kg	22.4	3.7	22.1	1.2	0.17	23.0	22.5	2.1	10.8	13.7	15.0	20.5	24.5	30.2	33.3	38.3	0.2	1.5	346	22.4
Zn	mg/kg	54.1	14.4	52.4	1.3	0.27	59.0	53.3	9.0	25.7	27.6	32.7	43.7	60.8	85.2	114.1	126.2	1.2	3.4	345	53.2
Zr	mg/kg	263	53	258	1	0.20	254	256	29	142	150	177	229	287	384	416	632	1.5	7.3	348	261
Al_2O_3	%	14.05	1.14	14.01	1.09	0.08	14.49	14.09	0.71	9.53	11.03	11.57	13.39	14.79	16.19	16.97	17.05	-0.3	0.9	349	14.08
CaO	%	1.77	1.07	1.57	1.57	0.61	1.38	1.51	0.40	0.56	0.61	0.76	1.17	1.97	5.05	7.19	9.27	3.2	14.4	334	1.58
MgO	%	1.25	0.45	1.18	1.41	0.36	1.33	1.22	0.22	0.39	0.51	0.60	0.97	1.40	2.44	3.03	3.55	1.4	3.7	337	1.19
K_2O	%	2.51	0.40	2.48	1.17	0.16	2.36	2.44	0.25	1.43	1.57	1.78	2.23	2.75	3.33	3.67	3.86	0.5	0.4	348	2.50
Na_2O	%	2.20	0.53	2.14	1.28	0.24	1.67	2.16	0.34	0.77	0.94	1.34	1.85	2.50	3.32	3.78	4.43	0.5	0.9	348	2.19
SiO_2	%	65.28	3.65	65.18	1.06	0.06	65.29	65.29	2.23	50.47	54.11	57.62	63.19	67.58	71.57	73.56	74.50	-0.5	0.9	347	65.42
TFe_2O_3	%	4.38	0.97	4.27	1.25	0.22	4.09	4.31	0.58	2.03	2.45	2.65	3.75	4.91	6.48	6.93	9.58	0.7	2.1	350	4.36
SOC	%	0.30	0.13	0.27	1.53	0.43	0.24	0.27	0.07	0.03	0.09	0.12	0.22	0.35	0.59	0.79	1.01	1.4	3.9	343	0.29
pH	无量纲						7.50	7.54	0.43	5.52	5.86	6.31	7.18	8.02	8.36	8.43	8.66				

表2.3.4A　棕壤性土表层土壤（0～20 cm）地球化学参数（n=1 624）

指标	单位	算术平均值 X_a	算术标准差 S_a	几何平均值 X_g	几何标准差 S_g	变异系数 CV	众值 X_{mo}	中位值 X_{me}	中位绝对离差 MAD	最小值 X_{min}	$X_{0.5\%}$	$X_{2.5\%}$	$X_{25\%}$	$X_{75\%}$	$X_{97.5\%}$	$X_{99.5\%}$	最大值 X_{max}	偏度系数 SK	峰度系数 BK	n'	背景值 X_a'
Ag	mg/kg	0.071	0.068	0.064	1.434	0.96	0.055	0.062	0.011	0.008	0.031	0.036	0.053	0.075	0.157	0.294	2.433	26.4	894.8	1 528	0.063
As	mg/kg	6.1	3.6	5.6	1.5	0.59	5.6	5.7	1.4	1.7	2.3	2.8	4.4	7.1	12.2	17.8	98.1	13.5	304.4	1 565	5.7
Au	μg/kg	2.2	11.4	1.5	1.8	5.12	1.1	1.3	0.3	0.5	0.6	0.7	1.1	1.7	6.2	30.5	438.0	34.5	1 300.1	1 441	1.3
B	mg/kg	27.9	12.1	25.5	1.5	0.43	27.6	26.9	7.5	5.6	7.8	10.4	19.3	34.1	57.1	70.9	129.6	1.3	4.7	1 592	27.1
Ba	mg/kg	823	366	765	1	0.44	558	722	166	127	343	436	592	967	1 679	2 223	6 466	3.9	42.0	1 548	771
Be	mg/kg	1.98	0.52	1.93	1.26	0.26	1.95	1.90	0.27	1.00	1.15	1.29	1.65	2.20	3.34	4.29	6.96	2.1	9.9	1 562	1.91
Bi	mg/kg	0.24	0.14	0.22	1.44	0.59	0.20	0.21	0.04	0.08	0.11	0.12	0.17	0.27	0.50	1.18	2.64	7.5	88.3	1 539	0.22
Br	mg/kg	3.2	1.3	3.0	1.4	0.42	2.9	2.9	0.6	0.8	1.2	1.6	2.4	3.7	5.9	9.0	25.4	4.9	59.6	1 577	3.0
TC	%	0.77	0.30	0.72	1.40	0.40	0.66	0.70	0.13	0.21	0.31	0.40	0.59	0.86	1.59	2.35	2.97	2.4	9.4	1 546	0.72
Cd	mg/kg	0.125	0.266	0.110	1.466	2.13	0.097	0.106	0.022	0.042	0.051	0.061	0.086	0.133	0.266	0.490	10.540	37.2	1 456.1	1 533	0.108
Ce	mg/kg	75.2	28.5	71.1	1.4	0.38	64.4	68.6	12.3	21.4	31.9	40.2	58.0	83.4	152.4	214.8	335.2	2.6	11.4	1 536	70.2
Cl	mg/kg	105	175	87	2	1.66	55	78	19	35	40	47	63	106	284	753	5 778	23.1	701.1	1 479	82
Co	mg/kg	12.4	4.3	11.7	1.4	0.35	12.1	11.8	2.6	3.0	4.7	6.1	9.3	14.5	22.8	29.2	43.0	1.3	3.4	1 584	12.0
Cr	mg/kg	61.3	27.6	56.4	1.5	0.45	42.0	56.2	14.1	11.7	21.0	26.2	43.1	72.4	129.8	185.9	367.4	2.4	13.8	1 553	57.3
Cu	mg/kg	24.5	18.3	21.7	1.6	0.75	13.9	20.8	5.6	5.9	8.6	10.4	16.0	27.9	58.9	98.7	514.4	13.2	322.2	1 530	21.7
F	mg/kg	488	171	467	1	0.35	390	456	78	215	253	282	388	551	882	1 170	3 388	4.5	56.1	1 554	465
Ga	mg/kg	17.2	2.4	17.0	1.2	0.14	18.5	17.3	1.6	10.0	10.9	12.3	15.6	18.8	21.8	23.9	26.8	0.0	0.4	1 617	17.2
Ge	mg/kg	1.29	0.16	1.28	1.13	0.12	1.31	1.28	0.10	0.84	0.95	1.02	1.18	1.38	1.62	1.81	2.14	0.6	1.4	1 599	1.28
Hg	mg/kg	0.048	0.557	0.027	1.772	11.60	0.022	0.025	0.006	0.004	0.009	0.012	0.020	0.033	0.112	0.358	22.415	39.8	1 599.4	1 449	0.025
I	mg/kg	2.13	1.49	1.93	1.51	0.70	1.28	1.94	0.52	0.44	0.70	0.90	1.47	2.52	4.03	6.26	44.60	16.3	426.0	1 589	2.01
La	mg/kg	39.2	16.6	36.7	1.4	0.42	27.5	35.0	6.6	12.7	16.9	20.6	29.4	43.5	84.8	123.2	191.2	2.8	12.1	1 530	36.1
Li	mg/kg	24.6	7.8	23.5	1.3	0.32	21.5	23.5	4.7	9.4	11.7	13.8	18.9	28.6	42.7	56.0	76.7	1.4	4.0	1 591	24.0
Mn	mg/kg	569	161	550	1	0.28	618	545	84	215	248	322	469	639	928	1 151	2 888	2.8	28.3	1 595	558
Mo	mg/kg	0.70	0.49	0.63	1.48	0.71	0.53	0.59	0.12	0.27	0.31	0.36	0.49	0.74	1.69	3.78	8.93	8.3	108.0	1 519	0.61
N	%	0.080	0.020	0.078	1.277	0.25	0.066	0.078	0.012	0.024	0.039	0.050	0.066	0.090	0.128	0.160	0.215	1.3	4.1	1 588	0.078
Nb	mg/kg	14.1	4.4	13.6	1.3	0.31	14.0	13.3	1.7	6.8	7.9	8.9	11.7	15.1	25.8	38.1	52.9	3.0	15.0	1 521	13.2
Ni	mg/kg	26.8	12.9	24.5	1.5	0.48	18.5	24.3	6.5	7.1	9.4	11.4	18.4	31.8	59.1	92.3	152.5	2.6	13.9	1 553	24.9

指标	单位	算术平均值 X_a	算术标准差 S_a	几何平均值 X_g	几何标准差 S_g	变异系数 CV	众值 X_{mo}	中位值 X_{me}	中位绝对离差 MAD	最小值 X_{min}	累积频率 $X_{0.5\%}$	$X_{2.5\%}$	$X_{25\%}$	$X_{75\%}$	$X_{97.5\%}$	$X_{99.5\%}$	最大值 X_{max}	偏度系数 SK	峰度系数 BK	n'	背景值 X_a'
P	mg/kg	677	247	638	1	0.36	533	623	134	127	285	350	511	792	1 282	1 705	2 431	1.6	4.9	1 577	652
Pb	mg/kg	27.1	25.1	25.2	1.4	0.93	20.2	24.2	4.0	10.5	13.2	15.3	20.8	29.1	53.4	86.2	934.9	29.7	1 059.7	1 538	24.7
Rb	mg/kg	97.6	23.8	94.9	1.3	0.24	89.1	94.0	13.0	36.5	48.8	59.4	82.5	108.9	153.1	176.4	245.5	1.0	2.4	1 602	96.5
S	mg/kg	189	328	170	1	1.74	149	163	28	81	93	108	138	195	356	704	12 711	34.7	1 318.2	1 542	166
Sb	mg/kg	0.58	0.22	0.55	1.35	0.38	0.55	0.55	0.10	0.23	0.28	0.33	0.45	0.65	1.01	1.74	2.71	4.0	29.4	1 570	0.55
Sc	mg/kg	9.4	2.9	9.0	1.4	0.31	8.2	9.1	1.8	2.4	3.8	4.9	7.4	11.0	16.5	19.8	22.4	0.9	1.7	1 583	9.2
Se	mg/kg	0.17	0.05	0.16	1.27	0.31	0.15	0.16	0.02	0.07	0.09	0.11	0.14	0.18	0.28	0.45	0.78	4.2	33.4	1 551	0.16
Sn	mg/kg	2.5	0.8	2.4	1.3	0.33	2.2	2.4	0.4	0.2	1.2	1.5	2.0	2.8	4.2	7.3	15.1	4.5	46.4	1 575	2.4
Sr	mg/kg	267	125	244	2	0.47	202	237	62	27	86	122	185	314	566	878	1 171	2.2	8.3	1 569	252
Th	mg/kg	12.9	7.6	11.5	1.6	0.59	8.9	10.5	2.4	2.4	4.8	6.0	8.6	14.0	36.2	49.2	64.3	2.7	8.7	1 444	10.7
Ti	mg/kg	3 636	727	3 569	1	0.20	3 471	3 575	422	1 439	2 070	2 387	3 173	4 028	5 136	6 212	10 038	1.6	9.0	1 590	3 592
Tl	mg/kg	0.61	0.19	0.59	1.28	0.31	0.54	0.59	0.09	0.30	0.32	0.38	0.51	0.69	1.01	1.21	4.69	7.0	128.4	1 574	0.60
U	mg/kg	2.06	0.81	1.94	1.39	0.40	1.68	1.87	0.33	0.48	0.93	1.11	1.58	2.26	4.43	5.80	8.75	2.4	8.9	1 529	1.91
V	mg/kg	74.9	21.4	72.0	1.3	0.29	65.0	72.4	13.3	24.7	33.9	41.6	60.0	86.9	123.6	156.9	193.5	1.1	2.9	1 592	73.4
W	mg/kg	1.32	0.81	1.21	1.45	0.62	0.95	1.19	0.25	0.42	0.50	0.63	0.97	1.49	2.65	5.42	20.20	10.8	207.3	1 550	1.21
Y	mg/kg	21.5	4.4	21.0	1.2	0.21	21.9	21.2	2.6	8.5	11.2	13.7	18.7	23.8	31.7	37.3	49.9	1.0	3.3	1 597	21.2
Zn	mg/kg	62.4	24.5	59.5	1.3	0.39	69.8	59.5	11.1	21.5	29.0	33.6	49.3	71.5	108.4	131.9	689.5	11.0	264.6	1 580	60.3
Zr	mg/kg	293	76	285	1	0.26	304	284	41	87	161	185	245	329	452	576	977	2.3	14.6	1 595	288
Al$_2$O$_3$	%	13.80	1.15	13.75	1.09	0.08	13.99	13.91	0.66	8.89	9.78	11.32	13.19	14.50	15.90	16.45	18.34	-0.5	1.3	1 602	13.84
CaO	%	1.67	0.86	1.50	1.58	0.51	1.22	1.49	0.44	0.20	0.51	0.67	1.10	2.02	3.70	6.28	7.18	2.1	8.1	1 573	1.58
MgO	%	1.29	0.61	1.17	1.54	0.47	0.89	1.16	0.34	0.19	0.41	0.51	0.87	1.57	2.77	3.76	7.84	2.1	11.1	1 567	1.22
K$_2$O	%	2.70	0.53	2.65	1.22	0.20	2.67	2.67	0.35	1.00	1.47	1.73	2.35	3.05	3.84	4.29	5.01	0.4	0.5	1 609	2.69
Na$_2$O	%	2.49	0.56	2.42	1.27	0.22	2.37	2.51	0.38	0.90	1.06	1.42	2.13	2.87	3.54	3.90	4.73	-0.1	-0.1	1 621	2.49
SiO$_2$	%	66.03	4.04	65.91	1.06	0.06	64.15	66.09	2.73	50.25	53.67	58.14	63.32	68.79	73.46	76.81	79.71	-0.1	0.4	1 610	66.07
TFe$_2$O$_3$	%	4.26	1.12	4.12	1.29	0.26	3.51	4.13	0.71	1.62	2.12	2.54	3.46	4.88	6.77	8.27	12.29	1.0	2.8	1 604	4.21
SOC	%	0.73	0.25	0.69	1.38	0.35	0.68	0.69	0.12	0.08	0.24	0.37	0.58	0.82	1.33	1.77	2.90	2.2	10.8	1 578	0.71
pH	无量纲						5.10	5.88	0.62	4.48	4.65	4.84	5.37	6.79	7.95	8.17	8.59				

表 2.3.4B 棕壤性深层土壤（150~200 cm）地球化学参数（n=394）

指标	单位	算术平均值 X_a	算术标准差 S_a	几何平均值 X_g	几何标准差 S_g	变异系数 CV	众值 X_{mo}	中位值 X_{me}	中位绝对离差 MAD	最小值 X_{min}	$X_{0.5\%}$	$X_{2.5\%}$	$X_{25\%}$	$X_{75\%}$	$X_{97.5\%}$	$X_{99.5\%}$	最大值 X_{max}	偏度系数 SK	峰度系数 BK	n'	基准值 X_a'
Ag	mg/kg	0.063	0.046	0.058	1.378	0.73	0.052	0.057	0.009	0.020	0.030	0.034	0.048	0.067	0.111	0.183	0.876	14.4	251.7	380	0.058
As	mg/kg	6.6	3.9	5.9	1.5	0.59	5.3	6.2	1.8	1.7	1.8	2.4	4.5	8.0	12.2	14.4	63.9	8.6	123.9	391	6.4
Au	μg/kg	1.8	3.5	1.5	1.5	1.98	1.2	1.4	0.3	0.7	0.7	0.8	1.1	1.8	3.2	10.8	67.9	17.6	331.6	375	1.4
B	mg/kg	28.3	14.0	25.1	1.7	0.49	27.0	26.1	8.3	4.2	5.8	7.7	18.2	34.9	58.3	77.0	110.0	1.3	3.6	387	27.4
Ba	mg/kg	846	341	788	1	0.40	598	743	170	199	360	425	605	1 016	1 699	2 117	2 219	1.2	1.4	387	826
Be	mg/kg	2.09	0.43	2.05	1.21	0.21	2.03	2.03	0.23	1.19	1.32	1.43	1.81	2.26	3.30	3.87	4.26	1.5	4.0	380	2.03
Bi	mg/kg	0.22	0.15	0.20	1.47	0.66	0.20	0.21	0.04	0.07	0.08	0.10	0.17	0.25	0.45	1.09	2.26	8.6	105.0	379	0.20
Br	mg/kg	3.1	1.7	2.7	1.6	0.56	2.6	2.7	0.7	0.1	0.7	1.2	2.0	3.6	7.8	11.6	13.1	2.2	7.2	371	2.8
TC	%	0.42	0.30	0.35	1.70	0.71	0.26	0.33	0.10	0.05	0.11	0.16	0.25	0.47	1.43	1.73	2.15	2.8	9.7	360	0.34
Cd	mg/kg	0.084	0.054	0.075	1.578	0.64	0.065	0.072	0.019	0.010	0.025	0.037	0.055	0.097	0.176	0.442	0.600	4.7	32.9	379	0.076
Ce	mg/kg	78.1	27.8	74.1	1.4	0.36	67.3	73.0	13.2	18.8	28.2	40.5	61.8	87.9	150.5	186.5	289.9	2.2	10.6	375	73.9
Cl	mg/kg	93	133	73	2	1.43	60	65	16	27	33	38	52	91	281	1 206	1 536	7.9	71.4	355	67
Co	mg/kg	14.2	5.6	13.2	1.5	0.40	11.2	13.2	3.0	3.5	3.9	6.1	10.6	16.3	29.0	37.2	40.4	1.5	3.7	378	13.4
Cr	mg/kg	63.2	31.8	57.4	1.5	0.50	57.8	57.8	13.4	14.9	18.8	23.1	45.5	71.5	139.2	216.9	284.7	2.7	11.4	373	57.7
Cu	mg/kg	22.3	15.1	20.0	1.5	0.68	21.5	19.7	4.7	4.5	6.6	9.2	15.7	25.0	48.5	105.6	224.6	7.6	87.8	374	20.0
F	mg/kg	508	177	486	1	0.35	381	474	84	209	254	286	399	570	883	1 068	2 422	3.9	34.3	383	490
Ga	mg/kg	17.9	2.2	17.8	1.1	0.12	17.4	17.9	1.3	11.3	11.7	13.3	16.7	19.2	22.5	23.8	28.0	0.1	1.2	392	17.9
Ge	mg/kg	1.34	0.20	1.33	1.16	0.15	1.37	1.34	0.12	0.86	0.91	0.98	1.22	1.46	1.67	1.95	2.78	1.1	6.8	390	1.33
Hg	mg/kg	0.017	0.015	0.015	1.607	0.88	0.010	0.014	0.004	0.004	0.006	0.007	0.011	0.018	0.045	0.063	0.252	10.2	151.0	360	0.014
I	mg/kg	2.20	1.16	1.98	1.55	0.53	1.54	1.95	0.53	0.62	0.71	0.96	1.47	2.61	4.62	8.82	10.20	2.8	13.6	383	2.07
La	mg/kg	39.8	15.7	37.5	1.4	0.39	36.0	36.2	6.3	11.2	14.1	20.5	31.0	45.2	81.8	113.7	163.3	2.7	13.0	368	36.7
Li	mg/kg	27.4	8.0	26.2	1.3	0.29	26.0	26.4	5.1	10.2	12.0	14.3	21.4	32.2	45.8	51.9	68.0	0.8	1.5	391	27.1
Mn	mg/kg	675	343	620	1	0.51	617	602	115	190	226	311	499	730	1 698	2 387	3 455	3.4	17.1	369	605
Mo	mg/kg	0.69	1.02	0.59	1.56	1.47	0.52	0.56	0.12	0.21	0.26	0.30	0.46	0.71	1.44	4.21	18.49	14.5	243.3	373	0.58
N	%	0.040	0.016	0.038	1.375	0.38	0.035	0.035	0.006	0.021	0.022	0.024	0.030	0.045	0.088	0.109	0.113	2.1	5.2	366	0.037
Nb	mg/kg	14.0	3.8	13.6	1.3	0.27	13.4	13.4	1.5	7.5	7.8	9.0	12.0	15.2	22.8	32.3	46.6	3.1	18.4	380	13.5
Ni	mg/kg	29.5	14.7	26.8	1.5	0.50	32.1	27.5	6.9	8.7	9.6	11.9	20.7	34.7	64.4	85.2	144.5	3.0	16.8	373	27.0

指标	单位	算术平均值 X_a	算术标准差 S_a	几何平均值 X_g	几何标准差 S_g	变异系数 CV	众值 X_{mo}	中位值 X_{me}	中位绝对离差 MAD	最小值 X_{min}	累积频率							最大值 X_{max}	偏度系数 SK	峰度系数 BK	n'	基准值 X_a'
											$X_{0.5\%}$	$X_{2.5\%}$	$X_{25\%}$	$X_{75\%}$	$X_{97.5\%}$	$X_{99.5\%}$					
P	mg/kg	472	265	416	2	0.56	338	395	130	142	169	193	288	576	1 123	1 659	1 747	1.9	4.7	378	436
Pb	mg/kg	25.5	16.0	23.8	1.4	0.63	20.4	23.1	3.6	8.9	11.8	14.4	20.0	27.3	49.8	77.2	279.1	11.1	164.7	371	23.2
Rb	mg/kg	100.2	20.1	98.4	1.2	0.20	90.5	98.1	11.4	45.0	61.4	68.7	87.2	110.9	148.5	168.6	198.7	1.0	2.6	383	98.7
S	mg/kg	115	41	110	1	0.36	103	107	18	51	57	65	93	129	211	359	418	2.9	14.6	379	110
Sb	mg/kg	0.66	0.67	0.60	1.47	1.01	0.56	0.60	0.13	0.24	0.25	0.31	0.47	0.74	1.20	2.49	12.85	15.5	279.0	380	0.60
Sc	mg/kg	10.3	3.0	9.8	1.4	0.30	9.6	10.1	1.8	2.6	3.9	4.8	8.4	12.0	17.2	21.4	23.0	0.7	1.6	387	10.1
Se	mg/kg	0.12	0.04	0.11	1.38	0.35	0.10	0.11	0.02	0.04	0.05	0.06	0.09	0.14	0.21	0.30	0.36	1.7	5.7	386	0.11
Sn	mg/kg	2.4	1.2	2.3	1.3	0.48	2.1	2.3	0.3	1.0	1.2	1.4	2.0	2.7	3.7	5.5	20.0	10.4	144.3	389	2.3
Sr	mg/kg	264	125	240	2	0.47	224	232	62	47	78	111	183	322	573	700	1 035	1.7	4.6	381	251
Th	mg/kg	12.4	6.1	11.4	1.5	0.49	10.4	10.9	1.7	2.4	4.4	5.6	9.5	13.3	28.6	41.5	48.1	2.6	8.8	352	10.7
Ti	mg/kg	3 770	912	3 680	1	0.24	3 702	3 712	448	1 358	1 790	2 291	3 279	4 183	5 496	7 006	13 292	3.6	33.3	384	3 707
Tl	mg/kg	0.62	0.14	0.60	1.23	0.22	0.61	0.60	0.07	0.32	0.37	0.43	0.52	0.67	0.97	1.18	1.35	1.6	4.7	380	0.60
U	mg/kg	2.00	0.74	1.90	1.38	0.37	1.76	1.88	0.28	0.57	0.82	1.01	1.60	2.15	3.88	5.59	6.13	2.2	7.5	375	1.88
V	mg/kg	81.2	23.3	77.9	1.3	0.29	80.0	80.0	13.4	24.6	28.1	39.9	67.4	94.0	130.8	172.9	190.5	0.9	3.0	386	79.4
W	mg/kg	1.40	0.91	1.28	1.48	0.65	1.22	1.27	0.26	0.37	0.42	0.60	1.04	1.56	2.63	5.86	12.56	7.6	80.7	379	1.28
Y	mg/kg	22.5	4.3	22.1	1.2	0.19	24.3	22.6	2.4	10.3	11.7	14.1	19.8	24.7	31.8	37.3	40.4	0.5	1.8	390	22.3
Zn	mg/kg	62.6	36.6	59.0	1.3	0.59	52.9	57.8	10.2	15.8	30.7	36.4	49.1	69.5	105.3	164.5	689.8	13.1	219.4	382	59.2
Zr	mg/kg	264	62	257	1	0.24	236	259	40	130	140	162	224	299	390	462	677	1.2	5.3	390	261
Al$_2$O$_3$	%	14.48	1.12	14.44	1.08	0.08	14.83	14.55	0.59	10.87	11.25	12.14	13.85	15.08	16.73	17.88	18.52	0.0	1.1	388	14.48
CaO	%	1.77	1.11	1.54	1.64	0.63	0.97	1.51	0.48	0.41	0.50	0.65	1.08	2.12	5.09	6.51	10.98	3.0	15.1	373	1.57
MgO	%	1.40	0.59	1.29	1.50	0.42	1.05	1.32	0.34	0.32	0.40	0.59	1.01	1.67	2.82	3.80	5.09	1.6	5.3	382	1.34
K$_2$O	%	2.67	0.48	2.63	1.20	0.18	2.36	2.61	0.32	1.26	1.66	1.85	2.34	2.98	3.68	3.97	4.54	0.4	0.4	391	2.66
Na$_2$O	%	2.40	0.60	2.31	1.31	0.25	2.42	2.41	0.43	0.49	0.86	1.34	1.96	2.82	3.49	3.88	4.68	0.1	0.1	392	2.39
SiO$_2$	%	64.51	3.72	64.41	1.06	0.06	66.30	64.59	2.40	51.35	54.94	56.52	62.29	67.04	71.38	73.89	75.82	-0.2	0.3	392	64.52
TFe$_2$O$_3$	%	4.59	1.16	4.45	1.29	0.25	4.39	4.49	0.70	1.54	2.11	2.54	3.84	5.27	7.04	8.91	9.13	0.6	1.4	389	4.54
SOC	%	0.32	0.19	0.28	1.63	0.59	0.21	0.27	0.07	0.03	0.09	0.11	0.21	0.36	0.80	1.08	1.98	3.1	17.9	364	0.28
pH	无量纲						6.60	7.10	0.45	5.51	5.55	5.81	6.68	7.56	8.36	8.45	8.56				

表2.3.5A　褐土表层土壤（0~20cm）地球化学参数（n=1 122）

指标	单位	算术平均值 X_a	算术标准差 S_a	几何平均值 X_g	几何标准差 S_g	变异系数 CV	众值 X_{mo}	中位值 X_{me}	中位绝对离差 MAD	最小值 X_{min}	$X_{0.5\%}$	$X_{2.5\%}$	$X_{25\%}$	$X_{75\%}$	$X_{97.5\%}$	$X_{99.5\%}$	最大值 X_{max}	偏度系数 SK	峰度系数 BK	背景值 n'	背景值 X'_a
Ag	mg/kg	0.083	0.032	0.080	1.317	0.39	0.074	0.078	0.011	0.008	0.043	0.051	0.069	0.091	0.140	0.215	0.570	7.6	97.5	1 078	0.080
As	mg/kg	9.6	2.1	9.4	1.3	0.22	11.1	9.6	1.3	1.9	4.4	5.5	8.3	10.9	13.3	15.6	23.2	0.4	2.9	1 111	9.6
Au	μg/kg	2.0	2.0	1.8	1.5	1.00	1.5	1.7	0.3	0.5	0.8	0.9	1.4	2.1	3.7	14.5	40.4	12.7	199.7	1 078	1.8
B	mg/kg	50.0	11.6	48.6	1.3	0.23	50.9	49.9	6.5	8.6	20.4	27.4	43.4	56.3	74.8	90.8	108.2	0.4	2.1	1 104	49.7
Ba	mg/kg	545	111	536	1	0.20	495	518	35	325	386	424	488	564	874	1 156	1 374	3.0	12.6	1 033	520
Be	mg/kg	2.06	0.29	2.04	1.15	0.14	1.99	2.04	0.16	1.17	1.43	1.57	1.88	2.20	2.75	3.06	3.41	0.7	1.5	1 097	2.04
Bi	mg/kg	0.35	0.24	0.32	1.38	0.71	0.28	0.32	0.05	0.06	0.15	0.19	0.27	0.37	0.62	1.41	6.44	15.9	356.7	1 082	0.32
Br	mg/kg	4.4	1.8	4.1	1.4	0.41	2.9	4.1	1.0	1.2	1.7	2.2	3.2	5.3	8.2	10.9	33.8	4.5	61.6	1 101	4.3
TC	%	1.42	0.66	1.30	1.50	0.46	0.94	1.27	0.34	0.30	0.52	0.66	0.96	1.69	2.96	4.28	7.63	2.3	11.1	1 078	1.33
Cd	mg/kg	0.167	0.127	0.154	1.403	0.76	0.140	0.149	0.026	0.027	0.079	0.092	0.126	0.178	0.317	0.458	3.107	14.7	291.1	1 046	0.150
Ce	mg/kg	69.1	12.0	68.2	1.2	0.17	75.9	68.3	5.4	14.1	38.9	47.8	63.5	74.1	94.8	122.4	188.3	1.9	14.8	1 078	68.4
Cl	mg/kg	106	143	90	2	1.35	64	82	18	36	44	50	67	107	290	634	3 906	18.5	455.3	1 009	83
Co	mg/kg	13.2	3.0	12.9	1.2	0.23	12.9	12.8	1.4	2.8	6.3	8.4	11.4	14.3	21.1	26.2	36.0	1.7	7.5	1 067	12.8
Cr	mg/kg	71.9	21.5	69.8	1.3	0.30	70.7	69.1	5.6	12.7	36.2	45.4	63.6	75.3	116.7	187.9	391.8	6.1	65.0	1 025	68.8
Cu	mg/kg	27.8	12.7	26.5	1.3	0.46	24.0	25.7	3.4	5.2	12.2	16.9	22.8	30.0	50.0	95.4	291.8	10.2	179.5	1 065	26.0
F	mg/kg	543	110	533	1	0.20	539	530	46	230	295	380	484	577	791	987	1 756	2.5	17.4	1 069	531
Ga	mg/kg	16.2	1.8	16.1	1.1	0.11	15.9	16.1	1.1	9.9	12.1	13.1	15.1	17.3	20.1	21.1	22.1	0.3	0.3	1 116	16.2
Ge	mg/kg	1.44	0.19	1.43	1.14	0.13	1.50	1.44	0.11	0.58	1.02	1.09	1.32	1.55	1.83	1.98	2.83	0.5	3.5	1 108	1.43
Hg	mg/kg	0.057	0.120	0.043	1.795	2.11	0.034	0.040	0.013	0.008	0.013	0.018	0.030	0.057	0.154	0.412	3.194	19.4	457.2	1 015	0.041
I	mg/kg	2.25	3.61	2.06	1.35	1.61	2.01	2.01	0.30	1.00	1.08	1.29	1.73	2.35	3.71	5.82	119.00	30.4	976.1	1 070	2.02
La	mg/kg	35.4	5.7	34.9	1.2	0.16	35.2	35.1	2.4	9.8	20.3	24.0	32.7	37.6	46.6	63.3	85.1	1.5	12.2	1 081	35.2
Li	mg/kg	34.4	7.4	33.6	1.2	0.22	34.0	33.9	3.6	8.8	16.4	21.0	30.5	37.6	51.1	63.6	82.5	1.1	4.5	1 099	34.0
Mn	mg/kg	616	126	604	1.33	0.21	610	603	57	169	325	424	547	661	918	1 200	1 740	1.8	9.5	1 076	603
Mo	mg/kg	0.64	0.24	0.61	1.252	0.38	0.55	0.59	0.09	0.30	0.36	0.40	0.51	0.69	1.20	2.08	3.11	3.9	24.5	1 046	0.59
N	%	0.102	0.023	0.099	1.1	0.23	0.088	0.100	0.013	0.016	0.053	0.063	0.087	0.112	0.153	0.185	0.339	-0.1	11.5	1 101	0.100
Nb	mg/kg	14.1	1.5	14.0	1.1	0.11	14.4	14.3	0.7	5.8	8.4	10.5	13.5	14.9	16.7	18.5	23.8	1.6	6.6	1 082	14.2
Ni	mg/kg	31.8	9.8	30.8	1.3	0.31	31.3	30.9	3.6	5.3	15.8	19.8	27.2	34.3	51.7	85.2	185.8	5.8	68.6	1 072	30.5

指标	单位	算术平均值 X_a	算术标准差 S_a	几何平均值 X_g	几何标准差 S_g	变异系数 CV	众值 X_{mo}	中位值 X_{me}	中位绝对离差 MAD	最小值 X_{min}	累积频率 $X_{0.5\%}$	$X_{2.5\%}$	$X_{25\%}$	$X_{75\%}$	$X_{97.5\%}$	$X_{99.5\%}$	最大值 X_{max}	偏度系数 SK	峰度系数 BK	n'	背景值 X_a'
P	mg/kg	864	348	823	1	0.40	708	816	144	161	410	479	684	983	1 466	1 907	7 591	8.1	134.0	1 094	834
Pb	mg/kg	27.9	17.2	26.6	1.3	0.62	24.6	25.3	2.7	15.3	17.4	19.5	22.9	28.6	52.0	70.0	481.0	18.5	452.4	1 038	25.5
Rb	mg/kg	96.5	13.2	95.7	1.1	0.14	90.2	95.0	5.3	55.1	66.3	77.8	89.9	100.5	133.6	154.8	186.0	1.9	8.1	1 045	94.5
S	mg/kg	253	152	232	1	0.60	211	215	40	81	113	139	183	271	608	1 070	2 875	7.0	89.2	1 030	221
Sb	mg/kg	0.83	0.77	0.79	1.30	0.93	0.80	0.80	0.12	0.33	0.42	0.49	0.68	0.91	1.21	2.20	25.40	28.8	912.2	1 102	0.79
Sc	mg/kg	11.2	2.1	11.0	1.2	0.19	11.2	11.1	1.1	3.0	5.4	7.2	10.1	12.2	16.4	18.7	23.3	0.7	3.2	1 074	11.1
Se	mg/kg	0.24	0.14	0.22	1.50	0.59	0.17	0.20	0.04	0.08	0.10	0.13	0.17	0.27	0.60	0.90	2.72	6.2	81.6	1 040	0.22
Sn	mg/kg	3.4	1.0	3.3	1.3	0.29	3.2	3.2	0.4	1.4	1.6	2.1	2.9	3.7	5.8	7.7	15.4	3.6	28.8	1 081	3.3
Sr	mg/kg	173	54	166	1	0.31	157	159	20	77	91	111	142	185	325	419	593	2.4	9.1	1 032	160
Th	mg/kg	11.7	3.1	11.4	1.2	0.26	10.9	11.4	1.0	2.4	6.3	7.9	10.5	12.4	17.3	25.2	49.6	5.6	54.9	1 067	11.3
Ti	mg/kg	3 958	493	3 925	1	0.13	4 036	4 000	167	953	2 103	2 862	3 811	4 147	4 704	6 001	8 513	0.7	15.9	1 053	3 985
Tl	mg/kg	0.62	0.09	0.62	1.15	0.15	0.63	0.62	0.05	0.34	0.42	0.48	0.57	0.66	0.85	1.02	1.68	2.3	16.9	1 077	0.61
U	mg/kg	2.23	0.44	2.19	1.20	0.20	2.09	2.17	0.19	0.55	1.14	1.50	2.01	2.40	3.29	4.02	5.99	2.0	12.3	1 068	2.18
V	mg/kg	82.0	14.4	80.7	1.2	0.18	77.8	81.6	7.3	16.6	42.3	55.3	74.6	89.1	114.6	131.0	165.1	0.5	3.8	1 093	81.6
W	mg/kg	1.71	0.37	1.68	1.23	0.22	1.75	1.73	0.16	0.31	0.71	1.05	1.54	1.88	2.25	2.68	6.81	3.7	47.8	1 097	1.70
Y	mg/kg	24.4	2.9	24.2	1.1	0.12	24.7	24.7	1.5	6.0	13.8	17.5	23.1	26.1	29.4	32.9	34.7	-0.9	3.8	1 087	24.6
Zn	mg/kg	71.1	21.6	68.9	1.3	0.30	64.0	68.1	7.5	23.5	36.3	44.7	61.2	76.4	110.6	184.4	393.2	5.8	64.1	1 075	68.4
Zr	mg/kg	271	35	268	1	0.13	274	271	22	68	165	204	249	292	338	373	490	0.0	3.8	1 104	271
Al_2O_3	%	13.41	1.07	13.37	1.08	0.08	13.45	13.38	0.63	9.19	10.69	11.32	12.78	14.04	15.66	17.03	17.76	0.2	1.3	1 108	13.39
CaO	%	2.91	1.62	2.55	1.65	0.56	1.64	2.51	0.88	0.60	0.91	1.07	1.72	3.67	7.10	10.07	13.19	1.8	5.0	1 081	2.71
MgO	%	1.60	0.51	1.54	1.31	0.32	1.49	1.53	0.18	0.47	0.66	0.89	1.35	1.71	2.93	4.27	7.08	3.1	19.9	1 068	1.53
K_2O	%	2.41	0.27	2.40	1.11	0.11	2.36	2.36	0.11	1.50	1.80	2.00	2.26	2.50	3.18	3.54	4.00	1.6	4.7	1 053	2.37
Na_2O	%	1.71	0.39	1.66	1.25	0.23	1.68	1.67	0.20	0.71	0.78	0.99	1.47	1.87	2.72	3.31	3.80	1.1	3.5	1 089	1.67
SiO_2	%	62.52	4.03	62.39	1.07	0.06	65.06	62.71	2.53	43.55	50.53	54.02	60.14	65.22	69.38	72.76	75.26	-0.4	1.0	1 112	62.60
TFe_2O_3	%	4.67	0.77	4.60	1.18	0.16	4.45	4.61	0.40	1.09	2.42	3.21	4.24	5.04	6.32	7.44	9.45	0.6	3.6	1 093	4.65
SOC	%	1.05	0.44	0.99	1.43	0.42	0.82	0.95	0.17	0.05	0.43	0.53	0.80	1.17	2.23	3.22	4.26	2.6	10.4	1 044	0.97
pH	无量纲						7.95	7.86	0.24	4.83	5.24	6.33	7.52	8.04	8.28	8.44	9.47				

表2.3.5B 褐土深层土壤（150~200 cm）地球化学参数（n=299）

指标	单位	算术平均值 X_a	算术标准差 S_a	几何平均值 X_g	几何标准差 S_g	变异系数 CV	众值 X_{mo}	中位值 X_{me}	中位绝对偏差 MAD	最小值 X_{min}	累积频率 $X_{0.5\%}$	$X_{2.5\%}$	$X_{25\%}$	$X_{75\%}$	$X_{97.5\%}$	$X_{99.5\%}$	最大值 X_{max}	偏度系数 SK	峰度系数 BK	基准值 n'	X_a'
Ag	mg/kg	0.069	0.025	0.067	1.266	0.35	0.063	0.067	0.008	0.036	0.037	0.045	0.058	0.075	0.107	0.154	0.392	8.1	101.2	290	0.067
As	mg/kg	9.9	3.4	9.5	1.3	0.34	8.1	9.7	1.6	3.0	3.7	5.1	8.1	11.2	14.6	31.0	47.6	5.5	56.9	295	9.7
Au	μg/kg	1.8	0.5	1.8	1.3	0.29	1.9	1.8	0.3	0.6	0.8	1.1	1.5	2.1	3.0	4.7	5.1	2.0	8.5	290	1.8
B	mg/kg	48.5	11.4	47.1	1.3	0.23	48.0	48.0	6.2	18.7	18.8	26.6	41.8	54.3	74.8	87.8	94.8	0.5	1.5	295	48.0
Ba	mg/kg	561	115	551	1	0.21	534	531	44	320	368	418	496	592	859	1065	1229	2.2	7.1	276	537
Be	mg/kg	2.11	0.29	2.09	1.15	0.14	2.00	2.09	0.17	1.33	1.41	1.58	1.93	2.26	2.73	3.04	3.32	0.5	1.3	296	2.09
Bi	mg/kg	0.28	0.07	0.28	1.26	0.23	0.28	0.28	0.04	0.14	0.15	0.17	0.24	0.32	0.42	0.61	0.61	1.2	4.3	295	0.28
Br	mg/kg	4.2	1.8	3.9	1.4	0.43	3.6	3.8	0.9	1.3	1.7	1.9	3.1	5.0	8.4	12.4	17.8	2.6	13.3	290	4.0
TC	%	0.78	0.49	0.66	1.81	0.62	0.53	0.67	0.28	0.17	0.19	0.21	0.44	1.01	2.07	3.05	3.43	1.7	4.7	288	0.72
Cd	mg/kg	0.103	0.029	0.099	1.319	0.28	0.090	0.101	0.016	0.036	0.040	0.053	0.087	0.118	0.161	0.229	0.296	1.5	7.2	294	0.101
Ce	mg/kg	70.3	11.9	69.4	1.2	0.17	71.6	69.7	5.1	40.1	43.5	50.1	64.3	74.3	97.3	135.7	156.4	2.1	12.0	290	69.2
Cl	mg/kg	92	163	72	2	1.77	60	63	12	35	36	40	53	82	308	1231	2475	11.9	163.1	263	65
Co	mg/kg	14.2	3.4	13.9	1.2	0.24	13.6	13.6	1.6	7.4	7.9	9.1	12.2	15.8	21.8	30.9	38.2	2.3	11.2	291	13.9
Cr	mg/kg	71.1	17.2	69.7	1.2	0.24	71.8	69.2	5.6	37.1	39.5	48.5	64.1	75.0	105.6	193.6	250.4	5.3	47.1	283	68.8
Cu	mg/kg	25.4	5.5	24.8	1.2	0.22	28.3	24.8	3.0	12.4	13.2	15.9	22.1	28.2	38.1	47.4	47.4	0.9	2.3	292	24.9
F	mg/kg	528	99	520	1	0.19	510	510	50	353	369	386	463	569	779	1007	1072	1.8	6.0	288	516
Ga	mg/kg	16.9	2.0	16.8	1.1	0.12	16.9	16.9	1.3	11.8	12.2	13.0	15.7	18.3	20.7	21.9	26.5	0.2	1.3	298	16.9
Ge	mg/kg	1.43	0.20	1.41	1.15	0.14	1.40	1.41	0.15	0.96	0.97	1.09	1.30	1.58	1.80	2.03	2.43	0.5	1.4	296	1.42
Hg	mg/kg	0.029	0.087	0.020	1.796	2.97	0.020	0.019	0.005	0.005	0.007	0.009	0.014	0.024	0.060	0.978	1.123	11.3	133.9	271	0.018
I	mg/kg	2.20	2.12	2.01	1.42	0.96	1.88	2.02	0.38	0.82	0.85	1.09	1.64	2.40	3.52	6.83	36.50	14.4	232.4	292	2.02
La	mg/kg	35.7	4.7	35.4	1.1	0.13	31.0	35.5	2.4	22.5	22.9	27.0	33.1	37.9	46.6	55.2	64.3	1.0	5.2	289	35.4
Li	mg/kg	35.3	6.6	34.7	1.2	0.19	33.5	34.7	3.5	18.6	19.9	23.6	31.5	38.5	51.7	57.3	57.4	0.6	1.2	294	34.9
Mn	mg/kg	710	286	677	1	0.40	665	652	84	342	354	417	576	750	1352	2711	3028	4.5	27.7	285	662
Mo	mg/kg	0.59	0.29	0.56	1.37	0.48	0.55	0.55	0.08	0.25	0.26	0.35	0.46	0.63	1.25	2.17	3.77	6.1	55.0	284	0.55
N	%	0.048	0.016	0.046	1.353	0.33	0.050	0.046	0.008	0.023	0.023	0.025	0.038	0.055	0.090	0.119	0.120	1.4	3.1	288	0.046
Nb	mg/kg	14.2	1.5	14.1	1.1	0.10	14.6	14.4	0.7	8.7	9.3	10.9	13.5	14.9	16.8	18.7	21.7	-0.2	3.5	292	14.2
Ni	mg/kg	31.9	7.4	31.2	1.2	0.23	30.1	30.8	3.2	17.0	18.1	21.2	28.0	34.5	48.5	65.9	102.9	3.6	29.0	291	31.1

指标	单位	算术平均值 X_a	算术标准差 S_a	几何平均值 X_g	几何标准差 S_g	变异系数 CV	众值 X_{mo}	中位值 X_{me}	中位绝对离差 MAD	最小值 X_{min}	累积频率 $X_{0.5\%}$	$X_{2.5\%}$	$X_{25\%}$	$X_{75\%}$	$X_{97.5\%}$	$X_{99.5\%}$	最大值 X_{max}	偏度系数 SK	峰度系数 BK	n'	基准值 X_a'
P	mg/kg	483	144	465	1	0.30	461	464	73	167	208	274	403	545	778	1 396	1 495	2.4	13.3	294	472
Pb	mg/kg	23.3	7.9	22.6	1.2	0.34	23.0	22.1	2.2	10.5	12.8	16.7	20.2	24.6	36.3	61.3	130.5	9.0	116.7	282	22.2
Rb	mg/kg	99.6	12.7	98.8	1.1	0.13	101.1	99.3	6.9	61.7	64.2	79.2	92.1	106.1	127.3	152.2	168.3	1.0	4.6	290	99.0
S	mg/kg	145	72	135	1	0.50	114	123	21	65	73	78	106	159	370	559	659	3.3	14.8	278	130
Sb	mg/kg	0.87	0.29	0.83	1.30	0.33	0.93	0.86	0.13	0.43	0.44	0.49	0.70	0.97	1.36	2.09	4.04	5.1	50.4	292	0.84
Sc	mg/kg	11.6	1.8	11.5	1.2	0.16	12.1	11.7	1.1	6.4	6.7	8.1	10.5	12.6	15.5	17.0	17.3	0.2	0.5	297	11.6
Se	mg/kg	0.11	0.05	0.10	1.48	0.47	0.09	0.10	0.02	0.03	0.04	0.05	0.08	0.12	0.24	0.33	0.47	2.3	8.7	287	0.10
Sn	mg/kg	2.9	0.8	2.8	1.3	0.29	2.8	2.8	0.3	1.5	1.5	1.9	2.5	3.2	4.5	7.8	11.4	4.8	39.9	291	2.8
Sr	mg/kg	163	44	158	1	0.27	138	154	21	81	95	103	133	180	272	339	348	1.4	2.2	294	161
Th	mg/kg	11.8	2.5	11.6	1.2	0.21	11.6	11.7	1.1	6.6	7.1	7.9	10.6	12.8	16.3	27.1	33.7	3.3	23.9	292	11.6
Ti	mg/kg	3 979	464	3 953	1	0.12	3 890	3 976	219	2 667	2 669	2 901	3 770	4 208	4 772	6 686	7 407	1.6	13.3	289	3 991
Tl	mg/kg	0.63	0.08	0.62	1.14	0.13	0.63	0.63	0.04	0.38	0.44	0.50	0.58	0.67	0.85	0.91	1.03	0.8	2.7	288	0.62
U	mg/kg	2.13	0.33	2.10	1.17	0.16	2.02	2.11	0.18	1.03	1.14	1.42	1.94	2.30	2.83	3.22	3.76	0.4	2.5	294	2.12
V	mg/kg	85.5	12.9	84.4	1.2	0.15	85.0	85.2	7.9	46.0	49.8	58.8	77.4	93.2	111.2	122.4	123.1	0.0	0.5	298	85.6
W	mg/kg	1.72	0.31	1.70	1.19	0.18	1.76	1.74	0.15	0.84	0.84	1.09	1.56	1.87	2.26	3.46	4.13	1.8	14.7	294	1.72
Y	mg/kg	24.5	2.7	24.4	1.1	0.11	24.4	24.7	1.6	13.2	15.5	18.9	23.1	26.2	29.5	30.9	34.3	-0.5	1.8	294	24.6
Zn	mg/kg	62.6	10.9	61.6	1.2	0.17	65.6	62.5	5.4	33.5	34.8	40.8	57.0	67.9	86.5	102.5	102.9	0.5	2.0	292	61.7
Zr	mg/kg	254	33	252	1	0.13	248	254	20	149	149	189	234	275	328	350	359	0.0	0.8	296	255
Al_2O_3	%	14.09	1.23	14.03	1.09	0.09	14.04	14.04	0.72	10.26	10.46	11.47	13.44	14.88	16.50	17.05	17.45	-0.2	0.2	297	14.11
CaO	%	2.94	1.71	2.55	1.68	0.58	2.64	2.52	0.90	0.87	0.88	0.99	1.66	3.64	6.88	9.64	11.02	1.6	3.2	292	2.79
MgO	%	1.62	0.53	1.57	1.26	0.33	1.51	1.55	0.18	0.82	0.87	1.06	1.36	1.72	2.79	3.57	8.02	6.5	71.2	285	1.54
K_2O	%	2.41	0.26	2.39	1.11	0.11	2.35	2.38	0.13	1.61	1.71	1.96	2.25	2.51	3.10	3.33	3.54	1.0	3.1	284	2.38
Na_2O	%	1.65	0.36	1.61	1.24	0.22	1.52	1.65	0.21	0.60	0.89	1.00	1.43	1.84	2.54	2.73	3.64	0.9	3.3	291	1.63
SiO_2	%	62.00	3.45	61.90	1.06	0.06	61.33	62.11	2.15	46.34	49.15	54.55	60.02	64.33	68.02	70.08	70.27	-0.7	1.9	295	62.17
TFe_2O_3	%	4.88	0.75	4.82	1.17	0.15	4.96	4.84	0.44	2.88	2.94	3.54	4.40	5.33	6.44	7.50	8.15	0.5	1.3	296	4.85
SOC	%	0.37	0.20	0.33	1.60	0.53	0.27	0.31	0.09	0.09	0.09	0.15	0.24	0.45	0.98	1.14	1.26	1.7	3.0	281	0.34
pH	无量纲						8.26	8.21	0.12	6.69	6.77	7.36	8.07	8.31	8.61	8.88	9.08				

表2.3.6A 石灰性褐土表层土壤（0～20 cm）地球化学参数（n=493）

指标	单位	算术平均值 X_a	算术标准差 S_a	几何平均值 X_g	几何标准差 S_g	变异系数 CV	众值 X_{mo}	中位值 X_{me}	中位绝对离差 MAD	最小值 X_{min}	$X_{0.5\%}$	$X_{2.5\%}$	$X_{25\%}$	$X_{75\%}$	$X_{97.5\%}$	$X_{99.5\%}$	最大值 X_{max}	偏度系数 SK	峰度系数 BK	n'	背景值 X_a'
Ag	mg/kg	0.085	0.034	0.081	1.338	0.40	0.086	0.080	0.011	0.008	0.045	0.052	0.070	0.092	0.143	0.299	0.494	6.3	62.6	464	0.080
As	mg/kg	10.2	2.2	9.9	1.3	0.22	10.9	10.5	1.3	2.9	3.9	5.8	8.9	11.6	14.0	17.3	19.6	-0.1	1.3	484	10.2
Au	μg/kg	1.8	0.8	1.8	1.3	0.42	1.8	1.8	0.3	0.8	0.9	1.0	1.5	2.0	3.1	8.1	11.4	6.4	64.4	480	1.8
B	mg/kg	53.3	14.5	51.3	1.3	0.27	51.1	52.9	7.1	8.2	12.6	26.9	45.9	60.2	81.3	96.9	169.8	1.3	9.9	479	52.7
Ba	mg/kg	507	103	500	1	0.20	491	490	29	313	359	405	463	522	677	1183	1487	5.1	36.8	471	492
Be	mg/kg	2.10	0.26	2.08	1.13	0.12	2.23	2.11	0.15	1.36	1.39	1.56	1.93	2.25	2.63	2.84	3.07	0.2	0.9	491	2.10
Bi	mg/kg	0.34	0.09	0.33	1.32	0.27	0.34	0.34	0.05	0.13	0.13	0.18	0.29	0.39	0.53	0.68	1.02	1.2	6.6	487	0.34
Br	mg/kg	4.4	1.5	4.2	1.4	0.34	3.2	4.2	0.9	1.0	1.9	2.4	3.4	5.3	7.7	9.0	19.2	2.5	18.6	485	4.3
TC	%	1.59	0.69	1.47	1.50	0.43	1.29	1.47	0.40	0.47	0.52	0.68	1.11	1.94	3.13	4.53	5.26	1.5	3.9	481	1.53
Cd	mg/kg	0.165	0.049	0.159	1.331	0.30	0.139	0.158	0.025	0.046	0.069	0.087	0.136	0.186	0.284	0.386	0.448	1.4	4.8	479	0.160
Ce	mg/kg	68.7	10.4	67.9	1.2	0.15	70.5	68.8	4.4	33.9	39.2	47.5	64.0	72.9	88.7	131.9	140.0	1.7	11.5	466	68.4
Cl	mg/kg	92	57	84	1	0.62	72	77	13	43	47	54	66	96	214	420	737	6.0	50.7	459	81
Co	mg/kg	14.1	3.9	13.6	1.3	0.28	13.1	13.3	1.2	5.6	5.8	7.9	12.4	15.0	22.8	33.5	47.6	2.9	16.6	438	13.4
Cr	mg/kg	75.2	21.5	73.1	1.2	0.29	71.5	71.1	4.9	41.1	42.5	46.9	66.7	76.9	136.4	183.9	267.7	3.8	21.6	438	71.1
Cu	mg/kg	28.7	14.2	27.3	1.3	0.50	27.5	26.5	3.4	12.1	12.6	15.2	23.9	31.4	46.8	96.5	279.5	12.0	200.0	475	27.2
F	mg/kg	571	128	558	1	0.23	552	552	42	261	300	352	515	599	881	1230	1399	2.2	9.5	464	552
Ga	mg/kg	16.3	1.7	16.2	1.1	0.10	17.0	16.3	0.9	10.4	10.5	12.3	15.4	17.3	19.8	20.9	21.8	-0.3	1.3	482	16.4
Ge	mg/kg	1.45	0.17	1.45	1.12	0.12	1.54	1.45	0.11	1.00	1.08	1.17	1.34	1.55	1.76	1.95	2.98	1.5	11.6	489	1.45
Hg	mg/kg	0.042	0.031	0.037	1.571	0.74	0.026	0.036	0.010	0.013	0.015	0.017	0.027	0.048	0.105	0.181	0.506	8.0	105.8	464	0.037
I	mg/kg	2.24	0.78	2.14	1.33	0.35	2.15	2.10	0.37	0.82	1.11	1.29	1.77	2.53	3.81	4.33	12.10	4.6	50.7	485	2.19
La	mg/kg	35.9	5.1	35.6	1.1	0.14	36.2	35.7	1.9	19.5	20.0	24.8	33.9	37.8	44.9	61.0	82.3	2.4	19.2	463	35.7
Li	mg/kg	36.9	7.9	36.1	1.2	0.22	39.2	36.7	3.5	13.2	18.1	22.2	32.8	39.7	57.7	73.9	76.5	1.4	5.9	472	36.2
Mn	mg/kg	626	165	612	1	0.26	619	610	50	299	324	391	559	659	949	1240	2922	6.3	78.6	472	607
Mo	mg/kg	0.64	0.17	0.62	1.27	0.26	0.59	0.61	0.08	0.24	0.32	0.39	0.54	0.70	1.11	1.50	1.50	1.7	5.4	475	0.62
N	%	0.107	0.025	0.104	1.262	0.23	0.095	0.103	0.016	0.049	0.055	0.066	0.090	0.122	0.164	0.188	0.206	0.7	0.8	483	0.106
Nb	mg/kg	14.5	2.2	14.4	1.1	0.15	14.3	14.5	0.7	7.8	9.6	10.9	13.8	15.1	19.2	29.4	32.8	3.6	25.2	450	14.5
Ni	mg/kg	35.1	14.6	33.5	1.3	0.42	35.0	32.9	2.7	15.0	16.2	18.6	30.1	35.6	74.7	129.8	183.9	5.2	36.4	439	32.6

指标	单位	算术平均值 X_a	算术标准差 S_a	几何平均值 X_g	几何标准差 S_g	变异系数 CV	众值 X_{mo}	中位值 X_{me}	中位绝对离差 MAD	最小值 X_{min}	累积频率 $X_{0.5\%}$	$X_{2.5\%}$	$X_{25\%}$	$X_{75\%}$	$X_{97.5\%}$	$X_{99.5\%}$	最大值 X_{max}	偏度系数 SK	峰度系数 BK	背景值 n'	X_a'
P	mg/kg	861	227	834	1	0.26	803	827	117	348	394	520	717	961	1 470	1 728	2 204	1.6	5.1	475	833
Pb	mg/kg	27.3	13.7	26.0	1.3	0.50	25.1	25.0	2.6	11.4	15.4	18.2	22.7	28.2	48.6	103.6	225.8	9.5	118.2	464	25.2
Rb	mg/kg	98.8	12.7	98.0	1.1	0.13	93.9	97.4	5.2	48.7	66.1	76.9	92.5	102.8	133.1	149.2	157.5	1.1	3.7	450	96.9
S	mg/kg	242	174	225	1	0.72	211	217	31	107	116	139	191	254	402	1 176	3 305	12.5	201.5	467	219
Sb	mg/kg	0.87	0.41	0.84	1.28	0.47	0.86	0.87	0.10	0.34	0.39	0.50	0.75	0.96	1.19	1.72	8.96	16.0	318.3	485	0.85
Sc	mg/kg	11.9	2.2	11.7	1.2	0.18	11.9	11.9	1.0	5.5	5.6	6.8	10.9	12.7	16.8	19.3	20.9	0.4	2.3	476	11.9
Se	mg/kg	0.22	0.09	0.21	1.38	0.39	0.19	0.20	0.04	0.09	0.10	0.12	0.17	0.24	0.44	0.68	0.86	2.7	12.3	476	0.21
Sn	mg/kg	3.2	0.9	3.1	1.3	0.28	3.1	3.1	0.3	1.4	1.6	1.9	2.8	3.5	4.9	8.1	13.0	4.4	36.8	476	3.1
Sr	mg/kg	157	50	151	1	0.32	141	144	16	69	86	105	132	168	289	415	660	3.9	26.5	459	147
Th	mg/kg	12.0	3.3	11.7	1.2	0.27	11.8	11.7	0.8	6.0	6.2	7.2	10.9	12.5	17.7	33.8	47.6	5.3	43.8	449	11.6
Ti	mg/kg	4 108	698	4 063	1	0.17	4 166	4 051	175	2 485	2 623	2 958	3 879	4 230	5 564	8 218	10 797	4.1	29.3	445	4 059
Tl	mg/kg	0.64	0.09	0.63	1.15	0.14	0.63	0.63	0.03	0.31	0.40	0.46	0.60	0.67	0.82	1.00	1.18	1.0	6.3	468	0.63
U	mg/kg	2.20	0.37	2.17	1.17	0.17	2.13	2.18	0.15	1.23	1.30	1.49	2.03	2.33	3.01	3.90	5.59	2.4	16.8	467	2.17
V	mg/kg	85.5	14.4	84.4	1.2	0.17	86.3	84.4	5.1	45.5	46.8	53.0	79.0	89.1	126.0	146.1	173.6	1.3	5.9	447	84.1
W	mg/kg	1.79	0.51	1.75	1.23	0.29	1.75	1.80	0.13	0.77	0.91	1.06	1.66	1.92	2.26	4.24	9.95	9.3	139.9	479	1.77
Y	mg/kg	24.7	2.6	24.5	1.1	0.11	24.0	25.0	1.4	13.6	16.0	18.5	23.5	26.4	28.9	32.5	34.7	-0.6	1.7	480	24.8
Zn	mg/kg	73.2	15.6	71.7	1.2	0.21	72.2	71.9	6.8	35.8	39.0	43.3	65.7	79.7	111.9	144.2	187.4	2.0	10.1	475	71.4
Zr	mg/kg	261	38	258	1	0.15	274	260	18	138	159	184	241	278	328	405	608	1.7	15.7	484	261
Al_2O_3	%	13.39	0.93	13.36	1.07	0.07	13.30	13.44	0.48	10.06	10.31	10.84	12.96	13.93	15.10	16.18	16.90	-0.5	2.0	469	13.47
CaO	%	3.74	1.79	3.35	1.60	0.48	2.65	3.48	1.08	0.91	1.01	1.29	2.47	4.64	8.01	12.02	14.14	1.4	3.9	483	3.60
MgO	%	1.80	0.54	1.73	1.30	0.30	1.80	1.69	0.17	0.74	0.77	0.99	1.54	1.89	3.28	4.42	5.23	2.2	8.1	448	1.68
K_2O	%	2.47	0.29	2.45	1.12	0.12	2.44	2.42	0.12	1.50	1.71	1.96	2.31	2.55	3.29	3.69	3.97	1.3	4.1	462	2.43
Na_2O	%	1.64	0.36	1.60	1.24	0.22	1.70	1.61	0.18	0.65	0.75	1.01	1.44	1.80	2.57	3.09	3.37	1.0	3.0	475	1.60
SiO_2	%	60.20	4.25	60.05	1.07	0.07	64.55	60.24	2.46	39.33	47.21	51.88	57.75	62.61	68.99	73.24	73.84	-0.2	1.9	483	60.17
TFe_2O_3	%	4.92	0.93	4.84	1.20	0.19	4.74	4.82	0.32	2.49	2.58	2.99	4.53	5.18	7.20	9.41	11.28	1.7	8.7	463	4.87
SOC	%	1.04	0.35	0.99	1.37	0.33	0.87	0.97	0.20	0.36	0.36	0.53	0.81	1.22	1.98	2.27	2.74	1.3	2.6	479	1.01
pH	无量纲						8.08	8.00	0.12	5.11	5.32	6.83	7.81	8.09	8.25	8.35	8.70				

表 2.3.6B　石灰性褐土深层土壤（150~200 cm）地球化学参数（n=119）

指标	单位	算术平均值 X_a	算术标准差 S_a	几何平均值 X_g	几何标准差 S_g	变异系数 CV	众值 X_{mo}	中位值 X_{me}	中位绝对离差 MAD	最小值 X_{min}	累积频率 $X_{0.5\%}$	$X_{2.5\%}$	$X_{25\%}$	$X_{75\%}$	$X_{97.5\%}$	$X_{99.5\%}$	最大值 X_{max}	偏度系数 SK	峰度系数 BK	基准值 n'	X_a'
Ag	mg/kg	0.070	0.020	0.067	1.300	0.29	0.066	0.066	0.010	0.035	0.036	0.043	0.058	0.077	0.116	0.136	0.163	1.6	4.2	116	0.068
As	mg/kg	10.1	2.0	9.9	1.2	0.20	10.4	10.3	1.1	4.9	5.1	5.7	9.0	11.1	13.9	14.8	18.7	0.3	2.6	118	10.0
Au	μg/kg	1.8	0.6	1.8	1.3	0.32	1.8	1.8	0.3	0.8	0.9	1.0	1.5	2.0	2.7	3.5	6.2	3.7	25.8	116	1.8
B	mg/kg	55.0	27.2	51.9	1.4	0.49	50.3	50.8	6.3	19.9	28.9	31.7	44.9	57.1	95.6	167.0	293.0	6.4	51.8	115	51.2
Ba	mg/kg	536	327	509	1	0.61	498	498	31	320	366	384	467	523	700	1 435	3 881	9.4	94.7	113	495
Be	mg/kg	2.03	0.24	2.02	1.12	0.12	1.99	2.03	0.11	1.49	1.54	1.58	1.92	2.13	2.62	2.82	2.91	0.8	2.2	116	2.01
Bi	mg/kg	0.29	0.06	0.28	1.25	0.21	0.30	0.29	0.04	0.13	0.15	0.16	0.25	0.31	0.39	0.45	0.45	0.0	0.5	119	0.29
Br	mg/kg	4.4	1.8	4.1	1.5	0.41	3.2	4.0	0.9	1.4	1.6	1.8	3.2	5.2	8.4	9.6	10.8	1.1	1.0	118	4.4
TC	%	1.12	0.74	0.93	1.87	0.65	0.74	0.98	0.35	0.08	0.27	0.28	0.64	1.32	2.86	3.64	4.85	2.0	6.3	112	0.99
Cd	mg/kg	0.105	0.029	0.102	1.327	0.28	0.110	0.105	0.017	0.045	0.047	0.050	0.085	0.121	0.157	0.195	0.221	0.6	1.8	117	0.104
Ce	mg/kg	68.1	7.0	67.8	1.1	0.10	68.1	68.1	3.8	49.0	49.8	53.4	64.5	72.0	80.8	87.5	89.4	0.0	1.0	118	67.9
Cl	mg/kg	82	59	73	2	0.71	58	65	12	41	42	44	56	84	314	360	410	3.8	15.5	110	68
Co	mg/kg	13.3	3.1	13.0	1.2	0.23	12.9	12.8	1.1	6.4	7.3	8.3	12.0	14.1	20.0	21.7	31.6	2.1	10.0	116	13.0
Cr	mg/kg	72.6	18.7	70.8	1.2	0.26	69.4	69.9	5.4	40.7	43.8	50.5	64.5	74.9	127.6	165.8	172.0	3.2	13.8	111	69.1
Cu	mg/kg	26.1	6.2	25.4	1.3	0.24	24.8	25.7	3.0	12.2	12.4	13.5	23.0	29.0	38.5	41.3	52.2	0.6	2.2	118	25.9
F	mg/kg	551	138	537	1	0.25	518	521	47	292	298	357	486	573	926	1 070	1 170	2.0	5.6	107	521
Ga	mg/kg	16.4	2.0	16.3	1.1	0.12	16.9	16.6	1.0	10.1	11.4	12.0	15.4	17.3	20.5	21.4	21.7	-0.1	1.1	118	16.5
Ge	mg/kg	1.37	0.18	1.36	1.14	0.13	1.40	1.40	0.11	0.88	0.96	1.06	1.25	1.48	1.72	1.74	1.84	0.1	-0.1	119	1.37
Hg	mg/kg	0.023	0.012	0.020	1.598	0.52	0.015	0.019	0.005	0.006	0.007	0.009	0.015	0.027	0.054	0.066	0.070	1.7	3.2	114	0.021
I	mg/kg	2.14	0.79	2.01	1.43	0.37	1.62	1.98	0.38	0.58	0.89	0.97	1.62	2.45	3.91	4.36	4.64	1.0	0.8	118	2.12
La	mg/kg	35.0	3.7	34.8	1.1	0.11	34.2	35.5	2.2	25.3	25.5	28.0	32.8	37.3	41.5	43.1	46.1	-0.2	0.4	119	35.0
Li	mg/kg	37.0	9.2	36.0	1.3	0.25	35.7	35.5	3.0	17.2	17.6	22.4	32.6	38.7	61.6	74.1	81.3	1.9	6.6	114	35.6
Mn	mg/kg	617	119	607	1	0.19	600	606	47	349	360	407	560	650	857	1 031	1 155	1.2	4.1	116	606
Mo	mg/kg	0.58	0.15	0.57	1.27	0.25	0.55	0.57	0.09	0.32	0.32	0.34	0.49	0.66	0.87	1.00	1.22	1.1	2.7	116	0.57
N	%	0.056	0.022	0.052	1.470	0.39	0.060	0.052	0.016	0.023	0.026	0.027	0.040	0.070	0.110	0.120	0.120	0.9	0.6	119	0.056
Nb	mg/kg	14.5	1.5	14.4	1.1	0.11	14.4	14.4	0.6	10.5	10.7	11.9	13.8	15.0	17.0	17.6	25.2	2.7	19.5	116	14.4
Ni	mg/kg	31.7	10.2	30.7	1.3	0.32	31.2	30.6	2.3	16.0	16.9	18.6	27.9	32.4	52.0	78.0	108.7	4.6	29.9	110	30.0

指标	单位	算术平均值 X_a	算术标准差 S_a	几何平均值 X_g	几何标准差 S_g	变异系数 CV	众值 X_{mo}	中位值 X_{me}	中位绝对离差 MAD	最小值 X_{min}	累积频率 $X_{0.5\%}$	$X_{2.5\%}$	$X_{25\%}$	$X_{75\%}$	$X_{97.5\%}$	$X_{99.5\%}$	最大值 X_{max}	偏度系数 SK	峰度系数 BK	基准值 n'	X_a'
P	mg/kg	520	126	505	1	0.24	398	509	73	193	208	316	452	583	741	856	1 101	0.8	3.4	118	516
Pb	mg/kg	23.1	7.4	22.4	1.3	0.32	21.3	21.6	1.8	15.5	15.9	16.1	20.0	23.6	39.4	56.7	76.3	4.4	26.2	112	21.7
Rb	mg/kg	98.0	11.4	97.4	1.1	0.12	98.0	97.5	4.8	72.6	72.9	79.7	92.2	101.3	133.0	142.1	147.0	1.5	5.0	115	96.5
S	mg/kg	155	88	143	1	0.56	129	134	23	78	86	87	117	173	306	516	860	5.2	37.2	113	140
Sb	mg/kg	0.89	0.20	0.86	1.24	0.23	0.93	0.88	0.11	0.46	0.49	0.54	0.75	0.97	1.42	1.58	1.78	1.2	4.1	115	0.86
Sc	mg/kg	11.5	2.0	11.3	1.2	0.17	11.6	11.4	0.7	5.8	6.8	7.6	10.7	12.1	16.0	17.0	18.7	0.4	1.8	118	11.4
Se	mg/kg	0.12	0.06	0.10	1.56	0.50	0.07	0.10	0.03	0.05	0.05	0.05	0.07	0.14	0.25	0.30	0.34	1.5	2.2	117	0.11
Sn	mg/kg	2.9	0.5	2.9	1.2	0.17	2.7	2.8	0.3	1.8	1.9	2.1	2.6	3.1	4.2	4.3	4.6	0.9	1.4	118	2.9
Sr	mg/kg	152	34	149	1	0.22	139	144	16	83	95	101	132	166	216	289	318	1.7	5.6	116	149
Th	mg/kg	11.8	1.9	11.6	1.2	0.16	11.6	11.7	0.8	7.0	7.9	8.5	11.0	12.6	14.3	18.9	23.3	2.1	12.0	115	11.6
Ti	mg/kg	4 007	509	3 978	1	0.13	4 032	4 011	194	2 707	2 925	2 998	3 786	4 189	4 758	5 056	7 583	2.6	20.2	117	3 987
Tl	mg/kg	0.62	0.08	0.62	1.12	0.12	0.61	0.62	0.04	0.41	0.45	0.50	0.58	0.65	0.75	0.80	1.10	2.0	11.9	117	0.62
U	mg/kg	2.13	0.38	2.10	1.16	0.18	1.96	2.09	0.13	1.35	1.45	1.67	1.96	2.23	2.73	4.25	4.52	3.7	21.3	113	2.09
V	mg/kg	85.5	12.3	84.6	1.2	0.14	82.1	85.0	5.7	49.0	53.0	55.2	80.8	91.0	115.1	115.4	116.9	0.1	1.3	119	85.5
W	mg/kg	1.72	0.22	1.70	1.15	0.13	1.77	1.76	0.12	1.04	1.12	1.17	1.60	1.86	2.14	2.15	2.20	-0.6	0.7	118	1.73
Y	mg/kg	24.6	2.2	24.5	1.1	0.09	25.7	24.7	1.4	17.8	18.1	20.1	23.2	25.9	28.5	29.2	29.2	-0.5	0.6	116	24.8
Zn	mg/kg	63.3	10.6	62.4	1.2	0.17	64.1	63.5	4.5	32.7	33.9	39.0	59.1	67.8	86.5	92.4	92.6	-0.1	1.4	119	63.3
Zr	mg/kg	259	36	257	1	0.14	284	258	22	157	176	194	240	280	330	345	350	0.0	0.2	119	259
Al$_2$O$_3$	%	13.63	1.16	13.58	1.09	0.09	13.15	13.79	0.60	10.44	10.70	10.85	13.13	14.30	15.45	16.06	17.05	-0.5	0.8	119	13.63
CaO	%	3.98	2.13	3.47	1.71	0.53	2.71	3.79	1.34	0.79	1.13	1.27	2.36	4.86	9.91	11.07	13.04	1.4	3.1	115	3.73
MgO	%	1.83	0.69	1.74	1.34	0.38	1.61	1.67	0.16	0.72	0.84	1.04	1.51	1.84	3.75	4.30	6.06	3.1	13.1	110	1.67
K$_2$O	%	2.40	0.27	2.39	1.11	0.11	2.31	2.35	0.10	1.69	1.85	2.02	2.25	2.46	3.16	3.41	3.45	1.3	3.4	113	2.37
Na$_2$O	%	1.60	0.30	1.57	1.21	0.19	1.66	1.61	0.16	0.90	0.91	1.05	1.40	1.74	2.26	2.34	2.40	0.2	0.3	119	1.60
SiO$_2$	%	60.52	4.31	60.36	1.08	0.07	60.45	60.72	2.48	46.39	47.41	49.45	58.25	63.11	68.03	70.40	72.13	-0.6	1.3	117	60.75
TFe$_2$O$_3$	%	4.77	0.78	4.71	1.18	0.16	4.81	4.75	0.38	2.53	2.89	3.19	4.39	5.13	6.30	6.78	8.42	0.7	4.1	117	4.76
SOC	%	0.45	0.27	0.38	1.78	0.59	0.28	0.38	0.14	0.08	0.10	0.13	0.27	0.55	1.19	1.32	1.32	1.3	1.6	114	0.42
pH	无量纲						8.30	8.28	0.09	6.88	7.34	7.71	8.16	8.35	8.51	8.67	8.89				

表 2.3.7A 淋溶褐土表层土壤（0~20 cm）地球化学参数（n=1 454）

指标	单位	算术平均值 X_a	算术标准差 S_a	几何平均值 X_g	几何标准差 S_g	变异系数 CV	众值 X_{mo}	中位值 X_{me}	中位绝对离差 MAD	最小值 X_{min}	累积频率 $X_{0.5\%}$	$X_{2.5\%}$	$X_{25\%}$	$X_{75\%}$	$X_{97.5\%}$	$X_{99.5\%}$	最大值 X_{max}	偏度系数 SK	峰度系数 BK	背景值 n'	X_a'
Ag	mg/kg	0.081	0.031	0.078	1.320	0.38	0.070	0.075	0.010	0.021	0.043	0.050	0.066	0.087	0.163	0.244	0.422	4.4	31.1	1 373	0.076
As	mg/kg	9.2	2.9	8.8	1.4	0.32	9.1	8.8	1.8	2.2	3.5	4.7	7.2	10.9	15.3	21.9	27.5	1.3	4.4	1 431	9.0
Au	μg/kg	1.8	5.3	1.5	1.5	2.97	1.2	1.4	0.3	0.5	0.6	0.8	1.2	1.8	3.1	10.2	193.8	33.7	1 216.6	1 390	1.5
B	mg/kg	50.6	19.3	47.7	1.4	0.38	58.1	47.9	10.7	10.0	17.5	23.7	38.1	59.8	88.9	118.6	380.0	4.4	61.4	1 438	49.7
Ba	mg/kg	586	151	573	1	0.26	524	557	61	288	383	417	505	634	891	1 324	2 716	5.5	59.6	1 400	567
Be	mg/kg	2.06	0.35	2.04	1.18	0.17	1.95	2.02	0.24	1.33	1.40	1.51	1.81	2.30	2.83	3.13	4.17	0.7	0.9	1 442	2.05
Bi	mg/kg	0.31	0.13	0.29	1.37	0.42	0.23	0.29	0.06	0.13	0.14	0.17	0.23	0.36	0.53	1.02	2.42	6.3	76.6	1 423	0.30
Br	mg/kg	3.9	1.3	3.7	1.4	0.34	3.3	3.7	0.7	1.1	1.6	2.1	3.1	4.5	7.2	10.1	13.8	1.7	6.3	1 413	3.8
TC	%	1.13	0.52	1.05	1.45	0.46	0.91	0.99	0.20	0.33	0.45	0.57	0.83	1.26	2.72	3.66	4.74	2.4	7.5	1 344	1.02
Cd	mg/kg	0.199	2.088	0.137	1.435	10.49	0.117	0.135	0.027	0.060	0.067	0.078	0.111	0.164	0.286	0.491	79.750	38.1	1 451.7	1 400	0.137
Ce	mg/kg	70.6	14.5	69.2	1.2	0.21	72.8	69.5	8.9	27.8	40.5	46.7	60.8	78.6	98.6	140.2	163.6	1.4	5.9	1 429	69.6
Cl	mg/kg	84	44	78	1	0.52	58	73	16	34	38	43	59	95	196	302	726	4.5	41.9	1 370	76
Co	mg/kg	14.5	4.2	14.0	1.3	0.29	14.1	13.9	2.3	4.9	7.3	8.4	11.8	16.5	23.9	33.3	50.1	1.9	8.3	1 423	14.1
Cr	mg/kg	75.5	24.7	72.5	1.3	0.33	75.6	71.5	9.3	21.6	33.8	46.2	61.3	80.1	144.9	201.4	241.1	2.6	10.1	1 335	70.0
Cu	mg/kg	26.8	12.4	25.3	1.4	0.46	23.6	25.1	4.7	9.4	12.9	14.3	20.7	30.3	46.8	71.0	313.0	10.6	211.3	1 418	25.7
F	mg/kg	534	144	517	1	0.27	430	508	78	280	302	333	438	595	899	1 127	1 451	1.5	3.9	1 407	518
Ga	mg/kg	16.3	2.1	16.2	1.1	0.13	15.6	16.4	1.4	10.5	11.2	12.2	14.9	17.8	20.6	21.5	23.6	0.0	-0.2	1 453	16.3
Ge	mg/kg	1.41	0.19	1.40	1.15	0.14	1.38	1.40	0.12	0.54	0.99	1.09	1.28	1.53	1.83	2.05	2.24	0.4	1.0	1 436	1.41
Hg	mg/kg	0.051	0.217	0.036	1.718	4.26	0.031	0.033	0.007	0.008	0.013	0.018	0.027	0.043	0.134	0.598	7.729	31.3	1 081.7	1 312	0.034
I	mg/kg	2.38	0.92	2.25	1.39	0.39	1.95	2.23	0.40	0.25	0.91	1.23	1.88	2.65	4.39	7.60	10.60	3.1	18.3	1 405	2.27
La	mg/kg	35.7	7.1	35.1	1.2	0.20	32.8	35.3	4.0	17.2	21.2	24.9	31.2	39.2	51.5	68.1	90.8	2.0	10.6	1 415	35.1
Li	mg/kg	34.2	8.7	33.2	1.3	0.25	27.5	33.5	5.6	13.1	18.7	20.8	27.9	39.1	54.4	64.2	90.3	1.0	2.8	1 428	33.7
Mn	mg/kg	705	171	686	1	0.24	653	680	93	272	353	433	598	788	1 128	1 351	1 966	1.4	5.0	1 409	688
Mo	mg/kg	0.64	0.32	0.61	1.35	0.50	0.61	0.60	0.11	0.28	0.31	0.36	0.50	0.72	1.16	1.68	9.66	16.2	431.5	1 402	0.61
N	%	0.100	0.024	0.097	1.266	0.24	0.098	0.097	0.015	0.026	0.049	0.061	0.084	0.113	0.155	0.184	0.251	1.1	3.2	1 427	0.099
Nb	mg/kg	14.3	2.2	14.2	1.2	0.15	15.1	14.3	1.3	7.0	9.7	10.7	12.9	15.5	19.2	23.6	32.9	1.5	8.2	1 421	14.2
Ni	mg/kg	33.9	14.4	32.0	1.4	0.42	33.1	31.5	4.9	11.6	16.6	18.9	26.5	36.4	76.8	123.4	154.8	3.5	17.8	1 362	31.0

指标	单位	算术平均值 X_a	算术标准差 S_a	几何平均值 X_g	几何标准差 S_g	变异系数 CV	众值 X_{mo}	中位值 X_{me}	中位绝对离差 MAD	最小值 X_{min}	累积频率 $X_{0.5\%}$	$X_{2.5\%}$	$X_{25\%}$	$X_{75\%}$	$X_{97.5\%}$	$X_{99.5\%}$	最大值 X_{max}	偏度系数 SK	峰度系数 BK	n'	背景值 X_a'
P	mg/kg	731	219	703	1	0.30	614	701	134	226	351	428	580	849	1 234	1 505	3 340	2.0	14.8	1 421	714
Pb	mg/kg	28.3	13.8	26.9	1.3	0.49	23.4	25.8	3.2	9.8	16.3	18.4	23.0	29.7	52.2	112.3	330.5	10.2	175.9	1 366	26.1
Rb	mg/kg	97.8	16.4	96.5	1.2	0.17	86.2	94.9	8.9	48.2	63.6	73.0	86.8	105.6	139.8	152.9	196.4	1.1	2.4	1 409	96.4
S	mg/kg	224	112	209	1	0.50	204	200	34	64	109	127	169	239	517	865	1 935	5.3	50.3	1 355	202
Sb	mg/kg	0.77	0.24	0.74	1.33	0.32	0.61	0.74	0.14	0.25	0.38	0.45	0.61	0.89	1.24	1.86	3.21	2.6	17.4	1 433	0.76
Sc	mg/kg	11.2	2.6	10.9	1.3	0.24	11.4	11.0	1.7	3.5	5.7	6.7	9.3	12.7	16.9	19.7	23.2	0.5	0.6	1 437	11.1
Se	mg/kg	0.21	0.16	0.19	1.40	0.75	0.17	0.18	0.03	0.10	0.10	0.12	0.15	0.23	0.44	0.65	5.23	23.5	747.1	1 366	0.19
Sn	mg/kg	3.1	0.9	3.0	1.3	0.30	3.0	3.0	0.5	0.9	1.5	1.8	2.6	3.5	5.0	7.3	13.2	3.1	23.5	1 418	3.0
Sr	mg/kg	178	78	165	1	0.44	113	158	35	64	74	88	129	204	377	528	1 090	2.8	16.9	1 370	164
Th	mg/kg	11.8	3.0	11.5	1.3	0.25	11.2	11.4	1.7	4.1	6.6	7.8	9.8	13.2	17.9	26.0	35.6	2.4	12.3	1 418	11.5
Ti	mg/kg	4 142	782	4 077	1	0.19	4 336	4 103	384	1 503	2 614	2 982	3 667	4 427	5 980	7 624	10 883	1.9	9.7	1 401	4 052
Tl	mg/kg	0.61	0.11	0.60	1.19	0.18	0.55	0.59	0.06	0.25	0.39	0.44	0.54	0.66	0.88	1.05	1.24	1.4	4.2	1 406	0.60
U	mg/kg	2.20	0.41	2.16	1.20	0.19	2.18	2.16	0.27	0.89	1.39	1.55	1.91	2.44	3.15	3.68	4.71	1.0	2.7	1 423	2.17
V	mg/kg	85.9	17.5	84.2	1.2	0.20	66.0	85.3	11.3	30.1	49.4	55.6	74.0	96.8	122.5	143.3	220.9	0.7	3.1	1 439	85.3
W	mg/kg	1.64	0.46	1.59	1.31	0.28	1.93	1.61	0.32	0.52	0.70	0.91	1.31	1.94	2.37	3.34	7.16	2.2	19.5	1 438	1.62
Y	mg/kg	24.0	3.4	23.8	1.2	0.14	23.7	24.0	2.4	11.0	14.6	17.0	21.8	26.4	30.5	32.5	35.9	-0.1	0.2	1 446	24.0
Zn	mg/kg	66.8	19.0	64.5	1.3	0.29	55.9	65.0	10.2	31.2	34.8	38.9	54.8	75.2	107.7	163.6	245.3	2.4	14.3	1 424	65.2
Zr	mg/kg	281	41	278	1	0.15	281	280	26	142	179	204	255	308	363	392	447	0.2	0.3	1 445	281
Al_2O_3	%	13.61	1.26	13.55	1.10	0.09	13.98	13.63	0.86	9.71	10.27	11.12	12.77	14.50	15.86	16.90	17.90	-0.1	0.0	1 446	13.61
CaO	%	1.93	1.19	1.70	1.60	0.62	1.50	1.56	0.45	0.63	0.74	0.84	1.20	2.23	5.19	8.07	11.96	3.0	14.2	1 338	1.66
MgO	%	1.46	0.56	1.37	1.40	0.38	1.13	1.34	0.27	0.47	0.64	0.75	1.09	1.65	3.02	4.09	5.04	1.9	5.4	1 365	1.35
K_2O	%	2.44	0.36	2.42	1.15	0.15	2.29	2.37	0.18	1.47	1.69	1.91	2.22	2.60	3.37	3.78	4.11	1.2	2.2	1 395	2.40
Na_2O	%	1.63	0.51	1.55	1.38	0.32	1.55	1.61	0.32	0.52	0.61	0.78	1.26	1.89	2.86	3.19	5.67	0.9	3.1	1 435	1.61
SiO_2	%	63.58	4.37	63.43	1.07	0.07	62.55	63.56	2.71	43.49	51.23	55.32	60.82	66.24	72.31	75.12	76.70	-0.1	0.6	1 444	63.63
TFe_2O_3	%	4.87	1.06	4.75	1.24	0.22	4.70	4.78	0.71	1.74	2.71	3.10	4.10	5.52	7.10	8.30	10.89	0.6	1.4	1 436	4.82
SOC	%	0.97	0.37	0.92	1.38	0.39	0.72	0.90	0.16	0.19	0.42	0.50	0.75	1.09	1.83	3.14	4.00	2.8	12.9	1 384	0.91
pH	无量纲						7.50	7.40	0.44	4.57	5.15	5.53	6.72	7.71	8.12	8.24	8.40				

表2.3.7B 淋溶褐土深层土壤（150～200 cm）地球化学参数（n=352）

指标	单位	算术平均值 X_a	算术标准差 S_a	几何平均值 X_g	几何标准差 S_g	变异系数 CV	众值 X_{mo}	中位值 X_{me}	中位绝对离差 MAD	最小值 X_{min}	累积频率							最大值 X_{max}	偏度系数 SK	峰度系数 BK	基准值	
											$X_{0.5\%}$	$X_{2.5\%}$	$X_{25\%}$	$X_{75\%}$	$X_{97.5\%}$	$X_{99.5\%}$					n'	X_a'
Ag	mg/kg	0.081	0.176	0.069	1.402	2.17	0.061	0.066	0.008	0.019	0.041	0.044	0.059	0.076	0.142	0.216	3.328	18.0	331.6	333	0.067
As	mg/kg	10.1	2.9	9.6	1.4	0.29	9.2	10.0	1.8	1.1	2.9	4.6	8.2	11.7	16.3	18.0	22.9	0.5	1.7	348	10.1
Au	µg/kg	1.8	1.4	1.7	1.4	0.81	1.5	1.6	0.3	0.7	0.8	1.0	1.4	1.9	3.1	3.9	26.3	14.5	244.3	340	1.6
B	mg/kg	47.9	16.8	44.8	1.4	0.35	39.4	46.1	11.3	10.1	12.3	21.9	35.5	57.9	84.5	98.7	103.1	0.6	0.2	348	47.3
Ba	mg/kg	618	151	603	1	0.24	591	586	72	345	379	436	522	679	973	1 346	1 772	2.5	12.3	341	601
Be	mg/kg	2.20	0.38	2.17	1.19	0.17	2.16	2.19	0.26	1.15	1.42	1.55	1.93	2.44	2.95	3.06	4.20	0.5	1.3	351	2.19
Bi	mg/kg	0.28	0.09	0.27	1.36	0.31	0.34	0.28	0.06	0.08	0.10	0.14	0.23	0.34	0.45	0.55	0.90	1.3	7.2	348	0.28
Br	mg/kg	4.1	1.6	3.8	1.5	0.39	3.7	3.7	0.9	0.8	1.4	1.7	2.9	5.0	7.9	9.5	11.0	1.0	1.3	348	4.0
TC	%	0.58	0.39	0.49	1.74	0.66	0.35	0.48	0.17	0.08	0.16	0.19	0.34	0.71	1.63	2.20	3.31	2.5	10.0	329	0.50
Cd	mg/kg	0.106	0.086	0.098	1.411	0.81	0.108	0.097	0.018	0.037	0.043	0.054	0.080	0.114	0.195	0.335	1.568	14.0	234.4	334	0.097
Ce	mg/kg	76.2	16.6	74.4	1.3	0.22	75.9	75.0	9.5	19.5	26.8	50.2	65.8	84.7	114.1	139.2	147.6	0.8	3.0	342	75.5
Cl	mg/kg	75	157	61	2	2.10	53	57	9	33	33	37	49	68	174	528	2 868	16.3	286	322	57
Co	mg/kg	17.5	5.7	16.7	1.4	0.33	18.9	16.5	2.8	2.8	7.7	9.9	14.1	19.8	32.2	42.2	51.7	1.8	6.3	337	16.9
Cr	mg/kg	79.7	28.9	75.7	1.4	0.36	71.9	74.5	9.3	11.5	26.2	47.8	65.2	83.7	156.0	209.7	269.7	2.8	12.2	324	74.0
Cu	mg/kg	26.3	8.5	25.1	1.3	0.32	25.6	25.8	3.7	4.3	10.9	14.4	21.8	29.3	43.1	57.7	103.7	3.1	23.6	342	25.5
F	mg/kg	560	138	544	1	0.25	546	538	69	133	312	358	476	626	842	1 155	1 460	1.8	7.5	344	549
Ga	mg/kg	17.6	2.1	17.5	1.1	0.12	18.0	17.7	1.4	12.3	12.5	13.1	16.3	19.0	21.4	22.8	24.7	-0.1	0.2	350	17.5
Ge	mg/kg	1.43	0.20	1.41	1.15	0.14	1.55	1.42	0.13	0.80	1.01	1.08	1.29	1.55	1.80	1.88	2.21	0.2	0.4	350	1.43
Hg	mg/kg	0.023	0.034	0.018	1.655	1.48	0.015	0.018	0.004	0.005	0.006	0.008	0.014	0.023	0.052	0.255	0.521	10.9	140.7	337	0.018
I	mg/kg	2.41	0.80	2.29	1.36	0.33	2.34	2.29	0.49	0.99	1.11	1.32	1.82	2.79	4.30	5.44	6.86	1.3	3.5	345	2.35
La	mg/kg	36.8	7.2	36.1	1.2	0.20	35.3	36.4	3.9	11.1	12.0	25.6	32.7	40.6	51.5	60.6	78.0	0.8	5.6	343	36.7
Li	mg/kg	37.2	10.1	35.9	1.3	0.27	35.8	36.4	5.8	8.3	20.5	22.7	30.7	42.3	55.8	81.1	98.3	1.4	5.8	342	36.3
Mn	mg/kg	950	466	874	1	0.49	687	827	171	184	418	473	684	1 074	1 934	3 154	4 923	3.3	19.1	335	877
Mo	mg/kg	0.61	0.22	0.58	1.36	0.37	0.47	0.57	0.10	0.26	0.29	0.33	0.47	0.68	1.05	1.76	2.22	2.9	15.2	343	0.58
N	%	0.049	0.018	0.046	1.381	0.37	0.040	0.043	0.008	0.023	0.024	0.027	0.038	0.057	0.090	0.119	0.180	2.1	8.6	343	0.047
Nb	mg/kg	14.5	2.4	14.3	1.2	0.16	15.5	14.5	1.4	6.0	9.4	10.7	12.9	15.7	19.5	25.1	27.5	1.1	5.8	344	14.3
Ni	mg/kg	39.2	17.8	36.7	1.4	0.45	35.9	35.9	5.1	7.3	18.1	20.6	31.0	41.7	84.7	146.5	176.6	4.1	23.8	332	36.1

指标	单位	算术平均值 X_a	算术标准差 S_a	几何平均值 X_g	几何标准差 S_g	变异系数 CV	众值 X_{mo}	中位值 X_{me}	中位绝对离差 MAD	最小值 X_{min}	$X_{0.5\%}$	$X_{2.5\%}$	$X_{25\%}$	$X_{75\%}$	$X_{97.5\%}$	$X_{99.5\%}$	最大值 X_{max}	偏度系数 SK	峰度系数 BK	n'	基准值 X_a'
P	mg/kg	449	160	424	1	0.36	390	411	93	171	218	245	338	522	852	1 007	1 178	1.3	2.5	342	433
Pb	mg/kg	26.1	8.7	25.0	1.3	0.33	26.3	24.9	3.9	10.1	12.3	15.2	21.0	28.7	47.0	67.7	89.9	2.7	13.2	337	24.8
Rb	mg/kg	101.1	17.1	99.6	1.2	0.17	106.4	100.2	10.4	45.9	56.3	69.5	90.0	110.8	138.3	152.6	160.6	0.2	0.7	348	100.8
S	mg/kg	121	63	113	1	0.52	83	109	20	54	68	72	90	130	237	374	903	6.7	70.5	327	109
Sb	mg/kg	0.87	0.24	0.84	1.32	0.27	0.78	0.85	0.16	0.34	0.38	0.46	0.71	1.02	1.38	1.59	1.88	0.6	0.7	348	0.86
Sc	mg/kg	12.2	2.6	11.9	1.3	0.22	12.8	12.2	1.6	2.7	6.5	7.6	10.6	13.8	17.1	20.0	23.4	0.2	1.6	347	12.1
Se	mg/kg	0.11	0.04	0.11	1.42	0.38	0.10	0.10	0.02	0.04	0.05	0.06	0.08	0.13	0.23	0.29	0.32	1.5	3.3	341	0.11
Sn	mg/kg	2.8	0.6	2.7	1.3	0.23	2.7	2.8	0.4	0.9	1.4	1.7	2.4	3.2	4.1	4.7	5.7	0.5	1.2	347	2.8
Sr	mg/kg	177	96	161	2	0.54	134	155	33	45	74	83	125	204	429	705	855	3.3	16.3	338	163
Th	mg/kg	12.1	3.4	11.7	1.3	0.28	10.1	11.8	1.7	3.5	5.2	7.2	10.2	13.8	18.5	26.9	36.7	2.3	12.9	342	11.9
Ti	mg/kg	4 248	874	4 166	1	0.21	3 624	4 204	400	1 196	2 500	2 979	3 792	4 579	6 058	8 581	9 763	1.9	9.4	339	4 161
Tl	mg/kg	0.63	0.11	0.62	1.19	0.18	0.67	0.63	0.06	0.31	0.34	0.41	0.57	0.68	0.87	1.01	1.50	1.6	10.6	341	0.63
U	mg/kg	2.14	0.46	2.09	1.25	0.21	2.20	2.13	0.25	0.49	0.95	1.33	1.86	2.36	3.09	3.97	4.61	0.9	4.5	340	2.11
V	mg/kg	94.6	17.6	92.7	1.2	0.19	94.7	94.7	10.5	19.8	51.2	63.4	84.0	104.9	129.6	152.0	164.7	0.1	2.4	344	94.0
W	mg/kg	1.72	0.46	1.66	1.31	0.27	1.96	1.73	0.30	0.50	0.75	0.91	1.43	2.01	2.41	2.80	5.88	2.0	17.8	349	1.71
Y	mg/kg	24.7	3.9	24.3	1.2	0.16	23.1	24.3	2.5	10.2	13.3	17.2	22.2	27.3	32.1	34.7	41.2	0.1	1.2	347	24.8
Zn	mg/kg	65.8	29.7	63.0	1.3	0.45	63.2	63.8	8.1	16.4	36.2	38.9	55.6	71.5	104.0	192.1	512.7	10.4	148.7	341	62.7
Zr	mg/kg	257	36	254	1	0.14	254	255	22	116	152	185	235	279	325	356	366	-0.1	0.7	347	257
Al_2O_3	%	14.54	1.35	14.47	1.10	0.09	14.17	14.61	0.87	10.80	10.97	11.71	13.66	15.42	17.14	17.81	20.00	0.0	0.6	351	14.52
CaO	%	2.12	1.33	1.85	1.64	0.63	1.28	1.76	0.56	0.44	0.76	0.90	1.27	2.53	5.32	8.28	11.37	2.8	12.0	338	1.92
MgO	%	1.62	0.67	1.53	1.39	0.41	1.46	1.47	0.23	0.28	0.66	0.99	1.26	1.72	3.44	5.58	6.32	3.2	15.7	326	1.49
K_2O	%	2.43	0.36	2.40	1.16	0.15	2.31	2.39	0.20	1.42	1.57	1.76	2.22	2.62	3.19	3.57	3.93	0.5	1.2	347	2.41
Na_2O	%	1.56	0.50	1.48	1.40	0.32	1.61	1.56	0.34	0.33	0.60	0.70	1.20	1.88	2.66	3.04	3.91	0.6	1.1	348	1.54
SiO_2	%	61.89	3.46	61.79	1.06	0.06	62.29	61.96	1.94	49.32	51.71	54.22	60.05	63.89	68.25	70.75	77.87	-0.1	2.1	342	62.05
TFe_2O_3	%	5.38	1.18	5.24	1.26	0.22	6.10	5.40	0.70	1.22	3.04	3.42	4.61	6.02	7.67	9.47	10.80	0.7	2.6	345	5.33
SOC	%	0.37	0.19	0.33	1.57	0.51	0.33	0.33	0.08	0.04	0.08	0.15	0.26	0.41	0.88	1.06	1.65	2.2	8.1	328	0.33
pH	无量纲						8.20	7.99	0.24	6.18	6.57	7.14	7.66	8.20	8.36	8.46	8.53				

表2.3.8A 潮褐土表层土壤（0~20 cm）地球化学参数（n=2 147）

指标	单位	算术平均值 X_a	算术标准差 S_a	几何平均值 X_g	几何标准差 S_g	变异系数 CV	众值 X_{mo}	中位值 X_{me}	中位绝对离差 MAD	最小值 X_{min}	累积频率						最大值 X_{max}	偏度系数 SK	峰度系数 BK	背景值	
											$X_{0.5\%}$	$X_{2.5\%}$	$X_{25\%}$	$X_{75\%}$	$X_{97.5\%}$	$X_{99.5\%}$				n'	X_a'
Ag	mg/kg	0.082	0.029	0.078	1.297	0.35	0.069	0.076	0.010	0.008	0.047	0.052	0.067	0.088	0.137	0.253	0.460	5.0	42.7	2 040	0.077
As	mg/kg	8.1	2.1	7.9	1.3	0.26	7.5	7.9	1.2	1.4	3.9	5.0	6.7	9.2	12.5	17.3	32.1	1.8	11.7	2 108	8.0
Au	μg/kg	1.8	2.4	1.5	1.5	1.34	1.3	1.5	0.3	0.4	0.6	0.8	1.2	1.8	3.7	11.0	70.4	18.1	425.4	2 055	1.5
B	mg/kg	47.0	9.4	46.0	1.2	0.20	54.0	46.6	5.9	14.8	23.2	30.2	40.7	52.5	66.9	79.8	93.1	0.4	1.3	2 115	46.7
Ba	mg/kg	575	146	567	1	0.25	526	550	41	383	441	466	516	602	842	990	5 735	21.4	737.9	2 013	555
Be	mg/kg	1.95	0.24	1.94	1.13	0.12	1.87	1.94	0.15	1.21	1.38	1.50	1.80	2.09	2.46	2.70	3.68	0.5	2.2	2 123	1.94
Bi	mg/kg	0.28	0.18	0.27	1.31	0.65	0.22	0.26	0.04	0.10	0.14	0.18	0.23	0.31	0.46	0.89	7.32	27.1	994.1	2 079	0.27
Br	mg/kg	4.5	1.8	4.1	1.5	0.41	3.0	3.8	0.9	0.7	1.7	2.3	3.1	5.5	8.8	10.6	13.5	1.1	0.9	2 121	4.4
TC	%	1.18	0.48	1.11	1.40	0.41	0.99	1.05	0.20	0.24	0.53	0.64	0.89	1.33	2.46	3.42	7.81	3.2	24.0	2 047	1.10
Cd	mg/kg	0.140	0.061	0.133	1.337	0.44	0.130	0.130	0.021	0.045	0.069	0.080	0.111	0.155	0.247	0.388	1.884	12.6	323.5	2 063	0.132
Ce	mg/kg	67.2	11.3	66.2	1.2	0.17	64.2	67.0	6.8	28.8	36.8	44.0	60.3	73.9	89.5	102.4	119.5	0.2	1.2	2 123	66.9
Cl	mg/kg	115	140	99	2	1.21	70	89	20	37	48	55	73	119	315	557	5 065	22.6	748.6	1 909	91
Co	mg/kg	12.0	2.7	11.7	1.2	0.23	11.1	11.8	1.5	4.3	6.0	7.1	10.4	13.4	18.3	21.4	30.4	1.1	4.0	2 109	11.8
Cr	mg/kg	65.1	13.5	63.9	1.2	0.21	63.0	64.4	6.5	30.0	36.2	42.6	57.7	70.7	95.8	134.0	180.5	2.0	10.4	2 087	63.8
Cu	mg/kg	24.5	11.6	23.6	1.3	0.47	21.0	23.5	3.2	8.3	11.8	14.2	20.6	27.0	39.1	54.6	472.8	27.4	1 052.1	2 087	23.7
F	mg/kg	499	86	492	1	0.17	495	499	53	236	295	330	448	553	668	764	1 213	0.4	2.5	2 129	497
Ga	mg/kg	15.5	1.7	15.4	1.1	0.11	15.4	15.5	1.0	9.8	11.2	11.9	14.5	16.4	19.1	20.9	23.7	0.2	1.2	2 124	15.4
Ge	mg/kg	1.35	0.16	1.34	1.12	0.12	1.30	1.34	0.10	0.82	1.00	1.08	1.24	1.45	1.68	1.86	3.03	0.9	6.1	2 130	1.35
Hg	mg/kg	0.061	0.087	0.048	1.756	1.43	0.039	0.044	0.012	0.008	0.016	0.021	0.034	0.061	0.192	0.537	1.568	10.5	142.3	1 947	0.045
I	mg/kg	1.86	0.50	1.80	1.29	0.27	1.73	1.80	0.31	0.42	0.89	1.12	1.52	2.13	2.88	3.69	7.70	1.9	13.2	2 121	1.84
La	mg/kg	34.4	5.2	34.0	1.2	0.15	34.8	34.5	3.0	15.5	20.1	24.0	31.5	37.5	45.1	50.0	60.5	0.2	1.3	2 121	34.4
Li	mg/kg	31.2	6.7	30.4	1.2	0.22	34.0	30.8	4.4	12.6	17.1	19.9	26.3	35.1	45.5	51.7	87.0	0.8	3.0	2 130	30.9
Mn	mg/kg	594	146	579	1	0.25	558	578	64	273	315	357	519	649	928	1 268	2 314	2.7	19.6	2 089	579
Mo	mg/kg	0.53	0.15	0.52	1.28	0.29	0.48	0.51	0.08	0.21	0.28	0.33	0.44	0.59	0.89	1.28	2.12	2.5	13.9	2 066	0.51
N	%	0.102	0.021	0.100	1.234	0.21	0.101	0.101	0.013	0.031	0.051	0.065	0.088	0.115	0.147	0.179	0.240	0.8	2.8	2 120	0.101
Nb	mg/kg	14.0	1.5	13.9	1.1	0.11	14.4	14.2	0.9	7.5	8.7	10.6	13.2	15.0	16.6	18.3	23.0	-0.4	1.8	2 105	14.1
Ni	mg/kg	28.1	7.3	27.3	1.3	0.26	24.6	27.3	3.8	8.5	14.9	16.9	23.9	31.4	44.1	62.4	102.9	2.3	14.3	2 091	27.4

指标	单位	算术平均值 X_a	算术标准差 S_a	几何平均值 X_g	几何标准差 S_g	变异系数 CV	众值 X_{mo}	中位值 X_{me}	中位绝对离差 MAD	最小值 X_{min}	$X_{0.5\%}$	$X_{2.5\%}$	$X_{25\%}$	$X_{75\%}$	$X_{97.5\%}$	$X_{99.5\%}$	最大值 X_{max}	偏度系数 SK	峰度系数 BK	n'	背景值 $X_a{}'$
P	mg/kg	917	287	877	1	0.31	960	880	175	315	417	495	716	1 069	1 545	2 067	3 517	1.7	8.2	2 108	897
Pb	mg/kg	25.8	10.5	25.1	1.2	0.41	24.3	24.3	2.5	14.9	17.1	18.6	22.2	27.3	41.9	61.2	391.0	21.5	704.4	2 030	24.5
Rb	mg/kg	96.1	10.1	95.6	1.1	0.11	97.0	95.6	6.3	63.7	70.7	76.1	89.7	102.4	116.9	126.1	150.2	0.3	0.9	2 129	95.9
S	mg/kg	235	102	222	1	0.44	211	211	33	11	120	140	183	252	490	760	1 707	4.9	42.7	1 982	213
Sb	mg/kg	0.67	0.18	0.65	1.27	0.28	0.57	0.63	0.09	0.29	0.39	0.44	0.55	0.74	1.10	1.54	2.35	2.5	12.9	2 085	0.65
Sc	mg/kg	10.2	1.8	10.0	1.2	0.18	10.4	10.2	1.1	3.7	5.4	6.4	9.1	11.2	13.8	15.6	21.2	0.2	1.4	2 129	10.2
Se	mg/kg	0.21	0.09	0.20	1.38	0.43	0.17	0.19	0.03	0.08	0.11	0.12	0.16	0.23	0.45	0.69	1.11	3.5	19.6	1 990	0.19
Sn	mg/kg	3.5	1.3	3.3	1.3	0.38	3.0	3.3	0.5	1.4	1.8	2.1	2.8	3.8	6.3	10.4	27.5	6.6	85.1	2 037	3.3
Sr	mg/kg	193	54	187	1	0.28	179	181	23	74	98	118	162	212	335	399	554	1.6	3.9	2 064	187
Th	mg/kg	11.1	2.0	11.0	1.2	0.18	11.6	11.2	1.3	4.3	6.4	7.5	9.8	12.4	15.2	17.3	25.6	0.5	2.4	2 130	11.1
Ti	mg/kg	3 892	509	3 857	1	0.13	3 993	3 928	229	1 867	2 233	2 775	3 670	4 138	4 858	5 715	7 343	0.1	3.9	2 078	3 899
Tl	mg/kg	0.58	0.07	0.58	1.14	0.13	0.59	0.58	0.05	0.35	0.40	0.44	0.53	0.63	0.73	0.79	1.16	0.4	1.8	2 136	0.58
U	mg/kg	2.22	0.39	2.19	1.19	0.18	2.26	2.22	0.23	1.12	1.31	1.51	1.98	2.45	3.02	3.56	4.43	0.5	1.6	2 123	2.21
V	mg/kg	75.6	12.3	74.6	1.2	0.16	76.0	76.0	7.4	35.8	43.0	51.1	68.0	83.0	100.1	113.0	131.2	0.1	0.7	2 128	75.4
W	mg/kg	1.60	0.34	1.57	1.22	0.21	1.82	1.60	0.19	0.51	0.80	1.04	1.40	1.78	2.17	2.58	8.47	4.3	78.6	2 120	1.59
Y	mg/kg	23.5	2.7	23.4	1.1	0.12	22.6	23.8	1.5	11.4	14.4	17.4	22.1	25.2	28.2	30.3	36.0	-0.5	1.4	2 116	23.6
Zn	mg/kg	64.7	26.8	62.6	1.3	0.41	62.5	62.2	6.8	23.4	34.7	40.0	55.9	69.7	99.7	160.1	994.6	21.0	689.0	2 080	62.3
Zr	mg/kg	279	36	277	1	0.13	261	278	22	162	191	210	257	301	353	389	415	0.2	0.5	2 128	278
Al_2O_3	%	12.91	1.04	12.86	1.08	0.08	12.81	12.87	0.61	9.61	10.23	10.75	12.31	13.51	15.07	16.06	17.82	0.2	0.9	2 123	12.89
CaO	%	2.15	1.09	1.95	1.53	0.51	1.68	1.82	0.47	0.57	0.83	0.97	1.44	2.54	5.08	6.76	10.83	2.1	6.6	2 027	1.96
MgO	%	1.36	0.32	1.32	1.27	0.24	1.22	1.34	0.22	0.32	0.64	0.79	1.14	1.57	2.06	2.44	3.39	0.6	1.7	2 115	1.34
K_2O	%	2.33	0.18	2.33	1.08	0.08	2.29	2.32	0.10	1.62	1.87	2.02	2.23	2.42	2.76	3.00	3.54	1.1	5.1	2 082	2.32
Na_2O	%	1.86	0.38	1.82	1.23	0.20	1.82	1.84	0.21	0.61	0.94	1.09	1.64	2.07	2.64	3.02	3.42	0.3	0.9	2 127	1.85
SiO_2	%	65.28	3.28	65.20	1.05	0.05	65.72	65.43	1.94	50.12	55.84	58.25	63.36	67.20	72.08	74.47	76.51	-0.2	1.1	2 129	65.33
TFe_2O_3	%	4.29	0.75	4.23	1.20	0.18	4.15	4.27	0.44	1.65	2.43	2.83	3.82	4.70	5.90	6.62	7.96	0.3	1.0	2 125	4.27
SOC	%	0.99	0.33	0.95	1.32	0.33	0.90	0.94	0.15	0.19	0.42	0.57	0.81	1.11	1.74	2.50	7.30	5.1	70.4	2 074	0.96
pH	无量纲						7.50	7.59	0.46	4.82	5.25	5.66	6.93	7.98	8.30	8.41	8.58				

表 2.3.8B 潮褐土深层土壤（150~200 cm）地球化学参数（n=535）

指标	单位	算术平均值 X_a	算术标准差 S_a	几何平均值 X_g	几何标准差 S_g	变异系数 CV	众值 X_{mo}	中位值 X_{me}	中位绝对离差 MAD	最小值 X_{min}	累积频率						最大值 X_{max}	偏度系数 SK	峰度系数 BK	基准值	
											$X_{0.5\%}$	$X_{2.5\%}$	$X_{25\%}$	$X_{75\%}$	$X_{97.5\%}$	$X_{99.5\%}$				n'	X_a'
Ag	mg/kg	0.067	0.028	0.065	1.271	0.42	0.058	0.065	0.009	0.029	0.036	0.043	0.056	0.074	0.103	0.132	0.594	13.3	248.7	522	0.065
As	mg/kg	9.2	3.1	8.8	1.3	0.34	7.6	8.7	1.7	3.4	4.3	5.1	7.2	10.6	15.9	23.0	33.2	2.5	13.4	523	8.9
Au	μg/kg	1.7	1.2	1.6	1.4	0.71	1.5	1.6	0.3	0.7	0.8	1.0	1.4	1.9	2.8	3.2	20.0	12.7	186.2	524	1.6
B	mg/kg	44.3	9.4	43.3	1.2	0.21	41.8	43.9	5.6	17.8	19.6	26.7	38.4	49.5	63.6	76.2	83.3	0.4	1.1	529	43.9
Ba	mg/kg	589	120	579	1	0.20	536	558	51	363	423	445	518	626	939	1 150	1 449	2.5	9.7	501	565
Be	mg/kg	2.08	0.29	2.06	1.15	0.14	1.96	2.06	0.19	1.34	1.42	1.57	1.88	2.27	2.68	2.80	3.09	0.3	0.0	533	2.07
Bi	mg/kg	0.26	0.06	0.25	1.27	0.26	0.24	0.26	0.05	0.12	0.14	0.15	0.21	0.30	0.38	0.42	0.56	0.5	0.7	532	0.26
Br	mg/kg	3.7	1.6	3.4	1.5	0.42	3.4	3.5	0.9	0.9	1.0	1.4	2.7	4.5	7.9	8.9	10.4	1.0	1.4	519	3.6
TC	%	0.71	0.48	0.57	1.99	0.67	0.34	0.57	0.27	0.06	0.11	0.15	0.34	0.95	1.98	2.12	2.34	1.1	0.6	519	0.67
Cd	mg/kg	0.091	0.029	0.087	1.340	0.32	0.090	0.088	0.015	0.031	0.035	0.049	0.072	0.102	0.164	0.200	0.322	2.2	11.1	518	0.088
Ce	mg/kg	70.8	14.8	69.4	1.2	0.21	65.7	69.4	8.5	31.1	36.4	47.2	61.5	78.8	100.2	132.8	197.1	1.9	11.8	524	69.8
Cl	mg/kg	85	54	77	2	0.63	75	72	15	33	37	41	59	92	211	279	673	5.5	50.1	479	72
Co	mg/kg	14.1	5.3	13.5	1.3	0.38	12.6	13.3	2.0	5.1	5.9	8.1	11.5	15.6	23.6	44.5	83.4	5.8	61.3	517	13.4
Cr	mg/kg	68.8	13.5	67.5	1.2	0.20	65.4	67.7	6.5	26.9	29.3	45.8	61.7	74.6	101.7	122.1	148.1	1.2	5.4	514	67.8
Cu	mg/kg	23.7	5.8	23.0	1.3	0.24	23.2	23.5	3.4	8.4	10.3	13.5	20.3	27.0	36.9	41.0	55.5	0.6	2.1	530	23.5
F	mg/kg	519	94	511	1	0.18	546	515	57	217	273	340	458	572	725	814	958	0.4	1.4	525	517
Ga	mg/kg	16.6	2.2	16.4	1.1	0.14	17.5	16.6	1.5	11.2	11.8	12.3	15.1	18.0	21.0	22.8	24.2	0.2	0.0	534	16.5
Ge	mg/kg	1.34	0.18	1.33	1.14	0.13	1.30	1.33	0.13	0.82	0.99	1.05	1.21	1.46	1.71	1.83	1.95	0.3	-0.1	534	1.34
Hg	mg/kg	0.023	0.024	0.019	1.654	1.04	0.013	0.018	0.004	0.005	0.007	0.009	0.014	0.023	0.077	0.221	0.260	6.7	54.7	497	0.018
I	mg/kg	1.94	0.64	1.84	1.38	0.33	1.84	1.85	0.37	0.60	0.70	0.97	1.54	2.27	3.43	4.12	6.30	1.3	4.7	523	1.88
La	mg/kg	35.5	5.7	35.1	1.2	0.16	34.2	35.3	3.3	17.2	19.6	24.2	32.0	38.7	49.0	55.0	60.8	0.4	1.6	525	35.4
Li	mg/kg	34.0	7.2	33.2	1.2	0.21	27.9	33.7	4.8	15.0	17.0	20.7	28.9	38.3	49.0	56.5	58.9	0.4	0.4	530	33.7
Mn	mg/kg	756	521	685	1	0.69	555	650	114	271	313	369	549	797	1 741	3 605	8 225	7.6	87.5	498	658
Mo	mg/kg	0.51	0.17	0.49	1.33	0.32	0.41	0.48	0.08	0.20	0.25	0.29	0.41	0.57	0.90	1.28	1.62	2.1	7.9	512	0.49
N	%	0.042	0.013	0.040	1.339	0.31	0.040	0.040	0.008	0.019	0.021	0.023	0.033	0.049	0.080	0.093	0.109	1.5	3.3	515	0.040
Nb	mg/kg	14.1	1.8	13.9	1.1	0.13	14.0	14.2	1.1	8.2	8.8	10.5	13.0	15.3	17.1	18.2	27.1	0.5	5.2	527	14.1
Ni	mg/kg	31.1	9.1	30.0	1.3	0.29	28.0	30.1	4.3	12.6	13.8	18.4	25.9	34.7	51.1	77.2	101.5	2.5	12.9	519	30.1

指标	单位	算术平均值 X_a	算术标准差 S_a	几何平均值 X_g	几何标准差 S_g	变异系数 CV	众值 X_{mo}	中位值 X_{me}	中位绝对离差 MAD	最小值 X_{min}	累积频率							最大值 X_{max}	偏度系数 SK	峰度系数 BK	n'	基准值 X_a'
											$X_{0.5\%}$	$X_{2.5\%}$	$X_{25\%}$	$X_{75\%}$	$X_{97.5\%}$	$X_{99.5\%}$					
P	mg/kg	469	166	444	1	0.35	458	452	80	169	187	228	376	534	840	1 162	1 898	2.4	13.6	519	450
Pb	mg/kg	22.6	5.5	22.1	1.2	0.24	21.1	21.6	2.4	14.2	15.2	15.9	19.5	24.2	36.5	47.0	81.7	3.9	29.8	517	21.8
Rb	mg/kg	98.7	12.2	98.0	1.1	0.12	98.0	98.6	8.3	53.3	74.5	77.2	89.9	105.9	123.1	133.8	171.4	0.5	2.2	528	98.3
S	mg/kg	124	54	117	1	0.43	114	114	21	66	68	72	95	137	267	334	759	5.2	46.2	507	115
Sb	mg/kg	0.79	0.23	0.76	1.31	0.29	0.69	0.75	0.13	0.31	0.39	0.47	0.63	0.88	1.32	1.74	2.20	1.7	5.4	523	0.77
Sc	mg/kg	11.2	2.1	11.0	1.2	0.19	11.4	11.2	1.3	4.5	5.3	7.3	9.8	12.5	15.2	17.2	18.3	0.0	0.4	531	11.2
Se	mg/kg	0.09	0.04	0.09	1.41	0.46	0.08	0.09	0.02	0.03	0.04	0.05	0.07	0.11	0.18	0.22	0.73	6.7	85.4	520	0.09
Sn	mg/kg	2.7	0.8	2.7	1.2	0.27	2.6	2.7	0.3	1.4	1.6	1.7	2.4	3.0	4.0	4.8	13.6	6.4	84.3	529	2.7
Sr	mg/kg	186	57	178	1	0.31	165	174	27	70	94	108	151	209	327	393	726	2.5	15.9	510	177
Th	mg/kg	11.5	2.1	11.3	1.2	0.18	11.4	11.4	1.5	6.1	6.5	7.6	10.1	13.0	15.7	18.9	20.6	0.4	0.9	530	11.5
Ti	mg/kg	3 928	551	3 887	1	0.14	4 090	3 973	321	1 842	2 107	2 641	3 615	4 273	4 892	5 294	6 670	-0.1	2.8	526	3 936
Tl	mg/kg	0.62	0.09	0.61	1.15	0.15	0.62	0.61	0.05	0.34	0.43	0.47	0.56	0.66	0.82	0.89	1.61	2.6	23.7	525	0.61
U	mg/kg	2.14	0.39	2.11	1.20	0.18	2.21	2.12	0.21	1.03	1.09	1.46	1.90	2.32	2.97	3.39	4.29	0.7	2.8	522	2.13
V	mg/kg	82.3	15.0	80.9	1.2	0.18	79.0	81.6	9.2	33.8	37.5	54.0	72.6	90.9	113.0	124.6	150.8	0.3	1.1	527	82.3
W	mg/kg	1.67	0.31	1.64	1.21	0.19	1.70	1.67	0.21	0.77	0.86	1.04	1.46	1.87	2.25	2.53	3.07	0.2	1.1	531	1.67
Y	mg/kg	24.0	3.0	23.8	1.1	0.13	23.5	24.2	1.7	12.8	14.0	17.7	22.3	25.7	29.5	30.8	32.5	-0.5	1.1	525	24.1
Zn	mg/kg	58.8	11.8	57.6	1.2	0.20	59.1	58.8	7.3	25.4	29.1	36.1	52.0	66.5	80.7	95.7	127.4	0.4	2.2	528	58.5
Zr	mg/kg	253	39	250	1	0.15	245	249	23	160	168	188	226	274	333	368	526	1.0	4.5	530	251
Al_2O_3	%	13.61	1.41	13.53	1.11	0.10	14.14	13.69	0.91	9.96	10.14	10.53	12.76	14.58	16.17	16.75	17.88	-0.3	-0.2	534	13.60
CaO	%	2.98	1.88	2.50	1.79	0.63	1.57	2.24	0.88	0.81	0.85	1.03	1.55	4.05	7.85	8.52	9.65	1.2	0.8	528	2.90
MgO	%	1.48	0.32	1.45	1.24	0.22	1.41	1.46	0.17	0.51	0.59	0.90	1.30	1.64	2.14	2.88	3.48	1.1	5.5	522	1.47
K_2O	%	2.32	0.21	2.31	1.09	0.09	2.30	2.31	0.12	1.60	1.81	1.95	2.19	2.41	2.76	3.18	3.42	0.9	3.7	526	2.31
Na_2O	%	1.74	0.38	1.69	1.26	0.22	1.68	1.71	0.19	0.59	0.79	0.97	1.54	1.94	2.56	2.86	3.11	0.2	0.9	528	1.73
SiO_2	%	62.47	3.72	62.36	1.06	0.06	63.56	62.79	2.37	51.18	52.99	54.71	60.07	64.96	69.83	72.13	74.57	-0.1	0.2	533	62.47
TFe_2O_3	%	4.70	0.92	4.61	1.22	0.20	4.54	4.66	0.56	2.00	2.13	3.00	4.13	5.28	6.48	7.46	8.87	0.3	1.1	526	4.69
SOC	%	0.31	0.15	0.27	1.60	0.50	0.24	0.28	0.08	0.05	0.08	0.10	0.21	0.37	0.70	0.96	1.38	1.9	7.0	511	0.28
pH	无量纲						8.30	8.22	0.17	5.93	6.98	7.40	8.01	8.37	8.68	8.80	8.86				

表2.3.9A 褐土性土表层土壤（0~20 cm）地球化学参数（n=351）

指标	单位	算术平均值 X_a	算术标准差 S_a	几何平均值 X_g	几何标准差 S_g	变异系数 CV	众值 X_{mo}	中位值 X_{me}	中位绝对离差 MAD	最小值 X_{min}	累积频率						最大值 X_{max}	偏度系数 SK	峰度系数 BK	背景值	
											$X_{0.5\%}$	$X_{2.5\%}$	$X_{25\%}$	$X_{75\%}$	$X_{97.5\%}$	$X_{99.5\%}$				n'	X_a'
Ag	mg/kg	0.084	0.027	0.081	1.310	0.32	0.076	0.079	0.011	0.041	0.043	0.050	0.069	0.092	0.153	0.208	0.290	2.8	13.6	333	0.080
As	mg/kg	10.1	3.4	9.6	1.4	0.34	8.9	10.1	1.7	3.3	3.5	4.9	8.2	11.6	16.6	18.9	44.0	3.5	30.1	346	9.8
Au	μg/kg	1.8	1.0	1.7	1.5	0.53	1.4	1.7	0.4	0.6	0.7	0.9	1.4	2.1	3.4	7.1	11.7	5.1	40.9	340	1.7
B	mg/kg	57.1	20.3	53.7	1.4	0.35	55.9	55.4	11.6	10.2	20.5	26.5	44.2	67.3	104.9	127.5	165.2	1.1	2.9	342	55.3
Ba	mg/kg	540	156	524	1	0.29	489	501	60	193	333	381	453	588	907	1046	2115	3.9	30.9	335	520
Be	mg/kg	2.19	0.36	2.16	1.19	0.17	2.53	2.18	0.26	0.92	1.41	1.54	1.93	2.45	2.95	3.13	3.19	0.1	0.0	350	2.19
Bi	mg/kg	0.37	0.12	0.35	1.36	0.33	0.41	0.36	0.07	0.14	0.16	0.18	0.29	0.42	0.59	0.71	1.52	2.8	23.5	347	0.36
Br	mg/kg	4.3	1.6	4.1	1.4	0.38	3.9	4.0	1.0	1.7	1.9	2.1	3.2	5.1	8.4	10.9	12.1	1.3	2.6	341	4.2
TC	%	1.55	0.85	1.37	1.63	0.55	0.87	1.37	0.47	0.52	0.53	0.60	0.91	1.90	3.70	5.17	6.54	1.9	6.0	339	1.45
Cd	mg/kg	0.166	0.070	0.155	1.407	0.42	0.164	0.150	0.031	0.067	0.077	0.085	0.125	0.186	0.313	0.458	0.724	3.0	15.8	338	0.156
Ce	mg/kg	71.3	12.8	70.2	1.2	0.18	75.2	70.5	6.0	25.4	37.1	48.7	64.8	76.9	97.4	121.2	149.5	1.1	6.7	342	70.8
Cl	mg/kg	85	50	77	1	0.59	60	71	14	36	38	46	60	92	204	266	670	5.8	56.7	319	73
Co	mg/kg	15.3	3.5	14.9	1.3	0.23	14.4	14.8	2.2	5.0	8.9	10.0	13.0	17.4	22.7	26.3	32.4	0.8	2.1	343	15.1
Cr	mg/kg	79.3	24.5	76.6	1.3	0.31	77.9	76.6	7.5	18.5	35.3	49.5	67.7	83.1	139.4	235.8	249.8	3.6	19.2	332	75.6
Cu	mg/kg	30.3	9.6	29.0	1.3	0.32	26.9	29.0	4.7	12.7	15.0	16.6	24.7	34.3	53.6	72.3	82.7	1.9	6.6	339	29.1
F	mg/kg	631	160	612	1	0.25	561	604	91	335	365	398	526	723	1035	1199	1348	1.0	1.7	347	624
Ga	mg/kg	17.1	2.0	17.0	1.1	0.12	16.5	17.0	1.3	9.9	12.6	13.5	15.8	18.4	21.1	22.2	23.2	0.1	0.3	348	17.1
Ge	mg/kg	1.47	0.21	1.45	1.16	0.14	1.45	1.46	0.14	0.61	1.04	1.09	1.33	1.60	1.88	2.00	2.45	0.2	1.6	348	1.47
Hg	mg/kg	0.042	0.039	0.036	1.609	0.93	0.030	0.033	0.007	0.012	0.014	0.017	0.028	0.043	0.125	0.242	0.483	7.2	67.4	326	0.035
I	mg/kg	2.60	1.07	2.42	1.45	0.41	2.35	2.39	0.54	0.85	0.95	1.23	1.91	3.07	5.25	6.66	10.20	2.1	8.9	341	2.49
La	mg/kg	36.5	6.6	35.9	1.2	0.18	36.2	36.2	3.2	12.0	19.0	24.3	33.4	39.5	49.1	59.2	78.2	0.9	6.1	337	36.4
Li	mg/kg	38.8	9.6	37.7	1.3	0.25	37.3	38.4	5.4	12.7	20.0	23.0	32.6	42.8	58.2	81.8	86.9	1.3	4.7	341	37.9
Mn	mg/kg	707	227	682	1	0.32	625	657	89	230	404	458	586	771	1255	1446	3109	4.3	36.8	322	662
Mo	mg/kg	0.68	0.22	0.65	1.30	0.32	0.62	0.63	0.10	0.32	0.37	0.43	0.55	0.76	1.12	1.62	2.50	3.3	19.3	336	0.65
N	%	0.110	0.038	0.105	1.351	0.35	0.122	0.106	0.019	0.038	0.047	0.059	0.087	0.124	0.200	0.328	0.358	2.4	11.7	340	0.106
Nb	mg/kg	14.2	1.8	14.1	1.1	0.13	13.8	14.4	1.1	7.4	10.0	10.6	13.2	15.4	17.3	20.7	21.6	0.0	1.2	346	14.2
Ni	mg/kg	34.4	10.1	33.3	1.3	0.29	31.8	33.6	3.9	9.2	17.7	21.3	29.7	37.3	53.8	83.6	120.2	3.5	22.1	335	33.1

指标	单位	算术平均值 X_a	算术标准差 S_a	几何平均值 X_g	几何标准差 S_g	变异系数 CV	众值 X_{mo}	中位值 X_{me}	中位绝对离差 MAD	最小值 X_{min}	$X_{0.5\%}$	$X_{2.5\%}$	$X_{25\%}$	$X_{75\%}$	$X_{97.5\%}$	$X_{99.5\%}$	最大值 X_{max}	偏度系数 SK	峰度系数 BK	n'	背景值 X_a'
P	mg/kg	773	213	746	1	0.28	745	747	126	303	392	480	630	875	1 247	1 589	1 737	1.1	2.2	343	756
Pb	mg/kg	28.5	9.0	27.4	1.3	0.31	25.4	26.3	3.6	8.9	14.8	17.9	23.5	30.7	52.8	63.1	82.7	2.2	7.3	320	26.4
Rb	mg/kg	103.1	18.4	101.5	1.2	0.18	93.8	99.2	10.7	29.7	69.2	75.0	91.1	112.9	140.6	154.1	207.4	0.8	3.0	346	102.6
S	mg/kg	232	124	216	1	0.54	174	205	35	81	115	131	174	252	512	755	1 630	6.0	55.1	332	211
Sb	mg/kg	0.83	0.28	0.80	1.31	0.33	0.92	0.81	0.12	0.38	0.40	0.47	0.69	0.93	1.28	2.25	3.64	4.2	35.9	343	0.80
Sc	mg/kg	12.5	2.7	12.2	1.3	0.22	12.2	12.4	1.8	4.2	6.9	7.8	10.6	14.1	18.3	21.0	21.9	0.4	0.6	345	12.4
Se	mg/kg	0.24	0.10	0.23	1.42	0.42	0.19	0.21	0.04	0.11	0.12	0.13	0.18	0.28	0.53	0.67	0.81	2.3	7.6	333	0.22
Sn	mg/kg	3.2	0.9	3.1	1.3	0.27	3.1	3.1	0.4	1.1	1.8	2.0	2.7	3.5	5.0	6.4	8.9	2.3	11.1	340	3.1
Sr	mg/kg	159	64	150	1	0.40	131	142	29	60	69	87	120	178	321	434	536	2.1	6.4	335	150
Th	mg/kg	12.4	3.1	12.0	1.3	0.25	11.0	12.1	1.4	3.3	6.8	8.0	10.8	13.5	20.2	23.5	38.5	2.6	16.4	336	12.0
Ti	mg/kg	4 166	567	4 128	1	0.14	3 999	4 136	305	2 227	2 829	3 090	3 843	4 468	5 263	5 710	8 361	1.1	8.6	347	4 149
Tl	mg/kg	0.65	0.11	0.64	1.17	0.17	0.62	0.64	0.06	0.34	0.41	0.48	0.59	0.71	0.89	1.00	1.42	1.4	7.4	343	0.65
U	mg/kg	2.28	0.42	2.25	1.19	0.18	2.17	2.23	0.22	1.04	1.47	1.57	2.04	2.48	3.19	3.84	4.33	1.0	3.2	341	2.25
V	mg/kg	89.9	15.7	88.5	1.2	0.17	88.2	88.6	9.1	31.4	56.9	61.8	80.1	98.1	127.2	141.4	160.5	0.7	2.1	344	89.1
W	mg/kg	1.79	0.69	1.72	1.32	0.39	1.97	1.82	0.22	0.70	0.82	0.88	1.53	1.99	2.56	4.28	11.63	8.6	117.3	346	1.74
Y	mg/kg	24.8	3.9	24.5	1.2	0.16	22.8	25.0	2.4	11.1	15.2	17.4	22.5	27.3	32.6	35.6	39.9	0.0	1.0	348	24.8
Zn	mg/kg	72.7	15.6	71.1	1.2	0.21	68.2	71.4	8.0	43.0	44.2	47.9	63.7	79.6	109.3	128.8	162.2	1.3	4.3	343	71.4
Zr	mg/kg	255	38	253	1	0.15	259	256	22	103	163	194	233	274	336	369	443	0.4	2.6	346	255
Al_2O_3	%	14.05	1.25	14.00	1.10	0.09	14.35	14.07	0.78	7.11	10.54	11.71	13.32	14.88	16.51	17.44	17.78	-0.5	2.7	346	14.08
CaO	%	3.13	2.16	2.56	1.89	0.69	1.21	2.64	1.21	0.58	0.72	0.86	1.53	4.03	8.59	12.18	14.01	1.8	4.6	336	2.83
MgO	%	1.80	0.78	1.69	1.40	0.43	1.72	1.66	0.29	0.53	0.75	0.98	1.38	1.96	3.72	5.56	8.27	3.5	19.9	331	1.66
K_2O	%	2.63	0.44	2.60	1.18	0.17	2.52	2.57	0.27	0.78	1.78	1.94	2.32	2.89	3.53	3.90	4.01	0.5	0.9	346	2.62
Na_2O	%	1.51	0.54	1.41	1.44	0.36	0.90	1.44	0.33	0.45	0.47	0.68	1.15	1.80	2.71	3.00	3.76	0.8	1.1	349	1.49
SiO_2	%	60.44	4.72	60.24	1.09	0.08	63.90	60.50	2.85	35.53	45.03	51.48	57.70	63.44	68.68	70.07	70.35	-0.7	2.8	348	60.62
TFe_2O_3	%	5.26	0.91	5.18	1.19	0.17	5.60	5.21	0.58	2.75	3.24	3.65	4.68	5.81	7.07	7.50	9.67	0.4	1.1	350	5.25
SOC	%	1.08	0.47	1.01	1.44	0.43	0.84	0.97	0.21	0.30	0.44	0.51	0.81	1.26	2.41	3.46	4.02	2.5	9.9	337	1.01
pH	无量纲						8.00	7.77	0.27	5.01	5.46	5.80	7.39	7.99	8.24	8.38	8.70				

141

表2.3.9B 褐土性土深层土壤（150~200 cm）地球化学参数（n=83）

指标	单位	算术平均值 X_a	算术标准差 S_a	几何平均值 X_g	几何标准差 S_g	变异系数 CV	众值 X_{mo}	中位值 X_{me}	中位绝对离差 MAD	最小值 X_{min}	累积频率 $X_{0.5\%}$	$X_{2.5\%}$	$X_{25\%}$	$X_{75\%}$	$X_{97.5\%}$	$X_{99.5\%}$	最大值 X_{max}	偏度系数 SK	峰度系数 BK	n'	基准值 X_a'
Ag	mg/kg	0.079	0.066	0.071	1.423	0.82	0.066	0.070	0.012	0.044	0.044	0.045	0.058	0.081	0.134	0.639	0.639	7.7	65.5	80	0.070
As	mg/kg	10.3	3.1	9.9	1.3	0.30	10.5	10.5	2.1	4.3	4.3	4.8	8.2	12.3	15.5	24.3	24.3	1.0	4.0	82	10.2
Au	μg/kg	4.4	23.7	1.9	1.8	5.31	1.7	1.7	0.3	0.9	0.9	1.1	1.5	2.0	2.8	218.0	218.0	9.1	82.9	81	1.8
B	mg/kg	52.8	17.0	50.0	1.4	0.32	56.7	50.4	12.1	19.6	19.6	23.3	41.1	65.5	88.4	104.2	104.2	0.4	0.0	82	52.1
Ba	mg/kg	561	124	549	1	0.22	477	529	68	334	334	402	477	639	913	968	968	1.2	1.6	80	547
Be	mg/kg	2.27	0.37	2.24	1.17	0.16	2.42	2.27	0.25	1.54	1.54	1.77	1.97	2.47	3.02	3.66	3.66	0.8	1.4	82	2.26
Bi	mg/kg	0.32	0.10	0.31	1.37	0.32	0.33	0.31	0.05	0.12	0.12	0.16	0.26	0.36	0.52	0.83	0.83	1.6	7.0	81	0.31
Br	mg/kg	4.4	2.0	4.1	1.5	0.45	3.5	3.8	0.9	1.5	1.5	2.1	3.1	5.2	10.0	13.3	13.3	1.8	4.7	78	4.1
TC	%	0.86	0.56	0.69	1.94	0.65	0.31	0.69	0.36	0.19	0.19	0.23	0.39	1.20	2.28	2.44	2.44	1.0	0.5	83	0.86
Cd	mg/kg	0.107	0.034	0.102	1.351	0.32	0.097	0.103	0.015	0.048	0.048	0.056	0.086	0.118	0.199	0.253	0.253	1.4	3.9	80	0.103
Ce	mg/kg	73.5	12.3	72.5	1.2	0.17	70.8	72.0	6.6	49.7	49.7	53.8	66.0	81.2	100.8	118.4	118.4	0.8	1.4	82	72.9
Cl	mg/kg	78	70	67	2	0.89	57	61	11	30	30	37	50	78	243	592	592	5.4	36.2	74	61
Co	mg/kg	16.9	4.1	16.5	1.3	0.24	15.4	16.0	2.1	8.4	8.4	10.8	14.1	18.9	26.8	29.0	29.0	0.9	0.6	83	16.9
Cr	mg/kg	80.0	24.5	77.4	1.3	0.30	76.2	76.6	7.2	31.1	31.1	50.5	69.1	83.8	162.1	221.0	221.0	3.3	15.5	77	75.6
Cu	mg/kg	35.9	63.2	29.1	1.5	1.75	28.0	28.3	4.4	12.4	12.4	15.4	24.1	32.9	47.5	600.4	600.4	8.9	80.7	82	29.0
F	mg/kg	606	145	591	1	0.24	555	575	81	385	385	397	509	683	897	1 281	1 281	1.5	4.6	82	598
Ga	mg/kg	18.4	2.0	18.3	1.1	0.11	17.6	18.4	1.1	13.0	13.0	15.4	17.0	19.4	21.8	25.6	25.6	0.4	1.4	82	18.3
Ge	mg/kg	1.50	0.21	1.49	1.15	0.14	1.47	1.47	0.15	1.11	1.11	1.17	1.33	1.64	1.97	2.08	2.08	0.4	-0.1	83	1.50
Hg	mg/kg	0.023	0.020	0.020	1.664	0.83	0.014	0.020	0.006	0.007	0.007	0.008	0.014	0.025	0.050	0.164	0.164	5.2	34.3	78	0.020
I	mg/kg	2.51	0.99	2.35	1.45	0.39	2.61	2.40	0.56	0.79	0.79	1.19	1.90	3.01	4.60	7.53	7.53	1.8	7.1	82	2.45
La	mg/kg	37.0	5.7	36.5	1.2	0.15	35.5	37.2	3.2	23.6	23.6	25.4	33.6	40.0	47.5	55.6	55.6	0.1	0.8	82	36.7
Li	mg/kg	41.3	11.9	39.9	1.3	0.29	39.0	39.8	4.8	19.5	19.5	24.3	35.0	46.0	63.5	108.3	108.3	2.4	11.8	81	40.0
Mn	mg/kg	773	222	745	1	0.29	697	715	117	430	430	505	618	854	1 341	1 523	1 523	1.2	1.3	82	764
Mo	mg/kg	0.77	0.70	0.66	1.56	0.90	0.52	0.61	0.09	0.33	0.33	0.35	0.52	0.72	3.58	4.75	4.75	4.6	22.2	76	0.61
N	%	0.061	0.025	0.056	1.465	0.41	0.050	0.052	0.014	0.027	0.027	0.030	0.040	0.072	0.124	0.140	0.140	1.2	1.2	81	0.059
Nb	mg/kg	14.4	2.1	14.3	1.1	0.14	15.1	14.4	1.1	10.3	10.3	10.7	12.9	15.4	18.5	24.6	24.6	1.3	6.0	82	14.3
Ni	mg/kg	36.3	11.1	35.1	1.3	0.30	34.5	34.5	4.3	18.1	18.1	22.6	31.3	39.4	59.0	93.7	93.7	3.4	15.8	80	34.6

指标	单位	算术平均值 X_a	算术标准差 S_a	几何平均值 X_g	几何标准差 S_g	变异系数 CV	众值 X_{mo}	中位值 X_{me}	中位绝对离差 MAD	最小值 X_{min}	累积频率 $X_{0.5\%}$	$X_{2.5\%}$	$X_{25\%}$	$X_{75\%}$	$X_{97.5\%}$	$X_{99.5\%}$	最大值 X_{max}	偏度系数 SK	峰度系数 BK	n'	基准值 X_a'
P	mg/kg	500	140	481	1	0.28	436	484	94	222	222	282	412	594	801	836	836	0.4	-0.3	83	500
Pb	mg/kg	25.7	9.2	24.8	1.3	0.36	22.9	24.5	2.7	16.9	16.9	18.2	21.4	27.1	38.4	96.3	96.3	5.7	42.6	80	24.4
Rb	mg/kg	106.6	15.8	105.5	1.2	0.15	102.7	106.5	9.8	69.5	69.5	77.7	96.7	117.7	138.9	153.7	153.7	0.2	0.4	83	106.6
S	mg/kg	136	47	129	1	0.34	107	123	28	74	74	79	99	167	254	258	258	0.9	0.0	83	136
Sb	mg/kg	0.87	0.20	0.84	1.26	0.23	0.91	0.84	0.11	0.43	0.43	0.52	0.74	0.98	1.28	1.38	1.38	0.4	0.1	83	0.87
Sc	mg/kg	13.2	2.6	13.0	1.2	0.20	12.8	12.9	1.5	7.7	7.7	9.3	11.7	14.5	18.0	23.4	23.4	1.0	2.5	81	13.0
Se	mg/kg	0.15	0.07	0.13	1.49	0.45	0.12	0.12	0.03	0.05	0.05	0.07	0.10	0.18	0.32	0.37	0.37	1.4	1.8	80	0.14
Sn	mg/kg	3.0	0.7	2.9	1.2	0.22	3.0	3.0	0.5	1.7	1.7	1.9	2.4	3.5	4.2	4.9	4.9	0.4	-0.2	83	3.0
Sr	mg/kg	158	57	150	1.2	0.36	138	142	25	91	91	98	124	186	282	438	438	2.1	6.8	81	153
Th	mg/kg	13.0	3.4	12.6	1.3	0.26	11.4	12.9	1.4	6.9	6.9	7.5	11.3	14.2	19.5	30.7	30.7	2.4	10.9	81	12.6
Ti	mg/kg	4 209	550	4 172	1	0.13	3 622	4 216	338	2 455	2 455	3 092	3 921	4 573	5 176	5 433	5 433	-0.4	0.5	82	4 231
Tl	mg/kg	0.66	0.09	0.65	1.14	0.13	0.63	0.65	0.06	0.48	0.48	0.51	0.60	0.71	0.80	1.02	1.02	0.8	2.8	82	0.65
U	mg/kg	2.27	0.45	2.23	1.20	0.20	2.18	2.20	0.22	1.38	1.38	1.55	2.01	2.44	3.15	4.31	4.31	1.5	5.0	81	2.23
V	mg/kg	96.8	16.7	95.3	1.2	0.17	102.1	96.2	10.2	46.7	46.7	69.9	87.1	106.6	134.5	139.9	139.9	0.2	0.6	83	96.8
W	mg/kg	1.85	1.18	1.72	1.38	0.63	2.03	1.79	0.24	0.77	0.77	0.93	1.54	2.03	2.33	11.93	11.93	7.8	67.4	82	1.72
Y	mg/kg	25.2	3.9	24.9	1.2	0.15	26.1	25.5	2.6	14.7	14.7	18.6	22.5	27.5	32.4	36.5	36.5	0.3	0.9	83	25.2
Zn	mg/kg	67.5	12.9	66.4	1.2	0.19	61.2	66.3	5.1	40.8	40.8	48.3	61.2	72.3	92.9	138.7	138.7	2.1	10.4	82	66.6
Zr	mg/kg	244	31	242	1	0.13	257	246	22	170	170	192	223	266	302	346	346	0.1	0.6	82	243
Al$_2$O$_3$	%	14.88	1.21	14.83	1.08	0.08	14.64	14.83	0.69	11.74	11.74	13.03	14.16	15.58	17.18	19.63	19.63	0.6	2.2	82	14.82
CaO	%	2.67	1.72	2.23	1.82	0.64	1.87	2.03	0.89	0.67	0.67	0.79	1.40	3.55	6.96	8.99	8.99	1.4	2.0	80	2.47
MgO	%	1.80	0.63	1.70	1.38	0.35	1.59	1.63	0.30	0.66	0.66	0.95	1.42	2.07	3.53	4.22	4.22	1.5	2.9	80	1.72
K$_2$O	%	2.60	0.39	2.58	1.16	0.15	2.47	2.59	0.25	1.88	1.88	1.95	2.34	2.87	3.26	3.95	3.95	0.5	0.6	82	2.59
Na$_2$O	%	1.54	0.47	1.47	1.35	0.30	1.51	1.48	0.29	0.49	0.49	0.86	1.22	1.82	2.85	3.14	3.14	0.9	1.7	80	1.48
SiO$_2$	%	60.57	3.75	60.46	1.06	0.06	61.56	60.84	2.39	51.82	51.82	52.81	58.19	62.73	67.26	68.77	68.77	-0.1	-0.2	83	60.57
TFe$_2$O$_3$	%	5.55	0.90	5.48	1.18	0.16	5.33	5.49	0.58	3.09	3.09	3.93	5.00	6.12	7.40	7.95	7.95	0.1	0.3	83	5.55
SOC	%	0.51	0.29	0.43	1.73	0.57	0.30	0.44	0.17	0.14	0.14	0.15	0.28	0.69	1.16	1.37	1.37	1.1	0.5	83	0.51
pH	无量纲						8.34	8.04	0.22	6.84	6.84	6.97	7.72	8.23	8.39	8.55	8.55				

表 2.3.10A　红黏土表层土壤（0~20 cm）地球化学参数（n=63）

指标	单位	算术平均值 X_a	算术标准差 S_a	几何平均值 X_g	几何标准差 S_g	变异系数 CV	众值 X_{mo}	中位值 X_{me}	中间绝对离差 MAD	最小值 X_{min}	$X_{0.5\%}$	$X_{2.5\%}$	$X_{25\%}$	$X_{75\%}$	$X_{97.5\%}$	$X_{99.5\%}$	最大值 X_{max}	偏度系数 SK	峰度系数 BK	n'	背景值 X_a'
Ag	mg/kg	0.075	0.018	0.072	1.285	0.24	0.078	0.075	0.011	0.035	0.035	0.042	0.063	0.082	0.106	0.139	0.139	0.5	1.8	62	0.074
As	mg/kg	10.3	2.9	9.8	1.4	0.28	12.4	10.4	2.0	3.1	3.1	4.6	8.9	12.4	14.4	15.8	15.8	-0.4	-0.4	63	10.3
Au	μg/kg	1.6	0.5	1.5	1.4	0.32	1.6	1.6	0.3	0.6	0.6	0.9	1.3	1.9	2.9	3.0	3.0	0.8	0.9	63	1.6
B	mg/kg	56.6	15.5	54.2	1.4	0.27	59.5	56.6	8.3	23.5	23.5	25.4	49.6	65.3	85.5	94.9	94.9	-0.1	0.4	63	56.6
Ba	mg/kg	534	70	530	1	0.13	494	522	34	394	394	435	494	558	699	762	762	1.0	1.3	62	530
Be	mg/kg	2.16	0.32	2.13	1.17	0.15	2.09	2.16	0.26	1.29	1.29	1.51	1.97	2.43	2.63	2.67	2.67	-0.4	-0.2	63	2.16
Bi	mg/kg	0.33	0.09	0.32	1.32	0.26	0.40	0.32	0.06	0.15	0.15	0.16	0.28	0.39	0.48	0.63	0.63	0.4	1.6	62	0.32
Br	mg/kg	3.7	1.2	3.6	1.3	0.32	2.9	3.5	0.6	2.1	2.1	2.3	2.9	4.2	6.1	8.0	8.0	1.3	2.1	61	3.6
TC	%	1.18	0.44	1.11	1.45	0.37	1.18	1.08	0.29	0.45	0.45	0.58	0.89	1.44	2.06	2.48	2.48	0.8	0.3	63	1.18
Cd	mg/kg	0.148	0.038	0.143	1.288	0.26	0.165	0.145	0.017	0.075	0.075	0.079	0.130	0.165	0.212	0.310	0.310	1.2	4.6	61	0.143
Ce	mg/kg	72.4	12.5	71.2	1.2	0.17	67.7	72.5	5.5	29.5	29.5	42.5	67.1	78.0	96.9	99.8	99.8	-0.6	2.1	62	73.1
Cl	mg/kg	70	19	68	1	0.27	62	66	9	43	43	44	58	75	109	140	140	1.3	2.5	62	69
Co	mg/kg	15.2	3.4	14.8	1.2	0.22	12.0	14.8	2.5	9.5	9.5	11.0	12.2	17.2	21.9	25.5	25.5	0.8	0.2	62	15.0
Cr	mg/kg	74.7	20.2	72.7	1.3	0.27	70.7	73.2	7.1	46.1	46.1	49.3	63.7	78.1	132.9	172.6	172.6	2.6	9.7	59	70.5
Cu	mg/kg	29.8	14.2	27.8	1.4	0.47	31.6	26.6	4.2	13.2	13.2	19.2	22.7	31.6	69.6	104.7	104.7	3.2	13.4	57	26.1
F	mg/kg	557	118	546	1.1	0.21	504	549	69	321	321	390	489	618	826	962	962	0.9	1.8	62	551
Ga	mg/kg	17.3	1.8	17.3	1.1	0.10	17.8	17.7	1.3	14.0	14.0	14.6	16.0	18.5	20.2	21.1	21.1	-0.1	-0.9	63	17.3
Ge	mg/kg	1.42	0.20	1.41	1.16	0.14	1.35	1.44	0.13	0.90	0.90	0.99	1.32	1.57	1.72	1.77	1.77	-0.5	-0.1	63	1.42
Hg	mg/kg	0.033	0.011	0.032	1.366	0.33	0.031	0.031	0.004	0.012	0.012	0.018	0.028	0.037	0.056	0.090	0.090	2.2	9.1	62	0.032
I	mg/kg	2.54	0.97	2.37	1.46	0.38	2.64	2.46	0.57	1.03	1.03	1.10	1.89	2.90	4.26	6.56	6.56	1.3	3.7	62	2.47
La	mg/kg	35.9	6.0	35.3	1.2	0.17	37.8	36.0	2.7	13.4	13.4	22.1	33.2	37.9	47.1	47.5	47.5	-0.8	2.8	62	36.3
Li	mg/kg	36.4	8.5	35.5	1.3	0.23	40.8	35.4	5.1	18.2	18.2	23.6	32.0	41.2	48.6	77.7	77.7	1.6	8.1	62	35.7
Mn	mg/kg	746	218	718	1	0.29	708	707	110	344	344	494	611	820	1 196	1 497	1 497	1.3	2.7	61	722
Mo	mg/kg	0.65	0.13	0.64	1.23	0.20	0.65	0.65	0.08	0.36	0.36	0.36	0.59	0.73	0.91	1.03	1.03	0.2	0.9	62	0.65
N	%	0.103	0.027	0.099	1.289	0.26	0.098	0.100	0.016	0.054	0.054	0.063	0.084	0.116	0.148	0.191	0.191	0.8	1.2	63	0.100
Nb	mg/kg	14.1	1.8	14.0	1.2	0.13	14.6	14.6	0.9	7.7	7.7	9.8	13.4	15.3	16.1	16.6	16.6	-1.4	2.2	62	14.2
Ni	mg/kg	34.4	9.5	33.4	1.3	0.27	27.8	33.0	4.8	22.0	22.0	24.3	28.0	36.6	56.5	74.0	74.0	2.2	6.0	58	32.1

144

指标	单位	算术平均值 X_a	算术标准差 S_a	几何平均值 X_g	几何标准差 S_g	变异系数 CV	众值 X_{mo}	中位值 X_{me}	中位值绝对离差 MAD	最小值 X_{min}	$X_{0.5\%}$	$X_{2.5\%}$	$X_{25\%}$	$X_{75\%}$	$X_{97.5\%}$	$X_{99.5\%}$	最大值 X_{max}	偏度系数 SK	峰度系数 BK	n'	背景值 X_a'
P	mg/kg	729	264	695	1	0.36	742	695	100	406	406	412	597	788	1 333	2 118	2 118	2.8	12.0	60	686
Pb	mg/kg	27.7	6.4	27.0	1.2	0.23	25.5	26.9	2.2	14.9	14.9	16.8	25.1	29.6	39.9	58.9	58.9	2.0	8.7	61	26.9
Rb	mg/kg	99.1	19.1	97.2	1.2	0.19	107.5	96.2	11.3	55.5	55.5	60.0	88.2	108.9	131.7	157.1	157.1	0.2	1.0	62	98.1
S	mg/kg	208	62	201	1	0.30	242	199	34	125	125	134	164	231	352	456	456	1.8	4.6	60	198
Sb	mg/kg	0.84	0.22	0.81	1.33	0.26	1.03	0.86	0.17	0.35	0.35	0.42	0.68	1.01	1.16	1.33	1.33	-0.1	-0.5	63	0.84
Sc	mg/kg	11.9	2.2	11.7	1.2	0.18	9.3	12.1	1.5	6.5	6.5	8.7	10.4	13.3	15.8	17.2	17.2	0.1	-0.3	63	11.9
Se	mg/kg	0.21	0.05	0.20	1.26	0.24	0.22	0.20	0.03	0.13	0.13	0.13	0.18	0.22	0.32	0.36	0.36	1.0	1.1	63	0.21
Sn	mg/kg	3.1	0.7	3.1	1.3	0.22	3.1	3.2	0.4	1.4	1.4	1.7	2.9	3.5	4.3	5.4	5.4	0.0	1.2	62	3.1
Sr	mg/kg	166	65	156	1	0.39	148	148	38	92	92	93	117	191	294	411	411	1.4	2.1	62	162
Th	mg/kg	12.3	2.6	12.0	1.3	0.21	13.8	12.6	1.2	5.1	5.1	7.7	11.3	13.8	17.9	18.8	18.8	-0.1	0.7	63	12.3
Ti	mg/kg	4 130	419	4 108	1	0.10	4 163	4 163	269	3 104	3 104	3 214	3 895	4 422	4 686	4 968	4 968	-0.5	-0.1	63	4 130
Tl	mg/kg	0.61	0.13	0.60	1.24	0.22	0.59	0.59	0.07	0.33	0.33	0.35	0.54	0.68	0.86	1.03	1.03	0.8	1.8	61	0.60
U	mg/kg	2.24	0.31	2.22	1.16	0.14	2.34	2.24	0.18	1.31	1.31	1.49	2.12	2.43	2.78	3.09	3.09	-0.4	1.5	62	2.26
V	mg/kg	88.1	12.3	87.3	1.2	0.14	96.2	89.0	8.0	59.7	59.7	67.7	80.1	95.8	108.6	117.9	117.9	0.0	-0.3	63	88.1
W	mg/kg	1.74	0.36	1.70	1.27	0.20	1.69	1.83	0.16	0.77	0.77	0.89	1.62	1.96	2.14	2.58	2.58	-1.0	1.0	63	1.74
Y	mg/kg	24.0	4.0	23.5	1.2	0.17	28.5	24.5	2.1	9.8	9.8	14.6	22.5	26.6	29.4	31.6	31.6	-1.4	3.2	63	24.6
Zn	mg/kg	69.3	12.7	68.2	1.2	0.18	76.9	69.9	8.6	50.6	50.6	51.0	58.6	76.9	93.2	117.1	117.1	0.9	2.0	62	68.5
Zr	mg/kg	270	48	265	1	0.18	242	270	34	145	145	180	240	302	353	377	377	-0.1	-0.1	63	270
Al$_2$O$_3$	%	14.31	0.94	14.28	1.07	0.07	13.95	14.21	0.72	12.55	12.55	12.81	13.62	14.93	15.98	16.06	16.06	0.1	-0.9	63	14.31
CaO	%	2.22	0.96	2.04	1.50	0.43	1.49	2.05	0.64	0.96	0.96	1.06	1.49	2.77	3.89	5.59	5.59	1.2	1.7	61	2.12
MgO	%	1.52	0.51	1.45	1.34	0.34	1.87	1.39	0.23	0.90	0.90	0.97	1.18	1.64	2.81	3.50	3.50	1.7	3.4	59	1.42
K$_2$O	%	2.50	0.47	2.45	1.20	0.19	2.35	2.36	0.32	1.49	1.49	1.77	2.19	2.82	3.38	3.60	3.60	0.4	-0.2	63	2.50
Na$_2$O	%	1.50	0.58	1.41	1.41	0.38	1.12	1.30	0.27	0.75	0.75	0.85	1.12	1.76	3.00	3.30	3.30	1.3	1.6	60	1.42
SiO$_2$	%	61.83	3.06	61.75	1.05	0.05	63.54	62.32	2.37	55.98	55.98	56.69	59.18	63.77	66.29	67.47	67.47	-0.2	-1.0	63	61.83
TFe$_2$O$_3$	%	5.12	0.81	5.06	1.17	0.16	4.82	5.15	0.66	3.72	3.72	3.84	4.44	5.67	6.55	6.92	6.92	0.2	-0.9	63	5.12
SOC	%	0.96	0.30	0.92	1.35	0.31	0.97	0.93	0.18	0.45	0.45	0.54	0.79	1.08	1.74	1.86	1.86	1.0	1.2	62	0.94
pH	无量纲						7.95	7.57	0.34	4.91	4.91	6.00	7.12	7.85	8.13	8.20	8.20				

表 2.3.10B　红黏土深层土壤（150~200 cm）地球化学参数（$n=23$）

指标	单位	算术平均值 X_a	算术标准差 S_a	几何平均值 X_g	几何标准差 S_g	变异系数 CV	众值 X_{mo}	中位值 X_{me}	中位值绝对离差 MAD	最小值 X_{min}	$X_{0.5\%}$	$X_{2.5\%}$	$X_{25\%}$	$X_{75\%}$	$X_{97.5\%}$	$X_{99.5\%}$	最大值 X_{max}	偏度系数 SK	峰度系数 BK	基准值 n'	基准值 X_a'
Ag	mg/kg	0.066	0.012	0.065	1.203	0.18	0.065	0.065	0.008	0.046	0.046	0.047	0.060	0.069	0.085	0.088	0.088	0.2	-0.6	23	0.066
As	mg/kg	10.8	2.9	10.4	1.3	0.26	8.6	9.9	2.1	5.7	5.7	6.9	8.6	12.7	15.3	15.5	15.5	0.1	-1.1	23	10.8
Au	μg/kg	1.9	0.4	1.8	1.3	0.22	2.3	1.8	0.3	1.2	1.2	1.2	1.6	2.1	2.6	2.7	2.7	0.2	-0.5	23	1.9
B	mg/kg	48.2	15.9	45.6	1.4	0.32	47.6	47.6	11.1	19.8	19.8	28.8	38.7	55.8	78.0	82.0	82.0	0.4	-0.1	23	48.2
Ba	mg/kg	556	108	547	1	0.19	499	533	47	408	408	449	499	580	721	938	938	2.2	6.7	22	538
Be	mg/kg	2.20	0.29	2.18	1.15	0.13	2.28	2.20	0.22	1.52	1.52	1.74	2.08	2.43	2.57	2.66	2.66	-0.5	-0.1	23	2.20
Bi	mg/kg	0.31	0.06	0.30	1.21	0.20	0.27	0.29	0.04	0.21	0.21	0.22	0.27	0.37	0.41	0.41	0.41	0.3	-1.2	23	0.31
Br	mg/kg	4.4	1.6	4.1	1.4	0.35	3.5	4.1	1.3	2.4	2.4	2.6	3.1	5.4	6.8	8.2	8.2	0.7	-0.3	23	4.4
TC	%	0.71	0.57	0.56	1.97	0.78	0.23	0.52	0.26	0.23	0.23	0.23	0.32	0.95	1.61	2.62	2.62	1.9	4.7	22	0.63
Cd	mg/kg	0.106	0.024	0.103	1.242	0.22	0.110	0.107	0.016	0.073	0.073	0.073	0.087	0.117	0.147	0.160	0.160	0.6	-0.2	23	0.106
Ce	mg/kg	72.3	11.5	71.4	1.2	0.16	70.3	70.9	6.0	46.8	46.8	56.6	66.9	76.1	92.3	96.0	96.0	0.1	0.3	23	72.3
Cl	mg/kg	64	46	56	2	0.70	49	51	9	32	32	33	46	59	125	246	246	3.3	12.0	22	56
Co	mg/kg	16.3	3.0	16.1	1.2	0.18	19.5	16.3	1.9	10.6	10.6	12.8	14.5	17.0	22.2	23.1	23.1	0.6	0.4	23	16.3
Cr	mg/kg	82.2	54.0	75.3	1.4	0.64	68.6	72.5	5.7	47.0	47.0	55.5	68.6	77.4	93.1	325.6	325.6	4.5	21.3	22	71.2
Cu	mg/kg	26.1	7.0	25.4	1.2	0.26	24.6	24.6	3.4	18.9	18.9	19.3	22.0	28.2	31.9	53.4	53.4	2.8	10.5	22	24.8
F	mg/kg	558	131	545	1	0.23	560	532	43	326	326	413	504	560	797	936	936	1.3	2.4	23	558
Ga	mg/kg	18.3	1.5	18.2	1.1	0.08	17.7	18.4	0.8	15.0	15.0	15.3	17.7	19.2	20.7	20.8	20.8	-0.5	0.4	23	18.3
Ge	mg/kg	1.38	0.14	1.37	1.10	0.10	1.29	1.37	0.10	1.05	1.05	1.25	1.29	1.47	1.57	1.64	1.64	-0.1	0.1	23	1.38
Hg	mg/kg	0.021	0.004	0.021	1.205	0.19	0.020	0.020	0.002	0.014	0.014	0.015	0.019	0.023	0.028	0.029	0.029	0.5	-0.2	23	0.021
I	mg/kg	2.88	1.54	2.59	1.55	0.52	2.24	2.32	0.69	1.27	1.27	1.48	1.90	3.60	4.89	8.20	8.20	2.0	5.6	22	2.64
La	mg/kg	35.6	4.6	35.3	1.1	0.13	34.8	36.1	2.9	25.2	25.2	28.8	33.2	37.5	42.8	43.1	43.1	-0.3	-0.2	23	35.6
Li	mg/kg	38.1	8.8	37.3	1.2	0.23	35.5	35.5	4.7	27.7	27.7	29.7	32.9	41.3	56.0	65.2	65.2	1.6	3.2	22	36.9
Mn	mg/kg	859	388	803	1	0.44	836	730	107	442	442	522	695	860	1 353	2 360	2 360	2.9	10.2	22	790
Mo	mg/kg	0.59	0.16	0.57	1.28	0.26	0.55	0.55	0.07	0.37	0.37	0.40	0.50	0.64	0.92	0.97	0.97	1.2	1.0	23	0.59
N	%	0.055	0.020	0.052	1.397	0.36	0.047	0.047	0.012	0.030	0.030	0.034	0.044	0.060	0.099	0.100	0.100	1.1	0.3	23	0.055
Nb	mg/kg	13.9	1.8	13.8	1.1	0.13	14.4	14.3	1.2	9.8	9.8	11.1	13.0	15.1	16.1	17.3	17.3	-0.5	-0.1	23	13.9
Ni	mg/kg	36.7	11.7	35.6	1.3	0.31	35.3	35.3	3.0	23.0	23.0	29.0	32.3	37.4	43.6	86.4	86.4	3.7	16.1	22	34.5

指标	单位	算术平均值 X_a	算术标准差 S_a	几何平均值 X_g	几何标准差 S_g	变异系数 CV	众值 X_{mo}	中位值 X_{me}	中位绝对离差 MAD	最小值 X_{min}	累积频率 $X_{0.5\%}$	$X_{2.5\%}$	$X_{25\%}$	$X_{75\%}$	$X_{97.5\%}$	$X_{99.5\%}$	最大值 X_{max}	偏度系数 SK	峰度系数 BK	基准值 n'	X_a'
P	mg/kg	427	108	414	1	0.25	437	437	84	266	266	313	337	490	613	670	670	0.6	-0.4	23	427
Pb	mg/kg	25.2	4.6	24.8	1.2	0.18	25.9	24.7	3.0	15.2	15.2	18.2	22.5	27.8	33.6	35.5	35.5	0.2	0.7	23	25.2
Rb	mg/kg	101.2	15.2	100.0	1.2	0.15	101.4	101.4	7.0	63.6	63.6	81.5	94.4	108.0	126.1	132.3	132.3	-0.3	0.8	23	101.2
S	mg/kg	131	54	123	1	0.40	99	120	24	80	80	81	99	140	239	310	310	2.1	5.1	21	117
Sb	mg/kg	0.93	0.23	0.91	1.27	0.24	0.76	0.91	0.15	0.61	0.61	0.62	0.76	1.04	1.29	1.47	1.47	0.6	-0.3	23	0.93
Sc	mg/kg	12.5	2.2	12.3	1.2	0.17	12.8	12.8	1.0	8.5	8.5	9.0	11.3	13.5	15.6	18.5	18.5	0.5	1.4	23	12.5
Se	mg/kg	0.13	0.04	0.12	1.36	0.31	0.08	0.12	0.03	0.08	0.08	0.08	0.09	0.15	0.20	0.20	0.20	0.4	-1.0	23	0.13
Sn	mg/kg	2.8	0.5	2.7	1.2	0.19	2.9	2.9	0.5	1.8	1.8	1.9	2.4	3.1	3.5	3.8	3.8	0.0	-0.8	23	2.8
Sr	mg/kg	168	72	155	1	0.42	168	148	40	84	84	89	118	178	287	350	350	1.1	0.4	23	168
Th	mg/kg	11.7	1.9	11.5	1.2	0.16	10.5	11.5	1.6	8.3	8.3	8.9	10.3	13.2	14.7	15.2	15.2	0.2	-0.9	23	11.7
Ti	mg/kg	4 075	480	4 047	1	0.12	4 115	4 115	294	2 975	2 975	3 115	3 821	4 274	4 625	5 127	5 127	-0.3	0.9	23	4 075
Tl	mg/kg	0.62	0.09	0.61	1.16	0.15	0.50	0.64	0.06	0.43	0.43	0.50	0.56	0.67	0.75	0.83	0.83	0.0	0.2	23	0.62
U	mg/kg	2.16	0.33	2.14	1.16	0.15	1.96	2.14	0.22	1.66	1.66	1.70	1.96	2.35	2.72	2.95	2.95	0.6	0.1	23	2.16
V	mg/kg	90.1	12.7	89.2	1.2	0.14	91.8	91.8	7.2	58.3	58.3	64.3	84.6	96.7	108.8	111.4	111.4	-0.7	0.9	23	90.1
W	mg/kg	1.80	0.35	1.77	1.22	0.19	2.02	1.82	0.24	1.06	1.06	1.30	1.58	2.03	2.29	2.49	2.49	-0.1	-0.4	23	1.80
Y	mg/kg	23.8	3.8	23.5	1.2	0.15	28.0	23.9	2.6	14.4	14.4	16.4	22.5	26.2	28.1	28.1	28.1	-0.9	0.6	23	23.8
Zn	mg/kg	62.8	10.7	62.0	1.2	0.17	64.1	63.9	6.8	43.8	43.8	46.8	55.4	68.6	77.6	91.3	91.3	0.5	1.2	23	62.8
Zr	mg/kg	240	34	237	1	0.14	262	245	20	156	156	178	224	259	291	296	296	-0.6	0.7	23	240
Al_2O_3	%	14.94	0.80	14.92	1.05	0.05	15.10	14.94	0.48	13.60	13.60	13.68	14.58	15.19	16.32	16.48	16.48	0.3	-0.4	23	14.94
CaO	%	2.26	2.00	1.85	1.75	0.87	1.55	1.55	0.48	0.99	0.99	1.03	1.26	2.52	4.49	10.43	10.43	3.4	13.5	22	1.88
MgO	%	1.60	0.61	1.52	1.37	0.37	1.27	1.37	0.23	0.98	0.98	1.10	1.22	1.69	2.93	3.42	3.42	1.8	3.1	23	1.60
K_2O	%	2.48	0.34	2.46	1.15	0.14	2.47	2.47	0.16	1.62	1.62	2.08	2.34	2.59	2.86	3.40	3.40	0.2	2.5	23	2.48
Na_2O	%	1.48	0.51	1.40	1.40	0.34	1.18	1.30	0.35	0.86	0.86	0.88	1.05	1.85	2.46	2.49	2.49	0.6	-0.9	23	1.48
SiO_2	%	61.69	3.04	61.61	1.05	0.05	64.28	62.52	1.76	52.49	52.49	56.45	60.06	63.73	64.78	66.35	66.35	-1.3	2.7	22	62.11
TFe_2O_3	%	5.30	0.69	5.26	1.14	0.13	4.77	5.17	0.55	3.84	3.84	4.31	4.85	5.75	6.26	6.65	6.65	0.0	-0.4	23	5.30
SOC	%	0.42	0.24	0.37	1.66	0.55	0.32	0.32	0.11	0.17	0.17	0.19	0.25	0.46	0.96	0.98	0.98	1.2	0.6	23	0.42
pH	无量纲						7.91	7.88	0.32	6.51	6.51	6.98	7.50	8.01	8.38	8.40	8.40			23	

表2.3.11A 冲积土表层土壤（0~20 cm）地球化学参数（n=539）

指标	单位	算术平均值 X_a	算术标准差 S_a	几何平均值 X_g	几何标准差 S_g	变异系数 CV	众值 X_{mo}	中位值 X_{me}	中位绝对离差 MAD	最小值 X_{min}	累积频率 $X_{0.5\%}$	$X_{2.5\%}$	$X_{25\%}$	$X_{75\%}$	$X_{97.5\%}$	$X_{99.5\%}$	最大值 X_{max}	偏度系数 SK	峰度系数 BK	背景值 n'	背景值 X_a'
Ag	mg/kg	0.064	0.016	0.062	1.284	0.25	0.058	0.062	0.009	0.029	0.031	0.037	0.054	0.073	0.105	0.123	0.151	1.0	2.8	525	0.063
As	mg/kg	11.4	2.9	11.1	1.3	0.25	9.6	10.9	1.7	3.4	6.3	7.5	9.4	12.9	19.1	19.9	21.7	1.0	0.9	520	11.1
Au	μg/kg	1.9	0.8	1.8	1.4	0.42	1.5	1.7	0.4	0.7	0.9	1.0	1.4	2.2	4.2	5.4	6.5	1.9	5.0	501	1.7
B	mg/kg	50.7	7.4	50.1	1.2	0.15	50.0	50.4	4.7	20.3	33.8	37.4	45.7	55.1	67.7	70.0	80.9	0.2	0.7	536	50.7
Ba	mg/kg	512	298	495	1	0.58	456	485	24	410	422	429	461	509	593	1 079	5 095	13.8	202.0	525	486
Be	mg/kg	1.90	0.19	1.89	1.10	0.10	1.84	1.88	0.12	1.47	1.50	1.56	1.77	2.03	2.33	2.38	2.62	0.4	0.1	537	1.90
Bi	mg/kg	0.31	0.09	0.29	1.31	0.31	0.25	0.29	0.05	0.12	0.17	0.19	0.24	0.34	0.55	0.64	0.85	1.7	4.8	517	0.29
Br	mg/kg	6.6	9.1	4.2	2.3	1.37	2.9	3.4	1.1	0.6	0.8	1.3	2.5	5.8	33.7	56.4	59.8	3.4	13.3	427	3.2
TC	%	1.86	0.36	1.83	1.21	0.19	1.56	1.84	0.25	1.02	1.15	1.23	1.60	2.10	2.64	2.77	2.94	0.3	-0.2	538	1.86
Cd	mg/kg	0.148	0.041	0.143	1.304	0.28	0.140	0.140	0.020	0.070	0.080	0.090	0.120	0.170	0.251	0.284	0.300	1.0	1.1	526	0.145
Ce	mg/kg	67.3	5.8	67.1	1.1	0.09	68.3	67.4	3.9	49.2	51.7	56.1	63.2	71.0	79.4	84.1	87.7	0.1	0.4	535	67.3
Cl	mg/kg	1 359	2 920	380	4	2.15	94	245	152	58	64	73	129	765	10 352	14 398	25 221	3.7	17.5	375	200
Co	mg/kg	12.1	2.2	11.9	1.2	0.18	11.4	11.8	1.3	8.0	8.2	8.7	10.5	13.2	17.6	18.7	19.4	0.7	0.4	533	12.0
Cr	mg/kg	66.1	6.6	65.7	1.1	0.10	68.0	65.8	4.0	45.8	49.5	53.9	61.9	70.2	79.1	82.7	120.3	1.1	8.2	536	66.0
Cu	mg/kg	23.4	5.4	22.8	1.2	0.23	19.9	22.7	3.1	12.3	14.6	15.8	19.6	25.8	36.6	40.1	45.7	1.0	1.0	533	23.2
F	mg/kg	580	82	575	1	0.14	559	565	52	338	406	461	520	626	777	842	903	0.8	0.9	526	575
Ga	mg/kg	14.7	1.9	14.5	1.1	0.13	13.7	14.5	1.2	7.9	11.2	11.7	13.2	15.7	18.9	19.7	20.8	0.4	0.2	536	14.6
Ge	mg/kg	1.28	0.13	1.27	1.11	0.10	1.20	1.30	0.10	1.00	1.00	1.10	1.20	1.37	1.60	1.60	1.67	0.4	-0.1	538	1.28
Hg	mg/kg	0.039	0.034	0.031	1.886	0.87	0.016	0.027	0.009	0.009	0.009	0.012	0.020	0.042	0.146	0.198	0.297	2.8	10.3	443	0.026
I	mg/kg	1.39	0.43	1.32	1.36	0.31	1.24	1.33	0.26	0.46	0.57	0.73	1.09	1.62	2.44	2.72	3.10	0.8	0.9	530	1.36
La	mg/kg	34.4	2.8	34.3	1.1	0.08	33.2	34.1	1.8	24.5	28.8	29.7	32.4	36.0	41.2	44.2	45.2	0.7	1.1	527	34.2
Li	mg/kg	34.8	6.3	34.2	1.2	0.18	31.0	33.9	4.1	21.8	22.4	24.5	30.5	38.7	48.7	53.2	62.7	0.7	0.8	535	34.6
Mn	mg/kg	582	105	574	1	0.18	512	564	67	385	419	436	505	640	842	901	941	0.9	0.5	534	579
Mo	mg/kg	0.67	0.17	0.66	1.27	0.25	0.56	0.64	0.09	0.31	0.38	0.42	0.56	0.76	1.07	1.17	1.36	0.9	0.8	533	0.67
N	%	0.071	0.020	0.068	1.353	0.28	0.077	0.071	0.012	0.024	0.027	0.030	0.059	0.084	0.108	0.133	0.142	0.2	0.4	534	0.071
Nb	mg/kg	13.0	0.9	13.0	1.1	0.07	13.1	13.1	0.5	9.7	10.0	10.5	12.6	13.5	14.4	14.8	14.9	-1.1	1.7	518	13.1
Ni	mg/kg	29.2	5.0	28.8	1.2	0.17	28.7	28.7	3.1	19.2	20.3	21.3	25.7	31.9	41.5	46.1	50.7	0.8	1.1	531	29.0

指标	单位	算术平均值 X_a	算术标准差 S_a	几何平均值 X_g	几何标准差 S_g	变异系数 CV	众值 X_{mo}	中位值 X_{me}	中位绝对离差 MAD	最小值 X_{min}	$X_{0.5\%}$	$X_{2.5\%}$	$X_{25\%}$	$X_{75\%}$	$X_{97.5\%}$	$X_{99.5\%}$	最大值 X_{max}	偏度系数 SK	峰度系数 BK	n'	背景值 X_a'
P	mg/kg	772	133	761	1	0.17	854	739	76	540	586	602	678	841	1 110	1 205	1 519	1.4	2.9	523	759
Pb	mg/kg	22.2	5.2	21.7	1.2	0.23	18.7	21.0	2.5	13.5	14.4	15.6	18.9	24.1	36.9	44.5	52.6	1.8	5.3	513	21.4
Rb	mg/kg	92.2	8.3	91.9	1.1	0.09	86.8	91.4	5.5	69.7	77.2	79.2	86.1	97.2	111.1	115.6	120.4	0.6	0.2	536	92.1
S	mg/kg	324	357	256	2	1.10	174	223	57	100	122	129	174	300	1 307	2 303	4 336	5.5	42.6	454	217
Sb	mg/kg	1.00	0.20	0.98	1.22	0.20	0.92	0.97	0.11	0.28	0.62	0.70	0.87	1.10	1.51	1.71	1.85	1.0	1.8	524	0.99
Sc	mg/kg	11.2	1.8	11.0	1.2	0.17	10.9	10.9	1.1	7.5	7.9	8.2	9.9	12.1	16.0	16.4	17.9	0.8	0.6	536	11.1
Se	mg/kg	0.15	0.04	0.15	1.27	0.24	0.15	0.15	0.02	0.06	0.09	0.09	0.13	0.17	0.23	0.25	0.34	0.7	1.3	536	0.15
Sn	mg/kg	2.7	0.5	2.6	1.2	0.18	2.3	2.6	0.3	1.4	1.7	1.8	2.3	3.0	3.8	4.1	4.6	0.5	0.4	537	2.7
Sr	mg/kg	213	16	212	1	0.07	204	210	9	180	186	190	202	221	253	270	329	1.6	6.3	525	211
Th	mg/kg	10.5	1.9	10.4	1.2	0.18	10.6	10.6	1.2	4.7	4.9	7.0	9.4	11.7	14.4	15.0	16.5	-0.1	0.5	531	10.6
Ti	mg/kg	3 647	164	3 643	1	0.05	3 664	3 660	102	3 101	3 189	3 299	3 546	3 753	3 933	4 041	4 524	0.0	2.0	531	3 648
Tl	mg/kg	0.60	0.10	0.59	1.17	0.16	0.58	0.59	0.06	0.37	0.39	0.44	0.54	0.66	0.84	0.90	0.94	0.6	0.6	535	0.60
U	mg/kg	2.40	0.31	2.38	1.14	0.13	2.28	2.37	0.20	1.60	1.71	1.87	2.19	2.59	3.00	3.47	3.70	0.6	1.1	532	2.39
V	mg/kg	78.3	10.6	77.6	1.1	0.14	75.1	76.8	7.0	54.8	59.6	62.5	70.6	84.7	103.6	112.6	124.3	0.8	0.9	531	77.8
W	mg/kg	1.69	0.21	1.68	1.13	0.12	1.73	1.68	0.12	0.84	1.18	1.33	1.56	1.79	2.15	2.29	2.55	0.4	1.8	530	1.69
Y	mg/kg	23.1	1.4	23.1	1.1	0.06	24.4	23.2	0.9	18.6	19.7	20.2	22.2	24.1	25.5	26.0	27.4	-0.3	-0.2	537	23.1
Zn	mg/kg	65.9	11.4	65.0	1.2	0.17	68.9	64.4	7.1	40.3	45.3	47.4	57.9	72.6	92.1	98.3	106.9	0.7	0.3	537	65.8
Zr	mg/kg	213	42	209	1	0.20	203	212	27	119	125	136	185	240	301	342	396	0.4	0.7	533	211
Al_2O_3	%	12.05	0.88	12.02	1.07	0.07	12.21	11.97	0.57	9.63	10.24	10.65	11.41	12.58	13.96	14.31	14.53	0.4	-0.2	539	12.05
CaO	%	6.54	1.02	6.46	1.16	0.16	6.62	6.37	0.60	4.33	4.84	5.03	5.84	7.08	9.08	9.96	10.29	1.0	1.2	529	6.48
MgO	%	2.15	0.36	2.12	1.18	0.17	1.83	2.08	0.25	1.43	1.56	1.61	1.87	2.39	2.94	3.09	3.29	0.6	-0.3	538	2.14
K_2O	%	2.33	0.14	2.33	1.06	0.06	2.29	2.31	0.09	1.87	2.09	2.12	2.23	2.41	2.68	2.76	2.85	0.7	0.8	527	2.33
Na_2O	%	1.77	0.36	1.73	1.23	0.21	1.83	1.76	0.21	0.80	0.84	1.10	1.56	1.98	2.55	3.11	3.97	0.8	3.6	533	1.76
SiO_2	%	58.51	3.77	58.39	1.07	0.06	58.81	58.98	2.37	46.41	47.56	49.91	56.52	61.19	64.71	66.17	67.94	-0.6	0.3	536	58.58
TFe_2O_3	%	4.48	0.69	4.43	1.16	0.15	3.93	4.36	0.46	3.19	3.24	3.40	3.93	4.89	6.07	6.33	6.51	0.6	-0.1	539	4.48
SOC	%	0.61	0.20	0.58	1.41	0.32	0.60	0.60	0.12	0.14	0.19	0.26	0.48	0.73	1.01	1.35	1.52	0.7	2.1	530	0.60
pH	无量纲						8.16	8.19	0.11	7.67	7.71	7.83	8.08	8.31	8.63	8.79	8.89				

表2.3.11B　冲积土深层土壤（150~200 cm）地球化学参数（n=149）

指标	单位	算术平均值 X_a	算术标准差 S_a	几何平均值 X_g	几何标准差 S_g	变异系数 CV	众值 X_{mo}	中位值 X_{me}	中位绝对离差 MAD	最小值 X_{min}	累积频率 $X_{0.5\%}$	$X_{2.5\%}$	$X_{25\%}$	$X_{75\%}$	$X_{97.5\%}$	$X_{99.5\%}$	最大值 X_{max}	偏度系数 SK	峰度系数 BK	基准值 n'	X_a'
Ag	mg/kg	0.055	0.013	0.054	1.262	0.22	0.048	0.054	0.007	0.028	0.029	0.031	0.047	0.062	0.082	0.087	0.095	0.4	0.4	148	0.055
As	mg/kg	9.5	1.8	9.3	1.2	0.19	9.2	9.3	1.2	6.0	6.0	6.4	8.3	10.6	13.3	14.9	15.8	0.5	0.6	146	9.4
Au	μg/kg	1.5	0.3	1.4	1.3	0.24	1.2	1.4	0.2	0.9	1.0	1.0	1.2	1.6	2.3	2.5	2.5	1.0	0.6	147	1.4
B	mg/kg	49.7	7.6	49.1	1.2	0.15	51.1	50.6	5.0	21.4	31.7	35.5	44.9	54.9	62.6	66.8	76.8	-0.2	1.3	147	49.7
Ba	mg/kg	470	28	469	1	0.06	442	468	16	408	409	428	452	484	522	565	598	1.0	2.6	146	468
Be	mg/kg	1.82	0.16	1.82	1.09	0.09	1.80	1.82	0.10	1.42	1.44	1.58	1.71	1.91	2.11	2.28	2.41	0.5	1.2	147	1.82
Bi	mg/kg	0.22	0.04	0.22	1.20	0.18	0.20	0.22	0.03	0.12	0.12	0.16	0.20	0.25	0.30	0.33	0.38	0.5	1.1	148	0.22
Br	mg/kg	3.1	2.5	2.6	1.7	0.81	2.1	2.2	0.5	1.1	1.1	1.2	1.9	3.1	10.9	16.5	16.6	3.2	12.3	128	2.3
TC	%	1.34	0.23	1.33	1.17	0.17	1.42	1.32	0.11	0.89	0.94	0.96	1.22	1.45	1.76	1.91	2.80	1.8	10.4	148	1.33
Cd	mg/kg	0.104	0.022	0.102	1.237	0.21	0.100	0.100	0.010	0.050	0.060	0.060	0.090	0.120	0.150	0.160	0.162	0.4	0.3	149	0.104
Ce	mg/kg	64.7	6.8	64.3	1.1	0.10	64.0	65.4	4.1	46.3	48.1	51.9	60.3	69.0	77.2	80.5	87.3	0.0	0.6	148	64.5
Cl	mg/kg	615	940	299	3	1.52	163	192	88	78	85	91	136	597	3298	4406	5362	2.8	8.1	106	177
Co	mg/kg	10.5	1.6	10.4	1.2	0.15	11.4	10.5	1.2	7.1	7.1	7.7	9.3	11.5	14.0	14.5	15.5	0.3	-0.1	148	10.5
Cr	mg/kg	62.7	5.6	62.5	1.1	0.09	61.3	62.6	3.6	44.5	49.8	51.2	59.3	66.7	72.1	77.0	81.4	-0.1	0.8	147	62.7
Cu	mg/kg	19.6	3.1	19.3	1.2	0.16	21.1	19.6	2.0	12.8	13.6	14.6	17.5	21.2	25.4	26.5	28.4	0.2	-0.3	149	19.6
F	mg/kg	502	59	498	1	0.12	478	502	39	372	374	388	460	539	624	632	650	0.1	-0.3	149	502
Ga	mg/kg	13.6	1.4	13.5	1.1	0.10	12.8	13.5	0.8	10.6	11.0	11.3	12.7	14.4	16.8	17.1	17.3	0.5	0.1	149	13.6
Ge	mg/kg	1.26	0.11	1.26	1.09	0.09	1.30	1.30	0.10	1.00	1.00	1.10	1.20	1.30	1.50	1.60	1.70	0.4	1.8	147	1.26
Hg	mg/kg	0.017	0.009	0.016	1.487	0.53	0.017	0.016	0.003	0.004	0.005	0.009	0.013	0.019	0.040	0.050	0.075	3.1	14.8	140	0.016
I	mg/kg	1.07	0.35	1.02	1.38	0.33	1.06	1.04	0.23	0.39	0.52	0.54	0.81	1.27	1.75	2.19	2.73	1.0	2.7	147	1.05
La	mg/kg	33.5	2.8	33.3	1.1	0.09	33.5	33.3	1.8	26.1	26.2	28.4	31.5	35.0	39.4	40.1	40.3	0.1	-0.1	149	33.5
Li	mg/kg	31.1	5.0	30.7	1.2	0.16	31.0	30.8	3.7	17.9	20.6	23.2	27.1	34.2	40.5	43.8	49.0	0.4	0.5	148	31.0
Mn	mg/kg	502	60	498	1	0.12	500	500	39	373	395	407	458	535	632	661	665	0.5	0.0	149	502
Mo	mg/kg	0.55	0.09	0.54	1.18	0.17	0.52	0.55	0.06	0.36	0.36	0.38	0.49	0.60	0.76	0.80	0.93	0.7	1.4	148	0.55
N	%	0.030	0.009	0.029	1.293	0.30	0.027	0.029	0.005	0.017	0.018	0.019	0.025	0.034	0.052	0.076	0.084	2.6	10.6	144	0.029
Nb	mg/kg	13.2	0.9	13.2	1.1	0.07	13.3	13.3	0.5	10.0	10.3	11.1	12.8	13.8	14.7	14.9	15.2	-0.8	1.4	147	13.3
Ni	mg/kg	25.6	3.7	25.4	1.2	0.14	25.1	25.3	2.4	16.8	17.7	19.4	23.3	27.7	33.2	35.5	37.2	0.4	0.2	148	25.6

指标	单位	算术平均值 X_a	算术标准差 S_a	几何平均值 X_g	几何标准差 S_g	变异系数 CV	众值 X_{mo}	中位值 X_{me}	中位绝对离差 MAD	最小值 X_{min}	累积频率						最大值 X_{max}	偏度系数 SK	峰度系数 BK	n'	基准值 X_a'
											$X_{0.5\%}$	$X_{2.5\%}$	$X_{25\%}$	$X_{75\%}$	$X_{97.5\%}$	$X_{99.5\%}$					
P	mg/kg	606	31	605	1	0.05	614	608	16	509	519	542	590	622	664	678	750	0.2	3.2	145	607
Pb	mg/kg	17.8	2.2	17.7	1.1	0.12	16.7	17.6	1.4	12.5	13.7	14.2	16.3	19.0	22.2	24.6	25.4	0.7	0.8	147	17.7
Rb	mg/kg	86.0	6.2	85.8	1.1	0.07	84.1	85.9	4.6	72.0	72.5	75.4	81.3	90.5	96.9	100.0	106.2	0.3	-0.1	148	85.8
S	mg/kg	149	32	146	1	0.21	144	144	15	89	93	105	129	159	242	276	330	2.2	8.8	143	144
Sb	mg/kg	0.90	0.16	0.89	1.18	0.17	0.85	0.87	0.08	0.63	0.65	0.67	0.80	0.98	1.28	1.44	1.50	1.2	1.9	146	0.89
Sc	mg/kg	9.9	1.3	9.8	1.1	0.13	9.2	9.7	0.9	6.3	7.0	7.7	9.0	10.8	12.3	13.0	14.2	0.3	0.2	148	9.8
Se	mg/kg	0.09	0.02	0.09	1.20	0.18	0.10	0.09	0.01	0.05	0.06	0.07	0.08	0.10	0.13	0.14	0.15	0.4	0.2	148	0.09
Sn	mg/kg	2.5	0.5	2.5	1.2	0.18	2.6	2.5	0.3	1.6	1.6	1.8	2.2	2.8	3.7	3.8	3.9	0.6	0.5	148	2.5
Sr	mg/kg	205	12	205	1	0.06	206	204	8	179	180	186	197	214	227	239	255	0.7	1.3	148	205
Th	mg/kg	9.8	1.5	9.7	1.2	0.15	9.2	9.9	1.0	5.9	6.8	7.2	8.9	10.8	12.7	13.5	13.6	0.0	-0.3	149	9.8
Ti	mg/kg	3 637	184	3 632	1	0.05	3 617	3 664	106	2 919	3 117	3 223	3 526	3 763	3 916	4 022	4 035	-0.8	1.2	147	3 646
Tl	mg/kg	0.56	0.06	0.56	1.12	0.11	0.55	0.55	0.04	0.41	0.45	0.46	0.52	0.59	0.73	0.74	0.79	0.9	1.4	148	0.56
U	mg/kg	2.26	0.30	2.24	1.14	0.13	2.28	2.26	0.20	1.61	1.71	1.78	2.06	2.44	2.87	3.13	3.31	0.6	0.7	147	2.25
V	mg/kg	71.4	8.3	71.0	1.1	0.12	70.7	70.7	5.8	51.9	54.6	57.4	65.3	76.9	87.7	92.0	92.3	0.3	-0.2	149	71.4
W	mg/kg	1.63	0.17	1.62	1.11	0.10	1.69	1.63	0.10	1.09	1.09	1.33	1.53	1.73	1.92	1.97	2.34	0.0	2.2	145	1.63
Y	mg/kg	23.1	1.7	23.1	1.1	0.07	23.7	23.2	1.1	18.6	18.6	19.9	22.1	24.2	26.8	27.4	27.5	-0.1	0.4	149	23.1
Zn	mg/kg	56.6	10.0	55.9	1.2	0.18	58.6	55.2	5.9	40.6	41.4	43.2	49.3	61.1	80.8	95.8	106.2	1.6	4.8	144	55.5
Zr	mg/kg	250	54	245	1	0.22	201	241	31	165	168	180	210	274	397	435	490	1.5	3.3	143	243
Al_2O_3	%	11.31	0.56	11.29	1.05	0.05	11.43	11.31	0.39	9.83	10.07	10.34	10.91	11.68	12.33	12.66	12.77	0.0	-0.3	149	11.31
CaO	%	5.80	0.58	5.77	1.10	0.10	5.82	5.81	0.36	4.38	4.48	4.89	5.39	6.10	7.06	7.29	7.91	0.5	0.7	148	5.78
MgO	%	1.88	0.22	1.87	1.12	0.12	1.89	1.85	0.11	1.42	1.47	1.53	1.76	1.98	2.38	2.42	2.44	0.6	0.1	149	1.88
K_2O	%	2.22	0.09	2.21	1.04	0.04	2.21	2.21	0.07	2.03	2.03	2.07	2.15	2.28	2.38	2.47	2.52	0.5	0.4	147	2.21
Na_2O	%	1.98	0.22	1.97	1.12	0.11	2.05	1.97	0.16	1.39	1.43	1.59	1.83	2.15	2.38	2.55	2.66	0.2	0.1	148	1.98
SiO_2	%	62.03	2.49	61.98	1.04	0.04	63.40	62.13	1.59	53.00	56.99	57.61	60.15	63.66	66.20	67.07	67.44	-0.3	0.1	148	62.09
TFe_2O_3	%	3.91	0.45	3.88	1.12	0.11	3.85	3.87	0.30	2.89	3.03	3.10	3.59	4.17	4.78	4.84	5.29	0.2	-0.2	148	3.90
SOC	%	0.17	0.06	0.16	1.46	0.37	0.13	0.16	0.04	0.05	0.05	0.07	0.13	0.21	0.28	0.39	0.44	1.0	2.1	146	0.17
pH	无量纲						8.51	8.59	0.08	8.28	8.30	8.34	8.51	8.67	8.94	8.99	9.07				

表2.3.12A 草甸风沙表层土壤（0~20cm）地球化学参数（$n=202$）

指标	单位	算术平均值 X_a	算术标准差 S_a	几何平均值 X_g	几何标准差 S_g	变异系数 CV	众值 X_{mo}	中位值 X_{me}	中位绝对离差 MAD	最小值 X_{min}	$X_{0.5\%}$	$X_{2.5\%}$	$X_{25\%}$	$X_{75\%}$	$X_{97.5\%}$	$X_{99.5\%}$	最大值 X_{max}	偏度系数 SK	峰度系数 BK	n'	背景值 X_a'
Ag	mg/kg	0.059	0.012	0.058	1.233	0.20	0.058	0.058	0.008	0.030	0.032	0.039	0.051	0.068	0.087	0.092	0.103	0.5	0.5	201	0.059
As	mg/kg	8.3	1.8	8.1	1.3	0.22	9.4	8.4	0.9	2.6	2.6	3.8	7.6	9.3	12.4	13.9	15.1	-0.3	2.7	187	8.4
Au	μg/kg	1.4	1.0	1.3	1.3	0.73	1.1	1.3	0.2	0.6	0.6	0.8	1.1	1.5	2.1	2.6	15.1	12.3	165.8	198	1.3
B	mg/kg	42.5	8.5	41.5	1.3	0.20	39.6	43.1	4.4	11.1	16.1	23.1	38.2	47.2	57.4	60.0	65.1	-0.7	1.3	199	43.0
Ba	mg/kg	524	129	514	1	0.25	480	491	26	421	425	437	470	527	1057	1225	1349	4.1	19.0	181	491
Be	mg/kg	1.66	0.19	1.65	1.14	0.11	1.60	1.66	0.10	0.75	0.83	1.30	1.57	1.77	1.95	2.19	2.22	-1.2	5.4	194	1.67
Bi	mg/kg	0.23	0.06	0.22	1.30	0.25	0.22	0.22	0.02	0.06	0.07	0.13	0.20	0.25	0.36	0.43	0.60	1.7	10.3	189	0.22
Br	mg/kg	3.0	1.0	2.8	1.4	0.32	3.3	2.9	0.5	0.6	0.8	1.4	2.4	3.4	5.4	6.1	6.1	0.7	1.0	199	3.0
TC	%	1.43	0.32	1.37	1.43	0.22	1.46	1.46	0.15	0.15	0.25	0.30	1.33	1.61	1.93	2.20	2.52	-1.5	5.3	190	1.47
Cd	mg/kg	0.126	0.036	0.120	1.387	0.29	0.120	0.124	0.016	0.020	0.023	0.047	0.110	0.140	0.194	0.248	0.359	1.3	9.4	191	0.126
Ce	mg/kg	59.0	9.1	57.8	1.3	0.15	57.5	60.5	3.1	12.8	14.5	28.4	57.4	63.3	70.2	72.4	75.9	-2.7	10.3	191	60.5
Cl	mg/kg	134	93	118	2	0.69	76	103	25	46	49	66	85	151	325	573	973	4.7	35.0	192	119
Co	mg/kg	9.0	1.7	8.8	1.3	0.19	9.0	9.1	0.7	1.4	1.7	4.3	8.4	9.8	12.4	13.9	14.0	-1.4	6.7	188	9.2
Cr	mg/kg	56.4	10.0	55.1	1.3	0.18	56.1	57.1	4.4	12.3	12.6	29.2	53.4	61.9	70.6	76.5	84.5	-1.9	6.7	193	57.8
Cu	mg/kg	17.1	5.1	16.4	1.4	0.30	16.5	16.7	1.9	3.0	3.1	7.7	14.9	18.5	26.7	39.6	51.1	2.2	13.4	189	16.8
F	mg/kg	452	70	444	1	0.16	442	458	31	136	153	220	426	486	562	611	648	-1.6	5.8	189	460
Ga	mg/kg	12.5	1.3	12.4	1.1	0.11	12.5	12.5	0.7	7.9	8.1	9.1	11.9	13.2	15.2	17.0	17.2	-0.1	2.5	191	12.6
Ge	mg/kg	1.26	0.15	1.26	1.13	0.12	1.20	1.30	0.10	0.70	0.90	1.00	1.20	1.40	1.50	1.62	1.70	-0.1	0.6	200	1.27
Hg	mg/kg	0.027	0.018	0.023	1.615	0.67	0.022	0.022	0.006	0.007	0.008	0.010	0.018	0.030	0.065	0.132	0.141	3.8	19.4	191	0.024
I	mg/kg	1.60	0.79	1.44	1.60	0.49	1.55	1.53	0.38	0.12	0.20	0.62	1.10	1.88	3.52	5.89	6.93	2.7	13.9	196	1.50
La	mg/kg	30.4	4.6	29.8	1.3	0.15	30.4	31.1	1.6	4.8	6.7	14.0	29.5	32.6	35.7	37.1	37.1	-3.1	13.0	192	31.2
Li	mg/kg	25.7	4.7	25.1	1.3	0.18	22.7	25.8	2.3	6.6	6.7	13.2	23.8	28.5	34.6	38.0	40.1	-1.0	4.1	190	26.1
Mn	mg/kg	462	76	452	1.21	0.16	441	467	28	102	103	257	440	499	587	649	664	-2.0	8.5	192	470
Mo	mg/kg	0.48	0.09	0.47	1.21	0.19	0.48	0.48	0.05	0.25	0.28	0.30	0.42	0.53	0.66	0.83	0.99	1.0	4.6	199	0.48
N	%	0.069	0.017	0.067	1.317	0.25	0.064	0.070	0.009	0.019	0.023	0.034	0.060	0.079	0.104	0.127	0.150	0.4	2.7	198	0.069
Nb	mg/kg	12.2	1.4	12.0	1.1	0.12	12.3	12.4	0.6	5.7	5.7	7.6	11.8	12.9	14.2	14.3	14.3	-1.9	5.4	188	12.5
Ni	mg/kg	21.9	4.2	21.3	1.3	0.19	22.9	22.2	1.7	4.0	4.0	9.2	20.5	23.9	28.8	33.2	34.6	-1.4	5.8	189	22.2

指标	单位	算术平均值 X_a	算术标准差 S_a	几何平均值 X_g	几何标准差 S_g	变异系数 CV	众值 X_{mo}	中位值 X_{me}	中位绝对离差 MAD	最小值 X_{min}	$X_{0.5\%}$	$X_{2.5\%}$	$X_{25\%}$	$X_{75\%}$	$X_{97.5\%}$	$X_{99.5\%}$	最大值 X_{max}	偏度系数 SK	峰度系数 BK	n'	背景值 X_a'
P	mg/kg	945	246	903	1	0.26	862	948	111	128	155	206	837	1 058	1 335	1 529	2 610	0.9	11.8	190	953
Pb	mg/kg	19.7	3.7	19.4	1.2	0.19	18.6	19.2	1.3	15.1	15.1	16.3	17.8	20.3	26.1	33.7	58.7	6.3	61.7	192	19.1
Rb	mg/kg	82.8	5.0	82.7	1.1	0.06	84.3	82.7	2.4	69.5	70.8	74.5	80.0	84.7	96.3	101.8	102.4	0.9	2.8	195	82.4
S	mg/kg	179	64	170	1	0.36	144	166	25	44	44	111	144	196	351	447	578	2.4	9.7	188	170
Sb	mg/kg	0.79	0.16	0.77	1.25	0.20	0.82	0.78	0.06	0.29	0.31	0.40	0.72	0.84	1.09	1.43	1.68	0.7	6.8	189	0.79
Sc	mg/kg	8.7	1.6	8.4	1.3	0.18	8.2	8.8	0.6	1.1	1.6	3.5	8.2	9.4	11.2	12.2	12.3	-1.9	7.3	189	8.8
Se	mg/kg	0.14	0.03	0.14	1.22	0.18	0.14	0.14	0.02	0.06	0.06	0.09	0.13	0.16	0.19	0.24	0.24	0.2	2.2	195	0.14
Sn	mg/kg	2.6	0.7	2.5	1.3	0.27	2.4	2.4	0.3	1.1	1.2	1.3	2.2	2.8	4.0	5.7	6.0	1.5	5.5	197	2.5
Sr	mg/kg	206	16	205	1	0.08	201	202	6	175	175	185	196	210	245	270	296	2.0	6.1	190	203
Th	mg/kg	9.4	1.7	9.2	1.3	0.18	9.5	9.7	0.7	2.1	2.5	4.9	8.9	10.4	11.9	12.4	12.7	-1.7	4.9	195	9.7
Ti	mg/kg	3 348	472	3 295	1	0.14	3 394	3 457	132	926	962	1 607	3 293	3 571	3 852	3 934	3 983	-3.2	12.3	192	3 435
Tl	mg/kg	0.53	0.07	0.53	1.13	0.12	0.55	0.54	0.04	0.39	0.41	0.42	0.49	0.57	0.67	0.75	0.76	0.4	0.5	200	0.53
U	mg/kg	2.02	0.37	1.97	1.25	0.18	2.08	2.06	0.18	0.55	0.62	0.98	1.88	2.24	2.61	2.88	2.90	-1.1	2.8	194	2.06
V	mg/kg	65.8	11.0	64.2	1.3	0.17	62.5	66.9	4.4	12.9	13.7	27.0	62.6	71.5	84.7	87.4	96.4	-2.3	9.3	192	67.2
W	mg/kg	1.39	0.25	1.35	1.29	0.18	1.50	1.42	0.11	0.31	0.31	0.68	1.31	1.52	1.76	1.88	1.96	-1.7	5.2	191	1.43
Y	mg/kg	21.0	3.1	20.6	1.3	0.15	21.9	21.8	0.9	3.9	4.8	9.6	20.8	22.6	24.3	24.6	24.8	-3.3	13.2	190	21.7
Zn	mg/kg	50.9	10.8	49.2	1.3	0.21	55.1	51.4	4.8	7.7	9.7	24.4	46.1	55.4	70.3	83.2	99.8	-0.4	5.4	189	51.4
Zr	mg/kg	254	47	249	1	0.18	241	255	22	79	83	147	233	277	341	369	402	-0.7	2.9	196	257
Al_2O_3	%	11.18	0.81	11.15	1.08	0.07	11.03	11.25	0.35	6.92	7.64	10.00	10.83	11.52	12.67	13.84	14.10	-1.4	8.3	194	11.23
CaO	%	4.77	0.97	4.54	1.51	0.20	4.74	4.88	0.27	0.34	0.52	0.74	4.63	5.20	5.91	6.67	7.54	-2.8	10.6	190	4.92
MgO	%	1.62	0.34	1.54	1.52	0.21	1.68	1.66	0.13	0.09	0.12	0.35	1.52	1.78	2.08	2.34	2.60	-2.3	8.7	192	1.67
K_2O	%	2.28	0.22	2.27	1.09	0.10	2.24	2.23	0.05	2.11	2.11	2.13	2.18	2.29	3.08	3.47	3.53	3.8	16.4	185	2.23
Na_2O	%	2.04	0.19	2.03	1.11	0.09	2.06	2.06	0.09	1.27	1.40	1.55	1.95	2.14	2.32	2.55	2.81	-0.8	3.3	187	2.06
SiO_2	%	64.67	3.73	64.57	1.06	0.06	65.01	64.18	1.15	54.29	56.13	59.11	63.08	65.39	78.34	83.97	86.10	2.8	12.4	189	64.25
TFe_2O_3	%	3.43	0.59	3.35	1.29	0.17	3.50	3.49	0.22	0.66	0.71	1.50	3.26	3.70	4.45	5.06	5.16	-1.9	8.7	188	3.48
SOC	%	0.60	0.18	0.57	1.40	0.30	0.59	0.59	0.10	0.11	0.18	0.24	0.49	0.69	0.90	1.05	1.72	1.0	7.2	201	0.59
pH	无量纲						8.21	8.18	0.14	6.13	6.21	7.17	8.05	8.32	8.66	9.04	9.34				

表 2.3.12B 草甸风沙土深层土壤（150～200 cm）地球化学参数（n=58）

指标	单位	算术平均值 X_a	算术标准差 S_a	几何平均值 X_g	几何标准差 S_g	变异系数 CV	众值 X_{mo}	中位值 X_{me}	中位绝对离差 MAD	最小值 X_{min}	$X_{0.5\%}$	$X_{2.5\%}$	$X_{25\%}$	$X_{75\%}$	$X_{97.5\%}$	$X_{99.5\%}$	最大值 X_{max}	偏度系数 SK	峰度系数 BK	n'	基准值 X_a'
Ag	mg/kg	0.056	0.011	0.055	1.226	0.20	0.061	0.056	0.008	0.034	0.034	0.036	0.048	0.064	0.078	0.079	0.079	0.0	-0.7	58	0.056
As	mg/kg	9.2	2.6	8.8	1.4	0.28	11.3	9.2	1.3	2.9	2.9	3.4	8.0	10.5	15.6	15.8	15.8	0.2	1.2	58	9.2
Au	μg/kg	1.6	0.5	1.5	1.4	0.31	1.7	1.6	0.3	0.6	0.6	0.7	1.3	1.9	2.7	3.5	3.5	0.9	2.7	57	1.6
B	mg/kg	48.6	10.7	47.1	1.3	0.22	55.9	49.8	6.3	16.0	16.0	21.7	42.9	55.9	65.2	65.9	65.9	-0.9	1.1	57	49.2
Ba	mg/kg	504	131	493	1	0.26	465	472	19	400	400	408	453	495	1 043	1 083	1 083	3.6	12.8	55	476
Be	mg/kg	1.88	0.27	1.86	1.16	0.14	1.82	1.87	0.15	1.10	1.10	1.29	1.71	2.00	2.45	2.54	2.54	0.1	1.0	58	1.88
Bi	mg/kg	0.23	0.07	0.22	1.37	0.29	0.23	0.23	0.05	0.08	0.08	0.09	0.18	0.27	0.38	0.43	0.43	0.3	1.0	57	0.23
Br	mg/kg	2.3	0.8	2.2	1.4	0.32	1.8	2.4	0.6	0.7	0.7	0.9	1.8	2.8	3.9	4.1	4.1	0.1	-0.3	58	2.3
TC	%	1.19	0.33	1.11	1.54	0.27	1.20	1.20	0.16	0.18	0.18	0.18	1.06	1.36	1.88	1.94	1.94	-0.9	2.7	55	1.24
Cd	mg/kg	0.098	0.028	0.093	1.427	0.29	0.090	0.096	0.015	0.023	0.023	0.027	0.086	0.113	0.169	0.180	0.180	0.1	2.3	58	0.098
Ce	mg/kg	63.6	10.4	62.5	1.2	0.16	64.5	64.7	4.7	24.7	24.7	30.4	60.2	69.4	78.1	81.6	81.6	-1.7	4.5	55	65.5
Cl	mg/kg	156	94	134	2	0.60	121	131	50	42	42	60	85	205	443	449	449	1.5	2.1	55	141
Co	mg/kg	10.2	2.4	9.8	1.3	0.23	10.5	10.2	1.1	3.3	3.3	3.4	9.2	11.5	15.9	16.5	16.5	-0.5	2.4	58	10.2
Cr	mg/kg	58.1	10.8	56.5	1.3	0.18	62.3	59.7	3.5	16.2	16.2	19.4	56.2	63.2	74.5	77.3	77.3	-2.1	6.5	55	60.1
Cu	mg/kg	18.2	5.1	17.4	1.4	0.28	16.9	18.3	2.2	5.7	5.7	6.0	16.2	20.4	29.4	32.1	32.1	0.1	1.4	58	18.2
F	mg/kg	473	93	461	1	0.20	465	475	44	171	171	195	441	525	655	701	701	-0.9	3.0	54	484
Ga	mg/kg	13.3	1.7	13.2	1.1	0.12	13.8	13.2	1.0	10.1	10.1	10.7	12.3	14.2	18.1	18.6	18.6	0.8	1.5	56	13.1
Ge	mg/kg	1.31	0.20	1.29	1.17	0.15	1.40	1.30	0.10	0.90	0.90	0.90	1.20	1.40	1.60	1.70	1.70	-0.3	-0.5	58	1.31
Hg	mg/kg	0.015	0.007	0.014	1.431	0.40	0.010	0.013	0.003	0.007	0.007	0.009	0.010	0.017	0.036	0.044	0.044	2.3	7.3	56	0.014
I	mg/kg	1.42	0.39	1.37	1.31	0.27	1.52	1.43	0.25	0.77	0.77	0.83	1.12	1.63	2.38	2.50	2.50	0.6	0.2	58	1.42
La	mg/kg	32.6	5.5	32.0	1.2	0.17	31.3	32.8	2.4	12.1	12.1	13.2	31.3	35.9	40.9	42.0	42.0	-1.8	5.4	55	33.7
Li	mg/kg	30.4	8.0	29.2	1.4	0.26	29.9	30.1	3.4	10.4	10.4	10.6	26.8	33.6	49.9	52.8	52.8	0.1	1.5	58	30.4
Mn	mg/kg	500	103	488	1	0.21	502	495	49	212	212	255	457	552	732	819	819	0.0	2.1	57	494
Mo	mg/kg	0.55	0.14	0.54	1.27	0.25	0.47	0.52	0.08	0.32	0.32	0.34	0.46	0.63	0.91	1.00	1.00	1.0	1.4	57	0.54
N	%	0.029	0.008	0.029	1.262	0.28	0.026	0.028	0.005	0.018	0.018	0.019	0.025	0.032	0.052	0.057	0.057	1.5	3.1	55	0.028
Nb	mg/kg	13.2	1.6	13.1	1.1	0.12	14.0	13.3	0.9	7.4	7.4	9.2	12.3	14.1	15.9	16.4	16.4	-1.0	2.8	57	13.3
Ni	mg/kg	24.4	6.3	23.3	1.4	0.26	26.5	24.6	2.9	5.4	5.4	6.4	21.8	27.6	39.1	40.9	40.9	-0.6	2.6	58	24.4

指标	单位	算术平均值 X_a	算术标准差 S_a	几何平均值 X_g	几何标准差 S_g	变异系数 CV	众值 X_{mo}	中位值 X_{me}	中位绝对离差 MAD	最小值 X_{min}	累积频率						最大值 X_{max}	偏度系数 SK	峰度系数 BK	n'	基准值 X_a'
											$X_{0.5\%}$	$X_{2.5\%}$	$X_{25\%}$	$X_{75\%}$	$X_{97.5\%}$	$X_{99.5\%}$					
P	mg/kg	577	109	558	1	0.19	589	595	19	142	142	155	572	612	735	748	748	-3.0	10.4	53	595
Pb	mg/kg	18.3	3.1	18.1	1.2	0.17	16.9	17.7	1.8	14.3	14.3	14.5	16.1	19.8	26.0	26.8	26.8	1.2	1.1	58	18.3
Rb	mg/kg	87.7	8.0	87.3	1.1	0.09	79.1	86.7	5.2	74.5	74.5	75.0	82.6	92.5	109.9	111.9	111.9	0.9	1.4	55	86.5
S	mg/kg	142	49	135	1	0.34	144	136	26	69	69	72	106	159	283	295	295	1.3	1.9	55	135
Sb	mg/kg	0.91	0.24	0.87	1.40	0.27	0.92	0.93	0.15	0.27	0.27	0.28	0.78	1.08	1.39	1.41	1.41	-0.6	0.7	58	0.91
Sc	mg/kg	9.7	2.1	9.4	1.3	0.22	9.0	9.6	1.0	3.3	3.3	4.3	8.9	10.7	14.6	15.4	15.4	-0.3	2.0	58	9.7
Se	mg/kg	0.08	0.02	0.08	1.19	0.18	0.08	0.08	0.01	0.06	0.06	0.06	0.08	0.09	0.13	0.13	0.13	1.0	1.9	58	0.08
Sn	mg/kg	2.4	0.5	2.4	1.2	0.20	2.3	2.4	0.2	1.4	1.4	1.5	2.1	2.6	3.3	3.6	3.6	0.2	0.2	58	2.4
Sr	mg/kg	203	15	202	1	0.07	197	204	11	175	175	177	192	211	233	250	250	0.5	0.5	57	202
Th	mg/kg	10.5	2.1	10.3	1.3	0.20	11.7	10.7	1.2	4.1	4.1	5.6	9.4	11.8	14.2	14.8	14.8	-0.6	0.9	57	10.6
Ti	mg/kg	3585	523	3531	1	0.15	3710	3714	171	1455	1455	1621	3475	3861	4156	4170	4170	-2.7	8.3	55	3690
Tl	mg/kg	0.56	0.07	0.55	1.14	0.13	0.55	0.55	0.05	0.42	0.42	0.45	0.50	0.61	0.73	0.74	0.74	0.5	-0.1	58	0.56
U	mg/kg	2.27	0.38	2.23	1.23	0.16	2.41	2.32	0.18	0.79	0.79	1.11	2.12	2.49	2.79	2.80	2.80	-1.6	4.1	56	2.32
V	mg/kg	70.4	14.4	68.3	1.3	0.20	71.8	71.8	6.1	20.8	20.8	24.3	66.5	78.1	92.9	100.9	100.9	-1.5	4.3	55	73.0
W	mg/kg	1.51	0.28	1.47	1.30	0.18	1.58	1.57	0.12	0.46	0.46	0.46	1.43	1.67	1.91	1.99	1.99	-2.0	5.9	55	1.56
Y	mg/kg	22.2	3.2	21.9	1.2	0.14	22.8	22.8	1.1	8.5	8.5	11.5	21.7	23.9	26.9	27.1	27.1	-2.4	7.9	55	22.8
Zn	mg/kg	52.6	12.7	50.7	1.3	0.24	53.0	54.2	6.3	15.2	15.2	19.8	47.6	59.9	80.4	85.1	85.1	-0.5	1.7	58	52.6
Zr	mg/kg	248	51	242	1	0.20	261	245	39	117	117	136	214	285	348	361	361	-0.1	0.0	58	248
Al$_2$O$_3$	%	11.20	0.91	11.17	1.08	0.08	11.13	11.14	0.65	9.20	9.20	9.45	10.52	11.82	13.22	13.54	13.54	0.3	0.1	58	11.20
CaO	%	5.36	1.29	4.98	1.64	0.24	5.05	5.51	0.43	0.53	0.53	0.63	5.11	5.94	6.96	7.76	7.76	-2.5	7.9	53	5.62
MgO	%	1.76	0.43	1.66	1.54	0.24	1.73	1.80	0.17	0.22	0.22	0.32	1.63	1.96	2.41	2.55	2.55	-1.8	5.4	55	1.84
K$_2$O	%	2.31	0.29	2.29	1.11	0.12	2.25	2.24	0.08	2.03	2.03	2.05	2.16	2.33	3.32	3.57	3.57	2.9	9.4	54	2.24
Na$_2$O	%	1.95	0.20	1.94	1.11	0.10	2.08	1.99	0.12	1.35	1.35	1.46	1.83	2.09	2.23	2.33	2.33	-0.8	0.8	57	1.96
SiO$_2$	%	63.46	5.02	63.28	1.08	0.08	63.08	63.09	1.82	51.41	51.41	53.87	61.34	65.36	78.77	81.96	81.96	1.4	5.0	52	63.11
TFe$_2$O$_3$	%	3.77	0.81	3.65	1.31	0.21	4.01	3.81	0.37	1.21	1.21	1.43	3.46	4.18	5.39	5.70	5.70	-0.8	2.8	55	3.90
SOC	%	0.18	0.08	0.17	1.46	0.42	0.17	0.17	0.15	0.07	0.07	0.08	0.14	0.21	0.38	0.48	0.48	1.7	3.9	54	0.17
pH	无量纲						8.63	8.61	0.15	7.07	7.07	7.49	8.48	8.77	9.13	9.23	9.23				

表 2.3.13A 酸性石质土表层土壤（0~20 cm）地球化学参数（n=346）

指标	单位	算术平均值 X_a	算术标准差 S_a	几何平均值 X_g	几何标准差 S_g	变异系数 CV	众值 X_{mo}	中位值 X_{me}	中位绝对离差 MAD	最小值 X_{min}	$X_{0.5\%}$	$X_{2.5\%}$	$X_{25\%}$	$X_{75\%}$	$X_{97.5\%}$	$X_{99.5\%}$	最大值 X_{max}	偏度系数 SK	峰度系数 BK	n'	背景值 X_a'
Ag	mg/kg	0.070	0.089	0.061	1.491	1.27	0.051	0.058	0.012	0.028	0.029	0.033	0.048	0.075	0.155	0.217	1.610	15.4	264.8	326	0.060
As	mg/kg	5.8	7.6	4.8	1.6	1.32	4.2	4.7	1.0	1.0	1.7	2.3	3.8	5.8	12.3	57.0	107.0	9.4	104.6	330	4.7
Au	μg/kg	2.2	5.5	1.5	1.8	2.50	1.0	1.3	0.3	0.6	0.6	0.8	1.0	1.9	6.8	23.5	84.4	12.0	161.8	307	1.4
B	mg/kg	21.0	10.2	19.0	1.6	0.48	19.5	19.0	5.1	4.7	6.8	8.5	14.3	25.0	46.0	67.3	74.8	1.8	5.2	334	19.7
Ba	mg/kg	976	412	894	2	0.42	604	935	301	331	377	423	622	1216	1974	2150	2413	0.8	0.4	344	968
Be	mg/kg	2.47	1.24	2.32	1.36	0.50	2.25	2.21	0.32	1.23	1.44	1.57	1.92	2.59	5.07	8.32	16.43	6.0	52.6	319	2.22
Bi	mg/kg	0.27	0.19	0.24	1.57	0.70	0.19	0.23	0.05	0.07	0.10	0.12	0.18	0.29	0.64	1.22	2.18	5.2	39.3	318	0.23
Br	mg/kg	4.0	2.6	3.4	1.6	0.67	2.4	3.2	0.9	1.1	1.3	1.7	2.4	4.2	11.6	16.4	20.9	2.9	10.9	317	3.3
TC	%	0.91	0.51	0.81	1.57	0.56	0.88	0.77	0.19	0.18	0.32	0.38	0.62	1.05	2.20	3.39	3.51	2.4	7.7	322	0.80
Cd	mg/kg	0.127	0.080	0.113	1.541	0.63	0.087	0.111	0.027	0.034	0.040	0.058	0.087	0.141	0.301	0.476	1.060	5.7	55.3	326	0.112
Ce	mg/kg	90.7	40.8	83.6	1.5	0.45	97.9	80.9	18.1	24.7	28.8	43.3	66.2	103.9	216.5	260.2	286.8	1.9	4.9	324	82.4
Cl	mg/kg	128	179	100	2	1.40	82	93	25	38	46	49	70	125	454	1429	1774	6.7	49.6	325	96
Co	mg/kg	10.7	4.4	9.9	1.5	0.41	10.3	9.8	2.6	2.9	3.7	4.7	7.5	12.7	21.3	23.6	34.9	1.3	2.9	340	10.4
Cr	mg/kg	55.5	37.5	47.9	1.7	0.67	28.6	47.1	15.0	7.7	13.4	17.5	33.9	65.6	141.7	217.3	375.0	3.8	24.3	324	48.4
Cu	mg/kg	24.4	20.3	20.0	1.8	0.83	12.0	18.7	6.4	4.2	5.7	8.3	13.2	26.9	69.6	106.5	202.2	4.2	27.9	311	19.3
F	mg/kg	525	179	501	1	0.34	397	499	91	254	277	305	411	598	965	1249	1914	2.4	12.0	333	502
Ga	mg/kg	18.8	2.1	18.7	1.1	0.11	18.1	18.7	1.1	11.2	13.1	14.8	17.7	19.9	23.0	25.1	29.4	0.3	2.3	341	18.8
Ge	mg/kg	1.27	0.15	1.26	1.12	0.12	1.24	1.25	0.10	0.97	0.99	1.03	1.16	1.35	1.60	1.75	1.91	0.8	1.1	340	1.26
Hg	mg/kg	0.032	0.037	0.026	1.689	1.16	0.020	0.024	0.006	0.006	0.011	0.012	0.019	0.032	0.085	0.243	0.409	7.1	62.3	321	0.025
I	mg/kg	2.77	2.11	2.31	1.74	0.76	2.19	2.06	0.62	0.70	0.80	1.01	1.56	3.15	9.27	11.30	17.60	3.0	12.4	313	2.22
La	mg/kg	49.7	24.1	45.3	1.5	0.48	55.5	44.5	11.0	12.1	14.2	22.4	34.2	57.8	126.3	149.0	159.5	2.0	5.1	324	44.9
Li	mg/kg	22.4	6.7	21.6	1.3	0.30	19.0	21.3	3.2	9.0	11.3	13.7	18.3	24.5	42.2	48.8	52.5	1.7	4.2	321	21.0
Mn	mg/kg	521	180	495	1	0.35	461	495	107	161	209	281	399	606	918	1120	1981	2.2	12.5	339	507
Mo	mg/kg	0.90	1.01	0.76	1.63	1.12	0.52	0.67	0.18	0.28	0.35	0.38	0.55	0.97	2.16	6.26	15.52	10.3	135.6	319	0.73
N	%	0.087	0.035	0.081	1.432	0.40	0.072	0.079	0.016	0.019	0.036	0.041	0.066	0.100	0.168	0.225	0.274	2.0	6.2	330	0.081
Nb	mg/kg	17.5	6.9	16.5	1.4	0.39	14.0	15.2	2.5	7.5	9.1	10.5	13.5	19.3	37.0	42.5	54.8	2.1	5.3	316	15.8
Ni	mg/kg	24.0	20.5	20.5	1.7	0.86	19.0	19.8	6.4	5.1	6.6	8.5	14.4	28.0	53.9	75.9	319.0	9.2	125.1	330	21.3

156

指标	单位	算术平均值 X_a	算术标准差 S_a	几何平均值 X_g	几何标准差 S_g	变异系数 CV	众值 X_{mo}	中位值 X_{me}	中位绝对离差 MAD	最小值 X_{min}	累积频率 $X_{0.5\%}$	$X_{2.5\%}$	$X_{25\%}$	$X_{75\%}$	$X_{97.5\%}$	$X_{99.5\%}$	最大值 X_{max}	偏度系数 SK	峰度系数 BK	背景值 n'	X_a'
P	mg/kg	654	322	589	2	0.49	562	584	153	133	164	219	444	761	1 520	1 954	2 539	1.9	5.7	330	605
Pb	mg/kg	33.5	21.1	31.3	1.4	0.63	25.2	29.9	4.6	16.6	17.1	19.5	25.8	35.7	69.4	88.9	362.3	11.4	172.6	326	30.5
Rb	mg/kg	112.7	27.0	109.9	1.2	0.24	94.6	106.6	14.7	53.9	60.9	76.2	94.0	126.2	172.1	224.9	256.2	1.4	3.9	341	111.1
S	mg/kg	171	61	163	1	0.36	132	160	30	62	80	102	132	192	310	389	720	3.0	19.5	330	163
Sb	mg/kg	0.50	0.21	0.47	1.35	0.41	0.38	0.47	0.08	0.22	0.25	0.26	0.39	0.57	0.82	1.58	2.46	5.1	41.3	340	0.48
Sc	mg/kg	8.4	2.8	7.9	1.4	0.33	7.4	8.1	1.8	2.2	2.4	4.1	6.4	10.0	14.3	16.6	18.2	0.6	0.6	343	8.3
Se	mg/kg	0.20	0.07	0.19	1.36	0.36	0.16	0.18	0.03	0.06	0.11	0.12	0.15	0.22	0.40	0.47	0.56	1.9	4.9	330	0.19
Sn	mg/kg	2.5	0.8	2.4	1.3	0.31	2.3	2.4	0.4	0.3	1.2	1.5	2.0	2.8	4.2	6.7	7.2	2.2	9.3	335	2.4
Sr	mg/kg	300	138	271	2	0.46	279	275	85	89	95	111	199	375	620	701	786	0.9	0.4	343	296
Th	mg/kg	16.5	10.4	14.2	1.7	0.63	8.9	13.2	4.6	5.0	5.3	6.5	9.5	20.5	41.4	63.3	71.6	2.0	5.5	324	14.6
Ti	mg/kg	3 471	713	3 399	1	0.21	3 895	3 406	446	1 358	1 876	2 206	2 996	3 867	5 097	5 677	6 027	0.6	1.1	339	3 438
Tl	mg/kg	0.71	0.18	0.69	1.27	0.26	0.71	0.68	0.10	0.34	0.38	0.47	0.59	0.78	1.14	1.31	1.73	1.5	3.9	338	0.70
U	mg/kg	2.50	1.30	2.26	1.53	0.52	1.74	2.10	0.53	0.71	0.96	1.15	1.68	2.89	5.97	7.64	10.40	2.3	7.6	323	2.24
V	mg/kg	65.7	19.8	62.8	1.4	0.30	48.5	63.1	12.9	20.3	26.7	33.5	50.8	77.0	109.1	137.6	148.4	0.8	1.5	339	64.3
W	mg/kg	1.37	0.71	1.24	1.56	0.52	1.05	1.19	0.33	0.38	0.43	0.60	0.92	1.66	3.10	4.83	6.17	2.4	9.2	335	1.29
Y	mg/kg	21.6	6.2	20.8	1.3	0.29	17.7	20.6	3.7	6.1	9.9	12.2	17.6	25.1	35.6	42.3	53.4	1.1	2.4	341	21.3
Zn	mg/kg	67.9	24.8	64.5	1.4	0.37	62.7	62.7	10.2	27.0	29.6	37.6	54.1	75.0	132.3	195.6	222.0	2.5	10.3	328	63.7
Zr	mg/kg	302	118	285	1	0.39	237	265	42	82	157	179	234	337	601	923	1 008	2.7	10.4	317	275
Al$_2$O$_3$	%	14.56	1.10	14.52	1.08	0.08	14.92	14.56	0.65	8.53	11.26	12.74	13.85	15.16	16.70	17.59	19.03	-0.2	3.3	338	14.57
CaO	%	1.40	0.63	1.27	1.57	0.45	1.69	1.28	0.42	0.28	0.41	0.51	0.95	1.76	2.87	3.56	4.86	1.2	2.8	339	1.36
MgO	%	1.24	0.65	1.09	1.64	0.52	0.71	1.12	0.38	0.25	0.31	0.43	0.76	1.52	2.80	3.85	4.06	1.5	2.8	334	1.16
K$_2$O	%	3.16	0.51	3.12	1.18	0.16	2.89	3.12	0.28	1.62	1.95	2.22	2.86	3.42	4.42	4.81	4.96	0.5	1.2	341	3.14
Na$_2$O	%	2.77	0.51	2.71	1.25	0.18	3.07	2.83	0.26	0.73	0.94	1.48	2.57	3.09	3.61	3.81	4.16	-1.0	2.2	335	2.82
SiO$_2$	%	65.68	3.72	65.57	1.06	0.06	64.37	65.81	2.43	53.49	56.73	58.72	63.45	68.30	72.99	76.58	77.57	0.0	0.3	342	65.61
TFe$_2$O$_3$	%	3.94	1.12	3.79	1.32	0.28	4.12	3.81	0.71	1.35	1.79	2.18	3.16	4.55	6.41	7.58	9.52	0.9	2.0	339	3.87
SOC	%	0.89	0.50	0.80	1.60	0.55	0.73	0.75	0.19	0.07	0.25	0.36	0.61	1.03	2.08	3.21	3.44	2.4	7.8	326	0.80
pH	无量纲						5.39	5.48	0.32	4.40	4.68	4.89	5.24	6.00	7.61	8.20	8.44				

表2.3.13B 酸性石质土深层土壤（150~200 cm）地球化学参数（n=99）

指标	单位	算术平均值 X_a	算术标准差 S_a	几何平均值 X_g	几何标准差 S_g	变异系数 CV	众值 X_{mo}	中位值 X_{me}	中位绝对离差 MAD	最小值 X_{min}	$X_{0.5\%}$	$X_{2.5\%}$	$X_{25\%}$	$X_{75\%}$	$X_{97.5\%}$	$X_{99.5\%}$	最大值 X_{max}	偏度系数 SK	峰度系数 BK	基准值 n'	基准值 X_a'
Ag	mg/kg	0.061	0.028	0.056	1.444	0.44	0.056	0.056	0.012	0.025	0.025	0.031	0.043	0.068	0.139	0.194	0.194	2.7	10.2	94	0.056
As	mg/kg	5.7	2.8	5.1	1.6	0.48	5.2	5.2	1.3	1.3	1.3	2.1	3.9	6.7	13.2	19.0	19.0	2.1	7.1	95	5.3
Au	μg/kg	1.6	1.4	1.4	1.6	0.91	1.5	1.3	0.3	0.5	0.5	0.7	1.0	1.6	4.0	14.0	14.0	7.1	60.3	93	1.3
B	mg/kg	22.9	10.6	20.5	1.6	0.46	15.8	21.2	7.4	3.7	3.7	6.8	15.5	29.3	48.1	60.3	60.3	0.8	0.7	98	22.5
Ba	mg/kg	1012	432	934	1	0.43	675	942	252	306	306	511	690	1216	1885	3006	3006	1.5	3.7	98	991
Be	mg/kg	2.40	0.68	2.33	1.26	0.28	2.40	2.23	0.23	1.62	1.62	1.65	2.06	2.51	4.18	6.40	6.40	2.9	12.8	89	2.22
Bi	mg/kg	0.24	0.23	0.21	1.57	0.97	0.16	0.22	0.05	0.07	0.07	0.09	0.16	0.26	0.59	2.37	2.37	7.9	71.6	95	0.21
Br	mg/kg	3.4	3.1	2.9	1.7	0.89	2.6	2.7	0.9	0.5	0.5	1.2	2.1	3.9	15.7	21.9	21.9	4.4	21.8	93	2.8
TC	%	0.43	0.23	0.38	1.56	0.53	0.35	0.38	0.08	0.14	0.14	0.15	0.30	0.45	1.01	1.62	1.62	2.4	8.3	92	0.38
Cd	mg/kg	0.075	0.040	0.067	1.573	0.53	0.050	0.068	0.018	0.015	0.015	0.025	0.050	0.087	0.160	0.336	0.336	3.2	17.8	95	0.069
Ce	mg/kg	89.0	46.1	82.0	1.5	0.52	75.6	80.7	12.8	27.9	27.9	36.1	67.7	92.6	190.1	421.0	421.0	4.4	27.9	94	81.2
Cl	mg/kg	135	200	93	2	1.47	66	78	21	35	35	43	59	114	756	1295	1295	4.5	21.8	84	77
Co	mg/kg	10.8	3.5	10.1	1.5	0.32	13.3	10.8	2.2	2.1	2.1	2.5	8.5	13.0	17.4	22.8	22.8	0.1	0.9	98	10.7
Cr	mg/kg	51.6	19.5	47.1	1.6	0.38	55.3	49.7	12.6	4.5	4.5	8.8	37.5	64.0	89.1	114.1	114.1	0.4	1.1	97	50.3
Cu	mg/kg	16.7	6.4	15.5	1.5	0.38	16.1	16.1	3.2	2.6	2.6	5.5	12.6	19.0	33.1	44.8	44.8	1.4	4.5	95	15.8
F	mg/kg	486	157	463	1	0.32	469	455	69	120	120	305	395	535	967	1146	1146	1.7	5.1	96	468
Ga	mg/kg	18.5	2.3	18.3	1.1	0.12	18.4	18.4	1.0	9.9	9.9	14.4	17.2	19.3	23.2	26.6	26.6	0.0	3.5	96	18.5
Ge	mg/kg	1.27	0.16	1.25	1.14	0.13	1.38	1.26	0.12	0.93	0.93	1.00	1.14	1.38	1.58	1.67	1.67	0.2	-0.4	99	1.27
Hg	mg/kg	0.017	0.011	0.015	1.640	0.65	0.013	0.014	0.003	0.003	0.003	0.007	0.011	0.019	0.046	0.076	0.076	2.8	10.5	92	0.015
I	mg/kg	2.58	1.75	2.22	1.67	0.67	1.99	2.12	0.54	0.62	0.62	0.82	1.63	2.81	7.59	11.70	11.70	2.8	9.9	90	2.12
La	mg/kg	48.9	26.5	44.6	1.5	0.54	48.7	43.8	8.3	13.6	13.6	17.9	36.0	52.7	113.5	236.7	236.7	4.1	25.8	95	44.9
Li	mg/kg	23.5	8.0	22.3	1.4	0.34	22.9	22.6	4.0	6.1	6.1	12.4	19.1	27.5	42.8	62.8	62.8	1.7	6.7	95	22.4
Mn	mg/kg	551	183	524	1	0.33	446	505	88	181	181	254	442	626	1031	1353	1353	1.3	3.4	96	533
Mo	mg/kg	0.79	0.34	0.73	1.49	0.43	0.84	0.71	0.22	0.36	0.36	0.40	0.53	0.96	1.65	2.28	2.28	1.4	2.9	97	0.76
N	%	0.042	0.017	0.039	1.367	0.41	0.036	0.038	0.006	0.021	0.021	0.024	0.032	0.045	0.088	0.149	0.149	3.4	16.5	94	0.039
Nb	mg/kg	16.7	7.4	15.8	1.4	0.44	16.2	15.0	2.0	8.6	8.6	9.1	13.2	18.7	29.1	74.0	74.0	5.0	36.6	98	16.1
Ni	mg/kg	23.5	8.9	21.4	1.6	0.38	23.3	22.9	5.4	2.8	2.8	4.5	17.7	28.7	44.8	46.8	46.8	0.4	0.4	99	23.5

指标	单位	算术平均值 X_a	算术标准差 S_a	几何平均值 X_g	几何标准差 S_g	变异系数 CV	众值 X_{mo}	中位值 X_{me}	中位绝对离差 MAD	最小值 X_{min}	累积频率 $X_{0.5\%}$	$X_{2.5\%}$	$X_{25\%}$	$X_{75\%}$	$X_{97.5\%}$	$X_{99.5\%}$	最大值 X_{max}	偏度系数 SK	峰度系数 BK	n'	基准值 X_a'
P	mg/kg	458	225	413	2	0.49	435	393	113	150	150	201	298	559	1 048	1 294	1 294	1.4	2.2	96	435
Pb	mg/kg	28.6	9.1	27.6	1.3	0.32	23.8	27.0	3.2	15.5	15.5	19.5	23.8	31.6	45.6	95.6	95.6	4.4	29.8	94	27.1
Rb	mg/kg	111.6	23.4	109.5	1.2	0.21	100.5	105.8	11.0	78.3	78.3	82.7	95.8	122.4	167.3	218.2	218.2	1.7	4.4	97	109.6
S	mg/kg	121	39	116	1	0.33	107	112	17	64	64	69	96	132	240	303	303	2.0	5.6	94	114
Sb	mg/kg	0.55	0.17	0.52	1.35	0.31	0.48	0.51	0.12	0.27	0.27	0.29	0.42	0.67	0.87	1.18	1.18	0.7	0.7	98	0.54
Sc	mg/kg	8.7	2.7	8.2	1.5	0.31	9.4	8.8	1.4	0.8	0.8	2.3	7.2	10.0	13.4	18.0	18.0	0.1	1.9	95	8.7
Se	mg/kg	0.13	0.04	0.12	1.39	0.34	0.10	0.12	0.02	0.05	0.05	0.06	0.10	0.15	0.25	0.30	0.30	1.2	2.3	96	0.12
Sn	mg/kg	2.4	0.5	2.3	1.3	0.22	2, 2.8	2.4	0.4	1.3	1.3	1.4	2.0	2.8	3.3	3.6	3.6	0.0	-0.8	99	2.4
Sr	mg/kg	311	165	277	2	0.53	240	272	77	78	78	126	202	382	822	1 151	1 151	2.2	7.4	95	286
Th	mg/kg	16.1	20.6	13.2	1.7	1.27	9.3	11.9	3.0	4.9	4.9	6.0	9.5	16.6	37.8	206.6	206.6	8.3	76.8	94	13.2
Ti	mg/kg	3 547	764	3 445	1	0.21	3 531	3 553	432	745	745	1 756	3 132	4 033	5 133	5 623	5 623	-0.4	1.8	98	3 575
Tl	mg/kg	0.68	0.15	0.67	1.22	0.21	0.68	0.67	0.08	0.44	0.44	0.49	0.57	0.75	1.07	1.28	1.28	1.5	3.8	96	0.67
U	mg/kg	2.45	2.53	2.11	1.59	1.03	1.81	1.98	0.43	0.46	0.46	1.06	1.62	2.58	4.55	25.80	25.80	8.2	75.3	97	2.18
V	mg/kg	70.8	19.4	67.7	1.4	0.27	81.0	73.0	10.3	18.7	18.7	34.5	57.0	82.0	108.3	127.0	127.0	0.0	0.7	99	70.8
W	mg/kg	1.42	0.63	1.30	1.51	0.44	1.06	1.33	0.33	0.43	0.43	0.50	0.98	1.66	3.31	3.78	3.78	1.4	2.6	93	1.30
Y	mg/kg	23.3	6.6	22.3	1.4	0.28	25.7	23.1	3.1	4.5	4.5	11.7	19.6	25.8	34.9	54.9	54.9	1.4	6.9	96	22.8
Zn	mg/kg	59.6	16.5	57.0	1.4	0.28	60.7	58.2	9.0	8.8	8.8	26.0	49.2	68.6	94.2	123.8	123.8	0.5	2.5	97	59.4
Zr	mg/kg	305	192	279	1	0.63	288	264	40	88	88	179	226	309	660	1 709	1 709	5.3	34.1	93	270
Al_2O_3	%	14.79	1.24	14.73	1.10	0.08	14.14	14.77	0.58	8.38	8.38	12.96	14.26	15.53	16.95	18.30	18.30	-2.1	11.0	95	14.86
CaO	%	1.35	0.56	1.24	1.53	0.41	1.20	1.23	0.35	0.44	0.44	0.49	0.92	1.63	2.61	2.87	2.87	0.7	0.0	99	1.35
MgO	%	1.17	0.48	1.06	1.67	0.41	0.73	1.15	0.31	0.10	0.10	0.31	0.84	1.46	2.41	2.77	2.77	0.6	0.9	98	1.16
K_2O	%	3.16	0.64	3.11	1.19	0.20	3.09	3.09	0.26	1.92	1.92	2.44	2.83	3.36	5.35	6.12	6.12	2.4	8.4	95	3.06
Na_2O	%	2.68	0.50	2.63	1.21	0.19	2.64	2.64	0.33	1.46	1.46	1.67	2.36	2.99	3.63	3.83	3.83	0.1	-0.2	99	2.68
SiO_2	%	65.89	3.20	65.82	1.05	0.05	65.37	65.87	1.70	57.95	57.95	59.63	63.80	67.38	70.65	78.02	78.02	0.7	2.8	97	65.65
TFe_2O_3	%	4.04	0.97	3.91	1.33	0.24	4.14	4.08	0.63	0.96	0.96	2.07	3.44	4.70	5.74	6.48	6.48	-0.4	0.5	98	4.08
SOC	%	0.36	0.23	0.30	1.88	0.63	0.38	0.32	0.09	0.01	0.01	0.10	0.23	0.41	1.05	1.58	1.58	2.6	9.9	94	0.32
pH	无量纲						6.18	6.38	0.51	4.87	4.87	5.05	6.00	6.95	7.90	8.85	8.85				

表 2.3.14A　中性石质土表层土壤（0～20 cm）地球化学参数 （n=69）

指标	单位	算术平均值 X_a	算术标准差 S_a	几何平均值 X_g	几何标准差 S_g	变异系数 CV	众值 X_{mo}	中位值 X_{me}	中位绝对离差 MAD	最小值 X_{min}	$X_{0.5\%}$	$X_{2.5\%}$	$X_{25\%}$	$X_{75\%}$	$X_{97.5\%}$	$X_{99.5\%}$	最大值 X_{max}	偏度系数 SK	峰度系数 BK	n'	背景值 X_a'
Ag	mg/kg	0.073	0.022	0.070	1.306	0.30	0.072	0.069	0.012	0.040	0.040	0.049	0.057	0.078	0.139	0.156	0.156	1.8	4.1	65	0.068
As	mg/kg	7.2	3.0	6.7	1.4	0.41	7.6	6.3	1.3	3.0	3.0	3.9	5.3	7.9	13.5	19.8	19.8	1.7	3.7	68	7.0
Au	μg/kg	1.5	0.7	1.4	1.5	0.50	1.2	1.3	0.3	0.7	0.7	0.8	1.0	1.6	3.0	5.4	5.4	2.9	11.6	66	1.4
B	mg/kg	31.8	9.5	30.5	1.3	0.30	24.7	31.8	6.4	13.2	13.2	18.0	24.5	35.9	51.8	60.6	60.6	0.8	0.6	68	31.4
Ba	mg/kg	1 002	249	974	1	0.25	1 195	968	178	580	580	655	818	1 148	1 522	1 704	1 704	0.7	0.3	69	1 002
Be	mg/kg	1.86	0.28	1.84	1.16	0.15	1.68	1.83	0.20	1.34	1.34	1.45	1.68	2.06	2.43	2.48	2.48	0.5	-0.6	69	1.86
Bi	mg/kg	0.27	0.26	0.23	1.60	0.95	0.16	0.20	0.04	0.13	0.13	0.14	0.17	0.29	0.62	1.97	1.97	5.2	30.4	65	0.22
Br	mg/kg	3.5	1.2	3.3	1.4	0.36	3.3	3.1	0.5	2.1	2.1	2.2	2.6	3.7	6.7	7.9	7.9	1.7	2.5	61	3.1
TC	%	0.82	0.36	0.77	1.37	0.44	0.57	0.72	0.14	0.44	0.44	0.51	0.62	0.90	1.47	3.05	3.05	3.9	21.1	65	0.75
Cd	mg/kg	0.123	0.063	0.112	1.501	0.51	0.100	0.100	0.021	0.053	0.053	0.062	0.086	0.134	0.298	0.403	0.403	2.3	6.7	65	0.111
Ce	mg/kg	79.5	18.8	77.4	1.3	0.23	63.7	75.6	12.6	49.7	49.7	52.3	65.6	92.9	115.1	138.0	138.0	0.7	0.5	68	78.6
Cl	mg/kg	115	84	99	2	0.73	96	89	21	44	44	55	73	118	335	545	545	3.1	11.7	61	89
Co	mg/kg	15.6	6.5	14.5	1.5	0.41	13.5	14.2	3.9	6.5	6.5	7.8	10.8	19.0	30.0	45.2	45.2	1.8	5.6	68	15.1
Cr	mg/kg	104.4	74.9	88.4	1.7	0.71	71.0	81.2	20.7	33.1	33.1	39.6	64.5	115.4	321.5	437.6	437.6	2.6	7.5	65	89.2
Cu	mg/kg	25.0	11.4	23.0	1.5	0.45	21.1	21.4	5.5	10.2	10.2	12.2	17.2	28.6	49.0	69.3	69.3	1.7	3.5	67	23.8
F	mg/kg	550	178	525	1	0.32	424	497	99	326	326	331	419	639	1 022	1 052	1 052	1.1	0.7	69	550
Ga	mg/kg	16.6	2.1	16.5	1.1	0.13	15.8	16.6	1.4	12.6	12.6	12.8	15.2	18.0	21.5	21.8	21.8	0.2	0.0	69	16.6
Ge	mg/kg	1.33	0.11	1.32	1.08	0.08	1.37	1.33	0.07	1.07	1.07	1.12	1.27	1.40	1.50	1.56	1.56	-0.3	-0.1	69	1.33
Hg	mg/kg	0.030	0.019	0.026	1.548	0.63	0.025	0.025	0.004	0.011	0.011	0.013	0.021	0.029	0.056	0.143	0.143	3.8	19.7	67	0.027
I	mg/kg	2.49	0.97	2.33	1.43	0.39	1.91	2.22	0.50	1.03	1.03	1.13	1.84	2.98	4.97	5.87	5.87	1.4	2.5	66	2.35
La	mg/kg	42.0	10.1	40.9	1.3	0.24	28.8	39.5	7.2	26.2	26.2	28.8	34.3	48.6	64.6	74.0	74.0	0.9	0.9	67	41.1
Li	mg/kg	28.7	10.2	27.1	1.4	0.35	15.7	26.9	5.8	14.9	14.9	15.7	21.6	33.6	52.3	59.4	59.4	1.0	0.7	68	28.3
Mn	mg/kg	624	169	601	1	0.27	657	623	125	276	276	392	481	718	958	1 100	1 100	0.3	-0.2	69	624
Mo	mg/kg	0.85	0.40	0.78	1.51	0.46	0.59	0.72	0.19	0.41	0.41	0.43	0.55	1.00	1.85	2.01	2.01	1.3	1.1	69	0.85
N	%	0.091	0.028	0.087	1.317	0.31	0.081	0.085	0.013	0.045	0.045	0.055	0.074	0.106	0.156	0.227	0.227	2.0	7.0	66	0.087
Nb	mg/kg	14.1	4.3	13.7	1.2	0.30	13.8	13.5	1.3	10.3	10.3	11.0	12.2	14.8	16.6	45.7	45.7	6.1	44.8	67	13.5
Ni	mg/kg	40.4	26.4	35.0	1.6	0.65	43.7	32.4	10.2	14.1	14.1	19.0	24.8	44.5	111.5	144.9	144.9	2.4	6.1	64	34.2

160

指标	单位	算术平均值 X_a	算术标准差 S_a	几何平均值 X_g	几何标准差 S_g	变异系数 CV	众值 X_{mo}	中位值 X_{me}	中位绝对离差 MAD	最小值 X_{min}	$X_{0.5\%}$	$X_{2.5\%}$	$X_{25\%}$	$X_{75\%}$	$X_{97.5\%}$	$X_{99.5\%}$	最大值 X_{max}	偏度系数 SK	峰度系数 BK	n'	背景值 X_a'
P	mg/kg	834	372	768	1	0.44	1 000	743	185	369	369	431	600	988	1 869	2 133	2 133	1.6	2.5	64	755
Pb	mg/kg	26.8	12.1	25.0	1.4	0.45	21.8	22.2	2.9	15.9	15.9	17.0	20.3	28.2	59.3	84.4	84.4	2.6	8.0	62	23.4
Rb	mg/kg	94.5	17.4	92.9	1.2	0.18	75.3	94.6	13.5	49.0	49.0	62.8	82.1	108.2	125.2	132.9	132.9	0.0	-0.3	69	94.5
S	mg/kg	169	42	165	1	0.25	176	158	20	91	91	118	143	191	250	337	337	1.4	3.3	67	165
Sb	mg/kg	0.60	0.14	0.58	1.26	0.24	0.54	0.56	0.09	0.35	0.35	0.37	0.50	0.69	0.88	1.03	1.03	0.8	0.4	69	0.60
Sc	mg/kg	10.5	3.5	10.0	1.4	0.33	8.1	9.5	2.2	4.6	4.6	5.8	8.1	12.2	18.0	21.8	21.8	1.0	1.0	68	10.4
Se	mg/kg	0.18	0.06	0.17	1.34	0.32	0.12	0.16	0.03	0.11	0.11	0.11	0.14	0.20	0.29	0.38	0.38	1.3	1.8	67	0.17
Sn	mg/kg	2.3	0.5	2.3	1.2	0.19	2.3	2.3	0.2	1.5	1.5	1.7	2.1	2.5	3.1	4.3	4.3	1.4	4.2	67	2.3
Sr	mg/kg	262	70	253	1	0.26	180	248	40	144	144	167	210	307	409	439	439	0.7	-0.1	69	262
Th	mg/kg	10.4	2.5	10.1	1.3	0.24	10.0	10.0	1.7	6.2	6.2	6.6	8.5	12.3	16.0	17.1	17.1	0.6	-0.1	69	10.4
Ti	mg/kg	4 181	1 182	4 065	1	0.28	4 143	4 122	537	2 447	2 447	2 933	3 571	4 435	5 687	11 661	11 661	3.8	23.1	68	4 071
Tl	mg/kg	0.59	0.11	0.58	1.22	0.19	0.58	0.58	0.08	0.35	0.35	0.38	0.52	0.68	0.79	0.87	0.87	0.0	-0.3	69	0.59
U	mg/kg	1.98	0.44	1.94	1.23	0.22	1.74	1.86	0.21	1.31	1.31	1.40	1.69	2.22	3.05	3.10	3.10	1.0	0.4	69	1.98
V	mg/kg	89.1	26.2	85.5	1.3	0.29	82.7	84.5	15.7	43.4	43.4	49.7	70.1	101.9	146.0	161.2	161.2	0.7	0.3	69	89.1
W	mg/kg	1.27	0.31	1.24	1.27	0.24	0.98	1.25	0.22	0.74	0.74	0.80	1.03	1.46	1.86	2.11	2.11	0.4	-0.3	69	1.27
Y	mg/kg	20.5	3.0	20.3	1.2	0.15	16.5	20.3	2.4	13.4	13.4	15.9	18.8	22.8	26.1	27.6	27.6	0.1	-0.5	69	20.5
Zn	mg/kg	66.0	26.7	61.9	1.4	0.40	47.7	58.6	11.3	32.2	32.2	38.9	49.3	78.9	137.4	175.0	175.0	1.9	4.4	65	61.1
Zr	mg/kg	279	45	276	1	0.16	276	276	30	177	177	207	248	309	393	394	394	0.4	0.4	69	279
Al_2O_3	%	14.48	1.14	14.44	1.08	0.08	15.18	14.45	0.87	12.25	12.25	12.50	13.61	15.32	16.63	16.96	16.96	0.1	-0.7	69	14.48
CaO	%	1.17	0.64	1.04	1.62	0.54	1.11	1.02	0.36	0.48	0.48	0.51	0.68	1.38	2.61	3.47	3.47	1.5	2.3	67	1.11
MgO	%	1.61	0.84	1.42	1.64	0.52	1.23	1.38	0.45	0.48	0.48	0.55	1.07	1.94	3.53	4.46	4.46	1.4	2.3	67	1.53
K_2O	%	2.87	0.47	2.82	1.19	0.16	3.17	2.90	0.32	1.30	1.30	2.18	2.56	3.17	3.62	3.94	3.94	-0.3	0.7	68	2.89
Na_2O	%	2.18	0.35	2.15	1.19	0.16	2.07	2.19	0.17	1.18	1.18	1.40	2.04	2.39	2.80	3.10	3.10	-0.5	1.0	69	2.18
SiO_2	%	65.42	4.26	65.28	1.07	0.07	67.34	65.76	2.95	52.82	52.82	57.77	62.98	68.71	72.01	72.99	72.99	-0.5	-0.1	69	65.42
TFe_2O_3	%	4.98	1.52	4.77	1.33	0.30	4.50	4.68	0.96	2.54	2.54	2.83	3.99	5.79	7.81	11.63	11.63	1.4	4.3	68	4.88
SOC	%	0.81	0.38	0.76	1.38	0.47	0.70	0.72	0.13	0.43	0.43	0.48	0.61	0.86	1.44	3.30	3.30	4.4	26.2	66	0.75
pH	无量纲						5.86	5.86	0.44	4.76	4.76	4.90	5.49	6.54	7.53	7.90	7.90				

表 2.3.14B 中性石质土深层土壤（150~200 cm）地球化学参数 （n=13）

指标	单位	算术平均值 X_a	算术标准差 S_a	几何平均值 X_g	几何标准差 S_g	变异系数 CV	众值 X_{mo}	中位值 X_{me}	中位绝对离差 MAD	最小值 X_{min}	$X_{0.5\%}$	$X_{2.5\%}$	$X_{25\%}$	$X_{75\%}$	$X_{97.5\%}$	$X_{99.5\%}$	最大值 X_{max}	偏度系数 SK	峰度系数 BK	n'	基准值 X_a'
Ag	mg/kg	0.067	0.016	0.065	1.280	0.24	0.067	0.067	0.008	0.037	0.037	0.037	0.059	0.074	0.098	0.098	0.098	0.0	0.4	13	0.067
As	mg/kg	6.7	2.7	6.2	1.5	0.40	6.5	6.5	1.2	3.4	3.4	3.4	5.3	7.7	12.5	12.5	12.5	0.9	0.6	13	6.7
Au	μg/kg	1.3	0.5	1.3	1.4	0.34	1.1	1.3	0.3	0.6	0.6	0.6	1.1	1.6	2.3	2.3	2.3	0.4	0.3	13	1.3
B	mg/kg	34.1	15.3	30.8	1.6	0.45	34.2	34.2	6.3	11.3	11.3	11.3	30.0	40.5	71.8	71.8	71.8	0.8	2.4	13	34.1
Ba	mg/kg	908	159	895	1	0.18	894	894	96	618	618	618	798	983	1184	1184	1184	0.0	-0.2	13	908
Be	mg/kg	1.91	0.39	1.86	1.28	0.20	1.93	1.93	0.14	0.85	0.85	0.85	1.83	2.19	2.46	2.46	2.46	-1.6	4.4	13	1.91
Bi	mg/kg	0.23	0.09	0.21	1.56	0.39	0.22	0.22	0.04	0.06	0.06	0.06	0.18	0.26	0.44	0.44	0.44	0.7	2.9	13	0.23
Br	mg/kg	3.9	1.9	3.5	1.5	0.49	3.5	3.5	0.7	1.7	1.7	1.7	2.8	4.1	8.4	8.4	8.4	1.6	2.2	13	3.9
TC	%	0.41	0.11	0.40	1.31	0.27	0.43	0.42	0.08	0.23	0.23	0.23	0.34	0.48	0.64	0.64	0.64	0.4	0.1	13	0.41
Cd	mg/kg	0.073	0.032	0.066	1.557	0.45	0.067	0.067	0.024	0.025	0.025	0.025	0.054	0.092	0.152	0.152	0.152	1.0	2.0	13	0.073
Ce	mg/kg	75.7	19.3	72.9	1.3	0.26	74.8	74.8	13.6	31.5	31.5	31.5	68.3	88.4	105.1	105.1	105.1	-0.7	1.2	13	75.7
Cl	mg/kg	86	30	83	1	0.35	77	77	13	62	62	62	71	92	176	176	176	2.5	7.0	13	86
Co	mg/kg	13.9	4.9	12.5	1.7	0.36	14.9	14.9	1.9	2.2	2.2	2.2	11.5	16.6	20.4	20.4	20.4	-1.1	1.4	13	13.9
Cr	mg/kg	81.7	46.6	71.0	1.7	0.57	77.5	77.5	20.7	18.3	18.3	18.3	56.8	83.5	209.4	209.4	209.4	1.8	4.5	13	81.7
Cu	mg/kg	21.1	8.2	19.0	1.7	0.39	21.7	21.7	4.1	3.7	3.7	3.7	17.6	23.2	37.8	37.8	37.8	0.0	1.6	13	21.1
F	mg/kg	496	162	467	1	0.33	467	467	78	162	162	162	394	584	785	785	785	-0.1	0.6	13	496
Ga	mg/kg	16.5	2.8	16.2	1.2	0.17	17.4	17.4	1.3	8.5	8.5	8.5	16.0	17.9	19.6	19.6	19.6	-2.1	5.6	13	16.5
Ge	mg/kg	1.40	0.19	1.38	1.15	0.14	1.43	1.43	0.12	1.04	1.04	1.04	1.31	1.54	1.63	1.63	1.63	-0.8	-0.3	13	1.40
Hg	mg/kg	0.018	0.013	0.015	1.774	0.76	0.012	0.012	0.003	0.007	0.007	0.007	0.010	0.018	0.054	0.054	0.054	2.0	4.0	13	0.018
I	mg/kg	3.24	1.08	3.08	1.37	0.33	2.98	2.98	0.72	1.83	1.83	1.83	2.51	3.92	5.28	5.28	5.28	0.7	-0.3	13	3.24
La	mg/kg	38.4	9.3	37.0	1.4	0.24	38.9	38.9	4.3	14.3	14.3	14.3	34.6	41.8	53.6	53.6	53.6	-1.2	3.6	13	38.4
Li	mg/kg	29.2	12.2	26.3	1.7	0.42	28.3	28.3	3.4	5.8	5.8	5.8	24.6	30.5	53.4	53.4	53.4	0.6	1.6	13	29.2
Mn	mg/kg	643	209	588	2	0.33	635	635	144	116	116	116	578	815	881	881	881	-1.3	2.3	13	643
Mo	mg/kg	0.96	0.63	0.83	1.70	0.65	0.74	0.74	0.22	0.34	0.34	0.34	0.59	1.06	2.67	2.67	2.67	1.9	4.0	13	0.96
N	%	0.041	0.011	0.040	1.340	0.26	0.049	0.042	0.007	0.019	0.019	0.019	0.035	0.049	0.057	0.057	0.057	-0.7	0.0	13	0.041
Nb	mg/kg	13.6	2.2	13.4	1.2	0.17	13.5	13.5	1.0	7.6	7.6	7.6	12.8	15.3	16.2	16.2	16.2	-1.5	3.7	13	13.6
Ni	mg/kg	35.3	19.1	30.5	1.8	0.54	31.7	31.7	9.3	6.2	6.2	6.2	25.4	41.7	84.5	84.5	84.5	1.4	3.2	13	35.3

指标	单位	算术平均值 X_a	算术标准差 S_a	几何平均值 X_g	几何标准差 S_g	变异系数 CV	众值 X_{mo}	中位值 X_{me}	中位绝对离差 MAD	最小值 X_{min}	$X_{0.5\%}$	$X_{2.5\%}$	$X_{25\%}$	$X_{75\%}$	$X_{97.5\%}$	$X_{99.5\%}$	最大值 X_{max}	偏度系数 SK	峰度系数 BK	n'	基准值 X_a'
P	mg/kg	439	176	410	1	0.40	304	407	103	221	221	221	304	511	833	833	833	1.0	0.8	13	439
Pb	mg/kg	24.4	5.7	23.9	1.2	0.23	22.6	22.6	2.5	16.2	16.2	16.2	20.5	27.0	38.1	38.1	38.1	1.1	1.8	13	24.4
Rb	mg/kg	100.2	14.6	99.1	1.2	0.15	110.4	107.6	10.9	73.2	73.2	73.2	89.4	110.4	121.7	121.7	121.7	-0.5	-0.8	13	100.2
S	mg/kg	114	21	112	1	0.18	117	117	11	83	83	83	100	124	165	165	165	0.9	2.0	13	114
Sb	mg/kg	0.60	0.21	0.56	1.46	0.35	0.72	0.63	0.15	0.22	0.22	0.22	0.44	0.72	0.97	0.97	0.97	0.0	-0.3	13	0.60
Sc	mg/kg	9.9	3.4	9.1	1.6	0.34	10.0	10.0	2.1	2.2	2.2	2.2	8.0	12.4	15.6	15.6	15.6	-0.6	1.3	13	9.9
Se	mg/kg	0.13	0.04	0.12	1.42	0.33	0.14	0.14	0.02	0.06	0.06	0.06	0.09	0.16	0.21	0.21	0.21	0.0	-0.2	13	0.13
Sn	mg/kg	2.2	0.4	2.2	1.2	0.17	2.3	2.3	0.1	1.5	1.5	1.5	2.1	2.3	3.1	3.1	3.1	0.5	2.8	13	2.2
Sr	mg/kg	215	44	210	1	0.21	223	223	23	115	115	115	197	232	301	301	301	-0.5	2.0	13	215
Th	mg/kg	12.2	5.8	11.0	1.6	0.47	9.5	10.4	1.4	3.0	3.0	3.0	9.5	12.9	25.5	25.5	25.5	1.2	2.0	13	12.2
Ti	mg/kg	3 804	926	3 630	1	0.24	4 079	4 079	466	1 143	1 143	1 143	3 481	4 320	4 624	4 624	4 624	-2.2	5.8	13	3 804
Tl	mg/kg	0.61	0.14	0.60	1.24	0.23	0.59	0.59	0.09	0.42	0.42	0.42	0.56	0.68	0.86	0.86	0.86	0.5	-0.1	13	0.61
U	mg/kg	2.10	0.70	1.97	1.46	0.34	1.99	1.99	0.54	0.76	0.76	0.76	1.76	2.74	3.18	3.18	3.18	-0.2	-0.6	13	2.10
V	mg/kg	82.0	25.9	76.0	1.6	0.32	84.3	84.3	18.3	18.4	18.4	18.4	66.6	102.6	113.4	113.4	113.4	-1.2	1.9	13	82.0
W	mg/kg	1.39	0.35	1.33	1.39	0.25	1.48	1.48	0.20	0.47	0.47	0.47	1.22	1.56	1.88	1.88	1.88	-1.4	3.3	13	1.39
Y	mg/kg	20.1	4.8	19.3	1.4	0.24	21.6	21.6	1.9	6.4	6.4	6.4	18.2	22.9	26.0	26.0	26.0	-2.0	5.8	13	20.1
Zn	mg/kg	56.5	20.4	51.2	1.7	0.36	55.1	55.1	8.4	9.8	9.8	9.8	46.7	63.5	90.6	90.6	90.6	-0.4	1.6	13	56.5
Zr	mg/kg	256	56	248	1	0.22	260	260	12	96	96	96	255	272	331	331	331	-1.9	5.7	13	256
Al_2O_3	%	14.29	2.15	14.10	1.19	0.15	14.78	14.78	1.03	8.02	8.02	8.02	13.70	15.65	16.46	16.46	16.46	-2.2	6.3	13	14.29
CaO	%	1.06	0.46	0.99	1.42	0.43	0.97	0.97	0.18	0.62	0.62	0.62	0.79	1.14	2.22	2.22	2.22	1.8	2.8	13	1.06
MgO	%	1.51	0.81	1.29	1.83	0.54	1.34	1.34	0.48	0.29	0.29	0.29	1.03	1.82	3.12	3.12	3.12	0.6	-0.2	13	1.51
K_2O	%	2.90	0.36	2.88	1.13	0.12	2.91	2.91	0.31	2.35	2.35	2.35	2.53	3.18	3.44	3.44	3.44	-0.3	-1.3	13	2.90
Na_2O	%	1.98	0.41	1.94	1.24	0.21	1.99	1.99	0.38	1.24	1.24	1.24	1.73	2.37	2.51	2.51	2.51	-0.4	-0.8	13	1.98
SiO_2	%	66.57	4.64	66.43	1.07	0.07	66.97	66.97	2.53	60.34	60.34	60.34	63.07	68.38	78.48	78.48	78.48	1.3	2.8	13	66.57
TFe_2O_3	%	4.59	1.46	4.24	1.60	0.32	4.81	4.81	1.04	0.99	0.99	0.99	3.77	5.72	6.35	6.35	6.35	-1.2	1.9	13	4.59
SOC	%	0.35	0.13	0.32	1.63	0.38	0.39	0.32	0.08	0.08	0.08	0.08	0.28	0.45	0.56	0.56	0.56	-0.3	-0.1	13	0.35
pH	无量纲						6.68	6.89	0.21	6.10	6.10	6.10	6.82	7.21	7.86	7.86	7.86				

表 2.3.15A　钙质石质土表层土壤（0~20 cm）地球化学参数（n=85）

指标	单位	算术平均值 X_a	算术标准差 S_a	几何平均值 X_g	几何标准差 S_g	变异系数 CV	众值 X_{mo}	中位值 X_{me}	中位绝对离差 MAD	最小值 X_{min}	$X_{0.5\%}$	$X_{2.5\%}$	$X_{25\%}$	累积频率 $X_{75\%}$	$X_{97.5\%}$	$X_{99.5\%}$	最大值 X_{max}	偏度系数 SK	峰度系数 BK	背景值 n'	背景值 X_a'
Ag	mg/kg	0.099	0.047	0.092	1.401	0.47	0.086	0.086	0.013	0.050	0.050	0.056	0.075	0.106	0.211	0.406	0.406	3.9	22.2	80	0.090
As	mg/kg	11.0	2.8	10.6	1.3	0.25	10.0	10.5	1.9	4.0	4.0	4.9	9.2	13.0	16.0	19.1	19.1	0.1	0.4	85	11.0
Au	μg/kg	1.6	0.5	1.5	1.4	0.34	1.7	1.5	0.3	0.8	0.8	0.9	1.2	1.9	2.6	3.8	3.8	1.5	4.0	83	1.5
B	mg/kg	72.3	24.3	67.8	1.5	0.33	61.8	67.4	17.0	15.2	15.2	25.7	55.5	92.4	114.6	140.5	140.5	0.3	-0.1	85	72.3
Ba	mg/kg	560	201	540	1	0.36	476	511	54	385	385	405	467	590	936	2 020	2 020	4.9	33.1	80	524
Be	mg/kg	2.37	0.38	2.34	1.17	0.16	1.99	2.31	0.25	1.50	1.50	1.62	2.11	2.59	3.24	3.46	3.46	0.4	0.4	85	2.37
Bi	mg/kg	0.38	0.09	0.37	1.30	0.25	0.34	0.37	0.05	0.14	0.14	0.18	0.33	0.42	0.54	0.75	0.75	0.5	2.4	84	0.37
Br	mg/kg	4.7	1.9	4.3	1.5	0.41	4.1	4.6	1.2	1.7	1.7	2.1	3.1	5.7	9.2	9.9	9.9	0.7	0.0	85	4.7
TC	%	1.24	0.61	1.12	1.55	0.49	0.63	1.07	0.23	0.45	0.45	0.50	0.88	1.32	2.80	3.17	3.17	1.4	1.6	83	1.20
Cd	mg/kg	0.161	0.047	0.155	1.333	0.29	0.172	0.156	0.026	0.074	0.074	0.087	0.130	0.184	0.259	0.345	0.345	1.0	2.2	83	0.157
Ce	mg/kg	82.4	14.5	81.2	1.2	0.18	75.8	80.3	7.1	50.6	50.6	58.2	74.2	87.9	108.3	158.3	158.3	1.8	8.1	83	81.0
Cl	mg/kg	71	32	66	1	0.44	50	59	9	40	40	42	51	80	169	192	192	2.0	4.2	78	63
Co	mg/kg	17.5	3.8	17.1	1.2	0.22	17.4	17.4	2.3	10.6	10.6	11.1	15.0	19.4	24.7	30.8	30.8	0.7	1.2	83	17.2
Cr	mg/kg	79.4	17.5	78.0	1.2	0.22	81.1	77.1	4.5	46.5	46.5	58.6	73.0	81.6	129.5	167.2	167.2	3.2	13.5	79	76.8
Cu	mg/kg	30.7	6.5	30.0	1.2	0.21	26.2	29.6	3.9	17.3	17.3	19.4	26.2	34.4	45.0	52.1	52.1	0.9	1.5	83	30.1
F	mg/kg	703	181	681	1	0.26	477	708	128	435	435	452	559	797	1 074	1 297	1 297	0.8	0.5	84	696
Ga	mg/kg	17.8	1.8	17.7	1.1	0.10	16.7	17.8	1.2	14.1	14.1	15.1	16.6	19.0	21.4	22.7	22.7	0.5	-0.1	85	17.8
Ge	mg/kg	1.55	0.23	1.53	1.15	0.15	1.44	1.54	0.18	1.16	1.16	1.21	1.38	1.72	1.98	2.04	2.04	0.4	-0.8	85	1.55
Hg	mg/kg	0.035	0.012	0.033	1.441	0.34	0.032	0.033	0.006	0.008	0.008	0.017	0.028	0.039	0.065	0.077	0.077	1.0	1.9	83	0.034
I	mg/kg	3.36	1.34	3.10	1.51	0.40	2.09	3.40	0.88	1.01	1.01	1.14	2.27	4.13	6.22	9.00	9.00	1.0	2.6	84	3.29
La	mg/kg	40.1	7.5	39.5	1.2	0.19	39.3	39.2	2.7	29.4	29.4	30.9	36.5	41.7	53.2	90.9	90.9	3.9	24.3	84	39.5
Li	mg/kg	40.5	7.5	39.9	1.2	0.19	36.7	39.3	3.5	24.8	24.8	26.9	36.2	44.2	57.9	69.4	69.4	1.2	2.8	83	39.9
Mn	mg/kg	994	366	928	1	0.37	366	936	286	366	366	485	675	1 257	1 817	2 009	2 009	0.5	-0.3	85	994
Mo	mg/kg	0.71	0.35	0.66	1.42	0.49	0.65	0.61	0.12	0.36	0.36	0.42	0.53	0.76	1.44	3.03	3.03	4.0	22.8	79	0.64
N	%	0.106	0.023	0.103	1.240	0.22	0.110	0.104	0.012	0.056	0.056	0.066	0.092	0.116	0.159	0.193	0.193	0.7	2.1	84	0.105
Nb	mg/kg	15.3	1.4	15.2	1.1	0.09	15.3	15.4	0.7	10.4	10.4	12.7	14.4	16.0	17.7	19.3	19.3	-0.3	1.3	83	15.3
Ni	mg/kg	36.9	7.9	36.1	1.2	0.21	39.7	36.5	3.3	19.9	19.9	23.7	33.2	39.7	58.2	76.6	76.6	1.8	7.5	82	35.9

指标	单位	算术平均值 X_a	算术标准差 S_a	几何平均值 X_g	几何标准差 S_g	变异系数 CV	众值 X_{mo}	中位值 X_{me}	中位绝对离差 MAD	最小值 X_{min}	累积频率 $X_{0.5\%}$	$X_{2.5\%}$	$X_{25\%}$	$X_{75\%}$	$X_{97.5\%}$	$X_{99.5\%}$	最大值 X_{max}	偏度系数 SK	峰度系数 BK	n'	背景值 X_a'
P	mg/kg	720	189	700	1	0.26	514	669	87	422	422	493	608	784	1 273	1 393	1 393	1.6	2.7	82	698
Pb	mg/kg	36.8	20.6	33.8	1.4	0.56	27.3	30.7	5.8	20.6	20.6	21.3	26.8	39.0	82.2	174.9	174.9	4.4	25.1	81	33.1
Rb	mg/kg	118.6	18.5	117.2	1.2	0.16	131.5	117.2	13.8	87.6	87.6	88.9	103.3	130.8	155.9	163.1	163.1	0.3	-0.6	85	118.6
S	mg/kg	190	54	184	1	0.28	191	181	24	100	100	118	159	208	313	473	473	2.2	8.6	80	180
Sb	mg/kg	0.86	0.20	0.83	1.27	0.23	0.71	0.84	0.12	0.44	0.44	0.48	0.71	0.95	1.27	1.43	1.43	0.4	0.1	85	0.86
Sc	mg/kg	12.5	2.2	12.3	1.2	0.17	11.2	12.3	1.4	8.1	8.1	8.4	11.1	14.1	16.7	17.3	17.3	0.1	-0.6	85	12.5
Se	mg/kg	0.24	0.06	0.23	1.28	0.23	0.26	0.24	0.03	0.11	0.11	0.13	0.20	0.27	0.36	0.40	0.40	0.1	0.3	85	0.24
Sn	mg/kg	3.2	1.0	3.1	1.3	0.32	3.0	3.1	0.3	1.9	1.9	2.1	2.8	3.4	4.5	11.1	11.1	5.4	40.2	83	3.1
Sr	mg/kg	127	51	120	1	0.40	85	113	24	61	61	73	94	146	258	391	391	2.3	8.1	82	121
Th	mg/kg	13.7	3.0	13.4	1.2	0.22	12.4	13.3	1.3	7.9	7.9	9.8	12.0	14.6	18.2	33.8	33.8	3.5	22.0	84	13.5
Ti	mg/kg	4 352	402	4 332	1	0.09	4 330	4 394	232	2 894	2 894	3 512	4 120	4 597	5 074	5 469	5 469	-0.6	1.9	84	4 369
Tl	mg/kg	0.68	0.11	0.68	1.15	0.16	0.64	0.65	0.05	0.53	0.53	0.56	0.62	0.72	0.92	1.18	1.18	1.8	4.8	84	0.68
U	mg/kg	2.50	0.34	2.47	1.14	0.14	2.26	2.41	0.21	1.67	1.67	1.89	2.26	2.75	3.09	3.44	3.44	0.3	-0.1	85	2.50
V	mg/kg	93.9	12.2	93.1	1.1	0.13	76.2	94.2	7.1	57.8	57.8	72.6	86.8	100.1	116.2	131.9	131.9	0.0	1.2	83	93.9
W	mg/kg	1.96	0.40	1.92	1.23	0.21	2.01	1.99	0.17	0.80	0.80	1.31	1.75	2.14	2.53	4.03	4.03	1.4	8.4	82	1.93
Y	mg/kg	25.7	3.0	25.5	1.1	0.11	26.7	26.3	2.0	17.7	17.7	20.0	23.3	27.7	30.8	33.9	33.9	-0.2	0.0	85	25.7
Zn	mg/kg	74.1	12.0	73.2	1.2	0.16	77.5	73.4	5.8	46.7	46.7	55.5	68.2	79.1	105.3	119.9	119.9	1.0	2.8	82	72.7
Zr	mg/kg	262	36	259	1	0.14	264	263	18	184	184	195	243	279	330	396	396	0.6	1.8	84	260
Al_2O_3	%	14.46	0.91	14.43	1.06	0.06	14.90	14.65	0.66	12.27	12.27	12.57	13.78	14.94	16.31	16.76	16.76	0.0	0.1	85	14.46
CaO	%	1.93	1.41	1.58	1.82	0.72	0.84	1.34	0.43	0.55	0.55	0.72	1.01	2.20	5.50	6.16	6.16	1.6	1.4	84	1.88
MgO	%	1.72	0.72	1.61	1.42	0.42	1.74	1.53	0.30	0.82	0.82	0.95	1.28	1.90	4.05	4.32	4.32	1.9	3.7	79	1.57
K_2O	%	2.90	0.48	2.86	1.18	0.17	2.39	2.87	0.38	2.10	2.10	2.17	2.51	3.26	3.95	4.55	4.55	0.7	0.8	83	2.86
Na_2O	%	1.14	0.51	1.04	1.50	0.45	1.49	0.98	0.28	0.48	0.48	0.58	0.77	1.45	2.43	2.85	2.85	1.4	1.8	83	1.10
SiO_2	%	61.22	3.34	61.13	1.06	0.05	60.03	61.01	2.33	52.87	52.87	54.98	59.12	63.63	67.99	69.63	69.63	0.1	0.0	85	61.22
TFe_2O_3	%	5.54	0.69	5.50	1.13	0.12	5.46	5.55	0.46	4.01	4.01	4.06	5.09	5.98	6.71	7.00	7.00	-0.1	-0.3	85	5.54
SOC	%	0.94	0.28	0.90	1.33	0.29	0.97	0.92	0.13	0.43	0.43	0.54	0.78	1.04	1.52	2.19	2.19	1.3	4.3	83	0.91
pH	无量纲						7.50	7.50	0.41	5.56	5.56	5.99	7.05	7.82	8.18	8.26	8.26				

表 2.3.15B 钙质石质深层土壤（150~200 cm）地球化学参数（n=19）

指标	单位	算术平均值 X_a	算术标准差 S_a	几何平均值 X_g	几何标准差 S_g	变异系数 CV	众值 X_{mo}	中位值 X_{me}	中位绝对离差 MAD	最小值 X_{min}	$X_{0.5\%}$	$X_{2.5\%}$	累积频率 $X_{25\%}$	$X_{75\%}$	$X_{97.5\%}$	$X_{99.5\%}$	最大值 X_{max}	偏度系数 SK	峰度系数 BK	基准值 n'	X_a'
Ag	mg/kg	0.082	0.024	0.079	1.322	0.28	0.063	0.078	0.017	0.046	0.046	0.046	0.061	0.105	0.126	0.126	0.126	0.5	-1.0	19	0.082
As	mg/kg	12.2	2.6	11.9	1.2	0.21	8.8	11.4	1.6	8.8	8.8	8.8	10.5	14.0	18.6	18.6	18.6	0.8	0.5	19	12.2
Au	μg/kg	1.8	0.5	1.8	1.3	0.25	1.9	1.9	0.3	1.1	1.1	1.1	1.4	2.1	2.7	2.7	2.7	0.3	-0.3	19	1.8
B	mg/kg	62.1	15.2	60.3	1.3	0.24	60.9	60.9	11.2	34.8	34.8	34.8	49.7	72.4	92.9	92.9	92.9	0.2	-0.6	19	62.1
Ba	mg/kg	578	99	571	1	0.17	514	543	41	445	445	445	514	657	830	830	830	1.1	0.7	19	578
Be	mg/kg	2.67	0.36	2.65	1.14	0.13	2.91	2.68	0.27	1.95	1.95	1.95	2.39	2.95	3.45	3.45	3.45	0.0	0.0	19	2.67
Bi	mg/kg	0.34	0.06	0.33	1.21	0.18	0.35	0.35	0.05	0.22	0.22	0.22	0.29	0.39	0.45	0.45	0.45	-0.1	-0.4	19	0.34
Br	mg/kg	4.4	2.0	4.0	1.5	0.44	2.0	4.1	1.3	2.0	2.0	2.0	2.8	5.8	8.6	8.6	8.6	0.8	-0.4	19	4.4
TC	%	0.48	0.36	0.42	1.61	0.72	0.29	0.37	0.08	0.18	0.18	0.18	0.32	0.53	1.86	1.86	1.86	3.4	13.1	18	0.41
Cd	mg/kg	0.112	0.026	0.110	1.256	0.23	0.109	0.109	0.013	0.072	0.072	0.072	0.098	0.128	0.162	0.162	0.162	0.5	-0.5	19	0.112
Ce	mg/kg	86.9	14.0	85.7	1.2	0.16	59.9	88.3	8.2	59.9	59.9	59.9	79.2	96.5	112.3	112.3	112.3	-0.5	-0.1	19	86.9
Cl	mg/kg	58	23	56	1	0.38	46	54	7	43	43	43	47	57	148	148	148	3.7	14.6	18	53
Co	mg/kg	21.0	6.8	20.1	1.3	0.32	16.2	18.6	2.4	12.8	12.8	12.8	16.2	23.1	40.0	40.0	40.0	1.5	2.3	19	21.0
Cr	mg/kg	84.5	17.9	83.0	1.2	0.21	55	85.0	6.9	55.0	55.0	55.0	73.5	87.6	144.0	144.0	144.0	1.9	6.6	18	81.2
Cu	mg/kg	28.4	4.9	27.9	1.2	0.17	28.6	28.6	3.5	19.3	19.3	19.3	24.1	31.6	36.4	36.4	36.4	-0.1	-0.8	19	28.4
F	mg/kg	657	129	646	1	0.19	607	637	70	470	470	470	567	772	975	975	975	0.8	0.5	19	657
Ga	mg/kg	19.2	1.8	19.1	1.1	0.09	19.5	19.5	1.6	16.4	16.4	16.4	17.6	20.6	22.3	22.3	22.3	0.3	-0.9	19	19.2
Ge	mg/kg	1.56	0.23	1.54	1.15	0.14	1.60	1.54	0.14	1.25	1.25	1.25	1.40	1.72	2.07	2.07	2.07	0.7	0.0	19	1.56
Hg	mg/kg	0.018	0.005	0.017	1.369	0.28	0.015	0.017	0.002	0.007	0.007	0.007	0.015	0.019	0.032	0.032	0.032	0.8	2.0	19	0.018
I	mg/kg	3.28	1.42	2.99	1.55	0.42	3.48	3.34	1.01	1.34	1.34	1.34	1.97	4.24	5.78	5.78	5.78	0.5	-0.8	19	3.28
La	mg/kg	41.0	5.3	40.7	1.1	0.13	40.9	40.9	4.1	30.9	30.9	30.9	37.1	45.1	49.1	49.1	49.1	-0.2	-0.8	19	41.0
Li	mg/kg	44.5	5.9	44.2	1.1	0.13	43.5	43.5	3.9	33.1	33.1	33.1	41.8	48.1	60.0	60.0	60.0	0.5	1.9	19	44.5
Mn	mg/kg	1 280	661	1 132	2	0.50	1 230	1 230	424	535	535	535	671	1 517	2 758	2 758	2 758	0.9	0.1	19	1 280
Mo	mg/kg	0.74	0.26	0.70	1.38	0.34	0.47	0.65	0.17	0.46	0.46	0.46	0.53	0.92	1.42	1.42	1.42	1.1	1.0	19	0.74
N	%	0.048	0.012	0.047	1.260	0.23	0.044	0.044	0.007	0.030	0.030	0.030	0.040	0.057	0.071	0.071	0.071	0.6	-0.5	19	0.048
Nb	mg/kg	15.1	1.4	15.0	1.1	0.09	14.7	15.2	0.8	12.5	12.5	12.5	14.4	16.2	17.1	17.1	17.1	-0.4	-0.7	19	15.1
Ni	mg/kg	41.8	7.3	41.2	1.2	0.17	35.7	41.4	5.6	27.5	27.5	27.5	35.8	47.3	57.2	57.2	57.2	0.2	-0.1	19	41.8

指标	单位	算术平均值 X_a	算术标准差 S_a	几何平均值 X_g	几何标准差 S_g	变异系数 CV	众值 X_{mo}	中位值 X_{me}	中位绝对离差 MAD	最小值 X_{min}	累积频率 $X_{0.5\%}$	$X_{2.5\%}$	$X_{25\%}$	$X_{75\%}$	$X_{97.5\%}$	$X_{99.5\%}$	最大值 X_{max}	偏度系数 SK	峰度系数 BK	n'	基准值 X_a'
P	mg/kg	454	108	442	1	0.23	576	434	71	266	266	266	374	573	660	660	660	0.3	-0.6	19	454
Pb	mg/kg	37.6	22.0	34.0	1.5	0.57	30.8	30.8	4.8	21.2	21.2	21.2	26.0	36.7	106.2	106.2	106.2	2.5	5.9	17	30.6
Rb	mg/kg	121.1	19.4	119.8	1.2	0.16	116.0	116.0	9	98.9	98.9	98.9	109.3	126.4	176.7	176.7	176.7	1.7	2.9	19	121.1
S	mg/kg	103	16	102	1	0.15	103	99	7	75	75	75	93	107	140	140	140	1.0	1.3	19	103
Sb	mg/kg	0.98	0.33	0.95	1.31	0.32	0.75	0.86	0.11	0.71	0.71	0.71	0.76	1.11	1.92	1.92	1.92	2.0	3.7	19	0.98
Sc	mg/kg	13.3	1.8	13.2	1.1	0.13	13.1	13.1	1.1	10.4	10.4	10.4	12.0	14.4	17.0	17.0	17.0	0.3	-0.2	19	13.3
Se	mg/kg	0.13	0.03	0.13	1.28	0.25	0.19	0.13	0.03	0.09	0.09	0.09	0.10	0.15	0.19	0.19	0.19	0.5	-0.7	19	0.13
Sn	mg/kg	3.0	0.5	3.0	1.2	0.16	3.0	3.0	0.3	2.1	2.1	2.1	2.7	3.3	4.1	4.1	4.1	0.1	-0.1	19	3.0
Sr	mg/kg	120	35	115	1	0.28	95	105	22	76	76	76	92	153	180	180	180	0.5	-1.3	19	120
Th	mg/kg	13.8	2.2	13.6	1.2	0.15	13.9	13.9	2.1	10.4	10.4	10.4	11.5	16.0	17.0	17.0	17.0	0.0	-1.1	19	13.8
Ti	mg/kg	4 399	358	4 384	1	0.08	4 505	4 505	247	3 679	3 679	3 679	4 055	4 670	5 002	5 002	5 002	-0.3	-0.7	19	4 399
Tl	mg/kg	0.75	0.14	0.74	1.17	0.18	0.68	0.70	0.04	0.60	0.60	0.60	0.68	0.82	1.22	1.22	1.22	2.4	7.3	18	0.73
U	mg/kg	2.39	0.34	2.37	1.14	0.14	2.31	2.32	0.19	1.85	1.85	1.85	2.21	2.52	3.40	3.40	3.40	1.3	3.6	19	2.39
V	mg/kg	100.2	11.9	99.6	1.1	0.12	99.5	99.5	8	78.7	78.7	78.7	92.4	108.6	123.0	123.0	123.0	0.1	-0.4	19	100.2
W	mg/kg	1.98	0.36	1.95	1.19	0.18	2.13	2.04	0.1	1.39	1.39	1.39	1.73	2.13	2.91	2.91	2.91	0.5	1.5	19	1.98
Y	mg/kg	27.3	3.2	27.1	1.1	0.12	29.3	28.1	2.3	21.7	21.7	21.7	24.3	29.8	32.7	32.7	32.7	-0.3	-1.0	19	27.3
Zn	mg/kg	70.4	10.4	69.7	1.2	0.14	70.6	70.6	5.5	55.9	55.9	55.9	61.8	76.1	96.2	96.2	96.2	0.7	0.6	19	70.4
Zr	mg/kg	248	23	247	1	0.09	252	252	8	200	200	200	229	259	290	290	290	-0.5	0.0	19	248
Al_2O_3	%	15.59	0.85	15.56	1.06	0.05	15.67	15.67	0.73	14.30	14.30	14.30	14.65	16.40	16.72	16.72	16.72	-0.3	-1.5	19	15.59
CaO	%	1.41	0.92	1.27	1.51	0.63	1.29	1.20	0.23	0.80	0.80	0.80	0.97	1.46	4.91	4.91	4.91	3.4	12.9	18	1.22
MgO	%	1.59	0.66	1.51	1.31	0.40	1.30	1.41	0.11	1.13	1.13	1.13	1.30	1.52	4.16	4.16	4.16	3.7	14.8	18	1.44
K_2O	%	2.84	0.46	2.81	1.16	0.16	2.92	2.84	0.29	2.19	2.19	2.19	2.52	3.13	4.17	4.17	4.17	1.2	2.6	19	2.84
Na_2O	%	1.13	0.47	1.05	1.49	0.41	0.81	0.97	0.34	0.58	0.58	0.58	0.80	1.52	2.22	2.22	2.22	0.8	-0.2	19	1.13
SiO_2	%	61.86	2.59	61.81	1.04	0.04	62.02	62.02	1.33	55.75	55.75	55.75	60.15	63.31	66.65	66.65	66.65	-0.3	0.5	19	61.86
TFe_2O_3	%	6.13	0.90	6.07	1.16	0.14	6.22	6.22	0.68	4.57	4.57	4.57	5.51	6.84	7.77	7.77	7.77	-0.2	-0.7	19	6.13
SOC	%	0.33	0.12	0.31	1.40	0.34	0.26	0.29	0.06	0.16	0.16	0.16	0.25	0.41	0.58	0.58	0.58	0.8	-0.1	19	0.33
pH	无量纲						7.51	7.69	0.28	7.05	7.05	7.05	7.39	7.97	8.15	8.15	8.15				

表2.3.16A 酸性粗骨土表层土壤（0～20 cm）地球化学参数（n=3 562）

指标	单位	算术平均值 X_a	算术标准差 S_a	几何平均值 X_g	几何标准差 S_g	变异系数 CV	众值 X_{mo}	中位值 X_{me}	中位绝对离差 MAD	最小值 X_{min}	累积频率 $X_{0.5\%}$	$X_{2.5\%}$	$X_{25\%}$	$X_{75\%}$	$X_{97.5\%}$	$X_{99.5\%}$	最大值 X_{max}	偏度系数 SK	峰度系数 BK	背景值 n'	X_a'
Ag	mg/kg	0.066	0.041	0.060	1.452	0.62	0.055	0.057	0.011	0.008	0.030	0.035	0.048	0.071	0.150	0.322	1.183	9.3	175.8	3 307	0.058
As	mg/kg	5.5	3.7	5.0	1.5	0.68	4.6	4.9	1.2	0.8	1.8	2.4	3.8	6.3	11.7	22.1	99.0	11.5	240.0	3 429	5.1
Au	μg/kg	2.6	8.0	1.5	2.0	3.14	1.2	1.3	0.3	0.3	0.5	0.7	1.1	1.8	13.0	46.8	253.0	17.1	412.8	3 141	1.3
B	mg/kg	25.1	14.5	22.0	1.7	0.58	16.2	22.1	7.0	1.9	5.3	8.2	16.0	30.6	63.3	100.5	177.4	2.6	12.1	3 408	23.0
Ba	mg/kg	826	400	752	2	0.49	502	712	191	181	314	379	551	997	1 912	2 381	5 499	2.1	9.4	3 407	770
Be	mg/kg	2.13	0.55	2.07	1.27	0.26	2.02	2.05	0.30	0.77	1.12	1.31	1.77	2.39	3.44	4.27	8.15	1.7	7.9	3 473	2.08
Bi	mg/kg	0.27	0.39	0.23	1.59	1.46	0.20	0.22	0.06	0.04	0.08	0.11	0.17	0.29	0.68	1.44	19.00	34.0	1 539.0	3 347	0.23
Br	mg/kg	3.1	1.7	2.9	1.4	0.56	2.5	2.8	0.6	0.4	1.0	1.5	2.3	3.5	6.4	10.6	49.3	9.9	194.7	3 403	2.9
TC	%	0.81	0.42	0.74	1.50	0.52	0.58	0.71	0.16	0.13	0.28	0.37	0.57	0.91	1.92	2.91	7.11	3.5	24.8	3 325	0.72
Cd	mg/kg	0.125	0.098	0.113	1.477	0.78	0.096	0.110	0.024	0.024	0.049	0.059	0.089	0.139	0.264	0.582	3.179	14.2	331.9	3 406	0.113
Ce	mg/kg	79.1	33.5	73.4	1.5	0.42	78.1	71.9	15.9	13.4	28.6	35.9	58.0	91.3	165.8	232.6	348.5	1.9	6.6	3 405	74.2
Cl	mg/kg	103	240	85	2	2.34	72	79	17	34	41	47	64	102	228	508	8 436	25.0	727.0	3 309	82
Co	mg/kg	12.2	4.8	11.4	1.5	0.39	9.6	11.6	2.9	2.1	3.8	5.0	8.9	14.8	23.3	30.0	48.0	1.2	3.5	3 500	11.9
Cr	mg/kg	58.9	45.4	51.9	1.6	0.77	47.2	50.2	13.9	7.4	16.2	22.5	38.6	68.1	137.8	260.5	1 118.3	10.7	198.6	3 393	52.7
Cu	mg/kg	26.1	16.4	22.6	1.7	0.63	19.5	21.7	6.9	3.0	7.1	9.1	15.9	30.6	71.9	102.5	248.1	2.8	15.5	3 336	23.0
F	mg/kg	561	228	526	1	0.41	420	503	106	139	254	296	414	645	1 138	1 560	2 773	2.3	9.6	3 411	529
Ga	mg/kg	18.7	2.1	18.6	1.1	0.11	19.0	18.7	1.3	6.9	13.1	14.4	17.4	20.0	23.0	24.7	30.6	0.1	1.0	3 536	18.7
Ge	mg/kg	1.28	0.17	1.26	1.14	0.13	1.23	1.26	0.11	0.45	0.91	1.00	1.16	1.37	1.64	1.81	2.08	0.6	1.2	3 515	1.27
Hg	mg/kg	0.040	0.111	0.026	1.939	2.78	0.019	0.023	0.006	0.003	0.008	0.010	0.018	0.033	0.152	0.648	3.720	17.3	434.8	3 193	0.024
I	mg/kg	1.95	1.67	1.73	1.57	0.86	1.30	1.71	0.47	0.37	0.61	0.78	1.29	2.27	4.43	7.48	72.70	23.5	919.1	3 422	1.78
La	mg/kg	42.0	18.8	38.7	1.5	0.45	36.0	37.6	8.7	8.8	14.5	18.3	30.2	48.7	89.0	135.4	196.5	2.2	7.8	3 405	39.2
Li	mg/kg	25.6	9.5	24.1	1.4	0.37	23.4	24.0	5.3	4.4	9.9	12.8	19.1	29.8	49.0	65.5	106.7	1.7	6.4	3 456	24.6
Mn	mg/kg	537	160	515	1	0.30	541	518	95	162	227	283	430	623	883	1 131	2 788	1.8	13.8	3 507	527
Mo	mg/kg	0.72	0.49	0.65	1.48	0.68	0.49	0.63	0.14	0.22	0.30	0.35	0.50	0.79	1.60	3.12	13.90	10.6	205.6	3 353	0.64
N	%	0.082	0.028	0.078	1.358	0.34	0.069	0.077	0.014	0.018	0.036	0.044	0.064	0.093	0.150	0.209	0.318	2.1	9.7	3 449	0.079
Nb	mg/kg	14.9	4.9	14.3	1.3	0.33	13.7	14.0	2.3	4.4	7.4	8.5	11.9	16.6	28.1	36.6	56.7	2.0	7.4	3 384	14.1
Ni	mg/kg	26.6	21.1	23.3	1.6	0.79	20.0	22.8	6.6	2.6	7.6	9.7	17.2	30.9	63.1	116.8	568.8	10.8	202.8	3 391	23.7

168

指标	单位	算术平均值 X_a	算术标准差 S_a	几何平均值 X_g	几何标准差 S_g	变异系数 CV	众值 X_{mo}	中位值 X_{me}	中位绝对离差 MAD	最小值 X_{min}	累积频率							最大值 X_{max}	偏度系数 SK	峰度系数 BK	背景值	
											$X_{0.5\%}$	$X_{2.5\%}$	$X_{25\%}$	$X_{75\%}$	$X_{97.5\%}$	$X_{99.5\%}$				n'	X_a'
P	mg/kg	700	364	636	2	0.52	599	623	163	114	210	294	478	825	1 605	2 442	6 090	3.6	28.6	3 401	646
Pb	mg/kg	28.0	14.7	26.2	1.4	0.53	26.9	26.0	4.7	8.7	11.8	14.5	21.5	31.0	52.8	104.3	333.1	8.8	128.9	3 418	26.0
Rb	mg/kg	107.1	29.2	103.2	1.3	0.27	91.8	102.7	16.0	20.0	43.6	57.5	89.4	121.7	178.4	209.2	259.7	0.8	1.7	3 489	105.2
S	mg/kg	174	82	164	1	0.47	154	157	28	51	88	102	133	192	335	613	2 044	7.3	108.2	3 400	162
Sb	mg/kg	0.53	0.25	0.50	1.37	0.47	0.50	0.49	0.10	0.20	0.25	0.29	0.40	0.60	0.96	1.60	8.41	11.8	312.8	3 451	0.50
Sc	mg/kg	9.5	3.3	9.0	1.4	0.35	8.4	9.1	2.0	1.4	2.8	4.1	7.3	11.4	17.0	20.7	26.6	0.7	1.1	3 514	9.4
Se	mg/kg	0.17	0.05	0.17	1.29	0.29	0.14	0.17	0.03	0.04	0.09	0.11	0.14	0.19	0.30	0.40	0.71	2.6	14.1	3 421	0.17
Sn	mg/kg	2.5	0.8	2.4	1.3	0.32	2.2	2.4	0.4	0.3	1.2	1.5	2.0	2.8	4.2	5.3	14.6	3.5	34.9	3 474	2.4
Sr	mg/kg	292	140	263	2	0.48	231	266	79	36	84	108	195	358	628	923	1 287	1.7	5.5	3 469	279
Th	mg/kg	14.1	8.7	12.2	1.7	0.62	9.9	11.1	3.4	2.0	4.3	5.3	8.4	16.8	37.9	51.3	78.9	2.0	5.6	3 259	12.0
Ti	mg/kg	3 623	841	3 533	1	0.23	3 400	3 522	474	1 385	1 933	2 234	3 089	4 052	5 540	6 864	9 371	1.2	4.2	3 491	3 562
Tl	mg/kg	0.66	0.20	0.64	1.33	0.30	0.62	0.63	0.11	0.13	0.30	0.36	0.53	0.76	1.14	1.41	1.90	1.2	2.7	3 484	0.65
U	mg/kg	2.24	1.01	2.05	1.50	0.45	1.86	1.98	0.48	0.52	0.74	0.96	1.58	2.62	4.89	6.45	10.03	1.7	4.7	3 371	2.07
V	mg/kg	73.4	24.0	69.5	1.4	0.33	58.0	71.0	15.0	15.5	25.8	33.1	57.0	87.2	127.5	160.2	250.3	0.9	2.6	3 507	72.0
W	mg/kg	1.37	1.14	1.21	1.57	0.84	0.91	1.19	0.32	0.31	0.40	0.53	0.90	1.58	3.21	6.02	36.98	14.9	367.8	3 401	1.22
Y	mg/kg	21.7	5.8	21.0	1.3	0.27	19.4	21.3	3.3	7.3	9.5	11.9	18.1	24.8	33.8	42.6	79.6	1.5	9.0	3 520	21.4
Zn	mg/kg	69.1	24.9	66.0	1.3	0.36	56.2	66.7	12.1	9.1	31.3	36.8	55.0	78.9	117.1	161.1	761.9	7.8	178.5	3 485	67.1
Zr	mg/kg	277	86	267	1	0.31	264	263	44	101	141	163	224	315	458	657	1 526	3.3	29.1	3 480	270
Al_2O_3	%	14.25	0.94	14.22	1.07	0.07	14.12	14.22	0.56	6.86	11.53	12.48	13.69	14.81	16.18	16.95	20.56	0.0	2.9	3 510	14.26
CaO	%	1.82	0.97	1.62	1.63	0.53	1.10	1.59	0.51	0.18	0.48	0.65	1.15	2.24	4.22	5.99	8.98	1.9	6.9	3 454	1.72
MgO	%	1.40	0.70	1.24	1.62	0.50	0.89	1.29	0.40	0.14	0.33	0.47	0.91	1.71	3.09	4.56	6.88	1.7	6.0	3 466	1.33
K_2O	%	2.80	0.55	2.74	1.24	0.20	2.97	2.82	0.33	0.65	1.22	1.62	2.48	3.14	3.87	4.21	5.36	-0.2	0.5	3 537	2.80
Na_2O	%	2.76	0.57	2.69	1.28	0.21	2.88	2.80	0.33	0.28	0.93	1.42	2.47	3.12	3.78	4.05	5.09	-0.5	0.9	3 516	2.78
SiO_2	%	64.61	4.26	64.47	1.07	0.07	67.27	64.71	2.83	46.54	51.90	55.59	62.04	67.62	72.07	73.93	81.98	-0.4	0.4	3 534	64.70
TFe_2O_3	%	4.38	1.28	4.19	1.35	0.29	3.86	4.27	0.84	1.01	1.85	2.24	3.46	5.14	7.11	8.51	11.61	0.7	1.2	3 527	4.33
SOC	%	0.77	0.35	0.71	1.49	0.46	0.59	0.69	0.16	0.03	0.24	0.35	0.56	0.88	1.61	2.55	4.14	2.7	13.6	3 397	0.72
pH	无量纲						5.46	5.73	0.49	4.29	4.64	4.84	5.31	6.41	7.81	8.10	9.14				

表 2.3.16B 酸性粗骨土深层土壤（150～200 cm）地球化学参数（n=890）

指标	单位	算术平均值 X_a	算术标准差 S_a	几何平均值 X_g	几何标准差 S_g	变异系数 CV	众值 X_{mo}	中位值 X_{me}	中位绝对离差 MAD	最小值 X_{min}	$X_{0.5\%}$	$X_{2.5\%}$	$X_{25\%}$	$X_{75\%}$	$X_{97.5\%}$	$X_{99.5\%}$	最大值 X_{max}	偏度系数 SK	峰度系数 BK	基准值 n'	X_a'
Ag	mg/kg	0.059	0.027	0.056	1.386	0.46	0.053	0.054	0.010	0.020	0.027	0.033	0.045	0.064	0.119	0.239	0.335	4.4	29.8	841	0.054
As	mg/kg	5.9	3.0	5.3	1.5	0.51	4.1	5.6	1.5	1.3	1.6	2.1	4.1	7.2	11.2	18.4	45.4	5.0	53.6	875	5.6
Au	μg/kg	1.9	7.3	1.5	1.6	3.86	1.2	1.4	0.3	0.6	0.7	0.8	1.1	1.7	4.4	11.5	216.0	28.1	818.8	821	1.4
B	mg/kg	26.9	14.0	23.7	1.7	0.52	20.8	24.6	7.7	3.6	4.6	7.6	17.5	33.2	58.6	81.0	142.1	2.0	9.7	869	25.6
Ba	mg/kg	826	385	755	2	0.47	538	694	173	266	361	409	554	1002	1877	2301	2648	1.5	2.3	845	767
Be	mg/kg	2.15	0.49	2.10	1.24	0.23	2.21	2.10	0.27	1.05	1.09	1.35	1.84	2.39	3.30	4.12	5.29	1.2	4.2	868	2.11
Bi	mg/kg	0.22	0.11	0.20	1.51	0.49	0.18	0.20	0.05	0.04	0.06	0.08	0.16	0.25	0.48	0.87	1.10	3.2	18.2	858	0.21
Br	mg/kg	3.1	1.9	2.8	1.5	0.63	2.2	2.7	0.7	0.6	0.8	1.2	2.1	3.5	7.2	16.9	26.7	5.5	49.2	853	2.8
TC	%	0.44	0.28	0.38	1.64	0.64	0.32	0.36	0.10	0.07	0.12	0.17	0.28	0.50	1.31	2.01	2.26	2.9	11.8	820	0.38
Cd	mg/kg	0.084	0.042	0.076	1.522	0.50	0.052	0.075	0.018	0.008	0.023	0.036	0.059	0.097	0.195	0.323	0.486	3.1	17.5	852	0.078
Ce	mg/kg	76.3	28.2	72.0	1.4	0.37	63.4	71.7	12.7	12.7	29.8	37.9	59.5	86.6	144.9	230.7	273.0	2.2	9.1	853	72.4
Cl	mg/kg	88	202	72	2	2.29	57	65	15	29	34	39	54	88	195	695	5620	23.6	632.8	831	69
Co	mg/kg	12.6	4.7	11.8	1.5	0.38	12.9	12.1	2.6	0.6	3.4	5.3	9.5	14.7	23.1	32.8	46.9	1.7	7.5	868	12.2
Cr	mg/kg	58.2	30.7	52.8	1.5	0.53	60.8	52.7	12.6	8.9	16.0	23.4	40.9	66.6	130.5	236.5	357.6	3.6	22.7	854	53.7
Cu	mg/kg	21.2	10.5	19.3	1.5	0.49	13.6	19.5	5.2	2.2	6.3	8.4	14.5	24.9	48.4	68.9	106.2	2.4	10.5	844	19.5
F	mg/kg	525	231	493	1	0.44	430	475	91	115	218	287	395	597	1094	1412	4210	5.7	74.4	830	482
Ga	mg/kg	18.7	2.1	18.5	1.1	0.11	19.5	18.7	1.2	5.9	12.4	14.3	17.5	19.8	22.8	25.1	26.2	-0.2	2.5	874	18.6
Ge	mg/kg	1.33	0.20	1.31	1.16	0.15	1.25	1.31	0.13	0.62	0.89	0.99	1.19	1.45	1.74	1.82	1.89	0.2	-0.1	888	1.33
Hg	mg/kg	0.019	0.036	0.016	1.608	1.90	0.014	0.015	0.004	0.004	0.006	0.008	0.012	0.020	0.046	0.137	0.897	19.1	425.6	836	0.016
I	mg/kg	2.19	3.14	1.85	1.64	1.43	1.50	1.76	0.48	0.42	0.56	0.83	1.36	2.40	5.52	10.40	87.00	22.4	598.8	843	1.87
La	mg/kg	40.4	16.1	37.9	1.4	0.40	35.5	37.0	6.8	7.1	15.2	19.7	31.2	45.4	82.2	119.0	172.6	2.5	11.3	848	37.9
Li	mg/kg	26.6	9.0	25.2	1.4	0.34	23.4	25.6	5.2	5.3	9.0	12.4	20.5	30.8	45.0	68.8	91.6	1.5	6.6	875	25.9
Mn	mg/kg	558	168	535	1	0.30	579	542	94	92	239	285	451	640	958	1168	1765	1.2	4.3	874	549
Mo	mg/kg	0.68	0.65	0.61	1.52	0.96	0.53	0.58	0.13	0.20	0.23	0.30	0.47	0.75	1.57	2.97	17.11	18.6	456.1	844	0.60
N	%	0.045	0.019	0.042	1.422	0.42	0.040	0.040	0.010	0.019	0.023	0.025	0.033	0.052	0.100	0.126	0.170	1.9	5.6	853	0.043
Nb	mg/kg	14.7	4.3	14.1	1.3	0.29	14.4	14.0	2.0	3.8	7.3	8.6	12.0	16.1	25.9	33.1	48.1	1.8	6.8	859	14.2
Ni	mg/kg	26.5	14.4	24.0	1.5	0.55	21.6	24.2	5.5	1.5	7.2	10.2	18.8	30.0	60.3	106.9	188.9	4.4	33.5	854	24.3

170

指标	单位	算术平均值 X_a	算术标准差 S_a	几何平均值 X_g	几何标准差 S_g	变异系数 CV	众值 X_{mo}	中位值 X_{me}	中位绝对离差 MAD	最小值 X_{min}	累积频率 $X_{0.5\%}$	$X_{2.5\%}$	$X_{25\%}$	$X_{75\%}$	$X_{97.5\%}$	$X_{99.5\%}$	最大值 X_{max}	偏度系数 SK	峰度系数 BK	n'	基准值 X_a'
P	mg/kg	484	305	424	2	0.63	333	416	123	133	154	188	298	550	1 363	1 864	3 595	3.3	18.3	830	421
Pb	mg/kg	25.1	9.4	23.9	1.3	0.38	21.4	23.9	3.9	9.0	10.7	13.4	20.1	27.9	46.5	81.1	118.9	4.0	29.8	859	23.8
Rb	mg/kg	105.5	25.6	102.3	1.3	0.24	117.6	103.2	14.9	32.3	41.8	58.2	89.0	119.6	165.6	184.9	218.2	0.5	1.1	875	104.3
S	mg/kg	121	56	114	1	0.47	114	111	17	31	59	71	95	130	227	464	884	7.0	77.4	842	112
Sb	mg/kg	0.57	0.31	0.53	1.40	0.54	0.56	0.54	0.12	0.19	0.23	0.27	0.43	0.67	0.95	1.29	7.73	14.7	333.2	876	0.55
Sc	mg/kg	9.9	3.1	9.4	1.4	0.31	10.4	9.8	1.9	0.9	2.6	4.7	7.9	11.7	17.0	20.1	23.1	0.6	1.2	877	9.8
Se	mg/kg	0.13	0.05	0.12	1.39	0.37	0.10	0.12	0.02	0.04	0.05	0.06	0.10	0.15	0.24	0.37	0.48	2.1	9.4	861	0.12
Sn	mg/kg	2.4	0.6	2.4	1.3	0.25	2.3	2.4	0.4	0.5	1.2	1.5	2.0	2.8	3.8	5.0	5.5	0.9	2.2	875	2.4
Sr	mg/kg	280	139	253	2	0.49	191	252	74	61	91	110	186	342	593	924	1214	1.8	6.1	870	268
Th	mg/kg	13.3	7.0	11.9	1.6	0.53	11.3	11.3	3.1	2.0	3.6	5.1	8.7	15.9	33.1	42.2	52.1	1.8	4.0	852	12.3
Ti	mg/kg	3 651	823	3 561	1	0.23	3 819	3 593	470	591	1 659	2 227	3 138	4 071	5 376	6 930	9 900	1.2	6.2	873	3 604
Tl	mg/kg	0.64	0.17	0.62	1.31	0.27	0.54	0.62	0.10	0.19	0.27	0.35	0.53	0.73	1.05	1.26	1.44	0.9	1.8	873	0.63
U	mg/kg	2.10	0.82	1.95	1.47	0.39	1.66	1.96	0.43	0.40	0.54	0.88	1.57	2.44	4.19	5.15	6.04	1.1	1.9	865	2.02
V	mg/kg	75.8	23.9	72.2	1.4	0.32	84.0	75.0	13.6	9.2	25.2	33.9	60.1	87.5	125.9	184.0	285.8	1.6	9.0	870	74.1
W	mg/kg	1.41	1.02	1.26	1.55	0.72	1.22	1.27	0.31	0.32	0.34	0.51	0.99	1.60	3.17	7.25	21.00	10.1	165.0	855	1.28
Y	mg/kg	22.4	5.0	21.8	1.3	0.22	23.1	22.5	3.0	6.0	9.5	12.7	19.2	25.3	32.4	39.5	53.7	0.4	2.4	879	22.2
Zn	mg/kg	63.4	18.4	61.0	1.3	0.29	65.6	60.6	9.4	6.1	25.9	36.7	52.2	71.5	105.0	141.5	185.7	1.7	6.8	866	61.8
Zr	mg/kg	262	74	254	1	0.28	234	249	35	86	135	158	218	291	441	514	1 063	2.7	19.7	858	254
Al$_2$O$_3$	%	14.57	1.07	14.53	1.08	0.07	14.38	14.51	0.58	5.23	11.27	12.70	13.97	15.16	16.75	17.75	19.31	-0.6	7.9	874	14.57
CaO	%	1.71	0.96	1.52	1.61	0.56	1.13	1.48	0.45	0.28	0.45	0.65	1.09	2.06	3.99	6.52	9.56	2.6	12.1	846	1.56
MgO	%	1.37	0.62	1.25	1.55	0.45	1.28	1.28	0.34	0.05	0.29	0.52	0.94	1.63	2.77	3.99	6.30	2.0	9.3	869	1.31
K$_2$O	%	2.74	0.50	2.69	1.22	0.18	2.74	2.76	0.32	1.19	1.29	1.68	2.43	3.08	3.65	4.01	4.24	-0.2	0.2	885	2.74
Na$_2$O	%	2.64	0.58	2.57	1.28	0.22	2.64	2.66	0.37	0.65	1.10	1.35	2.29	3.03	3.74	4.06	4.60	-0.2	0.2	888	2.64
SiO$_2$	%	64.85	3.81	64.73	1.06	0.06	65.09	65.09	2.25	48.12	52.46	56.52	62.84	67.31	71.46	74.02	86.65	-0.3	2.1	875	64.97
TFe$_2$O$_3$	%	4.45	1.21	4.29	1.33	0.27	3.67	4.42	0.75	0.48	1.80	2.29	3.64	5.12	7.08	8.48	10.10	0.6	1.3	877	4.41
SOC	%	0.38	0.23	0.33	1.70	0.60	0.22	0.32	0.10	0.01	0.06	0.12	0.24	0.46	0.97	1.51	2.32	2.6	11.7	841	0.34
pH	无量纲						6.74	6.75	0.50	4.61	5.10	5.41	6.22	7.21	8.20	8.34	8.82				

表 2.3.17A　中性粗骨土表层土壤（0～20 cm）地球化学参数（n=780）

| 指标 | 单位 | 算术平均值 X_a | 算术标准差 S_a | 几何平均值 X_g | 几何标准差 S_g | 变异系数 CV | 众值 X_{mo} | 中位值 X_{me} | 中位绝对离差 MAD | 最小值 X_{min} | 累积频率 | | | | | | | 最大值 X_{max} | 偏度系数 SK | 峰度系数 BK | 背景值 | |
											$X_{0.5\%}$	$X_{2.5\%}$	$X_{25\%}$	$X_{75\%}$	$X_{97.5\%}$	$X_{99.5\%}$				n'	X_a'
Ag	mg/kg	0.075	0.031	0.071	1.332	0.41	0.066	0.069	0.010	0.031	0.040	0.046	0.060	0.080	0.152	0.252	0.483	5.5	50.2	738	0.069
As	mg/kg	7.1	2.9	6.7	1.4	0.40	5.9	6.7	1.5	2.3	2.9	3.5	5.2	8.4	13.6	22.2	32.6	2.4	12.5	757	6.8
Au	μg/kg	1.5	1.0	1.3	1.5	0.66	1.1	1.3	0.3	0.5	0.6	0.7	1.0	1.6	3.1	7.8	15.4	6.8	69.6	733	1.3
B	mg/kg	35.8	16.4	32.8	1.5	0.46	30.0	32.5	7.9	8.7	11.5	14.5	25.2	41.6	82.6	108.7	127.4	1.9	5.7	746	33.4
Ba	mg/kg	816	412	754	1	0.51	672	733	182	311	365	406	572	952	1 632	2 504	6 243	5.7	63.0	755	770
Be	mg/kg	1.93	0.33	1.90	1.18	0.17	1.75	1.89	0.20	1.10	1.29	1.38	1.70	2.11	2.64	3.19	3.30	0.8	1.3	769	1.91
Bi	mg/kg	0.24	0.09	0.23	1.38	0.35	0.19	0.22	0.05	0.10	0.12	0.13	0.19	0.28	0.48	0.58	0.61	1.5	2.7	744	0.23
Br	mg/kg	3.4	1.5	3.2	1.4	0.44	3.0	3.1	0.6	0.7	1.1	1.7	2.6	3.9	6.7	11.4	15.0	3.0	16.0	752	3.2
TC	%	0.88	0.37	0.83	1.41	0.41	0.75	0.79	0.15	0.30	0.35	0.48	0.66	0.98	1.84	2.50	4.25	2.7	13.7	727	0.81
Cd	mg/kg	0.128	0.060	0.120	1.427	0.47	0.114	0.116	0.025	0.048	0.054	0.065	0.095	0.147	0.273	0.424	0.932	4.7	46.6	748	0.120
Ce	mg/kg	75.9	23.7	73.1	1.3	0.31	71.4	72.0	10.8	24.5	34.9	44.9	62.2	84.0	134.8	166.5	336.5	3.5	27.5	747	72.7
Cl	mg/kg	99	167	80	2	1.69	62	72	15	31	37	43	60	93	243	943	3 209	13.2	206.4	698	73
Co	mg/kg	15.5	6.5	14.4	1.5	0.42	15.6	14.4	3.5	5.0	6.0	7.2	11.1	18.0	33.5	43.9	46.8	1.7	4.4	744	14.5
Cr	mg/kg	83.8	41.7	75.8	1.5	0.50	51.4	72.9	19.7	21.0	29.5	37.5	55.1	96.9	200.1	249.5	314.3	1.7	3.7	734	76.4
Cu	mg/kg	26.8	14.5	24.1	1.6	0.54	14.9	23.7	6.9	7.5	9.1	12.0	17.4	31.4	60.1	84.3	184.5	3.3	23.0	741	24.6
F	mg/kg	518	150	499	1	0.29	462	497	81	189	255	289	420	587	894	1 107	1 213	1.2	2.5	755	503
Ga	mg/kg	16.8	2.4	16.6	1.2	0.14	18.0	16.9	1.5	9.6	10.4	11.9	15.4	18.4	21.4	21.9	22.9	-0.3	-0.1	780	16.8
Ge	mg/kg	1.35	0.17	1.34	1.13	0.13	1.29	1.33	0.10	0.83	0.99	1.04	1.24	1.44	1.72	2.02	2.21	0.9	2.4	764	1.34
Hg	mg/kg	0.036	0.093	0.029	1.626	2.58	0.024	0.027	0.006	0.009	0.012	0.014	0.022	0.035	0.095	0.211	2.490	24.2	636.4	716	0.027
I	mg/kg	2.21	1.29	2.04	1.43	0.58	1.61	1.97	0.39	0.61	0.99	1.12	1.63	2.44	4.62	10.30	23.20	8.0	103.7	740	2.01
La	mg/kg	39.7	13.9	38.0	1.3	0.35	35.8	37.5	5.6	12.0	17.0	23.0	32.2	43.4	73.6	89.6	214.4	4.3	40.1	747	37.7
Li	mg/kg	30.2	9.8	28.7	1.4	0.33	32.0	29.0	5.9	12.7	13.6	15.9	23.2	35.3	56.0	63.5	90.3	1.2	3.0	759	29.3
Mn	mg/kg	673	181	650	1	0.27	650	656	112	240	307	361	556	782	1 084	1 234	1 808	0.8	2.3	770	665
Mo	mg/kg	0.71	0.44	0.64	1.50	0.62	0.57	0.61	0.13	0.23	0.31	0.36	0.49	0.77	1.84	3.31	5.20	5.2	41.2	736	0.63
N	%	0.088	0.023	0.086	1.284	0.26	0.083	0.085	0.013	0.033	0.041	0.052	0.073	0.099	0.145	0.194	0.237	1.4	4.7	759	0.086
Nb	mg/kg	14.2	3.6	13.8	1.2	0.26	13.7	13.6	1.4	7.3	7.7	9.2	12.3	15.1	24.2	31.2	39.7	2.5	10.0	722	13.4
Ni	mg/kg	37.2	25.4	32.0	1.7	0.68	22.5	30.6	9.0	9.1	12.4	15.0	22.2	40.6	117.0	162.4	205.5	2.8	9.6	699	30.0

172

指标	单位	算术平均值 X_a	算术标准差 S_a	几何平均值 X_g	几何标准差 S_g	变异系数 CV	众值 X_{mo}	中位值 X_{me}	中位绝对离差 MAD	最小值 X_{min}	累积频率 $X_{0.5\%}$	$X_{2.5\%}$	$X_{25\%}$	$X_{75\%}$	$X_{97.5\%}$	$X_{99.5\%}$	最大值 X_{max}	偏度系数 SK	峰度系数 BK	背景值 n'	X_a'
P	mg/kg	758	269	714	1	0.36	872	711	162	261	296	372	566	901	1 411	1 706	1 946	1.0	1.6	764	739
Pb	mg/kg	26.7	15.0	25.0	1.4	0.56	20.7	23.8	3.2	11.9	13.0	16.0	20.9	27.8	54.7	117.8	219.2	7.0	66.3	724	23.9
Rb	mg/kg	92.4	18.9	90.6	1.2	0.20	96.1	89.8	10.6	41.2	49.7	62.2	80.4	101.6	139.7	154.6	195.6	0.9	2.0	763	91.1
S	mg/kg	194	108	181	1	0.56	150	173	28	98	101	113	149	208	397	777	1 759	7.9	89.8	736	176
Sb	mg/kg	0.61	0.16	0.59	1.29	0.27	0.59	0.59	0.10	0.29	0.35	0.39	0.50	0.69	1.01	1.25	1.56	1.3	3.3	767	0.60
Sc	mg/kg	10.9	3.5	10.3	1.4	0.32	10.6	10.5	2.3	4.1	4.3	5.3	8.3	12.9	19.4	21.8	24.9	0.8	0.7	773	10.8
Se	mg/kg	0.17	0.06	0.16	1.32	0.33	0.14	0.16	0.02	0.05	0.09	0.11	0.14	0.19	0.32	0.45	0.59	2.5	10.3	747	0.16
Sn	mg/kg	2.5	0.8	2.4	1.3	0.32	2.2	2.4	0.4	0.3	1.3	1.5	2.1	2.8	4.2	6.3	13.0	4.6	45.7	758	2.4
Sr	mg/kg	245	112	224	2	0.46	168	226	63	53	73	98	167	294	537	713	872	1.6	3.9	757	234
Th	mg/kg	10.9	4.3	10.4	1.3	0.40	11.4	10.3	1.6	3.4	4.6	6.3	8.8	12.0	19.9	24.7	79.8	6.9	91.3	746	10.3
Ti	mg/kg	4 286	1 258	4 138	1	0.29	3 828	4 059	502	1 853	2 165	2 591	3 590	4 612	8 184	10 205	11 483	2.1	6.6	728	4 027
Tl	mg/kg	0.58	0.14	0.56	1.23	0.23	0.51	0.55	0.07	0.25	0.34	0.39	0.49	0.64	0.88	1.08	2.10	2.7	21.8	763	0.57
U	mg/kg	2.01	0.52	1.96	1.26	0.26	1.54	1.93	0.25	0.97	1.03	1.27	1.71	2.22	3.17	4.01	6.85	2.6	16.8	759	1.96
V	mg/kg	91.2	27.4	87.4	1.3	0.30	60.0	87.9	17.1	38.2	41.2	49.8	71.8	106.1	152.8	180.2	204.9	0.8	0.9	768	89.8
W	mg/kg	1.28	0.43	1.22	1.37	0.33	1.21	1.21	0.23	0.41	0.53	0.68	1.00	1.47	2.29	2.77	4.33	1.6	6.2	761	1.25
Y	mg/kg	21.8	3.6	21.5	1.2	0.17	22.6	22.0	2.0	10.6	12.3	13.7	19.7	23.9	29.1	33.2	34.2	-0.1	0.7	774	21.7
Zn	mg/kg	67.1	21.0	64.0	1.4	0.31	67.9	66.0	13.2	26.3	28.6	34.0	52.8	79.0	108.1	158.1	194.2	1.2	4.2	767	65.7
Zr	mg/kg	283	57	278	1	0.20	256	275	33	118	153	190	247	314	422	477	549	1.0	2.0	762	279
Al_2O_3	%	13.83	1.29	13.76	1.10	0.09	14.09	13.97	0.66	8.38	9.05	10.75	13.25	14.59	16.03	16.95	17.82	-0.9	2.3	762	13.91
CaO	%	1.62	1.00	1.40	1.72	0.62	0.71	1.39	0.55	0.39	0.50	0.56	0.91	2.05	3.95	6.25	9.13	2.4	10.7	756	1.51
MgO	%	1.60	0.79	1.43	1.61	0.49	0.70	1.44	0.47	0.42	0.47	0.57	1.06	2.01	3.42	4.66	6.26	1.5	4.1	763	1.54
K_2O	%	2.62	0.47	2.58	1.20	0.18	2.42	2.57	0.30	1.33	1.57	1.76	2.31	2.93	3.65	3.93	4.15	0.3	0.0	778	2.62
Na_2O	%	2.12	0.62	2.02	1.39	0.29	2.11	2.11	0.41	0.44	0.60	0.95	1.69	2.49	3.35	3.71	4.52	0.2	0.1	778	2.11
SiO_2	%	64.13	5.27	63.91	1.09	0.08	61.50	63.93	3.52	47.49	49.21	53.29	60.92	67.65	74.76	78.85	80.38	0.0	0.5	775	64.11
TFe_2O_3	%	5.03	1.57	4.81	1.35	0.31	4.58	4.84	0.91	1.96	2.37	2.66	3.97	5.82	9.00	10.93	12.41	1.1	2.0	764	4.92
SOC	%	0.81	0.28	0.77	1.36	0.34	0.60	0.76	0.14	0.27	0.31	0.43	0.64	0.93	1.53	2.10	3.01	2.1	8.9	747	0.77
pH	无量纲						7.46	6.52	0.75	4.53	4.75	5.07	5.86	7.34	8.05	8.18	8.44				

表 2.3.17B 中性粗骨土深层土壤（150～200 cm）地球化学参数（n=203）

指标	单位	算术平均值 X_a	算术标准差 S_a	几何平均值 X_g	几何标准差 S_g	变异系数 CV	众值 X_{mo}	中位值 X_{me}	中位绝对离差 MAD	最小值 X_{min}	累积频率 $X_{0.5\%}$	$X_{2.5\%}$	$X_{25\%}$	$X_{75\%}$	$X_{97.5\%}$	$X_{99.5\%}$	最大值 X_{max}	偏度系数 SK	峰度系数 BK	基准值 n'	X_a'
Ag	mg/kg	0.067	0.025	0.064	1.335	0.37	0.062	0.062	0.008	0.029	0.033	0.037	0.055	0.071	0.129	0.172	0.256	3.5	19.9	192	0.062
As	mg/kg	7.6	3.2	7.0	1.5	0.42	4.8	7.1	2.2	2.1	2.6	2.9	5.1	9.5	15.2	19.4	20.2	1.1	1.9	198	7.3
Au	μg/kg	1.5	0.6	1.4	1.3	0.40	1.3	1.4	0.3	0.6	0.7	0.8	1.2	1.7	2.3	2.9	7.6	5.9	59.2	201	1.4
B	mg/kg	34.2	14.1	31.6	1.5	0.41	29.3	32.2	7.8	9.4	9.5	12.9	24.8	41.9	64.4	82.9	124.4	1.7	8.0	201	33.5
Ba	mg/kg	815	476	754	1	0.58	636	742	170	311	367	432	589	934	1485	1739	6384	8.1	92.8	201	783
Be	mg/kg	2.04	0.30	2.02	1.16	0.15	2.11	1.98	0.18	1.35	1.37	1.57	1.83	2.24	2.68	3.13	3.25	0.7	1.1	201	2.03
Bi	mg/kg	0.23	0.11	0.21	1.44	0.50	0.20	0.21	0.04	0.07	0.09	0.11	0.17	0.26	0.45	0.92	1.23	4.9	36.5	195	0.21
Br	mg/kg	3.9	2.5	3.4	1.7	0.65	3.1	3.4	0.9	0.6	1.0	1.2	2.5	4.4	9.0	20.1	21.1	3.6	19.8	192	3.4
TC	%	0.49	0.37	0.42	1.67	0.74	0.36	0.41	0.12	0.10	0.15	0.17	0.31	0.56	1.15	2.00	3.85	4.9	36.8	194	0.44
Cd	mg/kg	0.090	0.041	0.082	1.522	0.46	0.074	0.081	0.019	0.014	0.023	0.038	0.065	0.105	0.197	0.288	0.302	2.1	7.1	191	0.082
Ce	mg/kg	75.9	19.5	73.6	1.3	0.26	63.8	72.2	10.6	28.8	35.6	44.6	63.2	85.8	120.0	146.0	150.0	0.9	1.6	199	74.6
Cl	mg/kg	105	321	69	2	3.04	47	60	13	32	33	38	48	80	279	1905	4214	11.3	138.5	173	59
Co	mg/kg	17.1	7.0	15.9	1.5	0.41	14.6	16.0	3.3	5.4	5.8	6.5	12.9	19.9	33.5	47.9	49.5	1.7	4.7	197	16.4
Cr	mg/kg	87.5	44.0	79.5	1.5	0.50	76.8	75.9	19.6	28.6	28.9	37.7	61.1	101.9	205.4	249.0	367.3	2.3	9.0	190	79.1
Cu	mg/kg	24.5	9.9	22.8	1.5	0.41	24.1	22.3	4.7	8.1	8.2	10.5	18.1	28.3	48.5	67.1	74.1	1.7	5.0	195	23.1
F	mg/kg	526	131	510	1	0.25	533	509	82	244	244	283	435	596	791	872	1014	0.6	0.5	202	524
Ga	mg/kg	17.5	2.0	17.4	1.1	0.12	17.4	17.5	1.3	10.4	12.4	13.8	16.3	18.9	21.0	21.9	25.6	-0.1	1.1	201	17.5
Ge	mg/kg	1.41	0.19	1.39	1.14	0.14	1.28	1.39	0.11	0.94	1.00	1.05	1.28	1.51	1.78	1.92	2.08	0.4	0.4	202	1.40
Hg	mg/kg	0.016	0.008	0.015	1.527	0.50	0.013	0.015	0.003	0.003	0.005	0.007	0.012	0.018	0.041	0.053	0.065	2.5	8.9	191	0.015
I	mg/kg	2.47	1.45	2.24	1.49	0.58	2.22	2.15	0.43	0.96	1.04	1.12	1.75	2.64	5.60	11.10	11.30	3.9	18.7	194	2.22
La	mg/kg	38.9	9.5	37.7	1.3	0.25	36.7	37.8	5.6	15.0	17.3	22.2	32.4	43.8	58.7	71.2	74.8	0.8	1.5	199	38.2
Li	mg/kg	32.7	9.9	31.2	1.4	0.30	36.1	32.2	5.8	11.9	12.7	16.6	26.6	38.1	52.0	64.4	77.9	0.7	1.6	201	32.3
Mn	mg/kg	826	469	753	1	0.57	597	743	155	238	297	406	597	907	1981	3254	4302	4.1	22.4	193	741
Mo	mg/kg	0.67	0.32	0.61	1.48	0.48	0.51	0.61	0.14	0.24	0.26	0.30	0.48	0.75	1.51	2.01	2.71	2.6	10.4	191	0.61
N	%	0.044	0.017	0.042	1.341	0.39	0.035	0.040	0.006	0.025	0.026	0.027	0.035	0.049	0.082	0.144	0.159	3.3	17.0	194	0.041
Nb	mg/kg	14.7	4.7	14.2	1.3	0.32	13.1	13.9	1.2	7.9	7.9	9.5	12.7	15.1	28.4	39.1	54.6	4.5	29.0	184	13.8
Ni	mg/kg	41.1	24.9	36.2	1.6	0.61	28.2	33.9	8.3	13.0	13.8	16.1	27.0	46.3	113.1	156.9	177.3	2.6	8.5	185	34.8

174

指标	单位	算术平均值 X_a	算术标准差 S_a	几何平均值 X_g	几何标准差 S_g	变异系数 CV	众值 X_{mo}	中位值 X_{me}	中位绝对离差 MAD	最小值 X_{min}	累积频率 $X_{0.5\%}$	$X_{2.5\%}$	$X_{25\%}$	$X_{75\%}$	$X_{97.5\%}$	$X_{99.5\%}$	最大值 X_{max}	偏度系数 SK	峰度系数 BK	n'	基准值 X_a'
P	mg/kg	534	258	482	2	0.48	471	471	144	164	197	226	350	644	1 106	1 469	1 757	1.5	3.1	199	515
Pb	mg/kg	23.5	6.4	22.7	1.3	0.27	20.1	22.3	2.8	7.6	11.5	15.2	19.6	25.8	41.3	50.5	54.2	1.9	5.5	192	22.5
Rb	mg/kg	96.1	16.9	94.5	1.2	0.18	85.3	95.2	10.7	34.1	51.5	69.3	84.4	105.9	132.6	139.7	140.2	0.2	0.6	202	96.4
S	mg/kg	118	75	110	1	0.64	95	106	19	48	60	66	89	129	230	437	1 004	8.6	96.8	192	107
Sb	mg/kg	0.67	0.24	0.63	1.40	0.37	0.42	0.63	0.15	0.25	0.26	0.33	0.49	0.81	1.14	1.36	2.46	2.2	13.3	201	0.65
Sc	mg/kg	11.4	3.3	10.9	1.3	0.29	13.9	11.3	1.9	3.8	4.8	5.7	9.2	13.1	18.5	22.4	25.3	0.8	1.7	199	11.2
Se	mg/kg	0.11	0.04	0.11	1.39	0.38	0.09	0.10	0.02	0.05	0.05	0.06	0.08	0.13	0.20	0.32	0.35	2.2	8.0	198	0.11
Sn	mg/kg	2.4	0.6	2.3	1.3	0.23	2.5	2.4	0.3	1.3	1.4	1.4	2.0	2.7	3.6	4.5	4.6	0.8	1.8	200	2.4
Sr	mg/kg	223	98	205	1	0.44	152	199	51	67	74	103	153	269	443	587	731	1.6	3.8	200	217
Th	mg/kg	11.0	4.7	10.5	1.3	0.43	12.6	10.4	1.5	4.3	4.9	5.3	9.1	12.2	18.2	21.5	65.2	7.8	87.5	195	10.5
Ti	mg/kg	4 360	1 319	4 207	1	0.30	4 137	4 142	399	2 078	2 237	2 470	3 781	4 593	8 648	11 085	11 200	2.5	8.9	191	4 098
Tl	mg/kg	0.59	0.11	0.58	1.22	0.19	0.56	0.58	0.06	0.24	0.31	0.39	0.52	0.64	0.84	0.89	0.96	0.4	0.8	201	0.59
U	mg/kg	1.94	0.42	1.89	1.25	0.22	1.76	1.93	0.23	0.70	0.90	1.14	1.68	2.13	3.00	3.28	3.43	0.5	1.5	197	1.91
V	mg/kg	94.9	25.9	91.4	1.3	0.27	96.0	92.7	14.4	33.6	41.4	47.7	79.0	108.1	155.0	186.0	187.6	0.7	1.6	198	92.8
W	mg/kg	1.38	0.40	1.33	1.32	0.29	1.10	1.34	0.24	0.69	0.73	0.77	1.10	1.62	2.22	2.69	3.52	1.2	3.8	200	1.36
Y	mg/kg	22.6	3.2	22.4	1.2	0.14	21.7	22.7	1.8	11.4	13.0	14.9	21.0	24.6	28.1	31.4	31.7	-0.5	1.1	201	22.7
Zn	mg/kg	63.6	16.1	61.7	1.3	0.25	60.8	62.2	8.8	30.3	31.0	35.6	53.8	72.2	106.7	116.4	124.1	0.8	1.7	196	61.9
Zr	mg/kg	262	47	257	1	0.18	256	256	27	133	143	188	232	289	362	413	458	0.7	1.6	200	259
Al_2O_3	%	14.48	1.09	14.44	1.08	0.08	14.30	14.44	0.67	11.22	11.71	12.32	13.87	15.19	16.62	17.24	17.29	-0.1	0.1	202	14.50
CaO	%	1.71	1.13	1.46	1.72	0.66	1.25	1.42	0.53	0.54	0.55	0.59	0.97	2.00	4.25	7.34	9.08	2.7	11.8	197	1.58
MgO	%	1.71	0.79	1.55	1.56	0.46	1.77	1.58	0.44	0.38	0.45	0.55	1.20	2.11	3.31	5.13	6.64	1.9	8.1	198	1.64
K_2O	%	2.57	0.44	2.54	1.19	0.17	2.45	2.52	0.29	1.32	1.47	1.79	2.28	2.83	3.40	3.75	4.04	0.3	0.3	202	2.57
Na_2O	%	2.01	0.63	1.91	1.40	0.31	2.01	1.95	0.40	0.34	0.59	1.02	1.55	2.38	3.27	3.64	3.79	0.4	-0.1	203	2.01
SiO_2	%	62.59	4.59	62.42	1.08	0.07	62.42	62.45	2.63	45.93	47.47	53.47	60.12	65.86	71.54	73.32	73.40	-0.3	0.8	201	62.75
TFe_2O_3	%	5.31	1.54	5.11	1.32	0.29	5.29	5.20	0.80	2.04	2.35	2.70	4.43	6.05	9.02	11.37	12.74	1.3	4.1	196	5.13
SOC	%	0.37	0.20	0.33	1.60	0.55	0.28	0.33	0.09	0.07	0.10	0.13	0.25	0.44	0.88	1.31	1.75	2.7	12.1	193	0.34
pH	无量纲						7.45	7.54	0.44	5.72	5.74	6.18	7.19	8.06	8.33	8.47	8.50				

175

表 2.3.18A 钙质粗骨土表层土壤（0~20 cm）地球化学参数（$n=1\ 636$）

指标	单位	算术平均值 X_a	算术标准差 S_a	几何平均值 X_g	几何标准差 S_g	变异系数 CV	众值 X_{mo}	中位值 X_{me}	中位绝对离差 MAD	最小值 X_{min}	累积频率 $X_{0.5\%}$	$X_{2.5\%}$	$X_{25\%}$	$X_{75\%}$	$X_{97.5\%}$	$X_{99.5\%}$	最大值 X_{max}	偏度系数 SK	峰度系数 BK	背景值 n'	X_a'
Ag	mg/kg	0.088	0.046	0.082	1.396	0.52	0.070	0.078	0.012	0.034	0.042	0.051	0.068	0.093	0.196	0.371	0.620	5.7	48.0	1513	0.079
As	mg/kg	10.4	3.3	10.0	1.3	0.32	10.3	10.4	1.6	2.6	3.6	5.2	8.8	11.9	15.9	21.9	69.1	5.5	87.3	1608	10.3
Au	μg/kg	1.8	1.3	1.7	1.4	0.72	1.7	1.7	0.3	0.6	0.7	0.9	1.4	2.0	3.1	7.7	38.2	16.4	388.0	1596	1.7
B	mg/kg	61.5	20.7	58.0	1.4	0.34	57.4	58.7	10.4	8.8	15.6	26.2	49.4	70.5	116.7	134.0	171.8	1.0	2.2	1576	59.1
Ba	mg/kg	514	211	498	1	0.41	471	480	43	217	317	364	440	530	848	1389	6288	15.3	370.8	1529	483
Be	mg/kg	2.29	0.35	2.26	1.16	0.15	2.23	2.27	0.24	1.25	1.51	1.66	2.04	2.52	3.03	3.28	3.71	0.3	0.3	1628	2.29
Bi	mg/kg	0.39	0.14	0.37	1.32	0.37	0.37	0.37	0.05	0.07	0.16	0.21	0.32	0.43	0.61	0.88	3.78	10.4	214.7	1595	0.38
Br	mg/kg	4.7	1.9	4.3	1.5	0.41	3.5	4.3	1.2	0.9	1.7	2.1	3.2	5.7	9.5	12.3	16.2	1.2	2.6	1591	4.5
TC	%	1.69	0.80	1.52	1.58	0.47	0.76	1.55	0.49	0.32	0.50	0.64	1.09	2.08	3.69	4.69	6.56	1.3	2.5	1590	1.61
Cd	mg/kg	0.173	0.098	0.164	1.346	0.57	0.170	0.161	0.026	0.069	0.080	0.098	0.138	0.190	0.307	0.462	3.003	17.8	470.0	1572	0.163
Ce	mg/kg	76.0	22.9	74.3	1.2	0.30	69.2	72.9	6.4	38.5	46.8	54.7	67.0	80.0	117.0	166.9	735.6	15.6	425.0	1564	73.3
Cl	mg/kg	84	43	78	1	0.51	63	73	14	37	44	48	61	92	178	313	723	5.3	50.2	1540	76
Co	mg/kg	16.0	3.6	15.6	1.2	0.22	13.4	15.5	2.3	6.2	8.0	10.3	13.4	18.2	23.4	29.0	40.0	1.0	3.2	1622	15.8
Cr	mg/kg	78.4	29.5	75.5	1.3	0.38	79.7	74.9	6.3	20.4	29.2	46.5	68.8	81.5	136.4	244.4	537.0	7.4	84.4	1517	74.3
Cu	mg/kg	31.7	9.6	30.5	1.3	0.30	25.4	30.1	4.8	8.7	15.7	18.8	25.5	35.3	55.3	75.9	126.5	2.3	11.2	1576	30.5
F	mg/kg	694	192	670	1	0.28	550	651	106	253	374	433	555	789	1181	1376	2031	1.5	4.0	1591	676
Ga	mg/kg	17.6	2.0	17.5	1.1	0.11	17.4	17.6	1.4	11.8	12.8	13.9	16.3	19.0	21.5	23.0	24.3	0.1	-0.1	1632	17.6
Ge	mg/kg	1.49	0.19	1.48	1.14	0.13	1.45	1.48	0.13	0.74	1.01	1.13	1.36	1.61	1.88	1.99	2.15	0.2	0.2	1631	1.49
Hg	mg/kg	0.048	0.183	0.036	1.672	3.81	0.030	0.033	0.008	0.007	0.012	0.017	0.026	0.044	0.119	0.273	5.660	27.1	771.1	1509	0.034
I	mg/kg	2.85	1.28	2.62	1.49	0.45	2.51	2.58	0.63	0.64	0.95	1.23	2.02	3.35	6.59	8.62	11.68	2.0	6.8	1568	2.66
La	mg/kg	38.9	9.9	38.1	1.2	0.26	35.6	37.2	2.9	19.4	23.7	27.9	34.8	40.7	58.0	84.3	263.2	9.0	169.8	1553	37.5
Li	mg/kg	41.6	10.4	40.5	1.3	0.25	39.0	40.2	4.8	16.4	21.1	25.7	35.6	45.1	70.5	86.9	123.0	1.9	7.7	1565	40.1
Mn	mg/kg	723	195	701	1	0.27	675	679	101	286	390	456	594	811	1198	1561	2687	1.9	9.1	1583	702
Mo	mg/kg	0.69	0.25	0.66	1.31	0.36	0.61	0.64	0.10	0.22	0.35	0.43	0.55	0.76	1.19	1.88	4.41	5.3	54.3	1576	0.65
N	%	0.117	0.032	0.113	1.300	0.27	0.128	0.113	0.018	0.032	0.056	0.068	0.095	0.134	0.197	0.237	0.334	1.2	3.3	1590	0.114
Nb	mg/kg	14.7	1.8	14.6	1.1	0.12	15.1	14.7	0.9	8.0	9.3	11.3	13.8	15.6	17.8	21.4	40.3	2.3	28.9	1587	14.7
Ni	mg/kg	35.3	14.0	33.9	1.3	0.40	34.7	34.0	3.8	7.9	15.7	21.3	30.1	37.6	59.8	114.4	299.0	8.9	127.0	1562	33.6

指标	单位	算术平均值 X_a	算术标准差 S_a	几何平均值 X_g	几何标准差 S_g	变异系数 CV	众值 X_{mo}	中位值 X_{me}	中位绝对离差 MAD	最小值 X_{min}	$X_{0.5\%}$	$X_{2.5\%}$	$X_{25\%}$	$X_{75\%}$	$X_{97.5\%}$	$X_{99.5\%}$	最大值 X_{max}	偏度系数 SK	峰度系数 BK	n'	X_a'
P	mg/kg	813	263	784	1	0.32	648	777	125	240	396	472	667	919	1 306	1 825	6 195	6.6	112.6	1 602	793
Pb	mg/kg	30.0	21.6	28.1	1.3	0.72	26.2	26.9	3.4	13.0	15.3	19.1	23.8	31.1	57.1	110.2	629.1	18.4	450.8	1 531	27.1
Rb	mg/kg	110.1	20.0	108.3	1.2	0.18	104.6	105.8	12.0	46.3	70.7	80.3	96.0	121.9	154.5	174.7	215.0	0.9	1.3	1 618	109.4
S	mg/kg	223	77	214	1	0.35	196	208	33	100	117	133	179	248	411	609	1 410	4.2	42.1	1 571	213
Sb	mg/kg	0.88	1.14	0.82	1.32	1.30	0.82	0.84	0.13	0.11	0.40	0.48	0.71	0.96	1.28	1.86	45.37	36.9	1 438.8	1 601	0.83
Sc	mg/kg	13.4	2.7	13.1	1.2	0.21	12.6	12.9	1.7	4.5	6.8	8.8	11.5	14.9	19.9	22.5	26.2	0.7	1.2	1 606	13.2
Se	mg/kg	0.23	0.08	0.22	1.34	0.34	0.20	0.21	0.04	0.10	0.12	0.14	0.18	0.26	0.42	0.62	1.01	2.5	12.7	1 579	0.22
Sn	mg/kg	3.2	0.7	3.1	1.2	0.21	3.2	3.2	0.4	0.4	1.6	2.0	2.8	3.5	4.6	5.6	8.1	0.8	4.2	1 611	3.1
Sr	mg/kg	151	74	140	1	0.49	132	134	23	55	66	76	115	160	364	483	1 202	4.2	34.5	1 488	133
Th	mg/kg	13.4	4.3	13.0	1.3	0.32	12.4	12.6	1.4	4.3	7.4	9.0	11.5	14.2	22.9	39.8	65.6	4.9	39.3	1 549	12.7
Ti	mg/kg	4 296	540	4 262	1	0.13	4 069	4 251	306	2 217	2 740	3 275	3 973	4 589	5 526	6 180	7 014	0.5	2.3	1 597	4 280
Tl	mg/kg	0.68	0.13	0.67	1.19	0.20	0.63	0.66	0.06	0.27	0.42	0.49	0.61	0.73	0.97	1.37	2.15	2.8	18.0	1 586	0.67
U	mg/kg	2.39	0.48	2.35	1.19	0.20	2.34	2.32	0.21	1.11	1.39	1.70	2.12	2.54	3.49	4.77	7.87	3.2	23.6	1 579	2.34
V	mg/kg	92.1	14.9	91.0	1.2	0.16	95.4	90.7	8.3	38.3	55.0	67.2	82.7	99.3	126.9	142.5	200.1	0.9	3.4	1 598	91.4
W	mg/kg	1.86	0.37	1.82	1.23	0.20	1.84	1.86	0.18	0.48	0.80	1.09	1.68	2.05	2.48	3.58	4.89	1.1	9.4	1 590	1.85
Y	mg/kg	25.4	3.5	25.2	1.2	0.14	26.5	25.5	1.9	12.4	15.2	18.2	23.4	27.3	32.0	37.5	51.5	0.6	4.5	1 610	25.4
Zn	mg/kg	77.3	19.7	75.5	1.2	0.25	70.7	74.3	8.3	35.4	46.4	53.0	66.8	83.6	119.6	158.6	317.7	4.5	41.4	1 580	74.9
Zr	mg/kg	249	43	245	1	0.17	249	246	25	133	156	177	222	271	335	382	885	2.7	31.8	1 614	247
Al_2O_3	%	14.15	1.10	14.11	1.08	0.08	14.07	14.18	0.74	10.38	11.17	11.96	13.43	14.91	16.19	16.77	18.00	-0.2	0.0	1 630	14.16
CaO	%	3.59	2.18	3.00	1.85	0.61	2.66	3.06	1.35	0.58	0.70	0.96	1.92	4.73	8.77	11.50	14.36	1.2	1.5	1 603	3.44
MgO	%	1.93	0.75	1.82	1.38	0.39	1.58	1.74	0.27	0.53	0.80	1.04	1.51	2.11	4.02	5.74	8.26	2.6	10.7	1 537	1.79
K_2O	%	2.75	0.47	2.71	1.18	0.17	2.36	2.64	0.31	1.22	1.82	2.08	2.38	3.06	3.84	4.29	4.60	0.8	0.4	1 618	2.73
Na_2O	%	1.42	0.52	1.33	1.45	0.37	1.31	1.37	0.30	0.33	0.45	0.60	1.07	1.65	2.78	3.22	3.53	0.9	1.4	1 589	1.37
SiO_2	%	58.69	4.14	58.54	1.07	0.07	59.77	59.03	2.44	39.82	45.38	49.71	56.32	61.19	66.62	68.93	73.49	-0.3	1.0	1 619	58.77
TFe_2O_3	%	5.46	0.90	5.39	1.18	0.17	5.22	5.39	0.58	2.55	3.25	3.82	4.83	5.99	7.45	8.11	9.29	-0.4	0.5	1 623	5.44
SOC	%	1.11	0.39	1.05	1.39	0.35	0.83	1.04	0.22	0.23	0.44	0.56	0.84	1.30	2.08	2.76	3.84	1.6	5.4	1 590	1.07
pH	无量纲						8.06	7.86	0.21	5.04	5.35	5.97	7.53	8.03	8.23	8.41	8.96				

表 2.3.18B 钙质粗骨土深层土壤（150~200 cm）地球化学参数（$n=416$）

指标	单位	算术平均值 X_a	算术标准差 S_a	几何平均值 X_g	几何标准差 S_g	变异系数 CV	众值 X_{mo}	中位值 X_{me}	中位绝对离差 MAD	最小值 X_{min}	$X_{0.5\%}$	$X_{2.5\%}$	$X_{25\%}$	$X_{75\%}$	$X_{97.5\%}$	$X_{99.5\%}$	最大值 X_{max}	偏度系数 SK	峰度系数 BK	基准值 n'	基准值 X_a'
Ag	mg/kg	0.076	0.029	0.073	1.337	0.38	0.069	0.070	0.010	0.025	0.038	0.044	0.062	0.083	0.145	0.260	0.337	4.0	25.3	391	0.071
As	mg/kg	10.4	2.7	10.1	1.3	0.26	10.7	10.5	1.4	3.2	4.3	5.1	8.9	11.9	16.0	22.1	25.1	0.7	3.9	408	10.3
Au	μg/kg	1.9	0.6	1.8	1.3	0.33	1.9	1.9	0.3	0.7	0.8	1.0	1.5	2.1	3.6	4.7	6.9	2.4	11.8	399	1.8
B	mg/kg	56.5	17.3	53.5	1.4	0.31	57.9	55.6	9.8	2.3	15.7	24.0	45.5	65.5	92.9	110.4	135.1	0.6	1.6	412	56.1
Ba	mg/kg	534	147	518	1	0.28	513	508	42	18	336	384	466	550	940	1128	2023	3.9	28.9	377	500
Be	mg/kg	2.28	0.36	2.24	1.19	0.16	2.03	2.27	0.23	0.39	1.44	1.70	2.03	2.49	3.02	3.30	3.75	0.1	2.7	410	2.27
Bi	mg/kg	0.33	0.08	0.31	1.31	0.25	0.31	0.32	0.05	0.03	0.13	0.17	0.28	0.37	0.52	0.57	0.69	0.4	1.6	411	0.32
Br	mg/kg	4.5	2.0	4.2	1.5	0.45	4.1	4.2	1.1	1.2	1.4	1.8	3.1	5.4	9.8	11.6	19.6	1.9	8.1	400	4.3
TC	%	1.07	0.92	0.83	2.04	0.86	0.51	0.88	0.42	0.11	0.13	0.22	0.50	1.39	2.98	4.36	12.49	5.4	57.9	403	0.96
Cd	mg/kg	0.117	0.042	0.111	1.359	0.36	0.110	0.111	0.018	0.020	0.048	0.062	0.094	0.132	0.198	0.366	0.464	3.2	19.6	400	0.112
Ce	mg/kg	75.6	20.5	73.7	1.2	0.27	75.0	71.6	6.7	13.9	47.0	53.2	66.3	80.7	121.2	165.8	330.9	5.6	59.8	398	72.9
Cl	mg/kg	71	56	64	1	0.79	51	59	10	36	37	41	51	73	166	281	1005	11.8	187.6	379	61
Co	mg/kg	16.1	4.3	15.7	1.2	0.27	13.0	15.2	2.1	8.9	9.8	11.4	13.4	17.8	26.0	33.8	56.3	3.9	29.0	403	15.6
Cr	mg/kg	78.3	27.6	75.2	1.3	0.35	67.4	74.0	6.6	11.3	35.9	43.2	67.8	81.6	140.3	259.5	347.1	4.9	35.5	375	73.8
Cu	mg/kg	29.8	8.7	28.8	1.3	0.29	28.4	28.4	4.1	8.4	14.5	17.9	24.6	32.9	48.6	76.3	97.6	2.7	14.6	401	28.8
F	mg/kg	650	189	628	1	0.29	554	601	88	151	336	414	536	721	1116	1419	2064	2.2	9.7	394	624
Ga	mg/kg	17.9	2.2	17.7	1.2	0.12	17.6	18.0	1.5	1.8	12.6	13.9	16.6	19.4	21.5	22.8	23.8	-1.4	8.2	414	18.0
Ge	mg/kg	1.47	0.21	1.46	1.16	0.14	1.40	1.47	0.14	0.49	0.88	1.10	1.33	1.62	1.85	1.92	2.07	-0.3	0.9	412	1.48
Hg	mg/kg	0.024	0.014	0.021	1.564	0.58	0.018	0.020	0.005	0.004	0.006	0.010	0.017	0.028	0.056	0.115	0.124	3.7	19.9	394	0.021
I	mg/kg	2.45	1.00	2.28	1.47	0.41	2.02	2.24	0.53	0.47	0.73	1.08	1.81	2.93	4.89	6.53	7.84	1.5	4.2	405	2.36
La	mg/kg	38.5	10.0	37.6	1.2	0.26	35.7	36.9	3.0	7.0	21.7	28.0	34.4	40.6	59.1	79.0	172.4	6.5	78.9	395	37.3
Li	mg/kg	40.8	10.2	39.7	1.3	0.25	38.2	38.9	4.1	5.0	23.2	26.8	35.3	43.7	68.3	97.1	113.9	2.5	12.9	397	39.5
Mn	mg/kg	779	369	734	1	0.47	629	683	99	156	404	488	610	830	1534	2506	4661	6.0	52.0	386	710
Mo	mg/kg	0.63	0.18	0.61	1.28	0.29	0.52	0.60	0.08	0.25	0.31	0.39	0.52	0.70	1.00	1.40	2.42	3.4	24.9	405	0.61
N	%	0.065	0.025	0.060	1.444	0.39	0.060	0.060	0.017	0.026	0.027	0.030	0.046	0.080	0.120	0.150	0.159	1.0	0.9	411	0.064
Nb	mg/kg	14.6	1.7	14.5	1.1	0.12	15.2	14.8	0.8	5.3	8.7	10.6	14.0	15.6	17.1	18.7	26.9	-0.2	9.1	398	14.8
Ni	mg/kg	34.9	11.1	33.6	1.3	0.32	33.9	33.2	3.6	4.8	16.8	21.8	30.0	37.0	60.9	91.1	139.3	4.2	29.5	396	33.2

178

指标	单位	算术平均值 X_a	算术标准差 S_a	几何平均值 X_g	几何标准差 S_g	变异系数 CV	众值 X_{mo}	中位值 X_{me}	中位绝对离差 MAD	最小值 X_{min}	累积频率						最大值 X_{max}	偏度系数 SK	峰度系数 BK	基准值	
											$X_{0.5\%}$	$X_{2.5\%}$	$X_{25\%}$	$X_{75\%}$	$X_{97.5\%}$	$X_{99.5\%}$				n'	X_a'
P	mg/kg	551	243	521	1	0.44	492	517	78	63	230	288	449	603	1 046	1 430	4 059	7.8	104.6	395	518
Pb	mg/kg	26.0	8.8	25.0	1.3	0.34	20.7	24.0	2.9	8.3	12.9	17.0	21.5	27.7	50.0	73.4	88.9	3.4	16.6	391	24.4
Rb	mg/kg	108.5	18.0	106.6	1.2	0.17	100.7	105.4	10.2	6.5	66.8	78.4	98.0	120.0	145.3	152.8	189.1	0.0	3.2	412	108.5
S	mg/kg	137	44	131	1	0.32	103	130	27	31	68	79	107	161	233	315	354	1.1	2.2	410	135
Sb	mg/kg	0.88	0.28	0.85	1.32	0.32	0.96	0.88	0.13	0.23	0.37	0.45	0.73	0.99	1.43	2.12	4.05	4.4	43.5	404	0.85
Sc	mg/kg	13.1	2.4	12.8	1.2	0.18	11.6	12.6	1.3	1.3	7.1	9.3	11.6	14.4	18.5	22.1	23.3	0.4	3.3	409	13.0
Se	mg/kg	0.13	0.05	0.13	1.44	0.38	0.09	0.12	0.03	0.02	0.05	0.06	0.10	0.16	0.26	0.30	0.45	1.3	3.6	412	0.13
Sn	mg/kg	3.1	1.1	3.0	1.3	0.37	2.8	3.0	0.4	0.5	1.2	1.9	2.7	3.4	4.4	5.9	22.0	11.3	187.4	405	3.0
Sr	mg/kg	155	74	143	1	0.48	141	136	22	58	68	82	115	161	399	496	605	2.7	9.4	381	136
Th	mg/kg	13.3	3.8	12.8	1.3	0.28	12.2	12.5	1.2	0.8	7.0	8.5	11.6	14.1	23.5	31.7	43.1	3.1	17.8	396	12.7
Ti	mg/kg	4 240	544	4 188	1	0.13	4 186	4 215	302	267	2 536	3 262	3 937	4 566	5 295	6 021	6 470	-0.9	9.4	409	4 243
Tl	mg/kg	0.66	0.11	0.65	1.18	0.16	0.62	0.65	0.05	0.23	0.45	0.48	0.60	0.72	0.91	1.01	1.44	1.2	7.2	407	0.66
U	mg/kg	2.26	0.37	2.23	1.18	0.16	2.11	2.20	0.19	0.71	1.24	1.58	2.05	2.44	3.07	3.53	4.17	0.6	3.1	404	2.25
V	mg/kg	93.7	14.7	92.4	1.2	0.16	100.6	92.3	8.9	9.0	58.3	69.0	83.6	101.2	128.0	143.6	144.5	0.2	3.1	410	93.3
W	mg/kg	1.86	0.37	1.82	1.23	0.20	1.93	1.86	0.17	0.57	0.92	1.08	1.70	2.03	2.63	3.27	3.95	0.6	4.2	403	1.83
Y	mg/kg	25.6	3.7	25.3	1.2	0.14	26.3	25.6	2.0	7.9	15.1	17.7	23.8	27.7	32.3	36.4	39.5	-0.2	2.4	409	25.6
Zn	mg/kg	70.4	15.8	68.9	1.2	0.22	72.2	68.7	6.3	12.0	39.7	49.1	62.4	74.9	101.4	127.2	224.3	3.3	26.3	401	68.8
Zr	mg/kg	246	44	242	1	0.18	236	244	20	19	158	180	226	267	309	361	817	4.8	67.9	411	245
Al$_2$O$_3$	%	14.48	1.35	14.39	1.14	0.09	14.80	14.56	0.74	2.06	10.68	12.05	13.82	15.29	16.63	17.60	18.29	-2.5	19.8	406	14.58
CaO	%	3.41	2.67	2.73	1.92	0.78	0.99	2.68	1.23	0.68	0.79	0.96	1.63	4.41	9.38	14.59	30.32	3.5	26.0	401	3.07
MgO	%	1.91	1.18	1.78	1.39	0.62	1.60	1.68	0.25	0.39	0.96	1.15	1.49	1.98	3.94	6.11	20.81	10.6	159.5	384	1.70
K$_2$O	%	2.62	0.40	2.58	1.22	0.15	2.34	2.54	0.24	0.14	1.66	2.05	2.34	2.87	3.49	3.78	3.91	0.0	3.3	412	2.62
Na$_2$O	%	1.49	0.51	1.40	1.45	0.34	1.66	1.45	0.28	0.06	0.42	0.70	1.14	1.69	2.80	3.02	3.36	0.8	1.1	411	1.47
SiO$_2$	%	59.49	4.59	59.15	1.15	0.08	61.41	60.07	2.29	5.01	45.06	50.10	57.64	62.19	65.79	68.14	69.30	-4.5	47.6	405	59.93
TFe$_2$O$_3$	%	5.44	0.87	5.36	1.20	0.16	5.21	5.35	0.59	0.78	3.40	4.11	4.79	6.00	7.43	7.78	8.12	0.1	1.9	412	5.45
SOC	%	0.54	0.29	0.46	1.74	0.54	0.24	0.47	0.19	0.04	0.12	0.14	0.31	0.70	1.22	1.44	1.56	0.9	0.4	411	0.53
pH	无量纲						8.25	8.15	0.16	5.53	6.50	6.99	7.92	8.28	8.42	8.51	9.16				

表 2.3.19A　砂姜黑土表层土壤（0~20 cm）地球化学参数（n=1 386）

指标	单位	算术平均值 X_a	算术标准差 S_a	几何平均值 X_g	几何标准差 S_g	变异系数 CV	众值 X_{mo}	中位值 X_{me}	中位绝对离差 MAD	最小值 X_{min}	累积频率						最大值 X_{max}	偏度系数 SK	峰度系数 BK	背景值	
											$X_{0.5\%}$	$X_{2.5\%}$	$X_{25\%}$	$X_{75\%}$	$X_{97.5\%}$	$X_{99.5\%}$				n'	X_a'
Ag	mg/kg	0.080	0.050	0.076	1.274	0.63	0.073	0.075	0.010	0.043	0.046	0.050	0.067	0.086	0.125	0.189	1.770	28.1	941.6	1 336	0.076
As	mg/kg	8.4	2.2	8.2	1.3	0.26	8.1	8.2	1.3	3.8	4.0	4.7	7.0	9.6	13.2	16.4	30.9	1.4	8.6	1 365	8.3
Au	μg/kg	1.6	1.5	1.5	1.4	0.93	1.3	1.5	0.3	0.5	0.7	0.8	1.3	1.8	2.8	6.2	46.5	21.3	574.0	1 340	1.5
B	mg/kg	39.5	9.3	38.4	1.3	0.24	36.8	37.9	5.7	16.1	21.0	24.5	32.9	44.9	59.6	68.5	95.6	0.9	1.6	1 372	39.1
Ba	mg/kg	735	249	713	1	0.34	738	686	87	379	496	517	613	803	1 144	1 742	4 525	8.3	111.3	1 347	710
Be	mg/kg	1.93	0.33	1.90	1.18	0.17	1.83	1.87	0.21	1.20	1.34	1.44	1.69	2.11	2.68	2.95	3.25	0.8	0.5	1 370	1.92
Bi	mg/kg	0.27	0.18	0.25	1.30	0.68	0.21	0.24	0.04	0.13	0.14	0.17	0.21	0.30	0.42	0.56	6.20	26.1	830.9	1 357	0.26
Br	mg/kg	4.6	1.7	4.3	1.4	0.36	3.4	4.2	1.0	0.7	1.8	2.4	3.4	5.6	8.6	11.1	15.7	1.3	2.9	1 359	4.5
TC	%	1.16	0.35	1.12	1.30	0.31	1.03	1.11	0.19	0.37	0.59	0.70	0.93	1.31	1.89	2.62	6.27	3.8	39.0	1 355	1.13
Cd	mg/kg	0.128	0.094	0.119	1.393	0.73	0.110	0.117	0.025	0.045	0.059	0.067	0.095	0.146	0.217	0.435	3.019	22.0	651.3	1 355	0.121
Ce	mg/kg	62.9	14.5	61.2	1.3	0.23	53.8	61.5	10.1	30.9	33.5	38.2	52.3	73.0	92.9	104.8	118.0	0.4	−0.1	1 380	62.7
Cl	mg/kg	104	106	90	2	1.02	75	82	20	31	43	49	66	111	282	458	2 613	14.6	300.7	1 264	86
Co	mg/kg	12.0	3.4	11.5	1.3	0.29	11.5	11.7	2.3	5.5	5.8	6.6	9.4	14.1	19.3	23.4	36.4	0.8	2.3	1 375	11.9
Cr	mg/kg	64.5	14.9	62.8	1.3	0.23	58.5	63.8	10.3	23.1	35.2	39.6	53.3	73.8	94.4	109.7	156.1	0.7	1.5	1 374	64.0
Cu	mg/kg	22.1	7.1	21.1	1.3	0.32	18.4	20.7	4.4	9.7	10.6	12.3	17.1	26.2	36.5	47.1	97.3	2.3	16.7	1 368	21.7
F	mg/kg	509	115	496	1	0.23	407	496	77	254	298	331	424	580	763	883	1 227	0.9	2.0	1 372	504
Ga	mg/kg	15.7	2.1	15.5	1.1	0.14	15.2	15.5	1.3	9.6	11.3	12.2	14.1	16.8	20.6	22.1	27.4	0.7	1.0	1 373	15.6
Ge	mg/kg	1.29	0.17	1.28	1.13	0.13	1.33	1.28	0.10	0.67	0.89	1.03	1.18	1.39	1.60	1.69	3.92	2.9	43.6	1 376	1.29
Hg	mg/kg	0.040	0.048	0.034	1.570	1.20	0.024	0.032	0.007	0.006	0.015	0.018	0.025	0.041	0.104	0.223	1.254	15.7	335.2	1 286	0.033
I	mg/kg	2.14	0.68	2.05	1.34	0.32	1.89	2.01	0.35	0.57	0.98	1.18	1.70	2.43	3.79	4.54	8.82	1.7	8.2	1 349	2.08
La	mg/kg	33.1	6.7	32.4	1.2	0.20	34.9	32.7	4.5	16.5	18.9	20.7	28.4	37.4	47.1	54.9	60.6	0.4	0.3	1 375	32.9
Li	mg/kg	30.6	8.4	29.5	1.3	0.28	26.5	28.7	5.2	12.4	15.7	18.1	24.3	35.4	50.5	55.2	59.9	0.8	0.3	1 375	30.4
Mn	mg/kg	638	229	604	1	0.36	546	597	127	251	305	341	487	741	1 200	1 576	2 144	1.6	4.8	1 339	612
Mo	mg/kg	0.50	0.16	0.48	1.30	0.32	0.46	0.48	0.08	0.22	0.25	0.29	0.40	0.57	0.80	1.21	2.64	4.0	39.3	1 357	0.49
N	%	0.108	0.027	0.104	1.272	0.25	0.095	0.103	0.017	0.027	0.057	0.069	0.089	0.122	0.167	0.186	0.292	1.0	2.3	1 373	0.107
Nb	mg/kg	13.1	1.8	13.0	1.1	0.14	12.7	12.9	1.2	8.0	8.9	9.7	11.9	14.5	16.5	17.6	18.4	0.2	−0.3	1 386	13.1
Ni	mg/kg	28.4	7.9	27.4	1.3	0.28	18.5	27.6	5.6	13.8	14.9	16.6	22.4	33.6	44.2	52.1	72.9	0.7	1.1	1 374	28.2

指标	单位	算术平均值 X_a	算术标准差 S_a	几何平均值 X_g	几何标准差 S_g	变异系数 CV	众值 X_{mo}	中位值 X_{me}	中位绝对离差 MAD	最小值 X_{min}	累积频率 $X_{0.5\%}$	$X_{2.5\%}$	$X_{25\%}$	$X_{75\%}$	$X_{97.5\%}$	$X_{99.5\%}$	最大值 X_{max}	偏度系数 SK	峰度系数 BK	n'	背景值 X_a'
P	mg/kg	746	207	722	1	0.28	848	713	106	207	420	453	617	832	1 203	1 610	2 586	2.2	11.8	1 351	727
Pb	mg/kg	26.6	7.3	25.9	1.2	0.28	25.0	25.1	2.5	9.7	18.4	19.9	22.9	28.2	39.6	70.4	132.6	6.1	64.4	1 334	25.6
Rb	mg/kg	96.4	13.1	95.5	1.1	0.14	88.0	94.0	7.9	40.9	71.7	76.4	86.9	104.5	125.6	139.3	147.0	0.7	0.7	1 369	95.9
S	mg/kg	229	126	215	1	0.55	167	208	33	67	118	131	179	248	411	906	2 494	9.0	118.8	1 321	211
Sb	mg/kg	0.67	0.47	0.64	1.29	0.70	0.60	0.63	0.09	0.33	0.38	0.42	0.55	0.72	1.05	1.52	16.15	27.3	887.7	1 342	0.64
Sc	mg/kg	9.6	2.3	9.3	1.3	0.24	8.4	9.2	1.4	3.5	5.1	5.8	7.9	10.8	14.9	16.6	17.6	0.7	0.3	1 373	9.5
Se	mg/kg	0.19	0.07	0.18	1.29	0.36	0.17	0.18	0.03	0.09	0.10	0.11	0.15	0.21	0.29	0.39	1.74	11.2	226.5	1 361	0.18
Sn	mg/kg	3.0	1.0	2.9	1.3	0.34	2.7	2.8	0.4	1.0	1.6	1.8	2.4	3.3	4.9	6.6	25.0	8.7	169.5	1 349	2.9
Sr	mg/kg	198	52	191	1	0.26	180	193	30	59	97	108	165	227	306	383	518	1.0	3.6	1 370	195
Th	mg/kg	10.4	2.3	10.2	1.2	0.22	9.2	10.0	1.6	5.3	5.8	6.6	8.7	12.0	15.2	16.7	24.0	0.7	0.8	1 381	10.4
Ti	mg/kg	3 659	637	3 602	1	0.17	3 699	3 649	460	1 791	2 218	2 459	3 187	4 108	4 858	5 164	6 768	0.1	-0.1	1 384	3 655
Tl	mg/kg	0.59	0.08	0.58	1.13	0.13	0.56	0.58	0.05	0.37	0.42	0.46	0.54	0.63	0.74	0.85	1.36	1.4	8.7	1 366	0.58
U	mg/kg	2.15	0.43	2.11	1.21	0.20	1.90	2.09	0.29	1.10	1.35	1.51	1.84	2.42	3.10	3.44	5.30	1.0	2.5	1 369	2.14
V	mg/kg	76.1	16.4	74.3	1.2	0.22	84.1	75.5	11.8	35.0	41.4	47.7	63.4	86.9	110.2	118.5	127.7	0.3	-0.4	1 384	76.0
W	mg/kg	1.49	0.41	1.44	1.27	0.27	1.27	1.41	0.23	0.59	0.79	0.90	1.22	1.73	2.26	2.55	7.82	3.2	41.8	1 380	1.48
Y	mg/kg	22.3	3.3	22.1	1.2	0.15	20.8	22.1	2.1	11.8	14.9	16.7	20.1	24.3	30.1	32.3	34.2	0.5	0.5	1 369	22.2
Zn	mg/kg	55.1	18.4	52.9	1.3	0.33	46.8	51.7	9.8	24.9	29.3	33.1	43.8	64.1	85.8	119.1	345.4	5.3	64.3	1 370	54.0
Zr	mg/kg	266	39	263	1	0.15	265	265	25	146	177	197	239	290	352	383	515	0.5	1.4	1 375	265
Al_2O_3	%	13.15	1.31	13.08	1.10	0.10	12.55	13.05	0.77	9.70	10.41	10.97	12.28	13.80	16.22	17.13	17.98	0.6	0.5	1 373	13.11
CaO	%	1.84	0.92	1.69	1.48	0.50	1.26	1.55	0.33	0.70	0.87	0.98	1.29	2.10	4.48	6.09	9.24	2.5	8.9	1 253	1.60
MgO	%	1.22	0.30	1.19	1.28	0.25	1.08	1.19	0.19	0.50	0.62	0.72	1.01	1.40	1.86	2.18	3.53	0.9	3.0	1 373	1.21
K_2O	%	2.33	0.27	2.32	1.12	0.11	2.25	2.29	0.16	0.86	1.77	1.87	2.17	2.49	2.90	3.15	3.88	0.6	2.3	1 368	2.32
Na_2O	%	1.72	0.38	1.67	1.27	0.22	1.65	1.71	0.18	0.23	0.81	0.94	1.54	1.91	2.52	2.81	3.34	0.1	0.8	1 379	1.71
SiO_2	%	65.85	4.06	65.72	1.06	0.06	66.24	66.09	2.84	51.67	56.02	57.98	62.96	68.73	73.55	75.20	76.87	-0.1	-0.3	1 385	65.86
TFe_2O_3	%	4.25	0.98	4.14	1.26	0.23	4.43	4.17	0.66	1.86	2.36	2.65	3.52	4.84	6.39	7.09	8.76	0.6	0.2	1 381	4.24
SOC	%	1.04	0.30	1.00	1.30	0.29	0.92	1.00	0.18	0.20	0.54	0.63	0.84	1.19	1.65	2.17	4.40	2.5	18.0	1 368	1.02
pH	无量纲						7.50	7.40	0.50	4.92	5.18	5.51	6.77	7.84	8.28	8.36	8.50				

表 2.3.19B 砂姜黑土深层土壤 (150~200 cm) 地球化学参数 (n=338)

指标	单位	算术平均值 X_a	算术标准差 S_a	几何平均值 X_g	几何标准差 S_g	变异系数 CV	众值 X_{mo}	中位值 X_{me}	中位绝对离差 MAD	最小值 X_{min}	累积频率 $X_{0.5\%}$	$X_{2.5\%}$	$X_{25\%}$	$X_{75\%}$	$X_{97.5\%}$	$X_{99.5\%}$	最大值 X_{max}	偏度系数 SK	峰度系数 BK	基准值 n'	基准值 X_a'
Ag	mg/kg	0.066	0.022	0.063	1.336	0.33	0.060	0.063	0.012	0.034	0.036	0.038	0.051	0.075	0.120	0.159	0.217	2.3	10.0	324	0.063
As	mg/kg	10.2	3.8	9.6	1.4	0.37	9.9	9.5	1.9	3.0	3.4	4.9	7.9	11.8	19.6	25.3	26.1	1.3	2.9	329	9.9
Au	μg/kg	1.7	0.4	1.6	1.3	0.26	1.5	1.6	0.2	0.7	0.9	1.0	1.4	1.9	2.6	3.8	4.7	2.0	10.2	332	1.7
B	mg/kg	34.2	9.5	32.9	1.3	0.28	32.9	32.7	6.5	11.7	15.6	19.9	27.5	40.6	56.2	61.5	68.2	0.6	0.3	336	34.1
Ba	mg/kg	745	187	725	1	0.25	641	693	100	466	470	501	615	826	1186	1378	1871	1.6	4.5	330	729
Be	mg/kg	1.94	0.35	1.91	1.20	0.18	2.15	1.91	0.25	1.19	1.28	1.38	1.70	2.16	2.68	2.94	3.51	0.6	0.5	337	1.94
Bi	mg/kg	0.24	0.07	0.23	1.33	0.29	0.26	0.23	0.05	0.09	0.11	0.13	0.18	0.28	0.38	0.44	0.53	0.6	0.8	335	0.23
Br	mg/kg	3.7	2.1	3.2	1.8	0.57	2.5	3.1	1.1	0.3	0.7	1.1	2.2	4.6	9.4	10.4	10.8	1.2	1.0	324	3.4
TC	%	0.86	0.49	0.72	1.88	0.57	0.54	0.77	0.32	0.08	0.11	0.20	0.48	1.15	1.99	2.28	2.49	0.8	0.1	336	0.85
Cd	mg/kg	0.087	0.030	0.083	1.379	0.35	0.078	0.080	0.017	0.038	0.042	0.045	0.066	0.102	0.155	0.222	0.247	1.4	3.9	334	0.086
Ce	mg/kg	69.2	23.5	66.1	1.3	0.34	61.4	67.8	12.2	32.5	33.2	37.3	54.6	79.3	117.2	142.8	310.3	3.7	33.0	330	67.0
Cl	mg/kg	72	51	66	1	0.70	50	63	12	29	35	40	52	76	147	267	839	10.9	157.4	312	64
Co	mg/kg	16.1	8.7	14.5	1.5	0.54	14.7	14.7	4.3	4.7	6.0	6.6	10.7	19.3	33.9	44.5	113.3	4.8	46.6	324	14.9
Cr	mg/kg	68.7	21.2	65.9	1.3	0.31	50.0	67.2	13.2	26.8	33.2	37.3	53.6	79.9	119.9	172.8	189.4	1.7	6.4	329	66.6
Cu	mg/kg	21.0	6.3	20.1	1.3	0.30	15.1	20.9	4.5	8.8	9.2	10.9	16.2	25.3	35.9	42.8	46.1	0.7	0.9	334	20.8
F	mg/kg	580	214	552	1	0.37	542	537	87	226	320	336	462	637	1142	1589	2198	3.4	18.5	320	542
Ga	mg/kg	15.9	2.6	15.7	1.2	0.16	16.1	15.9	1.9	10.8	11.2	11.5	13.9	17.6	21.1	23.3	26.5	0.4	0.3	336	15.9
Ge	mg/kg	1.26	0.19	1.25	1.16	0.15	1.26	1.26	0.13	0.84	0.88	0.96	1.12	1.39	1.62	1.76	1.94	0.4	0.2	336	1.26
Hg	mg/kg	0.018	0.042	0.014	1.582	2.33	0.012	0.014	0.003	0.004	0.006	0.007	0.011	0.017	0.031	0.083	0.722	14.7	233.1	320	0.014
I	mg/kg	2.18	0.86	2.03	1.46	0.39	2.01	2.02	0.51	0.71	0.75	0.97	1.55	2.61	4.44	4.97	6.12	1.2	2.2	326	2.09
La	mg/kg	33.8	8.2	32.8	1.3	0.24	35.2	33.7	5.3	17.2	17.9	19.8	28.0	38.7	49.5	56.3	83.9	0.9	3.7	336	33.6
Li	mg/kg	32.2	9.8	30.8	1.3	0.30	30.9	31.0	6.6	15.6	16.2	18.0	24.7	37.6	54.0	67.1	79.9	1.0	2.0	332	31.6
Mn	mg/kg	1068	850	871	2	0.80	564	849	363	222	290	328	554	1307	2982	4098	8250	4.0	26.2	322	934
Mo	mg/kg	0.58	0.26	0.54	1.47	0.45	0.45	0.52	0.13	0.21	0.24	0.27	0.41	0.68	1.27	1.78	2.37	2.3	8.9	323	0.54
N	%	0.038	0.013	0.037	1.339	0.34	0.035	0.035	0.006	0.022	0.022	0.023	0.030	0.042	0.075	0.097	0.128	2.4	8.9	318	0.036
Nb	mg/kg	12.4	1.9	12.3	1.2	0.15	11.7	12.4	1.4	7.7	8.2	8.7	11.2	13.8	16.0	16.6	17.7	0.0	-0.5	338	12.4
Ni	mg/kg	33.2	14.1	30.9	1.5	0.42	29.5	31.7	8.1	11.5	14.0	15.6	23.5	39.5	60.9	90.8	147.2	2.6	14.8	332	32.1

指标	单位	算术平均值 X_a	算术标准差 S_a	几何平均值 X_g	几何标准差 S_g	变异系数 CV	众值 X_{mo}	中位值 X_{me}	中位绝对离差 MAD	最小值 X_{min}	累积频率						最大值 X_{max}	偏度系数 SK	峰度系数 BK	基准值	
											$X_{0.5\%}$	$X_{2.5\%}$	$X_{25\%}$	$X_{75\%}$	$X_{97.5\%}$	$X_{99.5\%}$				n'	X_a'
P	mg/kg	362	154	340	1	0.43	297	323	66	179	183	211	269	420	717	1 194	1 554	3.0	15.3	315	331
Pb	mg/kg	23.9	8.0	23.1	1.3	0.34	21.0	22.7	3.2	13.3	14.8	15.9	19.6	26.0	41.4	51.5	122.3	6.2	67.5	324	22.8
Rb	mg/kg	91.7	14.7	90.6	1.2	0.16	81.0	89.1	8.1	52.9	61.1	68.0	81.7	98.8	124.4	137.3	157.1	0.9	1.5	333	91.0
S	mg/kg	117	32	113	1	0.27	140	114	20	58	62	70	95	136	187	235	349	1.8	8.8	332	115
Sb	mg/kg	0.94	0.34	0.89	1.40	0.36	0.86	0.86	0.17	0.34	0.36	0.46	0.72	1.10	1.86	2.22	2.51	1.3	2.5	329	0.91
Sc	mg/kg	10.1	2.4	9.9	1.3	0.23	11.0	10.1	1.7	4.6	5.3	5.8	8.4	11.6	14.8	15.8	17.7	0.2	-0.3	337	10.1
Se	mg/kg	0.09	0.03	0.09	1.45	0.36	0.08	0.09	0.02	0.03	0.04	0.04	0.07	0.11	0.16	0.19	0.31	1.1	4.0	335	0.09
Sn	mg/kg	2.4	0.6	2.3	1.3	0.27	2.2	2.3	0.4	1.2	1.4	1.5	2.0	2.7	3.6	4.5	7.3	2.7	16.9	333	2.3
Sr	mg/kg	208	66	199	1	0.32	190	199	36	88	95	110	165	237	336	441	738	2.3	13.4	330	202
Th	mg/kg	10.4	2.7	10.1	1.3	0.26	9.9	10.3	1.6	5.5	5.5	6.1	8.7	11.8	14.8	16.1	34.7	2.5	20.2	336	10.3
Ti	mg/kg	3 509	658	3 444	1	0.19	3 797	3 582	442	1 651	2 044	2 289	3 020	3 957	4 735	4 924	5 421	-0.1	-0.4	338	3 509
Tl	mg/kg	0.58	0.08	0.58	1.13	0.13	0.55	0.57	0.04	0.41	0.42	0.46	0.54	0.62	0.78	0.82	0.98	1.2	3.2	329	0.58
U	mg/kg	2.11	0.44	2.07	1.21	0.21	1.92	2.07	0.24	1.07	1.28	1.44	1.86	2.33	3.00	3.21	6.29	2.8	24.1	334	2.08
V	mg/kg	81.4	20.1	78.8	1.3	0.25	97.0	82.5	14.6	33.7	40.0	44.2	65.1	96.0	118.1	127.5	133.5	-0.1	-0.6	338	81.4
W	mg/kg	1.48	0.40	1.42	1.32	0.27	1.41	1.43	0.31	0.55	0.66	0.80	1.15	1.77	2.27	2.37	2.84	0.3	-0.4	337	1.47
Y	mg/kg	21.7	3.3	21.5	1.2	0.15	21.6	21.6	2.5	12.8	14.4	15.5	19.1	24.1	28.0	29.3	31.2	0.1	-0.4	338	21.7
Zn	mg/kg	49.9	14.3	48.0	1.3	0.29	52.5	49.7	9.5	23.9	25.4	27.2	39.2	58.0	78.0	97.0	143.0	1.2	5.0	334	49.2
Zr	mg/kg	243	33	241	1	0.14	239	242	22	142	168	181	221	266	302	343	368	0.2	0.5	333	242
Al_2O_3	%	13.40	1.63	13.30	1.13	0.12	12.77	13.59	1.05	9.73	10.10	10.38	12.32	14.53	16.44	17.47	18.60	0.0	-0.2	336	13.37
CaO	%	3.78	2.19	3.19	1.81	0.58	1.85	3.31	1.49	0.89	1.01	1.17	1.91	5.28	8.95	10.25	10.63	0.9	0.0	335	3.72
MgO	%	1.40	0.37	1.36	1.28	0.26	1.34	1.33	0.21	0.67	0.71	0.84	1.17	1.58	2.20	2.94	3.32	1.5	4.8	330	1.36
K_2O	%	2.24	0.32	2.21	1.15	0.14	2.13	2.21	0.18	1.05	1.58	1.70	2.05	2.40	2.95	3.37	3.57	0.6	2.0	332	2.22
Na_2O	%	1.65	0.42	1.59	1.35	0.25	1.88	1.67	0.23	0.11	0.66	0.78	1.43	1.88	2.56	2.86	3.44	0.2	1.5	333	1.64
SiO_2	%	61.23	4.16	61.09	1.07	0.07	61.18	61.56	2.73	49.18	50.20	52.66	58.23	63.85	69.68	71.56	75.85	0.0	0.3	337	61.19
TFe_2O_3	%	4.54	1.17	4.38	1.32	0.26	4.62	4.65	0.82	1.92	2.25	2.51	3.60	5.39	6.56	7.23	7.70	-0.1	-0.7	338	4.54
SOC	%	0.29	0.15	0.26	1.62	0.53	0.17	0.26	0.08	0.04	0.07	0.10	0.19	0.36	0.69	0.94	1.17	1.8	5.4	338	0.27
pH	无量纲						8.35	8.27	0.13	6.83	7.15	7.50	8.13	8.39	8.68	8.80	8.85			325	

表 2.3.20A 石灰性砂姜黑土表层土壤 (0~20 cm) 地球化学参数 (n=476)

指标	单位	算术平均值 X_a	算术标准差 S_a	几何平均值 X_g	几何标准差 S_g	变异系数 CV	众值 X_{mo}	中位值 X_{me}	中位绝对离差 MAD	最小值 X_{min}	累积频率						最大值 X_{max}	偏度系数 SK	峰度系数 BK	背景值	
											$X_{0.5\%}$	$X_{2.5\%}$	$X_{25\%}$	$X_{75\%}$	$X_{97.5\%}$	$X_{99.5\%}$				n'	X_a'
Ag	mg/kg	0.081	0.023	0.079	1.267	0.28	0.061	0.078	0.011	0.028	0.045	0.053	0.068	0.089	0.130	0.208	0.345	4.3	37.9	460	0.078
As	mg/kg	9.2	1.9	9.0	1.2	0.21	9.1	9.0	0.9	5.5	6.0	6.4	8.1	9.9	12.4	19.0	34.1	5.2	58.8	467	9.0
Au	μg/kg	1.8	0.6	1.7	1.3	0.36	1.6	1.7	0.3	0.6	0.9	1.1	1.4	1.9	3.0	5.7	7.7	4.2	30.2	462	1.7
B	mg/kg	43.8	7.2	43.2	1.2	0.16	42.6	42.7	4.6	24.1	25.9	32.8	39.0	48.2	60.0	64.0	74.0	0.6	0.5	475	43.8
Ba	mg/kg	564	80	558	1	0.14	578	551	54	428	435	453	501	610	750	859	970	1.1	1.9	468	559
Be	mg/kg	1.94	0.27	1.93	1.15	0.14	1.85	1.92	0.17	1.31	1.35	1.48	1.76	2.12	2.57	2.72	2.83	0.4	0.2	474	1.94
Bi	mg/kg	0.28	0.08	0.27	1.23	0.27	0.28	0.27	0.03	0.17	0.18	0.19	0.24	0.31	0.39	0.62	1.20	5.8	59.0	468	0.28
Br	mg/kg	6.2	2.0	5.8	1.4	0.32	4.3	6.2	1.5	2.0	2.3	2.9	4.5	7.5	10.1	12.4	13.1	0.3	-0.2	473	6.1
TC	%	1.56	0.60	1.47	1.36	0.39	1.32	1.41	0.23	0.79	0.79	0.89	1.19	1.73	3.25	4.63	5.63	2.7	10.5	451	1.45
Cd	mg/kg	0.145	0.216	0.131	1.368	1.49	0.120	0.130	0.020	0.070	0.073	0.080	0.110	0.150	0.231	0.406	4.710	20.1	423.3	462	0.130
Ce	mg/kg	64.9	11.9	63.8	1.2	0.18	60.1	64.5	7.4	38.5	42.7	45.7	56.0	71.2	89.9	109.0	122.6	0.8	1.9	466	64.0
Cl	mg/kg	101	49	94	1	0.48	77	86	17	48	49	55	73	112	227	358	490	3.2	16.6	436	90
Co	mg/kg	11.8	3.0	11.4	1.3	0.25	11.1	11.2	1.5	6.4	7.5	7.8	9.9	12.9	19.1	23.8	34.5	2.1	9.1	459	11.4
Cr	mg/kg	67.2	9.1	66.5	1.1	0.14	66.0	67.3	6.0	38.9	47.5	50.4	61.2	73.2	84.8	95.6	110.6	0.3	1.0	472	67.0
Cu	mg/kg	24.5	7.7	23.5	1.3	0.31	23.5	23.5	3.2	12.8	14.3	14.9	20.3	26.6	42.5	65.9	80.5	2.6	12.5	458	23.4
F	mg/kg	579	92	572	1	0.16	538	574	46	349	376	422	530	620	812	962	1148	1.4	6.5	460	569
Ga	mg/kg	15.2	1.9	15.1	1.1	0.13	14.1	15.0	1.1	9.9	11.7	12.1	13.9	16.2	19.7	21.2	23.8	0.8	1.3	469	15.1
Ge	mg/kg	1.32	0.17	1.31	1.14	0.13	1.20	1.31	0.11	0.68	0.76	1.02	1.20	1.44	1.63	1.75	1.97	0.0	0.9	470	1.32
Hg	mg/kg	0.046	0.030	0.041	1.586	0.65	0.025	0.040	0.011	0.003	0.013	0.019	0.030	0.053	0.110	0.143	0.366	5.5	50.5	445	0.041
I	mg/kg	2.00	0.43	1.95	1.24	0.21	1.79	1.97	0.27	0.75	0.94	1.31	1.72	2.25	2.90	3.37	3.43	0.4	0.5	470	1.99
La	mg/kg	33.8	5.1	33.5	1.2	0.15	35.0	33.5	2.8	20.5	24.4	25.9	30.4	36.0	46.4	51.8	55.4	0.9	1.7	464	33.4
Li	mg/kg	34.6	6.8	33.9	1.2	0.20	37.8	34.2	4.4	21.3	22.2	23.9	29.5	38.1	50.0	57.8	60.0	0.8	1.0	468	34.2
Mn	mg/kg	543	179	524	1	0.33	473	511	69	284	324	347	450	591	871	1516	2567	4.6	40.0	463	523
Mo	mg/kg	0.49	0.11	0.48	1.23	0.22	0.46	0.47	0.06	0.26	0.28	0.33	0.42	0.55	0.73	0.88	1.16	1.4	4.9	466	0.48
N	%	0.109	0.023	0.107	1.213	0.21	0.104	0.108	0.012	0.061	0.065	0.073	0.095	0.120	0.153	0.191	0.337	2.5	21.0	469	0.108
Nb	mg/kg	13.4	1.3	13.4	1.1	0.10	12.9	13.5	1.0	8.6	9.8	11.1	12.4	14.4	16.1	16.5	16.9	-0.1	-0.2	474	13.5
Ni	mg/kg	28.1	6.2	27.4	1.2	0.22	24.8	27.5	3.6	16.6	16.7	18.1	24.0	31.2	42.3	47.7	57.1	0.8	1.1	470	27.8

指标	单位	算术平均值 X_a	算术标准差 S_a	几何平均值 X_g	几何标准差 S_g	变异系数 CV	众值 X_{mo}	中位值 X_{me}	中位绝对离差 MAD	最小值 X_{min}	$X_{0.5\%}$	$X_{2.5\%}$	$X_{25\%}$	$X_{75\%}$	$X_{97.5\%}$	$X_{99.5\%}$	最大值 X_{max}	偏度系数 SK	峰度系数 BK	n'	背景值 X_a'
P	mg/kg	948	257	915	1	0.27	943	913	186	447	513	552	742	1 115	1 533	1 757	1 851	0.7	0.1	473	943
Pb	mg/kg	24.4	3.9	24.1	1.2	0.16	23.7	23.7	2.1	17.8	18.4	19.2	22.0	25.9	34.6	43.0	54.7	2.4	11.2	459	23.9
Rb	mg/kg	96.1	12.0	95.4	1.1	0.13	89.7	93.8	7.1	65.3	75.3	79.2	87.8	102.1	123.8	136.2	140.5	1.0	1.1	468	95.4
S	mg/kg	228	57	222	1	0.25	204	218	29	114	114	154	192	251	354	527	624	2.0	8.5	464	222
Sb	mg/kg	0.70	0.15	0.69	1.21	0.22	0.71	0.69	0.07	0.36	0.42	0.50	0.61	0.76	1.02	1.48	1.87	2.6	13.4	460	0.69
Sc	mg/kg	10.3	1.9	10.1	1.2	0.18	10.4	10.2	1.1	6.2	6.8	7.2	9.0	11.1	14.5	16.8	17.2	0.8	1.2	466	10.1
Se	mg/kg	0.22	0.07	0.21	1.35	0.34	0.19	0.21	0.04	0.11	0.11	0.12	0.18	0.25	0.41	0.53	0.73	1.8	6.1	462	0.21
Sn	mg/kg	3.1	0.8	3.0	1.3	0.25	3.4	3.1	0.4	1.4	1.7	1.9	2.6	3.5	5.1	6.2	7.4	1.2	3.3	461	3.1
Sr	mg/kg	200	40	196	1	0.20	194	194	23	95	99	134	174	223	285	355	373	0.8	1.8	470	198
Th	mg/kg	11.0	1.8	10.8	1.2	0.17	10.3	10.7	1.1	6.6	7.6	8.4	9.7	11.8	15.4	17.8	18.5	1.0	1.4	468	10.9
Ti	mg/kg	3 699	455	3 670	1	0.12	3 342	3 697	298	2 288	2 586	2 897	3 398	3 986	4 589	4 811	5 059	0.0	-0.2	474	3 699
Tl	mg/kg	0.59	0.06	0.59	1.11	0.11	0.57	0.58	0.04	0.44	0.47	0.49	0.55	0.62	0.73	0.84	0.94	1.1	2.8	471	0.59
U	mg/kg	2.29	0.34	2.27	1.16	0.15	2.01	2.24	0.23	1.55	1.57	1.76	2.04	2.49	3.03	3.39	3.50	0.6	0.3	473	2.28
V	mg/kg	74.7	13.2	73.7	1.2	0.18	64.3	71.6	7.3	42.9	54.1	57.4	65.4	80.8	108.9	124.0	127.8	1.2	1.7	459	73.3
W	mg/kg	1.57	0.25	1.55	1.17	0.16	1.62	1.58	0.16	1.01	1.05	1.13	1.38	1.72	2.04	2.26	2.34	0.2	-0.1	474	1.57
Y	mg/kg	23.4	2.3	23.3	1.1	0.10	21.8	23.4	1.6	15.2	17.4	19.2	22.0	25.1	27.3	29.5	30.0	-0.1	-0.1	475	23.4
Zn	mg/kg	61.8	21.9	59.6	1.3	0.35	63.2	61.2	8.3	32.2	34.4	37.0	50.9	68.4	94.1	122.2	393.5	8.1	114.4	470	60.4
Zr	mg/kg	260	34	258	1	0.13	239	255	19	164	175	193	240	282	323	352	372	0.2	0.2	474	259
Al$_2$O$_3$	%	12.74	1.39	12.66	1.11	0.11	12.23	12.63	0.80	7.73	9.12	10.82	11.83	13.43	15.85	16.67	17.16	0.4	0.9	473	12.73
CaO	%	3.50	2.18	3.03	1.69	0.62	3.96	2.92	1.11	0.98	1.09	1.30	2.05	4.39	8.43	14.34	17.56	2.5	9.5	460	3.22
MgO	%	1.61	0.34	1.58	1.24	0.21	1.28	1.65	0.25	0.83	0.89	1.03	1.34	1.84	2.32	2.62	2.94	0.3	0.1	473	1.61
K$_2$O	%	2.22	0.16	2.22	1.08	0.07	2.20	2.22	0.08	1.48	1.61	1.84	2.15	2.31	2.53	2.65	2.77	-0.7	3.1	459	2.23
Na$_2$O	%	1.67	0.20	1.65	1.14	0.12	1.73	1.69	0.11	0.90	0.98	1.15	1.57	1.79	2.01	2.25	2.27	-0.6	1.9	457	1.68
SiO$_2$	%	62.76	4.03	62.62	1.07	0.06	63.12	63.11	1.84	40.72	45.82	54.14	61.08	64.74	69.94	72.53	74.57	-1.3	5.2	463	63.07
TFe$_2$O$_3$	%	4.43	0.85	4.36	1.20	0.19	4.17	4.38	0.50	2.58	2.98	3.12	3.87	4.85	6.41	7.53	7.70	0.9	1.4	468	4.39
SOC	%	1.06	0.24	1.03	1.24	0.23	0.96	1.04	0.14	0.55	0.58	0.67	0.90	1.18	1.53	1.95	2.50	1.2	5.1	471	1.05
pH	无量纲						8.19	8.06	0.15	5.83	6.04	6.82	7.86	8.19	8.34	8.43	8.49				

表 2.3.20B　石灰性砂姜黑土深层土壤（150~200 cm）地球化学参数（n = 117）

指标	单位	算术平均值 X_a	算术标准差 S_a	几何平均值 X_g	几何标准差 S_g	变异系数 CV	众值 X_{mo}	中位值 X_{me}	中位绝对离差 MAD	最小值 X_{min}	$X_{0.5\%}$	$X_{2.5\%}$	$X_{25\%}$	$X_{75\%}$	$X_{97.5\%}$	$X_{99.5\%}$	最大值 X_{max}	偏度系数 SK	峰度系数 BK	n'	基准值 X_a'
Ag	mg/kg	0.056	0.016	0.054	1.303	0.27	0.048	0.052	0.009	0.027	0.028	0.033	0.046	0.069	0.087	0.106	0.111	0.9	1.0	115	0.056
As	mg/kg	10.4	2.5	10.1	1.2	0.24	10.7	10.2	1.1	5.8	5.9	7.1	8.8	11.1	17.4	19.0	23.9	2.0	7.7	113	10.0
Au	μg/kg	1.9	1.7	1.7	1.4	0.93	1.8	1.7	0.2	0.9	0.9	1.0	1.5	1.9	2.4	3.0	20.0	10.1	106.6	115	1.7
B	mg/kg	39.4	8.5	38.5	1.3	0.21	39.1	39.9	5.9	21.1	22.2	23.9	33.3	44.3	55.0	56.0	59.4	0.0	-0.5	117	39.4
Ba	mg/kg	533	88	527	1	0.16	529	512	40	397	401	416	480	565	825	851	859	1.7	4.1	111	518
Be	mg/kg	1.83	0.31	1.81	1.18	0.17	1.85	1.82	0.21	1.33	1.33	1.36	1.59	2.00	2.50	2.57	2.76	0.6	0.0	116	1.83
Bi	mg/kg	0.24	0.05	0.24	1.21	0.19	0.22	0.24	0.03	0.15	0.16	0.17	0.21	0.27	0.36	0.37	0.38	0.8	0.5	117	0.24
Br	mg/kg	3.7	1.8	3.4	1.5	0.47	3.1	3.3	0.7	1.1	1.1	1.7	2.7	4.2	7.8	10.4	11.9	2.0	5.7	108	3.3
TC	%	1.55	0.57	1.39	1.68	0.37	1.60	1.60	0.32	0.14	0.28	0.35	1.24	1.91	2.55	2.72	2.75	-0.4	-0.2	117	1.55
Cd	mg/kg	0.095	0.026	0.091	1.298	0.27	0.110	0.090	0.017	0.050	0.054	0.056	0.075	0.110	0.150	0.170	0.188	0.9	1.0	115	0.093
Ce	mg/kg	61.4	13.8	60.0	1.2	0.22	56.7	57.8	6.7	36.8	39.0	44.1	52.7	67.6	86.0	119.9	127.3	1.8	5.9	114	60.0
Cl	mg/kg	93	50	85	1	0.53	65	79	18	40	50	52	64	100	239	307	364	3.1	11.6	108	81
Co	mg/kg	12.1	4.3	11.6	1.3	0.36	10.4	11.5	2.0	6.8	7.0	7.4	9.5	13.5	18.0	28.1	44.2	4.1	26.9	114	11.5
Cr	mg/kg	65.0	10.5	64.2	1.2	0.16	63.7	64.2	7.1	41.3	45.6	48.2	57.4	71.3	87.3	90.6	91.9	0.4	-0.1	117	65.0
Cu	mg/kg	21.1	5.0	20.6	1.3	0.23	21.2	20.9	2.8	11.8	13.6	14.0	17.1	23.6	31.5	32.3	39.4	0.8	0.9	116	20.9
F	mg/kg	578	117	568	1	0.20	587	553	45	404	426	428	509	598	971	1 020	1 043	1.9	4.6	111	558
Ga	mg/kg	14.1	2.2	13.9	1.2	0.16	13.6	13.8	1.3	9.6	10.3	10.9	12.6	15.1	19.5	20.2	20.5	0.8	0.4	117	14.1
Ge	mg/kg	1.18	0.14	1.18	1.13	0.12	1.10	1.15	0.07	0.82	0.90	0.93	1.10	1.30	1.50	1.50	1.53	0.4	-0.3	117	1.18
Hg	mg/kg	0.018	0.009	0.017	1.413	0.50	0.013	0.016	0.003	0.008	0.009	0.010	0.013	0.020	0.035	0.060	0.074	3.7	19.5	105	0.016
I	mg/kg	2.09	0.66	2.00	1.34	0.32	2.03	1.96	0.43	1.07	1.11	1.21	1.65	2.47	3.28	4.51	5.25	1.5	4.6	115	2.04
La	mg/kg	32.6	5.9	32.1	1.2	0.18	34.7	32.7	3.3	19.9	20.9	24.3	29.2	35.1	42.9	55.2	60.8	1.3	4.8	115	32.2
Li	mg/kg	31.8	7.0	31.1	1.2	0.22	36.9	32.0	4.6	18.5	20.6	21.5	25.7	35.9	47.4	51.2	56.3	0.7	0.9	116	31.6
Mn	mg/kg	639	377	584	1	0.59	418	553	120	316	319	330	460	725	1 534	2 313	3 500	4.8	31.3	111	573
Mo	mg/kg	0.55	0.14	0.53	1.28	0.26	0.55	0.54	0.08	0.29	0.29	0.33	0.45	0.61	0.92	0.93	0.93	0.8	0.5	117	0.55
N	%	0.035	0.012	0.033	1.345	0.34	0.027	0.030	0.005	0.022	0.023	0.023	0.027	0.040	0.066	0.077	0.094	2.0	5.1	112	0.033
Nb	mg/kg	12.5	1.5	12.4	1.1	0.12	12.0	12.4	1.1	9.0	9.7	9.9	11.3	13.5	15.4	16.1	16.8	0.3	-0.1	117	12.5
Ni	mg/kg	26.5	7.0	25.7	1.3	0.26	25.0	26.0	4.5	14.7	14.9	16.2	21.2	30.4	40.8	43.8	55.9	0.9	1.9	116	26.3

指标	单位	算术平均值 X_a	算术标准差 S_a	几何平均值 X_g	几何标准差 S_g	变异系数 CV	众值 X_{mo}	中位值 X_{me}	中位绝对离差 MAD	最小值 X_{min}	累积频率 $X_{0.5\%}$	$X_{2.5\%}$	$X_{25\%}$	$X_{75\%}$	$X_{97.5\%}$	$X_{99.5\%}$	最大值 X_{max}	偏度系数 SK	峰度系数 BK	n'	基准值 X_a'
P	mg/kg	398	170	376	1	0.43	400	377	81	230	235	247	287	444	716	1 002	1 716	4.5	31.5	113	374
Pb	mg/kg	19.6	4.1	19.2	1.2	0.21	17.6	18.6	1.6	15.0	15.3	15.5	17.0	20.8	27.3	35.0	45.4	3.0	14.6	114	19.1
Rb	mg/kg	86.0	11.4	85.3	1.1	0.13	86.4	83.5	6.8	67.9	68.8	71.5	77.4	92.4	110.9	121.0	121.8	1.0	0.9	114	85.1
S	mg/kg	139	33	136	1	0.24	137	130	16	81	86	95	117	152	219	251	262	1.3	2.2	114	136
Sb	mg/kg	0.88	0.17	0.86	1.20	0.19	0.85	0.85	0.10	0.50	0.54	0.61	0.79	0.98	1.20	1.51	1.85	2.0	10.0	115	0.86
Sc	mg/kg	9.9	2.2	9.7	1.2	0.22	9.8	9.8	1.6	6.0	6.1	6.6	8.1	11.4	15.1	15.2	17.1	0.6	0.1	116	9.9
Se	mg/kg	0.08	0.03	0.08	1.37	0.34	0.08	0.08	0.02	0.04	0.04	0.05	0.06	0.09	0.16	0.18	0.19	1.4	2.7	112	0.08
Sn	mg/kg	2.3	0.6	2.3	1.3	0.25	1.9	2.3	0.4	1.4	1.4	1.5	1.9	2.7	3.7	3.9	4.9	1.1	2.3	116	2.3
Sr	mg/kg	231	50	225	1	0.22	174	237	37	110	115	123	192	270	310	324	334	-0.3	-0.5	117	231
Th	mg/kg	10.3	1.9	10.2	1.2	0.18	10.4	10.2	1.3	6.3	6.6	7.8	8.9	11.4	14.9	14.9	15.0	0.5	0.0	117	10.3
Ti	mg/kg	3 408	506	3 371	1	0.15	3 154	3 364	352	2 284	2 507	2 652	3 059	3 729	4 365	4 685	4 753	0.4	-0.2	117	3 408
Tl	mg/kg	0.58	0.08	0.57	1.14	0.15	0.52	0.56	0.04	0.45	0.46	0.48	0.52	0.61	0.81	0.90	0.90	1.8	4.2	109	0.56
U	mg/kg	2.43	0.43	2.40	1.18	0.18	2.29	2.29	0.26	1.72	1.74	1.86	2.14	2.67	3.37	3.64	4.26	1.3	2.4	114	2.39
V	mg/kg	72.8	13.5	71.6	1.2	0.18	73.0	71.1	8.9	44.4	48.8	51.8	63.0	80.0	103.9	110.5	113.0	0.7	0.4	117	72.8
W	mg/kg	1.55	0.26	1.53	1.18	0.17	1.58	1.56	0.16	0.96	1.01	1.11	1.38	1.70	2.11	2.13	2.13	0.2	-0.2	117	1.55
Y	mg/kg	21.9	2.3	21.8	1.1	0.11	21.9	21.8	1.6	16.6	17.6	18.3	20.2	23.2	26.5	26.8	28.5	0.3	-0.3	117	21.9
Zn	mg/kg	50.5	12.2	49.1	1.3	0.24	54.5	51.6	7.5	25.7	29.0	30.7	39.8	57.2	77.2	81.1	87.2	0.3	0.0	117	50.5
Zr	mg/kg	247	42	244	1	0.17	225	233	24	177	177	183	216	277	331	358	373	0.8	-0.1	117	247
Al$_2$O$_3$	%	11.88	1.55	11.78	1.13	0.13	9.99	11.36	0.87	9.91	9.99	9.99	10.71	12.73	15.38	15.78	16.26	0.9	0.0	117	11.88
CaO	%	6.72	2.54	6.06	1.66	0.38	7.27	7.18	1.47	1.34	1.37	1.55	5.06	8.40	10.90	11.29	13.09	-0.4	-0.3	117	6.72
MgO	%	1.58	0.30	1.55	1.21	0.19	1.22	1.62	0.25	0.97	1.10	1.13	1.29	1.84	1.96	2.27	2.77	0.4	0.5	116	1.57
K$_2$O	%	2.07	0.16	2.06	1.08	0.08	2.07	2.06	0.09	1.57	1.73	1.78	1.97	2.14	2.46	2.47	2.52	0.2	0.9	116	2.07
Na$_2$O	%	1.64	0.23	1.63	1.17	0.14	1.73	1.68	0.09	0.75	0.97	1.01	1.58	1.74	1.98	2.06	2.44	-1.1	4.2	107	1.69
SiO$_2$	%	57.57	4.12	57.43	1.07	0.07	55.85	57.00	2.57	47.76	48.06	50.07	54.85	60.35	65.88	67.05	67.09	0.2	-0.2	117	57.57
TFe$_2$O$_3$	%	4.11	0.93	4.01	1.25	0.23	3.85	4.06	0.56	2.45	2.71	2.80	3.40	4.59	6.37	6.85	6.89	0.8	0.6	117	4.11
SOC	%	0.26	0.15	0.23	1.64	0.56	0.30	0.23	0.07	0.08	0.09	0.09	0.17	0.30	0.64	0.77	1.08	2.3	8.4	113	0.24
pH	无量纲						8.38	8.49	0.14	7.55	7.74	8.13	8.38	8.65	8.87	8.95	9.03				

表 2.3.21A　潮土表层土壤（0～20 cm）地球化学参数（n=10 017）

指标	单位	算术平均值 X_a	算术标准差 S_a	几何平均值 X_g	几何标准差 S_g	变异系数 CV	众值 X_{mo}	中位值 X_{me}	中位绝对离差 MAD	最小值 X_{min}	$X_{0.5\%}$	$X_{2.5\%}$	$X_{25\%}$	$X_{75\%}$	$X_{97.5\%}$	$X_{99.5\%}$	最大值 X_{max}	偏度系数 SK	峰度系数 BK	背景值 n'	背景值 X_a'
Ag	mg/kg	0.068	0.025	0.066	1.298	0.37	0.067	0.065	0.010	0.008	0.031	0.040	0.057	0.076	0.109	0.165	1.098	14.6	494.1	9 754	0.066
As	mg/kg	10.0	3.4	9.4	1.5	0.34	10.1	10.1	1.9	1.6	2.8	3.8	7.9	11.9	17.3	20.3	42.0	0.4	1.6	9 935	9.9
Au	μg/kg	1.8	3.7	1.6	1.5	2.08	1.4	1.5	0.3	0.4	0.6	0.8	1.2	1.9	3.4	10.0	327.1	71.2	6 130.5	9 662	1.6
B	mg/kg	47.7	12.6	45.3	1.4	0.26	56.0	50.0	6.4	2.0	8.0	16.6	41.9	55.9	67.9	76.0	108.9	-0.8	1.0	9 877	48.1
Ba	mg/kg	582	293	553	1	0.50	468	502	34	200	421	438	475	566	1 229	1 869	13 785	16.6	588.1	8 022	496
Be	mg/kg	1.91	0.24	1.89	1.14	0.13	1.91	1.89	0.13	0.52	0.97	1.45	1.77	2.03	2.38	2.66	4.69	0.4	8.6	9 781	1.91
Bi	mg/kg	0.28	0.09	0.27	1.36	0.34	0.25	0.27	0.04	0.03	0.07	0.14	0.23	0.32	0.46	0.56	3.29	6.5	144.6	9 809	0.27
Br	mg/kg	4.6	2.2	4.3	1.5	0.48	4.4	4.2	0.9	0.6	1.5	2.0	3.3	5.3	9.9	13.6	46.3	4.1	41.8	9 483	4.3
TC	%	1.57	0.58	1.44	1.59	0.37	1.81	1.69	0.30	0.11	0.27	0.49	1.13	1.93	2.61	3.17	7.17	-0.1	0.9	9 975	1.57
Cd	mg/kg	0.148	0.080	0.140	1.403	0.54	0.140	0.140	0.024	0.010	0.039	0.070	0.119	0.169	0.254	0.387	4.799	28.3	1 430.8	9 751	0.143
Ce	mg/kg	65.7	12.0	64.6	1.2	0.18	67.4	65.8	4.7	7.4	24.2	41.9	61.1	70.4	87.3	109.1	521.1	5.9	216.1	9 491	65.8
Cl	mg/kg	256	505	164	2	1.97	86	137	54	28	49	58	94	241	1 145	2 912	13 601	12.3	234.6	8 550	144
Co	mg/kg	11.7	2.7	11.3	1.3	0.23	11.6	11.5	1.4	0.6	2.6	6.4	10.2	13.0	17.7	20.5	37.6	0.4	3.4	9 756	11.6
Cr	mg/kg	62.9	15.6	61.1	1.3	0.25	64.4	63.6	5.8	3.7	13.8	33.2	57.7	69.2	84.0	105.8	739.6	11.2	420.1	9 635	63.3
Cu	mg/kg	23.4	10.3	22.2	1.4	0.44	21.6	22.2	3.3	1.1	5.1	11.8	19.3	26.0	41.4	61.2	696.1	29.2	1 825.3	9 584	22.5
F	mg/kg	543	113	530	1	0.21	519	550	60	96	187	302	487	607	767	874	1 190	-0.2	1.3	9 874	544
Ga	mg/kg	14.8	2.0	14.7	1.1	0.13	14.6	14.6	1.2	4.4	9.6	11.2	13.5	16.0	19.1	20.4	24.5	0.2	0.8	9 937	14.8
Ge	mg/kg	1.28	0.13	1.27	1.11	0.11	1.30	1.30	0.10	0.50	0.89	1.00	1.20	1.37	1.54	1.67	2.18	0.0	1.4	9 897	1.28
Hg	mg/kg	0.040	0.079	0.034	1.603	1.98	0.027	0.033	0.008	0.004	0.008	0.015	0.026	0.042	0.101	0.210	5.005	43.4	2 327.0	9 340	0.033
I	mg/kg	2.00	0.81	1.89	1.41	0.41	1.91	1.89	0.39	0.07	0.65	0.94	1.54	2.34	3.59	4.73	29.10	7.7	188.3	9 816	1.94
La	mg/kg	34.1	6.0	33.6	1.2	0.18	34.2	34.0	1.9	3.2	12.6	22.5	32.1	35.9	45.2	58.4	259.1	6.1	209.1	9 256	34.1
Li	mg/kg	31.9	8.2	30.7	1.4	0.26	34.0	32.1	4.4	3.5	7.1	14.9	27.8	36.5	49.0	55.1	66.7	-0.1	0.8	9 897	32.0
Mn	mg/kg	576	120	563	1	0.21	530	563	61	50	173	361	509	634	864	963	1 486	0.5	3.2	9 662	571
Mo	mg/kg	0.59	0.20	0.57	1.30	0.33	0.54	0.57	0.09	0.20	0.28	0.34	0.49	0.66	0.98	1.39	6.24	6.9	125.2	9 759	0.58
N	%	0.092	0.023	0.089	1.315	0.25	0.092	0.091	0.013	0.015	0.027	0.048	0.078	0.105	0.141	0.175	0.243	0.5	2.5	9 802	0.091
Nb	mg/kg	13.4	1.8	13.3	1.1	0.14	13.5	13.6	0.6	2.7	6.7	10.0	12.9	14.1	16.0	19.8	74.8	4.9	156.8	9 553	13.5
Ni	mg/kg	27.6	7.7	26.7	1.3	0.28	28.0	27.6	3.4	1.7	5.8	13.4	24.3	31.1	41.2	49.0	413.3	12.7	633.4	9 815	27.7

188

指标	单位	算术平均值 X_a	算术标准差 S_a	几何平均值 X_g	几何标准差 S_g	变异系数 CV	众值 X_{mo}	中位值 X_{me}	中位绝对离差 MAD	最小值 X_{min}	累积频率 $X_{0.5\%}$	$X_{2.5\%}$	$X_{25\%}$	$X_{75\%}$	$X_{97.5\%}$	$X_{99.5\%}$	最大值 X_{max}	偏度系数 SK	峰度系数 BK	n'	背景值 X_a'
P	mg/kg	963	245	926	1	0.25	968	978	141	95	205	446	827	1 111	1 412	1 679	2 897	-0.1	1.7	9 859	964
Pb	mg/kg	23.1	5.0	22.6	1.2	0.22	21.5	22.3	2.3	9.6	15.4	16.9	20.2	24.9	33.0	46.0	119.0	4.9	57.8	9 741	22.5
Rb	mg/kg	94.2	10.4	93.6	1.1	0.11	92.2	92.8	5.7	34.7	63.4	76.4	87.8	99.6	116.9	129.3	204.1	0.8	5.5	9 840	94.0
S	mg/kg	250	203	228	1	0.81	196	218	44	28	81	120	181	277	566	922	15 300	42.5	3 020.8	9 413	224
Sb	mg/kg	0.88	0.35	0.83	1.43	0.40	0.93	0.90	0.16	0.13	0.26	0.37	0.68	1.04	1.44	1.74	18.60	15.0	703.0	9 954	0.87
Sc	mg/kg	10.3	2.2	10.0	1.3	0.21	10.6	10.4	1.1	0.6	2.1	5.4	9.3	11.4	14.7	16.4	22.7	-0.4	2.2	9 793	10.4
Se	mg/kg	0.18	0.05	0.17	1.29	0.30	0.17	0.18	0.02	0.03	0.07	0.10	0.15	0.20	0.27	0.37	1.68	7.4	148.1	9 789	0.18
Sn	mg/kg	3.0	0.9	2.9	1.3	0.30	3.0	3.0	0.5	0.3	1.1	1.7	2.5	3.4	4.9	6.6	16.6	2.7	25.2	9 778	3.0
Sr	mg/kg	217	57	212	1	0.26	196	203	11	61	128	159	194	218	374	551	1 390	4.8	42.6	8 671	203
Th	mg/kg	10.8	2.2	10.5	1.3	0.21	11.2	10.8	1.1	1.2	3.3	6.6	9.6	11.8	15.2	18.7	33.8	0.7	7.2	9 791	10.7
Ti	mg/kg	3 632	463	3 589	1	0.13	3 808	3 714	163	251	1 235	2 474	3 499	3 849	4 376	4 830	7 033	-2.0	11.0	9 236	3 692
Tl	mg/kg	0.59	0.09	0.58	1.16	0.15	0.58	0.58	0.05	0.20	0.38	0.43	0.53	0.64	0.77	0.86	1.77	0.8	5.6	9 899	0.59
U	mg/kg	2.24	0.40	2.20	1.24	0.18	2.38	2.28	0.22	0.35	0.72	1.32	2.04	2.48	2.90	3.26	4.89	-0.6	2.7	9 780	2.26
V	mg/kg	75.3	13.7	73.6	1.3	0.18	76.2	76.2	6.7	6.3	19.4	42.5	69.4	82.7	100.0	109.7	145.2	-0.8	3.4	9 720	76.2
W	mg/kg	1.57	0.34	1.52	1.29	0.22	1.59	1.62	0.14	0.08	0.44	0.79	1.44	1.74	2.09	2.43	7.97	1.8	39.7	9 695	1.58
Y	mg/kg	22.7	2.9	22.5	1.2	0.13	22.8	23.2	1.1	1.2	8.2	15.6	21.9	24.2	26.3	28.7	85.2	-1.0	30.8	9 423	23.1
Zn	mg/kg	64.5	15.2	62.7	1.3	0.24	62.2	64.0	7.3	3.4	18.4	36.0	56.9	71.7	94.2	109.6	414.5	2.9	57.6	9 824	64.5
Zr	mg/kg	239	53	233	1	0.22	239	234	28	42	114	152	208	263	352	415	1 282	3.2	47.2	9 799	236
Al_2O_3	%	12.34	1.06	12.29	1.09	0.09	11.76	12.23	0.61	4.18	9.07	10.67	11.66	12.91	14.65	15.48	17.37	0.0	3.3	9 857	12.34
CaO	%	4.59	2.04	3.92	1.90	0.45	5.34	5.26	0.80	0.22	0.64	0.98	2.40	5.88	7.87	8.74	12.60	-0.5	-0.8	10 015	4.59
MgO	%	1.80	0.55	1.68	1.53	0.31	1.90	1.89	0.28	0.01	0.24	0.62	1.53	2.14	2.75	2.99	4.15	-0.6	0.1	9 969	1.80
K_2O	%	2.45	0.29	2.43	1.12	0.12	2.28	2.37	0.12	1.11	1.93	2.14	2.27	2.53	3.30	3.73	5.48	2.3	9.1	9 232	2.39
Na_2O	%	1.93	0.42	1.88	1.25	0.22	1.84	1.88	0.19	0.67	0.88	1.14	1.70	2.08	2.96	3.33	4.52	0.8	1.7	9 862	1.91
SiO_2	%	62.21	5.19	61.99	1.09	0.08	61.65	61.95	2.70	45.81	49.31	52.06	59.25	64.64	73.18	80.34	89.12	0.5	1.4	9 898	62.02
TFe_2O_3	%	4.24	0.88	4.13	1.28	0.21	4.18	4.20	0.44	0.29	1.19	2.42	3.80	4.70	6.18	6.79	9.99	-0.1	2.2	9 787	4.25
SOC	%	0.80	0.24	0.76	1.39	0.30	0.77	0.78	0.12	0.01	0.15	0.39	0.66	0.90	1.29	1.72	6.40	2.7	41.1	9 731	0.78
pH	无量纲						8.14	8.09	0.23	4.59	5.04	5.46	7.79	8.29	8.64	8.84	9.33				

表 2.3.21B 潮土深层土壤 (150~200 cm) 地球化学参数 (n = 2 568)

指标	单位	算术平均值 X_a	算术标准差 S_a	几何平均值 X_g	几何标准差 S_g	变异系数 CV	众值 X_{mo}	中位值 X_{me}	中位绝对离差 MAD	最小值 X_{min}	累积频率 $X_{0.5\%}$	$X_{2.5\%}$	$X_{25\%}$	$X_{75\%}$	$X_{97.5\%}$	$X_{99.5\%}$	最大值 X_{max}	偏度系数 SK	峰度系数 BK	基准值 n'	基准值 X_a'
Ag	mg/kg	0.059	0.026	0.057	1.293	0.44	0.055	0.057	0.009	0.008	0.027	0.034	0.049	0.067	0.091	0.112	1.107	27.0	1 089.6	2 539	0.058
As	mg/kg	9.8	3.5	9.2	1.4	0.35	8.5	9.4	1.9	1.2	2.5	3.9	7.6	11.5	17.4	20.2	57.8	1.6	15.0	2 539	9.6
Au	μg/kg	1.7	1.6	1.5	1.4	0.94	1.3	1.5	0.3	0.4	0.5	0.8	1.2	1.8	2.9	9.1	53.3	18.9	523.0	2 454	1.5
B	mg/kg	46.6	12.6	44.2	1.5	0.27	55.9	48.6	6.5	1.4	7.6	16.8	40.7	54.2	67.2	77.9	146.9	-0.4	2.7	2 531	46.9
Ba	mg/kg	566	229	539	1	0.41	461	485	36	231	410	421	457	557	1 234	1 854	3 134	3.8	21.4	2 016	478
Be	mg/kg	1.93	0.30	1.90	1.17	0.15	1.88	1.90	0.16	0.50	1.00	1.46	1.75	2.06	2.59	2.94	4.85	1.0	7.5	2 495	1.91
Bi	mg/kg	0.24	0.07	0.23	1.37	0.31	0.22	0.23	0.04	0.03	0.06	0.12	0.19	0.28	0.41	0.49	1.26	2.1	18.4	2 512	0.24
Br	mg/kg	3.0	1.5	2.8	1.5	0.50	2.2	2.7	0.7	0.3	0.9	1.3	2.1	3.5	7.0	10.6	16.4	2.6	11.3	2 424	2.8
TC	%	1.10	0.50	0.94	1.91	0.46	1.24	1.21	0.26	0.11	0.14	0.21	0.67	1.42	1.98	2.27	2.71	-0.3	-0.6	2 567	1.10
Cd	mg/kg	0.101	0.038	0.094	1.465	0.38	0.090	0.098	0.021	0.007	0.021	0.039	0.080	0.120	0.180	0.210	0.863	3.7	66.1	2 534	0.099
Ce	mg/kg	67.0	12.5	65.8	1.2	0.19	69.5	66.3	4.9	10.1	22.0	45.0	61.5	71.3	94.8	118.6	204.5	1.8	18.0	2 415	66.3
Cl	mg/kg	209	242	155	2	1.15	88	155	71	27	39	46	89	237	699	1 589	3 448	6.3	59.8	2 374	161
Co	mg/kg	11.6	3.0	11.2	1.3	0.26	10.6	11.3	1.6	0.7	2.4	6.7	9.8	13.1	18.3	22.3	46.8	1.2	9.7	2 490	11.5
Cr	mg/kg	62.4	13.4	60.7	1.3	0.22	62.0	62.3	6.1	2.8	12.1	35.1	56.4	68.9	85.1	109.5	279.1	1.9	33.8	2 468	62.8
Cu	mg/kg	21.1	6.0	20.2	1.4	0.29	19.0	20.3	3.3	1.4	3.8	10.2	17.5	24.4	33.7	39.8	84.3	1.1	8.2	2 511	20.9
F	mg/kg	510	100	498	1	0.20	480	509	54	86	151	292	459	567	708	781	993	-0.2	2.0	2 521	512
Ga	mg/kg	14.8	2.4	14.6	1.2	0.16	13.3	14.5	1.6	4.9	9.7	10.9	13.0	16.4	20.1	21.8	25.3	0.4	0.2	2 551	14.8
Ge	mg/kg	1.28	0.14	1.28	1.12	0.11	1.20	1.30	0.10	0.51	0.87	1.00	1.20	1.40	1.60	1.75	1.94	0.2	2.0	2 523	1.28
Hg	mg/kg	0.018	0.029	0.016	1.506	1.61	0.014	0.016	0.004	0.001	0.005	0.008	0.013	0.020	0.035	0.075	1.345	38.2	1 702.3	2 470	0.016
I	mg/kg	1.67	0.81	1.54	1.50	0.48	1.24	1.51	0.37	0.43	0.56	0.73	1.18	1.96	3.50	5.70	10.80	3.3	22.6	2 473	1.57
La	mg/kg	34.1	6.2	33.5	1.2	0.18	32.8	33.6	2.3	4.0	11.9	23.9	31.4	36.1	47.7	61.8	109.9	2.3	23.0	2 411	33.6
Li	mg/kg	32.2	8.0	31.0	1.3	0.25	27.7	31.7	4.6	3.7	6.3	15.9	27.5	36.8	48.4	56.0	63.3	0.1	1.0	2 521	32.2
Mn	mg/kg	577	186	553	1	0.32	455	537	79	59	154	367	470	638	990	1 519	2 646	3.2	21.3	2 443	554
Mo	mg/kg	0.57	0.16	0.55	1.31	0.29	0.51	0.55	0.08	0.20	0.24	0.31	0.47	0.64	0.94	1.16	2.57	2.4	17.3	2 506	0.55
N	%	0.034	0.011	0.033	1.340	0.32	0.027	0.032	0.006	0.016	0.018	0.019	0.026	0.040	0.060	0.075	0.172	2.0	12.3	2 509	0.033
Nb	mg/kg	13.6	1.9	13.4	1.1	0.14	13.8	13.6	0.6	3.8	6.7	10.1	12.9	14.2	16.5	20.8	48.6	4.3	71.3	2 426	13.6
Ni	mg/kg	27.4	6.9	26.4	1.3	0.25	25.5	26.7	3.9	1.5	4.5	14.5	23.3	31.2	41.5	48.4	95.8	0.9	8.1	2 507	27.4

续表

指标	单位	算术平均值 X_a	算术标准差 S_a	几何平均值 X_g	几何标准差 S_g	变异系数 CV	众值 X_{mo}	中位值 X_{me}	中位绝对离差 MAD	最小值 X_{min}	$X_{0.5\%}$	$X_{2.5\%}$	$X_{25\%}$	$X_{75\%}$	$X_{97.5\%}$	$X_{99.5\%}$	最大值 X_{max}	偏度系数 SK	峰度系数 BK	n'	基准值 X'_a
P	mg/kg	550	144	528	1	0.26	606	591	31	91	158	237	515	614	727	1 035	2 160	1.1	16.8	2 521	548
Pb	mg/kg	20.5	5.5	20.0	1.2	0.27	18.8	19.6	2.6	10.7	13.4	14.7	17.3	22.6	30.6	39.1	164.5	9.3	200.5	2 506	20.0
Rb	mg/kg	93.2	12.5	92.4	1.1	0.13	88.3	91.2	7.7	43.0	69.7	75.7	84.3	100.0	120.8	136.2	209.0	1.3	6.0	2 525	92.6
S	mg/kg	155	64	145	1	0.42	152	144	30	31	66	77	118	179	278	451	1 354	5.1	64.4	2 506	148
Sb	mg/kg	0.90	0.76	0.84	1.41	0.85	0.88	0.88	0.16	0.15	0.25	0.38	0.72	1.03	1.47	1.85	36.83	40.8	1 919.9	2 532	0.87
Sc	mg/kg	10.3	2.2	10.0	1.3	0.21	9.9	10.1	1.2	0.6	1.5	5.8	9.1	11.5	14.7	16.2	19.1	-0.3	2.2	2 507	10.3
Se	mg/kg	0.09	0.03	0.09	1.32	0.30	0.08	0.09	0.01	0.03	0.04	0.05	0.08	0.10	0.15	0.21	0.48	2.8	23.2	2 508	0.09
Sn	mg/kg	2.5	0.6	2.5	1.3	0.23	2.5	2.5	0.3	0.3	1.1	1.6	2.2	2.8	3.8	4.6	9.8	1.5	12.9	2 509	2.5
Sr	mg/kg	209	56	204	1	0.27	204	200	10	51	117	144	191	211	356	541	1 182	5.5	55.7	2 222	199
Th	mg/kg	10.6	2.4	10.3	1.3	0.23	10.3	10.4	1.4	1.6	3.2	6.9	9.1	11.9	15.4	19.9	37.4	1.1	9.2	2 516	10.6
Ti	mg/kg	3 673	497	3 627	1	0.14	3 767	3 716	152	440	1 097	2 501	3 556	3 863	4 542	4 972	10 835	-0.5	25.6	2 325	3 717
Tl	mg/kg	0.59	0.09	0.58	1.17	0.16	0.58	0.58	0.06	0.23	0.37	0.43	0.53	0.65	0.79	0.85	1.22	0.6	1.8	2 551	0.59
U	mg/kg	2.20	0.40	2.16	1.24	0.18	2.27	2.24	0.22	0.28	0.66	1.23	2.01	2.45	2.85	3.35	4.52	-0.6	3.0	2 481	2.23
V	mg/kg	76.6	14.4	74.8	1.3	0.19	76.0	76.0	7.4	7.0	14.9	44.7	69.5	84.6	104.0	117.0	143.7	-0.6	3.5	2 491	77.4
W	mg/kg	1.60	0.32	1.56	1.26	0.20	1.62	1.63	0.14	0.32	0.45	0.84	1.49	1.76	2.10	2.45	5.71	1.2	22.8	2 465	1.61
Y	mg/kg	23.0	2.8	22.8	1.2	0.12	23.2	23.2	1.2	3.7	9.1	16.7	22.0	24.4	27.5	31.1	37.3	-1.7	10.6	2 452	23.2
Zn	mg/kg	58.3	14.5	56.4	1.3	0.25	56.7	57.1	7.8	4.0	12.9	32.2	50.0	65.7	86.9	100.9	287.6	1.9	26.5	2 517	58.1
Zr	mg/kg	243	57	237	1	0.23	201	239	35	58	110	150	205	274	365	451	720	0.9	4.2	2 531	242
Al$_2$O$_3$	%	12.20	1.45	12.11	1.12	0.12	11.07	11.89	0.92	5.20	9.23	10.25	11.09	13.13	15.43	16.57	18.18	0.6	0.7	2 542	12.19
CaO	%	4.79	2.10	4.07	1.93	0.44	5.53	5.46	0.82	0.32	0.59	0.89	2.98	6.11	7.89	9.09	10.29	-0.6	-0.7	2 568	4.79
MgO	%	1.71	0.46	1.62	1.46	0.27	1.83	1.77	0.23	0.03	0.18	0.70	1.49	1.98	2.53	2.78	4.06	-0.5	1.2	2 533	1.72
K$_2$O	%	2.37	0.31	2.35	1.13	0.13	2.16	2.29	0.14	1.47	1.92	2.05	2.17	2.46	3.34	3.76	4.93	2.4	8.2	2 396	2.30
Na$_2$O	%	1.95	0.37	1.91	1.21	0.19	1.97	1.94	0.19	0.79	1.00	1.24	1.74	2.12	2.86	3.28	4.11	0.7	2.8	2 486	1.92
SiO$_2$	%	62.54	4.59	62.37	1.08	0.07	63.70	62.98	2.42	46.03	49.21	52.92	59.97	64.97	71.88	80.48	84.71	0.2	2.4	2 517	62.45
TFe$_2$O$_3$	%	4.17	0.87	4.06	1.29	0.21	3.82	4.07	0.51	0.30	1.05	2.56	3.62	4.69	5.97	6.67	10.89	0.1	2.9	2 518	4.18
SOC	%	0.22	0.12	0.20	1.67	0.52	0.13	0.20	0.07	0.01	0.04	0.07	0.14	0.28	0.48	0.64	1.62	2.1	14.7	2 523	0.21
pH	无量纲						8.58	8.54	0.17	5.29	5.97	6.81	8.32	8.69	9.05	9.24	9.43				

191

表 2.3.22A 脱潮土表层土壤（0～20 cm）地球化学参数（n＝1 605）

指标	单位	算术平均值 X_a	算术标准差 S_a	几何平均值 X_g	几何标准差 S_g	变异系数 CV	众值 X_{mo}	中位值 X_{me}	中位绝对差 MAD	最小值 X_{min}	累积频率 $X_{0.5\%}$	$X_{2.5\%}$	$X_{25\%}$	$X_{75\%}$	$X_{97.5\%}$	$X_{99.5\%}$	最大值 X_{max}	偏度系数 SK	峰度系数 BK	背景值 n'	X_a'
Ag	mg/kg	0.067	0.017	0.065	1.260	0.25	0.056	0.065	0.009	0.010	0.034	0.042	0.056	0.075	0.099	0.126	0.251	2.7	21.4	1 574	0.066
As	mg/kg	10.3	1.9	10.1	1.2	0.18	10.3	10.2	1.0	1.9	4.8	6.0	9.2	11.2	14.3	16.4	19.0	0.2	2.0	1 565	10.2
Au	μg/kg	1.7	0.8	1.6	1.3	0.51	1.4	1.6	0.3	0.7	0.8	1.0	1.4	1.9	2.8	4.0	26.0	19.6	601.0	1 570	1.6
B	mg/kg	50.5	7.0	50.0	1.2	0.14	52.0	50.4	4.1	22.8	29.7	37.2	46.2	54.4	64.9	72.0	85.0	0.2	1.5	1 582	50.4
Ba	mg/kg	488	49	486	1	0.10	484	482	20	384	412	427	464	504	568	631	1 200	6.4	74.9	1 574	484
Be	mg/kg	1.87	0.17	1.86	1.09	0.09	1.84	1.85	0.10	1.39	1.51	1.61	1.75	1.95	2.25	2.38	3.82	1.5	12.3	1 582	1.86
Bi	mg/kg	0.28	0.08	0.27	1.20	0.29	0.26	0.27	0.02	0.15	0.17	0.20	0.25	0.29	0.40	0.54	2.56	16.3	444.0	1 532	0.27
Br	mg/kg	4.3	1.2	4.2	1.4	0.28	4.4	4.3	0.7	0.4	1.4	2.0	3.6	5.0	6.9	8.6	11.4	0.6	2.2	1 579	4.3
TC	%	1.68	0.30	1.65	1.22	0.18	1.62	1.68	0.14	0.55	0.72	0.89	1.55	1.83	2.31	2.63	3.75	0.0	4.1	1 506	1.70
Cd	mg/kg	0.152	0.034	0.149	1.224	0.22	0.140	0.150	0.019	0.078	0.087	0.100	0.130	0.167	0.224	0.306	0.506	2.5	16.1	1 569	0.149
Ce	mg/kg	65.6	5.6	65.3	1.1	0.09	66.8	65.5	3.3	36.7	48.2	55.0	62.2	68.8	76.7	83.6	94.2	0.1	2.4	1 576	65.5
Cl	mg/kg	206	229	159	2	1.11	101	134	41	57	65	73	101	214	790	1 548	2 917	5.2	39.0	1 401	143
Co	mg/kg	11.0	1.5	10.9	1.1	0.14	10.4	10.7	0.8	6.4	8.0	8.6	10.0	11.7	14.8	16.1	20.0	1.0	2.0	1 562	10.9
Cr	mg/kg	63.2	8.1	62.8	1.1	0.13	59.6	62.7	3.9	36.0	46.4	51.5	58.8	66.7	76.8	85.7	185.1	5.0	62.9	1 585	62.8
Cu	mg/kg	21.5	3.7	21.2	1.2	0.17	19.0	21.0	2.0	11.8	13.5	15.7	19.1	23.2	30.4	36.1	52.4	1.4	5.5	1 566	21.2
F	mg/kg	539	59	536	1	0.11	530	537	36	306	369	419	501	574	658	715	827	0.2	1.1	1 581	539
Ga	mg/kg	13.9	1.4	13.9	1.1	0.10	13.4	13.8	0.8	9.3	10.7	11.4	13.1	14.7	17.3	18.5	19.4	0.6	1.0	1 575	13.9
Ge	mg/kg	1.31	0.12	1.30	1.10	0.09	1.30	1.30	0.10	1.00	1.00	1.10	1.20	1.40	1.60	1.60	1.70	0.1	-0.1	1 603	1.31
Hg	mg/kg	0.043	0.032	0.038	1.574	0.74	0.031	0.036	0.009	0.008	0.012	0.017	0.029	0.048	0.109	0.198	0.850	11.6	254.2	1 502	0.037
I	mg/kg	2.24	0.79	2.09	1.49	0.35	1.84	2.18	0.49	0.02	0.47	0.93	1.69	2.67	3.98	5.28	6.89	0.9	2.4	1 583	2.20
La	mg/kg	33.6	2.5	33.6	1.1	0.07	33.6	33.6	1.4	21.8	25.6	29.0	32.2	35.0	38.8	41.9	48.7	0.4	4.2	1 564	33.6
Li	mg/kg	31.6	4.2	31.4	1.1	0.13	32.0	31.1	2.5	17.4	20.8	24.1	28.9	34.0	41.8	46.3	50.0	0.6	1.5	1 567	31.4
Mn	mg/kg	546	63	543	1	0.12	512	536	33	339	399	442	507	574	705	770	938	1.0	2.6	1 562	541
Mo	mg/kg	0.58	0.11	0.57	1.20	0.19	0.55	0.57	0.06	0.25	0.32	0.40	0.51	0.63	0.84	0.95	1.50	1.0	4.5	1 577	0.57
N	%	0.092	0.017	0.090	1.211	0.19	0.088	0.091	0.010	0.038	0.046	0.059	0.081	0.101	0.129	0.157	0.228	0.8	3.7	1 576	0.091
Nb	mg/kg	13.6	1.0	13.6	1.1	0.07	13.5	13.6	0.5	8.8	10.6	11.7	13.1	14.2	15.2	15.8	30.0	2.7	50.5	1 579	13.6
Ni	mg/kg	26.8	3.5	26.6	1.1	0.13	26.3	26.3	1.9	16.1	18.6	21.0	24.5	28.4	35.3	39.0	42.0	0.9	1.8	1 565	26.5

192

续表

指标	单位	算术平均值 X_a	算术标准差 S_a	几何平均值 X_g	几何标准差 S_g	变异系数 CV	众值 X_{mo}	中位值 X_{me}	中位绝对离差 MAD	最小值 X_{min}	累积频率 $X_{0.5\%}$	$X_{2.5\%}$	$X_{25\%}$	$X_{75\%}$	$X_{97.5\%}$	$X_{99.5\%}$	最大值 X_{max}	偏度系数 SK	峰度系数 BK	n'	背景值 X_a'
P	mg/kg	1 091	189	1 076	1	0.17	1 117	1 077	116	572	678	767	963	1 196	1 521	1 741	2 528	0.9	2.9	1 579	1 081
Pb	mg/kg	21.7	3.9	21.5	1.1	0.18	21.8	21.2	1.6	15.5	16.4	17.2	19.8	23.0	28.2	35.7	125.3	12.2	303.9	1 577	21.4
Rb	mg/kg	90.0	6.5	89.8	1.1	0.07	89.8	88.9	3.5	73.3	75.9	79.6	85.9	93.0	106.4	112.0	125.8	1.0	1.8	1 566	89.5
S	mg/kg	232	84	221	1	0.36	196	211	31	106	119	140	182	255	467	649	1 006	3.0	14.9	1 503	215
Sb	mg/kg	0.92	0.21	0.90	1.22	0.22	0.86	0.91	0.09	0.24	0.43	0.55	0.83	1.00	1.30	1.52	4.15	5.2	73.6	1 554	0.91
Sc	mg/kg	10.2	1.1	10.2	1.1	0.11	10.4	10.1	0.6	5.7	7.3	8.2	9.6	10.7	12.9	14.6	15.7	0.8	2.8	1 555	10.2
Se	mg/kg	0.19	0.07	0.18	1.25	0.36	0.17	0.18	0.02	0.08	0.11	0.12	0.17	0.20	0.28	0.62	1.64	9.9	160.5	1 549	0.18
Sn	mg/kg	3.5	1.0	3.3	1.3	0.28	3.1	3.3	0.5	1.5	1.8	2.1	2.8	3.9	5.9	7.2	13.5	1.9	10.0	1 551	3.4
Sr	mg/kg	198	12	198	1	0.06	194	197	7	151	166	178	191	204	223	246	305	1.2	7.1	1 564	197
Th	mg/kg	10.6	1.3	10.6	1.1	0.12	10.6	10.7	0.7	6.1	7.1	7.8	10.0	11.3	13.2	14.6	16.5	-0.1	1.1	1 592	10.6
Ti	mg/kg	3 734	191	3 729	1	0.05	3 864	3 766	90	2 429	2 939	3 291	3 659	3 844	4 035	4 279	4 604	-1.2	6.2	1 541	3 748
Tl	mg/kg	0.58	0.07	0.57	1.13	0.12	0.58	0.57	0.04	0.34	0.41	0.44	0.54	0.62	0.73	0.80	0.91	0.4	1.0	1 584	0.57
U	mg/kg	2.29	0.26	2.28	1.12	0.11	2.32	2.29	0.16	1.32	1.60	1.82	2.13	2.45	2.83	3.09	4.29	0.6	3.7	1 587	2.29
V	mg/kg	76.0	7.1	75.7	1.1	0.09	77.8	75.6	4.2	43.5	56.8	62.7	71.7	80.2	92.3	97.8	107.0	0.2	1.3	1 588	75.9
W	mg/kg	1.61	0.17	1.60	1.11	0.10	1.59	1.62	0.08	0.76	1.10	1.26	1.52	1.70	1.94	2.29	2.50	0.4	3.9	1 553	1.61
Y	mg/kg	23.2	1.3	23.2	1.1	0.05	24.0	23.3	0.7	15.6	18.9	20.6	22.6	24.0	25.5	26.6	30.0	-0.7	4.0	1 565	23.3
Zn	mg/kg	63.4	8.4	62.9	1.1	0.13	60.3	62.6	4.3	35.8	42.0	48.6	58.8	67.5	82.4	97.9	132.8	1.3	7.0	1 570	62.9
Zr	mg/kg	246	29	244	1	0.12	249	244	17	150	166	189	229	262	308	350	536	0.9	7.1	1 571	245
Al$_2$O$_3$	%	11.91	0.63	11.89	1.05	0.05	11.97	11.83	0.36	10.25	10.54	10.86	11.53	12.24	13.35	14.21	15.75	0.9	2.5	1 578	11.87
CaO	%	5.03	0.95	4.90	1.30	0.19	5.12	5.11	0.35	0.89	1.54	1.84	4.77	5.47	6.67	7.61	8.42	-1.6	5.0	1 455	5.16
MgO	%	1.89	0.23	1.88	1.14	0.12	1.85	1.88	0.11	0.78	1.06	1.38	1.78	2.00	2.41	2.60	2.76	-0.1	2.7	1 544	1.89
K$_2$O	%	2.31	0.10	2.31	1.04	0.04	2.27	2.29	0.06	2.05	2.13	2.17	2.24	2.37	2.58	2.67	2.79	1.1	1.7	1 555	2.30
Na$_2$O	%	1.92	0.21	1.91	1.12	0.11	1.86	1.91	0.12	1.12	1.28	1.51	1.80	2.04	2.36	2.72	3.11	0.4	2.8	1 570	1.92
SiO$_2$	%	62.17	2.47	62.12	1.04	0.04	62.62	62.42	1.15	51.04	52.98	56.23	61.15	63.51	66.79	70.04	71.95	-0.6	2.9	1 524	62.30
TFe$_2$O$_3$	%	4.11	0.44	4.09	1.11	0.11	4.00	4.04	0.23	2.62	3.06	3.35	3.84	4.31	5.21	5.73	6.55	1.0	2.7	1 556	4.08
SOC	%	0.79	0.17	0.77	1.24	0.22	0.80	0.78	0.09	0.21	0.38	0.49	0.69	0.87	1.15	1.50	1.99	1.3	5.7	1 576	0.78
pH	无量纲						8.10	8.16	0.16	6.14	6.99	7.52	8.00	8.33	8.72	8.87	9.07				

193

表 2.3.22B　脱潮土深层土壤（150～200 cm）地球化学参数（n=399）

指标	单位	算术平均值 X_a	算术标准差 S_a	几何平均值 X_g	几何标准差 S_g	变异系数 CV	众值 X_mo	中位值 X_me	中位绝对离差 MAD	最小值 X_min	X_0.5%	X_2.5%	X_25%	累积频率 X_75%	X_97.5%	X_99.5%	最大值 X_max	偏度系数 SK	峰度系数 BK	基准值 n'	X_a'
Ag	mg/kg	0.059	0.013	0.057	1.259	0.22	0.053	0.058	0.008	0.015	0.025	0.035	0.051	0.066	0.085	0.097	0.114	0.4	1.5	394	0.059
As	mg/kg	10.2	2.4	10.0	1.3	0.24	9.6	9.9	1.3	4.5	5.4	6.0	8.7	11.3	15.8	18.0	21.3	0.9	1.7	392	10.1
Au	μg/kg	1.7	0.8	1.6	1.4	0.45	1.4	1.6	0.3	0.9	0.9	1.0	1.4	1.9	3.4	5.6	11.0	5.6	54.4	379	1.6
B	mg/kg	51.3	7.3	50.8	1.2	0.14	52.4	51.8	4.3	29.8	31.0	35.6	47.2	56.0	63.6	73.4	84.1	0.1	1.7	393	51.3
Ba	mg/kg	474	54	472	1	0.12	464	467	20	390	394	415	448	490	551	658	1 280	8.6	121.1	391	470
Be	mg/kg	1.91	0.21	1.90	1.11	0.11	1.89	1.89	0.12	1.42	1.47	1.54	1.78	2.01	2.37	2.47	2.72	0.5	0.6	397	1.91
Bi	mg/kg	0.25	0.06	0.24	1.23	0.22	0.21	0.24	0.03	0.14	0.15	0.17	0.21	0.27	0.39	0.41	0.51	1.2	2.0	388	0.24
Br	mg/kg	2.5	0.9	2.4	1.4	0.34	2.6	2.5	0.5	0.8	1.0	1.3	2.0	3.0	4.3	5.7	9.0	2.4	14.3	393	2.5
TC	%	1.27	0.31	1.21	1.43	0.25	1.41	1.26	0.15	0.19	0.20	0.34	1.13	1.41	1.88	2.25	2.44	-0.6	3.4	373	1.30
Cd	mg/kg	0.107	0.026	0.104	1.248	0.24	0.090	0.100	0.012	0.062	0.064	0.070	0.090	0.120	0.172	0.193	0.223	1.3	2.2	383	0.104
Ce	mg/kg	66.7	5.7	66.5	1.1	0.09	65.7	66.4	3.5	50.0	51.5	56.3	62.9	70.0	78.0	90.3	92.9	0.6	2.5	392	66.5
Cl	mg/kg	176	102	154	2	0.58	88	150	55	58	61	64	106	219	421	507	1 016	2.4	12.7	386	165
Co	mg/kg	11.3	1.8	11.2	1.2	0.16	10.8	11.0	1.0	6.5	7.7	8.3	10.1	12.4	15.4	17.1	20.6	0.8	1.6	396	11.3
Cr	mg/kg	62.7	7.1	62.4	1.1	0.11	62.3	62.3	4.3	45.4	47.5	50.3	58.1	66.7	78.2	83.5	88.6	0.5	0.6	396	62.6
Cu	mg/kg	20.7	4.1	20.3	1.2	0.20	19.5	19.9	2.5	10.7	12.9	14.4	17.9	23.0	30.0	33.6	38.5	0.8	0.9	395	20.5
F	mg/kg	520	64	516	1	0.12	488	514	40	330	371	408	479	560	656	708	755	0.4	0.5	395	519
Ga	mg/kg	14.2	1.8	14.1	1.1	0.13	13.5	13.9	1.0	10.2	10.3	11.3	13.0	15.1	18.2	19.9	21.3	0.8	0.9	395	14.1
Ge	mg/kg	1.31	0.15	1.30	1.13	0.12	1.30	1.30	0.10	0.70	0.80	1.00	1.20	1.40	1.60	1.70	1.72	-0.6	1.9	388	1.32
Hg	mg/kg	0.017	0.009	0.016	1.457	0.53	0.014	0.015	0.003	0.005	0.006	0.008	0.012	0.019	0.031	0.074	0.107	5.5	43.5	388	0.016
I	mg/kg	1.41	0.46	1.35	1.36	0.32	1.01	1.34	0.25	0.54	0.57	0.72	1.09	1.64	2.50	3.02	3.82	1.2	2.8	389	1.37
La	mg/kg	33.9	3.0	33.7	1.1	0.09	32.5	33.6	1.9	24.8	27.1	28.9	31.8	35.5	40.0	42.6	49.2	0.7	2.0	395	33.8
Li	mg/kg	32.7	5.5	32.2	1.2	0.17	31.0	31.7	3.1	19.3	21.3	23.8	29.3	35.6	45.4	50.2	54.7	0.7	0.9	392	32.4
Mn	mg/kg	545	117	536	1	0.21	536	529	50	331	384	419	484	584	767	876	2 123	6.7	83.9	385	532
Mo	mg/kg	0.59	0.13	0.58	1.23	0.22	0.53	0.58	0.08	0.34	0.36	0.40	0.50	0.66	0.89	1.10	1.34	1.2	3.6	391	0.58
N	%	0.032	0.010	0.031	1.315	0.31	0.030	0.030	0.004	0.015	0.016	0.019	0.026	0.036	0.058	0.077	0.091	2.0	7.4	383	0.031
Nb	mg/kg	13.8	0.9	13.8	1.1	0.06	13.7	13.8	0.5	10.0	10.8	11.9	13.4	14.3	15.3	16.2	16.9	-0.6	2.1	390	13.8
Ni	mg/kg	27.3	4.4	27.0	1.2	0.16	27.7	26.6	2.7	16.9	17.5	20.4	24.4	30.0	37.1	39.4	49.1	0.8	1.2	397	27.2

指标	单位	算术平均值 X_a	算术标准差 S_a	几何平均值 X_g	几何标准差 S_g	变异系数 CV	众值 X_{mo}	中位值 X_{me}	中位绝对离差 MAD	最小值 X_{min}	累积频率 $X_{0.5\%}$	$X_{2.5\%}$	$X_{25\%}$	$X_{75\%}$	$X_{97.5\%}$	$X_{99.5\%}$	最大值 X_{max}	偏度系数 SK	峰度系数 BK	n'	基准值 X_a'
P	mg/kg	597	62	594	1	0.10	599	599	19	267	376	423	582	620	681	824	1 161	0.7	21.9	369	603
Pb	mg/kg	19.0	2.7	18.8	1.1	0.14	17.1	18.5	1.7	13.5	14.6	15.0	17.0	20.5	25.4	27.3	30.3	0.9	1.1	392	18.8
Rb	mg/kg	90.8	8.7	90.4	1.1	0.10	84.6	89.8	5.3	72.7	73.8	76.8	84.7	95.6	110.7	114.7	123.8	0.7	0.6	397	90.6
S	mg/kg	155	48	149	1	0.31	137	146	26	76	80	88	124	174	275	350	435	1.6	4.8	385	150
Sb	mg/kg	0.98	0.19	0.96	1.23	0.20	0.96	0.98	0.10	0.43	0.47	0.55	0.87	1.07	1.42	1.61	1.63	0.3	1.3	394	0.97
Sc	mg/kg	10.4	1.5	10.3	1.2	0.14	9.7	10.2	0.9	6.3	7.3	7.8	9.5	11.2	13.9	15.3	17.4	0.9	1.9	393	10.3
Se	mg/kg	0.09	0.02	0.09	1.22	0.20	0.08	0.08	0.01	0.05	0.05	0.06	0.08	0.09	0.13	0.15	0.16	1.0	2.1	392	0.09
Sn	mg/kg	2.6	0.5	2.5	1.2	0.19	2.5	2.5	0.3	1.3	1.6	1.8	2.2	2.9	3.7	4.0	4.3	0.6	0.2	397	2.6
Sr	mg/kg	198	14	197	1	0.07	198	197	7	150	161	170	190	204	226	241	278	0.7	5.0	389	197
Th	mg/kg	10.8	1.6	10.6	1.2	0.15	10.9	10.9	0.9	4.8	7.1	7.6	9.9	11.7	13.9	15.4	16.6	0.0	0.6	397	10.8
Ti	mg/kg	3 774	197	3 768	1	0.05	3 890	3 792	116	2 758	2 985	3 352	3 666	3 893	4 085	4 242	4 302	-0.9	3.1	394	3 784
Tl	mg/kg	0.58	0.07	0.58	1.13	0.13	0.56	0.57	0.04	0.38	0.40	0.46	0.54	0.63	0.74	0.83	0.88	0.5	0.8	395	0.58
U	mg/kg	2.32	0.26	2.31	1.12	0.11	2.37	2.32	0.15	1.53	1.71	1.82	2.17	2.48	2.90	3.00	3.24	0.1	0.6	396	2.32
V	mg/kg	77.5	8.8	77.0	1.1	0.11	76.3	76.2	5.6	53.0	58.1	63.7	71.2	82.6	97.1	105.6	112.7	0.7	0.9	394	77.1
W	mg/kg	1.64	0.17	1.63	1.11	0.10	1.63	1.63	0.10	0.94	1.13	1.27	1.54	1.74	1.97	2.14	2.41	-0.1	2.1	391	1.64
Y	mg/kg	23.4	1.5	23.4	1.1	0.06	23.9	23.4	0.9	17.5	19.1	20.5	22.5	24.3	25.9	27.5	30.1	0.0	1.6	392	23.4
Zn	mg/kg	58.5	10.0	57.7	1.2	0.17	52.7	57.2	6.1	34.9	38.9	42.3	51.9	64.0	82.1	89.7	100.5	0.7	0.8	395	58.2
Zr	mg/kg	242	51	237	1	0.21	221	233	29	126	154	169	208	268	352	422	591	1.5	5.9	392	238
Al_2O_3	%	11.64	0.87	11.61	1.08	0.08	10.85	11.47	0.52	9.96	10.08	10.36	11.01	12.08	13.92	14.23	14.40	0.9	0.5	394	11.61
CaO	%	5.60	1.09	5.45	1.30	0.20	5.58	5.63	0.47	1.10	1.58	1.94	5.22	6.15	7.60	8.76	9.08	-1.2	4.5	372	5.71
MgO	%	1.88	0.26	1.86	1.15	0.14	1.99	1.88	0.14	1.04	1.15	1.30	1.74	2.03	2.40	2.57	2.74	-0.1	0.9	395	1.88
K_2O	%	2.25	0.14	2.25	1.06	0.06	2.20	2.22	0.09	1.98	1.99	2.06	2.15	2.33	2.60	2.73	2.85	1.0	1.2	392	2.24
Na_2O	%	1.93	0.25	1.91	1.15	0.13	2.02	1.94	0.14	0.84	1.25	1.40	1.78	2.08	2.42	2.68	2.93	-0.2	2.0	391	1.92
SiO_2	%	61.94	3.32	61.85	1.06	0.05	62.35	62.72	1.78	47.11	50.63	53.87	60.26	64.02	67.45	68.92	69.98	-1.0	1.8	393	62.12
TFe_2O_3	%	4.13	0.59	4.09	1.15	0.14	4.21	4.01	0.34	2.78	3.03	3.23	3.74	4.46	5.51	6.02	6.71	1.0	1.4	392	4.09
SOC	%	0.20	0.08	0.18	1.48	0.39	0.19	0.19	0.05	0.04	0.05	0.08	0.15	0.24	0.38	0.48	0.60	1.1	2.4	394	0.19
pH	无量纲						8.61	8.65	0.14	7.50	8.10	8.24	8.52	8.80	9.14	9.29	9.34				

表 2.3.23A 湿潮土表层土壤 (0~20 cm) 地球化学参数 (n=462)

指标	单位	算术平均值 X_a	算术标准差 S_a	几何平均值 X_g	几何标准差 S_g	变异系数 CV	众值 X_{mo}	中位值 X_{me}	中位绝对离差 MAD	最小值 X_{min}	$X_{0.5\%}$	$X_{2.5\%}$	$X_{25\%}$	$X_{75\%}$	$X_{97.5\%}$	$X_{99.5\%}$	最大值 X_{max}	偏度系数 SK	峰度系数 BK	n'	背景值 X_a'
Ag	mg/kg	0.077	0.018	0.075	1.256	0.23	0.074	0.074	0.010	0.029	0.039	0.050	0.065	0.086	0.121	0.164	0.170	1.3	3.8	453	0.076
As	mg/kg	9.9	3.7	9.2	1.4	0.38	8.6	8.8	2.2	3.7	4.4	5.2	7.1	11.8	18.8	19.7	22.8	0.9	0.2	461	9.8
Au	μg/kg	1.8	1.0	1.7	1.4	0.54	1.3	1.6	0.4	0.4	0.5	0.9	1.3	2.0	3.2	4.0	13.8	7.6	87.0	454	1.7
B	mg/kg	48.2	11.0	46.9	1.3	0.23	55.0	48.0	7.1	14.0	20.4	27.2	41.5	55.9	67.8	77.0	114.0	0.3	2.3	459	48.0
Ba	mg/kg	600	254	578	1	0.42	516	542	43	324	395	454	508	616	1 057	1 342	4 760	10.6	160.6	410	547
Be	mg/kg	2.09	0.29	2.07	1.15	0.14	2.23	2.09	0.20	1.06	1.33	1.58	1.89	2.29	2.67	2.81	2.97	-0.1	0.1	459	2.10
Bi	mg/kg	0.31	0.09	0.30	1.33	0.29	0.28	0.31	0.06	0.14	0.14	0.17	0.25	0.37	0.52	0.54	0.69	0.6	0.3	460	0.31
Br	mg/kg	5.6	3.2	4.9	1.6	0.58	3.4	4.4	1.2	1.2	2.0	2.4	3.4	6.8	13.6	20.6	21.8	2.0	5.2	432	4.9
TC	%	1.67	0.87	1.49	1.59	0.52	1.07	1.40	0.43	0.43	0.53	0.67	1.07	2.11	3.58	4.82	7.57	2.0	8.1	455	1.62
Cd	mg/kg	0.154	0.064	0.144	1.410	0.42	0.140	0.140	0.028	0.055	0.062	0.075	0.120	0.175	0.287	0.524	0.713	3.4	22.3	448	0.147
Ce	mg/kg	72.1	31.0	69.8	1.2	0.43	72.2	70.9	6.9	35.9	38.1	44.3	63.6	77.8	95.9	159.6	656.3	14.9	275.6	456	70.0
Cl	mg/kg	173	215	128	2	1.25	78	110	38	42	44	54	78	174	595	1 427	2 442	5.6	42.4	401	115
Co	mg/kg	13.6	3.2	13.1	1.3	0.24	15.4	13.7	2.4	5.4	5.8	7.2	11.3	16.0	19.2	20.3	20.9	-0.2	-0.5	462	13.6
Cr	mg/kg	70.5	13.2	69.1	1.2	0.19	72.9	71.3	8.2	28.9	31.3	44.1	62.7	79.0	94.1	104.6	125.0	-0.2	0.6	458	70.6
Cu	mg/kg	27.2	7.1	26.3	1.3	0.26	30.2	27.0	4.7	9.2	12.3	14.0	22.6	32.0	40.8	49.2	54.6	0.3	0.4	459	27.1
F	mg/kg	591	126	577	1	0.21	680	598	85	257	312	340	504	680	812	852	870	-0.1	-0.5	462	591
Ga	mg/kg	16.6	2.2	16.4	1.2	0.13	16.8	16.7	1.5	7.9	10.1	12.1	15.1	18.1	20.5	22.1	22.7	-0.3	0.5	459	16.6
Ge	mg/kg	1.31	0.14	1.30	1.11	0.11	1.20	1.30	0.10	0.85	0.90	1.05	1.20	1.40	1.55	1.70	2.04	0.4	2.6	456	1.31
Hg	mg/kg	0.040	0.024	0.036	1.528	0.60	0.028	0.034	0.007	0.006	0.016	0.019	0.027	0.044	0.093	0.183	0.248	4.3	26.6	433	0.035
I	mg/kg	2.10	0.64	2.00	1.36	0.31	1.75	2.01	0.34	0.20	0.86	1.09	1.71	2.42	3.67	4.58	4.93	1.1	2.6	448	2.04
La	mg/kg	38.0	23.4	36.5	1.3	0.61	33.2	36.7	3.7	19.5	19.9	23.4	33.0	40.4	49.4	96.4	502.2	17.4	340.7	456	36.5
Li	mg/kg	37.4	9.8	36.0	1.3	0.26	44.0	37.0	7.1	14.0	15.7	20.2	29.8	44.0	55.3	60.0	76.8	0.2	-0.2	461	37.3
Mn	mg/kg	643	158	624	1	0.25	531	638	107	252	322	372	529	740	978	1 054	1 200	0.4	0.0	460	641
Mo	mg/kg	0.62	0.29	0.59	1.40	0.46	0.53	0.58	0.12	0.21	0.25	0.31	0.48	0.73	1.05	1.83	4.51	6.7	78.8	452	0.60
N	%	0.117	0.033	0.113	1.331	0.28	0.089	0.115	0.020	0.038	0.049	0.064	0.095	0.137	0.193	0.227	0.253	0.7	0.9	457	0.116
Nb	mg/kg	13.9	1.6	13.8	1.1	0.11	14.6	14.0	1.0	7.3	8.9	10.5	13.0	15.1	16.6	17.3	18.2	-0.6	0.9	458	14.0
Ni	mg/kg	32.2	7.7	31.2	1.3	0.24	33.2	32.4	5.2	12.1	13.6	17.4	26.8	37.4	46.2	53.2	61.3	0.1	0.2	460	32.0

指标	单位	算术平均值 X_a	算术标准差 S_a	几何平均值 X_g	几何标准差 S_g	变异系数 CV	众值 X_{mo}	中位值 X_{me}	中位绝对离差 MAD	最小值 X_{min}	累积频率						最大值 X_{max}	偏度系数 SK	峰度系数 BK	n'	背景值 X_a'
											$X_{0.5\%}$	$X_{2.5\%}$	$X_{25\%}$	$X_{75\%}$	$X_{97.5\%}$	$X_{99.5\%}$					
P	mg/kg	891	255	858	1	0.29	752	853	141	302	416	502	724	1 027	1 481	1 815	2 316	1.3	3.6	451	869
Pb	mg/kg	25.9	4.9	25.5	1.2	0.19	26.1	25.4	2.4	12.8	16.7	18.6	23.1	27.9	33.8	49.1	73.8	3.4	26.7	454	25.5
Rb	mg/kg	103.6	12.2	102.8	1.1	0.12	93.1	103.1	8.0	44.1	75.4	81.5	95.3	111.7	127.0	133.6	134.3	-0.2	1.2	460	103.8
S	mg/kg	277	149	253	1	0.54	211	241	46	63	110	126	204	303	645	1 206	1 488	3.8	21.1	426	244
Sb	mg/kg	0.81	0.30	0.76	1.41	0.37	0.56	0.72	0.17	0.38	0.39	0.45	0.58	0.96	1.50	1.74	1.97	1.0	0.4	458	0.80
Sc	mg/kg	11.5	2.6	11.2	1.3	0.23	11.6	11.4	1.8	4.2	4.8	6.3	9.8	13.4	16.2	17.1	17.2	-0.1	-0.3	462	11.5
Se	mg/kg	0.25	0.50	0.21	1.48	2.02	0.19	0.20	0.03	0.05	0.10	0.12	0.17	0.24	0.49	0.92	10.10	17.7	338.5	427	0.20
Sn	mg/kg	3.2	0.7	3.1	1.2	0.22	3.0	3.1	0.4	1.5	1.7	1.9	2.7	3.6	4.8	5.8	6.5	0.8	2.1	454	3.2
Sr	mg/kg	207	67	200	1	0.32	184	198	26	92	118	129	172	223	333	625	898	5.0	41.7	447	199
Th	mg/kg	12.1	2.4	11.8	1.2	0.20	11.6	12.1	1.6	5.7	6.2	7.4	10.5	13.7	16.4	18.1	24.3	0.1	0.9	461	12.0
Ti	mg/kg	3 908	516	3 870	1	0.13	3 677	3 920	261	1 936	2 090	2 682	3 666	4 193	4 869	5 103	5 450	-0.7	1.8	451	3 941
Tl	mg/kg	0.63	0.09	0.62	1.14	0.14	0.60	0.62	0.05	0.38	0.41	0.50	0.57	0.67	0.81	1.00	1.11	1.2	4.0	450	0.62
U	mg/kg	2.32	0.39	2.28	1.19	0.17	2.35	2.33	0.25	1.18	1.29	1.53	2.06	2.55	3.02	3.39	3.82	0.0	0.5	459	2.31
V	mg/kg	82.8	15.8	81.1	1.2	0.19	88.6	83.9	10.6	33.3	35.9	48.0	72.7	93.9	109.2	114.9	119.0	-0.4	0.1	459	83.1
W	mg/kg	1.70	0.36	1.66	1.23	0.21	1.54	1.71	0.21	0.67	0.84	1.02	1.50	1.92	2.28	2.39	5.48	2.2	24.8	460	1.69
Y	mg/kg	23.8	2.8	23.6	1.1	0.12	23.9	24.0	1.6	13.2	13.5	17.5	22.4	25.5	29.0	30.6	32.9	-0.6	1.4	454	23.9
Zn	mg/kg	70.4	15.8	68.5	1.3	0.22	68.9	69.4	10.8	30.5	31.6	40.2	60.2	82.5	98.4	107.7	118.4	0.0	-0.4	461	70.3
Zr	mg/kg	229	49	224	1	0.21	267	232	35	121	130	138	194	265	313	356	370	-0.1	-0.5	462	229
Al$_2$O$_3$	%	13.36	1.32	13.29	1.11	0.10	14.12	13.43	0.84	6.59	9.55	10.64	12.58	14.27	15.66	16.29	16.77	-0.7	2.3	458	13.40
CaO	%	3.97	3.06	3.06	2.06	0.77	1.08	2.81	1.51	0.88	0.89	1.02	1.64	6.17	9.44	14.88	26.41	2.2	10.8	457	3.81
MgO	%	1.76	0.60	1.65	1.45	0.34	1.20	1.75	0.46	0.49	0.58	0.72	1.29	2.21	2.91	3.02	3.20	0.2	-0.7	462	1.76
K$_2$O	%	2.46	0.25	2.45	1.11	0.10	2.56	2.47	0.15	1.07	1.66	2.08	2.31	2.60	2.91	3.22	3.29	-0.4	3.8	462	2.46
Na$_2$O	%	1.62	0.42	1.56	1.30	0.26	1.72	1.59	0.30	0.80	0.82	0.90	1.31	1.91	2.49	2.92	3.11	0.4	0.0	459	1.61
SiO$_2$	%	60.41	6.58	60.02	1.12	0.11	60.19	61.45	4.23	28.50	45.47	48.31	56.04	64.90	71.63	72.90	75.24	-0.6	1.2	460	60.54
TFe$_2$O$_3$	%	4.91	1.08	4.78	1.27	0.22	4.03	4.92	0.79	1.94	2.23	2.80	4.10	5.68	6.75	7.44	7.66	-0.1	-0.4	462	4.91
SOC	%	1.06	0.36	1.01	1.40	0.34	0.93	1.00	0.21	0.17	0.40	0.53	0.83	1.25	1.89	2.28	2.82	1.0	2.0	455	1.04
pH	无量纲						7.96	7.96	0.26	5.05	5.21	5.67	7.47	8.15	8.42	8.56	8.80				

表 2.3.23B　湿潮土深层土壤（150～200 cm）地球化学参数（n=124）

指标	单位	算术平均值 X_a	算术标准差 S_a	几何平均值 X_g	几何标准差 S_g	变异系数 CV	众值 X_{mo}	中位值 X_{me}	中位绝对离差 MAD	最小值 X_{min}	$X_{0.5\%}$	$X_{2.5\%}$	$X_{25\%}$	$X_{75\%}$	$X_{97.5\%}$	$X_{99.5\%}$	最大值 X_{max}	偏度系数 SK	峰度系数 BK	n'	基准值 X_a'
Ag	mg/kg	0.072	0.026	0.069	1.300	0.36	0.075	0.070	0.011	0.038	0.038	0.045	0.058	0.079	0.101	0.145	0.296	5.5	46.3	122	0.069
As	mg/kg	11.1	4.3	10.3	1.5	0.39	8.6	10.2	2.1	3.7	3.8	4.2	8.4	12.6	20.7	22.2	24.1	0.9	0.4	123	11.0
Au	μg/kg	1.8	0.6	1.7	1.4	0.36	1.4	1.7	0.3	0.3	0.7	0.8	1.4	2.1	3.5	3.8	5.0	1.5	5.1	119	1.7
B	mg/kg	44.8	11.0	43.3	1.3	0.24	52.2	45.6	6.7	14.7	19.1	21.9	38.6	51.7	68.7	70.3	70.7	-0.2	0.2	124	44.8
Ba	mg/kg	594	203	573	1	0.34	500	540	53	354	390	429	500	619	1 248	1 515	1 924	3.8	18.7	117	554
Be	mg/kg	2.10	0.35	2.07	1.19	0.17	2.22	2.10	0.26	1.14	1.36	1.46	1.82	2.35	2.75	2.85	2.96	0.0	-0.3	124	2.10
Bi	mg/kg	0.29	0.10	0.27	1.42	0.34	0.27	0.27	0.07	0.10	0.13	0.14	0.21	0.35	0.53	0.54	0.56	0.6	0.1	124	0.29
Br	mg/kg	3.9	2.1	3.4	1.7	0.53	3.1	3.4	1.1	1.0	1.0	1.2	2.4	4.7	9.1	11.0	13.4	1.6	3.9	119	3.6
TC	%	1.26	0.96	0.92	2.38	0.76	0.60	1.09	0.62	0.08	0.13	0.14	0.55	1.84	2.74	5.05	6.59	2.0	8.0	122	1.18
Cd	mg/kg	0.113	0.053	0.102	1.570	0.47	0.100	0.100	0.030	0.034	0.041	0.047	0.078	0.138	0.239	0.252	0.260	1.0	0.2	124	0.113
Ce	mg/kg	70.5	17.4	68.8	1.2	0.25	67.2	68.8	8.8	39.8	41.2	47.8	60.5	78.4	99.4	109.8	195.6	3.1	20.8	122	69.1
Cl	mg/kg	160	171	118	2	1.06	132	107	43	39	40	42	71	165	673	875	1 183	3.4	13.8	108	107
Co	mg/kg	14.3	4.0	13.7	1.3	0.28	13.5	14.4	2.8	5.7	6.2	7.9	11.1	16.9	21.4	27.1	29.8	0.6	1.3	122	14.0
Cr	mg/kg	72.2	14.8	70.6	1.2	0.20	76.4	73.5	8.0	43.5	43.7	44.6	63.6	81.2	100.5	109.9	122.4	0.2	0.4	123	71.8
Cu	mg/kg	25.8	8.1	24.5	1.4	0.31	15.8	25.5	6.6	9.7	10.8	12.5	18.9	31.6	40.5	43.8	44.1	0.1	-0.8	124	25.8
F	mg/kg	592	141	576	1	0.24	633	597	85	319	339	353	499	677	796	881	1 396	1.3	7.2	123	585
Ga	mg/kg	16.7	2.8	16.5	1.2	0.16	17.1	17.1	1.8	9.3	11.1	11.2	14.9	18.7	21.3	21.5	22.7	-0.3	-0.5	124	16.7
Ge	mg/kg	1.30	0.18	1.29	1.14	0.13	1.30	1.30	0.10	0.74	1.02	1.03	1.20	1.40	1.64	1.89	1.91	0.5	1.5	121	1.30
Hg	mg/kg	0.022	0.011	0.020	1.611	0.50	0.019	0.020	0.006	0.004	0.007	0.008	0.015	0.026	0.050	0.070	0.079	2.0	7.0	120	0.021
I	mg/kg	2.18	0.73	2.05	1.43	0.34	2.18	2.11	0.48	0.81	0.81	0.87	1.67	2.64	3.70	4.32	4.57	0.5	0.5	122	2.14
La	mg/kg	36.3	10.8	35.4	1.2	0.30	38.8	35.9	4.0	21.1	23.2	23.6	31.9	39.6	46.5	53.0	135.4	6.3	58.2	123	35.5
Li	mg/kg	38.6	10.2	37.2	1.3	0.26	38.1	39.4	7.2	19.5	20.9	21.6	30.2	45.7	57.3	58.7	70.1	0.2	-0.4	123	38.4
Mn	mg/kg	729	320	679	1	0.44	636	636	155	200	312	400	541	831	1 472	2 167	2 455	2.7	10.9	118	676
Mo	mg/kg	0.64	0.33	0.59	1.48	0.51	0.75	0.58	0.15	0.24	0.26	0.30	0.46	0.75	1.20	1.33	3.30	4.5	34.0	121	0.61
N	%	0.049	0.026	0.044	1.562	0.53	0.033	0.042	0.014	0.020	0.021	0.021	0.030	0.060	0.108	0.147	0.188	2.2	7.5	120	0.046
Nb	mg/kg	13.6	1.9	13.5	1.2	0.14	13.9	13.8	1.1	8.1	8.5	9.7	12.7	14.8	17.0	17.5	17.8	-0.4	0.2	124	13.6
Ni	mg/kg	33.3	8.8	32.1	1.3	0.26	35.7	33.3	7.0	15.0	15.8	17.8	26.1	39.9	47.3	56.9	58.0	0.1	-0.4	124	33.3

指标	单位	算术平均值 X_a	算术标准差 S_a	几何平均值 X_g	几何标准差 S_g	变异系数 CV	众值 X_{mo}	中位值 X_{me}	中位绝对离差 MAD	最小值 X_{min}	累积频率 $X_{0.5\%}$	$X_{2.5\%}$	$X_{25\%}$	$X_{75\%}$	$X_{97.5\%}$	$X_{99.5\%}$	最大值 X_{max}	偏度系数 SK	峰度系数 BK	n'	基准值 X_a'
P	mg/kg	521	191	489	1	0.37	577	527	95	177	212	225	422	606	891	1 261	1 539	1.6	7.1	121	503
Pb	mg/kg	23.6	7.2	22.8	1.3	0.30	18.2	22.8	3.6	12.0	14.4	15.0	19.2	26.3	33.2	45.3	81.3	4.4	33.4	122	22.9
Rb	mg/kg	102.3	15.3	101.1	1.2	0.15	108.2	104.1	10.3	42.0	69.3	74.8	93.1	114.0	126.1	128.0	129.1	-0.6	0.8	123	102.8
S	mg/kg	185	112	162	2	0.61	137	152	38	62	65	70	119	211	462	665	716	2.4	7.0	111	154
Sb	mg/kg	0.89	0.30	0.84	1.42	0.33	0.84	0.84	0.15	0.28	0.31	0.33	0.73	1.01	1.54	1.64	1.70	0.6	0.3	124	0.89
Sc	mg/kg	11.8	2.7	11.5	1.3	0.23	12.6	12.1	2.1	6.1	6.8	6.9	9.8	13.7	17.1	17.3	17.8	0.0	-0.6	124	11.8
Se	mg/kg	0.12	0.06	0.11	1.63	0.52	0.06	0.11	0.04	0.03	0.04	0.04	0.08	0.15	0.31	0.35	0.37	1.6	3.8	118	0.11
Sn	mg/kg	2.8	0.7	2.7	1.3	0.25	3.1	2.8	0.4	1.6	1.6	1.7	2.4	3.2	3.8	3.8	7.7	2.5	17.0	123	2.8
Sr	mg/kg	207	65	200	1	0.31	206	203	28	114	120	122	170	224	396	465	593	2.7	11.7	119	197
Th	mg/kg	11.7	2.7	11.4	1.3	0.23	12.4	12.2	1.7	6.7	6.9	7.2	9.8	13.3	16.2	17.8	23.3	0.5	1.8	123	11.6
Ti	mg/kg	3 851	661	3 792	1	0.17	3 800	3 812	382	1 946	2 252	2 570	3 534	4 278	4 903	5 660	5 690	-0.1	0.4	124	3 851
Tl	mg/kg	0.62	0.08	0.62	1.14	0.13	0.59	0.62	0.06	0.35	0.47	0.48	0.57	0.68	0.78	0.79	0.80	-0.1	0.2	123	0.63
U	mg/kg	2.28	0.36	2.25	1.18	0.16	2.20	2.32	0.23	1.49	1.50	1.57	2.05	2.51	2.94	3.27	3.33	0.0	0.1	124	2.28
V	mg/kg	85.3	18.1	83.3	1.3	0.21	101.2	87.7	14.4	44.7	46.8	53.4	71.7	99.0	111.9	119.0	125.4	-0.2	-0.8	124	85.3
W	mg/kg	1.73	0.35	1.69	1.24	0.20	2.04	1.79	0.25	1.01	1.03	1.07	1.53	1.97	2.28	2.33	2.35	-0.4	-0.7	124	1.73
Y	mg/kg	23.7	3.3	23.4	1.2	0.14	25.2	24.2	1.9	14.5	14.5	16.2	21.8	25.6	28.9	30.5	32.9	-0.4	0.5	124	23.7
Zn	mg/kg	64.6	18.0	61.9	1.3	0.28	55.8	63.7	12.7	30.7	31.2	32.0	52.8	77.4	99.3	101.4	105.2	0.1	-0.7	124	64.6
Zr	mg/kg	220	58	213	1	0.26	235	219	25	110	128	131	192	242	334	484	501	1.7	6.9	122	215
Al$_2$O$_3$	%	13.39	1.71	13.27	1.15	0.13	14.38	13.58	1.00	6.73	9.61	10.00	12.49	14.51	16.12	16.37	17.14	-0.7	0.9	123	13.44
CaO	%	4.89	3.71	3.78	2.09	0.76	1.55	4.16	2.43	0.93	1.03	1.09	2.10	6.99	9.84	16.50	29.47	2.7	14.7	122	4.60
MgO	%	1.80	0.56	1.71	1.39	0.31	1.72	1.77	0.38	0.64	0.73	0.79	1.38	2.09	2.94	3.03	3.05	0.3	-0.4	124	1.80
K$_2$O	%	2.39	0.26	2.37	1.14	0.11	2.39	2.38	0.17	0.87	1.64	2.01	2.26	2.55	2.81	2.84	2.99	-1.5	7.8	122	2.40
Na$_2$O	%	1.58	0.41	1.52	1.31	0.26	1.66	1.59	0.24	0.70	0.70	0.80	1.30	1.78	2.43	2.64	2.98	0.3	0.7	123	1.57
SiO$_2$	%	58.79	6.92	58.33	1.14	0.12	59.59	59.56	3.83	25.46	40.77	46.09	55.49	62.52	69.86	74.04	75.17	-1.0	3.6	123	59.06
TFe$_2$O$_3$	%	4.94	1.16	4.80	1.29	0.23	5.42	5.09	0.88	2.23	2.68	2.85	4.07	5.85	6.71	7.31	7.66	-0.2	-0.7	124	4.94
SOC	%	0.39	0.28	0.31	2.04	0.73	0.28	0.34	0.15	0.04	0.06	0.07	0.19	0.49	1.14	1.28	1.91	2.1	6.8	120	0.36
pH	无量纲						8.49	8.39	0.17	7.13	7.19	7.33	8.18	8.53	9.03	9.18	9.21				

199

表2.3.24A　盐化潮土表层土壤（0~20 cm）地球化学参数（n=3 157）

指标	单位	算术平均值 X_a	算术标准差 S_a	几何平均值 X_g	几何标准差 S_g	变异系数 CV	众值 X_{mo}	中位值 X_{me}	中位绝对离差 MAD	最小值 X_{min}	$X_{0.5\%}$	$X_{2.5\%}$	$X_{25\%}$	$X_{75\%}$	$X_{97.5\%}$	$X_{99.5\%}$	最大值 X_{max}	偏度系数 SK	峰度系数 BK	背景值 n'	背景值 X_a'
Ag	mg/kg	0.066	0.019	0.064	1.269	0.29	0.066	0.065	0.010	0.019	0.029	0.039	0.056	0.075	0.098	0.124	0.650	10.1	296.4	3112	0.065
As	mg/kg	10.8	2.3	10.5	1.3	0.21	10.8	10.6	1.2	0.1	4.6	6.5	9.4	11.9	16.2	18.8	22.9	0.5	2.0	3087	10.7
Au	μg/kg	1.7	0.6	1.6	1.3	0.48	1.5	1.6	0.3	0.4	0.8	1.0	1.4	1.9	2.9	4.1	20.0	6.5	99.3	3079	1.7
B	mg/kg	52.0	8.4	51.2	1.2	0.16	56.0	52.0	4.6	6.3	18.3	35.7	47.5	56.7	68.4	77.3	93.4	-0.5	3.5	3077	52.3
Ba	mg/kg	522	431	501	1	0.82	470	485	21	256	417	432	464	508	843	1 570	16 880	27.2	885.7	2976	485
Be	mg/kg	1.91	0.19	1.90	1.10	0.10	1.90	1.90	0.11	0.88	1.39	1.58	1.79	2.01	2.32	2.53	4.29	0.9	9.1	3096	1.91
Bi	mg/kg	0.28	0.07	0.27	1.24	0.24	0.25	0.27	0.03	0.09	0.13	0.18	0.25	0.31	0.43	0.51	1.48	3.6	48.0	3062	0.28
Br	mg/kg	7.8	5.9	6.6	1.7	0.75	4.5	5.7	1.6	0.4	2.1	2.9	4.5	9.3	24.1	39.0	89.1	3.8	26.1	2922	6.5
TC	%	1.72	0.36	1.67	1.31	0.21	1.68	1.74	0.17	0.24	0.46	0.74	1.58	1.92	2.41	2.67	3.02	-0.7	2.2	2982	1.76
Cd	mg/kg	0.143	0.039	0.139	1.281	0.27	0.140	0.140	0.020	0.015	0.067	0.084	0.120	0.160	0.220	0.270	1.090	5.4	114.2	3105	0.141
Ce	mg/kg	66.9	7.0	66.5	1.1	0.10	67.5	66.8	3.9	18.6	39.5	54.0	63.2	70.8	79.7	86.6	120.9	-0.1	7.5	3097	67.0
Cl	mg/kg	1 011	2 004	412	3	1.98	103	316	187	50	67	84	170	773	6 969	12 435	23 872	4.4	25.9	2416	291
Co	mg/kg	11.7	2.0	11.6	1.2	0.17	11.4	11.5	1.1	2.3	5.1	8.5	10.5	12.8	16.2	18.6	25.4	0.5	2.9	3070	11.7
Cr	mg/kg	65.1	8.3	64.5	1.2	0.13	63.0	65.1	4.1	10.2	27.7	50.4	61.1	69.2	80.8	88.5	164.8	-0.1	12.8	3056	65.3
Cu	mg/kg	22.5	4.4	22.1	1.2	0.20	22.3	22.1	2.3	4.2	8.8	15.1	19.9	24.5	31.9	37.8	69.8	1.2	9.0	3055	22.3
F	mg/kg	563	75	557	1	0.13	555	563	39	122	272	395	525	604	713	769	933	-0.6	3.3	3055	567
Ga	mg/kg	14.4	1.7	14.3	1.1	0.12	14.1	14.2	1.0	8.6	10.2	11.3	13.4	15.3	18.3	20.3	25.8	0.7	1.9	3096	14.3
Ge	mg/kg	1.27	0.12	1.26	1.10	0.10	1.20	1.30	0.10	0.83	1.00	1.00	1.20	1.33	1.50	1.60	2.20	0.3	1.2	3142	1.26
Hg	mg/kg	0.034	0.025	0.030	1.533	0.74	0.026	0.030	0.007	0.005	0.011	0.014	0.023	0.038	0.076	0.155	0.844	14.4	382.4	3010	0.030
I	mg/kg	1.81	0.80	1.71	1.39	0.45	1.40	1.69	0.34	0.49	0.74	0.89	1.39	2.09	3.35	4.62	28.50	12.7	387.6	3061	1.73
La	mg/kg	33.7	3.0	33.6	1.1	0.09	33.5	33.7	1.5	11.0	22.2	28.8	32.2	35.2	39.5	42.4	69.7	0.7	18.1	3063	33.7
Li	mg/kg	33.7	5.8	33.1	1.2	0.17	31.0	33.1	3.0	6.4	13.6	23.3	30.4	36.4	47.0	53.4	60.9	0.3	2.9	3027	33.5
Mn	mg/kg	574	98	567	1	0.17	580	560	47	163	354	437	517	614	795	957	2 069	2.6	25.9	3043	566
Mo	mg/kg	0.59	0.13	0.58	1.23	0.22	0.58	0.58	0.07	0.23	0.32	0.38	0.51	0.65	0.88	1.09	2.27	2.1	16.9	3102	0.58
N	%	0.086	0.020	0.084	1.292	0.23	0.092	0.087	0.013	0.017	0.033	0.044	0.073	0.099	0.125	0.142	0.179	0.0	0.5	3141	0.086
Nb	mg/kg	13.5	1.1	13.5	1.1	0.08	13.5	13.6	0.5	6.4	9.8	11.4	13.1	14.1	15.4	16.3	42.2	5.0	137.7	3066	13.6
Ni	mg/kg	28.4	4.9	28.0	1.2	0.17	28.0	28.0	2.5	5.1	10.9	20.3	25.7	30.7	39.0	44.4	91.9	1.0	12.5	3034	28.3

指标	单位	算术平均值 X_a	算术标准差 S_a	几何平均值 X_g	几何标准差 S_g	变异系数 CV	众值 X_{mo}	中位值 X_{me}	中位绝对离差 MAD	最小值 X_{min}	$X_{0.5\%}$	$X_{2.5\%}$	$X_{25\%}$	$X_{75\%}$	$X_{97.5\%}$	$X_{99.5\%}$	最大值 X_{max}	偏度系数 SK	峰度系数 BK	n'	背景值 X_a'
P	mg/kg	960	206	936	1	0.22	950	967	123	200	391	555	833	1082	1378	1551	2093	0.1	1.1	3122	958
Pb	mg/kg	21.7	3.4	21.5	1.2	0.16	21.0	21.4	1.9	11.0	15.0	16.4	19.6	23.5	28.6	32.7	66.5	2.5	22.7	3103	21.5
Rb	mg/kg	92.6	7.6	92.3	1.1	0.08	91.0	91.7	4.3	70.3	76.6	80.7	87.6	96.2	111.4	120.0	140.4	1.0	2.2	3075	92.0
S	mg/kg	361	406	300	2	1.13	218	270	64	69	124	152	218	367	1147	2409	9189	11.0	183.7	2823	277
Sb	mg/kg	0.95	0.20	0.92	1.26	0.22	0.94	0.94	0.10	0.01	0.37	0.53	0.84	1.04	1.34	1.55	4.17	2.2	33.5	3079	0.95
Sc	mg/kg	10.6	1.6	10.5	1.2	0.15	10.6	10.6	0.8	1.4	4.2	7.7	9.8	11.4	14.1	15.7	19.4	-0.1	3.6	3066	10.6
Se	mg/kg	0.18	0.04	0.17	1.24	0.22	0.17	0.18	0.02	0.02	0.09	0.11	0.16	0.20	0.26	0.33	0.52	1.4	8.8	3105	0.18
Sn	mg/kg	3.1	0.7	3.0	1.3	0.24	2.9	3.0	0.4	0.9	1.5	1.9	2.6	3.4	4.7	6.2	9.2	1.5	6.2	3086	3.0
Sr	mg/kg	204	26	203	1	0.13	201	202	8	123	149	167	194	210	249	370	525	5.0	43.6	2989	202
Th	mg/kg	10.4	1.8	10.3	1.2	0.17	11.2	10.6	1.0	2.7	5.2	6.7	9.4	11.5	14.0	15.3	17.3	-0.2	0.9	3125	10.4
Ti	mg/kg	3708	295	3694	1	0.08	3716	3724	112	823	2033	3252	3601	3827	4201	4552	8809	-0.5	44.2	3020	3717
Tl	mg/kg	0.58	0.08	0.58	1.14	0.13	0.58	0.58	0.05	0.32	0.41	0.44	0.53	0.63	0.75	0.81	0.91	0.3	0.3	3135	0.58
U	mg/kg	2.36	0.33	2.34	1.16	0.14	2.26	2.36	0.19	0.60	1.21	1.74	2.17	2.56	2.95	3.32	4.93	0.2	4.4	3096	2.37
V	mg/kg	76.5	9.1	75.9	1.1	0.12	73.0	76.5	4.7	16.3	34.2	59.7	71.8	81.2	94.2	103.6	130.1	-0.6	5.6	3065	76.8
W	mg/kg	1.64	0.19	1.63	1.14	0.12	1.66	1.65	0.09	0.45	0.75	1.22	1.56	1.74	1.99	2.17	3.01	-1.0	6.7	3035	1.65
Y	mg/kg	23.4	1.7	23.3	1.1	0.07	22.8	23.5	0.9	6.5	14.1	19.7	22.7	24.4	26.1	27.1	37.3	-2.1	14.9	3065	23.5
Zn	mg/kg	65.3	10.1	64.4	1.2	0.16	62.2	64.6	5.1	10.8	31.4	46.3	59.8	70.1	88.0	96.8	148.0	0.4	5.1	3059	65.2
Zr	mg/kg	228	36	225	1	0.16	234	226	21	67	144	165	205	248	302	363	562	1.2	6.9	3105	226
Al_2O_3	%	12.05	0.78	12.02	1.07	0.07	11.61	11.95	0.44	8.44	10.14	10.82	11.53	12.44	13.94	14.88	15.33	0.8	1.8	3069	12.00
CaO	%	5.42	1.24	5.19	1.41	0.23	5.38	5.56	0.50	0.52	0.98	1.53	5.07	6.06	7.39	8.17	10.11	-1.5	3.7	2871	5.67
MgO	%	2.02	0.36	1.98	1.25	0.18	1.88	1.97	0.17	0.14	0.55	1.18	1.84	2.24	2.74	2.98	3.79	-0.5	3.3	3058	2.04
K_2O	%	2.36	0.18	2.35	1.07	0.08	2.25	2.32	0.07	2.01	2.11	2.15	2.25	2.41	2.83	3.31	3.86	2.9	13.2	2998	2.33
Na_2O	%	1.87	0.27	1.85	1.16	0.15	1.88	1.87	0.14	0.13	1.08	1.32	1.72	2.00	2.45	2.95	3.70	0.6	4.5	3061	1.85
SiO_2	%	60.88	3.44	60.78	1.06	0.06	60.36	61.02	1.77	45.06	51.22	53.81	59.05	62.59	67.99	74.69	81.68	0.6	3.8	3048	60.73
TFe_2O_3	%	4.35	0.63	4.30	1.17	0.15	4.08	4.28	0.33	1.10	1.99	3.33	3.98	4.64	5.89	6.47	9.05	0.4	3.8	3023	4.32
SOC	%	0.74	0.19	0.71	1.32	0.25	0.77	0.73	0.11	0.04	0.26	0.37	0.62	0.85	1.12	1.30	1.93	0.3	1.5	3121	0.74
pH	无量纲						8.09	8.17	0.15	5.58	6.73	7.56	8.02	8.33	8.67	8.84	9.39				

表 2.3.24B 盐化潮土深层土壤（150~200 cm）地球化学参数（n=772）

指标	单位	算术平均值 X_a	算术标准差 S_a	几何平均值 X_g	几何标准差 S_g	变异系数 CV	众值 X_{mo}	中位值 X_{me}	中位绝对离差 MAD	最小值 X_{min}	累积频率 $X_{0.5\%}$	$X_{2.5\%}$	$X_{25\%}$	$X_{75\%}$	$X_{97.5\%}$	$X_{99.5\%}$	最大值 X_{max}	偏度系数 SK	峰度系数 BK	基准值 n'	X_a'
Ag	mg/kg	0.058	0.013	0.056	1.259	0.22	0.056	0.056	0.008	0.023	0.029	0.034	0.049	0.066	0.087	0.097	0.145	0.9	3.0	767	0.058
As	mg/kg	10.4	2.6	10.0	1.3	0.25	8.6	9.9	1.5	3.0	5.3	6.2	8.6	11.9	16.7	18.0	24.5	0.9	1.2	767	10.3
Au	μg/kg	1.6	1.0	1.5	1.4	0.60	1.2	1.4	0.2	0.5	0.8	0.9	1.2	1.8	2.9	6.5	18.4	10.6	156.7	738	1.5
B	mg/kg	50.6	8.3	49.7	1.2	0.16	46.2	50.7	4.6	5.5	21.4	30.3	46.2	55.4	66.6	72.4	76.3	-0.9	3.7	742	51.2
Ba	mg/kg	488	108	481	1	0.22	461	470	23	398	403	414	448	496	773	1 245	1 612	6.3	49.2	739	471
Be	mg/kg	1.88	0.24	1.86	1.13	0.13	1.84	1.85	0.14	0.99	1.33	1.48	1.72	2.00	2.41	2.77	3.01	0.7	1.9	758	1.87
Bi	mg/kg	0.24	0.06	0.23	1.29	0.26	0.20	0.23	0.03	0.05	0.10	0.14	0.20	0.27	0.38	0.44	0.51	0.8	1.2	761	0.24
Br	mg/kg	4.1	3.2	3.4	1.7	0.80	2.5	3.1	0.9	0.9	1.2	1.6	2.4	4.5	12.2	17.5	41.1	4.6	37.8	663	3.1
TC	%	1.30	0.32	1.25	1.39	0.25	1.26	1.29	0.16	0.21	0.22	0.40	1.16	1.48	1.92	2.19	3.05	-0.4	3.0	739	1.33
Cd	mg/kg	0.107	0.029	0.103	1.324	0.27	0.100	0.100	0.020	0.022	0.040	0.053	0.090	0.120	0.161	0.190	0.244	0.5	0.9	765	0.106
Ce	mg/kg	66.3	9.3	65.8	1.1	0.14	64.2	65.5	3.8	19.8	41.8	52.4	62.3	69.8	80.2	100.3	191.0	4.4	53.4	744	66.0
Cl	mg/kg	586	843	367	2	1.44	204	296	138	59	70	102	191	670	2 612	5 941	9 229	5.3	40.2	664	345
Co	mg/kg	11.3	2.6	11.1	1.2	0.23	10.8	11.0	1.4	2.6	6.1	7.7	9.7	12.6	16.4	22.0	39.0	2.4	19.5	762	11.2
Cr	mg/kg	63.8	9.2	63.1	1.2	0.14	64.9	63.2	4.4	10.9	32.7	48.8	59.1	67.9	79.5	89.9	137.2	0.8	13.0	754	64.0
Cu	mg/kg	21.1	4.8	20.5	1.3	0.23	18.1	20.3	2.8	3.8	7.4	12.4	17.9	23.8	31.1	36.1	38.6	0.4	1.0	758	21.0
F	mg/kg	518	77	512	1	0.15	506	512	47	132	260	367	469	568	671	730	774	-0.2	2.0	754	520
Ga	mg/kg	14.2	2.0	14.1	1.1	0.14	13.9	13.9	1.1	8.8	10.4	11.1	12.8	15.2	19.0	21.6	24.0	1.0	1.7	760	14.1
Ge	mg/kg	1.26	0.13	1.26	1.10	0.10	1.20	1.30	0.10	0.60	0.96	1.10	1.20	1.30	1.50	1.60	2.15	0.5	4.1	767	1.26
Hg	mg/kg	0.017	0.006	0.016	1.389	0.35	0.014	0.016	0.003	0.003	0.006	0.009	0.013	0.019	0.033	0.048	0.062	2.2	9.2	745	0.016
I	mg/kg	1.62	0.80	1.47	1.53	0.49	1.62	1.43	0.37	0.43	0.57	0.69	1.10	1.91	3.78	5.49	6.34	2.1	6.6	734	1.50
La	mg/kg	33.9	4.5	33.7	1.1	0.13	33.5	33.7	1.9	11.8	22.3	28.0	31.8	35.6	40.6	48.0	102.9	6.0	84.3	752	33.7
Li	mg/kg	32.7	6.4	32.1	1.2	0.20	30.2	31.8	4.0	7.7	16.9	22.0	28.3	36.5	46.8	50.8	55.3	0.3	0.7	766	32.8
Mn	mg/kg	547	157	534	1	0.29	496	515	61	179	366	407	468	595	792	997	3 213	8.4	125.0	757	536
Mo	mg/kg	0.60	0.24	0.58	1.27	0.40	0.54	0.56	0.07	0.25	0.33	0.40	0.49	0.65	0.92	1.17	5.17	11.9	204.6	751	0.57
N	%	0.033	0.013	0.031	1.354	0.39	0.027	0.030	0.006	0.016	0.017	0.019	0.025	0.038	0.059	0.073	0.187	4.7	47.6	749	0.032
Nb	mg/kg	13.6	1.6	13.5	1.1	0.12	13.4	13.5	0.5	4.4	9.9	11.5	13.1	14.0	15.4	16.4	45.1	11.0	207.5	753	13.5
Ni	mg/kg	27.2	6.0	26.6	1.2	0.22	27.1	26.5	3.4	5.1	13.2	18.4	23.5	30.2	39.0	43.0	82.3	1.5	10.8	764	27.1

指标	单位	算术平均值 X_a	算术标准差 S_a	几何平均值 X_g	几何标准差 S_g	变异系数 CV	众值 X_{mo}	中位值 X_{me}	中位绝对离差 MAD	最小值 X_{min}	累积频率 $X_{0.5\%}$	$X_{2.5\%}$	$X_{25\%}$	$X_{75\%}$	$X_{97.5\%}$	$X_{99.5\%}$	最大值 X_{max}	偏度系数 SK	峰度系数 BK	n'	基准值 X_a'
P	mg/kg	601	79	595	1	0.13	590	603	21	155	233	391	584	625	723	1 006	1 172	-0.3	15.3	706	606
Pb	mg/kg	18.8	3.2	18.6	1.2	0.17	16.9	18.2	1.9	12.9	13.5	14.3	16.5	20.6	25.8	30.3	36.1	1.1	2.2	757	18.6
Rb	mg/kg	90.5	10.0	90.0	1.1	0.11	86.8	89.1	6.3	69.4	72.7	75.9	83.1	96.1	113.0	122.1	156.9	1.1	2.7	765	90.2
S	mg/kg	182	75	174	1	0.41	152	167	23	85	89	112	145	198	315	689	1198	6.6	68.6	741	172
Sb	mg/kg	0.94	0.36	0.90	1.28	0.38	0.85	0.91	0.12	0.28	0.37	0.53	0.80	1.04	1.37	1.62	9.08	15.4	349.1	760	0.92
Sc	mg/kg	10.3	1.7	10.2	1.2	0.16	10.1	10.1	1.0	1.5	5.4	7.4	9.3	11.3	13.7	14.8	17.0	0.0	2.0	762	10.3
Se	mg/kg	0.09	0.06	0.09	1.29	0.63	0.08	0.09	0.01	0.04	0.05	0.06	0.08	0.10	0.15	0.18	1.60	22.0	561.1	751	0.09
Sn	mg/kg	2.5	0.5	2.5	1.2	0.21	2.4	2.4	0.3	0.6	1.4	1.7	2.2	2.8	3.6	4.1	9.2	2.9	31.4	763	2.5
Sr	mg/kg	201	29	199	1	0.15	199	198	7	148	154	165	191	205	247	346	771	10.9	188.9	724	198
Th	mg/kg	10.5	2.4	10.3	1.2	0.23	10.8	10.4	1.2	2.4	6.0	7.3	9.2	11.5	14.4	16.0	49.7	6.3	99.5	761	10.4
Ti	mg/kg	3 680	310	3 663	1	0.08	3 678	3 688	123	684	2 392	3 018	3 569	3 815	4 221	4 568	6 023	-1.9	23.4	724	3 696
Tl	mg/kg	0.58	0.08	0.57	1.15	0.14	0.56	0.57	0.05	0.38	0.41	0.44	0.52	0.63	0.76	0.81	0.90	0.6	0.6	768	0.58
U	mg/kg	2.28	0.36	2.25	1.17	0.16	2.37	2.28	0.19	0.52	1.34	1.60	2.08	2.46	2.88	3.13	6.96	2.7	38.6	760	2.28
V	mg/kg	75.1	11.4	74.2	1.2	0.15	67.2	74.6	6.7	14.2	41.5	54.5	68.3	81.8	97.6	103.9	134.1	0.0	2.4	761	75.4
W	mg/kg	1.64	0.20	1.62	1.15	0.12	1.58	1.64	0.10	0.41	0.89	1.17	1.55	1.74	1.98	2.11	2.87	-0.7	5.6	748	1.65
Y	mg/kg	23.4	1.9	23.3	1.1	0.08	22.5	23.5	1.0	8.5	15.8	19.7	22.5	24.5	26.3	27.3	36.6	-1.0	12.2	752	23.5
Zn	mg/kg	58.9	11.5	57.8	1.2	0.20	52.8	57.5	7.2	9.8	29.2	38.8	51.1	65.9	82.5	90.3	97.0	0.2	0.8	766	58.9
Zr	mg/kg	240	53	235	1	0.22	201	235	32	77	140	157	205	270	348	414	681	1.4	6.8	764	238
Al_2O_3	%	11.71	1.00	11.66	1.09	0.09	11.29	11.51	0.58	8.48	9.41	10.31	11.03	12.21	13.95	15.46	17.48	1.1	2.7	759	11.66
CaO	%	5.61	1.21	5.40	1.39	0.22	5.59	5.66	0.42	0.67	0.94	1.69	5.32	6.19	7.51	8.77	9.44	-1.6	4.8	708	5.85
MgO	%	1.86	0.33	1.83	1.24	0.18	1.76	1.84	0.15	0.20	0.61	1.08	1.70	2.02	2.53	2.95	3.26	-0.3	3.6	742	1.88
K_2O	%	2.28	0.20	2.27	1.08	0.09	2.12	2.23	0.10	2.00	2.03	2.07	2.15	2.36	2.76	3.27	4.23	2.9	16.9	743	2.26
Na_2O	%	1.92	0.27	1.90	1.15	0.14	1.98	1.92	0.17	0.85	1.18	1.36	1.75	2.08	2.47	2.73	4.07	0.7	6.0	758	1.91
SiO_2	%	61.62	3.60	61.51	1.06	0.06	62.41	62.08	1.97	46.29	51.30	53.81	59.69	63.80	68.05	73.61	80.69	-0.1	2.1	758	61.55
TFe_2O_3	%	4.16	0.72	4.09	1.19	0.17	3.77	4.04	0.42	1.01	2.28	3.15	3.68	4.56	5.74	6.28	7.29	0.5	1.4	760	4.13
SOC	%	0.21	0.12	0.18	1.63	0.59	0.13	0.18	0.06	0.03	0.05	0.07	0.13	0.26	0.44	0.54	2.24	6.6	100.0	760	0.20
pH	无量纲						8.58	8.63	0.12	6.93	7.49	8.19	8.51	8.76	9.03	9.17	9.39				

表 2.3.25A 碱化潮土表层土壤（0~20 cm）地球化学参数（n=37）

指标	单位	算术平均值 X_a	算术标准差 S_a	几何平均值 X_g	几何标准差 S_g	变异系数 CV	众值 X_{mo}	中位值 X_{me}	中位绝对离差 MAD	最小值 X_{min}	$X_{0.5\%}$	$X_{2.5\%}$	$X_{25\%}$	$X_{75\%}$	$X_{97.5\%}$	$X_{99.5\%}$	最大值 X_{max}	偏度系数 SK	峰度系数 BK	n'	背景值 X_a'
Ag	mg/kg	0.064	0.014	0.062	1.256	0.20	0.050	0.065	0.011	0.029	0.029	0.046	0.053	0.074	0.087	0.088	0.088	-0.2	-0.4	37	0.064
As	mg/kg	11.2	2.0	11.1	1.2	0.17	10.4	10.8	1.2	7.1	7.1	7.9	10.2	12.2	14.6	15.0	15.0	0.1	-0.4	37	11.2
Au	μg/kg	1.6	0.3	1.6	1.2	0.19	1.4	1.6	0.2	1.0	1.0	1.0	1.4	1.8	2.1	2.4	2.4	0.2	-0.1	37	1.6
B	mg/kg	52.3	7.1	51.8	1.1	0.13	51.5	51.5	4.9	37.6	37.6	41.7	46.8	56.4	68.8	69.0	69.0	0.5	0.4	37	52.3
Ba	mg/kg	500	44	499	1	0.09	457	495	34	434	434	436	469	535	592	595	595	0.4	-0.5	37	500
Be	mg/kg	1.91	0.15	1.91	1.08	0.08	2.15	1.89	0.11	1.61	1.61	1.62	1.81	2.03	2.15	2.15	2.15	-0.1	-0.7	37	1.91
Bi	mg/kg	0.28	0.04	0.28	1.15	0.14	0.29	0.29	0.02	0.20	0.20	0.20	0.26	0.31	0.36	0.37	0.37	-0.1	0.1	37	0.28
Br	mg/kg	4.5	1.2	4.4	1.3	0.26	4.1	4.3	0.5	2.0	2.0	2.5	3.9	4.8	7.6	7.7	7.7	0.8	1.4	37	4.5
TC	%	1.80	0.22	1.78	1.13	0.12	1.82	1.82	0.13	1.27	1.27	1.40	1.71	1.97	2.13	2.15	2.15	-0.5	-0.1	37	1.80
Cd	mg/kg	0.147	0.024	0.145	1.174	0.16	0.130	0.140	0.018	0.097	0.097	0.110	0.130	0.160	0.190	0.193	0.193	0.2	-0.5	37	0.147
Ce	mg/kg	67.3	5.0	67.1	1.1	0.07	63.5	67.2	2.6	59.8	59.8	60.0	64.3	69.4	76.4	83.4	83.4	1.1	2.0	36	66.9
Cl	mg/kg	236	189	184	2	0.79	115	152	54	69	69	83	115	338	617	879	879	1.7	2.6	36	218
Co	mg/kg	11.3	1.2	11.2	1.1	0.11	11.7	11.7	0.8	8.3	8.3	8.5	10.6	12.3	13.1	13.1	13.1	-0.6	-0.1	37	11.3
Cr	mg/kg	63.7	4.0	63.6	1.1	0.06	64.4	63.9	2.6	55.4	55.4	57.9	61.1	66.3	69.9	75.5	75.5	0.4	0.8	37	63.7
Cu	mg/kg	22.3	3.0	22.0	1.2	0.14	21.6	22.0	1.8	13.9	13.9	15.9	20.8	24.1	28.6	28.7	28.7	-0.2	1.1	37	22.3
F	mg/kg	570	48	568	1	0.08	583	575	31	445	445	469	544	601	655	661	661	-0.3	0.3	37	570
Ga	mg/kg	13.9	1.4	13.9	1.1	0.10	13.2	14.0	0.6	10.9	10.9	11.4	13.2	14.5	16.4	17.8	17.8	0.3	0.8	37	13.9
Ge	mg/kg	1.29	0.14	1.29	1.11	0.11	1.20	1.30	0.10	1.10	1.10	1.10	1.20	1.40	1.60	1.70	1.70	0.9	0.9	37	1.29
Hg	mg/kg	0.032	0.010	0.031	1.319	0.28	0.026	0.030	0.006	0.019	0.019	0.020	0.026	0.036	0.051	0.061	0.061	1.0	0.9	36	0.032
I	mg/kg	1.97	0.53	1.91	1.29	0.27	1.36	1.93	0.29	1.08	1.08	1.27	1.58	2.18	3.03	3.61	3.61	1.0	1.5	36	1.93
La	mg/kg	33.9	1.7	33.9	1.0	0.05	34.0	33.7	0.9	31.4	31.4	31.7	32.9	34.7	38.3	38.6	38.6	1.0	1.3	37	33.9
Li	mg/kg	34.6	4.7	34.3	1.1	0.13	35.8	34.1	3.0	23.8	23.8	24.8	31.9	38.0	44.1	45.1	45.1	0.0	0.2	37	34.6
Mn	mg/kg	572	58	569	1	0.10	609	581	40	456	456	477	523	615	658	706	706	-0.1	-0.6	37	572
Mo	mg/kg	0.61	0.09	0.60	1.16	0.14	0.53	0.60	0.07	0.43	0.43	0.44	0.53	0.67	0.75	0.77	0.77	-0.1	-0.7	37	0.61
N	%	0.087	0.012	0.086	1.153	0.14	0.099	0.088	0.009	0.064	0.064	0.064	0.081	0.097	0.103	0.109	0.109	-0.3	-0.7	37	0.087
Nb	mg/kg	13.7	0.7	13.7	1.1	0.05	14.1	13.7	0.4	12.0	12.0	12.4	13.3	14.2	14.8	15.7	15.7	0.0	0.8	37	13.7
Ni	mg/kg	28.1	3.1	27.9	1.1	0.11	27.2	28.2	2.0	20.2	20.2	20.8	26.9	30.2	32.3	34.3	34.3	-0.6	0.5	37	28.1

指标	单位	算术平均值 X_a	算术标准差 S_a	几何平均值 X_g	几何标准差 S_g	变异系数 CV	众值 X_{mo}	中位值 X_{me}	中位绝对离差 MAD	最小值 X_{min}	累积频率						最大值 X_{max}	偏度系数 SK	峰度系数 BK	背景值	
											$X_{0.5\%}$	$X_{2.5\%}$	$X_{25\%}$	$X_{75\%}$	$X_{97.5\%}$	$X_{99.5\%}$				n'	X_a'
P	mg/kg	1012	151	1 002	1	0.15	1 254	974	82	773	773	839	919	1 082	1 352	1 445	1 445	1.1	1.0	37	1012
Pb	mg/kg	21.6	2.4	21.4	1.1	0.11	21.4	21.4	1.3	17.2	17.2	17.2	20.2	22.8	26.8	27.0	27.0	0.5	0.3	37	21.6
Rb	mg/kg	91.3	5.7	91.1	1.1	0.06	92.2	92.1	3.8	75.5	75.5	78.0	88.1	94.8	100.4	102.7	102.7	-0.7	1.0	37	91.3
S	mg/kg	246	79	237	1	0.32	233	227	31	137	137	152	204	270	393	567	567	2.1	6.6	36	237
Sb	mg/kg	0.99	0.14	0.98	1.15	0.14	1.02	0.98	0.10	0.79	0.79	0.79	0.88	1.08	1.29	1.30	1.30	0.6	-0.4	37	0.99
Sc	mg/kg	10.6	1.0	10.6	1.1	0.10	11.1	10.9	0.8	8.5	8.5	8.6	9.8	11.3	12.2	12.7	12.7	-0.2	-0.6	37	10.6
Se	mg/kg	0.21	0.10	0.20	1.31	0.46	0.19	0.19	0.02	0.13	0.13	0.13	0.18	0.21	0.29	0.77	0.77	5.3	30.7	35	0.19
Sn	mg/kg	3.3	0.8	3.2	1.3	0.24	3.3	3.3	0.4	2.1	2.1	2.1	2.9	3.7	4.9	6.0	6.0	1.0	2.3	36	3.2
Sr	mg/kg	204	12	204	1	0.06	212	203	7	184	184	185	197	212	232	234	234	0.5	0.4	37	204
Th	mg/kg	10.7	1.4	10.6	1.1	0.13	11.3	11.0	0.6	7.5	7.5	7.7	10.0	11.5	13.0	13.5	13.5	-0.6	0.1	37	10.7
Ti	mg/kg	3 808	134	3 805	1	0.04	3 781	3 805	91	3 464	3 464	3 511	3 759	3 920	3 989	4 003	4 003	-0.8	0.4	37	3 808
Tl	mg/kg	0.61	0.07	0.61	1.12	0.11	0.61	0.61	0.04	0.45	0.45	0.48	0.57	0.66	0.73	0.76	0.76	-0.3	0.2	37	0.61
U	mg/kg	2.35	0.25	2.34	1.12	0.11	2.34	2.37	0.17	1.72	1.72	1.81	2.24	2.53	2.68	2.76	2.76	-0.6	-0.1	37	2.35
V	mg/kg	80.5	6.0	80.3	1.1	0.07	84.4	81.5	3.7	64.0	64.0	66.9	77.4	84.6	88.9	91.4	91.4	-0.7	0.6	37	80.5
W	mg/kg	1.64	0.12	1.64	1.08	0.07	1.59	1.66	0.08	1.37	1.37	1.40	1.58	1.74	1.85	1.89	1.89	-0.3	-0.3	37	1.64
Y	mg/kg	23.3	1.1	23.2	1.1	0.05	23.4	23.5	0.6	19.5	19.5	21.0	22.9	24.0	24.8	24.9	24.9	-1.4	2.5	36	23.4
Zn	mg/kg	64.9	7.1	64.5	1.1	0.11	65.2	64.6	4.3	45.5	45.5	49.2	61.1	70.4	75.5	80.7	80.7	-0.4	0.9	37	64.9
Zr	mg/kg	233	37	231	1	0.16	234	229	21	180	180	187	208	250	303	382	382	2.0	6.3	36	229
Al_2O_3	%	11.87	0.68	11.86	1.06	0.06	11.87	11.89	0.43	10.05	10.05	10.65	11.48	12.32	12.86	13.17	13.17	-0.5	0.2	37	11.87
CaO	%	5.82	0.60	5.79	1.11	0.10	5.38	5.73	0.48	4.73	4.73	4.86	5.31	6.30	6.82	6.87	6.87	0.0	-1.2	37	5.82
MgO	%	2.06	0.19	2.05	1.10	0.09	2.02	2.07	0.11	1.65	1.65	1.66	1.95	2.17	2.41	2.48	2.48	0.0	0.2	37	2.06
K_2O	%	2.32	0.10	2.32	1.04	0.04	2.28	2.31	0.06	2.08	2.08	2.16	2.27	2.39	2.49	2.51	2.51	-0.2	-0.1	37	2.32
Na_2O	%	1.84	0.19	1.84	1.10	0.10	1.73	1.84	0.12	1.50	1.50	1.53	1.72	1.96	2.19	2.22	2.22	0.2	-0.7	37	1.84
SiO_2	%	60.33	2.40	60.29	1.04	0.04	55.46	60.24	1.76	55.46	55.46	56.01	58.93	62.17	64.49	64.68	64.68	0.0	-0.6	37	60.33
TFe_2O_3	%	4.24	0.40	4.23	1.10	0.09	4.47	4.31	0.26	3.31	3.31	3.44	4.00	4.48	4.92	5.16	5.16	-0.2	0.2	37	4.24
SOC	%	0.72	0.12	0.71	1.19	0.16	0.68	0.74	0.07	0.39	0.39	0.51	0.64	0.81	0.91	0.97	0.97	-0.6	0.7	37	0.72
pH	无量纲						8.07	8.18	0.11	7.80	7.80	7.83	8.05	8.27	8.60	8.61	8.61				

表2.3.25B 碱化潮土深层土壤（150～200 cm）地球化学参数（n=12）

指标	单位	算术平均值 X_a	算术标准差 S_a	几何平均值 X_g	几何标准差 S_g	变异系数 CV	众值 X_{mo}	中位值 X_{me}	中位绝对离差 MAD	最小值 X_{min}	累积频率 $X_{0.5\%}$	$X_{2.5\%}$	$X_{25\%}$	$X_{75\%}$	$X_{97.5\%}$	$X_{99.5\%}$	最大值 X_{max}	偏度系数 SK	峰度系数 BK	n'	基准值 X_a'
Ag	mg/kg	0.065	0.008	0.064	1.131	0.12	0.066	0.066	0.006	0.047	0.047	0.047	0.061	0.068	0.077	0.077	0.077	-0.8	1.5	12	0.065
As	mg/kg	12.0	2.7	11.7	1.2	0.23	11.4	11.2	2.5	8.0	8.0	8.0	10.6	13.9	17.2	17.2	17.2	0.4	-0.5	12	12.0
Au	µg/kg	1.8	0.5	1.7	1.3	0.27	1.7	1.7	0.4	1.2	1.2	1.2	1.4	2.1	2.6	2.6	2.6	0.6	-1.0	12	1.8
B	mg/kg	59.2	5.6	58.9	1.1	0.09	55.1	58.3	2.8	49.4	49.4	49.4	56.0	60.1	68.2	68.2	68.2	0.3	-0.2	12	59.2
Ba	mg/kg	479	28	478	1	0.06	476	473	21	430	430	430	461	499	531	531	531	0.2	-0.4	12	479
Be	mg/kg	1.98	0.24	1.97	1.12	0.12	1.98	1.92	0.16	1.60	1.60	1.60	1.84	2.12	2.38	2.38	2.38	0.3	-0.8	12	1.98
Bi	mg/kg	0.27	0.06	0.27	1.24	0.22	0.24	0.26	0.06	0.18	0.18	0.18	0.23	0.33	0.36	0.36	0.36	0.1	-1.5	12	0.27
Br	mg/kg	2.7	0.6	2.6	1.3	0.22	2.8	2.8	0.3	1.5	1.5	1.5	2.5	3.0	3.8	3.8	3.8	-0.3	0.8	12	2.7
TC	%	1.46	0.24	1.44	1.17	0.17	1.44	1.44	0.23	1.12	1.12	1.12	1.28	1.67	1.85	1.85	1.85	0.1	-1.5	12	1.46
Cd	mg/kg	0.127	0.023	0.126	1.190	0.18	0.110	0.128	0.017	0.093	0.093	0.093	0.110	0.143	0.160	0.160	0.160	0.0	-1.0	12	0.127
Ce	mg/kg	68.3	5.2	68.1	1.1	0.08	70.4	69.8	3.5	58.9	58.9	58.9	65.8	72.1	74.8	74.8	74.8	-0.6	-0.9	12	68.3
Cl	mg/kg	220	87	205	1	0.40	133	188	55	133	133	133	145	288	395	395	395	0.7	-0.6	12	220
Co	mg/kg	12.4	2.0	12.3	1.2	0.16	11.6	12.3	1.4	8.8	8.8	8.8	11.6	14.2	14.8	14.8	14.8	-0.4	-0.6	12	12.4
Cr	mg/kg	65.7	6.7	65.4	1.1	0.10	74.5	64.7	5.1	55.5	55.5	55.5	60.9	72.3	74.5	74.5	74.5	0.2	-1.4	12	65.7
Cu	mg/kg	23.0	4.6	22.6	1.2	0.20	22.0	22.0	3.8	14.7	14.7	14.7	20.3	26.7	29.6	29.6	29.6	-0.2	-0.9	12	23.0
F	mg/kg	550	70	545	1.2	0.13	548	541	60	431	431	431	512	606	641	641	641	-0.2	-1.1	12	550
Ga	mg/kg	14.8	1.5	14.7	1.1	0.10	15.0	14.8	1.2	12.0	12.0	12.0	14.1	15.8	16.7	16.7	16.7	-0.4	-0.7	12	14.8
Ge	mg/kg	1.31	0.14	1.30	1.11	0.11	1.30	1.30	0.10	1.00	1.00	1.00	1.30	1.40	1.50	1.50	1.50	-1.2	1.4	12	1.31
Hg	mg/kg	0.021	0.005	0.020	1.304	0.26	0.027	0.021	0.005	0.012	0.012	0.012	0.017	0.025	0.028	0.028	0.028	-0.1	-1.3	12	0.021
I	mg/kg	1.80	0.46	1.72	1.39	0.25	1.93	1.88	0.26	0.65	0.65	0.65	1.72	2.12	2.32	2.32	2.32	-1.5	2.9	12	1.80
La	mg/kg	33.5	2.5	33.4	1.1	0.08	31.0	33.6	2.3	29.8	29.8	29.8	31.6	35.4	36.8	36.8	36.8	0.0	-1.8	12	33.5
Li	mg/kg	37.2	5.8	36.7	1.2	0.16	38.5	37.2	4.8	27.0	27.0	27.0	33.2	42.0	45.4	45.4	45.4	-0.3	-1.0	12	37.2
Mn	mg/kg	577	99	570	1	0.17	564	544	92	439	439	439	518	663	756	756	756	0.3	-1.1	12	577
Mo	mg/kg	0.63	0.13	0.62	1.22	0.21	0.76	0.61	0.12	0.49	0.49	0.49	0.52	0.76	0.85	0.85	0.85	0.3	-1.5	12	0.63
N	%	0.038	0.018	0.036	1.387	0.47	0.033	0.034	0.003	0.024	0.024	0.024	0.032	0.036	0.092	0.092	0.092	2.9	9.3	11	0.033
Nb	mg/kg	14.0	0.7	14.0	1.1	0.05	14.2	14.2	0.4	12.3	12.3	12.3	13.7	14.2	15.2	15.2	15.2	-0.8	1.7	12	14.0
Ni	mg/kg	30.0	4.8	29.6	1.2	0.16	31.1	30.5	3.5	20.9	20.9	20.9	27.5	34.3	35.5	35.5	35.5	-0.6	-0.4	12	30.0

指标	单位	算术平均值 X_a	算术标准差 S_a	几何平均值 X_g	几何标准差 S_g	变异系数 CV	众值 X_{mo}	中位值 X_{me}	中位绝对离差 MAD	最小值 X_{min}	累积频率 $X_{0.5\%}$	$X_{2.5\%}$	$X_{25\%}$	$X_{75\%}$	$X_{97.5\%}$	$X_{99.5\%}$	最大值 X_{max}	偏度系数 SK	峰度系数 BK	基准值 n'	X_a'
P	mg/kg	624	58	622	1	0.09	598	598	19	576	576	576	592	642	740	740	740	1.4	0.6	12	624
Pb	mg/kg	20.4	2.8	20.3	1.1	0.14	20.9	20.8	1.3	15.6	15.6	15.6	19.8	22.0	25.6	25.6	25.6	-0.2	0.3	12	20.4
Rb	mg/kg	94.4	8.0	94.1	1.1	0.09	96.6	95.3	5.4	78.3	78.3	78.3	89.8	99.0	105.3	105.3	105.3	-0.6	0.0	12	94.4
S	mg/kg	168	27	166	1	0.16	174	166	10	117	117	117	161	174	228	228	228	0.5	2.1	12	168
Sb	mg/kg	1.03	0.18	1.02	1.17	0.17	0.95	0.98	0.07	0.83	0.83	0.83	0.94	1.05	1.32	1.32	1.32	0.8	-0.7	12	1.03
Sc	mg/kg	11.2	1.4	11.1	1.1	0.13	11.8	11.6	1.1	8.9	8.9	8.9	10.3	12.2	13.1	13.1	13.1	-0.4	-1.1	12	11.2
Se	mg/kg	0.09	0.02	0.09	1.26	0.24	0.10	0.10	0.02	0.06	0.06	0.06	0.08	0.10	0.14	0.14	0.14	0.4	0.1	12	0.09
Sn	mg/kg	2.8	0.4	2.7	1.2	0.15	2.7	2.7	0.4	2.2	2.2	2.2	2.6	3.1	3.6	3.6	3.6	0.5	-0.1	12	2.8
Sr	mg/kg	201	12	200	1	0.06	204	203	7	175	175	175	200	209	215	215	215	-1.3	1.0	12	201
Th	mg/kg	11.3	1.2	11.3	1.1	0.11	12.5	11.1	1.2	9.9	9.9	9.9	10.3	12.5	12.8	12.8	12.8	0.1	-2.1	12	11.3
Ti	mg/kg	3 761	122	3 759	1	0.03	3 776	3 774	95	3 568	3 568	3 568	3 691	3 834	3 957	3 957	3 957	-0.1	-0.8	12	3 761
Tl	mg/kg	0.59	0.07	0.58	1.13	0.13	0.54	0.59	0.06	0.45	0.45	0.45	0.54	0.65	0.70	0.70	0.70	-0.3	-0.5	12	0.59
U	mg/kg	2.37	0.20	2.37	1.09	0.08	2.43	2.41	0.10	1.94	1.94	1.94	2.30	2.46	2.69	2.69	2.69	-0.6	1.2	12	2.37
V	mg/kg	80.4	9.4	79.9	1.1	0.12	80.7	80.3	8.4	66.8	66.8	66.8	73.0	88.7	95.7	95.7	95.7	0.2	-1.3	12	80.4
W	mg/kg	1.77	0.25	1.75	1.15	0.14	1.78	1.77	0.17	1.34	1.34	1.34	1.59	1.89	2.27	2.27	2.27	0.3	0.3	12	1.77
Y	mg/kg	23.2	1.1	23.2	1.0	0.05	24.5	23.4	1.1	21.7	21.7	21.7	22.0	24.0	24.5	24.5	24.5	-0.2	-1.7	12	23.2
Zn	mg/kg	65.6	10.0	64.8	1.2	0.15	65.3	65.1	7.4	46.0	46.0	46.0	60.5	72.8	80.0	80.0	80.0	-0.4	-0.3	12	65.6
Zr	mg/kg	214	35	212	1	0.16	217	212	21	176	176	176	188	223	300	300	300	1.4	2.6	12	214
Al_2O_3	%	11.84	0.81	11.81	1.07	0.07	12.01	11.84	0.62	10.63	10.63	10.63	11.34	12.41	13.00	13.00	13.00	-0.2	-1.3	12	11.84
CaO	%	6.32	0.87	6.27	1.14	0.14	6.09	6.02	0.75	5.25	5.25	5.25	5.64	7.05	7.77	7.77	7.77	0.3	-1.4	12	6.32
MgO	%	2.02	0.20	2.01	1.10	0.10	2.07	2.06	0.12	1.69	1.69	1.69	1.93	2.13	2.35	2.35	2.35	-0.3	-0.5	12	2.02
K_2O	%	2.30	0.13	2.30	1.06	0.06	2.42	2.33	0.09	2.06	2.06	2.06	2.22	2.39	2.47	2.47	2.47	-0.6	-0.8	12	2.30
Na_2O	%	1.76	0.23	1.74	1.13	0.13	1.73	1.73	0.17	1.46	1.46	1.46	1.59	1.89	2.15	2.15	2.15	0.4	-0.9	12	1.76
SiO_2	%	59.45	3.57	59.35	1.06	0.06	61.13	60.55	3.66	54.43	54.43	54.43	55.95	61.46	64.43	64.43	64.43	-0.1	-1.6	12	59.45
TFe_2O_3	%	4.39	0.61	4.35	1.15	0.14	4.41	4.34	0.55	3.38	3.38	3.38	4.02	4.95	5.26	5.26	5.26	-0.2	-1.2	12	4.39
SOC	%	0.22	0.07	0.21	1.42	0.34	0.18	0.21	0.05	0.11	0.11	0.11	0.18	0.27	0.34	0.34	0.34	0.1	-1.1	12	0.22
pH	无量纲						8.72	8.66	0.13	8.40	8.40	8.40	8.54	8.75	8.83	8.83	8.83				

表 2.3.26A 草甸盐土表层土壤 （0~20 cm） 地球化学参数 （n=197）

指标	单位	算术平均值 X_a	算术标准差 S_a	几何平均值 X_g	几何标准差 S_g	变异系数 CV	众值 X_{mo}	中位值 X_{me}	中位绝对离差 MAD	最小值 X_{min}	$X_{0.5\%}$	$X_{2.5\%}$	$X_{25\%}$	$X_{75\%}$	$X_{97.5\%}$	$X_{99.5\%}$	最大值 X_{max}	偏度系数 SK	峰度系数 BK	n'	背景值 X_a'
Ag	mg/kg	0.065	0.014	0.063	1.241	0.22	0.060	0.064	0.009	0.028	0.036	0.041	0.056	0.074	0.092	0.104	0.104	0.3	0.2	197	0.065
As	mg/kg	10.8	1.9	10.7	1.2	0.17	9.6	10.4	1.0	7.3	7.4	8.2	9.6	11.8	15.5	16.8	18.0	1.0	1.1	194	10.7
Au	μg/kg	1.6	0.4	1.6	1.3	0.25	1.5	1.6	0.3	0.8	0.8	1.0	1.3	1.8	2.5	2.9	3.1	0.8	0.9	194	1.6
B	mg/kg	52.2	6.6	51.7	1.1	0.13	56.3	52.3	4.0	32.4	37.4	38.9	47.9	56.0	66.3	69.7	70.7	0.1	0.4	197	52.2
Ba	mg/kg	489	92	484	1	0.19	476	474	14	412	424	429	461	491	551	1 055	1 331	6.6	49.1	192	476
Be	mg/kg	1.91	0.16	1.90	1.08	0.08	1.80	1.89	0.10	1.56	1.59	1.64	1.80	1.99	2.29	2.36	2.39	0.6	0.6	196	1.90
Bi	mg/kg	0.27	0.05	0.27	1.22	0.18	0.26	0.27	0.03	0.05	0.19	0.21	0.24	0.30	0.40	0.41	0.42	0.3	2.5	193	0.27
Br	mg/kg	6.9	3.6	6.3	1.5	0.52	4.4	5.9	1.2	2.5	3.2	3.4	4.9	7.6	19.1	25.9	27.0	2.9	11.1	187	6.3
TC	%	1.72	0.25	1.70	1.16	0.15	1.65	1.69	0.14	0.90	1.13	1.28	1.55	1.86	2.23	2.36	2.77	0.4	1.5	195	1.71
Cd	mg/kg	0.141	0.031	0.138	1.224	0.22	0.120	0.140	0.020	0.080	0.080	0.100	0.120	0.160	0.200	0.306	0.310	1.7	7.7	194	0.139
Ce	mg/kg	67.0	4.9	66.8	1.1	0.07	68.2	67.0	3.5	54.2	55.7	57.8	63.5	70.4	75.1	78.2	91.8	0.5	2.2	196	66.9
Cl	mg/kg	829	1 199	455	3	1.44	151	386	224	68	85	89	226	815	4 424	6 589	8 228	3.3	13.0	164	405
Co	mg/kg	11.4	1.4	11.3	1.1	0.13	11.1	11.2	0.9	7.9	8.0	9.2	10.5	12.3	14.7	16.1	16.4	0.7	1.0	194	11.3
Cr	mg/kg	64.9	5.4	64.7	1.1	0.08	65.8	65.1	3.5	50.0	50.3	54.6	61.4	68.0	76.8	79.5	82.3	0.2	0.7	196	64.8
Cu	mg/kg	22.2	3.3	21.9	1.2	0.15	19.9	21.5	1.9	15.1	16.6	17.3	19.9	23.8	29.0	35.7	36.9	1.2	2.8	194	22.0
F	mg/kg	563	58	560	1	0.10	624	554	38	415	432	469	523	602	683	742	751	0.5	0.5	194	560
Ga	mg/kg	14.3	1.5	14.3	1.1	0.10	14.4	14.3	1.0	10.6	11.0	11.5	13.3	15.2	17.8	18.7	19.0	0.4	0.6	195	14.3
Ge	mg/kg	1.25	0.12	1.25	1.10	0.10	1.20	1.20	0.10	1.00	1.00	1.00	1.20	1.30	1.50	1.50	1.70	0.3	0.3	196	1.25
Hg	mg/kg	0.032	0.011	0.031	1.373	0.34	0.024	0.031	0.006	0.011	0.013	0.016	0.025	0.036	0.057	0.070	0.084	1.3	3.1	194	0.031
I	mg/kg	1.78	0.54	1.70	1.34	0.30	1.93	1.69	0.31	0.68	0.72	0.96	1.42	2.02	3.21	3.68	4.25	1.4	3.5	190	1.71
La	mg/kg	33.3	2.0	33.3	1.1	0.06	33.8	33.2	1.3	28.8	29.0	29.3	32.0	34.6	37.4	38.3	39.3	0.2	0.0	197	33.3
Li	mg/kg	33.6	4.4	33.4	1.1	0.13	30.9	33.1	2.2	25.4	25.4	26.7	30.9	35.4	43.3	51.6	52.2	1.1	2.4	194	33.4
Mn	mg/kg	558	67	555	1	0.12	596	552	43	423	429	460	510	596	702	807	823	1.1	1.9	193	553
Mo	mg/kg	0.56	0.11	0.55	1.20	0.19	0.54	0.54	0.06	0.33	0.39	0.40	0.49	0.61	0.84	0.90	0.97	1.1	1.7	189	0.55
N	%	0.087	0.019	0.084	1.272	0.22	0.087	0.087	0.013	0.033	0.039	0.048	0.073	0.099	0.123	0.137	0.145	0.0	0.0	196	0.086
Nb	mg/kg	13.7	0.7	13.7	1.1	0.05	13.7	13.7	0.5	11.8	11.9	12.5	13.3	14.2	15.0	15.0	16.0	0.0	0.1	196	13.7
Ni	mg/kg	27.9	3.4	27.7	1.1	0.12	27.5	27.4	2.1	20.6	20.6	22.9	25.5	30.1	35.2	37.7	38.2	0.7	0.3	196	27.9

指标	单位	算术平均值 X_a	算术标准差 S_a	几何平均值 X_g	几何标准差 S_g	变异系数 CV	众值 X_{mo}	中位值 X_{me}	中位绝对离差 MAD	最小值 X_{min}	$X_{0.5\%}$	$X_{2.5\%}$	$X_{25\%}$	$X_{75\%}$	$X_{97.5\%}$	$X_{99.5\%}$	最大值 X_{max}	偏度系数 SK	峰度系数 BK	n'	背景值 X_a'
P	mg/kg	962	151	950	1	0.16	1 128	950	97	602	623	669	862	1 073	1 245	1 325	1 414	0.1	-0.2	196	960
Pb	mg/kg	21.6	2.7	21.4	1.1	0.13	21.3	21.6	1.8	15.5	15.6	16.7	19.8	23.4	27.2	29.0	29.1	0.3	0.0	197	21.6
Rb	mg/kg	91.8	6.3	91.6	1.1	0.07	96.1	91.0	3.9	79.8	80.5	81.7	87.7	95.4	106.5	111.6	114.0	0.8	1.0	192	91.3
S	mg/kg	373	238	327	2	0.64	308	300	82	152	159	174	233	404	1 028	1 533	1 758	2.7	9.4	172	299
Sb	mg/kg	0.96	0.18	0.95	1.17	0.18	0.93	0.93	0.09	0.62	0.64	0.75	0.85	1.06	1.28	1.39	2.50	3.6	28.2	195	0.95
Sc	mg/kg	10.6	1.2	10.5	1.1	0.12	10.3	10.4	0.7	7.1	7.9	8.4	9.7	11.3	13.2	14.1	14.1	0.4	0.6	197	10.6
Se	mg/kg	0.18	0.05	0.18	1.22	0.26	0.17	0.18	0.02	0.08	0.11	0.12	0.16	0.20	0.25	0.28	0.72	7.1	78.0	193	0.18
Sn	mg/kg	3.2	0.7	3.1	1.2	0.21	2.8	3.1	0.4	1.4	1.6	1.9	2.8	3.5	4.7	5.5	6.5	1.1	3.5	193	3.1
Sr	mg/kg	200	11	200	1	0.05	196	199	7	173	178	183	193	208	222	234	236	0.5	0.3	195	200
Th	mg/kg	10.1	1.6	10.0	1.2	0.15	10.5	10.2	1.1	6.7	6.9	7.2	8.9	11.1	12.9	13.6	15.3	0.1	-0.2	196	10.1
Ti	mg/kg	3 741	132	3 738	1	0.04	3 802	3 756	79	3 398	3 408	3 471	3 660	3 827	4 019	4 096	4 105	-0.1	0.3	197	3 741
Tl	mg/kg	0.58	0.08	0.57	1.15	0.14	0.60	0.57	0.05	0.36	0.40	0.43	0.53	0.62	0.76	0.80	0.82	0.4	0.6	196	0.58
U	mg/kg	2.39	0.29	2.37	1.12	0.12	2.38	2.37	0.19	1.83	1.83	1.89	2.17	2.56	3.03	3.18	3.45	0.6	0.6	196	2.38
V	mg/kg	77.5	6.7	77.2	1.1	0.09	76.6	76.9	4.0	59.4	63.1	65.5	73.3	81.3	90.8	96.6	98.9	0.3	0.3	196	77.4
W	mg/kg	1.67	0.14	1.66	1.09	0.08	1.64	1.66	0.08	1.13	1.31	1.42	1.59	1.74	1.90	2.26	2.33	0.8	5.2	192	1.66
Y	mg/kg	23.5	1.2	23.4	1.1	0.05	23.4	23.4	0.8	20.4	20.5	21.1	22.6	24.2	25.7	26.2	26.8	0.1	0.0	197	23.5
Zn	mg/kg	64.7	7.7	64.2	1.1	0.12	64.1	63.9	4.9	46.8	50.2	53.6	59.6	68.9	81.8	91.8	95.1	1.0	1.9	192	64.0
Zr	mg/kg	232	28	230	1	0.12	211	232	21	159	165	179	211	251	286	305	305	0.1	-0.2	197	232
Al_2O_3	%	11.88	0.61	11.86	1.05	0.05	11.57	11.79	0.37	10.56	10.74	10.92	11.46	12.20	13.37	14.14	14.18	1.0	1.6	193	11.83
CaO	%	5.49	0.62	5.46	1.11	0.11	5.24	5.38	0.35	4.30	4.37	4.55	5.06	5.83	7.18	7.52	7.61	1.0	1.4	191	5.43
MgO	%	2.03	0.24	2.01	1.12	0.12	1.93	1.96	0.14	1.46	1.55	1.68	1.86	2.17	2.59	2.75	2.90	0.9	0.8	195	2.02
K_2O	%	2.33	0.10	2.32	1.04	0.04	2.30	2.31	0.06	2.13	2.15	2.16	2.25	2.38	2.60	2.65	2.66	0.8	0.8	191	2.32
Na_2O	%	1.89	0.20	1.88	1.11	0.10	1.79	1.88	0.11	1.24	1.27	1.49	1.79	2.00	2.23	2.44	2.54	-0.2	1.0	193	1.89
SiO_2	%	61.18	2.56	61.13	1.04	0.04	62.17	61.69	1.40	52.70	52.97	55.54	59.70	62.89	65.06	65.60	65.97	-0.8	0.5	195	61.27
TFe_2O_3	%	4.30	0.49	4.27	1.11	0.11	4.15	4.22	0.30	3.36	3.45	3.65	3.93	4.55	5.37	6.18	6.31	1.1	1.9	193	4.27
SOC	%	0.72	0.17	0.70	1.30	0.23	0.73	0.72	0.11	0.18	0.21	0.41	0.61	0.82	1.03	1.19	1.25	0.0	0.8	194	0.73
pH	无量纲						8.10	8.18	0.14	7.68	7.72	7.78	8.05	8.37	8.71	8.83	8.91				

表2.3.26B 草甸盐土深层土壤（150~200 cm）地球化学参数（n=47）

指标	单位	算术平均值 X_a	算术标准差 S_a	几何平均值 X_g	几何标准差 S_g	变异系数 CV	众值 X_{mo}	中位值 X_{me}	中位绝对离差 MAD	最小值 X_{min}	$X_{0.5\%}$	$X_{2.5\%}$	$X_{25\%}$	$X_{75\%}$	$X_{97.5\%}$	$X_{99.5\%}$	最大值 X_{max}	偏度系数 SK	峰度系数 BK	n'	基准值 X_a'
Ag	mg/kg	0.058	0.012	0.056	1.263	0.21	0.051	0.057	0.006	0.021	0.021	0.038	0.051	0.065	0.079	0.085	0.085	-0.3	1.0	46	0.058
As	mg/kg	11.0	2.5	10.8	1.2	0.23	9.3	10.2	1.2	7.2	7.2	8.1	9.3	12.3	17.2	19.2	19.2	1.3	1.8	46	10.8
Au	μg/kg	1.6	0.4	1.5	1.2	0.22	1.4	1.5	0.2	1.0	1.0	1.1	1.3	1.7	2.3	2.9	2.9	1.4	3.7	46	1.5
B	mg/kg	50.9	5.5	50.6	1.1	0.11	51.5	50.7	3.4	33.1	33.1	39.9	47.6	54.5	60.0	60.8	60.8	-0.6	1.2	46	51.3
Ba	mg/kg	469	31	468	1	0.07	476	471	15	408	408	421	450	481	552	556	556	0.6	1.1	47	469
Be	mg/kg	1.91	0.21	1.90	1.11	0.11	1.89	1.90	0.12	1.53	1.53	1.63	1.78	1.99	2.47	2.57	2.57	1.0	1.7	45	1.89
Bi	mg/kg	0.25	0.06	0.24	1.26	0.25	0.21	0.24	0.04	0.14	0.14	0.18	0.21	0.28	0.40	0.43	0.43	1.1	1.0	47	0.25
Br	mg/kg	3.2	1.5	3.0	1.5	0.45	3.1	3.1	0.7	1.1	1.1	1.3	2.3	3.5	7.6	8.6	8.6	1.8	4.1	45	3.0
TC	%	1.39	0.23	1.37	1.17	0.16	1.44	1.35	0.13	1.04	1.04	1.07	1.25	1.48	1.95	2.04	2.04	0.9	0.9	47	1.39
Cd	mg/kg	0.113	0.030	0.110	1.283	0.26	0.090	0.110	0.020	0.050	0.050	0.080	0.091	0.130	0.170	0.230	0.230	1.3	4.1	46	0.111
Ce	mg/kg	65.8	5.4	65.5	1.1	0.08	65.3	65.3	2.5	50.9	50.9	55.5	63.7	67.9	75.3	78.7	78.7	-0.2	0.8	47	65.8
Cl	mg/kg	336	221	286	2	0.65	232	261	80	76	76	130	206	365	925	1123	1123	2.0	3.7	44	292
Co	mg/kg	11.4	1.7	11.3	1.2	0.15	11.1	11.1	1.1	8.5	8.5	8.6	10.2	12.5	15.3	16.2	16.2	0.7	0.5	47	11.4
Cr	mg/kg	64.5	6.0	64.2	1.1	0.09	62.5	64.0	3.9	52.9	52.9	53.2	60.4	67.3	77.0	80.1	80.1	0.4	0.2	47	64.5
Cu	mg/kg	21.8	4.0	21.5	1.2	0.18	19.2	21.2	2.0	15.8	15.8	15.9	19.2	23.3	30.5	35.0	35.0	1.1	1.5	46	21.6
F	mg/kg	530	58	527	1	0.11	594	516	37	443	443	448	486	573	654	665	665	0.6	-0.5	47	530
Ga	mg/kg	14.1	1.5	14.0	1.1	0.11	13.8	13.9	1.0	11.3	11.3	11.8	13.0	15.0	17.5	18.0	18.0	0.6	0.1	47	14.1
Ge	mg/kg	1.27	0.09	1.27	1.08	0.07	1.30	1.30	0.10	1.10	1.10	1.10	1.20	1.30	1.40	1.40	1.40	-0.2	-0.8	47	1.27
Hg	mg/kg	0.018	0.004	0.017	1.260	0.22	0.016	0.017	0.003	0.010	0.010	0.012	0.015	0.020	0.027	0.028	0.028	0.7	0.1	47	0.018
I	mg/kg	1.62	0.57	1.53	1.38	0.35	1.38	1.47	0.33	0.78	0.78	0.87	1.27	1.84	2.87	3.51	3.51	1.2	1.7	46	1.58
La	mg/kg	33.6	2.5	33.5	1.1	0.07	33.2	33.2	1.6	27.7	27.7	29.1	32.1	35.2	38.2	39.9	39.9	0.1	0.2	47	33.6
Li	mg/kg	34.0	5.6	33.5	1.2	0.16	30.2	32.9	3.2	26.3	26.3	26.7	30.0	36.6	44.9	51.4	51.4	1.0	0.8	46	33.6
Mn	mg/kg	544	101	536	1	0.18	494	510	49	399	399	424	478	584	752	918	918	1.5	3.2	46	535
Mo	mg/kg	0.59	0.12	0.58	1.21	0.20	0.55	0.57	0.05	0.37	0.37	0.40	0.54	0.63	0.80	0.97	0.97	0.7	1.6	46	0.58
N	%	0.035	0.010	0.034	1.292	0.29	0.032	0.032	0.006	0.019	0.019	0.023	0.028	0.040	0.056	0.069	0.069	1.3	2.2	46	0.034
Nb	mg/kg	13.7	0.6	13.7	1.0	0.04	14.1	13.7	0.4	12.6	12.6	12.6	13.3	14.1	14.6	15.0	15.0	0.0	-0.5	47	13.7
Ni	mg/kg	27.9	4.4	27.6	1.2	0.16	30.8	27.2	2.7	20.2	20.2	21.1	24.8	29.9	36.7	40.7	40.7	0.9	0.7	47	27.9

指标	单位	算术平均值 X_a	算术标准差 S_a	几何平均值 X_g	几何标准差 S_g	变异系数 CV	众值 X_{mo}	中位值 X_{me}	中位绝对离差 MAD	最小值 X_{min}	$X_{0.5\%}$	$X_{2.5\%}$	累积频率 $X_{25\%}$	$X_{75\%}$	$X_{97.5\%}$	$X_{99.5\%}$	最大值 X_{max}	偏度系数 SK	峰度系数 BK	基准值 n'	基准值 X_a'
P	mg/kg	611	30	610	1	0.05	618	611	20	555	555	565	591	628	678	693	693	0.5	0.4	47	611
Pb	mg/kg	19.0	2.9	18.8	1.2	0.15	16.2	18.4	1.5	14.4	14.4	14.8	17.1	19.9	25.6	26.9	26.9	0.9	0.4	47	19.0
Rb	mg/kg	91.5	8.4	91.1	1.1	0.09	89.6	89.6	4.8	78.3	78.3	79.1	85.2	95.1	110.7	115.1	115.1	1.0	0.5	47	91.5
S	mg/kg	188	55	181	1	0.29	152	174	22	93	93	137	152	204	270	449	449	2.4	9.8	46	182
Sb	mg/kg	0.95	0.18	0.93	1.21	0.19	0.87	0.94	0.15	0.63	0.63	0.65	0.80	1.07	1.32	1.41	1.41	0.5	-0.3	47	0.95
Sc	mg/kg	10.7	1.3	10.6	1.1	0.12	9.6	10.5	0.8	8.2	8.2	8.6	9.8	11.5	13.3	14.6	14.6	0.7	0.6	47	10.7
Se	mg/kg	0.09	0.02	0.09	1.20	0.18	0.09	0.09	0.01	0.05	0.05	0.06	0.08	0.10	0.12	0.13	0.13	0.4	0.8	47	0.09
Sn	mg/kg	2.6	0.4	2.6	1.2	0.15	2.6	2.6	0.2	1.4	1.4	1.9	2.4	2.8	3.4	3.7	3.7	0.3	1.7	47	2.6
Sr	mg/kg	196	10	196	1	0.05	196	196	5	171	171	180	192	200	215	222	222	0.2	0.9	47	196
Th	mg/kg	10.6	1.8	10.5	1.2	0.16	10.3	10.7	1.1	7.5	7.5	7.6	9.6	11.6	14.1	14.9	14.9	-0.8	-0.3	47	10.6
Ti	mg/kg	3 704	159	3 700	1	0.04	3 734	3 726	94	3 205	3 205	3 395	3 632	3 808	3 969	3 974	3 974	1.0	0.9	46	3 715
Tl	mg/kg	0.58	0.07	0.58	1.13	0.13	0.56	0.56	0.04	0.43	0.43	0.49	0.53	0.61	0.76	0.82	0.82	0.0	1.6	46	0.57
U	mg/kg	2.26	0.31	2.23	1.15	0.14	2.19	2.22	0.23	1.51	1.51	1.63	2.05	2.46	2.80	2.92	2.92	0.0	-0.2	47	2.26
V	mg/kg	77.1	8.4	76.7	1.1	0.11	74.0	75.0	4.8	64.9	64.9	65.9	70.8	82.0	95.6	97.4	97.4	0.7	-0.5	47	77.1
W	mg/kg	1.69	0.17	1.68	1.11	0.10	1.79	1.71	0.10	1.04	1.04	1.38	1.61	1.79	1.98	2.06	2.06	-1.1	3.8	46	1.71
Y	mg/kg	23.7	1.2	23.7	1.0	0.05	23.4	23.6	0.8	21.4	21.4	21.5	23.2	24.5	26.1	26.3	26.3	0.2	-0.2	47	23.7
Zn	mg/kg	61.1	8.3	60.6	1.1	0.14	59.2	59.3	4.9	48.3	48.3	48.6	56.2	64.7	77.3	85.5	85.5	0.9	0.6	47	61.1
Zr	mg/kg	233	38	230	1	0.16	242	228	21	152	152	159	211	255	312	352	352	0.6	1.4	46	230
Al_2O_3	%	11.76	0.78	11.73	1.07	0.07	11.72	11.67	0.52	10.56	10.56	10.57	11.26	11.99	13.62	13.69	13.69	0.8	0.1	47	11.76
CaO	%	5.92	0.70	5.88	1.12	0.12	5.50	5.72	0.32	4.97	4.97	5.16	5.47	6.19	7.36	8.53	8.53	1.6	3.2	46	5.86
MgO	%	1.93	0.25	1.91	1.13	0.13	1.86	1.86	0.11	1.61	1.61	1.63	1.78	1.99	2.51	2.90	2.90	1.7	4.2	46	1.91
K_2O	%	2.26	0.13	2.26	1.06	0.06	2.22	2.23	0.07	2.04	2.04	2.07	2.18	2.31	2.57	2.58	2.58	0.9	0.4	47	2.26
Na_2O	%	1.88	0.22	1.87	1.13	0.12	1.90	1.90	0.14	1.21	1.21	1.45	1.76	2.00	2.24	2.27	2.27	-0.6	0.7	46	1.90
SiO_2	%	61.19	3.25	61.11	1.06	0.05	61.63	61.63	1.86	52.55	52.55	53.83	59.77	63.26	65.89	66.69	66.69	-0.8	0.5	47	61.19
TFe_2O_3	%	4.24	0.62	4.20	1.15	0.14	3.80	4.11	0.31	3.26	3.26	3.37	3.80	4.41	5.74	6.22	6.22	1.2	1.6	46	4.20
SOC	%	0.22	0.09	0.20	1.52	0.41	0.17	0.20	0.05	0.07	0.07	0.08	0.15	0.25	0.46	0.47	0.47	0.9	0.9	47	0.22
pH	无量纲						8.65	8.66	0.10	8.33	8.33	8.34	8.49	8.74	8.92	9.03	9.03				

表 2.3.27A 滨海盐土表层土壤（0~20 cm）地球化学参数（n=1 356）

指标	单位	算术平均值 X_a	算术标准差 S_a	几何平均值 X_g	几何标准差 S_g	变异系数 CV	众值 X_{mo}	中位值 X_{me}	中位绝对离差 MAD	最小值 X_{min}	累积频率						最大值 X_{max}	偏度系数 SK	峰度系数 BK	n'	背景值 X_a'
											$X_{0.5\%}$	$X_{2.5\%}$	$X_{25\%}$	$X_{75\%}$	$X_{97.5\%}$	$X_{99.5\%}$					
Ag	mg/kg	0.063	0.070	0.059	1.340	1.11	0.058	0.058	0.010	0.016	0.028	0.036	0.049	0.070	0.097	0.131	2.507	31.7	1 095.6	1 333	0.060
As	mg/kg	9.3	2.8	8.9	1.3	0.30	8.5	8.7	1.5	1.6	4.1	5.1	7.5	10.7	16.1	18.6	20.8	1.0	1.2	1 326	9.1
Au	μg/kg	1.8	1.1	1.6	1.5	0.62	1.5	1.6	0.3	0.5	0.6	0.8	1.3	2.0	3.4	8.0	20.8	9.0	124.9	1 314	1.6
B	mg/kg	52.5	10.3	51.3	1.2	0.20	49.3	52.0	6.0	8.0	19.4	32.3	46.6	58.4	73.6	85.8	106.4	0.1	2.3	1 325	52.6
Ba	mg/kg	566	1 082	509	1	1.91	455	478	30	212	322	404	449	512	1 113	2 921	38 800	32.7	1 151.2	1 195	475
Be	mg/kg	1.79	0.28	1.77	1.17	0.16	1.89	1.78	0.15	0.95	1.17	1.29	1.63	1.94	2.40	2.63	4.53	1.0	6.9	1 344	1.79
Bi	mg/kg	0.24	0.15	0.23	1.42	0.63	0.22	0.23	0.05	0.07	0.09	0.11	0.19	0.28	0.43	0.50	4.61	19.1	521.9	1 332	0.23
Br	mg/kg	32.1	24.8	23.5	2.3	0.77	9.4	24.7	14.4	1.0	2.9	4.8	12.1	46.6	90.2	114.4	155.8	1.2	1.3	1 331	30.6
TC	%	1.39	0.47	1.30	1.48	0.34	1.28	1.39	0.30	0.17	0.33	0.54	1.10	1.69	2.37	2.71	3.29	0.2	0.1	1 351	1.39
Cd	mg/kg	0.113	0.041	0.107	1.393	0.36	0.090	0.105	0.023	0.024	0.049	0.058	0.089	0.130	0.202	0.270	0.520	2.1	11.5	1 329	0.110
Ce	mg/kg	65.1	9.3	64.4	1.2	0.14	73.4	65.0	4.9	24.2	35.0	44.3	60.4	70.4	82.2	95.6	133.8	0.0	4.2	1 319	65.3
Cl	mg/kg	8 321	7 617	4 387	4	0.92	192	5 932	4 635	68	85	161	2 136	12 949	26 251	31 601	39 772	1.0	0.2	1 347	8 154
Co	mg/kg	10.8	2.5	10.5	1.3	0.23	10.1	10.5	1.5	2.2	5.3	6.7	9.1	12.2	16.4	18.8	19.6	0.6	0.6	1 344	10.7
Cr	mg/kg	63.7	10.3	62.8	1.2	0.16	61.6	63.7	5.0	11.5	28.0	39.8	59.0	69.1	81.9	95.7	134.3	0.0	5.5	1 301	64.2
Cu	mg/kg	19.2	6.0	18.2	1.4	0.31	17.8	18.5	3.3	3.5	7.2	8.5	15.4	22.3	32.0	35.8	75.3	1.4	8.1	1 346	19.0
F	mg/kg	503	139	490	1	0.28	515	504	66	112	260	302	434	567	694	774	4 006	11.8	298.4	1 347	500
Ga	mg/kg	13.6	2.1	13.5	1.2	0.15	12.9	13.4	1.2	4.5	9.4	10.2	12.3	14.7	18.4	20.1	23.0	0.6	1.0	1 340	13.6
Ge	mg/kg	1.21	0.12	1.21	1.10	0.10	1.20	1.20	0.10	0.83	0.90	1.00	1.10	1.30	1.40	1.50	1.79	0.2	0.8	1 351	1.21
Hg	mg/kg	0.020	0.014	0.018	1.527	0.70	0.013	0.017	0.004	0.004	0.007	0.009	0.014	0.022	0.048	0.080	0.271	8.5	116.1	1 277	0.018
I	mg/kg	1.89	1.29	1.66	1.61	0.68	1.58	1.61	0.47	0.54	0.63	0.77	1.18	2.16	4.96	9.95	15.90	4.3	28.1	1 288	1.67
La	mg/kg	33.4	4.4	33.1	1.1	0.13	32.8	33.1	2.2	10.6	20.4	24.2	31.1	35.5	41.6	47.6	75.6	0.8	9.4	1 311	33.4
Li	mg/kg	30.8	7.7	29.8	1.3	0.25	30.3	30.2	4.5	6.1	13.3	17.6	25.9	34.8	48.5	54.5	65.3	0.6	1.0	1 340	30.5
Mn	mg/kg	538	131	524	1	0.24	458	505	57	115	342	383	456	585	871	1 198	1 606	2.2	9.0	1 295	520
Mo	mg/kg	0.57	0.17	0.54	1.35	0.30	0.56	0.55	0.10	0.16	0.24	0.29	0.46	0.66	0.94	1.23	1.76	1.3	4.7	1 334	0.56
N	%	0.050	0.023	0.045	1.547	0.46	0.027	0.043	0.013	0.013	0.019	0.021	0.032	0.062	0.103	0.129	0.171	-0.1	1.9	1 332	0.048
Nb	mg/kg	13.0	1.3	13.0	1.1	0.10	13.3	13.1	0.6	6.4	8.4	10.1	12.5	13.7	15.4	16.9	24.0	1.2	5.8	1 319	13.1
Ni	mg/kg	25.5	6.5	24.6	1.3	0.26	22.8	25.1	3.7	4.7	11.1	13.8	21.5	29.1	39.5	44.2	52.5	0.4	0.7	1 346	25.4

指标	单位	算术平均值 X_a	算术标准差 S_a	几何平均值 X_g	几何标准差 S_g	变异系数 CV	众值 X_{mo}	中位值 X_{me}	中位绝对离差 MAD	最小值 X_{min}	$X_{0.5\%}$	$X_{2.5\%}$	$X_{25\%}$	$X_{75\%}$	$X_{97.5\%}$	$X_{99.5\%}$	最大值 X_{max}	偏度系数 SK	峰度系数 BK	n'	背景值 X_a'
P	mg/kg	656	136	642	1	0.21	630	640	55	136	324	410	596	705	978	1 218	1 960	1.6	10.1	1 306	645
Pb	mg/kg	19.3	10.1	18.7	1.2	0.52	17.2	18.0	2.1	10.8	11.9	13.0	16.3	20.9	29.6	41.1	350.9	26.7	875.0	1 315	18.6
Rb	mg/kg	89.1	10.8	88.5	1.1	0.12	87.0	87.6	6.5	54.9	68.3	73.2	81.5	94.7	113.9	121.7	148.7	0.9	2.0	1 342	88.7
S	mg/kg	1 804	4 256	782	3	2.36	248	649	401	63	109	152	338	1 575	11 207	27 560	65 343	7.2	70.6	1 119	691
Sb	mg/kg	0.81	0.24	0.77	1.38	0.30	0.90	0.82	0.16	0.23	0.32	0.40	0.62	0.96	1.30	1.47	1.92	0.2	0.0	1 353	0.80
Sc	mg/kg	9.8	2.0	9.6	1.3	0.21	10.1	9.7	1.2	1.2	4.4	6.1	8.6	11.0	14.1	15.4	17.4	0.1	0.7	1 343	9.8
Se	mg/kg	0.13	0.04	0.12	1.35	0.31	0.12	0.12	0.03	0.05	0.06	0.07	0.10	0.15	0.22	0.25	0.38	0.8	1.3	1 348	0.13
Sn	mg/kg	2.5	0.6	2.4	1.3	0.25	2.5	2.5	0.4	0.2	1.3	1.5	2.1	2.8	3.7	4.7	9.9	2.6	26.1	1 339	2.5
Sr	mg/kg	229	84	221	1	0.37	202	210	13	139	151	172	199	227	440	778	1 330	6.5	57.5	1 234	211
Th	mg/kg	9.3	2.6	8.9	1.4	0.27	10.1	9.6	1.6	0.4	2.8	4.3	7.7	10.9	13.9	15.6	23.6	0.1	1.3	1 349	9.3
Ti	mg/kg	3 510	435	3 480	1	0.12	3 654	3 559	180	859	2 035	2 468	3 356	3 722	4 181	4 432	8 245	0.6	21.3	1 302	3 548
Tl	mg/kg	0.55	0.08	0.55	1.16	0.15	0.57	0.55	0.06	0.34	0.40	0.42	0.49	0.60	0.74	0.80	1.07	0.8	1.1	1 347	0.55
U	mg/kg	2.27	0.37	2.24	1.19	0.16	2.24	2.27	0.20	0.68	1.21	1.48	2.08	2.48	2.98	3.55	5.34	0.4	5.1	1 322	2.27
V	mg/kg	68.4	12.5	67.2	1.2	0.18	65.3	68.0	7.3	16.1	33.7	45.9	61.0	75.6	96.0	106.3	121.4	0.2	1.1	1 339	68.3
W	mg/kg	1.51	0.27	1.49	1.21	0.18	1.56	1.55	0.14	0.30	0.69	0.96	1.38	1.66	1.95	2.20	4.96	1.1	20.9	1 336	1.52
Y	mg/kg	23.0	2.6	22.9	1.1	0.11	23.8	23.3	1.3	6.8	14.2	17.5	21.9	24.4	27.8	31.3	37.8	-0.4	4.5	1 322	23.1
Zn	mg/kg	57.4	14.3	55.6	1.3	0.25	52.7	56.5	8.8	11.1	28.8	32.6	48.2	65.8	87.6	97.4	160.0	0.6	2.1	1 345	57.3
Zr	mg/kg	251	77	241	1	0.31	222	233	36	63	126	153	203	281	445	579	885	2.0	7.5	1 298	240
Al_2O_3	%	11.57	1.27	11.50	1.12	0.11	11.41	11.48	0.74	6.22	8.46	9.18	10.81	12.29	14.30	15.14	17.26	0.3	0.8	1 346	11.56
CaO	%	5.24	1.61	4.89	1.52	0.31	5.14	5.51	0.68	0.53	0.94	1.37	4.66	6.10	8.05	9.17	13.62	-0.4	1.6	1 347	5.22
MgO	%	2.04	0.48	1.97	1.32	0.24	1.90	2.01	0.33	0.23	0.59	1.07	1.74	2.38	2.90	3.11	3.29	-0.3	0.3	1 342	2.05
K_2O	%	2.32	0.27	2.30	1.11	0.12	2.16	2.26	0.12	1.50	1.81	1.99	2.16	2.41	2.93	3.48	5.10	2.8	18.7	1 306	2.29
Na_2O	%	2.52	0.64	2.44	1.29	0.25	2.41	2.41	0.41	0.98	1.19	1.47	2.06	2.92	3.95	4.30	5.23	0.6	0.3	1 352	2.51
SiO_2	%	61.15	4.93	60.95	1.08	0.08	63.33	61.26	2.67	40.24	47.89	51.10	58.36	63.69	72.52	75.11	80.27	0.1	1.0	1 347	61.16
TFe_2O_3	%	3.92	0.81	3.84	1.24	0.21	3.77	3.81	0.46	0.87	2.04	2.48	3.41	4.37	5.79	6.19	7.23	0.4	0.6	1 349	3.92
SOC	%	0.47	0.24	0.42	1.68	0.51	0.35	0.42	0.15	0.04	0.10	0.15	0.30	0.60	1.04	1.34	2.15	1.3	3.4	1 334	0.46
pH	无量纲						8.33	8.33	0.20	5.93	7.22	7.77	8.13	8.52	8.83	9.06	9.25				

213

表2.3.27B 滨海盐土深层土壤（150~200 cm）地球化学参数（n=349）

指标	单位	算术平均值 X_a	算术标准差 S_a	几何平均值 X_g	几何标准差 S_g	变异系数 CV	众值 X_{mo}	中位值 X_{me}	中位绝对离差 MAD	最小值 X_{min}	累积频率 $X_{0.5\%}$	$X_{2.5\%}$	$X_{25\%}$	$X_{75\%}$	$X_{97.5\%}$	$X_{99.5\%}$	最大值 X_{max}	偏度系数 SK	峰度系数 BK	基准值 n'	基准值 X_a'
Ag	mg/kg	0.053	0.013	0.051	1.256	0.25	0.047	0.050	0.007	0.030	0.031	0.034	0.045	0.059	0.082	0.095	0.121	1.3	2.9	343	0.052
As	mg/kg	9.2	2.6	8.9	1.3	0.28	9.0	8.7	1.3	3.7	3.9	5.3	7.6	10.2	15.9	18.1	18.8	1.2	2.0	337	8.9
Au	μg/kg	1.5	0.5	1.4	1.3	0.33	1.2	1.4	0.3	0.7	0.8	0.9	1.2	1.7	2.7	3.2	4.1	1.5	3.6	339	1.4
B	mg/kg	48.6	9.6	47.5	1.2	0.20	47.2	48.7	5.9	15.0	21.1	29.3	43.1	54.6	65.8	69.3	78.0	-0.2	0.4	344	48.7
Ba	mg/kg	497	169	485	1	0.34	459	470	25	386	394	409	445	495	742	1 347	2 790	9.1	106.8	323	468
Be	mg/kg	1.76	0.29	1.73	1.17	0.17	1.62	1.75	0.18	0.86	1.27	1.33	1.56	1.91	2.29	2.40	4.39	2.2	18.6	347	1.75
Bi	mg/kg	0.21	0.07	0.20	1.45	0.35	0.19	0.20	0.04	0.05	0.06	0.09	0.16	0.25	0.38	0.44	0.47	0.7	0.8	345	0.21
Br	mg/kg	13.9	10.8	10.6	2.1	0.77	9.5	10.2	4.6	1.2	1.5	2.5	6.5	17.8	41.7	58.3	60.0	1.7	3.1	335	12.5
TC	%	1.20	0.37	1.13	1.49	0.31	1.21	1.21	0.20	0.11	0.28	0.34	1.03	1.41	1.85	2.16	2.39	-0.3	0.7	347	1.20
Cd	mg/kg	0.094	0.029	0.090	1.374	0.31	0.090	0.090	0.020	0.032	0.036	0.050	0.077	0.110	0.170	0.190	0.200	0.7	0.9	341	0.092
Ce	mg/kg	63.9	10.0	63.1	1.2	0.16	63.9	64.1	4.6	31.6	37.0	42.0	59.7	69.0	84.8	93.6	124.1	0.5	4.8	340	63.7
Cl	mg/kg	4 526	4 092	3 025	3	0.90	2 393	3 020	1 845	71	236	344	1 769	6 148	15 312	21 563	24 383	1.8	4.0	334	3 953
Co	mg/kg	10.2	2.6	9.9	1.3	0.26	9.1	9.8	1.5	2.9	5.7	6.4	8.5	11.6	16.2	20.3	23.5	1.1	2.7	343	10.1
Cr	mg/kg	62.0	9.8	61.2	1.2	0.16	64.4	62.4	4.9	19.5	33.2	36.3	57.7	67.6	79.1	89.0	99.7	-0.5	2.3	334	62.8
Cu	mg/kg	17.7	5.6	16.7	1.4	0.32	20.0	17.4	3.0	5.0	6.6	7.9	14.4	20.6	30.8	33.7	34.9	0.4	0.3	347	17.6
F	mg/kg	470	100	459	1	0.21	486	472	62	177	248	271	406	528	668	742	747	0.1	0.1	349	470
Ga	mg/kg	13.2	2.0	13.1	1.2	0.15	13.7	13.0	1.2	8.2	9.6	10.0	11.9	14.2	17.6	18.8	19.7	0.5	0.1	348	13.2
Ge	mg/kg	1.23	0.12	1.22	1.10	0.10	1.20	1.20	0.10	0.80	0.89	1.03	1.20	1.30	1.50	1.75	1.91	1.0	5.8	340	1.23
Hg	mg/kg	0.019	0.074	0.015	1.507	3.90	0.016	0.015	0.003	0.004	0.004	0.007	0.012	0.018	0.025	0.055	1.400	18.5	345.4	344	0.015
I	mg/kg	1.78	1.03	1.55	1.68	0.58	0.91	1.47	0.54	0.47	0.53	0.70	1.00	2.21	4.39	5.47	6.42	1.5	2.6	336	1.66
La	mg/kg	33.7	4.8	33.4	1.2	0.14	34.0	33.8	1.9	17.0	20.1	23.3	31.9	35.8	42.2	46.8	75.8	1.6	17.5	333	33.7
Li	mg/kg	28.9	7.3	28.0	1.3	0.25	31.0	28.5	4.7	5.6	14.9	17.4	23.7	33.0	46.0	50.7	53.7	0.5	0.5	344	28.7
Mn	mg/kg	515	145	500	1	0.28	457	479	58	265	294	350	435	565	830	1 131	1 967	4.0	31.0	334	494
Mo	mg/kg	0.55	0.15	0.54	1.31	0.27	0.49	0.54	0.08	0.21	0.23	0.30	0.47	0.62	0.91	1.07	1.28	0.9	2.3	341	0.54
N	%	0.029	0.009	0.028	1.334	0.31	0.027	0.027	0.004	0.015	0.015	0.016	0.023	0.032	0.054	0.064	0.070	1.4	2.8	337	0.028
Nb	mg/kg	12.9	1.5	12.8	1.1	0.11	13.2	13.1	0.7	8.5	8.6	9.5	12.3	13.7	14.9	15.7	22.1	-0.1	4.8	345	12.9
Ni	mg/kg	24.4	6.7	23.5	1.3	0.27	26.0	24.2	3.8	5.0	11.8	13.8	20.4	27.9	38.9	43.0	55.3	0.5	1.1	346	24.4

指标	单位	算术平均值 X_a	算术标准差 S_a	几何平均值 X_g	几何标准差 S_g	变异系数 CV	众数 X_{mo}	中位值 X_{me}	中位绝对离差 MAD	最小值 X_{min}	累积频率 $X_{0.5\%}$	$X_{2.5\%}$	$X_{25\%}$	$X_{75\%}$	$X_{97.5\%}$	$X_{99.5\%}$	最大值 X_{max}	偏度系数 SK	峰度系数 BK	n'	基准值 X_a'
P	mg/kg	588	87	580	1	0.15	615	607	28	242	266	366	570	631	710	765	1 039	-0.9	4.0	324	602
Pb	mg/kg	17.1	3.3	16.9	1.2	0.19	17.0	16.5	1.6	10.9	11.2	13.0	15.0	18.2	25.4	28.4	39.0	1.9	6.6	335	16.7
Rb	mg/kg	87.1	10.8	86.5	1.1	0.12	87.5	84.9	6.4	68.1	69.4	72.5	79.0	92.4	111.9	121.0	134.8	1.0	1.1	346	86.8
S	mg/kg	319	263	266	2	0.82	181	233	81	81	101	122	174	386	834	1 432	3 350	5.7	54.4	337	285
Sb	mg/kg	0.78	0.23	0.74	1.37	0.29	0.80	0.79	0.14	0.29	0.33	0.39	0.60	0.91	1.23	1.43	1.58	0.3	0.2	347	0.77
Sc	mg/kg	9.4	1.9	9.2	1.2	0.20	9.6	9.2	1.2	2.7	5.1	5.7	8.3	10.5	13.4	14.5	14.7	0.1	0.4	348	9.4
Se	mg/kg	0.09	0.03	0.09	1.30	0.28	0.09	0.09	0.01	0.03	0.05	0.05	0.08	0.10	0.16	0.17	0.26	1.7	6.9	333	0.09
Sn	mg/kg	2.3	0.5	2.2	1.2	0.22	2.3	2.3	0.3	1.3	1.4	1.4	2.0	2.5	3.4	3.8	4.0	0.6	0.5	346	2.3
Sr	mg/kg	206	29	204	1	0.14	191	202	11	138	146	164	192	215	271	321	547	5.2	53.8	334	203
Th	mg/kg	9.6	2.2	9.3	1.3	0.23	8.1	9.7	1.3	1.9	3.7	5.0	8.3	10.9	13.6	14.4	19.4	-0.2	1.4	346	9.6
Ti	mg/kg	3 461	444	3 429	1	0.13	3 644	3 572	154	1 918	2 109	2 249	3 355	3 708	4 126	4 327	5 608	-0.8	3.2	309	3 562
Tl	mg/kg	0.55	0.07	0.55	1.14	0.13	0.53	0.54	0.05	0.35	0.43	0.44	0.50	0.59	0.72	0.76	0.83	0.8	0.8	346	0.55
U	mg/kg	2.14	0.37	2.11	1.19	0.17	2.17	2.17	0.18	1.09	1.26	1.34	1.93	2.31	2.85	3.45	3.83	0.3	2.3	344	2.13
V	mg/kg	65.5	12.8	64.2	1.2	0.20	47.0	65.5	8.0	27.3	36.9	42.8	56.4	72.6	92.2	100.6	106.2	0.3	0.2	346	65.4
W	mg/kg	1.50	0.26	1.48	1.21	0.17	1.53	1.53	0.15	0.45	0.73	0.88	1.37	1.66	1.94	2.11	2.27	-0.6	1.2	343	1.51
Y	mg/kg	22.9	2.9	22.7	1.1	0.13	24.1	23.5	1.3	12.1	13.8	15.4	21.9	24.6	26.8	29.3	33.0	-1.0	1.7	338	23.1
Zn	mg/kg	54.7	19.0	52.2	1.4	0.35	53.0	53.1	9.0	13.6	25.4	30.4	44.6	62.5	85.4	135.1	220.4	3.5	25.8	341	52.9
Zr	mg/kg	255	62	248	1	0.24	240	247	36	127	141	159	214	286	397	447	634	1.3	4.0	345	252
Al_2O_3	%	11.38	1.27	11.32	1.12	0.11	11.28	11.26	0.68	8.05	8.84	9.09	10.68	12.08	13.92	15.71	15.95	0.4	0.8	345	11.33
CaO	%	5.08	1.35	4.80	1.47	0.27	5.34	5.32	0.57	0.70	0.92	1.31	4.66	5.80	7.30	7.99	9.01	-1.0	1.8	329	5.26
MgO	%	1.81	0.42	1.76	1.29	0.23	1.68	1.79	0.26	0.37	0.71	1.02	1.54	2.08	2.62	2.87	3.25	0.1	0.4	347	1.81
K_2O	%	2.28	0.22	2.27	1.09	0.10	2.16	2.22	0.10	1.80	2.02	2.06	2.15	2.37	2.73	3.37	3.86	2.6	12.5	340	2.26
Na_2O	%	2.27	0.34	2.24	1.17	0.15	2.23	2.25	0.21	1.18	1.24	1.53	2.06	2.48	2.93	3.21	3.76	0.1	1.3	345	2.27
SiO_2	%	62.86	4.36	62.71	1.07	0.07	62.87	63.03	2.19	48.12	50.01	53.84	60.63	65.00	72.52	75.41	80.23	0.1	1.6	340	62.81
TFe_2O_3	%	3.80	0.81	3.72	1.24	0.21	3.68	3.72	0.42	1.33	2.08	2.43	3.33	4.21	5.68	6.03	7.06	0.5	0.9	347	3.80
SOC	%	0.22	0.11	0.20	1.64	0.49	0.20	0.20	0.07	0.03	0.05	0.08	0.15	0.27	0.51	0.56	0.71	1.1	1.6	338	0.21
pH	无量纲						8.58	8.61	0.12	7.28	7.51	7.81	8.50	8.74	9.08	9.15	9.27				

表 2.3.28A 滨海潮滩盐土表层土壤（0～20 cm）地球化学参数（n=555）

指标	单位	算术平均值 X_a	算术标准差 S_a	几何平均值 X_g	几何标准差 S_g	变异系数 CV	众值 X_{mo}	中位值 X_{me}	中位绝对离差 MAD	最小值 X_{min}	累积频率 $X_{0.5\%}$	$X_{2.5\%}$	$X_{25\%}$	$X_{75\%}$	$X_{97.5\%}$	$X_{99.5\%}$	最大值 X_{max}	偏度系数 SK	峰度系数 BK	背景值 n'	X_a'
Ag	mg/kg	0.070	0.128	0.060	1.479	1.81	0.059	0.059	0.011	0.025	0.027	0.030	0.048	0.070	0.128	0.288	2.894	20.0	436.6	529	0.059
As	mg/kg	8.8	7.3	7.8	1.6	0.83	5.8	8.6	2.3	0.9	2.1	2.9	6.0	10.8	15.5	18.8	162.3	16.6	347.0	550	8.5
Au	μg/kg	1.8	4.2	1.5	1.6	2.29	1.6	1.5	0.4	0.4	0.4	0.6	1.1	1.9	3.9	7.5	95.7	21.0	470.6	530	1.5
B	mg/kg	45.2	19.0	39.5	1.8	0.42	51.8	49.8	12.8	1.9	4.9	8.1	30.2	59.3	76.0	85.6	92.0	-0.3	-0.7	555	45.2
Ba	mg/kg	694	437	619	2	0.63	474	508	77	266	372	397	451	831	1 806	2 259	6 229	4.8	47.6	526	624
Be	mg/kg	1.78	0.41	1.73	1.25	0.23	1.55	1.74	0.21	0.72	0.83	1.13	1.55	1.96	2.80	3.55	4.35	1.7	6.8	527	1.73
Bi	mg/kg	0.22	0.16	0.20	1.62	0.71	0.28	0.21	0.07	0.04	0.05	0.07	0.14	0.28	0.41	0.54	3.06	11.4	198.2	548	0.21
Br	mg/kg	30.9	29.1	17.4	3.3	0.94	2.6	20.8	16.8	0.7	1.1	1.7	6.8	51.7	101.3	127.4	135.1	1.1	0.6	546	29.4
TC	%	1.11	0.54	0.96	1.80	0.48	1.66	1.15	0.40	0.17	0.19	0.25	0.65	1.47	2.09	2.96	3.64	0.5	0.8	549	1.09
Cd	mg/kg	0.104	0.046	0.095	1.557	0.44	0.120	0.100	0.024	0.011	0.023	0.032	0.077	0.126	0.195	0.308	0.523	2.4	16.3	543	0.100
Ce	mg/kg	65.2	21.9	62.1	1.4	0.34	67.6	66.4	7.0	11.9	13.9	24.5	57.7	71.9	96.2	132.8	399.0	6.5	98.4	514	65.6
Cl	mg/kg	9 110	8 654	3 846	5	0.95	118	5 752	5 419	49	57	92	1 500	15 946	27 226	32 689	35 186	0.8	-0.5	553	9 015
Co	mg/kg	10.2	3.9	9.4	1.6	0.38	10.3	10.1	2.2	1.2	1.8	2.7	8.0	12.4	17.7	24.6	32.5	0.9	4.1	546	10.0
Cr	mg/kg	58.5	29.4	53.2	1.6	0.50	64.3	61.3	7.1	6.1	8.6	13.2	50.4	66.7	95.3	152.3	562.0	9.3	156.0	545	56.3
Cu	mg/kg	17.8	9.2	15.7	1.7	0.52	15.8	17.2	4.7	2.2	3.0	4.7	12.1	21.8	36.0	68.2	86.3	2.5	14.0	544	17.0
F	mg/kg	448	150	423	1	0.34	304	460	100	116	149	176	345	543	694	800	2 040	2.0	21.7	552	444
Ga	mg/kg	13.9	2.4	13.7	1.2	0.17	15.1	13.9	1.6	6.5	8.3	10.1	12.2	15.4	19.1	21.7	24.0	0.5	0.9	547	13.9
Ge	mg/kg	1.22	0.14	1.21	1.12	0.11	1.20	1.20	0.10	0.72	0.89	0.96	1.11	1.30	1.51	1.73	1.91	0.5	2.6	546	1.21
Hg	mg/kg	0.022	0.021	0.018	1.768	0.96	0.014	0.017	0.005	0.004	0.005	0.007	0.013	0.024	0.072	0.122	0.310	6.4	69.2	512	0.018
I	mg/kg	2.34	1.88	1.91	1.81	0.80	1.52	1.81	0.66	0.47	0.59	0.71	1.29	2.78	7.56	10.80	18.10	3.4	16.9	517	1.94
La	mg/kg	33.9	11.1	32.5	1.4	0.33	35.4	34.4	3.6	7.0	8.6	13.6	30.2	37.6	50.3	62.3	208.0	7.0	108.8	530	33.9
Li	mg/kg	26.9	10.9	24.4	1.6	0.41	16.7	26.6	7.8	4.4	5.3	7.6	18.8	34.4	49.0	60.4	64.7	0.4	0.3	547	26.4
Mn	mg/kg	550	194	517	1	0.35	460	520	88	76	126	202	445	632	976	1 465	1 749	1.6	6.9	544	535
Mo	mg/kg	0.63	0.36	0.59	1.43	0.57	0.52	0.59	0.12	0.20	0.23	0.30	0.48	0.71	1.13	2.00	6.62	9.5	145.1	539	0.59
N	%	0.040	0.019	0.036	1.507	0.48	0.024	0.034	0.009	0.015	0.017	0.019	0.027	0.047	0.089	0.106	0.120	1.5	2.4	518	0.036
Nb	mg/kg	13.1	4.1	12.7	1.3	0.31	13.1	13.2	1.0	3.2	4.3	6.2	11.7	13.9	20.2	33.4	69.0	5.7	67.6	509	12.8
Ni	mg/kg	23.5	13.3	21.0	1.6	0.57	21.6	23.2	5.9	2.1	3.9	5.5	16.9	28.8	44.3	60.5	233.0	7.6	112.6	543	22.4

指标	单位	算术平均值 X_a	算术标准差 S_a	几何平均值 X_g	几何标准差 S_g	变异系数 CV	众值 X_{mo}	中位值 X_{me}	中位绝对离差 MAD	最小值 X_{min}	累积频率						最大值 X_{max}	偏度系数 SK	峰度系数 BK	背景值	
											$X_{0.5\%}$	$X_{2.5\%}$	$X_{25\%}$	$X_{75\%}$	$X_{97.5\%}$	$X_{99.5\%}$				n'	X_a'
P	mg/kg	577	243	541	1	0.42	613	611	54	114	144	194	494	646	913	1 279	4 667	8.7	144.0	543	559
Pb	mg/kg	21.8	22.0	20.2	1.3	1.01	16.6	19.4	2.9	11.1	12.0	14.0	16.8	22.9	38.8	51.7	510.2	19.9	437.8	521	19.6
Rb	mg/kg	89.9	16.5	88.5	1.2	0.18	89.5	88.6	9.3	37.8	51.5	64.5	79.5	98.5	126.3	152.0	207.4	1.5	7.1	539	88.7
S	mg/kg	1 462	2 717	685	3	1.86	360	593	440	26	62	89	250	1 938	5 606	10 825	41 827	8.7	107.8	524	1 057
Sb	mg/kg	0.73	0.37	0.66	1.60	0.50	0.87	0.76	0.23	0.13	0.19	0.25	0.47	0.94	1.27	1.55	5.93	5.2	71.2	552	0.72
Sc	mg/kg	8.8	3.0	8.2	1.6	0.34	9.2	9.2	1.9	0.8	1.4	2.2	7.0	10.8	14.4	17.4	18.7	-0.2	0.4	554	8.8
Se	mg/kg	0.13	0.09	0.11	1.49	0.71	0.11	0.11	0.02	0.04	0.05	0.06	0.09	0.14	0.27	0.47	1.42	8.9	112.2	534	0.11
Sn	mg/kg	2.4	0.8	2.3	1.4	0.32	2.6	2.4	0.4	0.4	0.6	1.0	2.0	2.8	3.6	5.0	8.9	1.8	13.8	549	2.4
Sr	mg/kg	251	105	238	1	0.42	199	217	23	67	124	153	199	266	527	769	1 229	3.9	22.9	512	228
Th	mg/kg	9.6	4.7	8.9	1.5	0.49	8.9	9.7	1.9	1.8	2.3	3.4	7.6	11.4	14.2	19.7	96.9	11.7	219.1	550	9.3
Ti	mg/kg	3 233	777	3 097	1	0.24	3 726	3 422	295	481	712	1 077	2 976	3 662	4 359	4 815	7 239	-1.0	3.1	515	3 370
Tl	mg/kg	0.55	0.10	0.54	1.19	0.18	0.58	0.54	0.05	0.22	0.31	0.38	0.49	0.60	0.79	0.91	1.18	1.2	5.4	537	0.54
U	mg/kg	1.97	0.52	1.88	1.39	0.27	2.19	2.10	0.25	0.46	0.52	0.74	1.72	2.30	2.72	3.11	5.42	-0.3	3.6	552	1.97
V	mg/kg	63.9	20.8	60.0	1.5	0.33	68.3	65.0	11.0	10.3	14.0	18.5	52.6	74.4	104.1	152.3	177.4	0.6	4.2	548	62.8
W	mg/kg	1.34	0.42	1.25	1.50	0.31	1.37	1.43	0.25	0.11	0.31	0.44	1.08	1.64	1.91	2.37	3.06	-0.5	0.3	552	1.34
Y	mg/kg	22.0	5.0	21.2	1.4	0.23	25.1	23.0	2.3	3.7	4.9	8.8	20.1	25.0	29.3	33.0	49.4	-0.9	3.3	514	22.8
Zn	mg/kg	53.7	23.4	49.3	1.5	0.44	48.2	53.0	12.6	7.1	11.6	15.0	39.0	65.0	95.3	140.9	322.8	3.4	33.2	548	52.3
Zr	mg/kg	267	110	249	1	0.41	241	255	51	51	70	101	206	312	468	731	1 449	3.2	27.1	547	259
Al_2O_3	%	11.78	1.53	11.68	1.14	0.13	12.17	11.85	0.96	6.44	7.41	9.00	10.71	12.75	14.71	16.08	16.84	0.0	0.6	551	11.78
CaO	%	4.36	2.21	3.62	1.97	0.51	6.51	5.03	1.63	0.47	0.65	0.85	2.07	6.10	8.01	9.02	10.65	-0.1	-1.1	555	4.36
MgO	%	1.72	0.76	1.50	1.81	0.44	1.27	1.81	0.55	0.11	0.19	0.32	1.20	2.30	2.92	3.48	5.21	0.1	0.3	552	1.70
K_2O	%	2.56	0.54	2.51	1.20	0.21	2.16	2.40	0.23	1.31	1.96	2.03	2.20	2.73	3.93	4.52	6.20	1.9	5.5	513	2.45
Na_2O	%	2.86	0.64	2.79	1.25	0.22	2.43	2.75	0.37	1.08	1.32	1.83	2.42	3.24	4.16	4.82	5.77	0.7	1.2	546	2.82
SiO_2	%	63.18	7.21	62.77	1.12	0.11	72.36	62.90	5.40	45.80	48.75	50.26	57.77	68.61	76.68	80.71	85.25	0.2	-0.5	554	63.14
TFe_2O_3	%	3.59	1.12	3.38	1.46	0.31	3.94	3.65	0.67	0.53	0.81	1.11	2.93	4.25	6.02	6.92	8.60	0.1	1.3	549	3.55
SOC	%	0.38	0.31	0.30	1.97	0.81	0.27	0.32	0.12	0.02	0.04	0.07	0.21	0.45	1.05	1.39	3.71	4.5	36.3	526	0.33
pH	无量纲						8.48	8.50	0.19	3.80	5.37	6.22	8.17	8.65	8.93	9.20	9.56				

表 2.3.28B 滨海潮滩盐土深层土壤（150～200 cm）地球化学参数（n=168）

指标	单位	算术平均值 X_a	算术标准差 S_a	几何平均值 X_g	几何标准差 S_g	变异系数 CV	众值 X_{mo}	中位值 X_{me}	中位绝对离差 MAD	最小值 X_{min}	累积频率 $X_{0.5\%}$	$X_{2.5\%}$	$X_{25\%}$	$X_{75\%}$	$X_{97.5\%}$	$X_{99.5\%}$	最大值 X_{max}	偏度系数 SK	峰度系数 BK	基准值 n'	X_a'
Ag	mg/kg	0.056	0.018	0.054	1.330	0.32	0.053	0.053	0.009	0.023	0.024	0.032	0.045	0.063	0.099	0.140	0.157	2.2	8.9	163	0.054
As	mg/kg	8.9	4.6	8.1	1.5	0.52	8.1	8.3	2.2	2.0	2.2	3.0	6.5	10.7	14.9	16.9	52.9	5.2	48.7	167	8.6
Au	µg/kg	1.5	0.6	1.4	1.4	0.38	1.2	1.4	0.3	0.5	0.6	0.6	1.1	1.8	2.6	2.8	4.5	1.4	4.3	167	1.4
B	mg/kg	42.1	17.3	37.2	1.8	0.41	50.4	46.6	11.8	1.7	3.8	11.4	27.9	54.9	73.0	78.0	85.0	-0.3	-0.7	168	42.1
Ba	mg/kg	666	347	607	1	0.52	456	500	65	406	406	410	450	840	1414	2193	2839	2.6	10.4	164	632
Be	mg/kg	1.84	0.42	1.79	1.25	0.23	1.69	1.82	0.21	0.94	0.96	1.10	1.60	2.02	3.00	3.19	3.79	1.1	3.4	163	1.79
Bi	mg/kg	0.21	0.09	0.19	1.62	0.42	0.11	0.20	0.07	0.04	0.05	0.06	0.14	0.27	0.36	0.43	0.44	0.3	-0.6	168	0.21
Br	mg/kg	17.7	17.7	11.2	2.8	1.00	4.6	13.1	8.0	0.6	0.6	1.3	5.9	23.1	69.9	93.6	95.8	2.1	5.2	159	14.5
TC	%	1.02	0.55	0.83	2.03	0.54	1.27	1.14	0.49	0.14	0.15	0.20	0.47	1.44	1.91	2.30	2.39	0.0	-1.1	168	1.02
Cd	mg/kg	0.090	0.040	0.081	1.631	0.44	0.080	0.090	0.029	0.015	0.019	0.030	0.060	0.111	0.180	0.200	0.210	0.6	0.1	167	0.089
Ce	mg/kg	65.8	18.1	63.1	1.4	0.28	64.6	66.1	6.5	13.6	21.9	29.6	59.5	72.5	106.5	127.8	138.9	0.5	2.6	164	65.0
Cl	mg/kg	5135	5082	2304	5	0.99	106	4076	3094	35	45	64	1187	7322	21113	23615	24528	1.7	3.4	160	4315
Co	mg/kg	10.7	4.8	9.8	1.6	0.45	11.0	10.3	2.5	1.3	1.8	3.7	7.9	12.7	20.9	31.3	42.7	2.5	13.4	162	10.0
Cr	mg/kg	60.5	39.6	54.0	1.6	0.65	63.2	60.8	7.5	4.3	9.2	19.1	48.4	66.5	85.6	304.7	430.1	6.5	53.9	164	56.3
Cu	mg/kg	17.0	7.5	15.3	1.6	0.44	20.8	16.5	5.2	2.6	2.9	4.9	11.0	21.2	31.1	44.2	47.4	0.9	1.9	164	16.4
F	mg/kg	451	165	422	1	0.37	350	451	110	124	126	193	332	547	723	798	1564	1.8	11.1	167	444
Ga	mg/kg	14.0	2.4	13.8	1.2	0.17	13.6	14.0	1.8	8.3	9.2	9.6	12.4	15.7	18.5	20.3	21.5	0.2	0.0	167	14.0
Ge	mg/kg	1.24	0.13	1.23	1.12	0.11	1.30	1.25	0.05	0.81	0.86	0.97	1.18	1.30	1.50	1.58	1.70	0.0	0.9	165	1.24
Hg	mg/kg	0.025	0.099	0.016	1.814	3.96	0.013	0.016	0.004	0.003	0.003	0.006	0.012	0.020	0.051	0.073	1.300	12.8	164.5	157	0.016
I	mg/kg	2.67	2.62	1.97	2.09	0.98	0.94	1.80	0.84	0.50	0.58	0.69	1.08	3.20	10.00	13.14	21.50	3.4	17.4	160	2.24
La	mg/kg	34.0	8.8	32.7	1.3	0.26	34.8	34.7	3.4	8.7	11.3	15.1	30.3	37.5	52.3	69.0	69.5	0.4	3.1	165	33.7
Li	mg/kg	27.0	10.3	24.8	1.6	0.38	26.7	27.1	8.1	3.7	5.2	8.4	19.0	35.0	47.2	50.0	52.9	0.1	-0.6	168	27.0
Mn	mg/kg	566	204	531	1	0.36	415	548	118	130	154	218	427	661	1101	1271	1493	1.3	3.5	162	541
Mo	mg/kg	0.64	0.32	0.59	1.43	0.50	0.56	0.60	0.13	0.26	0.29	0.31	0.48	0.73	1.01	2.59	3.03	4.4	26.9	164	0.60
N	%	0.034	0.012	0.032	1.378	0.35	0.030	0.030	0.007	0.016	0.016	0.019	0.025	0.039	0.066	0.089	0.090	1.7	4.8	161	0.032
Nb	mg/kg	13.4	3.0	13.1	1.2	0.22	13.0	13.3	0.9	6.1	6.4	7.9	12.5	14.2	20.5	25.6	27.9	1.4	5.9	158	13.1
Ni	mg/kg	25.9	24.2	22.2	1.7	0.93	24.5	23.9	5.5	3.5	3.7	6.6	16.5	28.6	42.2	224.4	233.8	7.2	59.3	164	22.9

指标	单位	算术平均值 X_a	算术标准差 S_a	几何平均值 X_g	几何标准差 S_g	变异系数 CV	众值 X_{mo}	中位值 X_{me}	中位绝对离差 MAD	最小值 X_{min}	累积频率 $X_{0.5\%}$	$X_{2.5\%}$	$X_{25\%}$	$X_{75\%}$	$X_{97.5\%}$	$X_{99.5\%}$	最大值 X_{max}	偏度系数 SK	峰度系数 BK	n'	基准值 X_a'
P	mg/kg	544	363	486	2	0.67	626	594	72	135	136	168	348	635	861	1 452	4 549	8.1	89.2	166	514
Pb	mg/kg	19.9	5.5	19.3	1.3	0.28	18.9	19.0	2.9	9.7	10.7	12.4	16.2	21.9	32.7	34.5	49.0	1.5	4.2	167	19.7
Rb	mg/kg	91.7	19.0	90.1	1.2	0.21	86.8	90.6	10.7	51.1	59.1	61.5	79.7	100.3	120.3	145.9	240.2	3.0	21.8	165	90.2
S	mg/kg	373	473	275	2	1.27	278	283	114	65	67	73	181	404	1 215	3 681	4 466	6.2	47.1	157	284
Sb	mg/kg	0.71	0.26	0.66	1.51	0.37	0.42	0.74	0.22	0.16	0.25	0.29	0.48	0.91	1.20	1.22	1.28	0.1	-1.0	168	0.71
Sc	mg/kg	9.0	3.2	8.4	1.5	0.35	8.9	9.1	2.1	1.2	1.8	2.8	7.0	11.0	14.8	19.0	24.0	0.5	2.7	166	8.9
Se	mg/kg	0.10	0.04	0.10	1.43	0.36	0.09	0.10	0.02	0.03	0.03	0.05	0.08	0.12	0.20	0.22	0.27	1.1	2.3	165	0.10
Sn	mg/kg	2.3	0.7	2.2	1.3	0.28	2.1	2.3	0.4	0.9	1.1	1.2	1.9	2.7	3.8	4.1	4.5	0.5	0.3	167	2.3
Sr	mg/kg	225	78	216	1	0.34	202	206	16	75	99	124	196	236	457	568	828	4.0	24.5	157	213
Th	mg/kg	9.6	2.8	9.1	1.4	0.29	10.9	10.2	1.5	2.3	3.6	4.2	7.6	11.2	15.0	15.2	16.0	-0.3	-0.4	168	9.6
Ti	mg/kg	3 314	929	3 166	1	0.28	3 601	3 520	253	492	968	1 304	3 031	3 717	4 348	6 448	9 265	1.2	10.7	161	3 274
Tl	mg/kg	0.57	0.11	0.56	1.20	0.19	0.57	0.57	0.06	0.32	0.35	0.38	0.51	0.62	0.80	0.87	1.30	1.9	10.9	165	0.56
U	mg/kg	1.93	0.46	1.87	1.32	0.24	2.17	2.07	0.22	0.74	0.75	0.92	1.70	2.21	2.75	2.90	2.96	-0.8	0.2	168	1.93
V	mg/kg	65.3	22.4	61.3	1.5	0.34	64.7	64.7	12.7	8.4	17.0	23.2	51.8	76.8	101.5	159.1	196.0	1.5	7.8	163	63.6
W	mg/kg	1.38	0.43	1.29	1.46	0.31	1.59	1.48	0.25	0.32	0.40	0.54	1.07	1.67	2.02	2.49	2.63	-0.4	-0.1	168	1.38
Y	mg/kg	22.3	5.0	21.5	1.3	0.22	24.0	23.4	1.7	6.5	7.4	9.8	20.5	24.8	30.3	33.2	40.3	-0.7	1.8	164	22.4
Zn	mg/kg	57.8	40.5	50.6	1.6	0.70	61.0	53.2	14.2	10.1	11.7	16.4	37.2	63.8	187.1	231.5	412.2	5.1	37.9	161	51.3
Zr	mg/kg	265	135	244	1	0.51	229	237	46	52	81	110	205	301	541	605	1 505	5.0	42.5	158	242
Al$_2$O$_3$	%	12.01	1.77	11.88	1.16	0.15	12.42	12.05	1.10	7.00	8.16	9.01	10.76	13.01	16.17	17.65	18.05	0.5	1.1	163	11.91
CaO	%	4.14	2.27	3.30	2.13	0.55	5.83	4.95	1.77	0.36	0.60	0.74	1.71	6.00	7.23	7.94	9.64	-0.2	-1.3	168	4.14
MgO	%	1.63	0.71	1.43	1.79	0.43	1.84	1.73	0.56	0.10	0.11	0.42	1.08	2.19	2.77	3.10	3.24	-0.1	-0.9	168	1.63
K$_2$O	%	2.57	0.50	2.53	1.19	0.19	2.35	2.41	0.23	1.95	2.00	2.07	2.20	2.74	3.90	4.00	5.12	1.7	4.2	161	2.50
Na$_2$O	%	2.43	0.46	2.39	1.20	0.19	2.40	2.40	0.26	1.30	1.36	1.68	2.16	2.66	3.46	4.05	4.11	0.8	1.6	166	2.41
SiO$_2$	%	63.90	6.58	63.56	1.11	0.10	60.13	63.91	4.65	49.32	50.01	52.37	58.80	67.83	76.99	79.22	81.58	0.1	-0.4	168	63.90
TFe$_2$O$_3$	%	3.72	1.22	3.51	1.43	0.33	4.34	3.68	0.68	0.79	0.85	1.37	2.93	4.34	6.38	8.49	10.10	1.0	5.1	166	3.65
SOC	%	0.29	0.16	0.25	1.77	0.55	0.21	0.26	0.09	0.02	0.05	0.08	0.18	0.36	0.72	0.84	0.91	1.3	2.3	162	0.27
pH	无量纲						8.49	8.52	0.20	6.25	6.27	6.82	8.15	8.67	9.02	9.27	9.66				

219

表2.3.29A 淹育水稻土表层土壤（0~20 cm）地球化学参数（n=380）

指标	单位	算术平均值 X_a	算术标准差 S_a	几何平均值 X_g	几何标准差 S_g	变异系数 CV	众值 X_{mo}	中位值 X_{me}	中位绝对离差 MAD	最小值 X_{min}	$X_{0.5\%}$	$X_{2.5\%}$	$X_{25\%}$	累积频率 $X_{75\%}$	$X_{97.5\%}$	$X_{99.5\%}$	最大值 X_{max}	偏度系数 SK	峰度系数 BK	背景值 n'	背景值 X_a'
Ag	mg/kg	0.089	0.028	0.085	1.332	0.32	0.071	0.083	0.015	0.039	0.044	0.051	0.071	0.102	0.160	0.175	0.281	1.8	6.7	367	0.086
As	mg/kg	11.8	6.1	10.2	1.7	0.52	6.4	9.1	3.7	1.0	3.9	4.5	6.2	17.8	21.6	25.9	31.5	0.4	-1.2	379	11.7
Au	μg/kg	1.7	0.8	1.6	1.5	0.48	1.3	1.5	0.4	0.7	0.8	0.8	1.2	2.0	3.4	4.2	7.6	2.3	10.7	374	1.7
B	mg/kg	50.9	12.3	49.4	1.3	0.24	54.0	50.7	9.3	21.5	24.1	27.3	41.6	60.0	72.3	77.3	80.0	0.0	-0.7	380	50.9
Ba	mg/kg	631	124	621	1	0.20	555	591	52	465	476	511	553	684	988	1184	1556	2.5	10.9	361	610
Be	mg/kg	2.22	0.28	2.20	1.14	0.13	2.37	2.23	0.20	1.41	1.50	1.66	2.02	2.42	2.70	2.84	3.28	-0.2	0.1	379	2.21
Bi	mg/kg	0.37	0.17	0.34	1.47	0.45	0.25	0.35	0.11	0.14	0.15	0.17	0.25	0.48	0.58	0.71	2.28	4.5	47.2	378	0.36
Br	mg/kg	4.6	2.1	4.2	1.5	0.45	2.7	4.1	1.3	1.2	1.4	1.8	3.1	6.3	8.5	9.5	22.2	2.0	12.3	378	4.5
TC	%	2.11	1.14	1.81	1.77	0.54	1.28	1.57	0.66	0.47	0.49	0.64	1.16	3.21	4.11	4.36	4.46	0.5	-1.3	380	2.11
Cd	mg/kg	0.198	0.084	0.181	1.536	0.42	0.280	0.177	0.063	0.063	0.065	0.077	0.130	0.268	0.340	0.410	0.713	1.0	3.2	378	0.195
Ce	mg/kg	74.1	12.4	73.0	1.2	0.17	71.4	73.3	5.0	36.1	41.8	47.4	68.6	78.7	104.9	116.0	138.3	0.7	3.3	365	73.1
Cl	mg/kg	172	218	137	2	1.27	113	130	44	37	54	58	95	183	485	1421	3101	8.9	102.8	354	136
Co	mg/kg	15.6	4.2	15.0	1.3	0.27	11.8	15.4	3.5	5.6	6.2	8.1	12.0	19.0	22.6	25.0	29.9	0.1	-0.7	379	15.6
Cr	mg/kg	71.8	13.5	70.5	1.2	0.19	54.6	73.5	9.1	30.4	35.9	45.0	62.5	81.5	93.8	108.0	117.1	-0.2	0.2	378	71.8
Cu	mg/kg	32.4	11.4	30.3	1.5	0.35	46.5	30.5	9.4	11.5	12.1	13.8	23.0	43.9	49.3	56.9	77.0	0.3	-0.7	379	32.3
F	mg/kg	638	197	607	1	0.31	849	600	168	243	257	325	469	814	975	1058	1485	0.3	-0.4	379	635
Ga	mg/kg	17.7	2.1	17.6	1.1	0.12	19.7	18.0	1.7	11.3	12.6	13.7	16.1	19.4	22.1	22.7	23.0	-0.1	-0.5	379	17.8
Ge	mg/kg	1.36	0.15	1.35	1.11	0.11	1.30	1.36	0.08	1.00	1.04	1.10	1.27	1.43	1.75	1.90	2.25	1.2	4.6	370	1.35
Hg	mg/kg	0.047	0.116	0.038	1.543	2.47	0.030	0.036	0.007	0.009	0.018	0.021	0.030	0.045	0.105	0.170	2.270	18.6	355.9	352	0.037
I	mg/kg	2.27	1.09	2.03	1.61	0.48	3.22	1.91	0.72	0.62	0.74	0.82	1.40	3.20	4.47	6.32	7.93	1.0	2.0	377	2.24
La	mg/kg	39.1	6.0	38.6	1.2	0.15	40.2	39.4	2.5	20.2	24.6	27.6	36.1	41.2	52.9	59.4	72.4	0.7	3.7	370	38.8
Li	mg/kg	41.5	13.0	39.3	1.4	0.31	58.0	41.0	12.0	13.6	15.2	18.1	30.4	54.0	60.0	62.0	63.0	-0.1	-1.3	380	41.5
Mn	mg/kg	717	211	686	1	0.29	545	699	180	275	306	384	536	914	1014	1301	1826	0.5	0.9	378	712
Mo	mg/kg	0.69	0.24	0.65	1.41	0.35	0.62	0.65	0.19	0.27	0.30	0.33	0.50	0.88	1.09	1.41	2.16	0.9	3.0	377	0.69
N	%	0.151	0.054	0.142	1.438	0.36	0.133	0.141	0.034	0.056	0.058	0.066	0.112	0.186	0.254	0.282	0.297	0.5	-0.6	380	0.151
Nb	mg/kg	14.2	1.4	14.2	1.1	0.10	13.2	14.0	0.9	9.3	10.6	11.9	13.2	15.2	17.3	18.1	20.1	0.4	0.7	376	14.2
Ni	mg/kg	34.9	8.9	33.6	1.3	0.26	41.7	35.8	7.5	12.0	14.6	18.0	27.4	42.7	47.5	48.8	53.7	-0.3	-1.0	380	34.9

指标	单位	算术平均值 X_a	算术标准差 S_a	几何平均值 X_g	几何标准差 S_g	变异系数 CV	众值 X_{mo}	中位值 X_{me}	中位绝对离差 MAD	最小值 X_{min}	累积频率						最大值 X_{max}	偏度系数 SK	峰度系数 BK	背景值	
											$X_{0.5\%}$	$X_{2.5\%}$	$X_{25\%}$	$X_{75\%}$	$X_{97.5\%}$	$X_{99.5\%}$				n'	X_a'
P	mg/kg	894	238	864	1	0.27	721	867	162	421	456	501	721	1 040	1 433	1 748	1 968	0.9	1.5	373	879
Pb	mg/kg	28.6	5.6	28.2	1.2	0.20	27.9	27.9	1.9	16.8	19.5	22.0	26.1	29.8	40.7	56.0	80.6	4.1	27.8	361	27.7
Rb	mg/kg	110.4	12.4	109.7	1.1	0.11	119.7	112.8	7.3	65.3	81.2	85.8	102.2	118.3	136.3	142.4	154.9	-0.2	0.7	377	110.5
S	mg/kg	363	170	333	2	0.47	382	322	91	118	136	152	254	441	730	1 381	1 481	2.4	11.2	372	348
Sb	mg/kg	0.95	0.43	0.86	1.57	0.45	0.55	0.82	0.31	0.34	0.37	0.43	0.58	1.34	1.72	1.89	2.69	0.6	-0.6	379	0.95
Sc	mg/kg	12.8	3.5	12.2	1.4	0.27	16.8	12.5	3.2	3.2	4.8	6.5	10.0	16.2	17.4	18.1	19.3	-0.2	-1.1	380	12.8
Se	mg/kg	0.24	0.12	0.23	1.37	0.49	0.18	0.23	0.05	0.10	0.12	0.14	0.18	0.27	0.41	0.82	1.87	7.8	94.9	368	0.23
Sn	mg/kg	3.4	0.8	3.4	1.3	0.23	3.3	3.4	0.5	1.7	1.8	2.1	2.9	3.9	5.0	6.2	7.0	0.8	1.8	375	3.4
Sr	mg/kg	210	40	206	1	0.19	213	216	28	92	124	136	179	238	272	317	458	0.4	3.1	377	209
Th	mg/kg	13.3	2.5	13.1	1.2	0.19	15.1	13.8	1.6	5.7	6.7	7.9	11.7	15.2	17.3	19.1	19.3	-0.5	-0.1	379	13.3
Ti	mg/kg	3 957	410	3 936	1	0.10	3 896	3 885	209	2 396	2 871	3 108	3 706	4 174	4 883	5 128	5 255	0.3	1.4	374	3 952
Tl	mg/kg	0.68	0.11	0.67	1.17	0.17	0.62	0.66	0.06	0.45	0.47	0.50	0.60	0.72	0.96	1.03	1.09	1.0	0.9	377	0.68
U	mg/kg	2.50	0.42	2.46	1.19	0.17	2.39	2.50	0.24	1.02	1.48	1.63	2.24	2.73	3.34	3.64	3.85	0.0	0.5	377	2.49
V	mg/kg	90.3	17.2	88.5	1.2	0.19	107.0	93.7	13.2	40.0	47.5	53.2	76.2	104.8	114.4	123.5	131.6	-0.4	-0.6	380	90.3
W	mg/kg	1.75	0.35	1.71	1.23	0.20	1.90	1.78	0.22	0.79	0.86	1.01	1.53	1.98	2.43	2.71	3.26	0.0	0.9	378	1.74
Y	mg/kg	24.3	2.6	24.2	1.1	0.11	26.4	24.7	1.5	13.2	14.9	18.7	23.0	26.0	28.3	29.8	35.6	-0.7	2.3	375	24.4
Zn	mg/kg	79.5	21.5	76.4	1.3	0.27	100.8	79.3	19.2	34.6	35.4	41.8	61.7	99.2	107.5	116.1	196.9	0.2	0.8	379	79.2
Zr	mg/kg	209	68	198	1	0.33	231	218	62	121	124	127	138	258	351	409	452	0.5	-0.4	377	207
Al_2O_3	%	13.94	1.23	13.88	1.09	0.09	14.87	14.24	0.79	10.34	11.09	11.61	12.98	14.79	15.79	17.57	17.78	-0.1	0.0	374	13.90
CaO	%	4.29	3.44	2.89	2.51	0.80	1.11	2.00	1.02	0.74	0.75	0.86	1.24	8.35	9.19	9.38	9.44	0.4	-1.8	380	4.29
MgO	%	1.83	0.85	1.62	1.66	0.47	1.10	1.50	0.65	0.43	0.46	0.69	1.06	2.78	3.04	3.14	3.19	0.2	-1.7	380	1.83
K_2O	%	2.55	0.27	2.54	1.12	0.11	2.78	2.54	0.22	1.33	1.70	1.98	2.36	2.77	2.96	3.38	3.47	-0.4	1.5	373	2.55
Na_2O	%	1.48	0.58	1.37	1.50	0.39	0.75	1.49	0.54	0.51	0.67	0.74	0.92	1.94	2.65	2.82	2.91	0.3	-1.0	380	1.48
SiO_2	%	58.17	8.50	57.54	1.16	0.15	68.24	60.59	7.38	45.61	45.93	46.12	48.66	65.37	70.38	72.62	73.24	-0.2	-1.6	380	58.17
TFe_2O_3	%	5.35	1.40	5.15	1.33	0.26	7.09	5.34	1.30	2.05	2.32	2.91	4.12	6.71	7.20	8.23	8.47	-0.1	-1.2	380	5.35
SOC	%	1.41	0.46	1.32	1.42	0.33	1.12	1.36	0.33	0.38	0.47	0.62	1.06	1.74	2.30	2.52	2.88	0.3	-0.5	379	1.40
pH	无量纲	1.41					8.09	7.80	0.40	4.79	4.99	5.37	6.46	8.08	8.29	8.33	8.43				

表 2.3.29B 潴育水稻土深层土壤（150~200 cm）地球化学参数（n=110）

指标	单位	算术平均值 X_a	算术标准差 S_a	几何平均值 X_g	几何标准差 S_g	变异系数 CV	众值 X_{mo}	中位值 X_{me}	中位绝对离差 MAD	最小值 X_{min}	$X_{0.5\%}$	$X_{2.5\%}$	$X_{25\%}$	$X_{75\%}$	$X_{97.5\%}$	$X_{99.5\%}$	最大值 X_{max}	偏度系数 SK	峰度系数 BK	基准值 n'	基准值 X_a'
Ag	mg/kg	0.067	0.014	0.065	1.248	0.21	0.067	0.066	0.009	0.026	0.041	0.044	0.058	0.075	0.095	0.105	0.116	0.4	0.9	109	0.067
As	mg/kg	11.7	4.5	10.9	1.4	0.38	10.6	10.8	2.4	5.1	5.4	5.7	8.6	13.8	22.8	23.3	23.4	0.9	0.3	110	11.7
Au	μg/kg	1.9	0.7	1.8	1.4	0.39	1.7	1.7	0.3	1.0	1.0	1.1	1.4	2.1	3.9	4.2	4.7	1.7	3.0	102	1.7
B	mg/kg	45.2	14.3	42.8	1.4	0.32	50.4	46.8	10.1	16.7	17.0	19.2	34.3	55.0	71.0	76.9	81.7	0.1	-0.5	110	45.2
Ba	mg/kg	646	235	618	1	0.36	531	589	94	427	431	445	505	710	1 216	1 325	2 247	3.6	19.9	104	603
Be	mg/kg	2.23	0.31	2.21	1.15	0.14	2.17	2.21	0.21	1.57	1.66	1.76	2.00	2.43	2.82	2.95	3.04	0.4	-0.4	110	2.23
Bi	mg/kg	0.30	0.10	0.28	1.38	0.32	0.28	0.28	0.06	0.11	0.14	0.16	0.23	0.35	0.51	0.53	0.55	0.7	0.0	110	0.30
Br	mg/kg	2.8	1.2	2.5	1.6	0.43	3.3	2.7	0.8	0.6	0.8	0.9	1.9	3.6	4.8	6.1	7.9	0.9	2.4	108	2.7
TC	%	1.02	0.77	0.71	2.50	0.76	0.28	0.74	0.51	0.08	0.10	0.14	0.30	1.53	2.42	2.54	2.68	0.5	-1.1	110	1.02
Cd	mg/kg	0.117	0.055	0.105	1.576	0.47	0.120	0.099	0.031	0.039	0.047	0.051	0.080	0.157	0.230	0.247	0.260	0.9	-0.3	110	0.117
Ce	mg/kg	74.6	17.2	72.8	1.3	0.23	70.9	73.1	10.1	40.6	42.9	47.7	62.9	83.1	118.6	123.3	124.1	0.7	0.5	110	74.6
Cl	mg/kg	143	168	113	2	1.16	58	121	45	35	46	50	70	159	298	1 105	1 381	5.7	36.8	106	117
Co	mg/kg	15.4	4.9	14.8	1.3	0.31	12.6	15.0	2.6	9.0	9.2	9.4	12.1	17.3	24.9	36.4	39.4	2.3	8.4	107	14.8
Cr	mg/kg	71.8	18.3	69.8	1.3	0.25	71.6	71.3	10.2	26.5	46.9	48.4	60.1	80.9	99.9	139.5	179.8	2.2	11.4	107	70.6
Cu	mg/kg	26.5	7.9	25.3	1.4	0.30	28.1	25.8	6.1	8.8	13.8	14.6	19.8	33.1	40.9	42.0	43.3	0.3	-0.9	110	26.5
F	mg/kg	593	163	573	1	0.27	627	573	94	269	316	369	503	691	804	840	1 571	1.9	10.6	109	584
Ga	mg/kg	17.9	2.7	17.7	1.2	0.15	16.7	17.5	1.8	12.6	13.0	13.5	16.0	19.3	24.2	25.0	26.5	0.7	0.6	109	17.8
Ge	mg/kg	1.33	0.15	1.32	1.12	0.12	1.20	1.30	0.10	0.92	0.99	1.10	1.20	1.40	1.64	1.72	1.92	0.6	1.4	109	1.33
Hg	mg/kg	0.022	0.010	0.020	1.529	0.46	0.017	0.019	0.006	0.007	0.009	0.010	0.015	0.028	0.048	0.050	0.062	1.3	2.1	106	0.021
I	mg/kg	1.98	0.64	1.88	1.38	0.32	2.12	1.90	0.40	0.66	0.78	1.07	1.56	2.32	3.38	4.29	4.30	1.0	2.1	107	1.92
La	mg/kg	36.6	7.4	35.9	1.2	0.20	38.4	35.4	4.0	21.8	22.9	24.5	31.7	40.0	51.7	60.3	70.3	1.2	3.6	108	36.1
Li	mg/kg	39.9	10.4	38.6	1.3	0.26	35.8	38.0	7.2	17.1	22.8	23.9	31.1	46.7	59.6	62.1	62.9	0.3	-0.7	110	39.9
Mn	mg/kg	827	392	768	1	0.47	727	744	166	377	457	469	579	913	2 012	2 321	3 114	3.1	13.1	103	744
Mo	mg/kg	0.66	0.26	0.61	1.45	0.40	0.54	0.59	0.13	0.27	0.28	0.30	0.49	0.80	1.17	1.47	1.81	1.5	3.4	107	0.63
N	%	0.044	0.016	0.041	1.382	0.36	0.030	0.039	0.009	0.022	0.023	0.026	0.032	0.051	0.074	0.103	0.106	1.4	2.6	107	0.042
Nb	mg/kg	13.9	1.8	13.8	1.1	0.13	13.7	13.8	0.9	9.5	9.7	10.8	13.0	14.9	16.9	17.2	24.0	1.4	8.5	109	13.8
Ni	mg/kg	34.9	10.0	33.7	1.3	0.29	34.2	33.8	5.9	16.0	22.0	22.5	28.1	39.8	57.7	73.7	86.6	2.0	7.2	106	33.6

指标	单位	算术平均值 X_a	算术标准差 S_a	几何平均值 X_g	几何标准差 S_g	变异系数 CV	众值 X_{mo}	中位值 X_{me}	中位绝对离差 MAD	最小值 X_{min}	累积频率 $X_{0.5\%}$	$X_{2.5\%}$	$X_{25\%}$	$X_{75\%}$	$X_{97.5\%}$	$X_{99.5\%}$	最大值 X_{max}	偏度系数 SK	峰度系数 BK	n'	基准值 X_a'
P	mg/kg	494	160	467	1	0.32	587	527	87	145	189	211	378	591	689	927	1 320	1.0	5.5	108	482
Pb	mg/kg	24.8	5.1	24.3	1.2	0.21	28.5	24.1	2.9	15.8	16.6	17.5	21.3	27.7	33.2	40.7	48.2	1.2	3.2	108	24.5
Rb	mg/kg	108.3	13.1	107.5	1.1	0.12	110.0	110.0	10.6	80.5	83.0	86.2	96.8	119.4	129.4	132.5	141.7	-0.1	-0.7	110	108.3
S	mg/kg	157	81	141	2	0.51	152	144	50	62	62	66	97	196	280	531	545	2.1	7.5	107	148
Sb	mg/kg	0.99	0.34	0.94	1.41	0.34	0.86	0.98	0.21	0.47	0.48	0.49	0.73	1.16	1.74	1.84	2.06	0.7	0.2	109	0.98
Sc	mg/kg	12.2	2.7	11.9	1.2	0.22	11.1	11.9	1.8	6.8	7.5	8.2	10.1	14.2	17.5	17.8	18.7	0.4	-0.6	110	12.2
Se	mg/kg	0.12	0.05	0.12	1.39	0.42	0.10	0.11	0.02	0.06	0.07	0.07	0.09	0.15	0.21	0.23	0.50	3.7	23.7	109	0.12
Sn	mg/kg	2.8	0.6	2.8	1.2	0.20	3.0	2.9	0.4	1.6	1.8	1.8	2.4	3.1	4.0	4.1	4.3	0.3	-0.1	110	2.8
Sr	mg/kg	197	40	193	1	0.20	205	198	16	133	133	136	172	212	261	333	437	2.3	12.4	108	193
Th	mg/kg	12.3	2.6	12.0	1.2	0.21	12.0	12.0	1.9	7.6	7.6	7.7	10.4	14.5	17.1	17.9	18.4	0.2	-0.7	110	12.3
Ti	mg/kg	3 955	509	3 921	1	0.13	3 786	3 878	245	2 697	2 712	2 819	3 728	4 225	4 896	4 948	5 031	-0.2	0.2	110	3 955
Tl	mg/kg	0.67	0.10	0.66	1.16	0.15	0.60	0.65	0.06	0.43	0.46	0.52	0.60	0.73	0.88	0.94	0.95	0.5	0.3	110	0.67
U	mg/kg	2.36	0.52	2.31	1.24	0.22	2.52	2.33	0.33	1.25	1.37	1.59	2.10	2.67	3.42	3.96	4.27	0.6	1.3	108	2.33
V	mg/kg	91.3	16.8	89.8	1.2	0.18	76.0	90.5	13.0	54.0	61.6	64.0	78.0	104.3	121.0	128.1	132.2	0.2	-0.7	110	91.3
W	mg/kg	1.73	0.31	1.70	1.21	0.18	1.96	1.75	0.22	0.91	1.10	1.16	1.51	1.96	2.20	2.24	2.47	-0.4	-0.4	110	1.73
Y	mg/kg	24.0	3.2	23.8	1.1	0.14	23.3	24.1	1.8	15.6	15.9	17.7	22.3	25.9	29.7	30.3	36.7	0.1	1.8	109	23.9
Zn	mg/kg	69.0	16.9	66.9	1.3	0.24	69.7	68.8	11.3	32.1	40.2	41.5	56.5	79.4	100.7	104.6	114.3	0.3	-0.4	110	69.0
Zr	mg/kg	205	50	199	1	0.24	225	206	30	119	122	123	172	234	309	336	410	0.7	2.1	109	203
Al_2O_3	%	13.96	1.47	13.88	1.11	0.11	15.53	14.09	0.93	10.80	11.01	11.10	13.10	14.99	16.39	16.90	17.12	-0.3	-0.5	110	13.96
CaO	%	4.08	3.03	2.93	2.34	0.74	1.15	3.07	2.08	0.82	0.84	0.96	1.24	6.23	9.72	10.08	10.29	0.5	-1.3	110	4.08
MgO	%	1.73	0.60	1.62	1.46	0.34	2.37	1.70	0.49	0.62	0.68	0.75	1.20	2.18	2.84	2.91	2.97	0.1	-0.9	110	1.73
K_2O	%	2.50	0.27	2.49	1.12	0.11	2.46	2.49	0.19	1.82	1.83	1.99	2.29	2.66	2.98	3.12	3.18	0.0	-0.2	110	2.50
Na_2O	%	1.64	0.47	1.57	1.38	0.29	1.60	1.66	0.30	0.66	0.67	0.74	1.40	1.97	2.42	2.62	3.35	0.1	0.7	109	1.63
SiO_2	%	59.56	5.96	59.24	1.11	0.10	59.20	61.49	2.55	45.37	45.82	46.18	56.92	63.45	67.48	68.28	69.71	-0.9	-0.1	110	59.56
TFe_2O_3	%	5.20	1.07	5.09	1.23	0.21	5.26	5.19	0.99	3.45	3.45	3.58	4.20	6.17	7.07	7.31	7.37	0.2	-1.1	110	5.20
SOC	%	0.33	0.18	0.29	1.69	0.54	0.24	0.29	0.11	0.06	0.07	0.11	0.21	0.42	0.82	1.03	1.06	1.6	3.7	110	0.31
pH	无量纲						8.34	8.22	0.28	6.91	7.07	7.17	7.75	8.43	8.61	8.65	8.88			106	

2.4 山东土壤地球化学参数——按土地利用类型

表 2.4.1A 灌溉水田表层土壤（0～20 cm）地球化学参数（n=239）

指标	单位	算术平均值 X_a	算术标准差 S_a	几何平均值 X_g	几何标准差 S_g	变异系数 CV	众值 X_{mo}	中位值 X_{me}	中位绝对离差 MAD	最小值 X_{min}	累积频率						最大值 X_{max}	偏度系数 SK	峰度系数 BK	背景值	
											$X_{0.5\%}$	$X_{2.5\%}$	$X_{25\%}$	$X_{75\%}$	$X_{97.5\%}$	$X_{99.5\%}$				n'	X_a'
Ag	mg/kg	0.087	0.026	0.084	1.327	0.30	0.095	0.083	0.016	0.038	0.045	0.051	0.068	0.102	0.151	0.172	0.172	0.9	0.9	235	0.086
As	mg/kg	13.4	6.2	11.8	1.7	0.47	6.4	13.9	5.8	3.2	3.5	4.5	7.2	18.9	23.4	25.9	26.8	0.0	-1.4	239	13.4
Au	μg/kg	1.7	0.8	1.6	1.5	0.48	1.2	1.5	0.4	0.6	0.8	0.8	1.2	2.0	3.3	4.2	8.3	2.9	17.3	235	1.6
B	mg/kg	52.9	12.2	51.3	1.3	0.23	56.0	54.0	9.7	22.4	26.0	28.9	42.8	62.0	75.0	77.0	78.0	-0.2	-0.7	239	52.9
Ba	mg/kg	599	134	588	1	0.22	526	555	35	412	421	453	525	634	962	1 306	1 347	2.3	7.6	226	576
Be	mg/kg	2.17	0.28	2.15	1.14	0.13	2.22	2.22	0.19	1.47	1.48	1.64	1.94	2.39	2.63	2.68	2.90	-0.3	-0.5	239	2.17
Bi	mg/kg	0.38	0.13	0.36	1.44	0.34	0.54	0.40	0.12	0.16	0.16	0.19	0.27	0.50	0.57	0.59	0.89	0.1	-0.6	238	0.38
Br	mg/kg	5.4	3.6	4.7	1.6	0.67	3.3	5.1	1.5	0.8	1.2	2.0	3.3	6.3	13.7	24.9	33.4	4.1	23.5	230	4.8
TC	%	2.38	1.11	2.09	1.71	0.46	3.90	2.46	1.07	0.48	0.64	0.72	1.31	3.39	4.06	4.39	4.46	0.0	-1.5	239	2.38
Cd	mg/kg	0.209	0.090	0.192	1.521	0.43	0.260	0.207	0.067	0.059	0.069	0.090	0.136	0.270	0.350	0.570	0.850	1.8	10.2	237	0.205
Ce	mg/kg	72.3	10.2	71.7	1.1	0.14	72.2	71.9	4.3	46.5	46.5	54.9	67.6	76.1	89.2	110.0	159.6	2.9	23.2	233	71.7
Cl	mg/kg	403	1 328	171	2	3.29	144	148	49	48	50	61	106	215	3 365	8 356	13 395	6.8	51.9	216	150
Co	mg/kg	15.8	4.0	15.3	1.3	0.25	19.8	16.1	3.6	7.6	8.3	9.0	12.2	19.4	21.7	23.0	24.0	-0.1	-1.3	239	15.8
Cr	mg/kg	73.6	11.8	72.6	1.2	0.16	73.6	75.2	8.0	41.9	45.2	47.9	65.8	81.8	93.8	100.5	103.0	-0.3	-0.2	239	73.6
Cu	mg/kg	33.7	11.4	31.6	1.4	0.34	46.1	33.9	11.0	11.0	13.6	16.1	23.0	45.0	48.6	54.3	65.9	0.0	-1.3	239	33.7
F	mg/kg	678	191	649	1	0.28	849	690	163	318	318	343	513	849	975	985	1 058	-0.1	-1.3	239	678
Ga	mg/kg	17.3	2.3	17.2	1.2	0.13	19.3	17.8	1.7	10.9	11.1	12.9	15.7	19.3	20.4	21.4	21.5	-0.6	-0.6	239	17.3
Ge	mg/kg	1.30	0.14	1.30	1.12	0.11	1.20	1.30	0.10	0.93	0.93	1.02	1.20	1.40	1.58	1.76	1.82	0.1	0.5	237	1.30
Hg	mg/kg	0.040	0.035	0.036	1.515	0.87	0.031	0.033	0.007	0.009	0.015	0.020	0.028	0.044	0.078	0.284	0.449	8.4	87.8	227	0.035
I	mg/kg	2.28	0.96	2.07	1.57	0.42	2.92	2.20	0.84	0.72	0.76	0.86	1.42	3.18	3.91	4.45	4.47	0.2	-1.2	239	2.28
La	mg/kg	38.5	6.1	38.1	1.2	0.16	40.6	39.3	2.4	27.0	27.2	28.5	35.0	40.9	47.4	58.0	96.4	3.7	34.2	236	38.1
Li	mg/kg	43.0	12.2	41.1	1.4	0.28	55.0	44.3	10.7	19.2	20.0	21.4	32.7	55.0	59.0	59.9	60.0	-0.2	-1.4	239	43.0
Mn	mg/kg	737	196	710	1	0.27	532	757	180	306	379	432	556	922	1 002	1 040	1 097	0.1	-1.4	239	737
Mo	mg/kg	0.74	0.23	0.70	1.41	0.32	0.92	0.78	0.18	0.27	0.31	0.36	0.54	0.92	1.10	1.16	1.67	0.2	-0.3	238	0.73
N	%	0.149	0.056	0.138	1.518	0.38	0.177	0.140	0.039	0.033	0.036	0.055	0.107	0.191	0.251	0.266	0.284	0.2	-0.8	239	0.149
Nb	mg/kg	13.8	1.2	13.8	1.1	0.09	13.5	13.5	0.6	10.9	10.9	11.6	13.1	14.3	16.9	17.5	17.6	0.8	0.9	237	13.8

指标	单位	算术平均值 X_a	算术标准差 S_a	几何平均值 X_g	几何标准差 S_g	变异系数 CV	众值 X_{mo}	中位值 X_{me}	中位绝对离差 MAD	最小值 X_{min}	累积频率						最大值 X_{max}	偏度系数 SK	峰度系数 BK	n'	背景值 X_a'
											$X_{0.5\%}$	$X_{2.5\%}$	$X_{25\%}$	$X_{75\%}$	$X_{97.5\%}$	$X_{99.5\%}$					
Ni	mg/kg	36.0	8.4	34.9	1.3	0.23	40.8	37.6	6.8	17.1	17.3	19.3	28.6	42.8	47.9	50.7	51.9	-0.4	-1.0	239	36.0
P	mg/kg	918	203	896	1	0.22	754	909	134	307	459	610	770	1 038	1 410	1 570	1 670	0.5	1.0	235	912
Pb	mg/kg	27.3	5.0	26.9	1.2	0.18	28.3	27.5	1.8	15.5	15.9	17.7	25.3	29.1	35.5	52.9	70.4	2.9	24.6	231	27.1
Rb	mg/kg	109.1	12.4	108.3	1.1	0.11	119.7	113.3	6.8	71.3	78.8	82.9	100.8	118.3	123.4	142.1	142.6	-0.6	-0.1	238	109.2
S	mg/kg	378	159	349	2	0.42	382	369	105	116	133	174	256	463	730	931	1 355	1.6	5.9	235	368
Sb	mg/kg	1.08	0.41	0.99	1.53	0.38	1.30	1.10	0.38	0.37	0.38	0.43	0.67	1.42	1.71	1.89	2.05	0.0	-1.3	239	1.08
Sc	mg/kg	13.2	3.3	12.7	1.3	0.25	16.4	13.6	3.0	5.8	6.0	7.1	10.2	16.4	17.3	17.4	17.5	-0.3	-1.4	239	13.2
Se	mg/kg	0.22	0.06	0.22	1.31	0.27	0.26	0.22	0.04	0.09	0.09	0.13	0.18	0.26	0.33	0.40	0.61	1.2	6.2	237	0.22
Sn	mg/kg	3.4	0.8	3.3	1.3	0.24	3.5	3.4	0.5	1.7	1.8	2.0	2.9	3.8	5.0	6.5	8.5	1.2	6.2	237	3.4
Sr	mg/kg	220	36	217	1	0.16	209	227	19	135	136	143	201	242	288	330	376	0.0	1.6	236	219
Th	mg/kg	13.2	2.6	12.9	1.2	0.20	15.3	13.9	1.6	5.2	6.7	7.5	11.1	15.2	16.5	17.0	19.1	-0.7	-0.3	238	13.2
Ti	mg/kg	3 860	343	3 846	1	0.09	3 735	3 802	132	2 871	3 208	3 346	3 674	3 951	4 833	5 114	5 245	1.3	2.9	224	3 805
Tl	mg/kg	0.69	0.11	0.68	1.17	0.16	0.60	0.68	0.07	0.44	0.45	0.50	0.61	0.75	0.93	0.97	0.99	0.4	0.1	239	0.69
U	mg/kg	2.53	0.38	2.50	1.17	0.15	2.31	2.55	0.24	1.51	1.64	1.76	2.31	2.77	3.28	3.56	3.85	0.1	0.4	238	2.52
V	mg/kg	91.0	15.8	89.5	1.2	0.17	107.0	94.2	12.4	52.9	55.2	60.2	79.2	105.0	112.4	114.4	115.3	-0.4	-1.0	239	91.0
W	mg/kg	1.77	0.35	1.73	1.23	0.20	1.78	1.78	0.21	0.79	0.83	1.08	1.56	1.98	2.42	2.67	2.79	0.0	0.2	239	1.77
Y	mg/kg	24.4	2.3	24.3	1.1	0.10	25.9	25.1	1.2	17.1	17.1	18.8	23.1	25.9	27.6	29.7	31.1	-0.9	1.0	234	24.5
Zn	mg/kg	80.4	20.2	77.6	1.3	0.25	100.6	81.9	18.7	35.2	35.8	45.7	62.7	100.0	105.7	109.2	109.2	-0.3	-1.3	239	80.4
Zr	mg/kg	196	67	186	1	0.34	136	175	43	124	126	128	136	245	364	430	452	0.9	0.6	236	193
Al$_2$O$_3$	%	13.68	1.23	13.62	1.10	0.09	14.75	14.07	0.82	10.68	10.93	11.26	12.59	14.74	15.18	15.54	15.75	-0.5	-1.0	239	13.68
CaO	%	5.58	3.38	4.04	2.50	0.61	1.26	7.22	1.73	0.75	0.86	0.96	1.31	8.56	9.24	9.48	9.58	-0.4	-1.7	239	5.58
MgO	%	2.09	0.82	1.90	1.61	0.39	2.82	2.50	0.47	0.62	0.64	0.72	1.21	2.82	3.06	3.18	3.19	-0.4	-1.5	239	2.09
K$_2$O	%	2.59	0.22	2.58	1.09	0.09	2.79	2.65	0.15	1.70	2.10	2.19	2.41	2.78	2.84	3.15	3.15	-0.5	0.0	238	2.59
Na$_2$O	%	1.41	0.57	1.31	1.50	0.40	0.80	1.37	0.48	0.70	0.72	0.74	0.89	1.82	2.49	2.75	3.11	0.5	-0.9	239	1.41
SiO$_2$	%	56.23	8.40	55.61	1.16	0.15	48.66	54.33	7.17	45.61	45.91	46.12	48.32	64.55	69.58	71.31	71.67	0.3	-1.6	239	56.23
TFe$_2$O$_3$	%	5.49	1.35	5.31	1.30	0.25	7.09	5.60	1.25	2.67	2.74	3.07	4.19	6.80	7.15	7.20	7.26	-0.3	-1.4	239	5.49
SOC	%	1.36	0.49	1.26	1.51	0.36	0.98	1.33	0.35	0.25	0.28	0.46	1.01	1.69	2.24	2.52	2.88	0.2	-0.4	238	1.35
pH	无量纲						8.15	8.03	0.21	4.99	5.11	5.57	6.66	8.17	8.39	8.48	8.52				

表 2.4.1B 灌溉水田深层土壤（150～200 cm）地球化学参数（$n=65$）

指标	单位	算术平均值 X_a	算术标准差 S_a	几何平均值 X_g	几何标准差 S_g	变异系数 CV	众值 X_{mo}	中位值 X_{me}	中位绝对离差 MAD	最小值 X_{min}	累积频率 $X_{0.5\%}$	$X_{2.5\%}$	$X_{25\%}$	$X_{75\%}$	$X_{97.5\%}$	$X_{99.5\%}$	最大值 X_{max}	偏度系数 SK	峰度系数 BK	n'	基准值 X_a'
Ag	mg/kg	0.062	0.014	0.061	1.238	0.23	0.051	0.061	0.008	0.041	0.041	0.041	0.052	0.069	0.093	0.116	0.116	1.2	2.5	63	0.061
As	mg/kg	12.1	4.5	11.3	1.4	0.37	9.6	11.0	2.4	5.5	5.5	5.7	9.0	14.4	22.7	23.3	23.3	0.9	0.2	65	12.1
Au	μg/kg	2.1	1.9	1.8	1.5	0.93	1.5	1.7	0.3	1.0	1.0	1.2	1.5	2.0	3.7	16.6	16.6	6.9	52.4	59	1.7
B	mg/kg	47.7	14.6	45.2	1.4	0.31	34.9	50.1	9.5	18.0	18.0	21.9	37.0	57.6	72.7	81.7	81.7	-0.1	-0.5	65	47.7
Ba	mg/kg	591	267	558	1	0.45	466	505	53	426	426	430	459	646	951	2 247	2 247	4.3	23.6	63	552
Be	mg/kg	2.10	0.26	2.08	1.13	0.13	1.87	2.09	0.20	1.66	1.66	1.74	1.87	2.26	2.67	2.91	2.91	0.7	0.2	65	2.09
Bi	mg/kg	0.28	0.09	0.27	1.35	0.32	0.24	0.25	0.04	0.15	0.15	0.17	0.22	0.32	0.49	0.51	0.51	1.0	0.1	65	0.28
Br	mg/kg	2.6	1.0	2.5	1.5	0.36	3.2	2.5	0.7	0.6	0.6	0.8	2.1	3.3	4.4	6.1	6.1	0.6	1.8	64	2.6
TC	%	1.21	0.72	0.92	2.33	0.59	1.31	1.31	0.55	0.12	0.12	0.17	0.43	1.62	2.35	2.68	2.68	0.0	-1.0	65	1.21
Cd	mg/kg	0.117	0.054	0.105	1.579	0.46	0.110	0.100	0.030	0.039	0.039	0.051	0.076	0.160	0.230	0.230	0.230	0.7	-0.6	65	0.117
Ce	mg/kg	69.4	12.9	68.3	1.2	0.19	74.3	69.4	6.2	42.9	42.9	49.7	61.2	74.4	93.1	118.8	118.8	1.0	3.1	63	68.1
Cl	mg/kg	140	62	126	2	0.44	144	137	44	45	45	52	86	172	244	316	316	0.6	0.1	65	140
Co	mg/kg	13.5	3.7	13.1	1.3	0.28	10.8	12.4	1.8	8.8	8.8	9.6	11.0	15.5	18.4	33.5	33.5	2.6	12.3	64	13.1
Cr	mg/kg	68.8	15.1	67.5	1.2	0.22	62.1	65.2	7.1	47.9	47.9	50.7	59.1	76.6	93.1	146.8	146.8	2.3	10.0	64	67.6
Cu	mg/kg	24.7	7.1	23.8	1.3	0.29	21.4	22.1	3.5	15.4	15.4	16.2	19.2	28.8	40.0	41.2	41.2	0.9	-0.2	65	24.7
F	mg/kg	572	114	561	1	0.20	491	543	74	371	371	388	491	660	794	801	801	0.4	-0.6	65	572
Ga	mg/kg	16.5	2.9	16.3	1.2	0.17	15.1	16.5	1.8	12.3	12.3	12.6	14.7	17.7	23.8	26.5	26.5	1.2	2.3	62	16.1
Ge	mg/kg	1.28	0.13	1.28	1.10	0.10	1.20	1.27	0.07	0.92	0.92	1.10	1.20	1.38	1.50	1.59	1.59	0.2	0.6	65	1.28
Hg	mg/kg	0.020	0.008	0.018	1.508	0.42	0.015	0.017	0.005	0.006	0.006	0.007	0.014	0.024	0.036	0.050	0.050	1.1	1.9	64	0.019
I	mg/kg	1.71	0.53	1.63	1.35	0.31	1.45	1.66	0.44	0.95	0.95	1.01	1.28	2.12	2.72	3.44	3.44	0.8	0.5	64	1.68
La	mg/kg	34.8	6.0	34.3	1.2	0.17	33.6	34.0	2.6	24.2	24.2	25.0	31.5	37.1	48.1	60.3	60.3	1.6	5.2	62	33.9
Li	mg/kg	38.4	9.0	37.5	1.2	0.23	30.0	35.8	4.8	25.5	25.5	25.7	32.1	43.5	57.2	59.6	59.6	0.9	-0.1	65	38.4
Mn	mg/kg	697	264	663	1.35	0.38	691	621	122	377	377	469	524	813	1 009	2 253	2 253	3.4	18.0	64	673
Mo	mg/kg	0.62	0.20	0.59	1.35	0.32	0.52	0.57	0.08	0.30	0.30	0.34	0.51	0.69	1.05	1.24	1.24	1.1	1.3	64	0.61
N	%	0.039	0.015	0.037	1.400	0.39	0.030	0.033	0.005	0.022	0.022	0.022	0.030	0.045	0.070	0.103	0.103	1.7	3.7	64	0.038
Nb	mg/kg	13.5	1.3	13.4	1.1	0.09	13.7	13.7	0.6	9.5	9.5	10.8	12.9	14.1	15.5	16.3	16.3	-0.7	1.1	64	13.6
Ni	mg/kg	32.1	9.3	31.1	1.3	0.29	27.4	29.6	4.2	21.4	21.4	22.3	26.1	35.3	45.7	84.0	84.0	2.9	14.0	64	31.3

指标	单位	算术平均值 X_a	算术标准差 S_a	几何平均值 X_g	几何标准差 S_g	变异系数 CV	众值 X_{mo}	中位值 X_{me}	中位绝对离差 MAD	最小值 X_{min}	累积频率 $X_{0.5\%}$	$X_{2.5\%}$	$X_{25\%}$	$X_{75\%}$	$X_{97.5\%}$	$X_{99.5\%}$	最大值 X_{max}	偏度系数 SK	峰度系数 BK	n'	基准值 X_a'
P	mg/kg	538	164	512	1	0.31	587	585	44	211	211	236	449	604	720	1 320	1 320	1.1	7.3	64	526
Pb	mg/kg	22.9	6.4	22.2	1.3	0.28	21.4	21.4	2.7	14.2	14.2	15.8	19.6	25.0	33.1	60.0	60.0	3.2	16.5	64	22.3
Rb	mg/kg	102.8	13.5	101.9	1.1	0.13	96.5	100.8	10.7	81.6	81.6	83.0	90.8	111.5	125.2	132.5	132.5	0.3	−1.0	65	102.8
S	mg/kg	151	57	142	2	0.37	137	152	38	66	66	74	110	181	256	375	375	1.0	2.5	64	148
Sb	mg/kg	1.02	0.29	0.98	1.34	0.29	0.86	0.99	0.13	0.47	0.47	0.55	0.87	1.17	1.60	1.74	1.74	0.4	−0.1	65	1.02
Sc	mg/kg	11.4	2.4	11.2	1.2	0.21	11.1	10.9	1.4	8.0	8.0	8.4	9.7	12.7	16.8	17.5	17.5	0.9	0.1	65	11.4
Se	mg/kg	0.11	0.04	0.11	1.36	0.33	0.09	0.10	0.02	0.05	0.05	0.07	0.09	0.14	0.19	0.19	0.19	0.9	−0.4	65	0.11
Sn	mg/kg	2.7	0.5	2.6	1.2	0.20	2.4	2.6	0.3	1.6	1.6	1.8	2.4	2.9	3.9	4.3	4.3	0.8	1.0	65	2.7
Sr	mg/kg	204	40	201	1	0.19	198	204	10	132	132	152	186	212	260	437	437	3.2	18.6	64	200
Th	mg/kg	11.6	2.4	11.4	1.2	0.21	10.7	11.1	1.4	7.6	7.6	8.1	10.0	13.1	16.9	17.9	17.9	0.7	0.0	65	11.6
Ti	mg/kg	3 777	356	3 760	1	0.09	3 786	3 790	105	2 697	2 697	2 801	3 694	3 902	4 319	4 756	4 756	−0.8	2.8	59	3 838
Tl	mg/kg	0.65	0.09	0.64	1.15	0.15	0.56	0.63	0.06	0.46	0.46	0.50	0.57	0.70	0.82	0.95	0.95	0.7	0.6	64	0.64
U	mg/kg	2.31	0.35	2.28	1.17	0.15	2.27	2.31	0.21	1.51	1.51	1.60	2.14	2.53	2.84	2.92	2.92	−0.4	−0.3	65	2.31
V	mg/kg	87.2	15.1	86.0	1.2	0.17	76.0	83.5	9.1	60.3	60.3	68.6	75.2	97.0	118.6	124.1	124.1	0.7	−0.3	65	87.2
W	mg/kg	1.66	0.24	1.64	1.16	0.14	1.58	1.68	0.13	1.00	1.00	1.13	1.56	1.82	2.01	2.09	2.09	−0.6	0.4	65	1.66
Y	mg/kg	23.2	2.4	23.0	1.1	0.11	23.5	23.5	1.2	15.9	15.9	18.0	22.3	24.5	26.4	28.3	28.3	−1.0	1.3	65	23.2
Zn	mg/kg	66.3	16.6	64.4	1.3	0.25	60.5	61.8	9.6	40.5	40.5	44.1	53.8	75.9	99.4	114.3	114.3	0.8	0.2	65	66.3
Zr	mg/kg	206	45	201	1	0.22	201	205	28	119	119	126	183	236	294	299	299	−0.1	−0.4	65	206
Al$_2$O$_3$	%	13.23	1.53	13.14	1.12	0.12	14.13	13.56	1.53	10.80	10.80	11.01	11.76	14.26	15.77	16.11	16.11	0.0	−1.2	65	13.23
CaO	%	5.06	2.86	3.94	2.23	0.57	2.35	5.68	2.32	0.89	0.89	0.97	1.61	6.75	9.72	10.08	10.08	−0.2	−1.2	65	5.06
MgO	%	1.82	0.55	1.72	1.40	0.30	1.76	1.85	0.33	0.74	0.74	0.89	1.54	2.18	2.76	2.91	2.91	−0.1	−0.6	65	1.82
K$_2$O	%	2.46	0.29	2.45	1.12	0.12	2.16	2.37	0.21	1.93	1.93	2.12	2.23	2.64	2.95	3.41	3.41	0.8	0.5	64	2.45
Na$_2$O	%	1.71	0.46	1.64	1.38	0.27	1.96	1.83	0.23	0.66	0.66	0.73	1.46	2.00	2.38	2.65	2.65	−0.6	−0.1	65	1.71
SiO$_2$	%	59.38	5.93	59.06	1.11	0.10	60.92	60.98	2.91	45.82	45.82	46.77	55.83	63.77	66.08	67.50	67.50	−1.0	−0.3	65	59.38
TFe$_2$O$_3$	%	4.83	1.00	4.74	1.22	0.21	4.25	4.47	0.62	3.58	3.58	3.62	3.99	5.48	6.78	7.07	7.07	0.7	−0.7	65	4.83
SOC	%	0.27	0.13	0.24	1.60	0.50	0.15	0.24	0.08	0.09	0.09	0.10	0.16	0.33	0.47	0.82	0.82	1.4	3.5	64	0.26
pH	无量纲						8.34	8.41	0.14	6.91	6.91	7.19	8.14	8.53	8.68	8.69	8.69				

表 2.4.2A 水浇地表层土壤（0～20 cm）地球化学参数（n＝13 657）

指标	单位	算术平均值 X_a	算术标准差 S_a	几何平均值 X_g	几何标准差 S_g	变异系数 CV	众值 X_{mo}	中位值 X_{me}	中位绝对离差 MAD	最小值 X_{min}	累积频率 $X_{0.5\%}$	$X_{2.5\%}$	$X_{25\%}$	$X_{75\%}$	$X_{97.5\%}$	$X_{99.5\%}$	最大值 X_{max}	偏度系数 SK	峰度系数 BK	背景值 n'	X_a'
Ag	mg/kg	0.070	0.021	0.067	1.283	0.30	0.061	0.067	0.010	0.008	0.034	0.042	0.058	0.078	0.110	0.153	0.764	6.4	136.2	13 341	0.068
As	mg/kg	9.7	3.0	9.3	1.4	0.31	10.1	9.7	1.8	0.1	3.2	4.4	7.8	11.3	16.4	19.3	98.1	2.4	54.2	13 460	9.6
Au	μg/kg	1.7	2.8	1.6	1.4	1.59	1.4	1.5	0.3	0.4	0.7	0.8	1.3	1.9	3.0	7.1	193.8	40.3	2 216.7	13 187	1.6
B	mg/kg	47.8	11.3	46.2	1.3	0.24	56.0	49.2	6.6	3.8	14.6	22.2	41.6	55.0	67.6	78.0	119.3	-0.3	1.2	13 497	47.9
Ba	mg/kg	571	255	550	1	0.45	490	509	39	256	419	438	477	582	1 076	1 621	16 880	24.5	1 311.0	11 912	514
Be	mg/kg	1.92	0.24	1.90	1.13	0.12	1.84	1.89	0.13	0.89	1.36	1.50	1.77	2.04	2.45	2.74	5.68	1.3	11.0	13 440	1.91
Bi	mg/kg	0.28	0.12	0.27	1.30	0.44	0.25	0.27	0.04	0.05	0.13	0.16	0.23	0.31	0.45	0.55	6.44	26.6	1 192.7	13 276	0.27
Br	mg/kg	4.9	2.6	4.4	1.5	0.53	4.4	4.3	1.0	0.7	1.7	2.1	3.4	5.5	11.0	18.5	50.3	4.4	40.7	12 861	4.4
TC	%	1.50	0.52	1.40	1.48	0.35	1.62	1.60	0.35	0.19	0.46	0.60	1.03	1.84	2.49	2.89	5.63	0.2	0.4	13 610	1.49
Cd	mg/kg	0.144	0.062	0.137	1.337	0.43	0.140	0.140	0.021	0.044	0.062	0.077	0.117	0.160	0.240	0.340	3.107	20.7	856.5	13 351	0.139
Ce	mg/kg	65.9	10.8	65.0	1.2	0.16	65.6	65.8	5.0	22.5	34.8	43.4	60.9	70.8	87.7	107.2	212.5	1.3	11.8	13 194	65.6
Cl	mg/kg	278	682	155	2	2.45	86	124	48	34	47	55	86	222	1 464	4 713	15 377	10.0	137.6	11 269	125
Co	mg/kg	11.8	2.6	11.5	1.2	0.22	11.1	11.4	1.4	2.7	5.7	7.2	10.2	13.0	17.8	21.2	47.6	1.3	7.4	13 409	11.6
Cr	mg/kg	63.9	13.0	62.7	1.2	0.20	64.4	63.9	5.7	13.3	27.8	38.7	58.1	69.5	87.0	118.5	297.7	2.6	32.7	13 220	63.5
Cu	mg/kg	23.0	9.6	22.2	1.3	0.42	21.0	22.1	3.0	5.6	9.8	13.0	19.3	25.5	37.1	46.6	696.1	35.4	2205.3	13 313	22.4
F	mg/kg	537	103	527	1	0.19	519	541	58	172	267	325	480	595	745	844	1 693	0.3	3.2	13 521	535
Ga	mg/kg	14.9	1.9	14.8	1.1	0.13	14.6	14.7	1.2	7.8	10.4	11.5	13.6	16.1	19.2	21.0	25.8	0.5	0.7	13 531	14.9
Ge	mg/kg	1.30	0.14	1.29	1.12	0.11	1.30	1.30	0.10	0.45	0.98	1.02	1.20	1.40	1.60	1.72	2.83	0.4	2.3	13 523	1.29
Hg	mg/kg	0.041	0.079	0.035	1.587	1.93	0.029	0.033	0.008	0.003	0.012	0.016	0.026	0.043	0.101	0.206	5.660	49.5	3 168.0	12 729	0.034
I	mg/kg	1.98	0.65	1.88	1.37	0.33	1.73	1.88	0.38	0.20	0.76	0.99	1.54	2.31	3.52	4.47	7.80	1.3	4.2	13 351	1.93
La	mg/kg	33.9	5.2	33.5	1.2	0.15	33.8	33.8	2.1	11.3	18.3	23.3	31.8	35.9	44.6	55.4	113.5	1.7	16.6	13 023	33.8
Li	mg/kg	32.0	7.3	31.1	1.3	0.23	32.0	31.9	4.1	7.5	13.6	17.3	27.8	36.0	48.6	54.6	87.0	0.3	1.2	13 530	31.8
Mn	mg/kg	582	124	570	1	0.21	530	563	60	171	319	378	510	634	880	1 069	1 973	1.7	8.6	13 274	571
Mo	mg/kg	0.57	0.17	0.55	1.28	0.30	0.50	0.55	0.08	0.20	0.29	0.34	0.47	0.64	0.91	1.18	8.84	10.7	420.8	13 321	0.55
N	%	0.095	0.022	0.092	1.260	0.23	0.092	0.093	0.013	0.026	0.043	0.057	0.081	0.107	0.144	0.172	0.292	0.8	2.7	13 423	0.094
Nb	mg/kg	13.5	1.5	13.5	1.1	0.11	13.5	13.6	0.7	3.1	9.0	10.5	12.8	14.3	16.3	18.5	42.2	1.5	23.1	13 291	13.5
Ni	mg/kg	28.0	7.1	27.2	1.3	0.25	28.0	27.5	3.3	5.5	12.1	16.1	24.4	31.0	41.7	53.9	183.9	3.8	53.3	13 417	27.6

指标	单位	算术平均值 X_a	算术标准差 S_a	几何平均值 X_g	几何标准差 S_g	变异系数 CV	众值 X_{mo}	中位值 X_{me}	中位绝对离差 MAD	最小值 X_{min}	累积频率 $X_{0.5\%}$	$X_{2.5\%}$	$X_{25\%}$	$X_{75\%}$	$X_{97.5\%}$	$X_{99.5\%}$	最大值 X_{max}	偏度系数 SK	峰度系数 BK	n'	背景值 X_a'
P	mg/kg	945	246	912	1	0.26	968	953	155	224	386	476	781	1 097	1 424	1 711	3 897	0.5	3.2	13 552	939
Pb	mg/kg	23.3	6.4	22.8	1.2	0.28	21.1	22.5	2.3	11.4	15.8	17.1	20.4	25.0	33.0	47.7	330.5	15.1	506.2	13 292	22.7
Rb	mg/kg	94.2	10.5	93.6	1.1	0.11	89.8	92.5	5.7	45.1	68.1	77.5	87.5	99.3	118.7	133.3	183.3	1.1	3.9	13 349	93.6
S	mg/kg	253	222	232	1	0.88	196	218	41	63	114	132	183	270	580	1 046	20 402	56.7	5 029.6	12 725	224
Sb	mg/kg	0.84	0.26	0.80	1.37	0.32	0.87	0.85	0.17	0.01	0.35	0.42	0.64	0.99	1.36	1.61	7.10	2.5	45.2	13 538	0.83
Sc	mg/kg	10.3	2.0	10.1	1.2	0.19	10.4	10.3	1.0	2.1	4.6	6.1	9.3	11.4	14.6	16.2	24.1	0.1	1.5	13 431	10.3
Se	mg/kg	0.18	0.06	0.18	1.27	0.35	0.17	0.18	0.02	0.02	0.10	0.12	0.16	0.20	0.29	0.43	3.91	21.4	1 067.0	13 261	0.18
Sn	mg/kg	3.1	0.9	3.0	1.3	0.28	3.0	3.0	0.5	0.9	1.5	1.8	2.6	3.5	5.0	7.1	15.6	2.6	18.8	13 322	3.0
Sr	mg/kg	206	48	202	1	0.23	196	200	12	60	109	133	189	214	333	451	1 090	3.5	27.6	12 516	199
Th	mg/kg	10.8	2.3	10.6	1.2	0.21	10.9	10.8	1.1	3.5	5.6	7.0	9.6	11.8	15.1	19.7	53.7	3.1	36.8	13 415	10.7
Ti	mg/kg	3 707	444	3 680	1	0.12	3 808	3 741	178	1 250	2 178	2 694	3 530	3 893	4 586	5 175	10 797	0.7	13.5	12 978	3 718
Tl	mg/kg	0.59	0.09	0.58	1.15	0.15	0.55	0.58	0.05	0.31	0.40	0.44	0.54	0.63	0.76	0.86	4.69	7.6	322.7	13 470	0.58
U	mg/kg	2.26	0.38	2.22	1.19	0.17	2.41	2.27	0.22	0.72	1.18	1.47	2.04	2.49	2.93	3.36	6.39	0.2	3.7	13 488	2.25
V	mg/kg	76.0	12.4	74.9	1.2	0.16	73.2	76.0	6.4	18.1	37.4	49.1	69.6	82.5	101.1	112.7	164.9	0.0	2.2	13 396	76.0
W	mg/kg	1.57	0.30	1.54	1.23	0.19	1.59	1.61	0.14	0.31	0.66	0.90	1.44	1.73	2.10	2.39	6.06	0.3	8.9	13 403	1.58
Y	mg/kg	23.0	2.5	22.9	1.1	0.11	22.8	23.3	1.2	4.7	13.8	17.2	22.0	24.4	27.3	30.0	48.3	-0.6	4.7	13 187	23.2
Zn	mg/kg	63.1	13.5	61.7	1.2	0.21	62.2	62.8	6.9	20.0	30.5	37.2	56.1	69.8	90.9	103.1	322.2	1.9	24.5	13 508	62.7
Zr	mg/kg	248	47	244	1	0.19	243	244	28	116	144	166	217	273	351	409	925	1.0	5.1	13 467	246
Al$_2$O$_3$	%	12.46	1.06	12.41	1.09	0.09	11.97	12.30	0.66	7.69	10.19	10.82	11.70	13.07	14.89	16.00	17.82	0.7	1.1	13 421	12.41
CaO	%	4.12	2.09	3.44	1.93	0.51	5.20	4.95	1.37	0.44	0.76	0.98	1.80	5.66	7.56	8.63	17.56	-0.1	-1.0	13 648	4.11
MgO	%	1.73	0.52	1.64	1.42	0.30	1.90	1.82	0.33	0.25	0.49	0.70	1.33	2.05	2.69	2.97	5.23	-0.1	0.0	13 641	1.73
K$_2$O	%	2.39	0.24	2.38	1.10	0.10	2.28	2.33	0.10	1.28	1.87	2.08	2.25	2.47	3.04	3.51	4.72	2.1	8.3	12 890	2.35
Na$_2$O	%	1.88	0.38	1.85	1.23	0.20	1.88	1.86	0.18	0.13	0.91	1.13	1.68	2.04	2.82	3.24	4.01	0.7	2.4	13 313	1.86
SiO$_2$	%	62.76	4.62	62.59	1.08	0.07	63.09	62.53	2.62	40.72	50.04	53.18	60.11	65.42	72.42	75.22	83.36	0.1	0.6	13 588	62.75
TFe$_2$O$_3$	%	4.28	0.80	4.20	1.21	0.19	4.02	4.20	0.41	1.19	2.16	2.73	3.83	4.67	6.12	6.83	11.28	0.6	2.2	13 402	4.25
SOC	%	0.84	0.23	0.81	1.31	0.28	0.77	0.81	0.13	0.15	0.35	0.46	0.69	0.94	1.37	1.74	3.96	1.7	9.7	13 378	0.82
pH	无量纲						8.23	8.03	0.27	4.62	5.01	5.41	7.51	8.24	8.61	8.80	9.36				

表 2.4.2B 水浇地深层土壤 （150~200 cm） 地球化学参数 （n=3 394）

指标	单位	算术平均值 X_a	算术标准差 S_a	几何平均值 X_g	几何标准差 S_g	变异系数 CV	众值 X_{mo}	中位值 X_{me}	中位绝对离差 MAD	最小值 X_{min}	$X_{0.5\%}$	$X_{2.5\%}$	$X_{25\%}$	$X_{75\%}$	$X_{97.5\%}$	$X_{99.5\%}$	最大值 X_{max}	偏度系数 SK	峰度系数 BK	基准值 n'	基准值 X_a'
Ag	mg/kg	0.061	0.059	0.058	1.294	0.96	0.057	0.058	0.009	0.015	0.029	0.035	0.050	0.068	0.093	0.119	3.328	50.6	2 795.0	3 345	0.059
As	mg/kg	9.8	3.0	9.4	1.4	0.31	8.5	9.4	1.6	0.8	3.4	4.7	8.0	11.3	16.9	19.5	37.2	1.1	4.2	3 339	9.7
Au	µg/kg	1.7	1.2	1.6	1.4	0.69	1.4	1.5	0.3	0.5	0.8	0.9	1.3	1.8	2.8	7.1	26.3	11.9	181.9	3 285	1.6
B	mg/kg	46.0	11.6	44.2	1.4	0.25	49.2	47.6	6.8	3.1	13.3	21.2	39.7	53.4	66.7	79.5	93.0	-0.3	0.6	3 359	46.0
Ba	mg/kg	558	178	539	1	0.32	461	494	44	320	403	420	460	584	1 092	1 442	2 560	3.2	15.3	3 006	507
Be	mg/kg	1.95	0.28	1.93	1.15	0.14	1.88	1.91	0.17	1.12	1.38	1.50	1.76	2.10	2.61	2.94	3.73	0.9	2.0	3 345	1.93
Bi	mg/kg	0.24	0.07	0.24	1.30	0.28	0.20	0.23	0.04	0.06	0.11	0.14	0.20	0.28	0.39	0.49	1.54	3.1	40.8	3 345	0.24
Br	mg/kg	3.2	1.7	2.9	1.6	0.52	2.2	2.8	0.7	0.5	0.9	1.3	2.2	3.7	7.9	11.0	16.4	2.3	8.3	3 183	2.9
TC	%	1.07	0.50	0.90	1.92	0.47	1.10	1.17	0.32	0.03	0.14	0.20	0.60	1.40	1.96	2.30	2.81	-0.2	-0.6	3 390	1.06
Cd	mg/kg	0.100	0.031	0.095	1.376	0.31	0.090	0.097	0.018	0.017	0.034	0.048	0.080	0.120	0.170	0.210	0.335	1.0	2.6	3 340	0.098
Ce	mg/kg	67.8	13.6	66.7	1.2	0.20	64.2	66.5	5.2	19.5	36.0	45.9	61.6	72.0	97.4	120.2	310.3	4.1	52.7	3 230	66.5
Cl	mg/kg	199	251	138	2	1.27	60	132	67	32	39	45	72	225	795	1 830	3 609	5.5	43.8	3 121	144
Co	mg/kg	12.4	4.2	12.0	1.3	0.34	10.8	11.6	1.8	3.7	6.1	7.7	10.1	13.8	22.1	32.2	113.3	6.0	106.5	3 256	11.9
Cr	mg/kg	64.7	17.6	63.2	1.2	0.27	63.1	63.7	6.1	11.5	29.7	41.4	57.5	69.8	91.9	143.4	607.1	11.0	285.1	3 275	63.4
Cu	mg/kg	21.6	5.8	20.9	1.3	0.27	20.0	20.7	3.3	6.3	9.3	12.8	17.7	24.7	34.5	42.0	103.7	2.0	16.0	3 332	21.2
F	mg/kg	521	101	512	1	0.19	510	512	53	217	292	342	463	570	744	945	1571	1.6	9.5	3 325	514
Ga	mg/kg	15.1	2.5	14.9	1.2	0.16	13.0	14.8	1.8	8.8	10.3	11.2	13.2	16.8	20.4	22.4	26.5	0.6	0.1	3 373	15.0
Ge	mg/kg	1.30	0.16	1.29	1.13	0.12	1.30	1.30	0.10	0.60	0.90	1.00	1.20	1.40	1.64	1.81	2.78	0.7	3.2	3 338	1.29
Hg	mg/kg	0.019	0.035	0.016	1.518	1.87	0.014	0.016	0.003	0.001	0.006	0.008	0.013	0.020	0.036	0.079	1.345	27.9	917.0	3 245	0.016
I	mg/kg	1.72	0.73	1.59	1.48	0.42	1.24	1.57	0.41	0.39	0.58	0.76	1.22	2.06	3.48	4.63	6.86	1.6	5.2	3 301	1.65
La	mg/kg	34.2	6.4	33.7	1.2	0.19	33.5	33.7	2.5	11.1	18.4	23.8	31.3	36.2	47.2	60.4	172.6	5.1	81.1	3 230	33.7
Li	mg/kg	32.6	7.3	31.8	1.3	0.22	32.4	31.9	4.4	10.4	16.2	19.9	27.8	36.8	48.8	56.4	79.9	0.7	1.8	3 358	32.4
Mn	mg/kg	636	337	595	1	0.53	474	557	88	256	325	390	481	675	1 441	2 340	8 250	8.6	146.7	3 120	567
Mo	mg/kg	0.57	0.19	0.55	1.31	0.33	0.49	0.54	0.09	0.21	0.25	0.32	0.47	0.64	0.93	1.40	3.77	4.8	60.1	3 309	0.55
N	%	0.036	0.012	0.034	1.362	0.35	0.040	0.033	0.007	0.015	0.018	0.020	0.027	0.040	0.068	0.090	0.176	2.0	8.8	3 284	0.034
Nb	mg/kg	13.6	1.6	13.5	1.1	0.12	13.8	13.6	0.7	6.6	8.7	10.1	12.8	14.3	16.6	20.5	31.6	1.4	13.3	3 295	13.6
Ni	mg/kg	28.8	10.0	27.8	1.3	0.35	26.0	27.4	4.0	9.4	13.5	17.6	23.8	32.1	45.7	73.8	249.0	7.4	113.8	3 305	27.9

230

指标	单位	算术平均值 X_a	算术标准差 S_a	几何平均值 X_g	几何标准差 S_g	变异系数 CV	众值 X_{mo}	中位值 X_{me}	中位绝对离差 MAD	最小值 X_{min}	累积频率 $X_{0.5\%}$	$X_{2.5\%}$	$X_{25\%}$	$X_{75\%}$	$X_{97.5\%}$	$X_{99.5\%}$	最大值 X_{max}	偏度系数 SK	峰度系数 BK	n'	基准值 X_a'
P	mg/kg	531	152	506	1	0.29	606	584	46	129	183	226	428	612	757	1 118	1 898	0.4	5.1	3 353	524
Pb	mg/kg	20.6	5.4	20.2	1.2	0.26	17.0	19.8	2.6	10.1	13.4	14.8	17.4	22.7	30.8	43.0	122.3	6.2	87.7	3 314	20.2
Rb	mg/kg	93.3	12.6	92.5	1.1	0.14	82.8	91.5	7.7	32.3	63.5	75.0	84.4	100.3	122.5	136.5	180.1	0.8	2.1	3 329	92.8
S	mg/kg	149	54	141	1	0.37	152	142	32	55	66	76	112	174	270	393	716	2.4	14.0	3 311	144
Sb	mg/kg	0.89	0.25	0.86	1.32	0.28	0.82	0.88	0.14	0.22	0.36	0.46	0.74	1.02	1.41	1.85	2.88	1.1	4.5	3 344	0.88
Sc	mg/kg	10.5	2.0	10.3	1.2	0.19	9.7	10.3	1.2	2.7	5.2	6.8	9.2	11.6	14.8	16.6	22.5	0.5	1.5	3 347	10.4
Se	mg/kg	0.09	0.03	0.09	1.32	0.31	0.08	0.09	0.01	0.03	0.04	0.05	0.07	0.10	0.15	0.21	0.39	2.3	14.0	3 311	0.09
Sn	mg/kg	2.6	0.6	2.5	1.2	0.23	2.4	2.5	0.3	1.1	1.4	1.7	2.2	2.8	3.8	4.5	13.6	3.5	46.6	3 344	2.5
Sr	mg/kg	204	54	199	1	0.26	196	198	12	74	105	125	187	210	325	483	1 137	5.0	54.4	3 131	196
Th	mg/kg	10.8	2.5	10.5	1.2	0.23	10.9	10.6	1.4	3.2	5.7	7.2	9.3	12.0	15.5	21.3	40.2	2.3	17.0	3 338	10.6
Ti	mg/kg	3 725	493	3 694	1	0.13	3 650	3 726	178	1 386	2 223	2 639	3 551	3 905	4 698	5 421	9 900	1.8	21.4	3 189	3 732
Tl	mg/kg	0.59	0.09	0.59	1.16	0.15	0.57	0.58	0.05	0.19	0.38	0.43	0.54	0.64	0.79	0.88	1.23	0.6	2.0	3 350	0.59
U	mg/kg	2.21	0.39	2.18	1.20	0.18	2.30	2.23	0.22	0.44	1.08	1.45	2.00	2.44	2.88	3.30	7.62	1.1	16.2	3 344	2.21
V	mg/kg	78.1	13.7	76.9	1.2	0.18	72.4	76.8	7.8	21.9	40.0	52.1	69.9	85.8	108.0	121.9	178.7	0.5	2.4	3 338	77.9
W	mg/kg	1.61	0.33	1.58	1.21	0.21	1.70	1.63	0.14	0.51	0.78	0.97	1.47	1.76	2.14	2.43	11.49	8.1	238.0	3 330	1.61
Y	mg/kg	23.2	2.5	23.0	1.1	0.11	23.4	23.3	1.3	10.9	14.4	17.5	22.0	24.6	28.0	30.4	37.4	-0.3	2.7	3 302	23.2
Zn	mg/kg	58.1	13.2	56.7	1.2	0.23	52.8	57.0	7.5	23.9	27.9	34.2	49.9	65.2	85.4	97.0	287.6	2.0	28.1	3 357	57.5
Zr	mg/kg	245	51	240	1	0.21	209	240	31	112	140	163	211	273	352	418	869	1.5	9.5	3 355	243
Al$_2$O$_3$	%	12.43	1.51	12.35	1.13	0.12	11.03	12.11	1.08	9.40	10.04	10.37	11.18	13.54	15.69	16.59	18.32	0.6	-0.4	3 386	12.42
CaO	%	4.63	2.10	3.96	1.87	0.45	5.58	5.36	1.10	0.44	0.73	1.01	2.46	6.02	7.94	9.39	11.20	-0.4	-0.9	3 393	4.63
MgO	%	1.70	0.43	1.64	1.32	0.25	1.77	1.74	0.24	0.37	0.59	0.83	1.43	1.94	2.49	2.83	6.47	0.4	5.6	3 372	1.69
K$_2$O	%	2.31	0.25	2.30	1.11	0.11	2.16	2.26	0.12	1.26	1.73	1.96	2.15	2.41	2.94	3.37	4.76	1.8	8.7	3 249	2.28
Na$_2$O	%	1.89	0.37	1.85	1.22	0.20	1.91	1.89	0.20	0.58	0.88	1.15	1.67	2.08	2.72	3.19	4.43	0.5	2.8	3 296	1.87
SiO$_2$	%	62.07	3.97	61.94	1.07	0.06	61.28	62.60	2.33	46.03	50.28	53.22	59.73	64.57	69.64	72.13	76.02	-0.4	0.7	3 363	62.13
TFe$_2$O$_3$	%	4.30	0.87	4.21	1.22	0.20	3.73	4.16	0.53	1.82	2.36	2.92	3.70	4.79	6.28	7.23	10.80	1.0	2.6	3 354	4.26
SOC	%	0.24	0.13	0.21	1.67	0.54	0.13	0.21	0.07	0.03	0.05	0.08	0.15	0.30	0.53	0.81	1.40	1.9	7.5	3 312	0.23
pH	无量纲						8.58	8.50	0.20	5.44	6.20	7.03	8.24	8.67	9.02	9.19	9.43				

表2.4.3A 旱地表层土壤（0~20 cm）地球化学参数（n=7 089）

指标	单位	算术平均值 X_a	算术标准差 S_a	几何平均值 X_g	几何标准差 S_g	变异系数 CV	众值 X_{mo}	中位值 X_{me}	中位绝对离差 MAD	最小值 X_{min}	$X_{0.5\%}$	$X_{2.5\%}$	$X_{25\%}$	$X_{75\%}$	$X_{97.5\%}$	$X_{99.5\%}$	最大值 X_{max}	偏度系数 SK	峰度系数 BK	背景值 n'	背景值 X_a'
Ag	mg/kg	0.072	0.048	0.067	1.395	0.66	0.066	0.066	0.012	0.008	0.033	0.038	0.055	0.079	0.142	0.252	2.433	24.8	1 043.8	6 752	0.066
As	mg/kg	7.2	3.4	6.6	1.5	0.47	4.6	6.6	2.0	1.5	2.3	2.9	4.8	9.1	14.0	18.6	99.0	4.3	83.3	6 996	7.1
Au	μg/kg	2.0	6.5	1.5	1.7	3.27	1.1	1.4	0.3	0.4	0.6	0.7	1.1	1.8	6.0	25.0	438.0	46.2	2 929.1	6 591	1.4
B	mg/kg	36.2	19.5	31.6	1.7	0.54	22.2	32.5	12.2	2.9	7.6	10.5	21.9	47.5	81.9	109.9	380.0	1.9	15.6	6 937	34.7
Ba	mg/kg	771	355	711	2	0.46	531	663	160	200	358	412	528	908	1 682	2 307	6 466	2.6	15.9	6 763	719
Be	mg/kg	2.01	0.42	1.97	1.22	0.21	1.70	1.96	0.25	0.76	1.23	1.37	1.73	2.23	2.95	3.45	9.08	2.1	21.0	6 949	1.98
Bi	mg/kg	0.27	0.15	0.25	1.49	0.57	0.19	0.24	0.06	0.05	0.10	0.13	0.19	0.32	0.52	0.96	3.78	8.2	132.0	6 912	0.25
Br	mg/kg	3.9	3.0	3.4	1.6	0.77	3.1	3.2	0.8	0.4	1.2	1.6	2.6	4.2	11.4	21.2	55.4	6.1	61.0	6 537	3.3
TC	%	0.95	0.50	0.85	1.55	0.53	0.63	0.79	0.20	0.20	0.33	0.42	0.63	1.10	2.29	3.07	7.41	2.3	9.8	6 544	0.84
Cd	mg/kg	0.132	0.162	0.119	1.473	1.22	0.090	0.115	0.027	0.026	0.053	0.063	0.092	0.148	0.268	0.544	10.540	43.6	2 564.8	6 796	0.119
Ce	mg/kg	75.3	25.2	72.2	1.3	0.34	69.3	70.8	10.3	17.6	34.9	43.0	61.3	82.2	139.9	205.1	335.2	2.8	13.7	6 722	71.2
Cl	mg/kg	198	804	94	2	4.06	70	78	19	31	39	46	63	107	963	5 819	21 711	12.0	190.9	6 185	79
Co	mg/kg	13.2	4.5	12.5	1.4	0.34	13.4	12.7	2.6	2.5	5.1	6.5	10.2	15.3	23.4	32.2	48.0	1.6	6.0	6 937	12.8
Cr	mg/kg	66.8	35.2	61.4	1.5	0.53	70.8	63.6	14.1	10.0	21.3	28.3	47.9	76.4	142.2	218.9	1 118.3	9.5	232.3	6 766	61.8
Cu	mg/kg	25.0	13.7	22.8	1.5	0.55	19.5	22.8	5.9	5.4	8.5	10.6	17.3	29.2	54.5	82.6	514.4	9.2	252.2	6 815	23.3
F	mg/kg	528	178	503	1	0.34	420	497	95	168	244	291	408	600	976	1 263	2 196	1.8	6.5	6 853	508
Ga	mg/kg	17.0	2.4	16.8	1.2	0.14	17.8	17.0	1.6	4.5	10.6	12.3	15.4	18.6	21.6	23.4	27.1	0.0	0.3	7 054	17.0
Ge	mg/kg	1.33	0.18	1.32	1.14	0.13	1.30	1.31	0.11	0.54	0.94	1.03	1.21	1.43	1.74	1.92	2.16	0.6	1.0	6 992	1.32
Hg	mg/kg	0.042	0.294	0.029	1.758	7.07	0.022	0.026	0.007	0.004	0.009	0.012	0.020	0.036	0.112	0.395	22.415	65.5	4 829.6	6 451	0.027
I	mg/kg	2.16	1.16	1.98	1.50	0.54	1.79	1.98	0.49	0.43	0.69	0.89	1.54	2.54	4.40	7.39	44.60	9.9	279.0	6 857	2.03
La	mg/kg	39.0	14.3	37.2	1.3	0.37	34.0	36.1	5.1	8.8	17.9	22.2	31.4	41.9	77.1	120.0	191.2	3.2	16.7	6 651	36.3
Li	mg/kg	28.4	10.1	26.8	1.4	0.35	20.8	27.1	6.8	6.8	11.5	13.7	20.8	34.5	50.4	62.7	112.8	1.0	2.3	7 003	28.0
Mn	mg/kg	619	185	595	1	0.30	541	594	99	145	274	345	502	702	1 055	1 357	3 109	2.1	13.5	6 889	601
Mo	mg/kg	0.65	0.35	0.61	1.40	0.53	0.53	0.59	0.11	0.21	0.28	0.34	0.49	0.72	1.29	2.07	16.50	17.0	661.3	6 759	0.60
N	%	0.087	0.025	0.083	1.324	0.29	0.072	0.083	0.015	0.018	0.039	0.048	0.069	0.100	0.145	0.180	0.309	1.1	3.2	6 958	0.085
Nb	mg/kg	14.1	3.1	13.8	1.2	0.22	14.0	13.8	1.5	6.4	8.0	9.5	12.3	15.3	22.0	28.4	39.7	2.0	9.3	6 805	13.7
Ni	mg/kg	29.3	15.6	26.7	1.5	0.53	27.9	27.5	7.0	5.1	9.1	11.8	20.4	34.3	64.4	114.4	375.7	5.0	58.8	6 805	27.1

232

指标	单位	算术平均值 X_a	算术标准差 S_a	几何平均值 X_g	几何标准差 S_g	变异系数 CV	众值 X_{mo}	中位值 X_{me}	中位绝对离差 MAD	最小值 X_{min}	累积频率							最大值 X_{max}	偏度系数 SK	峰度系数 BK	n'	背景值 X_a'
											$X_{0.5\%}$	$X_{2.5\%}$	$X_{25\%}$	$X_{75\%}$	$X_{97.5\%}$	$X_{99.5\%}$						
P	mg/kg	735	276	694	1	0.38	710	689	143	224	296	370	559	850	1 389	1 874	6 090	3.0	29.2	6 864	705
Pb	mg/kg	26.8	17.3	25.4	1.3	0.65	23.8	24.6	3.5	8.9	13.2	16.2	21.5	28.8	50.0	88.9	934.9	29.5	1 328.8	6 728	24.9
Rb	mg/kg	98.1	21.0	96.0	1.2	0.21	96.1	95.4	11.3	20.0	49.6	63.0	85.0	107.7	149.2	173.6	234.9	0.9	2.4	6 927	96.7
S	mg/kg	208	449	183	2	2.16	149	174	33	59	93	109	145	215	467	1 135	33 249	59.9	4 233.6	6 677	177
Sb	mg/kg	0.64	0.31	0.60	1.40	0.49	0.53	0.59	0.14	0.20	0.29	0.34	0.47	0.76	1.15	1.44	16.15	19.9	880.7	6 977	0.63
Sc	mg/kg	10.2	3.0	9.8	1.4	0.30	9.1	10.0	2.0	1.5	4.1	5.2	8.1	12.0	17.0	20.6	26.6	0.7	1.1	6 999	10.1
Se	mg/kg	0.18	0.06	0.17	1.31	0.35	0.16	0.17	0.03	0.07	0.10	0.11	0.14	0.19	0.33	0.50	1.03	3.9	28.7	6 713	0.17
Sn	mg/kg	2.7	1.0	2.6	1.3	0.37	2.4	2.5	0.4	0.2	1.3	1.6	2.1	3.0	4.3	5.8	54.6	21.5	1072.1	6 945	2.6
Sr	mg/kg	246	125	222	2	0.51	204	214	62	53	79	100	161	297	564	852	1 282	2.2	8.6	6 818	230
Th	mg/kg	12.3	6.0	11.4	1.5	0.49	11.4	10.9	2.1	2.0	5.1	6.2	8.9	13.3	30.2	42.4	78.9	3.1	15.2	6 515	10.9
Ti	mg/kg	3 848	809	3 773	1	0.21	3 914	3 788	427	1 363	2 139	2 548	3 364	4 220	5 564	7 632	11 483	1.9	10.6	6 921	3 781
Tl	mg/kg	0.61	0.15	0.59	1.25	0.24	0.55	0.59	0.08	0.13	0.33	0.39	0.52	0.67	0.96	1.18	2.15	1.9	9.9	6 864	0.59
U	mg/kg	2.13	0.70	2.04	1.34	0.33	2.08	2.03	0.35	0.48	0.93	1.18	1.70	2.40	3.92	5.48	10.03	2.3	11.6	6 816	2.04
V	mg/kg	79.5	21.7	76.6	1.3	0.27	65.0	78.3	13.0	18.9	33.7	42.2	65.0	91.0	129.6	162.0	250.3	0.9	2.9	6 959	78.1
W	mg/kg	1.42	0.72	1.32	1.45	0.51	1.21	1.33	0.34	0.31	0.50	0.64	1.04	1.72	2.44	4.17	26.04	12.8	351.3	6 965	1.37
Y	mg/kg	22.6	4.4	22.1	1.2	0.20	21.9	22.5	2.8	6.7	11.3	14.1	19.7	25.2	31.6	37.3	72.5	0.7	4.5	6 994	22.4
Zn	mg/kg	64.7	21.6	61.9	1.3	0.33	66.8	63.0	11.8	15.8	29.2	34.7	51.2	74.7	106.8	150.7	689.5	5.4	112.2	6 957	63.1
Zr	mg/kg	285	73	278	1	0.26	264	276	36	111	155	181	242	316	434	558	1 282	3.5	31.3	6 950	280
Al₂O₃	%	13.72	1.23	13.67	1.10	0.09	13.81	13.83	0.74	6.71	9.66	11.04	13.02	14.51	15.95	16.76	18.34	-0.5	1.2	7 005	13.76
CaO	%	2.08	1.45	1.75	1.76	0.70	1.12	1.63	0.56	0.37	0.56	0.69	1.16	2.44	6.33	8.20	25.73	2.7	15.1	6 444	1.71
MgO	%	1.44	0.66	1.31	1.56	0.46	1.08	1.34	0.37	0.14	0.39	0.53	0.98	1.74	2.94	4.36	6.88	1.7	6.4	6 931	1.38
K₂O	%	2.65	0.49	2.61	1.20	0.18	2.36	2.58	0.31	0.65	1.49	1.80	2.32	2.96	3.73	4.17	5.12	0.5	0.8	7 008	2.64
Na₂O	%	2.22	0.69	2.10	1.43	0.31	2.63	2.24	0.53	0.35	0.62	0.91	1.69	2.75	3.50	3.89	5.09	0.0	-0.6	7 086	2.22
SiO₂	%	64.42	4.86	64.23	1.08	0.08	64.49	64.49	3.25	30.20	50.08	54.54	61.29	67.77	73.39	76.85	83.80	-0.2	0.6	7 036	64.49
TFe₂O₃	%	4.53	1.19	4.37	1.30	0.26	5.00	4.46	0.76	1.06	2.14	2.55	3.69	5.21	7.08	8.99	12.41	0.8	2.3	6 997	4.47
SOC	%	0.80	0.30	0.75	1.41	0.38	0.68	0.74	0.15	0.13	0.28	0.39	0.61	0.92	1.49	2.11	4.48	2.1	11.1	6 887	0.77
pH	无量纲						7.50	6.50	0.98	4.46	4.70	4.93	5.61	7.55	8.23	8.52	9.35				

表2.4.3B　旱地深层土壤（150～200 cm）地球化学参数（n=1 833）

指标	单位	算术平均值 X_a	算术标准差 S_a	几何平均值 X_g	几何标准差 S_g	变异系数 CV	众值 X_{mo}	中位值 X_{me}	中位绝对离差 MAD	最小值 X_{min}	累积频率 $X_{0.5\%}$	$X_{2.5\%}$	$X_{25\%}$	$X_{75\%}$	$X_{97.5\%}$	$X_{99.5\%}$	最大值 X_{max}	偏度系数 SK	峰度系数 BK	基准值 n'	基准值 X_a'
Ag	mg/kg	0.065	0.039	0.061	1.372	0.61	0.053	0.060	0.010	0.027	0.031	0.036	0.050	0.071	0.129	0.216	1.107	15.0	334.8	1 756	0.060
As	mg/kg	7.7	3.5	7.0	1.6	0.46	6.7	7.2	2.2	1.3	2.0	2.5	5.2	9.8	14.8	18.8	47.6	2.1	16.8	1 812	7.5
Au	μg/kg	1.7	3.0	1.5	1.4	1.78	1.4	1.5	0.3	0.3	0.7	0.8	1.2	1.8	3.0	5.2	104.5	28.4	891.1	1 780	1.5
B	mg/kg	35.2	17.3	31.0	1.7	0.49	26.6	31.8	11.3	3.4	6.3	10.0	22.6	46.0	76.1	92.1	146.9	0.9	1.5	1 811	34.5
Ba	mg/kg	772	358	715	1	0.47	570	664	152	311	378	422	534	889	1 676	2 154	6 760	3.9	44.4	1 746	719
Be	mg/kg	2.09	0.39	2.05	1.20	0.19	1.96	2.03	0.23	0.65	1.19	1.42	1.83	2.29	2.91	3.45	4.67	0.8	2.4	1 804	2.07
Bi	mg/kg	0.24	0.12	0.22	1.47	0.51	0.19	0.22	0.05	0.05	0.07	0.10	0.18	0.28	0.43	0.61	2.56	8.1	130.2	1 803	0.23
Br	mg/kg	3.7	2.3	3.2	1.7	0.62	2.6	3.1	0.9	0.1	0.9	1.3	2.3	4.3	9.2	13.4	37.0	4.1	39.6	1 729	3.3
TC	%	0.55	0.44	0.44	1.86	0.81	0.29	0.39	0.14	0.03	0.12	0.17	0.28	0.64	1.69	2.54	6.59	3.5	26.1	1 592	0.41
Cd	mg/kg	0.089	0.054	0.082	1.497	0.61	0.065	0.083	0.020	0.010	0.026	0.037	0.064	0.105	0.173	0.262	1.568	13.9	339.6	1 786	0.085
Ce	mg/kg	76.2	23.0	73.3	1.3	0.30	70.8	72.1	10.4	21.0	33.4	43.7	63.2	84.9	134.5	188.4	235.8	2.1	8.8	1 769	73.4
Cl	mg/kg	159	492	78	2	3.09	48	63	14	27	33	38	51	85	1 324	2 764	9 229	10.0	138.6	1 594	64
Co	mg/kg	14.6	5.7	13.6	1.4	0.39	12.9	13.7	2.8	2.2	4.8	6.4	11.1	16.8	28.2	41.8	52.0	1.9	7.2	1 766	13.8
Cr	mg/kg	67.7	30.3	62.6	1.5	0.45	68.7	64.6	13.2	14.9	18.8	27.7	50.3	76.5	151.1	214.8	361.0	2.8	14.1	1 740	62.6
Cu	mg/kg	22.9	10.0	21.2	1.5	0.44	22.8	21.8	5.1	5.3	7.1	9.5	16.7	26.8	44.6	75.2	123.6	2.9	17.9	1 772	21.7
F	mg/kg	526	167	503	1.544	0.32	437	501	88	148	240	292	416	593	930	1 230	1 895	1.8	7.0	1 776	508
Ga	mg/kg	17.5	2.4	17.4	1.2	0.14	18.0	17.6	1.4	6.9	10.4	12.3	16.3	19.1	21.8	24.0	25.6	-0.4	0.9	1 803	17.6
Ge	mg/kg	1.36	0.20	1.35	1.15	0.14	1.20	1.35	0.13	0.74	0.92	1.02	1.22	1.48	1.76	1.92	2.25	0.4	0.3	1 824	1.36
Hg	mg/kg	0.017	0.012	0.016	1.544	0.70	0.014	0.015	0.004	0.003	0.005	0.007	0.012	0.019	0.043	0.071	0.252	8.4	120.9	1 735	0.015
I	mg/kg	2.25	1.09	2.04	1.54	0.48	1.72	1.99	0.52	0.42	0.66	0.86	1.55	2.67	4.93	6.83	10.90	2.1	8.7	1 769	2.11
La	mg/kg	38.9	12.5	37.4	1.3	0.32	35.7	36.7	5.0	12.1	16.8	22.2	32.2	42.6	74.0	106.2	151.4	2.7	13.0	1 729	36.8
Li	mg/kg	30.4	10.0	28.8	1.4	0.33	23.9	29.5	6.5	8.1	11.9	14.4	23.4	36.2	51.0	68.8	113.9	1.2	5.0	1 815	30.0
Mn	mg/kg	724	392	662	2	0.54	617	629	129	140	255	346	523	799	1 744	2 982	4 923	3.9	24.5	1 709	644
Mo	mg/kg	0.65	0.51	0.59	1.45	0.79	0.52	0.57	0.11	0.20	0.24	0.33	0.47	0.70	1.38	2.71	17.11	20.0	611.1	1 744	0.58
N	%	0.044	0.017	0.041	1.411	0.40	0.040	0.040	0.009	0.015	0.020	0.024	0.032	0.050	0.090	0.115	0.150	1.7	4.1	1 731	0.041
Nb	mg/kg	14.1	3.2	13.8	1.2	0.22	14.2	13.8	1.4	7.0	7.9	9.2	12.5	15.3	21.4	28.5	54.6	3.1	24.2	1 763	13.7
Ni	mg/kg	31.3	16.6	28.5	1.5	0.53	29.5	29.2	6.7	6.4	9.0	12.4	22.4	35.7	68.8	134.5	314.8	5.3	59.9	1 759	28.9

指标	单位	算术平均值 X_a	算术标准差 S_a	几何平均值 X_g	几何标准差 S_g	变异系数 CV	众值 X_{mo}	中位值 X_{me}	中位绝对离差 MAD	最小值 X_{min}	$X_{0.5\%}$	$X_{2.5\%}$	$X_{25\%}$	$X_{75\%}$	$X_{97.5\%}$	$X_{99.5\%}$	最大值 X_{max}	偏度系数 SK	峰度系数 BK	n'	基准值 X_a'
P	mg/kg	485	245	438	2	0.51	278	440	128	105	155	195	318	580	1 145	1 684	2 307	2.1	7.3	1 734	443
Pb	mg/kg	24.7	15.0	23.4	1.3	0.61	21.1	22.9	3.4	7.6	12.0	14.2	20.0	26.8	43.9	72.1	513.1	20.8	628.3	1 761	23.2
Rb	mg/kg	99.7	19.8	97.7	1.2	0.20	98.5	98.1	11.3	34.1	49.0	63.2	87.2	110.0	144.2	170.1	189.1	0.6	1.7	1 802	98.7
S	mg/kg	124	91	115	1	0.74	95	111	19	31	58	66	94	133	237	359	2 923	19.1	519.5	1 727	113
Sb	mg/kg	0.70	0.29	0.66	1.45	0.41	0.75	0.66	0.17	0.19	0.27	0.32	0.51	0.85	1.34	1.72	4.29	2.8	25.0	1 790	0.68
Sc	mg/kg	10.7	3.0	10.3	1.3	0.28	11.1	10.6	1.8	2.1	4.2	5.4	8.8	12.5	17.0	21.4	25.3	0.6	1.4	1 807	10.6
Se	mg/kg	0.12	0.04	0.11	1.39	0.37	0.10	0.11	0.02	0.03	0.05	0.06	0.09	0.14	0.21	0.26	0.80	3.6	40.5	1 797	0.11
Sn	mg/kg	2.5	0.6	2.4	1.3	0.25	2.3	2.4	0.4	0.7	1.3	1.5	2.1	2.8	3.9	4.8	7.8	1.2	4.5	1 808	2.5
Sr	mg/kg	236	117	214	2	0.49	192	206	60	45	81	97	155	283	532	731	970	1.7	4.5	1 761	222
Th	mg/kg	12.2	5.4	11.4	1.4	0.44	11.6	11.2	2.0	2.8	4.4	6.0	9.3	13.3	26.6	41.3	65.2	3.1	15.8	1 717	11.1
Ti	mg/kg	3 903	865	3 821	1	0.22	3 729	3 844	426	1 402	2 114	2 510	3 423	4 276	5 539	7 922	13 292	2.6	19.4	1 792	3 836
Tl	mg/kg	0.61	0.13	0.60	1.23	0.21	0.61	0.60	0.07	0.24	0.32	0.39	0.53	0.68	0.92	1.10	1.34	0.9	2.5	1 794	0.61
U	mg/kg	2.05	0.62	1.96	1.34	0.30	1.96	1.99	0.32	0.46	0.81	1.03	1.68	2.31	3.56	4.96	6.13	1.6	6.2	1 775	1.98
V	mg/kg	83.9	22.0	81.0	1.3	0.26	79.0	83.0	13.1	20.3	32.2	44.3	69.9	96.0	129.5	169.3	194.4	0.6	2.2	1 803	82.8
W	mg/kg	1.48	0.66	1.38	1.43	0.45	1.06	1.41	0.32	0.35	0.47	0.68	1.10	1.75	2.46	4.87	13.20	6.3	82.4	1 800	1.42
Y	mg/kg	23.2	4.1	22.8	1.2	0.18	23.4	23.2	2.4	8.5	11.5	15.1	20.7	25.5	31.3	36.5	53.7	0.4	2.7	1 800	23.1
Zn	mg/kg	61.9	21.4	59.5	1.3	0.35	72.2	60.1	9.5	12.2	28.3	35.1	50.6	69.6	99.4	150.1	462.1	7.5	122.0	1 787	60.0
Zr	mg/kg	263	56	258	1	0.21	254	258	29	110	143	174	230	288	392	488	825	2.0	13.9	1 780	258
Al_2O_3	%	14.30	1.36	14.23	1.11	0.10	13.87	14.38	0.74	6.73	9.41	10.97	13.64	15.12	16.68	17.61	19.31	-0.8	2.4	1 785	14.39
CaO	%	2.17	1.64	1.79	1.81	0.76	1.20	1.65	0.60	0.41	0.51	0.70	1.16	2.54	6.28	8.43	29.47	4.0	44.1	1 635	1.73
MgO	%	1.49	0.64	1.38	1.48	0.43	1.23	1.41	0.30	0.18	0.43	0.61	1.11	1.72	2.95	4.82	7.38	2.5	14.1	1 776	1.41
K_2O	%	2.60	0.46	2.55	1.20	0.18	2.45	2.53	0.29	0.87	1.38	1.75	2.29	2.89	3.56	3.81	4.24	0.3	0.3	1 825	2.59
Na_2O	%	2.15	0.68	2.03	1.42	0.32	2.23	2.12	0.51	0.33	0.64	0.91	1.64	2.66	3.47	3.78	4.32	0.2	-0.5	1 831	2.15
SiO_2	%	63.40	4.15	63.26	1.07	0.07	63.02	63.50	2.53	25.46	50.68	54.94	60.95	66.02	70.82	74.24	83.88	-0.6	4.6	1 812	63.48
TFe_2O_3	%	4.78	1.20	4.63	1.29	0.25	4.75	4.73	0.71	1.09	2.24	2.66	4.01	5.44	7.20	9.28	12.74	0.9	3.2	1 806	4.73
SOC	%	0.34	0.19	0.30	1.66	0.55	0.25	0.30	0.09	0.03	0.07	0.11	0.22	0.41	0.90	1.14	1.51	1.8	4.6	1 745	0.31
pH	无量纲						7.50	7.49	0.63	4.92	5.36	5.76	6.88	8.12	8.74	9.03	9.39				

表 2.4.4A 园地表层土壤（0~20 cm）地球化学参数（n=1 895）

指标	单位	算术平均值 X_a	算术标准差 S_a	几何平均值 X_g	几何标准差 S_g	变异系数 CV	众值 X_{mo}	中位值 X_{me}	中位绝对离差 MAD	最小值 X_{min}	累积频率 $X_{0.5\%}$	$X_{2.5\%}$	$X_{25\%}$	$X_{75\%}$	$X_{97.5\%}$	$X_{99.5\%}$	最大值 X_{max}	偏度系数 SK	峰度系数 BK	背景值 n'	X_a'
Ag	mg/kg	0.080	0.060	0.072	1.467	0.75	0.072	0.069	0.014	0.013	0.033	0.040	0.057	0.085	0.176	0.423	1.367	10.8	178.5	1 772	0.070
As	mg/kg	7.8	4.3	7.0	1.6	0.56	5.6	7.1	2.2	1.8	2.3	2.8	5.2	9.7	15.7	28.7	97.8	6.3	106.1	1 854	7.4
Au	μg/kg	2.8	9.9	1.8	2.0	3.49	1.2	1.6	0.4	0.3	0.5	0.7	1.2	2.1	11.0	48.2	327.1	21.7	636.6	1 696	1.6
B	mg/kg	37.8	19.6	33.0	1.7	0.52	35.6	34.2	12.3	4.7	7.9	10.5	23.9	48.7	84.4	112.4	177.4	1.2	2.7	1 856	36.4
Ba	mg/kg	717	328	662	2	0.46	480	606	130	255	332	398	496	825	1 612	2 112	2 764	2.0	5.3	1 763	649
Be	mg/kg	2.04	0.45	1.99	1.24	0.22	1.90	1.99	0.26	0.53	1.12	1.32	1.75	2.28	2.97	3.78	7.01	1.7	11.0	1 872	2.02
Bi	mg/kg	0.31	0.51	0.27	1.56	1.64	0.20	0.26	0.07	0.07	0.10	0.13	0.20	0.34	0.65	1.52	19.00	29.0	1 019.8	1 828	0.27
Br	mg/kg	3.8	2.1	3.4	1.5	0.54	2.7	3.3	0.8	0.5	1.3	1.7	2.6	4.3	9.1	12.3	35.8	4.7	53.0	1 781	3.4
TC	%	1.05	0.57	0.93	1.60	0.54	0.75	0.86	0.23	0.19	0.30	0.42	0.67	1.28	2.47	3.34	6.56	2.1	8.0	1 826	0.98
Cd	mg/kg	0.148	0.203	0.132	1.494	1.37	0.120	0.130	0.029	0.022	0.050	0.068	0.103	0.164	0.309	0.650	8.273	34.0	1 345.9	1 807	0.132
Ce	mg/kg	73.4	30.4	69.6	1.4	0.41	64.0	68.6	10.3	12.8	28.4	40.0	59.1	80.0	139.4	208.3	735.6	7.4	128.9	1 790	68.8
Cl	mg/kg	132	384	96	2	2.91	66	85	22	38	43	50	67	118	436	1 311	13 066	24.3	736.2	1 704	88
Co	mg/kg	13.0	4.4	12.3	1.4	0.34	11.4	12.5	2.8	1.1	4.1	6.0	9.8	15.6	23.5	26.5	34.1	0.7	0.9	1 874	12.9
Cr	mg/kg	66.2	28.9	61.4	1.5	0.44	52.1	63.4	13.3	9.2	19.7	28.1	49.3	75.9	135.7	211.5	368.1	3.1	20.8	1 821	62.3
Cu	mg/kg	30.2	17.7	26.8	1.6	0.59	18.0	26.0	7.3	2.3	8.7	11.5	19.5	35.3	72.4	104.7	319.9	4.2	45.1	1 778	27.0
F	mg/kg	563	199	534	1	0.35	592	526	103	129	249	302	433	649	1 023	1 451	2 447	2.1	9.6	1 843	543
Ga	mg/kg	17.4	2.5	17.2	1.2	0.14	17.9	17.6	1.7	5.4	10.5	12.7	15.7	19.1	22.1	23.5	26.8	-0.2	0.2	1 888	17.4
Ge	mg/kg	1.33	0.19	1.32	1.15	0.14	1.30	1.31	0.12	0.73	0.90	1.01	1.20	1.44	1.75	1.99	2.45	0.7	1.5	1 871	1.32
Hg	mg/kg	0.047	0.093	0.034	1.893	1.96	0.022	0.030	0.009	0.002	0.009	0.014	0.023	0.044	0.156	0.700	2.060	12.0	195.1	1 699	0.031
I	mg/kg	2.05	1.06	1.88	1.49	0.52	1.79	1.88	0.47	0.39	0.69	0.85	1.45	2.41	4.11	5.60	29.10	9.7	228.7	1 838	1.94
La	mg/kg	38.4	15.7	36.3	1.4	0.41	33.0	35.3	5.0	4.8	14.6	21.5	30.7	41.3	76.7	121.9	263.2	4.7	42.5	1 764	35.5
Li	mg/kg	29.5	10.6	27.8	1.4	0.36	27.5	27.5	6.5	6.7	10.3	14.6	21.9	35.8	54.0	76.5	85.3	1.2	2.8	1 859	28.8
Mn	mg/kg	583	178	559	1	0.31	503	559	93	77	231	320	474	660	982	1 203	2 888	2.2	17.4	1 855	570
Mo	mg/kg	0.66	0.42	0.61	1.42	0.63	0.61	0.60	0.11	0.21	0.29	0.34	0.50	0.72	1.43	2.31	11.70	12.7	279.1	1 813	0.61
N	%	0.092	0.027	0.088	1.334	0.29	0.083	0.087	0.015	0.018	0.037	0.049	0.074	0.106	0.154	0.191	0.225	0.9	1.8	1 863	0.090
Nb	mg/kg	13.8	3.2	13.5	1.2	0.23	13.2	13.5	1.5	4.8	7.3	8.7	12.0	15.0	22.1	30.8	37.5	2.1	9.1	1 815	13.4
Ni	mg/kg	29.1	12.8	26.9	1.5	0.44	25.5	27.5	6.4	3.6	8.0	11.9	21.4	34.1	61.3	91.8	146.9	2.7	14.8	1 820	27.3

指标	单位	算术平均值 X_a	算术标准差 S_a	几何平均值 X_g	几何标准差 S_g	变异系数 CV	众值 X_{mo}	中位值 X_{me}	中位绝对离差 MAD	最小值 X_{min}	$X_{0.5\%}$	$X_{2.5\%}$	$X_{25\%}$	$X_{75\%}$	$X_{97.5\%}$	$X_{99.5\%}$	最大值 X_{max}	偏度系数 SK	峰度系数 BK	n'	背景值 X_a'
P	mg/kg	794	334	742	1	0.42	636	739	173	128	292	378	589	937	1 456	2 023	6 195	4.2	48.7	1 851	764
Pb	mg/kg	28.4	24.8	26.3	1.4	0.87	29.4	25.5	3.9	9.6	12.7	15.4	21.8	29.8	57.1	116.2	917.6	25.5	877.7	1 796	25.6
Rb	mg/kg	101.8	23.8	99.2	1.3	0.23	92.0	97.9	11.5	34.7	48.1	60.7	87.8	112.0	160.0	189.9	256.2	1.1	3.3	1 847	99.9
S	mg/kg	210	386	187	1	1.84	181	181	36	39	90	109	150	224	401	670	15 300	34.2	1 280.9	1 808	186
Sb	mg/kg	0.67	0.35	0.63	1.45	0.51	0.52	0.61	0.15	0.22	0.27	0.32	0.49	0.81	1.22	2.25	8.41	8.6	154.5	1 859	0.65
Sc	mg/kg	10.5	3.3	9.9	1.4	0.31	10.3	10.2	2.2	1.0	3.2	5.0	8.1	12.5	17.7	20.6	23.4	0.5	0.4	1 879	10.4
Se	mg/kg	0.18	0.06	0.17	1.30	0.33	0.16	0.17	0.03	0.05	0.09	0.11	0.15	0.20	0.31	0.42	1.07	4.5	49.2	1 832	0.17
Sn	mg/kg	2.8	1.0	2.7	1.4	0.36	2.3	2.7	0.5	0.3	1.3	1.6	2.2	3.2	4.9	7.3	23.5	5.8	94.6	1 844	2.7
Sr	mg/kg	246	123	222	2	0.50	198	215	61	67	83	98	165	291	564	773	1 202	1.9	5.9	1 807	228
Th	mg/kg	12.5	6.5	11.4	1.5	0.53	11.1	11.0	2.2	2.0	4.5	5.9	9.0	13.4	31.5	47.4	79.8	3.4	18.0	1 722	10.8
Ti	mg/kg	3 754	741	3 680	1	0.20	3 314	3 725	429	793	1 791	2 450	3 303	4 163	5 287	6 593	8 230	0.6	2.9	1 855	3 724
Tl	mg/kg	0.64	0.16	0.62	1.26	0.25	0.61	0.62	0.07	0.28	0.32	0.40	0.55	0.70	1.05	1.21	1.90	1.5	5.5	1 817	0.62
U	mg/kg	2.15	0.74	2.05	1.37	0.34	2.01	2.07	0.37	0.54	0.67	1.06	1.71	2.43	4.05	5.77	9.20	2.2	10.6	1 818	2.05
V	mg/kg	77.4	20.9	74.4	1.3	0.27	72.3	76.7	13.5	10.1	26.2	39.3	63.3	90.2	122.8	141.1	157.4	0.4	0.6	1 874	76.9
W	mg/kg	1.50	0.78	1.38	1.47	0.52	1.35	1.43	0.34	0.30	0.46	0.61	1.10	1.78	2.67	4.89	18.12	8.7	145.5	1 854	1.43
Y	mg/kg	22.2	4.7	21.7	1.3	0.21	22.7	22.1	2.8	4.4	9.6	13.4	19.3	24.9	31.7	37.4	53.4	0.6	3.4	1 870	22.1
Zn	mg/kg	69.2	21.5	66.2	1.3	0.31	73.6	67.8	11.4	7.4	27.1	36.1	56.2	78.8	115.0	170.6	248.1	2.1	11.9	1 857	67.6
Zr	mg/kg	262	67	255	1	0.26	249	253	31	67	140	169	225	288	399	529	1 210	3.5	33.0	1 843	256
Al_2O_3	%	13.81	1.34	13.74	1.11	0.10	13.75	13.96	0.83	5.44	10.05	11.14	12.97	14.68	16.21	17.09	18.77	-0.5	1.4	1 881	13.83
CaO	%	2.40	1.65	1.98	1.83	0.69	1.45	1.78	0.64	0.27	0.55	0.74	1.27	2.89	6.54	8.36	11.74	1.7	2.9	1 828	2.21
MgO	%	1.51	0.67	1.37	1.57	0.44	1.13	1.41	0.40	0.05	0.38	0.53	1.03	1.84	3.16	4.23	5.08	1.2	2.7	1 847	1.45
K_2O	%	2.69	0.49	2.64	1.21	0.18	2.38	2.65	0.33	1.00	1.37	1.71	2.35	3.01	3.68	4.02	5.18	0.2	0.6	1 884	2.68
Na_2O	%	2.22	0.69	2.09	1.43	0.31	2.03	2.23	0.52	0.45	0.64	0.91	1.71	2.75	3.50	3.89	4.16	0.0	-0.6	1 895	2.22
SiO_2	%	63.85	4.96	63.65	1.08	0.08	64.46	64.11	3.30	44.36	50.30	53.59	60.59	67.26	72.77	76.05	89.12	-0.1	0.8	1 879	63.86
TFe_2O_3	%	4.55	1.23	4.38	1.34	0.27	4.71	4.47	0.83	0.50	1.73	2.36	3.68	5.38	7.20	8.00	9.99	0.3	0.2	1 885	4.54
SOC	%	0.83	0.29	0.79	1.41	0.34	0.69	0.79	0.16	0.08	0.28	0.39	0.64	0.97	1.52	1.88	2.72	1.2	2.7	1 853	0.81
pH	无量纲						8.04	6.80	0.97	4.55	4.80	5.02	5.83	7.76	8.36	8.57	8.74				

237

表2.4.4B　园地深层土壤（150~200 cm）地球化学参数（n=477）

指标	单位	算术平均值 X_a	算术标准差 S_a	几何平均值 X_g	几何标准差 S_g	变异系数 CV	众值 X_{mo}	中位值 X_{me}	中位绝对离差 MAD	最小值 X_{min}	累积频率 $X_{0.5\%}$	$X_{2.5\%}$	$X_{25\%}$	$X_{75\%}$	$X_{97.5\%}$	$X_{99.5\%}$	最大值 X_{max}	偏度系数 SK	峰度系数 BK	基准值 n'	X_a'
Ag	mg/kg	0.067	0.040	0.062	1.439	0.60	0.059	0.061	0.011	0.019	0.024	0.032	0.050	0.071	0.134	0.280	0.639	7.8	94.0	445	0.060
As	mg/kg	7.5	3.6	6.8	1.6	0.47	6.6	6.9	2.1	1.1	1.6	2.3	5.1	9.4	15.0	20.7	38.6	1.9	12.0	473	7.4
Au	μg/kg	2.3	10.2	1.7	1.6	4.36	1.4	1.6	0.3	0.5	0.7	0.9	1.3	2.0	4.5	18.1	218.0	20.4	431.6	455	1.6
B	mg/kg	36.9	18.1	32.3	1.8	0.49	26.1	34.1	12.5	1.4	4.2	10.2	23.4	49.8	76.3	88.7	142.1	0.9	2.0	474	36.5
Ba	mg/kg	724	339	666	2	0.47	462	610	134	320	334	404	491	837	1 678	2 176	2 648	1.9	4.6	440	649
Be	mg/kg	2.08	0.39	2.05	1.20	0.19	1.77	2.04	0.24	1.11	1.22	1.40	1.81	2.28	2.93	3.66	3.86	0.7	1.6	473	2.07
Bi	mg/kg	0.24	0.11	0.22	1.47	0.44	0.24	0.22	0.05	0.07	0.08	0.10	0.18	0.28	0.48	0.83	0.92	2.4	10.2	462	0.23
Br	mg/kg	3.4	1.8	3.1	1.6	0.54	2.6	3.0	0.8	0.4	0.9	1.3	2.3	4.0	7.9	10.4	21.1	3.1	20.4	455	3.1
TC	%	0.66	0.55	0.50	2.03	0.83	0.32	0.41	0.16	0.07	0.12	0.18	0.30	0.88	2.00	2.83	3.78	1.8	4.2	464	0.61
Cd	mg/kg	0.092	0.048	0.083	1.589	0.52	0.090	0.084	0.026	0.020	0.027	0.032	0.061	0.110	0.190	0.330	0.473	2.6	13.3	465	0.087
Ce	mg/kg	73.0	25.9	69.6	1.4	0.36	72.1	69.6	9.8	19.0	30.9	38.0	59.9	79.7	130.4	186.5	330.9	3.5	24.8	452	68.9
Cl	mg/kg	141	267	91	2	1.90	63	72	20	29	39	43	57	108	735	1 585	4 214	9.2	121.3	399	73
Co	mg/kg	13.8	4.7	13.0	1.4	0.34	18.0	13.2	2.7	2.6	3.8	6.1	10.6	16.1	24.1	31.7	34.8	0.9	1.9	469	13.5
Cr	mg/kg	66.7	30.0	61.8	1.5	0.45	69.2	64.7	11.4	7.4	16.6	26.6	51.7	74.5	129.9	250.4	357.6	3.8	27.2	461	62.8
Cu	mg/kg	24.6	28.2	21.7	1.5	1.15	20.1	21.7	5.3	3.8	6.0	8.6	17.0	27.6	46.2	68.0	600.4	18.0	367.4	465	22.5
F	mg/kg	554	269	518	1	0.49	463	508	95	140	221	292	417	609	1 082	1 460	4 210	6.6	76.2	449	509
Ga	mg/kg	17.7	2.5	17.6	1.2	0.14	17.9	17.9	1.5	11.0	11.2	12.4	16.2	19.4	22.5	24.7	25.6	-0.2	0.1	476	17.7
Ge	mg/kg	1.36	0.20	1.34	1.16	0.15	1.20	1.35	0.13	0.93	0.97	1.00	1.20	1.47	1.78	2.08	2.21	0.6	0.8	474	1.35
Hg	mg/kg	0.020	0.033	0.016	1.675	1.64	0.015	0.016	0.004	0.005	0.005	0.007	0.012	0.020	0.054	0.121	0.661	15.9	298.1	440	0.016
I	mg/kg	2.03	0.89	1.87	1.48	0.44	1.22	1.88	0.44	0.44	0.73	0.96	1.44	2.33	4.29	5.60	7.84	2.1	8.0	457	1.90
La	mg/kg	37.7	13.6	35.9	1.4	0.36	31.8	35.6	4.8	12.1	15.3	19.0	31.3	40.8	65.7	99.9	172.4	3.8	27.2	456	35.7
Li	mg/kg	31.2	11.4	29.5	1.4	0.37	28.2	29.8	6.2	7.6	9.5	14.5	23.9	36.2	58.8	85.3	108.3	2.0	9.0	464	30.0
Mn	mg/kg	630	229	596	1	0.36	454	580	109	200	224	316	485	725	1 209	1 739	1 934	1.9	6.0	459	600
Mo	mg/kg	0.61	0.33	0.56	1.44	0.54	0.46	0.55	0.11	0.23	0.24	0.30	0.46	0.69	1.16	2.22	4.32	6.5	66.8	462	0.57
N	%	0.045	0.023	0.041	1.482	0.51	0.035	0.037	0.008	0.020	0.021	0.023	0.032	0.050	0.106	0.159	0.180	2.6	8.8	449	0.040
Nb	mg/kg	13.8	3.0	13.5	1.2	0.22	13.2	13.7	1.5	5.3	7.2	8.5	12.2	15.2	20.5	26.2	36.7	2.0	11.7	462	13.5
Ni	mg/kg	30.2	13.1	28.0	1.5	0.44	25.9	28.9	6.1	4.5	7.4	12.4	22.6	34.8	58.7	97.2	158.5	3.3	23.4	462	28.6

指标	单位	算术平均值 X_a	算术标准差 S_a	几何平均值 X_g	几何标准差 S_g	变异系数 CV	众值 X_{mo}	中位值 X_{me}	中位绝对离差 MAD	最小值 X_{min}	$X_{0.5\%}$	$X_{2.5\%}$	$X_{25\%}$	$X_{75\%}$	$X_{97.5\%}$	$X_{99.5\%}$	最大值 X_{max}	偏度系数 SK	峰度系数 BK	基准值 n'	基准值 X_a'
P	mg/kg	492	281	438	2	0.57	264	436	135	140	164	194	318	588	1 285	2 048	2 350	2.7	11.2	454	445
Pb	mg/kg	24.0	8.4	23.0	1.3	0.35	24.5	22.7	3.7	9.5	11.8	14.1	19.4	26.8	41.3	75.4	96.3	3.5	20.9	459	22.8
Rb	mg/kg	101.4	21.3	99.2	1.2	0.21	99.6	99.6	12.8	41.1	52.5	63.6	87.8	114.0	152.4	170.3	176.1	0.5	0.8	471	100.5
S	mg/kg	130	65	121	1	0.50	95	116	21	31	63	73	97	146	241	659	884	6.1	56.7	459	121
Sb	mg/kg	0.71	0.41	0.65	1.47	0.57	0.61	0.67	0.16	0.22	0.25	0.30	0.51	0.83	1.25	1.42	7.73	11.1	190.2	474	0.69
Sc	mg/kg	10.9	3.3	10.4	1.4	0.30	10.3	10.7	1.9	2.4	2.7	5.1	8.7	12.6	18.0	21.9	30.8	0.8	3.3	472	10.7
Se	mg/kg	0.11	0.05	0.11	1.47	0.43	0.09	0.11	0.03	0.04	0.04	0.05	0.08	0.13	0.23	0.35	0.48	2.2	9.6	458	0.11
Sn	mg/kg	2.6	0.6	2.5	1.3	0.24	2.3	2.5	0.4	1.1	1.2	1.5	2.1	2.9	3.8	4.5	5.5	0.5	0.8	474	2.5
Sr	mg/kg	239	122	216	2	0.51	125	207	57	68	80	101	163	278	528	700	1 214	2.6	14.1	464	227
Th	mg/kg	12.0	5.0	11.2	1.4	0.42	10.6	11.1	2.1	2.9	4.3	5.6	9.1	13.4	26.6	36.3	41.9	2.3	8.0	450	11.1
Ti	mg/kg	3 806	785	3 727	1	0.21	3 732	3 754	434	1 664	1 864	2 256	3 411	4 245	5 376	6 585	9 395	1.1	6.9	471	3 775
Tl	mg/kg	0.63	0.14	0.61	1.23	0.22	0.57	0.61	0.08	0.23	0.32	0.42	0.54	0.69	0.97	1.08	1.23	0.9	1.9	465	0.62
U	mg/kg	2.07	0.61	1.98	1.36	0.29	2.10	2.05	0.35	0.28	0.66	1.03	1.68	2.37	3.56	4.37	5.47	1.0	3.6	461	2.02
V	mg/kg	80.2	22.0	77.1	1.3	0.27	79.0	79.3	12.9	18.7	23.7	39.0	67.0	92.5	125.0	173.9	184.0	0.7	2.6	471	79.3
W	mg/kg	1.56	1.20	1.41	1.51	0.77	1.56	1.48	0.35	0.32	0.46	0.62	1.09	1.79	3.16	8.33	21.00	10.8	156.6	459	1.42
Y	mg/kg	22.7	4.5	22.2	1.2	0.20	22.0	23.1	2.4	9.1	9.5	12.8	20.4	25.4	30.6	36.8	46.4	0.1	2.8	465	22.7
Zn	mg/kg	63.0	18.8	60.4	1.3	0.30	59.8	61.4	10.7	12.9	24.7	34.0	50.6	72.0	109.2	126.4	224.3	1.9	11.8	462	61.2
Zr	mg/kg	247	51	242	1	0.21	229	244	31	121	130	149	213	274	356	458	514	0.7	2.4	471	244
Al_2O_3	%	14.25	1.54	14.17	1.12	0.11	14.63	14.49	0.83	9.74	10.14	10.85	13.38	15.18	17.36	18.27	19.63	-0.4	0.5	476	14.24
CaO	%	2.57	1.97	2.03	1.94	0.77	1.26	1.75	0.67	0.50	0.60	0.73	1.21	3.15	7.65	9.64	11.78	1.6	2.3	459	2.33
MgO	%	1.57	0.75	1.43	1.56	0.48	1.32	1.49	0.37	0.18	0.27	0.55	1.12	1.84	3.07	5.82	8.02	3.0	19.0	465	1.49
K_2O	%	2.63	0.48	2.58	1.20	0.18	2.49	2.57	0.33	1.06	1.43	1.76	2.28	2.95	3.63	3.98	4.23	0.3	0.1	474	2.62
Na_2O	%	2.18	0.65	2.08	1.38	0.30	2.09	2.09	0.46	0.49	0.70	1.06	1.72	2.66	3.45	3.78	3.94	0.2	-0.4	477	2.18
SiO_2	%	63.22	4.51	63.06	1.08	0.07	65.32	63.64	3.05	46.34	50.75	53.24	60.36	66.46	71.27	72.90	77.00	-0.4	0.4	473	63.23
TFe_2O_3	%	4.69	1.22	4.52	1.32	0.26	4.72	4.62	0.80	1.30	1.83	2.53	3.84	5.52	7.00	8.82	9.58	0.3	0.8	472	4.65
SOC	%	0.35	0.24	0.30	1.78	0.67	0.21	0.28	0.09	0.01	0.07	0.11	0.21	0.43	1.05	1.48	1.65	2.2	6.6	442	0.30
pH	无量纲						7.07	7.48	0.67	5.03	5.31	5.71	6.89	8.20	8.85	9.03	9.17				

表 2.4.5A 林地表层土壤（0～20 cm）地球化学参数（n=3 993）

指标	单位	算术平均值 X_a	算术标准差 S_a	几何平均值 X_g	几何标准差 S_g	变异系数 CV	众值 X_{mo}	中位值 X_{me}	中位绝对离差 MAD	最小值 X_{min}	累积频率 $X_{0.5\%}$	$X_{2.5\%}$	$X_{25\%}$	$X_{75\%}$	$X_{97.5\%}$	$X_{99.5\%}$	最大值 X_{max}	偏度系数 SK	峰度系数 BK	背景值 n'	X_a'
Ag	mg/kg	0.071	0.039	0.067	1.409	0.55	0.060	0.065	0.012	0.008	0.030	0.037	0.054	0.079	0.145	0.249	1.183	11.7	263.1	3 789	0.066
As	mg/kg	7.7	3.8	6.9	1.6	0.50	5.6	7.1	2.5	1.3	2.2	2.8	4.9	10.0	14.8	18.8	107.0	5.6	120.9	3 947	7.5
Au	μg/kg	2.1	7.5	1.5	1.7	3.61	1.2	1.4	0.4	0.4	0.6	0.7	1.1	1.9	5.2	23.0	286.9	28.6	949.8	3 742	1.5
B	mg/kg	38.4	19.4	33.4	1.7	0.51	54.0	36.2	14.2	3.1	7.1	10.3	22.9	51.6	79.0	111.8	209.9	1.0	2.8	3 937	37.4
Ba	mg/kg	704	415	643	2	0.59	470	573	111	181	331	388	483	798	1 649	2 284	13 785	10.0	259.1	3 652	618
Be	mg/kg	2.07	0.49	2.02	1.24	0.24	1.86	1.99	0.24	0.62	1.13	1.38	1.78	2.28	3.23	4.27	8.15	2.5	17.1	3 866	2.02
Bi	mg/kg	0.28	0.17	0.26	1.49	0.60	0.20	0.26	0.06	0.04	0.08	0.12	0.20	0.33	0.56	1.00	5.94	12.5	345.3	3 870	0.27
Br	mg/kg	4.0	3.3	3.6	1.5	0.81	3.4	3.4	0.8	0.6	1.4	1.7	2.7	4.5	9.0	19.1	79.1	10.6	168.6	3 802	3.6
TC	%	1.21	0.67	1.06	1.68	0.55	0.78	1.01	0.38	0.14	0.32	0.44	0.71	1.61	2.86	3.88	6.54	1.5	3.9	3 888	1.15
Cd	mg/kg	0.135	0.061	0.125	1.453	0.45	0.140	0.128	0.029	0.010	0.045	0.061	0.099	0.157	0.273	0.385	1.676	6.2	116.0	3 846	0.127
Ce	mg/kg	71.5	24.0	68.3	1.4	0.34	65.9	67.7	9.2	10.7	25.0	36.5	59.4	77.8	135.1	188.9	292.8	2.6	12.9	3 800	67.8
Cl	mg/kg	197	903	103	2	4.59	73	87	24	28	41	48	67	123	695	4 566	22 169	15.9	295.4	3 392	86
Co	mg/kg	12.2	4.3	11.4	1.4	0.35	11.4	11.7	2.4	0.6	3.4	5.2	9.4	14.3	21.8	29.5	46.8	1.3	4.9	3 923	11.9
Cr	mg/kg	62.6	32.2	57.7	1.5	0.51	66.7	61.0	12.7	7.2	16.6	24.6	46.0	71.9	123.1	201.4	733.5	7.4	108.7	3 858	58.8
Cu	mg/kg	24.8	12.8	22.4	1.6	0.52	19.8	22.3	5.7	1.1	6.8	9.4	17.2	28.8	57.3	86.9	248.1	3.6	32.2	3 797	22.7
F	mg/kg	542	188	516	1	0.35	531	519	89	124	218	285	428	607	995	1 306	3 388	2.9	24.2	3 847	518
Ga	mg/kg	16.8	2.7	16.6	1.2	0.16	16.6	16.9	1.8	5.6	10.1	11.8	15.0	18.7	22.0	23.6	30.6	0.0	0.1	3 984	16.8
Ge	mg/kg	1.32	0.18	1.31	1.15	0.14	1.20	1.30	0.10	0.74	0.93	1.00	1.20	1.42	1.75	1.89	2.21	0.6	0.7	3 964	1.32
Hg	mg/kg	0.039	0.062	0.031	1.735	1.60	0.023	0.029	0.008	0.004	0.009	0.013	0.022	0.040	0.113	0.343	2.490	21.4	705.2	3 687	0.030
I	mg/kg	2.17	1.19	1.96	1.53	0.55	1.91	1.93	0.47	0.07	0.64	0.89	1.52	2.49	4.76	8.40	23.20	4.6	46.5	3 822	2.00
La	mg/kg	37.4	13.3	35.6	1.4	0.36	34.2	34.8	4.4	4.2	13.0	19.2	31.0	40.2	71.9	109.4	162.3	2.8	13.4	3 759	35.1
Li	mg/kg	29.7	10.7	27.8	1.4	0.36	30.0	28.8	7.0	5.4	9.2	13.2	22.0	35.9	52.2	70.2	123.0	1.1	3.7	3 925	29.0
Mn	mg/kg	573	164	551	1	0.29	480	555	88	63	220	310	471	649	939	1 229	1 828	1.2	4.2	3 901	561
Mo	mg/kg	0.68	0.47	0.63	1.44	0.69	0.53	0.60	0.11	0.22	0.30	0.36	0.50	0.74	1.49	3.24	13.90	11.5	226.6	3 779	0.62
N	%	0.093	0.032	0.088	1.396	0.35	0.069	0.088	0.018	0.015	0.030	0.045	0.072	0.107	0.172	0.227	0.334	1.6	5.7	3 888	0.090
Nb	mg/kg	14.6	4.2	14.2	1.3	0.29	13.5	14.0	1.4	3.4	7.2	9.2	12.6	15.4	26.2	37.6	56.7	3.1	16.1	3 702	13.8
Ni	mg/kg	27.9	18.5	25.3	1.5	0.66	29.0	26.3	6.2	3.1	7.4	10.7	20.1	32.5	54.0	109.2	568.8	12.5	276.5	3 880	26.0

指标	单位	算术平均值 X_a	算术标准差 S_a	几何平均值 X_g	几何标准差 S_g	变异系数 CV	众值 X_{mo}	中位值 X_{me}	中位绝对离差 MAD	最小值 X_{min}	累积频率 $X_{0.5\%}$	$X_{2.5\%}$	$X_{25\%}$	$X_{75\%}$	$X_{97.5\%}$	$X_{99.5\%}$	最大值 X_{max}	偏度系数 SK	峰度系数 BK	n'	背景值 X_a'
P	mg/kg	759	311	703	2	0.41	770	724	187	95	189	305	552	931	1 382	1 952	5 115	2.4	19.1	3 928	739
Pb	mg/kg	27.0	18.1	25.4	1.3	0.67	22.5	24.7	3.9	8.7	13.5	16.2	21.3	29.3	48.0	84.9	821.1	25.2	975.5	3 819	25.1
Rb	mg/kg	102.0	22.6	99.8	1.2	0.22	98.1	97.2	10.8	27.5	53.2	67.2	88.5	111.6	157.2	193.3	259.7	1.4	3.8	3 876	100.0
S	mg/kg	219	246	195	2	1.12	196	189	40	28	84	107	152	235	490	924	10 377	26.5	945.5	3 751	191
Sb	mg/kg	0.68	0.29	0.63	1.45	0.43	0.49	0.63	0.17	0.11	0.26	0.31	0.48	0.85	1.24	1.62	8.96	6.7	167.6	3 941	0.67
Sc	mg/kg	10.0	3.1	9.5	1.4	0.31	10.2	9.9	1.9	0.7	2.7	4.3	7.9	11.7	16.9	19.8	30.4	0.5	1.2	3 949	9.9
Se	mg/kg	0.19	0.07	0.18	1.36	0.37	0.17	0.18	0.03	0.05	0.09	0.11	0.15	0.21	0.37	0.59	0.90	2.9	15.8	3 835	0.18
Sn	mg/kg	2.8	0.9	2.7	1.3	0.31	2.8	2.7	0.5	0.3	1.2	1.5	2.3	3.2	4.7	6.3	13.0	2.3	15.0	3 899	2.7
Sr	mg/kg	231	114	211	2	0.50	193	205	53	36	72	98	162	268	501	668	2 978	5.0	88.8	3 843	217
Th	mg/kg	12.4	6.2	11.3	1.5	0.50	10.6	11.0	2.0	1.4	4.1	5.7	9.1	13.1	31.2	43.1	82.8	3.0	13.8	3 638	10.8
Ti	mg/kg	3 699	787	3 617	1	0.21	3 449	3 691	404	580	1 556	2 264	3 253	4 069	5 295	7 231	11 661	1.2	7.9	3 899	3 665
Tl	mg/kg	0.63	0.15	0.62	1.25	0.24	0.61	0.61	0.08	0.24	0.35	0.42	0.54	0.69	1.02	1.27	1.86	1.6	5.5	3 861	0.62
U	mg/kg	2.22	0.74	2.12	1.36	0.33	2.20	2.15	0.35	0.44	0.77	1.10	1.78	2.48	4.24	5.71	8.09	1.9	7.8	3 809	2.11
V	mg/kg	74.9	20.9	71.8	1.4	0.28	66.0	75.0	12.2	6.3	23.6	34.0	62.0	86.4	120.3	145.0	224.3	0.5	2.2	3 930	74.1
W	mg/kg	1.50	0.65	1.40	1.47	0.43	1.75	1.49	0.33	0.30	0.42	0.59	1.12	1.78	2.50	4.83	12.20	4.4	46.3	3 917	1.44
Y	mg/kg	22.4	4.6	21.9	1.3	0.21	23.0	22.7	2.5	2.6	9.4	12.6	19.8	24.9	31.7	36.4	79.6	0.5	7.7	3 937	22.4
Zn	mg/kg	65.8	22.1	63.0	1.3	0.34	65.8	64.2	10.6	5.6	25.4	35.6	53.8	75.0	106.8	137.9	761.9	9.1	254.6	3 905	64.3
Zr	mg/kg	266	72	258	1	0.27	266	257	35	55	136	163	224	294	417	531	1 526	3.7	42.2	3 891	260
Al$_2$O$_3$	%	13.47	1.37	13.40	1.11	0.10	13.58	13.59	0.89	5.22	9.72	10.80	12.57	14.39	15.97	16.80	18.20	-0.3	0.6	3 970	13.49
CaO	%	2.74	1.98	2.14	2.03	0.72	1.50	1.91	0.86	0.18	0.46	0.64	1.25	4.17	7.23	8.90	14.14	1.2	0.8	3 956	2.67
MgO	%	1.51	0.68	1.36	1.62	0.45	1.91	1.46	0.44	0.03	0.32	0.50	1.01	1.89	3.01	4.32	6.28	1.2	4.2	3 921	1.46
K$_2$O	%	2.67	0.51	2.62	1.21	0.19	2.25	2.55	0.31	0.84	1.53	1.85	2.30	3.00	3.78	4.25	5.36	0.7	0.8	3 957	2.66
Na$_2$O	%	2.23	0.71	2.10	1.43	0.32	1.81	2.17	0.53	0.45	0.64	0.88	1.70	2.78	3.57	3.95	4.73	0.1	-0.5	3 990	2.23
SiO$_2$	%	63.80	5.18	63.58	1.09	0.08	62.25	63.85	3.49	39.82	49.12	53.33	60.48	67.46	73.06	78.23	85.92	-0.1	0.4	3 960	63.81
TFe$_2$O$_3$	%	4.33	1.18	4.17	1.34	0.27	3.86	4.23	0.74	0.29	1.58	2.26	3.57	5.04	6.93	8.23	11.63	0.6	1.4	3 949	4.30
SOC	%	0.89	0.41	0.82	1.50	0.46	0.73	0.80	0.19	0.06	0.24	0.38	0.64	1.03	1.91	2.99	4.14	2.4	10.3	3 834	0.83
pH	无量纲						8.00	6.98	1.08	4.37	4.74	4.96	5.67	7.97	8.48	8.71	9.33				

表 2.4.5B　林地深层土壤（150～200 cm）地球化学参数（n=912）

指标	单位	算术平均值 X_a	算术标准差 S_a	几何平均值 X_g	几何标准差 S_g	变异系数 CV	众值 X_{mo}	中位值 X_{me}	中位绝对离差 MAD	最小值 X_{min}	$X_{0.5\%}$	$X_{2.5\%}$	$X_{25\%}$	$X_{75\%}$	$X_{97.5\%}$	$X_{99.5\%}$	最大值 X_{max}	偏度系数 SK	峰度系数 BK	n'	基准值 X_a'
Ag	mg/kg	0.063	0.028	0.059	1.355	0.44	0.047	0.060	0.010	0.025	0.031	0.034	0.049	0.069	0.108	0.194	0.435	6.5	68.9	881	0.059
As	mg/kg	7.9	3.8	7.2	1.6	0.48	8.8	7.7	2.3	1.3	1.9	2.4	5.4	10.0	14.3	19.0	71.3	5.3	81.3	902	7.7
Au	μg/kg	2.0	7.6	1.5	1.6	3.81	1.3	1.5	0.3	0.5	0.7	0.8	1.2	1.9	3.7	11.5	216.0	25.9	714.6	872	1.5
B	mg/kg	38.3	19.9	33.5	1.7	0.52	38.7	37.1	13.0	3.7	6.1	9.1	24.2	50.0	72.5	100.9	293.0	3.0	31.3	902	37.2
Ba	mg/kg	701	324	648	2	0.46	448	581	114	320	365	408	488	803	1610	2038	2831	2.1	5.4	873	655
Be	mg/kg	2.11	0.45	2.07	1.22	0.21	1.89	2.06	0.24	1.09	1.23	1.45	1.83	2.31	3.17	4.18	5.29	1.9	8.0	886	2.07
Bi	mg/kg	0.25	0.10	0.23	1.45	0.39	0.23	0.23	0.05	0.04	0.08	0.10	0.19	0.29	0.45	0.57	1.10	2.3	14.5	894	0.24
Br	mg/kg	3.4	2.3	3.0	1.6	0.66	2.5	3.0	0.8	0.1	0.8	1.2	2.2	3.9	7.8	14.4	36.5	5.9	64.9	855	3.0
TC	%	0.74	0.58	0.57	2.02	0.78	0.32	0.49	0.21	0.08	0.13	0.18	0.33	1.11	1.99	3.07	5.58	2.1	8.6	891	0.69
Cd	mg/kg	0.094	0.047	0.086	1.508	0.50	0.090	0.089	0.021	0.014	0.027	0.038	0.069	0.110	0.191	0.336	0.759	4.9	51.4	883	0.089
Ce	mg/kg	73.1	24.0	70.3	1.3	0.33	67.2	69.4	8.4	21.8	30.4	40.1	62.0	79.3	119.1	169.7	421.0	5.0	56.5	870	70.0
Cl	mg/kg	153	573	85	2	3.76	58	70	20	33	35	40	55	108	498	3965	10110	12.5	174.2	779	73
Co	mg/kg	12.9	4.5	12.2	1.4	0.35	11.8	12.5	2.6	2.8	4.1	5.6	9.9	15.1	22.9	30.9	39.5	1.2	3.7	891	12.5
Cr	mg/kg	63.1	25.6	59.0	1.4	0.41	65.9	61.4	11.5	9.8	17.9	24.8	49.7	72.6	119.0	163.0	347.1	3.4	26.9	882	60.0
Cu	mg/kg	22.3	10.3	20.5	1.5	0.46	20.3	21.0	4.9	4.3	6.0	9.2	16.3	26.1	43.5	67.1	158.7	4.3	41.8	884	21.1
F	mg/kg	525	175	502	1	0.33	471	503	73	133	218	298	429	575	982	1278	2087	2.9	17.6	870	499
Ga	mg/kg	17.2	2.6	17.0	1.2	0.15	18.4	17.5	1.6	10.6	11.1	12.1	15.5	19.0	22.1	23.1	28.0	-0.1	0.0	910	17.2
Ge	mg/kg	1.34	0.19	1.33	1.15	0.14	1.20	1.31	0.11	0.70	0.88	1.01	1.20	1.46	1.72	1.80	2.00	0.2	-0.1	909	1.34
Hg	mg/kg	0.020	0.039	0.017	1.614	1.90	0.014	0.016	0.004	0.004	0.006	0.007	0.013	0.021	0.045	0.114	0.897	17.2	345.0	865	0.017
I	mg/kg	2.08	1.01	1.89	1.53	0.49	1.84	1.88	0.52	0.51	0.67	0.87	1.42	2.45	4.38	6.60	11.70	2.6	14.3	887	1.97
La	mg/kg	37.8	13.2	36.3	1.3	0.35	32.0	35.5	4.0	12.0	15.8	21.0	31.9	40.3	67.4	85.2	236.7	5.6	65.8	861	35.8
Li	mg/kg	30.7	10.1	29.0	1.4	0.33	26.5	29.9	6.3	7.8	9.5	14.0	23.7	36.2	50.0	68.3	91.6	1.0	3.8	897	30.0
Mn	mg/kg	630	272	591	1	0.43	540	578	103	184	245	318	481	693	1245	1894	3594	3.8	26.7	878	593
Mo	mg/kg	0.64	0.31	0.59	1.43	0.49	0.52	0.58	0.11	0.20	0.25	0.32	0.48	0.70	1.45	2.18	4.75	4.8	43.1	854	0.58
N	%	0.045	0.020	0.042	1.475	0.44	0.040	0.040	0.010	0.016	0.019	0.023	0.031	0.052	0.100	0.120	0.170	1.6	3.4	883	0.043
Nb	mg/kg	14.6	3.6	14.2	1.2	0.25	13.7	14.0	1.2	6.0	7.9	9.3	12.9	15.4	24.0	31.1	48.1	2.9	16.0	839	13.9
Ni	mg/kg	28.3	10.9	26.5	1.4	0.39	24.2	27.2	5.4	5.4	7.8	11.8	21.8	32.5	52.9	83.2	118.9	2.2	10.9	884	27.0

指标	单位	算术平均值 X_a	算术标准差 S_a	几何平均值 X_g	几何标准差 S_g	变异系数 CV	众值 X_{mo}	中位值 X_{me}	中位绝对离差 MAD	最小值 X_{min}	累积频率							最大值 X_{max}	偏度系数 SK	峰度系数 BK	n'	基准值 X_a'
											$X_{0.5\%}$	$X_{2.5\%}$	$X_{25\%}$	$X_{75\%}$	$X_{97.5\%}$	$X_{99.5\%}$					
P	mg/kg	495	267	451	2	0.54	333	474	129	133	155	204	335	598	995	1 807	4 059	5.5	58.2	884	464
Pb	mg/kg	24.0	9.2	22.9	1.3	0.38	22.2	22.5	3.5	9.0	12.9	14.5	19.2	26.2	40.7	81.5	130.5	5.2	44.7	884	22.8
Rb	mg/kg	101.3	19.1	99.6	1.2	0.19	94.3	98.5	11.1	38.6	53.5	72.2	88.5	111.0	143.7	170.9	184.2	0.9	2.0	891	100.3
S	mg/kg	132	61	124	1	0.46	144	121	23	58	67	73	100	149	238	404	1 011	6.3	71.0	884	125
Sb	mg/kg	0.72	0.27	0.67	1.46	0.37	0.56	0.69	0.18	0.23	0.26	0.30	0.53	0.88	1.23	1.67	2.29	0.9	2.3	899	0.70
Sc	mg/kg	10.4	2.7	10.0	1.3	0.27	9.8	10.4	1.7	2.6	3.8	4.9	8.6	12.0	15.9	18.5	22.1	0.2	0.7	906	10.3
Se	mg/kg	0.12	0.05	0.11	1.44	0.40	0.09	0.11	0.03	0.04	0.04	0.05	0.09	0.14	0.23	0.30	0.45	1.9	6.5	881	0.11
Sn	mg/kg	2.6	0.9	2.5	1.3	0.34	2.4	2.5	0.4	0.7	1.2	1.5	2.2	3.0	3.9	4.7	22.0	11.5	243.1	901	2.6
Sr	mg/kg	225	105	207	2	0.47	201	200	47	61	82	100	160	259	502	705	879	2.1	6.8	858	206
Th	mg/kg	12.1	5.0	11.4	1.4	0.41	12.1	11.2	1.9	3.2	4.4	5.8	9.4	13.1	26.7	33.6	52.1	2.6	11.4	840	11.0
Ti	mg/kg	3 751	709	3 681	1	0.19	3 861	3 765	350	1 196	1 621	2 227	3 407	4 109	5 096	6 224	8 305	0.5	4.7	887	3 736
Tl	mg/kg	0.63	0.12	0.62	1.21	0.20	0.60	0.61	0.07	0.26	0.38	0.43	0.55	0.69	0.88	1.08	1.44	1.2	4.2	892	0.62
U	mg/kg	2.13	0.58	2.06	1.32	0.27	2.08	2.10	0.30	0.57	0.82	1.09	1.78	2.38	3.51	4.22	5.32	0.9	2.8	890	2.09
V	mg/kg	78.3	19.5	75.6	1.3	0.25	75.9	78.8	11.6	19.8	25.7	34.8	66.9	90.2	117.5	140.6	151.8	0.1	1.0	899	77.8
W	mg/kg	1.52	0.52	1.43	1.41	0.34	1.79	1.55	0.26	0.32	0.39	0.63	1.21	1.78	2.29	3.01	8.79	3.6	46.1	901	1.49
Y	mg/kg	23.3	4.2	22.9	1.2	0.18	24.0	23.5	2.2	9.4	10.8	14.0	21.1	25.6	31.0	36.5	49.5	0.2	3.0	890	23.3
Zn	mg/kg	61.8	17.8	59.6	1.3	0.29	63.5	60.4	8.7	16.4	23.0	35.2	51.6	68.8	99.0	143.0	231.5	2.6	16.5	879	60.0
Zr	mg/kg	257	69	250	1	0.27	249	248	30	110	141	162	221	281	410	492	1 063	4.1	38.5	885	250
Al_2O_3	%	13.87	1.56	13.78	1.12	0.11	14.58	14.16	0.88	9.47	10.14	10.67	13.02	14.87	16.65	17.45	19.00	-0.4	-0.1	911	13.86
CaO	%	2.80	2.17	2.14	2.07	0.78	1.47	1.83	0.83	0.28	0.50	0.65	1.21	4.18	7.54	10.88	14.77	1.4	2.3	900	2.69
MgO	%	1.50	0.58	1.39	1.50	0.39	1.21	1.47	0.36	0.28	0.41	0.56	1.10	1.82	2.72	3.71	5.66	1.1	4.4	896	1.47
K_2O	%	2.60	0.46	2.56	1.19	0.18	2.20	2.50	0.31	1.19	1.62	1.93	2.25	2.89	3.62	3.86	4.17	0.6	0.2	908	2.59
Na_2O	%	2.18	0.65	2.08	1.37	0.30	2.05	2.13	0.45	0.42	0.83	1.04	1.72	2.63	3.54	3.83	4.60	0.3	-0.2	910	2.18
SiO_2	%	63.55	4.43	63.39	1.07	0.07	63.37	63.76	2.59	43.46	48.09	54.18	61.12	66.25	71.35	75.82	81.96	-0.4	1.6	893	63.65
TFe_2O_3	%	4.46	1.09	4.32	1.30	0.24	4.37	4.42	0.72	1.22	1.65	2.31	3.70	5.12	6.72	7.74	8.67	0.3	0.6	902	4.43
SOC	%	0.37	0.24	0.31	1.82	0.65	0.29	0.31	0.11	0.03	0.06	0.09	0.21	0.45	1.00	1.32	1.84	2.0	5.7	838	0.31
pH	无量纲						7.50	7.63	0.75	4.61	5.15	5.55	6.65	8.31	8.83	8.98	9.40				

表2.4.6A 草地表层土壤（0~20 cm）地球化学参数（n=1 204）

指标	单位	算术平均值 X_a	算术标准差 S_a	几何平均值 X_g	几何标准差 S_g	变异系数 CV	众值 X_{mo}	中位值 X_{me}	中位绝对离差 MAD	最小值 X_{min}	$X_{0.5\%}$	$X_{2.5\%}$	$X_{25\%}$	$X_{75\%}$	$X_{97.5\%}$	$X_{99.5\%}$	最大值 X_{max}	偏度系数 SK	峰度系数 BK	n'	背景值 X_a'
Ag	mg/kg	0.081	0.093	0.073	1.462	1.14	0.062	0.071	0.013	0.008	0.032	0.039	0.059	0.085	0.166	0.372	2.894	24.1	714.6	1 142	0.072
As	mg/kg	8.9	6.1	8.0	1.6	0.68	9.6	8.5	2.5	1.5	2.2	3.0	6.1	11.1	16.0	24.0	162.3	14.5	339.0	1 190	8.6
Au	μg/kg	2.2	4.9	1.7	1.7	2.24	1.4	1.6	0.4	0.4	0.6	0.8	1.3	2.0	6.1	19.9	95.7	15.3	262.2	1 138	1.7
B	mg/kg	44.9	20.5	39.9	1.7	0.46	55.9	45.5	13.8	4.5	6.8	12.0	29.4	57.3	84.9	127.4	171.8	0.9	3.1	1 186	43.8
Ba	mg/kg	629	351	582	1	0.56	483	518	74	217	331	377	466	666	1 417	1 939	6 288	7.8	110.4	1 027	527
Be	mg/kg	2.16	0.50	2.11	1.22	0.23	2.03	2.10	0.24	0.84	1.20	1.44	1.88	2.36	3.08	3.69	11.51	6.2	102.6	1 181	2.13
Bi	mg/kg	0.32	0.26	0.29	1.49	0.82	0.31	0.30	0.07	0.04	0.11	0.13	0.23	0.37	0.56	1.14	7.32	17.8	435.2	1 182	0.30
Br	mg/kg	5.4	7.9	4.2	1.8	1.45	3.0	3.8	1.1	0.6	1.4	1.8	2.9	5.3	21.7	59.7	139.5	8.8	106.5	1 097	3.9
TC	%	1.37	0.78	1.18	1.72	0.57	0.68	1.19	0.48	0.23	0.35	0.46	0.77	1.78	3.18	4.40	7.11	1.6	5.2	1 174	1.30
Cd	mg/kg	0.149	0.077	0.138	1.462	0.52	0.120	0.140	0.033	0.032	0.051	0.067	0.108	0.175	0.286	0.418	1.884	10.2	213.8	1 173	0.142
Ce	mg/kg	74.4	24.7	71.6	1.3	0.33	67.8	70.4	7.8	18.5	30.8	41.5	63.5	78.8	136.9	206.7	373.0	4.0	30.9	1 129	70.4
Cl	mg/kg	457	2 050	113	3	4.49	64	82	20	39	42	48	66	119	4 577	16 260	26 958	8.5	83.8	1 017	83
Co	mg/kg	13.7	4.3	13.0	1.4	0.32	13.9	13.4	2.6	1.9	4.4	6.2	10.9	16.1	22.7	28.3	36.1	0.7	1.7	1 188	13.5
Cr	mg/kg	69.9	32.2	64.8	1.5	0.46	68.9	68.6	10.7	10.7	17.2	27.9	55.4	77.3	141.2	245.3	456.0	4.5	39.1	1 151	65.2
Cu	mg/kg	27.6	12.2	25.4	1.5	0.44	24.5	25.6	6.0	4.1	8.0	10.4	20.4	32.4	55.9	83.8	126.4	2.4	11.7	1 163	26.1
F	mg/kg	604	197	577	1	0.33	535	574	94	191	249	315	487	682	1 066	1 468	1 914	1.8	6.7	1 168	584
Ga	mg/kg	17.3	2.3	17.1	1.2	0.13	16.9	17.4	1.6	9.6	11.4	12.5	15.8	18.9	21.6	24.1	25.1	-0.1	0.3	1 194	17.3
Ge	mg/kg	1.38	0.19	1.36	1.15	0.14	1.20	1.36	0.13	0.82	0.95	1.05	1.23	1.49	1.82	1.93	2.10	0.5	0.3	1 199	1.37
Hg	mg/kg	0.044	0.147	0.031	1.816	3.35	0.023	0.029	0.009	0.007	0.009	0.013	0.022	0.041	0.121	0.346	4.579	26.1	772.9	1 106	0.030
I	mg/kg	2.31	1.05	2.11	1.53	0.46	1.51	2.12	0.56	0.44	0.66	0.90	1.62	2.77	4.83	6.20	11.68	2.0	9.5	1 171	2.21
La	mg/kg	38.8	13.8	37.1	1.3	0.36	35.2	36.2	3.9	10.8	16.5	21.9	32.7	40.6	72.0	121.1	204.0	4.4	33.1	1 122	36.2
Li	mg/kg	34.0	11.5	32.1	1.4	0.34	39.0	33.8	6.6	6.6	11.7	15.0	26.3	40.0	60.0	80.8	96.1	1.0	3.3	1 180	33.1
Mn	mg/kg	611	169	589	1	0.28	593	594	88	163	219	322	510	688	1 025	1 222	1 560	1.1	3.2	1 176	598
Mo	mg/kg	0.69	0.52	0.65	1.38	0.74	0.59	0.62	0.10	0.28	0.33	0.39	0.54	0.75	1.33	2.14	15.52	20.7	569.5	1 139	0.64
N	%	0.098	0.035	0.093	1.407	0.35	0.066	0.093	0.019	0.024	0.032	0.046	0.076	0.115	0.176	0.250	0.358	1.6	6.2	1 178	0.095
Nb	mg/kg	14.6	3.3	14.3	1.2	0.23	13.7	14.2	1.1	6.0	8.2	9.8	13.2	15.4	22.9	33.5	48.6	3.4	22.3	1 132	14.1
Ni	mg/kg	31.4	16.0	28.8	1.5	0.51	31.2	30.4	5.8	4.6	8.4	11.6	23.9	35.3	66.5	117.5	263.9	5.2	53.6	1 156	29.1

指标	单位	算术平均值 X_a	算术标准差 S_a	几何平均值 X_g	几何标准差 S_g	变异系数 CV	众值 X_{mo}	中位值 X_{me}	中位绝对离差 MAD	最小值 X_{min}	$X_{0.5\%}$	$X_{2.5\%}$	$X_{25\%}$	$X_{75\%}$	$X_{97.5\%}$	$X_{99.5\%}$	最大值 X_{max}	偏度系数 SK	峰度系数 BK	n'	背景值 X'_a
P	mg/kg	761	256	720	1	0.34	690	727	155	186	252	334	598	910	1 333	1 644	2 855	1.1	4.7	1 193	751
Pb	mg/kg	28.5	22.6	26.4	1.4	0.79	24.4	25.4	3.9	9.6	14.2	16.7	21.9	29.9	53.1	100.2	510.2	14.8	270.0	1 135	25.7
Rb	mg/kg	105.5	23.5	103.1	1.2	0.22	92.3	100.3	11.5	41.1	57.0	69.9	91.3	116.4	160.1	204.2	232.0	1.3	3.5	1 175	103.7
S	mg/kg	268	444	215	2	1.66	196	198	39	44	98	116	165	247	922	2 516	11 207	15.2	323.7	1 099	199
Sb	mg/kg	0.80	1.32	0.72	1.44	1.66	0.82	0.75	0.18	0.22	0.29	0.34	0.57	0.92	1.24	1.81	45.37	32.2	1 088.3	1 187	0.74
Sc	mg/kg	11.3	3.3	10.8	1.4	0.29	12.1	11.4	2.0	1.4	3.3	5.2	9.2	13.2	18.3	20.4	26.2	0.2	0.5	1 198	11.3
Se	mg/kg	0.20	0.09	0.19	1.38	0.43	0.17	0.18	0.03	0.06	0.08	0.11	0.15	0.22	0.39	0.68	1.42	4.9	48.4	1 141	0.19
Sn	mg/kg	2.9	0.9	2.8	1.3	0.29	3.0	2.9	0.4	0.6	1.4	1.7	2.4	3.3	4.5	6.5	13.8	3.7	37.8	1 187	2.9
Sr	mg/kg	204	103	185	2	0.50	134	184	50	55	73	91	134	234	470	699	999	2.4	10.0	1 141	187
Th	mg/kg	13.4	6.8	12.3	1.5	0.51	11.7	11.9	2.0	2.5	4.9	6.3	10.0	14.1	33.3	49.0	73.8	3.4	16.6	1 086	11.6
Ti	mg/kg	3 921	739	3 850	1	0.19	3 816	3 907	373	1 016	1 837	2 448	3 535	4 280	5 539	6 468	8 911	0.8	5.3	1 176	3 895
Tl	mg/kg	0.67	0.16	0.65	1.25	0.24	0.66	0.64	0.07	0.28	0.34	0.43	0.57	0.73	1.08	1.36	1.61	1.7	5.4	1 165	0.65
U	mg/kg	2.32	0.74	2.22	1.33	0.32	2.11	2.23	0.29	0.70	0.86	1.22	1.94	2.53	4.35	5.96	7.49	2.4	10.7	1 150	2.21
V	mg/kg	81.3	20.2	78.6	1.3	0.25	63.0	82.1	11.2	14.7	29.1	41.4	69.0	92.5	126.9	144.5	173.3	0.2	1.1	1 190	80.7
W	mg/kg	1.61	0.58	1.53	1.40	0.36	1.84	1.66	0.26	0.42	0.51	0.69	1.31	1.87	2.51	3.91	9.27	4.3	49.0	1 188	1.58
Y	mg/kg	23.6	4.4	23.1	1.2	0.19	24.0	23.8	2.1	7.5	10.8	14.7	21.6	25.7	31.4	36.5	73.5	1.2	16.3	1 177	23.6
Zn	mg/kg	71.4	32.3	68.5	1.3	0.45	71.6	70.2	9.9	16.2	31.9	37.5	60.0	79.6	109.8	152.8	994.6	19.7	558.3	1 178	69.4
Zr	mg/kg	260	65	253	1	0.25	269	251	30	106	131	167	223	283	416	566	885	2.4	13.4	1 160	252
Al_2O_3	%	13.76	1.21	13.70	1.10	0.09	14.09	13.87	0.77	8.41	9.99	11.14	13.06	14.58	15.96	16.59	17.69	-0.5	0.7	1 191	13.79
CaO	%	3.15	2.15	2.49	2.02	0.68	1.00	2.40	1.25	0.42	0.56	0.70	1.45	4.77	7.78	10.23	14.36	1.1	1.4	1 185	3.04
MgO	%	1.71	0.73	1.56	1.57	0.43	1.61	1.67	0.41	0.16	0.42	0.55	1.25	2.07	3.26	4.78	8.26	1.4	7.3	1 184	1.66
K_2O	%	2.67	0.45	2.64	1.18	0.17	2.36	2.59	0.29	1.14	1.72	1.93	2.35	2.96	3.65	4.01	4.92	0.6	0.6	1 191	2.66
Na_2O	%	1.99	0.72	1.86	1.47	0.36	1.63	1.87	0.50	0.33	0.61	0.82	1.46	2.51	3.48	3.90	4.66	0.5	-0.3	1 203	1.99
SiO_2	%	61.62	5.41	61.39	1.09	0.09	59.32	61.41	3.39	38.92	45.70	51.84	58.11	64.87	72.56	76.71	81.08	0.1	0.7	1 191	61.64
TFe_2O_3	%	4.80	1.13	4.65	1.29	0.24	4.88	4.84	0.72	1.04	2.04	2.55	4.08	5.50	6.98	7.93	9.00	0.0	0.2	1 196	4.79
SOC	%	0.93	0.41	0.86	1.50	0.43	0.65	0.86	0.22	0.14	0.30	0.39	0.66	1.11	1.83	3.01	3.69	1.9	7.5	1 174	0.89
pH	无量纲						8.06	7.62	0.53	4.58	4.69	5.03	6.25	8.03	8.43	8.70	8.90				

245

表2.4.6B 草地深层土壤（150~200 cm）地球化学参数（n=301）

指标	单位	算术平均值 X_a	算术标准差 S_a	几何平均值 X_g	几何标准差 S_g	变异系数 CV	众值 X_{mo}	中位值 X_{me}	中位绝对离差 MAD	最小值 X_{min}	累积频率 $X_{0.5\%}$	$X_{2.5\%}$	$X_{25\%}$	$X_{75\%}$	$X_{97.5\%}$	$X_{99.5\%}$	最大值 X_{max}	偏度系数 SK	峰度系数 BK	基准值 n'	X_a'
Ag	mg/kg	0.068	0.054	0.062	1.410	0.80	0.060	0.062	0.011	0.024	0.032	0.037	0.050	0.071	0.132	0.248	0.876	11.6	165.3	285	0.061
As	mg/kg	8.5	3.3	7.8	1.5	0.39	10.5	8.4	2.2	1.9	2.8	3.0	6.0	10.5	15.7	18.4	22.3	0.6	0.9	297	8.3
Au	μg/kg	1.8	1.3	1.6	1.5	0.71	1.9	1.6	0.3	0.7	0.8	0.8	1.3	1.9	4.0	6.1	19.7	9.9	134.5	284	1.6
B	mg/kg	42.1	19.6	37.1	1.7	0.46	57.9	41.8	14.8	6.8	7.0	12.7	25.1	55.3	85.4	98.3	104.2	0.4	0.0	299	41.7
Ba	mg/kg	654	294	607	1	0.45	504	533	78	266	351	393	475	705	1453	1712	1871	2.0	3.6	255	545
Be	mg/kg	2.12	0.41	2.09	1.20	0.19	1.92	2.09	0.24	1.18	1.28	1.41	1.85	2.33	2.94	3.75	4.39	1.2	4.6	296	2.09
Bi	mg/kg	0.26	0.11	0.24	1.48	0.43	0.25	0.25	0.06	0.07	0.07	0.12	0.19	0.32	0.47	0.59	1.28	3.1	23.3	298	0.26
Br	mg/kg	4.2	2.6	3.6	1.7	0.63	2.7	3.6	1.1	0.7	1.0	1.4	2.6	4.8	11.9	16.5	17.8	2.3	6.8	276	3.6
TC	%	0.82	0.62	0.62	2.12	0.76	0.29	0.56	0.30	0.11	0.15	0.18	0.34	1.24	2.28	2.81	3.80	1.2	1.5	298	0.80
Cd	mg/kg	0.096	0.042	0.089	1.508	0.44	0.120	0.094	0.024	0.020	0.030	0.041	0.069	0.116	0.180	0.242	0.457	2.6	17.4	294	0.093
Ce	mg/kg	72.3	21.1	70.0	1.3	0.29	64.9	69.3	7.8	33.5	36.8	42.7	63.2	78.7	121.7	151.6	289.9	4.4	38.8	291	69.7
Cl	mg/kg	285	752	103	3	2.64	53	69	19	34	38	41	53	128	2879	4302	5320	4.6	22.1	235	69
Co	mg/kg	13.5	4.4	12.8	1.4	0.33	14.8	13.2	2.5	3.5	4.9	5.9	10.8	15.7	21.9	29.2	43.4	1.4	7.2	296	13.2
Cr	mg/kg	67.8	27.6	63.2	1.4	0.41	73.5	67.3	10.7	20.2	23.1	29.0	54.2	75.5	129.6	207.6	244.9	2.5	12.3	287	63.5
Cu	mg/kg	23.9	8.7	22.3	1.5	0.36	21.8	23.4	5.5	5.2	8.4	9.6	17.9	28.9	42.9	48.6	58.4	0.6	0.6	300	23.8
F	mg/kg	550	154	530	1	0.28	549	531	80	216	251	298	461	625	901	1125	1155	0.9	1.5	297	543
Ga	mg/kg	17.5	2.4	17.3	1.2	0.14	17.6	17.6	1.5	11.8	11.9	12.8	15.9	19.1	21.6	22.6	25.1	-0.1	-0.1	300	17.4
Ge	mg/kg	1.38	0.21	1.37	1.17	0.15	1.30	1.39	0.16	0.85	0.89	0.99	1.22	1.52	1.80	1.83	1.95	0.1	-0.4	301	1.38
Hg	mg/kg	0.020	0.015	0.018	1.629	0.72	0.013	0.018	0.005	0.004	0.006	0.008	0.013	0.023	0.041	0.098	0.165	5.4	43.5	294	0.019
I	mg/kg	2.19	1.08	1.97	1.58	0.49	1.78	1.91	0.54	0.62	0.70	0.80	1.47	2.78	4.50	5.64	9.30	1.8	6.8	297	2.13
La	mg/kg	37.8	12.5	36.4	1.3	0.33	33.1	35.8	4.0	17.1	18.8	22.1	32.6	40.6	66.7	95.7	163.3	4.7	38.4	290	36.0
Li	mg/kg	33.3	10.7	31.6	1.4	0.32	36.9	33.1	6.2	9.0	11.7	15.1	26.6	39.0	52.7	75.0	84.9	1.0	3.3	296	32.6
Mn	mg/kg	630	231	596	1	0.37	598	604	99	187	250	287	499	697	1283	1455	2218	2.3	10.0	287	593
Mo	mg/kg	0.65	0.47	0.60	1.43	0.73	0.48	0.59	0.11	0.20	0.25	0.35	0.49	0.71	1.20	2.42	7.45	10.7	145.0	291	0.60
N	%	0.050	0.023	0.046	1.512	0.46	0.040	0.042	0.012	0.019	0.023	0.024	0.033	0.060	0.110	0.121	0.150	1.4	1.9	295	0.049
Nb	mg/kg	14.2	2.6	14.0	1.2	0.19	13.2	14.2	1.1	6.8	8.0	9.3	13.0	15.3	20.1	24.9	25.7	0.8	3.1	294	14.1
Ni	mg/kg	29.9	12.4	28.1	1.4	0.42	31.4	29.3	5.6	10.5	12.0	13.2	23.0	34.1	52.4	85.2	151.4	4.0	32.2	294	28.7

指标	单位	算术平均值 X_a	算术标准差 S_a	几何平均值 X_g	几何标准差 S_g	变异系数 CV	众值 X_{mo}	中位值 X_{me}	中位绝对离差 MAD	最小值 X_{min}	$X_{0.5\%}$	$X_{2.5\%}$	$X_{25\%}$	$X_{75\%}$	$X_{97.5\%}$	$X_{99.5\%}$	最大值 X_{max}	偏度系数 SK	峰度系数 BK	n'	基准值 X_a'
P	mg/kg	502	183	468	2	0.36	289	502	108	142	165	198	369	601	919	1 081	1 217	0.6	1.1	294	489
Pb	mg/kg	24.3	9.3	23.3	1.3	0.38	18.9	22.9	3.1	12.5	13.2	15.0	20.1	26.4	39.5	62.1	123.0	5.9	53.0	291	23.2
Rb	mg/kg	105.4	23.6	103.1	1.2	0.22	88.3	101.2	12.1	51.4	56.0	71.2	90.5	116.2	157.7	201.6	218.2	1.5	4.6	293	103.1
S	mg/kg	141	57	132	1	0.41	137	131	29	48	71	75	103	161	271	346	615	3.0	17.9	291	134
Sb	mg/kg	0.75	0.30	0.71	1.42	0.40	0.85	0.76	0.18	0.22	0.25	0.37	0.55	0.91	1.20	1.39	4.05	4.5	48.2	299	0.74
Sc	mg/kg	11.0	3.0	10.6	1.4	0.27	11.1	11.1	2.0	2.9	3.8	5.1	9.1	13.1	17.1	18.0	18.5	-0.1	-0.1	301	11.0
Se	mg/kg	0.12	0.05	0.12	1.41	0.38	0.09	0.11	0.02	0.05	0.05	0.07	0.09	0.15	0.24	0.30	0.35	1.4	2.7	290	0.12
Sn	mg/kg	2.6	0.6	2.6	1.3	0.24	2.5	2.6	0.4	1.1	1.2	1.5	2.2	3.1	4.0	4.4	4.6	0.3	0.2	299	2.6
Sr	mg/kg	216	111	195	2	0.52	202	193	52	78	87	94	142	245	505	552	1 035	2.4	10.5	281	194
Th	mg/kg	13.0	5.9	12.0	1.4	0.46	11.8	11.8	2.0	5.1	5.5	6.2	9.8	13.9	27.3	43.2	45.9	2.7	10.2	277	11.6
Ti	mg/kg	3 852	779	3 772	1	0.20	3 806	3 852	371	1 436	1 790	2 329	3 531	4 246	5 074	6 999	8 155	0.8	5.7	293	3 822
Tl	mg/kg	0.65	0.15	0.64	1.24	0.24	0.66	0.63	0.07	0.29	0.35	0.43	0.57	0.71	1.06	1.28	1.44	1.9	6.2	287	0.63
U	mg/kg	2.19	0.64	2.11	1.32	0.29	2.21	2.15	0.29	0.77	0.99	1.10	1.86	2.44	3.64	4.93	5.39	1.5	5.4	291	2.12
V	mg/kg	81.5	21.6	78.6	1.3	0.27	90.0	82.4	11.4	24.5	31.5	38.8	70.5	93.0	119.8	165.0	185.0	0.6	3.0	296	80.2
W	mg/kg	1.60	0.72	1.50	1.44	0.45	1.65	1.63	0.27	0.39	0.43	0.68	1.25	1.84	2.81	4.73	10.06	6.0	64.2	291	1.52
Y	mg/kg	23.4	4.1	23.0	1.2	0.18	24.3	23.8	2.2	10.7	11.7	14.6	21.2	25.8	30.7	34.0	40.4	-0.2	1.2	297	23.5
Zn	mg/kg	63.6	16.3	61.6	1.3	0.26	56.3	62.5	8.3	20.1	27.6	31.6	54.5	71.3	95.9	127.2	157.0	1.1	4.9	296	62.8
Zr	mg/kg	246	46	242	1	0.19	239	240	26	120	133	162	216	270	349	396	420	0.6	1.5	296	243
Al_2O_3	%	14.08	1.37	14.01	1.11	0.10	13.57	14.29	0.81	10.50	10.56	11.05	13.33	14.98	16.59	17.05	18.29	-0.4	0.3	300	14.06
CaO	%	2.92	2.07	2.30	2.01	0.71	1.24	2.10	0.99	0.54	0.59	0.74	1.30	4.52	6.93	8.73	11.14	1.1	0.6	299	2.87
MgO	%	1.62	0.65	1.49	1.51	0.40	1.59	1.57	0.37	0.47	0.50	0.63	1.21	1.94	2.98	3.55	5.56	1.2	4.3	294	1.57
K_2O	%	2.62	0.45	2.59	1.19	0.17	2.31	2.55	0.30	1.29	1.57	1.88	2.29	2.91	3.51	3.86	4.01	0.4	0.2	298	2.62
Na_2O	%	2.05	0.67	1.93	1.42	0.33	1.68	1.99	0.47	0.49	0.67	0.93	1.56	2.50	3.39	3.59	4.06	0.3	-0.3	301	2.05
SiO_2	%	62.62	4.77	62.44	1.08	0.08	61.37	62.59	3.17	46.65	51.35	53.91	59.31	65.59	71.76	74.34	77.17	0.0	0.2	299	62.63
TFe_2O_3	%	4.75	1.19	4.59	1.31	0.25	4.58	4.75	0.69	1.38	1.93	2.53	3.99	5.43	6.93	8.10	10.33	0.3	1.7	298	4.71
SOC	%	0.41	0.25	0.35	1.77	0.62	0.22	0.33	0.12	0.05	0.11	0.13	0.23	0.51	1.06	1.26	1.40	1.5	2.1	285	0.37
pH	无量纲						8.06	7.93	0.49	5.29	5.53	5.87	7.02	8.28	8.67	8.91	8.96				

表2.4.7A 水域表层土壤（0～20 cm）地球化学参数（n=1 308）

指标	单位	算术平均值 X_a	算术标准差 S_a	几何平均值 X_g	几何标准差 S_g	变异系数 CV	众值 X_{mo}	中位值 X_{me}	中位绝对离差 MAD	最小值 X_{min}	累积频率 $X_{0.5\%}$	$X_{2.5\%}$	$X_{25\%}$	$X_{75\%}$	$X_{97.5\%}$	$X_{99.5\%}$	最大值 X_{max}	偏度系数 SK	峰度系数 BK	背景值 n'	X_a'
Ag	mg/kg	0.071	0.029	0.067	1.343	0.41	0.059	0.066	0.011	0.022	0.032	0.040	0.057	0.078	0.126	0.193	0.533	6.9	91.1	1 259	0.067
As	mg/kg	8.9	3.7	8.1	1.6	0.42	10.4	8.6	2.5	0.9	2.4	3.1	6.1	11.0	17.6	20.3	22.8	0.7	0.6	1 285	8.7
Au	μg/kg	1.8	2.7	1.6	1.6	1.49	1.3	1.5	0.3	0.4	0.6	0.7	1.2	1.9	3.9	15.1	70.9	16.4	350.7	1 240	1.5
B	mg/kg	43.0	15.5	39.7	1.6	0.36	58.0	44.2	9.8	1.4	8.7	13.5	32.7	53.0	70.0	94.8	126.9	0.3	1.4	1 295	42.5
Ba	mg/kg	645	306	606	1	0.47	468	544	76	306	392	430	485	685	1 374	2 059	5 095	5.7	62.3	1 164	566
Be	mg/kg	1.97	0.35	1.94	1.18	0.18	1.82	1.91	0.18	0.93	1.26	1.44	1.75	2.13	2.74	3.41	4.69	1.6	7.5	1 279	1.94
Bi	mg/kg	0.28	0.13	0.26	1.44	0.47	0.20	0.26	0.06	0.06	0.10	0.13	0.21	0.32	0.52	0.89	2.09	5.2	52.1	1 280	0.27
Br	mg/kg	6.8	10.9	4.5	2.1	1.59	2.9	3.8	1.1	0.7	1.3	1.7	2.9	5.4	40.7	73.5	112.4	4.8	27.6	1 104	3.7
TC	%	1.34	0.71	1.16	1.71	0.53	0.90	1.24	0.50	0.18	0.32	0.42	0.75	1.76	3.07	3.93	7.57	1.4	5.1	1 281	1.29
Cd	mg/kg	0.138	0.068	0.129	1.433	0.49	0.120	0.129	0.028	0.040	0.059	0.067	0.102	0.160	0.276	0.410	1.615	8.9	174.3	1 245	0.129
Ce	mg/kg	69.8	25.8	67.5	1.3	0.37	66.4	67.5	6.7	22.6	35.2	42.5	60.8	74.2	113.5	169.2	656.3	11.7	228.9	1 247	66.8
Cl	mg/kg	995	3 103	187	4	3.12	66	112	46	37	43	51	77	244	11 010	21 420	27 747	4.8	25.7	973	104
Co	mg/kg	12.3	3.6	11.8	1.3	0.30	11.9	11.7	2.0	3.8	5.8	6.7	9.9	14.1	21.2	24.3	29.9	1.0	1.5	1 291	12.2
Cr	mg/kg	63.7	17.7	61.3	1.3	0.28	65.6	63.6	8.4	13.5	25.1	31.8	54.3	71.2	97.5	134.3	235.2	1.7	11.7	1 285	62.5
Cu	mg/kg	24.2	10.6	22.5	1.4	0.44	17.8	21.9	4.5	5.6	9.3	11.5	18.0	27.5	48.4	71.0	144.1	3.0	19.5	1 248	22.6
F	mg/kg	538	151	520	1	0.28	549	524	82	212	256	313	440	604	888	1 086	2 040	1.8	10.3	1 275	525
Ga	mg/kg	15.8	2.5	15.6	1.2	0.16	13.5	15.6	1.8	7.9	11.0	11.8	13.9	17.5	21.0	22.8	24.0	0.4	-0.2	1 304	15.8
Ge	mg/kg	1.29	0.16	1.28	1.13	0.12	1.30	1.30	0.10	0.69	0.97	1.01	1.20	1.39	1.61	1.87	2.07	0.7	1.9	1 288	1.29
Hg	mg/kg	0.041	0.103	0.031	1.784	2.54	0.030	0.029	0.008	0.004	0.009	0.012	0.022	0.039	0.110	0.367	3.210	24.3	710.3	1 207	0.030
I	mg/kg	1.91	0.81	1.77	1.47	0.42	1.71	1.78	0.43	0.46	0.59	0.81	1.39	2.28	3.71	4.93	9.51	2.5	14.9	1 274	1.83
La	mg/kg	36.1	17.0	34.8	1.3	0.47	34.3	34.3	3.0	12.7	18.6	22.6	31.6	37.7	59.2	93.3	502.2	17.6	449.1	1 238	34.2
Li	mg/kg	31.2	9.9	29.7	1.4	0.32	34.0	30.4	5.8	9.2	12.8	15.1	24.6	36.2	53.3	60.0	106.7	1.1	4.0	1 298	30.9
Mn	mg/kg	597	171	577	1	0.29	543	564	79	177	289	368	493	659	976	1 308	2 069	2.2	11.1	1 278	582
Mo	mg/kg	0.61	0.23	0.58	1.34	0.38	0.54	0.57	0.10	0.21	0.27	0.34	0.49	0.68	1.06	1.63	4.51	6.0	79.6	1 267	0.58
N	%	0.087	0.034	0.081	1.485	0.39	0.066	0.085	0.018	0.017	0.023	0.031	0.067	0.101	0.163	0.248	0.297	1.5	5.4	1 277	0.084
Nb	mg/kg	13.5	2.3	13.3	1.2	0.17	13.8	13.4	0.9	5.9	8.4	9.6	12.5	14.2	17.4	25.5	38.6	3.3	26.4	1 258	13.3
Ni	mg/kg	27.9	8.8	26.6	1.4	0.32	28.0	27.2	5.1	5.8	10.7	13.2	22.2	32.6	45.9	59.0	108.1	1.3	6.9	1 292	27.5

248

指标	单位	算术平均值 X_a	算术标准差 S_a	几何平均值 X_g	几何标准差 S_g	变异系数 CV	众值 X_{mo}	中位值 X_{me}	中位绝对离差 MAD	最小值 X_{min}	$X_{0.5\%}$	$X_{2.5\%}$	累积频率 $X_{25\%}$	$X_{75\%}$	$X_{97.5\%}$	$X_{99.5\%}$	最大值 X_{max}	偏度系数 SK	峰度系数 BK	n'	背景值 X'_a
P	mg/kg	816	290	774	1	0.36	635	776	162	194	330	387	635	966	1388	1788	4667	3.2	30.1	1283	794
Pb	mg/kg	24.3	7.6	23.5	1.3	0.31	23.6	23.2	3.1	10.8	13.2	15.2	20.3	26.6	39.8	59.6	134.4	4.8	48.8	1265	23.4
Rb	mg/kg	97.3	17.1	96.0	1.2	0.18	90.4	94.0	7.9	32.8	57.9	73.3	87.1	103.9	140.3	164.8	240.7	1.6	6.9	1257	95.7
S	mg/kg	321	477	238	2	1.49	196	204	54	67	93	111	163	285	1461	3298	6439	6.9	61.4	1131	206
Sb	mg/kg	0.76	0.28	0.71	1.46	0.37	0.88	0.74	0.20	0.16	0.29	0.34	0.53	0.94	1.37	1.60	2.36	0.8	1.2	1299	0.76
Sc	mg/kg	10.4	2.7	10.0	1.3	0.26	9.6	10.2	1.5	2.3	4.7	5.5	8.6	11.7	16.5	18.0	21.1	0.5	0.5	1300	10.3
Se	mg/kg	0.17	0.06	0.16	1.35	0.32	0.17	0.16	0.03	0.05	0.07	0.09	0.13	0.20	0.31	0.39	0.58	1.6	5.1	1273	0.17
Sn	mg/kg	2.8	0.9	2.7	1.3	0.30	2.3	2.7	0.4	1.0	1.3	1.6	2.3	3.2	4.7	5.6	15.8	3.8	43.9	1277	2.8
Sr	mg/kg	229	89	217	1	0.39	205	208	24	67	92	122	190	243	476	643	1229	3.4	21.1	1216	211
Th	mg/kg	11.4	4.2	10.9	1.4	0.37	10.9	10.8	1.6	2.8	5.0	6.3	9.3	12.5	21.4	33.9	51.1	3.5	21.0	1250	10.8
Ti	mg/kg	3656	542	3615	1	0.15	3750	3679	219	1184	2075	2528	3429	3878	4786	5649	7239	0.5	5.2	1265	3647
Tl	mg/kg	0.60	0.12	0.59	1.21	0.21	0.58	0.59	0.06	0.25	0.36	0.42	0.53	0.65	0.91	1.09	1.68	2.1	10.7	1262	0.59
U	mg/kg	2.22	0.55	2.16	1.27	0.25	2.26	2.20	0.28	0.61	0.96	1.32	1.91	2.47	3.29	4.61	8.75	2.2	18.5	1280	2.18
V	mg/kg	76.3	17.8	74.2	1.3	0.23	81.6	75.1	10.0	25.6	36.6	44.9	65.4	85.5	113.3	135.7	177.4	0.7	2.1	1291	75.5
W	mg/kg	1.52	0.48	1.46	1.35	0.31	1.68	1.54	0.24	0.31	0.50	0.72	1.25	1.75	2.27	3.29	8.40	3.8	45.3	1295	1.50
Y	mg/kg	22.6	3.4	22.3	1.2	0.15	23.4	22.9	1.7	6.8	12.1	15.1	21.0	24.4	28.4	31.7	49.4	0.1	6.2	1273	22.6
Zn	mg/kg	64.5	17.2	62.4	1.3	0.27	53.9	63.1	9.9	17.5	30.7	37.2	53.0	72.9	101.0	122.8	208.9	1.2	4.8	1297	63.9
Zr	mg/kg	253	69	245	1	0.27	268	248	36	94	126	143	214	284	383	454	1449	4.5	68.8	1290	249
Al_2O_3	%	12.92	1.35	12.85	1.11	0.11	12.72	12.76	0.97	6.59	10.18	10.68	11.91	13.94	15.56	16.27	18.22	0.2	0.1	1301	12.91
CaO	%	3.73	2.42	2.95	2.05	0.65	1.49	3.00	1.88	0.52	0.68	0.88	1.53	5.67	8.43	9.34	26.41	1.0	4.7	1305	3.70
MgO	%	1.65	0.62	1.53	1.50	0.37	1.29	1.67	0.47	0.35	0.51	0.64	1.16	2.06	2.91	3.25	4.67	0.3	-0.2	1305	1.65
K_2O	%	2.52	0.38	2.49	1.16	0.15	2.31	2.43	0.19	0.99	1.67	1.97	2.27	2.70	3.45	3.90	4.29	1.0	2.5	1265	2.49
Na_2O	%	2.08	0.63	1.98	1.39	0.31	1.78	2.00	0.42	0.56	0.76	0.88	1.68	2.53	3.31	3.76	5.67	0.3	0.4	1304	2.07
SiO_2	%	62.55	5.76	62.27	1.10	0.09	62.45	62.60	3.63	28.50	46.26	49.08	59.25	66.52	72.20	74.81	78.72	-0.5	1.0	1304	62.61
TFe_2O_3	%	4.35	1.05	4.23	1.27	0.24	4.21	4.21	0.62	1.31	2.10	2.61	3.65	4.91	6.69	7.30	8.60	0.6	0.4	1303	4.34
SOC	%	0.78	0.35	0.71	1.57	0.45	0.73	0.73	0.18	0.08	0.16	0.27	0.57	0.93	1.62	2.29	3.14	1.7	6.2	1267	0.74
pH	无量纲						8.08	7.87	0.44	4.70	4.89	5.15	6.69	8.18	8.61	8.80	9.17				

表2.4.7B 水域深层土壤（150~200 cm）地球化学参数（n=331）

指标	单位	算术平均值 X_a	算术标准差 S_a	几何平均值 X_g	几何标准差 S_g	变异系数 CV	众值 X_{mo}	中位值 X_{me}	中位绝对离差 MAD	最小值 X_{min}	$X_{0.5\%}$	$X_{2.5\%}$	$X_{25\%}$	$X_{75\%}$	$X_{97.5\%}$	$X_{99.5\%}$	最大值 X_{max}	偏度系数 SK	峰度系数 BK	n'	基准值 X_a'
Ag	mg/kg	0.062	0.019	0.060	1.323	0.30	0.056	0.059	0.010	0.021	0.026	0.035	0.050	0.070	0.100	0.146	0.184	1.9	8.2	325	0.061
As	mg/kg	10.0	5.8	9.0	1.6	0.58	9.6	9.2	2.1	2.2	2.9	3.7	7.1	11.3	20.7	31.0	68.3	5.2	44.3	321	9.4
Au	μg/kg	1.7	0.7	1.6	1.4	0.44	1.4	1.6	0.3	0.4	0.7	0.9	1.3	1.9	3.3	4.8	9.0	4.2	31.8	319	1.6
B	mg/kg	44.5	14.8	41.5	1.5	0.33	43.0	45.9	8.6	6.8	10.9	15.5	35.4	53.8	70.8	89.3	99.3	0.1	0.7	328	44.0
Ba	mg/kg	615	258	582	1	0.42	548	531	75	368	415	427	469	669	1450	1593	2839	3.7	20.6	304	555
Be	mg/kg	2.03	0.37	2.00	1.19	0.18	1.86	1.97	0.20	1.00	1.32	1.42	1.82	2.22	2.92	3.19	4.20	1.1	4.0	324	2.01
Bi	mg/kg	0.26	0.09	0.25	1.39	0.33	0.22	0.24	0.04	0.05	0.08	0.13	0.20	0.31	0.49	0.54	0.56	1.0	1.1	325	0.25
Br	mg/kg	4.5	5.7	3.4	1.9	1.28	2.1	3.1	0.8	0.5	1.0	1.3	2.4	4.2	19.0	31.4	68.2	6.4	55.7	298	3.1
TC	%	0.98	0.62	0.76	2.15	0.63	0.27	1.06	0.52	0.14	0.14	0.19	0.37	1.40	2.32	2.53	2.75	0.5	-0.6	331	0.98
Cd	mg/kg	0.102	0.044	0.094	1.487	0.43	0.110	0.092	0.022	0.030	0.034	0.044	0.073	0.120	0.222	0.247	0.357	1.7	4.5	315	0.096
Ce	mg/kg	72.1	19.0	70.2	1.3	0.26	69.5	68.7	6.7	32.0	45.3	48.4	62.4	76.5	127.8	174.2	187.1	2.8	11.3	308	68.3
Cl	mg/kg	598	1925	146	4	3.22	43	100	47	33	35	42	63	196	7064	12949	17876	5.6	35.7	267	99
Co	mg/kg	13.2	4.2	12.6	1.3	0.32	10.6	12.3	2.3	5.6	6.2	7.2	10.4	15.3	23.3	28.2	42.7	1.8	7.7	322	12.8
Cr	mg/kg	66.9	28.2	63.9	1.3	0.42	62.8	63.9	7.7	27.3	27.7	34.4	57.4	73.2	103.8	145.4	430.1	8.1	94.5	325	64.4
Cu	mg/kg	23.2	7.9	22.0	1.4	0.34	18.2	21.7	4.6	6.8	9.1	11.9	18.0	27.9	39.4	49.9	80.1	1.7	7.9	327	22.8
F	mg/kg	547	149	529	1	0.27	533	530	77	205	277	317	456	615	913	1078	1564	1.7	7.7	322	532
Ga	mg/kg	16.3	2.8	16.0	1.2	0.17	18.5	16.4	2.1	6.4	10.7	11.3	14.0	18.4	21.3	22.3	22.9	-0.1	-0.4	330	16.3
Ge	mg/kg	1.32	0.18	1.31	1.15	0.14	1.20	1.30	0.10	0.74	0.90	1.01	1.20	1.44	1.67	1.87	1.94	0.3	0.4	326	1.32
Hg	mg/kg	0.027	0.089	0.018	1.706	3.34	0.015	0.017	0.004	0.004	0.005	0.009	0.014	0.022	0.048	0.137	1.300	12.8	169.7	315	0.018
I	mg/kg	1.95	0.90	1.77	1.53	0.47	1.24	1.82	0.48	0.43	0.62	0.79	1.31	2.26	4.36	5.54	6.34	1.7	4.1	313	1.79
La	mg/kg	36.6	9.5	35.7	1.2	0.26	34.2	34.7	3.1	16.5	22.6	25.3	32.0	38.1	67.2	87.5	98.1	2.9	12.1	308	34.6
Li	mg/kg	33.4	9.3	32.1	1.3	0.28	26.5	32.4	5.9	11.9	13.3	17.6	26.8	38.9	54.8	58.8	75.5	0.7	1.1	329	33.2
Mn	mg/kg	664	282	625	1	0.42	621	594	110	291	328	391	499	735	1472	2063	2646	3.1	14.0	314	615
Mo	mg/kg	0.60	0.22	0.57	1.39	0.36	0.49	0.56	0.10	0.20	0.25	0.30	0.47	0.69	1.14	1.35	1.94	1.7	5.7	322	0.58
N	%	0.041	0.018	0.038	1.437	0.44	0.040	0.037	0.008	0.016	0.017	0.021	0.029	0.047	0.081	0.110	0.188	2.9	16.2	319	0.038
Nb	mg/kg	13.8	2.2	13.7	1.2	0.16	13.1	13.5	0.8	7.2	9.2	10.4	12.8	14.5	19.4	22.1	28.6	2.2	11.8	317	13.6
Ni	mg/kg	30.1	15.0	28.4	1.4	0.50	22.6	27.8	5.1	12.6	12.8	15.4	23.6	34.2	47.8	85.3	233.8	8.4	106.3	324	28.7

指标	单位	算术平均值 X_a	算术标准差 S_a	几何平均值 X_g	几何标准差 S_g	变异系数 CV	众值 X_{mo}	中位值 X_{me}	中位绝对离差 MAD	最小值 X_{min}	累积频率 $X_{0.5\%}$	累积频率 $X_{2.5\%}$	累积频率 $X_{25\%}$	累积频率 $X_{75\%}$	累积频率 $X_{97.5\%}$	累积频率 $X_{99.5\%}$	最大值 X_{max}	偏度系数 SK	峰度系数 BK	n'	基准值 X_a'
P	mg/kg	549	292	508	2	0.53	621	575	82	202	215	231	404	621	954	1 544	4 549	8.2	107.3	323	521
Pb	mg/kg	22.5	10.0	21.6	1.3	0.44	18.2	21.0	3.3	9.7	11.4	14.6	18.2	24.7	36.1	47.7	164.5	9.6	128.8	320	21.5
Rb	mg/kg	98.4	16.1	97.1	1.2	0.16	94.2	96.3	9.9	41.6	58.2	73.3	87.2	107.2	136.8	147.0	152.6	0.5	0.9	323	97.9
S	mg/kg	163	102	144	2	0.63	152	137	35	58	63	73	104	174	476	709	768	3.0	11.7	307	139
Sb	mg/kg	0.96	2.00	0.81	1.50	2.08	0.75	0.82	0.17	0.28	0.33	0.38	0.66	1.00	1.59	2.05	36.83	17.5	315.0	323	0.83
Sc	mg/kg	11.0	2.7	10.7	1.3	0.24	10.4	10.6	1.6	3.1	5.4	6.0	9.3	12.5	17.1	17.8	24.0	0.7	1.8	328	11.0
Se	mg/kg	0.11	0.04	0.10	1.41	0.41	0.09	0.10	0.02	0.04	0.04	0.05	0.08	0.12	0.20	0.31	0.48	3.1	18.2	321	0.10
Sn	mg/kg	2.6	0.6	2.5	1.2	0.21	2.5	2.5	0.4	1.2	1.4	1.6	2.2	3.0	3.7	4.1	4.9	0.4	0.5	329	2.6
Sr	mg/kg	215	81	204	1	0.38	196	199	19	68	83	110	185	219	444	573	828	3.1	14.9	308	198
Th	mg/kg	11.5	3.4	11.1	1.3	0.30	11.4	11.1	1.7	2.3	5.0	7.0	9.5	12.8	20.0	26.2	37.4	2.3	12.0	320	11.2
Ti	mg/kg	3 790	619	3 743	1	0.16	3 685	3 760	245	1 203	2 296	2 801	3 515	4 006	4 950	5 707	9 265	2.2	19.7	322	3 762
Tl	mg/kg	0.62	0.11	0.61	1.18	0.17	0.59	0.60	0.07	0.31	0.41	0.45	0.54	0.67	0.84	0.99	1.08	0.9	2.2	324	0.61
U	mg/kg	2.21	0.44	2.16	1.23	0.20	2.00	2.21	0.26	1.05	1.11	1.34	1.94	2.47	3.09	3.77	4.27	0.6	2.8	327	2.19
V	mg/kg	81.2	18.8	79.1	1.3	0.23	79.9	79.6	11.8	29.8	38.6	49.5	69.0	92.8	115.7	134.0	196.0	0.9	3.7	328	80.5
W	mg/kg	1.64	0.45	1.58	1.32	0.28	1.58	1.63	0.21	0.44	0.57	0.83	1.42	1.85	2.37	3.49	4.75	1.6	9.8	323	1.61
Y	mg/kg	23.4	2.9	23.2	1.1	0.12	23.3	23.4	1.6	12.2	15.2	17.2	21.9	25.0	30.2	32.0	32.7	-0.2	1.5	322	23.4
Zn	mg/kg	63.4	25.8	60.5	1.3	0.41	48.3	60.9	8.9	20.0	30.9	35.9	52.4	71.0	98.2	166.9	412.2	8.0	102.2	327	61.4
Zr	mg/kg	242	55	236	1	0.23	207	240	33	101	123	136	207	273	370	397	475	0.4	1.0	329	241
Al$_2$O$_3$	%	13.19	1.72	13.07	1.14	0.13	11.63	13.30	1.38	6.29	9.92	10.37	11.68	14.46	16.40	17.08	18.05	-0.1	-0.2	330	13.21
CaO	%	4.06	2.46	3.22	2.08	0.61	2.30	4.27	2.20	0.58	0.69	0.86	1.63	5.86	9.16	9.84	10.25	0.3	-1.0	331	4.06
MgO	%	1.68	0.51	1.59	1.40	0.30	1.80	1.70	0.32	0.39	0.60	0.68	1.33	1.95	2.87	3.05	3.27	0.2	0.3	329	1.67
K$_2$O	%	2.46	0.36	2.43	1.15	0.14	2.16	2.39	0.21	1.35	1.71	1.94	2.20	2.64	3.37	3.59	3.88	0.9	1.9	321	2.43
Na$_2$O	%	1.92	0.54	1.84	1.37	0.28	1.80	1.91	0.30	0.54	0.63	0.85	1.59	2.19	3.05	3.33	3.57	0.2	0.2	330	1.92
SiO$_2$	%	61.62	4.90	61.41	1.09	0.08	64.35	62.09	2.63	46.09	46.61	48.61	59.27	64.58	70.04	71.21	74.41	-0.7	1.0	325	61.89
TFe$_2$O$_3$	%	4.61	1.14	4.47	1.27	0.25	4.05	4.37	0.69	1.98	2.50	2.86	3.78	5.29	6.92	7.62	10.10	0.8	1.4	329	4.58
SOC	%	0.30	0.20	0.26	1.73	0.65	0.22	0.26	0.08	0.03	0.07	0.09	0.19	0.35	0.79	1.10	1.91	3.0	16.4	308	0.26
pH	无量纲						8.53	8.31	0.33	5.24	6.09	6.42	7.72	8.55	8.88	8.99	9.14				

表 2.4.8A 滩涂表层土壤（0～20 cm）地球化学参数（n=477）

指标	单位	算术平均值 X_a	算术标准差 S_a	几何平均值 X_g	几何标准差 S_g	变异系数 CV	众值 X_{mo}	中位值 X_{me}	中位绝对离差 MAD	最小值 X_{min}	累积频率 $X_{0.5\%}$	$X_{2.5\%}$	$X_{25\%}$	$X_{75\%}$	$X_{97.5\%}$	$X_{99.5\%}$	最大值 X_{max}	偏度系数 SK	峰度系数 BK	背景值 n'	X_a'
Ag	mg/kg	0.065	0.034	0.060	1.407	0.53	0.059	0.060	0.011	0.022	0.027	0.031	0.050	0.071	0.117	0.271	0.563	8.1	104.4	462	0.061
As	mg/kg	8.7	3.2	8.1	1.5	0.37	9.6	8.6	2.3	2.1	2.3	3.1	6.2	10.8	16.1	19.1	19.7	0.5	0.3	470	8.6
Au	µg/kg	1.6	0.9	1.5	1.5	0.55	1.6	1.5	0.4	0.4	0.5	0.6	1.1	1.9	3.5	5.5	13.0	5.5	59.5	457	1.5
B	mg/kg	46.7	17.3	42.1	1.7	0.37	50.9	50.3	10.2	3.5	5.3	10.6	36.5	58.6	75.7	87.0	104.6	-0.4	-0.1	476	46.6
Ba	mg/kg	617	273	575	1	0.44	474	502	59	266	372	400	457	655	1 331	1 668	2 508	2.3	7.1	358	487
Be	mg/kg	1.81	0.40	1.77	1.23	0.22	1.89	1.78	0.19	0.72	0.77	1.23	1.60	1.97	2.70	3.77	4.35	1.8	8.4	455	1.78
Bi	mg/kg	0.23	0.10	0.21	1.55	0.45	0.22	0.22	0.06	0.05	0.06	0.08	0.16	0.28	0.45	0.75	0.96	1.9	8.5	465	0.22
Br	mg/kg	24.6	26.8	13.0	3.4	1.09	4.0	13.2	10.0	0.6	1.0	1.5	4.5	35.4	100.6	128.2	153.5	1.6	2.7	462	21.7
TC	%	1.22	0.57	1.07	1.76	0.47	1.25	1.25	0.38	0.15	0.19	0.26	0.79	1.56	2.27	3.84	3.89	0.7	2.1	472	1.19
Cd	mg/kg	0.109	0.042	0.102	1.481	0.39	0.120	0.106	0.024	0.021	0.028	0.044	0.080	0.130	0.203	0.308	0.353	1.3	4.2	468	0.106
Ce	mg/kg	66.1	13.5	64.4	1.3	0.20	64.1	66.6	5.8	12.6	20.5	32.2	60.2	71.7	95.6	119.0	124.6	0.0	3.7	448	66.2
Cl	mg/kg	6 762	7 788	2 006	7	1.15	72	3 671	3 543	49	53	66	257	10 845	26 299	32 689	33 809	1.2	0.6	474	6 595
Co	mg/kg	10.6	3.6	10.0	1.4	0.34	10.8	10.6	2.0	1.5	2.0	3.8	8.4	12.3	17.9	24.9	32.5	1.3	6.0	468	10.3
Cr	mg/kg	60.7	29.0	56.8	1.5	0.48	62.4	62.1	6.3	10.2	12.8	17.7	54.1	67.4	95.5	138.5	562.0	11.0	187.6	437	60.4
Cu	mg/kg	18.6	8.2	16.9	1.6	0.44	17.5	17.8	4.4	2.5	3.1	6.3	14.0	22.5	35.3	52.4	86.3	1.9	11.0	468	18.0
F	mg/kg	462	128	443	1	0.28	490	474	91	124	168	212	362	552	687	884	950	0.0	0.2	474	459
Ga	mg/kg	13.9	2.3	13.7	1.2	0.17	13.7	14.0	1.5	6.5	8.1	10.1	12.3	15.4	18.4	21.7	24.0	0.4	0.9	469	13.9
Ge	mg/kg	1.24	0.16	1.23	1.13	0.13	1.20	1.20	0.10	0.81	0.83	1.00	1.17	1.30	1.55	1.73	2.98	3.0	30.6	466	1.24
Hg	mg/kg	0.028	0.030	0.021	1.882	1.09	0.014	0.019	0.006	0.005	0.006	0.008	0.014	0.030	0.098	0.157	0.436	6.8	76.9	434	0.021
I	mg/kg	2.22	2.05	1.80	1.78	0.93	1.52	1.70	0.54	0.54	0.57	0.73	1.24	2.38	9.17	13.70	23.50	4.7	32.4	444	1.78
La	mg/kg	34.2	7.0	33.4	1.3	0.20	34.7	34.5	3.0	7.0	9.6	18.8	31.3	37.3	48.2	59.9	70.3	0.3	4.4	453	34.3
Li	mg/kg	28.0	10.2	26.0	1.5	0.36	29.4	27.6	6.8	6.0	6.5	9.3	21.0	34.7	48.8	60.0	64.7	0.4	0.5	471	27.6
Mn	mg/kg	552	175	528	1.41	0.32	533	524	73	126	152	263	458	612	936	1 465	1 751	2.2	11.4	455	531
Mo	mg/kg	0.61	0.34	0.57	1.41	0.55	0.58	0.58	0.11	0.20	0.23	0.28	0.47	0.70	1.10	1.56	6.62	11.9	205.5	461	0.58
N	%	0.048	0.028	0.042	1.666	0.59	0.027	0.037	0.013	0.016	0.018	0.020	0.028	0.063	0.109	0.179	0.220	1.9	5.8	469	0.046
Nb	mg/kg	13.4	3.8	13.1	1.2	0.28	13.3	13.3	0.9	5.3	6.1	8.0	12.1	14.1	19.9	31.1	69.0	7.4	100.7	452	13.0
Ni	mg/kg	24.5	13.2	22.4	1.5	0.54	25.2	24.7	5.2	2.8	4.2	7.3	18.2	28.9	43.3	55.1	233.0	8.8	131.6	469	23.5

指标	单位	算术平均值 X_a	算术标准差 S_a	几何平均值 X_g	几何标准差 S_g	变异系数 CV	众值 X_{mo}	中位值 X_{me}	中位绝对离差 MAD	最小值 X_{min}	累积频率 $X_{0.5\%}$	$X_{2.5\%}$	$X_{25\%}$	$X_{75\%}$	$X_{97.5\%}$	$X_{99.5\%}$	最大值 X_{max}	偏度系数 SK	峰度系数 BK	n'	背景值 X_a'
P	mg/kg	629	192	600	1	0.31	629	624	69	139	144	272	549	687	1 148	1 524	1 759	1.3	5.7	454	608
Pb	mg/kg	21.1	9.8	20.1	1.3	0.47	17.8	19.5	2.9	11.7	11.9	13.7	17.0	23.1	35.5	55.0	150.2	9.3	116.2	455	19.8
Rb	mg/kg	89.9	15.1	88.7	1.2	0.17	96.7	88.7	9.2	37.8	59.0	68.7	79.9	98.4	119.9	151.5	207.4	1.5	8.6	470	89.1
S	mg/kg	1 099	2 630	497	3	2.39	233	374	223	38	62	94	204	1 100	4 732	18 276	41 827	10.4	140.0	355	349
Sb	mg/kg	0.76	0.30	0.70	1.53	0.39	0.90	0.77	0.21	0.20	0.21	0.29	0.50	0.95	1.43	1.84	2.01	0.6	0.8	473	0.75
Sc	mg/kg	9.1	2.6	8.7	1.4	0.29	10.0	9.4	1.6	1.4	1.9	3.1	7.3	10.8	14.0	17.2	18.7	-0.2	0.7	473	9.1
Se	mg/kg	0.13	0.07	0.12	1.49	0.54	0.09	0.12	0.03	0.04	0.05	0.06	0.09	0.15	0.31	0.64	0.74	4.0	24.2	456	0.12
Sn	mg/kg	2.5	1.1	2.4	1.4	0.43	2.4	2.5	0.4	0.7	0.7	1.2	2.0	2.9	3.8	7.8	19.7	9.0	134.5	471	2.5
Sr	mg/kg	233	73	225	1	0.31	194	213	19	91	128	156	197	244	417	570	956	4.0	26.1	442	218
Th	mg/kg	10.0	4.9	9.4	1.4	0.49	11.6	10.0	1.7	2.4	2.6	4.4	8.0	11.6	15.2	23.5	96.9	12.2	217.4	471	9.7
Ti	mg/kg	3 393	654	3 310	1	0.19	3 670	3 530	270	921	949	1 603	3 166	3 742	4 359	5 014	5 869	-1.1	2.8	454	3 465
Tl	mg/kg	0.55	0.10	0.55	1.20	0.18	0.54	0.54	0.07	0.28	0.31	0.39	0.48	0.61	0.77	0.91	1.18	1.0	3.4	471	0.55
U	mg/kg	2.10	0.50	2.03	1.32	0.24	2.20	2.16	0.25	0.51	0.55	0.96	1.86	2.37	2.84	3.90	5.42	0.2	5.0	468	2.10
V	mg/kg	66.9	18.0	64.1	1.4	0.27	66.4	68.1	9.1	13.3	17.5	26.0	57.4	76.3	97.0	140.0	171.3	0.4	3.9	469	66.6
W	mg/kg	1.44	0.61	1.36	1.42	0.43	1.63	1.51	0.20	0.30	0.40	0.52	1.20	1.67	1.99	2.45	9.95	7.8	101.4	475	1.41
Y	mg/kg	22.5	4.3	22.0	1.3	0.19	23.8	23.1	2.0	4.3	5.9	10.8	20.7	24.8	29.7	33.0	37.8	-1.0	2.8	457	23.0
Zn	mg/kg	54.7	18.0	51.5	1.4	0.33	61.7	54.5	11.2	10.8	11.6	22.5	42.8	65.2	92.0	120.5	139.5	0.5	1.5	471	53.9
Zr	mg/kg	272	94	256	1	0.35	268	260	58	71	87	125	205	325	469	637	686	0.9	1.6	471	267
Al_2O_3	%	11.80	1.47	11.70	1.14	0.13	11.77	11.82	0.90	6.44	7.46	8.94	10.94	12.73	14.49	15.95	16.84	-0.1	0.6	472	11.81
CaO	%	4.52	2.25	3.74	2.00	0.50	6.51	5.18	1.59	0.38	0.54	0.87	2.08	6.22	8.25	9.30	9.68	-0.3	-1.1	477	4.52
MgO	%	1.72	0.70	1.53	1.72	0.41	1.85	1.77	0.50	0.05	0.21	0.40	1.27	2.25	2.87	3.30	5.21	0.1	0.7	475	1.71
K_2O	%	2.48	0.44	2.45	1.17	0.18	2.16	2.35	0.18	1.31	1.88	2.03	2.19	2.61	3.77	4.08	4.52	1.7	3.2	430	2.37
Na_2O	%	2.61	0.67	2.53	1.30	0.26	2.49	2.53	0.37	0.79	1.21	1.41	2.23	2.96	4.08	4.96	5.27	0.6	1.1	471	2.58
SiO_2	%	63.05	6.70	62.69	1.11	0.11	64.14	62.53	4.51	45.80	47.88	50.30	58.69	67.73	75.51	83.65	83.96	0.2	0.0	473	62.87
TFe_2O_3	%	3.73	0.99	3.57	1.36	0.27	3.51	3.76	0.57	0.70	0.87	1.58	3.13	4.28	5.87	6.79	7.23	0.0	0.9	471	3.73
SOC	%	0.44	0.32	0.35	1.99	0.74	0.34	0.34	0.15	0.04	0.07	0.09	0.22	0.57	1.15	2.01	2.72	2.2	8.6	464	0.40
pH	无量纲						8.48	8.44	0.25	3.80	4.86	5.51	8.04	8.63	8.86	8.93	8.96				

表2.4.8B 滩涂深层土壤（150~200 cm）地球化学参数（n=145）

指标	单位	算术平均值 Xa	算术标准差 Sa	几何平均值 Xg	几何标准差 Sg	变异系数 CV	众值 Xmo	中位值 Xme	中位绝对离差 MAD	最小值 Xmin	累积频率 X0.5%	X2.5%	X25%	X75%	X97.5%	X99.5%	最大值 Xmax	偏度系数 SK	峰度系数 BK	基准值 n'	基准值 Xa'
Ag	mg/kg	0.057	0.017	0.055	1.315	0.29	0.043	0.054	0.010	0.030	0.031	0.033	0.045	0.066	0.089	0.121	0.131	1.4	3.4	142	0.056
As	mg/kg	9.0	3.2	8.3	1.5	0.36	8.1	8.8	2.2	2.1	2.2	3.5	6.7	11.2	15.5	18.1	18.7	0.4	0.3	144	8.9
Au	μg/kg	1.5	0.6	1.4	1.5	0.40	1.2	1.4	0.3	0.5	0.6	0.6	1.1	1.8	2.8	4.1	4.1	1.4	3.1	143	1.5
B	mg/kg	43.8	15.8	39.5	1.7	0.36	46.0	47.8	8.1	3.8	5.8	10.2	35.0	54.1	65.3	76.9	78.0	-0.7	-0.1	145	43.8
Ba	mg/kg	600	260	562	1	0.43	434	485	47	386	408	409	449	593	1376	1535	1623	2.0	3.6	111	477
Be	mg/kg	1.80	0.34	1.76	1.22	0.19	1.60	1.81	0.21	0.81	0.85	1.15	1.60	2.02	2.43	2.63	2.72	0.0	0.3	145	1.80
Bi	mg/kg	0.21	0.09	0.19	1.63	0.44	0.19	0.21	0.07	0.03	0.06	0.07	0.14	0.27	0.43	0.47	0.49	0.5	0.1	145	0.21
Br	mg/kg	15.9	17.3	9.4	3.0	1.09	2.9	11.3	7.8	0.6	1.1	1.4	4.1	21.3	65.0	93.6	95.8	2.3	6.6	134	11.9
TC	%	1.03	0.54	0.85	1.99	0.53	1.27	1.12	0.41	0.17	0.17	0.20	0.49	1.42	2.07	2.30	2.39	0.1	-0.8	145	1.03
Cd	mg/kg	0.093	0.039	0.085	1.583	0.42	0.090	0.090	0.022	0.018	0.021	0.032	0.068	0.112	0.180	0.200	0.210	0.6	0.3	144	0.092
Ce	mg/kg	65.0	17.0	63.1	1.3	0.26	69.2	64.8	5.5	23.9	26.1	32.2	59.9	71.2	93.9	108.8	191.0	2.7	20.7	138	64.1
Cl	mg/kg	4653	4998	1649	7	1.07	51	4083	3563	42	45	51	216	6426	19714	23615	24528	1.8	4.1	139	3912
Co	mg/kg	10.8	4.1	10.1	1.5	0.38	9.7	10.5	2.2	2.0	2.2	3.9	8.4	12.7	21.4	26.2	26.8	1.2	3.1	138	10.2
Cr	mg/kg	60.7	25.8	56.6	1.5	0.42	59.5	62.2	5.9	11.5	11.9	18.3	56.2	67.8	84.3	92.5	304.7	5.7	55.9	142	59.7
Cu	mg/kg	17.7	7.3	16.1	1.6	0.42	17.5	17.3	5.0	2.5	3.7	5.7	12.4	22.4	31.0	39.9	47.4	0.7	1.2	143	17.3
F	mg/kg	454	133	432	1	0.29	461	457	100	126	148	211	353	542	705	743	747	-0.1	-0.5	145	454
Ga	mg/kg	14.1	2.7	13.9	1.2	0.19	12.9	13.8	1.8	8.5	9.6	10.1	12.2	15.8	19.3	20.3	24.2	0.6	0.5	144	14.1
Ge	mg/kg	1.25	0.14	1.25	1.12	0.11	1.30	1.26	0.06	0.86	0.90	1.01	1.20	1.30	1.51	1.70	1.70	0.3	1.2	142	1.25
Hg	mg/kg	0.028	0.116	0.017	1.913	4.09	0.012	0.017	0.005	0.003	0.005	0.006	0.012	0.020	0.046	0.124	1.400	11.8	141.1	136	0.016
I	mg/kg	2.31	2.45	1.76	1.95	1.06	1.39	1.69	0.70	0.50	0.58	0.69	1.15	2.55	6.58	13.14	21.50	4.6	29.1	129	1.68
La	mg/kg	33.6	8.7	32.6	1.3	0.26	33.2	33.9	2.7	13.1	14.2	17.6	30.5	36.2	46.2	52.9	102.9	3.3	28.3	138	33.4
Li	mg/kg	28.3	10.4	26.0	1.6	0.37	24.1	27.9	7.7	3.3	5.2	10.2	21.0	35.8	48.8	52.8	53.7	0.2	-0.3	145	28.3
Mn	mg/kg	564	236	527	1	0.42	417	529	97	116	170	256	431	626	1207	1394	2091	2.8	13.5	139	528
Mo	mg/kg	0.58	0.21	0.54	1.40	0.36	0.47	0.53	0.11	0.21	0.22	0.30	0.45	0.69	0.98	1.28	1.74	1.7	6.5	143	0.56
N	%	0.034	0.014	0.032	1.433	0.40	0.027	0.030	0.007	0.015	0.016	0.017	0.025	0.040	0.068	0.085	0.090	1.6	3.3	138	0.032
Nb	mg/kg	13.1	3.4	12.8	1.2	0.26	13.2	13.2	1.0	5.8	6.4	7.6	12.2	14.2	16.2	20.2	45.1	5.5	53.5	138	13.1
Ni	mg/kg	26.0	18.8	23.1	1.6	0.72	24.5	24.5	5.5	3.2	6.2	7.0	18.1	30.0	45.0	54.6	224.4	8.3	87.0	143	24.4

指标	单位	算术平均值 X_a	算术标准差 S_a	几何平均值 X_g	几何标准差 S_g	变异系数 CV	众值 X_{mo}	中位值 X_{me}	中位绝对离差 MAD	最小值 X_{min}	$X_{0.5\%}$	$X_{2.5\%}$	$X_{25\%}$	$X_{75\%}$	$X_{97.5\%}$	$X_{99.5\%}$	最大值 X_{max}	偏度系数 SK	峰度系数 BK	n'	基准值 X_a'
P	mg/kg	519	157	487	2	0.30	599	592	55	115	162	194	403	626	699	802	861	-0.8	-0.3	145	519
Pb	mg/kg	19.2	5.2	18.7	1.3	0.27	16.6	18.3	2.5	10.7	11.0	12.4	16.0	21.4	30.3	32.8	54.7	2.6	13.8	142	18.8
Rb	mg/kg	89.4	15.6	88.0	1.2	0.17	75.7	87.8	10.7	36.1	49.7	66.2	77.4	98.8	121.0	124.8	145.9	0.2	1.2	143	89.4
S	mg/kg	383	556	258	2	1.45	208	278	123	61	62	76	138	386	1 354	3 681	4 466	5.2	31.2	136	271
Sb	mg/kg	0.75	0.28	0.70	1.51	0.36	0.74	0.76	0.20	0.14	0.22	0.31	0.53	0.94	1.32	1.39	1.50	0.2	-0.4	145	0.75
Sc	mg/kg	9.3	2.8	8.8	1.4	0.30	10.6	9.2	1.8	1.8	2.2	3.9	7.9	11.1	14.4	14.7	17.5	-0.2	0.3	145	9.3
Se	mg/kg	0.10	0.03	0.10	1.40	0.33	0.09	0.10	0.02	0.03	0.03	0.05	0.08	0.12	0.17	0.21	0.21	0.8	0.9	143	0.10
Sn	mg/kg	2.3	0.6	2.3	1.3	0.27	1.9	2.3	0.4	0.9	1.1	1.2	1.9	2.8	3.6	3.8	3.9	0.2	-0.3	145	2.3
Sr	mg/kg	219	71	210	1	0.33	206	204	15	75	94	127	192	222	431	568	576	2.7	9.9	132	204
Th	mg/kg	9.7	4.2	9.1	1.4	0.44	10.9	10.1	1.5	2.2	3.0	4.1	8.0	11.0	13.7	15.4	49.7	5.8	55.3	144	9.4
Ti	mg/kg	3 348	727	3 243	1	0.22	3 684	3 534	228	968	1 091	1 431	3 206	3 730	4 523	5 031	5 474	-1.0	2.2	138	3 425
Tl	mg/kg	0.56	0.09	0.55	1.20	0.17	0.59	0.56	0.06	0.22	0.30	0.40	0.50	0.61	0.74	0.77	0.83	-0.2	0.9	142	0.56
U	mg/kg	2.00	0.62	1.91	1.38	0.31	2.07	2.09	0.21	0.38	0.74	0.89	1.78	2.27	2.69	2.96	6.96	3.0	27.5	143	1.98
V	mg/kg	66.6	18.9	63.4	1.4	0.28	54.0	67.1	11.5	14.5	18.4	30.8	54.7	77.6	107.3	119.8	123.8	0.0	0.9	144	66.2
W	mg/kg	1.41	0.39	1.34	1.42	0.28	1.44	1.49	0.20	0.37	0.46	0.51	1.21	1.68	1.99	2.04	2.24	-0.8	0.2	145	1.41
Y	mg/kg	22.4	4.5	21.8	1.3	0.20	24.0	23.5	1.7	6.4	7.6	10.7	20.9	24.8	28.0	31.3	36.6	-1.1	2.5	136	23.0
Zn	mg/kg	55.8	24.8	51.2	1.5	0.44	35.8	54.4	12.1	9.8	11.9	21.1	40.3	65.1	101.4	187.1	187.8	2.3	10.2	142	53.4
Zr	mg/kg	253	89	239	1	0.35	209	242	43	88	96	110	204	287	465	605	681	1.6	5.1	139	241
Al$_2$O$_3$	%	11.94	1.80	11.81	1.16	0.15	10.59	11.70	1.15	8.02	9.01	9.21	10.60	13.02	15.90	17.14	17.26	0.6	0.2	145	11.94
CaO	%	4.27	2.14	3.53	2.01	0.50	5.20	5.00	1.46	0.60	0.72	0.80	2.17	5.83	7.70	7.99	9.01	-0.3	-1.1	145	4.27
MgO	%	1.67	0.64	1.51	1.67	0.39	1.94	1.71	0.45	0.11	0.25	0.44	1.25	2.15	2.85	3.10	3.25	0.0	-0.4	145	1.67
K$_2$O	%	2.44	0.38	2.41	1.15	0.16	2.22	2.33	0.18	1.95	2.02	2.06	2.19	2.57	3.37	3.82	4.00	1.8	3.6	134	2.36
Na$_2$O	%	2.38	0.53	2.32	1.26	0.22	2.40	2.34	0.28	0.97	1.03	1.42	2.06	2.63	3.62	4.11	4.11	0.7	2.0	141	2.33
SiO$_2$	%	63.45	6.03	63.17	1.10	0.10	60.13	63.48	3.83	48.12	50.00	52.37	59.40	66.89	74.57	79.09	79.22	0.1	0.0	145	63.45
TFe$_2$O$_3$	%	3.78	1.10	3.61	1.39	0.29	3.62	3.70	0.64	0.90	0.99	1.78	3.12	4.37	6.06	6.38	7.37	0.2	0.7	144	3.76
SOC	%	0.27	0.15	0.23	1.80	0.55	0.26	0.25	0.09	0.02	0.04	0.08	0.16	0.33	0.61	0.72	0.84	1.2	1.8	141	0.25
pH	无量纲						8.59	8.56	0.16	6.10	6.25	7.07	8.34	8.69	8.92	9.20	9.66				

表2.4.9A 其他用地表层土壤（0~20 cm）地球化学参数（n=2 635）

指标	单位	算术平均值 X_a	算术标准差 S_a	几何平均值 X_g	几何标准差 S_g	变异系数 CV	众值 X_{mo}	中位值 X_{me}	中位绝对离差 MAD	最小值 X_{min}	累积频率 $X_{0.5\%}$	$X_{2.5\%}$	$X_{25\%}$	$X_{75\%}$	$X_{97.5\%}$	$X_{99.5\%}$	最大值 X_{max}	偏度系数 SK	峰度系数 BK	背景值 n'	X_a'
Ag	mg/kg	0.069	0.028	0.066	1.340	0.41	0.066	0.066	0.012	0.022	0.030	0.038	0.055	0.078	0.114	0.175	0.729	9.4	174.5	2 574	0.066
As	mg/kg	9.2	3.4	8.5	1.5	0.38	8.9	9.1	2.2	1.3	2.5	3.3	6.9	11.2	16.1	19.1	42.1	1.3	9.1	2 616	9.0
Au	μg/kg	1.7	1.6	1.6	1.5	0.92	1.3	1.5	0.3	0.5	0.6	0.8	1.2	1.9	3.5	8.3	53.7	20.2	570.9	2 536	1.6
B	mg/kg	46.1	15.7	42.6	1.5	0.34	52.0	48.5	8.4	3.0	8.5	13.2	37.2	55.4	74.7	93.3	146.4	0.0	1.6	2 620	45.7
Ba	mg/kg	635	812	578	1	1.28	470	505	52	186	368	418	467	647	1 367	2 381	38 800	39.8	1 855.0	2 052	502
Be	mg/kg	1.94	0.40	1.90	1.20	0.20	1.92	1.88	0.18	0.74	1.15	1.37	1.72	2.08	2.77	3.55	8.32	3.9	42.8	2 554	1.90
Bi	mg/kg	0.27	0.11	0.25	1.42	0.40	0.25	0.26	0.05	0.05	0.10	0.12	0.21	0.32	0.48	0.73	2.17	4.4	53.9	2 589	0.26
Br	mg/kg	13.8	18.3	7.6	2.7	1.33	3.1	5.6	2.6	1.0	1.4	2.0	3.6	13.4	67.9	89.1	113.5	2.3	4.8	1 953	5.1
TC	%	1.39	0.60	1.25	1.62	0.43	1.62	1.41	0.43	0.17	0.30	0.43	0.87	1.77	2.61	3.38	4.93	0.5	0.9	2 614	1.37
Cd	mg/kg	0.133	0.118	0.123	1.441	0.88	0.130	0.124	0.027	0.013	0.046	0.060	0.098	0.153	0.248	0.359	4.710	29.0	1 037.3	2 564	0.126
Ce	mg/kg	68.0	15.9	66.5	1.2	0.23	63.5	66.8	5.9	13.9	27.8	41.6	61.2	72.9	101.8	146.3	299.5	3.4	32.0	2 496	66.7
Cl	mg/kg	3 076	5 886	455	7	1.91	65	198	137	37	45	51	86	2 628	20 620	27 428	39 772	2.4	5.3	1 402	103
Co	mg/kg	11.8	3.5	11.3	1.3	0.29	10.1	11.4	1.8	1.2	3.9	6.0	9.7	13.4	19.5	25.0	46.7	1.5	8.6	2 567	11.5
Cr	mg/kg	64.3	21.9	61.4	1.4	0.34	67.7	64.1	6.9	8.1	18.0	29.1	57.0	70.9	98.8	159.2	537.0	6.8	115.5	2 546	62.8
Cu	mg/kg	22.1	8.2	20.8	1.4	0.37	23.0	21.1	4.0	2.2	6.4	9.6	17.3	25.4	42.1	56.3	121.1	2.3	15.7	2 556	21.2
F	mg/kg	527	149	510	1	0.28	531	527	75	122	210	289	446	598	812	1 042	4 006	5.5	114.7	2 590	519
Ga	mg/kg	15.2	2.5	15.0	1.2	0.16	15.4	14.9	1.6	8.1	10.2	11.1	13.4	16.7	20.6	22.3	24.7	0.6	0.2	2 622	15.1
Ge	mg/kg	1.28	0.15	1.27	1.13	0.12	1.20	1.30	0.10	0.75	0.93	1.00	1.20	1.39	1.61	1.79	1.98	0.5	0.8	2 605	1.28
Hg	mg/kg	0.033	0.037	0.027	1.735	1.15	0.020	0.026	0.009	0.004	0.009	0.011	0.019	0.037	0.086	0.207	0.821	11.6	188.4	2 493	0.027
I	mg/kg	2.07	1.35	1.85	1.56	0.65	1.51	1.82	0.49	0.45	0.66	0.83	1.39	2.41	4.82	7.57	35.90	9.2	181.0	2 513	1.88
La	mg/kg	34.9	8.6	34.1	1.2	0.25	33.8	34.0	2.5	6.7	13.7	22.2	31.6	36.7	53.3	79.0	159.6	4.3	41.1	2 469	34.1
Li	mg/kg	31.2	9.1	29.7	1.4	0.29	32.0	31.1	5.6	5.0	10.5	13.9	25.4	36.5	50.1	60.4	79.4	0.4	1.1	2 604	30.8
Mn	mg/kg	580	155	562	1	0.27	535	558	79	85	271	345	485	645	942	1 185	2 687	2.2	17.6	2 541	564
Mo	mg/kg	0.62	0.29	0.59	1.35	0.46	0.56	0.58	0.09	0.16	0.29	0.35	0.50	0.69	1.13	2.02	8.68	11.4	257.0	2 528	0.59
N	%	0.080	0.034	0.072	1.596	0.42	0.069	0.079	0.022	0.018	0.021	0.025	0.056	0.099	0.149	0.208	0.252	0.7	1.4	2 606	0.078
Nb	mg/kg	13.8	2.7	13.6	1.2	0.20	13.3	13.5	0.8	4.3	7.9	9.7	12.7	14.3	19.7	29.7	52.9	4.3	38.9	2 459	13.5
Ni	mg/kg	27.7	12.7	26.1	1.4	0.46	27.6	27.0	4.6	3.8	7.9	12.0	22.6	31.9	44.6	76.8	355.9	11.6	255.9	2 585	26.8

256

指标	单位	算术平均值 X_a	算术标准差 S_a	几何平均值 X_g	几何标准差 S_g	变异系数 CV	众值 X_{mo}	中位值 X_{me}	中位绝对离差 MAD	最小值 X_{min}	累积频率 $X_{0.5\%}$	$X_{2.5\%}$	$X_{25\%}$	$X_{75\%}$	$X_{97.5\%}$	$X_{99.5\%}$	最大值 X_{max}	偏度系数 SK	峰度系数 BK	n'	背景值 X_a'
P	mg/kg	772	253	732	1	0.33	609	709	142	114	245	370	607	937	1 326	1 553	2 999	1.1	4.0	2 606	761
Pb	mg/kg	23.3	11.1	22.3	1.3	0.48	20.6	22.2	3.4	10.7	12.7	14.3	18.9	25.7	38.6	55.4	350.9	18.9	529.5	2 550	22.3
Rb	mg/kg	94.6	15.5	93.4	1.2	0.16	89.8	92.2	7.4	43.7	59.1	70.7	85.6	100.8	134.7	160.5	204.5	1.5	6.2	2 526	92.9
S	mg/kg	594	1 774	320	2	2.99	218	245	85	44	99	122	184	449	3 112	9 142	49 884	16.2	357.7	2 105	242
Sb	mg/kg	0.80	0.27	0.75	1.43	0.34	0.87	0.82	0.18	0.20	0.29	0.35	0.59	0.97	1.34	1.63	2.69	0.6	1.9	2 611	0.79
Sc	mg/kg	10.1	2.5	9.8	1.3	0.25	9.4	10.1	1.4	1.1	2.9	4.9	8.7	11.5	15.4	17.4	21.8	0.1	1.1	2 601	10.1
Se	mg/kg	0.17	0.06	0.16	1.39	0.36	0.14	0.16	0.03	0.05	0.07	0.08	0.13	0.19	0.33	0.43	0.63	1.9	7.6	2 528	0.16
Sn	mg/kg	2.8	0.8	2.7	1.3	0.27	2.3	2.7	0.4	0.5	1.3	1.6	2.3	3.2	4.4	5.7	10.1	1.7	9.0	2 584	2.7
Sr	mg/kg	218	80	208	1	0.37	199	204	18	39	88	115	189	226	433	628	1 287	4.0	30.1	2 465	203
Th	mg/kg	10.6	4.0	10.1	1.4	0.37	9.9	10.3	1.6	0.4	3.4	4.9	8.7	11.9	19.4	32.8	57.9	3.8	30.6	2 545	10.2
Ti	mg/kg	3 657	586	3 608	1	0.16	3 791	3 681	214	782	1 591	2 428	3 435	3 868	4 726	5 857	9 565	1.1	14.1	2 526	3 664
Tl	mg/kg	0.59	0.11	0.58	1.19	0.18	0.58	0.58	0.06	0.29	0.34	0.42	0.52	0.64	0.84	1.02	1.32	1.2	4.3	2 565	0.58
U	mg/kg	2.21	0.51	2.15	1.26	0.23	2.29	2.22	0.25	0.50	0.92	1.23	1.95	2.45	3.08	4.20	9.45	2.3	24.8	2 570	2.19
V	mg/kg	74.0	16.2	72.1	1.3	0.22	79.0	73.9	8.9	10.3	27.2	41.4	65.1	82.8	105.9	126.8	173.6	0.3	2.6	2 590	73.8
W	mg/kg	1.53	0.40	1.47	1.33	0.26	1.60	1.58	0.19	0.30	0.47	0.70	1.34	1.74	2.18	2.97	7.82	1.7	26.9	2 594	1.52
Y	mg/kg	22.9	3.3	22.6	1.2	0.15	23.3	23.3	1.5	3.9	11.3	15.2	21.5	24.6	29.2	33.3	39.3	-0.5	3.3	2 542	23.0
Zn	mg/kg	62.0	17.6	59.7	1.3	0.28	59.3	61.6	9.7	7.1	23.8	33.1	51.4	70.9	96.7	115.2	414.5	3.8	66.0	2 593	61.3
Zr	mg/kg	254	70	246	1	0.28	261	243	34	77	131	154	211	281	410	539	1 263	2.9	25.1	2 563	247
Al_2O_3	%	12.56	1.42	12.48	1.12	0.11	12.61	12.38	0.93	7.04	9.24	10.14	11.56	13.48	15.53	16.59	17.95	0.4	0.1	2 623	12.55
CaO	%	4.08	2.25	3.28	2.07	0.55	1.30	4.85	1.72	0.20	0.54	0.79	1.70	5.85	7.76	8.83	13.62	0.0	-1.0	2 630	4.06
MgO	%	1.75	0.64	1.61	1.56	0.37	1.85	1.83	0.43	0.12	0.35	0.55	1.28	2.19	2.87	3.47	6.12	0.3	1.9	2 622	1.74
K_2O	%	2.46	0.39	2.43	1.16	0.16	2.29	2.36	0.16	1.19	1.74	1.99	2.22	2.57	3.53	3.91	4.87	1.7	4.1	2 478	2.40
Na_2O	%	2.15	0.66	2.06	1.37	0.31	1.85	2.01	0.39	0.55	0.76	1.04	1.71	2.58	3.63	4.05	5.01	0.6	0.2	2 622	2.14
SiO_2	%	62.45	5.34	62.22	1.09	0.09	62.74	61.98	3.16	45.82	48.13	52.36	59.09	65.59	73.21	77.50	85.25	0.3	0.4	2 619	62.39
TFe_2O_3	%	4.23	0.99	4.11	1.28	0.23	3.77	4.15	0.59	0.53	1.56	2.41	3.61	4.81	6.39	7.39	9.29	0.5	1.4	2 593	4.20
SOC	%	0.73	0.34	0.65	1.66	0.47	0.72	0.71	0.19	0.04	0.14	0.20	0.51	0.90	1.50	2.06	4.16	1.3	5.5	2 586	0.71
pH	无量纲						8.17	8.03	0.33	4.29	4.82	5.14	7.33	8.28	8.69	8.86	9.34				

表 2.4.9B 其他用地深层土壤 (150~200 cm) 地球化学参数 (n=698)

指标	单位	算术平均值 X_a	算术标准差 S_a	几何平均值 X_g	几何标准差 S_g	变异系数 CV	众值 X_{mo}	中位值 X_{me}	中位绝对离差 MAD	最小值 X_{min}	累积频率 $X_{0.5\%}$	$X_{2.5\%}$	$X_{25\%}$	$X_{75\%}$	$X_{97.5\%}$	$X_{99.5\%}$	最大值 X_{max}	偏度系数 SK	峰度系数 BK	基准值 n'	X_a'
Ag	mg/kg	0.059	0.022	0.057	1.299	0.37	0.056	0.056	0.009	0.020	0.028	0.035	0.048	0.067	0.090	0.111	0.496	11.4	223.1	693	0.058
As	mg/kg	9.2	4.1	8.6	1.5	0.44	8.7	8.9	1.7	1.8	2.5	3.4	7.3	10.8	15.4	23.4	63.9	5.5	65.1	691	9.0
Au	μg/kg	1.6	0.7	1.5	1.4	0.42	1.2	1.4	0.3	0.5	0.7	0.8	1.2	1.8	2.7	5.6	7.6	4.0	27.3	684	1.5
B	mg/kg	43.7	14.8	40.6	1.5	0.34	46.9	46.0	8.9	4.2	8.9	13.4	33.5	53.4	68.7	92.9	110.4	0.0	0.7	692	43.3
Ba	mg/kg	620	304	577	1	0.49	478	498	49	231	380	414	464	658	1449	2229	3881	4.0	27.1	544	499
Be	mg/kg	1.96	0.41	1.93	1.21	0.21	1.89	1.91	0.20	0.50	1.12	1.43	1.72	2.12	2.80	3.40	6.95	3.3	33.1	685	1.94
Bi	mg/kg	0.24	0.08	0.22	1.42	0.33	0.19	0.22	0.04	0.04	0.05	0.11	0.19	0.28	0.40	0.48	0.60	0.6	1.0	693	0.23
Br	mg/kg	6.6	7.1	4.7	2.2	1.08	2.7	4.0	1.7	0.6	1.0	1.5	2.7	7.6	26.6	40.3	69.9	3.4	17.2	612	4.4
TC	%	0.99	0.56	0.81	2.01	0.56	1.30	1.13	0.42	0.06	0.11	0.21	0.44	1.37	1.93	2.49	5.05	0.7	3.5	695	0.98
Cd	mg/kg	0.095	0.034	0.089	1.457	0.36	0.090	0.090	0.021	0.018	0.024	0.040	0.070	0.116	0.160	0.198	0.322	0.9	3.2	689	0.094
Ce	mg/kg	69.7	18.1	67.6	1.3	0.26	69.5	67.1	6.1	12.7	19.8	40.5	61.5	74.1	114.9	162.3	197.1	2.3	12.4	667	67.7
Cl	mg/kg	1431	2693	332	6	1.88	50	196	144	31	34	42	72	1606	8323	16913	21803	3.4	15.7	431	121
Co	mg/kg	12.4	5.1	11.6	1.4	0.41	9.8	11.5	2.1	1.1	3.2	6.2	9.5	14.0	23.2	35.1	83.4	5.0	58.3	676	11.8
Cr	mg/kg	64.8	21.9	61.9	1.4	0.34	64.4	63.2	6.8	8.9	16.7	31.2	56.6	70.4	107.2	179.8	367.3	5.2	58.8	650	62.6
Cu	mg/kg	20.7	7.0	19.6	1.4	0.34	19.8	19.8	4.0	2.3	5.4	8.6	16.3	24.5	37.5	47.7	59.4	1.0	2.9	686	20.3
F	mg/kg	513	128	497	1	0.25	502	502	65	115	213	296	438	569	794	1057	1396	1.4	7.2	680	504
Ga	mg/kg	15.3	2.8	15.0	1.2	0.18	14.0	14.9	2.1	5.6	10.1	11.0	13.0	17.4	20.8	22.1	25.5	0.4	-0.3	695	15.3
Ge	mg/kg	1.29	0.17	1.28	1.14	0.13	1.30	1.30	0.10	0.62	0.81	1.00	1.20	1.40	1.68	1.80	1.91	0.4	1.2	684	1.29
Hg	mg/kg	0.018	0.012	0.016	1.485	0.70	0.015	0.016	0.003	0.004	0.005	0.008	0.013	0.019	0.035	0.061	0.255	12.0	211.8	669	0.016
I	mg/kg	2.01	1.22	1.74	1.69	0.61	0.91	1.71	0.60	0.42	0.49	0.70	1.19	2.47	4.92	8.82	11.10	2.5	10.6	672	1.85
La	mg/kg	35.8	9.2	34.8	1.3	0.26	33.1	34.6	3.0	7.1	11.2	21.4	32.0	38.1	59.5	85.7	135.4	3.4	26.1	656	34.6
Li	mg/kg	31.1	8.7	29.8	1.4	0.28	30.8	30.8	5.2	5.3	10.5	15.6	25.5	35.8	50.4	60.0	70.1	0.6	1.2	685	30.7
Mn	mg/kg	626	396	577	1	0.63	457	551	98	66	180	343	464	682	1341	2313	8225	11.2	197.9	653	564
Mo	mg/kg	0.60	0.25	0.57	1.35	0.41	0.53	0.55	0.09	0.21	0.25	0.32	0.48	0.66	1.08	2.11	3.30	5.0	42.1	666	0.56
N	%	0.037	0.017	0.034	1.441	0.46	0.027	0.033	0.007	0.015	0.016	0.019	0.027	0.041	0.081	0.124	0.149	2.6	10.3	654	0.034
Nb	mg/kg	13.7	2.5	13.5	1.2	0.18	13.6	13.6	0.8	3.8	6.8	9.4	12.7	14.4	18.7	26.1	35.3	2.6	19.8	666	13.5
Ni	mg/kg	28.4	11.5	26.7	1.4	0.41	26.0	26.8	4.8	3.1	6.1	13.7	22.5	32.1	51.2	101.5	146.5	3.9	29.0	678	27.2

258

指标	单位	算术平均值 X_a	算术标准差 S_a	几何平均值 X_g	几何标准差 S_g	变异系数 CV	众值 X_{mo}	中位值 X_{me}	中位绝对离差 MAD	最小值 X_{min}	累积频率 $X_{0.5\%}$	$X_{2.5\%}$	$X_{25\%}$	$X_{75\%}$	$X_{97.5\%}$	$X_{99.5\%}$	最大值 X_{max}	偏度系数 SK	峰度系数 BK	n'	基准值 X_a'
P	mg/kg	525	172	495	1	0.33	590	580	61	125	152	198	415	618	775	1 209	1 648	0.8	6.4	691	517
Pb	mg/kg	21.2	6.4	20.4	1.3	0.30	17.0	20.0	3.4	10.9	12.1	13.9	16.8	24.0	35.2	44.2	81.7	2.9	19.0	678	20.5
Rb	mg/kg	94.4	16.1	93.2	1.2	0.17	91.2	91.2	8.7	56.3	68.1	73.8	83.7	100.9	130.1	177.3	209.0	2.0	8.1	682	93.0
S	mg/kg	193	166	166	2	0.86	174	153	43	54	62	77	119	211	538	721	3 350	10.6	187.3	614	153
Sb	mg/kg	0.81	0.26	0.77	1.39	0.32	0.77	0.82	0.15	0.19	0.27	0.35	0.66	0.96	1.28	1.57	3.16	1.3	10.8	694	0.80
Sc	mg/kg	10.3	2.5	9.9	1.3	0.24	9.6	10.1	1.5	1.0	2.4	5.7	8.6	11.7	15.5	17.4	18.8	0.1	1.0	688	10.2
Se	mg/kg	0.10	0.04	0.10	1.39	0.36	0.09	0.09	0.02	0.03	0.04	0.05	0.08	0.12	0.20	0.27	0.31	1.7	4.4	668	0.10
Sn	mg/kg	2.5	0.6	2.4	1.3	0.22	2.5	2.4	0.3	0.5	1.2	1.5	2.1	2.8	3.7	4.5	5.5	0.6	2.2	684	2.5
Sr	mg/kg	213	84	202	1	0.40	191	199	17	51	88	105	184	218	464	680	924	3.6	19.5	651	196
Th	mg/kg	10.9	3.4	10.5	1.4	0.31	10.4	10.4	1.5	1.9	2.4	5.8	9.1	12.2	20.2	27.1	33.7	1.8	7.6	668	10.5
Ti	mg/kg	3 674	635	3 611	1	0.17	3 742	3 680	216	591	1 426	2 225	3 459	3 891	4 905	5 780	8 844	0.6	10.8	665	3 702
Tl	mg/kg	0.59	0.11	0.59	1.17	0.18	0.57	0.58	0.05	0.32	0.40	0.45	0.53	0.64	0.81	1.22	1.50	2.5	14.9	682	0.59
U	mg/kg	2.18	0.46	2.12	1.26	0.21	2.22	2.18	0.23	0.45	0.65	1.23	1.93	2.39	3.16	3.77	4.37	0.2	2.1	683	2.17
V	mg/kg	75.5	18.4	73.0	1.3	0.24	72.3	73.4	10.8	10.1	23.6	41.6	64.0	86.1	112.8	128.3	170.0	0.4	1.8	685	75.2
W	mg/kg	1.55	0.41	1.50	1.32	0.26	1.68	1.57	0.19	0.39	0.42	0.72	1.37	1.75	2.27	2.65	5.88	1.9	21.3	684	1.55
Y	mg/kg	23.3	3.8	22.9	1.2	0.17	24.6	23.6	1.6	4.5	8.5	15.4	21.7	24.8	30.2	39.8	59.9	0.9	15.4	672	23.3
Zn	mg/kg	58.1	22.9	55.7	1.3	0.39	62.1	56.5	8.3	5.9	15.4	31.5	48.5	65.5	84.8	105.3	512.7	11.8	225.4	687	57.1
Zr	mg/kg	251	58	245	1	0.23	261	245	32	77	111	164	214	278	380	455	741	1.9	11.3	677	247
Al_2O_3	%	12.74	1.82	12.61	1.15	0.14	12.08	12.36	1.33	5.63	9.09	10.09	11.23	14.20	16.23	17.16	18.16	0.3	-0.5	696	12.74
CaO	%	4.07	2.26	3.28	2.07	0.56	5.37	4.95	1.59	0.41	0.43	0.77	1.66	5.76	7.30	10.29	16.50	0.2	0.1	696	4.04
MgO	%	1.68	0.56	1.58	1.46	0.33	1.68	1.70	0.28	0.14	0.29	0.67	1.37	1.93	2.71	4.07	5.70	1.2	8.1	688	1.65
K_2O	%	2.42	0.37	2.40	1.15	0.15	2.19	2.31	0.17	1.58	1.78	1.99	2.18	2.56	3.43	3.99	4.13	1.6	3.1	666	2.37
Na_2O	%	2.03	0.52	1.96	1.31	0.26	1.80	2.02	0.33	0.67	0.74	0.97	1.68	2.33	3.17	3.76	4.05	0.3	0.8	691	2.01
SiO_2	%	62.73	4.46	62.57	1.07	0.07	63.08	62.83	2.58	40.77	50.01	54.27	60.16	65.26	71.56	76.93	82.78	0.0	2.2	681	62.60
TFe_2O_3	%	4.29	1.05	4.16	1.30	0.24	4.35	4.15	0.62	0.50	1.17	2.47	3.60	4.89	6.51	7.51	9.47	0.6	2.1	688	4.27
SOC	%	0.28	0.18	0.24	1.71	0.64	0.18	0.24	0.08	0.03	0.06	0.09	0.17	0.34	0.81	1.28	1.58	2.7	11.2	665	0.25
pH	无量纲						8.58	8.44	0.26	5.42	5.66	6.00	7.85	8.63	8.90	9.08	9.23				

表2.4.10A 交通用地表层土壤（0~20 cm）地球化学参数（ n=464）

指标	单位	算术平均值 X_a	算术标准差 S_a	几何平均值 X_g	几何标准差 S_g	变异系数 CV	众值 X_{mo}	中位值 X_{me}	中位绝对离差 MAD	最小值 X_{min}	累积频率 $X_{0.5\%}$	$X_{2.5\%}$	$X_{25\%}$	$X_{75\%}$	$X_{97.5\%}$	$X_{99.5\%}$	最大值 X_{max}	偏度系数 SK	峰度系数 BK	背景值 n'	X_a'
Ag	mg/kg	0.080	0.066	0.074	1.406	0.82	0.075	0.073	0.013	0.029	0.035	0.042	0.061	0.086	0.149	0.290	1.306	14.6	263.9	441	0.072
As	mg/kg	9.0	2.9	8.5	1.4	0.33	8.4	8.9	2.0	2.6	3.3	4.1	6.8	10.8	15.3	20.2	21.1	0.6	1.1	460	8.9
Au	μg/kg	2.0	3.2	1.6	1.6	1.63	1.6	1.6	0.3	0.5	0.6	0.8	1.3	1.9	4.3	17.8	62.7	15.0	270.1	432	1.6
B	mg/kg	44.1	15.3	41.2	1.5	0.35	53.0	46.7	9.0	2.8	9.4	16.9	35.2	53.3	65.8	77.3	200.3	2.0	22.5	460	43.9
Ba	mg/kg	641	250	607	1	0.39	539	547	72	332	413	434	493	679	1302	1864	2175	2.5	8.2	395	554
Be	mg/kg	1.94	0.32	1.91	1.18	0.16	1.98	1.92	0.17	0.86	1.12	1.39	1.76	2.10	2.64	3.22	3.42	0.8	3.3	450	1.92
Bi	mg/kg	0.28	0.10	0.26	1.39	0.37	0.24	0.27	0.05	0.04	0.09	0.14	0.22	0.31	0.47	0.75	1.26	3.4	24.9	451	0.27
Br	mg/kg	5.5	5.1	4.6	1.7	0.92	3.1	4.3	1.2	1.4	1.5	2.1	3.2	5.7	20.3	38.6	43.7	4.7	26.2	427	4.4
TC	%	1.34	0.61	1.21	1.61	0.45	0.88	1.29	0.44	0.21	0.27	0.46	0.87	1.74	2.57	3.62	4.25	0.9	1.7	458	1.31
Cd	mg/kg	0.141	0.054	0.132	1.442	0.39	0.140	0.133	0.027	0.012	0.040	0.069	0.106	0.160	0.279	0.385	0.453	1.8	6.1	439	0.132
Ce	mg/kg	68.5	16.6	66.6	1.3	0.24	70.2	67.4	7.0	10.6	24.2	42.1	60.2	74.0	106.8	137.5	232.0	2.7	22.3	445	67.0
Cl	mg/kg	420	1384	147	3	3.30	111	111	43	41	42	53	79	193	4833	9730	13246	6.1	40.8	392	115
Co	mg/kg	11.8	3.2	11.4	1.3	0.27	11.4	11.5	1.7	1.5	4.1	6.6	10.0	13.4	18.6	23.9	32.1	1.2	5.8	451	11.6
Cr	mg/kg	62.9	17.3	60.5	1.4	0.27	66.7	63.7	7.3	5.5	19.9	31.6	54.8	69.8	99.2	153.2	154.3	1.2	6.4	448	61.7
Cu	mg/kg	23.6	8.3	22.3	1.4	0.35	25.0	22.4	4.2	2.7	5.8	11.9	18.6	27.0	40.7	62.1	84.1	1.9	8.9	453	22.9
F	mg/kg	507	115	493	1	0.23	391	519	68	127	233	295	438	573	750	847	947	0.1	0.8	459	506
Ga	mg/kg	15.3	2.2	15.2	1.2	0.14	15.8	15.4	1.4	9.4	10.3	11.3	13.8	16.7	19.6	21.3	22.4	0.2	0.1	463	15.3
Ge	mg/kg	1.32	0.17	1.31	1.14	0.13	1.30	1.30	0.10	0.62	0.85	1.02	1.20	1.41	1.68	1.87	2.05	0.3	1.3	459	1.32
Hg	mg/kg	0.047	0.049	0.038	1.818	1.04	0.027	0.035	0.012	0.006	0.009	0.015	0.025	0.054	0.128	0.471	0.563	6.3	53.2	428	0.038
I	mg/kg	2.11	0.84	1.98	1.41	0.40	1.86	1.96	0.40	0.63	0.75	1.03	1.60	2.44	4.00	5.15	9.40	2.7	16.2	447	2.00
La	mg/kg	35.2	9.5	34.3	1.3	0.27	35.1	34.2	2.9	7.0	15.4	23.6	31.4	37.1	54.7	73.4	159.5	5.6	64.5	437	34.0
Li	mg/kg	30.0	8.4	28.7	1.4	0.28	32.0	30.6	5.3	4.8	10.7	15.2	24.2	35.0	45.8	52.7	66.1	0.2	0.5	461	29.9
Mn	mg/kg	590	144	572	1	0.24	518	570	69	88	159	356	511	652	909	1209	1349	1.1	4.8	449	579
Mo	mg/kg	0.62	0.26	0.59	1.37	0.42	0.58	0.58	0.10	0.24	0.28	0.34	0.49	0.69	1.19	1.87	3.52	4.9	41.9	446	0.59
N	%	0.091	0.026	0.087	1.365	0.28	0.088	0.092	0.017	0.020	0.027	0.040	0.073	0.108	0.140	0.185	0.211	0.4	1.7	459	0.090
Nb	mg/kg	13.9	2.4	13.7	1.2	0.17	13.5	13.8	1.0	3.2	5.1	9.7	12.8	14.8	19.5	24.6	25.9	0.9	6.7	437	13.7
Ni	mg/kg	27.5	8.5	26.2	1.4	0.31	31.5	27.4	4.4	3.2	7.5	13.6	22.6	31.6	46.2	55.7	100.6	1.8	12.4	453	27.0

指标	单位	算术平均值 X_a	算术标准差 S_a	几何平均值 X_g	几何标准差 S_g	变异系数 CV	众值 X_{mo}	中位值 X_{me}	中位绝对离差 MAD	最小值 X_{min}	$X_{0.5\%}$	$X_{2.5\%}$	$X_{25\%}$	$X_{75\%}$	$X_{97.5\%}$	$X_{99.5\%}$	最大值 X_{max}	偏度系数 SK	峰度系数 BK	n'	背景值 X_a'
P	mg/kg	847	284	798	1	0.34	549	824	190	116	204	384	644	1 029	1 440	1 770	2 118	0.6	0.9	457	833
Pb	mg/kg	25.7	7.6	24.8	1.3	0.30	23.8	24.1	3.0	13.4	14.1	17.1	21.4	27.6	44.7	63.5	87.9	3.1	15.9	442	24.4
Rb	mg/kg	94.7	12.7	93.8	1.1	0.13	93.2	93.2	6.6	46.8	56.3	71.7	87.5	100.7	120.5	141.8	157.8	0.6	3.0	451	94.5
S	mg/kg	272	200	238	2	0.74	204	223	49	70	91	126	179	285	841	1 381	2 004	4.5	28.0	419	221
Sb	mg/kg	0.79	0.32	0.74	1.40	0.40	0.64	0.77	0.18	0.15	0.29	0.41	0.58	0.94	1.36	1.87	3.99	4.5	41.7	457	0.77
Sc	mg/kg	9.9	2.5	9.6	1.4	0.25	10.0	10.1	1.5	0.9	3.0	5.1	8.5	11.3	14.5	17.4	24.4	0.2	2.9	455	9.9
Se	mg/kg	0.20	0.10	0.19	1.42	0.49	0.17	0.18	0.03	0.05	0.07	0.10	0.16	0.22	0.43	0.81	1.14	4.5	29.0	438	0.19
Sn	mg/kg	3.2	1.1	3.0	1.4	0.34	3.0	3.0	0.5	0.4	1.0	1.8	2.5	3.6	5.4	8.5	12.4	2.5	15.0	451	3.1
Sr	mg/kg	212	73	203	1	0.34	191	198	25	110	113	128	173	224	434	625	638	2.7	10.4	435	198
Th	mg/kg	10.8	3.3	10.4	1.3	0.31	10.4	10.6	1.5	1.4	3.6	6.3	9.1	11.9	15.4	35.3	42.7	4.1	33.1	452	10.6
Ti	mg/kg	3 686	562	3 625	1	0.15	3 813	3 768	273	401	1 165	2 529	3 455	4 011	4 543	5 288	5 860	-1.2	6.2	447	3 713
Tl	mg/kg	0.59	0.10	0.58	1.17	0.16	0.55	0.58	0.06	0.35	0.37	0.43	0.53	0.65	0.78	0.98	1.09	1.0	3.2	456	0.58
U	mg/kg	2.14	0.48	2.09	1.27	0.22	2.15	2.16	0.28	0.39	0.83	1.32	1.86	2.40	2.91	3.46	6.26	1.2	11.6	458	2.14
V	mg/kg	74.4	16.5	72.3	1.3	0.22	75.6	75.6	8.6	8.4	25.1	43.9	65.5	83.0	105.5	122.1	197.8	0.6	7.4	453	74.2
W	mg/kg	1.54	0.36	1.49	1.30	0.24	1.74	1.59	0.20	0.40	0.55	0.83	1.32	1.76	2.18	2.68	3.41	0.1	1.8	456	1.53
Y	mg/kg	23.0	3.2	22.7	1.2	0.14	23.0	23.3	1.6	5.0	8.8	15.4	21.6	24.8	28.5	30.8	32.1	-1.4	5.3	449	23.3
Zn	mg/kg	65.0	18.1	62.6	1.3	0.28	63.2	64.2	7.9	10.3	27.1	34.6	56.0	71.9	102.9	140.9	182.5	1.5	7.3	452	63.7
Zr	mg/kg	266	64	259	1	0.24	228	260	32	63	117	166	231	295	393	473	891	2.4	20.7	454	262
Al_2O_3	%	12.75	1.27	12.69	1.11	0.10	12.33	12.73	0.88	8.38	9.24	10.43	11.83	13.58	15.27	15.76	15.99	0.0	0.0	463	12.76
CaO	%	3.20	1.99	2.59	1.95	0.62	1.28	2.35	1.16	0.64	0.67	0.78	1.51	5.15	7.15	8.38	8.54	0.6	-1.0	464	3.20
MgO	%	1.52	0.56	1.40	1.54	0.37	2.05	1.54	0.39	0.11	0.38	0.57	1.10	1.88	2.62	3.09	4.13	0.4	0.9	462	1.51
K_2O	%	2.48	0.37	2.46	1.15	0.15	2.22	2.37	0.15	1.33	1.69	2.04	2.24	2.60	3.43	3.89	3.94	1.3	2.3	449	2.45
Na_2O	%	1.96	0.45	1.91	1.26	0.23	1.82	1.88	0.25	0.80	0.92	1.25	1.67	2.18	3.02	3.30	3.70	0.7	0.6	459	1.94
SiO_2	%	64.07	4.98	63.88	1.08	0.08	63.39	63.76	2.96	47.03	51.39	54.05	61.15	67.05	75.11	80.27	82.15	0.2	0.9	458	63.94
TFe_2O_3	%	4.23	0.94	4.12	1.28	0.22	4.09	4.22	0.56	0.70	1.50	2.54	3.66	4.78	6.05	7.59	8.70	0.2	1.9	457	4.22
SOC	%	0.90	0.38	0.83	1.51	0.42	0.94	0.83	0.17	0.05	0.16	0.39	0.68	1.01	1.84	2.88	2.91	1.9	6.8	449	0.85
pH	无量纲						7.50	7.89	0.39	4.71	4.92	5.43	7.31	8.16	8.58	8.66	8.76				

表 2.4.10B 交通用地深层土壤（150~200 cm）地球化学参数（n=108）

指标	单位	算术平均值 X_a	算术标准差 S_a	几何平均值 X_g	几何标准差 S_g	变异系数 CV	众值 X_{mo}	中位值 X_{me}	中位绝对离差 MAD	最小值 X_{min}	累积频率 $X_{0.5\%}$	$X_{2.5\%}$	$X_{25\%}$	$X_{75\%}$	$X_{97.5\%}$	$X_{99.5\%}$	最大值 X_{max}	偏度系数 SK	峰度系数 BK	基准值 n'	X_a'
Ag	mg/kg	0.062	0.015	0.060	1.271	0.25	0.055	0.058	0.008	0.034	0.035	0.037	0.052	0.071	0.098	0.105	0.107	0.8	0.6	108	0.062
As	mg/kg	9.0	3.1	8.4	1.5	0.34	9.2	9.1	1.9	2.4	2.9	3.5	7.0	10.8	15.9	16.5	19.0	0.4	0.6	107	8.9
Au	μg/kg	1.8	2.4	1.6	1.5	1.29	1.2	1.5	0.3	0.8	0.8	0.9	1.2	1.8	2.8	7.1	25.1	9.1	88.4	105	1.6
B	mg/kg	41.2	13.8	38.6	1.5	0.33	55.7	44.2	10.7	13.8	16.1	16.2	31.8	50.5	65.8	67.5	70.2	-0.1	-0.8	108	41.2
Ba	mg/kg	632	225	602	1	0.36	483	541	80	424	426	436	481	742	1 264	1 417	1 438	1.8	3.1	102	593
Be	mg/kg	2.01	0.35	1.98	1.18	0.18	2.03	1.95	0.20	1.42	1.43	1.52	1.77	2.18	2.94	3.05	3.11	1.0	1.0	104	1.97
Bi	mg/kg	0.25	0.12	0.24	1.42	0.48	0.28	0.24	0.05	0.08	0.12	0.13	0.20	0.28	0.41	0.84	1.12	4.5	28.3	105	0.24
Br	mg/kg	3.8	2.2	3.4	1.6	0.56	2.7	3.3	0.9	1.0	1.2	1.5	2.6	4.6	9.4	12.4	13.1	2.2	6.1	103	3.5
TC	%	0.95	0.56	0.76	2.06	0.59	0.20	0.98	0.49	0.18	0.20	0.20	0.38	1.41	2.12	2.25	2.49	0.3	-0.8	108	0.95
Cd	mg/kg	0.092	0.033	0.086	1.456	0.36	0.090	0.090	0.022	0.022	0.031	0.041	0.070	0.113	0.163	0.200	0.201	0.7	1.1	105	0.089
Ce	mg/kg	69.4	16.7	67.8	1.2	0.24	72.0	67.2	6.3	40.4	45.3	47.8	61.3	73.4	107.2	118.6	176.1	3.0	15.8	103	66.7
Cl	mg/kg	269	545	133	3	2.03	83	99	43	31	44	49	66	200	1 914	2 605	3 916	4.5	23.1	96	119
Co	mg/kg	13.0	4.8	12.4	1.4	0.37	14.0	12.3	2.0	6.1	6.2	6.7	10.4	14.6	20.9	26.5	46.8	3.7	22.8	105	12.5
Cr	mg/kg	66.1	24.2	63.3	1.3	0.37	62.9	63.5	7.0	26.5	28.9	34.1	58.1	72.6	103.3	114.4	259.5	4.9	38.2	106	63.9
Cu	mg/kg	21.6	6.3	20.7	1.3	0.29	19.5	21.0	4.0	9.1	9.3	10.7	17.6	25.2	36.0	37.5	42.3	0.5	0.6	107	21.4
F	mg/kg	495	102	485	1	0.21	426	492	66	260	290	314	426	564	676	736	769	0.2	-0.1	108	495
Ga	mg/kg	15.6	2.4	15.5	1.2	0.15	18.0	15.7	2.0	11.1	11.8	11.9	13.6	17.5	19.8	21.5	23.1	0.4	-0.2	107	15.6
Ge	mg/kg	1.31	0.15	1.30	1.12	0.11	1.30	1.30	0.10	1.00	1.04	1.06	1.20	1.40	1.59	1.66	1.83	0.5	0.5	107	1.31
Hg	mg/kg	0.018	0.011	0.016	1.596	0.60	0.013	0.015	0.004	0.005	0.006	0.008	0.012	0.021	0.051	0.061	0.076	2.8	10.3	102	0.016
I	mg/kg	2.19	1.53	1.91	1.60	0.70	1.79	1.81	0.53	0.74	0.84	0.93	1.39	2.49	5.76	9.05	12.50	4.1	22.3	100	1.86
La	mg/kg	35.0	6.6	34.5	1.2	0.19	35.2	34.5	3.0	21.8	23.9	26.3	31.2	37.0	55.4	58.6	59.7	1.5	3.7	104	34.2
Li	mg/kg	31.3	8.1	30.2	1.3	0.26	39.6	31.4	5.2	14.1	15.9	17.1	25.9	36.2	48.1	50.6	51.8	0.1	-0.3	108	31.3
Mn	mg/kg	660	297	620	1	0.45	524	583	99	316	333	426	506	693	1 306	1 998	2 455	3.4	15.5	100	594
Mo	mg/kg	0.59	0.21	0.57	1.36	0.35	0.51	0.56	0.08	0.24	0.26	0.29	0.49	0.65	0.90	1.63	1.72	2.5	11.5	106	0.57
N	%	0.038	0.014	0.036	1.358	0.37	0.027	0.033	0.006	0.021	0.023	0.024	0.029	0.042	0.060	0.097	0.100	2.1	6.4	105	0.036
Nb	mg/kg	14.1	4.0	13.7	1.2	0.28	13.0	13.6	0.9	9.6	9.8	10.4	12.6	14.3	20.8	24.8	48.6	6.5	54.2	103	13.4
Ni	mg/kg	29.2	10.6	27.9	1.3	0.36	24.3	28.2	4.5	13.3	13.7	16.3	23.8	33.0	40.7	85.5	95.8	3.7	20.5	106	28.0

指标	单位	算术平均值 X_a	算术标准差 S_a	几何平均值 X_g	几何标准差 S_g	变异系数 CV	众值 X_{mo}	中位值 X_{me}	中位绝对离差 MAD	最小值 X_{min}	$X_{0.5\%}$	$X_{2.5\%}$	$X_{25\%}$	$X_{75\%}$	$X_{97.5\%}$	$X_{99.5\%}$	最大值 X_{max}	偏度系数 SK	峰度系数 BK	n'	基准值 X_a'
P	mg/kg	490	224	454	2	0.46	601	489	121	181	188	199	360	603	671	1 095	2 160	4.0	28.6	106	469
Pb	mg/kg	21.3	4.9	20.9	1.2	0.23	19.0	20.4	3.0	11.8	14.9	15.7	17.9	24.1	31.7	34.5	44.8	1.5	4.3	105	20.9
Rb	mg/kg	94.3	14.2	93.2	1.2	0.15	93.8	93.0	7.4	43.5	70.0	74.5	86.4	101.1	124.2	131.4	146.1	0.4	2.2	106	94.3
S	mg/kg	151	72	140	1	0.48	152	137	29	69	78	79	114	171	251	483	633	3.8	21.7	106	143
Sb	mg/kg	0.80	0.25	0.76	1.38	0.32	0.87	0.81	0.15	0.31	0.33	0.37	0.63	0.91	1.21	1.66	1.75	0.9	2.5	105	0.77
Sc	mg/kg	10.4	2.1	10.2	1.2	0.20	9.8	10.4	1.4	5.4	5.7	6.1	9.3	11.8	14.3	14.6	17.3	0.0	0.6	107	10.4
Se	mg/kg	0.11	0.05	0.10	1.46	0.48	0.09	0.09	0.02	0.04	0.05	0.05	0.08	0.12	0.24	0.32	0.38	2.8	10.8	102	0.10
Sn	mg/kg	2.6	0.7	2.5	1.3	0.25	2.5	2.5	0.3	1.7	1.7	1.8	2.2	2.8	4.6	5.0	5.3	1.8	4.5	104	2.5
Sr	mg/kg	208	60	200	1	0.29	185	199	25	108	126	131	174	219	351	393	456	1.6	3.3	98	193
Th	mg/kg	10.8	2.6	10.5	1.2	0.24	10.4	10.5	1.3	5.9	6.6	6.9	9.2	11.8	17.2	18.0	25.0	1.9	8.1	104	10.5
Ti	mg/kg	3 761	851	3 697	1	0.23	3 604	3 738	209	2 340	2 377	2 599	3 504	3 928	4 634	5 970	10 835	5.5	44.9	106	3 674
Tl	mg/kg	0.60	0.09	0.59	1.17	0.15	0.55	0.59	0.06	0.30	0.43	0.44	0.53	0.65	0.78	0.81	0.88	0.3	0.9	106	0.60
U	mg/kg	2.13	0.41	2.08	1.22	0.19	1.95	2.11	0.24	1.13	1.19	1.36	1.89	2.36	2.85	3.17	3.22	0.1	0.3	108	2.13
V	mg/kg	79.0	16.9	77.3	1.2	0.21	88.2	79.8	8.9	41.3	42.1	45.7	69.9	88.2	101.3	143.7	144.5	0.8	3.4	105	77.3
W	mg/kg	1.58	0.37	1.54	1.27	0.24	1.70	1.60	0.19	0.69	0.81	0.94	1.38	1.75	2.36	2.43	3.16	0.7	2.4	107	1.57
Y	mg/kg	23.2	3.1	23.0	1.1	0.14	23.7	23.4	1.7	16.2	17.2	17.4	21.3	24.4	29.3	33.1	37.3	1.0	3.8	106	23.0
Zn	mg/kg	58.2	12.8	56.8	1.3	0.22	55.5	58.0	8.4	29.2	29.9	36.6	49.8	66.1	79.8	85.6	105.0	0.3	0.8	107	57.8
Zr	mg/kg	249	53	244	1	0.21	245	239	28	161	165	167	217	271	358	365	524	1.6	5.9	107	247
Al_2O_3	%	13.10	1.71	12.99	1.14	0.13	14.08	13.32	1.40	10.14	10.15	10.54	11.51	14.47	16.15	16.67	18.64	0.3	-0.3	107	13.04
CaO	%	3.96	2.39	3.13	2.09	0.60	6.13	3.81	2.23	0.65	0.65	0.74	1.58	5.97	8.19	9.00	10.63	0.3	-1.0	108	3.96
MgO	%	1.63	0.54	1.54	1.40	0.33	1.85	1.68	0.34	0.65	0.66	0.75	1.24	1.89	2.67	3.22	4.06	1.0	3.0	106	1.59
K_2O	%	2.40	0.39	2.37	1.16	0.16	2.37	2.32	0.18	1.47	1.60	1.86	2.16	2.54	3.34	3.64	3.87	1.3	2.9	99	2.32
Na_2O	%	1.93	0.43	1.88	1.26	0.22	1.91	1.91	0.23	0.88	0.97	1.09	1.65	2.11	2.86	2.95	3.09	0.4	0.5	108	1.93
SiO_2	%	62.43	4.65	62.26	1.08	0.07	61.32	62.26	3.19	49.94	50.56	53.63	59.32	65.67	70.13	73.26	73.94	-0.1	0.2	108	62.43
TFe_2O_3	%	4.43	1.14	4.30	1.27	0.26	3.85	4.34	0.67	2.14	2.44	2.65	3.74	5.05	6.41	7.96	10.89	1.9	9.1	106	4.34
SOC	%	0.29	0.19	0.25	1.71	0.65	0.21	0.24	0.08	0.04	0.09	0.09	0.17	0.34	0.64	0.94	1.46	3.0	14.6	105	0.27
pH	无量纲						8.38	8.35	0.33	6.08	6.10	6.38	7.70	8.61	8.95	9.02	9.04				

表 2.4.11A　建设用地表层土壤（0~20 cm）地球化学参数（n=5 697）

指标	单位	算术平均值 X_a	算术标准差 S_a	几何平均值 X_g	几何标准差 S_g	变异系数 CV	众值 X_{mo}	中位值 X_{me}	中位绝对离差 MAD	最小值 X_{min}	累积频率 $X_{0.5\%}$	$X_{2.5\%}$	$X_{25\%}$	$X_{75\%}$	$X_{97.5\%}$	$X_{99.5\%}$	最大值 X_{max}	偏度系数 SK	峰度系数 BK	背景值 n'	X_a'
Ag	mg/kg	0.078	0.072	0.072	1.419	0.92	0.067	0.070	0.012	0.008	0.031	0.040	0.059	0.084	0.158	0.337	3.704	31.0	1 370.4	5 409	0.071
As	mg/kg	8.8	3.1	8.2	1.4	0.35	7.2	8.7	2.1	1.6	2.7	3.6	6.6	10.7	15.1	19.1	39.0	0.8	3.8	5 631	8.6
Au	μg/kg	1.9	2.6	1.6	1.6	1.37	1.5	1.6	0.4	0.4	0.6	0.8	1.2	2.0	4.6	14.5	94.0	18.5	483.0	5 401	1.6
B	mg/kg	44.8	15.3	41.8	1.5	0.34	56.0	46.3	9.1	5.1	9.2	14.6	35.3	54.0	72.7	95.8	162.5	0.4	2.9	5 650	44.3
Ba	mg/kg	639	384	597	1	0.60	468	536	68	232	378	427	484	670	1 377	2 057	12 250	13.6	319.2	4 923	548
Be	mg/kg	1.95	0.35	1.92	1.18	0.18	1.87	1.90	0.16	0.66	1.21	1.39	1.76	2.08	2.72	3.41	9.16	3.0	39.5	5 536	1.92
Bi	mg/kg	0.28	0.14	0.26	1.41	0.51	0.25	0.26	0.05	0.05	0.10	0.13	0.22	0.31	0.52	0.97	3.29	8.5	124.1	5 509	0.27
Br	mg/kg	7.1	12.5	4.7	2.0	1.76	3.2	4.2	1.2	0.8	1.5	2.0	3.2	5.7	46.3	91.3	155.8	5.6	36.2	5 064	4.2
TC	%	1.36	0.64	1.22	1.61	0.47	0.77	1.29	0.45	0.14	0.35	0.49	0.85	1.76	2.72	3.84	7.81	1.4	6.6	5 601	1.32
Cd	mg/kg	0.159	1.060	0.133	1.466	6.67	0.140	0.133	0.027	0.021	0.052	0.066	0.107	0.160	0.283	0.523	79.750	74.3	5 578.1	5 490	0.134
Ce	mg/kg	67.7	15.8	66.1	1.2	0.23	66.2	66.1	6.1	11.0	33.1	42.7	60.2	72.6	105.3	146.8	266.0	2.8	19.5	5 435	65.9
Cl	mg/kg	996	3 631	179	4	3.65	77	115	45	36	44	52	80	228	13 406	25 950	35 186	5.5	31.8	4 338	108
Co	mg/kg	11.9	3.2	11.5	1.3	0.27	10.4	11.5	1.7	0.7	5.0	6.7	10.0	13.3	19.4	24.1	50.1	1.5	8.1	5 547	11.6
Cr	mg/kg	63.7	19.9	61.5	1.3	0.31	61.9	63.3	7.5	8.8	24.6	33.4	55.2	70.3	101.6	154.0	739.6	8.8	245.8	5 528	62.0
Cu	mg/kg	24.2	11.7	22.6	1.4	0.49	20.5	22.5	3.9	1.8	7.9	11.4	18.8	26.8	47.7	80.1	313.0	8.0	141.3	5 406	22.4
F	mg/kg	515	121	501	1	0.24	508	516	69	115	248	309	438	576	782	999	1 468	1.1	4.9	5 575	507
Ga	mg/kg	15.3	2.3	15.2	1.2	0.15	14.6	15.2	1.5	5.9	10.0	11.1	13.8	16.7	20.2	22.2	27.4	0.4	0.6	5 658	15.3
Ge	mg/kg	1.31	0.17	1.30	1.14	0.13	1.20	1.30	0.10	0.54	0.91	1.01	1.20	1.40	1.68	1.88	3.92	1.5	12.8	5 605	1.30
Hg	mg/kg	0.053	0.169	0.037	1.924	3.18	0.028	0.035	0.012	0.003	0.009	0.013	0.025	0.051	0.167	0.449	7.729	28.9	1 046.9	5 157	0.036
I	mg/kg	2.14	1.24	1.98	1.46	0.58	1.87	1.95	0.43	0.20	0.73	0.97	1.56	2.44	4.31	7.15	41.00	11.9	284.5	5 493	2.00
La	mg/kg	35.0	8.4	34.2	1.2	0.24	33.5	34.0	2.7	3.5	17.9	22.8	31.5	36.8	55.9	77.5	149.6	3.6	27.8	5 343	33.8
Li	mg/kg	30.4	8.2	29.3	1.3	0.27	31.0	30.5	5.1	5.3	11.9	15.6	24.9	35.1	47.8	57.2	76.8	0.4	1.1	5 623	30.1
Mn	mg/kg	588	154	572	1	0.26	530	564	68	76	277	369	503	643	961	1 305	2 922	2.7	20.4	5 447	569
Mo	mg/kg	0.64	0.59	0.59	1.39	0.93	0.53	0.58	0.10	0.21	0.28	0.34	0.49	0.70	1.25	2.06	33.91	39.1	1 986.7	5 431	0.59
N	%	0.088	0.028	0.083	1.426	0.32	0.088	0.088	0.016	0.013	0.024	0.031	0.072	0.104	0.147	0.179	0.337	0.6	2.8	5 635	0.087
Nb	mg/kg	13.8	2.3	13.6	1.2	0.17	13.5	13.6	0.9	4.4	8.6	10.0	12.7	14.5	19.2	25.0	40.8	2.3	15.8	5 434	13.5
Ni	mg/kg	27.5	8.8	26.3	1.3	0.32	25.8	26.9	4.2	2.7	10.2	13.5	22.9	31.2	44.5	65.2	212.4	3.7	49.9	5 568	26.8

指标	单位	算术平均值 X_a	算术标准差 S_a	几何平均值 X_g	几何标准差 S_g	变异系数 CV	众值 X_{mo}	中位值 X_{me}	中位绝对离差 MAD	最小值 X_{min}	累积频率 $X_{0.5\%}$	$X_{2.5\%}$	$X_{25\%}$	$X_{75\%}$	$X_{97.5\%}$	$X_{99.5\%}$	最大值 X_{max}	偏度系数 SK	峰度系数 BK	n'	背景值 X_a'
P	mg/kg	848	294	799	1	0.35	690	821	200	106	285	391	629	1 031	1 461	1 832	3 517	1.1	4.6	5 631	835
Pb	mg/kg	25.7	12.0	24.6	1.3	0.47	22.5	23.7	3.3	9.7	13.9	16.2	20.8	27.6	46.8	84.5	464.0	13.5	368.0	5 399	24.0
Rb	mg/kg	94.9	14.7	93.9	1.2	0.16	90.2	92.6	7.0	35.4	59.4	71.6	86.5	101.0	130.7	155.1	252.6	1.6	8.1	5 492	93.6
S	mg/kg	486	1 853	262	2	3.81	196	220	51	11	98	121	179	300	2 601	10 132	65 343	16.7	400.9	4 963	222
Sb	mg/kg	0.79	0.53	0.74	1.43	0.67	0.81	0.76	0.18	0.19	0.30	0.38	0.57	0.94	1.39	2.09	26.60	28.6	1 243.6	5 592	0.76
Sc	mg/kg	10.0	2.3	9.7	1.3	0.23	10.2	10.0	1.3	0.7	4.1	5.6	8.6	11.2	14.8	17.3	23.3	0.4	1.9	5 617	9.9
Se	mg/kg	0.20	0.18	0.19	1.45	0.89	0.17	0.18	0.03	0.05	0.07	0.09	0.15	0.21	0.45	0.77	10.10	34.3	1 738.1	5 314	0.18
Sn	mg/kg	3.2	1.3	3.0	1.4	0.41	2.7	3.0	0.5	0.2	1.3	1.7	2.5	3.5	5.9	9.8	27.5	5.4	65.9	5 449	3.0
Sr	mg/kg	219	84	208	1	0.38	197	202	24	64	95	120	181	231	429	653	1 390	4.2	34.1	5 317	203
Th	mg/kg	11.0	3.6	10.6	1.3	0.32	10.8	10.7	1.3	1.7	4.6	6.4	9.3	12.0	18.0	30.1	57.8	4.7	42.2	5 505	10.6
Ti	mg/kg	3 673	542	3 632	1	0.15	3 793	3 704	248	744	2 005	2 525	3 414	3 920	4 729	5 687	9 400	0.5	7.2	5 549	3 671
Tl	mg/kg	0.59	0.11	0.58	1.19	0.18	0.55	0.58	0.06	0.23	0.37	0.43	0.53	0.64	0.84	1.10	1.77	2.0	11.8	5 533	0.58
U	mg/kg	2.20	0.50	2.14	1.24	0.23	2.26	2.19	0.26	0.50	1.07	1.33	1.91	2.43	3.11	4.30	10.40	2.2	22.9	5 593	2.17
V	mg/kg	74.5	15.4	72.8	1.2	0.21	75.7	74.8	8.4	9.2	33.9	44.3	65.8	82.6	106.9	125.3	191.3	0.6	3.8	5 606	74.0
W	mg/kg	1.56	0.70	1.50	1.32	0.45	1.59	1.58	0.20	0.30	0.57	0.79	1.32	1.74	2.28	3.43	36.98	27.6	1 247.2	5 614	1.53
Y	mg/kg	22.8	3.1	22.5	1.2	0.14	22.8	23.1	1.6	2.1	12.8	16.1	21.2	24.5	28.5	32.0	43.7	-0.3	3.6	5 576	22.8
Zn	mg/kg	65.9	23.0	63.2	1.3	0.35	65.3	63.5	8.7	4.4	29.7	35.7	55.1	72.5	111.2	180.3	504.9	5.9	76.3	5 500	63.3
Zr	mg/kg	263	61	257	1	0.23	253	256	31	72	142	173	227	290	395	496	1 192	2.9	27.4	5 555	258
Al_2O_3	%	12.71	1.34	12.64	1.11	0.11	11.98	12.60	0.87	5.71	9.11	10.21	11.80	13.58	15.46	16.57	17.90	0.1	0.7	5 650	12.70
CaO	%	3.45	2.09	2.80	1.96	0.61	1.18	2.78	1.62	0.27	0.64	0.85	1.55	5.31	7.36	9.14	16.39	0.6	-0.3	5 673	3.42
MgO	%	1.57	0.57	1.47	1.48	0.36	1.90	1.59	0.39	0.03	0.45	0.63	1.14	1.93	2.70	3.14	7.84	0.8	4.6	5 669	1.56
K_2O	%	2.47	0.38	2.44	1.15	0.16	2.25	2.36	0.14	1.21	1.68	1.97	2.25	2.57	3.50	4.04	5.34	1.8	5.3	5 256	2.39
Na_2O	%	2.04	0.56	1.96	1.32	0.27	1.87	1.94	0.29	0.40	0.77	1.06	1.70	2.31	3.41	3.95	5.77	0.9	1.7	5 583	2.00
SiO_2	%	63.43	4.81	63.25	1.08	0.08	62.32	63.33	2.97	39.33	49.01	53.45	60.56	66.58	72.75	76.17	84.45	-0.1	0.9	5 641	63.50
TFe_2O_3	%	4.23	0.92	4.13	1.25	0.22	4.13	4.16	0.50	0.40	2.01	2.54	3.69	4.69	6.33	7.44	12.29	0.8	3.2	5 607	4.19
SOC	%	0.86	0.39	0.78	1.54	0.45	0.80	0.80	0.17	0.04	0.16	0.28	0.65	0.99	1.75	2.66	7.30	2.9	23.4	5 517	0.81
pH	无量纲						8.14	7.93	0.38	4.55	4.91	5.23	7.19	8.19	8.65	8.85	9.56				

表 2.4.11B　建设用地深层土壤 (150~200 cm) 地球化学参数 (n=1 421)

指标	单位	算术平均值 X_a	算术标准差 S_a	几何平均值 X_g	几何标准差 S_g	变异系数 CV	众值 X_{mo}	中位值 X_{me}	中位绝对离差 MAD	最小值 X_{min}	累积频率 $X_{0.5\%}$	$X_{2.5\%}$	$X_{25\%}$	$X_{75\%}$	$X_{97.5\%}$	$X_{99.5\%}$	最大值 X_{max}	偏度系数 SK	峰度系数 BK	基准值 n'	X_a'
Ag	mg/kg	0.063	0.024	0.060	1.321	0.38	0.053	0.061	0.010	0.008	0.028	0.035	0.051	0.070	0.102	0.152	0.594	9.6	183.9	1 386	0.061
As	mg/kg	9.2	3.3	8.6	1.5	0.36	8.1	8.8	1.9	1.3	2.7	3.5	7.0	10.9	16.9	20.1	33.2	0.9	2.8	1 399	9.0
Au	μg/kg	1.7	0.9	1.6	1.4	0.54	1.3	1.5	0.3	0.6	0.8	0.9	1.3	1.9	3.3	5.4	22.1	11.5	219.7	1 357	1.5
B	mg/kg	43.1	14.4	40.2	1.5	0.33	50.2	45.2	9.2	5.7	8.6	13.6	33.9	52.9	68.9	84.0	117.3	0.0	1.0	1 414	42.8
Ba	mg/kg	628	301	590	1	0.48	464	530	73	199	396	421	473	674	1 323	1 908	6 384	6.9	101.8	1 280	556
Be	mg/kg	2.02	0.46	1.98	1.19	0.23	1.96	1.96	0.20	0.64	1.29	1.42	1.79	2.20	2.76	3.59	13.48	11.1	263.8	1 390	1.99
Bi	mg/kg	0.25	0.09	0.23	1.39	0.36	0.22	0.24	0.04	0.04	0.07	0.11	0.19	0.28	0.40	0.56	1.23	3.6	32.0	1 402	0.24
Br	mg/kg	4.5	5.6	3.4	1.8	1.25	3.3	3.1	0.9	0.5	0.9	1.4	2.4	4.3	21.8	41.6	52.1	5.2	30.5	1 302	3.2
TC	%	0.86	0.55	0.69	2.03	0.64	0.31	0.74	0.43	0.08	0.13	0.20	0.37	1.27	2.02	2.35	4.85	0.8	1.4	1 414	0.85
Cd	mg/kg	0.097	0.050	0.090	1.479	0.51	0.090	0.090	0.020	0.007	0.031	0.041	0.070	0.110	0.184	0.303	0.863	6.4	76.4	1 384	0.092
Ce	mg/kg	70.8	17.1	69.0	1.3	0.24	63.4	68.0	6.8	16.8	31.6	46.4	61.8	75.6	111.4	148.4	231.1	2.5	14.9	1 335	68.3
Cl	mg/kg	590	2 082	143	3	3.53	60	99	45	32	37	43	64	206	7 273	14 070	24 383	6.1	43.9	1 186	107
Co	mg/kg	13.2	4.8	12.5	1.4	0.37	12.6	12.3	2.1	2.4	4.9	7.0	10.3	14.8	24.6	39.0	45.1	2.2	9.0	1 367	12.5
Cr	mg/kg	65.8	20.8	63.2	1.3	0.32	65.1	64.1	7.7	12.9	20.9	33.2	57.0	72.4	111.1	165.7	325.6	4.0	36.8	1 352	63.5
Cu	mg/kg	22.1	9.2	20.9	1.4	0.42	19.9	21.2	4.1	4.5	7.0	9.8	17.5	25.6	37.4	54.5	231.7	9.6	196.5	1 395	21.4
F	mg/kg	508	119	496	1	0.24	478	500	63	144	248	311	442	569	736	1 036	2 198	2.7	30.8	1 400	503
Ga	mg/kg	15.9	2.7	15.6	1.2	0.17	15.1	15.9	2.0	6.3	9.9	10.9	13.8	17.9	20.8	22.9	24.9	0.1	-0.4	1 417	15.9
Ge	mg/kg	1.32	0.18	1.31	1.14	0.14	1.30	1.30	0.10	0.69	0.90	1.01	1.20	1.40	1.72	1.92	2.43	0.8	2.2	1 404	1.32
Hg	mg/kg	0.021	0.027	0.017	1.621	1.32	0.014	0.017	0.004	0.003	0.006	0.008	0.013	0.021	0.053	0.154	0.722	15.4	332.8	1 335	0.017
I	mg/kg	2.01	1.03	1.82	1.55	0.51	1.47	1.78	0.50	0.56	0.63	0.81	1.35	2.40	4.79	6.53	9.74	2.4	10.4	1 366	1.87
La	mg/kg	35.6	8.3	34.8	1.2	0.23	32.8	34.3	3.0	6.5	16.2	24.1	31.6	37.7	55.8	77.4	140.1	3.3	26.8	1 343	34.5
Li	mg/kg	31.9	8.4	30.7	1.3	0.26	31.0	31.4	5.2	7.9	11.7	17.0	26.5	36.8	49.1	55.8	98.3	0.6	2.8	1 414	31.7
Mn	mg/kg	693	393	633	2	0.57	574	591	111	152	273	363	495	733	1 758	3 145	4 302	4.1	23.8	1 299	599
Mo	mg/kg	0.60	0.28	0.56	1.39	0.46	0.57	0.55	0.10	0.23	0.25	0.31	0.46	0.66	1.11	2.01	4.70	6.3	70.5	1 373	0.56
N	%	0.038	0.014	0.036	1.368	0.37	0.030	0.035	0.006	0.016	0.017	0.021	0.029	0.043	0.070	0.090	0.187	2.7	18.0	1 371	0.036
Nb	mg/kg	13.9	2.6	13.7	1.2	0.19	13.9	13.8	1.0	5.3	8.4	10.0	12.7	14.7	19.4	27.9	46.6	4.1	38.4	1 360	13.7
Ni	mg/kg	29.6	11.1	28.1	1.4	0.37	27.5	28.0	4.9	4.8	9.5	14.2	23.6	33.8	55.2	86.4	188.9	3.9	37.4	1 371	28.2

指标	单位	算术平均值 X_a	算术标准差 S_a	几何平均值 X_g	几何标准差 S_g	变异系数 CV	众值 X_{mo}	中位值 X_{me}	中位绝对离差 MAD	最小值 X_{min}	累积频率 $X_{0.5\%}$	$X_{2.5\%}$	$X_{25\%}$	$X_{75\%}$	$X_{97.5\%}$	$X_{99.5\%}$	最大值 X_{max}	偏度系数 SK	峰度系数 BK	n'	基准值 X'_a
P	mg/kg	504	175	474	1	0.35	619	529	98	136	177	212	374	605	843	1 228	1 678	1.2	6.4	1 399	493
Pb	mg/kg	22.5	7.7	21.6	1.3	0.34	17.5	21.1	3.2	10.3	13.2	14.3	18.2	24.7	40.3	72.3	118.9	4.4	34.2	1 365	21.4
Rb	mg/kg	96.0	15.3	94.8	1.2	0.16	88.2	94.7	9.2	40.4	58.6	73.1	85.7	104.0	130.9	146.2	198.7	0.9	3.2	1 398	95.2
S	mg/kg	165	129	143	2	0.78	144	135	31	51	63	74	107	174	553	1 004	1 432	4.6	27.8	1 303	135
Sb	mg/kg	0.83	0.34	0.78	1.42	0.40	0.73	0.81	0.18	0.21	0.30	0.39	0.62	0.98	1.41	1.96	6.54	5.6	80.8	1 402	0.81
Sc	mg/kg	10.5	2.3	10.2	1.3	0.22	9.7	10.4	1.4	1.8	4.4	5.9	9.1	11.9	15.0	17.7	23.4	0.3	1.4	1 398	10.4
Se	mg/kg	0.10	0.06	0.10	1.43	0.59	0.08	0.09	0.02	0.03	0.04	0.05	0.08	0.12	0.21	0.33	1.60	12.2	264.3	1 357	0.10
Sn	mg/kg	2.6	0.8	2.5	1.3	0.29	2.5	2.5	0.4	0.7	1.3	1.6	2.2	2.9	4.0	5.7	12.0	4.0	38.5	1 390	2.6
Sr	mg/kg	205	75	195	1	0.37	198	196	23	47	82	113	169	217	391	557	1 182	3.8	30.4	1 315	190
Th	mg/kg	11.1	2.9	10.7	1.3	0.26	10.1	10.8	1.5	3.3	4.5	6.7	9.3	12.3	17.1	25.6	36.7	2.4	14.3	1 378	10.8
Ti	mg/kg	3 760	603	3 711	1	0.16	3 629	3 746	248	938	1 883	2 500	3 516	4 015	4 874	5 625	9 524	1.1	12.6	1 379	3 754
Tl	mg/kg	0.60	0.10	0.60	1.18	0.17	0.57	0.60	0.06	0.28	0.35	0.43	0.54	0.66	0.83	0.96	1.61	1.2	7.7	1 403	0.60
U	mg/kg	2.13	0.44	2.08	1.24	0.21	2.00	2.14	0.24	0.66	0.86	1.26	1.88	2.36	3.03	3.96	4.54	0.6	3.5	1 382	2.11
V	mg/kg	79.2	17.1	77.2	1.3	0.22	71.0	78.3	9.8	16.5	32.6	45.0	69.1	88.9	114.0	131.0	182.9	0.3	1.9	1 404	79.0
W	mg/kg	1.58	0.39	1.53	1.29	0.25	1.70	1.61	0.19	0.32	0.57	0.84	1.39	1.77	2.23	2.82	6.96	2.0	27.9	1 397	1.57
Y	mg/kg	23.4	3.2	23.1	1.2	0.14	23.9	23.5	1.7	8.0	13.2	16.4	21.8	25.1	29.8	33.0	39.5	-0.1	2.7	1 393	23.4
Zn	mg/kg	58.9	16.0	57.1	1.3	0.27	61.0	57.7	7.9	11.3	27.2	33.5	50.0	65.8	89.2	132.1	199.7	2.4	16.1	1 389	57.6
Zr	mg/kg	254	62	248	1	0.24	221	248	30	113	136	161	219	280	372	503	1 226	3.9	47.6	1 396	250
Al$_2$O$_3$	%	13.13	1.75	13.01	1.15	0.13	14.14	13.25	1.39	6.46	9.10	10.26	11.59	14.48	16.37	17.45	20.00	0.0	-0.5	1 419	13.13
CaO	%	3.61	2.28	2.86	2.06	0.63	1.26	2.97	1.83	0.38	0.56	0.82	1.49	5.57	7.95	9.53	13.09	0.5	-0.5	1 415	3.58
MgO	%	1.59	0.54	1.50	1.42	0.34	1.76	1.59	0.31	0.13	0.42	0.66	1.26	1.86	2.52	3.28	7.59	2.3	20.4	1 406	1.57
K$_2$O	%	2.41	0.39	2.39	1.16	0.16	2.18	2.33	0.16	0.98	1.65	1.89	2.18	2.52	3.41	3.83	6.12	2.0	9.6	1 343	2.35
Na$_2$O	%	1.96	0.50	1.90	1.30	0.25	1.97	1.92	0.28	0.31	0.87	1.07	1.65	2.21	3.11	3.55	4.00	0.6	0.9	1 407	1.95
SiO$_2$	%	62.76	4.25	62.62	1.07	0.07	62.81	63.03	2.32	46.39	49.48	53.30	60.54	65.16	70.93	73.37	84.71	-0.3	1.2	1 399	62.89
TFe$_2$O$_3$	%	4.44	0.99	4.33	1.26	0.22	4.56	4.37	0.64	1.05	2.15	2.68	3.75	5.03	6.54	7.62	10.73	0.6	1.8	1 406	4.42
SOC	%	0.28	0.17	0.25	1.67	0.61	0.24	0.25	0.08	0.04	0.06	0.09	0.18	0.34	0.70	1.07	2.24	3.5	24.3	1 367	0.26
pH	无量纲						8.58	8.28	0.33	5.51	5.79	6.46	7.79	8.56	8.96	9.14	9.30				

表 2.4.12A 湖区底泥表层土壤（0～20 cm）地球化学参数（n=228）

指标	单位	算术平均值 X_a	算术标准差 S_a	几何平均值 X_g	几何标准差 S_g	变异系数 CV	众值 X_{mo}	中位值 X_{me}	中位绝对离差 MAD	最小值 X_{min}	累积频率 $X_{0.5\%}$	$X_{2.5\%}$	$X_{25\%}$	$X_{75\%}$	$X_{97.5\%}$	$X_{99.5\%}$	最大值 X_{max}	偏度系数 SK	峰度系数 BK	背景值 n'	X_a'
Ag	mg/kg	0.086	0.017	0.084	1.199	0.20	0.081	0.084	0.008	0.052	0.052	0.061	0.076	0.093	0.116	0.167	0.189	2.2	9.6	222	0.084
As	mg/kg	17.8	5.4	17.0	1.4	0.30	14.6	17.4	3.9	6.1	7.2	7.7	13.9	21.9	28.0	31.8	36.2	0.2	-0.2	227	17.7
Au	μg/kg	2.9	1.1	2.7	1.5	0.37	2.2	2.7	0.7	0.9	0.9	1.1	2.1	3.5	5.4	6.1	6.5	0.7	0.5	225	2.8
B	mg/kg	34.0	6.0	33.5	1.2	0.18	31.9	33.5	2.7	21.0	21.8	23.4	30.8	36.2	51.4	55.8	56.5	1.1	2.4	221	33.4
Ba	mg/kg	513	56	510	1	0.11	515	514	37	381	389	412	473	547	647	699	719	0.6	1.2	223	509
Be	mg/kg	2.27	0.33	2.25	1.17	0.14	2.49	2.30	0.23	1.22	1.29	1.51	2.07	2.52	2.74	2.80	3.02	-0.7	0.4	225	2.29
Bi	mg/kg	0.48	0.12	0.47	1.32	0.25	0.57	0.49	0.08	0.19	0.19	0.24	0.40	0.57	0.69	0.77	0.80	-0.2	-0.2	228	0.48
Br	mg/kg	6.9	5.3	5.5	2.0	0.76	3.6	5.2	2.3	1.1	1.2	1.7	3.4	8.7	20.1	31.7	34.0	1.9	5.1	218	6.2
TC	%	4.55	2.61	3.88	1.79	0.57	2.82	3.95	1.44	0.52	0.62	1.19	2.65	5.58	10.55	12.15	13.50	1.1	0.6	226	4.47
Cd	mg/kg	0.229	0.081	0.214	1.478	0.36	0.206	0.222	0.052	0.058	0.064	0.084	0.177	0.282	0.403	0.490	0.546	0.5	0.9	224	0.225
Ce	mg/kg	72.7	11.7	71.7	1.2	0.16	77.3	73.3	7.4	38.2	44.1	50.7	65.4	80.1	95.3	114.8	116.6	0.3	1.6	222	72.0
Cl	mg/kg	268	188	217	2	0.70	146	205	91	55	67	72	134	338	773	956	1 016	1.5	2.0	220	247
Co	mg/kg	16.4	2.9	16.2	1.2	0.17	13.6	16.8	2.3	8.9	9.4	10.7	14.3	18.8	20.4	22.8	23.5	-0.3	-0.5	228	16.4
Cr	mg/kg	86.0	11.3	85.2	1.2	0.13	94.1	88.6	6.8	51.3	53.2	59.2	79.9	94.1	102.0	109.1	109.7	-0.9	0.4	227	86.2
Cu	mg/kg	38.3	8.5	37.5	1.2	0.22	36.3	37.8	4.4	18.9	19.1	25.4	33.2	42.0	56.6	73.7	86.1	1.7	6.5	222	37.5
F	mg/kg	688	105	681	1	0.15	662	687	66	426	448	495	631	759	833	888	1 501	1.8	15.0	227	685
Ga	mg/kg	18.5	3.0	18.2	1.2	0.16	19.2	18.8	2.2	9.6	9.7	11.1	16.5	20.8	22.8	23.9	24.1	-0.6	0.2	228	18.5
Ge	mg/kg	1.31	0.24	1.29	1.21	0.18	1.37	1.32	0.11	0.53	0.64	0.85	1.20	1.42	1.77	2.23	2.36	0.2	3.0	223	1.31
Hg	mg/kg	0.047	0.015	0.044	1.401	0.32	0.036	0.045	0.010	0.017	0.017	0.019	0.036	0.057	0.077	0.090	0.097	0.4	0.0	227	0.046
I	mg/kg	7.46	6.73	5.39	2.21	0.90	8.20	4.77	2.45	0.91	0.97	1.45	2.99	9.20	26.80	34.90	37.20	2.0	4.4	216	6.27
La	mg/kg	38.8	5.8	38.4	1.2	0.15	40.8	38.6	3.6	20.8	24.7	28.6	34.8	41.9	51.8	56.1	59.9	0.4	1.1	225	38.7
Li	mg/kg	47.2	8.1	46.5	1.2	0.17	55.3	48.2	6.0	24.6	27.5	30.6	41.7	53.8	59.1	61.2	62.6	-0.4	-0.5	228	47.2
Mn	mg/kg	813	194	790	1	0.24	752	800	116	333	403	459	691	923	1 168	1 495	1 690	0.6	1.6	226	806
Mo	mg/kg	1.20	0.55	1.10	1.47	0.46	0.97	1.07	0.26	0.43	0.46	0.57	0.86	1.35	2.65	3.47	4.98	2.5	11.4	220	1.12
N	%	0.263	0.177	0.210	1.996	0.67	0.142	0.215	0.099	0.034	0.038	0.054	0.136	0.343	0.651	0.768	1.011	1.2	1.1	227	0.260
Nb	mg/kg	12.7	1.7	12.6	1.2	0.14	13.1	13.1	0.8	6.7	6.8	8.2	11.9	13.8	15.6	16.5	16.7	-1.0	1.5	220	12.9
Ni	mg/kg	39.8	7.0	39.1	1.2	0.18	35.5	40.3	5.2	20.7	22.8	25.2	35.3	45.5	51.2	54.0	54.5	-0.4	-0.5	228	39.8

指标	单位	算术平均值 X_a	算术标准差 S_a	几何平均值 X_g	几何标准差 S_g	变异系数 CV	众值 X_{mo}	中位值 X_{me}	中位绝对离差 MAD	最小值 X_{min}	累积频率 $X_{0.5\%}$	$X_{2.5\%}$	$X_{25\%}$	$X_{75\%}$	$X_{97.5\%}$	$X_{99.5\%}$	最大值 X_{max}	偏度系数 SK	峰度系数 BK	n'	背景值 X_a'
P	mg/kg	672	141	660	1	0.21	634	642	69	391	406	464	588	731	1 008	1 322	1 372	1.7	5.0	220	655
Pb	mg/kg	29.4	6.2	28.8	1.2	0.21	32.9	29.3	3.6	16.5	17.6	19.5	25.7	32.7	40.5	49.0	79.4	2.4	18.3	226	29.1
Rb	mg/kg	106.6	15.5	105.4	1.2	0.15	113.8	109.2	10.8	60.3	60.5	67.1	97.8	119.2	126.8	132.9	135.0	-0.8	0.3	228	106.6
S	mg/kg	3 958	3 401	2 281	3	0.86	5 349	3 136	2 471	132	145	215	1 018	6 214	11 319	12 225	12 884	0.7	-0.5	228	3 958
Sb	mg/kg	1.25	0.30	1.21	1.27	0.24	1.15	1.20	0.19	0.47	0.63	0.78	1.03	1.44	1.93	2.36	2.46	0.8	1.7	224	1.23
Sc	mg/kg	13.9	2.4	13.7	1.2	0.17	16.9	13.9	1.8	8.0	8.2	9.2	12.2	15.9	17.7	18.9	19.0	-0.2	-0.7	228	13.9
Se	mg/kg	0.48	0.32	0.39	1.91	0.67	0.19	0.38	0.17	0.09	0.10	0.12	0.23	0.63	1.17	1.62	1.86	1.3	1.8	223	0.45
Sn	mg/kg	2.9	0.8	2.8	1.2	0.27	2.8	2.8	0.3	1.7	1.9	2.1	2.6	3.1	3.7	4.4	12.8	9.2	116.7	224	2.8
Sr	mg/kg	318	150	293	2	0.47	224	273	60	157	161	172	222	359	730	859	1 060	1.9	4.1	205	277
Th	mg/kg	13.7	2.1	13.6	1.2	0.15	15.4	13.9	1.7	7.9	8.2	9.7	12.1	15.4	17.3	18.5	19.0	-0.2	-0.4	228	13.7
Ti	mg/kg	3 619	475	3 584	1	0.13	3 867	3 688	227	1 987	2 127	2 468	3 410	3 888	4 449	4 763	4 989	-0.8	1.5	221	3 651
Tl	mg/kg	0.70	0.10	0.69	1.14	0.14	0.72	0.69	0.05	0.46	0.49	0.54	0.64	0.74	0.86	1.19	1.34	1.8	10.8	226	0.69
U	mg/kg	3.51	1.74	3.28	1.39	0.50	2.84	2.97	0.41	2.03	2.09	2.19	2.66	3.71	6.82	14.18	15.49	4.0	20.7	214	3.18
V	mg/kg	95.4	15.0	94.1	1.2	0.16	93.0	96.0	11.0	53.0	56.0	62.0	86.0	107.0	118.0	124.0	146.0	-0.3	0.1	227	95.2
W	mg/kg	1.99	0.28	1.97	1.16	0.14	2.16	2.02	0.17	1.22	1.32	1.39	1.85	2.17	2.47	2.61	3.04	-0.2	0.6	227	1.99
Y	mg/kg	20.7	2.5	20.5	1.1	0.12	20.8	21.3	1.3	11.4	12.7	14.5	19.7	22.3	24.6	25.5	25.6	-1.2	1.6	222	20.9
Zn	mg/kg	88.8	16.2	87.3	1.2	0.18	98.4	90.8	10.8	45.0	52.5	57.2	77.7	99.7	115.4	131.5	134.3	-0.2	-0.3	228	88.8
Zr	mg/kg	143	46	137	1	0.32	117	126	20	67	74	81	114	167	254	329	360	1.5	3.3	223	139
Al_2O_3	%	13.60	1.64	13.49	1.14	0.12	14.24	13.87	0.91	8.26	8.37	9.42	12.80	14.69	15.96	16.89	20.77	-0.6	2.4	219	13.74
CaO	%	9.96	4.42	9.10	1.54	0.44	8.62	9.24	1.93	1.85	2.91	3.82	7.19	11.08	23.31	25.20	25.77	1.4	2.4	218	9.33
MgO	%	2.40	0.42	2.36	1.21	0.17	2.79	2.43	0.31	1.17	1.20	1.57	2.13	2.73	3.02	3.15	3.26	-0.4	-0.4	228	2.40
K_2O	%	2.43	0.33	2.41	1.16	0.14	2.43	2.47	0.22	1.32	1.42	1.57	2.27	2.69	2.89	2.92	3.01	-1.0	0.9	220	2.47
Na_2O	%	0.98	0.39	0.92	1.43	0.40	0.69	0.80	0.17	0.51	0.52	0.56	0.69	1.18	1.95	2.20	2.30	1.3	1.0	222	0.95
SiO_2	%	46.96	7.44	46.31	1.19	0.16	45.94	47.12	4.17	25.76	25.85	28.60	43.33	51.92	59.59	65.66	65.77	-0.5	0.6	228	46.96
TFe_2O_3	%	5.96	0.91	5.88	1.18	0.15	6.31	6.08	0.70	3.20	3.81	4.05	5.34	6.71	7.27	7.63	7.73	-0.5	-0.3	227	5.97
SOC	%	2.73	2.06	2.02	2.27	0.75	1.20	2.15	1.14	0.16	0.23	0.32	1.19	3.69	7.75	9.06	11.43	1.2	1.3	226	2.66
pH	无量纲						7.70	7.82	0.14	7.48	7.50	7.57	7.71	8.08	8.52	8.63	8.75				

表 2.4.12B　湖区底泥深层土壤（150~200 cm）地球化学参数（n=28）

指标	单位	算术平均值 Xa	算术标准差 Sa	几何平均值 Xg	几何标准差 Sg	变异系数 CV	众值 Xmo	中位值 Xme	中位绝对离差 MAD	最小值 Xmin	累积频率							最大值 Xmax	偏度系数 SK	峰度系数 BK	基准值	
											X0.5%	X2.5%	X25%	X75%	X97.5%	X99.5%				n'	Xa'
Ag	mg/kg	0.086	0.012	0.085	1.166	0.14	0.085	0.087	0.003	0.049	0.049	0.060	0.084	0.091	0.101	0.111	0.111	-1.1	3.2	27	0.087
As	mg/kg	17.6	4.2	17.1	1.3	0.24	15.5	18.1	3.4	8.9	8.9	10.9	15.5	21.2	23.0	23.1	23.1	-0.4	-0.9	28	17.6
Au	μg/kg	2.9	0.8	2.8	1.3	0.29	3.8	2.7	0.7	1.6	1.6	1.8	2.2	3.7	4.1	4.4	4.4	0.3	-1.2	28	2.9
B	mg/kg	37.0	3.5	36.8	1.1	0.10	33.0	36.9	2.2	26.9	26.9	33.0	35.1	39.1	42.8	44.9	44.9	-0.3	1.8	28	37.0
Ba	mg/kg	563	38	562	1	0.07	578	578	19	456	456	507	539	585	622	628	628	-0.8	1.0	28	563
Be	mg/kg	2.31	0.27	2.29	1.13	0.12	2.52	2.38	0.15	1.59	1.59	1.84	2.14	2.52	2.64	2.70	2.70	-0.9	0.2	28	2.31
Bi	mg/kg	0.42	0.10	0.41	1.27	0.23	0.53	0.44	0.09	0.25	0.25	0.25	0.34	0.52	0.53	0.55	0.55	-0.4	-1.1	28	0.42
Br	mg/kg	1.8	0.6	1.7	1.4	0.33	2.1	1.8	0.3	0.8	0.8	0.9	1.5	2.1	2.6	3.6	3.6	0.8	2.4	28	1.7
TC	%	2.18	0.65	2.06	1.45	0.30	2.31	2.30	0.39	0.69	0.69	0.88	1.90	2.63	2.97	3.23	3.23	-0.8	0.0	27	2.18
Cd	mg/kg	0.176	0.057	0.166	1.461	0.33	0.245	0.182	0.046	0.067	0.067	0.073	0.139	0.225	0.245	0.250	0.250	-0.5	-1.0	28	0.176
Ce	mg/kg	80.5	9.6	80.0	1.1	0.12	81.3	81.3	4.0	63.2	63.2	64.5	77.1	84.7	99.9	100.9	100.9	0.1	0.1	28	80.5
Cl	mg/kg	62	10	61	1	0.17	64	61	7	47	47	47	54	67	84	88	88	0.8	0.5	28	62
Co	mg/kg	16.7	2.6	16.5	1.2	0.16	19.2	17.6	1.9	11.0	11.0	11.8	14.8	18.6	20.0	20.2	20.2	-0.6	-0.7	28	16.7
Cr	mg/kg	88.8	9.1	88.4	1.1	0.10	89.7	89.6	7.1	66.6	66.6	74.2	82.0	96.0	100.7	101.3	101.3	-0.6	-0.4	28	88.8
Cu	mg/kg	36.1	6.5	35.5	1.2	0.18	31.0	38.4	4.4	22.6	22.6	25.6	31.0	40.0	45.2	45.8	45.8	-0.4	-0.9	28	36.1
F	mg/kg	759	86	753	1	0.11	798	773	44	516	516	520	724	808	866	867	867	-1.6	2.7	28	759
Ga	mg/kg	19.7	2.7	19.5	1.2	0.14	19.5	20.6	1.9	13.7	13.7	15.6	17.5	21.2	23.6	23.9	23.9	-0.4	-0.6	28	19.7
Ge	mg/kg	1.35	0.12	1.34	1.10	0.09	1.24	1.36	0.11	1.05	1.05	1.17	1.25	1.44	1.51	1.58	1.58	-0.2	-0.2	28	1.35
Hg	mg/kg	0.030	0.008	0.029	1.301	0.28	0.033	0.029	0.005	0.016	0.016	0.019	0.024	0.033	0.040	0.057	0.057	1.2	3.3	27	0.029
I	mg/kg	1.53	0.45	1.46	1.38	0.29	1.42	1.48	0.20	0.55	0.55	0.75	1.32	1.68	2.38	2.46	2.46	0.1	0.3	28	1.53
La	mg/kg	40.3	5.0	40.0	1.1	0.13	40.9	40.7	1.6	31.5	31.5	32.5	39.1	42.1	51.0	52.3	52.3	0.4	0.6	28	40.3
Li	mg/kg	52.0	7.3	51.5	1.2	0.14	54.0	53.5	5.6	38.5	38.5	40.6	44.4	58.6	60.3	62.0	62.0	-0.4	-1.3	28	52.0
Mn	mg/kg	869	215	839	1.22	0.25	908	920	100	364	364	424	757	977	1215	1280	1280	-0.5	0.3	28	869
Mo	mg/kg	0.88	0.16	0.87	1.22	0.19	0.91	0.88	0.06	0.46	0.46	0.58	0.83	0.95	1.15	1.24	1.24	-0.5	1.2	28	0.88
N	%	0.075	0.023	0.071	1.401	0.31	0.082	0.075	0.018	0.029	0.029	0.032	0.058	0.091	0.113	0.118	0.118	0.0	-0.5	28	0.075
Nb	mg/kg	14.2	0.9	14.2	1.1	0.07	14.4	14.3	0.7	12.2	12.2	12.7	13.6	14.8	15.4	16.5	16.5	0.2	0.2	28	14.2
Ni	mg/kg	43.6	6.5	43.1	1.2	0.15	48.5	44.5	4.1	27.8	27.8	31.7	40.7	48.5	50.8	51.0	51.0	-0.8	-0.1	28	43.6

指标	单位	算术平均值 X_a	算术标准差 S_a	几何平均值 X_g	几何标准差 S_g	变异系数 CV	众值 X_{mo}	中位值 X_{me}	中位绝对离差 MAD	最小值 X_{min}	累积频率 $X_{0.5\%}$	$X_{2.5\%}$	$X_{25\%}$	$X_{75\%}$	$X_{97.5\%}$	$X_{99.5\%}$	最大值 X_{max}	偏度系数 SK	峰度系数 BK	n'	基准值 X_a'
P	mg/kg	572	92	563	1	0.16	574	609	28	326	326	373	573	632	658	662	662	-1.6	1.4	28	572
Pb	mg/kg	27.1	4.4	26.8	1.2	0.16	30.1	27.2	3.8	18.4	18.4	20.5	23.4	30.5	34.3	34.6	34.6	0.0	-0.9	28	27.1
Rb	mg/kg	119.2	14.4	118.3	1.1	0.12	119.4	120.1	9.8	81.5	81.5	91.8	110.3	129.5	134.8	145.1	145.1	-0.9	0.7	28	119.2
S	mg/kg	221	84	207	1	0.38	141	203	62	114	114	128	150	268	376	439	439	0.9	0.2	28	221
Sb	mg/kg	1.21	0.26	1.17	1.27	0.22	1.25	1.24	0.18	0.59	0.59	0.69	1.06	1.41	1.56	1.60	1.60	-0.7	0.2	28	1.21
Sc	mg/kg	15.7	2.5	15.5	1.2	0.16	14.4	16.0	1.8	10.7	10.7	11.5	14.0	17.6	19.3	20.0	20.0	-0.4	-0.8	28	15.7
Se	mg/kg	0.15	0.03	0.14	1.31	0.24	0.12	0.15	0.03	0.06	0.06	0.08	0.12	0.17	0.19	0.20	0.20	-0.6	0.0	28	0.15
Sn	mg/kg	3.0	0.3	3.0	1.1	0.11	2.9	3.0	0.2	2.3	2.3	2.4	2.8	3.1	3.5	3.9	3.9	0.5	1.6	28	3.0
Sr	mg/kg	197	26	196	1	0.13	200	200	9	149	149	153	188	205	224	290	290	1.3	5.6	27	194
Th	mg/kg	15.0	2.2	14.8	1.2	0.15	15.2	15.2	1.6	10.8	10.8	11.0	13.4	16.5	18.5	18.9	18.9	-0.2	-0.7	28	15.0
Ti	mg/kg	3 986	311	3 974	1	0.08	3 991	3 940	143	3 223	3 223	3 523	3 838	4 168	4 390	4 931	4 931	0.6	2.9	27	3 951
Tl	mg/kg	0.71	0.08	0.71	1.12	0.11	0.69	0.70	0.07	0.56	0.56	0.59	0.65	0.76	0.84	0.85	0.85	0.0	-0.9	28	0.71
U	mg/kg	2.71	0.38	2.69	1.14	0.14	2.54	2.60	0.19	2.14	2.14	2.27	2.49	2.93	3.53	3.68	3.68	1.0	0.6	28	2.71
V	mg/kg	103.5	12.4	102.7	1.1	0.12	117.0	104.5	10.5	74.0	74.0	80.0	93.0	114.0	117.0	122.0	122.0	-0.6	-0.4	28	103.5
W	mg/kg	2.22	0.17	2.21	1.08	0.08	2.23	2.23	0.08	1.70	1.70	1.85	2.16	2.31	2.46	2.46	2.46	-1.3	2.2	28	2.24
Y	mg/kg	23.3	1.6	23.2	1.1	0.07	22.7	23.0	0.5	20.3	20.3	20.5	22.6	23.6	26.8	27.9	27.9	1.1	2.6	27	23.3
Zn	mg/kg	84.6	16.2	83.0	1.2	0.19	95.0	92.0	10.0	49.6	49.6	54.7	74.3	96.6	104.5	105.6	105.6	-0.6	-0.7	28	84.6
Zr	mg/kg	158	59	150	1	0.37	124	133	13	116	116	118	123	168	252	394	394	2.8	9.4	27	149
Al$_2$O$_3$	%	14.35	1.31	14.29	1.10	0.09	12.93	14.79	0.86	10.97	10.97	12.70	13.53	15.21	15.98	16.82	16.82	-0.5	0.1	28	14.35
CaO	%	8.03	2.70	7.45	1.53	0.34	8.72	8.59	1.38	2.36	2.36	2.68	6.89	9.79	10.42	14.55	14.55	-0.4	0.7	28	8.03
MgO	%	2.56	0.48	2.51	1.23	0.19	2.83	2.70	0.27	1.42	1.42	1.67	2.22	2.93	3.02	3.07	3.07	-1.0	-0.2	28	2.56
K$_2$O	%	2.60	0.34	2.57	1.15	0.13	2.84	2.70	0.20	1.83	1.83	1.91	2.46	2.86	2.95	2.97	2.97	-1.0	0.0	28	2.60
Na$_2$O	%	1.00	0.31	0.95	1.37	0.31	0.68	1.02	0.29	0.59	0.59	0.61	0.68	1.26	1.48	1.53	1.53	0.1	-1.5	28	1.00
SiO$_2$	%	51.39	4.96	51.16	1.10	0.10	47.32	50.53	3.77	45.31	45.31	45.93	46.89	54.42	59.86	63.42	63.42	0.7	-0.4	28	51.39
TFe$_2$O$_3$	%	6.36	0.92	6.29	1.16	0.15	7.00	6.54	0.59	4.28	4.28	4.70	5.60	7.00	7.63	8.12	8.12	-0.4	-0.3	28	6.36
SOC	%	0.58	0.20	0.53	1.59	0.35	0.61	0.61	0.12	0.11	0.11	0.16	0.47	0.68	0.85	1.12	1.12	0.0	1.5	28	0.58
pH	无量纲						8.30	8.36	0.06	8.22	8.22	8.27	8.30	8.43	8.55	8.56	8.56				

2.5 山东土壤地球化学参数——按成土母质类型

表 2.5.1A 基性侵入岩类表层土壤（0~20 cm）地球化学参数（n=196）

指标	单位	算术平均值 X_a	算术标准差 S_a	几何平均值 X_g	几何标准差 S_g	变异系数 CV	众值 X_{mo}	中位值 X_{me}	中位绝对离差 MAD	最小值 X_{min}	累积频率						最大值 X_{max}	偏度系数 SK	峰度系数 BK	背景值	
											$X_{0.5\%}$	$X_{2.5\%}$	$X_{25\%}$	$X_{75\%}$	$X_{97.5\%}$	$X_{99.5\%}$				n'	X_a'
Ag	mg/kg	0.072	0.040	0.067	1.396	0.55	0.071	0.066	0.010	0.029	0.033	0.041	0.057	0.076	0.168	0.358	0.398	5.5	37.8	184	0.065
As	mg/kg	6.1	2.3	5.8	1.4	0.37	4.9	5.9	1.3	1.5	2.2	3.0	4.6	7.1	11.4	13.9	18.3	1.4	4.1	191	5.9
Au	μg/kg	2.1	4.1	1.6	1.8	1.92	1.2	1.4	0.3	0.6	0.7	0.8	1.2	1.9	6.1	15.9	53.7	10.8	133.5	175	1.4
B	mg/kg	28.6	11.4	26.2	1.5	0.40	29.1	28.4	7.0	7.7	8.4	10.1	20.9	35.1	55.2	58.1	60.2	0.5	-0.1	196	28.6
Ba	mg/kg	719	346	662	2	0.48	495	641	139	226	276	355	509	793	1 515	1 723	3 393	3.1	18.1	181	646
Be	mg/kg	1.84	0.34	1.81	1.20	0.18	1.84	1.82	0.20	0.96	1.12	1.24	1.64	2.03	2.63	2.79	2.91	0.4	0.5	195	1.84
Bi	mg/kg	0.25	0.13	0.23	1.50	0.53	0.23	0.23	0.05	0.06	0.07	0.11	0.18	0.28	0.45	0.83	1.39	4.5	32.8	191	0.23
Br	mg/kg	3.3	1.1	3.1	1.4	0.34	2.7	3.1	0.7	1.1	1.2	1.5	2.5	3.8	5.3	7.5	8.1	1.1	2.8	193	3.2
TC	%	0.85	0.36	0.79	1.44	0.42	0.66	0.77	0.18	0.29	0.36	0.40	0.66	0.97	1.79	2.52	2.59	2.0	6.2	188	0.80
Cd	mg/kg	0.136	0.102	0.123	1.460	0.75	0.117	0.120	0.022	0.051	0.056	0.071	0.098	0.144	0.277	0.790	1.217	7.7	72.1	187	0.121
Ce	mg/kg	71.6	21.9	68.6	1.3	0.31	80.9	67.8	12.2	29.9	30.0	35.7	56.9	80.9	125.1	148.3	149.0	1.1	1.7	192	70.1
Cl	mg/kg	123	279	94	2	2.27	57	84	21	42	45	53	67	115	284	491	3 906	13.0	176.7	179	88
Co	mg/kg	15.3	6.3	14.2	1.5	0.41	15.1	14.2	3.5	4.2	4.5	6.7	10.9	18.0	28.5	39.6	43.9	1.5	3.6	191	14.7
Cr	mg/kg	81.3	50.9	70.5	1.7	0.63	71.6	65.9	16.4	10.0	18.5	30.3	53.2	89.3	207.2	265.8	414.3	2.6	10.3	178	68.4
Cu	mg/kg	31.0	15.8	27.7	1.6	0.51	24.8	25.6	7.4	7.8	9.8	12.2	20.6	39.6	71.6	94.4	98.8	1.5	2.8	190	29.3
F	mg/kg	551	197	524	1	0.36	482	498	76	297	308	323	435	592	1 073	1 252	1 420	1.7	3.3	188	525
Ga	mg/kg	17.7	2.2	17.6	1.1	0.13	16.9	17.9	1.5	11.0	12.8	13.6	16.4	19.3	22.0	22.6	22.7	-0.3	-0.3	195	17.8
Ge	mg/kg	1.29	0.15	1.28	1.12	0.12	1.27	1.29	0.09	0.94	0.95	1.02	1.20	1.38	1.54	1.74	2.14	0.9	4.2	194	1.28
Hg	mg/kg	0.035	0.038	0.028	1.711	1.08	0.023	0.025	0.006	0.010	0.011	0.014	0.021	0.034	0.113	0.239	0.385	6.0	45.9	179	0.027
I	mg/kg	1.98	1.23	1.80	1.51	0.62	1.32	1.77	0.46	0.77	0.80	0.84	1.33	2.34	3.72	5.83	15.20	6.8	69.4	191	1.86
La	mg/kg	37.1	11.7	35.5	1.3	0.32	33.1	34.3	5.8	16.6	17.6	19.5	29.5	42.5	65.5	84.0	94.2	1.5	3.7	190	35.9
Li	mg/kg	27.0	7.6	26.0	1.3	0.28	23.5	26.0	4.7	10.2	13.4	15.4	22.0	31.3	46.4	53.2	62.3	1.0	2.5	190	26.2
Mn	mg/kg	628	190	600	1	0.30	539	602	126	167	230	341	498	740	1 054	1 190	1 360	0.7	1.0	194	621
Mo	mg/kg	0.62	0.30	0.57	1.42	0.48	0.51	0.56	0.12	0.25	0.28	0.34	0.45	0.70	1.25	2.30	2.73	3.9	21.4	189	0.57
N	%	0.081	0.020	0.079	1.277	0.25	0.086	0.080	0.012	0.041	0.041	0.047	0.068	0.092	0.125	0.141	0.155	0.7	0.8	194	0.081
Nb	mg/kg	12.6	2.8	12.3	1.2	0.22	12.2	12.4	1.6	6.4	6.9	7.7	10.8	14.0	19.1	21.6	22.9	0.7	1.2	193	12.5

指标	单位	算术平均值 X_a	算术标准差 S_a	几何平均值 X_g	几何标准差 S_g	变异系数 CV	众值 X_{mo}	中位值 X_{me}	中位绝对离差 MAD	最小值 X_{min}	累积频率						最大值 X_{max}	偏度系数 SK	峰度系数 BK	n'	背景值 X_a'
											$X_{0.5\%}$	$X_{2.5\%}$	$X_{25\%}$	$X_{75\%}$	$X_{97.5\%}$	$X_{99.5\%}$					
Ni	mg/kg	35.9	23.2	31.4	1.6	0.65	28.2	29.6	7.4	5.6	9.2	14.8	23.2	39.9	86.7	162.0	213.0	3.6	20.9	178	30.4
P	mg/kg	790	406	713	2	0.51	620	685	200	284	296	334	514	930	1 688	2 789	3 020	2.3	8.0	188	733
Pb	mg/kg	23.5	6.4	22.7	1.3	0.27	22.5	23.1	3.4	8.9	9.6	11.8	20.1	26.5	35.4	40.6	63.2	1.2	6.8	195	23.3
Rb	mg/kg	90.1	27.1	86.2	1.4	0.30	106.4	89.1	13.2	20.0	33.6	46.3	75.2	101.5	159.1	190.9	207.4	1.1	3.0	187	86.9
S	mg/kg	182	82	171	1	0.45	131	161	31	88	88	102	139	205	367	704	826	4.3	26.9	184	166
Sb	mg/kg	0.57	0.20	0.54	1.36	0.35	0.49	0.53	0.10	0.22	0.23	0.32	0.45	0.66	1.00	1.50	1.86	2.3	10.5	190	0.55
Sc	mg/kg	11.6	4.1	10.9	1.4	0.35	10.1	10.7	2.5	3.2	4.0	5.9	8.5	13.8	21.1	23.6	26.6	0.9	0.9	192	11.3
Se	mg/kg	0.18	0.07	0.17	1.34	0.40	0.15	0.17	0.02	0.10	0.10	0.11	0.15	0.19	0.32	0.57	0.70	4.0	21.9	190	0.17
Sn	mg/kg	2.5	1.7	2.4	1.4	0.66	2.0	2.4	0.4	1.3	1.3	1.4	2.0	2.8	3.6	6.8	23.5	10.5	130.3	191	2.4
Sr	mg/kg	281	122	260	2	0.44	236	263	74	109	118	136	189	336	538	717	1 046	2.0	8.0	192	271
Th	mg/kg	11.2	6.0	10.0	1.6	0.54	10.4	9.6	2.2	2.0	2.8	4.4	7.7	12.5	28.6	38.5	38.6	2.2	6.0	183	9.9
Ti	mg/kg	3 856	908	3 756	1	0.24	3 648	3 818	534	1 702	1 821	2 341	3 263	4 301	5 740	7 469	8 238	1.1	3.8	191	3 771
Tl	mg/kg	0.58	0.19	0.55	1.36	0.33	0.57	0.56	0.09	0.18	0.25	0.28	0.46	0.63	1.13	1.25	1.42	1.5	3.5	184	0.54
U	mg/kg	1.88	0.72	1.77	1.43	0.38	1.62	1.76	0.31	0.59	0.66	0.88	1.48	2.07	4.04	4.47	4.72	1.5	3.3	184	1.75
V	mg/kg	88.5	32.6	83.2	1.4	0.37	78.3	82.8	17.0	26.7	28.0	43.3	68.7	101.1	169.7	191.3	250.3	1.4	3.5	190	85.2
W	mg/kg	1.34	0.91	1.20	1.54	0.68	0.94	1.16	0.27	0.35	0.46	0.62	0.93	1.47	3.15	5.87	9.78	5.4	41.7	186	1.19
Y	mg/kg	21.5	3.4	21.2	1.2	0.16	20.1	21.7	2.2	11.6	11.9	15.4	19.3	23.7	28.6	31.1	33.8	0.1	0.7	195	21.4
Zn	mg/kg	70.3	19.0	67.8	1.3	0.27	75.7	67.6	12.0	32.0	33.2	39.3	57.7	81.2	110.7	137.1	138.2	0.8	1.2	192	68.9
Zr	mg/kg	258	65	250	1	0.25	254	249	38	111	137	154	217	289	416	466	475	0.8	0.9	193	255
Al_2O_3	%	13.86	0.98	13.83	1.07	0.07	14.10	13.99	0.68	10.37	11.66	11.95	13.18	14.60	15.34	16.34	16.66	-0.3	0.3	195	13.88
CaO	%	2.40	1.55	2.07	1.68	0.65	1.39	1.96	0.63	0.65	0.70	0.92	1.39	2.74	6.72	8.98	10.44	2.3	6.7	183	2.08
MgO	%	1.80	0.98	1.59	1.62	0.54	1.08	1.53	0.47	0.53	0.56	0.66	1.15	2.11	4.58	5.05	5.92	1.6	2.8	183	1.61
K_2O	%	2.40	0.54	2.33	1.29	0.23	2.21	2.41	0.34	0.65	0.99	1.30	2.07	2.74	3.35	3.78	3.81	-0.2	0.2	195	2.41
Na_2O	%	2.57	0.62	2.50	1.27	0.24	1.83	2.55	0.44	1.34	1.34	1.51	2.12	2.98	3.74	4.64	5.09	0.6	0.9	194	2.55
SiO_2	%	63.21	5.09	62.99	1.09	0.08	65.13	64.04	3.38	46.54	48.39	50.80	60.27	66.78	70.90	73.81	75.79	-0.8	0.8	191	63.60
TFe_2O_3	%	4.98	1.48	4.78	1.33	0.30	4.23	4.74	0.80	2.08	2.25	2.75	4.11	5.67	7.85	10.13	11.61	1.1	2.4	192	4.88
SOC	%	0.77	0.25	0.73	1.38	0.33	0.65	0.75	0.15	0.29	0.30	0.38	0.60	0.90	1.30	1.62	1.89	0.9	2.0	193	0.76
pH	无量纲						6.24	6.29	0.76	4.71	4.88	5.03	5.73	7.22	8.02	8.28	8.33				

表 2.5.1B 基性侵入岩类深层土壤（150~200 cm）地球化学参数（n=41）

指标	单位	算术平均值 X_a	算术标准差 S_a	几何平均值 X_g	几何标准差 S_g	变异系数 CV	众数 X_{mo}	中位值 X_{me}	中位绝对离差 MAD	最小值 X_{min}	$X_{0.5\%}$	$X_{2.5\%}$	$X_{25\%}$	$X_{75\%}$	$X_{97.5\%}$	$X_{99.5\%}$	最大值 X_{max}	偏度系数 SK	峰度系数 BK	n'	基准值 X_a'
Ag	mg/kg	0.058	0.023	0.055	1.340	0.39	0.056	0.054	0.007	0.032	0.032	0.033	0.047	0.061	0.096	0.172	0.172	3.4	16.0	39	0.054
As	mg/kg	6.0	2.5	5.4	1.6	0.41	6.4	6.4	2.3	1.8	1.8	1.9	4.0	7.8	10.1	11.0	11.0	0.1	-1.0	41	6.0
Au	μg/kg	1.6	0.6	1.5	1.4	0.38	1.2	1.4	0.3	0.7	0.7	0.9	1.2	1.8	3.3	3.5	3.5	1.4	2.9	39	1.5
B	mg/kg	25.8	11.7	22.9	1.7	0.45	26.5	25.7	6.5	6.1	6.1	6.2	18.6	29.4	53.0	56.5	56.5	0.7	0.7	41	25.8
Ba	mg/kg	716	242	679	1	0.34	657	657	141	325	325	360	538	865	1 268	1 453	1 453	0.9	1.0	40	698
Be	mg/kg	1.84	0.33	1.81	1.20	0.18	1.75	1.79	0.23	1.14	1.14	1.23	1.67	2.02	2.49	2.66	2.66	0.2	0.1	41	1.84
Bi	mg/kg	0.19	0.06	0.18	1.41	0.33	0.24	0.18	0.04	0.08	0.08	0.08	0.14	0.24	0.30	0.31	0.31	0.3	-0.6	41	0.19
Br	mg/kg	2.7	1.1	2.5	1.6	0.39	2.4	2.6	0.6	0.5	0.5	1.1	2.1	3.6	4.7	4.9	4.9	0.2	-0.5	41	2.7
TC	%	0.53	0.40	0.42	1.89	0.76	0.28	0.46	0.21	0.13	0.13	0.16	0.24	0.64	1.70	2.15	2.15	2.3	7.0	39	0.45
Cd	mg/kg	0.094	0.053	0.084	1.570	0.56	0.092	0.090	0.026	0.035	0.035	0.038	0.062	0.109	0.174	0.351	0.351	3.0	13.7	40	0.087
Ce	mg/kg	71.7	18.6	69.2	1.3	0.26	72.6	72.6	9.3	32.9	32.9	40.1	60.5	81.5	104.5	110.4	110.4	0.0	-0.3	41	71.7
Cl	mg/kg	75	30	70	1	0.40	62	66	14	34	34	38	57	90	133	207	207	2.3	8.1	40	72
Co	mg/kg	15.8	5.7	14.8	1.4	0.36	12.4	14.7	3.6	6.4	6.4	6.7	12.3	19.7	26.5	32.8	32.8	0.8	0.6	41	15.8
Cr	mg/kg	67.9	28.4	62.4	1.5	0.42	62.7	62.7	16.8	28.2	28.2	29.2	46.4	80.8	127.6	130.5	130.5	0.7	-0.1	41	67.9
Cu	mg/kg	25.1	11.2	23.0	1.5	0.45	16.6	22.5	5.9	9.9	9.9	12.3	16.8	29.6	43.8	63.4	63.4	1.3	2.1	40	24.1
F	mg/kg	506	158	483	1	0.31	381	469	88	193	193	313	392	605	874	891	891	0.8	0.3	41	506
Ga	mg/kg	18.2	2.3	18.1	1.1	0.13	18.5	18.5	1.5	13.4	13.4	13.6	17.0	19.7	22.9	23.2	23.2	-0.2	0.0	41	18.2
Ge	mg/kg	1.33	0.14	1.32	1.12	0.11	1.34	1.34	0.11	1.01	1.01	1.02	1.22	1.42	1.57	1.58	1.58	-0.2	-0.4	41	1.33
Hg	mg/kg	0.015	0.007	0.013	1.506	0.51	0.010	0.012	0.003	0.007	0.007	0.008	0.010	0.018	0.038	0.039	0.039	2.0	4.2	38	0.013
I	mg/kg	1.77	0.62	1.65	1.49	0.35	0.91	1.76	0.36	0.42	0.42	0.85	1.42	2.22	2.79	3.48	3.48	0.3	0.3	41	1.77
La	mg/kg	35.8	9.9	34.5	1.3	0.28	24.3	34.7	5.8	17.3	17.3	20.1	29.5	40.5	54.1	59.5	59.5	0.3	-0.2	41	35.8
Li	mg/kg	26.4	6.1	25.6	1.3	0.23	25.8	25.8	3.4	12.1	12.1	14.2	22.8	30.0	38.0	39.3	39.3	0.0	0.2	41	26.4
Mn	mg/kg	680	324	629	2	0.48	524	622	112	279	279	320	516	734	1 539	2 100	2 100	2.7	9.3	38	607
Mo	mg/kg	0.55	0.19	0.52	1.34	0.35	0.45	0.50	0.09	0.32	0.32	0.34	0.43	0.59	1.10	1.11	1.11	1.8	3.1	41	0.55
N	%	0.043	0.017	0.040	1.451	0.41	0.030	0.038	0.009	0.020	0.020	0.022	0.030	0.050	0.090	0.090	0.090	1.1	0.8	41	0.043
Nb	mg/kg	12.4	2.5	12.2	1.2	0.20	12.3	12.3	1.6	7.5	7.5	8.7	10.7	13.9	17.3	20.4	20.4	0.8	1.4	40	12.2
Ni	mg/kg	31.6	13.2	29.1	1.5	0.42	24.4	28.9	6.0	9.7	9.7	13.5	24.1	36.9	63.7	65.1	65.1	1.0	0.7	41	31.6

指标	单位	算术平均值 X_a	算术标准差 S_a	几何平均值 X_g	几何标准差 S_g	变异系数 CV	众值 X_{mo}	中位值 X_{me}	中位绝对离差 MAD	最小值 X_{min}	累积频率 $X_{0.5\%}$	$X_{2.5\%}$	$X_{25\%}$	$X_{75\%}$	$X_{97.5\%}$	$X_{99.5\%}$	最大值 X_{max}	偏度系数 SK	峰度系数 BK	n'	基准值 X_a'
P	mg/kg	508	327	439	2	0.64	346	403	127	190	190	209	323	539	1 407	1 757	1 757	2.2	5.3	38	435
Pb	mg/kg	20.6	5.2	19.9	1.3	0.25	22.9	21.0	2.7	9.0	9.0	10.0	17.4	23.6	28.3	36.5	36.5	0.1	1.4	40	20.2
Rb	mg/kg	86.9	22.7	83.9	1.3	0.26	85.9	85.9	10.1	38.6	38.6	40.1	79.7	98.9	124.4	169.8	169.8	0.7	4.0	40	84.8
S	mg/kg	108	30	104	1	0.27	82	105	20	65	65	73	82	121	174	178	178	0.9	0.4	41	108
Sb	mg/kg	0.58	0.19	0.55	1.41	0.33	0.63	0.59	0.15	0.27	0.27	0.29	0.43	0.72	0.96	1.00	1.00	0.3	-0.6	41	0.58
Sc	mg/kg	11.4	3.5	10.9	1.4	0.31	10.2	10.5	1.8	5.1	5.1	6.2	9.2	13.5	19.2	23.1	23.1	1.0	2.2	40	11.1
Se	mg/kg	0.12	0.05	0.11	1.47	0.40	0.08	0.11	0.03	0.05	0.05	0.05	0.08	0.14	0.24	0.25	0.25	1.1	1.2	41	0.12
Sn	mg/kg	2.2	0.5	2.2	1.3	0.23	2.4	2.3	0.4	1.3	1.3	1.4	1.8	2.5	3.2	3.5	3.5	0.2	-0.2	41	2.2
Sr	mg/kg	276	100	261	1	0.36	201	255	59	126	126	146	207	329	494	596	596	1.1	1.7	40	268
Th	mg/kg	10.2	3.5	9.6	1.5	0.34	12.2	10.2	2.1	3.2	3.2	4.2	8.1	12.2	16.5	21.0	21.0	0.5	1.1	40	10.0
Ti	mg/kg	3 794	863	3 706	1	0.23	3 668	3 668	484	2 533	2 533	2 724	3 188	4 152	5 983	6 118	6 118	1.0	0.8	41	3 794
Tl	mg/kg	0.54	0.13	0.52	1.27	0.25	0.52	0.53	0.05	0.27	0.27	0.31	0.49	0.58	0.73	1.08	1.08	1.4	6.1	40	0.52
U	mg/kg	1.68	0.53	1.60	1.38	0.31	1.71	1.68	0.29	0.57	0.57	0.98	1.28	1.92	3.02	3.03	3.03	0.8	1.1	41	1.68
V	mg/kg	88.1	28.4	84.3	1.3	0.32	71.2	82.0	12.7	47.2	47.2	48.0	71.0	98.1	144.0	194.4	194.4	1.5	3.9	40	85.5
W	mg/kg	1.22	0.55	1.13	1.49	0.45	1.02	1.12	0.25	0.47	0.47	0.47	0.94	1.47	2.10	3.72	3.72	2.4	9.8	40	1.16
Y	mg/kg	21.3	3.6	21.0	1.2	0.17	20.7	21.1	2.3	12.4	12.4	16.0	19.5	23.6	26.5	32.6	32.6	0.2	1.5	40	21.0
Zn	mg/kg	65.7	16.8	63.5	1.3	0.26	52.0	65.4	9.5	26.4	26.4	38.1	56.1	74.9	104.1	113.3	113.3	0.3	1.1	41	65.7
Zr	mg/kg	238	61	230	1	0.26	207	233	38	112	112	156	196	271	343	429	429	0.7	1.2	40	233
Al_2O_3	%	14.28	1.14	14.24	1.08	0.08	14.20	14.26	0.53	11.79	11.79	11.83	13.68	14.73	15.94	17.55	17.55	0.1	1.1	41	14.28
CaO	%	2.63	1.96	2.18	1.77	0.74	1.88	2.00	0.71	0.93	0.93	0.95	1.44	2.90	7.01	10.98	10.98	2.5	7.7	38	2.20
MgO	%	1.77	1.01	1.56	1.65	0.57	1.42	1.42	0.48	0.42	0.42	0.74	1.12	2.19	3.80	5.87	5.87	2.0	5.8	40	1.67
K_2O	%	2.32	0.52	2.26	1.27	0.23	2.45	2.41	0.29	1.19	1.19	1.29	2.03	2.60	3.46	3.82	3.82	0.1	1.5	41	2.32
Na_2O	%	2.52	0.64	2.44	1.30	0.25	2.66	2.40	0.39	1.09	1.09	1.48	2.15	2.95	4.04	4.06	4.06	0.4	0.4	41	2.52
SiO_2	%	62.48	4.90	62.29	1.08	0.08	63.28	63.28	3.13	51.35	51.35	51.60	59.07	65.70	69.73	72.11	72.11	-0.5	0.0	41	62.48
TFe_2O_3	%	4.96	1.31	4.80	1.30	0.26	5.43	4.74	0.94	2.36	2.36	2.82	4.21	5.85	7.05	9.28	9.28	0.7	1.6	40	4.85
SOC	%	0.37	0.23	0.31	1.82	0.62	0.23	0.28	0.14	0.10	0.10	0.12	0.21	0.51	1.00	1.01	1.01	1.2	1.0	41	0.37
pH	无量纲						6.67	7.33	0.53	5.41	5.41	5.52	6.85	7.86	8.32	8.42	8.42				

表2.5.2A 中性火山岩类表层土壤（0~20 cm）地球化学参数（n=64）

指标	单位	算术平均值 X_a	算术标准差 S_a	几何平均值 X_g	几何标准差 S_g	变异系数 CV	众值 X_{mo}	中位值 X_{me}	中位绝对离差 MAD	最小值 X_{min}	累积频率 $X_{0.5\%}$	$X_{2.5\%}$	$X_{25\%}$	$X_{75\%}$	$X_{97.5\%}$	$X_{99.5\%}$	最大值 X_{max}	偏度系数 SK	峰度系数 BK	背景值 n'	X_a'
Ag	mg/kg	0.074	0.045	0.069	1.373	0.61	0.064	0.065	0.008	0.044	0.044	0.047	0.059	0.074	0.092	0.342	0.342	5.1	27.6	62	0.066
As	mg/kg	7.1	1.8	6.9	1.3	0.25	6.0	6.7	1.1	4.1	4.1	4.7	6.0	8.0	10.9	11.9	11.9	0.7	0.1	64	7.1
Au	μg/kg	1.4	0.6	1.4	1.4	0.41	1.3	1.3	0.2	0.6	0.6	0.9	1.1	1.6	2.2	5.0	5.0	3.9	22.8	62	1.4
B	mg/kg	30.9	8.2	30.0	1.3	0.26	26.5	30.0	4.8	20.2	20.2	20.8	25.5	35.1	52.9	61.0	61.0	1.6	3.7	61	29.6
Ba	mg/kg	1 001	327	965	1	0.33	949	949	114	556	556	639	841	1 067	1 488	2 563	2 563	3.3	14.2	61	943
Be	mg/kg	1.86	0.31	1.84	1.15	0.17	1.88	1.83	0.13	1.46	1.46	1.47	1.69	1.93	2.28	3.21	3.21	2.6	10.2	62	1.81
Bi	mg/kg	0.23	0.09	0.22	1.35	0.37	0.20	0.20	0.02	0.14	0.14	0.15	0.19	0.26	0.50	0.56	0.56	2.2	5.3	59	0.21
Br	mg/kg	4.7	4.2	4.0	1.7	0.89	3.3	3.6	0.7	1.5	1.5	1.7	3.0	4.5	16.7	29.8	29.8	4.3	21.6	56	3.5
TC	%	0.82	0.21	0.80	1.28	0.25	0.79	0.79	0.11	0.37	0.37	0.52	0.69	0.91	1.23	1.43	1.43	0.6	0.4	64	0.82
Cd	mg/kg	0.123	0.070	0.112	1.489	0.57	0.084	0.102	0.018	0.058	0.058	0.069	0.085	0.131	0.308	0.459	0.459	3.1	10.7	60	0.107
Ce	mg/kg	88.2	35.3	83.8	1.3	0.40	84.8	84.3	13.8	47.3	47.3	56.4	69.2	94.9	134.9	257.8	257.8	3.5	15.2	62	82.8
Cl	mg/kg	514	1 369	144	3	2.67	84	94	33	39	39	51	69	159	4 727	7 962	7 962	4.1	17.6	52	93
Co	mg/kg	16.6	4.6	15.9	1.3	0.28	11.4	15.4	3.7	9.5	9.5	10.7	13.0	20.1	24.8	28.2	28.2	0.5	-0.7	64	16.6
Cr	mg/kg	89.8	34.7	83.4	1.5	0.39	58.6	82.5	25.0	36.7	36.7	41.0	60.9	117.3	159.2	177.2	177.2	0.5	-0.6	64	89.8
Cu	mg/kg	27.7	15.0	25.3	1.5	0.54	20.2	22.8	5.6	11.6	11.6	15.6	19.9	30.6	59.6	113.0	113.0	3.4	16.2	61	25.2
F	mg/kg	444	119	431	1	0.27	374	419	50	289	289	309	374	474	760	894	894	2.0	5.0	61	424
Ga	mg/kg	16.2	2.1	16.1	1.1	0.13	15.4	16.0	1.4	11.9	11.9	12.8	14.9	17.6	19.2	21.9	21.9	0.4	0.4	64	16.2
Ge	mg/kg	1.33	0.12	1.32	1.09	0.09	1.28	1.33	0.08	1.04	1.04	1.12	1.25	1.39	1.56	1.61	1.61	0.2	0.0	64	1.33
Hg	mg/kg	0.033	0.013	0.031	1.422	0.39	0.023	0.029	0.006	0.014	0.014	0.018	0.024	0.039	0.062	0.076	0.076	1.3	1.4	63	0.032
I	mg/kg	2.68	0.97	2.53	1.41	0.36	3.01	2.48	0.53	1.05	1.05	1.38	2.13	3.15	4.53	6.73	6.73	1.5	4.4	62	2.57
La	mg/kg	45.8	19.8	43.2	1.4	0.43	37.9	41.3	7.2	22.7	22.7	29.7	36.3	48.9	71.5	145.9	145.9	3.6	16.0	62	42.7
Li	mg/kg	29.8	6.1	29.2	1.2	0.20	27.6	29.4	3.5	17.1	17.1	19.9	26.3	32.5	43.2	45.7	45.7	0.6	0.5	64	29.8
Mn	mg/kg	750	183	730	1	0.24	722	716	99	427	427	511	621	815	1 190	1 240	1 240	1.0	0.8	64	750
Mo	mg/kg	0.74	0.36	0.69	1.45	0.48	0.66	0.67	0.11	0.38	0.38	0.44	0.52	0.76	1.73	2.07	2.07	2.3	5.3	58	0.64
N	%	0.087	0.021	0.085	1.265	0.24	0.085	0.085	0.014	0.047	0.047	0.056	0.074	0.100	0.126	0.138	0.138	0.4	-0.4	64	0.087
Nb	mg/kg	14.0	2.1	13.8	1.2	0.15	13.4	13.8	0.8	9.0	9.0	10.5	13.0	14.6	16.3	23.1	23.1	1.7	7.5	61	13.8
Ni	mg/kg	36.9	14.2	34.3	1.5	0.38	42.6	33.6	10.7	17.4	17.4	18.8	25.5	47.0	62.0	71.9	71.9	0.6	-0.7	64	36.9

指标	单位	算术平均值 X_a	算术标准差 S_a	几何平均值 X_g	几何标准差 S_g	变异系数 CV	众值 X_{mo}	中位值 X_{me}	中位绝对离差 MAD	最小值 X_{min}	$X_{0.5\%}$	$X_{2.5\%}$	$X_{25\%}$	$X_{75\%}$	$X_{97.5\%}$	$X_{99.5\%}$	最大值 X_{max}	偏度系数 SK	峰度系数 BK	n'	背景值 X_a'
P	mg/kg	817	281	778	1	0.34	607	759	141	404	404	450	645	908	1 294	1 946	1 946	1.9	5.3	62	782
Pb	mg/kg	28.8	23.3	26.0	1.4	0.81	23.8	24.1	1.4	16.6	16.6	19.9	22.9	26.5	39.9	184.4	184.4	5.8	35.6	59	24.2
Rb	mg/kg	86.7	10.1	86.1	1.1	0.12	84.4	85.5	5.1	69.9	69.9	72.7	80.9	91.9	107.0	125.1	125.1	1.1	2.3	63	86.1
S	mg/kg	231	145	206	2	0.63	178	178	29	126	126	134	161	243	664	791	791	2.8	7.4	58	189
Sb	mg/kg	0.62	0.14	0.61	1.22	0.23	0.62	0.59	0.05	0.44	0.44	0.44	0.55	0.63	1.00	1.12	1.12	1.7	3.0	58	0.58
Sc	mg/kg	10.3	2.6	10.0	1.3	0.25	10.5	9.7	1.8	6.1	6.1	6.9	8.3	12.1	15.9	17.5	17.5	0.8	0.2	64	10.3
Se	mg/kg	0.17	0.04	0.17	1.23	0.26	0.17	0.16	0.02	0.12	0.12	0.13	0.14	0.18	0.26	0.39	0.39	2.8	10.8	60	0.16
Sn	mg/kg	2.5	0.4	2.5	1.2	0.17	2.4	2.5	0.2	1.7	1.7	1.8	2.2	2.7	3.2	3.9	3.9	0.8	1.6	62	2.5
Sr	mg/kg	299	105	284	1	0.35	289	283	50	153	153	171	234	334	487	747	747	2.0	6.1	62	286
Th	mg/kg	10.9	6.3	10.1	1.4	0.58	9.8	9.6	1.1	6.9	6.9	7.4	8.6	10.6	15.9	47.4	47.4	4.9	25.5	61	9.7
Ti	mg/kg	4 350	691	4 294	1	0.16	4 418	4 356	612	2 577	2 577	3 241	3 855	4 968	5 409	5 464	5 464	-0.1	-0.8	64	4 350
Tl	mg/kg	0.53	0.07	0.52	1.14	0.14	0.49	0.52	0.05	0.39	0.39	0.42	0.47	0.58	0.67	0.76	0.76	0.9	1.0	62	0.52
U	mg/kg	2.07	0.85	1.99	1.28	0.41	2.00	1.96	0.15	1.35	1.35	1.46	1.79	2.09	2.49	6.85	6.85	4.9	25.1	62	1.93
V	mg/kg	95.1	22.6	92.7	1.3	0.24	104.1	90.6	14.7	59.5	59.5	63.4	77.8	108.0	149.9	175.3	175.3	1.0	1.7	63	93.8
W	mg/kg	1.23	0.30	1.19	1.25	0.25	1.12	1.19	0.16	0.76	0.76	0.78	1.06	1.36	1.83	2.39	2.39	1.7	5.0	62	1.19
Y	mg/kg	22.3	3.0	22.1	1.2	0.14	22.8	22.8	1.5	12.3	12.3	17.2	20.7	23.9	27.9	29.7	29.7	-0.5	1.6	63	22.4
Zn	mg/kg	62.7	21.7	60.1	1.3	0.35	59.0	61.2	10.0	32.9	32.9	38.6	51.0	70.2	84.8	166.1	166.1	3.0	12.7	62	59.5
Zr	mg/kg	313	45	309	1	0.15	320	309	24	195	195	247	289	335	424	452	452	0.7	2.0	62	308
Al_2O_3	%	14.01	1.21	13.96	1.09	0.09	14.28	14.00	0.75	11.41	11.41	11.69	13.30	14.75	16.77	16.95	16.95	0.2	0.3	64	14.01
CaO	%	1.36	0.37	1.31	1.32	0.27	1.31	1.34	0.25	0.74	0.74	0.75	1.08	1.54	2.11	2.24	2.24	0.4	-0.3	64	1.36
MgO	%	1.44	0.53	1.35	1.40	0.37	1.13	1.32	0.33	0.76	0.76	0.77	1.03	1.69	2.58	3.21	3.21	1.2	1.8	64	1.38
K_2O	%	2.61	0.29	2.60	1.11	0.11	2.68	2.56	0.15	2.12	2.12	2.21	2.45	2.71	3.33	3.70	3.70	1.3	2.8	61	2.57
Na_2O	%	2.15	0.30	2.13	1.17	0.14	1.93	2.17	0.22	0.99	0.99	1.72	1.95	2.36	2.65	2.75	2.75	-0.7	2.2	63	2.17
SiO_2	%	65.31	3.65	65.21	1.06	0.06	66.97	65.95	2.74	56.72	56.72	58.51	62.56	67.86	71.56	72.87	72.87	-0.2	-0.6	64	65.31
TFe_2O_3	%	4.98	1.01	4.88	1.23	0.20	4.70	4.85	0.69	2.83	2.83	3.22	4.22	5.74	6.55	7.65	7.65	0.2	-0.4	64	4.98
SOC	%	0.80	0.20	0.77	1.30	0.26	0.79	0.79	0.15	0.34	0.34	0.52	0.65	0.93	1.19	1.43	1.43	0.5	0.6	63	0.79
pH	无量纲						5.80	6.24	0.53	5.00	5.00	5.16	5.81	6.87	7.83	7.95	7.95				

表 2.5.2B 中性火山岩类深层土壤（150～200 cm）地球化学参数（n=16）

指标	单位	算术平均值 X_a	算术标准差 S_a	几何平均值 X_g	几何标准差 S_g	变异系数 CV	众值 X_{mo}	中位值 X_{me}	中位绝对离差 MAD	最小值 X_{min}	$X_{0.5\%}$	$X_{2.5\%}$	$X_{25\%}$	$X_{75\%}$	$X_{97.5\%}$	$X_{99.5\%}$	最大值 X_{max}	偏度系数 SK	峰度系数 BK	基准值 n'	基准值 X_a'
Ag	mg/kg	0.072	0.023	0.069	1.282	0.32	0.064	0.064	0.006	0.051	0.051	0.051	0.061	0.076	0.145	0.145	0.145	2.5	7.2	15	0.067
As	mg/kg	8.1	1.4	8.0	1.2	0.18	7.2	7.8	0.7	6.4	6.4	6.4	7.2	8.5	11.5	11.5	11.5	1.1	0.7	16	8.1
Au	μg/kg	1.4	0.3	1.4	1.2	0.19	1.4	1.4	0.2	1.0	1.0	1.0	1.3	1.6	1.8	1.8	1.8	0.1	-1.2	16	1.4
B	mg/kg	29.1	7.2	28.3	1.3	0.25	28.9	27.4	5.2	21.1	21.1	21.1	22.9	34.6	40.4	40.4	40.4	0.5	-1.4	16	29.1
Ba	mg/kg	976	282	941	1	0.29	901	891	149	589	589	589	795	1184	1586	1586	1586	0.8	-0.1	16	976
Be	mg/kg	2.00	0.23	1.99	1.12	0.12	1.97	2.00	0.16	1.59	1.59	1.59	1.88	2.14	2.46	2.46	2.46	0.1	-0.2	16	2.00
Bi	mg/kg	0.22	0.09	0.21	1.39	0.40	0.17	0.19	0.04	0.13	0.13	0.13	0.17	0.23	0.47	0.47	0.47	1.9	3.7	16	0.22
Br	mg/kg	4.8	2.5	4.3	1.5	0.53	4.9	4.0	0.8	2.2	2.2	2.2	3.5	4.9	11.3	11.3	11.3	2.0	3.4	16	4.8
TC	%	0.41	0.14	0.39	1.37	0.35	0.34	0.35	0.07	0.25	0.25	0.25	0.31	0.46	0.72	0.72	0.72	1.1	0.5	16	0.41
Cd	mg/kg	0.083	0.025	0.080	1.295	0.30	0.085	0.082	0.016	0.055	0.055	0.055	0.066	0.092	0.156	0.156	0.156	1.7	4.4	16	0.083
Ce	mg/kg	92.6	17.7	91.1	1.2	0.19	79.5	89.5	10.0	70.4	70.4	70.4	79.5	95.3	123.3	123.3	123.3	0.7	-0.8	16	92.6
Cl	mg/kg	314	618	116	3	1.97	69	69	14	46	46	46	63	93	1934	1934	1934	2.5	4.8	16	314
Co	mg/kg	21.0	6.0	20.1	1.3	0.29	17.5	19.7	3.5	11.6	11.6	11.6	16.8	24.9	31.3	31.3	31.3	0.3	-1.0	16	21.0
Cr	mg/kg	104.4	36.7	98.9	1.4	0.35	97.3	96.6	21.7	58.6	58.6	58.6	85.1	120.9	197.4	197.4	197.4	1.0	1.4	16	104.4
Cu	mg/kg	27.7	6.9	26.9	1.3	0.25	18.5	25.8	3.8	18.5	18.5	18.5	23.2	30.8	44.2	44.2	44.2	0.9	0.9	16	27.7
F	mg/kg	488	109	477	1	0.22	479	472	40	304	304	304	435	506	775	775	775	1.1	2.6	16	488
Ga	mg/kg	17.6	2.0	17.5	1.1	0.12	16.2	17.3	1.3	14.4	14.4	14.4	16.5	18.9	21.5	21.5	21.5	0.3	-0.4	16	17.6
Ge	mg/kg	1.36	0.15	1.35	1.11	0.11	1.37	1.37	0.11	1.09	1.09	1.09	1.26	1.47	1.62	1.62	1.62	-0.2	-0.8	16	1.36
Hg	mg/kg	0.016	0.008	0.015	1.383	0.48	0.012	0.014	0.002	0.010	0.010	0.010	0.012	0.017	0.043	0.043	0.043	3.2	11.5	15	0.014
I	mg/kg	2.98	0.80	2.87	1.31	0.27	3.09	3.06	0.49	1.72	1.72	1.72	2.44	3.43	4.86	4.86	4.86	0.4	0.7	16	2.98
La	mg/kg	44.6	6.9	44.1	1.2	0.16	46.2	45.4	5.3	35.1	35.1	35.1	39.1	47.5	58.3	58.3	58.3	0.5	-0.5	16	44.6
Li	mg/kg	37.2	7.7	36.4	1.2	0.21	30.5	34.1	4.1	27.1	27.1	27.1	33.0	43.8	50.0	50.0	50.0	0.6	-1.1	16	37.2
Mn	mg/kg	1018	409	950	1	0.40	960	934	223	539	539	539	770	1101	1962	1962	1962	1.1	0.4	16	1018
Mo	mg/kg	0.98	1.13	0.78	1.70	1.15	0.70	0.69	0.13	0.49	0.49	0.49	0.59	0.83	5.17	5.17	5.17	3.9	15.4	15	0.70
N	%	0.042	0.014	0.040	1.326	0.34	0.035	0.038	0.005	0.026	0.026	0.026	0.035	0.042	0.084	0.084	0.084	2.0	4.8	16	0.042
Nb	mg/kg	14.1	1.2	14.1	1.1	0.08	14.4	14.4	0.6	11.4	11.4	11.4	13.6	14.9	16.0	16.0	16.0	-0.9	0.8	16	14.1
Ni	mg/kg	48.4	15.8	45.9	1.4	0.33	49.0	47.0	8.8	23.1	23.1	23.1	40.1	55.2	79.6	79.6	79.6	0.4	0.1	16	48.4

指标	单位	算术平均值 X_a	算术标准差 S_a	几何平均值 X_g	几何标准差 S_g	变异系数 CV	众值 X_{mo}	中位值 X_{me}	中位绝对离差 MAD	最小值 X_{min}	累积频率 $X_{0.5\%}$	$X_{2.5\%}$	$X_{25\%}$	$X_{75\%}$	$X_{97.5\%}$	$X_{99.5\%}$	最大值 X_{max}	偏度系数 SK	峰度系数 BK	基准值 n'	X_a'
P	mg/kg	677	287	627	2	0.42	618	610	166	288	288	288	496	832	1 452	1 452	1 452	1.3	2.4	16	677
Pb	mg/kg	26.0	4.0	25.7	1.2	0.15	29.7	25.3	3.0	18.9	18.9	18.9	22.7	29.0	33.3	33.3	33.3	0.2	-0.7	16	26.0
Rb	mg/kg	90.3	13.2	89.4	1.2	0.15	86.8	89.6	9.3	69.4	69.4	69.4	84.1	98.5	115.9	115.9	115.9	0.2	-0.3	16	90.3
S	mg/kg	129	48	123	1	0.37	106	109	9	84	84	84	106	131	278	278	278	2.3	6.0	15	119
Sb	mg/kg	0.73	0.19	0.70	1.27	0.26	0.63	0.70	0.09	0.48	0.48	0.48	0.63	0.79	1.11	1.11	1.11	0.8	0.1	16	0.73
Sc	mg/kg	12.2	2.6	12.0	1.2	0.21	9.0	12.2	1.7	9.0	9.0	9.0	10.7	13.4	19.0	19.0	19.0	1.0	1.7	16	12.2
Se	mg/kg	0.11	0.04	0.11	1.35	0.35	0.09	0.11	0.02	0.06	0.06	0.06	0.09	0.12	0.22	0.22	0.22	1.6	3.0	16	0.11
Sn	mg/kg	2.2	0.4	2.2	1.2	0.16	2.0	2.4	0.3	1.6	1.6	1.6	2.0	2.5	2.7	2.7	2.7	-0.4	-1.2	16	2.2
Sr	mg/kg	246	86	233	1	0.35	248	243	56	120	120	120	186	293	475	475	475	1.1	2.2	16	246
Th	mg/kg	10.3	2.1	10.1	1.2	0.21	10.4	10.0	1.0	5.9	5.9	5.9	9.4	11.0	13.7	13.7	13.7	0.0	0.0	16	10.3
Ti	mg/kg	4 863	707	4 818	1	0.15	4 711	4 698	386	4 020	4 020	4 020	4 330	5 190	6 448	6 448	6 448	1.0	0.3	16	4 863
Tl	mg/kg	0.60	0.13	0.59	1.23	0.22	0.69	0.60	0.09	0.42	0.42	0.42	0.50	0.67	0.90	0.90	0.90	0.6	0.5	16	0.60
U	mg/kg	1.99	0.27	1.97	1.14	0.13	1.57	1.96	0.19	1.57	1.57	1.57	1.87	2.19	2.46	2.46	2.46	-0.1	-0.7	16	1.99
V	mg/kg	109.9	19.9	108.3	1.2	0.18	108.1	107.9	14.8	81.9	81.9	81.9	94.2	113.7	159.1	159.1	159.1	1.0	1.1	16	109.9
W	mg/kg	1.31	0.28	1.28	1.22	0.22	1.14	1.23	0.16	0.97	0.97	0.97	1.14	1.43	1.88	1.88	1.88	0.8	-0.4	16	1.31
Y	mg/kg	23.6	2.2	23.5	1.1	0.09	21.8	23.6	1.4	20.2	20.2	20.2	21.8	24.5	27.7	27.7	27.7	0.4	-0.3	16	23.6
Zn	mg/kg	65.4	12.1	64.3	1.2	0.19	69.2	67.2	8.2	46.7	46.7	46.7	58.1	72.7	88.0	88.0	88.0	0.0	-0.7	16	65.4
Zr	mg/kg	284	34	282	1	0.12	280	288	21	223	223	223	278	308	331	331	331	-0.6	-0.7	16	284
Al_2O_3	%	15.16	1.25	15.11	1.08	0.08	15.05	15.01	0.88	13.05	13.05	13.05	14.86	15.96	17.65	17.65	17.65	0.2	0.1	16	15.16
CaO	%	1.41	0.66	1.31	1.43	0.47	1.27	1.23	0.22	0.79	0.79	0.79	1.04	1.44	3.51	3.51	3.51	2.4	6.6	15	1.27
MgO	%	1.69	0.42	1.65	1.25	0.25	1.48	1.49	0.16	1.23	1.23	1.23	1.38	2.11	2.67	2.67	2.67	1.0	0.1	16	1.69
K_2O	%	2.54	0.31	2.52	1.12	0.12	2.51	2.49	0.21	2.07	2.07	2.07	2.40	2.70	3.11	3.11	3.11	0.5	-0.3	16	2.54
Na_2O	%	1.97	0.41	1.93	1.24	0.21	1.99	1.99	0.15	1.18	1.18	1.18	1.84	2.08	2.89	2.89	2.89	0.2	1.0	16	1.97
SiO_2	%	62.42	3.06	62.35	1.05	0.05	63.19	62.57	2.53	57.12	57.12	57.12	59.80	64.61	68.38	68.38	68.38	0.1	-0.6	16	62.42
TFe_2O_3	%	5.85	0.96	5.78	1.16	0.16	5.57	5.66	0.61	4.61	4.61	4.61	5.28	6.29	8.49	8.49	8.49	1.4	2.7	16	5.85
SOC	%	0.35	0.14	0.33	1.40	0.40	0.29	0.31	0.04	0.20	0.20	0.20	0.29	0.34	0.73	0.73	0.73	1.6	2.7	16	0.35
pH	无量纲						7.93	7.42	0.51	5.76	5.76	5.76	7.01	7.93	8.30	8.30	8.30			16	5.85

表 2.5.3A　中性侵入岩类表层土壤（0～20 cm）地球化学参数（n = 841）

| 指标 | 单位 | 算术平均值 X_a | 算术标准差 S_a | 几何平均值 X_g | 几何标准差 S_g | 变异系数 CV | 众值 X_{mo} | 中位值 X_{me} | 中位绝对离差 MAD | 最小值 X_{min} | \multicolumn{7}{c|}{累积频率} | 最大值 X_{max} | 偏度系数 SK | 峰度系数 BK | \multicolumn{2}{c}{背景值} |
											$X_{0.5\%}$	$X_{2.5\%}$	$X_{25\%}$	$X_{75\%}$	$X_{97.5\%}$	$X_{99.5\%}$				n'	X_a'
Ag	mg/kg	0.070	0.044	0.064	1.439	0.63	0.055	0.062	0.012	0.023	0.031	0.035	0.052	0.076	0.145	0.413	0.584	7.0	65.6	793	0.063
As	mg/kg	5.6	5.3	5.0	1.5	0.93	4.3	4.8	1.1	1.7	2.3	2.6	3.9	6.3	11.1	17.7	99.0	13.8	233.5	808	5.1
Au	μg/kg	1.9	3.9	1.4	1.8	2.08	1.0	1.2	0.3	0.5	0.6	0.7	1.0	1.6	7.0	27.6	70.9	11.3	158.8	770	1.3
B	mg/kg	25.0	13.4	22.1	1.6	0.54	16.2	21.3	6.5	3.8	6.6	9.0	16.1	30.3	58.8	78.1	129.8	2.0	7.7	811	23.3
Ba	mg/kg	1 035	419	957	2	0.41	651	970	292	364	414	480	694	1 299	1 993	2 223	3 609	0.9	1.3	837	1 027
Be	mg/kg	2.13	0.53	2.07	1.27	0.25	1.96	2.02	0.30	0.99	1.17	1.32	1.77	2.39	3.47	3.89	4.43	1.0	1.2	823	2.10
Bi	mg/kg	0.26	0.19	0.23	1.52	0.72	0.20	0.22	0.06	0.06	0.10	0.12	0.17	0.29	0.58	1.07	3.37	8.8	120.5	797	0.23
Br	mg/kg	3.0	1.8	2.8	1.4	0.60	2.1	2.7	0.5	1.0	1.4	1.6	2.2	3.3	5.7	10.6	30.9	9.9	143.0	805	2.7
TC	%	0.76	0.30	0.72	1.39	0.40	0.65	0.70	0.12	0.15	0.30	0.42	0.59	0.85	1.57	2.29	3.05	2.6	10.6	806	0.72
Cd	mg/kg	0.129	0.066	0.119	1.457	0.51	0.105	0.115	0.024	0.043	0.055	0.064	0.094	0.145	0.310	0.527	0.739	3.7	21.2	794	0.117
Ce	mg/kg	96.8	43.2	88.9	1.5	0.45	65.8	85.5	21.5	29.5	33.6	43.2	66.6	113.1	212.4	253.9	286.8	1.4	2.1	790	89.2
Cl	mg/kg	137	463	94	2	3.37	75	86	24	31	36	43	67	119	313	1 888	8 904	15.2	250.3	776	90
Co	mg/kg	13.3	4.2	12.6	1.4	0.32	12.7	12.6	2.5	4.1	5.0	6.9	10.3	15.6	22.8	30.1	35.3	1.0	2.0	828	13.0
Cr	mg/kg	58.3	32.3	52.5	1.5	0.55	46.4	49.8	13.7	16.5	21.3	25.4	38.7	68.1	140.7	208.8	375.0	3.3	19.6	803	53.3
Cu	mg/kg	26.6	15.8	23.6	1.6	0.59	18.0	22.6	6.4	7.5	8.5	10.3	16.9	31.2	63.5	115.0	178.0	3.1	16.9	792	23.8
F	mg/kg	558	218	522	1	0.39	521	510	117	168	232	275	408	652	1 089	1 497	1 755	1.5	3.7	824	542
Ga	mg/kg	18.0	2.2	17.8	1.1	0.12	19.0	18.0	1.5	11.1	12.7	13.9	16.5	19.4	22.5	23.5	24.8	0.1	0.0	839	18.0
Ge	mg/kg	1.27	0.15	1.27	1.13	0.12	1.26	1.26	0.10	0.85	0.97	1.00	1.16	1.37	1.60	1.70	1.86	0.4	0.2	837	1.27
Hg	mg/kg	0.035	0.119	0.025	1.755	3.39	0.021	0.023	0.006	0.007	0.008	0.011	0.018	0.030	0.097	0.346	3.210	23.4	609.6	755	0.023
I	mg/kg	1.94	0.96	1.78	1.48	0.49	1.28	1.74	0.41	0.59	0.71	0.88	1.38	2.25	4.28	5.95	14.20	4.0	35.8	805	1.81
La	mg/kg	52.5	26.2	47.3	1.6	0.50	40.2	45.5	12.5	13.4	18.8	21.7	34.9	61.3	125.2	146.4	159.5	1.6	2.5	772	46.5
Li	mg/kg	22.8	8.5	21.6	1.4	0.37	16.4	20.4	4.0	10.1	10.8	13.1	17.0	26.1	44.0	61.5	77.7	1.8	5.1	814	21.9
Mn	mg/kg	623	155	604	1	0.25	529	602	96	216	310	377	515	713	971	1 195	1 280	0.9	1.5	828	614
Mo	mg/kg	0.78	0.39	0.72	1.46	0.50	0.62	0.68	0.15	0.20	0.32	0.40	0.56	0.89	1.69	3.12	4.55	3.6	21.4	804	0.72
N	%	0.080	0.021	0.077	1.292	0.27	0.069	0.076	0.011	0.016	0.040	0.048	0.066	0.090	0.131	0.160	0.191	1.2	3.0	819	0.078
Nb	mg/kg	15.7	4.9	15.0	1.3	0.31	13.9	14.7	2.5	6.4	7.5	8.4	12.4	17.8	28.4	31.7	39.6	1.1	1.6	819	15.3
Ni	mg/kg	26.0	16.5	23.2	1.6	0.64	18.4	22.6	6.7	5.5	7.9	10.6	16.9	31.0	60.0	92.3	319.0	7.7	120.4	807	23.9

指标	单位	算术平均值 X_a	算术标准差 S_a	几何平均值 X_g	几何标准差 S_g	变异系数 CV	众值 X_{mo}	中位值 X_{me}	中位绝对离差 MAD	最小值 X_{min}	累积频率 $X_{0.5\%}$	$X_{2.5\%}$	$X_{25\%}$	$X_{75\%}$	$X_{97.5\%}$	$X_{99.5\%}$	最大值 X_{max}	偏度系数 SK	峰度系数 BK	n'	背景值 X_a'
P	mg/kg	849	400	778	2	0.47	649	772	203	235	299	370	583	998	1 874	2 505	4 236	2.5	13.1	808	796
Pb	mg/kg	28.9	15.0	26.8	1.4	0.52	21.6	25.4	4.7	8.9	11.9	15.6	21.4	31.5	63.3	119.6	225.7	5.3	47.6	795	26.2
Rb	mg/kg	99.6	22.1	97.1	1.3	0.22	85.4	97.0	13.3	33.3	49.5	60.7	85.3	112.1	151.9	159.4	188.0	0.5	0.5	838	99.4
S	mg/kg	177	111	167	1	0.62	150	160	26	80	91	110	138	191	324	586	2 716	15.4	333.8	793	162
Sb	mg/kg	0.54	0.35	0.50	1.37	0.64	0.41	0.49	0.09	0.20	0.26	0.31	0.41	0.59	0.96	1.50	8.41	15.5	330.3	816	0.51
Sc	mg/kg	10.1	2.9	9.6	1.3	0.29	8.8	9.6	1.8	3.3	4.2	5.1	8.1	11.7	16.3	19.2	24.7	0.8	1.2	834	10.0
Se	mg/kg	0.17	0.04	0.17	1.25	0.25	0.17	0.17	0.02	0.06	0.10	0.12	0.15	0.19	0.28	0.38	0.49	2.2	9.2	804	0.17
Sn	mg/kg	2.4	0.5	2.3	1.2	0.22	2.5	2.3	0.3	0.9	1.2	1.5	2.0	2.7	3.6	4.3	5.5	1.0	3.1	826	2.4
Sr	mg/kg	349	137	325	2	0.39	251	326	78	123	130	149	257	414	668	898	999	1.2	2.5	825	340
Th	mg/kg	14.8	9.0	12.9	1.6	0.61	9.9	11.4	3.2	3.6	4.9	6.0	9.1	16.7	39.1	51.3	66.4	2.0	4.6	739	12.0
Ti	mg/kg	3 919	803	3 842	1	0.21	3 961	3 825	454	1 786	2 141	2 611	3 406	4 310	5 861	6 601	8 235	0.9	2.0	820	3 853
Tl	mg/kg	0.63	0.17	0.61	1.28	0.27	0.55	0.60	0.09	0.23	0.33	0.38	0.52	0.70	1.06	1.25	1.63	1.5	4.2	812	0.61
U	mg/kg	2.28	0.97	2.12	1.45	0.43	1.86	2.02	0.45	0.78	0.93	1.12	1.65	2.66	4.79	6.05	7.04	1.6	3.0	805	2.15
V	mg/kg	84.0	23.4	81.0	1.3	0.28	81.0	80.1	13.9	31.8	37.3	47.8	68.3	95.9	137.6	174.3	200.1	1.1	2.1	829	82.8
W	mg/kg	1.30	0.54	1.21	1.43	0.42	0.91	1.23	0.29	0.42	0.50	0.63	0.95	1.52	2.46	3.96	6.73	2.8	17.8	817	1.24
Y	mg/kg	23.4	5.6	22.7	1.3	0.24	21.9	22.4	3.2	9.3	12.4	14.3	19.6	26.1	37.3	42.6	49.4	0.9	1.4	823	23.0
Zn	mg/kg	70.4	24.5	66.8	1.4	0.35	74.4	67.2	12.9	22.6	26.6	36.2	54.6	80.6	127.8	195.6	226.2	1.9	7.6	815	67.7
Zr	mg/kg	326	99	313	1	0.30	296	314	56	118	150	180	261	371	555	693	1 008	1.4	4.8	823	318
Al_2O_3	%	14.14	0.98	14.11	1.07	0.07	14.48	14.21	0.57	10.16	10.83	11.89	13.59	14.76	16.01	16.72	17.03	-0.5	1.4	820	14.20
CaO	%	1.97	0.95	1.77	1.59	0.48	1.98	1.82	0.59	0.46	0.54	0.74	1.26	2.44	4.21	5.61	8.83	1.5	5.1	826	1.90
MgO	%	1.46	0.68	1.32	1.57	0.46	1.25	1.35	0.40	0.27	0.36	0.53	0.97	1.80	3.13	3.95	6.26	1.5	4.8	819	1.40
K_2O	%	2.91	0.60	2.85	1.25	0.21	2.96	2.93	0.38	1.15	1.46	1.71	2.53	3.29	4.08	4.42	4.78	-0.1	0.0	840	2.91
Na_2O	%	2.68	0.44	2.64	1.21	0.17	2.71	2.70	0.24	0.93	1.22	1.52	2.46	2.95	3.48	3.78	3.97	-0.7	1.5	816	2.72
SiO_2	%	64.02	4.25	63.88	1.07	0.07	62.15	64.11	2.95	48.77	52.69	55.56	61.17	67.06	71.70	74.94	77.28	-0.2	0.1	836	64.04
TFe_2O_3	%	4.50	1.08	4.37	1.27	0.24	4.43	4.38	0.69	1.83	2.12	2.67	3.73	5.14	6.94	7.76	9.00	0.6	0.7	835	4.47
SOC	%	0.74	0.25	0.70	1.38	0.35	0.57	0.69	0.12	0.06	0.26	0.40	0.58	0.83	1.34	1.89	2.43	1.9	7.2	816	0.71
pH	无量纲						5.40	5.72	0.52	4.53	4.58	4.86	5.31	6.61	7.94	8.21	8.44				

表 2.5.3B　中性侵入岩类深层土壤（150～200 cm）地球化学参数　（n=224）

指标	单位	算术平均值 X_a	算术标准差 S_a	几何平均值 X_g	几何标准差 S_g	变异系数 CV	众值 X_{mo}	中位值 X_{me}	中位绝对离差 MAD	最小值 X_{min}	$X_{0.5\%}$	$X_{2.5\%}$	$X_{25\%}$	$X_{75\%}$	$X_{97.5\%}$	$X_{99.5\%}$	最大值 X_{max}	偏度系数 SK	峰度系数 BK	n'	基准值 X_a'
Ag	mg/kg	0.066	0.047	0.060	1.435	0.72	0.058	0.058	0.011	0.029	0.031	0.034	0.049	0.071	0.129	0.275	0.639	8.7	97.9	215	0.059
As	mg/kg	6.2	3.0	5.6	1.5	0.48	5.3	5.8	1.7	2.0	2.0	2.4	4.2	7.7	11.9	20.4	27.2	2.5	12.8	220	6.0
Au	μg/kg	2.8	15.2	1.4	1.8	5.46	1.1	1.3	0.3	0.7	0.7	0.8	1.1	1.6	3.7	67.9	218.0	13.3	185.2	207	1.3
B	mg/kg	26.4	13.3	23.3	1.7	0.51	25.6	23.5	7.5	5.8	6.2	8.2	16.9	33.7	53.5	81.0	85.9	1.3	2.7	221	25.6
Ba	mg/kg	993	406	916	2	0.41	803	910	299	351	359	467	671	1254	1862	2204	2648	0.8	0.5	222	980
Be	mg/kg	2.17	0.43	2.13	1.21	0.20	2.06	2.12	0.27	1.24	1.28	1.47	1.88	2.43	3.24	3.42	3.62	0.6	0.6	221	2.15
Bi	mg/kg	0.22	0.10	0.21	1.50	0.44	0.19	0.21	0.04	0.05	0.06	0.08	0.17	0.25	0.47	0.80	0.83	2.4	11.0	215	0.21
Br	mg/kg	2.8	1.6	2.5	1.6	0.55	1.8	2.5	0.7	0.1	0.9	1.1	1.9	3.3	6.5	10.0	14.8	3.0	16.8	213	2.6
TC	%	0.42	0.34	0.36	1.64	0.81	0.41	0.32	0.09	0.14	0.16	0.18	0.26	0.44	1.16	1.72	3.82	5.6	47.3	203	0.34
Cd	mg/kg	0.089	0.050	0.080	1.570	0.56	0.074	0.077	0.020	0.014	0.019	0.039	0.060	0.103	0.191	0.350	0.388	3.0	12.7	216	0.082
Ce	mg/kg	90.7	40.9	84.3	1.4	0.45	102.2	80.0	16.0	28.8	36.5	43.9	66.9	103.8	178.4	235.8	421.0	3.2	19.8	216	85.5
Cl	mg/kg	112	288	77	2	2.58	59	70	22	31	33	35	51	101	364	1392	4061	12.1	160.9	210	75
Co	mg/kg	14.2	4.5	13.5	1.4	0.32	14.4	13.5	2.6	5.1	5.6	7.2	11.1	16.3	25.8	29.0	30.6	1.0	1.4	217	13.7
Cr	mg/kg	62.3	32.8	56.5	1.5	0.53	47.1	54.8	13.6	20.2	22.8	27.1	43.6	70.5	145.5	193.3	325.6	3.3	19.4	212	56.7
Cu	mg/kg	25.9	40.1	21.7	1.6	1.55	16.4	20.9	4.9	9.0	10.0	10.8	16.4	26.7	58.0	81.4	600.4	13.3	190.9	211	21.4
F	mg/kg	547	198	517	1	0.36	465	494	102	223	244	309	410	632	1055	1247	1412	1.5	2.5	210	511
Ga	mg/kg	18.4	2.0	18.3	1.1	0.11	19.3	18.5	1.4	12.8	13.0	14.5	17.1	19.7	22.0	22.8	23.0	-0.2	-0.1	224	18.4
Ge	mg/kg	1.32	0.17	1.31	1.14	0.13	1.23	1.31	0.12	0.92	0.94	1.03	1.20	1.43	1.68	1.72	1.77	0.2	-0.2	224	1.32
Hg	mg/kg	0.020	0.060	0.015	1.696	2.95	0.014	0.014	0.003	0.003	0.005	0.006	0.011	0.018	0.037	0.088	0.897	14.4	212.5	215	0.015
I	mg/kg	2.17	1.26	1.93	1.58	0.58	1.72	1.78	0.45	0.57	0.72	0.92	1.42	2.38	5.71	7.84	10.30	2.7	10.2	209	1.91
La	mg/kg	47.7	23.4	43.9	1.5	0.49	36.8	41.2	9.3	18.4	19.2	22.2	34.0	53.8	94.8	151.4	236.7	3.3	20.1	213	44.1
Li	mg/kg	26.2	8.7	25.0	1.4	0.33	19.9	24.2	4.9	12.1	12.8	14.5	19.9	30.6	47.6	53.6	69.4	1.3	2.9	217	25.3
Mn	mg/kg	695	269	657	1	0.39	592	634	118	287	306	369	542	797	1183	1784	2776	3.1	17.7	218	664
Mo	mg/kg	0.85	1.20	0.71	1.61	1.40	0.55	0.66	0.16	0.30	0.32	0.36	0.53	0.87	2.18	4.21	17.11	11.6	154.6	210	0.69
N	%	0.042	0.017	0.040	1.401	0.40	0.040	0.037	0.007	0.022	0.023	0.025	0.030	0.048	0.087	0.102	0.140	2.1	6.0	211	0.039
Nb	mg/kg	15.3	4.2	14.8	1.3	0.27	12.5	14.6	2.1	7.2	7.4	8.8	12.6	17.1	25.0	31.3	31.6	1.0	1.8	220	15.0
Ni	mg/kg	28.0	12.1	25.9	1.5	0.43	19.6	25.5	6.4	9.0	9.6	12.4	19.8	32.6	56.7	84.4	86.4	1.7	4.8	216	26.5

续表

指标	单位	算术平均值 X_a	算术标准差 S_a	几何平均值 X_g	几何标准差 S_g	变异系数 CV	众值 X_{mo}	中位值 X_{me}	中位绝对离差 MAD	最小值 X_{min}	$X_{0.5\%}$	$X_{2.5\%}$	$X_{25\%}$	$X_{75\%}$	$X_{97.5\%}$	$X_{99.5\%}$	最大值 X_{max}	偏度系数 SK	峰度系数 BK	n'	基准值 X_a'
P	mg/kg	587	379	499	2	0.64	511	472	163	144	154	195	339	686	1 658	2 176	2 350	1.9	4.1	211	519
Pb	mg/kg	26.0	10.1	24.5	1.4	0.39	25.3	23.8	4.1	10.9	12.7	14.4	20.3	29.2	57.0	75.6	76.4	2.2	6.8	210	24.0
Rb	mg/kg	100.8	21.0	98.6	1.2	0.21	91.8	99.8	10.8	55.1	56.8	61.7	89.6	110.9	148.1	161.4	165.8	0.4	0.5	223	100.5
S	mg/kg	116	64	108	1	0.55	94	104	18	55	55	63	87	125	216	581	696	5.6	42.8	209	104
Sb	mg/kg	0.59	0.23	0.56	1.41	0.38	0.40	0.56	0.13	0.23	0.25	0.30	0.45	0.70	1.00	1.36	2.29	2.5	14.4	219	0.57
Sc	mg/kg	10.5	2.7	10.2	1.3	0.25	10.0	10.3	1.7	4.1	4.2	5.8	8.6	12.0	16.1	19.4	19.5	0.5	0.7	221	10.4
Se	mg/kg	0.12	0.04	0.12	1.35	0.32	0.09	0.12	0.03	0.04	0.06	0.07	0.09	0.14	0.20	0.20	0.37	1.5	6.5	223	0.12
Sn	mg/kg	2.3	0.5	2.3	1.2	0.21	2.2	2.3	0.3	1.3	1.4	1.5	2.0	2.6	3.2	3.8	5.2	1.2	5.4	222	2.3
Sr	mg/kg	324	141	299	2	0.43	269	295	83	98	119	143	232	393	636	810	1 214	1.8	6.9	219	313
Th	mg/kg	12.8	6.2	11.7	1.5	0.49	9.3	11.0	2.5	4.3	5.0	5.9	9.0	14.6	27.7	43.8	48.4	2.2	7.4	211	11.7
Ti	mg/kg	3 978	766	3 910	1	0.19	3 868	3 951	385	2 187	2 227	2 614	3 562	4 313	5 453	7 999	8 048	1.3	6.1	222	3 942
Tl	mg/kg	0.62	0.14	0.61	1.25	0.23	0.61	0.61	0.08	0.32	0.35	0.39	0.53	0.69	0.96	1.01	1.19	0.7	1.0	223	0.62
U	mg/kg	2.10	0.77	1.98	1.40	0.37	1.92	1.92	0.40	0.65	0.90	1.03	1.61	2.47	3.84	5.28	5.50	1.5	3.4	220	2.05
V	mg/kg	88.3	22.4	85.8	1.3	0.25	83.0	85.6	11.2	40.3	47.4	52.4	75.5	98.1	133.4	184.0	187.2	1.3	3.7	219	86.5
W	mg/kg	1.47	1.17	1.31	1.50	0.80	1.13	1.31	0.29	0.46	0.57	0.70	1.02	1.56	2.77	11.93	12.68	7.5	66.9	212	1.29
Y	mg/kg	23.7	4.9	23.2	1.2	0.21	24.1	23.3	2.7	13.8	13.9	16.0	20.6	25.8	34.0	41.2	49.5	1.1	3.6	222	23.5
Zn	mg/kg	67.9	23.3	64.6	1.4	0.34	61.7	62.8	12.7	25.3	27.8	36.8	53.6	78.3	116.8	185.7	224.3	2.3	11.3	219	65.7
Zr	mg/kg	288	85	277	1	0.30	268	270	45	125	165	171	235	322	475	660	825	2.0	8.2	220	281
Al$_2$O$_3$	%	14.75	1.00	14.72	1.07	0.07	14.94	14.75	0.67	11.33	11.44	13.03	14.06	15.40	16.74	17.36	17.91	0.0	0.7	221	14.77
CaO	%	1.95	1.30	1.69	1.68	0.66	1.09	1.61	0.55	0.54	0.63	0.69	1.12	2.34	4.72	9.56	10.25	3.2	15.5	217	1.79
MgO	%	1.50	0.69	1.38	1.51	0.46	1.16	1.37	0.36	0.44	0.44	0.65	1.03	1.78	3.32	3.94	6.11	2.2	9.6	215	1.41
K$_2$O	%	2.80	0.55	2.74	1.23	0.20	3.14	2.82	0.36	1.38	1.54	1.73	2.46	3.14	3.90	4.24	4.54	0.1	0.1	223	2.79
Na$_2$O	%	2.57	0.50	2.51	1.23	0.19	2.82	2.59	0.37	1.18	1.20	1.70	2.22	2.94	3.46	3.62	3.72	-0.2	-0.3	224	2.57
SiO$_2$	%	62.98	3.95	62.86	1.07	0.06	62.94	63.50	2.25	46.16	48.12	54.98	61.04	65.58	69.03	72.20	72.28	-0.9	2.2	219	63.29
TFe$_2$O$_3$	%	4.78	1.04	4.67	1.24	0.22	5.17	4.65	0.53	2.46	2.48	2.93	4.16	5.23	7.29	8.48	8.89	0.8	1.9	218	4.68
SOC	%	0.34	0.18	0.31	1.60	0.54	0.27	0.29	0.08	0.08	0.10	0.13	0.22	0.40	0.85	1.08	1.30	1.9	5.0	210	0.31
pH	无量纲						7.02	7.04	0.40	5.06	5.41	5.62	6.61	7.41	8.34	8.43	8.50				

表 2.5.4A 酸性火山岩类表层土壤（0~20 cm）地球化学参数（n=22）

指标	单位	算术平均值 X_a	算术标准差 S_a	几何平均值 X_g	几何标准差 S_g	变异系数 CV	众值 X_{mo}	中位值 X_{me}	中位绝对离差 MAD	最小值 X_{min}	$X_{0.5\%}$	$X_{2.5\%}$	$X_{25\%}$	$X_{75\%}$	$X_{97.5\%}$	$X_{99.5\%}$	最大值 X_{max}	偏度系数 SK	峰度系数 BK	n'	背景值 X_a'
Ag	mg/kg	0.072	0.018	0.070	1.245	0.25	0.074	0.069	0.012	0.051	0.051	0.054	0.057	0.081	0.093	0.132	0.132	1.8	5.0	21	0.069
As	mg/kg	6.8	2.1	6.5	1.4	0.31	5.6	6.6	1.6	3.5	3.5	4.4	5.2	8.2	10.0	11.9	11.9	0.6	0.0	22	6.8
Au	μg/kg	1.4	0.4	1.4	1.3	0.24	1.2	1.4	0.3	0.9	0.9	1.0	1.1	1.7	1.9	2.2	2.2	0.5	-0.4	22	1.4
B	mg/kg	29.8	8.5	28.5	1.4	0.29	42.0	28.7	6.9	14.8	14.8	15.1	25.0	37.0	42.0	42.5	42.5	-0.1	-1.0	22	29.8
Ba	mg/kg	788	235	758	1	0.30	717	720	114	467	467	536	612	937	1 279	1 318	1 318	1.0	0.3	22	788
Be	mg/kg	2.06	0.43	2.02	1.22	0.21	1.56	2.08	0.36	1.53	1.53	1.56	1.65	2.30	2.60	3.22	3.22	0.8	0.8	22	2.06
Bi	mg/kg	0.25	0.09	0.24	1.36	0.37	0.20	0.21	0.02	0.15	0.15	0.17	0.20	0.26	0.43	0.52	0.52	1.8	2.9	22	0.25
Br	mg/kg	3.8	1.5	3.6	1.4	0.38	3.3	3.5	0.7	1.5	1.5	2.0	3.1	4.6	6.8	7.5	7.5	1.0	1.2	22	3.8
TC	%	0.82	0.24	0.77	1.41	0.30	0.78	0.78	0.20	0.27	0.27	0.48	0.64	1.00	1.17	1.20	1.20	-0.3	-0.3	22	0.82
Cd	mg/kg	0.116	0.064	0.107	1.450	0.55	0.095	0.100	0.016	0.064	0.064	0.065	0.088	0.119	0.202	0.369	0.369	3.3	12.5	20	0.100
Ce	mg/kg	78.6	27.9	74.2	1.4	0.36	68.4	69.2	15.7	44.6	44.6	47.2	55.4	96.2	125.5	134.9	134.9	0.7	-0.8	22	78.6
Cl	mg/kg	114	73	98	2	0.64	70	88	19	45	45	46	70	131	217	352	352	2.0	4.3	21	103
Co	mg/kg	10.4	3.4	9.9	1.4	0.33	8.5	9.1	1.6	5.0	5.0	6.7	8.3	12.6	16.5	18.2	18.2	0.9	0.0	22	10.4
Cr	mg/kg	50.2	15.0	48.1	1.4	0.30	49.8	50.0	7.9	23.6	23.6	30.1	41.4	57.1	74.5	87.3	87.3	0.5	0.6	22	50.2
Cu	mg/kg	19.2	8.9	17.7	1.5	0.46	16.9	17.2	3.9	9.5	9.5	10.7	13.5	21.4	32.7	49.3	49.3	2.1	5.6	21	17.7
F	mg/kg	420	88	411	1	0.21	392	398	37	232	232	302	374	478	574	631	631	0.4	1.0	22	420
Ga	mg/kg	15.5	2.3	15.4	1.2	0.15	12.6	15.5	2.2	12.4	12.4	12.6	13.3	17.6	19.3	19.7	19.7	0.2	-1.1	22	15.5
Ge	mg/kg	1.33	0.18	1.32	1.13	0.14	1.26	1.26	0.10	1.07	1.07	1.10	1.22	1.40	1.73	1.80	1.80	1.2	1.7	22	1.33
Hg	mg/kg	0.029	0.011	0.027	1.482	0.38	0.035	0.028	0.007	0.011	0.011	0.014	0.021	0.035	0.046	0.052	0.052	0.4	-0.6	22	0.029
I	mg/kg	2.75	1.28	2.55	1.46	0.47	2.41	2.43	0.51	1.19	1.19	1.48	2.02	3.06	4.32	7.43	7.43	2.4	8.1	21	2.53
La	mg/kg	41.8	15.1	39.4	1.4	0.36	63.5	37.4	7.0	22.4	22.4	24.0	31.0	48.4	65.1	76.2	76.2	0.9	-0.2	22	41.8
Li	mg/kg	24.4	5.5	23.8	1.3	0.22	25.9	25.8	3.3	14.4	14.4	16.2	20.6	26.5	30.0	38.6	38.6	0.3	1.0	22	24.4
Mn	mg/kg	579	133	563	1	0.23	586	588	55	337	337	371	531	640	826	853	853	0.1	0.1	22	579
Mo	mg/kg	0.81	0.56	0.70	1.65	0.69	0.49	0.68	0.20	0.34	0.34	0.35	0.49	0.89	1.58	2.92	2.92	2.8	9.7	21	0.71
N	%	0.078	0.023	0.075	1.354	0.30	0.075	0.075	0.016	0.037	0.037	0.045	0.060	0.094	0.116	0.120	0.120	0.2	-0.7	22	0.078
Nb	mg/kg	16.7	4.5	16.2	1.3	0.27	13.3	15.3	2.7	11.9	11.9	12.5	12.9	20.9	24.6	26.5	26.5	0.8	-0.6	22	16.7
Ni	mg/kg	22.1	6.2	21.4	1.3	0.28	17.8	22.2	3.0	12.2	12.2	13.3	17.8	23.9	35.4	37.0	37.0	0.9	1.0	22	22.1

指标	单位	算术平均值 $\bar{X}_a$	算术标准差 S_a	几何平均值 X_g	几何标准差 S_g	变异系数 CV	众值 X_{mo}	中位值 X_{me}	中位绝对离差 MAD	最小值 X_{min}	累积频率							最大值 X_{max}	偏度系数 SK	峰度系数 BK	n'	背景值 $\bar{X}_a'$
											$X_{0.5\%}$	$X_{2.5\%}$	$X_{25\%}$	$X_{75\%}$	$X_{97.5\%}$	$X_{99.5\%}$					
P	mg/kg	601	216	563	1	0.36	513	557	194	290	290	303	399	790	925	985	985	0.2	-1.2	22	601
Pb	mg/kg	28.4	9.6	27.3	1.3	0.34	25.2	25.5	2.6	22.0	22.0	22.1	22.9	29.5	38.1	65.9	65.9	3.2	11.8	21	26.6
Rb	mg/kg	98.4	13.0	97.6	1.1	0.13	98.4	98.4	9.1	79.9	79.9	82.0	86.6	105.6	124.1	124.4	124.4	0.6	-0.3	22	98.4
S	mg/kg	189	51	182	1	0.27	178	179	43	103	103	128	143	224	272	276	276	0.2	-1.1	22	189
Sb	mg/kg	0.69	0.28	0.65	1.38	0.40	0.63	0.63	0.06	0.38	0.38	0.41	0.58	0.70	1.40	1.47	1.47	2.0	3.7	22	0.69
Sc	mg/kg	8.2	2.3	7.9	1.3	0.28	8.8	7.7	1.2	4.7	4.7	4.8	6.9	9.6	11.6	14.2	14.2	0.8	0.9	22	8.2
Se	mg/kg	0.18	0.09	0.16	1.43	0.50	0.14	0.15	0.02	0.08	0.08	0.11	0.13	0.20	0.24	0.53	0.53	3.2	12.7	21	0.16
Sn	mg/kg	2.7	0.7	2.6	1.3	0.26	2.5	2.6	0.2	1.5	1.5	2.0	2.4	2.7	3.5	5.2	5.2	2.2	8.1	21	2.6
Sr	mg/kg	210	71	200	1	0.34	218	177	26	125	125	150	158	267	341	412	412	1.4	1.9	22	210
Th	mg/kg	10.8	2.3	10.6	1.2	0.21	10.2	10.3	1.0	7.3	7.3	8.4	9.5	11.8	14.7	17.9	17.9	1.5	3.4	21	10.5
Ti	mg/kg	3 545	586	3 498	1	0.17	3 514	3 541	459	2 323	2 323	2 823	3 060	3 978	4 450	4 558	4 558	0.0	-0.5	22	3 545
Tl	mg/kg	0.62	0.09	0.62	1.15	0.15	0.56	0.59	0.05	0.50	0.50	0.51	0.56	0.67	0.82	0.82	0.82	1.0	0.3	22	0.62
U	mg/kg	2.04	0.28	2.03	1.14	0.14	2.01	2.03	0.14	1.42	1.42	1.70	1.90	2.18	2.38	2.77	2.77	0.4	1.9	22	2.04
V	mg/kg	66.1	18.5	63.8	1.3	0.28	62.1	63.0	9.0	35.5	35.5	44.6	54.3	82.0	100.0	107.6	107.6	0.7	0.0	22	66.1
W	mg/kg	1.21	0.22	1.19	1.19	0.18	1.25	1.23	0.14	0.86	0.86	0.93	1.03	1.27	1.60	1.80	1.80	0.9	1.5	22	1.21
Y	mg/kg	22.6	3.4	22.3	1.2	0.15	24.2	23.0	1.8	15.1	15.1	16.2	20.7	24.6	27.1	30.0	30.0	-0.2	0.8	22	22.6
Zn	mg/kg	58.0	15.6	56.1	1.3	0.27	55.6	55.7	9.8	32.3	32.3	41.0	47.1	65.5	80.4	100.5	100.5	0.9	1.2	22	58.0
Zr	mg/kg	342	62	336	1	0.18	336	336	29	204	204	249	314	370	420	512	512	0.4	2.2	22	342
Al$_2$O$_3$	%	13.23	1.23	13.17	1.10	0.09	13.39	13.58	0.89	10.61	10.61	11.25	12.29	14.16	14.67	15.36	15.36	-0.4	-0.5	22	13.23
CaO	%	1.18	0.44	1.10	1.44	0.38	0.75	1.12	0.31	0.48	0.48	0.75	0.81	1.44	1.94	2.20	2.20	0.7	-0.1	22	1.18
MgO	%	1.00	0.38	0.94	1.43	0.38	0.79	0.87	0.19	0.47	0.47	0.57	0.76	1.17	1.74	1.85	1.85	0.9	0.0	22	1.00
K$_2$O	%	2.85	0.53	2.81	1.19	0.19	2.72	2.76	0.37	2.18	2.18	2.19	2.44	3.25	3.78	3.88	3.88	0.6	-0.7	22	2.85
Na$_2$O	%	2.04	0.43	2.00	1.22	0.21	1.70	1.89	0.22	1.52	1.52	1.63	1.70	2.47	2.79	2.95	2.95	0.8	-0.8	22	2.04
SiO$_2$	%	69.23	3.58	69.14	1.05	0.05	69.70	69.78	2.58	61.52	61.52	64.14	66.81	71.43	74.25	75.20	75.20	-0.4	-0.5	22	69.23
TFe$_2$O$_3$	%	3.66	0.87	3.56	1.26	0.24	3.44	3.46	0.43	2.06	2.06	2.61	3.14	4.31	5.24	5.25	5.25	0.5	-0.3	22	3.66
SOC	%	0.76	0.25	0.71	1.45	0.33	0.57	0.76	0.19	0.25	0.25	0.39	0.57	0.96	1.10	1.22	1.22	-0.2	-0.5	22	0.76
pH	无量纲						5.76	6.34	0.85	4.90	4.90	5.22	5.76	7.32	8.11	8.43	8.43				

表 2.5.5A　酸性侵入岩类表层土壤（0~20 cm）地球化学参数（n=6 274）

指标	单位	算术平均值 X_a	算术标准差 S_a	几何平均值 X_g	几何标准差 S_g	变异系数 CV	众值 X_{mo}	中位值 X_{me}	中位绝对离差 MAD	最小值 X_{min}	累积频率 $X_{0.5\%}$	$X_{2.5\%}$	$X_{25\%}$	$X_{75\%}$	$X_{97.5\%}$	$X_{99.5\%}$	最大值 X_{max}	偏度系数 SK	峰度系数 BK	背景值 n'	X_a'
Ag	mg/kg	0.067	0.074	0.060	1.451	1.10	0.049	0.057	0.010	0.008	0.030	0.035	0.048	0.070	0.145	0.323	3.704	28.7	1 184.9	5 862	0.058
As	mg/kg	5.4	2.7	5.0	1.4	0.51	4.2	5.0	1.2	0.8	1.9	2.5	4.0	6.3	9.8	14.2	107.0	12.6	371.8	6 148	5.2
Au	μg/kg	2.6	9.6	1.5	2.0	3.71	1.1	1.3	0.3	0.3	0.5	0.7	1.0	1.8	12.4	47.0	438.0	25.1	898.7	5 457	1.3
B	mg/kg	24.3	12.0	22.0	1.6	0.50	17.6	22.5	6.6	1.9	5.8	8.6	16.4	30.0	50.4	68.4	380.0	5.5	128.3	6 141	23.4
Ba	mg/kg	840	378	772	2	0.45	606	737	202	232	332	398	570	1 022	1 813	2 322	5 735	2.1	11.9	6 054	796
Be	mg/kg	2.06	0.58	2.00	1.27	0.28	1.76	1.98	0.29	0.44	1.11	1.29	1.71	2.30	3.26	4.43	16.43	4.8	76.9	6 116	2.01
Bi	mg/kg	0.24	0.19	0.22	1.53	0.78	0.17	0.21	0.05	0.02	0.08	0.11	0.17	0.27	0.57	1.25	7.70	14.2	423.7	5 910	0.22
Br	mg/kg	3.1	1.5	2.9	1.5	0.49	2.5	2.8	0.6	0.4	1.1	1.5	2.3	3.5	6.5	11.1	31.5	5.1	54.6	5 982	2.9
TC	%	0.77	0.36	0.71	1.45	0.47	0.63	0.69	0.14	0.12	0.27	0.36	0.57	0.86	1.71	2.49	7.11	3.7	30.3	5 907	0.70
Cd	mg/kg	0.120	0.158	0.108	1.468	1.31	0.088	0.106	0.022	0.012	0.046	0.058	0.086	0.132	0.254	0.490	10.540	48.7	3 075.1	5 966	0.108
Ce	mg/kg	74.7	29.6	70.1	1.4	0.40	59.8	68.9	14.1	10.6	28.3	36.2	56.3	85.6	147.2	212.1	348.5	2.2	9.7	6 046	71.0
Cl	mg/kg	116	325	87	2	2.80	70	80	18	31	40	47	65	105	282	1 499	11 138	21.6	590.1	5 779	82
Co	mg/kg	11.6	4.3	10.8	1.5	0.37	9.6	10.9	2.6	0.8	3.8	5.2	8.6	13.8	22.0	28.3	42.0	1.1	2.5	6 136	11.2
Cr	mg/kg	56.2	37.7	50.6	1.5	0.67	41.3	49.2	12.7	5.5	15.5	22.7	38.5	65.4	123.0	210.4	1 118.3	11.2	244.3	5 992	51.4
Cu	mg/kg	24.4	16.8	21.2	1.7	0.69	18.5	20.3	6.2	1.5	6.8	9.0	15.1	28.4	65.7	98.7	514.4	6.9	136.8	5 857	21.2
F	mg/kg	512	203	482	1	0.40	380	466	92	117	219	272	385	580	1 023	1 414	3 388	2.7	16.8	6 007	484
Ga	mg/kg	18.1	2.3	18.0	1.1	0.13	18.5	18.2	1.4	5.6	11.9	13.5	16.7	19.6	22.6	24.6	30.6	-0.1	0.9	6 218	18.1
Ge	mg/kg	1.26	0.16	1.26	1.13	0.13	1.24	1.26	0.10	0.45	0.89	1.00	1.16	1.36	1.60	1.77	2.98	0.6	3.0	6 214	1.26
Hg	mg/kg	0.045	0.321	0.027	1.948	7.07	0.022	0.024	0.007	0.002	0.008	0.011	0.018	0.033	0.152	0.648	22.415	57.1	3 823.9	5 543	0.024
I	mg/kg	2.07	2.86	1.79	1.59	1.38	1.79	1.76	0.49	0.37	0.62	0.80	1.32	2.35	4.54	9.64	123.00	28.4	1 035.1	6 019	1.83
La	mg/kg	39.2	16.4	36.6	1.4	0.42	36.0	35.6	7.7	7.0	14.3	18.4	28.8	45.0	79.2	117.8	214.4	2.4	11.4	6 037	37.1
Li	mg/kg	23.9	8.2	22.7	1.4	0.34	20.8	22.6	4.7	1.6	9.2	12.3	18.3	28.0	43.4	56.9	95.5	1.4	4.6	6 127	23.3
Mn	mg/kg	527	141	509	1	0.27	541	514	85	50	229	294	434	605	831	1 035	1 981	1.1	5.4	6 194	521
Mo	mg/kg	0.68	0.47	0.62	1.45	0.70	0.53	0.59	0.12	0.20	0.29	0.34	0.49	0.74	1.50	2.51	16.50	15.1	405.1	5 884	0.60
N	%	0.079	0.025	0.076	1.338	0.32	0.072	0.075	0.013	0.017	0.031	0.043	0.063	0.090	0.139	0.179	0.318	2.0	10.1	6 081	0.077
Nb	mg/kg	14.4	4.3	13.8	1.3	0.30	13.7	13.6	2.1	3.7	7.6	8.8	11.7	15.9	25.5	35.5	54.8	2.2	9.3	5 995	13.7
Ni	mg/kg	25.1	16.7	22.4	1.6	0.67	20.0	22.1	6.2	2.0	7.2	10.0	16.7	29.6	56.7	91.8	568.8	11.1	264.1	6 025	23.0

指标	单位	算术平均值 X_a	算术标准差 S_a	几何平均值 X_g	几何标准差 S_g	变异系数 CV	众值 X_{mo}	中位值 X_{me}	中位绝对离差 MAD	最小值 X_{min}	$X_{0.5\%}$	$X_{2.5\%}$	累积频率 $X_{25\%}$	$X_{75\%}$	$X_{97.5\%}$	$X_{99.5\%}$	最大值 X_{max}	偏度系数 SK	峰度系数 BK	n'	背景值 X_a'
P	mg/kg	674	312	623	2	0.46	611	609	141	97	211	303	487	783	1 412	2 039	6 090	3.8	35.4	6 029	632
Pb	mg/kg	27.6	24.2	25.6	1.4	0.88	25.0	25.3	4.4	8.7	12.4	14.9	21.2	30.0	48.5	87.5	934.9	25.5	847.3	6 048	25.5
Rb	mg/kg	103.2	27.6	99.7	1.3	0.27	91.8	99.1	15.1	27.5	44.9	57.3	85.9	117.0	168.4	202.9	259.7	1.0	2.1	6 146	101.3
S	mg/kg	176	181	164	1	1.03	124	158	28	16	84	101	133	192	334	626	12 711	53.8	3 650.8	5 987	162
Sb	mg/kg	0.52	0.19	0.50	1.33	0.35	0.43	0.50	0.09	0.14	0.24	0.30	0.41	0.60	0.86	1.23	5.93	6.9	142.4	6 165	0.51
Sc	mg/kg	9.1	3.1	8.6	1.4	0.34	7.7	8.7	1.9	0.8	2.7	4.2	7.0	10.8	16.4	19.5	25.5	0.8	1.3	6 180	8.9
Se	mg/kg	0.17	0.05	0.16	1.27	0.29	0.14	0.16	0.02	0.05	0.09	0.11	0.14	0.18	0.28	0.40	1.07	4.6	50.0	6 026	0.16
Sn	mg/kg	2.5	1.0	2.4	1.3	0.41	2.2	2.4	0.4	0.2	1.2	1.5	2.0	2.8	4.0	5.2	54.6	24.2	1 169.9	6 116	2.4
Sr	mg/kg	286	128	262	2	0.45	242	260	69	74	96	123	199	341	595	872	1 287	1.8	6.2	6 071	272
Th	mg/kg	13.3	8.5	11.5	1.7	0.64	8.1	10.2	2.7	1.4	4.3	5.3	8.1	15.4	37.6	51.4	82.8	2.3	7.5	5 659	11.1
Ti	mg/kg	3 496	748	3 420	1	0.21	3 102	3 434	411	425	1 858	2 244	3 039	3 863	5 192	6 694	10 038	1.3	5.9	6 117	3 445
Tl	mg/kg	0.64	0.19	0.62	1.32	0.29	0.55	0.60	0.10	0.13	0.30	0.36	0.52	0.72	1.10	1.36	1.90	1.3	2.9	6 106	0.62
U	mg/kg	2.11	0.97	1.94	1.48	0.46	1.68	1.83	0.39	0.39	0.75	0.99	1.51	2.40	4.84	6.43	10.40	2.2	7.6	5 864	1.92
V	mg/kg	69.5	21.8	66.3	1.4	0.31	60.0	67.2	13.4	8.3	25.5	34.2	54.6	81.8	119.9	149.3	224.3	1.0	2.4	6 163	68.2
W	mg/kg	1.30	1.00	1.16	1.53	0.77	0.91	1.14	0.28	0.31	0.40	0.54	0.89	1.46	2.99	5.65	36.98	14.6	387.6	5 971	1.17
Y	mg/kg	21.2	5.2	20.6	1.3	0.25	20.4	20.7	3.0	4.8	9.7	12.2	18.0	23.9	32.5	38.3	79.6	1.3	7.9	6 182	20.9
Zn	mg/kg	64.3	24.9	61.1	1.4	0.39	61.5	61.6	12.0	5.9	25.0	33.4	50.2	74.3	109.9	154.8	761.9	8.4	184.4	6 137	62.4
Zr	mg/kg	280	76	271	1	0.27	264	266	40	51	143	171	232	314	450	570	1 282	2.1	12.5	6 125	274
Al_2O_3	%	14.01	1.06	13.97	1.08	0.08	14.12	14.06	0.59	4.97	10.44	11.65	13.45	14.64	15.99	16.66	17.95	-0.8	3.9	6 174	14.05
CaO	%	1.72	0.86	1.55	1.58	0.50	1.05	1.53	0.46	0.26	0.51	0.66	1.12	2.09	3.81	5.37	11.74	2.0	9.8	6 089	1.63
MgO	%	1.25	0.61	1.12	1.61	0.49	0.89	1.15	0.37	0.04	0.31	0.44	0.81	1.55	2.68	3.67	6.28	1.5	5.1	6 140	1.20
K_2O	%	2.78	0.54	2.73	1.23	0.19	2.83	2.81	0.34	0.84	1.33	1.67	2.45	3.13	3.84	4.23	5.36	-0.1	0.4	6 235	2.78
Na_2O	%	2.74	0.49	2.70	1.21	0.18	2.69	2.74	0.31	0.68	1.31	1.74	2.43	3.06	3.72	4.01	4.66	-0.1	0.5	6 237	2.75
SiO_2	%	65.71	4.17	65.58	1.07	0.06	64.49	65.83	2.78	46.56	53.65	57.07	63.09	68.66	73.29	76.14	87.08	-0.2	0.6	6 226	65.76
TFe_2O_3	%	4.12	1.18	3.95	1.34	0.29	3.42	4.00	0.78	0.47	1.75	2.22	3.26	4.84	6.71	7.86	11.14	0.7	0.9	6 207	4.08
SOC	%	0.73	0.31	0.68	1.46	0.42	0.64	0.68	0.14	0.02	0.21	0.34	0.56	0.83	1.52	2.16	4.14	2.7	15.7	5 978	0.69
pH	无量纲						5.40	5.75	0.51	4.29	4.64	4.82	5.32	6.49	7.87	8.20	9.28				

表 2.5.5B 酸性侵入岩类深层土壤（150～200 cm）地球化学参数（n=1 595）

指标	单位	算术平均值 X_a	算术标准差 S_a	几何平均值 X_g	几何标准差 S_g	变异系数 CV	众值 X_{mo}	中位值 X_{me}	中位绝对离差 MAD	最小值 X_{min}	$X_{0.5\%}$	$X_{2.5\%}$	$X_{25\%}$	$X_{75\%}$	$X_{97.5\%}$	$X_{99.5\%}$	最大值 X_{max}	偏度系数 SK	峰度系数 BK	n'	基准值 X_a'
Ag	mg/kg	0.059	0.037	0.055	1.395	0.62	0.047	0.053	0.009	0.020	0.026	0.032	0.045	0.064	0.118	0.249	0.876	11.9	218.6	1 521	0.054
As	mg/kg	5.8	2.9	5.3	1.5	0.49	4.1	5.5	1.5	0.8	1.6	2.1	4.1	7.1	10.7	16.4	71.3	8.2	172.9	1 572	5.6
Au	μg/kg	1.8	5.9	1.5	1.6	3.23	1.2	1.4	0.3	0.5	0.6	0.8	1.1	1.7	4.0	11.5	216.0	31.4	1 105.3	1 481	1.4
B	mg/kg	25.2	11.3	22.7	1.6	0.45	22.3	23.9	7.2	1.7	4.5	7.7	17.2	31.5	51.6	65.7	84.3	1.0	1.9	1 564	24.4
Ba	mg/kg	851	366	786	2	0.43	690	736	196	266	365	422	581	1 033	1 817	2 203	2 445	1.3	1.8	1 542	812
Be	mg/kg	2.13	0.56	2.08	1.24	0.26	1.89	2.07	0.26	0.62	1.11	1.37	1.82	2.34	3.18	4.12	13.48	6.5	113.2	1 557	2.08
Bi	mg/kg	0.22	0.14	0.20	1.51	0.65	0.17	0.20	0.05	0.04	0.06	0.09	0.16	0.25	0.45	1.04	2.56	8.5	114.5	1 539	0.20
Br	mg/kg	3.0	2.1	2.7	1.6	0.69	2.7	2.7	0.7	0.1	0.7	1.1	2.0	3.5	7.1	16.5	34.0	6.3	62.4	1 527	2.7
TC	%	0.40	0.24	0.36	1.60	0.59	0.32	0.34	0.09	0.03	0.12	0.16	0.26	0.47	1.01	1.62	2.75	3.0	14.4	1 490	0.35
Cd	mg/kg	0.079	0.046	0.071	1.533	0.58	0.060	0.070	0.018	0.008	0.021	0.031	0.055	0.091	0.168	0.288	0.777	6.3	74.4	1 538	0.073
Ce	mg/kg	75.6	27.9	71.3	1.4	0.37	68.1	70.8	13.0	12.7	26.3	37.5	59.2	85.6	144.6	210.8	289.9	2.2	9.4	1 537	72.0
Cl	mg/kg	111	370	73	2	3.33	48	65	15	27	33	39	53	87	267	2 589	7 549	13.4	208.5	1 468	68
Co	mg/kg	12.4	4.7	11.6	1.5	0.38	12.9	11.8	2.6	0.6	3.3	5.2	9.4	14.6	23.3	32.9	39.6	1.3	4.1	1 555	12.0
Cr	mg/kg	57.2	33.2	51.7	1.5	0.58	48.0	52.2	12.0	4.3	14.2	22.2	40.6	64.8	127.3	238.3	607.1	5.9	66.5	1 516	52.0
Cu	mg/kg	20.6	12.0	18.5	1.6	0.58	13.6	18.5	4.8	2.2	5.1	8.0	14.1	24.0	45.6	75.2	224.6	5.7	70.5	1 512	18.8
F	mg/kg	500	189	473	1	0.38	395	457	84	120	220	279	383	563	1 009	1 361	2 422	2.5	12.6	1 505	466
Ga	mg/kg	18.4	2.1	18.3	1.1	0.11	18.4	18.4	1.2	4.9	12.3	14.3	17.2	19.6	22.7	24.9	28.0	-0.2	3.0	1 569	18.4
Ge	mg/kg	1.31	0.19	1.30	1.16	0.15	1.25	1.30	0.13	0.66	0.90	0.98	1.17	1.44	1.71	1.82	2.78	0.5	1.9	1 589	1.31
Hg	mg/kg	0.018	0.039	0.015	1.629	2.11	0.014	0.014	0.003	0.002	0.005	0.007	0.011	0.018	0.043	0.137	1.123	20.4	498.9	1 502	0.015
I	mg/kg	2.21	1.55	1.92	1.63	0.70	1.60	1.79	0.49	0.42	0.62	0.83	1.42	2.49	6.15	10.90	21.50	4.3	29.2	1 505	1.92
La	mg/kg	39.6	15.7	37.1	1.4	0.40	36.0	36.5	6.9	7.1	13.3	19.0	30.5	44.8	78.4	113.8	172.6	2.5	11.8	1 532	37.4
Li	mg/kg	25.6	8.6	24.4	1.4	0.33	21.2	24.6	4.8	3.7	8.7	12.6	20.1	29.9	45.3	63.1	91.6	1.7	7.3	1 552	24.9
Mn	mg/kg	577	223	546	1	0.39	579	545	95	92	224	287	453	648	1 089	1 954	2 955	3.5	24.7	1 544	551
Mo	mg/kg	0.66	0.59	0.59	1.51	0.89	0.53	0.57	0.13	0.20	0.24	0.29	0.46	0.74	1.46	2.97	18.49	19.2	542.6	1 510	0.59
N	%	0.042	0.016	0.039	1.389	0.39	0.040	0.037	0.007	0.019	0.022	0.024	0.031	0.048	0.084	0.110	0.170	2.1	7.2	1 519	0.039
Nb	mg/kg	14.3	4.0	13.8	1.3	0.28	13.2	13.8	2.0	5.3	7.5	8.7	11.9	15.8	24.2	29.4	74.0	3.3	33.4	1 530	13.8
Ni	mg/kg	26.3	14.5	23.8	1.5	0.55	19.4	24.1	5.6	1.5	7.2	10.6	18.8	29.9	57.1	101.3	249.0	5.4	56.8	1 535	24.3

指标	单位	算术平均值 X_a	算术标准差 S_a	几何平均值 X_g	几何标准差 S_g	变异系数 CV	众值 X_{mo}	中位值 X_{me}	中位绝对离差 MAD	最小值 X_{min}	累积频率						最大值 X_{max}	偏度系数 SK	峰度系数 BK	n'	基准值 X_a'
											$X_{0.5\%}$	$X_{2.5\%}$	$X_{25\%}$	$X_{75\%}$	$X_{97.5\%}$	$X_{99.5\%}$					
P	mg/kg	454	272	400	2	0.60	333	390	118	105	146	179	284	533	1 206	1 700	3 595	3.0	17.3	1 496	403
Pb	mg/kg	25.2	11.7	23.8	1.4	0.47	23.9	23.8	3.7	8.9	10.7	13.7	20.1	27.6	46.0	95.6	279.1	9.6	163.5	1 540	23.7
Rb	mg/kg	103.5	24.5	100.6	1.3	0.24	100.5	100.6	13.3	32.3	45.0	58.3	88.9	116.0	157.5	189.6	240.2	0.8	2.2	1 563	101.9
S	mg/kg	121	102	112	1	0.84	95	108	17	51	57	66	94	127	222	582	3 024	18.1	451.8	1 518	109
Sb	mg/kg	0.59	0.42	0.54	1.41	0.71	0.56	0.55	0.12	0.16	0.23	0.28	0.43	0.68	0.98	1.38	12.85	19.3	510.2	1 571	0.56
Sc	mg/kg	9.7	3.1	9.1	1.4	0.32	10.4	9.5	1.9	0.8	2.4	4.3	7.6	11.4	16.7	19.7	30.8	0.7	2.1	1 572	9.5
Se	mg/kg	0.12	0.04	0.11	1.39	0.36	0.10	0.11	0.02	0.04	0.05	0.06	0.09	0.14	0.22	0.30	0.44	1.7	6.5	1 557	0.12
Sn	mg/kg	2.4	0.8	2.3	1.3	0.33	2.3	2.3	0.3	0.7	1.2	1.4	2.0	2.7	3.7	4.5	20.0	10.0	203.9	1 568	2.3
Sr	mg/kg	279	132	254	2	0.47	166	248	69	74	92	119	190	335	588	830	1 137	1.7	5.1	1 555	267
Th	mg/kg	13.0	8.6	11.6	1.6	0.66	8.2	10.8	2.8	2.8	4.1	5.2	8.5	14.9	33.5	44.0	206.6	8.5	166.4	1 475	11.4
Ti	mg/kg	3 577	803	3 492	1	0.23	3 719	3 542	432	492	1 755	2 171	3 109	3 972	5 262	6 473	13 292	1.9	17.0	1 559	3 529
Tl	mg/kg	0.63	0.16	0.61	1.29	0.26	0.54	0.61	0.09	0.19	0.28	0.37	0.53	0.71	1.03	1.25	1.44	1.1	2.4	1 554	0.62
U	mg/kg	2.02	0.99	1.88	1.46	0.49	1.61	1.85	0.39	0.28	0.55	0.90	1.50	2.32	4.08	5.32	25.80	9.4	209.6	1 527	1.90
V	mg/kg	73.9	22.1	70.5	1.4	0.30	79.0	73.0	13.2	8.4	23.4	33.9	59.4	86.0	122.0	158.8	191.0	0.8	2.7	1 572	72.8
W	mg/kg	1.35	0.90	1.22	1.52	0.66	1.06	1.22	0.29	0.32	0.35	0.54	0.96	1.55	2.87	4.73	21.00	10.2	177.0	1 531	1.24
Y	mg/kg	22.1	5.1	21.6	1.3	0.23	21.7	21.9	2.9	4.5	9.6	13.1	19.0	24.8	32.4	41.0	59.9	1.1	6.1	1 565	21.8
Zn	mg/kg	60.9	23.9	58.2	1.3	0.39	60.8	58.1	9.5	6.1	22.4	35.1	49.1	68.3	101.5	146.0	689.8	12.3	304.8	1 544	58.7
Zr	mg/kg	261	84	252	1	0.32	248	250	33	52	130	153	219	286	421	514	1 709	6.9	96.9	1 547	253
Al_2O_3	%	14.57	1.11	14.52	1.09	0.08	14.43	14.54	0.57	5.20	11.16	12.63	13.98	15.13	16.79	17.93	19.31	-0.8	9.0	1 564	14.56
CaO	%	1.67	0.90	1.49	1.60	0.54	1.01	1.46	0.44	0.36	0.48	0.62	1.08	1.99	3.84	5.82	10.25	2.4	11.5	1 532	1.55
MgO	%	1.29	0.64	1.17	1.56	0.49	1.41	1.21	0.32	0.05	0.28	0.48	0.90	1.54	2.71	4.05	7.59	3.1	21.1	1 542	1.22
K_2O	%	2.74	0.51	2.69	1.21	0.18	2.55	2.75	0.32	1.06	1.39	1.71	2.43	3.08	3.69	4.10	5.35	0.1	0.9	1 584	2.74
Na_2O	%	2.62	0.53	2.56	1.24	0.20	2.42	2.61	0.36	0.49	1.21	1.60	2.26	2.98	3.67	4.00	4.60	0.0	0.3	1 588	2.62
SiO_2	%	65.13	3.60	65.03	1.06	0.06	65.02	65.34	2.19	51.15	54.94	57.31	63.08	67.46	71.57	74.16	86.65	-0.2	1.3	1 578	65.14
TFe_2O_3	%	4.33	1.15	4.18	1.32	0.27	3.57	4.27	0.70	0.48	1.82	2.29	3.57	4.96	6.92	8.28	9.57	0.6	1.1	1 577	4.31
SOC	%	0.33	0.19	0.29	1.67	0.56	0.24	0.29	0.08	0.01	0.05	0.11	0.22	0.40	0.84	1.08	1.84	2.3	9.1	1 522	0.31
pH	无量纲						6.60	6.87	0.49	4.61	5.17	5.53	6.36	7.34	8.28	8.45	8.85				

表2.5.6A 碱性火山岩类表层土壤（0～20 cm）地球化学参数（n=46）

指标	单位	算术平均值 X_a	算术标准差 S_a	几何平均值 X_g	几何标准差 S_g	变异系数 CV	众值 X_{mo}	中位值 X_{me}	中位绝对离差 MAD	最小值 X_{min}	$X_{0.5\%}$	$X_{2.5\%}$	$X_{25\%}$	$X_{75\%}$	$X_{97.5\%}$	$X_{99.5\%}$	最大值 X_{max}	偏度系数 SK	峰度系数 BK	n'	背景值 X_a'
Ag	mg/kg	0.071	0.014	0.070	1.205	0.20	0.067	0.067	0.007	0.048	0.048	0.050	0.063	0.076	0.105	0.118	0.118	1.2	2.0	45	0.070
As	mg/kg	7.7	1.9	7.4	1.3	0.25	7.6	7.7	0.8	3.3	3.3	4.1	6.8	8.5	11.5	13.6	13.6	0.3	1.9	45	7.5
Au	µg/kg	1.4	0.3	1.3	1.3	0.25	1.0	1.3	0.2	0.9	0.9	1.0	1.1	1.5	2.1	2.2	2.2	1.0	0.2	46	1.4
B	mg/kg	32.1	8.1	30.9	1.3	0.25	36.5	33.6	4.0	12.6	12.6	18.3	24.6	37.5	44.2	51.6	51.6	-0.4	-0.1	46	32.1
Ba	mg/kg	1 116	640	1 008	2	0.57	1 298	865	212	635	635	642	719	1 298	1 951	4 493	4 493	3.4	16.7	45	1 041
Be	mg/kg	1.96	0.33	1.94	1.18	0.17	1.67	1.88	0.23	1.46	1.46	1.52	1.67	2.19	2.75	2.75	2.75	0.7	-0.2	46	1.96
Bi	mg/kg	0.24	0.06	0.23	1.24	0.25	0.23	0.23	0.03	0.14	0.14	0.15	0.20	0.26	0.34	0.52	0.52	2.4	10.6	45	0.23
Br	mg/kg	4.0	1.8	3.8	1.5	0.45	3.0	3.5	0.7	2.0	2.0	2.0	3.0	4.8	8.1	12.2	12.2	2.4	8.3	44	3.8
TC	%	0.94	0.29	0.90	1.35	0.31	0.80	0.87	0.19	0.45	0.45	0.56	0.76	1.09	1.67	1.85	1.85	1.0	1.2	45	0.92
Cd	mg/kg	0.120	0.036	0.116	1.290	0.30	0.094	0.110	0.014	0.076	0.076	0.084	0.096	0.144	0.239	0.245	0.245	1.9	4.1	44	0.115
Ce	mg/kg	83.1	19.9	80.7	1.3	0.24	80.5	80.8	13.1	49.7	49.7	52.4	69.6	95.9	122.3	132.0	132.0	0.4	-0.3	46	83.1
Cl	mg/kg	96	65	84	2	0.67	66	77	18	44	44	46	61	97	304	382	382	3.0	9.9	43	81
Co	mg/kg	13.0	3.5	12.6	1.3	0.27	9.5	13.6	2.3	6.9	6.9	8.6	9.5	15.0	18.4	26.7	26.7	1.2	4.0	45	12.7
Cr	mg/kg	65.8	33.9	61.0	1.4	0.52	52.4	55.5	6.0	27.6	27.6	38.8	51.9	71.4	125.0	252.4	252.4	4.0	20.7	43	58.8
Cu	mg/kg	23.0	7.2	22.0	1.3	0.31	23.7	22.0	4.8	12.8	12.8	13.0	17.7	27.4	34.2	49.5	49.5	1.2	2.7	45	22.4
F	mg/kg	462	86	454	1	0.19	577	457	56	283	283	322	405	515	629	652	652	0.2	-0.5	46	462
Ga	mg/kg	15.9	2.0	15.7	1.1	0.13	15.4	15.9	1.6	12.5	12.5	12.6	13.9	17.4	19.0	19.4	19.4	-0.1	-1.2	46	15.9
Ge	mg/kg	1.34	0.13	1.34	1.10	0.10	1.41	1.33	0.09	1.11	1.11	1.14	1.25	1.41	1.63	1.64	1.64	0.5	-0.2	46	1.34
Hg	mg/kg	0.036	0.017	0.033	1.520	0.46	0.028	0.032	0.008	0.014	0.014	0.016	0.026	0.044	0.079	0.090	0.090	1.5	2.4	43	0.033
I	mg/kg	2.58	1.40	2.35	1.49	0.54	2.33	2.28	0.32	1.04	1.04	1.27	1.85	2.60	6.88	7.62	7.62	2.5	6.0	42	2.18
La	mg/kg	44.1	12.3	42.5	1.3	0.28	36.1	42.1	8.5	26.6	26.6	27.1	35.2	52.4	72.6	77.2	77.2	0.9	0.2	46	44.1
Li	mg/kg	29.5	7.7	28.5	1.3	0.26	27.1	28.4	4.2	13.7	13.7	17.1	24.7	33.0	44.2	56.2	56.2	0.9	2.1	45	28.9
Mn	mg/kg	647	115	637	1	0.18	612	617	64	447	447	452	582	699	877	967	967	0.7	0.3	46	647
Mo	mg/kg	0.65	0.22	0.62	1.35	0.34	0.55	0.58	0.11	0.38	0.38	0.39	0.49	0.73	1.09	1.53	1.53	1.7	4.3	45	0.63
N	%	0.092	0.025	0.089	1.303	0.27	0.089	0.090	0.014	0.046	0.046	0.051	0.077	0.106	0.152	0.166	0.166	0.7	1.4	45	0.091
Nb	mg/kg	14.5	2.5	14.3	1.2	0.17	13.9	13.9	1.3	11.0	11.0	11.2	12.7	15.8	19.9	20.1	20.1	0.9	-0.2	46	14.5
Ni	mg/kg	27.5	13.6	25.4	1.5	0.49	20.8	23.0	3.8	12.6	12.6	13.8	20.8	30.6	60.8	93.0	93.0	2.9	11.6	44	25.3

指标	单位	算术平均值 X_a	算术标准差 S_a	几何平均值 X_g	几何标准差 S_g	变异系数 CV	众值 X_{mo}	中位值 X_{me}	中位绝对离差 MAD	最小值 X_{min}	$X_{0.5\%}$	$X_{2.5\%}$	$X_{25\%}$	$X_{75\%}$	$X_{97.5\%}$	$X_{99.5\%}$	最大值 X_{max}	偏度系数 SK	峰度系数 BK	n'	背景值 X_a'
P	mg/kg	724	211	695	1	0.29	712	716	130	355	355	405	580	842	1 202	1 240	1 240	0.6	0.2	46	724
Pb	mg/kg	28.3	6.0	27.8	1.2	0.21	24.6	27.2	3.7	19.6	19.6	20.4	23.9	31.7	39.5	50.8	50.8	1.3	2.9	45	27.8
Rb	mg/kg	98.3	19.7	96.6	1.2	0.20	85.7	91.9	7.4	64.0	64.0	76.3	85.7	101.5	141.7	144.1	144.1	1.1	0.2	46	98.3
S	mg/kg	219	106	203	1	0.48	179	194	31	93	93	125	168	228	601	657	657	2.8	9.1	43	196
Sb	mg/kg	0.66	0.15	0.64	1.27	0.23	0.56	0.66	0.10	0.34	0.34	0.37	0.56	0.78	0.91	1.01	1.01	0.1	-0.2	46	0.66
Sc	mg/kg	9.5	2.2	9.2	1.3	0.23	7.5	9.0	1.5	5.9	5.9	6.2	7.7	11.0	13.9	15.8	15.8	0.7	0.3	46	9.5
Se	mg/kg	0.18	0.05	0.17	1.28	0.26	0.15	0.16	0.02	0.08	0.08	0.12	0.15	0.21	0.27	0.29	0.29	0.8	0.1	46	0.18
Sn	mg/kg	2.7	0.7	2.7	1.2	0.25	2.5	2.7	0.4	1.6	1.6	1.8	2.3	3.0	3.8	5.8	5.8	2.2	8.8	45	2.7
Sr	mg/kg	261	98	248	1	0.38	201	225	32	169	169	169	198	306	537	558	558	1.7	2.5	43	242
Th	mg/kg	12.2	4.4	11.5	1.4	0.36	10.2	10.6	1.5	7.2	7.2	7.4	9.2	12.5	23.8	25.6	25.6	1.6	1.8	44	11.6
Ti	mg/kg	4 044	629	3 995	1	0.16	3 983	3 994	426	2 781	2 781	2 899	3 557	4 409	5 152	5 236	5 236	0.1	-0.6	46	4 044
Tl	mg/kg	0.67	0.27	0.63	1.37	0.40	0.51	0.58	0.07	0.39	0.39	0.44	0.51	0.68	1.13	1.86	1.86	2.5	8.1	45	0.64
U	mg/kg	2.19	0.60	2.13	1.27	0.27	2.00	1.99	0.21	1.57	1.57	1.58	1.80	2.32	3.66	3.85	3.85	1.4	1.1	46	2.19
V	mg/kg	81.6	15.7	80.1	1.2	0.19	79.2	79.9	11.7	51.8	51.8	54.5	65.4	89.9	113.9	114.6	114.6	0.3	-0.4	46	81.6
W	mg/kg	1.33	0.29	1.30	1.25	0.22	1.21	1.32	0.18	0.70	0.70	0.76	1.15	1.54	1.85	2.12	2.12	0.3	0.5	46	1.33
Y	mg/kg	22.5	2.1	22.4	1.1	0.09	21.7	22.5	1.2	16.6	16.6	17.6	21.3	23.6	26.4	27.9	27.9	-0.1	1.3	46	22.5
Zn	mg/kg	60.9	12.5	59.7	1.2	0.21	56.7	62.6	8.3	38.3	38.3	42.9	49.5	70.0	81.4	93.2	93.2	0.2	-0.5	46	60.9
Zr	mg/kg	334	46	331	1	0.14	359	331	29	238	238	240	307	362	427	456	456	0.4	0.3	46	334
Al_2O_3	%	13.55	1.12	13.50	1.09	0.08	13.60	13.72	0.85	11.57	11.57	11.58	12.53	14.37	15.50	15.54	15.54	-0.2	-1.0	46	13.55
CaO	%	1.44	0.70	1.31	1.55	0.48	1.40	1.26	0.35	0.57	0.57	0.64	0.95	1.81	3.03	3.95	3.95	1.4	2.7	45	1.39
MgO	%	1.24	0.46	1.18	1.37	0.37	0.96	1.10	0.19	0.64	0.64	0.68	0.96	1.44	2.20	3.13	3.13	1.9	5.5	45	1.20
K_2O	%	2.85	0.57	2.79	1.21	0.20	2.44	2.67	0.32	2.12	2.12	2.18	2.41	3.13	3.87	4.33	4.33	0.9	-0.3	46	2.85
Na_2O	%	2.09	0.38	2.06	1.20	0.18	1.87	2.03	0.22	1.40	1.40	1.55	1.82	2.31	2.88	2.93	2.93	0.4	-0.4	46	2.09
SiO_2	%	65.92	3.71	65.82	1.06	0.06	66.04	65.61	3.21	60.36	60.36	60.87	63.00	69.64	72.31	74.43	74.43	0.3	-1.0	46	65.92
TFe_2O_3	%	4.37	0.79	4.31	1.19	0.18	4.58	4.39	0.60	2.77	2.77	3.10	3.69	4.91	5.60	6.92	6.92	0.6	1.1	45	4.32
SOC	%	0.88	0.29	0.84	1.36	0.33	0.87	0.83	0.14	0.37	0.37	0.50	0.72	1.01	1.68	1.94	1.94	1.5	3.7	43	0.83
pH	无量纲						5.27	6.51	1.03	5.08	5.08	5.09	5.45	7.50	8.11	8.15	8.15				

表 2.5.6B 碱性火山岩类深层土壤（150～200 cm）地球化学参数（$n=12$）

指标	单位	算术平均值 X_a	算术标准差 S_a	几何平均值 X_g	几何标准差 S_g	变异系数 CV	众值 X_{mo}	中位值 X_{me}	中位绝对离差 MAD	最小值 X_{min}	$X_{0.5\%}$	$X_{2.5\%}$	$X_{25\%}$	$X_{75\%}$	$X_{97.5\%}$	$X_{99.5\%}$	最大值 X_{max}	偏度系数 SK	峰度系数 BK	n'	基准值 X_a'
Ag	mg/kg	0.063	0.008	0.063	1.135	0.13	0.055	0.064	0.008	0.052	0.052	0.052	0.056	0.066	0.079	0.079	0.079	0.5	-0.7	12	0.063
As	mg/kg	7.9	2.6	7.4	1.4	0.34	8.0	8.0	1.7	3.3	3.3	3.3	6.7	8.9	12.9	12.9	12.9	0.1	0.1	12	7.9
Au	µg/kg	1.2	0.2	1.2	1.2	0.19	1.1	1.2	0.2	1.0	1.0	1.0	1.1	1.3	1.8	1.8	1.8	1.9	4.8	12	1.2
B	mg/kg	28.0	8.6	26.8	1.3	0.31	26.9	25.9	6.3	17.4	17.4	17.4	22.0	35.5	42.2	42.2	42.2	0.5	-1.2	12	28.0
Ba	mg/kg	1082	405	1019	1	0.37	943	927	193	636	636	636	775	1350	1805	1805	1805	0.8	-0.9	12	1082
Be	mg/kg	2.07	0.32	2.05	1.15	0.15	2.16	2.10	0.20	1.69	1.69	1.69	1.85	2.16	2.73	2.73	2.73	0.7	0.2	12	2.07
Bi	mg/kg	0.21	0.06	0.20	1.30	0.28	0.20	0.20	0.03	0.12	0.12	0.12	0.18	0.22	0.33	0.33	0.33	0.7	0.6	12	0.21
Br	mg/kg	5.7	6.1	4.1	2.0	1.09	2.7	3.6	1.2	1.9	1.9	1.9	2.7	4.6	23.7	23.7	23.7	2.7	7.8	12	5.7
TC	%	0.46	0.20	0.42	1.52	0.43	0.48	0.44	0.16	0.23	0.23	0.23	0.30	0.60	0.79	0.79	0.79	0.5	-1.1	12	0.46
Cd	mg/kg	0.098	0.045	0.091	1.452	0.46	0.076	0.076	0.011	0.056	0.056	0.056	0.075	0.098	0.195	0.195	0.195	1.5	1.2	12	0.098
Ce	mg/kg	95.4	26.1	92.3	1.3	0.27	88.3	87.0	19.9	59.9	59.9	59.9	76.8	112.6	144.3	144.3	144.3	0.5	-0.8	12	95.4
Cl	mg/kg	397	1109	100	3	2.80	64	64	11	51	51	51	58	80	3918	3918	3918	3.5	12.0	11	77
Co	mg/kg	17.0	8.1	15.6	1.5	0.48	15.4	15.4	3.5	8.3	8.3	8.3	12.4	19.1	39.0	39.0	39.0	2.0	5.1	12	17.0
Cr	mg/kg	67.7	32.6	61.5	1.5	0.48	54.5	50.6	12.8	32.6	32.6	32.6	45.6	82.5	140.9	140.9	140.9	1.1	0.7	12	67.7
Cu	mg/kg	20.2	5.7	19.4	1.3	0.28	18.7	19.8	2.8	10.5	10.5	10.5	18.7	22.3	33.1	33.1	33.1	0.6	1.7	12	20.2
F	mg/kg	514	99	506	1	0.19	502	486	76	374	374	374	436	604	676	676	676	0.3	-1.4	12	514
Ga	mg/kg	17.1	1.9	17.0	1.1	0.11	18.3	17.8	0.8	12.5	12.5	12.5	16.7	18.3	18.7	18.7	18.7	-1.6	2.2	12	17.1
Ge	mg/kg	1.43	0.18	1.42	1.12	0.12	1.46	1.42	0.13	1.18	1.18	1.18	1.28	1.49	1.76	1.76	1.76	0.6	-0.2	12	1.43
Hg	mg/kg	0.018	0.013	0.016	1.590	0.72	0.013	0.015	0.003	0.009	0.009	0.009	0.013	0.017	0.057	0.057	0.057	3.0	9.7	11	0.014
I	mg/kg	3.10	1.48	2.84	1.49	0.48	2.46	2.44	0.38	1.82	1.82	1.82	2.20	2.84	5.88	5.88	5.88	1.3	-0.1	12	3.10
La	mg/kg	49.4	15.2	47.3	1.3	0.31	45.9	45.3	10.0	27.3	27.3	27.3	41.5	62.4	77.4	77.4	77.4	0.5	-0.6	12	49.4
Li	mg/kg	31.9	9.7	30.6	1.3	0.30	31.4	30.2	6.4	17.9	17.9	17.9	26.2	36.1	50.4	50.4	50.4	0.5	-0.4	12	31.9
Mn	mg/kg	1023	617	907	2	0.60	849	846	226	508	508	508	622	1054	2740	2740	2740	2.2	5.6	12	1023
Mo	mg/kg	0.66	0.22	0.62	1.44	0.34	0.68	0.66	0.14	0.26	0.26	0.26	0.52	0.79	1.02	1.02	1.02	0.1	-0.3	12	0.66
N	%	0.043	0.015	0.041	1.348	0.34	0.030	0.041	0.010	0.029	0.029	0.029	0.032	0.048	0.075	0.075	0.075	1.1	0.5	12	0.043
Nb	mg/kg	15.0	2.8	14.8	1.2	0.19	14.5	14.2	1.7	11.9	11.9	11.9	13.0	16.6	20.3	20.3	20.3	0.8	-0.7	12	15.0
Ni	mg/kg	33.4	17.6	30.1	1.5	0.53	28.2	27.2	8.8	17.9	17.9	17.9	22.3	37.2	79.4	79.4	79.4	1.8	3.7	12	33.4

指标	单位	算术平均值 X_a	算术标准差 S_a	几何平均值 X_g	几何标准差 S_g	变异系数 CV	众值 X_{mo}	中位值 X_{me}	中位绝对离差 MAD	最小值 X_{min}	累积频率						最大值 X_{max}	偏度系数 SK	峰度系数 BK	基准值	
											$X_{0.5\%}$	$X_{2.5\%}$	$X_{25\%}$	$X_{75\%}$	$X_{97.5\%}$	$X_{99.5\%}$				n'	X_a'
P	mg/kg	542	162	518	1	0.30	573	567	106	261	261	261	437	639	823	823	823	0.0	-0.4	12	542
Pb	mg/kg	29.2	13.0	27.5	1.4	0.44	26.3	26.1	4.4	18.2	18.2	18.2	22.9	30.1	67.9	67.9	67.9	2.8	8.7	12	29.2
Rb	mg/kg	103.4	24.5	100.8	1.3	0.24	99.3	98.6	10.6	63.0	63.0	63.0	90.7	109.0	143.1	143.1	143.1	0.4	-0.4	12	103.4
S	mg/kg	122	47	115	1	0.38	126	117	33	76	76	76	83	140	235	235	235	1.2	1.9	12	122
Sb	mg/kg	0.72	0.28	0.68	1.42	0.38	0.70	0.63	0.17	0.41	0.41	0.41	0.51	0.83	1.28	1.28	1.28	0.8	-0.3	12	0.72
Sc	mg/kg	10.2	2.5	9.9	1.3	0.24	9.7	9.8	0.8	6.4	6.4	6.4	9.2	10.6	15.8	15.8	15.8	0.9	1.7	12	10.2
Se	mg/kg	0.12	0.05	0.11	1.45	0.38	0.07	0.12	0.03	0.06	0.06	0.06	0.10	0.14	0.21	0.21	0.21	0.6	-0.2	12	0.12
Sn	mg/kg	2.2	0.5	2.2	1.2	0.20	2.2	2.3	0.2	1.5	1.5	1.5	2.1	2.4	3.2	3.2	3.2	0.3	1.0	12	2.2
Sr	mg/kg	252	81	240	1	0.32	257	250	64	136	136	136	206	304	387	387	387	0.2	-1.0	12	252
Th	mg/kg	12.3	5.6	11.5	1.4	0.45	10.3	10.3	1.8	8.0	8.0	8.0	9.2	13.1	25.5	25.5	25.5	1.8	2.3	12	12.3
Ti	mg/kg	4 122	727	4 053	1	0.18	4 432	4 400	245	2 470	2 470	2 470	3 852	4 597	5 035	5 035	5 035	-1.2	1.1	12	4 122
Tl	mg/kg	0.65	0.17	0.64	1.26	0.26	0.62	0.61	0.11	0.48	0.48	0.48	0.53	0.73	0.94	0.94	0.94	0.8	-0.9	12	0.65
U	mg/kg	2.13	0.77	2.03	1.34	0.36	1.89	1.84	0.21	1.42	1.42	1.42	1.71	2.07	3.77	3.77	3.77	1.7	1.7	12	2.13
V	mg/kg	89.2	22.1	86.6	1.3	0.25	92.0	86.0	12.5	50.5	50.5	50.5	76.0	99.0	124.5	124.5	124.5	0.1	-0.4	12	89.2
W	mg/kg	1.44	0.28	1.42	1.21	0.19	1.66	1.45	0.22	1.00	1.00	1.00	1.22	1.66	1.90	1.90	1.90	0.0	-1.1	12	1.44
Y	mg/kg	23.6	3.2	23.4	1.1	0.14	23.7	23.7	2.1	19.0	19.0	19.0	21.6	24.9	30.4	30.4	30.4	0.5	0.5	12	23.6
Zn	mg/kg	63.3	19.7	60.8	1.3	0.31	67.5	63.4	7.0	37.1	37.1	37.1	56.5	70.0	112.3	112.3	112.3	1.2	2.9	12	63.3
Zr	mg/kg	307	53	302	1	0.17	326	300	36	233	233	233	266	335	410	410	410	0.5	-0.6	12	307
Al_2O_3	%	14.40	1.05	14.36	1.07	0.07	14.58	14.49	0.76	12.24	12.24	12.24	13.87	14.83	15.81	15.81	15.81	-0.5	0.1	12	14.40
CaO	%	1.39	0.49	1.31	1.41	0.35	1.42	1.36	0.37	0.73	0.73	0.73	1.06	1.53	2.21	2.21	2.21	0.5	-0.9	12	1.39
MgO	%	1.38	0.46	1.32	1.34	0.33	1.28	1.26	0.21	0.81	0.81	0.81	1.13	1.47	2.45	2.45	2.45	1.2	1.6	12	1.38
K_2O	%	2.90	0.64	2.83	1.25	0.22	3.09	3.05	0.43	1.85	1.85	1.85	2.40	3.26	3.90	3.90	3.90	-0.3	-0.9	12	2.90
Na_2O	%	2.10	0.52	2.04	1.28	0.25	2.38	2.22	0.51	1.42	1.42	1.42	1.66	2.51	2.78	2.78	2.78	-0.1	-1.9	12	2.10
SiO_2	%	63.89	3.73	63.79	1.06	0.06	64.27	63.89	1.37	57.62	57.62	57.62	62.60	64.80	71.31	71.31	71.31	0.3	0.6	12	63.89
TFe_2O_3	%	4.84	1.05	4.74	1.23	0.22	4.86	4.80	0.29	3.13	3.13	3.13	4.51	5.04	6.83	6.83	6.83	0.6	0.6	12	4.84
SOC	%	0.42	0.17	0.40	1.43	0.39	0.33	0.39	0.09	0.24	0.24	0.24	0.31	0.47	0.78	0.78	0.78	1.0	0.4	12	0.42
pH	无量纲						7.33	7.32	0.37	6.25	6.25	6.25	7.15	7.78	8.24	8.24	8.24				

表 2.5.7A 碱性侵入岩类表层土壤 (0~20 cm) 地球化学参数 (n=176)

指标	单位	算术平均值 X_a	算术标准差 S_a	几何平均值 X_g	几何标准差 S_g	变异系数 CV	众值 X_{mo}	中位值 X_{me}	中位绝对离差 MAD	最小值 X_{min}	累积频率						最大值 X_{max}	偏度系数 SK	峰度系数 BK	背景值	
											$X_{0.5\%}$	$X_{2.5\%}$	$X_{25\%}$	$X_{75\%}$	$X_{97.5\%}$	$X_{99.5\%}$				n'	X_a'
Ag	mg/kg	0.077	0.042	0.070	1.488	0.54	0.062	0.068	0.017	0.031	0.032	0.035	0.054	0.088	0.160	0.222	0.449	4.6	36.3	168	0.071
As	mg/kg	5.0	1.5	4.8	1.4	0.30	4.2	4.8	0.8	0.9	2.2	2.8	4.1	5.8	8.0	10.1	13.3	1.3	5.1	173	5.0
Au	μg/kg	1.5	1.4	1.3	1.6	0.95	1.0	1.2	0.3	0.4	0.5	0.7	1.0	1.6	4.7	7.4	16.8	7.5	73.4	164	1.3
B	mg/kg	21.3	8.5	19.7	1.5	0.40	18.1	19.6	5.2	1.9	4.2	7.7	15.8	27.2	36.8	42.6	68.0	1.2	4.3	175	21.1
Ba	mg/kg	1 039	722	843	2	0.69	681	831	302	181	186	215	552	1 168	3 037	3 261	3 281	1.5	1.5	166	921
Be	mg/kg	2.91	1.07	2.74	1.41	0.37	2.30	2.80	0.77	1.48	1.52	1.61	2.03	3.53	5.13	6.96	8.15	1.3	3.2	173	2.84
Bi	mg/kg	0.28	0.24	0.24	1.63	0.87	0.19	0.23	0.06	0.07	0.09	0.10	0.18	0.32	0.77	1.53	2.64	6.4	54.3	169	0.25
Br	mg/kg	4.5	4.7	3.8	1.7	1.05	3.3	3.5	1.0	0.8	1.5	1.9	2.7	4.7	15.3	25.9	50.9	6.7	56.7	166	3.7
TC	%	1.02	0.58	0.91	1.58	0.57	0.65	0.85	0.24	0.40	0.43	0.45	0.65	1.24	2.71	3.78	4.19	2.4	7.9	163	0.89
Cd	mg/kg	0.126	0.062	0.115	1.513	0.49	0.075	0.108	0.027	0.040	0.051	0.059	0.086	0.148	0.296	0.365	0.476	2.1	6.9	169	0.118
Ce	mg/kg	93.3	54.8	83.0	1.6	0.59	64.5	73.7	13.1	26.9	36.5	42.8	64.5	98.7	246.2	284.0	399.0	2.4	6.9	144	71.5
Cl	mg/kg	284	1 301	128	2	4.58	80	108	47	37	38	47	72	188	975	3 813	16 768	11.9	149.5	159	120
Co	mg/kg	9.7	4.1	9.0	1.5	0.42	7.5	8.9	2.0	3.1	3.3	3.9	7.2	11.4	20.1	24.4	27.0	1.4	2.9	167	9.1
Cr	mg/kg	48.6	43.0	42.4	1.6	0.89	35.4	41.3	9.0	11.1	11.4	17.9	33.7	50.8	120.8	165.0	535.8	8.6	94.7	162	40.9
Cu	mg/kg	19.1	12.6	16.7	1.6	0.66	14.4	15.4	3.5	3.9	5.4	7.3	12.9	20.5	65.2	82.1	97.1	3.3	14.0	165	16.5
F	mg/kg	498	247	462	1	0.50	420	434	74	223	250	264	370	523	1 441	1 495	2 040	3.3	13.2	163	442
Ga	mg/kg	17.2	2.5	17.0	1.2	0.14	18.7	17.3	1.5	8.9	10.2	11.4	15.6	18.7	22.1	23.7	24.1	-0.2	0.9	175	17.3
Ge	mg/kg	1.32	0.17	1.31	1.14	0.13	1.28	1.31	0.10	0.73	1.00	1.03	1.22	1.41	1.75	1.80	1.85	0.4	1.2	170	1.31
Hg	mg/kg	0.038	0.038	0.030	1.830	1.00	0.020	0.027	0.007	0.005	0.007	0.010	0.020	0.042	0.110	0.286	0.304	4.7	26.8	160	0.029
I	mg/kg	4.05	5.86	3.13	1.80	1.45	2.12	2.81	0.84	1.12	1.12	1.38	2.09	4.05	13.40	18.10	72.70	9.5	108.9	164	3.08
La	mg/kg	49.1	30.7	43.1	1.6	0.63	31.5	38.5	8.4	16.5	19.2	23.4	31.5	54.2	140.4	167.5	208.0	2.3	6.2	149	38.1
Li	mg/kg	19.5	5.9	18.7	1.3	0.30	18.8	18.8	3.2	5.8	6.8	9.6	16.1	22.3	31.5	47.1	54.5	2.0	9.2	173	19.0
Mn	mg/kg	629	180	604	1	0.29	724	612	101	246	255	333	517	719	1 015	1 204	1 475	1.0	2.6	172	615
Mo	mg/kg	1.25	1.46	0.97	1.82	1.17	0.54	0.87	0.27	0.41	0.43	0.44	0.65	1.24	5.18	8.68	13.90	5.4	37.0	163	0.92
N	%	0.085	0.036	0.079	1.469	0.42	0.069	0.079	0.018	0.018	0.019	0.042	0.063	0.099	0.110	0.218	0.295	1.0	0.4	168	0.079
Nb	mg/kg	23.0	9.6	21.2	1.5	0.42	15.1	20.5	6.1	10.8	11.3	11.7	15.1	29.2	44.9	52.9	56.7	2.1	8.2	174	22.6
Ni	mg/kg	20.8	23.6	17.7	1.6	1.13	16.5	17.4	4.2	4.2	5.0	8.3	13.6	21.7	53.0	65.4	304.5	10.2	121.0	166	17.5

指标	单位	算术平均值 X_a	算术标准差 S_a	几何平均值 X_g	几何标准差 S_g	变异系数 CV	众值 X_{mo}	中位值 X_{me}	中位绝对离差 MAD	最小值 X_{min}	累积频率 $X_{0.5\%}$	$X_{2.5\%}$	$X_{25\%}$	$X_{75\%}$	$X_{97.5\%}$	$X_{99.5\%}$	最大值 X_{max}	偏度系数 SK	峰度系数 BK	n'	背景值 X_a'
P	mg/kg	745	561	620	2	0.75	425	618	193	126	127	194	436	839	2 484	2 835	4 667	3.3	15.6	166	638
Pb	mg/kg	37.9	19.4	35.1	1.4	0.51	28.0	32.4	8.1	18.7	19.2	21.4	26.9	44.1	80.7	142.1	195.0	4.3	28.2	170	35.3
Rb	mg/kg	119.1	30.4	115.3	1.3	0.26	88.5	118.6	22.2	67.3	67.5	73.3	91.9	139.0	187.3	203.5	204.5	0.5	-0.3	176	119.1
S	mg/kg	216	173	192	2	0.80	187	178	38	79	91	101	148	226	515	853	2 048	7.4	72.9	168	191
Sb	mg/kg	0.54	0.21	0.51	1.38	0.39	0.46	0.50	0.08	0.16	0.24	0.29	0.43	0.60	0.99	1.58	2.05	3.1	16.9	169	0.51
Sc	mg/kg	7.5	2.6	7.1	1.4	0.35	6.0	7.3	1.5	2.9	3.0	3.2	5.9	8.7	13.7	15.2	17.7	0.9	1.4	174	7.4
Se	mg/kg	0.24	0.12	0.22	1.50	0.51	0.16	0.21	0.05	0.05	0.07	0.12	0.17	0.27	0.53	0.73	1.14	3.2	17.3	165	0.22
Sn	mg/kg	3.2	1.3	3.0	1.4	0.41	3.4	3.0	0.6	1.3	1.5	1.6	2.5	3.5	6.0	7.5	14.6	4.5	35.2	171	3.0
Sr	mg/kg	299	292	210	2	0.98	113	184	79	36	39	58	120	336	1 214	1 267	1 282	1.9	2.8	149	188
Th	mg/kg	14.3	6.3	13.1	1.5	0.44	8.4	13.1	3.8	5.6	6.2	6.6	9.5	17.2	27.8	34.5	51.3	1.8	7.0	172	13.7
Ti	mg/kg	3 540	883	3 444	1	0.25	3 162	3 413	384	1 945	2 122	2 168	3 059	3 849	6 389	6 810	7 239	1.5	3.6	169	3 418
Tl	mg/kg	0.72	0.18	0.70	1.28	0.24	0.75	0.75	0.14	0.39	0.44	0.45	0.57	0.84	1.05	1.17	1.25	0.2	-0.5	175	0.72
U	mg/kg	2.40	0.75	2.29	1.36	0.31	2.00	2.31	0.51	1.05	1.23	1.31	1.83	2.86	4.02	4.79	5.13	0.8	0.7	174	2.37
V	mg/kg	66.1	26.6	62.0	1.4	0.40	59.0	59.4	9.4	28.5	30.2	33.2	51.8	73.0	145.2	164.5	177.4	1.9	4.1	161	59.6
W	mg/kg	1.50	0.67	1.39	1.47	0.44	1.42	1.42	0.31	0.43	0.50	0.66	1.09	1.71	3.66	4.95	4.96	2.4	8.6	167	1.38
Y	mg/kg	25.3	5.2	24.8	1.2	0.21	27.1	24.6	2.8	13.0	13.9	15.9	21.9	27.5	38.3	39.9	49.4	0.9	2.5	174	25.1
Zn	mg/kg	68.1	27.0	63.7	1.4	0.40	73.9	64.4	12.9	18.1	28.9	32.0	51.6	77.1	146.6	161.1	222.0	1.9	6.7	170	64.8
Zr	mg/kg	474	286	417	2	0.60	340	354	52	198	207	239	309	438	1 241	1 449	1 526	1.8	2.3	138	339
Al_2O_3	%	13.88	1.68	13.77	1.14	0.12	13.43	13.95	0.87	7.81	8.36	9.54	13.12	14.81	16.66	17.15	19.03	-0.5	1.5	170	14.00
CaO	%	1.27	0.90	1.04	1.86	0.71	0.88	0.98	0.37	0.18	0.20	0.31	0.73	1.59	4.36	5.18	5.43	2.2	6.1	166	1.10
MgO	%	0.90	0.51	0.80	1.59	0.57	0.70	0.74	0.19	0.25	0.27	0.35	0.60	1.03	2.34	2.67	3.48	2.1	5.5	161	0.77
K_2O	%	3.50	0.67	3.43	1.21	0.19	3.05	3.35	0.37	2.21	2.22	2.31	3.06	3.84	4.96	5.18	5.48	0.6	0.1	176	3.50
Na_2O	%	2.52	0.39	2.49	1.17	0.15	2.48	2.48	0.28	1.47	1.61	1.80	2.24	2.79	3.22	3.39	3.66	0.1	-0.1	176	2.52
SiO_2	%	67.13	4.21	66.99	1.07	0.06	67.82	67.81	2.23	51.38	54.16	56.94	64.92	69.87	74.00	77.04	77.79	-0.8	1.5	174	67.29
TFe_2O_3	%	3.63	1.10	3.49	1.31	0.30	3.18	3.42	0.47	1.70	1.92	2.13	3.03	3.96	6.76	8.60	8.72	1.9	5.2	167	3.44
SOC	%	0.96	0.53	0.84	1.75	0.56	0.60	0.81	0.22	0.02	0.07	0.39	0.63	1.19	2.61	3.09	3.76	2.1	6.5	164	0.85
pH	无量纲						6.22	5.98	0.65	4.71	4.76	4.86	5.40	6.94	8.44	9.03	9.25				

表 2.5.7B 碱性侵入岩类深层土壤（150~200 cm）地球化学参数（n=55）

指标	单位	算术平均值 X_a	算术标准差 S_a	几何平均值 X_g	几何标准差 S_g	变异系数 CV	众值 X_{mo}	中位值 X_{me}	中位绝对离差 MAD	最小值 X_{min}	累积频率 $X_{0.5\%}$	$X_{2.5\%}$	$X_{25\%}$	$X_{75\%}$	$X_{97.5\%}$	$X_{99.5\%}$	最大值 X_{max}	偏度系数 SK	峰度系数 BK	基准值 n'	X_a'
Ag	mg/kg	0.063	0.020	0.060	1.336	0.31	0.049	0.059	0.011	0.034	0.034	0.037	0.049	0.070	0.111	0.121	0.121	1.1	0.8	55	0.063
As	mg/kg	6.5	2.3	6.1	1.4	0.36	6.1	5.8	1.2	3.5	3.5	3.5	4.9	7.5	12.1	14.3	14.3	1.3	1.6	54	6.3
Au	μg/kg	1.4	0.5	1.3	1.4	0.37	1.0	1.3	0.3	0.6	0.6	0.7	1.0	1.6	2.6	2.8	2.8	0.9	0.4	55	1.4
B	mg/kg	25.7	9.8	23.9	1.5	0.38	26.4	25.1	4.4	6.8	6.8	8.6	21.0	29.5	39.3	71.8	71.8	1.7	8.4	54	24.8
Ba	mg/kg	1 029	681	858	2	0.66	438	820	309	199	199	333	540	1 193	2 839	3 006	3 006	1.5	1.7	55	1 029
Be	mg/kg	2.67	0.89	2.53	1.40	0.33	2.36	2.39	0.37	0.85	0.85	1.09	2.08	3.12	4.85	5.29	5.29	0.8	0.9	55	2.67
Bi	mg/kg	0.26	0.15	0.23	1.57	0.57	0.20	0.23	0.05	0.06	0.06	0.08	0.20	0.28	0.53	1.09	1.09	3.7	19.2	52	0.23
Br	mg/kg	4.5	3.9	3.6	1.8	0.86	1.7	3.2	1.1	1.6	1.6	1.7	2.6	4.6	18.9	20.1	20.1	2.7	7.9	50	3.4
TC	%	0.59	0.44	0.50	1.71	0.74	0.64	0.47	0.16	0.23	0.23	0.24	0.33	0.64	2.09	2.15	2.15	2.4	5.8	50	0.47
Cd	mg/kg	0.096	0.081	0.079	1.751	0.84	0.064	0.074	0.021	0.025	0.025	0.031	0.059	0.102	0.285	0.560	0.560	4.0	20.2	51	0.078
Ce	mg/kg	85.4	29.2	81.1	1.4	0.34	69.7	79.2	11.9	31.5	31.5	38.7	67.8	97.6	162.3	185.9	185.9	1.4	2.6	52	80.6
Cl	mg/kg	234	520	120	3	2.22	82	91	39	33	33	35	63	161	1 460	3 613	3 613	5.6	34.6	51	122
Co	mg/kg	11.2	4.8	10.1	1.6	0.43	10.5	10.2	3.1	2.2	2.2	3.5	8.6	14.4	22.5	25.7	25.7	0.7	0.6	54	10.9
Cr	mg/kg	50.9	28.5	46.1	1.5	0.56	44.2	49.9	9.7	16.2	16.2	18.3	37.3	55.6	138.2	209.4	209.4	3.7	18.8	53	46.3
Cu	mg/kg	16.2	6.1	15.2	1.4	0.38	14.0	15.4	2.7	3.7	3.7	7.0	12.7	17.9	35.4	37.8	37.8	1.5	3.7	51	14.9
F	mg/kg	429	143	408	1	0.33	425	406	76	162	162	218	343	496	803	841	841	1.1	1.6	55	429
Ga	mg/kg	16.8	2.6	16.6	1.2	0.15	17.5	17.0	1.4	8.5	8.5	10.6	15.7	18.3	21.8	22.5	22.5	-0.7	1.7	54	17.0
Ge	mg/kg	1.37	0.21	1.35	1.17	0.16	1.62	1.40	0.18	1.00	1.00	1.00	1.22	1.55	1.72	1.76	1.76	-0.1	-1.1	55	1.37
Hg	mg/kg	0.029	0.067	0.020	1.855	2.29	0.015	0.017	0.004	0.007	0.007	0.008	0.015	0.024	0.065	0.508	0.508	7.2	52.4	52	0.019
I	mg/kg	5.34	11.45	3.57	1.90	2.14	2.82	2.93	0.81	1.71	1.71	1.75	2.50	4.50	11.30	87.00	87.00	7.0	50.4	51	3.40
La	mg/kg	42.5	15.9	40.1	1.4	0.37	35.2	37.7	5.8	14.3	14.3	19.7	33.4	47.3	85.7	105.9	105.9	1.8	4.3	53	40.5
Li	mg/kg	22.7	7.2	21.5	1.4	0.32	17.6	22.4	3.8	5.8	5.8	7.8	18.8	26.4	33.8	51.4	51.4	0.8	4.1	54	22.1
Mn	mg/kg	675	282	617	2	0.42	599	635	149	116	116	188	509	788	1 391	1 779	1 779	1.3	3.8	53	640
Mo	mg/kg	0.96	0.64	0.85	1.57	0.66	1.22	0.82	0.20	0.34	0.34	0.40	0.64	1.06	3.03	4.21	4.21	3.4	14.0	52	0.83
N	%	0.052	0.032	0.046	1.593	0.62	0.035	0.042	0.008	0.019	0.019	0.024	0.035	0.051	0.159	0.177	0.177	2.3	5.4	47	0.041
Nb	mg/kg	20.0	8.5	18.5	1.5	0.42	19.1	18.0	4.1	7.6	7.6	8.3	14.5	22.3	46.6	48.1	48.1	1.5	2.6	53	19.0
Ni	mg/kg	22.9	13.5	20.3	1.6	0.59	20.3	20.0	5.1	6.2	6.2	8.9	16.0	26.0	73.6	84.5	84.5	2.8	10.4	53	20.8

指标	单位	算术平均值 X_a	算术标准差 S_a	几何平均值 X_g	几何标准差 S_g	变异系数 CV	众值 X_{mo}	中位值 X_{me}	中位绝对离差 MAD	最小值 X_{min}	累积频率 $X_{0.5\%}$	$X_{2.5\%}$	$X_{25\%}$	$X_{75\%}$	$X_{97.5\%}$	$X_{99.5\%}$	最大值 X_{max}	偏度系数 SK	峰度系数 BK	n'	基准值 X_a'
P	mg/kg	413	245	357	2	0.59	361	361	117	133	133	150	252	474	1 106	1 128	1 128	1.5	1.6	55	413
Pb	mg/kg	32.9	13.0	31.1	1.4	0.40	31.3	30.2	4.9	16.2	16.2	17.9	25.7	34.7	81.5	88.5	88.5	2.5	8.2	53	31.0
Rb	mg/kg	115.5	24.5	113.2	1.2	0.21	122.4	109.9	13.8	73.2	73.2	74.0	99.3	124.9	167.3	198.7	198.7	1.0	1.6	54	114.0
S	mg/kg	168	101	149	2	0.60	124	128	26	66	66	78	114	174	432	592	592	2.3	5.8	50	141
Sb	mg/kg	0.60	0.21	0.57	1.41	0.35	0.48	0.58	0.14	0.22	0.22	0.26	0.45	0.68	1.02	1.28	1.28	0.9	1.0	54	0.59
Sc	mg/kg	8.0	2.5	7.6	1.4	0.31	8.6	8.1	1.4	2.2	2.2	3.2	6.5	9.4	13.5	15.6	15.6	0.3	0.9	54	7.9
Se	mg/kg	0.18	0.08	0.16	1.56	0.46	0.11	0.16	0.05	0.06	0.06	0.06	0.13	0.21	0.40	0.40	0.40	1.1	0.9	55	0.18
Sn	mg/kg	2.7	0.6	2.7	1.2	0.21	2.4	2.7	0.3	1.5	1.5	1.7	2.4	3.0	4.0	4.0	4.0	0.4	0.0	55	2.7
Sr	mg/kg	273	237	206	2	0.87	118	193	83	47	47	61	121	306	931	1 151	1 151	2.0	3.7	49	203
Th	mg/kg	13.3	5.4	12.3	1.5	0.40	10.3	12.1	2.2	3.0	3.0	5.2	10.3	15.1	27.1	27.3	27.3	0.9	0.7	55	13.3
Ti	mg/kg	3 600	831	3 487	1	0.23	3 595	3 595	392	1 143	1 143	1 659	3 203	3 962	5 161	5 707	5 707	-0.3	1.4	55	3 600
Tl	mg/kg	0.70	0.14	0.68	1.23	0.21	0.60	0.68	0.10	0.44	0.44	0.46	0.60	0.77	0.99	1.07	1.07	0.4	-0.2	55	0.70
U	mg/kg	2.27	0.69	2.16	1.39	0.31	2.18	2.18	0.48	0.76	0.76	0.99	1.84	2.75	3.61	3.83	3.83	0.3	-0.3	55	2.27
V	mg/kg	68.2	20.7	64.7	1.4	0.30	73.3	66.5	14.5	18.4	18.4	29.2	55.0	82.0	113.4	121.2	121.2	0.1	0.2	55	68.2
W	mg/kg	1.53	0.61	1.42	1.48	0.40	1.06	1.44	0.27	0.47	0.47	0.64	1.18	1.71	3.49	3.57	3.57	1.3	2.8	53	1.46
Y	mg/kg	24.5	4.8	23.9	1.3	0.20	26.4	25.3	1.9	6.4	6.4	9.8	23.5	26.6	30.7	36.5	36.5	-1.4	4.5	52	24.9
Zn	mg/kg	59.9	28.4	54.6	1.6	0.47	53.7	53.7	9.8	9.8	9.8	21.3	45.2	63.5	140.3	172.5	172.5	2.0	5.2	50	52.4
Zr	mg/kg	387	182	356	1	0.47	319	325	45	96	96	162	304	397	869	1 226	1 226	2.5	8.1	49	335
Al_2O_3	%	14.07	1.82	13.95	1.15	0.13	12.99	14.10	0.83	8.02	8.02	9.47	13.27	14.85	17.45	18.05	18.05	-0.8	2.1	54	14.19
CaO	%	1.05	0.53	0.94	1.61	0.50	0.93	0.93	0.28	0.28	0.28	0.41	0.70	1.21	2.41	2.75	2.75	1.3	1.6	54	1.02
MgO	%	0.92	0.48	0.84	1.53	0.52	0.76	0.82	0.19	0.29	0.29	0.32	0.66	1.04	2.53	3.12	3.12	2.6	9.2	53	0.85
K_2O	%	3.32	0.72	3.25	1.21	0.22	3.22	3.20	0.32	2.25	2.25	2.29	2.93	3.54	5.98	6.12	6.12	2.1	6.1	52	3.18
Na_2O	%	2.28	0.36	2.25	1.18	0.16	2.44	2.35	0.20	1.49	1.49	1.54	2.08	2.50	2.90	3.07	3.07	-0.2	-0.3	55	2.28
SiO_2	%	67.23	4.05	67.11	1.06	0.06	67.27	67.27	3.06	58.37	58.37	60.03	64.19	69.81	74.81	78.48	78.48	0.1	0.1	55	67.23
TFe_2O_3	%	3.79	1.09	3.61	1.39	0.29	4.31	3.81	0.70	0.99	0.99	1.65	3.10	4.31	6.35	6.56	6.56	0.1	0.5	55	3.79
SOC	%	0.51	0.42	0.41	1.90	0.81	0.25	0.38	0.14	0.08	0.08	0.13	0.27	0.56	1.81	1.98	1.98	2.2	4.8	50	0.39
pH	无量纲						6.93	6.74	0.53	5.15	5.15	5.43	6.21	7.26	8.52	9.02	9.02				

表2.5.8A 火山碎屑岩类表层土壤（0~20 cm）地球化学参数（n=841）

指标	单位	算术平均值 X_a	算术标准差 S_a	几何平均值 X_g	几何标准差 S_g	变异系数 CV	众值 X_{mo}	中位值 X_{me}	中位绝对离差 MAD	最小值 X_{min}	累积频率						最大值 X_{max}	偏度系数 SK	峰度系数 BK	背景值	
											$X_{0.5\%}$	$X_{2.5\%}$	$X_{25\%}$	$X_{75\%}$	$X_{97.5\%}$	$X_{99.5\%}$				n'	X_a'
Ag	mg/kg	0.074	0.028	0.071	1.301	0.38	0.065	0.069	0.008	0.037	0.041	0.046	0.061	0.078	0.128	0.284	0.378	5.3	40.6	798	0.069
As	mg/kg	7.0	2.1	6.7	1.3	0.30	6.7	6.8	1.3	2.2	2.9	3.8	5.5	8.1	11.4	13.9	24.3	1.2	6.0	830	6.9
Au	μg/kg	1.5	0.9	1.4	1.5	0.59	1.1	1.3	0.3	0.6	0.6	0.8	1.1	1.7	3.2	6.5	11.1	5.4	43.4	799	1.4
B	mg/kg	31.5	12.3	29.8	1.4	0.39	32.2	31.0	6.4	5.0	10.7	14.5	24.5	37.3	50.9	59.3	258.9	7.7	139.4	836	31.1
Ba	mg/kg	809	325	757	1	0.40	551	737	173	311	373	426	576	936	1 678	2 048	2 714	1.7	4.0	783	745
Be	mg/kg	1.87	0.30	1.85	1.17	0.16	1.68	1.83	0.17	0.91	1.27	1.37	1.67	2.02	2.59	2.97	3.49	1.0	2.5	822	1.85
Bi	mg/kg	0.23	0.16	0.22	1.36	0.67	0.21	0.21	0.03	0.07	0.13	0.14	0.18	0.25	0.43	0.95	3.61	14.3	284.1	800	0.21
Br	mg/kg	4.4	3.8	3.8	1.6	0.86	3.0	3.7	0.9	1.3	1.5	1.9	2.9	4.9	10.0	31.3	49.3	7.0	60.4	801	3.8
TC	%	0.91	0.43	0.86	1.39	0.47	0.78	0.83	0.15	0.15	0.43	0.50	0.69	1.01	1.84	2.84	7.81	6.9	91.0	794	0.84
Cd	mg/kg	0.123	0.056	0.115	1.414	0.46	0.106	0.111	0.023	0.030	0.053	0.066	0.092	0.137	0.247	0.448	0.625	3.9	24.8	798	0.113
Ce	mg/kg	74.1	18.0	72.2	1.3	0.24	65.1	69.8	9.0	22.9	43.3	50.2	62.3	81.3	120.1	141.6	175.8	1.5	3.3	816	72.4
Cl	mg/kg	188	822	87	2	4.38	55	73	17	31	38	43	60	101	517	6 717	12 256	10.3	116.3	741	75
Co	mg/kg	16.5	7.1	15.3	1.5	0.43	15.3	15.1	3.8	2.6	6.9	7.7	11.6	19.3	35.4	45.9	48.0	1.6	3.4	803	15.5
Cr	mg/kg	94.5	48.6	84.4	1.6	0.51	77.5	81.3	24.9	16.0	29.2	36.4	60.2	116.3	217.3	291.5	437.6	1.7	5.3	817	89.7
Cu	mg/kg	26.4	11.7	24.3	1.5	0.44	16.5	23.4	6.0	3.1	10.1	12.2	18.3	31.6	54.6	76.8	88.9	1.5	3.3	823	25.5
F	mg/kg	466	108	454	1	0.23	390	453	63	202	238	296	394	520	716	917	1 052	1.2	3.7	824	458
Ga	mg/kg	16.2	2.4	16.0	1.2	0.15	17.8	16.2	1.7	8.1	10.3	12.0	14.3	17.8	21.0	21.8	23.0	0.0	-0.3	840	16.2
Ge	mg/kg	1.33	0.15	1.32	1.12	0.11	1.30	1.32	0.09	0.83	0.99	1.07	1.23	1.41	1.62	1.78	1.84	0.3	0.5	830	1.32
Hg	mg/kg	0.044	0.125	0.031	1.745	2.86	0.025	0.029	0.007	0.007	0.012	0.015	0.023	0.038	0.120	0.564	2.490	16.5	301.5	761	0.029
I	mg/kg	2.73	3.59	2.33	1.57	1.31	2.03	2.20	0.49	0.79	1.00	1.19	1.75	2.79	6.81	13.70	85.00	16.3	342.9	775	2.21
La	mg/kg	38.2	10.1	37.1	1.3	0.27	36.0	35.2	4.0	13.0	23.0	25.8	32.1	41.7	64.2	79.1	115.6	1.9	6.4	800	36.8
Li	mg/kg	28.1	6.4	27.4	1.3	0.23	26.9	27.3	3.8	6.6	14.2	17.4	24.2	32.0	42.7	49.0	56.3	0.7	1.3	829	27.9
Mn	mg/kg	709	184	686	1	0.26	765	697	116	138	365	421	578	806	1 099	1 488	1 751	1.0	3.3	833	703
Mo	mg/kg	0.71	0.78	0.64	1.46	1.10	0.57	0.61	0.13	0.25	0.30	0.36	0.50	0.78	1.32	2.16	21.00	21.7	554.2	809	0.64
N	%	0.089	0.023	0.086	1.275	0.26	0.095	0.086	0.013	0.022	0.041	0.055	0.073	0.099	0.135	0.196	0.255	1.7	7.4	823	0.087
Nb	mg/kg	14.9	4.5	14.3	1.3	0.30	11.7	13.4	1.5	7.3	8.4	10.0	12.2	15.8	26.6	34.9	45.7	2.1	6.5	802	14.2
Ni	mg/kg	43.2	29.2	36.5	1.7	0.68	25.8	33.5	10.5	6.7	10.7	15.3	24.9	49.2	129.8	162.4	205.5	2.0	4.7	744	34.4

指标	单位	算术平均值 X_a	算术标准差 S_a	几何平均值 X_g	几何标准差 S_g	变异系数 CV	众值 X_{mo}	中位值 X_{me}	中位绝对离差 MAD	最小值 X_{min}	$X_{0.5\%}$	$X_{2.5\%}$	$X_{25\%}$	$X_{75\%}$	$X_{97.5\%}$	$X_{99.5\%}$	最大值 X_{max}	偏度系数 SK	峰度系数 BK	n'	背景值 X_a'
P	mg/kg	787	284	739	1	0.36	628	746	181	197	269	372	578	943	1 439	1 698	2 220	1.0	1.6	826	770
Pb	mg/kg	24.9	9.1	24.0	1.3	0.37	21.8	23.2	2.8	12.0	13.1	16.0	20.8	26.7	44.4	73.1	158.3	6.3	68.8	803	23.5
Rb	mg/kg	86.4	15.6	85.1	1.2	0.18	82.8	85.3	8.9	41.2	45.4	60.3	76.4	94.0	125.9	143.2	176.7	1.0	3.4	809	85.0
S	mg/kg	212	150	193	1	0.71	185	185	33	53	100	118	156	223	462	1 315	2 096	7.5	73.1	799	188
Sb	mg/kg	0.65	0.22	0.62	1.32	0.35	0.53	0.61	0.10	0.29	0.35	0.39	0.52	0.73	1.12	1.85	3.10	3.9	31.4	817	0.62
Sc	mg/kg	10.6	3.4	10.2	1.4	0.32	8.8	9.9	2.0	2.2	4.9	5.8	8.2	12.6	18.5	21.5	24.1	0.9	0.7	829	10.5
Se	mg/kg	0.17	0.06	0.16	1.31	0.33	0.14	0.15	0.02	0.06	0.09	0.11	0.14	0.18	0.31	0.43	0.65	3.0	15.8	797	0.16
Sn	mg/kg	2.7	1.1	2.6	1.3	0.41	2.5	2.5	0.4	1.2	1.4	1.6	2.2	2.9	5.0	9.9	14.0	4.7	32.3	801	2.5
Sr	mg/kg	252	97	237	1	0.38	181	226	47	103	112	142	187	289	498	632	1 090	2.0	8.4	809	240
Th	mg/kg	10.3	3.0	10.0	1.3	0.29	8.8	9.8	1.3	3.1	5.6	6.7	8.6	11.2	17.3	25.4	40.6	3.2	19.9	799	9.8
Ti	mg/kg	4 484	1 413	4 308	1	0.32	3 649	4 099	525	1 077	2 564	2 971	3 637	4 766	8 566	10 452	11 661	2.0	4.5	745	4 081
Tl	mg/kg	0.55	0.13	0.54	1.22	0.24	0.52	0.53	0.06	0.25	0.33	0.37	0.47	0.60	0.84	1.05	2.15	3.8	35.1	810	0.53
U	mg/kg	1.91	0.35	1.88	1.19	0.18	1.78	1.87	0.18	0.96	1.15	1.38	1.69	2.05	2.84	3.38	4.57	1.6	6.6	804	1.87
V	mg/kg	92.5	26.8	88.8	1.3	0.29	65.0	88.5	16.6	17.3	47.7	54.3	72.5	106.9	152.8	179.6	204.9	0.9	0.9	826	91.1
W	mg/kg	1.27	0.54	1.22	1.31	0.43	1.21	1.22	0.19	0.48	0.61	0.73	1.04	1.43	1.93	3.74	12.20	11.5	208.2	828	1.23
Y	mg/kg	21.7	3.1	21.4	1.2	0.14	21.0	21.7	1.7	6.6	12.7	15.3	20.0	23.5	27.4	30.7	44.6	0.2	5.1	826	21.7
Zn	mg/kg	64.3	18.9	61.6	1.3	0.29	48.8	62.8	13.7	10.8	28.6	34.3	49.5	76.9	101.7	131.3	165.3	0.8	1.9	828	63.4
Zr	mg/kg	296	58	291	1	0.20	264	292	37	91	152	201	258	333	426	475	535	0.4	0.8	830	295
Al$_2$O$_3$	%	13.53	1.31	13.47	1.10	0.10	14.20	13.65	0.92	7.64	10.01	11.09	12.59	14.37	16.03	17.14	17.82	-0.1	0.5	834	13.54
CaO	%	1.71	0.92	1.52	1.60	0.54	1.15	1.47	0.48	0.48	0.56	0.68	1.09	2.11	4.03	5.42	8.77	2.1	8.4	806	1.59
MgO	%	1.62	0.81	1.45	1.60	0.50	1.30	1.36	0.42	0.24	0.52	0.62	1.04	2.05	3.58	4.66	5.55	1.3	1.9	821	1.55
K$_2$O	%	2.44	0.48	2.40	1.20	0.20	2.12	2.35	0.26	1.30	1.45	1.71	2.13	2.67	3.70	4.16	5.00	1.2	2.5	818	2.40
Na$_2$O	%	2.00	0.44	1.96	1.24	0.22	1.71	1.93	0.26	0.93	1.08	1.26	1.71	2.25	3.00	3.43	3.86	0.7	0.7	836	1.99
SiO$_2$	%	64.32	5.45	64.09	1.09	0.09	62.25	64.76	3.86	47.49	48.93	52.87	60.52	68.33	73.67	77.27	78.11	-0.3	-0.1	838	64.38
TFe$_2$O$_3$	%	5.11	1.65	4.87	1.36	0.32	4.53	4.73	0.94	0.95	2.45	3.02	3.92	5.86	9.12	11.31	12.41	1.2	1.9	826	5.00
SOC	%	0.86	0.37	0.81	1.36	0.43	0.80	0.81	0.14	0.11	0.36	0.47	0.68	0.96	1.50	2.68	7.30	7.9	119.4	811	0.82
pH	无量纲						7.83	6.62	0.75	4.68	4.85	5.03	5.89	7.40	8.08	8.28	8.61				

表 2.5.8B 火山碎屑岩类深层土壤（150～200 cm）地球化学参数（n=220）

指标	单位	算术平均值 X_a	算术标准差 S_a	几何平均值 X_g	几何标准差 S_g	变异系数 CV	众值 X_{mo}	中位值 X_{me}	中位绝对离差 MAD	最小值 X_{min}	累积频率						最大值 X_{max}	偏度系数 SK	峰度系数 BK	基准值	
											$X_{0.5\%}$	$X_{2.5\%}$	$X_{25\%}$	$X_{75\%}$	$X_{97.5\%}$	$X_{99.5\%}$				n'	X_a'
Ag	mg/kg	0.064	0.018	0.062	1.241	0.28	0.061	0.061	0.007	0.033	0.037	0.043	0.054	0.067	0.099	0.174	0.225	4.7	35.6	213	0.061
As	mg/kg	7.8	3.9	7.2	1.5	0.50	6.4	7.5	1.4	1.1	2.6	3.2	6.1	8.8	13.0	17.5	52.9	7.2	81.3	215	7.4
Au	µg/kg	1.5	0.7	1.5	1.3	0.45	1.3	1.4	0.2	0.8	0.8	0.9	1.2	1.7	2.5	4.5	9.5	7.6	83.8	216	1.5
B	mg/kg	30.7	9.7	29.0	1.4	0.32	26.5	29.8	7.5	7.5	9.4	13.3	23.4	38.2	49.8	58.0	63.1	0.3	0.0	219	30.5
Ba	mg/kg	831	494	767	1	0.60	702	741	169	311	367	449	588	940	1 699	1 889	6 760	8.1	94.5	211	771
Be	mg/kg	2.03	0.31	2.01	1.15	0.15	2.02	1.99	0.16	1.09	1.37	1.56	1.83	2.18	2.88	3.19	3.25	1.2	3.1	209	2.00
Bi	mg/kg	0.22	0.18	0.20	1.40	0.83	0.20	0.20	0.03	0.07	0.08	0.11	0.17	0.24	0.35	0.50	2.74	12.5	173.8	213	0.20
Br	mg/kg	4.5	2.5	4.0	1.7	0.56	2.9	3.9	1.3	1.0	1.2	1.4	2.8	5.8	11.6	14.1	15.7	1.5	3.0	211	4.2
TC	%	0.46	0.32	0.41	1.60	0.68	0.40	0.39	0.11	0.10	0.15	0.18	0.30	0.54	1.01	1.53	3.85	6.1	60.3	215	0.43
Cd	mg/kg	0.079	0.022	0.076	1.331	0.28	0.070	0.078	0.014	0.027	0.038	0.042	0.064	0.092	0.128	0.152	0.154	0.6	0.5	218	0.078
Ce	mg/kg	80.2	18.1	78.3	1.2	0.23	70.8	76.4	11.4	49.1	49.8	51.9	67.2	91.0	117.8	140.9	148.1	0.8	0.6	217	79.4
Cl	mg/kg	147	359	81	2	2.44	50	65	17	32	33	38	50	94	1 216	2 525	3 378	6.2	43.9	187	66
Co	mg/kg	18.7	7.8	17.4	1.5	0.42	12.8	16.5	3.7	5.6	6.3	9.1	13.6	21.4	41.8	47.9	49.5	1.5	2.5	212	17.7
Cr	mg/kg	93.5	42.7	85.4	1.5	0.46	68.6	81.3	20.8	22.8	31.2	40.4	64.2	109.6	214.6	244.9	249.0	1.4	1.9	208	86.5
Cu	mg/kg	24.5	9.3	23.1	1.4	0.38	15.9	22.2	4.1	11.0	12.4	13.8	18.5	27.0	49.9	61.8	74.1	2.0	5.7	205	22.6
F	mg/kg	494	104	484	1	0.21	529	477	54	267	299	330	426	538	778	838	980	1.2	2.6	212	482
Ga	mg/kg	17.2	1.8	17.2	1.1	0.10	17.4	17.4	1.2	11.4	12.1	13.8	16.1	18.3	20.3	22.9	25.6	0.2	2.0	216	17.2
Ge	mg/kg	1.38	0.16	1.37	1.13	0.12	1.42	1.38	0.11	0.94	1.01	1.05	1.28	1.49	1.72	1.76	1.90	0.1	0.0	219	1.38
Hg	mg/kg	0.019	0.036	0.015	1.630	1.89	0.013	0.014	0.003	0.006	0.006	0.008	0.011	0.019	0.053	0.124	0.521	12.5	171.2	209	0.015
I	mg/kg	2.71	1.42	2.46	1.53	0.52	2.33	2.31	0.54	0.96	0.96	1.20	1.87	3.01	6.55	9.66	10.20	2.4	7.7	207	2.45
La	mg/kg	39.4	8.8	38.6	1.2	0.22	29.4	38.0	5.0	25.5	26.2	27.0	33.2	43.2	58.9	72.8	79.1	1.2	2.3	217	39.0
Li	mg/kg	32.1	7.4	31.2	1.3	0.23	29.5	31.8	4.9	15.8	15.8	18.8	27.0	36.7	49.8	52.6	58.4	0.5	0.5	219	32.0
Mn	mg/kg	860	393	794	2	0.46	793	752	155	168	344	426	620	941	2 185	2 468	2 564	2.1	5.1	203	766
Mo	mg/kg	0.64	0.32	0.59	1.46	0.49	0.58	0.58	0.12	0.24	0.25	0.35	0.46	0.70	1.59	1.80	3.00	3.2	15.9	204	0.57
N	%	0.040	0.012	0.039	1.298	0.30	0.035	0.037	0.005	0.023	0.024	0.024	0.033	0.042	0.069	0.095	0.100	2.0	5.5	213	0.039
Nb	mg/kg	15.3	5.7	14.6	1.3	0.37	13.4	13.8	1.4	7.9	9.2	10.3	12.6	15.5	32.6	45.9	54.6	3.5	16.5	200	13.9
Ni	mg/kg	45.7	27.2	40.2	1.6	0.60	32.4	36.7	9.5	11.9	13.4	16.3	29.0	54.6	134.5	157.7	177.3	2.2	6.2	209	41.0

指标	单位	算术平均值 X_a	算术标准差 S_a	几何平均值 X_g	几何标准差 S_g	变异系数 CV	众值 X_{mo}	中位值 X_{me}	中位绝对离差 MAD	最小值 X_{min}	累积频率 $X_{0.5\%}$	$X_{2.5\%}$	$X_{25\%}$	$X_{75\%}$	$X_{97.5\%}$	$X_{99.5\%}$	最大值 X_{max}	偏度系数 SK	峰度系数 BK	n'	基准值 X_a'
P	mg/kg	543	297	479	2	0.55	309	464	148	125	159	202	343	644	1 469	1 695	1 757	1.7	3.5	214	513
Pb	mg/kg	23.6	13.5	22.3	1.3	0.57	21.3	22.2	2.7	7.6	11.4	12.9	19.6	24.9	35.2	62.5	203.0	11.1	145.7	215	22.5
Rb	mg/kg	91.0	16.0	89.5	1.2	0.18	94.7	90.8	9.2	34.1	50.8	57.5	81.4	99.9	126.7	133.8	141.5	0.0	1.0	218	91.1
S	mg/kg	133	113	118	2	0.85	89	111	24	48	58	63	91	141	342	1 024	1 306	7.6	69.3	205	114
Sb	mg/kg	0.72	0.23	0.68	1.37	0.32	0.72	0.69	0.13	0.25	0.28	0.35	0.57	0.82	1.29	1.56	1.64	1.1	2.2	215	0.70
Sc	mg/kg	11.6	3.0	11.3	1.3	0.26	11.5	11.4	1.8	5.5	6.0	6.5	9.6	13.0	19.5	22.4	25.3	1.1	2.5	214	11.3
Se	mg/kg	0.11	0.07	0.10	1.44	0.63	0.08	0.10	0.02	0.05	0.05	0.06	0.08	0.12	0.25	0.30	0.94	8.0	91.1	207	0.10
Sn	mg/kg	2.5	0.6	2.4	1.2	0.23	2.4	2.4	0.3	1.3	1.4	1.6	2.1	2.7	3.3	4.6	6.5	2.2	11.9	216	2.4
Sr	mg/kg	231	83	218	1	0.36	196	211	51	90	107	122	168	275	440	528	587	1.2	1.8	217	227
Th	mg/kg	10.9	2.5	10.6	1.2	0.23	10.1	10.4	1.2	5.0	5.3	7.2	9.4	11.8	17.7	19.9	20.6	1.2	2.4	212	10.6
Ti	mg/kg	4 544	1 410	4 385	1	0.31	4 091	4 226	436	2 739	2 796	2 947	3 809	4 681	9 524	11 085	11 200	2.5	7.6	202	4 192
Tl	mg/kg	0.57	0.11	0.56	1.22	0.19	0.58	0.57	0.07	0.24	0.31	0.34	0.50	0.62	0.85	0.87	0.88	0.2	0.9	219	0.57
U	mg/kg	1.91	0.34	1.88	1.18	0.18	1.68	1.86	0.18	1.19	1.20	1.32	1.68	2.05	2.79	3.16	3.25	1.2	2.5	213	1.87
V	mg/kg	97.6	23.8	94.9	1.3	0.24	87.0	95.2	15.6	52.5	54.6	62.0	79.0	109.8	155.0	186.0	187.6	1.0	1.6	215	95.7
W	mg/kg	1.37	0.28	1.34	1.24	0.21	1.25	1.36	0.19	0.73	0.76	0.85	1.17	1.53	1.98	2.09	2.14	0.3	-0.1	220	1.37
Y	mg/kg	23.0	2.7	22.8	1.1	0.12	22.1	22.9	1.6	13.0	16.3	18.0	21.6	24.6	28.9	31.4	31.7	0.0	0.9	217	23.0
Zn	mg/kg	62.9	31.7	59.9	1.3	0.50	54.7	58.2	7.9	25.5	31.5	39.5	52.0	67.9	94.8	204.4	462.1	9.7	117.7	216	60.0
Zr	mg/kg	272	45	268	1	0.17	276	269	31	133	143	188	242	306	356	379	389	-0.1	-0.1	219	273
Al_2O_3	%	14.49	1.16	14.45	1.08	0.08	14.09	14.44	0.66	11.38	11.87	12.21	13.81	15.10	16.90	17.46	18.16	0.2	0.3	219	14.48
CaO	%	1.77	1.08	1.55	1.65	0.61	1.36	1.43	0.42	0.54	0.58	0.67	1.06	2.07	4.08	6.58	9.08	2.5	10.4	216	1.69
MgO	%	1.73	0.79	1.59	1.50	0.46	1.36	1.52	0.39	0.45	0.56	0.72	1.23	2.10	3.70	5.13	6.64	2.0	7.7	213	1.64
K_2O	%	2.42	0.45	2.38	1.21	0.19	2.36	2.36	0.25	1.32	1.35	1.47	2.16	2.67	3.46	3.69	3.97	0.4	0.6	219	2.41
Na_2O	%	1.88	0.45	1.83	1.27	0.24	1.94	1.83	0.27	0.70	0.99	1.15	1.57	2.12	2.94	3.14	3.35	0.6	0.5	219	1.88
SiO_2	%	62.64	4.55	62.47	1.08	0.07	62.69	62.90	2.66	45.93	47.47	52.06	60.28	65.69	71.12	74.32	74.41	-0.6	1.2	218	62.79
TFe_2O_3	%	5.48	1.60	5.28	1.30	0.29	5.29	5.27	0.90	2.86	3.06	3.26	4.40	6.18	10.49	11.37	12.74	1.6	3.6	208	5.21
SOC	%	0.35	0.16	0.32	1.51	0.45	0.27	0.32	0.07	0.07	0.10	0.16	0.26	0.40	0.75	1.05	1.07	1.8	4.7	212	0.33
pH	无量纲						7.50	7.59	0.38	5.15	5.67	6.35	7.33	8.05	8.33	8.46	8.64				

表 2.5.9A 陆源碎屑岩类表层土壤（0~20 cm）地球化学参数（n=1 910）

指标	单位	算术平均值 X_a	算术标准差 S_a	几何平均值 X_g	几何标准差 S_g	变异系数 CV	众值 X_{mo}	中位值 X_{me}	中位绝对离差 MAD	最小值 X_{min}	累积频率 $X_{0.5\%}$	$X_{2.5\%}$	$X_{25\%}$	$X_{75\%}$	$X_{97.5\%}$	$X_{99.5\%}$	最大值 X_{max}	偏度系数 SK	峰度系数 BK	背景值 n'	X_a'
Ag	mg/kg	0.077	0.040	0.073	1.319	0.52	0.068	0.072	0.010	0.031	0.036	0.047	0.063	0.083	0.139	0.225	1.367	18.7	559.1	1 813	0.072
As	mg/kg	7.6	2.5	7.2	1.4	0.33	6.9	7.3	1.4	2.2	3.0	3.7	6.1	8.7	13.2	17.0	32.6	1.7	8.6	1 880	7.4
Au	µg/kg	1.5	2.4	1.3	1.5	1.61	1.0	1.3	0.3	0.4	0.6	0.7	1.0	1.6	3.0	7.2	87.7	27.6	912.1	1 801	1.3
B	mg/kg	36.6	10.7	35.1	1.3	0.29	32.2	35.7	5.7	5.8	13.5	18.9	30.0	41.5	62.0	73.4	108.7	1.0	2.6	1 875	36.0
Ba	mg/kg	820	368	776	1	0.45	600	741	126	381	446	494	630	899	1 539	2 387	6 466	7.2	92.3	1 795	760
Be	mg/kg	1.83	0.30	1.80	1.17	0.16	1.73	1.80	0.19	0.83	1.22	1.33	1.62	2.00	2.46	2.70	3.30	0.5	0.6	1 892	1.82
Bi	mg/kg	0.24	0.12	0.23	1.34	0.50	0.20	0.22	0.03	0.05	0.12	0.14	0.19	0.26	0.42	0.73	3.74	15.3	390.2	1 836	0.23
Br	mg/kg	3.8	1.7	3.6	1.5	0.43	2.9	3.5	0.8	0.7	1.2	1.9	2.8	4.5	7.6	11.3	22.6	3.0	18.8	1 849	3.6
TC	%	0.89	0.34	0.85	1.38	0.38	0.68	0.82	0.15	0.21	0.35	0.50	0.69	1.01	1.69	2.73	4.39	3.0	16.8	1 832	0.85
Cd	mg/kg	0.120	0.065	0.111	1.440	0.54	0.110	0.107	0.022	0.027	0.051	0.061	0.088	0.134	0.253	0.427	1.428	7.6	114.3	1 794	0.109
Ce	mg/kg	69.5	18.0	67.4	1.3	0.26	60.0	66.9	9.8	14.1	33.0	43.0	57.6	77.6	111.0	149.9	181.1	1.7	6.1	1 852	67.8
Cl	mg/kg	114	356	82	2	3.12	62	73	15	36	41	46	61	97	271	1 197	10 048	18.7	422.1	1 692	75
Co	mg/kg	12.4	3.6	11.9	1.3	0.29	10.4	11.9	2.3	2.6	5.5	6.9	9.8	14.5	20.5	23.6	34.1	0.9	2.1	1 892	12.2
Cr	mg/kg	68.4	25.1	64.7	1.4	0.37	55.6	62.9	11.4	10.7	26.9	35.3	53.0	76.6	133.0	183.2	249.8	2.1	7.6	1 829	64.9
Cu	mg/kg	22.1	12.5	20.4	1.4	0.56	17.1	19.8	4.2	4.1	8.7	11.0	16.1	25.0	46.0	75.8	319.9	9.9	193.5	1 826	20.4
F	mg/kg	461	127	445	1	0.28	419	438	72	135	239	270	377	525	785	930	1 042	1.1	1.8	1 858	450
Ga	mg/kg	15.3	2.4	15.1	1.2	0.15	15.4	15.4	1.6	6.0	10.0	10.7	13.7	16.9	19.8	21.2	24.6	0.0	-0.1	1 907	15.3
Ge	mg/kg	1.33	0.16	1.32	1.13	0.12	1.26	1.31	0.09	0.54	0.96	1.04	1.23	1.42	1.66	1.81	2.52	0.6	2.4	1 890	1.32
Hg	mg/kg	0.035	0.039	0.030	1.612	1.10	0.026	0.028	0.007	0.006	0.011	0.014	0.022	0.038	0.093	0.181	0.958	13.8	264.3	1 776	0.029
I	mg/kg	2.32	0.82	2.20	1.38	0.36	2.22	2.21	0.43	0.53	0.98	1.21	1.79	2.67	4.23	5.81	12.50	2.6	19.2	1 857	2.24
La	mg/kg	36.0	10.0	34.9	1.3	0.28	29.8	34.5	4.8	9.8	17.0	22.5	29.9	39.8	59.8	88.7	109.1	2.1	8.7	1 842	34.9
Li	mg/kg	28.2	8.9	27.0	1.3	0.31	26.0	26.8	4.8	7.9	13.4	15.8	22.4	31.9	50.3	62.7	90.3	1.6	5.4	1 852	27.2
Mn	mg/kg	649	191	626	1	0.29	656	625	98	169	299	371	534	730	1 081	1 450	2 888	2.3	15.4	1 858	631
Mo	mg/kg	0.63	0.33	0.58	1.45	0.53	0.52	0.56	0.12	0.23	0.28	0.32	0.44	0.70	1.34	2.31	5.08	5.1	47.0	1 812	0.57
N	%	0.088	0.021	0.085	1.271	0.24	0.080	0.085	0.012	0.016	0.037	0.052	0.075	0.099	0.132	0.163	0.237	1.1	4.6	1 872	0.087
Nb	mg/kg	13.2	1.9	13.1	1.2	0.14	13.2	13.1	1.0	5.8	8.1	9.8	12.1	14.2	17.1	20.2	27.6	0.7	4.0	1 866	13.2
Ni	mg/kg	27.9	10.2	26.3	1.4	0.37	24.4	25.8	5.5	5.4	11.2	14.7	21.1	32.5	52.2	71.0	112.9	2.0	8.2	1 854	26.8

指标	单位	算术平均值 X_a	算术标准差 S_a	几何平均值 X_g	几何标准差 S_g	变异系数 CV	众值 X_{mo}	中位值 X_{me}	中位绝对离差 MAD	最小值 X_{min}	$X_{0.5\%}$	$X_{2.5\%}$	$X_{25\%}$	$X_{75\%}$	$X_{97.5\%}$	$X_{99.5\%}$	最大值 X_{max}	偏度系数 SK	峰度系数 BK	n'	背景值 X_a'
P	mg/kg	665	198	637	1	0.30	567	637	117	171	285	350	532	770	1 128	1 333	1 824	1.0	2.1	1 872	652
Pb	mg/kg	26.4	12.0	25.1	1.3	0.45	23.8	24.2	3.0	9.8	15.1	17.2	21.4	27.8	51.5	103.6	219.2	7.5	89.8	1 787	24.3
Rb	mg/kg	90.2	14.0	89.2	1.2	0.16	95.9	88.8	8.5	53.3	61.6	66.4	80.8	97.9	123.1	135.2	166.4	0.7	1.3	1 878	89.4
S	mg/kg	209	211	188	1	1.01	164	179	29	81	100	115	153	214	471	1 316	6 632	18.2	482.4	1 797	181
Sb	mg/kg	0.65	0.19	0.63	1.28	0.29	0.64	0.62	0.09	0.27	0.33	0.40	0.54	0.72	1.05	1.36	3.94	4.6	59.9	1 869	0.63
Sc	mg/kg	9.1	2.4	8.8	1.3	0.26	7.8	8.8	1.5	1.6	4.2	5.2	7.5	10.5	14.3	16.8	24.9	0.8	1.7	1 892	9.0
Se	mg/kg	0.17	0.06	0.16	1.32	0.37	0.14	0.16	0.02	0.05	0.09	0.11	0.14	0.19	0.34	0.50	0.94	4.0	28.2	1 812	0.16
Sn	mg/kg	2.6	0.8	2.5	1.3	0.31	2.5	2.5	0.3	0.3	1.3	1.6	2.2	2.8	4.2	6.3	13.2	4.4	40.9	1 846	2.5
Sr	mg/kg	215	80	203	1	0.37	153	192	41	94	109	119	158	251	421	549	713	1.6	3.8	1 836	205
Th	mg/kg	10.2	2.5	9.9	1.3	0.25	8.8	9.9	1.3	2.4	4.5	6.4	8.7	11.3	16.0	21.6	31.5	1.7	8.1	1 853	10.0
Ti	mg/kg	3 698	583	3 651	1	0.16	3 727	3 672	351	722	2 028	2 607	3 339	4 046	4 918	5 633	7 518	0.4	2.8	1 869	3 682
Tl	mg/kg	0.57	0.11	0.56	1.19	0.18	0.52	0.55	0.06	0.33	0.37	0.41	0.50	0.62	0.80	0.94	2.11	2.5	25.7	1 876	0.56
U	mg/kg	1.96	0.39	1.92	1.22	0.20	1.84	1.91	0.21	0.52	0.97	1.33	1.71	2.14	2.83	3.32	4.22	0.8	2.3	1 868	1.94
V	mg/kg	77.1	18.1	75.0	1.3	0.24	68.0	75.0	11.3	18.5	39.8	47.1	65.0	88.0	119.0	138.8	156.7	0.7	1.2	1 874	76.1
W	mg/kg	1.30	0.42	1.25	1.31	0.32	1.21	1.26	0.19	0.40	0.52	0.73	1.08	1.45	2.09	2.97	7.06	5.0	56.3	1 866	1.26
Y	mg/kg	21.4	3.0	21.2	1.2	0.14	21.4	21.6	1.8	6.0	12.2	14.6	19.8	23.3	26.7	29.2	34.7	-0.4	1.6	1 870	21.5
Zn	mg/kg	56.8	21.4	53.8	1.4	0.38	48.2	52.9	10.7	13.7	26.2	30.5	43.5	66.1	100.5	164.8	275.7	2.9	18.8	1 865	54.8
Zr	mg/kg	301	54	296	1	0.18	311	296	32	68	175	205	266	330	420	475	549	0.5	1.2	1 883	299
Al$_2$O$_3$	%	13.05	1.41	12.97	1.12	0.11	13.94	13.19	0.85	7.37	8.89	9.74	12.24	14.01	15.48	16.30	18.47	-0.5	0.7	1 888	13.08
CaO	%	1.40	0.81	1.25	1.57	0.58	1.09	1.20	0.33	0.39	0.51	0.59	0.91	1.62	3.41	5.20	11.01	3.3	20.2	1 793	1.25
MgO	%	1.22	0.49	1.14	1.47	0.40	1.15	1.13	0.28	0.37	0.47	0.53	0.89	1.46	2.45	3.19	4.09	1.3	2.5	1 857	1.18
K$_2$O	%	2.54	0.40	2.51	1.16	0.16	2.34	2.46	0.25	1.45	1.82	1.95	2.25	2.77	3.46	3.78	4.30	0.8	0.6	1 894	2.53
Na$_2$O	%	2.06	0.52	1.99	1.28	0.26	1.57	1.95	0.32	0.68	1.05	1.28	1.67	2.36	3.25	3.80	4.73	0.9	1.1	1 888	2.03
SiO$_2$	%	67.31	4.54	67.15	1.07	0.07	68.34	67.52	2.90	46.37	55.60	58.75	64.26	70.06	76.81	79.42	80.71	0.0	0.3	1 907	67.33
TFe$_2$O$_3$	%	4.17	0.95	4.06	1.26	0.23	3.65	4.08	0.63	1.11	2.12	2.54	3.51	4.78	6.22	7.00	8.57	0.4	0.4	1 895	4.15
SOC	%	0.83	0.28	0.79	1.36	0.34	0.72	0.79	0.14	0.05	0.29	0.47	0.67	0.95	1.43	2.31	3.66	3.0	19.5	1 847	0.80
pH	无量纲						7.52	6.73	0.78	4.58	4.75	5.07	5.96	7.50	8.07	8.26	9.47				

表2.5.9B 陆源碎屑岩类深层土壤（150~200 cm）地球化学参数（n=477）

指标	单位	算术平均值 X_a	算术标准差 S_a	几何平均值 X_g	几何标准差 S_g	变异系数 CV	众值 X_{mo}	中位值 X_{me}	中位绝对差 MAD	最小值 X_{min}	累积频率 $X_{0.5\%}$	$X_{2.5\%}$	$X_{25\%}$	$X_{75\%}$	$X_{97.5\%}$	$X_{99.5\%}$	最大值 X_{max}	偏度系数 SK	峰度系数 BK	基准值 n'	X_a'
Ag	mg/kg	0.070	0.041	0.066	1.333	0.59	0.059	0.064	0.009	0.029	0.034	0.042	0.057	0.075	0.110	0.217	0.664	10.9	144.9	462	0.065
As	mg/kg	8.2	2.8	7.7	1.4	0.34	7.1	7.9	1.8	2.5	2.7	3.7	6.1	9.9	13.9	16.3	20.9	0.5	0.7	474	8.1
Au	μg/kg	1.8	4.8	1.5	1.4	2.73	1.3	1.4	0.2	0.7	0.7	0.9	1.2	1.7	2.7	7.6	104.5	21.0	451.5	463	1.5
B	mg/kg	34.8	10.6	33.2	1.4	0.30	31.5	33.6	6.1	11.7	13.4	15.9	28.0	40.0	58.1	69.8	79.8	0.7	1.0	472	34.4
Ba	mg/kg	841	355	801	1	0.42	812	770	131	443	453	518	656	940	1447	1774	6384	8.6	125.8	460	802
Be	mg/kg	1.97	0.31	1.95	1.17	0.16	1.81	1.94	0.19	0.96	1.31	1.44	1.76	2.15	2.62	3.01	3.66	0.8	2.2	470	1.96
Bi	mg/kg	0.23	0.09	0.22	1.34	0.41	0.23	0.22	0.04	0.07	0.09	0.12	0.19	0.26	0.34	0.54	1.47	7.6	91.4	469	0.22
Br	mg/kg	4.2	2.4	3.7	1.7	0.58	2.9	3.6	1.2	0.6	1.0	1.5	2.7	5.0	10.0	16.7	21.5	2.5	11.7	455	3.9
TC	%	0.53	0.33	0.46	1.67	0.63	0.29	0.43	0.14	0.12	0.16	0.21	0.31	0.63	1.53	1.99	2.32	2.1	5.7	450	0.47
Cd	mg/kg	0.094	0.088	0.082	1.565	0.94	0.072	0.080	0.020	0.014	0.025	0.037	0.064	0.105	0.188	0.335	1.568	12.0	183.9	458	0.084
Ce	mg/kg	75.4	18.5	73.2	1.3	0.25	70.2	73.6	10.3	18.8	35.6	44.6	63.9	85.2	112.0	146.0	214.1	1.4	7.5	469	74.4
Cl	mg/kg	147	473	73	2	3.22	52	62	13	34	35	38	51	79	1336	4214	4579	7.0	52.0	424	62
Co	mg/kg	16.2	5.6	15.3	1.4	0.35	12.8	15.5	3.0	3.9	5.8	7.7	12.7	18.6	30.8	35.6	41.4	1.1	1.9	463	15.7
Cr	mg/kg	75.6	31.8	70.7	1.4	0.42	67.0	68.8	12.7	14.9	27.3	36.9	57.3	82.7	170.7	233.6	287.3	2.6	10.0	440	68.6
Cu	mg/kg	21.8	8.9	20.5	1.4	0.41	16.8	20.1	3.9	4.5	8.1	10.8	16.8	24.9	39.4	67.1	117.1	3.9	31.1	464	20.9
F	mg/kg	501	151	483	1	0.30	451	479	74	193	232	279	415	564	813	975	2198	3.5	33.5	468	490
Ga	mg/kg	16.5	2.2	16.3	1.1	0.13	15.4	16.4	1.5	10.4	11.4	12.3	15.0	17.9	20.7	22.8	25.6	0.2	0.6	474	16.4
Ge	mg/kg	1.38	0.20	1.37	1.15	0.14	1.28	1.37	0.12	0.82	0.90	1.03	1.27	1.49	1.79	1.97	2.25	0.5	0.9	474	1.38
Hg	mg/kg	0.018	0.035	0.015	1.613	1.97	0.012	0.014	0.003	0.005	0.005	0.007	0.011	0.018	0.041	0.094	0.722	17.5	340.9	447	0.014
I	mg/kg	2.56	1.06	2.38	1.45	0.42	2.19	2.35	0.58	0.68	1.04	1.22	1.85	2.99	5.01	6.34	9.62	1.9	7.3	464	2.45
La	mg/kg	37.8	9.6	36.7	1.3	0.25	36.2	36.8	5.0	11.2	16.8	22.7	31.8	41.8	56.0	82.9	119.3	2.2	13.4	465	37.0
Li	mg/kg	31.9	10.1	30.5	1.3	0.32	31.0	30.8	4.9	10.2	12.7	17.1	25.9	35.7	53.4	81.1	108.3	2.1	11.0	465	30.9
Mn	mg/kg	948	534	843	1.45	0.56	682	793	217	238	309	381	625	1097	2369	3455	4923	2.4	9.6	451	856
Mo	mg/kg	0.64	0.31	0.59	1.313	0.49	0.48	0.57	0.13	0.23	0.26	0.33	0.45	0.72	1.33	2.57	3.38	3.7	22.5	452	0.58
N	%	0.041	0.013	0.039	1.2	0.33	0.035	0.038	0.006	0.023	0.023	0.026	0.032	0.045	0.075	0.102	0.144	2.5	11.0	449	0.038
Nb	mg/kg	13.5	2.2	13.4	1.2	0.17	13.3	13.3	1.0	6.6	7.9	9.3	12.4	14.5	17.6	24.6	29.7	1.8	11.3	460	13.4
Ni	mg/kg	35.5	16.2	32.9	1.5	0.46	31.5	32.8	7.0	8.7	12.4	16.2	26.3	40.4	81.9	105.5	176.6	3.0	16.3	455	32.9

续表

指标	单位	算术平均值 X_a	算术标准差 S_a	几何平均值 X_g	几何标准差 S_g	变异系数 CV	众值 X_{mo}	中位值 X_{me}	中位绝对离差 MAD	最小值 X_{min}	$X_{0.5\%}$	$X_{2.5\%}$	$X_{25\%}$	$X_{75\%}$	$X_{97.5\%}$	$X_{99.5\%}$	最大值 X_{max}	偏度系数 SK	峰度系数 BK	n'	基准值 X_a'
P	mg/kg	430	206	394	2	0.48	355	370	89	135	150	206	299	498	944	1 455	1 899	2.3	8.8	451	395
Pb	mg/kg	25.5	23.9	23.7	1.3	0.94	22.0	23.0	2.9	12.4	12.7	15.8	20.4	26.2	44.3	67.4	513.1	18.1	364.8	458	23.3
Rb	mg/kg	93.7	16.2	92.4	1.2	0.17	90.8	91.2	9.3	40.4	56.3	68.8	83.0	103.3	128.3	147.8	176.7	0.9	2.5	469	93.0
S	mg/kg	128	99	116	1	0.78	115	111	19	54	58	68	95	133	254	936	1 508	9.0	102.3	452	113
Sb	mg/kg	0.79	0.29	0.74	1.41	0.37	0.79	0.74	0.16	0.28	0.32	0.41	0.59	0.92	1.48	1.78	2.49	1.3	3.0	469	0.77
Sc	mg/kg	10.3	2.5	10.0	1.3	0.24	9.8	10.0	1.5	2.6	4.6	5.9	8.6	11.7	16.1	18.3	22.5	0.7	1.6	470	10.2
Se	mg/kg	0.11	0.05	0.10	1.42	0.47	0.10	0.10	0.02	0.05	0.05	0.06	0.08	0.13	0.19	0.32	0.80	6.3	73.1	470	0.11
Sn	mg/kg	2.4	0.6	2.3	1.2	0.24	2.2	2.3	0.3	1.0	1.2	1.5	2.1	2.6	3.7	4.4	7.3	2.3	14.6	461	2.3
Sr	mg/kg	213	92	199	1	0.43	146	189	40	76	89	114	157	241	436	671	855	2.6	11.0	457	200
Th	mg/kg	10.7	3.0	10.4	1.3	0.28	10.4	10.4	1.2	2.4	4.8	5.8	9.2	11.6	16.6	27.6	36.7	3.1	19.5	461	10.4
Ti	mg/kg	3 880	754	3 812	1	0.19	3 691	3 854	386	1 358	2 086	2 520	3 451	4 232	5 210	7 383	8 844	1.6	8.9	468	3 829
Tl	mg/kg	0.59	0.11	0.58	1.19	0.18	0.59	0.58	0.05	0.35	0.36	0.42	0.53	0.64	0.83	0.91	1.61	2.2	16.1	470	0.59
U	mg/kg	1.98	0.44	1.94	1.25	0.22	1.89	1.93	0.21	0.57	0.92	1.25	1.74	2.17	2.93	4.11	4.46	1.3	5.3	464	1.95
V	mg/kg	87.4	19.2	85.2	1.3	0.22	97.0	86.7	11.3	24.6	39.8	50.8	75.6	98.2	127.3	148.0	170.0	0.3	1.2	469	86.8
W	mg/kg	1.38	0.41	1.34	1.29	0.29	1.29	1.37	0.19	0.44	0.67	0.78	1.17	1.56	1.97	2.91	6.67	5.1	61.5	472	1.36
Y	mg/kg	22.5	3.1	22.2	1.2	0.14	22.0	22.6	1.7	10.5	11.0	14.9	20.9	24.3	27.6	31.7	36.5	-0.4	2.5	460	22.6
Zn	mg/kg	59.3	33.0	55.7	1.4	0.56	52.5	54.7	9.4	15.8	29.0	33.6	46.2	65.0	98.7	192.1	512.7	9.2	112.9	464	55.7
Zr	mg/kg	270	46	266	1	0.17	279	268	28	130	141	177	242	298	366	413	458	0.3	1.2	469	268
Al$_2$O$_3$	%	13.96	1.23	13.90	1.09	0.09	13.98	14.05	0.78	9.53	10.77	11.53	13.16	14.68	16.46	17.27	19.63	0.1	1.1	474	13.95
CaO	%	1.99	1.56	1.61	1.85	0.78	1.00	1.45	0.53	0.41	0.46	0.61	1.03	2.32	6.83	9.06	9.36	2.4	6.3	440	1.62
MgO	%	1.47	0.53	1.38	1.43	0.36	1.15	1.35	0.28	0.38	0.43	0.63	1.11	1.75	2.74	3.09	3.85	0.9	1.1	473	1.45
K$_2$O	%	2.50	0.43	2.46	1.19	0.17	2.31	2.43	0.27	0.98	1.66	1.83	2.19	2.75	3.42	3.75	4.17	0.6	0.4	475	2.50
Na$_2$O	%	1.96	0.56	1.89	1.31	0.28	1.64	1.83	0.32	0.73	1.04	1.14	1.56	2.27	3.28	3.68	4.68	1.0	1.3	472	1.94
SiO$_2$	%	63.90	4.19	63.76	1.07	0.07	65.23	64.11	2.63	49.15	52.66	55.86	61.26	66.61	71.83	74.47	75.78	-0.2	0.1	476	63.93
TFe$_2$O$_3$	%	4.76	1.05	4.65	1.26	0.22	4.62	4.73	0.67	1.54	2.35	2.78	4.08	5.41	6.81	8.63	9.23	0.5	1.4	468	4.71
SOC	%	0.34	0.15	0.31	1.52	0.44	0.31	0.31	0.08	0.07	0.07	0.13	0.24	0.40	0.74	1.03	1.31	1.8	6.3	462	0.32
pH	无量纲						8.23	7.87	0.38	5.72	5.76	6.27	7.36	8.21	8.41	8.55	8.59				

表2.5.10A　泥页岩类表层土壤（0~20 cm）地球化学参数（n=647）

指标	单位	算术平均值 X_a	算术标准差 S_a	几何平均值 X_g	几何标准差 S_g	变异系数 CV	众值 X_{mo}	中位值 X_{me}	中位绝对离差 MAD	最小值 X_{min}	$X_{0.5\%}$	$X_{2.5\%}$	$X_{25\%}$	$X_{75\%}$	$X_{97.5\%}$	$X_{99.5\%}$	最大值 X_{max}	偏度系数 SK	峰度系数 BK	背景值 n'	背景值 X_a'
Ag	mg/kg	0.087	0.045	0.081	1.398	0.52	0.083	0.077	0.012	0.034	0.046	0.051	0.066	0.091	0.210	0.325	0.580	5.4	44.0	598	0.078
As	mg/kg	9.9	2.9	9.5	1.3	0.29	9.1	9.7	1.5	2.9	3.7	4.9	8.3	11.3	16.8	22.2	23.5	1.0	2.9	632	9.7
Au	μg/kg	1.9	3.8	1.6	1.5	2.07	1.7	1.6	0.3	0.5	0.7	0.8	1.2	1.9	3.1	10.0	95.6	22.7	549.7	626	1.6
B	mg/kg	62.5	23.1	58.2	1.5	0.37	53.2	59.3	14.1	8.8	16.6	26.5	46.7	75.9	115.5	132.8	136.0	0.6	0.2	640	61.7
Ba	mg/kg	551	190	527	1	0.34	435	492	61	217	319	360	439	587	1046	1565	1913	2.7	11.2	593	506
Be	mg/kg	2.33	0.38	2.29	1.19	0.17	2.55	2.35	0.25	1.25	1.42	1.55	2.08	2.58	3.08	3.38	4.11	0.1	0.5	645	2.32
Bi	mg/kg	0.39	0.14	0.37	1.36	0.35	0.40	0.39	0.07	0.12	0.15	0.19	0.32	0.45	0.62	1.02	2.38	5.3	68.5	636	0.38
Br	mg/kg	4.1	1.5	3.8	1.4	0.36	3.1	3.7	0.8	1.5	1.6	2.1	3.1	4.8	7.7	9.7	12.4	1.4	3.1	630	3.9
TC	%	1.43	0.71	1.28	1.59	0.50	1.15	1.25	0.39	0.31	0.41	0.55	0.90	1.75	3.19	4.22	4.36	1.3	2.0	630	1.37
Cd	mg/kg	0.163	0.088	0.152	1.410	0.54	0.116	0.150	0.028	0.057	0.065	0.085	0.123	0.178	0.323	0.471	1.697	9.3	145.9	615	0.151
Ce	mg/kg	76.8	30.4	74.6	1.2	0.40	73.4	74.7	7.8	33.2	40.1	51.0	67.1	82.5	111.5	161.4	735.6	16.1	344.7	628	74.5
Cl	mg/kg	81	55	74	1	0.68	59	68	11	34	42	46	59	85	181	408	950	8.6	111.2	594	70
Co	mg/kg	16.5	3.9	16.1	1.3	0.24	17.5	16.6	2.4	6.1	6.8	8.9	14.1	18.9	23.9	31.0	32.4	0.3	1.0	641	16.4
Cr	mg/kg	76.3	28.5	73.4	1.3	0.37	79.9	74.9	7.1	26.0	30.9	41.6	66.9	81.2	124.1	235.8	459.5	7.6	85.7	611	73.4
Cu	mg/kg	31.7	11.4	30.0	1.4	0.36	29.9	30.3	5.6	10.7	11.3	14.5	25.1	36.2	59.2	82.1	126.5	2.1	10.8	626	30.4
F	mg/kg	687	199	660	1	0.29	525	670	122	298	308	367	553	801	1102	1272	2031	1.2	4.8	637	676
Ga	mg/kg	17.9	2.0	17.8	1.1	0.11	18.3	18.0	1.4	9.8	12.4	13.7	16.6	19.3	21.6	22.3	23.6	-0.3	0.1	646	17.9
Ge	mg/kg	1.53	0.20	1.52	1.14	0.13	1.51	1.51	0.14	0.96	1.04	1.15	1.39	1.66	1.96	2.04	2.24	0.2	-0.1	646	1.53
Hg	mg/kg	0.043	0.044	0.036	1.641	1.02	0.027	0.033	0.008	0.012	0.016	0.018	0.026	0.043	0.136	0.264	0.623	8.0	86.4	578	0.033
I	mg/kg	2.66	1.15	2.47	1.44	0.43	1.68	2.43	0.52	0.89	0.95	1.33	1.95	3.01	6.20	8.00	10.80	2.4	9.1	617	2.47
La	mg/kg	38.9	12.0	38.0	1.2	0.31	36.2	37.8	3.5	17.4	23.4	26.1	34.6	41.5	56.0	84.1	263.2	11.2	196.0	619	37.6
Li	mg/kg	41.0	11.6	39.5	1.3	0.28	36.8	40.0	5.5	16.4	17.5	20.9	34.6	45.5	71.2	94.8	112.8	1.5	5.4	626	39.7
Mn	mg/kg	778	227	751	1	0.29	778	743	115	331	376	471	633	873	1291	1662	3109	2.7	18.7	627	753
Mo	mg/kg	0.76	0.47	0.69	1.46	0.61	0.55	0.63	0.10	0.22	0.36	0.42	0.55	0.79	1.84	4.33	5.20	5.3	39.8	584	0.65
N	%	0.110	0.030	0.106	1.312	0.27	0.098	0.108	0.018	0.030	0.047	0.059	0.090	0.125	0.183	0.217	0.286	1.0	2.8	637	0.108
Nb	mg/kg	14.7	1.9	14.6	1.1	0.13	14.7	14.9	0.9	7.4	9.3	10.4	13.8	15.8	17.8	22.3	25.5	0.4	4.8	624	14.8
Ni	mg/kg	34.3	12.6	32.8	1.3	0.37	32.8	33.6	3.9	12.8	13.8	18.0	29.3	37.1	57.5	140.1	157.7	5.6	47.8	624	32.8

指标	单位	算术平均值 X_a	算术标准差 S_a	几何平均值 X_g	几何标准差 S_g	变异系数 CV	众值 X_{mo}	中位值 X_{me}	中位绝对离差 MAD	最小值 X_{min}	$X_{0.5\%}$	$X_{2.5\%}$	$X_{25\%}$	$X_{75\%}$	$X_{97.5\%}$	$X_{99.5\%}$	最大值 X_{max}	偏度系数 SK	峰度系数 BK	n'	背景值 X'_a
P	mg/kg	765	292	734	1	0.38	783	729	123	335	377	465	611	860	1 264	1 449	6 195	10.2	185.0	634	744
Pb	mg/kg	31.8	31.7	28.9	1.4	1.00	24.0	27.3	3.9	13.0	15.1	18.9	23.9	31.8	63.1	111.3	629.1	14.5	245.2	599	27.6
Rb	mg/kg	114.1	20.5	112.2	1.2	0.18	130.9	112.8	15.6	59.2	69.9	77.6	98.3	130.1	153.4	158.2	181.9	0.1	-0.6	646	114.0
S	mg/kg	225	104	210	1	0.46	200	199	35	82	109	124	169	244	514	787	1 120	3.6	19.7	597	201
Sb	mg/kg	0.81	0.41	0.77	1.34	0.51	0.82	0.77	0.11	0.35	0.39	0.45	0.66	0.89	1.38	3.64	7.77	10.1	144.9	625	0.77
Sc	mg/kg	13.4	3.6	12.9	1.3	0.27	11.6	13.3	2.2	4.1	5.1	6.6	11.0	15.5	20.9	23.4	26.2	0.2	0.2	646	13.4
Se	mg/kg	0.23	0.10	0.22	1.39	0.45	0.19	0.20	0.03	0.09	0.12	0.14	0.18	0.25	0.55	0.78	1.01	3.3	14.2	593	0.21
Sn	mg/kg	3.3	0.8	3.2	1.3	0.24	3.3	3.2	0.4	1.2	1.5	1.9	2.8	3.7	5.0	6.4	7.9	1.1	4.5	636	3.2
Sr	mg/kg	152	80	138	2	0.53	122	133	33	53	58	70	103	176	329	485	1 202	4.6	47.5	618	141
Th	mg/kg	13.5	3.5	13.1	1.3	0.26	14.4	13.2	1.6	6.1	6.8	8.1	11.6	14.8	21.5	27.5	45.9	2.9	22.0	630	13.1
Ti	mg/kg	4 336	675	4 280	1	0.16	4 313	4 375	360	1 962	2 447	2 826	3 985	4 710	5 628	6 056	8 361	0.1	2.7	642	4 335
Tl	mg/kg	0.68	0.14	0.67	1.20	0.21	0.61	0.67	0.08	0.39	0.41	0.47	0.59	0.75	0.96	1.24	2.10	3.2	24.5	636	0.67
U	mg/kg	2.44	0.47	2.40	1.21	0.19	2.42	2.42	0.24	1.26	1.42	1.61	2.18	2.67	3.50	4.29	5.03	1.1	4.0	633	2.40
V	mg/kg	93.2	17.5	91.4	1.2	0.19	88.2	93.9	10.3	37.7	43.2	55.1	82.7	103.1	128.2	142.5	160.5	-0.1	0.7	642	93.2
W	mg/kg	1.89	0.51	1.84	1.27	0.27	2.01	1.90	0.22	0.52	0.86	1.06	1.66	2.11	2.58	3.83	8.90	5.0	63.1	637	1.87
Y	mg/kg	25.5	4.4	25.1	1.2	0.17	26.4	25.8	2.7	11.6	13.7	16.5	23.0	28.2	33.0	38.8	46.9	-0.1	1.0	640	25.5
Zn	mg/kg	75.3	20.4	72.9	1.3	0.27	75.6	74.2	9.6	30.1	33.8	40.2	64.7	83.8	115.2	151.7	317.7	3.2	32.8	633	73.6
Zr	mg/kg	249	40	246	1	0.16	249	247	24	146	156	172	224	274	338	372	439	0.4	1.2	643	248
Al_2O_3	%	14.41	1.19	14.36	1.09	0.08	14.38	14.52	0.82	9.73	11.17	12.03	13.57	15.24	16.51	17.62	17.86	-0.2	0.1	646	14.42
CaO	%	2.69	2.05	2.11	1.98	0.76	1.41	1.94	0.87	0.43	0.50	0.69	1.27	3.55	8.20	10.88	13.01	1.7	3.2	611	2.35
MgO	%	1.65	0.65	1.55	1.41	0.39	1.24	1.55	0.30	0.45	0.53	0.75	1.27	1.86	3.29	4.77	6.77	2.5	11.6	624	1.56
K_2O	%	2.88	0.52	2.83	1.20	0.18	2.98	2.86	0.38	1.66	1.74	2.00	2.49	3.25	3.92	4.15	4.60	0.2	-0.4	645	2.87
Na_2O	%	1.38	0.59	1.26	1.53	0.42	0.95	1.26	0.38	0.33	0.45	0.56	0.93	1.72	2.75	3.14	3.90	0.9	0.6	643	1.36
SiO_2	%	60.17	4.82	59.97	1.09	0.08	59.28	60.13	2.82	41.18	46.16	50.33	57.39	62.98	70.27	72.12	72.91	-0.1	0.6	643	60.27
TFe_2O_3	%	5.56	1.10	5.44	1.24	0.20	5.91	5.64	0.65	2.19	2.45	3.23	4.93	6.24	7.57	8.42	9.67	-0.2	0.3	645	5.56
SOC	%	1.07	0.43	1.00	1.42	0.40	0.87	0.97	0.35	0.24	0.39	0.51	0.81	1.21	2.26	3.14	3.46	2.1	6.6	613	0.99
pH	无量纲						7.89	7.64	0.35	4.71	5.08	5.51	7.10	7.94	8.20	8.34	8.96				

表2.5.10B 泥页岩类深层土壤（150~200 cm）地球化学参数（n=173）

指标	单位	算术平均值 X_a	算术标准差 S_a	几何平均值 X_g	几何标准差 S_g	变异系数 CV	众值 X_{mo}	中位值 X_{me}	中位绝对离差 MAD	最小值 X_{min}	$X_{0.5\%}$	$X_{2.5\%}$	$X_{25\%}$	$X_{75\%}$	$X_{97.5\%}$	$X_{99.5\%}$	最大值 X_{max}	偏度系数 SK	峰度系数 BK	n'	X_a'
Ag	mg/kg	0.075	0.027	0.071	1.352	0.36	0.064	0.068	0.010	0.024	0.040	0.044	0.060	0.083	0.135	0.179	0.260	2.7	13.1	161	0.070
As	mg/kg	10.3	3.0	9.9	1.4	0.29	8.9	10.0	1.7	3.3	3.7	5.1	8.5	12.4	16.2	19.4	22.1	0.6	1.3	170	10.1
Au	μg/kg	1.8	0.7	1.7	1.4	0.37	1.7	1.8	0.3	0.5	0.8	0.9	1.4	2.1	3.4	5.1	6.1	2.6	12.7	168	1.8
B	mg/kg	58.5	18.6	55.3	1.4	0.32	57.3	58.0	12.1	18.5	20.3	23.3	45.9	69.5	95.6	98.5	124.4	0.3	0.2	172	58.1
Ba	mg/kg	571	167	551	1	0.29	518	521	80	345	353	376	452	649	968	1105	1430	1.7	4.1	169	558
Be	mg/kg	2.38	0.35	2.35	1.16	0.15	2.22	2.37	0.22	1.58	1.74	1.77	2.14	2.58	3.08	3.30	3.45	0.3	0.0	172	2.37
Bi	mg/kg	0.34	0.09	0.32	1.32	0.26	0.40	0.34	0.05	0.12	0.14	0.16	0.28	0.39	0.54	0.62	0.69	0.4	1.5	171	0.33
Br	mg/kg	4.1	1.8	3.8	1.4	0.43	2.6	3.7	0.9	1.5	1.7	2.0	3.0	4.9	7.7	9.3	17.4	3.0	19.0	170	3.9
TC	%	0.81	0.60	0.64	2.01	0.74	0.33	0.58	0.29	0.16	0.18	0.19	0.38	1.16	2.41	2.62	3.69	1.5	2.9	168	0.76
Cd	mg/kg	0.113	0.045	0.106	1.453	0.40	0.103	0.108	0.019	0.039	0.040	0.046	0.088	0.127	0.251	0.302	0.303	1.6	4.5	167	0.108
Ce	mg/kg	77.0	18.3	75.2	1.2	0.24	73.3	73.3	8.4	46.4	48.4	52.2	66.1	82.4	115.2	148.3	191.0	2.3	10.1	169	75.1
Cl	mg/kg	66	37	61	1	0.56	50	58	8	30	33	38	50	66	174	261	361	4.8	29.1	157	57
Co	mg/kg	17.4	5.0	16.9	1.3	0.29	15.0	16.7	2.6	7.3	8.5	10.9	14.6	19.4	28.6	40.0	52.0	2.6	14.2	168	16.9
Cr	mg/kg	75.8	15.4	74.3	1.2	0.20	72.8	75.1	8.1	33.2	33.8	47.5	67.0	83.0	110.9	119.8	162.1	1.2	5.9	167	75.1
Cu	mg/kg	28.9	7.5	27.9	1.3	0.26	31.5	28.8	4.4	12.4	12.4	14.6	24.4	33.1	47.2	52.2	53.4	0.4	0.7	171	28.6
F	mg/kg	662	174	642	1	0.26	565	634	103	309	326	399	551	755	1057	1186	1569	1.3	4.1	169	648
Ga	mg/kg	18.6	1.8	18.5	1.1	0.10	17.5	18.6	1.2	13.9	14.4	15.0	17.3	19.8	21.6	22.5	22.8	-0.1	-0.4	173	18.6
Ge	mg/kg	1.52	0.21	1.50	1.15	0.14	1.55	1.53	0.15	1.03	1.10	1.15	1.37	1.65	1.91	2.07	2.08	0.2	-0.4	173	1.52
Hg	mg/kg	0.024	0.022	0.020	1.581	0.94	0.018	0.019	0.005	0.007	0.008	0.010	0.016	0.025	0.065	0.078	0.272	8.6	93.4	162	0.020
I	mg/kg	2.62	1.38	2.42	1.46	0.53	2.36	2.32	0.48	0.86	0.90	1.26	1.95	2.98	5.52	7.16	15.30	5.1	41.7	165	2.41
La	mg/kg	39.0	8.5	38.3	1.2	0.22	35.0	37.7	3.4	23.7	25.7	27.4	34.8	41.8	55.6	79.0	102.9	3.3	20.6	168	38.0
Li	mg/kg	42.1	11.5	40.8	1.3	0.27	41.8	41.3	4.7	17.6	17.7	24.3	36.4	45.9	71.4	97.1	113.9	2.3	11.3	163	40.6
Mn	mg/kg	915	511	838	2	0.56	778	778	139	380	454	468	660	955	2469	3722	4336	3.8	18.2	158	791
Mo	mg/kg	0.72	0.44	0.66	1.45	0.61	0.50	0.62	0.10	0.38	0.38	0.43	0.52	0.71	1.84	3.58	3.77	4.6	25.4	158	0.61
N	%	0.059	0.021	0.055	1.414	0.36	0.060	0.056	0.014	0.026	0.026	0.029	0.043	0.070	0.112	0.120	0.130	1.0	0.8	172	0.058
Nb	mg/kg	14.8	2.7	14.7	1.1	0.18	14.9	14.9	0.9	9.8	10.5	11.4	13.9	15.7	17.0	18.0	45.1	8.0	90.4	170	14.7
Ni	mg/kg	35.0	9.0	34.0	1.3	0.26	35.7	33.9	4.6	14.8	15.3	21.6	29.8	38.9	55.8	65.9	93.7	2.0	10.6	168	34.1

指标	单位	算术平均值 X_a	算术标准差 S_a	几何平均值 X_g	几何标准差 S_g	变异系数 CV	众值 X_{mo}	中位值 X_{me}	中位绝对离差 MAD	最小值 X_{min}	累积频率 $X_{0.5\%}$	$X_{2.5\%}$	$X_{25\%}$	$X_{75\%}$	$X_{97.5\%}$	$X_{99.5\%}$	最大值 X_{max}	偏度系数 SK	峰度系数 BK	n'	基准值 X_a'
P	mg/kg	481	121	465	1	0.25	452	484	76	216	232	246	405	543	720	801	867	0.3	0.2	172	479
Pb	mg/kg	28.6	12.9	26.8	1.4	0.45	21.2	24.8	3.0	16.6	17.0	19.1	21.9	29.7	73.4	89.9	96.3	3.2	11.8	151	24.6
Rb	mg/kg	113.7	15.5	112.6	1.1	0.14	116.1	114.1	10.4	71.2	80.1	83.6	102.5	122.6	146.2	147.6	147.8	0.0	-0.3	173	113.7
S	mg/kg	133	77	122	2	0.58	107	117	22	31	31	73	99	144	307	370	903	6.4	58.7	164	120
Sb	mg/kg	0.89	0.66	0.82	1.38	0.75	0.84	0.84	0.14	0.34	0.43	0.44	0.69	0.96	1.34	1.51	9.08	11.1	137.7	170	0.83
Sc	mg/kg	13.5	2.8	13.2	1.3	0.21	13.8	13.8	1.8	6.1	6.1	8.1	11.6	15.2	18.8	23.3	23.4	0.2	1.0	171	13.4
Se	mg/kg	0.14	0.05	0.13	1.40	0.36	0.13	0.13	0.03	0.05	0.05	0.07	0.10	0.16	0.26	0.30	0.35	1.4	2.6	169	0.13
Sn	mg/kg	3.2	1.0	3.1	1.3	0.31	3.2	3.1	0.4	1.4	1.5	1.8	2.7	3.5	4.7	7.8	11.4	4.2	32.2	170	3.1
Sr	mg/kg	147	65	136	2	0.45	127	132	27	45	65	71	108	165	323	438	451	2.0	5.0	162	134
Th	mg/kg	13.6	3.8	13.2	1.2	0.28	11.6	13.0	1.4	6.6	7.1	9.4	11.7	14.6	19.5	26.3	49.7	5.4	48.9	170	13.2
Ti	mg/kg	4 338	568	4 299	1	0.13	3 873	4 392	371	2 445	2 758	3 065	3 978	4 724	5 433	5 471	5 702	-0.4	0.4	172	4 349
Tl	mg/kg	0.68	0.09	0.67	1.15	0.14	0.62	0.67	0.06	0.42	0.44	0.50	0.62	0.74	0.87	0.87	0.88	0.0	-0.2	173	0.68
U	mg/kg	2.35	0.47	2.32	1.17	0.20	2.11	2.32	0.21	1.34	1.52	1.72	2.11	2.50	3.09	3.22	6.96	5.5	52.8	171	2.33
V	mg/kg	96.1	16.3	94.6	1.2	0.17	101.1	96.7	11.5	43.7	57.2	63.4	84.8	106.6	125.8	136.3	164.7	0.1	1.6	171	96.0
W	mg/kg	1.88	0.40	1.84	1.25	0.21	1.86	1.93	0.21	0.89	0.91	0.95	1.66	2.10	2.57	3.27	3.95	0.5	4.6	171	1.86
Y	mg/kg	26.0	4.3	25.7	1.2	0.16	29.3	26.4	2.8	14.7	15.6	17.5	23.1	28.8	35.0	36.6	39.5	0.0	0.4	172	26.0
Zn	mg/kg	69.3	17.3	67.4	1.3	0.25	72.8	67.9	7.4	29.5	31.4	42.3	61.2	75.6	124.1	138.7	172.0	2.1	9.2	165	67.4
Zr	mg/kg	245	44	242	1	0.18	231	244	17	177	178	190	222	258	304	341	681	5.8	56.4	171	242
Al_2O_3	%	14.94	1.15	14.89	1.08	0.08	15.07	15.02	0.78	11.30	12.41	12.65	14.10	15.71	17.05	17.57	17.88	-0.1	-0.1	172	14.96
CaO	%	2.57	2.11	1.99	1.98	0.82	1.38	1.74	0.72	0.61	0.68	0.78	1.14	3.18	7.77	11.02	12.08	1.9	3.8	168	2.36
MgO	%	1.64	0.47	1.58	1.31	0.29	1.55	1.58	0.24	0.70	0.80	0.98	1.34	1.83	3.17	3.38	3.54	1.4	3.4	168	1.59
K_2O	%	2.80	0.40	2.77	1.15	0.14	2.35	2.78	0.30	1.88	2.05	2.15	2.50	3.10	3.64	3.81	3.91	0.3	-0.4	173	2.80
Na_2O	%	1.41	0.56	1.31	1.46	0.40	1.18	1.29	0.33	0.33	0.59	0.64	1.03	1.69	2.85	3.06	4.07	1.3	2.8	168	1.36
SiO_2	%	60.49	3.93	60.36	1.07	0.07	61.12	60.68	2.15	47.20	49.47	52.72	58.47	62.71	68.91	69.93	70.04	-0.1	0.6	172	60.56
TFe_2O_3	%	5.68	1.00	5.58	1.21	0.18	5.40	5.66	0.70	2.94	3.20	3.47	5.02	6.38	7.51	7.60	7.77	-0.3	-0.2	173	5.68
SOC	%	0.47	0.25	0.41	1.69	0.53	0.34	0.41	0.15	0.08	0.10	0.14	0.29	0.58	1.11	1.26	1.27	1.2	1.3	169	0.45
pH	无量纲						8.20	8.01	0.24	5.74	6.50	6.75	7.63	8.20	8.42	8.47	8.47				

表 2.5.11A 碳酸盐岩类表层土壤（0~20 cm）地球化学参数（n=2 351）

| 指标 | 单位 | 算术平均值 X_a | 算术标准差 S_a | 几何平均值 X_g | 几何标准差 S_g | 变异系数 CV | 众值 X_{mo} | 中位值 X_{me} | 中位绝对离差 MAD | 最小值 X_{min} | 累积频率 | | | | | | 最大值 X_{max} | 偏度系数 SK | 峰度系数 BK | 背景值 | |
											$X_{0.5\%}$	$X_{2.5\%}$	$X_{25\%}$	$X_{75\%}$	$X_{97.5\%}$	$X_{99.5\%}$				n'	X_a'
Ag	mg/kg	0.090	0.042	0.085	1.378	0.46	0.070	0.081	0.013	0.008	0.046	0.052	0.070	0.097	0.182	0.357	0.620	5.2	42.9	2 218	0.083
As	mg/kg	11.0	3.0	10.7	1.3	0.27	10.9	10.9	1.4	2.8	4.4	6.0	9.5	12.2	16.2	21.4	69.1	5.3	90.7	2 296	10.8
Au	μg/kg	1.8	1.0	1.7	1.4	0.53	1.5	1.7	0.3	0.6	0.8	0.9	1.4	2.1	3.3	6.4	20.0	9.1	129.8	2 284	1.7
B	mg/kg	61.7	18.1	59.3	1.3	0.29	55.9	58.9	9.1	13.8	23.0	33.0	50.7	69.4	109.2	129.5	171.8	1.3	3.9	2 268	59.7
Ba	mg/kg	507	169	497	1	0.33	468	487	39	263	342	379	452	531	721	992	6 288	20.6	629.4	2 262	492
Be	mg/kg	2.27	0.32	2.25	1.15	0.14	2.23	2.25	0.21	1.12	1.53	1.70	2.05	2.47	3.00	3.26	3.71	0.5	0.6	2 331	2.26
Bi	mg/kg	0.39	0.19	0.37	1.28	0.49	0.37	0.37	0.05	0.08	0.18	0.24	0.33	0.42	0.60	0.88	7.32	23.9	814.1	2 281	0.37
Br	mg/kg	4.7	1.8	4.4	1.4	0.39	3.5	4.3	1.0	1.0	1.8	2.2	3.4	5.6	9.2	11.9	19.2	1.5	4.3	2 284	4.5
TC	%	1.67	0.78	1.52	1.55	0.47	0.84	1.52	0.46	0.41	0.56	0.67	1.10	2.03	3.66	4.74	6.56	1.4	3.4	2 280	1.59
Cd	mg/kg	0.174	0.088	0.166	1.331	0.51	0.142	0.163	0.025	0.057	0.080	0.101	0.140	0.191	0.313	0.458	3.019	18.0	517.5	2 244	0.164
Ce	mg/kg	74.2	13.3	73.2	1.2	0.18	75.1	72.5	6.0	32.2	45.4	54.7	67.1	79.2	103.2	149.0	186.0	2.4	13.4	2 263	72.9
Cl	mg/kg	84	41	78	1	0.49	63	73	14	36	40	47	61	92	189	290	737	4.6	43.0	2 205	76
Co	mg/kg	15.4	3.3	15.1	1.2	0.21	13.4	14.8	1.9	6.2	9.1	10.5	13.2	17.2	22.7	26.9	40.0	1.2	3.3	2 313	15.3
Cr	mg/kg	76.7	21.5	74.9	1.2	0.28	79.7	74.4	5.7	26.3	41.1	51.9	68.8	80.3	123.1	192.2	537.0	7.9	121.7	2 205	73.9
Cu	mg/kg	30.7	10.2	29.6	1.3	0.33	24.0	28.8	4.1	8.4	16.7	19.1	25.2	33.8	53.2	72.0	279.5	7.8	155.6	2 257	29.4
F	mg/kg	645	164	627	1	0.25	565	606	80	267	373	424	540	712	1 082	1 243	1 666	1.5	2.9	2 250	623
Ga	mg/kg	17.3	1.9	17.2	1.1	0.11	17.0	17.2	1.3	11.8	12.7	13.7	16.0	18.5	21.0	22.2	24.3	0.1	0.0	2 344	17.3
Ge	mg/kg	1.49	0.19	1.48	1.13	0.13	1.44	1.48	0.12	0.74	1.02	1.13	1.36	1.60	1.88	2.04	2.21	0.2	0.5	2 331	1.49
Hg	mg/kg	0.047	0.187	0.037	1.607	3.96	0.031	0.034	0.008	0.009	0.015	0.019	0.028	0.045	0.113	0.228	7.729	35.7	1 361.4	2 171	0.035
I	mg/kg	2.85	1.19	2.66	1.44	0.42	2.45	2.61	0.63	0.80	1.11	1.36	2.07	3.34	5.91	8.40	12.10	2.1	8.5	2 268	2.70
La	mg/kg	37.9	6.7	37.4	1.2	0.18	36.2	37.0	2.7	14.3	22.3	28.4	34.6	40.0	52.6	78.2	98.3	2.8	17.6	2 262	37.2
Li	mg/kg	40.7	9.1	39.8	1.2	0.22	38.3	39.4	4.2	17.2	23.0	27.0	35.6	43.9	64.7	83.3	123.0	1.9	8.0	2 245	39.4
Mn	mg/kg	724	203	702	1	0.28	550	673	94	285	426	491	595	803	1 278	1 625	2 922	2.3	10.6	2 213	688
Mo	mg/kg	0.69	0.24	0.67	1.30	0.35	0.65	0.65	0.10	0.29	0.36	0.43	0.57	0.76	1.19	1.83	4.41	5.5	61.2	2 264	0.66
N	%	0.116	0.031	0.112	1.283	0.27	0.128	0.111	0.017	0.042	0.057	0.070	0.095	0.131	0.186	0.232	0.358	1.6	6.2	2 298	0.113
Nb	mg/kg	14.8	1.5	14.7	1.1	0.10	15.1	14.9	0.8	8.0	9.8	11.6	14.0	15.6	17.4	20.2	24.5	0.1	3.7	2 282	14.8
Ni	mg/kg	35.2	11.4	34.2	1.2	0.33	35.0	34.2	3.3	12.1	18.7	22.9	30.9	37.5	54.4	93.7	299.0	10.3	189.4	2 247	33.8

指标	单位	算术平均值 X_a	算术标准差 S_a	几何平均值 X_g	几何标准差 S_g	变异系数 CV	众值 X_{mo}	中位值 X_{me}	中位绝对离差 MAD	最小值 X_{min}	累积频率 $X_{0.5\%}$	$X_{2.5\%}$	$X_{25\%}$	$X_{75\%}$	$X_{97.5\%}$	$X_{99.5\%}$	最大值 X_{max}	偏度系数 SK	峰度系数 BK	n'	背景值 X_a'
P	mg/kg	796	208	772	1	0.26	668	767	125	226	404	487	655	906	1 250	1 583	2 618	1.5	7.2	2308	783
Pb	mg/kg	30.8	16.4	29.1	1.4	0.53	26.0	27.4	3.7	14.6	17.2	19.8	24.3	32.4	61.2	112.2	391.0	9.9	165.1	2 173	27.8
Rb	mg/kg	106.1	16.9	104.9	1.2	0.16	102.9	102.5	9.2	55.1	72.1	81.2	94.7	114.7	149.0	165.6	184.3	1.0	1.5	2 290	104.8
S	mg/kg	231	95	219	1	0.41	196	212	33	100	123	138	182	252	445	747	1 630	5.4	53.9	2 232	215
Sb	mg/kg	0.91	0.96	0.87	1.28	1.05	0.85	0.88	0.11	0.11	0.45	0.53	0.77	0.99	1.31	1.81	45.37	42.7	1 965.9	2 305	0.88
Sc	mg/kg	12.8	2.4	12.6	1.2	0.18	12.6	12.5	1.3	4.7	7.0	8.6	11.3	14.0	18.3	20.9	23.2	0.7	1.3	2 313	12.7
Se	mg/kg	0.24	0.10	0.23	1.36	0.39	0.19	0.22	0.04	0.09	0.12	0.14	0.19	0.27	0.46	0.70	1.74	4.1	37.6	2 252	0.23
Sn	mg/kg	3.3	0.9	3.2	1.2	0.26	3.2	3.2	0.4	0.9	1.7	2.2	2.8	3.5	4.7	6.4	25.0	8.9	192.1	2 287	3.2
Sr	mg/kg	144	50	138	1	0.35	129	134	18	59	69	84	117	155	281	394	570	2.8	12.9	2 199	134
Th	mg/kg	12.9	2.7	12.7	1.2	0.21	12.1	12.4	1.2	5.3	7.6	9.1	11.5	13.9	19.1	28.4	38.3	2.8	16.6	2 263	12.6
Ti	mg/kg	4 241	487	4 214	1	0.12	4 006	4 209	262	2 285	2 838	3 273	3 972	4 495	5 318	6 156	7 360	0.8	4.3	2 280	4 220
Tl	mg/kg	0.67	0.11	0.66	1.16	0.16	0.63	0.65	0.05	0.37	0.44	0.50	0.61	0.71	0.91	1.10	1.61	1.7	7.5	2 279	0.66
U	mg/kg	2.36	0.37	2.33	1.16	0.16	2.23	2.31	0.19	1.22	1.53	1.75	2.13	2.52	3.24	3.84	5.15	1.3	4.8	2 285	2.33
V	mg/kg	90.2	13.4	89.2	1.2	0.15	88.0	88.7	7.3	39.6	58.0	66.6	82.1	97.0	120.7	137.3	220.9	1.2	6.6	2 299	89.4
W	mg/kg	1.88	0.36	1.85	1.19	0.19	1.84	1.88	0.15	0.77	0.88	1.26	1.73	2.02	2.43	3.23	7.22	4.4	57.5	2 286	1.87
Y	mg/kg	25.5	3.1	25.3	1.1	0.12	25.9	25.7	1.7	11.1	15.3	18.9	23.9	27.2	31.5	34.3	48.1	-0.1	2.8	2 312	25.5
Zn	mg/kg	76.7	27.4	74.6	1.2	0.36	73.4	73.3	7.9	33.7	47.0	52.0	66.1	82.1	121.7	164.0	994.6	17.7	549.3	2 263	73.7
Zr	mg/kg	257	39	254	1	0.15	261	256	24	132	163	186	232	280	337	370	588	0.7	3.6	2 330	256
Al_2O_3	%	14.07	1.11	14.03	1.08	0.08	14.07	14.07	0.75	9.79	11.16	11.99	13.32	14.83	16.18	16.98	18.00	0.0	0.1	2 334	14.07
CaO	%	3.38	2.06	2.83	1.83	0.61	3.78	2.92	1.29	0.55	0.76	0.96	1.74	4.46	8.38	11.50	14.36	1.3	2.2	2 295	3.22
MgO	%	1.84	0.69	1.75	1.37	0.38	1.59	1.68	0.26	0.61	0.83	0.99	1.46	2.01	3.73	5.40	8.26	2.5	10.9	2 205	1.71
K_2O	%	2.64	0.42	2.60	1.16	0.16	2.36	2.54	0.24	1.50	1.87	2.05	2.33	2.86	3.68	4.00	4.58	1.0	1.2	2 303	2.61
Na_2O	%	1.38	0.42	1.32	1.37	0.31	1.51	1.37	0.25	0.35	0.51	0.67	1.11	1.61	2.39	3.00	3.88	0.8	2.2	2 301	1.35
SiO_2	%	59.41	3.97	59.28	1.07	0.07	59.62	59.61	2.32	38.92	46.93	50.73	57.08	61.81	67.08	68.85	74.03	-0.5	1.4	2 327	59.53
TFe_2O_3	%	5.30	0.81	5.24	1.17	0.15	5.03	5.23	0.51	2.51	3.34	3.82	4.77	5.78	7.06	7.84	9.67	0.5	1.0	2 321	5.27
SOC	%	1.12	0.40	1.06	1.38	0.36	0.93	1.05	0.21	0.32	0.49	0.58	0.86	1.30	2.11	3.09	4.02	2.0	7.7	2 274	1.07
pH	无量纲						8.04	7.87	0.21	5.01	5.80	6.35	7.52	8.04	8.23	8.32	8.70				

表 2.5.11B 碳酸盐岩类深层土壤（150～200 cm）地球化学参数（n=582）

指标	单位	算术平均值 X_a	算术标准差 S_a	几何平均值 X_g	几何标准差 S_g	变异系数 CV	众值 X_{mo}	中位值 X_{me}	中位绝对离差 MAD	最小值 X_{min}	$X_{0.5\%}$	$X_{2.5\%}$	$X_{25\%}$	$X_{75\%}$	$X_{97.5\%}$	$X_{99.5\%}$	最大值 X_{max}	偏度系数 SK	峰度系数 BK	n'	基准值 X_a'
Ag	mg/kg	0.079	0.037	0.075	1.348	0.47	0.070	0.071	0.010	0.019	0.037	0.049	0.063	0.084	0.147	0.248	0.610	7.3	84.4	539	0.072
As	mg/kg	11.0	2.2	10.8	1.2	0.20	11.6	10.9	1.2	4.4	5.1	6.5	9.9	12.2	15.5	18.4	20.2	0.3	1.2	574	11.0
Au	μg/kg	1.9	0.6	1.8	1.3	0.30	1.9	1.9	0.3	0.6	0.9	1.1	1.6	2.1	3.1	4.7	6.9	2.6	15.9	563	1.8
B	mg/kg	58.2	19.1	55.6	1.4	0.33	48.0	55.7	8.8	2.3	20.8	32.4	47.8	66.4	96.2	129.7	293.0	3.9	41.2	570	56.9
Ba	mg/kg	527	164	514	1	0.31	494	507	37	18	330	389	475	549	744	883	3881	14.9	302.0	557	511
Be	mg/kg	2.28	0.33	2.26	1.17	0.14	2.21	2.27	0.23	0.39	1.58	1.75	2.04	2.49	2.95	3.18	3.63	0.1	1.9	578	2.28
Bi	mg/kg	0.33	0.07	0.32	1.25	0.20	0.31	0.32	0.04	0.03	0.16	0.21	0.29	0.36	0.47	0.54	0.65	0.6	2.4	568	0.32
Br	mg/kg	4.7	2.0	4.3	1.5	0.43	4.2	4.2	1.1	1.4	1.5	2.0	3.3	5.7	9.8	11.7	19.6	1.7	6.4	562	4.4
TC	%	1.03	0.85	0.81	2.00	0.83	0.48	0.82	0.39	0.08	0.13	0.25	0.48	1.32	2.82	3.80	12.49	5.2	58.1	559	0.92
Cd	mg/kg	0.117	0.037	0.112	1.321	0.31	0.100	0.111	0.018	0.020	0.059	0.068	0.096	0.131	0.197	0.296	0.464	2.9	19.4	561	0.113
Ce	mg/kg	74.6	13.1	73.5	1.2	0.18	71.6	72.1	6.0	13.9	48.4	55.8	67.3	80.2	102.2	137.3	169.7	1.7	9.5	566	73.6
Cl	mg/kg	72	58	64	2	0.82	51	58	10	33	35	39	51	73	186	302	1005	9.6	129.5	532	60
Co	mg/kg	15.9	4.0	15.5	1.2	0.25	13.9	15.1	2.0	8.9	10.0	11.4	13.3	17.6	25.1	36.6	45.1	2.6	13.3	562	15.4
Cr	mg/kg	77.8	23.1	75.7	1.3	0.30	68.6	73.8	5.7	11.3	45.7	55.4	68.6	80.3	140.3	202.9	347.1	5.2	43.5	530	73.6
Cu	mg/kg	29.4	11.1	28.4	1.3	0.38	27.6	27.8	3.4	8.4	17.4	19.6	24.6	31.6	46.7	64.2	231.7	11.2	190.5	561	28.2
F	mg/kg	614	151	599	1	0.25	557	574	64	151	381	433	525	665	992	1166	2064	2.7	16.8	555	593
Ga	mg/kg	17.9	2.0	17.7	1.2	0.11	17.6	17.9	1.3	1.8	12.7	14.7	16.6	19.2	21.6	22.4	23.8	-0.9	7.4	580	17.9
Ge	mg/kg	1.47	0.19	1.46	1.15	0.13	1.30	1.47	0.14	0.49	1.01	1.11	1.33	1.61	1.83	1.97	2.08	-0.1	0.8	579	1.47
Hg	mg/kg	0.025	0.018	0.022	1.577	0.74	0.019	0.021	0.005	0.004	0.006	0.011	0.016	0.027	0.060	0.121	0.269	6.6	68.4	543	0.021
I	mg/kg	2.59	1.01	2.41	1.46	0.39	1.64	2.39	0.57	0.47	0.82	1.15	1.89	3.09	4.89	6.43	8.20	1.3	3.4	569	2.51
La	mg/kg	37.6	6.1	37.1	1.2	0.16	35.5	36.9	2.7	7.0	24.9	28.5	34.3	39.9	49.5	63.3	83.1	1.7	12.0	567	37.2
Li	mg/kg	40.7	8.8	39.9	1.2	0.22	38.5	39.0	4.0	5.0	25.5	29.6	35.4	43.8	61.8	84.1	102.7	2.1	9.2	559	39.6
Mn	mg/kg	784	293	747	1.32	0.37	614	699	104	156	445	528	614	859	1469	2360	3254	3.6	21.2	536	721
Mo	mg/kg	0.65	0.27	0.62	1.430	0.41	0.52	0.61	0.09	0.25	0.31	0.40	0.52	0.71	1.08	2.08	4.75	7.8	104.5	561	0.62
N	%	0.064	0.025	0.060	1.430	0.38	0.050	0.060	0.014	0.024	0.028	0.032	0.047	0.080	0.120	0.153	0.180	1.2	1.9	571	0.063
Nb	mg/kg	14.8	1.6	14.7	1.1	0.11	15.2	14.9	0.8	5.3	10.3	11.6	14.1	15.6	17.2	18.6	31.6	1.5	24.1	565	14.9
Ni	mg/kg	35.7	10.6	34.6	1.3	0.30	31.4	33.9	3.6	4.8	20.8	23.4	30.7	38.0	59.9	91.1	139.3	4.7	35.8	553	34.1

指标	单位	算术平均值 X_a	算术标准差 S_a	几何平均值 X_g	几何标准差 S_g	变异系数 CV	众值 X_{mo}	中位值 X_{me}	中位绝对离差 MAD	最小值 X_{min}	$X_{0.5\%}$	$X_{2.5\%}$	$X_{25\%}$	$X_{75\%}$	$X_{97.5\%}$	$X_{99.5\%}$	最大值 X_{max}	偏度系数 SK	峰度系数 BK	n'	基准值 X_a'
P	mg/kg	524	206	501	1	0.39	465	497	86	63	251	293	424	593	854	1 124	4 059	9.1	150.1	570	510
Pb	mg/kg	26.6	9.4	25.6	1.3	0.36	22.4	24.8	3.2	8.3	16.8	18.1	21.9	28.5	43.4	76.3	130.5	5.4	45.2	555	25.2
Rb	mg/kg	106.2	14.9	104.9	1.2	0.14	98.3	103.6	7.8	6.5	70.2	81.7	97.5	114.1	138.6	148.4	155.8	0.0	3.7	574	106.0
S	mg/kg	140	59	132	1	0.42	107	128	26	31	69	81	106	162	254	334	860	4.8	46.0	569	135
Sb	mg/kg	0.93	0.24	0.91	1.27	0.25	0.91	0.92	0.11	0.23	0.40	0.57	0.79	1.02	1.46	1.92	2.88	2.2	13.2	560	0.91
Sc	mg/kg	12.9	2.1	12.7	1.2	0.17	12.9	12.6	1.2	1.3	8.5	9.4	11.6	13.9	18.3	21.0	22.5	0.7	3.3	564	12.7
Se	mg/kg	0.14	0.06	0.13	1.46	0.40	0.12	0.13	0.03	0.02	0.05	0.06	0.10	0.16	0.27	0.34	0.47	1.5	4.3	568	0.13
Sn	mg/kg	3.1	1.0	3.0	1.3	0.32	2.9	3.0	0.3	0.5	1.8	2.1	2.7	3.4	4.4	5.5	22.0	12.4	234.9	569	3.1
Sr	mg/kg	145	52	139	1	0.36	136	136	19	58	74	83	118	155	289	416	496	2.6	11.2	543	135
Th	mg/kg	12.9	2.5	12.6	1.2	0.20	12.1	12.6	1.1	0.8	7.5	8.8	11.6	13.9	18.4	23.4	32.4	1.6	9.7	566	12.7
Ti	mg/kg	4 242	496	4 207	1	0.12	4 634	4 216	279	267	3 128	3 504	3 959	4 510	5 050	5 445	9 900	1.9	35.8	574	4 229
Tl	mg/kg	0.66	0.09	0.65	1.14	0.14	0.63	0.65	0.05	0.23	0.45	0.52	0.61	0.70	0.86	0.96	1.44	1.7	12.3	569	0.65
U	mg/kg	2.24	0.32	2.22	1.16	0.14	2.14	2.21	0.17	0.71	1.27	1.69	2.06	2.41	2.95	3.22	3.97	0.5	3.8	565	2.23
V	mg/kg	93.5	13.4	92.4	1.2	0.14	101.2	91.8	8.1	9.0	66.0	74.0	84.4	100.8	121.9	143.4	163.6	0.6	4.7	567	92.6
W	mg/kg	1.87	0.28	1.84	1.18	0.15	1.86	1.86	0.16	0.57	0.95	1.28	1.72	2.03	2.40	2.80	3.07	-0.1	2.6	565	1.87
Y	mg/kg	25.8	3.1	25.6	1.1	0.12	24.7	25.7	1.9	7.9	17.8	20.1	23.9	27.8	31.5	35.4	41.2	0.1	3.1	572	25.8
Zn	mg/kg	68.7	11.1	67.8	1.2	0.16	66.8	67.6	5.2	12.0	43.5	50.6	62.4	72.9	95.0	114.5	130.1	1.1	5.4	563	67.6
Zr	mg/kg	251	34	249	1	0.14	236	251	20	19	165	189	231	272	319	356	448	-0.1	5.1	576	251
Al_2O_3	%	14.64	1.25	14.57	1.12	0.09	14.37	14.63	0.75	2.06	11.10	12.22	13.96	15.40	16.93	17.63	18.29	-1.8	17.1	576	14.68
CaO	%	3.14	2.44	2.53	1.89	0.78	1.20	2.51	1.16	0.74	0.80	0.95	1.46	3.97	8.77	12.77	30.32	3.6	28.7	556	2.79
MgO	%	1.84	1.01	1.73	1.35	0.55	1.51	1.64	0.23	0.92	0.99	1.11	1.45	1.94	3.57	5.56	20.81	12.0	213.1	542	1.67
K_2O	%	2.56	0.35	2.53	1.19	0.14	2.36	2.48	0.18	0.14	1.72	2.04	2.34	2.76	3.26	3.54	3.95	0.1	4.3	575	2.55
Na_2O	%	1.42	0.42	1.35	1.39	0.29	1.66	1.40	0.27	0.06	0.42	0.71	1.13	1.66	2.29	2.87	3.36	0.6	1.6	569	1.39
SiO_2	%	60.03	4.22	59.76	1.13	0.07	62.73	60.63	2.10	5.01	46.65	51.57	58.18	62.51	65.75	66.86	69.30	-4.4	49.6	568	60.40
TFe_2O_3	%	5.40	0.83	5.34	1.18	0.15	5.78	5.34	0.55	0.78	3.81	4.23	4.81	5.89	7.19	8.22	10.10	0.7	3.8	569	5.35
SOC	%	0.53	0.29	0.46	1.74	0.55	0.30	0.45	0.17	0.04	0.12	0.16	0.30	0.69	1.24	1.46	1.65	1.1	0.8	573	0.52
pH	无量纲						8.26	8.12	0.19	6.80	6.99	7.32	7.87	8.28	8.42	8.51	9.16				

表 2.5.12A　碳酸盐岩-泥页岩类表层土壤（0～20 cm）地球化学参数（n=160）

指标	单位	算术平均值 X_a	算术标准差 S_a	几何平均值 X_g	几何标准差 S_g	变异系数 CV	众值 X_{mo}	中位值 X_{me}	中位绝对离差 MAD	最小值 X_{min}	累积频率						最大值 X_{max}	偏度系数 SK	峰度系数 BK	背景值	
											$X_{0.5\%}$	$X_{2.5\%}$	$X_{25\%}$	$X_{75\%}$	$X_{97.5\%}$	$X_{99.5\%}$				n'	X_a'
Ag	mg/kg	0.082	0.037	0.077	1.371	0.45	0.062	0.072	0.010	0.044	0.046	0.051	0.063	0.086	0.220	0.287	0.295	3.5	15.2	151	0.075
As	mg/kg	9.3	2.4	9.0	1.3	0.26	9.1	9.2	1.3	3.2	3.5	4.9	7.8	10.3	14.1	15.7	16.3	0.3	0.5	160	9.3
Au	μg/kg	1.6	0.7	1.5	1.4	0.41	1.4	1.5	0.3	0.6	0.8	0.8	1.3	1.9	3.1	4.2	6.6	3.3	20.1	154	1.5
B	mg/kg	56.8	17.0	54.0	1.4	0.30	44.4	57.7	11.0	13.2	16.9	17.9	46.1	66.4	92.5	105.5	107.6	0.1	0.5	160	56.8
Ba	mg/kg	552	271	528	1	0.49	480	500	59	372	373	387	459	571	887	1 345	3 575	9.0	98.0	151	513
Be	mg/kg	2.29	0.30	2.27	1.14	0.13	2.00	2.26	0.21	1.56	1.68	1.71	2.08	2.48	2.94	3.06	3.12	0.4	0.0	160	2.29
Bi	mg/kg	0.39	0.11	0.37	1.31	0.29	0.36	0.37	0.06	0.18	0.18	0.21	0.32	0.43	0.64	0.91	0.94	1.7	5.8	156	0.38
Br	mg/kg	3.9	1.4	3.7	1.4	0.35	3.1	3.6	0.8	0.9	1.7	2.0	2.9	4.7	6.8	7.5	9.3	0.9	1.0	159	3.9
TC	%	1.43	0.66	1.30	1.55	0.46	0.94	1.25	0.39	0.47	0.48	0.61	0.92	1.86	3.00	3.69	3.95	1.1	1.4	156	1.38
Cd	mg/kg	0.158	0.049	0.152	1.322	0.31	0.139	0.147	0.023	0.067	0.083	0.090	0.129	0.174	0.287	0.331	0.415	1.8	5.3	153	0.151
Ce	mg/kg	78.5	22.9	76.0	1.3	0.29	63.5	74.0	9.2	46.8	51.2	53.5	64.7	82.8	154.5	167.6	208.2	2.7	9.5	150	73.7
Cl	mg/kg	77	25	74	1	0.32	62	73	12	44	46	48	62	87	132	139	259	2.9	16.4	155	75
Co	mg/kg	16.4	3.0	16.1	1.2	0.18	13.9	16.0	2.1	9.6	9.9	11.0	14.3	18.4	22.1	23.1	23.5	0.2	-0.5	160	16.4
Cr	mg/kg	75.1	28.9	71.3	1.4	0.39	65.7	72.3	8.1	26.4	31.5	35.9	61.0	79.5	128.9	235.8	262.8	3.5	18.2	154	70.9
Cu	mg/kg	32.0	9.7	30.8	1.3	0.31	29.8	30.6	5.6	15.0	15.8	17.8	26.1	37.0	48.6	58.9	103.1	2.7	17.0	157	31.2
F	mg/kg	758	260	724	1	0.34	589	699	116	398	413	463	590	839	1 468	1 880	1 954	2.1	5.7	148	700
Ga	mg/kg	18.0	1.7	17.9	1.1	0.09	18.8	18.1	1.2	12.7	13.9	14.3	16.8	19.2	20.9	21.5	22.4	-0.2	0.0	159	18.1
Ge	mg/kg	1.48	0.22	1.47	1.17	0.15	1.35	1.47	0.14	0.72	0.78	1.05	1.35	1.62	1.87	1.99	2.00	-0.3	0.9	158	1.49
Hg	mg/kg	0.037	0.023	0.032	1.601	0.62	0.030	0.030	0.007	0.012	0.013	0.015	0.024	0.041	0.109	0.147	0.148	2.6	8.0	144	0.031
I	mg/kg	2.46	1.00	2.28	1.49	0.41	2.09	2.28	0.64	0.76	0.78	1.00	1.72	3.11	5.22	6.04	6.36	1.1	1.9	155	2.36
La	mg/kg	39.8	12.0	38.6	1.3	0.30	36.0	37.9	4.2	20.2	25.3	26.9	33.6	41.5	75.0	86.5	125.6	3.5	18.1	144	36.9
Li	mg/kg	41.3	8.7	40.4	1.2	0.21	44.0	41.0	5.4	26.0	26.4	27.2	35.5	46.2	57.2	73.9	80.0	0.9	2.6	157	40.7
Mn	mg/kg	747	168	731	1	0.22	662	722	85	438	442	512	645	815	1 203	1 316	1 528	1.4	3.5	152	721
Mo	mg/kg	0.70	0.22	0.67	1.32	0.32	0.56	0.64	0.10	0.40	0.41	0.43	0.56	0.78	1.29	1.59	1.67	1.7	3.9	152	0.67
N	%	0.104	0.026	0.101	1.282	0.25	0.100	0.102	0.017	0.055	0.055	0.063	0.086	0.119	0.161	0.195	0.209	0.8	1.4	158	0.103
Nb	mg/kg	14.8	2.5	14.6	1.2	0.17	15.2	14.3	0.9	9.8	10.9	11.7	13.5	15.3	21.8	24.1	30.8	2.7	12.3	148	14.3
Ni	mg/kg	33.3	11.3	31.8	1.3	0.34	33.2	31.9	4.8	11.4	15.1	18.7	27.1	36.5	56.0	93.9	100.5	2.6	12.2	156	32.0

指标	单位	算术平均值 X_a	算术标准差 S_a	几何平均值 X_g	几何标准差 S_g	变异系数 CV	众值 X_{mo}	中位值 X_{me}	中位绝对离差 MAD	最小值 X_{min}	累积频率 $X_{0.5\%}$	$X_{2.5\%}$	$X_{25\%}$	$X_{75\%}$	$X_{97.5\%}$	$X_{99.5\%}$	最大值 X_{max}	偏度系数 SK	峰度系数 BK	n'	背景值 X_a'
P	mg/kg	822	343	775	1	0.42	689	749	128	407	441	458	637	906	1 955	2 478	2 581	3.0	11.0	152	756
Pb	mg/kg	29.7	11.9	28.2	1.4	0.40	24.4	26.3	3.7	15.8	17.1	19.1	23.5	31.5	61.2	79.4	110.2	3.3	15.4	146	26.8
Rb	mg/kg	115.9	18.2	114.5	1.2	0.16	107.5	113.1	10.2	73.0	81.5	90.6	104.0	125.7	158.5	178.0	186.0	0.9	1.7	156	114.4
S	mg/kg	204	60	197	1	0.29	178	195	28	116	123	128	169	226	314	342	691	3.7	27.0	156	198
Sb	mg/kg	0.77	0.17	0.75	1.25	0.22	0.82	0.78	0.09	0.34	0.40	0.44	0.68	0.85	1.13	1.33	1.55	0.7	3.2	158	0.76
Sc	mg/kg	13.5	2.5	13.3	1.2	0.18	15.2	13.4	1.7	7.3	7.6	8.1	11.8	15.2	17.8	19.2	19.5	-0.1	-0.2	160	13.5
Se	mg/kg	0.21	0.05	0.20	1.24	0.24	0.20	0.20	0.03	0.12	0.13	0.14	0.18	0.23	0.31	0.37	0.49	1.7	6.6	158	0.21
Sn	mg/kg	3.1	0.6	3.0	1.3	0.21	2.9	3.0	0.4	0.4	1.7	1.9	2.7	3.5	4.6	4.8	4.8	0.0	1.6	159	3.1
Sr	mg/kg	176	104	159	2	0.59	134	142	27	80	80	96	122	190	544	713	752	3.2	12.1	144	148
Th	mg/kg	13.9	5.4	13.3	1.3	0.39	10.9	13.0	1.7	7.9	8.1	8.5	11.3	14.6	26.8	42.7	48.5	3.9	19.0	148	12.7
Ti	mg/kg	4 368	607	4 329	1	0.14	4 166	4 274	360	3 054	3 205	3 497	3 946	4 669	5 981	6 926	7 004	1.4	4.0	155	4 299
Tl	mg/kg	0.70	0.12	0.69	1.18	0.17	0.61	0.67	0.07	0.43	0.50	0.53	0.61	0.76	0.97	1.04	1.10	0.8	0.6	158	0.69
U	mg/kg	2.42	0.58	2.37	1.22	0.24	2.52	2.34	0.23	1.45	1.50	1.71	2.11	2.54	3.81	4.90	6.60	3.2	18.0	153	2.33
V	mg/kg	93.0	14.0	92.0	1.2	0.15	102.6	92.8	9.5	59.6	60.2	66.9	83.2	102.0	123.1	133.5	134.4	0.3	0.2	160	93.0
W	mg/kg	1.87	0.54	1.81	1.27	0.29	1.66	1.81	0.22	0.86	1.02	1.15	1.60	2.04	3.34	4.73	4.89	3.0	13.2	152	1.79
Y	mg/kg	25.2	3.4	25.0	1.1	0.13	24.5	25.2	2.1	17.1	17.3	19.7	23.0	26.9	32.9	35.0	40.7	0.8	2.8	157	25.0
Zn	mg/kg	78.3	17.4	76.6	1.2	0.22	72.8	75.2	7.7	41.3	44.2	51.7	68.6	84.7	122.2	139.9	143.2	1.3	2.6	154	76.3
Zr	mg/kg	251	47	248	1	0.19	244	244	22	186	187	190	226	268	352	388	606	3.2	20.2	153	244
Al_2O_3	%	14.17	0.93	14.14	1.07	0.07	14.46	14.23	0.66	11.48	11.73	12.53	13.50	14.83	16.04	16.20	16.33	-0.1	-0.2	160	14.17
CaO	%	3.43	2.01	2.92	1.77	0.59	2.24	2.95	1.12	0.77	0.95	1.05	1.97	4.56	8.53	10.18	10.64	1.3	1.6	155	3.23
MgO	%	1.81	0.55	1.74	1.33	0.30	1.65	1.71	0.30	0.91	0.91	1.01	1.46	2.11	3.12	3.48	4.38	1.3	3.1	156	1.77
K_2O	%	2.83	0.34	2.81	1.13	0.12	2.76	2.80	0.22	2.16	2.19	2.24	2.59	3.02	3.62	3.76	4.00	0.6	0.4	159	2.82
Na_2O	%	1.59	0.55	1.50	1.40	0.34	1.46	1.50	0.31	0.59	0.74	0.76	1.21	1.88	2.93	3.08	3.33	0.9	0.7	159	1.58
SiO_2	%	58.89	4.18	58.74	1.07	0.07	57.44	58.94	2.55	46.64	47.61	51.40	56.38	61.23	67.51	68.88	69.88	-0.1	0.5	160	58.89
TFe_2O_3	%	5.53	0.76	5.48	1.15	0.14	6.01	5.51	0.54	3.65	3.84	3.96	5.02	6.07	6.78	7.25	7.29	-0.1	-0.3	160	5.53
SOC	%	0.96	0.29	0.92	1.34	0.30	0.80	0.92	0.18	0.40	0.44	0.51	0.76	1.10	1.66	1.80	2.05	0.9	1.4	157	0.94
pH	无量纲						8.00	7.81	0.24	5.34	6.07	6.35	7.50	7.98	8.16	8.22	8.33				

表 2.5.12B 碳酸盐岩-泥页岩类深层土壤（150~200 cm）地球化学参数（n=48）

指标	单位	算术平均值 X_a	算术标准差 S_a	几何平均值 X_g	几何标准差 S_g	变异系数 CV	众值 X_{mo}	中位值 X_{me}	中位绝对离差 MAD	最小值 X_{min}	$X_{0.5\%}$	$X_{2.5\%}$	$X_{25\%}$	$X_{75\%}$	$X_{97.5\%}$	$X_{99.5\%}$	最大值 X_{max}	偏度系数 SK	峰度系数 BK	基准值 n'	基准值 X_a'
Ag	mg/kg	0.069	0.017	0.067	1.259	0.24	0.064	0.065	0.008	0.039	0.039	0.044	0.058	0.074	0.108	0.117	0.117	1.0	1.0	48	0.069
As	mg/kg	9.7	2.8	9.4	1.3	0.29	8.0	9.3	1.3	4.8	4.8	4.9	8.4	10.5	15.4	22.5	22.5	2.0	8.1	47	9.4
Au	μg/kg	1.9	0.7	1.9	1.3	0.34	1.5	1.8	0.3	1.1	1.1	1.1	1.5	2.1	3.7	4.2	4.2	1.6	3.1	45	1.8
B	mg/kg	50.1	11.8	48.8	1.3	0.24	53.5	50.4	7.7	27.9	27.9	29.2	40.3	57.0	69.3	92.9	92.9	0.8	2.4	47	49.2
Ba	mg/kg	536	76	531	1	0.14	508	535	46	320	320	428	492	575	674	750	750	0.2	1.2	48	536
Be	mg/kg	2.30	0.35	2.27	1.16	0.15	2.28	2.28	0.19	1.41	1.41	1.78	2.11	2.46	2.82	3.75	3.75	1.1	5.2	46	2.29
Bi	mg/kg	0.34	0.09	0.33	1.28	0.27	0.28	0.32	0.04	0.18	0.18	0.19	0.28	0.35	0.57	0.58	0.58	1.0	0.9	48	0.34
Br	mg/kg	4.1	1.8	3.7	1.6	0.44	4.1	3.9	0.9	0.5	0.5	1.5	2.9	4.7	7.5	10.9	10.9	1.3	3.4	47	3.9
TC	%	0.89	0.63	0.70	2.04	0.71	0.54	0.76	0.34	0.16	0.16	0.17	0.43	1.09	2.21	3.43	3.43	1.7	4.4	47	0.83
Cd	mg/kg	0.104	0.022	0.101	1.253	0.21	0.099	0.101	0.016	0.047	0.047	0.060	0.089	0.118	0.144	0.148	0.148	-0.1	0.0	48	0.104
Ce	mg/kg	75.2	18.1	73.3	1.3	0.24	69.2	71.1	6.3	40.1	40.1	53.3	66.3	77.6	124.7	136.9	136.9	1.5	3.0	45	71.7
Cl	mg/kg	68	41	63	1	0.60	60	60	12	37	37	41	49	69	162	308	308	4.6	25.3	46	61
Co	mg/kg	16.0	3.5	15.6	1.2	0.22	13.1	15.0	1.9	10.8	10.8	11.1	13.4	17.8	23.5	26.5	26.5	1.0	0.8	47	15.7
Cr	mg/kg	75.8	32.0	72.1	1.3	0.42	77.6	71.2	7.9	44.2	44.2	45.6	63.8	79.5	173.9	250.4	250.4	4.1	20.3	46	69.9
Cu	mg/kg	28.8	6.5	28.2	1.2	0.22	27.0	27.6	3.1	17.1	17.1	18.2	25.8	31.9	42.7	56.0	56.0	1.6	5.9	47	28.3
F	mg/kg	647	137	633	1	0.21	639	634	90	397	397	425	547	712	951	979	979	0.6	-0.1	48	647
Ga	mg/kg	18.4	2.1	18.3	1.1	0.11	19.0	18.4	1.3	12.2	12.2	14.7	17.1	19.5	22.4	22.6	22.6	-0.3	0.7	48	18.4
Ge	mg/kg	1.46	0.20	1.44	1.15	0.14	1.48	1.46	0.13	1.04	1.04	1.04	1.32	1.57	1.77	2.07	2.07	0.3	1.0	47	1.45
Hg	mg/kg	0.020	0.008	0.019	1.433	0.40	0.013	0.019	0.005	0.010	0.010	0.011	0.015	0.023	0.040	0.044	0.044	1.3	1.2	48	0.020
I	mg/kg	2.18	0.90	2.05	1.40	0.41	1.82	1.99	0.43	1.09	1.09	1.25	1.66	2.45	3.64	6.53	6.53	2.6	10.8	47	2.09
La	mg/kg	37.4	7.8	36.7	1.2	0.21	33.0	36.2	3.2	22.5	22.5	25.1	33.2	40.7	54.4	65.2	65.2	1.2	2.8	47	36.8
Li	mg/kg	37.2	5.8	36.7	1.2	0.16	36.8	36.6	3.2	24.3	24.3	25.0	33.5	40.1	48.0	50.7	50.7	0.2	0.0	48	37.2
Mn	mg/kg	778	289	744	1	0.37	713	709	97	492	492	507	630	847	1 292	2 369	2 369	3.8	19.6	46	732
Mo	mg/kg	0.61	0.12	0.60	1.19	0.19	0.49	0.58	0.06	0.42	0.42	0.45	0.53	0.66	0.83	0.99	0.99	1.1	1.5	47	0.60
N	%	0.058	0.017	0.056	1.366	0.30	0.060	0.060	0.014	0.023	0.023	0.032	0.043	0.070	0.090	0.090	0.090	0.1	-0.9	48	0.058
Nb	mg/kg	14.5	1.9	14.4	1.1	0.13	13.4	14.5	1.1	9.7	9.7	10.5	13.3	15.4	18.4	19.4	19.4	0.0	0.8	48	14.5
Ni	mg/kg	33.1	8.6	32.1	1.3	0.26	33.8	30.6	3.2	16.4	16.4	20.5	28.3	35.6	53.2	53.4	53.4	0.9	0.6	48	33.1

指标	单位	算术平均值 X_a	算术标准差 S_a	几何平均值 X_g	几何标准差 S_g	变异系数 CV	众值 X_{mo}	中位值 X_{me}	中位绝对离差 MAD	最小值 X_{min}	累积频率 $X_{0.5\%}$	$X_{2.5\%}$	$X_{25\%}$	$X_{75\%}$	$X_{97.5\%}$	$X_{99.5\%}$	最大值 X_{max}	偏度系数 SK	峰度系数 BK	n'	基准值 X_a'
P	mg/kg	552	195	521	1	0.35	627	518	104	230	230	294	428	617	1 035	1 081	1 081	1.1	0.8	48	552
Pb	mg/kg	23.3	4.4	22.9	1.2	0.19	23.8	23.2	2.7	12.8	12.8	15.0	20.7	25.8	33.0	38.5	38.5	0.8	2.5	47	22.9
Rb	mg/kg	114.6	19.6	112.9	1.2	0.17	97.5	114.3	12.1	65.1	65.1	83.7	101.8	123.9	148.7	164.9	164.9	0.3	0.2	48	114.6
S	mg/kg	126	39	121	1	0.31	105	119	27	73	73	74	94	152	209	218	218	0.7	-0.3	48	126
Sb	mg/kg	0.83	0.21	0.80	1.29	0.25	0.77	0.79	0.11	0.39	0.39	0.41	0.72	0.92	1.18	1.52	1.52	0.7	1.7	47	0.81
Sc	mg/kg	13.2	2.2	13.0	1.2	0.17	11.2	13.1	1.4	9.1	9.1	9.6	11.7	14.4	17.9	18.5	18.5	0.4	-0.1	48	13.2
Se	mg/kg	0.14	0.04	0.13	1.38	0.33	0.11	0.13	0.03	0.07	0.07	0.07	0.10	0.16	0.23	0.23	0.23	0.5	-0.6	48	0.14
Sn	mg/kg	2.9	0.5	2.9	1.2	0.18	3.1	3.0	0.3	1.9	1.9	1.9	2.6	3.2	4.1	4.1	4.1	-0.1	0.0	48	2.9
Sr	mg/kg	171	64	161	1	0.37	126	149	33	93	93	103	126	203	329	369	369	1.3	1.3	47	167
Th	mg/kg	13.3	3.5	12.8	1.3	0.27	11.6	12.4	1.8	7.1	7.1	8.5	11.0	14.5	22.1	24.1	24.1	1.1	1.3	47	13.0
Ti	mg/kg	4 145	525	4 113	1	0.13	4 046	4 028	358	3 006	3 006	3 378	3 782	4 504	5 295	5 332	5 332	0.4	-0.1	48	4 145
Tl	mg/kg	0.68	0.12	0.67	1.18	0.17	0.73	0.68	0.07	0.45	0.45	0.51	0.60	0.73	0.97	1.01	1.01	0.7	0.8	48	0.68
U	mg/kg	2.26	0.49	2.22	1.22	0.22	2.68	2.16	0.20	1.42	1.42	1.46	2.01	2.44	3.18	4.17	4.17	1.4	3.8	47	2.22
V	mg/kg	91.7	13.2	90.8	1.2	0.14	82.3	89.0	9.5	64.0	64.0	69.9	82.4	100.6	121.9	123.0	123.0	0.4	-0.1	48	91.7
W	mg/kg	1.84	0.41	1.79	1.26	0.22	2.03	1.82	0.22	0.89	0.89	1.14	1.59	2.03	2.87	2.98	2.98	0.4	0.8	48	1.84
Y	mg/kg	25.0	3.7	24.7	1.2	0.15	26.8	25.2	2.2	15.5	15.5	15.9	23.0	26.9	31.9	32.4	32.4	-0.4	0.3	48	25.0
Zn	mg/kg	67.8	10.2	67.0	1.2	0.15	63.2	66.7	6.6	47.3	47.3	47.4	62.8	73.8	92.7	93.3	93.3	0.4	0.4	48	67.8
Zr	mg/kg	247	39	244	1	0.16	244	245	23	149	149	168	223	267	336	346	346	0.3	0.6	48	247
Al$_2$O$_3$	%	14.64	1.04	14.60	1.08	0.07	14.57	14.56	0.79	11.44	11.44	13.05	13.88	15.44	16.14	16.99	16.99	-0.4	0.6	47	14.71
CaO	%	3.10	1.96	2.61	1.78	0.63	1.14	2.35	0.85	0.79	0.79	0.94	1.75	3.84	7.91	9.64	9.64	1.4	1.8	47	2.96
MgO	%	1.82	1.00	1.70	1.38	0.55	1.72	1.62	0.27	1.08	1.08	1.11	1.39	1.97	2.66	8.02	8.02	5.3	32.8	47	1.69
K$_2$O	%	2.70	0.34	2.68	1.14	0.13	2.47	2.68	0.28	1.75	1.75	2.19	2.46	2.97	3.32	3.45	3.45	0.0	0.0	48	2.70
Na$_2$O	%	1.69	0.44	1.63	1.32	0.26	1.61	1.61	0.33	0.66	0.66	0.95	1.38	2.01	2.54	2.57	2.57	0.2	-0.5	48	1.69
SiO$_2$	%	59.82	3.51	59.72	1.06	0.06	60.65	60.51	2.05	46.34	46.34	54.18	58.04	61.84	65.83	65.98	65.98	-1.1	3.4	47	60.11
TFe$_2$O$_3$	%	5.46	0.84	5.39	1.16	0.15	5.61	5.39	0.52	3.93	3.93	4.13	4.87	5.88	7.63	7.63	7.63	0.7	0.3	48	5.46
SOC	%	0.47	0.23	0.41	1.69	0.48	0.34	0.45	0.18	0.12	0.12	0.14	0.28	0.60	0.90	0.96	0.96	0.4	-0.8	48	0.47
pH	无量纲						8.11	8.10	0.15	7.32	7.32	7.32	7.96	8.24	8.33	8.34	8.34				

表 2.5.13A 硅质岩类表层土壤（0~20 cm）地球化学参数（n=43）

指标	单位	算术平均值 X_a	算术标准差 S_a	几何平均值 X_g	几何标准差 S_g	变异系数 CV	众值 X_{mo}	中位值 X_{me}	中位绝对偏差 MAD	最小值 X_{min}	累积频率 $X_{0.5\%}$	$X_{2.5\%}$	$X_{25\%}$	$X_{75\%}$	$X_{97.5\%}$	$X_{99.5\%}$	最大值 X_{max}	偏度系数 SK	峰度系数 BK	背景值 n'	背景值 X_a'
Ag	mg/kg	0.081	0.046	0.073	1.492	0.57	0.050	0.067	0.013	0.030	0.030	0.044	0.059	0.087	0.236	0.285	0.285	3.2	11.6	41	0.072
As	mg/kg	8.4	2.4	8.0	1.4	0.29	8.9	8.9	2.0	3.8	3.8	4.2	6.2	9.9	12.7	13.1	13.1	0.0	-0.9	43	8.4
Au	μg/kg	1.4	0.7	1.3	1.5	0.48	1.2	1.3	0.2	0.4	0.4	0.7	1.1	1.5	3.5	4.1	4.1	2.5	7.2	38	1.3
B	mg/kg	51.2	17.5	48.2	1.4	0.34	30.6	53.9	9.7	16.2	16.2	24.9	37.3	60.3	88.6	104.9	104.9	0.6	1.1	42	50.0
Ba	mg/kg	497	99	488	1	0.20	442	472	62	339	339	381	424	567	748	761	761	0.9	0.4	43	497
Be	mg/kg	2.26	0.37	2.23	1.18	0.16	2.02	2.22	0.27	1.43	1.43	1.71	2.02	2.58	2.83	3.24	3.24	0.2	0.1	43	2.26
Bi	mg/kg	0.35	0.18	0.32	1.37	0.53	0.39	0.31	0.05	0.16	0.16	0.21	0.27	0.39	0.52	1.42	1.42	5.2	30.7	42	0.32
Br	mg/kg	3.4	1.0	3.3	1.3	0.29	3.1	3.1	0.4	1.8	1.8	2.0	2.7	3.8	5.6	5.8	5.8	1.0	0.4	43	3.4
TC	%	0.95	0.37	0.89	1.44	0.39	0.78	0.88	0.11	0.33	0.33	0.43	0.77	0.99	1.70	2.31	2.31	1.6	3.6	42	0.91
Cd	mg/kg	0.139	0.058	0.129	1.449	0.42	0.097	0.128	0.031	0.061	0.061	0.071	0.097	0.157	0.286	0.325	0.325	1.5	2.4	42	0.134
Ce	mg/kg	73.0	18.5	70.9	1.3	0.25	73.5	70.1	8.5	35.0	35.0	50.5	61.7	78.7	112.3	142.4	142.4	1.4	4.0	42	71.3
Cl	mg/kg	84	54	76	2	0.65	75	68	10	51	51	52	58	87	171	382	382	4.4	22.8	40	72
Co	mg/kg	15.4	4.1	14.9	1.3	0.27	15.7	15.4	2.7	6.8	6.8	8.9	12.6	18.0	23.1	25.3	25.3	0.3	-0.1	43	15.4
Cr	mg/kg	69.3	23.1	66.3	1.3	0.33	62.3	64.9	8.7	32.5	32.5	36.0	56.7	75.1	123.5	167.2	167.2	2.1	7.3	41	65.6
Cu	mg/kg	25.1	7.8	24.0	1.3	0.31	26.9	24.2	4.7	11.5	11.5	14.4	18.7	28.4	43.0	46.9	46.9	0.9	0.8	43	25.1
F	mg/kg	675	229	640	1	0.34	549	631	131	324	324	348	510	770	1 224	1 263	1 263	0.9	0.3	43	675
Ga	mg/kg	17.6	2.4	17.4	1.2	0.13	17.2	17.8	1.2	10.6	10.6	12.7	16.7	19.1	21.6	21.8	21.8	-0.7	1.1	43	17.6
Ge	mg/kg	1.51	0.23	1.49	1.17	0.15	1.52	1.52	0.16	1.06	1.06	1.15	1.36	1.63	1.98	2.06	2.06	0.2	-0.3	43	1.51
Hg	mg/kg	0.029	0.009	0.028	1.395	0.32	0.034	0.028	0.006	0.009	0.009	0.014	0.023	0.034	0.051	0.054	0.054	0.6	0.8	43	0.029
I	mg/kg	2.21	0.84	2.08	1.41	0.38	2.07	1.99	0.45	0.97	0.97	1.15	1.61	2.51	4.22	4.94	4.94	1.4	2.1	42	2.14
La	mg/kg	36.6	10.0	35.5	1.3	0.27	34.1	34.7	4.3	18.4	18.4	24.4	30.4	39.3	58.0	78.8	78.8	2.1	6.9	42	35.6
Li	mg/kg	40.0	12.7	38.2	1.3	0.32	35.0	37.3	7.9	20.3	20.3	25.0	30.4	46.7	70.2	73.0	73.0	1.0	0.6	43	40.0
Mn	mg/kg	662	196	632	1	0.30	732	661	115	235	235	347	515	755	1 089	1 217	1 217	0.4	0.8	43	662
Mo	mg/kg	0.71	0.19	0.69	1.25	0.28	0.61	0.67	0.09	0.46	0.46	0.52	0.60	0.78	1.00	1.69	1.69	3.2	15.1	42	0.68
N	%	0.095	0.024	0.092	1.320	0.25	0.101	0.098	0.011	0.038	0.038	0.046	0.085	0.104	0.140	0.170	0.170	0.2	1.9	42	0.093
Nb	mg/kg	15.2	2.4	15.0	1.2	0.16	15.3	15.2	1.0	10.4	10.4	11.3	13.9	16.0	19.3	24.3	24.3	1.2	3.7	42	15.0
Ni	mg/kg	30.3	7.6	29.5	1.3	0.25	30.7	29.8	3.5	17.3	17.3	19.9	25.2	33.3	52.2	53.2	53.2	1.2	2.4	40	28.7

指标	单位	算术平均值 X_a	算术标准差 S_a	几何平均值 X_g	几何标准差 S_g	变异系数 CV	众值 X_{mo}	中位值 X_{me}	中位绝对离差 MAD	最小值 X_{min}	累积频率 $X_{0.5\%}$	$X_{2.5\%}$	$X_{25\%}$	$X_{75\%}$	$X_{97.5\%}$	$X_{99.5\%}$	最大值 X_{max}	偏度系数 SK	峰度系数 BK	n'	背景值 X_a'
P	mg/kg	635	168	612	1	0.27	618	618	98	195	195	451	521	731	967	1 179	1 179	0.7	2.1	42	622
Pb	mg/kg	33.2	18.7	30.6	1.4	0.56	23.9	28.2	4.3	18.1	18.1	19.7	24.3	34.2	89.4	128.6	128.6	3.9	17.6	40	28.9
Rb	mg/kg	117.2	26.4	114.4	1.3	0.23	102.5	115.1	15.9	66.4	66.4	74.3	102.5	132.9	173.0	199.3	199.3	0.6	1.4	42	115.3
S	mg/kg	192	57	185	1	0.30	184	184	24	111	111	114	159	207	330	414	414	1.8	5.0	41	183
Sb	mg/kg	0.77	0.28	0.73	1.36	0.37	0.61	0.73	0.14	0.39	0.39	0.40	0.61	0.90	1.09	2.19	2.19	3.0	14.5	42	0.73
Sc	mg/kg	12.3	3.5	11.8	1.3	0.29	10.1	12.2	2.6	6.3	6.3	7.2	9.0	14.8	18.9	19.9	19.9	0.3	-0.8	43	12.3
Se	mg/kg	0.19	0.04	0.18	1.21	0.19	0.16	0.18	0.02	0.13	0.13	0.13	0.16	0.21	0.25	0.26	0.26	0.3	-0.8	43	0.19
Sn	mg/kg	3.0	0.5	2.9	1.2	0.17	3.2	3.0	0.4	1.9	1.9	2.2	2.6	3.3	4.1	4.1	4.1	0.2	-0.3	43	3.0
Sr	mg/kg	153	57	144	1	0.37	125	137	34	79	79	81	114	178	268	330	330	1.1	1.1	42	149
Th	mg/kg	14.3	6.6	13.5	1.4	0.46	13.2	13.2	2.1	7.2	7.2	8.4	11.0	15.3	22.1	50.7	50.7	4.2	22.4	42	13.4
Ti	mg/kg	4 356	859	4 269	1	0.20	4 379	4 379	724	2 448	2 448	2 965	3 638	5 103	5 749	6 044	6 044	-0.1	-0.7	43	4 356
Tl	mg/kg	0.73	0.19	0.71	1.27	0.25	0.76	0.74	0.09	0.44	0.44	0.46	0.62	0.81	1.17	1.39	1.39	1.1	3.0	42	0.72
U	mg/kg	2.62	0.81	2.53	1.27	0.31	2.51	2.51	0.25	1.50	1.50	1.72	2.21	2.75	4.00	6.74	6.74	3.3	15.5	42	2.52
V	mg/kg	86.8	20.9	84.3	1.3	0.24	54.9	88.4	14.1	44.6	44.6	51.9	73.5	100.3	136.8	145.5	145.5	0.4	0.7	43	86.8
W	mg/kg	1.88	0.38	1.84	1.22	0.20	1.47	1.90	0.24	1.15	1.15	1.19	1.58	2.07	2.71	2.91	2.91	0.5	0.6	43	1.88
Y	mg/kg	23.9	3.7	23.6	1.2	0.16	23.5	23.6	2.6	16.0	16.0	16.4	21.2	26.5	29.6	30.7	30.7	-0.2	-0.4	43	23.9
Zn	mg/kg	73.6	27.2	70.1	1.3	0.37	70.8	70.8	12.4	39.7	39.7	41.6	57.2	79.5	131.4	203.2	203.2	2.8	11.9	41	69.0
Zr	mg/kg	252	43	249	1	0.17	255	246	28	159	159	185	225	283	332	352	352	0.1	-0.3	43	252
Al_2O_3	%	13.77	1.04	13.73	1.08	0.08	14.25	13.81	0.71	10.20	10.20	11.91	13.10	14.52	15.25	15.27	15.27	-1.0	1.8	42	13.86
CaO	%	1.58	1.02	1.34	1.74	0.65	1.03	1.19	0.46	0.60	0.60	0.62	0.87	1.99	4.49	4.91	4.91	1.6	2.6	41	1.43
MgO	%	1.53	0.76	1.39	1.53	0.50	1.13	1.35	0.37	0.62	0.62	0.73	1.03	1.83	3.51	4.27	4.27	1.7	3.5	41	1.42
K_2O	%	2.83	0.57	2.76	1.24	0.20	2.99	2.92	0.38	1.58	1.58	1.73	2.47	3.20	3.99	4.00	4.00	-0.3	-0.1	43	2.83
Na_2O	%	1.63	0.65	1.50	1.49	0.40	0.98	1.50	0.47	0.68	0.68	0.85	1.04	2.00	2.75	3.16	3.16	0.6	-0.7	43	1.63
SiO_2	%	63.41	4.46	63.26	1.07	0.07	63.20	63.20	3.55	54.21	54.21	55.79	60.01	66.98	71.62	73.17	73.17	0.1	-0.6	43	63.41
TFe_2O_3	%	5.34	1.35	5.17	1.29	0.25	4.74	5.13	1.00	2.81	2.81	3.32	4.32	6.19	8.30	8.92	8.92	0.5	0.2	43	5.34
SOC	%	0.83	0.23	0.80	1.34	0.28	0.87	0.84	0.11	0.33	0.33	0.39	0.72	0.94	1.26	1.69	1.69	0.9	3.8	42	0.81
pH	无量纲						6.02	6.26	0.80	4.75	4.75	4.93	5.60	7.39	7.89	8.08	8.08				

表 2.5.13B　硅质岩类深层土壤（150~200 cm）地球化学参数（n=15）

指标	单位	算术平均值 X_a	算术标准差 S_a	几何平均值 X_g	几何标准差 S_g	变异系数 CV	众值 X_{mo}	中位值 X_{me}	中位绝对差 MAD	最小值 X_{min}	$X_{0.5\%}$	$X_{2.5\%}$	$X_{25\%}$	$X_{75\%}$	$X_{97.5\%}$	$X_{99.5\%}$	最大值 X_{max}	偏度系数 SK	峰度系数 BK	基准值 n'	基准值 X_a'
Ag	mg/kg	0.062	0.012	0.061	1.205	0.20	0.052	0.060	0.008	0.045	0.045	0.045	0.052	0.067	0.082	0.082	0.082	0.5	-1.0	15	0.062
As	mg/kg	9.3	2.4	9.0	1.3	0.26	9.4	9.4	2.0	5.1	5.1	5.1	7.1	10.5	13.7	13.7	13.7	-0.1	-0.7	15	9.3
Au	μg/kg	1.8	0.8	1.7	1.4	0.43	1.7	1.7	0.2	1.0	1.0	1.0	1.5	1.7	4.1	4.1	4.1	2.2	5.8	14	1.6
B	mg/kg	52.1	10.1	51.2	1.2	0.19	53.3	53.3	6.4	36.9	36.9	36.9	45.4	56.5	72.7	72.7	72.7	0.4	-0.1	15	52.1
Ba	mg/kg	555	144	539	1	0.26	540	540	99	375	375	375	441	598	900	900	900	1.0	1.1	15	555
Be	mg/kg	2.70	0.56	2.65	1.21	0.21	2.47	2.47	0.12	2.07	2.07	2.07	2.42	2.61	3.68	3.68	3.68	0.9	-0.7	15	2.70
Bi	mg/kg	0.30	0.04	0.30	1.13	0.13	0.33	0.29	0.03	0.24	0.24	0.24	0.28	0.33	0.38	0.38	0.38	0.2	0.0	15	0.30
Br	mg/kg	3.2	0.8	3.1	1.3	0.24	2.1	3.1	0.5	2.1	2.1	2.1	2.8	3.5	4.9	4.9	4.9	0.6	0.2	15	3.2
TC	%	0.44	0.25	0.39	1.62	0.55	0.36	0.37	0.09	0.16	0.16	0.16	0.31	0.49	1.05	1.05	1.05	1.6	2.4	15	0.44
Cd	mg/kg	0.099	0.023	0.096	1.254	0.23	0.104	0.098	0.013	0.063	0.063	0.063	0.085	0.108	0.150	0.150	0.150	0.5	0.6	15	0.099
Ce	mg/kg	63.7	20.1	61.3	1.3	0.32	56.6	60.8	4.2	32.9	32.9	32.9	56.6	65.0	123.5	123.5	123.5	1.9	5.7	15	63.7
Cl	mg/kg	62	29	58	1	0.46	50	52	8	40	40	40	48	62	156	156	156	2.9	9.1	14	55
Co	mg/kg	15.1	3.6	14.6	1.3	0.24	15.7	14.7	1.0	7.8	7.8	7.8	13.9	15.7	20.6	20.6	20.6	-0.4	0.2	15	15.1
Cr	mg/kg	67.3	15.5	65.3	1.3	0.23	68.9	68.9	10.0	33.8	33.8	33.8	63.1	76.9	92.6	92.6	92.6	-0.7	0.6	15	67.3
Cu	mg/kg	20.9	5.4	20.2	1.2	0.26	20.1	20.1	3.4	12.2	12.2	12.2	18.6	24.6	31.5	31.5	31.5	0.2	-0.1	15	20.9
F	mg/kg	614	141	600	2	0.23	569	569	87	447	447	447	551	656	934	934	934	1.0	0.5	15	614
Ga	mg/kg	18.5	1.8	18.4	1.1	0.10	18.7	18.7	1.3	14.3	14.3	14.3	17.4	19.3	21.4	21.4	21.4	-0.6	1.0	15	18.5
Ge	mg/kg	1.41	0.16	1.40	1.12	0.11	1.51	1.40	0.12	1.13	1.13	1.13	1.29	1.52	1.65	1.65	1.65	-0.2	-1.1	15	1.41
Hg	mg/kg	0.021	0.007	0.020	1.370	0.32	0.022	0.021	0.006	0.011	0.011	0.011	0.017	0.022	0.032	0.032	0.032	0.3	-1.0	15	0.021
I	mg/kg	2.29	0.43	2.25	1.21	0.19	2.41	2.40	0.42	1.48	1.48	1.48	1.96	2.48	2.90	2.90	2.90	-0.1	-0.9	15	2.29
La	mg/kg	31.9	12.0	30.5	1.3	0.38	29.6	29.6	2.0	19.2	19.2	19.2	28.1	31.3	72.7	72.7	72.7	3.1	11.1	14	29.0
Li	mg/kg	37.5	6.0	37.1	1.2	0.16	37.7	37.7	4.3	27.4	27.4	27.4	34.7	41.8	49.1	49.1	49.1	-0.1	-0.2	15	37.5
Mn	mg/kg	787	473	709	2	0.60	656	656	158	452	452	452	502	839	2 362	2 362	2 362	2.9	9.8	14	675
Mo	mg/kg	0.66	0.24	0.62	1.36	0.36	0.56	0.57	0.11	0.39	0.39	0.39	0.56	0.68	1.35	1.35	1.35	1.9	4.5	15	0.66
N	%	0.057	0.023	0.053	1.441	0.41	0.050	0.050	0.010	0.031	0.031	0.031	0.043	0.060	0.110	0.110	0.110	1.3	1.0	15	0.057
Nb	mg/kg	16.0	3.4	15.7	1.2	0.21	12.7	15.0	1.6	12.1	12.1	12.1	13.9	16.2	23.1	23.1	23.1	1.0	-0.2	15	16.0
Ni	mg/kg	31.8	8.1	30.7	1.3	0.25	28.9	31.8	2.9	15.6	15.6	15.6	28.9	32.5	47.7	47.7	47.7	-0.2	0.7	15	31.8

指标	单位	算术平均值 X_a	算术标准差 S_a	几何平均值 X_g	几何标准差 S_g	变异系数 CV	众值 X_{mo}	中位值 X_{me}	中位绝对离差 MAD	最小值 X_{min}	累积频率 $X_{0.5\%}$	$X_{2.5\%}$	$X_{25\%}$	$X_{75\%}$	$X_{97.5\%}$	$X_{99.5\%}$	最大值 X_{max}	偏度系数 SK	峰度系数 BK	n'	基准值 X_a'
P	mg/kg	384	104	371	1	0.27	371	371	83	237	237	237	309	451	570	570	570	0.4	-1.0	15	384
Pb	mg/kg	27.4	7.0	26.8	1.2	0.25	25.9	25.9	2.5	19.3	19.3	19.3	24.2	28.4	48.8	48.8	48.8	2.2	6.4	14	25.9
Rb	mg/kg	118.9	18.9	117.6	1.2	0.16	116.9	116.9	7.8	91.5	91.5	91.5	109.1	122.8	155.5	155.5	155.5	0.7	-0.1	15	118.9
S	mg/kg	113	40	108	1	0.36	101	101	16	73	73	73	92	115	224	224	224	1.8	3.4	15	113
Sb	mg/kg	0.76	0.16	0.75	1.24	0.21	0.76	0.76	0.11	0.49	0.49	0.49	0.69	0.87	1.05	1.05	1.05	-0.3	-0.4	15	0.76
Sc	mg/kg	11.9	2.6	11.5	1.3	0.22	12.1	12.3	1.4	5.4	5.4	5.4	11.9	13.5	14.7	14.7	14.7	-1.4	1.8	15	11.9·
Se	mg/kg	0.13	0.03	0.12	1.27	0.25	0.12	0.12	0.02	0.08	0.08	0.08	0.10	0.13	0.18	0.18	0.18	0.5	-0.6	15	0.13
Sn	mg/kg	2.8	0.4	2.8	1.1	0.14	2.8	2.8	0.3	2.2	2.2	2.2	2.6	3.0	3.5	3.5	3.5	0.0	-0.6	15	2.8
Sr	mg/kg	155	71	144	1	0.46	133	133	28	92	92	92	114	161	372	372	372	2.2	6.0	14	139
Th	mg/kg	12.2	2.2	12.0	1.2	0.18	12.1	12.1	1.5	8.4	8.4	8.4	11.0	13.5	16.9	16.9	16.9	0.4	0.2	15	12.2
Ti	mg/kg	4 187	557	4 148	1	0.13	4 341	4 341	302	2 930	2 930	2 930	4 048	4 570	4 784	4 784	4 784	-1.1	0.7	15	4 187
Tl	mg/kg	0.76	0.16	0.75	1.22	0.22	0.69	0.71	0.10	0.56	0.56	0.56	0.66	0.81	1.10	1.10	1.10	0.7	-0.4	15	0.76
U	mg/kg	2.40	0.43	2.37	1.18	0.18	2.25	2.25	0.26	1.94	1.94	1.94	2.09	2.64	3.36	3.36	3.36	0.9	-0.1	15	2.40
V	mg/kg	87.8	17.4	85.9	1.2	0.20	88.9	88.9	9.5	49.5	49.5	49.5	83.3	98.4	113.3	113.3	113.3	-0.9	0.7	15	87.8
W	mg/kg	1.81	0.21	1.80	1.12	0.12	1.58	1.84	0.19	1.52	1.52	1.52	1.59	2.02	2.10	2.10	2.10	-0.1	-1.8	15	1.81
Y	mg/kg	23.8	3.0	23.6	1.1	0.12	25.0	24.8	1.3	18.0	18.0	18.0	22.6	25.1	30.1	30.1	30.1	-0.2	0.9	15	23.8
Zn	mg/kg	66.2	17.6	64.6	1.2	0.27	63.3	63.3	7.2	50.0	50.0	50.0	56.3	67.0	124.0	124.0	124.0	2.8	9.2	14	62.1
Zr	mg/kg	240	17	240	1	0.07	233	236	10	216	216	216	233	246	271	271	271	0.5	-0.5	15	240
Al$_2$O$_3$	%	14.34	1.08	14.30	1.08	0.08	14.57	14.57	0.67	12.17	12.17	12.17	14.35	14.91	15.69	15.69	15.69	-0.9	-0.1	15	14.34
CaO	%	1.15	0.46	1.07	1.45	0.40	0.95	0.95	0.23	0.62	0.62	0.62	0.89	1.51	2.08	2.08	2.08	0.8	-0.5	15	1.15
MgO	%	1.35	0.36	1.31	1.31	0.27	1.23	1.26	0.25	0.71	0.71	0.71	1.21	1.57	2.00	2.00	2.00	0.2	-0.4	15	1.35
K$_2$O	%	2.66	0.31	2.64	1.12	0.12	2.67	2.67	0.19	2.08	2.08	2.08	2.49	2.77	3.24	3.24	3.24	0.1	-0.3	15	2.66
Na$_2$O	%	1.60	0.46	1.54	1.34	0.29	1.73	1.73	0.33	0.86	0.86	0.86	1.23	1.97	2.41	2.41	2.41	0.0	-1.1	15	1.60
SiO$_2$	%	64.08	3.10	64.01	1.05	0.05	63.26	63.26	1.30	59.49	59.49	59.49	62.75	64.86	70.71	70.71	70.71	0.9	0.9	15	64.08
TFe$_2$O$_3$	%	5.12	1.06	5.00	1.25	0.21	5.53	5.05	0.48	2.79	2.79	2.79	4.91	5.54	7.22	7.22	7.22	-0.5	1.5	15	5.12
SOC	%	0.41	0.25	0.36	1.68	0.62	0.32	0.32	0.07	0.14	0.14	0.14	0.29	0.40	1.04	1.04	1.04	1.7	2.7	15	0.41
pH	无量纲						7.27	7.27	0.43	5.23	5.23	5.23	6.80	7.51	7.80	7.80	7.80				

表 2.5.14A　板岩类表层土壤（0～20 cm）地球化学参数（$n=27$）

指标	单位	算术平均值 X_a	算术标准差 S_a	几何平均值 X_g	几何标准差 S_g	变异系数 CV	众值 X_{mo}	中位值 X_{me}	中位绝对离差 MAD	最小值 X_{min}	$X_{0.5\%}$	$X_{2.5\%}$	$X_{25\%}$	$X_{75\%}$	$X_{97.5\%}$	$X_{99.5\%}$	最大值 X_{max}	偏度系数 SK	峰度系数 BK	n'	背景值 X_a'
Ag	mg/kg	0.121	0.057	0.111	1.485	0.47	0.094	0.112	0.037	0.060	0.060	0.064	0.075	0.151	0.205	0.327	0.327	2.0	5.6	26	0.113
As	mg/kg	12.3	11.5	10.3	1.6	0.94	8.8	9.6	1.5	3.7	3.7	6.1	8.2	11.1	20.7	67.2	67.2	4.5	21.6	26	10.2
Au	μg/kg	9.7	23.7	4.5	2.6	2.44	2.9	3.0	0.9	1.8	1.8	1.8	2.3	10.0	15.3	126.4	126.4	4.9	24.9	26	5.2
B	mg/kg	54.0	14.7	52.2	1.3	0.27	64.7	50.5	12.1	33.0	33.0	33.3	44.5	67.6	80.0	90.3	90.3	0.6	-0.1	27	54.0
Ba	mg/kg	803	481	725	2	0.60	729	652	111	461	461	506	551	795	2 080	2 613	2 613	2.9	8.8	25	679
Be	mg/kg	2.09	0.28	2.08	1.14	0.13	2.29	2.06	0.23	1.67	1.67	1.67	1.87	2.30	2.56	2.62	2.62	0.2	-1.0	27	2.09
Bi	mg/kg	0.42	0.12	0.40	1.34	0.29	0.40	0.40	0.10	0.21	0.21	0.25	0.34	0.53	0.61	0.68	0.68	0.3	-0.6	27	0.42
Br	mg/kg	4.6	2.1	4.3	1.4	0.46	4.0	4.0	0.6	2.7	2.7	2.9	3.4	4.8	10.5	11.4	11.4	2.4	5.7	25	4.0
TC	%	1.29	0.83	1.15	1.54	0.64	0.95	1.06	0.16	0.59	0.59	0.61	0.93	1.43	2.93	4.73	4.73	3.2	11.8	25	1.09
Cd	mg/kg	0.201	0.090	0.188	1.411	0.45	0.203	0.184	0.033	0.105	0.105	0.125	0.145	0.206	0.335	0.548	0.548	2.5	8.1	26	0.188
Ce	mg/kg	69.0	10.2	68.2	1.2	0.15	69.5	69.5	6.9	50.1	50.1	53.8	60.8	75.7	87.1	90.3	90.3	0.1	-0.5	27	69.0
Cl	mg/kg	112	83	98	2	0.75	69	91	20	52	52	62	69	108	200	488	488	3.8	16.9	26	97
Co	mg/kg	15.7	4.6	15.2	1.3	0.29	14.6	14.9	1.5	9.6	9.6	11.6	13.6	16.7	19.4	35.5	35.5	3.2	14.1	26	14.9
Cr	mg/kg	80.4	68.6	71.3	1.5	0.85	49.5	65.8	5.2	49.5	49.5	49.5	62.5	75.8	97.6	420.1	420.1	5.0	25.7	26	67.4
Cu	mg/kg	48.3	19.4	45.1	1.4	0.40	45.9	45.9	9.9	26.2	26.2	26.4	31.2	52.9	81.0	107.0	107.0	1.3	1.9	26	46.0
F	mg/kg	626	132	611	1	0.21	662	662	95	400	400	419	507	714	827	836	836	-0.2	-1.2	27	626
Ga	mg/kg	17.1	1.4	17.0	1.1	0.08	17.4	17.4	0.9	14.7	14.7	14.8	15.8	17.9	19.6	19.9	19.9	0.2	-0.6	27	17.1
Ge	mg/kg	1.45	0.20	1.43	1.14	0.14	1.32	1.45	0.13	1.07	1.07	1.17	1.28	1.56	1.83	1.90	1.90	0.4	0.0	27	1.45
Hg	mg/kg	0.090	0.118	0.063	1.957	1.30	0.048	0.050	0.006	0.033	0.033	0.039	0.044	0.058	0.414	0.518	0.518	3.0	8.2	24	0.051
I	mg/kg	2.85	1.81	2.56	1.49	0.64	1.98	2.27	0.29	1.43	1.43	1.76	2.04	2.90	7.02	10.30	10.30	3.3	11.8	25	2.38
La	mg/kg	35.8	5.2	35.5	1.2	0.15	36.0	36.0	4.0	26.5	26.5	27.5	31.9	40.0	43.2	47.9	47.9	0.1	-0.3	27	35.8
Li	mg/kg	34.3	7.7	33.5	1.2	0.22	26.4	32.5	4.7	23.5	23.5	23.5	28.0	40.6	48.4	53.1	53.1	0.7	0.0	27	34.3
Mn	mg/kg	711	241	681	1	0.34	661	649	100	457	457	504	549	754	1 179	1 560	1 560	2.1	5.1	26	678
Mo	mg/kg	0.70	0.16	0.69	1.23	0.23	0.62	0.66	0.06	0.48	0.48	0.54	0.60	0.73	1.00	1.25	1.25	1.8	4.0	26	0.68
N	%	0.120	0.036	0.116	1.284	0.30	0.117	0.112	0.009	0.074	0.074	0.081	0.103	0.130	0.165	0.258	0.258	2.3	7.9	26	0.114
Nb	mg/kg	13.7	1.3	13.7	1.1	0.10	14.1	13.9	0.9	10.6	10.6	11.8	12.6	14.7	15.3	16.7	16.7	-0.2	0.2	27	13.7
Ni	mg/kg	42.0	66.9	31.7	1.7	1.59	25.6	29.0	3.3	21.9	21.9	23.1	25.6	32.3	38.8	375.7	375.7	5.2	26.7	26	29.1

指标	单位	算术平均值 X_a	算术标准差 S_a	几何平均值 X_g	几何标准差 S_g	变异系数 CV	众值 X_{mo}	中位值 X_{me}	中位绝对离差 MAD	最小值 X_{min}	$X_{0.5\%}$	$X_{2.5\%}$	$X_{25\%}$	$X_{75\%}$	$X_{97.5\%}$	$X_{99.5\%}$	最大值 X_{max}	偏度系数 SK	峰度系数 BK	n'	背景值 X_a'
P	mg/kg	864	326	807	2	0.38	800	800	205	370	370	464	633	1 146	1 423	1 429	1 429	0.6	-0.9	27	864
Pb	mg/kg	31.7	7.6	30.9	1.2	0.24	30.7	30.1	3.4	20.5	20.5	22.6	27.6	33.7	48.6	55.0	55.0	1.6	3.1	26	30.8
Rb	mg/kg	104.9	13.8	104.1	1.1	0.13	99.8	99.8	9.0	83.7	83.7	86.5	94.3	117.2	126.0	133.6	133.6	0.4	-1.0	27	104.9
S	mg/kg	253	98	238	1.36	0.39	246	230	33	131	131	167	185	263	475	492	492	1.5	1.5	27	253
Sb	mg/kg	0.98	0.37	0.93	1.36	0.38	0.88	0.92	0.14	0.53	0.53	0.66	0.75	1.04	1.90	2.12	2.12	1.9	3.8	24	0.87
Sc	mg/kg	11.8	1.9	11.6	1.2	0.16	12.2	12.0	1.1	7.8	7.8	8.9	10.3	12.8	15.1	16.2	16.2	0.1	0.3	27	11.8
Se	mg/kg	0.21	0.06	0.20	1.26	0.28	0.20	0.20	0.03	0.15	0.15	0.15	0.17	0.21	0.31	0.43	0.43	2.5	8.4	25	0.19
Sn	mg/kg	3.4	0.7	3.3	1.2	0.20	3.1	3.2	0.4	2.0	2.0	2.4	3.0	3.7	4.2	5.2	5.2	0.6	1.4	27	3.4
Sr	mg/kg	166	53	158	1	0.32	118	162	41	75	75	84	121	209	267	273	273	0.3	-0.5	27	166
Th	mg/kg	11.3	1.6	11.2	1.2	0.14	12.2	11.7	1.3	8.3	8.3	8.5	10.2	12.6	13.3	13.9	13.9	-0.3	-1.0	27	11.3
Ti	mg/kg	4 345	504	4 317	1	0.12	3 742	4 289	386	3 374	3 374	3 636	3 908	4 771	5 111	5 392	5 392	0.1	-0.6	27	4 345
Tl	mg/kg	0.68	0.10	0.67	1.16	0.15	0.66	0.66	0.10	0.50	0.50	0.53	0.60	0.78	0.84	0.85	0.85	0.0	-1.1	27	0.68
U	mg/kg	2.02	0.26	2.01	1.14	0.13	1.93	2.06	0.18	1.53	1.53	1.56	1.87	2.23	2.39	2.44	2.44	-0.3	-0.8	27	2.02
V	mg/kg	84.2	10.2	83.6	1.1	0.12	89.5	82.0	7.5	65.3	65.3	68.8	76.1	93.2	98.2	100.7	100.7	0.0	-1.1	27	84.2
W	mg/kg	2.07	0.48	2.01	1.26	0.23	2.20	2.10	0.21	1.14	1.14	1.34	1.79	2.27	2.80	3.42	3.42	0.5	1.5	27	2.07
Y	mg/kg	25.4	3.4	25.2	1.2	0.13	27.3	25.7	1.8	16.1	16.1	20.0	23.7	27.4	31.2	32.0	32.0	-0.6	1.2	27	25.4
Zn	mg/kg	81.9	16.6	80.4	1.2	0.20	79.1	79.1	9.9	56.9	56.9	58.7	71.2	89.1	116.3	120.6	120.6	0.8	0.2	27	81.9
Zr	mg/kg	267	47	262	1	0.18	272	264	34	163	163	198	238	299	341	365	365	0.0	-0.1	27	267
Al_2O_3	%	14.44	0.91	14.42	1.06	0.06	13.69	14.12	0.52	12.99	12.99	13.34	13.69	15.05	15.91	16.56	16.56	0.7	-0.3	27	14.44
CaO	%	1.93	1.58	1.61	1.71	0.82	0.85	1.45	0.38	0.85	0.85	0.85	1.09	2.03	4.01	8.71	8.71	3.3	13.2	26	1.67
MgO	%	1.49	0.75	1.38	1.44	0.50	1.11	1.25	0.16	0.90	0.90	0.98	1.09	1.54	3.14	4.25	4.25	2.6	7.0	23	1.23
K_2O	%	2.78	0.29	2.77	1.10	0.10	2.65	2.73	0.17	2.37	2.37	2.42	2.60	2.92	3.24	3.52	3.52	0.8	0.3	27	2.78
Na_2O	%	1.52	0.46	1.45	1.34	0.30	1.19	1.53	0.34	0.78	0.78	1.00	1.18	1.83	2.36	2.73	2.73	0.8	0.5	27	1.52
SiO_2	%	63.62	3.85	63.50	1.07	0.06	64.50	64.50	1.64	49.75	49.75	58.23	62.66	65.50	68.13	68.29	68.29	-1.9	5.5	26	64.15
TFe_2O_3	%	5.27	0.82	5.21	1.17	0.16	5.84	5.30	0.54	3.66	3.66	4.15	4.47	5.84	6.48	7.16	7.16	0.1	-0.2	27	5.27
SOC	%	1.09	0.51	1.01	1.43	0.47	1.00	1.00	0.19	0.60	0.60	0.62	0.80	1.08	2.56	2.76	2.76	2.3	5.6	24	0.93
pH	无量纲						7.15	7.30	0.44	5.37	5.37	6.21	6.88	7.80	8.25	8.42	8.42				

表2.5.15A　片岩类表层土壤（0～20 cm）地球化学参数（n=48）

指标	单位	算术平均值 X_a	算术标准差 S_a	几何平均值 X_g	几何标准差 S_g	变异系数 CV	众值 X_{mo}	中位值 X_{me}	中位绝对离差 MAD	最小值 X_{min}	累积频率 $X_{0.5\%}$	$X_{2.5\%}$	$X_{25\%}$	$X_{75\%}$	$X_{97.5\%}$	$X_{99.5\%}$	最大值 X_{max}	偏度系数 SK	峰度系数 BK	背景值 n'	X_a'
Ag	mg/kg	0.093	0.072	0.083	1.462	0.78	0.087	0.079	0.014	0.052	0.052	0.054	0.065	0.092	0.165	0.555	0.555	5.8	37.0	44	0.078
As	mg/kg	10.3	6.2	9.2	1.6	0.60	9.4	9.0	2.0	4.0	4.0	4.3	7.1	10.9	28.7	39.0	39.0	3.0	10.9	45	8.9
Au	μg/kg	3.4	5.6	2.6	1.8	1.65	2.0	2.2	0.4	1.3	1.3	1.4	1.9	2.9	6.6	40.6	40.6	6.4	43.2	46	2.5
B	mg/kg	80.2	33.5	73.1	1.6	0.42	69.3	70.3	21.4	16.5	16.5	21.8	60.0	96.8	157.2	162.5	162.5	0.7	0.4	48	80.2
Ba	mg/kg	558	87	552	1	0.16	540	540	36	381	381	397	512	595	743	812	812	0.8	1.2	48	558
Be	mg/kg	2.33	0.37	2.30	1.17	0.16	2.39	2.30	0.12	1.54	1.54	1.59	2.18	2.42	3.12	3.81	3.81	1.2	4.9	47	2.29
Bi	mg/kg	0.42	0.25	0.38	1.47	0.61	0.41	0.35	0.08	0.22	0.22	0.23	0.30	0.43	0.98	1.83	1.83	4.2	21.4	44	0.36
Br	mg/kg	4.6	3.7	4.0	1.5	0.82	4.1	3.9	0.7	2.1	2.1	2.1	3.2	4.5	7.6	28.3	28.3	5.8	36.9	47	4.0
TC	%	0.91	0.35	0.86	1.36	0.38	0.85	0.85	0.12	0.41	0.41	0.45	0.72	0.96	2.15	2.40	2.40	2.7	9.4	46	0.85
Cd	mg/kg	0.329	1.174	0.161	1.957	3.57	0.128	0.142	0.021	0.087	0.087	0.090	0.121	0.156	0.524	8.273	8.273	6.9	47.5	44	0.142
Ce	mg/kg	74.5	15.4	73.2	1.2	0.21	76.2	73.0	7.4	49.8	49.8	54.2	65.2	78.1	104.1	144.1	144.1	2.1	8.0	47	73.0
Cl	mg/kg	333	1208	143	2	3.63	108	119	29	64	64	71	98	160	1318	8436	8436	6.7	45.7	44	127
Co	mg/kg	14.7	3.5	14.4	1.2	0.24	13.5	14.1	1.8	8.7	8.7	8.9	12.9	16.1	25.7	27.9	27.9	1.7	5.0	46	14.2
Cr	mg/kg	70.8	11.3	69.9	1.2	0.16	70.4	70.6	5.8	44.8	44.8	45.4	65.1	76.4	92.5	94.4	94.4	-0.1	0.3	48	70.8
Cu	mg/kg	43.9	21.3	39.6	1.6	0.49	26.1	38.5	13.4	20.4	20.4	20.5	26.4	53.4	102.1	105.5	105.5	1.2	0.9	48	43.9
F	mg/kg	675	171	657	1	0.25	637	637	75	379	379	486	572	718	1196	1278	1278	1.7	3.8	46	650
Ga	mg/kg	18.9	1.9	18.8	1.1	0.10	17.2	18.7	1.5	14.5	14.5	15.9	17.5	20.5	22.1	22.5	22.5	0.1	-0.7	48	18.9
Ge	mg/kg	1.48	0.14	1.48	1.10	0.10	1.47	1.48	0.11	1.23	1.23	1.23	1.38	1.58	1.81	1.85	1.85	0.4	0.1	48	1.48
Hg	mg/kg	0.081	0.172	0.044	2.382	2.13	0.030	0.035	0.011	0.012	0.012	0.015	0.026	0.053	0.530	1.110	1.110	5.1	28.6	43	0.040
I	mg/kg	2.50	0.83	2.39	1.34	0.33	2.38	2.37	0.40	1.21	1.21	1.26	2.00	2.83	3.82	6.26	6.26	2.1	7.9	47	2.42
La	mg/kg	38.0	8.2	37.3	1.2	0.22	35.3	36.6	2.8	26.5	26.5	28.8	33.1	39.2	61.1	72.3	72.3	2.2	6.6	46	36.8
Li	mg/kg	41.4	9.9	40.3	1.3	0.24	37.2	38.8	6.0	25.7	25.7	26.5	36.1	47.8	59.3	76.4	76.4	1.0	2.1	47	40.6
Mn	mg/kg	549	112	537	1	0.21	480	553	73	257	257	326	478	609	792	857	857	0.1	1.1	48	549
Mo	mg/kg	0.96	1.67	0.71	1.71	1.73	0.54	0.62	0.08	0.41	0.41	0.46	0.56	0.71	3.67	11.70	11.70	6.0	38.7	44	0.62
N	%	0.083	0.019	0.081	1.255	0.23	0.068	0.083	0.010	0.038	0.038	0.054	0.072	0.092	0.119	0.155	0.155	0.9	4.0	47	0.081
Nb	mg/kg	14.2	1.3	14.1	1.1	0.09	13.9	14.2	0.5	11.5	11.5	11.8	13.7	14.7	16.9	18.9	18.9	0.7	2.6	47	14.1
Ni	mg/kg	31.4	8.3	30.6	1.2	0.26	31.0	30.0	2.9	19.4	19.4	20.4	27.6	33.1	47.9	74.3	74.3	3.1	15.1	46	30.1

指标	单位	算术平均值 X_a	算术标准差 S_a	几何平均值 X_g	几何标准差 S_g	变异系数 CV	众值 X_{mo}	中位值 X_{me}	中位绝对离差 MAD	最小值 X_{min}	累积频率 $X_{0.5\%}$	$X_{2.5\%}$	$X_{25\%}$	$X_{75\%}$	$X_{97.5\%}$	$X_{99.5\%}$	最大值 X_{max}	偏度系数 SK	峰度系数 BK	n'	背景值 X_a'
P	mg/kg	579	194	552	1	0.33	532	528	121	242	242	361	454	688	1 147	1 237	1 237	1.4	2.7	46	552
Pb	mg/kg	32.7	15.5	30.7	1.4	0.47	27.0	29.1	3.6	18.7	18.7	18.8	26.5	33.0	88.6	107.5	107.5	3.6	14.2	44	28.8
Rb	mg/kg	130.7	23.3	128.7	1.2	0.18	128.5	128.3	15.4	97.0	97.0	97.7	111.6	141.0	182.0	188.7	188.7	0.8	0.0	48	130.7
S	mg/kg	185	72	176	1	0.39	155	165	20	107	107	112	148	190	461	486	486	2.8	9.4	46	173
Sb	mg/kg	0.94	0.68	0.85	1.49	0.72	0.83	0.82	0.14	0.44	0.44	0.47	0.69	0.98	2.62	4.97	4.97	4.9	27.4	46	0.82
Sc	mg/kg	11.7	2.7	11.4	1.2	0.23	10.9	11.2	1.0	6.9	6.9	7.8	10.5	12.6	18.8	23.0	23.0	1.9	6.4	46	11.3
Se	mg/kg	0.20	0.06	0.20	1.29	0.28	0.16	0.19	0.03	0.12	0.12	0.12	0.16	0.23	0.32	0.37	0.37	1.1	0.7	47	0.20
Sn	mg/kg	4.4	1.9	4.2	1.4	0.44	4.1	4.0	0.6	2.8	2.8	2.9	3.5	4.7	10.7	13.8	13.8	3.5	13.9	45	4.0
Sr	mg/kg	144	36	141	1	0.25	127	136	17	91	91	92	123	154	228	256	256	1.2	1.4	47	142
Th	mg/kg	13.4	2.3	13.3	1.2	0.17	12.5	13.0	1.2	9.3	9.3	10.8	11.8	14.2	19.7	20.0	20.0	1.2	1.5	48	13.4
Ti	mg/kg	3 857	388	3 836	1	0.10	3 946	3 944	186	2 727	2 727	2 822	3 691	4 084	4 636	4 680	4 680	-0.8	1.6	48	3 857
Tl	mg/kg	0.80	0.15	0.79	1.18	0.19	0.76	0.77	0.07	0.58	0.58	0.60	0.73	0.84	1.05	1.49	1.49	2.3	9.0	47	0.78
U	mg/kg	2.37	0.50	2.33	1.20	0.21	2.13	2.27	0.21	1.76	1.76	1.77	2.13	2.51	3.63	4.78	4.78	2.7	11.1	46	2.29
V	mg/kg	80.6	15.2	79.3	1.2	0.19	80.0	79.0	6.4	49.9	49.9	55.4	73.7	85.4	121.6	143.0	143.0	1.7	6.0	46	78.3
W	mg/kg	2.01	0.76	1.93	1.31	0.38	1.63	1.87	0.28	1.17	1.17	1.25	1.63	2.16	3.74	6.16	6.16	3.8	19.1	46	1.89
Y	mg/kg	25.5	7.3	24.9	1.2	0.29	24.7	24.7	1.8	17.6	17.6	17.8	23.3	26.3	33.5	70.9	70.9	5.2	32.7	47	24.5
Zn	mg/kg	78.8	24.6	76.2	1.3	0.31	76.2	75.2	9.0	52.8	52.8	55.8	64.9	82.9	156.4	193.8	193.8	3.0	11.2	45	73.6
Zr	mg/kg	237	39	234	1	0.17	232	236	25	132	132	168	212	259	300	336	336	-0.1	0.3	48	237
Al_2O_3	%	15.48	1.18	15.43	1.08	0.08	14.97	15.29	0.67	12.64	12.64	13.25	14.75	16.22	17.81	17.90	17.90	0.2	-0.1	48	15.48
CaO	%	1.39	0.43	1.33	1.37	0.31	1.41	1.41	0.29	0.64	0.64	0.66	1.09	1.65	2.20	2.66	2.66	0.5	0.4	48	1.39
MgO	%	1.70	0.66	1.61	1.36	0.39	1.45	1.56	0.25	0.98	0.98	1.04	1.32	1.82	3.11	4.72	4.72	2.5	8.8	46	1.60
K_2O	%	2.96	0.35	2.94	1.12	0.12	3.25	2.94	0.30	2.40	2.40	2.40	2.68	3.25	3.69	3.82	3.82	0.3	-0.4	48	2.96
Na_2O	%	1.63	0.34	1.59	1.22	0.21	1.62	1.63	0.21	1.03	1.03	1.11	1.42	1.78	2.43	2.66	2.66	0.9	1.4	47	1.60
SiO_2	%	63.12	3.00	63.04	1.05	0.05	63.79	63.97	1.51	51.99	51.99	57.39	61.39	64.68	68.32	69.19	69.19	-1.1	3.0	47	63.35
TFe_2O_3	%	5.36	1.04	5.26	1.20	0.20	5.07	5.14	0.48	3.21	3.21	3.69	4.82	5.73	8.27	8.51	8.51	1.0	1.9	46	5.22
SOC	%	0.88	0.33	0.84	1.37	0.37	0.63	0.84	0.16	0.43	0.43	0.48	0.69	0.98	1.92	2.27	2.27	2.3	7.9	46	0.83
pH	无量纲						7.21	6.94	0.56	4.97	4.97	5.46	6.38	7.35	8.11	8.17	8.17				

表 2.5.15B　片岩类深层土壤（150～200 cm）地球化学参数（n=12）

指标	单位	算术平均值 X_a	算术标准差 S_a	几何平均值 X_g	几何标准差 S_g	变异系数 CV	众值 X_{mo}	中位值 X_{me}	中位绝对差 MAD	最小值 X_{min}	累积频率 $X_{0.5\%}$	$X_{2.5\%}$	$X_{25\%}$	$X_{75\%}$	$X_{97.5\%}$	$X_{99.5\%}$	最大值 X_{max}	偏度系数 SK	峰度系数 BK	n'	基准值 X_a'
Ag	mg/kg	0.059	0.016	0.057	1.270	0.27	0.057	0.058	0.006	0.040	0.040	0.040	0.053	0.063	0.100	0.100	0.100	1.5	3.7	12	0.059
As	mg/kg	7.7	1.7	7.5	1.2	0.22	7.8	7.5	1.1	4.9	4.9	4.9	6.9	8.6	10.8	10.8	10.8	0.2	-0.2	12	7.7
Au	μg/kg	1.9	0.5	1.8	1.3	0.25	1.5	1.9	0.3	1.4	1.4	1.4	1.5	2.1	3.1	3.1	3.1	1.5	3.1	12	1.9
B	mg/kg	78.2	30.3	73.5	1.4	0.39	75.1	74.9	14.7	40.9	40.9	40.9	57.0	82.8	142.1	142.1	142.1	1.2	1.0	12	78.2
Ba	mg/kg	553	106	543	1	0.19	553	552	33	329	329	329	533	578	741	741	741	-0.1	1.4	12	553
Be	mg/kg	2.36	0.32	2.34	1.13	0.14	2.19	2.36	0.16	1.81	1.81	1.81	2.19	2.41	3.17	3.17	3.17	1.2	3.8	12	2.36
Bi	mg/kg	0.30	0.07	0.29	1.25	0.22	0.24	0.30	0.06	0.20	0.20	0.20	0.24	0.34	0.40	0.40	0.40	0.0	-1.1	12	0.30
Br	mg/kg	3.7	1.5	3.5	1.4	0.40	3.0	3.3	0.6	2.2	2.2	2.2	2.9	3.8	7.4	7.4	7.4	1.6	2.6	12	3.7
TC	%	0.38	0.08	0.37	1.22	0.22	0.33	0.35	0.03	0.27	0.27	0.27	0.33	0.38	0.55	0.55	0.55	1.1	0.3	12	0.38
Cd	mg/kg	0.072	0.030	0.067	1.497	0.41	0.055	0.067	0.013	0.025	0.025	0.025	0.055	0.087	0.147	0.147	0.147	1.3	3.4	12	0.072
Ce	mg/kg	74.3	11.0	73.6	1.2	0.15	73.3	72.8	4.9	58.3	58.3	58.3	69.2	76.5	98.5	98.5	98.5	0.9	1.2	12	74.3
Cl	mg/kg	143	33	139	1	0.23	114	148	31	90	90	90	114	162	199	199	199	0.1	-0.9	12	143
Co	mg/kg	13.5	3.1	13.2	1.2	0.23	12.9	12.9	1.5	8.9	8.9	8.9	11.9	14.5	20.9	20.9	20.9	1.2	2.5	12	13.5
Cr	mg/kg	64.8	9.8	64.1	1.2	0.15	64.7	64.4	5.9	42.4	42.4	42.4	61.0	71.0	80.1	80.1	80.1	-0.8	1.5	12	64.8
Cu	mg/kg	23.0	5.5	22.3	1.3	0.24	23.5	23.4	4.3	12.5	12.5	12.5	18.8	26.4	31.9	31.9	31.9	-0.2	-0.1	12	23.0
F	mg/kg	629	149	616	1	0.24	620	604	48	450	450	450	560	644	1 038	1 038	1 038	2.0	5.4	12	629
Ga	mg/kg	19.3	1.9	19.2	1.1	0.10	18.7	19.1	0.5	15.4	15.4	15.4	18.6	19.6	23.4	23.4	23.4	0.3	3.1	12	19.3
Ge	mg/kg	1.46	0.16	1.45	1.11	0.11	1.37	1.42	0.06	1.24	1.24	1.24	1.37	1.48	1.79	1.79	1.79	1.2	1.0	12	1.46
Hg	mg/kg	0.018	0.002	0.018	1.102	0.10	0.018	0.018	0.001	0.015	0.015	0.015	0.017	0.018	0.021	0.021	0.021	0.3	-0.3	12	0.018
I	mg/kg	3.00	2.20	2.53	1.72	0.74	2.28	2.22	0.57	0.98	0.98	0.98	2.04	2.80	9.36	9.36	9.36	2.5	7.1	12	3.00
La	mg/kg	36.2	4.7	35.9	1.1	0.13	36.6	36.0	3.1	29.7	29.7	29.7	33.8	38.4	44.3	44.3	44.3	0.1	-0.8	12	36.2
Li	mg/kg	41.2	9.0	40.4	1.2	0.22	39.3	39.2	5.0	29.8	29.8	29.8	34.5	44.5	62.9	62.9	62.9	1.3	2.1	12	41.2
Mn	mg/kg	499	123	482	1	0.25	517	512	55	223	223	223	455	558	724	724	724	-0.5	1.9	12	499
Mo	mg/kg	0.54	0.12	0.53	1.23	0.23	0.46	0.49	0.08	0.40	0.40	0.40	0.46	0.59	0.79	0.79	0.79	0.8	-0.3	12	0.54
N	%	0.041	0.008	0.040	1.210	0.20	0.041	0.041	0.006	0.030	0.030	0.030	0.035	0.044	0.059	0.059	0.059	0.7	0.4	12	0.041
Nb	mg/kg	14.2	1.2	14.2	1.1	0.08	13.5	14.0	0.7	12.6	12.6	12.6	13.5	14.7	16.4	16.4	16.4	0.6	-0.3	12	14.2
Ni	mg/kg	28.6	4.8	28.2	1.2	0.17	26.5	28.5	2.3	18.6	18.6	18.6	26.5	30.5	39.1	39.1	39.1	0.2	2.4	12	28.6

指标	单位	算术平均值 X_a	算术标准差 S_a	几何平均值 X_g	几何标准差 S_g	变异系数 CV	众值 X_{mo}	中位值 X_{me}	中位绝对离差 MAD	最小值 X_{min}	累积频率 $X_{0.5\%}$	$X_{2.5\%}$	$X_{25\%}$	$X_{75\%}$	$X_{97.5\%}$	$X_{99.5\%}$	最大值 X_{max}	偏度系数 SK	峰度系数 BK	n'	基准值 X_a'
P	mg/kg	285	49	281	1	0.17	293	293	42	209	209	209	244	296	364	364	364	0.1	-0.8	12	285
Pb	mg/kg	26.1	8.4	25.1	1.3	0.32	25.0	24.3	2.4	14.8	14.8	14.8	22.6	27.1	49.2	49.2	49.2	2.0	5.6	12	26.1
Rb	mg/kg	142.2	29.9	139.5	1.2	0.21	134.3	134.0	14.6	105.5	105.5	105.5	122.7	152.9	208.3	208.3	208.3	1.1	0.7	12	142.2
S	mg/kg	126	20	125	1	0.16	131	129	15	89	89	89	115	141	153	153	153	-0.4	-0.6	12	126
Sb	mg/kg	0.68	0.14	0.67	1.22	0.21	0.70	0.68	0.11	0.48	0.48	0.48	0.58	0.75	0.97	0.97	0.97	0.5	0.0	12	0.68
Sc	mg/kg	11.3	1.9	11.2	1.2	0.16	9.8	11.2	1.2	8.2	8.2	8.2	10.3	12.1	15.3	15.3	15.3	0.6	1.0	12	11.3
Se	mg/kg	0.14	0.03	0.13	1.26	0.24	0.13	0.13	0.02	0.09	0.09	0.09	0.11	0.15	0.20	0.20	0.20	0.5	-0.4	12	0.14
Sn	mg/kg	3.4	0.4	3.4	1.1	0.13	3.1	3.5	0.4	2.8	2.8	2.8	3.1	3.7	4.1	4.1	4.1	0.0	-1.3	12	3.4
Sr	mg/kg	133	45	127	1	0.34	112	116	19	92	92	92	105	136	231	231	231	1.5	1.2	12	133
Th	mg/kg	14.5	3.1	14.3	1.2	0.21	12.9	13.8	1.6	9.6	9.6	9.6	12.9	15.7	21.7	21.7	21.7	0.9	2.0	12	14.5
Ti	mg/kg	3 803	419	3 781	1	0.11	3 869	3 793	245	3 017	3 017	3 017	3 692	4 043	4 515	4 515	4 515	-0.3	0.1	12	3 803
Tl	mg/kg	0.78	0.14	0.77	1.19	0.18	0.60	0.77	0.11	0.60	0.60	0.60	0.71	0.86	1.02	1.02	1.02	0.4	-0.8	12	0.78
U	mg/kg	2.26	0.38	2.23	1.17	0.17	2.14	2.14	0.29	1.69	1.69	1.69	2.07	2.46	2.93	2.93	2.93	0.3	-0.6	12	2.26
V	mg/kg	75.6	11.0	74.8	1.2	0.15	70.4	71.8	8.2	56.5	56.5	56.5	70.4	83.3	96.6	96.6	96.6	0.3	0.0	12	75.6
W	mg/kg	1.83	0.28	1.81	1.16	0.15	1.85	1.79	0.21	1.48	1.48	1.48	1.60	1.99	2.26	2.26	2.26	0.4	-1.3	12	1.83
Y	mg/kg	24.5	2.8	24.4	1.1	0.12	23.8	23.7	1.2	21.1	21.1	21.1	22.9	24.7	30.4	30.4	30.4	1.1	0.4	12	24.5
Zn	mg/kg	59.6	16.7	57.7	1.3	0.28	58.7	58.0	6.8	39.0	39.0	39.0	54.5	62.7	102.9	102.9	102.9	1.5	3.8	12	59.6
Zr	mg/kg	232	42	229	1	0.18	230	226	14	185	185	185	210	234	349	349	349	2.2	6.3	12	232
Al₂O₃	%	15.78	1.16	15.74	1.08	0.07	15.89	15.76	0.67	13.10	13.10	13.10	15.40	16.43	17.76	17.76	17.76	-0.7	2.0	12	15.78
CaO	%	1.18	0.39	1.13	1.38	0.33	1.15	1.14	0.26	0.58	0.58	0.58	1.00	1.40	1.99	1.99	1.99	0.6	0.5	12	1.18
MgO	%	1.57	0.44	1.51	1.31	0.28	1.49	1.49	0.27	0.87	0.87	0.87	1.27	1.76	2.34	2.34	2.34	0.5	-0.5	12	1.57
K₂O	%	3.08	0.29	3.07	1.09	0.09	3.13	3.09	0.18	2.66	2.66	2.66	2.89	3.13	3.63	3.63	3.63	0.6	0.0	12	3.08
Na₂O	%	1.69	0.47	1.63	1.32	0.28	1.90	1.72	0.36	1.06	1.06	1.06	1.35	2.02	2.49	2.49	2.49	0.1	-1.2	12	1.69
SiO₂	%	64.35	2.83	64.30	1.04	0.04	64.93	64.59	1.90	59.95	59.95	59.95	62.82	65.49	69.71	69.71	69.71	0.1	-0.2	12	64.35
TFe₂O₃	%	5.12	0.91	5.05	1.18	0.18	4.50	4.88	0.53	3.72	3.72	3.72	4.50	5.64	6.92	6.92	6.92	0.6	0.0	12	5.12
SOC	%	0.36	0.09	0.35	1.26	0.25	0.29	0.34	0.05	0.25	0.25	0.25	0.29	0.37	0.53	0.53	0.53	0.8	-0.5	12	0.36
pH	无量纲						7.11	7.09	0.22	6.34	6.34	6.34	6.94	7.31	7.60	7.60	7.60				

表 2.5.16A 变粒岩类表层土壤（0~20 cm）地球化学参数（n=312）

指标	单位	算术平均值 X_a	算术标准差 S_a	几何平均值 X_g	几何标准差 S_g	变异系数 CV	众值 X_{mo}	中位值 X_{me}	中位绝对偏差 MAD	最小值 X_{min}	累积频率 $X_{0.5\%}$	$X_{2.5\%}$	$X_{25\%}$	$X_{75\%}$	$X_{97.5\%}$	$X_{99.5\%}$	最大值 X_{max}	偏度系数 SK	峰度系数 BK	背景值 n'	X_a'
Ag	mg/kg	0.083	0.050	0.077	1.390	0.60	0.066	0.071	0.011	0.041	0.044	0.051	0.064	0.087	0.166	0.256	0.764	9.0	116.3	281	0.072
As	mg/kg	8.0	6.6	7.2	1.5	0.83	7.9	7.2	1.2	1.9	3.0	4.1	6.0	8.4	15.2	36.8	98.1	10.1	124.6	292	7.0
Au	µg/kg	2.2	2.4	1.7	1.7	1.13	1.3	1.6	0.4	0.7	0.8	0.8	1.3	2.1	8.9	17.2	25.8	6.0	44.5	287	1.7
B	mg/kg	35.5	10.8	33.9	1.4	0.30	31.7	34.7	5.5	8.6	12.9	17.4	29.3	39.9	58.4	77.1	90.1	1.1	3.7	308	34.9
Ba	mg/kg	698	193	678	1	0.28	626	646	61	439	454	472	597	735	1 206	1 507	1 896	2.5	8.3	282	648
Be	mg/kg	1.78	0.30	1.76	1.17	0.17	1.57	1.72	0.16	1.01	1.20	1.36	1.58	1.92	2.59	2.73	3.12	1.2	2.3	299	1.75
Bi	mg/kg	0.27	0.23	0.24	1.51	0.84	0.20	0.22	0.03	0.06	0.08	0.14	0.20	0.28	0.62	1.51	2.64	7.1	61.9	291	0.23
Br	mg/kg	4.3	1.8	4.0	1.5	0.43	3.0	3.9	1.1	1.4	1.6	1.9	3.0	5.2	8.7	10.4	11.9	1.2	1.5	305	4.2
TC	%	0.95	0.41	0.89	1.41	0.43	0.91	0.88	0.16	0.32	0.43	0.51	0.72	1.07	1.95	2.55	4.46	3.4	20.1	296	0.88
Cd	mg/kg	0.152	0.172	0.131	1.553	1.13	0.118	0.124	0.025	0.057	0.066	0.073	0.100	0.151	0.425	0.792	2.725	11.4	162.6	286	0.123
Ce	mg/kg	66.9	26.3	63.9	1.3	0.39	59.1	61.8	8.3	21.5	26.8	40.1	55.3	72.0	114.6	161.0	373.0	6.0	60.5	300	63.5
Cl	mg/kg	131	111	111	2	0.85	60	104	30	40	45	53	78	141	403	790	970	4.4	24.1	286	106
Co	mg/kg	12.9	4.5	12.2	1.4	0.35	9.9	11.9	2.3	2.4	5.1	7.6	9.9	15.0	25.1	29.8	36.4	1.5	3.8	300	12.4
Cr	mg/kg	68.4	21.7	65.4	1.4	0.32	56.7	63.5	8.6	12.7	25.7	36.6	56.5	74.5	120.2	166.2	188.1	1.9	6.6	296	65.5
Cu	mg/kg	25.0	13.0	22.9	1.5	0.52	20.0	21.6	4.4	5.2	9.3	12.3	17.8	27.3	58.3	83.8	135.4	3.5	20.6	293	22.6
F	mg/kg	512	185	488	1	0.36	390	461	71	197	300	325	395	553	936	1 107	2 015	2.8	14.7	291	476
Ga	mg/kg	15.4	2.5	15.2	1.2	0.16	14.4	14.8	1.7	9.9	10.5	11.8	13.5	17.1	20.9	22.3	23.2	0.6	-0.1	310	15.4
Ge	mg/kg	1.33	0.17	1.32	1.14	0.13	1.27	1.32	0.10	0.58	0.92	1.05	1.22	1.42	1.69	1.84	2.05	0.4	2.9	303	1.32
Hg	mg/kg	0.056	0.288	0.035	1.789	5.14	0.023	0.033	0.010	0.010	0.012	0.015	0.024	0.046	0.117	0.204	5.101	17.4	305.5	287	0.033
I	mg/kg	2.23	0.88	2.10	1.38	0.40	1.83	2.08	0.40	0.85	0.97	1.15	1.76	2.56	3.95	6.26	9.15	3.4	21.1	303	2.12
La	mg/kg	34.9	14.4	33.3	1.3	0.41	31.2	32.1	3.4	10.4	13.9	20.9	29.2	36.7	61.4	89.4	204.0	6.3	63.3	293	32.8
Li	mg/kg	25.5	6.9	24.7	1.3	0.27	24.0	24.1	2.9	8.8	10.9	15.2	21.8	28.0	42.8	49.5	73.1	1.9	8.5	296	24.6
Mn	mg/kg	578	193	558	1	0.33	521	553	73	107	331	369	490	627	859	1 353	2 788	5.8	58.7	303	559
Mo	mg/kg	0.63	0.34	0.57	1.47	0.55	0.49	0.54	0.11	0.26	0.27	0.34	0.44	0.69	1.60	2.52	2.84	3.5	16.1	290	0.55
N	%	0.086	0.019	0.084	1.276	0.23	0.099	0.085	0.012	0.025	0.025	0.050	0.074	0.098	0.126	0.148	0.162	0.3	1.6	305	0.086
Nb	mg/kg	12.7	1.8	12.5	1.2	0.14	12.4	12.5	1.0	5.9	7.7	9.2	11.7	13.7	15.9	18.1	23.6	0.7	5.0	301	12.6
Ni	mg/kg	28.4	10.1	26.9	1.4	0.35	25.3	26.1	4.7	5.3	11.0	15.9	22.2	32.7	52.2	65.8	90.0	1.9	6.4	301	27.2

指标	单位	算术平均值 X_a	算术标准差 S_a	几何平均值 X_g	几何标准差 S_g	变异系数 CV	众值 X_{mo}	中位值 X_{me}	中位绝对离差 MAD	最小值 X_{min}	累积频率 $X_{0.5\%}$	$X_{2.5\%}$	$X_{25\%}$	$X_{75\%}$	$X_{97.5\%}$	$X_{99.5\%}$	最大值 X_{max}	偏度系数 SK	峰度系数 BK	n'	背景值 X_a'
P	mg/kg	676	197	648	1	0.29	647	651	128	161	343	394	523	774	1 131	1 300	1 392	0.8	0.9	308	667
Pb	mg/kg	27.3	15.3	25.6	1.3	0.56	24.4	24.1	2.6	17.0	17.5	18.4	21.9	27.6	53.7	133.3	171.4	6.6	51.7	293	24.5
Rb	mg/kg	91.9	14.6	90.8	1.2	0.16	88.1	89.0	5.5	55.9	60.5	70.3	84.4	96.0	132.9	153.7	157.3	1.6	4.4	295	89.8
S	mg/kg	218	132	198	2	0.60	171	188	32	60	91	115	156	219	609	1 046	1 171	4.1	20.8	287	187
Sb	mg/kg	0.63	0.25	0.60	1.32	0.40	0.52	0.57	0.07	0.25	0.35	0.40	0.52	0.67	1.24	2.20	2.71	4.6	29.7	290	0.58
Sc	mg/kg	10.0	2.8	9.6	1.3	0.28	8.8	9.4	1.5	2.6	3.9	5.9	8.1	11.4	16.9	19.0	22.4	1.0	1.9	307	9.9
Se	mg/kg	0.19	0.08	0.18	1.38	0.41	0.16	0.17	0.03	0.07	0.08	0.11	0.15	0.20	0.40	0.47	0.88	3.6	23.3	286	0.17
Sn	mg/kg	2.6	0.6	2.6	1.3	0.24	2.5	2.5	0.3	1.2	1.4	1.6	2.2	2.9	4.2	4.8	5.9	1.2	3.1	306	2.6
Sr	mg/kg	203	55	197	1	0.27	203	196	26	103	105	129	171	223	349	429	593	2.2	9.9	298	195
Th	mg/kg	11.5	4.9	10.8	1.4	0.43	10.1	10.4	1.3	3.5	4.6	5.9	9.3	12.1	22.2	33.3	63.4	5.1	43.7	292	10.6
Ti	mg/kg	3 636	644	3 573	1	0.18	3 196	3 630	313	953	1 418	2 583	3 294	3 904	5 030	6 078	6 178	0.3	4.0	298	3 623
Tl	mg/kg	0.61	0.27	0.59	1.25	0.44	0.52	0.57	0.06	0.32	0.39	0.46	0.52	0.63	0.96	1.25	4.69	12.0	178.6	290	0.57
U	mg/kg	1.98	0.52	1.92	1.27	0.27	1.78	1.87	0.21	0.74	0.88	1.30	1.70	2.13	3.25	4.54	5.45	2.3	10.4	301	1.92
V	mg/kg	77.5	21.0	74.8	1.3	0.27	59.0	74.0	11.0	15.4	29.0	50.5	64.0	86.6	126.9	155.5	185.1	1.4	4.6	300	75.7
W	mg/kg	1.45	0.63	1.37	1.37	0.43	1.26	1.30	0.17	0.31	0.45	0.85	1.18	1.53	2.67	4.02	8.88	6.3	65.8	296	1.36
Y	mg/kg	22.0	3.9	21.6	1.2	0.18	23.0	21.8	1.8	4.9	9.7	14.7	20.1	23.6	29.4	36.2	47.5	0.9	8.5	302	21.9
Zn	mg/kg	61.1	23.9	57.9	1.4	0.39	51.3	55.9	9.5	16.6	30.7	35.1	48.2	67.5	114.5	157.0	259.6	3.6	22.0	296	57.2
Zr	mg/kg	282	55	276	1	0.20	292	287	33	74	112	165	252	319	386	414	419	-0.6	0.9	307	285
Al$_2$O$_3$	%	12.74	1.42	12.66	1.12	0.11	11.86	12.34	0.81	8.43	9.11	10.64	11.70	13.79	15.63	16.55	17.02	0.4	0.1	310	12.74
CaO	%	2.10	1.20	1.88	1.57	0.57	1.37	1.75	0.48	0.64	0.71	0.84	1.37	2.52	4.68	7.39	11.76	3.2	17.2	295	1.90
MgO	%	1.68	0.89	1.51	1.55	0.53	1.14	1.38	0.31	0.47	0.61	0.72	1.14	1.97	4.42	5.13	7.08	2.2	6.9	296	1.53
K$_2$O	%	2.46	0.33	2.44	1.14	0.14	2.33	2.42	0.16	1.60	1.68	1.85	2.28	2.59	3.21	3.49	3.65	0.7	1.3	307	2.45
Na$_2$O	%	2.01	0.46	1.97	1.23	0.23	2.04	1.96	0.26	1.02	1.23	1.41	1.71	2.22	3.09	3.31	5.67	2.2	12.5	305	1.97
SiO$_2$	%	65.75	4.70	65.58	1.08	0.07	67.90	66.74	2.91	46.83	52.66	55.16	62.69	69.02	72.76	73.68	75.92	-0.8	0.6	310	65.86
TFe$_2$O$_3$	%	4.51	1.39	4.31	1.35	0.31	3.63	4.19	0.72	0.81	1.82	2.73	3.58	5.18	7.95	8.72	12.29	1.3	3.5	299	4.36
SOC	%	0.82	0.23	0.79	1.35	0.28	0.72	0.80	0.13	0.12	0.25	0.45	0.68	0.92	1.33	1.74	1.84	1.0	3.1	305	0.81
pH	无量纲						7.52	7.21	0.59	4.87	5.02	5.18	6.50	7.75	8.23	8.40	8.70				

表 2.5.16B 变粒岩类深层土壤（150~200 cm）地球化学参数（n=83）

指标	单位	算术平均值 X_a	算术标准差 S_a	几何平均值 X_g	几何标准差 S_g	变异系数 CV	众值 X_{mo}	中位值 X_{me}	中位绝对离差 MAD	最小值 X_{min}	$X_{0.5\%}$	$X_{2.5\%}$	$X_{25\%}$	$X_{75\%}$	$X_{97.5\%}$	$X_{99.5\%}$	最大值 X_{max}	偏度系数 SK	峰度系数 BK	n'	基准值 X_a'
Ag	mg/kg	0.062	0.021	0.059	1.389	0.34	0.061	0.060	0.006	0.008	0.008	0.038	0.052	0.066	0.122	0.194	0.194	3.3	18.2	77	0.059
As	mg/kg	8.9	7.7	7.8	1.5	0.87	7.7	7.7	1.3	3.5	3.5	4.2	6.3	9.0	19.0	63.9	63.9	5.9	37.5	80	7.6
Au	μg/kg	1.8	0.7	1.6	1.4	0.42	1.2	1.6	0.3	0.8	0.8	0.9	1.3	1.9	3.4	5.6	5.6	2.3	8.8	80	1.7
B	mg/kg	35.1	13.6	33.0	1.4	0.39	35.9	33.1	6.7	13.4	13.4	17.9	27.7	40.3	64.6	110.0	110.0	2.4	10.7	79	32.9
Ba	mg/kg	679	169	662	1	0.25	577	630	76	494	494	507	577	747	1 120	1 383	1 383	2.0	4.8	80	656
Be	mg/kg	1.85	0.29	1.83	1.16	0.16	1.86	1.83	0.19	1.42	1.42	1.45	1.63	2.00	2.49	2.91	2.91	0.9	1.3	82	1.84
Bi	mg/kg	0.23	0.11	0.22	1.42	0.46	0.20	0.20	0.03	0.08	0.08	0.12	0.18	0.25	0.54	0.85	0.85	3.3	15.1	78	0.21
Br	mg/kg	4.4	2.2	3.9	1.6	0.49	2.6	3.9	1.3	1.3	1.3	1.4	2.7	5.8	8.5	12.4	12.4	1.2	2.0	81	4.2
TC	%	0.60	0.42	0.50	1.81	0.70	0.35	0.44	0.15	0.14	0.14	0.20	0.32	0.74	1.63	2.15	2.15	1.6	2.4	81	0.57
Cd	mg/kg	0.087	0.065	0.077	1.511	0.75	0.076	0.074	0.015	0.030	0.030	0.040	0.060	0.091	0.172	0.600	0.600	6.3	48.7	78	0.076
Ce	mg/kg	68.8	20.0	66.4	1.3	0.29	65.6	65.6	10.0	42.0	42.0	43.5	55.5	75.5	124.1	147.2	147.2	1.6	3.3	78	65.1
Cl	mg/kg	105	63	92	2	0.60	111	88	28	37	37	43	62	116	295	393	393	2.4	7.1	80	96
Co	mg/kg	13.7	5.3	13.0	1.4	0.39	16.3	13.3	2.8	5.8	5.8	7.4	10.3	16.0	22.4	46.9	46.9	3.1	17.5	81	13.2
Cr	mg/kg	68.2	18.5	66.0	1.3	0.27	66.6	66.2	10.0	34.6	34.6	42.4	55.7	75.7	112.1	158.6	158.6	1.7	6.1	82	67.1
Cu	mg/kg	20.7	7.3	19.7	1.4	0.35	16.6	18.8	3.2	7.6	7.6	10.8	16.4	23.8	35.4	54.8	54.8	2.3	8.5	81	19.9
F	mg/kg	494	137	479	1	0.28	454	454	62	303	303	319	403	540	852	1 068	1 068	1.7	3.8	78	469
Ga	mg/kg	15.7	2.5	15.5	1.2	0.16	15.2	15.8	2.1	10.6	10.6	11.5	13.5	17.6	19.5	22.2	22.2	0.1	-0.7	83	15.7
Ge	mg/kg	1.30	0.18	1.29	1.14	0.14	1.19	1.30	0.14	0.93	0.93	1.00	1.17	1.45	1.64	1.78	1.78	0.2	-0.5	83	1.30
Hg	mg/kg	0.018	0.014	0.015	1.745	0.80	0.017	0.015	0.004	0.003	0.003	0.006	0.010	0.018	0.052	0.102	0.102	3.6	16.4	76	0.014
I	mg/kg	2.53	1.34	2.29	1.53	0.53	1.64	2.25	0.61	0.90	0.90	1.05	1.67	2.98	6.53	9.56	9.56	2.6	9.9	79	2.30
La	mg/kg	33.6	9.9	32.5	1.3	0.29	28.8	31.3	4.4	20.2	20.2	22.4	27.1	36.3	59.9	77.7	77.7	2.0	5.3	78	31.8
Li	mg/kg	26.7	6.0	26.0	1.2	0.22	21.7	25.8	3.8	12.1	12.1	17.9	22.0	29.7	40.5	42.9	42.9	0.6	0.4	83	26.7
Mn	mg/kg	633	205	603	1	0.32	531	611	109	328	328	345	501	719	1 180	1 207	1 207	1.0	0.9	83	633
Mo	mg/kg	0.51	0.25	0.47	1.44	0.49	0.34	0.49	0.10	0.21	0.21	0.24	0.36	0.59	0.87	2.29	2.29	4.6	31.5	82	0.49
N	%	0.040	0.011	0.038	1.279	0.28	0.035	0.038	0.005	0.023	0.023	0.023	0.033	0.044	0.070	0.089	0.089	1.9	5.6	80	0.038
Nb	mg/kg	13.2	2.7	13.0	1.2	0.20	12.5	12.6	1.2	9.3	9.3	9.9	11.7	14.0	20.6	27.1	27.1	2.4	8.8	78	12.7
Ni	mg/kg	29.7	8.3	28.6	1.3	0.28	25.6	28.4	5.5	12.8	12.8	18.6	23.3	36.0	50.5	51.5	51.5	0.5	0.1	83	29.7

指标	单位	算术平均值 X_a	算术标准差 S_a	几何平均值 X_g	几何标准差 S_g	变异系数 CV	众值 X_{mo}	中位值 X_{me}	中位绝对离差 MAD	最小值 X_{min}	$X_{0.5\%}$	$X_{2.5\%}$	$X_{25\%}$	$X_{75\%}$	$X_{97.5\%}$	$X_{99.5\%}$	最大值 X_{max}	偏度系数 SK	峰度系数 BK	n'	基准值 X_a'
P	mg/kg	372	209	337	2	0.56	257	295	67	182	182	208	257	439	964	1 495	1 495	3.1	12.6	79	335
Pb	mg/kg	22.3	7.1	21.5	1.3	0.32	17.2	20.8	3.3	11.6	11.6	13.8	17.6	24.5	38.4	55.3	55.3	2.5	9.0	80	21.3
Rb	mg/kg	90.8	13.3	89.8	1.2	0.15	93.7	91.2	8.7	57.1	57.1	62.3	81.5	97.9	115.5	125.8	125.8	0.1	0.4	83	90.8
S	mg/kg	123	27	121	1	0.22	110	118	16	73	73	81	104	140	181	193	193	0.7	0.2	83	123
Sb	mg/kg	0.70	0.32	0.66	1.34	0.45	0.68	0.66	0.10	0.35	0.35	0.38	0.56	0.78	1.01	3.16	3.16	5.9	45.8	81	0.66
Sc	mg/kg	10.2	2.6	9.9	1.3	0.25	9.1	10.0	1.7	4.6	4.6	6.4	8.2	11.7	14.9	18.9	18.9	0.6	0.7	82	10.1
Se	mg/kg	0.11	0.04	0.10	1.48	0.39	0.09	0.10	0.02	0.04	0.04	0.04	0.08	0.12	0.20	0.22	0.22	0.9	0.4	83	0.11
Sn	mg/kg	2.5	0.5	2.5	1.2	0.21	2.4	2.4	0.4	1.7	1.7	1.8	2.2	2.8	3.8	4.2	4.2	1.0	0.8	81	2.5
Sr	mg/kg	199	66	191	1	0.33	133	182	26	120	120	131	163	229	390	503	503	2.6	9.4	79	188
Th	mg/kg	11.1	3.3	10.7	1.3	0.30	11.7	10.6	1.3	5.9	5.9	7.2	9.0	11.9	18.0	28.3	28.3	2.1	7.7	82	10.9
Ti	mg/kg	3 721	828	3 641	1	0.22	2 957	3 581	394	1 954	1 954	2 669	3 261	4 072	6 585	6 903	6 903	1.6	4.6	80	3 608
Tl	mg/kg	0.58	0.12	0.57	1.18	0.21	0.54	0.56	0.04	0.42	0.42	0.43	0.51	0.60	0.79	1.35	1.35	3.8	22.0	80	0.56
U	mg/kg	1.88	0.38	1.85	1.20	0.20	1.60	1.84	0.18	1.23	1.23	1.38	1.67	2.02	2.71	3.68	3.68	1.9	6.4	81	1.84
V	mg/kg	77.4	15.7	75.8	1.2	0.20	76.0	78.0	9.9	36.3	36.3	49.8	66.4	87.6	106.8	133.9	133.9	0.4	1.4	82	76.7
W	mg/kg	1.67	1.53	1.46	1.52	0.91	1.12	1.37	0.23	0.54	0.54	0.80	1.18	1.65	4.81	13.20	13.20	6.1	42.0	79	1.39
Y	mg/kg	23.3	4.6	22.9	1.2	0.20	24.3	22.5	2.6	13.2	13.2	17.9	19.9	25.4	35.7	42.9	42.9	1.6	4.3	79	22.6
Zn	mg/kg	54.4	20.2	51.8	1.3	0.37	45.5	51.4	10.5	27.5	27.5	33.0	41.1	62.1	94.6	183.8	183.8	3.5	19.9	80	51.7
Zr	mg/kg	269	50	265	1	0.18	254	270	29	149	149	186	236	296	334	524	524	1.6	8.1	80	265
Al_2O_3	%	13.22	1.51	13.14	1.12	0.11	15.44	13.03	1.29	9.86	9.86	10.47	11.91	14.59	15.44	15.91	15.91	-0.1	-1.0	83	13.22
CaO	%	2.57	1.72	2.14	1.79	0.67	1.19	1.85	0.66	0.79	0.79	0.81	1.34	3.10	7.24	7.93	7.93	1.4	1.3	79	2.33
MgO	%	1.59	0.84	1.46	1.46	0.53	1.28	1.35	0.31	0.72	0.72	0.85	1.16	1.80	3.17	6.91	6.91	3.7	20.0	78	1.44
K_2O	%	2.35	0.34	2.33	1.15	0.15	2.10	2.30	0.20	1.59	1.59	1.82	2.11	2.51	3.06	3.42	3.42	0.6	0.6	82	2.34
Na_2O	%	2.01	0.48	1.96	1.25	0.24	1.67	1.86	0.25	1.32	1.32	1.41	1.66	2.26	3.16	3.39	3.39	1.0	0.4	83	2.01
SiO_2	%	63.75	3.76	63.64	1.06	0.06	63.80	63.80	2.10	55.55	55.55	57.07	61.66	65.90	71.14	76.02	76.02	0.4	1.0	82	63.60
TFe_2O_3	%	4.55	1.20	4.40	1.30	0.26	3.44	4.36	0.79	2.22	2.22	2.85	3.70	5.29	7.29	8.28	8.28	0.7	0.7	82	4.51
SOC	%	0.32	0.12	0.30	1.46	0.38	0.29	0.30	0.05	0.06	0.06	0.17	0.25	0.36	0.68	0.84	0.84	1.6	5.0	80	0.30
pH	无量纲						8.36	8.03	0.38	5.34	5.34	6.27	7.39	8.32	8.58	9.16	9.16				

表 2.5.17A　变粒岩—片岩类表层土壤（0～20 cm）地球化学参数　（n=106）

指标	单位	算术平均值 X_a	算术标准差 S_a	几何平均值 X_g	几何标准差 S_g	变异系数 CV	众值 X_{mo}	中位值 X_{me}	中位绝对离差 MAD	最小值 X_{min}	累积频率						最大值 X_{max}	偏度系数 SK	峰度系数 BK	背景值	
											$X_{0.5\%}$	$X_{2.5\%}$	$X_{25\%}$	$X_{75\%}$	$X_{97.5\%}$	$X_{99.5\%}$				n'	X_a'
Ag	mg/kg	0.080	0.048	0.073	1.442	0.61	0.055	0.071	0.013	0.031	0.041	0.041	0.059	0.086	0.143	0.167	0.495	6.3	52.3	103	0.074
As	mg/kg	7.9	4.7	7.2	1.5	0.59	5.2	7.1	1.3	2.5	2.8	4.0	5.8	8.1	15.3	31.2	39.0	4.4	24.3	101	7.1
Au	μg/kg	2.0	1.5	1.8	1.6	0.73	1.2	1.6	0.4	0.7	0.8	1.0	1.3	2.2	5.1	10.5	11.1	4.4	23.4	97	1.7
B	mg/kg	30.8	8.8	29.4	1.4	0.29	40.5	31.0	5.9	9.5	13.4	14.1	25.1	36.9	43.5	43.7	67.1	0.3	1.7	105	30.4
Ba	mg/kg	766	205	743	1	0.27	628	721	108	469	506	522	628	859	1278	1490	1557	1.6	3.2	102	739
Be	mg/kg	1.78	0.34	1.75	1.19	0.19	1.77	1.72	0.18	1.08	1.23	1.31	1.57	1.92	2.46	3.23	3.30	1.7	5.8	103	1.74
Bi	mg/kg	0.25	0.16	0.23	1.43	0.64	0.22	0.22	0.03	0.13	0.14	0.15	0.19	0.25	0.46	1.17	1.41	5.3	33.1	97	0.22
Br	mg/kg	4.0	1.8	3.7	1.4	0.45	3.1	3.5	0.6	1.9	2.2	2.3	2.9	4.3	8.7	9.3	14.4	2.8	11.8	98	3.6
TC	%	0.85	0.34	0.80	1.39	0.40	0.69	0.75	0.12	0.32	0.45	0.50	0.66	0.90	1.67	1.75	2.64	2.3	7.5	100	0.79
Cd	mg/kg	0.135	0.063	0.123	1.537	0.47	0.110	0.116	0.036	0.047	0.051	0.055	0.091	0.171	0.283	0.332	0.396	1.4	2.8	103	0.129
Ce	mg/kg	69.3	17.9	67.2	1.3	0.26	65.0	65.0	8.6	32.2	35.6	43.5	58.6	78.0	111.6	120.7	140.8	1.2	2.3	104	68.1
Cl	mg/kg	181	298	129	2	1.65	96	118	28	46	60	66	90	145	515	1852	2212	5.5	31.7	95	115
Co	mg/kg	13.0	3.9	12.4	1.4	0.30	12.9	12.2	1.6	3.1	5.7	7.4	11.0	14.2	24.3	25.9	27.5	1.3	3.3	100	12.5
Cr	mg/kg	66.2	17.7	63.9	1.3	0.27	65.3	62.5	8.4	25.5	27.8	38.5	55.3	74.8	108.1	110.8	127.9	0.9	1.4	105	65.6
Cu	mg/kg	25.6	12.2	23.4	1.5	0.48	18.9	22.3	4.6	6.9	7.5	11.6	18.8	30.9	58.9	69.2	80.8	2.0	5.6	98	22.9
F	mg/kg	496	145	476	1	0.29	425	459	68	215	245	275	412	562	833	868	881	0.9	0.4	106	496
Ga	mg/kg	15.9	2.5	15.7	1.2	0.16	14.6	15.6	1.5	8.6	9.2	11.4	14.2	17.4	20.9	22.0	22.2	0.2	0.6	106	15.9
Ge	mg/kg	1.34	0.17	1.33	1.14	0.13	1.17	1.33	0.13	0.99	1.03	1.10	1.22	1.45	1.69	1.75	1.85	0.5	-0.2	106	1.34
Hg	mg/kg	0.042	0.062	0.031	1.824	1.48	0.026	0.027	0.007	0.013	0.013	0.014	0.021	0.039	0.160	0.306	0.553	6.4	48.2	95	0.028
I	mg/kg	2.63	1.14	2.49	1.36	0.43	2.02	2.43	0.42	1.34	1.56	1.72	2.02	2.85	5.66	6.07	10.70	4.1	24.3	100	2.41
La	mg/kg	35.6	9.1	34.5	1.3	0.26	31.3	33.3	4.6	16.9	17.1	22.0	30.2	39.9	54.6	59.0	66.7	0.9	1.0	105	35.3
Li	mg/kg	22.9	4.8	22.4	1.2	0.21	22.5	22.8	3.4	11.3	11.5	15.0	19.4	26.1	32.6	33.7	34.2	0.2	-0.1	106	22.9
Mn	mg/kg	571	129	557	1	0.23	563	563	67	254	264	348	501	637	807	961	1124	0.8	3.2	104	562
Mo	mg/kg	0.69	0.37	0.62	1.52	0.54	0.44	0.58	0.14	0.31	0.32	0.34	0.47	0.75	1.91	2.01	2.44	2.5	7.1	97	0.59
N	%	0.082	0.018	0.080	1.246	0.22	0.078	0.079	0.011	0.036	0.048	0.054	0.070	0.091	0.123	0.139	0.147	0.9	1.8	104	0.080
Nb	mg/kg	13.1	1.9	12.9	1.1	0.15	12.8	12.8	0.8	9.6	10.2	10.3	12.0	13.7	18.3	20.8	21.0	1.9	5.4	100	12.7
Ni	mg/kg	27.0	8.0	25.8	1.4	0.30	25.5	25.8	3.7	6.6	11.7	14.8	22.7	30.4	43.7	48.2	63.2	1.1	3.8	104	26.4

指标	单位	算术平均值 X_a	算术标准差 S_a	几何平均值 X_g	几何标准差 S_g	变异系数 CV	众值 X_{mo}	中位值 X_{me}	中位绝对离差 MAD	最小值 X_{min}	$X_{0.5\%}$	$X_{2.5\%}$	$X_{25\%}$	$X_{75\%}$	$X_{97.5\%}$	$X_{99.5\%}$	最大值 X_{max}	偏度系数 SK	峰度系数 BK	n'	背景值 X_a'
P	mg/kg	657	309	616	1	0.47	619	619	116	246	271	332	521	738	1 082	1 320	3 192	5.4	43.0	104	627
Pb	mg/kg	28.0	9.6	26.9	1.3	0.34	27.6	26.3	2.8	15.2	17.4	18.1	23.5	29.0	50.4	65.2	89.0	3.5	17.3	98	25.8
Rb	mg/kg	93.9	14.1	92.8	1.2	0.15	91.9	92.5	6.6	47.7	62.2	69.2	87.1	101.4	125.7	126.7	132.0	0.1	1.1	105	94.3
S	mg/kg	212	132	190	2	0.62	134	171	37	114	114	115	142	227	553	864	935	3.4	14.1	96	177
Sb	mg/kg	0.71	0.71	0.62	1.46	1.01	0.55	0.59	0.06	0.36	0.39	0.42	0.53	0.66	1.35	3.23	7.10	7.7	65.6	101	0.59
Sc	mg/kg	10.0	2.8	9.7	1.3	0.28	9.0	9.5	1.3	3.1	3.9	5.6	8.5	11.2	17.3	18.8	19.7	1.0	2.2	102	9.7
Se	mg/kg	0.20	0.06	0.19	1.30	0.32	0.15	0.19	0.03	0.10	0.11	0.13	0.16	0.22	0.32	0.40	0.61	3.1	16.3	104	0.19
Sn	mg/kg	2.7	0.8	2.6	1.3	0.28	2.5	2.5	0.4	1.2	1.6	1.8	2.3	3.0	4.8	5.3	6.1	1.7	4.7	99	2.6
Sr	mg/kg	195	50	190	1	0.26	161	183	26	112	115	132	160	217	311	339	381	1.2	1.4	104	192
Th	mg/kg	11.8	5.4	11.2	1.4	0.46	10.0	10.6	1.5	4.9	5.8	6.9	9.6	12.8	19.4	20.0	56.3	5.5	43.8	105	11.4
Ti	mg/kg	3 672	563	3 629	1	0.15	3 323	3 688	295	1 946	2 364	2 606	3 323	3 947	4 609	5 407	5 866	0.4	2.8	102	3 637
Tl	mg/kg	0.61	0.10	0.60	1.18	0.16	0.57	0.61	0.07	0.29	0.38	0.42	0.55	0.67	0.80	0.87	0.88	-0.1	1.0	105	0.61
U	mg/kg	1.97	0.41	1.93	1.21	0.21	1.92	1.92	0.21	1.22	1.35	1.43	1.69	2.11	2.94	3.16	3.38	1.1	1.6	103	1.93
V	mg/kg	76.4	20.6	74.0	1.3	0.27	73.0	74.0	9.6	31.4	38.7	45.7	65.1	83.8	127.4	157.1	178.3	1.9	7.2	102	73.5
W	mg/kg	1.39	0.56	1.33	1.31	0.40	1.21	1.30	0.15	0.57	0.74	0.89	1.17	1.48	2.14	2.66	6.06	5.8	46.7	103	1.33
Y	mg/kg	22.2	3.7	21.8	1.2	0.17	21.8	22.0	1.3	9.9	12.2	15.3	20.4	23.2	29.8	34.3	40.4	1.0	6.7	101	22.2
Zn	mg/kg	62.3	33.5	57.6	1.4	0.54	50.2	56.0	9.9	24.0	30.1	33.5	46.9	66.8	128.5	197.3	306.0	4.6	28.6	101	56.6
Zr	mg/kg	297	62	291	1	0.21	324	302	39	133	151	189	255	330	420	453	544	0.6	2.1	105	295
Al_2O_3	%	13.02	1.47	12.93	1.13	0.11	12.23	12.69	0.78	7.00	8.63	10.97	12.20	14.02	15.83	15.94	16.24	-0.4	2.2	104	13.12
CaO	%	1.79	0.88	1.62	1.57	0.49	1.14	1.52	0.43	0.44	0.74	0.83	1.14	2.29	3.72	4.48	4.75	1.3	1.2	103	1.72
MgO	%	1.56	0.92	1.38	1.63	0.59	1.23	1.32	0.45	0.33	0.39	0.60	1.00	1.95	3.26	3.53	7.84	3.3	19.7	105	1.50
K_2O	%	2.60	0.36	2.57	1.15	0.14	2.31	2.59	0.23	1.58	1.86	1.97	2.36	2.81	3.15	3.46	4.25	0.7	3.4	104	2.59
Na_2O	%	1.85	0.38	1.81	1.22	0.20	1.56	1.77	0.22	1.02	1.05	1.29	1.59	2.06	2.77	2.78	3.23	0.8	1.4	105	1.84
SiO_2	%	66.85	4.52	66.70	1.07	0.07	66.42	67.06	2.89	56.39	56.73	57.51	64.12	69.72	74.51	77.23	84.83	0.3	1.7	105	66.68
TFe_2O_3	%	4.40	1.12	4.26	1.28	0.25	3.62	4.18	0.56	1.64	2.12	2.76	3.73	4.88	7.33	7.91	8.10	1.0	2.2	101	4.24
SOC	%	0.80	0.25	0.76	1.32	0.31	0.76	0.75	0.11	0.32	0.35	0.48	0.64	0.88	1.27	1.74	2.00	1.9	6.1	104	0.78
pH	无量纲						5.95	6.18	0.76	4.78	4.88	5.08	5.67	7.11	7.88	8.01	8.11				

表 2.5.17B 变粒岩—片岩类深层土壤（150~200 cm）地球化学参数（$n=22$）

指标	单位	算术平均值 X_a	算术标准差 S_a	几何平均值 X_g	几何标准差 S_g	变异系数 CV	众值 X_{mo}	中位值 X_{me}	中位绝对离差 MAD	最小值 X_{min}	累积频率 $X_{0.5\%}$	$X_{2.5\%}$	$X_{25\%}$	$X_{75\%}$	$X_{97.5\%}$	$X_{99.5\%}$	最大值 X_{max}	偏度系数 SK	峰度系数 BK	基准值 n'	基准值 X_a'
Ag	mg/kg	0.060	0.023	0.057	1.390	0.38	0.037	0.058	0.011	0.034	0.034	0.037	0.041	0.068	0.111	0.130	0.130	1.7	3.7	20	0.054
As	mg/kg	7.1	2.4	6.7	1.4	0.33	5.6	7.0	1.5	3.1	3.1	4.4	5.3	8.3	10.9	13.0	13.0	0.7	0.5	22	7.1
Au	µg/kg	1.6	0.5	1.5	1.3	0.29	1.2	1.5	0.3	0.8	0.8	1.0	1.2	1.9	2.4	2.5	2.5	0.6	-0.2	22	1.6
B	mg/kg	28.0	9.7	25.8	1.6	0.35	30.5	30.6	5.2	6.4	6.4	11.7	25.0	34.8	42.4	43.0	43.0	-0.7	0.0	22	28.0
Ba	mg/kg	799	211	778	1	0.26	623	775	105	578	578	592	671	880	1018	1573	1573	2.4	8.5	21	762
Be	mg/kg	1.85	0.34	1.82	1.19	0.18	1.66	1.77	0.13	1.34	1.34	1.43	1.65	2.02	2.53	2.56	2.56	0.9	0.3	22	1.85
Bi	mg/kg	0.24	0.16	0.21	1.52	0.68	0.20	0.20	0.03	0.11	0.11	0.12	0.17	0.23	0.37	0.90	0.90	3.7	15.1	21	0.21
Br	mg/kg	5.3	5.2	4.0	2.0	0.98	3.8	3.9	1.4	1.0	1.0	1.4	2.7	6.0	15.2	24.1	24.1	2.8	8.6	20	3.8
TC	%	0.42	0.24	0.38	1.53	0.57	0.36	0.36	0.08	0.16	0.16	0.21	0.29	0.46	0.80	1.30	1.30	2.8	9.3	20	0.35
Cd	mg/kg	0.084	0.028	0.080	1.407	0.34	0.064	0.084	0.020	0.045	0.045	0.045	0.064	0.105	0.126	0.140	0.140	0.3	-1.0	22	0.084
Ce	mg/kg	75.0	19.9	72.6	1.3	0.27	73.1	74.0	13.3	41.2	41.2	50.8	59.7	81.9	108.9	120.2	120.2	0.7	0.2	22	75.0
Cl	mg/kg	859	1931	188	4	2.25	79	114	44	56	56	62	71	172	5645	7322	7322	2.8	7.0	17	98
Co	mg/kg	16.4	7.4	15.1	1.5	0.45	13.0	15.0	3.2	5.8	5.8	8.0	12.1	19.3	33.5	35.9	35.9	1.4	2.0	22	16.4
Cr	mg/kg	70.1	19.5	67.3	1.3	0.28	79.4	70.2	9.4	34.9	34.9	37.7	60.6	79.4	106.7	108.6	108.6	0.1	-0.1	22	70.1
Cu	mg/kg	21.9	6.6	20.9	1.4	0.30	22.5	22.8	3.9	11.1	11.1	11.2	17.8	25.6	32.5	37.1	37.1	0.3	0.2	22	21.9
F	mg/kg	478	140	459	1.4	0.29	580	438	72	244	244	251	395	580	685	779	779	0.5	-0.2	22	478
Ga	mg/kg	16.4	2.6	16.2	1.2	0.16	15.0	16.8	1.7	10.7	10.7	12.5	14.5	18.3	20.6	21.5	21.5	-0.2	0.0	22	16.4
Ge	mg/kg	1.35	0.19	1.34	1.14	0.14	1.32	1.32	0.13	1.06	1.06	1.09	1.23	1.47	1.60	1.82	1.82	0.6	0.2	22	1.35
Hg	mg/kg	0.015	0.010	0.013	1.757	0.66	0.009	0.013	0.004	0.003	0.003	0.007	0.009	0.016	0.041	0.045	0.045	2.1	4.6	22	0.015
I	mg/kg	2.81	1.51	2.47	1.67	0.54	2.19	2.40	0.77	0.79	0.79	1.03	1.69	3.39	6.11	6.13	6.13	1.2	0.7	22	2.81
La	mg/kg	34.4	8.4	33.3	1.3	0.24	35.5	35.8	5.1	18.4	18.4	18.8	29.3	38.9	43.7	54.8	54.8	0.1	0.7	22	34.4
Li	mg/kg	26.9	8.6	25.5	1.4	0.32	28.0	28.2	4.6	14.6	14.6	14.9	19.5	32.0	38.5	48.8	48.8	0.4	0.5	22	26.9
Mn	mg/kg	788	462	678	2	0.59	623	647	219	260	260	281	519	884	1703	1944	1944	1.2	0.9	22	788
Mo	mg/kg	0.63	0.23	0.59	1.44	0.37	0.76	0.58	0.16	0.31	0.31	0.32	0.46	0.76	1.07	1.13	1.13	0.7	-0.1	22	0.63
N	%	0.035	0.012	0.034	1.296	0.34	0.033	0.033	0.005	0.023	0.023	0.025	0.029	0.038	0.046	0.081	0.081	3.0	10.9	21	0.033
Nb	mg/kg	12.5	1.6	12.4	1.1	0.13	13.4	12.5	1.0	9.7	9.7	9.8	11.5	13.4	14.6	15.6	15.6	-0.1	-0.3	22	12.5
Ni	mg/kg	32.1	12.3	30.0	1.4	0.39	38.3	32.1	6.6	13.6	13.6	16.6	23.3	38.3	44.3	72.3	72.3	1.4	4.5	21	30.2

指标	单位	算术平均值 X_a	算术标准差 S_a	几何平均值 X_g	几何标准差 S_g	变异系数 CV	众值 X_{mo}	中位值 X_{me}	中位绝对离差 MAD	最小值 X_{min}	累积频率 $X_{0.5\%}$	$X_{2.5\%}$	$X_{25\%}$	$X_{75\%}$	$X_{97.5\%}$	$X_{99.5\%}$	最大值 X_{max}	偏度系数 SK	峰度系数 BK	n'	基准值 X_a'
P	mg/kg	304	111	287	1	0.37	231	247	54	178	178	192	224	391	530	544	544	0.9	-0.2	22	304
Pb	mg/kg	24.4	5.7	23.9	1.2	0.23	23.0	23.7	2.9	15.5	15.5	17.1	20.4	26.2	34.0	41.6	41.6	1.3	3.0	21	23.6
Rb	mg/kg	94.6	15.5	93.3	1.2	0.16	93.9	94.6	10.4	62.0	62.0	70.3	84.1	104.9	116.7	123.4	123.4	-0.1	-0.3	22	94.6
S	mg/kg	151	121	130	2	0.80	106	113	16	78	78	85	99	142	331	633	633	3.4	12.8	19	113
Sb	mg/kg	0.64	0.24	0.61	1.40	0.37	0.54	0.60	0.15	0.38	0.38	0.39	0.43	0.73	1.16	1.24	1.24	1.2	1.1	22	0.64
Sc	mg/kg	10.6	3.2	10.1	1.4	0.30	11.2	11.2	1.8	4.8	4.8	4.8	8.6	12.1	14.3	18.6	18.6	0.2	0.8	22	10.6
Se	mg/kg	0.12	0.05	0.12	1.40	0.37	0.09	0.11	0.03	0.07	0.07	0.07	0.09	0.14	0.22	0.23	0.23	1.1	0.7	22	0.12
Sn	mg/kg	2.4	0.9	2.3	1.4	0.38	2.2	2.2	0.3	1.4	1.4	1.5	2.0	2.6	3.4	5.7	5.7	2.4	7.7	21	2.3
Sr	mg/kg	215	89	203	1	0.41	240	197	36	129	129	135	169	240	318	552	552	2.8	9.9	21	199
Th	mg/kg	10.9	3.3	10.4	1.4	0.30	13.3	10.9	2.6	5.1	5.1	6.6	8.2	13.3	15.6	17.6	17.6	0.1	-0.6	22	10.9
Ti	mg/kg	3 587	706	3 515	1	0.20	3 589	3 598	354	2 191	2 191	2 318	3 279	3 970	4 537	5 055	5 055	-0.3	0.2	22	3 587
Tl	mg/kg	0.62	0.14	0.61	1.22	0.22	0.62	0.61	0.06	0.43	0.43	0.45	0.54	0.65	0.92	1.00	1.00	1.4	2.7	22	0.62
U	mg/kg	1.79	0.56	1.72	1.33	0.31	1.68	1.76	0.26	0.99	0.99	1.02	1.49	1.96	2.37	3.61	3.61	1.6	4.6	21	1.70
V	mg/kg	82.5	25.1	78.9	1.4	0.30	80.8	81.2	11.0	43.2	43.2	43.5	74.0	94.1	124.0	152.0	152.0	0.7	1.9	22	82.5
W	mg/kg	1.31	0.31	1.28	1.26	0.23	1.27	1.32	0.18	0.79	0.79	0.87	1.06	1.44	1.83	1.96	1.96	0.3	-0.1	22	1.31
Y	mg/kg	22.1	4.2	21.6	1.2	0.19	22.2	22.9	2.1	12.3	12.3	13.0	20.7	24.8	26.0	30.3	30.3	-0.8	1.0	22	22.1
Zn	mg/kg	54.9	14.9	52.7	1.4	0.27	53.9	54.0	10.3	23.2	23.2	29.7	45.5	65.4	77.6	79.2	79.2	-0.3	-0.4	22	54.9
Zr	mg/kg	249	59	243	1	0.24	174	236	35	174	174	174	208	275	366	396	396	0.9	0.8	22	249
Al$_2$O$_3$	%	14.02	1.55	13.93	1.12	0.11	13.07	14.10	1.01	10.40	10.40	11.21	13.07	14.89	16.64	16.88	16.88	-0.3	0.6	22	14.02
CaO	%	1.96	1.07	1.73	1.62	0.55	1.15	1.74	0.59	0.68	0.68	0.96	1.15	2.47	3.28	5.30	5.30	1.6	3.3	21	1.80
MgO	%	1.55	0.61	1.43	1.51	0.39	1.16	1.42	0.44	0.56	0.56	0.72	1.14	1.96	2.60	2.76	2.76	0.4	-0.6	22	1.55
K$_2$O	%	2.53	0.38	2.50	1.16	0.15	2.31	2.45	0.27	1.82	1.82	2.11	2.31	2.82	3.10	3.26	3.26	0.4	-0.6	22	2.53
Na$_2$O	%	1.86	0.51	1.79	1.33	0.28	1.65	1.82	0.27	0.77	0.77	1.28	1.56	2.10	2.79	3.15	3.15	0.6	1.3	22	1.86
SiO$_2$	%	64.52	4.94	64.34	1.08	0.08	64.12	64.32	2.30	55.99	55.99	57.28	61.37	65.80	73.13	75.50	75.50	0.4	0.2	22	64.52
TFe$_2$O$_3$	%	4.77	1.32	4.58	1.35	0.28	5.05	4.98	0.74	2.34	2.34	2.67	4.16	5.71	6.36	7.53	7.53	-0.1	-0.3	22	4.77
SOC	%	0.32	0.17	0.29	1.57	0.55	0.23	0.26	0.06	0.13	0.13	0.14	0.23	0.37	0.77	0.81	0.81	1.9	3.8	22	0.32
pH	无量纲						8.18	7.54	0.40	5.48	5.48	6.16	7.25	8.01	8.26	8.43	8.43			22	

表2.5.18A 石英岩类表层土壤（0~20 cm）地球化学参数（n=25）

指标	单位	算术平均值 X_a	算术标准差 S_a	几何平均值 X_g	几何标准差 S_g	变异系数 CV	众值 X_{mo}	中位值 X_{me}	中位绝对离差 MAD	最小值 X_{min}	$X_{0.5\%}$	$X_{2.5\%}$	$X_{25\%}$	$X_{75\%}$	$X_{97.5\%}$	$X_{99.5\%}$	最大值 X_{max}	偏度系数 SK	峰度系数 BK	n'	背景值 X'_a
Ag	mg/kg	0.088	0.026	0.084	1.318	0.30	0.057	0.080	0.016	0.057	0.057	0.057	0.068	0.102	0.145	0.151	0.151	1.0	0.3	25	0.088
As	mg/kg	10.7	4.6	9.9	1.5	0.43	7.8	9.4	2.6	4.3	4.3	5.5	7.2	12.7	18.5	22.2	22.2	0.9	0.3	25	10.7
Au	μg/kg	2.5	1.4	2.3	1.6	0.57	2.4	2.3	0.4	0.6	0.6	1.3	1.9	2.7	4.0	8.6	8.6	3.3	13.8	24	2.3
B	mg/kg	49.6	14.0	47.6	1.4	0.28	37.3	47.1	9.8	19.1	19.1	34.1	39.3	60.4	71.8	72.4	72.4	0.1	-0.6	25	49.6
Ba	mg/kg	730	313	687	1	0.43	599	599	69	510	510	527	554	749	1333	1895	1895	2.6	7.8	22	632
Be	mg/kg	1.95	0.45	1.90	1.27	0.23	1.88	1.98	0.25	1.10	1.10	1.20	1.73	2.20	2.66	3.11	3.11	0.3	0.8	25	1.95
Bi	mg/kg	0.34	0.06	0.33	1.21	0.19	0.39	0.32	0.06	0.21	0.21	0.25	0.30	0.39	0.43	0.44	0.44	0.0	-0.9	25	0.34
Br	mg/kg	6.5	4.6	5.2	2.0	0.71	3.4	4.9	1.7	0.9	0.9	2.2	3.4	7.7	16.9	18.7	18.7	1.4	1.5	25	6.5
TC	%	1.16	0.63	1.01	1.78	0.55	0.71	1.00	0.23	0.14	0.14	0.48	0.80	1.33	2.51	2.98	2.98	1.5	2.4	25	1.16
Cd	mg/kg	0.150	0.047	0.143	1.375	0.32	0.147	0.147	0.028	0.065	0.065	0.090	0.111	0.171	0.233	0.262	0.262	0.5	0.1	25	0.150
Ce	mg/kg	65.3	11.9	64.3	1.2	0.18	72.8	67.4	7.4	45.7	45.7	48.6	56.4	71.8	82.9	97.8	97.8	0.6	0.9	25	65.3
Cl	mg/kg	183	143	144	2	0.78	126	126	61	59	59	62	82	234	546	590	590	1.7	2.7	25	183
Co	mg/kg	12.7	5.3	11.6	1.6	0.42	9.2	13.1	3.6	4.0	4.0	5.2	8.9	16.1	19.2	28.1	28.1	0.7	1.6	25	12.7
Cr	mg/kg	67.8	24.2	64.9	1.3	0.36	52.9	63.9	6.1	44.7	44.7	45.0	56.6	68.7	123.5	154.8	154.8	2.5	7.2	23	61.6
Cu	mg/kg	36.7	18.6	32.8	1.6	0.51	28.5	30.5	8.4	14.4	14.4	14.5	24.3	51.0	69.1	91.2	91.2	1.3	1.7	25	36.7
F	mg/kg	495	137	477	1	0.28	460	460	97	279	279	309	374	577	727	813	813	0.5	-0.3	25	495
Ga	mg/kg	15.9	3.4	15.6	1.2	0.22	13.3	15.8	1.7	10.8	10.8	11.3	14.1	17.0	21.7	27.5	27.5	1.6	4.6	24	15.4
Ge	mg/kg	1.39	0.21	1.38	1.15	0.15	1.21	1.40	0.10	1.03	1.03	1.07	1.26	1.47	1.78	2.02	2.02	1.0	2.5	25	1.39
Hg	mg/kg	0.070	0.090	0.050	2.054	1.29	0.043	0.045	0.016	0.010	0.010	0.021	0.034	0.070	0.152	0.472	0.472	4.1	18.5	23	0.048
I	mg/kg	3.44	2.32	2.92	1.77	0.67	3.95	2.78	0.99	0.59	0.59	1.47	2.24	3.95	7.56	12.30	12.30	2.6	8.8	23	2.87
La	mg/kg	34.2	5.6	33.8	1.2	0.17	34.4	34.2	3.4	25.4	25.4	26.6	30.4	37.5	47.7	48.2	48.2	0.9	1.3	25	34.2
Li	mg/kg	30.3	7.6	29.4	1.3	0.25	35.3	31.9	4.8	17.2	17.2	20.0	25.3	35.1	39.9	51.8	51.8	0.6	1.1	25	30.3
Mn	mg/kg	523	162	498	1	0.31	404	504	100	210	210	270	404	658	799	834	834	0.2	-0.6	25	523
Mo	mg/kg	0.79	0.30	0.76	1.35	0.38	0.69	0.70	0.09	0.49	0.49	0.49	0.64	0.85	1.56	1.79	1.79	2.3	5.7	23	0.72
N	%	0.109	0.041	0.102	1.445	0.38	0.084	0.104	0.018	0.036	0.036	0.062	0.084	0.119	0.203	0.213	0.213	1.1	1.5	25	0.109
Nb	mg/kg	13.7	1.8	13.6	1.1	0.13	15.9	14.1	1.5	10.7	10.7	10.8	12.5	15.1	15.9	16.5	16.5	-0.3	-0.9	25	13.7
Ni	mg/kg	27.2	10.2	25.4	1.5	0.38	29.7	27.2	4.4	9.6	9.6	13.0	21.7	29.7	47.0	54.7	54.7	0.9	1.5	25	27.2

指标	单位	算术平均值 X_a	算术标准差 S_a	几何平均值 X_g	几何标准差 S_g	变异系数 CV	众值 X_{mo}	中位值 X_{me}	中位绝对离差 MAD	最小值 X_{min}	$X_{0.5\%}$	$X_{2.5\%}$	$X_{25\%}$	$X_{75\%}$	$X_{97.5\%}$	$X_{99.5\%}$	最大值 X_{max}	偏度系数 SK	峰度系数 BK	n'	背景值 X_a'
P	mg/kg	555	186	528	1	0.33	599	544	86	260	260	301	458	606	880	1 121	1 121	1.1	2.5	24	532
Pb	mg/kg	30.0	5.3	29.6	1.2	0.18	29.1	29.1	3.0	23.3	23.3	24.2	26.2	33.3	41.3	45.9	45.9	1.4	2.4	25	30.0
Rb	mg/kg	100.7	18.6	99.2	1.2	0.18	98.3	98.3	9.0	77.7	77.7	78.4	88.3	106.9	138.2	155.8	155.8	1.4	2.3	25	100.7
S	mg/kg	223	72	212	1	0.32	314	207	43	91	91	147	175	259	335	402	402	0.7	0.3	25	223
Sb	mg/kg	0.91	0.23	0.89	1.27	0.25	0.91	0.87	0.11	0.52	0.52	0.66	0.78	1.02	1.31	1.55	1.55	1.0	1.6	25	0.91
Sc	mg/kg	9.7	2.5	9.4	1.3	0.26	9.9	9.9	1.6	5.2	5.2	5.9	8.0	11.3	13.1	16.0	16.0	0.3	0.3	25	9.7
Se	mg/kg	0.21	0.07	0.20	1.39	0.33	0.20	0.20	0.04	0.08	0.08	0.14	0.17	0.25	0.34	0.36	0.36	0.6	-0.1	25	0.21
Sn	mg/kg	3.4	0.6	3.3	1.2	0.18	3.3	3.4	0.3	1.9	1.9	2.0	3.2	3.7	4.2	4.5	4.5	-0.8	1.4	25	3.4
Sr	mg/kg	168	88	155	2	0.52	154	154	24	70	70	79	130	177	269	534	534	3.2	12.7	24	153
Th	mg/kg	10.9	2.0	10.7	1.2	0.18	10.9	10.9	1.0	7.4	7.4	7.9	9.9	11.5	13.3	16.7	16.7	0.8	2.2	25	10.9
Ti	mg/kg	4 319	753	4 252	1	0.17	4 323	4 323	642	2 780	2 780	2 959	3 728	4 965	5 361	5 368	5 368	-0.3	-0.8	25	4 319
Tl	mg/kg	0.64	0.11	0.64	1.18	0.17	0.60	0.62	0.07	0.47	0.47	0.50	0.58	0.69	0.85	0.86	0.86	0.5	-0.5	25	0.64
U	mg/kg	1.99	0.42	1.96	1.20	0.21	1.73	1.92	0.27	1.53	1.53	1.54	1.70	2.24	2.39	3.48	3.48	1.9	5.9	24	1.93
V	mg/kg	79.4	16.7	77.7	1.2	0.21	86.3	82.0	9.2	51.1	51.1	53.1	63.1	88.8	102.0	112.4	112.4	-0.2	-0.7	25	79.4
W	mg/kg	1.84	0.46	1.79	1.28	0.25	2.01	1.76	0.31	1.14	1.14	1.18	1.48	2.07	2.65	2.65	2.65	0.3	-0.9	25	1.84
Y	mg/kg	23.7	4.7	23.3	1.2	0.20	25.3	25.3	3.3	15.7	15.7	15.9	19.4	27.3	30.0	30.9	30.9	-0.4	-1.2	25	23.7
Zn	mg/kg	68.5	13.5	67.0	1.2	0.20	68.3	69.2	5.7	39.6	39.6	41.9	65.1	74.9	90.6	90.8	90.8	-0.4	0.0	25	68.5
Zr	mg/kg	302	50	298	1	0.17	318	313	28	199	199	216	279	328	358	431	431	0.1	1.0	25	302
Al_2O_3	%	13.74	2.15	13.59	1.16	0.16	12.86	14.08	0.85	10.14	10.14	10.66	12.86	14.56	16.67	20.56	20.56	1.0	3.2	24	13.46
CaO	%	1.10	0.61	0.98	1.58	0.56	0.68	0.93	0.25	0.38	0.38	0.52	0.68	1.25	2.46	3.10	3.10	2.0	4.6	23	0.95
MgO	%	1.15	0.35	1.10	1.32	0.30	1.17	1.16	0.19	0.59	0.59	0.71	0.95	1.25	1.49	2.37	2.37	1.6	5.7	24	1.09
K_2O	%	2.86	0.46	2.83	1.16	0.16	2.52	2.76	0.23	2.22	2.22	2.45	2.53	2.91	3.74	4.26	4.26	1.6	2.7	24	2.80
Na_2O	%	1.39	0.46	1.31	1.47	0.33	1.18	1.30	0.16	0.28	0.28	0.90	1.18	1.55	1.83	3.03	3.03	1.4	7.0	23	1.37
SiO_2	%	66.74	3.58	66.65	1.05	0.05	66.28	66.28	1.47	57.55	57.55	60.98	65.17	68.49	73.40	74.12	74.12	-0.1	1.3	25	66.74
TFe_2O_3	%	4.97	1.19	4.83	1.28	0.24	4.98	4.98	0.66	2.93	2.93	3.03	4.15	5.53	6.81	8.07	8.07	0.3	0.8	25	4.97
SOC	%	1.16	0.72	0.98	1.90	0.62	0.88	0.91	0.20	0.10	0.10	0.47	0.81	1.24	2.77	3.34	3.34	1.8	3.3	24	1.07
pH	无量纲						7.26	6.46	0.73	5.15	5.15	5.17	5.92	7.26	7.95	8.11	8.11				

表 2.5.19A　角闪岩类表层土壤（0~20 cm）地球化学参数（n=26）

指标	单位	算术平均值 X_a	算术标准差 S_a	几何平均值 X_g	几何标准差 S_g	变异系数 CV	众值 X_{mo}	中位值 X_{me}	中位绝对离差 MAD	最小值 X_{min}	累积频率 $X_{0.5\%}$	$X_{2.5\%}$	$X_{25\%}$	$X_{75\%}$	$X_{97.5\%}$	$X_{99.5\%}$	最大值 X_{max}	偏度系数 SK	峰度系数 BK	背景值 n'	X_a'
Ag	mg/kg	0.066	0.016	0.065	1.252	0.24	0.057	0.064	0.007	0.036	0.036	0.045	0.057	0.071	0.099	0.110	0.110	1.0	1.9	26	0.066
As	mg/kg	8.3	7.7	6.9	1.7	0.93	6.4	6.6	1.4	3.3	3.3	3.4	5.2	7.9	15.5	44.0	44.0	4.3	19.9	24	6.5
Au	μg/kg	2.8	2.7	2.1	1.9	0.97	2.5	2.1	0.8	0.7	0.7	1.0	1.4	2.9	8.2	13.6	13.6	3.2	11.4	24	2.1
B	mg/kg	47.9	29.2	40.1	1.8	0.61	29.8	40.0	15.8	13.7	13.7	15.4	24.9	72.9	103.0	105.6	105.6	0.9	-0.5	26	47.9
Ba	mg/kg	508	178	483	1	0.35	464	469	96	255	255	325	391	600	770	1118	1118	1.7	4.4	25	484
Be	mg/kg	2.23	1.97	1.93	1.54	0.88	1.72	1.74	0.23	1.23	1.23	1.29	1.53	2.04	3.87	11.51	11.51	4.5	21.8	24	1.78
Bi	mg/kg	0.67	1.24	0.37	2.34	1.84	0.28	0.29	0.05	0.12	0.12	0.13	0.27	0.37	3.14	5.94	5.94	3.7	14.2	23	0.30
Br	mg/kg	2.9	0.8	2.8	1.3	0.27	2.4	2.7	0.3	1.3	1.3	2.3	2.4	3.2	4.6	5.2	5.2	1.2	2.9	26	2.9
TC	%	0.93	0.55	0.83	1.55	0.59	0.74	0.76	0.22	0.42	0.42	0.49	0.58	1.06	1.54	3.18	3.18	3.0	11.5	25	0.83
Cd	mg/kg	0.139	0.034	0.135	1.284	0.25	0.149	0.146	0.021	0.078	0.078	0.089	0.111	0.163	0.183	0.221	0.221	0.2	-0.1	26	0.139
Ce	mg/kg	57.8	12.4	56.6	1.2	0.21	57.6	57.7	5.9	37.8	37.8	39.0	50.9	61.5	83.9	92.7	92.7	1.0	1.8	26	57.8
Cl	mg/kg	85	32	79	1	0.38	113	80	26	47	47	47	55	108	156	156	156	0.8	-0.1	26	85
Co	mg/kg	19.4	7.2	18.2	1.4	0.37	15.0	16.5	4.3	8.6	8.6	11.2	15.0	26.6	29.3	37.1	37.1	0.7	-0.2	26	19.4
Cr	mg/kg	113.5	58.0	101.4	1.6	0.51	97.9	98.6	34.9	48.4	48.4	52.4	65.5	150.8	245.3	261.4	261.4	1.1	0.8	26	113.5
Cu	mg/kg	32.7	12.5	30.6	1.4	0.38	18.0	30.7	7.9	18.0	18.0	18.0	21.3	37.1	57.5	58.5	58.5	0.8	-0.1	26	32.7
F	mg/kg	496	134	482	1	0.27	456	460	61	322	322	328	417	555	673	979	979	2.0	6.0	25	477
Ga	mg/kg	18.7	1.5	18.6	1.1	0.08	19.2	18.9	0.6	15.0	15.0	15.5	18.3	19.5	20.3	22.0	22.0	-0.6	1.1	26	18.7
Ge	mg/kg	1.33	0.21	1.31	1.17	0.16	1.31	1.30	0.11	0.93	0.93	1.06	1.19	1.37	1.69	1.71	1.71	0.5	-0.4	26	1.33
Hg	mg/kg	0.024	0.009	0.022	1.530	0.38	0.014	0.023	0.007	0.007	0.007	0.011	0.018	0.031	0.037	0.042	0.042	0.1	-0.6	26	0.024
I	mg/kg	1.44	0.26	1.42	1.21	0.18	1.41	1.41	0.21	0.89	0.89	0.99	1.27	1.64	1.80	1.93	1.93	-0.2	-0.5	26	1.44
La	mg/kg	29.4	7.3	28.6	1.3	0.25	29.2	29.2	2.7	17.2	17.2	18.1	26.5	31.8	44.8	50.0	50.0	1.0	2.0	26	29.4
Li	mg/kg	36.0	19.0	32.9	1.5	0.53	30.0	30.0	5.6	19.9	19.9	20.3	25.1	38.1	77.6	106.7	106.7	2.6	7.7	24	31.3
Mn	mg/kg	652	196	624	1	0.30	608	614	109	306	306	396	505	820	1034	1038	1038	0.5	-0.5	26	652
Mo	mg/kg	0.61	0.13	0.60	1.23	0.21	0.65	0.62	0.08	0.42	0.42	0.44	0.48	0.68	0.83	0.91	0.91	0.4	-0.3	26	0.61
N	%	0.085	0.021	0.082	1.277	0.25	0.066	0.080	0.018	0.056	0.056	0.057	0.066	0.101	0.119	0.125	0.125	0.4	-1.1	26	0.085
Nb	mg/kg	11.4	1.9	11.3	1.2	0.17	10.7	11.1	0.8	7.7	7.7	9.3	10.3	11.7	14.8	16.3	16.3	0.9	1.1	26	11.4
Ni	mg/kg	55.7	32.9	48.3	1.7	0.59	41.6	42.2	13.9	20.4	20.4	22.5	34.2	65.7	119.6	146.9	146.9	1.4	1.3	26	55.7

指标	单位	算术平均值 X_a	算术标准差 S_a	几何平均值 X_g	几何标准差 S_g	变异系数 CV	众值 X_{mo}	中位值 X_{me}	中位绝对离差 MAD	最小值 X_{min}	累积频率 $X_{0.5\%}$	$X_{2.5\%}$	$X_{25\%}$	$X_{75\%}$	$X_{97.5\%}$	$X_{99.5\%}$	最大值 X_{max}	偏度系数 SK	峰度系数 BK	n'	背景值 X_a'
P	mg/kg	599	188	572	1	0.31	581	582	127	285	285	363	455	708	1 014	1 045	1 045	0.7	0.5	26	599
Pb	mg/kg	20.1	5.5	19.4	1.3	0.28	22.0	18.5	2.4	10.5	10.5	13.3	17.6	22.0	29.7	39.0	39.0	1.6	4.8	25	19.3
Rb	mg/kg	88.0	26.7	84.2	1.4	0.30	79.9	80.2	13.0	42.8	42.8	45.9	71.6	109.0	141.7	144.4	144.4	0.6	-0.2	26	88.0
S	mg/kg	188	49	182	1	0.26	179	179	38	112	112	127	149	226	272	297	297	0.5	-0.5	26	188
Sb	mg/kg	0.60	0.14	0.59	1.26	0.24	0.49	0.59	0.07	0.32	0.32	0.38	0.52	0.67	0.85	1.00	1.00	0.8	1.5	26	0.60
Sc	mg/kg	14.7	5.4	13.9	1.4	0.37	11.3	13.6	2.5	6.5	6.5	8.0	11.3	19.2	24.4	30.4	30.4	1.2	1.5	26	14.7
Se	mg/kg	0.19	0.04	0.18	1.24	0.22	0.19	0.19	0.04	0.12	0.12	0.14	0.15	0.22	0.25	0.28	0.28	0.4	-0.5	26	0.19
Sn	mg/kg	2.5	0.7	2.4	1.3	0.29	2.2	2.4	0.3	1.6	1.6	1.6	2.1	2.6	4.3	4.9	4.9	2.0	5.2	24	2.3
Sr	mg/kg	234	87	221	1	0.37	215	222	43	126	126	128	184	268	426	496	496	1.3	2.6	25	224
Th	mg/kg	9.9	3.6	9.4	1.4	0.36	9.2	9.1	1.6	4.6	4.6	6.1	8.1	10.7	17.5	21.5	21.5	1.7	3.6	25	9.4
Ti	mg/kg	3 657	684	3 597	1	0.19	3 425	3 504	389	2 382	2 382	2 896	3 155	4 125	4 922	5 200	5 200	0.5	-0.2	26	3 657
Tl	mg/kg	0.59	0.18	0.56	1.33	0.30	0.45	0.52	0.08	0.33	0.33	0.33	0.45	0.73	0.87	0.99	0.99	0.7	-0.4	26	0.59
U	mg/kg	1.86	0.46	1.80	1.31	0.25	1.89	1.91	0.29	0.92	0.92	1.06	1.61	2.19	2.55	2.61	2.61	-0.4	-0.4	26	1.86
V	mg/kg	104.4	36.9	98.7	1.4	0.35	89.7	92.8	15.0	44.9	44.9	67.2	80.7	140.3	189.7	197.8	197.8	1.1	0.9	26	104.4
W	mg/kg	1.75	0.55	1.65	1.43	0.32	2.58	1.68	0.33	0.63	0.63	0.67	1.49	2.14	2.58	2.76	2.76	-0.1	-0.2	26	1.75
Y	mg/kg	20.4	3.0	20.1	1.2	0.15	21.5	20.5	2.2	14.9	14.9	15.2	18.2	22.5	25.4	26.1	26.1	0.0	-0.5	26	20.4
Zn	mg/kg	75.5	13.2	74.3	1.2	0.18	75.1	76.9	10.8	46.8	46.8	56.0	64.7	86.6	95.0	96.6	96.6	-0.2	-0.7	26	75.5
Zr	mg/kg	199	36	195	1	0.18	198	197	17	118	118	143	184	217	259	264	264	-0.1	0.0	26	199
Al_2O_3	%	13.94	0.68	13.92	1.05	0.05	13.95	13.95	0.39	12.14	12.14	12.57	13.57	14.35	15.08	15.29	15.29	-0.5	1.5	26	13.94
CaO	%	3.07	1.36	2.83	1.50	0.44	2.61	2.75	0.79	1.26	1.26	1.51	2.06	3.80	4.75	7.51	7.51	1.4	3.1	25	2.90
MgO	%	2.36	0.98	2.18	1.50	0.41	1.71	1.99	0.52	0.98	0.98	1.02	1.69	3.26	3.89	4.78	4.78	0.7	-0.1	26	2.36
K_2O	%	2.07	0.46	2.02	1.26	0.22	2.05	2.07	0.27	1.14	1.14	1.37	1.80	2.40	2.67	3.12	3.12	0.0	0.0	26	2.07
Na_2O	%	2.55	0.52	2.49	1.23	0.21	2.34	2.49	0.40	1.62	1.62	1.74	2.14	3.05	3.23	3.66	3.66	0.1	-0.7	26	2.55
SiO_2	%	60.01	4.07	59.88	1.07	0.07	60.11	60.16	2.90	50.76	50.76	53.01	57.06	63.03	66.30	66.33	66.33	-0.5	-0.3	26	60.01
TFe_2O_3	%	5.64	1.33	5.50	1.26	0.24	5.39	5.43	0.80	3.44	3.44	3.81	4.68	6.81	8.06	8.70	8.70	0.6	-0.2	26	5.64
SOC	%	0.78	0.24	0.75	1.35	0.30	0.57	0.76	0.19	0.41	0.41	0.47	0.57	0.96	1.19	1.22	1.22	0.3	-0.8	26	0.78
pH	无量纲						6.01	6.03	0.45	5.12	5.12	5.18	5.62	7.11	7.57	8.00	8.00			26	

339

表 2.5.20A　麻粒岩类表层土壤（0～20 cm）地球化学参数（n=10）

指标	单位	算术平均值 X_a	算术标准差 S_a	几何平均值 X_g	几何标准差 S_g	变异系数 CV	众值 X_{mo}	中位值 X_{me}	中位绝对离差 MAD	最小值 X_{min}	累积频率						最大值 X_{max}	偏度系数 SK	峰度系数 BK	背景值	
											$X_{0.5\%}$	$X_{2.5\%}$	$X_{25\%}$	$X_{75\%}$	$X_{97.5\%}$	$X_{99.5\%}$				n'	X_a'
Ag	mg/kg	0.062	0.014	0.061	1.227	0.23	0.055	0.057	0.008	0.044	0.044	0.044	0.053	0.068	0.092	0.092	0.092	1.1	1.0	10	0.062
As	mg/kg	5.3	1.3	5.1	1.2	0.24	5.0	5.1	0.6	3.6	3.6	3.6	4.4	5.6	7.9	7.9	7.9	1.0	1.1	10	5.3
Au	μg/kg	2.4	1.1	2.1	1.6	0.45	2.1	2.3	1.0	1.1	1.1	1.1	1.3	3.5	3.9	3.9	3.9	0.4	-1.4	10	2.4
B	mg/kg	19.7	4.3	19.3	1.2	0.22	18.5	18.6	2.1	14.1	14.1	14.1	18.0	21.8	28.1	28.1	28.1	0.9	0.4	10	19.7
Ba	mg/kg	763	106	756	1	0.14	729	733	81	611	611	611	713	824	975	975	975	0.6	0.5	10	763
Be	mg/kg	1.89	0.27	1.87	1.15	0.14	1.84	1.85	0.10	1.33	1.33	1.33	1.77	2.06	2.31	2.31	2.31	-0.5	1.4	10	1.89
Bi	mg/kg	0.16	0.02	0.16	1.13	0.12	0.16	0.16	0.02	0.13	0.13	0.13	0.16	0.18	0.20	0.20	0.20	0.0	0.3	10	0.16
Br	mg/kg	4.3	5.7	3.1	2.0	1.30	2.4	2.5	0.5	1.7	1.7	1.7	2.4	3.0	20.3	20.3	20.3	3.1	9.6	10	4.3
TC	%	0.66	0.19	0.64	1.29	0.29	0.56	0.59	0.11	0.45	0.45	0.45	0.51	0.76	1.06	1.06	1.06	1.1	0.9	10	0.66
Cd	mg/kg	0.097	0.020	0.095	1.212	0.21	0.080	0.094	0.014	0.071	0.071	0.071	0.080	0.116	0.126	0.126	0.126	0.4	-1.4	10	0.097
Ce	mg/kg	81.0	18.3	79.2	1.2	0.23	75.4	79.9	12.1	60.3	60.3	60.3	67.2	87.2	115.5	115.5	115.5	0.8	-0.2	10	81.0
Cl	mg/kg	74	19	72	1	0.26	66	69	9	44	44	44	64	86	109	109	109	0.5	0.0	10	74
Co	mg/kg	16.2	3.8	15.8	1.3	0.23	15.3	15.5	1.5	9.9	9.9	9.9	14.2	17.8	22.5	22.5	22.5	0.4	0.2	10	16.2
Cr	mg/kg	109.8	42.2	101.0	1.5	0.38	110.5	117.8	27.8	43.6	43.6	43.6	63.5	137.3	168.0	168.0	168.0	-0.4	-1.1	10	109.8
Cu	mg/kg	28.4	12.5	26.5	1.4	0.44	24.3	24.3	3.2	15.1	15.1	15.1	21.9	28.6	58.1	58.1	58.1	1.8	3.2	10	28.4
F	mg/kg	530	189	504	1.19	0.36	463	488	78	322	322	322	413	568	954	954	954	1.4	2.0	10	530
Ga	mg/kg	18.0	1.8	17.9	1.1	0.10	17.2	17.9	0.9	14.2	14.2	14.2	17.2	19.2	20.8	20.8	20.8	-0.5	1.1	10	18.0
Ge	mg/kg	1.23	0.08	1.23	1.06	0.06	1.28	1.27	0.05	1.10	1.10	1.10	1.16	1.29	1.31	1.31	1.31	-0.8	-0.9	10	1.23
Hg	mg/kg	0.022	0.007	0.021	1.388	0.33	0.018	0.021	0.004	0.011	0.011	0.011	0.018	0.030	0.035	0.035	0.035	0.4	-0.6	10	0.022
I	mg/kg	1.77	0.32	1.75	1.19	0.18	1.95	1.83	0.15	1.25	1.25	1.25	1.48	1.95	2.31	2.31	2.31	-0.2	-0.3	10	1.77
La	mg/kg	41.5	10.4	40.4	1.3	0.25	37.3	38.4	5.5	28.5	28.5	28.5	34.3	47.0	62.1	62.1	62.1	0.9	0.2	10	41.5
Li	mg/kg	21.4	2.7	21.2	1.1	0.13	21.4	21.6	2.0	16.8	16.8	16.8	19.4	23.3	26.3	26.3	26.3	0.1	0.0	10	21.4
Mn	mg/kg	585	124	572	1	0.21	595	608	96	360	360	360	478	701	752	752	752	-0.5	-0.5	10	585
Mo	mg/kg	0.53	0.11	0.52	1.21	0.20	0.50	0.52	0.08	0.38	0.38	0.38	0.45	0.61	0.68	0.68	0.68	0.0	-1.2	10	0.53
N	%	0.074	0.018	0.072	1.230	0.24	0.059	0.070	0.010	0.059	0.059	0.059	0.059	0.078	0.116	0.116	0.116	1.6	2.8	10	0.074
Nb	mg/kg	12.7	2.0	12.5	1.2	0.16	12.6	12.4	1.4	10.4	10.4	10.4	11.1	14.0	17.2	17.2	17.2	1.3	1.8	10	12.7
Ni	mg/kg	42.4	16.9	39.1	1.5	0.40	37.3	42.8	12.0	19.4	19.4	19.4	31.2	55.2	73.2	73.2	73.2	0.3	-0.4	10	42.4

指标	单位	算术平均值 X_a	算术标准差 S_a	几何平均值 X_g	几何标准差 S_g	变异系数 CV	众值 X_{mo}	中位值 X_{me}	中位绝对离差 MAD	最小值 X_{min}	$X_{0.5\%}$	$X_{2.5\%}$	$X_{25\%}$	$X_{75\%}$	$X_{97.5\%}$	$X_{99.5\%}$	最大值 X_{max}	偏度系数 SK	峰度系数 BK	n'	背景值 X_a'
P	mg/kg	631	196	609	1	0.31	589	600	56	427	427	427	524	616	1 135	1 135	1 135	2.1	5.5	10	631
Pb	mg/kg	24.4	3.1	24.3	1.1	0.13	23.3	23.4	2.0	20.5	20.5	20.5	22.0	26.0	30.6	30.6	30.6	0.9	0.2	10	24.4
Rb	mg/kg	101.3	14.8	100.2	1.2	0.15	103.0	104.8	8.7	68.6	68.6	68.6	95.0	109.5	118.6	118.6	118.6	-1.2	1.7	10	101.3
S	mg/kg	144	32	140	1	0.23	129	131	26	101	101	101	120	175	191	191	191	0.3	-1.7	10	144
Sb	mg/kg	0.55	0.06	0.55	1.10	0.10	0.56	0.56	0.03	0.44	0.44	0.44	0.51	0.59	0.63	0.63	0.63	-0.6	0.5	10	0.55
Sc	mg/kg	10.8	2.0	10.6	1.2	0.18	10.2	10.7	1.2	7.4	7.4	7.4	9.6	11.9	14.0	14.0	14.0	0.0	-0.1	10	10.8
Se	mg/kg	0.16	0.02	0.16	1.11	0.11	0.15	0.16	0.02	0.13	0.13	0.13	0.15	0.17	0.19	0.19	0.19	0.2	-0.1	10	0.16
Sn	mg/kg	2.0	0.3	2.0	1.2	0.16	2.1	2.0	0.2	1.5	1.5	1.5	1.8	2.2	2.5	2.5	2.5	0.2	-0.3	10	2.0
Sr	mg/kg	274	42	271	1	0.15	265	269	27	223	223	223	243	301	366	366	366	1.2	1.6	10	274
Th	mg/kg	14.8	4.0	14.3	1.3	0.27	14.4	14.9	3.3	9.8	9.8	9.8	11.1	18.0	21.7	21.7	21.7	0.2	-0.8	10	14.8
Ti	mg/kg	4 104	771	4 041	1	0.19	3 686	3 889	493	2 984	2 984	2 984	3 566	4 694	5 532	5 532	5 532	0.5	-0.4	10	4 104
Tl	mg/kg	0.63	0.09	0.63	1.15	0.14	0.53	0.66	0.07	0.50	0.50	0.50	0.53	0.69	0.75	0.75	0.75	-0.3	-1.3	10	0.63
U	mg/kg	1.45	0.15	1.44	1.11	0.11	1.31	1.41	0.12	1.29	1.29	1.29	1.31	1.60	1.65	1.65	1.65	0.2	-2.1	10	1.45
V	mg/kg	85.8	15.5	84.4	1.2	0.18	86.0	88.0	8.5	53.2	53.2	53.2	78.6	93.2	106.5	106.5	106.5	-0.8	1.2	10	85.8
W	mg/kg	0.97	0.28	0.93	1.31	0.29	1.14	0.93	0.18	0.57	0.57	0.57	0.78	1.14	1.55	1.55	1.55	0.8	1.1	10	0.97
Y	mg/kg	20.3	2.4	20.2	1.1	0.12	19.8	20.0	1.3	16.7	16.7	16.7	18.5	21.1	24.5	24.5	24.5	0.6	0.0	10	20.3
Zn	mg/kg	60.8	13.4	59.4	1.2	0.22	59.1	61.0	10.5	42.4	42.4	42.4	49.2	70.3	84.0	84.0	84.0	0.2	-0.7	10	60.8
Zr	mg/kg	289	38	286	1	0.13	276	279	20	246	246	246	260	318	365	365	365	1.0	0.2	10	289
Al_2O_3	%	13.77	0.90	13.75	1.07	0.07	13.91	13.96	0.50	11.75	11.75	11.75	13.37	14.44	14.94	14.94	14.94	-1.2	2.2	10	13.77
CaO	%	1.79	0.41	1.74	1.24	0.23	1.73	1.75	0.27	1.26	1.26	1.26	1.50	2.03	2.61	2.61	2.61	0.7	0.4	10	1.79
MgO	%	1.46	0.45	1.40	1.36	0.31	1.37	1.39	0.21	0.71	0.71	0.71	1.21	1.76	2.28	2.28	2.28	0.4	0.4	10	1.46
K_2O	%	2.64	0.39	2.62	1.15	0.15	2.49	2.51	0.26	2.02	2.02	2.02	2.44	2.89	3.42	3.42	3.42	0.6	0.7	10	2.64
Na_2O	%	2.64	0.32	2.63	1.13	0.12	2.62	2.64	0.16	2.05	2.05	2.05	2.54	2.84	3.22	3.22	3.22	-0.2	0.8	10	2.64
SiO_2	%	64.44	3.52	64.35	1.05	0.06	63.35	63.88	1.44	58.58	58.58	58.58	62.65	65.53	70.73	70.73	70.73	0.5	0.4	10	64.44
TFe_2O_3	%	4.89	0.97	4.81	1.21	0.20	4.64	4.81	0.60	3.28	3.28	3.28	4.19	5.39	6.66	6.66	6.66	0.2	0.2	10	4.89
SOC	%	0.68	0.17	0.66	1.25	0.25	0.61	0.64	0.11	0.48	0.48	0.48	0.56	0.79	1.02	1.02	1.02	0.9	0.4	10	0.68
pH	无量纲						5.79	5.67	0.35	4.79	4.79	4.79	5.19	5.93	6.92	6.92	6.92				

表2.5.21A 大理岩类表层土壤（0～20 cm）地球化学参数（n=69）

指标	单位	算术平均值 X_a	算术标准差 S_a	几何平均值 X_g	几何标准差 S_g	变异系数 CV	众值 X_{mo}	中位值 X_{me}	中位绝对离差 MAD	最小值 X_{min}	$X_{0.5\%}$	$X_{2.5\%}$	$X_{25\%}$	$X_{75\%}$	$X_{97.5\%}$	$X_{99.5\%}$	最大值 X_{max}	偏度系数 SK	峰度系数 BK	n'	背景值 X_a'
Ag	mg/kg	0.090	0.032	0.086	1.342	0.35	0.075	0.084	0.011	0.050	0.050	0.053	0.074	0.098	0.175	0.220	0.220	2.2	6.0	65	0.084
As	mg/kg	12.6	9.2	10.4	1.8	0.73	7.5	8.5	2.5	4.0	4.0	5.2	6.9	14.0	35.5	42.1	42.1	1.7	2.2	57	8.8
Au	μg/kg	6.2	23.2	3.0	2.1	3.73	2.3	2.5	0.6	1.0	1.0	1.4	2.0	3.3	15.0	193.8	193.8	8.0	65.9	61	2.5
B	mg/kg	41.7	12.9	39.9	1.4	0.31	37.2	40.2	5.4	10.2	10.2	24.2	35.1	45.8	63.3	106.7	106.7	1.9	8.9	68	40.7
Ba	mg/kg	649	141	633	1	0.22	618	639	81	193	193	455	546	712	928	1002	1002	0.2	1.1	68	656
Be	mg/kg	1.83	0.29	1.81	1.19	0.16	1.67	1.85	0.22	0.92	0.92	1.24	1.63	2.07	2.23	2.66	2.66	-0.3	0.9	68	1.85
Bi	mg/kg	0.32	0.10	0.30	1.34	0.32	0.25	0.30	0.06	0.18	0.18	0.19	0.25	0.37	0.55	0.71	0.71	1.4	3.1	67	0.31
Br	mg/kg	5.8	4.0	5.2	1.5	0.70	5.0	5.0	1.1	2.1	2.1	2.6	4.0	6.2	12.4	33.8	33.8	5.3	35.5	66	5.1
TC	%	1.41	0.87	1.24	1.60	0.62	0.88	1.11	0.31	0.53	0.53	0.63	0.88	1.68	2.78	5.30	5.30	2.8	10.3	67	1.29
Cd	mg/kg	0.207	0.210	0.175	1.624	1.01	0.173	0.173	0.041	0.066	0.066	0.083	0.132	0.216	0.384	1.776	1.776	6.4	47.3	64	0.168
Ce	mg/kg	62.6	13.6	60.9	1.3	0.22	69.4	65.7	8.1	25.4	25.4	35.0	51.0	72.3	82.6	91.5	91.5	-0.5	-0.1	69	62.6
Cl	mg/kg	168	231	122	2	1.38	61	107	32	55	55	58	83	147	791	1574	1574	4.6	23.2	62	109
Co	mg/kg	13.2	4.1	12.7	1.3	0.31	12.6	12.9	2.7	7.3	7.3	7.9	10.0	15.3	22.1	27.6	27.6	1.1	2.0	67	12.8
Cr	mg/kg	67.9	15.7	66.1	1.3	0.23	76.1	65.9	10.8	36.9	36.9	40.1	55.9	76.7	99.7	104.3	104.3	0.2	-0.4	69	67.9
Cu	mg/kg	35.8	36.3	29.6	1.7	1.02	19.1	27.2	8.2	13.2	13.2	15.3	19.7	39.9	102.9	291.8	291.8	5.6	37.3	66	29.5
F	mg/kg	608	187	582	1	0.31	699	578	121	310	310	357	467	733	955	1348	1348	1.1	2.4	68	597
Ga	mg/kg	15.9	2.1	15.8	1.2	0.13	14.3	16.3	1.5	9.9	9.9	12.1	14.3	17.5	18.9	21.3	21.3	-0.3	0.0	69	15.9
Ge	mg/kg	1.30	0.24	1.28	1.20	0.18	1.24	1.28	0.12	0.61	0.61	1.02	1.17	1.41	1.76	2.45	2.45	1.4	8.6	64	1.29
Hg	mg/kg	0.069	0.102	0.051	1.797	1.48	0.042	0.047	0.012	0.018	0.018	0.025	0.038	0.060	0.329	0.760	0.760	5.5	33.6	65	0.048
I	mg/kg	6.05	15.12	3.51	2.01	2.50	2.77	2.89	0.52	1.76	1.76	1.95	2.42	3.59	36.00	119.00	119.00	6.6	47.7	63	3.05
La	mg/kg	32.2	7.6	31.2	1.3	0.24	23.6	32.8	4.5	12.0	12.0	17.6	26.5	36.8	43.3	56.0	56.0	0.0	0.7	68	31.9
Li	mg/kg	29.4	7.5	28.4	1.3	0.26	21.4	28.8	5.9	12.7	12.7	17.9	23.8	34.9	41.1	43.8	43.8	0.0	-0.8	69	29.4
Mn	mg/kg	583	146	568	1	0.25	572	566	77	382	382	412	489	643	908	1155	1155	1.7	4.5	65	557
Mo	mg/kg	0.64	0.27	0.61	1.38	0.41	0.46	0.59	0.12	0.35	0.35	0.40	0.48	0.72	1.13	2.08	2.08	3.0	13.0	66	0.60
N	%	0.100	0.040	0.095	1.361	0.40	0.087	0.090	0.013	0.040	0.040	0.057	0.082	0.111	0.180	0.339	0.339	3.5	18.1	65	0.093
Nb	mg/kg	12.6	1.7	12.5	1.2	0.14	11.4	12.9	1.1	7.1	7.1	9.8	11.6	13.8	15.2	16.6	16.6	-0.8	1.5	67	12.8
Ni	mg/kg	28.9	7.2	28.0	1.3	0.25	37.2	28.4	5.3	16.8	16.8	17.1	23.1	33.4	42.8	45.2	45.2	0.4	-0.6	69	28.9

指标	单位	算术平均值 X_a	算术标准差 S_a	几何平均值 X_g	几何标准差 S_g	变异系数 CV	众值 X_{mo}	中位值 X_{me}	中位绝对离差 MAD	最小值 X_{min}	$X_{0.5\%}$	$X_{2.5\%}$	$X_{25\%}$	$X_{75\%}$	$X_{97.5\%}$	$X_{99.5\%}$	最大值 X_{max}	偏度系数 SK	峰度系数 BK	n'	背景值 X_a'
P	mg/kg	757	877	639	2	1.16	607	607	122	304	304	391	491	735	1 451	7 591	7 591	7.2	56.2	63	595
Pb	mg/kg	37.8	65.6	28.3	1.7	1.74	26.2	26.4	2.3	8.9	8.9	21.1	24.2	28.7	53.3	481.0	481.0	6.0	36.7	62	26.0
Rb	mg/kg	92.5	14.9	91.1	1.2	0.16	92.8	91.7	9.3	29.7	29.7	70.8	82.8	101.6	114.4	136.4	136.4	-0.6	4.3	67	92.8
S	mg/kg	186	66	177	1	0.36	170	173	25	64	64	94	155	205	352	491	491	2.0	6.8	64	172
Sb	mg/kg	1.31	2.98	0.91	1.79	2.27	0.53	0.80	0.19	0.41	0.41	0.47	0.65	1.08	2.55	25.40	25.40	8.0	65.1	60	0.80
Sc	mg/kg	10.5	2.7	10.2	1.3	0.26	7.7	10.5	1.8	5.2	5.2	6.5	8.4	12.0	15.1	19.9	19.9	0.8	1.4	67	10.2
Se	mg/kg	0.19	0.11	0.18	1.35	0.55	0.16	0.17	0.02	0.09	0.09	0.12	0.16	0.20	0.30	0.98	0.98	6.4	47.7	63	0.17
Sn	mg/kg	3.4	1.8	3.1	1.5	0.54	2.3	3.0	0.5	1.1	1.1	1.5	2.5	3.5	5.9	15.4	15.4	4.4	27.5	68	3.2
Sr	mg/kg	204	85	190	1	0.42	221	185	52	87	87	109	142	244	366	593	593	1.8	5.7	67	195
Th	mg/kg	10.3	2.2	10.0	1.3	0.21	10.4	10.4	1.6	3.3	3.3	6.3	8.8	12.0	13.5	15.0	15.0	-0.6	0.7	68	10.4
Ti	mg/kg	3 744	883	3 661	1	0.24	3 560	3 676	360	2 103	2 103	2 498	3 316	4 002	5 478	8 513	8 513	2.5	11.9	67	3 642
Tl	mg/kg	0.63	0.10	0.62	1.18	0.16	0.64	0.61	0.07	0.34	0.34	0.48	0.55	0.69	0.84	0.91	0.91	0.4	0.7	69	0.63
U	mg/kg	1.83	0.37	1.80	1.23	0.20	1.85	1.85	0.24	1.04	1.04	1.22	1.60	2.07	2.36	3.34	3.34	0.6	2.8	68	1.81
V	mg/kg	76.8	16.7	75.0	1.2	0.22	77.6	77.6	13.0	39.8	39.8	49.3	63.9	90.1	101.2	117.9	117.9	0.2	-0.3	69	76.8
W	mg/kg	2.11	2.36	1.75	1.62	1.12	1.65	1.65	0.41	0.87	0.87	0.93	1.31	2.11	4.28	18.12	18.12	5.7	34.9	64	1.65
Y	mg/kg	22.6	4.0	22.2	1.2	0.18	22.1	22.4	2.6	11.4	11.4	15.1	19.7	24.9	30.8	32.9	32.9	0.1	0.5	69	22.6
Zn	mg/kg	73.2	43.3	67.8	1.4	0.59	79.0	65.4	13.6	36.3	36.3	41.8	53.8	81.4	104.7	393.2	393.2	6.1	44.8	67	67.7
Zr	mg/kg	251	44	247	1	0.18	206	257	27	103	103	186	224	279	324	335	335	-0.9	2.1	67	256
Al_2O_3	%	13.41	1.74	13.29	1.15	0.13	13.06	13.45	1.25	7.11	7.11	10.38	12.25	14.78	15.96	16.15	16.15	-0.8	1.4	68	13.51
CaO	%	3.21	2.53	2.54	1.93	0.79	1.79	2.10	0.78	0.73	0.73	0.96	1.73	3.89	8.52	13.79	13.79	2.0	4.4	67	2.94
MgO	%	2.66	1.43	2.36	1.62	0.54	2.50	2.37	0.72	0.76	0.76	0.96	1.72	3.09	6.38	8.27	8.27	1.7	3.6	66	2.46
K_2O	%	2.45	0.35	2.42	1.20	0.14	2.43	2.48	0.21	0.78	0.78	1.95	2.24	2.64	2.95	3.24	3.24	-1.4	6.2	68	2.47
Na_2O	%	1.66	0.35	1.61	1.28	0.21	1.73	1.65	0.21	0.47	0.47	1.12	1.46	1.87	2.31	2.52	2.52	-0.1	1.0	68	1.67
SiO_2	%	61.90	6.57	61.52	1.12	0.11	62.10	62.10	3.46	35.53	35.53	49.20	59.42	65.56	72.36	73.70	73.70	-1.1	2.9	68	62.29
TFe_2O_3	%	4.86	1.18	4.72	1.27	0.24	5.47	5.03	0.75	2.72	2.72	2.96	4.00	5.49	6.82	9.45	9.45	0.8	2.3	68	4.79
SOC	%	0.92	0.31	0.88	1.34	0.34	0.75	0.87	0.13	0.39	0.39	0.57	0.74	0.98	1.60	2.44	2.44	2.2	7.7	66	0.88
pH	无量纲						7.91	7.88	0.31	4.75	4.75	6.29	7.42	8.11	8.38	8.73	8.73				

343

表 2.5.21B 大理岩类深层土壤（150～200 cm）地球化学参数（n=18）

指标	单位	算术平均值 X_a	算术标准差 S_a	几何平均值 X_g	几何标准差 S_g	变异系数 CV	众值 X_{mo}	中位值 X_{me}	中位绝对离差 MAD	最小值 X_{min}	累积频率 $X_{0.5\%}$	$X_{2.5\%}$	$X_{25\%}$	$X_{75\%}$	$X_{97.5\%}$	$X_{99.5\%}$	最大值 X_{max}	偏度系数 SK	峰度系数 BK	n'	基准值 X_a'
Ag	mg/kg	0.062	0.023	0.059	1.358	0.38	0.043	0.057	0.013	0.039	0.039	0.039	0.045	0.070	0.138	0.138	0.138	2.2	6.0	17	0.058
As	mg/kg	10.4	4.1	9.8	1.4	0.39	9.9	10.0	1.5	6.1	6.1	6.1	8.6	11.5	24.3	24.3	24.3	2.4	8.3	17	9.6
Au	μg/kg	2.1	0.8	2.0	1.4	0.36	1.7	2.1	0.6	1.2	1.2	1.2	1.5	2.4	3.7	3.7	3.7	0.8	-0.1	18	2.1
B	mg/kg	42.5	10.6	41.2	1.3	0.25	42.3	42.5	8.7	24.4	24.4	24.4	33.5	50.9	59.2	59.2	59.2	0.0	-1.0	18	42.5
Ba	mg/kg	687	216	660	1	0.31	660	634	67	420	420	420	581	754	1319	1319	1319	1.7	3.6	18	687
Be	mg/kg	2.07	0.35	2.04	1.19	0.17	1.96	1.99	0.21	1.33	1.33	1.33	1.84	2.39	2.67	2.67	2.67	0.0	-0.2	18	2.07
Bi	mg/kg	0.34	0.22	0.30	1.57	0.65	0.20	0.27	0.07	0.18	0.18	0.18	0.22	0.38	1.12	1.12	1.12	2.8	9.1	17	0.30
Br	mg/kg	5.7	3.7	5.0	1.6	0.64	4.1	4.3	1.1	2.7	2.7	2.7	3.6	7.5	17.8	17.8	17.8	2.4	6.9	17	5.0
TC	%	0.84	0.83	0.61	2.07	0.99	0.39	0.44	0.08	0.26	0.26	0.26	0.39	0.86	3.05	3.05	3.05	1.8	2.3	18	0.84
Cd	mg/kg	0.097	0.034	0.092	1.381	0.35	0.087	0.087	0.020	0.057	0.057	0.057	0.069	0.112	0.169	0.169	0.169	0.9	-0.1	18	0.097
Ce	mg/kg	67.0	11.0	66.1	1.2	0.16	63.3	66.5	9.8	53.2	53.2	53.2	56.3	74.0	87.7	87.7	87.7	0.4	-1.0	18	67.0
Cl	mg/kg	269	566	137	2	2.10	142	107	30	72	72	72	82	142	2475	2475	2475	3.9	15.8	16	108
Co	mg/kg	17.2	9.7	15.4	1.5	0.57	15.9	14.8	2.6	8.6	8.6	8.6	12.4	17.5	45.0	45.0	45.0	2.2	4.6	18	17.2
Cr	mg/kg	71.4	18.2	69.1	1.3	0.26	73.3	73.5	8.9	37.1	37.1	37.1	56.9	80.3	114.9	114.9	114.9	0.3	0.9	18	71.4
Cu	mg/kg	26.3	11.4	24.4	1.5	0.43	26.0	23.9	5.7	13.4	13.4	13.4	19.8	31.2	60.0	60.0	60.0	1.7	3.7	18	26.3
F	mg/kg	641	226	609	1	0.35	538	544	78	398	398	398	474	783	1126	1126	1126	1.2	0.4	18	641
Ga	mg/kg	17.5	2.5	17.3	1.2	0.14	16.2	17.4	1.9	11.8	11.8	11.8	16.0	19.3	21.3	21.3	21.3	-0.4	0.1	18	17.5
Ge	mg/kg	1.41	0.23	1.39	1.17	0.16	1.35	1.41	0.19	1.09	1.09	1.09	1.22	1.60	1.80	1.80	1.80	0.2	-1.3	18	1.41
Hg	mg/kg	0.020	0.011	0.018	1.518	0.54	0.017	0.018	0.004	0.009	0.009	0.009	0.012	0.021	0.057	0.057	0.057	2.7	9.2	17	0.018
I	mg/kg	4.37	8.07	2.73	2.03	1.85	2.36	2.37	0.70	1.40	1.40	1.40	1.85	3.10	36.50	36.50	36.50	4.2	17.5	17	2.48
La	mg/kg	34.3	5.2	34.0	1.2	0.15	33.4	34.3	5.1	27.6	27.6	27.6	28.8	39.0	44.9	44.9	44.9	0.3	-0.8	18	34.3
Li	mg/kg	32.3	8.1	31.3	1.3	0.25	32.1	33.1	7.2	20.1	20.1	20.1	25.1	36.3	46.2	46.2	46.2	0.1	-1.1	18	32.3
Mn	mg/kg	704	226	675	1	0.32	631	636	99	417	417	417	595	761	1306	1306	1306	1.5	2.6	18	704
Mo	mg/kg	0.67	0.36	0.61	1.51	0.53	0.39	0.54	0.13	0.39	0.39	0.39	0.45	0.87	1.80	1.80	1.80	2.1	5.1	17	0.61
N	%	0.044	0.020	0.041	1.448	0.45	0.030	0.037	0.008	0.024	0.024	0.024	0.030	0.051	0.096	0.096	0.096	1.7	2.6	18	0.044
Nb	mg/kg	12.8	1.4	12.7	1.1	0.11	13.1	13.1	1.1	10.0	10.0	10.0	11.8	14.0	14.8	14.8	14.8	-0.5	-0.9	18	12.8
Ni	mg/kg	32.4	8.7	31.3	1.3	0.27	33.2	33.4	7.1	19.1	19.1	19.1	25.1	37.0	48.8	48.8	48.8	0.3	-0.6	18	32.4

指标	单位	算术平均值 X_a	算术标准差 S_a	几何平均值 X_g	几何标准差 S_g	变异系数 CV	众值 X_{mo}	中位值 X_{me}	中位绝对离差 MAD	最小值 X_{min}	$X_{0.5\%}$	$X_{2.5\%}$	累积频率 $X_{25\%}$	$X_{75\%}$	$X_{97.5\%}$	$X_{99.5\%}$	最大值 X_{max}	偏度系数 SK	峰度系数 BK	n'	基准值 X_a'
P	mg/kg	394	205	353	2	0.52	313	316	112	167	167	167	247	469	900	900	900	1.3	1.3	18	394
Pb	mg/kg	20.4	5.2	19.7	1.3	0.26	20.3	20.5	4.3	12.8	12.8	12.8	15.7	24.5	32.0	32.0	32.0	0.3	-0.2	18	20.4
Rb	mg/kg	98.2	18.9	96.6	1.2	0.19	94.1	96.2	13.0	75.4	75.4	75.4	82.6	108.5	143.7	143.7	143.7	0.9	0.4	18	98.2
S	mg/kg	129	43	124	1	0.33	125	121	20	85	85	85	102	150	270	270	270	2.2	6.3	17	121
Sb	mg/kg	0.86	0.26	0.83	1.30	0.30	0.78	0.79	0.12	0.57	0.57	0.57	0.69	1.03	1.52	1.52	1.52	1.2	1.2	18	0.86
Sc	mg/kg	12.2	3.7	11.7	1.3	0.31	11.1	11.6	2.2	6.7	6.7	6.7	9.5	14.1	23.4	23.4	23.4	1.5	4.0	17	11.5
Se	mg/kg	0.13	0.05	0.12	1.48	0.42	0.11	0.12	0.04	0.06	0.06	0.06	0.09	0.17	0.26	0.26	0.26	0.9	0.6	18	0.13
Sn	mg/kg	2.9	0.9	2.8	1.3	0.29	2.8	2.8	0.5	1.9	1.9	1.9	2.3	3.3	5.4	5.4	5.4	1.5	2.7	18	2.9
Sr	mg/kg	173	64	164	1	0.37	201	159	36	108	108	108	128	201	348	348	348	1.6	2.5	18	173
Th	mg/kg	10.8	2.0	10.6	1.2	0.18	9.6	10.7	1.1	7.5	7.5	7.5	9.6	12.2	14.6	14.6	14.6	0.2	-0.4	18	10.8
Ti	mg/kg	4 148	1 567	3 961	1	0.38	3 746	3 749	479	2 667	2 667	2 667	3 296	4 480	9 763	9 763	9 763	3.0	10.4	17	3 817
Tl	mg/kg	0.60	0.07	0.60	1.12	0.11	0.64	0.61	0.04	0.46	0.46	0.46	0.54	0.65	0.72	0.72	0.72	-0.3	-0.4	18	0.60
U	mg/kg	1.76	0.36	1.73	1.21	0.20	1.64	1.71	0.20	1.14	1.14	1.14	1.52	1.91	2.57	2.57	2.57	0.8	0.8	18	1.76
V	mg/kg	87.4	25.4	84.2	1.3	0.29	82.0	84.5	17.5	56.4	56.4	56.4	66.6	101.5	151.7	151.7	151.7	0.9	0.9	18	87.4
W	mg/kg	1.86	1.06	1.71	1.43	0.57	1.29	1.60	0.26	1.02	1.02	1.02	1.33	2.00	5.88	5.88	5.88	3.6	14.1	17	1.62
Y	mg/kg	25.0	4.4	24.6	1.2	0.18	21.9	24.8	3.6	18.2	18.2	18.2	21.9	29.0	32.1	32.1	32.1	0.1	-1.1	18	25.0
Zn	mg/kg	66.5	18.0	64.5	1.3	0.27	59.6	62.7	10.7	43.5	43.5	43.5	52.2	73.6	110.2	110.2	110.2	1.1	0.9	18	66.5
Zr	mg/kg	224	41	220	1	0.18	222	228	37	161	161	161	190	263	294	294	294	0.2	-1.0	18	224
Al_2O_3	%	14.32	1.82	14.21	1.13	0.13	14.07	14.30	1.18	10.46	10.46	10.46	13.16	15.52	18.64	18.64	18.64	0.2	1.3	18	14.32
CaO	%	3.09	2.41	2.37	2.08	0.78	2.15	2.19	1.11	0.65	0.65	0.65	1.40	4.30	8.21	8.21	8.21	1.2	0.4	18	3.09
MgO	%	2.84	1.48	2.51	1.65	0.52	1.37	2.43	1.03	1.14	1.14	1.14	1.72	3.57	5.70	5.70	5.70	0.8	-0.5	18	2.84
K_2O	%	2.41	0.38	2.38	1.17	0.16	2.28	2.31	0.26	1.77	1.77	1.77	2.20	2.72	3.23	3.23	3.23	0.2	-0.1	18	2.41
Na_2O	%	1.68	0.50	1.61	1.35	0.30	1.60	1.67	0.51	0.95	0.95	0.95	1.17	2.19	2.36	2.36	2.36	0.0	-1.5	18	1.68
SiO_2	%	60.88	4.89	60.69	1.08	0.08	61.18	61.32	3.02	52.73	52.73	52.73	56.93	64.21	69.80	69.80	69.80	-0.1	-0.6	18	60.88
TFe_2O_3	%	5.85	1.83	5.61	1.33	0.31	5.44	5.59	0.82	3.54	3.54	3.54	4.81	6.45	10.67	10.67	10.67	1.2	1.6	18	5.85
SOC	%	0.43	0.28	0.36	1.74	0.66	0.28	0.31	0.09	0.13	0.13	0.13	0.25	0.48	1.12	1.12	1.12	1.5	1.5	18	0.43
pH	无量纲						8.09	8.10	0.22	7.00	7.00	7.00	7.81	8.29	8.49	8.49	8.49				

表 2.5.22A 片岩-大理岩类表层土壤 (0~20 cm) 地球化学参数 (n=138)

指标	单位	算术平均值 X_a	算术标准差 S_a	几何平均值 X_g	几何标准差 S_g	变异系数 CV	众值 X_{mo}	中位值 X_{me}	中位绝对离差 MAD	最小值 X_{min}	$X_{0.5\%}$	$X_{2.5\%}$	$X_{25\%}$	$X_{75\%}$	$X_{97.5\%}$	$X_{99.5\%}$	最大值 X_{max}	偏度系数 SK	峰度系数 BK	背景值 n'	背景值 X_a'
Ag	mg/kg	0.085	0.036	0.080	1.417	0.42	0.060	0.075	0.016	0.047	0.047	0.049	0.060	0.096	0.194	0.230	0.249	2.0	5.2	131	0.079
As	mg/kg	9.2	5.6	8.2	1.6	0.61	4.9	7.7	2.0	3.6	3.9	4.1	6.0	10.1	26.6	35.0	41.1	3.0	11.6	126	7.8
Au	μg/kg	2.6	2.4	2.2	1.6	0.91	1.7	2.1	0.5	1.0	1.0	1.1	1.6	2.8	9.5	15.5	21.2	5.1	32.6	126	2.1
B	mg/kg	44.4	18.2	41.0	1.5	0.41	35.6	42.4	11.6	11.0	14.5	16.3	31.0	54.2	89.9	105.0	130.1	1.3	3.4	134	42.7
Ba	mg/kg	632	189	611	1	0.30	531	580	65	290	403	450	528	681	1 201	1 486	1 576	2.7	9.3	128	594
Be	mg/kg	1.99	0.33	1.96	1.18	0.17	1.89	1.96	0.21	1.27	1.30	1.37	1.79	2.20	2.64	2.97	3.12	0.4	0.6	136	1.97
Bi	mg/kg	0.35	0.24	0.31	1.56	0.67	0.21	0.30	0.08	0.16	0.16	0.17	0.22	0.38	1.00	1.46	1.97	3.9	19.7	125	0.29
Br	mg/kg	3.9	1.3	3.7	1.4	0.34	3.0	3.6	0.7	1.5	1.9	2.3	3.0	4.5	7.2	8.0	8.7	1.2	1.5	135	3.8
TC	%	0.87	0.34	0.83	1.38	0.39	0.82	0.82	0.17	0.42	0.43	0.51	0.65	1.00	1.49	2.26	3.03	2.7	13.0	135	0.84
Cd	mg/kg	0.166	0.108	0.146	1.573	0.65	0.100	0.134	0.032	0.068	0.072	0.079	0.107	0.175	0.573	0.634	0.706	3.0	9.9	125	0.136
Ce	mg/kg	80.9	30.3	77.2	1.3	0.38	64.5	73.4	10.8	40.4	46.1	48.5	64.5	89.1	172.3	221.7	264.8	3.3	14.9	132	75.8
Cl	mg/kg	154	199	123	2	1.29	94	114	28	58	58	61	89	148	607	1 405	1 654	6.0	38.2	125	113
Co	mg/kg	15.8	4.5	15.3	1.3	0.28	13.3	15.1	2.5	4.6	7.8	8.9	13.1	18.1	25.6	31.6	34.9	1.0	2.6	136	15.6
Cr	mg/kg	81.7	41.3	76.7	1.4	0.51	68.1	74.6	10.8	38.0	40.2	43.7	65.0	86.3	180.3	329.0	369.0	4.9	28.7	130	73.9
Cu	mg/kg	40.7	20.6	36.7	1.6	0.51	32.7	35.8	9.8	8.8	12.1	15.1	27.7	48.6	104.6	130.7	146.9	2.2	7.4	133	37.8
F	mg/kg	650	201	625	1	0.31	608	620	92	326	336	382	527	709	1 246	1 370	1 560	1.7	4.6	133	624
Ga	mg/kg	18.4	2.8	18.2	1.2	0.15	17.3	18.4	1.9	9.1	11.4	12.5	16.8	20.4	23.8	24.1	24.6	-0.3	0.4	137	18.5
Ge	mg/kg	1.43	0.19	1.41	1.14	0.14	1.30	1.41	0.12	1.01	1.07	1.15	1.29	1.53	1.87	2.03	2.31	1.1	2.8	135	1.41
Hg	mg/kg	0.042	0.048	0.034	1.743	1.16	0.023	0.031	0.009	0.007	0.013	0.017	0.023	0.043	0.125	0.300	0.471	6.5	50.6	128	0.032
I	mg/kg	2.51	1.12	2.32	1.47	0.45	2.57	2.36	0.43	0.53	1.11	1.14	1.91	2.77	5.43	5.60	10.10	2.9	15.4	130	2.30
La	mg/kg	42.1	17.2	39.9	1.3	0.41	36.8	37.4	5.4	22.7	24.5	24.8	33.4	46.3	88.6	132.4	148.4	3.7	17.5	132	39.1
Li	mg/kg	33.6	8.4	32.5	1.3	0.25	30.4	32.2	5.1	16.6	16.7	18.2	27.8	38.7	51.8	59.1	59.2	0.6	0.4	136	33.2
Mn	mg/kg	575	142	559	1	0.25	618	579	75	267	273	335	494	645	905	920	1 402	1.5	7.9	137	569
Mo	mg/kg	0.71	0.36	0.65	1.42	0.51	0.69	0.64	0.11	0.28	0.33	0.35	0.52	0.76	1.39	2.05	3.74	5.0	36.8	131	0.65
N	%	0.086	0.023	0.084	1.289	0.26	0.084	0.084	0.012	0.027	0.038	0.052	0.072	0.096	0.130	0.183	0.222	1.9	10.3	135	0.085
Nb	mg/kg	13.4	1.8	13.2	1.2	0.14	14.2	13.5	1.0	8.2	8.7	9.9	12.1	14.3	17.6	18.9	21.1	0.4	2.4	135	13.3
Ni	mg/kg	34.4	15.9	32.3	1.4	0.46	35.7	32.8	4.9	11.8	16.1	18.2	27.4	36.7	64.3	126.0	147.6	4.6	27.5	132	31.7

指标	单位	算术平均值 X_a	算术标准差 S_a	几何平均值 X_g	几何标准差 S_g	变异系数 CV	众值 X_{mo}	中位值 X_{me}	中位绝对离差 MAD	最小值 X_{min}	累积频率 $X_{0.5\%}$	$X_{2.5\%}$	$X_{25\%}$	$X_{75\%}$	$X_{97.5\%}$	$X_{99.5\%}$	最大值 X_{max}	偏度系数 SK	峰度系数 BK	n'	背景值 X_a'
P	mg/kg	645	228	609	1	0.35	712	610	121	236	255	290	497	749	1 213	1 303	1 784	1.4	4.2	133	618
Pb	mg/kg	31.4	16.3	29.0	1.4	0.52	27.7	27.3	4.7	17.0	17.2	17.5	23.2	34.8	84.4	105.3	124.9	3.2	12.4	127	27.5
Rb	mg/kg	112.1	24.6	109.5	1.2	0.22	103.4	109.0	14.4	61.8	64.6	70.2	95.1	125.7	163.9	165.9	171.9	0.4	-0.4	138	112.1
S	mg/kg	164	37	160	1	0.23	138	158	22	100	112	114	138	181	263	301	336	1.5	4.1	134	160
Sb	mg/kg	0.75	0.33	0.70	1.45	0.44	0.49	0.67	0.17	0.37	0.38	0.41	0.51	0.86	1.60	2.08	2.29	1.9	5.2	133	0.71
Sc	mg/kg	12.3	3.2	11.9	1.3	0.26	10.8	11.7	1.9	3.5	6.1	7.3	10.2	14.4	18.3	21.4	21.6	0.5	0.3	138	12.3
Se	mg/kg	0.20	0.05	0.20	1.28	0.27	0.17	0.19	0.03	0.12	0.12	0.13	0.17	0.23	0.37	0.38	0.40	1.3	2.1	134	0.20
Sn	mg/kg	3.2	1.1	3.1	1.3	0.35	2.7	3.1	0.6	1.5	1.6	1.9	2.6	3.7	5.8	6.3	12.4	4.1	29.7	134	3.1
Sr	mg/kg	170	65	160	1	0.38	171	147	28	90	91	98	126	194	356	388	438	1.7	3.3	132	160
Th	mg/kg	14.1	5.9	13.3	1.4	0.42	11.4	12.7	2.5	6.6	7.4	7.8	10.8	16.2	31.3	47.1	49.0	3.3	15.6	132	13.1
Ti	mg/kg	4 004	573	3 964	1	0.14	4 049	4 037	302	2 154	2 632	2 996	3 716	4 301	4 961	5 587	7 014	0.7	5.5	135	3 984
Tl	mg/kg	0.71	0.14	0.70	1.21	0.19	0.65	0.69	0.08	0.40	0.41	0.45	0.63	0.78	1.00	1.01	1.03	0.4	0.0	138	0.71
U	mg/kg	2.27	0.68	2.19	1.27	0.30	2.20	2.19	0.28	1.23	1.41	1.44	1.92	2.48	3.72	6.14	6.38	3.3	16.8	133	2.17
V	mg/kg	85.6	17.2	83.9	1.2	0.20	76.5	84.2	8.8	34.8	47.9	55.9	75.7	94.7	124.8	135.7	146.0	0.5	1.4	134	84.8
W	mg/kg	1.71	0.63	1.62	1.37	0.37	1.31	1.60	0.28	0.86	0.87	0.99	1.31	1.86	3.55	4.31	4.46	2.0	5.4	130	1.59
Y	mg/kg	23.2	3.6	22.9	1.2	0.16	24.0	23.5	1.7	12.6	13.4	16.1	21.5	24.9	29.2	37.2	40.3	0.8	5.2	132	23.1
Zn	mg/kg	77.2	20.4	74.6	1.3	0.26	111.6	74.8	11.2	23.2	31.0	44.3	64.5	86.8	117.6	135.7	175.0	1.0	3.6	134	76.0
Zr	mg/kg	244	51	239	1	0.21	242	241	35	91	149	165	207	283	323	375	518	1.0	5.3	135	242
Al_2O_3	%	14.84	1.58	14.74	1.12	0.11	14.59	14.86	0.90	7.44	10.11	10.88	14.01	15.89	17.67	18.20	18.77	-1.0	3.7	134	14.99
CaO	%	1.95	1.18	1.72	1.60	0.60	1.52	1.61	0.49	0.54	0.67	0.77	1.24	2.38	4.86	8.25	8.99	3.1	14.4	133	1.78
MgO	%	1.97	0.89	1.81	1.48	0.45	1.42	1.76	0.48	0.73	0.79	0.92	1.40	2.32	4.24	5.08	7.10	2.1	8.3	134	1.87
K_2O	%	2.71	0.42	2.67	1.17	0.16	2.63	2.68	0.28	1.66	1.72	1.85	2.41	3.03	3.49	3.65	3.65	-0.1	-0.4	138	2.71
Na_2O	%	1.66	0.41	1.61	1.29	0.25	1.65	1.62	0.27	0.64	0.83	0.96	1.38	1.96	2.59	2.75	2.81	0.4	0.0	138	1.66
SiO_2	%	63.32	3.68	63.21	1.06	0.06	63.75	63.48	2.20	53.42	53.49	56.99	61.09	65.25	70.39	74.32	79.86	0.7	3.0	133	63.18
TFe_2O_3	%	5.45	1.15	5.32	1.25	0.21	5.51	5.39	0.73	1.92	2.74	3.19	4.70	6.21	7.55	8.49	9.52	0.2	0.9	136	5.44
SOC	%	0.81	0.28	0.77	1.35	0.35	0.61	0.78	0.14	0.21	0.30	0.42	0.65	0.92	1.40	1.46	3.06	3.8	28.5	133	0.78
pH	无量纲						5.83	6.49	0.80	4.75	4.91	5.08	5.69	7.29	8.24	8.40	9.39				

表 2.5.22B 片岩－大理岩类深层土壤（150~200 cm）地球化学参数（n=35）

指标	单位	算术平均值 X_a	算术标准差 S_a	几何平均值 X_g	几何标准差 S_g	变异系数 CV	众值 X_{mo}	中位值 X_{me}	中位绝对离差 MAD	最小值 X_{min}	$X_{0.5\%}$	$X_{2.5\%}$	$X_{25\%}$	$X_{75\%}$	$X_{97.5\%}$	$X_{99.5\%}$	最大值 X_{max}	偏度系数 SK	峰度系数 BK	n'	基准值 X_a'
Ag	mg/kg	0.082	0.060	0.072	1.574	0.73	0.054	0.066	0.012	0.034	0.034	0.045	0.054	0.084	0.272	0.335	0.335	3.3	11.7	33	0.069
As	mg/kg	9.5	6.5	8.1	1.7	0.69	7.2	7.5	2.1	2.7	2.7	3.7	5.6	12.6	21.4	38.6	38.6	2.9	11.2	33	8.3
Au	μg/kg	2.1	1.0	1.9	1.5	0.49	1.4	1.7	0.4	1.2	1.2	1.2	1.4	2.6	4.8	5.5	5.5	1.9	3.4	33	1.9
B	mg/kg	42.3	16.1	38.7	1.6	0.38	43.7	43.7	10.3	6.9	6.9	15.6	29.5	51.9	74.0	75.2	75.2	0.2	0.0	35	42.3
Ba	mg/kg	648	270	617	1	0.42	595	595	59	374	374	437	535	654	1 051	2 023	2 023	4.1	20.5	33	595
Be	mg/kg	2.15	0.29	2.13	1.14	0.14	2.09	2.14	0.16	1.57	1.57	1.65	1.97	2.29	2.83	2.93	2.93	0.5	1.1	35	2.15
Bi	mg/kg	0.30	0.16	0.27	1.54	0.55	0.25	0.25	0.05	0.14	0.14	0.15	0.20	0.30	0.77	0.86	0.86	2.2	4.8	32	0.25
Br	mg/kg	4.1	2.1	3.7	1.6	0.51	2.9	3.4	0.9	1.5	1.5	1.9	2.7	4.7	7.7	12.0	12.0	1.9	4.9	34	3.9
TC	%	0.45	0.26	0.40	1.54	0.59	0.34	0.41	0.08	0.17	0.17	0.18	0.32	0.49	0.82	1.69	1.69	3.3	14.6	34	0.41
Cd	mg/kg	0.102	0.078	0.086	1.710	0.77	0.076	0.079	0.016	0.037	0.037	0.041	0.061	0.095	0.319	0.330	0.330	2.2	3.9	35	0.102
Ce	mg/kg	81.5	45.9	75.8	1.4	0.56	73.1	73.1	8.1	38.0	38.0	46.7	66.2	84.3	120.4	330.9	330.9	5.0	27.3	33	72.7
Cl	mg/kg	167	210	128	2	1.26	102	108	24	54	54	70	93	159	656	1 231	1 231	4.4	20.9	33	120
Co	mg/kg	16.4	4.6	15.8	1.3	0.28	14.5	15.5	1.8	8.6	8.6	10.4	13.8	17.4	28.2	31.5	31.5	1.5	3.2	33	15.6
Cr	mg/kg	83.2	42.3	76.6	1.5	0.51	63.5	71.2	8.3	20.7	20.7	46.9	64.0	89.0	139.6	289.8	289.8	3.6	17.1	34	77.1
Cu	mg/kg	28.3	12.3	26.8	1.4	0.43	24.8	24.8	3.6	18.2	18.2	18.5	21.7	30.6	40.7	88.3	88.3	3.7	17.1	34	26.5
F	mg/kg	749	619	668	1	0.83	615	615	106	432	432	435	552	747	1 082	4 210	4 210	5.4	31.0	34	648
Ga	mg/kg	19.1	1.8	19.1	1.1	0.10	19.2	19.2	1.3	15.5	15.5	16.3	17.8	20.0	22.1	23.6	23.6	0.3	-0.2	35	19.1
Ge	mg/kg	1.46	0.18	1.45	1.13	0.12	1.31	1.44	0.13	1.04	1.04	1.09	1.34	1.57	1.76	1.89	1.89	0.1	0.4	35	1.46
Hg	mg/kg	0.018	0.013	0.016	1.637	0.69	0.013	0.015	0.005	0.006	0.006	0.007	0.012	0.021	0.047	0.076	0.076	3.3	13.2	33	0.016
I	mg/kg	2.43	1.02	2.26	1.46	0.42	1.65	2.23	0.58	0.88	0.88	1.11	1.80	2.95	3.97	6.44	6.44	1.9	6.1	34	2.31
La	mg/kg	41.1	23.9	38.2	1.4	0.58	29.7	37.1	4.3	18.8	18.8	24.1	32.8	43.5	59.0	172.4	172.4	5.1	28.6	33	36.6
Li	mg/kg	35.3	6.4	34.7	1.2	0.18	35.4	35.9	4.0	22.6	22.6	22.7	31.9	41.2	44.2	44.7	44.7	-0.5	-0.5	35	35.3
Mn	mg/kg	613	194	588	1	0.32	470	562	92	377	377	400	477	682	1 088	1 209	1 209	1.5	2.2	34	595
Mo	mg/kg	0.78	0.71	0.65	1.64	0.92	0.53	0.61	0.15	0.36	0.36	0.37	0.47	0.83	2.44	4.32	4.32	4.2	19.3	33	0.62
N	%	0.039	0.010	0.038	1.282	0.25	0.039	0.039	0.006	0.024	0.024	0.025	0.032	0.045	0.056	0.061	0.061	0.4	-0.6	35	0.039
Nb	mg/kg	13.3	2.0	13.1	1.2	0.15	14.0	13.4	1.0	6.0	6.0	10.2	12.5	14.5	15.6	17.5	17.5	-1.3	4.1	34	13.5
Ni	mg/kg	36.5	16.1	34.3	1.4	0.44	31.4	31.4	3.5	15.6	15.6	22.5	28.9	40.0	62.6	113.8	113.8	3.5	16.1	33	33.3

指标	单位	算术平均值 X_a	算术标准差 S_a	几何平均值 X_g	几何标准差 S_g	变异系数 CV	众值 X_{mo}	中位值 X_{me}	中位绝对离差 MAD	最小值 X_{min}	$X_{0.5\%}$	$X_{2.5\%}$	$X_{25\%}$	$X_{75\%}$	$X_{97.5\%}$	$X_{99.5\%}$	最大值 X_{max}	偏度系数 SK	峰度系数 BK	n'	基准值 X_a'
P	mg/kg	360	203	328	2	0.56	293	310	44	172	172	196	274	381	1 084	1 143	1 143	3.1	10.4	33	314
Pb	mg/kg	28.2	16.3	25.2	1.6	0.58	22.5	22.5	4.7	11.8	11.8	12.9	18.8	29.9	75.4	81.1	81.1	2.1	4.1	31	23.0
Rb	mg/kg	113.0	20.2	111.1	1.2	0.18	114.2	114.2	15.0	66.5	66.5	73.4	99.2	129.8	150.2	151.9	151.9	-0.3	0.0	35	113.0
S	mg/kg	148	133	129	2	0.90	124	124	21	83	83	87	101	145	257	884	884	5.3	29.4	32	119
Sb	mg/kg	0.93	1.21	0.74	1.66	1.30	0.64	0.71	0.18	0.40	0.40	0.42	0.53	0.90	1.39	7.73	7.73	5.6	32.0	34	0.73
Sc	mg/kg	12.9	3.1	12.5	1.3	0.24	12.0	12.3	1.4	4.5	4.5	9.0	11.1	14.7	18.2	21.9	21.9	0.4	2.2	35	12.9
Se	mg/kg	0.15	0.07	0.13	1.45	0.49	0.12	0.13	0.02	0.06	0.06	0.07	0.11	0.17	0.22	0.48	0.48	3.3	15.1	34	0.14
Sn	mg/kg	2.9	0.6	2.8	1.3	0.20	2.9	2.9	0.3	1.2	1.2	2.0	2.6	3.0	4.2	4.4	4.4	0.1	2.1	35	2.9
Sr	mg/kg	165	68	155	1	0.41	128	141	23	93	93	98	125	183	278	418	418	1.9	4.7	34	158
Th	mg/kg	13.3	5.3	12.5	1.4	0.40	11.6	12.3	1.6	4.3	4.3	6.0	11.1	14.8	18.4	39.2	39.2	3.4	17.1	34	12.5
Ti	mg/kg	4 129	781	4 063	1	0.19	4 033	4 033	335	2 378	2 378	3 056	3 729	4 436	5 496	7 006	7 006	1.3	4.8	34	4 045
Tl	mg/kg	0.69	0.15	0.68	1.22	0.21	0.62	0.67	0.10	0.47	0.47	0.50	0.58	0.77	1.01	1.06	1.06	0.8	0.2	35	0.69
U	mg/kg	2.05	0.43	2.00	1.29	0.21	1.85	2.04	0.21	0.66	0.66	1.19	1.85	2.32	2.60	3.23	3.23	-0.5	3.4	33	2.06
V	mg/kg	90.5	22.2	88.3	1.2	0.25	97.2	86.4	10.3	52.8	52.8	62.8	77.5	97.2	155.9	169.3	169.3	2.0	5.6	33	86.1
W	mg/kg	2.15	1.63	1.81	1.69	0.76	1.63	1.63	0.34	0.67	0.67	1.00	1.29	2.01	5.86	8.33	8.33	2.5	6.2	30	1.56
Y	mg/kg	24.2	3.5	23.9	1.2	0.14	24.7	24.7	1.6	10.0	10.0	18.4	22.8	26.3	28.1	28.8	28.8	-2.3	7.7	34	24.6
Zn	mg/kg	74.6	27.4	71.1	1.3	0.37	66.9	65.9	6.4	43.4	43.4	43.9	62.7	78.7	150.1	179.3	179.3	2.4	6.6	32	67.6
Zr	mg/kg	231	37	228	1	0.16	219	232	25	160	160	181	201	256	298	316	316	0.3	-0.3	35	231
Al$_2$O$_3$	%	15.72	1.22	15.68	1.08	0.08	14.20	15.58	0.92	13.57	13.57	13.93	14.79	16.66	17.78	18.61	18.61	0.4	-0.4	35	15.72
CaO	%	1.68	0.80	1.51	1.59	0.48	1.14	1.47	0.48	0.48	0.48	0.78	1.03	2.22	3.65	3.93	3.93	1.0	1.0	35	1.68
MgO	%	2.09	0.90	1.93	1.48	0.43	1.84	1.70	0.34	0.78	0.78	0.97	1.54	2.46	4.15	4.82	4.82	1.3	1.6	34	2.01
K$_2$O	%	2.71	0.40	2.68	1.17	0.15	2.45	2.74	0.23	1.66	1.66	1.91	2.45	2.97	3.39	3.61	3.61	-0.3	0.8	35	2.71
Na$_2$O	%	1.65	0.55	1.58	1.35	0.33	1.54	1.60	0.31	0.68	0.68	1.00	1.29	1.91	2.40	3.85	3.85	1.9	6.8	34	1.59
SiO$_2$	%	63.11	2.56	63.06	1.04	0.04	63.48	63.48	1.61	58.12	58.12	58.80	60.76	64.76	66.82	68.88	68.88	-0.1	-0.5	35	63.11
TFe$_2$O$_3$	%	5.68	1.09	5.58	1.21	0.19	5.57	5.57	0.75	3.26	3.26	3.88	4.99	6.45	7.37	8.91	8.91	0.5	1.3	35	5.68
SOC	%	0.37	0.15	0.34	1.50	0.40	0.41	0.37	0.10	0.15	0.15	0.16	0.24	0.43	0.65	0.75	0.75	0.6	0.0	35	0.37
pH	无量纲						7.20	7.16	0.31	5.94	5.94	6.04	6.89	7.48	8.11	8.24	8.24			35	

表 2.5.23A　残积物表层土壤（0~20 cm）地球化学参数（n=798）

指标	单位	算术平均值 X_a	算术标准差 S_a	几何平均值 X_g	几何标准差 S_g	变异系数 CV	众值 X_{mo}	中位值 X_{me}	中位绝对离差 MAD	最小值 X_{min}	$X_{0.5\%}$	$X_{2.5\%}$	累积频率 $X_{25\%}$	$X_{75\%}$	$X_{97.5\%}$	$X_{99.5\%}$	最大值 X_{max}	偏度系数 SK	峰度系数 BK	背景值 n'	X_a'
Ag	mg/kg	0.079	0.040	0.074	1.354	0.51	0.072	0.072	0.011	0.037	0.040	0.046	0.062	0.085	0.148	0.293	0.763	8.9	122.5	758	0.072
As	mg/kg	7.1	2.6	6.7	1.4	0.36	7.2	6.8	1.6	2.2	2.5	3.6	5.2	8.4	12.7	16.4	26.0	1.6	6.3	789	7.0
Au	μg/kg	2.0	4.9	1.4	1.8	2.45	1.2	1.2	0.3	0.4	0.5	0.6	1.0	1.7	6.7	35.9	94.0	12.1	185.3	718	1.3
B	mg/kg	37.1	14.3	34.5	1.5	0.39	37.4	34.7	8.0	8.2	10.5	16.6	27.6	43.8	72.2	85.2	132.0	1.2	3.0	781	36.1
Ba	mg/kg	796	346	754	1	0.44	645	722	141	391	457	489	606	912	1 426	2 721	5 657	6.3	67.3	774	757
Be	mg/kg	1.89	0.30	1.87	1.17	0.16	1.73	1.87	0.20	0.90	1.26	1.39	1.68	2.07	2.56	2.80	3.37	0.6	1.2	787	1.88
Bi	mg/kg	0.25	0.13	0.23	1.37	0.54	0.19	0.23	0.04	0.07	0.11	0.14	0.19	0.28	0.42	0.67	2.58	11.0	173.1	778	0.24
Br	mg/kg	3.7	1.4	3.5	1.4	0.39	3.1	3.3	0.6	1.2	1.6	1.9	2.8	4.2	6.9	9.7	16.5	2.8	16.3	771	3.5
TC	%	0.97	0.44	0.91	1.41	0.46	0.91	0.88	0.17	0.34	0.40	0.49	0.73	1.10	1.92	2.94	7.17	5.2	55.6	766	0.91
Cd	mg/kg	0.131	0.081	0.120	1.435	0.62	0.121	0.117	0.024	0.030	0.057	0.068	0.096	0.145	0.256	0.690	1.157	7.6	80.9	774	0.121
Ce	mg/kg	67.4	15.7	65.6	1.3	0.23	67.6	66.3	9.8	21.1	32.6	39.4	56.7	76.9	101.0	112.6	142.1	0.6	1.2	792	67.1
Cl	mg/kg	122	272	91	2	2.23	68	79	20	37	41	46	63	110	332	1 717	4 788	13.6	212.6	725	85
Co	mg/kg	11.7	3.4	11.3	1.3	0.29	10.9	11.5	2.1	2.2	5.3	6.5	9.5	13.6	18.5	22.3	44.0	2.0	14.3	790	11.6
Cr	mg/kg	61.5	24.7	58.3	1.4	0.40	71.0	59.8	11.2	17.8	25.7	31.8	48.2	70.8	105.9	140.0	469.5	6.7	97.2	779	59.3
Cu	mg/kg	22.4	13.6	20.7	1.4	0.61	21.0	20.8	4.3	5.2	8.1	10.8	16.7	25.5	44.3	79.0	302.1	12.0	229.1	770	20.9
F	mg/kg	444	111	431	1	0.25	408	438	74	134	196	254	362	511	697	808	925	0.6	1.0	788	440
Ga	mg/kg	15.6	1.8	15.5	1.1	0.11	16.1	15.7	1.1	6.6	10.3	11.7	14.5	16.7	18.9	20.1	22.1	-0.4	1.2	790	15.6
Ge	mg/kg	1.28	0.16	1.27	1.14	0.13	1.21	1.27	0.10	0.54	0.85	0.98	1.17	1.38	1.63	1.76	2.00	0.2	1.2	791	1.28
Hg	mg/kg	0.044	0.042	0.036	1.674	0.97	0.026	0.034	0.009	0.010	0.013	0.017	0.026	0.044	0.152	0.234	0.688	7.4	86.8	714	0.034
I	mg/kg	2.07	0.66	1.97	1.37	0.32	1.55	1.97	0.42	0.74	0.88	1.08	1.59	2.47	3.57	4.13	5.16	0.8	1.0	792	2.05
La	mg/kg	34.4	8.0	33.5	1.3	0.23	32.8	33.9	4.6	10.9	17.0	21.1	29.2	38.3	53.5	63.8	82.4	1.0	3.2	778	33.8
Li	mg/kg	26.5	8.0	25.3	1.4	0.30	29.2	25.5	5.8	9.1	11.4	13.9	20.4	32.0	42.8	48.0	58.5	0.5	0.2	794	26.3
Mn	mg/kg	621	159	602	1	0.26	528	596	101	111	319	384	510	710	966	1 200	1 576	1.1	3.3	782	611
Mo	mg/kg	0.57	0.19	0.54	1.33	0.33	0.50	0.53	0.09	0.21	0.28	0.33	0.45	0.64	1.02	1.66	1.86	2.5	11.5	764	0.54
N	%	0.095	0.025	0.091	1.305	0.27	0.098	0.092	0.015	0.030	0.040	0.053	0.078	0.109	0.152	0.185	0.249	0.9	2.4	787	0.093
Nb	mg/kg	13.5	2.4	13.3	1.2	0.18	13.9	13.3	1.4	7.9	8.8	10.0	11.9	14.7	18.1	25.5	32.9	2.0	10.3	781	13.3
Ni	mg/kg	27.0	17.2	25.1	1.4	0.64	24.1	25.6	5.2	8.3	10.6	13.5	20.4	31.1	47.4	73.6	413.3	15.2	325.8	778	25.6

350

指标	单位	算术平均值 X_a	算术标准差 S_a	几何平均值 X_g	几何标准差 S_g	变异系数 CV	众值 X_{mo}	中位值 X_{me}	中位绝对离差 MAD	最小值 X_{min}	$X_{0.5\%}$	$X_{2.5\%}$	$X_{25\%}$	$X_{75\%}$	$X_{97.5\%}$	$X_{99.5\%}$	最大值 X_{max}	偏度系数 SK	峰度系数 BK	n'	背景值 X_a'
P	mg/kg	711	209	682	1	0.30	757	680	118	179	286	383	578	816	1 172	1 422	2 058	1.2	4.0	789	701
Pb	mg/kg	27.1	9.6	26.2	1.3	0.35	27.5	25.3	2.9	13.8	16.6	19.1	22.7	28.7	46.1	96.5	145.8	6.2	56.4	760	25.6
Rb	mg/kg	94.8	13.8	93.8	1.2	0.15	96.3	93.6	8.3	48.2	62.1	70.3	85.8	102.4	124.8	135.2	163.9	0.6	1.3	791	94.5
S	mg/kg	218	179	198	1	0.82	156	188	35	59	109	119	159	233	415	1 238	3 171	11.2	161.7	760	194
Sb	mg/kg	0.66	0.95	0.61	1.37	1.44	0.56	0.60	0.10	0.29	0.31	0.36	0.51	0.71	1.10	1.24	26.60	25.6	697.6	770	0.60
Sc	mg/kg	9.0	2.2	8.7	1.3	0.25	9.6	9.0	1.5	2.6	4.2	5.1	7.4	10.5	13.5	15.5	18.7	0.3	0.5	793	9.0
Se	mg/kg	0.18	0.06	0.17	1.30	0.35	0.16	0.17	0.02	0.09	0.10	0.11	0.14	0.19	0.33	0.45	1.01	4.8	45.9	758	0.17
Sn	mg/kg	2.8	0.8	2.7	1.3	0.30	2.6	2.6	0.4	1.3	1.4	1.6	2.3	3.1	4.6	6.6	9.8	2.6	13.4	767	2.6
Sr	mg/kg	225	106	210	1	0.47	186	206	46	82	102	110	166	260	414	685	1 390	5.2	47.7	776	214
Th	mg/kg	10.7	2.8	10.3	1.3	0.26	9.4	10.4	1.8	4.7	5.1	6.2	8.7	12.2	17.4	21.1	28.4	1.2	4.1	786	10.5
Ti	mg/kg	3 631	696	3 570	1	0.19	3 301	3 602	419	1 296	2 005	2 428	3 202	4 039	4 841	6 077	10 883	2.0	17.5	787	3 600
Tl	mg/kg	0.59	0.10	0.58	1.17	0.16	0.55	0.58	0.05	0.25	0.38	0.43	0.53	0.63	0.80	0.90	1.21	1.0	3.6	789	0.58
U	mg/kg	1.98	0.41	1.94	1.22	0.21	1.88	1.96	0.25	1.04	1.08	1.29	1.71	2.20	2.85	3.36	4.23	0.8	2.4	786	1.96
V	mg/kg	70.8	15.5	69.1	1.3	0.22	67.0	70.6	10.3	20.4	34.3	44.3	60.0	80.7	100.6	113.3	155.8	1.2	1.2	793	70.6
W	mg/kg	1.36	0.42	1.30	1.35	0.31	1.33	1.32	0.24	0.49	0.54	0.69	1.09	1.57	2.23	2.83	4.17	1.2	4.5	786	1.34
Y	mg/kg	21.6	3.5	21.3	1.2	0.16	20.5	21.6	2.5	6.5	12.0	14.7	19.2	24.2	28.4	29.6	32.4	-0.1	0.3	793	21.7
Zn	mg/kg	57.2	25.7	54.4	1.3	0.45	48.6	53.9	9.0	15.7	25.4	31.1	46.0	64.5	96.9	134.0	493.9	9.5	143.2	773	54.5
Zr	mg/kg	293	67	288	1	0.23	260	284	30	134	165	208	257	319	414	675	1 048	4.2	36.7	780	288
Al_2O_3	%	12.96	1.17	12.91	1.10	0.09	12.82	12.95	0.66	5.90	9.75	10.44	12.33	13.65	15.33	16.23	17.32	-0.2	2.2	793	12.96
CaO	%	1.52	0.70	1.40	1.46	0.46	1.20	1.37	0.31	0.30	0.56	0.72	1.11	1.75	3.20	4.87	8.77	3.1	19.2	762	1.41
MgO	%	1.09	0.38	1.03	1.43	0.35	1.11	1.06	0.25	0.13	0.38	0.49	0.83	1.32	1.94	2.35	4.09	1.2	5.2	787	1.07
K_2O	%	2.58	0.44	2.54	1.17	0.17	2.25	2.48	0.24	1.53	1.88	1.99	2.27	2.78	3.53	4.82	5.34	1.7	5.6	787	2.55
Na_2O	%	2.06	0.53	1.99	1.32	0.26	1.68	2.07	0.39	0.74	0.90	1.06	1.67	2.46	3.00	3.26	3.41	0.0	-0.7	798	2.06
SiO_2	%	67.16	3.88	67.04	1.06	0.06	64.74	67.10	2.66	51.23	56.71	60.37	64.45	69.76	75.19	77.14	84.07	0.1	0.7	792	67.19
TFe_2O_3	%	3.96	0.95	3.85	1.27	0.24	4.40	3.90	0.63	1.03	1.94	2.43	3.28	4.56	5.82	6.83	10.89	0.9	3.8	788	3.92
SOC	%	0.91	0.37	0.86	1.38	0.41	0.77	0.86	0.17	0.25	0.36	0.46	0.70	1.03	1.58	2.69	6.40	5.6	67.1	782	0.88
pH	无量纲						7.50	6.71	0.78	4.63	4.85	5.02	5.87	7.44	8.11	8.35	9.35				

351

表 2.5.23B 残坡积物深层土壤（150～200 cm）地球化学参数（n=195）

指标	单位	算术平均值 X_a	算术标准差 S_a	几何平均值 X_g	几何标准差 S_g	变异系数 CV	众值 X_{mo}	中位值 X_{me}	中位绝对离差 MAD	最小值 X_{min}	$X_{0.5\%}$	$X_{2.5\%}$	$X_{25\%}$	$X_{75\%}$	$X_{97.5\%}$	$X_{99.5\%}$	最大值 X_{max}	偏度系数 SK	峰度系数 BK	n'	基准值 X_a'
Ag	mg/kg	0.066	0.025	0.063	1.338	0.38	0.055	0.062	0.010	0.023	0.031	0.039	0.052	0.073	0.119	0.192	0.263	3.9	25.0	187	0.062
As	mg/kg	8.4	3.5	7.7	1.5	0.42	7.5	8.1	2.3	2.1	2.4	3.0	5.8	10.4	15.9	19.2	22.3	0.8	1.1	192	8.3
Au	μg/kg	1.6	0.6	1.5	1.4	0.40	1.5	1.5	0.3	0.6	0.8	0.8	1.2	1.8	3.0	5.0	5.4	2.5	11.1	189	1.5
B	mg/kg	33.7	13.7	30.8	1.6	0.41	30.0	31.0	7.7	3.1	5.7	11.7	24.8	41.0	64.7	72.6	84.0	0.8	0.8	194	33.4
Ba	mg/kg	809	319	768	1	0.40	561	742	140	479	501	519	606	915	1445	2555	3134	3.5	19.1	188	765
Be	mg/kg	2.10	0.39	2.07	1.19	0.19	2.01	2.02	0.23	1.00	1.44	1.55	1.84	2.28	3.00	3.63	3.68	1.2	3.5	188	2.06
Bi	mg/kg	0.23	0.09	0.21	1.40	0.39	0.21	0.21	0.04	0.06	0.09	0.11	0.17	0.26	0.38	0.56	0.93	3.2	21.4	192	0.22
Br	mg/kg	3.3	1.5	3.0	1.6	0.44	2.1	3.2	0.9	0.6	0.7	1.1	2.2	4.1	6.7	8.5	8.9	1.0	1.6	192	3.2
TC	%	0.47	0.33	0.40	1.72	0.71	0.25	0.36	0.11	0.08	0.12	0.18	0.27	0.52	1.51	1.77	2.49	2.6	9.1	173	0.37
Cd	mg/kg	0.084	0.043	0.077	1.519	0.51	0.066	0.079	0.019	0.018	0.018	0.032	0.060	0.099	0.160	0.272	0.447	3.9	28.0	192	0.081
Ce	mg/kg	78.4	23.6	75.3	1.3	0.30	70.5	76.6	12.1	23.0	36.2	42.8	64.9	88.9	125.2	198.4	204.5	1.9	8.4	189	76.1
Cl	mg/kg	72	42	65	2	0.58	50	59	12	31	32	39	50	76	198	281	311	3.1	11.4	171	59
Co	mg/kg	15.6	5.7	14.6	1.5	0.37	11.8	14.7	3.3	2.1	5.1	7.2	11.8	18.8	27.4	36.5	40.2	0.9	1.9	192	15.3
Cr	mg/kg	66.3	25.5	62.3	1.4	0.39	67.0	63.3	13.0	23.4	26.8	30.9	50.6	77.0	119.0	162.2	245.2	2.4	12.9	192	64.3
Cu	mg/kg	20.8	7.3	19.7	1.4	0.35	20.9	20.1	4.1	4.8	8.4	10.1	16.0	24.7	36.1	47.6	62.2	1.4	5.6	192	20.4
F	mg/kg	504	170	481	1	0.34	522	471	81	147	217	273	399	571	881	1226	1589	2.2	9.7	188	483
Ga	mg/kg	17.1	2.2	16.9	1.2	0.13	18.9	17.4	1.4	7.0	11.5	12.7	15.7	18.5	20.7	21.9	22.4	-0.7	1.6	194	17.1
Ge	mg/kg	1.35	0.18	1.34	1.14	0.14	1.44	1.35	0.10	0.98	0.99	1.04	1.23	1.45	1.73	1.90	2.30	0.8	3.0	193	1.34
Hg	mg/kg	0.017	0.012	0.015	1.510	0.71	0.012	0.015	0.003	0.006	0.006	0.007	0.012	0.018	0.036	0.075	0.145	7.3	72.2	183	0.015
I	mg/kg	2.26	0.82	2.12	1.44	0.36	1.92	2.12	0.43	0.77	0.81	0.97	1.74	2.71	4.20	4.95	5.40	0.9	1.2	192	2.22
La	mg/kg	37.7	11.3	36.3	1.3	0.30	37.5	36.5	4.8	10.4	16.2	21.8	31.9	41.4	55.2	98.9	109.9	2.6	13.6	191	36.9
Li	mg/kg	31.4	10.7	29.7	1.4	0.34	30.9	29.8	6.0	10.1	10.9	17.1	24.2	36.5	55.8	77.9	79.9	1.2	3.2	192	30.7
Mn	mg/kg	917	513	808	2	0.56	679	782	213	90	263	337	600	1050	2145	2844	3957	2.1	7.1	185	835
Mo	mg/kg	0.61	0.33	0.56	1.47	0.55	0.48	0.53	0.10	0.23	0.24	0.29	0.45	0.64	1.47	2.13	3.23	4.0	23.4	181	0.54
N	%	0.037	0.010	0.036	1.280	0.26	0.032	0.035	0.005	0.023	0.023	0.024	0.030	0.043	0.060	0.070	0.074	1.0	1.1	192	0.037
Nb	mg/kg	13.8	2.6	13.6	1.2	0.19	11.2	13.4	1.5	8.8	8.8	10.1	12.2	15.3	19.5	25.0	26.6	1.3	4.1	192	13.7
Ni	mg/kg	32.3	12.2	30.1	1.5	0.38	29.5	30.4	7.5	5.4	12.2	13.8	23.3	38.9	62.1	67.2	99.0	1.3	4.3	193	31.8

指标	单位	算术平均值 X_a	算术标准差 S_a	几何平均值 X_g	几何标准差 S_g	变异系数 CV	众值 X_{mo}	中位值 X_{me}	中位绝对离差 MAD	最小值 X_{min}	累积频率 $X_{0.5\%}$	$X_{2.5\%}$	$X_{25\%}$	$X_{75\%}$	$X_{97.5\%}$	$X_{99.5\%}$	最大值 X_{max}	偏度系数 SK	峰度系数 BK	基准值 n'	基准值 X_a'
P	mg/kg	409	236	366	2	0.58	291	355	84	98	146	180	273	465	930	1 524	2 111	3.3	16.9	185	368
Pb	mg/kg	24.4	5.4	23.9	1.2	0.22	22.5	23.7	3.3	13.8	14.8	16.0	20.8	27.5	38.8	44.3	44.8	1.0	2.1	188	23.8
Rb	mg/kg	99.3	14.9	98.2	1.2	0.15	105.2	99.6	9.2	61.8	66.6	74.3	89.6	108.3	132.8	140.3	171.7	0.6	2.4	194	98.9
S	mg/kg	104	25	101	1	0.24	95	99	16	61	63	69	85	117	167	192	205	1.1	1.7	192	102
Sb	mg/kg	0.75	0.25	0.71	1.41	0.33	0.73	0.73	0.17	0.28	0.28	0.34	0.56	0.90	1.29	1.44	1.48	0.5	-0.1	195	0.75
Sc	mg/kg	10.2	2.5	9.9	1.3	0.24	10.7	10.2	1.9	2.6	4.5	5.3	8.3	12.1	14.9	16.1	17.1	0.0	-0.1	194	10.2
Se	mg/kg	0.10	0.03	0.10	1.37	0.32	0.08	0.09	0.02	0.04	0.04	0.05	0.08	0.12	0.17	0.22	0.22	0.9	1.4	192	0.10
Sn	mg/kg	2.5	0.6	2.4	1.3	0.24	2.3	2.4	0.4	1.4	1.4	1.5	2.0	2.8	3.5	4.8	5.5	1.2	4.1	191	2.4
Sr	mg/kg	216	111	199	2	0.51	169	196	43	79	83	103	157	246	423	743	1 182	4.3	31.6	189	203
Th	mg/kg	11.3	3.0	10.9	1.3	0.27	12.4	11.0	1.7	4.2	5.3	6.5	9.4	12.8	17.3	23.2	25.9	1.3	4.3	190	11.0
Ti	mg/kg	3 759	739	3 683	1	0.20	3 849	3 746	458	1 499	1 921	2 212	3 316	4 221	5 437	5 691	5 914	0.1	0.7	194	3 771
Tl	mg/kg	0.61	0.10	0.61	1.17	0.16	0.57	0.60	0.05	0.37	0.39	0.44	0.56	0.66	0.85	0.87	0.91	0.5	0.6	194	0.61
U	mg/kg	1.96	0.44	1.91	1.25	0.22	1.90	1.96	0.25	0.73	1.00	1.09	1.69	2.21	2.66	3.53	4.52	1.1	6.0	192	1.94
V	mg/kg	81.7	19.4	79.2	1.3	0.24	86.0	83.0	13.5	24.6	33.8	45.2	68.3	95.0	116.7	125.4	141.0	-0.1	0.0	193	81.7
W	mg/kg	1.44	0.55	1.37	1.36	0.38	1.22	1.38	0.28	0.49	0.55	0.77	1.12	1.69	2.20	2.80	6.96	5.2	50.5	193	1.40
Y	mg/kg	22.8	4.3	22.3	1.2	0.19	21.3	22.7	2.4	7.5	11.9	14.3	20.3	25.1	31.4	33.3	37.4	0.0	1.1	193	22.8
Zn	mg/kg	54.9	15.6	52.7	1.3	0.29	56.8	53.5	10.9	11.9	22.8	29.1	43.6	64.8	84.2	102.5	143.0	1.1	4.7	192	54.4
Zr	mg/kg	256	58	250	1	0.23	274	245	29	150	153	171	220	277	369	543	632	2.2	10.9	193	252
Al_2O_3	%	14.18	1.32	14.11	1.11	0.09	14.80	14.33	0.74	7.09	10.23	11.20	13.49	14.95	16.20	17.45	17.59	-1.0	4.1	192	14.26
CaO	%	1.97	1.47	1.64	1.76	0.74	1.43	1.45	0.45	0.32	0.54	0.70	1.12	2.19	6.30	7.25	10.63	2.6	8.3	174	1.54
MgO	%	1.31	0.52	1.22	1.50	0.39	0.79	1.25	0.29	0.16	0.41	0.51	0.97	1.56	2.35	3.09	4.09	1.3	4.4	190	1.26
K_2O	%	2.55	0.44	2.52	1.17	0.17	2.33	2.45	0.23	1.60	1.73	1.97	2.25	2.74	3.51	3.98	4.93	1.5	4.3	191	2.52
Na_2O	%	1.95	0.55	1.87	1.36	0.29	1.58	1.91	0.39	0.71	0.78	0.91	1.55	2.35	3.06	3.26	3.45	0.2	-0.3	195	1.95
SiO_2	%	63.89	4.33	63.75	1.07	0.07	64.36	63.69	2.47	49.94	53.28	55.94	61.43	66.58	71.94	74.57	84.48	0.5	2.5	193	63.86
TFe_2O_3	%	4.61	1.08	4.47	1.31	0.24	4.34	4.62	0.71	0.84	2.00	2.49	3.92	5.34	6.61	7.10	7.66	-0.1	0.3	194	4.63
SOC	%	0.29	0.11	0.26	1.57	0.39	0.22	0.27	0.06	0.03	0.04	0.10	0.22	0.35	0.55	0.62	0.66	0.7	0.9	193	0.28
pH	无量纲						8.32	7.81	0.39	5.79	5.99	6.64	7.37	8.19	8.40	8.52	8.61				

表2.5.24A 冲积物表层土壤（0~20 cm）地球化学参数（n=19 262）

指标	单位	算术平均值 X_a	算术标准差 S_a	几何平均值 X_g	几何标准差 S_g	变异系数 CV	众值 X_{mo}	中位值 X_{me}	中位绝对离差 MAD	最小值 X_{min}	累积频率 $X_{0.5\%}$	$X_{2.5\%}$	$X_{25\%}$	$X_{75\%}$	$X_{97.5\%}$	$X_{99.5\%}$	最大值 X_{max}	偏度系数 SK	峰度系数 BK	n'	背景值 X_a'
Ag	mg/kg	0.071	0.031	0.068	1.313	0.43	0.060	0.068	0.010	0.008	0.033	0.041	0.058	0.079	0.118	0.186	1.770	19.2	780.4	18 663	0.068
As	mg/kg	9.8	3.0	9.3	1.4	0.31	10.1	9.8	1.7	0.1	3.3	4.3	7.8	11.4	16.7	20.3	42.0	0.7	2.7	18 931	9.6
Au	μg/kg	1.8	3.1	1.6	1.5	1.78	1.5	1.5	0.3	0.4	0.7	0.8	1.3	1.9	3.3	7.7	327.1	66.6	6239.4	18 552	1.6
B	mg/kg	48.0	11.4	46.4	1.3	0.24	56.0	49.6	6.3	1.4	13.4	21.4	42.1	55.0	67.3	76.0	209.9	-0.2	4.8	18 959	48.3
Ba	mg/kg	566	267	545	1	0.47	468	507	39	256	418	436	476	572	1 076	1 544	16 880	26.8	1 303.0	16 830	511
Be	mg/kg	1.92	0.23	1.91	1.12	0.12	1.87	1.90	0.13	0.77	1.35	1.52	1.78	2.04	2.43	2.70	5.19	1.0	5.5	18 945	1.91
Bi	mg/kg	0.28	0.18	0.27	1.32	0.64	0.25	0.27	0.04	0.05	0.12	0.16	0.24	0.31	0.48	0.68	19.00	61.9	5 838.9	18 627	0.27
Br	mg/kg	4.6	3.0	4.2	1.5	0.65	3.3	4.2	1.0	0.4	1.6	2.1	3.3	5.2	9.6	14.6	155.8	16.2	536.2	18 396	4.3
TC	%	1.53	0.57	1.41	1.52	0.38	1.68	1.62	0.34	0.18	0.42	0.56	1.06	1.86	2.66	3.68	7.63	0.7	3.7	19 014	1.50
Cd	mg/kg	0.152	0.581	0.140	1.361	3.81	0.140	0.140	0.021	0.024	0.062	0.078	0.120	0.164	0.261	0.384	79.750	133.9	18 348.3	18 579	0.140
Ce	mg/kg	66.3	11.6	65.5	1.2	0.17	65.6	66.1	4.8	22.5	36.7	45.0	61.4	71.0	86.8	105.7	656.3	11.1	484.5	18 589	66.1
Cl	mg/kg	272	778	157	2	2.86	86	128	50	31	48	57	89	229	1 260	4 145	28 546	17.4	427.9	16 174	132
Co	mg/kg	11.8	2.6	11.5	1.2	0.22	11.1	11.4	1.3	2.1	5.7	7.3	10.2	12.9	18.1	21.5	50.1	1.6	9.5	18 700	11.5
Cr	mg/kg	63.5	12.8	62.4	1.2	0.20	64.4	63.7	5.5	7.4	28.9	38.0	58.0	69.0	85.7	116.8	398.7	3.2	51.9	18 632	63.3
Cu	mg/kg	23.5	9.6	22.6	1.3	0.41	20.5	22.3	3.0	3.0	10.1	13.4	19.6	25.8	41.5	56.7	696.1	26.4	1 574.5	18 408	22.5
F	mg/kg	536	102	526	1	0.19	555	538	54	139	276	329	481	591	753	883	1 485	0.4	2.2	18 958	532
Ga	mg/kg	14.9	1.9	14.8	1.1	0.13	14.4	14.8	1.2	6.9	10.3	11.5	13.6	16.1	19.1	20.6	27.4	0.4	0.6	19 131	14.9
Ge	mg/kg	1.30	0.14	1.29	1.12	0.11	1.30	1.30	0.10	0.67	0.99	1.03	1.20	1.40	1.60	1.75	3.92	0.9	7.8	19 109	1.30
Hg	mg/kg	0.045	0.089	0.037	1.656	1.98	0.030	0.034	0.008	0.004	0.012	0.017	0.027	0.045	0.124	0.291	5.660	35.2	1 735.6	17 688	0.035
I	mg/kg	1.96	0.73	1.86	1.39	0.37	1.58	1.86	0.38	0.02	0.72	0.96	1.51	2.29	3.52	4.48	34.60	7.5	254.5	18 847	1.91
La	mg/kg	34.2	6.3	33.8	1.2	0.18	34.0	34.0	2.0	11.3	19.5	24.1	32.0	36.0	44.2	56.0	502.2	25.1	1681.0	18 383	34.0
Li	mg/kg	31.9	7.2	31.0	1.3	0.23	32.0	31.9	3.9	4.4	13.5	17.0	28.0	35.8	48.3	56.0	76.1	0.3	1.3	18 969	31.6
Mn	mg/kg	581	122	570	1	0.21	530	561	56	162	321	391	511	627	892	1 051	2 687	2.4	19.1	18 450	566
Mo	mg/kg	0.59	0.31	0.57	1.29	0.52	0.53	0.56	0.08	0.21	0.29	0.35	0.49	0.65	0.97	1.28	33.91	69.1	7243.4	18 705	0.57
N	%	0.094	0.025	0.091	1.297	0.26	0.088	0.092	0.013	0.016	0.037	0.052	0.079	0.106	0.148	0.204	0.297	1.3	5.9	18 822	0.093
Nb	mg/kg	13.6	1.5	13.5	1.1	0.11	13.5	13.6	0.7	3.1	9.0	10.6	12.9	14.3	16.2	19.6	74.8	4.2	139.4	18 707	13.6
Ni	mg/kg	27.9	7.4	27.1	1.3	0.27	28.0	27.4	3.2	2.6	11.7	15.5	24.4	30.9	41.7	52.5	355.9	7.9	248.4	18 883	27.5

354

指标	单位	算术平均值 X_a	算术标准差 S_a	几何平均值 X_g	几何标准差 S_g	变异系数 CV	众值 X_{mo}	中位值 X_{me}	中位绝对离差 MAD	最小值 X_{min}	累积频率 $X_{0.5\%}$	$X_{2.5\%}$	$X_{25\%}$	$X_{75\%}$	$X_{97.5\%}$	$X_{99.5\%}$	最大值 X_{max}	偏度系数 SK	峰度系数 BK	n'	背景值 X_a'
P	mg/kg	948	245	915	1	0.26	968	954	153	158	379	480	787	1 096	1 427	1 736	3 517	0.6	3.5	19 088	940
Pb	mg/kg	23.5	6.5	23.0	1.2	0.28	21.1	22.5	2.4	9.7	15.6	17.1	20.4	25.3	35.3	52.1	351.9	13.2	458.6	18 603	22.8
Rb	mg/kg	94.1	10.2	93.5	1.1	0.11	89.0	92.6	5.6	40.9	67.5	77.3	87.7	99.1	118.1	129.7	204.1	0.9	3.8	18 884	93.7
S	mg/kg	263	389	235	2	1.48	196	219	44	11	107	128	184	278	605	1 120	32 428	60.7	4 632.7	17 839	227
Sb	mg/kg	0.85	0.33	0.81	1.38	0.38	0.87	0.86	0.17	0.01	0.34	0.41	0.65	1.00	1.40	1.72	18.60	15.7	740.8	19 037	0.84
Sc	mg/kg	10.3	2.0	10.1	1.2	0.19	10.4	10.3	1.0	1.4	4.8	6.2	9.4	11.3	14.7	16.8	22.0	0.2	1.8	18 794	10.3
Se	mg/kg	0.19	0.08	0.18	1.31	0.42	0.17	0.18	0.02	0.02	0.09	0.11	0.16	0.20	0.33	0.53	5.23	21.6	1 092.7	18 519	0.18
Sn	mg/kg	3.2	1.0	3.1	1.3	0.31	3.0	3.0	0.5	0.6	1.5	1.9	2.6	3.6	5.4	7.6	27.5	4.0	48.7	18 666	3.1
Sr	mg/kg	209	54	204	1	0.26	196	201	13	59	107	133	189	216	342	465	2 978	9.3	365.2	17 580	199
Th	mg/kg	10.9	2.2	10.7	1.2	0.20	10.9	10.8	1.1	2.8	5.9	7.2	9.7	11.8	15.3	19.2	50.2	2.5	26.1	18 965	10.8
Ti	mg/kg	3 704	420	3 679	1	0.11	3 795	3 739	166	1 245	2 194	2 742	3 540	3 881	4 507	5 034	10 797	0.5	13.7	18 255	3 720
Tl	mg/kg	0.59	0.08	0.58	1.15	0.14	0.58	0.58	0.05	0.30	0.40	0.44	0.54	0.64	0.77	0.89	1.77	0.9	5.8	18 991	0.59
U	mg/kg	2.26	0.37	2.23	1.19	0.16	2.29	2.27	0.21	0.61	1.20	1.49	2.05	2.48	2.94	3.31	7.15	0.4	5.9	19 017	2.26
V	mg/kg	76.0	12.3	75.0	1.2	0.16	76.2	76.2	6.3	15.5	37.5	48.8	69.8	82.5	102.4	112.4	173.3	0.0	2.1	18 869	76.1
W	mg/kg	1.60	0.36	1.56	1.23	0.23	1.59	1.62	0.14	0.31	0.68	0.90	1.47	1.75	2.14	2.47	21.49	11.9	553.3	18 742	1.60
Y	mg/kg	23.0	2.5	22.9	1.1	0.11	22.8	23.3	1.1	2.1	13.8	17.0	22.0	24.4	27.2	29.8	85.2	0.1	23.8	18 566	23.2
Zn	mg/kg	64.5	14.7	63.1	1.2	0.23	61.0	63.4	6.6	9.1	32.1	39.5	57.1	70.3	95.8	117.9	504.9	4.2	78.1	18 760	63.4
Zr	mg/kg	247	47	243	1	0.19	234	244	27	94	133	160	218	272	349	408	807	0.9	4.7	19 002	245
Al_2O_3	%	12.46	1.05	12.42	1.09	0.08	11.76	12.32	0.67	6.59	10.14	10.81	11.71	13.10	14.79	15.66	18.22	0.6	0.7	19 061	12.44
CaO	%	4.23	2.11	3.56	1.90	0.50	5.34	4.99	1.29	0.51	0.79	1.01	1.90	5.71	7.87	9.00	26.41	0.0	0.3	19 246	4.22
MgO	%	1.72	0.51	1.63	1.41	0.30	1.90	1.82	0.31	0.16	0.52	0.70	1.34	2.03	2.69	2.97	5.23	-0.2	0.0	19 246	1.72
K_2O	%	2.40	0.25	2.39	1.10	0.10	2.27	2.34	0.10	0.86	1.85	2.07	2.25	2.47	3.11	3.52	4.64	1.9	6.6	17 979	2.36
Na_2O	%	1.91	0.41	1.86	1.25	0.22	1.88	1.88	0.19	0.13	0.83	1.07	1.69	2.07	2.88	3.31	4.01	0.6	1.9	18 877	1.89
SiO_2	%	62.52	4.66	62.34	1.08	0.08	62.32	62.42	2.54	28.50	47.65	52.09	60.03	65.14	71.91	74.84	83.36	-0.2	1.3	18 957	62.65
TFe_2O_3	%	4.26	0.78	4.19	1.20	0.18	4.00	4.20	0.40	1.01	2.18	2.75	3.84	4.64	6.15	7.01	11.28	0.7	2.7	18 702	4.22
SOC	%	0.84	0.29	0.80	1.37	0.34	0.77	0.80	0.13	0.03	0.28	0.42	0.68	0.94	1.54	2.19	4.48	2.6	15.8	18 482	0.81
pH	无量纲						8.10	8.03	0.27	4.55	5.06	5.50	7.56	8.25	8.62	8.80	9.36				

355

表2.5.24B 冲积物深层土壤（150~200 cm）地球化学参数（n=4 890）

指标	单位	算术平均值 X_a	算术标准差 S_a	几何平均值 X_g	几何标准差 S_g	变异系数 CV	众值 X_{mo}	中位值 X_{me}	中位绝对离差 MAD	最小值 X_{min}	$X_{0.5\%}$	$X_{2.5\%}$	$X_{25\%}$	$X_{75\%}$	$X_{97.5\%}$	$X_{99.5\%}$	最大值 X_{max}	偏度系数 SK	峰度系数 BK	n'	基准值 X_a'
Ag	mg/kg	0.061	0.052	0.059	1.290	0.84	0.056	0.059	0.009	0.015	0.029	0.035	0.051	0.068	0.092	0.120	3.328	53.5	3 298.2	4 820	0.060
As	mg/kg	9.8	3.5	9.3	1.4	0.36	8.5	9.4	1.7	1.2	3.0	4.4	7.8	11.3	17.5	22.2	68.3	2.8	30.2	4 790	9.6
Au	μg/kg	1.7	1.1	1.6	1.4	0.66	1.4	1.5	0.3	0.3	0.7	0.9	1.3	1.8	3.0	6.5	26.3	11.9	198.0	4 716	1.6
B	mg/kg	46.7	11.8	44.8	1.4	0.25	51.5	48.4	6.4	1.4	11.6	19.6	40.7	54.0	67.0	77.3	146.9	-0.3	2.2	4 824	46.8
Ba	mg/kg	555	180	536	1	0.32	461	493	43	351	404	421	460	575	1 092	1 532	2 831	3.6	19.2	4 324	503
Be	mg/kg	1.96	0.28	1.94	1.15	0.14	1.88	1.93	0.17	1.00	1.38	1.52	1.77	2.12	2.61	2.94	3.73	0.9	2.3	4 813	1.95
Bi	mg/kg	0.25	0.07	0.24	1.31	0.29	0.22	0.24	0.04	0.05	0.09	0.14	0.20	0.28	0.40	0.50	1.54	2.7	32.8	4 816	0.24
Br	mg/kg	3.0	1.6	2.8	1.5	0.51	2.5	2.8	0.7	0.3	0.9	1.3	2.1	3.5	6.5	9.9	37.0	5.5	76.4	4 700	2.8
TC	%	1.05	0.53	0.87	1.97	0.51	1.24	1.17	0.33	0.03	0.13	0.20	0.52	1.38	2.02	2.42	6.59	0.3	2.8	4 878	1.04
Cd	mg/kg	0.101	0.035	0.096	1.403	0.35	0.090	0.098	0.018	0.007	0.032	0.046	0.080	0.120	0.180	0.230	0.863	3.1	47.3	4 779	0.098
Ce	mg/kg	68.2	12.9	67.2	1.2	0.19	64.2	66.8	5.1	16.9	36.8	47.8	62.0	72.3	95.6	127.3	310.3	3.7	41.6	4 671	67.0
Cl	mg/kg	196	356	136	2	1.82	60	133	66	29	38	45	73	220	686	1 752	9 229	14.6	295.3	4 552	144
Co	mg/kg	12.3	4.1	11.9	1.3	0.33	10.6	11.6	1.8	2.6	5.5	7.6	10.1	13.7	20.7	30.9	113.3	6.4	109.1	4 735	11.9
Cr	mg/kg	64.1	13.9	62.7	1.2	0.22	62.5	63.1	6.0	7.4	24.6	39.6	57.6	69.7	88.3	131.1	279.1	3.2	34.0	4 724	63.5
Cu	mg/kg	21.8	6.0	21.1	1.3	0.27	17.6	21.1	3.5	3.8	8.3	12.4	18.0	25.1	35.2	42.0	103.7	1.8	14.6	4 786	21.5
F	mg/kg	516	99	507	1	0.19	509	510	52	126	261	330	462	566	725	813	2 087	1.8	19.7	4 802	513
Ga	mg/kg	15.2	2.5	15.0	1.2	0.16	13.0	14.9	1.8	6.4	10.3	11.2	13.3	16.9	20.4	22.3	26.5	0.5	0.1	4 870	15.2
Ge	mg/kg	1.30	0.15	1.29	1.12	0.12	1.30	1.30	0.10	0.60	0.90	1.02	1.20	1.40	1.64	1.78	2.43	0.5	1.7	4 827	1.30
Hg	mg/kg	0.019	0.028	0.017	1.530	1.47	0.014	0.016	0.004	0.001	0.006	0.008	0.013	0.020	0.041	0.102	1.345	31.7	1 295.1	4 657	0.017
I	mg/kg	1.68	0.70	1.55	1.47	0.42	1.47	1.54	0.38	0.39	0.57	0.74	1.21	1.99	3.37	4.43	9.14	1.9	8.4	4 736	1.60
La	mg/kg	34.4	5.9	34.0	1.2	0.17	33.5	33.9	2.4	6.5	19.3	24.9	31.5	36.4	46.6	61.2	135.4	3.5	38.3	4 665	33.9
Li	mg/kg	32.8	7.5	31.9	1.3	0.23	32.4	32.1	4.4	5.2	13.0	19.1	28.0	37.0	49.4	57.3	98.3	0.6	2.4	4 812	32.5
Mn	mg/kg	625	330	588	1	0.53	455	558	86	184	317	396	482	668	1 253	2 231	8 250	10.3	182.9	4 566	569
Mo	mg/kg	0.57	0.17	0.55	1.30	0.30	0.55	0.54	0.08	0.20	0.26	0.33	0.47	0.64	0.93	1.20	3.51	3.7	42.5	4 765	0.55
N	%	0.036	0.013	0.034	1.368	0.36	0.040	0.033	0.007	0.015	0.018	0.020	0.027	0.041	0.069	0.090	0.188	2.3	13.4	4 723	0.035
Nb	mg/kg	13.7	1.5	13.6	1.1	0.11	13.8	13.7	0.7	6.8	8.9	10.5	13.0	14.3	16.6	20.2	33.1	1.3	13.7	4 741	13.7
Ni	mg/kg	28.5	8.2	27.6	1.3	0.29	26.0	27.4	4.0	4.5	11.2	17.0	23.8	31.9	44.0	65.9	171.6	4.1	47.5	4 774	27.9

指标	单位	算术平均值 X_a	算术标准差 S_a	几何平均值 X_g	几何标准差 S_g	变异系数 CV	众值 X_{mo}	中位值 X_{me}	中位绝对离差 MAD	最小值 X_{min}	累积频率 $X_{0.5\%}$	$X_{2.5\%}$	$X_{25\%}$	$X_{75\%}$	$X_{97.5\%}$	$X_{99.5\%}$	最大值 X_{max}	偏度系数 SK	峰度系数 BK	n'	基准值 X_a'
P	mg/kg	541	145	519	1	0.27	607	586	42	127	188	239	459	613	763	1118	1898	0.6	6.9	4828	535
Pb	mg/kg	20.8	5.6	20.3	1.2	0.27	17.7	19.9	2.6	10.1	13.7	14.9	17.6	22.9	31.7	43.7	164.5	7.3	134.1	4745	20.2
Rb	mg/kg	94.0	12.3	93.2	1.1	0.13	88.2	92.3	7.8	41.6	66.6	76.0	85.1	101.0	122.5	134.1	170.1	0.8	1.6	4810	93.5
S	mg/kg	152	80	142	1	0.53	152	144	30	58	67	76	114	174	282	450	3681	19.3	785.0	4756	145
Sb	mg/kg	0.90	0.59	0.85	1.36	0.65	0.88	0.88	0.15	0.22	0.32	0.43	0.73	1.02	1.47	1.93	36.83	47.0	2852.1	4798	0.87
Sc	mg/kg	10.5	2.0	10.3	1.2	0.19	9.7	10.4	1.2	1.8	4.8	6.8	9.3	11.7	14.9	17.0	22.3	0.3	1.5	4806	10.5
Se	mg/kg	0.09	0.03	0.09	1.33	0.34	0.08	0.09	0.01	0.03	0.04	0.05	0.08	0.10	0.16	0.22	0.73	4.2	50.6	4721	0.09
Sn	mg/kg	2.6	0.6	2.5	1.2	0.23	2.5	2.5	0.3	1.0	1.4	1.7	2.2	2.9	3.8	4.6	13.6	3.5	44.7	4822	2.6
Sr	mg/kg	202	49	197	1	0.24	196	198	11	70	99	125	186	209	330	450	738	3.2	21.5	4534	195
Th	mg/kg	10.9	2.4	10.6	1.2	0.22	10.9	10.7	1.4	3.5	5.7	7.2	9.4	12.1	15.6	21.3	42.9	2.3	18.9	4798	10.7
Ti	mg/kg	3743	453	3714	1	0.12	3629	3741	169	968	1983	2752	3578	3913	4653	5202	9078	0.8	15.3	4585	3751
Tl	mg/kg	0.60	0.09	0.59	1.16	0.15	0.57	0.59	0.05	0.23	0.38	0.43	0.54	0.65	0.79	0.87	1.50	0.7	3.2	4839	0.59
U	mg/kg	2.21	0.38	2.18	1.20	0.17	2.20	2.23	0.22	0.72	1.09	1.43	2.00	2.44	2.87	3.34	7.62	0.6	10.4	4805	2.21
V	mg/kg	78.5	13.8	77.3	1.2	0.18	72.4	77.2	7.8	18.4	36.7	52.4	70.5	86.3	108.1	123.1	173.9	0.3	2.3	4786	78.4
W	mg/kg	1.63	0.33	1.59	1.22	0.21	1.70	1.64	0.14	0.43	0.69	0.95	1.50	1.78	2.14	2.47	11.49	6.0	166.1	4759	1.63
Y	mg/kg	23.3	2.5	23.1	1.1	0.11	23.4	23.4	1.3	8.6	14.1	17.5	22.1	24.6	28.0	30.5	40.1	-0.5	3.8	4736	23.4
Zn	mg/kg	59.0	13.2	57.6	1.2	0.22	52.8	57.8	7.4	11.9	28.3	36.1	50.8	65.8	86.8	100.8	287.6	2.1	25.8	4808	58.3
Zr	mg/kg	245	51	239	1	0.21	201	241	31	101	129	156	210	272	360	418	612	0.9	2.9	4820	242
Al_2O_3	%	12.51	1.55	12.42	1.13	0.12	11.44	12.21	1.14	6.29	10.01	10.34	11.22	13.67	15.74	16.68	20.00	0.6	-0.3	4876	12.50
CaO	%	4.54	2.18	3.84	1.91	0.48	5.58	5.34	1.12	0.43	0.72	0.99	2.17	5.97	8.01	9.41	29.47	0.0	2.6	4886	4.53
MgO	%	1.69	0.43	1.63	1.34	0.25	1.77	1.73	0.24	0.11	0.52	0.78	1.44	1.94	2.50	2.88	6.06	0.1	3.1	4848	1.69
K_2O	%	2.33	0.27	2.32	1.11	0.11	2.16	2.28	0.13	0.87	1.71	1.99	2.16	2.43	3.04	3.54	4.33	1.7	6.5	4640	2.30
Na_2O	%	1.90	0.39	1.86	1.25	0.21	1.91	1.91	0.20	0.11	0.79	1.08	1.68	2.09	2.84	3.28	4.43	0.4	2.6	4737	1.89
SiO_2	%	62.25	4.20	62.11	1.07	0.07	62.62	62.81	2.27	25.46	47.84	52.66	60.02	64.73	69.86	72.94	79.22	-0.7	2.6	4789	62.43
TFe_2O_3	%	4.31	0.86	4.23	1.22	0.20	3.96	4.19	0.53	1.25	2.17	2.92	3.72	4.81	6.27	7.07	10.80	0.8	2.0	4827	4.29
SOC	%	0.24	0.14	0.21	1.67	0.56	0.13	0.21	0.07	0.03	0.05	0.08	0.15	0.30	0.55	0.89	1.91	2.6	15.0	4756	0.23
pH	无量纲						8.58	8.49	0.21	5.25	6.15	6.93	8.19	8.66	9.01	9.20	9.43				

357

表2.5.25A　风成沉积物表层土壤（0~20 cm）地球化学参数（$n=51$）

指标	单位	算术平均值 X_a	算术标准差 S_a	几何平均值 X_g	几何标准差 S_g	变异系数 CV	众值 X_{mo}	中位值 X_{me}	中位绝对离差 MAD	最小值 X_{min}	累积频率 $X_{0.5\%}$	$X_{2.5\%}$	$X_{25\%}$	$X_{75\%}$	$X_{97.5\%}$	$X_{99.5\%}$	最大值 X_{max}	偏度系数 SK	峰度系数 BK	背景值 n'	背景值 X_a'
Ag	mg/kg	0.064	0.015	0.062	1.224	0.24	0.057	0.059	0.006	0.047	0.047	0.047	0.054	0.071	0.098	0.133	0.133	2.3	8.1	49	0.062
As	mg/kg	6.2	1.3	6.1	1.2	0.21	6.0	6.0	0.6	3.8	3.8	4.0	5.5	6.7	9.8	10.0	10.0	1.2	2.3	48	6.0
Au	μg/kg	2.4	2.6	1.7	2.1	1.08	0.9	1.5	0.6	0.8	0.8	0.8	0.9	2.5	9.6	13.8	13.8	2.7	7.9	46	1.7
B	mg/kg	25.6	13.8	21.4	1.9	0.54	5.3	26.6	9.6	5.3	5.3	5.3	14.0	34.1	56.8	61.6	61.6	0.4	-0.3	51	25.6
Ba	mg/kg	1034	445	943	2	0.43	948	948	356	505	505	524	622	1456	1847	1983	1983	0.5	-1.2	51	1034
Be	mg/kg	1.38	0.28	1.35	1.24	0.20	1.44	1.41	0.17	0.83	0.83	0.84	1.18	1.55	1.85	2.02	2.02	-0.2	-0.4	51	1.38
Bi	mg/kg	0.16	0.05	0.16	1.34	0.30	0.17	0.17	0.03	0.09	0.09	0.09	0.12	0.20	0.28	0.28	0.28	0.6	0.1	51	0.16
Br	mg/kg	4.1	1.8	3.7	1.6	0.43	3.4	3.9	1.0	1.4	1.4	1.5	2.9	5.0	8.7	9.8	9.8	1.0	1.5	50	4.0
TC	%	0.72	0.30	0.67	1.48	0.41	0.55	0.69	0.17	0.30	0.30	0.32	0.50	0.83	1.42	1.66	1.66	1.1	1.4	50	0.70
Cd	mg/kg	0.099	0.094	0.086	1.530	0.95	0.074	0.082	0.019	0.047	0.047	0.048	0.065	0.102	0.186	0.726	0.726	6.2	42.0	49	0.084
Ce	mg/kg	39.6	14.3	37.1	1.4	0.36	24.2	39.5	10.9	18.4	18.4	18.5	25.8	49.2	61.8	90.9	90.9	0.8	1.8	50	38.5
Cl	mg/kg	146	99	125	2	0.68	179	108	31	59	59	60	83	179	387	595	595	2.5	8.1	49	132
Co	mg/kg	5.9	2.7	5.3	1.6	0.46	5.8	5.8	1.7	1.9	1.9	2.3	4.1	7.5	10.7	17.2	17.2	1.4	4.6	50	5.7
Cr	mg/kg	35.3	17.1	31.2	1.7	0.48	42.6	36.8	12.6	10.7	10.7	11.7	20.6	44.8	68.4	95.4	95.4	0.8	1.6	50	34.1
Cu	mg/kg	19.8	20.4	15.0	2.0	1.03	6.2	14.4	4.1	4.2	4.2	4.6	10.6	20.9	85.5	117.2	117.2	3.3	11.9	46	14.1
F	mg/kg	298	72	289	1	0.24	292	306	59	159	159	165	238	364	409	445	445	-0.2	-0.8	51	298
Ga	mg/kg	12.8	1.8	12.7	1.2	0.14	11.6	12.8	1.2	10.1	10.1	10.3	11.2	13.9	17.0	18.4	18.4	0.7	0.4	50	12.7
Ge	mg/kg	1.07	0.18	1.05	1.18	0.17	1.01	1.07	0.14	0.78	0.78	0.80	0.91	1.19	1.48	1.52	1.52	0.4	-0.4	51	1.07
Hg	mg/kg	0.033	0.024	0.029	1.666	0.71	0.022	0.029	0.009	0.010	0.010	0.011	0.020	0.037	0.117	0.147	0.147	3.2	12.5	48	0.028
I	mg/kg	1.46	0.49	1.38	1.41	0.34	1.49	1.43	0.38	0.57	0.57	0.61	1.05	1.82	2.60	3.00	3.00	0.7	1.2	50	1.43
La	mg/kg	22.0	8.1	20.7	1.4	0.37	13.4	22.2	4.6	10.8	10.8	11.0	14.6	26.4	35.1	55.4	55.4	1.3	4.4	50	21.4
Li	mg/kg	16.0	5.7	14.9	1.5	0.35	18.2	16.9	4.9	6.4	6.4	6.6	10.7	20.4	24.9	25.0	25.0	-0.1	-1.3	51	16.0
Mn	mg/kg	308	104	291	1	0.34	197	313	79	159	159	163	215	388	522	599	599	0.4	-0.2	51	308
Mo	mg/kg	0.43	0.20	0.40	1.37	0.48	0.31	0.38	0.07	0.26	0.26	0.28	0.33	0.48	0.75	1.63	1.63	4.4	24.8	48	0.39
N	%	0.064	0.020	0.061	1.378	0.31	0.063	0.063	0.014	0.030	0.030	0.032	0.048	0.076	0.107	0.112	0.112	0.4	-0.2	51	0.064
Nb	mg/kg	9.4	2.4	9.0	1.3	0.26	10.7	9.9	1.5	4.3	4.3	4.6	7.2	10.9	13.1	17.2	17.2	0.2	0.9	50	9.2
Ni	mg/kg	14.5	7.2	13.0	1.6	0.50	8.9	14.3	4.7	4.6	4.6	5.1	8.9	18.5	24.8	48.6	48.6	2.0	8.8	50	13.8

指标	单位	算术平均值 X_a	算术标准差 S_a	几何平均值 X_g	几何标准差 S_g	变异系数 CV	众值 X_{mo}	中位值 X_{me}	中位绝对离差 MAD	最小值 X_{min}	累积频率 $X_{0.5\%}$	$X_{2.5\%}$	$X_{25\%}$	$X_{75\%}$	$X_{97.5\%}$	$X_{99.5\%}$	最大值 X_{max}	偏度系数 SK	峰度系数 BK	n'	背景值 X'_a
P	mg/kg	546	235	494	2	0.43	644	493	191	193	193	204	344	753	979	1 000	1 000	0.3	-1.1	51	546
Pb	mg/kg	23.8	4.5	23.4	1.2	0.19	23.0	23.1	3.4	16.7	16.7	17.3	20.0	26.5	32.7	38.1	38.1	0.6	0.6	50	23.5
Rb	mg/kg	84.6	5.7	84.4	1.1	0.07	86.6	85.0	2.6	68.0	68.0	71.5	82.5	87.7	92.8	96.4	96.4	-0.7	0.9	51	84.6
S	mg/kg	177	63	168	1	0.36	192	162	30	90	90	102	134	206	394	424	424	2.0	5.7	49	167
Sb	mg/kg	0.45	0.12	0.44	1.32	0.27	0.29	0.46	0.09	0.25	0.25	0.26	0.34	0.53	0.71	0.76	0.76	0.3	-0.4	51	0.45
Sc	mg/kg	4.9	2.1	4.4	1.6	0.43	3.2	5.4	2.0	1.4	1.4	1.5	3.2	6.5	8.0	9.4	9.4	0.0	-1.1	51	4.9
Se	mg/kg	0.13	0.04	0.12	1.33	0.33	0.11	0.12	0.02	0.06	0.06	0.07	0.10	0.14	0.20	0.33	0.33	2.4	11.0	50	0.12
Sn	mg/kg	1.9	0.8	1.7	1.6	0.42	1.6	1.8	0.4	0.5	0.5	0.6	1.4	2.2	4.1	4.1	4.1	0.9	1.2	51	1.9
Sr	mg/kg	347	151	316	2	0.43	190	333	133	168	168	174	198	453	676	729	729	0.6	-0.6	51	347
Th	mg/kg	6.5	2.6	6.0	1.5	0.39	7.9	6.6	1.6	2.4	2.4	2.5	4.7	8.1	11.4	13.7	13.7	0.4	0.1	51	6.5
Ti	mg/kg	2 254	894	2 076	2	0.40	2 842	2 428	601	842	842	846	1 387	2 835	3 634	5 320	5 320	0.6	1.1	50	2 193
Tl	mg/kg	0.53	0.05	0.53	1.09	0.09	0.55	0.53	0.03	0.43	0.43	0.45	0.50	0.55	0.64	0.66	0.66	0.5	0.5	51	0.53
U	mg/kg	1.26	0.37	1.20	1.39	0.30	0.76	1.33	0.25	0.54	0.54	0.60	0.93	1.52	1.90	1.93	1.93	-0.3	-0.9	51	1.26
V	mg/kg	40.8	16.4	37.2	1.6	0.40	49.0	42.0	14.0	14.7	14.7	15.5	27.2	53.0	66.0	83.3	83.3	0.1	-0.7	51	40.8
W	mg/kg	0.88	0.35	0.81	1.48	0.40	0.95	0.90	0.30	0.40	0.40	0.45	0.56	1.11	1.79	2.01	2.01	0.9	1.0	50	0.86
Y	mg/kg	14.7	4.4	14.0	1.4	0.30	18.7	15.8	3.2	7.0	7.0	7.5	10.6	18.6	21.1	21.4	21.4	-0.2	-1.4	51	14.7
Zn	mg/kg	39.9	14.4	37.4	1.4	0.36	44.9	40.1	8.9	16.2	16.2	16.4	27.1	47.7	75.0	91.1	91.1	1.0	2.3	50	38.9
Zr	mg/kg	207	74	193	1	0.36	116	198	62	97	97	106	141	267	340	377	377	0.4	-1.0	51	207
Al_2O_3	%	11.07	1.09	11.01	1.10	0.10	9.91	10.89	0.76	8.57	8.57	9.32	10.28	11.74	13.28	13.70	13.70	0.3	-0.1	51	11.07
CaO	%	1.51	0.64	1.40	1.49	0.42	1.30	1.41	0.32	0.42	0.42	0.69	1.12	1.80	2.69	4.37	4.37	1.9	7.0	50	1.45
MgO	%	0.71	0.35	0.62	1.75	0.49	0.78	0.72	0.27	0.16	0.16	0.22	0.40	0.98	1.28	1.78	1.78	0.5	0.2	50	0.69
K_2O	%	2.92	0.45	2.89	1.16	0.15	2.51	2.75	0.28	2.04	2.04	2.38	2.55	3.39	3.64	3.85	3.85	0.3	-1.2	51	2.92
Na_2O	%	2.20	0.34	2.18	1.16	0.15	2.21	2.15	0.18	1.38	1.38	1.77	1.98	2.35	2.88	3.12	3.12	0.6	0.7	51	2.20
SiO_2	%	73.67	4.21	73.56	1.06	0.06	79.82	73.19	3.45	64.20	64.20	66.18	69.93	77.15	80.90	81.08	81.08	0.0	-0.8	51	73.67
TFe_2O_3	%	2.34	0.90	2.17	1.48	0.39	1.69	2.43	0.77	1.04	1.04	1.06	1.56	3.04	3.88	5.41	5.41	0.7	1.1	50	2.27
SOC	%	0.64	0.26	0.59	1.49	0.41	0.44	0.61	0.16	0.22	0.22	0.23	0.45	0.77	1.30	1.46	1.46	1.1	1.6	50	0.62
pH	无量纲						8.02	7.96	0.36	5.10	5.10	6.17	7.29	8.22	8.64	8.87	8.87				

359

表 2.5.25B 风成沉积物深层土壤（150~200 cm）地球化学参数（n=19）

指标	单位	算术平均值 X_a	算术标准差 S_a	几何平均值 X_g	几何标准差 S_g	变异系数 CV	众值 X_{mo}	中位值 X_{me}	中位绝对离差 MAD	最小值 X_{min}	$X_{0.5\%}$	$X_{2.5\%}$	$X_{25\%}$	$X_{75\%}$	$X_{97.5\%}$	$X_{99.5\%}$	最大值 X_{max}	偏度系数 SK	峰度系数 BK	n'	基准值 X_a'
Ag	mg/kg	0.055	0.015	0.053	1.306	0.28	0.047	0.049	0.012	0.031	0.031	0.031	0.043	0.067	0.088	0.088	0.088	0.6	-0.2	19	0.055
As	mg/kg	6.9	2.3	6.6	1.4	0.33	6.4	6.4	1.3	4.1	4.1	4.1	5.1	8.4	12.4	12.4	12.4	1.0	0.7	19	6.9
Au	μg/kg	1.8	1.8	1.4	1.8	1.02	1.0	1.2	0.2	0.8	0.8	0.8	1.0	1.4	7.0	7.0	7.0	2.7	6.0	19	1.8
B	mg/kg	27.6	14.7	23.9	1.7	0.54	29.4	29.4	11.3	9.2	9.2	9.2	13.9	37.3	61.0	61.0	61.0	0.7	0.0	19	27.6
Ba	mg/kg	1 021	464	926	2	0.46	840	840	279	498	498	498	592	1 466	1 854	1 854	1 854	0.5	-1.3	19	1 021
Be	mg/kg	1.55	0.34	1.52	1.22	0.22	1.43	1.49	0.12	1.00	1.00	1.00	1.37	1.68	2.59	2.59	2.59	1.5	4.3	18	1.49
Bi	mg/kg	0.16	0.07	0.15	1.48	0.44	0.11	0.15	0.04	0.07	0.07	0.07	0.11	0.20	0.36	0.36	0.36	1.4	2.4	19	0.16
Br	mg/kg	3.3	1.0	3.2	1.4	0.30	3.4	3.3	0.6	1.7	1.7	1.7	2.7	3.9	5.1	5.1	5.1	0.1	-0.4	19	3.3
TC	%	0.60	0.43	0.48	1.92	0.72	0.28	0.43	0.19	0.20	0.20	0.20	0.28	0.92	1.67	1.67	1.67	1.2	0.5	19	0.60
Cd	mg/kg	0.057	0.026	0.051	1.588	0.46	0.023	0.050	0.013	0.023	0.023	0.023	0.037	0.076	0.113	0.113	0.113	0.7	-0.3	19	0.057
Ce	mg/kg	50.7	20.6	47.0	1.5	0.41	49.0	49.0	12.2	21.8	21.8	21.8	36.1	60.7	106.9	106.9	106.9	1.0	1.7	19	50.7
Cl	mg/kg	172	149	132	2	0.87	57	140	62	40	40	40	78	206	674	674	674	2.4	6.9	18	144
Co	mg/kg	9.3	9.6	7.3	1.8	1.03	5.8	6.4	1.6	2.8	2.8	2.8	5.6	10.2	46.8	46.8	46.8	3.7	15.0	18	7.2
Cr	mg/kg	46.4	24.9	40.5	1.7	0.54	44.2	44.2	18.4	14.2	14.2	14.2	25.8	63.6	114.4	114.4	114.4	1.1	1.6	19	46.4
Cu	mg/kg	14.2	7.7	12.5	1.6	0.54	12.4	12.4	4.1	4.3	4.3	4.3	9.5	17.3	37.5	37.5	37.5	1.6	3.8	18	12.9
F	mg/kg	368	153	339	1	0.42	367	367	98	133	133	133	251	441	781	781	781	1.0	1.6	19	368
Ga	mg/kg	14.2	2.8	13.9	1.2	0.20	13.4	13.4	1.1	10.5	10.5	10.5	12.6	15.6	23.1	23.1	23.1	1.9	5.3	18	13.7
Ge	mg/kg	1.18	0.21	1.17	1.20	0.17	1.21	1.21	0.17	0.80	0.80	0.80	1.01	1.38	1.49	1.49	1.49	-0.4	-0.8	19	1.18
Hg	mg/kg	0.020	0.014	0.016	1.913	0.71	0.015	0.015	0.005	0.004	0.004	0.004	0.010	0.020	0.052	0.052	0.052	1.4	0.8	19	0.020
I	mg/kg	1.73	0.55	1.65	1.33	0.32	1.49	1.62	0.23	0.94	0.94	0.94	1.32	1.85	3.28	3.28	3.28	1.4	2.6	19	1.73
La	mg/kg	25.6	8.8	24.2	1.4	0.34	25.3	25.3	6.3	12.0	12.0	12.0	18.5	31.6	48.8	48.8	48.8	0.8	1.3	19	25.6
Li	mg/kg	19.9	6.9	18.7	1.4	0.35	19.8	19.8	4.6	8.3	8.3	8.3	14.4	23.9	32.8	32.8	32.8	0.3	-0.5	19	19.9
Mn	mg/kg	428	298	370	2	0.70	404	364	111	170	170	170	253	544	1 518	1 518	1 518	2.9	10.6	18	367
Mo	mg/kg	0.49	0.37	0.41	1.75	0.75	0.33	0.33	0.11	0.20	0.20	0.20	0.26	0.58	1.72	1.72	1.72	2.3	6.1	18	0.43
N	%	0.030	0.005	0.029	1.153	0.16	0.027	0.029	0.003	0.023	0.023	0.023	0.027	0.032	0.045	0.045	0.045	1.9	5.6	19	0.029
Nb	mg/kg	12.0	9.3	10.5	1.6	0.77	10.2	10.2	2.3	5.8	5.8	5.8	7.9	12.9	48.6	48.6	48.6	3.8	15.5	18	10.0
Ni	mg/kg	21.6	19.3	17.8	1.8	0.89	16.0	16.0	3.8	7.3	7.3	7.3	13.3	27.1	95.8	95.8	95.8	3.5	13.6	18	17.5

指标	单位	算术平均值 X_a	算术标准差 S_a	几何平均值 X_g	几何标准差 S_g	变异系数 CV	众值 X_{mo}	中位值 X_{me}	中位绝对离差 MAD	最小值 X_{min}	累积频率 $X_{0.5\%}$	$X_{2.5\%}$	$X_{25\%}$	$X_{75\%}$	$X_{97.5\%}$	$X_{99.5\%}$	最大值 X_{max}	偏度系数 SK	峰度系数 BK	基准值 n'	基准值 X_a'
P	mg/kg	411	445	322	2	1.08	239	254	80	171	171	171	232	412	2 160	2 160	2 160	3.7	15.1	17	289
Pb	mg/kg	20.8	3.8	20.4	1.2	0.18	21.4	21.4	3.0	11.8	11.8	11.8	18.2	24.0	25.7	25.7	25.7	-0.8	0.0	19	20.8
Rb	mg/kg	85.1	13.4	83.8	1.2	0.16	84.5	84.5	4.5	43.5	43.5	43.5	80.4	91.9	105.3	105.3	105.3	-1.4	4.7	18	87.4
S	mg/kg	155	150	124	2	0.97	94	99	16	78	78	78	92	149	665	665	665	2.9	8.1	17	108
Sb	mg/kg	0.50	0.15	0.48	1.33	0.31	0.44	0.45	0.08	0.28	0.28	0.28	0.40	0.65	0.76	0.76	0.76	0.7	-0.8	19	0.50
Sc	mg/kg	6.8	3.1	6.1	1.6	0.46	4.1	6.1	2.0	2.5	2.5	2.5	4.1	10.1	13.0	13.0	13.0	0.5	-0.9	19	6.8
Se	mg/kg	0.08	0.07	0.07	1.65	0.88	0.05	0.06	0.01	0.03	0.03	0.03	0.05	0.08	0.35	0.35	0.35	3.7	14.5	17	0.06
Sn	mg/kg	1.8	0.7	1.7	1.5	0.39	0.9	1.9	0.6	0.7	0.7	0.7	1.3	2.5	2.9	2.9	2.9	0.0	-1.3	19	1.8
Sr	mg/kg	330	124	307	2	0.38	369	369	113	161	161	161	208	422	528	528	528	0.1	-1.4	19	330
Th	mg/kg	7.5	2.5	7.1	1.4	0.33	3.5	7.9	2.1	3.5	3.5	3.5	5.4	9.7	11.6	11.6	11.6	-0.1	-1.1	19	7.5
Ti	mg/kg	2 991	2 098	2 591	2	0.70	2 587	2 587	737	1 130	1 130	1 130	1 850	3 379	10 835	10 835	10 835	3.1	11.7	18	2 555
Tl	mg/kg	0.53	0.08	0.53	1.18	0.15	0.52	0.52	0.03	0.30	0.30	0.30	0.49	0.57	0.66	0.66	0.66	-1.0	3.2	19	0.53
U	mg/kg	1.43	0.45	1.36	1.38	0.31	1.79	1.56	0.23	0.71	0.71	0.71	1.06	1.73	2.50	2.50	2.50	0.3	0.2	19	1.43
V	mg/kg	53.2	28.9	47.3	1.6	0.54	49.0	49.0	12.4	19.8	19.8	19.8	34.8	60.9	143.7	143.7	143.7	1.8	4.5	18	48.2
W	mg/kg	1.12	0.53	1.02	1.52	0.47	1.15	1.15	0.30	0.50	0.50	0.50	0.75	1.23	2.80	2.80	2.80	1.8	4.9	18	1.03
Y	mg/kg	17.6	4.8	16.9	1.3	0.28	13.5	18.0	3.5	10.2	10.2	10.2	13.5	21.3	26.8	26.8	26.8	0.1	-1.0	19	17.6
Zn	mg/kg	40.3	21.5	36.1	1.6	0.53	34.0	34.0	8.1	15.2	15.2	15.2	28.8	46.2	105.0	105.0	105.0	1.8	4.0	18	36.7
Zr	mg/kg	219	69	209	1	0.32	247	201	48	127	127	127	153	308	329	329	329	0.4	-1.3	19	219
Al_2O_3	%	11.89	1.62	11.79	1.14	0.14	11.79	11.79	0.93	9.23	9.23	9.23	10.88	12.77	16.67	16.67	16.67	1.2	3.3	19	11.89
CaO	%	2.66	1.65	2.21	1.84	0.62	2.26	2.26	1.12	0.98	0.98	0.98	1.16	4.35	5.67	5.67	5.67	0.7	-1.0	19	2.66
MgO	%	0.96	0.54	0.83	1.71	0.57	0.57	0.79	0.31	0.28	0.28	0.28	0.57	1.23	2.44	2.44	2.44	1.2	1.6	19	0.96
K_2O	%	2.67	0.60	2.60	1.26	0.22	2.64	2.64	0.48	1.47	1.47	1.47	2.25	3.15	3.66	3.66	3.66	-0.2	-0.5	19	2.67
Na_2O	%	2.09	0.36	2.06	1.19	0.17	2.52	2.18	0.34	1.48	1.48	1.48	1.76	2.30	2.74	2.74	2.74	0.1	-1.0	19	2.09
SiO_2	%	68.30	6.63	67.99	1.10	0.10	68.77	68.77	5.57	56.74	56.74	56.74	62.30	74.25	77.87	77.87	77.87	-0.3	-1.1	19	68.30
TFe_2O_3	%	3.16	2.15	2.74	1.65	0.68	2.53	2.53	0.60	1.22	1.22	1.22	2.02	3.94	10.89	10.89	10.89	2.8	9.5	18	2.73
SOC	%	0.25	0.19	0.21	1.76	0.75	0.19	0.20	0.04	0.04	0.04	0.04	0.16	0.28	0.96	0.96	0.96	3.4	13.4	18	0.21
pH	无量纲						7.70	8.40	0.17	7.40	7.40	7.40	8.16	8.57	9.03	9.03	9.03				

表2.5.26A　海洋沉积物表层土壤（0~20 cm）地球化学参数（n=3 083）

指标	单位	算术平均值 X_a	算术标准差 S_a	几何平均值 X_g	几何标准差 S_g	变异系数 CV	众值 X_{mo}	中位值 X_{me}	中位绝对离差 MAD	最小值 X_{min}	累积频率 $X_{0.5\%}$	$X_{2.5\%}$	$X_{25\%}$	$X_{75\%}$	$X_{97.5\%}$	$X_{99.5\%}$	最大值 X_{max}	偏度系数 SK	峰度系数 BK	背景值 n'	X_a'
Ag	mg/kg	0.065	0.071	0.061	1.354	1.09	0.055	0.061	0.011	0.016	0.027	0.035	0.051	0.073	0.103	0.141	2.894	33.6	1 250.2	3 026	0.062
As	mg/kg	9.8	4.4	9.1	1.5	0.44	8.5	9.3	2.1	1.6	2.4	3.4	7.5	11.8	17.4	19.5	162.3	14.2	491.5	3 071	9.7
Au	μg/kg	1.8	2.0	1.6	1.5	1.09	1.6	1.6	0.4	0.4	0.5	0.7	1.3	2.1	3.4	7.3	95.7	36.4	1 697.4	2 999	1.7
B	mg/kg	49.6	14.1	46.3	1.6	0.29	52.1	51.2	6.9	2.0	3.5	12.3	44.3	58.0	73.5	85.6	106.4	-0.8	1.6	2 892	51.6
Ba	mg/kg	611	812	549	1	1.33	485	492	37	127	372	412	461	542	1 486	2 921	38 800	35.3	1 599.6	2 542	485
Be	mg/kg	1.84	0.34	1.81	1.22	0.18	1.86	1.84	0.18	0.52	0.73	1.17	1.67	2.03	2.48	2.72	5.32	0.6	8.3	3 009	1.85
Bi	mg/kg	0.26	0.14	0.24	1.54	0.54	0.22	0.25	0.06	0.03	0.05	0.08	0.19	0.31	0.46	0.53	4.61	14.1	386.5	3 064	0.25
Br	mg/kg	23.6	22.9	15.5	2.6	0.97	10.0	13.4	7.2	0.4	1.2	2.2	8.6	32.1	85.0	113.5	153.5	1.7	2.9	2 913	19.9
TC	%	1.43	0.57	1.28	1.71	0.40	1.45	1.46	0.38	0.11	0.17	0.29	1.06	1.83	2.46	2.77	3.46	-0.1	-0.3	3 079	1.43
Cd	mg/kg	0.124	0.053	0.114	1.557	0.43	0.090	0.117	0.027	0.010	0.020	0.040	0.090	0.150	0.240	0.294	0.961	2.3	22.9	3 051	0.122
Ce	mg/kg	64.9	12.4	63.1	1.3	0.19	65.1	66.1	5.1	7.4	12.6	28.0	61.0	71.2	83.4	100.8	158.6	-1.1	6.3	2 877	66.5
Cl	mg/kg	5 875	7 174	2 022	6	1.22	119	2 780	2 571	28	54	76	476	8 686	24 906	29 801	39 772	1.5	1.5	2 953	4 976
Co	mg/kg	11.1	3.3	10.5	1.5	0.29	10.3	11.1	1.9	0.6	1.3	3.2	9.4	13.2	17.2	19.2	25.4	-0.3	0.9	3 026	11.3
Cr	mg/kg	62.9	15.4	59.8	1.5	0.25	63.2	64.8	6.0	3.7	8.5	16.6	59.0	70.9	86.0	99.4	164.8	-1.0	4.2	2 811	65.7
Cu	mg/kg	20.2	7.2	18.6	1.6	0.36	18.4	19.8	4.3	1.1	2.3	5.5	16.0	24.5	33.8	41.4	75.3	0.5	2.8	3 066	20.0
F	mg/kg	512	144	490	1	0.28	515	521	79	96	124	196	440	599	737	794	4 006	4.2	111.2	3 053	514
Ga	mg/kg	14.3	2.4	14.1	1.2	0.17	14.6	14.2	1.5	4.4	7.8	10.2	12.8	15.8	19.2	20.8	24.0	0.1	0.6	3 061	14.3
Ge	mg/kg	1.24	0.14	1.23	1.12	0.11	1.20	1.20	0.10	0.50	0.81	0.98	1.17	1.30	1.50	1.67	2.20	0.1	2.5	3 039	1.24
Hg	mg/kg	0.023	0.018	0.020	1.629	0.77	0.016	0.019	0.005	0.004	0.005	0.008	0.015	0.026	0.059	0.095	0.472	9.8	188.5	2 899	0.020
I	mg/kg	1.94	1.39	1.69	1.62	0.72	1.71	1.68	0.49	0.37	0.54	0.73	1.22	2.23	4.76	10.20	23.30	6.2	66.2	2 940	1.72
La	mg/kg	33.1	6.0	32.3	1.3	0.18	32.2	33.5	2.4	3.2	7.0	16.0	31.2	36.0	42.6	51.2	83.3	-1.0	7.6	2 866	33.7
Li	mg/kg	31.0	9.6	29.0	1.5	0.31	31.0	31.0	5.5	3.7	5.1	8.5	25.8	36.8	49.3	56.2	76.8	-0.1	0.6	3 074	30.9
Mn	mg/kg	556	158	530	1	0.28	458	534	81	50	87	216	463	635	877	1 166	2 069	0.9	6.6	2 972	555
Mo	mg/kg	0.60	0.26	0.57	1.35	0.43	0.52	0.58	0.10	0.16	0.24	0.30	0.49	0.69	0.97	1.42	8.73	15.1	423.1	3 036	0.59
N	%	0.062	0.032	0.054	1.691	0.51	0.027	0.055	0.022	0.013	0.016	0.021	0.034	0.082	0.131	0.158	0.243	0.8	0.5	3 059	0.061
Nb	mg/kg	13.1	2.5	12.9	1.2	0.19	13.3	13.3	0.6	2.7	4.8	7.8	12.6	13.9	16.4	21.2	69.0	5.5	112.7	2 831	13.3
Ni	mg/kg	26.5	8.5	24.6	1.5	0.32	25.5	26.4	4.9	1.7	3.1	6.6	22.0	31.8	42.5	49.9	63.0	-0.1	0.8	3 072	26.4

指标	单位	算术平均值 X_a	算术标准差 S_a	几何平均值 X_g	几何标准差 S_g	变异系数 CV	众值 X_{mo}	中位值 X_{me}	中位绝对离差 MAD	最小值 X_{min}	累积频率 $X_{0.5\%}$	$X_{2.5\%}$	$X_{25\%}$	$X_{75\%}$	$X_{97.5\%}$	$X_{99.5\%}$	最大值 X_{max}	偏度系数 SK	峰度系数 BK	n'	背景值 X_a'
P	mg/kg	711	251	665	2	0.35	630	660	87	95	123	211	601	800	1 367	1 685	2 327	1.1	3.6	2 979	683
Pb	mg/kg	21.1	12.0	20.3	1.3	0.57	17.2	20.0	3.0	11.0	12.6	13.7	17.3	23.5	31.1	45.8	510.2	29.3	1 083.9	3 041	20.5
Rb	mg/kg	92.1	12.5	91.3	1.1	0.14	87.0	90.8	7.8	36.5	61.9	72.5	83.8	99.6	117.3	128.4	245.5	1.3	10.5	3 059	91.8
S	mg/kg	1111	2 604	521	3	2.35	196	412	218	26	44	94	246	966	5 707	17 655	65 343	10.2	169.9	2 404	398
Sb	mg/kg	0.83	0.28	0.78	1.49	0.34	0.93	0.86	0.18	0.13	0.21	0.28	0.63	1.02	1.38	1.53	2.21	0.0	0.1	3 076	0.83
Sc	mg/kg	9.9	2.7	9.3	1.5	0.28	9.2	10.1	1.5	0.6	1.1	2.5	8.6	11.5	14.7	15.8	19.4	-0.7	1.3	2 980	10.1
Se	mg/kg	0.15	0.19	0.13	1.43	1.29	0.12	0.14	0.03	0.03	0.05	0.06	0.11	0.17	0.24	0.30	10.10	48.4	2 555.7	3 061	0.14
Sn	mg/kg	2.6	0.7	2.5	1.4	0.28	2.7	2.6	0.4	0.2	0.6	1.2	2.2	3.0	3.9	4.9	9.9	1.1	10.2	3 025	2.6
Sr	mg/kg	227	75	219	1	0.33	199	208	13	27	139	162	197	225	474	655	1 249	4.6	31.2	2 732	208
Th	mg/kg	9.7	3.1	9.2	1.4	0.32	10.1	10.0	1.7	0.4	2.0	3.7	8.1	11.5	14.2	15.6	96.9	6.9	198.5	3 062	9.7
Ti	mg/kg	3 491	665	3 389	1	0.19	3 654	3 624	203	251	655	1 378	3 387	3 801	4 434	4 941	8 809	-1.6	8.2	2 792	3 622
Tl	mg/kg	0.57	0.09	0.56	1.17	0.16	0.57	0.57	0.06	0.20	0.36	0.42	0.51	0.63	0.76	0.82	1.18	0.4	1.2	3 065	0.57
U	mg/kg	2.19	0.47	2.12	1.32	0.21	2.24	2.25	0.22	0.35	0.51	0.89	2.00	2.46	2.88	3.37	5.42	-0.8	3.6	2 914	2.25
V	mg/kg	69.8	17.3	66.7	1.4	0.25	67.0	71.0	8.8	6.3	10.1	23.9	62.4	80.0	99.4	111.2	171.3	-0.7	2.1	2 960	71.6
W	mg/kg	1.51	0.37	1.45	1.38	0.24	1.56	1.57	0.16	0.08	0.31	0.50	1.38	1.72	1.99	2.24	7.97	0.8	33.2	2 900	1.56
Y	mg/kg	22.7	3.9	22.2	1.3	0.17	23.8	23.5	1.3	1.2	4.4	10.3	22.0	24.7	27.4	30.6	37.8	-2.3	8.0	2 842	23.5
Zn	mg/kg	60.1	19.5	56.4	1.5	0.33	58.8	59.9	10.7	3.4	7.7	18.3	49.6	71.0	93.7	106.8	414.5	2.2	38.0	3 053	60.0
Zr	mg/kg	237	72	226	1	0.31	201	224	36	42	67	123	192	268	413	539	862	1.4	5.5	2 990	230
Al_2O_3	%	11.90	1.42	11.81	1.14	0.12	12.61	11.95	0.86	4.18	6.84	9.11	11.09	12.81	14.57	15.49	17.26	-0.5	1.8	3 030	11.96
CaO	%	4.94	1.96	4.31	1.86	0.40	5.76	5.55	0.85	0.22	0.38	0.84	3.70	6.23	7.92	8.87	11.24	-0.7	-0.3	3 081	4.94
MgO	%	1.95	0.63	1.77	1.75	0.32	1.90	2.03	0.38	0.01	0.09	0.34	1.65	2.41	2.90	3.14	4.67	-0.8	0.7	3 021	1.99
K_2O	%	2.44	0.37	2.41	1.14	0.15	2.16	2.35	0.16	1.52	1.92	2.03	2.20	2.55	3.55	3.99	6.20	2.4	9.4	2 876	2.36
Na_2O	%	2.31	0.69	2.22	1.34	0.30	2.01	2.19	0.43	0.51	1.00	1.26	1.82	2.71	3.90	4.39	5.77	0.8	0.6	3 062	2.30
SiO_2	%	61.68	6.26	61.37	1.10	0.10	63.33	60.98	3.26	40.24	49.06	51.30	57.75	64.28	76.90	84.30	89.12	0.9	1.8	3 006	61.20
TFe_2O_3	%	4.05	1.09	3.84	1.44	0.27	4.10	4.03	0.63	0.29	0.55	1.33	3.47	4.73	6.07	6.61	9.05	-0.4	1.0	3 016	4.11
SOC	%	0.57	0.31	0.48	1.91	0.55	0.34	0.52	0.21	0.01	0.04	0.11	0.33	0.77	1.24	1.52	2.90	0.9	1.8	3 057	0.56
pH	无量纲						8.09	8.25	0.23	3.80	5.63	6.79	8.03	8.49	8.85	9.07	9.56				

表 2.5.26B　海洋沉积物深层土壤 (150~200 cm) 地球化学参数 (n=804)

指标	单位	算术平均值 X_a	算术标准差 S_a	几何平均值 X_g	几何标准差 S_g	变异系数 CV	众值 X_{mo}	中位值 X_{me}	中位绝对离差 MAD	最小值 X_{min}	累积频率 $X_{0.5\%}$	$X_{2.5\%}$	$X_{25\%}$	$X_{75\%}$	$X_{97.5\%}$	$X_{99.5\%}$	最大值 X_{max}	偏度系数 SK	峰度系数 BK	基准值 n'	基准值 X_a'
Ag	mg/kg	0.055	0.015	0.053	1.283	0.26	0.049	0.052	0.008	0.023	0.029	0.033	0.046	0.063	0.089	0.109	0.140	1.3	3.3	790	0.054
As	mg/kg	9.2	3.1	8.7	1.5	0.34	7.5	8.9	1.6	1.2	2.1	3.4	7.4	10.7	16.8	18.7	19.8	0.6	0.8	795	9.1
Au	μg/kg	1.6	1.9	1.4	1.4	1.23	1.2	1.4	0.3	0.4	0.5	0.7	1.1	1.7	2.8	3.4	53.3	25.2	686.4	785	1.4
B	mg/kg	46.3	13.2	43.1	1.6	0.29	50.8	48.1	6.5	1.7	2.9	12.6	41.5	54.4	65.8	76.3	85.0	-1.0	1.3	784	47.2
Ba	mg/kg	564	260	531	1	0.46	452	481	33	231	396	414	452	522	1381	1908	2790	3.6	16.4	677	476
Be	mg/kg	1.80	0.33	1.76	1.23	0.19	1.89	1.80	0.18	0.50	0.65	1.07	1.62	1.98	2.41	2.92	3.87	0.2	4.2	780	1.81
Bi	mg/kg	0.22	0.08	0.20	1.56	0.37	0.19	0.21	0.04	0.03	0.03	0.06	0.17	0.26	0.40	0.45	0.49	0.4	0.5	800	0.22
Br	mg/kg	11.6	11.7	8.1	2.3	1.01	6.3	7.9	3.9	0.3	0.8	1.6	4.7	13.6	41.8	69.9	95.8	2.9	11.9	700	8.0
TC	%	1.16	0.47	1.01	1.81	0.41	1.21	1.24	0.24	0.11	0.14	0.21	0.92	1.46	1.94	2.30	3.05	-0.4	0.0	803	1.15
Cd	mg/kg	0.095	0.036	0.087	1.556	0.38	0.090	0.090	0.020	0.012	0.015	0.025	0.070	0.115	0.174	0.200	0.336	0.6	2.6	797	0.094
Ce	mg/kg	63.8	14.3	61.8	1.3	0.22	64.7	64.6	5.0	10.1	13.4	29.4	59.7	69.5	91.4	127.1	176.1	0.6	9.7	745	64.4
Cl	mg/kg	3274	3950	1564	4	1.21	91	1768	1332	27	45	65	658	4656	13633	23252	24528	2.3	6.6	740	2375
Co	mg/kg	10.6	3.7	9.8	1.5	0.35	9.1	10.4	1.9	0.7	1.0	2.9	8.6	12.4	17.2	25.0	42.7	1.4	10.3	776	10.5
Cr	mg/kg	61.5	21.9	57.7	1.5	0.36	65.6	63.2	5.6	2.8	6.4	17.0	57.6	68.7	84.9	99.7	430.1	7.2	119.0	747	63.5
Cu	mg/kg	18.3	6.7	16.7	1.6	0.37	16.4	18.2	3.7	1.4	2.3	5.3	14.8	22.0	32.3	38.0	47.8	0.2	0.6	796	18.1
F	mg/kg	473	130	451	1	0.28	457	484	68	86	96	171	410	547	707	748	1564	0.3	6.2	797	475
Ga	mg/kg	13.8	2.3	13.6	1.2	0.17	12.8	13.6	1.4	5.6	7.2	9.8	12.4	15.2	18.5	20.9	24.0	0.3	0.8	793	13.8
Ge	mg/kg	1.23	0.14	1.22	1.13	0.12	1.20	1.20	0.10	0.51	0.68	0.95	1.20	1.30	1.51	1.75	2.15	0.1	5.1	779	1.23
Hg	mg/kg	0.020	0.067	0.015	1.580	3.39	0.016	0.016	0.003	0.003	0.004	0.006	0.012	0.019	0.034	0.068	1.400	19.6	390.1	778	0.016
I	mg/kg	1.90	1.51	1.60	1.75	0.79	0.91	1.52	0.59	0.43	0.50	0.65	1.02	2.36	5.01	7.20	26.80	7.0	97.6	766	1.69
La	mg/kg	33.4	6.7	32.5	1.3	0.20	34.9	34.1	2.2	4.0	8.4	13.5	31.6	36.1	43.9	58.6	77.1	-0.3	8.2	732	34.1
Li	mg/kg	29.0	9.0	27.2	1.5	0.31	31.0	29.1	5.4	3.3	4.8	8.6	23.8	34.5	47.2	53.2	56.3	-0.1	0.5	803	29.0
Mn	mg/kg	530	203	499	1	0.38	457	499	75	59	87	205	434	592	900	1926	2321	3.6	25.4	768	516
Mo	mg/kg	0.58	0.20	0.55	1.36	0.34	0.56	0.55	0.09	0.20	0.21	0.28	0.48	0.66	0.99	1.17	3.25	3.9	44.0	786	0.56
N	%	0.032	0.012	0.030	1.377	0.38	0.027	0.029	0.006	0.015	0.016	0.017	0.024	0.037	0.061	0.077	0.187	3.5	32.1	772	0.031
Nb	mg/kg	13.0	2.3	12.8	1.2	0.18	13.2	13.2	0.7	3.8	4.4	7.7	12.5	13.9	15.7	24.5	35.3	1.5	20.8	745	13.2
Ni	mg/kg	25.4	13.2	23.2	1.6	0.52	23.5	25.2	4.2	1.5	2.5	6.1	20.9	29.5	41.6	55.3	233.8	9.3	142.3	798	24.7

指标	单位	算术平均值 X_a	算术标准差 S_a	几何平均值 X_g	几何标准差 S_g	变异系数 CV	众值 X_{mo}	中位值 X_{me}	中位绝对离差 MAD	最小值 X_{min}	累积频率 $X_{0.5\%}$	$X_{2.5\%}$	$X_{25\%}$	$X_{75\%}$	$X_{97.5\%}$	$X_{99.5\%}$	最大值 X_{max}	偏度系数 SK	峰度系数 BK	n'	基准值 X_a'
P	mg/kg	563	207	533	1	0.37	590	598	36	91	127	169	538	627	710	956	4 549	9.5	179.2	629	610
Pb	mg/kg	18.4	4.5	18.0	1.2	0.25	17.0	17.4	2.1	9.7	11.1	13.2	15.6	20.5	27.4	36.1	81.3	4.3	48.2	788	18.1
Rb	mg/kg	89.8	12.9	88.9	1.1	0.14	84.0	87.6	7.5	36.1	63.6	71.6	81.0	96.8	117.2	131.9	188.6	1.2	5.5	796	89.4
S	mg/kg	270	275	220	2	1.02	174	196	59	65	69	89	152	311	716	1 432	4 466	8.1	99.1	760	227
Sb	mg/kg	0.78	0.26	0.73	1.48	0.34	0.90	0.80	0.17	0.14	0.18	0.28	0.61	0.93	1.35	1.53	1.71	0.1	0.2	800	0.78
Sc	mg/kg	9.5	2.6	8.9	1.5	0.28	8.6	9.6	1.3	0.6	0.9	2.7	8.4	11.0	14.3	15.7	24.0	-0.4	2.4	775	9.7
Se	mg/kg	0.10	0.06	0.09	1.36	0.62	0.09	0.09	0.01	0.03	0.04	0.05	0.08	0.11	0.17	0.25	1.60	18.9	462.6	778	0.09
Sn	mg/kg	2.4	0.6	2.3	1.3	0.25	2.3	2.3	0.3	0.3	0.5	1.3	2.0	2.7	3.6	4.1	4.9	0.2	1.4	787	2.4
Sr	mg/kg	215	66	209	1	0.31	201	202	11	51	138	157	193	216	440	612	879	5.0	32.4	736	202
Th	mg/kg	9.9	2.7	9.5	1.4	0.28	9.6	10.1	1.4	1.6	2.1	3.7	8.6	11.3	14.4	16.3	33.2	0.8	9.9	782	10.0
Ti	mg/kg	3 425	691	3 319	1	0.20	3 684	3 590	164	440	656	1 355	3 373	3 727	4 288	4 770	9 265	-0.9	10.3	679	3 617
Tl	mg/kg	0.57	0.08	0.56	1.15	0.14	0.53	0.56	0.05	0.22	0.38	0.44	0.51	0.61	0.75	0.85	0.89	0.6	1.2	793	0.57
U	mg/kg	2.07	0.45	2.01	1.32	0.22	2.17	2.15	0.20	0.38	0.47	0.90	1.89	2.30	2.87	3.23	3.54	-0.9	2.3	774	2.11
V	mg/kg	66.5	17.8	63.2	1.4	0.27	66.4	66.7	8.7	7.0	8.9	21.3	58.7	76.2	99.1	117.8	196.0	0.0	4.6	776	67.6
W	mg/kg	1.48	0.35	1.42	1.37	0.24	1.62	1.55	0.16	0.32	0.35	0.47	1.35	1.68	1.97	2.18	2.87	-1.1	1.9	757	1.53
Y	mg/kg	22.6	4.1	22.0	1.3	0.18	24.1	23.5	1.4	3.7	4.5	9.8	21.8	24.7	27.3	31.7	35.9	-2.0	6.0	708	23.6
Zn	mg/kg	55.2	24.0	50.9	1.5	0.44	52.4	53.8	9.1	4.0	6.5	14.8	45.2	63.4	90.3	187.8	412.2	5.4	68.1	791	53.5
Zr	mg/kg	243	68	234	1	0.28	240	236	35	58	66	117	204	275	388	505	634	0.9	3.6	786	240
Al_2O_3	%	11.68	1.46	11.59	1.14	0.13	11.08	11.53	0.78	5.63	6.93	8.99	10.91	12.53	14.53	15.95	17.48	0.1	1.6	785	11.67
CaO	%	4.82	1.83	4.22	1.86	0.38	6.05	5.35	0.73	0.32	0.41	0.65	4.01	5.95	7.51	8.72	9.64	-0.8	0.1	804	4.82
MgO	%	1.75	0.57	1.59	1.74	0.33	1.85	1.80	0.31	0.03	0.07	0.27	1.49	2.12	2.73	2.99	3.26	-0.7	0.8	788	1.79
K_2O	%	2.39	0.37	2.37	1.15	0.15	2.19	2.27	0.13	1.80	2.03	2.07	2.16	2.46	3.58	3.98	4.23	2.3	5.9	733	2.30
Na_2O	%	2.18	0.44	2.14	1.23	0.20	2.23	2.17	0.26	0.88	1.09	1.33	1.91	2.43	3.24	3.76	4.11	0.6	1.7	785	2.16
SiO_2	%	63.15	5.80	62.90	1.09	0.09	63.72	62.83	2.70	48.12	50.01	53.01	59.95	65.44	78.38	83.88	84.71	0.9	2.0	782	62.62
TFe_2O_3	%	3.86	1.07	3.66	1.45	0.28	3.48	3.85	0.53	0.30	0.50	1.17	3.36	4.41	5.95	7.03	10.10	-0.1	2.5	776	3.91
SOC	%	0.24	0.15	0.21	1.78	0.61	0.20	0.21	0.07	0.01	0.02	0.06	0.15	0.30	0.54	0.77	2.24	4.1	44.5	787	0.23
pH	无量纲						8.58	8.58	0.14	4.94	5.83	7.05	8.45	8.73	9.07	9.27	9.66				

表 2.5.27A　湖泊沉积物表层土壤（0～20 cm）地球化学参数（n=510）

指标	单位	算术平均值 X_a	算术标准差 S_a	几何平均值 X_g	几何标准差 S_g	变异系数 CV	众值 X_{mo}	中位值 X_{me}	中位绝对离差 MAD	最小值 X_{min}	累积频率 $X_{0.5\%}$	$X_{2.5\%}$	$X_{25\%}$	$X_{75\%}$	$X_{97.5\%}$	$X_{99.5\%}$	最大值 X_{max}	偏度系数 SK	峰度系数 BK	背景值 n'	X_a'
Ag	mg/kg	0.074	0.018	0.072	1.251	0.24	0.074	0.072	0.010	0.028	0.038	0.049	0.062	0.082	0.112	0.155	0.191	1.7	7.3	496	0.073
As	mg/kg	11.0	3.4	10.5	1.4	0.31	8.7	10.3	2.3	5.2	5.4	6.1	8.4	13.2	18.0	19.2	21.8	0.6	-0.4	509	11.0
Au	μg/kg	1.7	0.5	1.7	1.3	0.26	1.5	1.7	0.3	0.5	0.8	1.0	1.4	1.9	2.9	3.3	3.6	1.0	2.2	493	1.7
B	mg/kg	53.9	8.4	53.3	1.2	0.16	57.0	53.0	5.7	36.2	38.0	41.1	47.9	59.0	72.0	80.1	96.3	0.8	1.3	505	53.6
Ba	mg/kg	516	47	514	1	0.09	508	516	27	232	324	442	490	542	604	622	655	-1.1	7.2	504	518
Be	mg/kg	2.09	0.25	2.08	1.13	0.12	2.10	2.10	0.15	1.12	1.29	1.53	1.96	2.25	2.53	2.70	2.83	-0.5	1.1	501	2.10
Bi	mg/kg	0.32	0.08	0.31	1.28	0.24	0.29	0.31	0.05	0.11	0.14	0.19	0.27	0.37	0.49	0.53	0.56	0.4	0.1	509	0.32
Br	mg/kg	9.4	9.9	7.4	1.9	1.05	3.9	7.2	3.0	2.0	2.5	2.8	4.5	10.7	29.5	73.2	99.8	5.0	32.2	476	7.4
TC	%	1.79	0.70	1.66	1.48	0.39	1.29	1.72	0.50	0.65	0.72	0.81	1.21	2.22	3.25	4.03	4.82	0.8	0.8	501	1.74
Cd	mg/kg	0.144	0.042	0.138	1.336	0.29	0.140	0.140	0.030	0.060	0.060	0.070	0.120	0.170	0.230	0.264	0.380	0.8	2.1	504	0.143
Ce	mg/kg	70.3	9.2	69.7	1.1	0.13	74.4	70.8	5.7	33.8	43.6	54.7	64.5	75.7	88.6	97.4	104.1	0.1	1.3	498	70.4
Cl	mg/kg	979	3 405	214	4	3.48	82	133	61	48	50	59	84	373	11 694	22 410	31 529	5.8	37.6	354	116
Co	mg/kg	13.7	2.4	13.4	1.2	0.17	13.1	13.5	1.7	6.6	8.5	9.2	12.0	15.4	18.0	19.1	20.9	0.1	-0.3	508	13.7
Cr	mg/kg	74.6	31.6	73.0	1.2	0.42	69.8	72.3	5.1	44.6	52.4	58.4	67.6	77.8	91.4	112.6	739.6	18.7	389.4	499	72.6
Cu	mg/kg	28.0	6.3	27.3	1.3	0.23	31.9	27.6	3.9	12.0	14.5	16.0	23.8	31.9	42.2	45.6	52.9	0.5	0.8	507	27.9
F	mg/kg	612	101	603	1	0.16	609	609	65	283	356	429	545	676	809	838	848	0.0	-0.2	509	613
Ga	mg/kg	16.4	2.1	16.3	1.1	0.13	16.2	16.6	1.4	9.0	10.8	11.9	15.0	17.8	20.2	21.5	22.7	-0.3	0.2	508	16.4
Ge	mg/kg	1.32	0.13	1.31	1.11	0.10	1.30	1.30	0.10	0.90	0.90	1.07	1.21	1.40	1.50	1.62	2.25	0.4	4.8	503	1.32
Hg	mg/kg	0.040	0.027	0.035	1.624	0.67	0.029	0.034	0.009	0.005	0.010	0.015	0.026	0.046	0.098	0.173	0.358	5.2	47.5	483	0.035
I	mg/kg	2.12	0.61	2.04	1.33	0.29	2.37	2.02	0.35	0.20	1.01	1.20	1.72	2.42	3.57	4.58	4.93	1.2	3.0	497	2.07
La	mg/kg	36.8	4.5	36.5	1.1	0.12	38.0	36.4	2.3	24.6	25.8	28.7	34.2	38.8	47.9	52.1	54.0	0.7	1.4	503	36.6
Li	mg/kg	41.2	8.3	40.4	1.2	0.20	43.0	40.8	5.6	19.9	23.3	26.5	35.5	47.0	58.8	61.0	61.6	0.2	-0.3	510	41.2
Mn	mg/kg	642	123	631	1	0.19	592	630	82	323	378	454	551	715	905	970	1 171	0.6	0.6	508	640
Mo	mg/kg	0.64	0.20	0.61	1.36	0.32	0.58	0.61	0.13	0.26	0.29	0.33	0.50	0.76	1.05	1.21	2.16	1.4	6.4	505	0.63
N	%	0.105	0.030	0.100	1.381	0.29	0.104	0.104	0.017	0.024	0.029	0.043	0.088	0.122	0.168	0.205	0.253	0.4	1.9	503	0.104
Nb	mg/kg	14.0	1.3	13.9	1.1	0.09	13.8	13.9	0.7	7.6	9.2	11.3	13.4	14.8	16.3	17.1	18.0	-0.7	2.6	501	14.0
Ni	mg/kg	32.8	5.9	32.2	1.2	0.18	29.5	32.6	3.6	14.9	18.7	21.9	29.1	36.5	44.4	48.5	61.3	0.3	1.0	506	32.7

指标	单位	算术平均值 X_a	算术标准差 S_a	几何平均值 X_g	几何标准差 S_g	变异系数 CV	众值 X_{mo}	中位值 X_{me}	中位绝对离差 MAD	最小值 X_{min}	累积频率						最大值 X_{max}	偏度系数 SK	峰度系数 BK	n'	背景值 X_a'
											$X_{0.5\%}$	$X_{2.5\%}$	$X_{25\%}$	$X_{75\%}$	$X_{97.5\%}$	$X_{99.5\%}$					
P	mg/kg	879	194	857	1	0.22	965	870	134	345	442	535	735	1 003	1 270	1 350	1 658	0.3	0.1	509	877
Pb	mg/kg	24.2	4.2	23.9	1.2	0.17	24.5	24.3	2.3	10.8	14.6	16.8	22.0	26.3	30.9	33.9	65.6	2.7	26.1	504	24.1
Rb	mg/kg	103.1	12.0	102.4	1.1	0.12	98.9	103.3	8.5	54.9	71.0	79.2	94.7	111.7	126.0	133.8	138.2	-0.2	0.5	506	103.3
S	mg/kg	824	4 124	292	2	5.00	218	250	51	114	129	159	211	315	2 818	33 249	49 884	9.0	87.1	456	250
Sb	mg/kg	0.91	0.33	0.86	1.39	0.36	0.80	0.86	0.20	0.38	0.45	0.49	0.67	1.11	1.52	1.77	3.44	2.1	12.1	505	0.90
Sc	mg/kg	12.1	2.0	12.0	1.2	0.16	11.0	12.0	1.3	6.0	7.5	8.5	10.8	13.5	16.1	16.6	17.8	0.1	-0.2	509	12.1
Se	mg/kg	0.25	0.13	0.23	1.46	0.52	0.19	0.21	0.04	0.07	0.09	0.12	0.18	0.28	0.58	0.69	1.87	5.3	53.2	480	0.22
Sn	mg/kg	3.3	0.9	3.2	1.2	0.28	2.9	3.2	0.4	1.7	1.9	2.1	2.9	3.7	4.9	6.5	16.6	6.6	87.6	499	3.2
Sr	mg/kg	207	68	201	1	0.33	201	198	18	134	142	153	178	213	325	659	999	7.0	64.6	484	196
Th	mg/kg	12.3	2.5	12.0	1.3	0.20	12.3	12.4	1.5	3.6	4.4	6.8	10.9	13.9	16.6	17.9	18.6	-0.6	0.9	500	12.5
Ti	mg/kg	3 914	358	3 897	1	0.09	3 856	3 912	181	2 182	2 755	3 052	3 751	4 110	4 582	4 894	5 450	-0.5	3.1	495	3 930
Tl	mg/kg	0.63	0.08	0.62	1.13	0.12	0.62	0.63	0.05	0.34	0.43	0.47	0.58	0.68	0.78	0.82	0.85	-0.1	0.3	509	0.63
U	mg/kg	2.50	0.38	2.48	1.16	0.15	2.48	2.49	0.26	1.43	1.75	1.87	2.22	2.74	3.36	3.65	3.82	0.5	0.5	502	2.49
V	mg/kg	83.4	12.8	82.4	1.2	0.15	85.8	83.4	8.0	41.2	50.5	55.7	75.9	91.8	107.5	114.5	131.6	-0.1	0.5	505	83.5
W	mg/kg	1.71	0.22	1.70	1.14	0.13	1.66	1.72	0.12	0.84	1.01	1.27	1.60	1.84	2.14	2.27	2.71	-0.1	2.2	501	1.71
Y	mg/kg	24.3	2.0	24.3	1.1	0.08	25.5	24.7	1.0	14.2	16.3	19.5	23.5	25.6	27.1	28.0	29.3	-1.5	4.1	487	24.6
Zn	mg/kg	73.5	13.5	72.3	1.2	0.18	74.8	73.4	8.4	35.3	42.2	47.6	65.2	82.0	97.0	101.1	172.0	0.7	5.1	506	73.3
Zr	mg/kg	217	42	213	1	0.20	219	216	30	104	137	142	187	246	304	321	348	0.2	-0.4	509	217
Al_2O_3	%	13.14	1.30	13.07	1.11	0.10	12.95	13.10	0.81	8.29	9.12	10.32	12.33	13.95	15.57	16.00	17.57	-0.3	1.1	501	13.18
CaO	%	4.88	2.51	4.21	1.77	0.52	1.61	4.64	1.98	1.31	1.37	1.44	2.76	6.71	9.91	12.91	14.88	0.6	0.3	501	4.73
MgO	%	2.10	0.47	2.05	1.25	0.22	1.93	1.93	0.32	1.06	1.20	1.43	1.75	2.49	3.03	3.26	3.43	0.5	-0.7	510	2.10
K_2O	%	2.40	0.21	2.39	1.10	0.09	2.39	2.40	0.14	1.50	1.61	1.99	2.27	2.55	2.76	2.87	2.93	-0.7	2.1	497	2.42
Na_2O	%	1.63	0.42	1.59	1.27	0.26	1.49	1.61	0.22	0.76	0.84	1.00	1.37	1.82	2.50	3.55	4.01	1.6	5.9	497	1.59
SiO_2	%	59.20	4.69	59.01	1.08	0.08	59.35	59.39	3.38	45.82	47.43	50.03	55.88	62.68	67.37	69.92	70.66	-0.2	-0.4	510	59.20
TFe_2O_3	%	5.18	0.89	5.10	1.20	0.17	5.11	5.15	0.61	2.16	3.06	3.52	4.59	5.79	6.74	7.35	7.71	0.0	-0.1	508	5.19
SOC	%	0.97	0.32	0.92	1.42	0.33	0.90	0.95	0.19	0.23	0.32	0.40	0.76	1.15	1.66	1.89	2.82	0.8	2.7	504	0.96
pH	无量纲						8.17	8.16	0.14	6.14	6.40	7.14	8.00	8.28	8.54	8.62	8.66				

表 2.5.27B 湖泊沉积物深层土壤（150～200 cm）地球化学参数（n=121）

指标	单位	算术平均值 X_a	算术标准差 S_a	几何平均值 X_g	几何标准差 S_g	变异系数 CV	众值 X_{mo}	中位值 X_{me}	中位绝对差 MAD	最小值 X_{min}	$X_{0.5\%}$	$X_{2.5\%}$	$X_{25\%}$	累积频率 $X_{75\%}$	$X_{97.5\%}$	$X_{99.5\%}$	最大值 X_{max}	偏度系数 SK	峰度系数 BK	基准值 n'	基准值 X_a'
Ag	mg/kg	0.067	0.027	0.064	1.353	0.40	0.074	0.063	0.012	0.034	0.034	0.037	0.053	0.076	0.105	0.107	0.296	5.1	41.5	120	0.066
As	mg/kg	10.7	3.3	10.2	1.4	0.31	10.5	10.4	1.9	3.8	4.5	5.1	8.7	12.4	18.4	19.0	23.9	0.8	1.7	120	10.6
Au	μg/kg	1.9	2.4	1.6	1.5	1.25	1.4	1.5	0.2	0.8	0.8	0.9	1.4	1.8	2.8	20.0	20.0	7.3	54.1	117	1.6
B	mg/kg	46.8	7.6	46.2	1.2	0.16	43.3	46.8	4.0	28.5	29.3	31.4	43.2	50.8	61.5	70.2	70.3	0.2	0.8	119	46.5
Ba	mg/kg	511	105	504	1	0.21	512	494	30	415	415	430	466	525	629	671	1 515	7.5	70.1	118	499
Be	mg/kg	1.99	0.31	1.96	1.17	0.16	1.97	1.98	0.19	1.28	1.32	1.42	1.78	2.15	2.72	2.75	2.80	0.3	0.2	121	1.99
Bi	mg/kg	0.25	0.07	0.24	1.36	0.28	0.29	0.25	0.04	0.10	0.11	0.12	0.21	0.30	0.39	0.40	0.41	-0.1	-0.5	121	0.25
Br	mg/kg	5.6	6.4	4.3	1.9	1.14	3.1	4.0	1.3	0.9	1.1	1.2	3.1	5.9	16.0	41.6	47.0	4.8	25.8	113	4.3
TC	%	1.18	0.58	1.00	1.94	0.49	1.32	1.22	0.37	0.14	0.14	0.19	0.80	1.52	2.55	2.67	2.72	0.2	0.0	121	1.18
Cd	mg/kg	0.104	0.028	0.101	1.306	0.27	0.090	0.100	0.020	0.050	0.050	0.060	0.086	0.120	0.170	0.180	0.190	0.6	0.4	120	0.104
Ce	mg/kg	68.6	11.6	67.7	1.2	0.17	67.2	67.5	5.6	46.2	46.4	47.9	61.7	72.8	96.7	102.9	105.7	0.8	1.1	119	68.0
Cl	mg/kg	888	2 666	276	4	3.00	104	200	118	48	49	52	106	621	5 013	16 913	21 563	6.1	41.2	108	301
Co	mg/kg	12.5	2.9	12.1	1.3	0.23	13.2	12.2	1.6	6.1	7.0	7.3	10.9	14.1	18.2	19.2	21.1	0.3	0.0	121	12.5
Cr	mg/kg	70.4	9.9	69.7	1.1	0.14	69.7	69.9	5.7	49.1	53.8	55.3	64.1	75.4	91.0	95.9	122.4	1.3	5.5	120	69.9
Cu	mg/kg	23.9	7.0	22.8	1.4	0.29	24.8	24.1	4.3	9.3	9.4	10.2	19.3	28.0	39.4	40.5	44.1	0.1	0.1	121	23.9
F	mg/kg	567	101	557	1	0.18	652	568	76	309	328	346	505	652	719	784	820	-0.3	-0.2	121	567
Ga	mg/kg	15.7	2.9	15.4	1.2	0.19	13.8	15.6	1.8	9.6	9.6	10.4	13.8	17.2	22.3	23.9	24.2	0.4	0.4	121	15.7
Ge	mg/kg	1.29	0.14	1.29	1.11	0.11	1.30	1.30	0.10	1.00	1.00	1.10	1.20	1.40	1.54	1.72	1.74	0.6	0.9	119	1.29
Hg	mg/kg	0.019	0.008	0.018	1.412	0.43	0.016	0.018	0.004	0.007	0.008	0.010	0.014	0.022	0.039	0.048	0.074	3.2	16.7	117	0.018
I	mg/kg	2.21	0.82	2.06	1.45	0.37	2.06	2.06	0.49	0.81	0.90	1.05	1.66	2.70	3.84	4.29	5.05	0.8	0.5	120	2.18
La	mg/kg	35.7	4.7	35.4	1.1	0.13	34.1	35.4	2.6	24.0	25.4	26.6	32.8	38.1	46.8	50.2	51.5	0.5	1.4	119	35.4
Li	mg/kg	36.2	8.7	35.1	1.3	0.24	27.9	36.4	5.3	18.5	18.7	19.9	30.9	40.5	53.6	58.3	58.7	0.2	-0.1	121	36.2
Mn	mg/kg	622	166	603	1	0.27	494	588	92	400	400	410	503	690	1 042	1 141	1 278	1.4	2.3	115	597
Mo	mg/kg	0.62	0.21	0.59	1.39	0.34	0.47	0.59	0.14	0.29	0.30	0.33	0.46	0.75	1.08	1.29	1.33	0.9	0.7	119	0.61
N	%	0.037	0.015	0.034	1.450	0.41	0.033	0.033	0.007	0.015	0.015	0.016	0.027	0.043	0.077	0.095	0.100	1.7	4.0	115	0.034
Nb	mg/kg	13.5	1.8	13.4	1.2	0.13	12.7	13.6	1.0	9.0	9.5	9.7	12.7	14.6	17.0	17.5	17.8	-0.2	0.1	121	13.5
Ni	mg/kg	29.5	6.9	28.7	1.3	0.23	38.1	29.6	4.6	14.2	15.2	15.9	24.5	34.1	44.6	45.8	47.0	0.1	-0.1	121	29.5

续表

指标	单位	算术平均值 X_a	算术标准差 S_a	几何平均值 X_g	几何标准差 S_g	变异系数 CV	众值 X_{mo}	中位值 X_{me}	中位绝对离差 MAD	最小值 X_{min}	累积频率 $X_{0.5\%}$	$X_{2.5\%}$	$X_{25\%}$	$X_{75\%}$	$X_{97.5\%}$	$X_{99.5\%}$	最大值 X_{max}	偏度系数 SK	峰度系数 BK	n'	基准值 X'_a
P	mg/kg	571	126	560	1	0.22	593	571	47	301	350	374	518	600	900	1 225	1 261	2.7	13.0	115	554
Pb	mg/kg	20.6	4.4	20.1	1.2	0.22	20.0	20.0	2.5	11.2	13.0	13.9	18.0	22.7	28.5	32.8	45.3	1.6	7.2	119	20.2
Rb	mg/kg	97.1	12.8	96.2	1.1	0.13	94.7	96.3	9.0	71.8	72.1	73.6	87.7	105.8	121.3	121.8	122.3	0.0	-0.7	121	97.1
S	mg/kg	194	113	176	2	0.58	152	174	37	72	91	93	137	211	597	716	842	3.6	15.0	113	169
Sb	mg/kg	0.78	0.21	0.75	1.34	0.27	0.73	0.77	0.13	0.32	0.33	0.37	0.64	0.90	1.18	1.24	1.24	0.0	-0.3	121	0.78
Sc	mg/kg	11.1	2.3	10.8	1.2	0.21	11.0	11.0	1.3	5.7	6.1	6.4	9.8	12.3	15.6	16.4	17.5	0.1	0.2	121	11.1
Se	mg/kg	0.10	0.04	0.10	1.45	0.43	0.11	0.10	0.02	0.03	0.04	0.05	0.08	0.12	0.17	0.32	0.37	2.8	13.8	119	0.10
Sn	mg/kg	2.7	0.8	2.6	1.3	0.28	2.4	2.7	0.4	1.3	1.4	1.5	2.3	3.1	3.9	4.2	7.7	2.3	14.3	120	2.7
Sr	mg/kg	206	45	201	1	0.22	204	197	23	130	133	143	175	220	310	378	396	1.5	3.7	118	201
Th	mg/kg	11.1	2.5	10.7	1.3	0.23	11.9	11.4	1.8	2.8	4.8	6.0	9.1	12.9	15.3	15.5	16.7	-0.4	0.1	120	11.1
Ti	mg/kg	3 794	546	3 755	1	0.14	3 556	3 786	319	2 457	2 465	2 713	3 498	4 141	4 853	5 031	5 660	0.2	0.7	120	3 779
Tl	mg/kg	0.62	0.09	0.62	1.16	0.15	0.62	0.62	0.06	0.43	0.45	0.46	0.57	0.69	0.81	0.88	0.90	0.4	0.2	121	0.62
U	mg/kg	2.35	0.35	2.32	1.16	0.15	2.22	2.32	0.21	1.62	1.70	1.79	2.11	2.54	3.13	3.27	3.42	0.6	0.5	120	2.34
V	mg/kg	78.9	16.0	77.2	1.2	0.20	73.0	79.0	9.0	43.9	44.5	48.3	70.0	88.3	109.8	114.7	119.8	0.0	-0.2	121	78.9
W	mg/kg	1.70	0.27	1.68	1.18	0.16	1.84	1.74	0.16	1.05	1.07	1.10	1.56	1.86	2.20	2.24	2.30	-0.3	0.0	121	1.70
Y	mg/kg	23.6	3.0	23.4	1.2	0.13	25.6	24.4	1.7	13.6	15.2	16.3	22.1	25.6	28.5	29.3	30.3	-0.9	1.0	120	23.7
Zn	mg/kg	61.3	13.6	59.8	1.3	0.22	62.6	61.8	8.2	33.3	33.5	34.7	52.7	69.7	87.3	96.1	105.2	0.3	0.3	120	60.9
Zr	mg/kg	228	51	223	1	0.22	209	218	26	155	158	163	198	250	338	407	501	2.0	7.0	118	223
Al_2O_3	%	12.69	1.68	12.59	1.14	0.13	12.30	12.59	1.06	9.36	9.60	9.74	11.64	13.71	16.23	16.75	16.90	0.3	-0.3	121	12.69
CaO	%	4.85	2.27	4.25	1.74	0.47	5.05	4.94	1.49	1.17	1.27	1.32	3.13	6.33	8.84	11.20	13.09	0.4	0.7	120	4.78
MgO	%	1.82	0.34	1.79	1.20	0.19	1.68	1.78	0.17	1.12	1.15	1.28	1.63	1.95	2.56	2.59	2.91	0.7	0.5	120	1.81
K_2O	%	2.30	0.16	2.30	1.08	0.07	2.36	2.31	0.11	1.74	1.78	1.99	2.20	2.42	2.58	2.59	2.61	-0.6	1.1	118	2.32
Na_2O	%	1.75	0.33	1.72	1.19	0.19	1.59	1.66	0.16	1.09	1.17	1.31	1.56	1.89	2.61	2.98	3.23	1.6	4.2	117	1.71
SiO_2	%	60.43	3.98	60.30	1.07	0.07	60.67	60.67	2.67	47.76	50.07	52.61	57.85	63.11	67.55	68.83	70.42	-0.3	0.3	120	60.54
TFe_2O_3	%	4.72	1.00	4.61	1.25	0.21	3.91	4.77	0.64	2.65	2.77	2.81	4.05	5.34	6.46	7.08	7.37	0.1	-0.3	121	4.72
SOC	%	0.28	0.17	0.23	1.83	0.61	0.23	0.25	0.09	0.05	0.05	0.06	0.17	0.36	0.66	0.94	1.17	2.0	6.9	119	0.27
pH	无量纲						8.34	8.55	0.19	7.94	7.96	8.02	8.38	8.74	9.00	9.10	9.18				

表 2.5.28A 沼泽沉积物表层土壤（0~20 cm）地球化学参数（n=1 523）

指标	单位	算术平均值 X_a	算术标准差 S_a	几何平均值 X_g	几何标准差 S_g	变异系数 CV	众值 X_{mo}	中位值 X_{me}	中位绝对离差 MAD	最小值 X_{min}	$X_{0.5\%}$	$X_{2.5\%}$	$X_{25\%}$	$X_{75\%}$	$X_{97.5\%}$	$X_{99.5\%}$	最大值 X_{max}	偏度系数 SK	峰度系数 BK	n'	背景值 X_a'
Ag	mg/kg	0.075	0.019	0.073	1.277	0.26	0.069	0.073	0.012	0.028	0.040	0.047	0.062	0.086	0.123	0.152	0.208	1.3	4.2	1 484	0.074
As	mg/kg	8.5	1.7	8.3	1.2	0.20	8.1	8.4	1.1	2.6	4.0	5.4	7.4	9.5	11.8	13.6	17.9	0.5	2.2	1 504	8.4
Au	μg/kg	1.6	1.3	1.5	1.4	0.78	1.3	1.5	0.3	0.6	0.7	0.9	1.3	1.8	2.8	5.5	43.2	24.3	767.3	1 480	1.5
B	mg/kg	41.7	8.9	40.7	1.2	0.21	42.0	41.4	5.7	11.3	23.0	25.6	35.7	47.0	60.5	68.0	76.0	0.4	0.5	1 505	41.5
Ba	mg/kg	628	148	613	1	0.24	491	595	84	405	434	452	516	695	1 002	1 110	1 274	1.2	1.2	1 492	618
Be	mg/kg	1.90	0.31	1.88	1.17	0.16	1.66	1.85	0.20	1.20	1.35	1.44	1.67	2.07	2.68	2.95	3.41	1.0	1.3	1 493	1.88
Bi	mg/kg	0.26	0.08	0.25	1.29	0.30	0.20	0.25	0.04	0.12	0.14	0.17	0.21	0.30	0.42	0.54	1.30	3.6	34.7	1 491	0.26
Br	mg/kg	4.9	1.9	4.6	1.5	0.39	3.2	4.5	1.2	0.8	1.6	2.2	3.4	6.1	9.1	10.8	13.5	0.8	0.6	1 509	4.8
TC	%	1.27	0.42	1.21	1.37	0.33	1.23	1.23	0.25	0.42	0.54	0.66	0.97	1.48	2.20	3.00	5.31	1.8	9.9	1 496	1.24
Cd	mg/kg	0.127	0.048	0.120	1.355	0.38	0.120	0.120	0.023	0.045	0.058	0.069	0.098	0.145	0.211	0.318	0.914	5.5	66.9	1 489	0.122
Ce	mg/kg	61.9	13.6	60.5	1.3	0.22	66.8	61.8	8.4	29.4	34.0	37.8	52.8	69.6	92.4	110.0	130.6	0.6	1.3	1 501	61.3
Cl	mg/kg	109	108	95	2	0.99	74	87	20	41	45	50	70	115	299	557	2 613	13.3	259.1	1 388	90
Co	mg/kg	11.1	3.1	10.7	1.3	0.28	10.6	10.6	1.8	5.5	5.8	6.5	8.9	12.6	18.4	22.8	26.4	1.1	2.2	1 499	10.9
Cr	mg/kg	63.7	13.4	62.3	1.2	0.21	55.2	63.9	8.6	27.2	34.5	39.2	54.5	71.6	93.9	107.6	141.0	0.6	1.7	1 507	63.2
Cu	mg/kg	21.9	7.3	20.9	1.4	0.33	22.1	21.1	4.4	8.5	10.3	11.9	16.6	25.4	38.8	54.6	72.4	1.6	5.6	1 489	21.3
F	mg/kg	522	117	509	1	0.22	538	516	74	233	278	321	442	589	781	911	1 227	0.9	2.7	1 500	515
Ga	mg/kg	15.0	2.3	14.9	1.2	0.16	13.9	14.8	1.4	8.1	10.4	11.4	13.4	16.2	20.7	22.7	23.5	0.8	0.9	1 490	14.9
Ge	mg/kg	1.31	0.16	1.30	1.13	0.12	1.20	1.30	0.10	0.68	0.93	1.01	1.20	1.40	1.62	1.75	2.83	0.7	5.6	1 512	1.31
Hg	mg/kg	0.040	0.030	0.034	1.637	0.75	0.080	0.033	0.009	0.003	0.010	0.015	0.025	0.045	0.103	0.218	0.449	5.9	56.3	1 435	0.035
I	mg/kg	1.91	0.52	1.85	1.31	0.27	1.85	1.89	0.26	0.45	0.69	0.91	1.63	2.15	3.03	3.45	8.82	2.1	23.6	1 503	1.89
La	mg/kg	32.4	6.3	31.8	1.2	0.20	33.5	32.4	3.4	15.2	18.7	20.7	28.6	35.4	47.1	55.4	73.6	0.8	2.7	1 492	32.0
Li	mg/kg	30.9	8.4	29.9	1.3	0.27	25.9	29.5	5.4	12.4	15.1	18.1	24.8	36.0	51.8	59.0	63.0	0.9	0.8	1 494	30.4
Mn	mg/kg	532	144	515	1	0.27	467	508	79	284	301	335	437	594	884	1 073	1 458	1.4	3.4	1 487	521
Mo	mg/kg	0.49	0.12	0.47	1.27	0.25	0.43	0.47	0.07	0.20	0.27	0.29	0.41	0.54	0.74	0.88	1.57	1.7	8.7	1 494	0.48
N	%	0.101	0.029	0.097	1.315	0.29	0.080	0.096	0.017	0.036	0.047	0.057	0.080	0.116	0.168	0.192	0.337	1.3	4.9	1 509	0.099
Nb	mg/kg	13.2	1.8	13.1	1.1	0.13	12.3	13.0	1.2	7.2	8.9	9.6	12.0	14.3	16.6	18.2	19.9	0.2	0.3	1 515	13.1
Ni	mg/kg	27.0	7.6	26.0	1.3	0.28	22.0	25.9	4.8	11.3	14.0	16.4	21.5	31.4	45.0	53.7	72.6	1.2	2.7	1 494	26.5

指标	单位	算术平均值 X_a	算术标准差 S_a	几何平均值 X_g	几何标准差 S_g	变异系数 CV	众值 X_{mo}	中位值 X_{me}	中位绝对离差 MAD	最小值 X_{min}	$X_{0.5\%}$	$X_{2.5\%}$	$X_{25\%}$	$X_{75\%}$	$X_{97.5\%}$	$X_{99.5\%}$	最大值 X_{max}	偏度系数 SK	峰度系数 BK	n'	背景值 X_a'
P	mg/kg	869	274	830	1	0.32	815	816	166	311	417	472	674	1 017	1 508	1 736	2 610	1.0	1.9	1 507	859
Pb	mg/kg	24.6	5.2	24.1	1.2	0.21	22.0	23.8	2.5	15.1	16.4	17.6	21.5	26.5	36.4	45.7	82.5	3.1	22.4	1 468	23.9
Rb	mg/kg	95.0	13.4	94.1	1.1	0.14	84.3	92.4	7.4	65.6	73.0	76.2	85.6	101.3	130.6	141.2	154.9	1.2	1.5	1 477	93.7
S	mg/kg	219	90	208	1	0.41	211	204	37	103	116	127	171	245	390	581	1 646	6.7	83.4	1 468	208
Sb	mg/kg	0.68	0.15	0.66	1.23	0.22	0.61	0.66	0.09	0.32	0.39	0.44	0.58	0.75	1.01	1.35	1.75	1.6	6.5	1 495	0.67
Sc	mg/kg	9.6	2.3	9.4	1.3	0.24	10.4	9.4	1.5	3.1	4.9	5.8	8.0	10.9	15.3	17.1	19.3	0.7	-0.9	1 501	9.5
Se	mg/kg	0.19	0.09	0.18	1.35	0.48	0.17	0.18	0.03	0.09	0.10	0.11	0.15	0.21	0.35	0.54	2.72	14.7	381.5	1 466	0.18
Sn	mg/kg	2.9	0.8	2.9	1.3	0.27	3.0	2.8	0.5	1.0	1.5	1.8	2.4	3.3	4.8	5.9	10.0	1.5	6.4	1 486	2.9
Sr	mg/kg	196	39	192	1	0.20	189	193	24	96	111	125	169	218	278	317	462	0.7	1.7	1 506	195
Th	mg/kg	10.4	2.3	10.2	1.2	0.22	9.5	10.2	1.4	4.9	5.6	6.6	8.9	11.6	15.8	17.3	24.2	0.8	1.4	1 503	10.3
Ti	mg/kg	3 633	606	3 582	1	0.17	3 731	3 635	382	2 072	2 219	2 424	3 243	4 012	4 895	5 323	5 887	0.2	0.4	1 517	3 625
Tl	mg/kg	0.58	0.07	0.58	1.13	0.12	0.55	0.57	0.04	0.40	0.42	0.45	0.54	0.62	0.74	0.83	0.94	0.7	1.4	1 506	0.58
U	mg/kg	2.17	0.44	2.13	1.22	0.20	2.21	2.14	0.27	0.82	1.30	1.44	1.87	2.42	3.19	3.76	4.22	0.8	1.5	1 491	2.14
V	mg/kg	72.5	15.0	71.0	1.2	0.21	64.0	70.6	9.2	39.0	41.7	46.6	62.3	81.1	110.1	120.6	128.1	0.7	0.7	1 506	71.9
W	mg/kg	1.49	0.33	1.45	1.25	0.22	1.32	1.48	0.21	0.43	0.79	0.92	1.26	1.68	2.22	2.44	4.39	0.9	4.4	1 513	1.48
Y	mg/kg	22.6	3.0	22.4	1.2	0.13	22.1	22.5	2.0	11.4	15.4	17.0	20.5	24.6	29.1	31.5	34.5	0.2	0.5	1 509	22.6
Zn	mg/kg	57.3	17.8	55.1	1.3	0.31	62.2	56.1	10.2	24.9	29.5	32.9	45.2	65.9	92.8	117.9	273.8	3.4	31.6	1 496	56.1
Zr	mg/kg	264	40	261	1	0.15	272	262	24	156	168	190	240	290	350	375	411	0.3	0.3	1 517	264
Al$_2$O$_3$	%	12.71	1.44	12.63	1.12	0.11	12.58	12.51	0.90	9.30	10.08	10.55	11.64	13.48	16.41	17.16	17.78	0.8	0.6	1 502	12.65
CaO	%	2.70	1.50	2.33	1.71	0.56	1.22	2.21	0.87	0.67	0.83	0.99	1.47	3.71	5.85	7.56	9.24	1.0	0.3	1 509	2.65
MgO	%	1.39	0.38	1.33	1.34	0.28	1.08	1.37	0.29	0.39	0.61	0.72	1.09	1.67	2.16	2.42	3.05	0.2	-0.2	1 518	1.38
K$_2$O	%	2.33	0.21	2.32	1.09	0.09	2.20	2.29	0.12	1.79	1.91	2.00	2.19	2.45	2.81	3.12	3.67	1.1	2.6	1 500	2.32
Na$_2$O	%	1.78	0.32	1.75	1.21	0.18	1.72	1.76	0.16	0.64	0.87	1.05	1.62	1.94	2.43	2.96	3.27	0.4	2.8	1 464	1.78
SiO$_2$	%	65.08	4.08	64.95	1.07	0.06	65.39	64.60	2.44	50.18	55.11	57.26	62.63	67.68	73.53	75.42	76.96	0.2	0.1	1 519	65.11
TFe$_2$O$_3$	%	4.14	1.00	4.03	1.26	0.24	3.48	4.04	0.65	2.21	2.35	2.62	3.38	4.69	6.55	7.52	8.47	0.9	1.1	1 493	4.08
SOC	%	0.95	0.30	0.90	1.37	0.32	0.81	0.90	0.18	0.24	0.35	0.47	0.73	1.11	1.61	1.92	3.56	1.5	7.1	1 502	0.93
pH	无量纲						8.25	7.94	0.29	4.92	5.28	5.80	7.37	8.16	8.41	8.53	8.65				

表 2.5.28B　沼泽沉积物深层土壤 (150～200 cm) 地球化学参数 (n=389)

指标	单位	算术平均值 X_a	算术标准差 S_a	几何平均值 X_g	几何标准差 S_g	变异系数 CV	众值 X_{mo}	中位值 X_{me}	中位绝对离差 MAD	最小值 X_{min}	$X_{0.5\%}$	$X_{2.5\%}$	$X_{25\%}$	累积频率 $X_{75\%}$	$X_{97.5\%}$	$X_{99.5\%}$	最大值 X_{max}	偏度系数 SK	峰度系数 BK	n'	基准值 X_a'
Ag	mg/kg	0.059	0.016	0.057	1.296	0.27	0.051	0.058	0.011	0.027	0.029	0.036	0.048	0.069	0.091	0.113	0.159	1.2	3.8	384	0.058
As	mg/kg	9.8	2.8	9.4	1.3	0.28	9.2	9.3	1.5	4.0	4.5	5.9	8.0	11.0	15.8	22.9	25.3	1.6	5.9	380	9.5
Au	μg/kg	1.7	0.4	1.6	1.3	0.24	1.5	1.6	0.2	0.7	0.9	1.0	1.4	1.8	2.6	3.1	3.5	1.0	2.3	379	1.6
B	mg/kg	39.2	10.2	37.9	1.3	0.26	41.4	39.1	6.9	16.7	19.4	21.1	31.5	45.6	61.0	63.7	65.2	0.3	-0.4	389	39.2
Ba	mg/kg	608	165	590	1	0.27	488	558	80	390	400	422	491	671	1024	1311	1448	1.6	3.5	372	586
Be	mg/kg	1.90	0.34	1.87	1.19	0.18	1.92	1.87	0.23	1.19	1.28	1.37	1.64	2.13	2.64	2.76	2.79	0.5	-0.3	389	1.90
Bi	mg/kg	0.24	0.06	0.23	1.28	0.25	0.20	0.23	0.04	0.10	0.12	0.15	0.19	0.27	0.37	0.42	0.43	0.7	0.2	385	0.24
Br	mg/kg	3.5	1.9	3.1	1.6	0.53	3.2	3.1	0.9	0.7	0.8	1.1	2.4	4.1	7.9	10.4	16.4	2.1	7.7	368	3.2
TC	%	1.10	0.55	0.94	1.85	0.50	0.84	1.08	0.44	0.09	0.16	0.24	0.63	1.48	2.14	2.42	2.64	0.3	-0.8	389	1.10
Cd	mg/kg	0.088	0.026	0.085	1.328	0.30	0.090	0.084	0.016	0.034	0.041	0.050	0.070	0.102	0.150	0.197	0.218	1.2	2.7	379	0.086
Ce	mg/kg	63.2	14.9	61.5	1.3	0.24	57.8	61.1	8.9	32.5	35.2	38.6	53.2	71.7	96.7	111.6	129.3	0.9	1.5	383	62.4
Cl	mg/kg	96	67	83	2	0.70	55	76	19	33	37	42	60	104	267	449	673	3.8	20.8	352	78
Co	mg/kg	12.5	4.9	11.8	1.4	0.39	9.9	11.4	2.3	6.1	6.2	7.0	9.3	14.0	26.5	33.4	35.4	1.8	4.2	365	11.6
Cr	mg/kg	63.5	13.5	62.1	1.2	0.21	56.2	62.8	8.4	26.5	34.5	39.8	54.5	71.2	90.6	97.5	148.9	0.9	3.8	387	63.1
Cu	mg/kg	20.2	5.6	19.4	1.3	0.28	21.5	19.9	3.7	8.8	9.7	11.3	16.0	22.9	32.3	36.1	39.4	0.7	0.2	387	20.1
F	mg/kg	545	152	529	1	0.28	531	527	65	316	320	350	458	586	966	1297	1571	2.5	10.5	371	521
Ga	mg/kg	14.8	2.6	14.6	1.2	0.18	13.8	14.2	1.7	10.3	10.9	11.2	12.8	16.5	20.5	22.1	23.1	0.8	-0.1	388	14.8
Ge	mg/kg	1.27	0.20	1.26	1.17	0.16	1.10	1.26	0.14	0.82	0.88	0.95	1.12	1.40	1.70	1.89	1.94	0.5	0.1	385	1.27
Hg	mg/kg	0.017	0.013	0.015	1.502	0.78	0.013	0.015	0.003	0.004	0.007	0.008	0.012	0.018	0.038	0.064	0.221	10.3	148.0	368	0.015
I	mg/kg	1.98	0.72	1.87	1.42	0.36	1.88	1.88	0.41	0.51	0.77	0.95	1.51	2.39	3.62	4.73	5.76	1.4	3.9	379	1.92
La	mg/kg	32.3	6.4	31.7	1.2	0.20	30.5	32.2	3.8	17.2	18.4	20.3	28.4	35.9	45.8	48.2	70.3	0.7	3.0	387	32.1
Li	mg/kg	31.5	8.2	30.4	1.3	0.26	30.3	30.9	5.6	16.2	16.6	18.7	24.9	35.9	50.3	55.3	56.3	0.7	0.2	388	31.4
Mn	mg/kg	701	472	617	2	0.67	423	556	120	298	316	334	457	732	2015	3144	3528	3.2	12.6	343	561
Mo	mg/kg	0.55	0.21	0.52	1.39	0.39	0.41	0.51	0.10	0.20	0.25	0.28	0.42	0.63	1.00	1.76	1.90	2.4	10.2	380	0.53
N	%	0.035	0.012	0.033	1.330	0.34	0.027	0.032	0.006	0.016	0.020	0.022	0.027	0.040	0.063	0.085	0.128	2.6	12.2	372	0.033
Nb	mg/kg	12.7	2.0	12.6	1.2	0.16	12.4	12.6	1.2	7.7	8.4	9.1	11.5	14.0	16.2	18.0	24.0	0.7	3.1	387	12.7
Ni	mg/kg	27.7	8.7	26.4	1.3	0.31	25.9	26.5	5.3	13.9	14.7	15.8	21.2	32.1	46.9	60.8	74.0	1.2	2.7	384	27.2

指标	单位	算术平均值 X_a	算术标准差 S_a	几何平均值 X_g	几何标准差 S_g	变异系数 CV	众值 X_{mo}	中位值 X_{me}	中位绝对离差 MAD	最小值 X_{min}	累积频率 $X_{0.5\%}$	累积频率 $X_{2.5\%}$	累积频率 $X_{25\%}$	累积频率 $X_{75\%}$	累积频率 $X_{97.5\%}$	累积频率 $X_{99.5\%}$	最大值 X_{max}	偏度系数 SK	峰度系数 BK	n'	基准值 X'_a
P	mg/kg	397	161	371	1	0.41	276	369	98	162	181	212	274	476	678	1 002	1 716	2.2	11.9	384	388
Pb	mg/kg	21.0	5.7	20.4	1.2	0.27	18.2	19.5	2.3	14.3	14.6	15.2	17.7	23.0	33.0	39.0	88.0	4.9	49.9	371	20.2
Rb	mg/kg	90.4	13.6	89.5	1.2	0.15	77.2	87.2	8.4	67.9	69.1	71.9	80.2	98.0	122.6	136.2	141.7	1.0	0.9	383	89.7
S	mg/kg	131	42	125	1	0.32	137	124	20	62	70	78	105	144	236	317	376	2.1	7.1	369	124
Sb	mg/kg	0.88	0.23	0.85	1.28	0.26	0.83	0.85	0.13	0.35	0.42	0.54	0.74	0.99	1.44	1.70	1.92	1.1	2.6	378	0.86
Sc	mg/kg	9.8	2.3	9.6	1.3	0.23	10.3	9.6	1.6	5.3	5.6	6.2	8.0	11.3	14.6	15.8	17.1	0.5	-0.3	388	9.8
Se	mg/kg	0.08	0.03	0.08	1.39	0.35	0.08	0.08	0.02	0.03	0.04	0.04	0.06	0.10	0.15	0.19	0.25	1.4	4.0	379	0.08
Sn	mg/kg	2.4	0.6	2.4	1.3	0.23	2.4	2.4	0.4	1.4	1.4	1.6	2.0	2.8	3.5	4.7	4.9	0.7	1.2	385	2.4
Sr	mg/kg	211	49	205	1	0.23	174	207	33	102	110	124	175	243	307	319	334	0.3	-0.5	389	211
Th	mg/kg	10.4	2.5	10.2	1.3	0.24	11.1	10.2	1.5	5.5	5.8	6.6	8.6	11.7	14.9	18.4	34.7	2.6	21.3	385	10.3
Ti	mg/kg	3 502	642	3 444	1	0.18	2 673	3 518	418	2 044	2 114	2 368	3 066	3 909	4 670	5 320	6 659	0.5	2.1	386	3 481
Tl	mg/kg	0.58	0.08	0.58	1.14	0.14	0.54	0.57	0.05	0.42	0.45	0.46	0.53	0.63	0.75	0.89	0.90	0.9	1.4	382	0.58
U	mg/kg	2.25	0.47	2.21	1.21	0.21	2.10	2.21	0.27	1.43	1.45	1.53	1.94	2.47	3.20	3.64	6.29	2.2	13.8	382	2.22
V	mg/kg	74.3	16.5	72.5	1.2	0.22	73.0	72.1	10.9	40.5	42.8	47.1	62.5	84.1	112.0	120.0	126.7	0.5	0.0	388	74.1
W	mg/kg	1.50	0.33	1.47	1.25	0.22	1.43	1.52	0.21	0.73	0.78	0.91	1.29	1.71	2.18	2.27	2.84	0.2	0.3	388	1.50
Y	mg/kg	22.1	3.0	21.9	1.2	0.14	20.1	22.0	1.9	14.3	15.1	16.6	20.1	24.0	27.9	29.7	36.7	0.4	1.0	388	22.1
Zn	mg/kg	50.2	13.4	48.4	1.3	0.27	54.0	50.9	9.8	23.9	25.7	27.2	39.1	59.1	78.1	83.7	87.2	0.2	-0.5	389	50.2
Zr	mg/kg	251	41	248	1	0.16	221	246	28	155	172	187	221	278	344	368	410	0.6	0.3	387	251
Al_2O_3	%	12.44	1.76	12.33	1.15	0.14	10.84	11.90	1.23	9.74	9.91	10.12	11.02	13.77	16.21	17.12	17.30	0.6	-0.6	389	12.44
CaO	%	4.80	2.43	4.09	1.85	0.51	3.38	5.03	2.00	0.82	0.93	1.11	2.53	6.65	9.49	10.31	11.29	0.2	-0.9	389	4.80
MgO	%	1.47	0.35	1.43	1.28	0.24	1.34	1.41	0.24	0.62	0.73	0.88	1.22	1.73	2.23	2.55	2.88	0.5	0.5	386	1.46
K_2O	%	2.22	0.22	2.21	1.10	0.10	2.06	2.18	0.14	1.73	1.78	1.86	2.07	2.34	2.76	2.89	3.12	0.8	1.2	384	2.21
Na_2O	%	1.72	0.31	1.69	1.20	0.18	1.73	1.71	0.15	0.76	0.85	1.00	1.58	1.87	2.35	2.81	3.35	0.5	3.6	380	1.71
SiO_2	%	60.97	4.21	60.82	1.07	0.07	61.18	61.18	3.05	49.05	51.07	53.09	57.97	63.90	69.15	72.16	75.17	0.0	-0.1	388	60.93
TFe_2O_3	%	4.16	1.06	4.03	1.29	0.25	4.17	4.08	0.74	2.25	2.36	2.56	3.34	4.82	6.41	7.05	7.32	0.6	-0.1	389	4.16
SOC	%	0.26	0.14	0.23	1.62	0.53	0.17	0.22	0.07	0.04	0.07	0.09	0.17	0.31	0.59	0.79	1.17	2.0	7.3	376	0.24
pH	无量纲						8.54	8.41	0.16	6.83	7.18	7.59	8.25	8.56	8.88	9.06	9.23				

373

2.6 山东土壤地球化学参数——按大地构造单元

表2.6.1A 济阳坳陷表层土壤（0～20 cm）地球化学参数（n=7 435）

指标	单位	算术平均值 X_a	算术标准差 S_a	几何平均值 X_g	几何标准差 S_g	变异系数 CV	众值 X_{mo}	中位值 X_{me}	中位绝对离差 MAD	最小值 X_{min}	累积频率 $X_{0.5\%}$	$X_{2.5\%}$	$X_{25\%}$	$X_{75\%}$	$X_{97.5\%}$	$X_{99.5\%}$	最大值 X_{max}	偏度系数 SK	峰度系数 BK	背景值 n'	X_a'
Ag	mg/kg	0.066	0.017	0.064	1.289	0.25	0.061	0.065	0.010	0.010	0.029	0.038	0.055	0.076	0.102	0.123	0.183	0.7	1.9	7 349	0.066
As	mg/kg	10.6	2.6	10.3	1.3	0.25	10.2	10.3	1.6	2.4	5.3	6.2	8.8	12.0	16.8	19.1	22.6	0.7	0.9	7 301	10.5
Au	µg/kg	1.7	0.7	1.6	1.3	0.39	1.6	1.6	0.3	0.5	0.8	1.0	1.3	1.9	2.9	4.1	20.8	8.9	192.5	7 274	1.6
B	mg/kg	52.6	8.4	51.9	1.2	0.16	51.7	52.1	5.1	15.6	33.5	37.7	47.1	57.3	71.0	80.2	108.9	0.6	1.6	7 344	52.3
Ba	mg/kg	518	589	495	1	1.14	470	485	22	212	397	425	464	508	618	1 796	38 800	44.3	2 550.8	7 133	485
Be	mg/kg	1.91	0.22	1.90	1.12	0.11	1.90	1.90	0.13	1.02	1.31	1.48	1.78	2.05	2.37	2.54	4.29	0.3	2.6	7 361	1.91
Bi	mg/kg	0.28	0.07	0.27	1.29	0.26	0.25	0.27	0.04	0.05	0.11	0.15	0.23	0.31	0.44	0.52	1.48	1.9	17.0	7 313	0.27
Br	mg/kg	13.6	17.2	9.0	2.2	1.26	5.0	7.4	2.7	1.0	2.4	3.2	5.2	11.9	69.5	100.6	155.8	3.1	10.8	6 026	7.1
TC	%	1.68	0.42	1.62	1.32	0.25	1.68	1.70	0.25	0.33	0.62	0.81	1.44	1.94	2.51	2.89	4.82	0.1	1.3	7 394	1.67
Cd	mg/kg	0.139	0.042	0.133	1.332	0.30	0.140	0.131	0.021	0.040	0.060	0.075	0.110	0.160	0.230	0.280	0.961	2.3	25.6	7 323	0.136
Ce	mg/kg	67.0	6.4	66.7	1.1	0.10	65.4	67.0	3.9	33.8	47.1	53.9	63.1	70.9	79.4	85.5	118.9	0.0	1.9	7 308	67.1
Cl	mg/kg	2 653	5 430	550	5	2.05	86	321	227	51	63	72	141	1 795	20 925	27 428	39 772	2.8	8.0	4 774	222
Co	mg/kg	11.7	2.1	11.5	1.2	0.18	11.1	11.5	1.3	5.7	7.0	7.9	10.3	12.8	16.4	18.4	25.4	0.6	0.8	7 377	11.6
Cr	mg/kg	67.2	8.1	66.8	1.1	0.12	66.4	66.6	4.2	31.8	47.6	53.4	62.6	71.0	83.3	96.6	193.1	2.3	23.2	7 294	66.8
Cu	mg/kg	22.5	5.1	21.9	1.3	0.23	21.0	22.0	2.9	7.1	9.5	13.2	19.4	25.1	33.6	38.3	83.9	1.1	7.8	7 347	22.3
F	mg/kg	560	93	553	1	0.17	571	559	49	269	325	373	511	610	734	798	4 006	6.7	249.1	7 381	559
Ga	mg/kg	14.5	1.9	14.4	1.1	0.13	14.6	14.4	1.2	4.5	10.1	11.0	13.3	15.6	18.6	19.7	23.6	0.3	0.4	7 406	14.5
Ge	mg/kg	1.27	0.13	1.26	1.11	0.11	1.20	1.30	0.10	0.68	1.00	1.00	1.20	1.39	1.50	1.63	2.20	0.3	0.7	7 401	1.27
Hg	mg/kg	0.033	0.021	0.029	1.641	0.64	0.029	0.029	0.009	0.003	0.009	0.011	0.021	0.039	0.079	0.127	0.537	6.3	98.0	7 101	0.030
I	mg/kg	1.87	0.64	1.77	1.40	0.35	1.81	1.81	0.39	0.47	0.71	0.86	1.45	2.23	3.16	3.87	15.90	2.9	45.7	7 356	1.84
La	mg/kg	33.8	2.8	33.7	1.1	0.08	33.5	33.8	1.6	21.8	25.5	28.5	32.2	35.4	39.8	42.7	52.8	0.3	2.0	7 304	33.8
Li	mg/kg	33.7	6.5	33.1	1.2	0.19	32.0	33.0	3.7	15.7	18.9	22.0	29.6	37.0	49.1	56.3	76.8	0.8	1.5	7 317	33.4
Mn	mg/kg	570	96	562	1	0.17	530	556	59	298	378	420	503	622	802	887	1 105	0.8	0.9	7 331	565
Mo	mg/kg	0.58	0.14	0.57	1.26	0.24	0.58	0.57	0.08	0.16	0.28	0.35	0.49	0.66	0.90	1.06	2.64	1.4	9.6	7 314	0.58
N	%	0.083	0.030	0.077	1.556	0.36	0.092	0.088	0.019	0.013	0.021	0.025	0.064	0.103	0.139	0.162	0.337	0.0	0.7	7 413	0.083
Nb	mg/kg	13.6	1.0	13.5	1.1	0.08	13.8	13.6	0.5	7.6	10.2	11.4	13.0	14.1	15.3	16.5	42.2	2.7	85.3	7 248	13.6

续表

指标	单位	算术平均值 X_a	算术标准差 S_a	几何平均值 X_g	几何标准差 S_g	变异系数 CV	众值 X_{mo}	中位值 X_{me}	中位绝对离差 MAD	最小值 X_{min}	$X_{0.5\%}$	$X_{2.5\%}$	$X_{25\%}$	$X_{75\%}$	$X_{97.5\%}$	$X_{99.5\%}$	最大值 X_{max}	偏度系数 SK	峰度系数 BK	n'	背景值 X_a'
Ni	mg/kg	28.5	5.5	28.0	1.2	0.19	25.5	28.0	3.1	12.6	15.0	18.4	25.1	31.4	40.5	47.3	70.6	0.9	3.4	7 345	28.3
P	mg/kg	933	244	902	1	0.26	630	940	177	345	471	556	725	1 091	1 434	1 722	2 656	0.6	0.9	7 349	923
Pb	mg/kg	21.8	5.4	21.4	1.2	0.25	20.4	21.7	2.4	10.8	12.9	14.8	19.2	24.1	29.4	33.0	350.9	30.2	1 808.1	7 389	21.7
Rb	mg/kg	93.3	8.9	92.9	1.1	0.10	92.0	92.5	5.5	54.9	72.3	76.6	87.4	98.5	113.2	119.1	140.4	0.4	0.5	7 392	93.2
S	mg/kg	631	1 926	345	2	3.05	218	267	71	70	129	152	211	412	3 449	10 132	65 343	15.5	349.1	5 896	257
Sb	mg/kg	0.92	0.22	0.89	1.29	0.24	0.89	0.92	0.13	0.25	0.42	0.49	0.79	1.04	1.37	1.57	2.50	0.3	1.2	7 382	0.91
Sc	mg/kg	10.7	1.7	10.5	1.2	0.16	10.1	10.5	1.0	5.5	6.5	7.4	9.6	11.6	14.5	15.9	19.4	0.4	0.8	7 358	10.6
Se	mg/kg	0.18	0.13	0.17	1.35	0.73	0.17	0.17	0.03	0.05	0.07	0.09	0.14	0.20	0.29	0.43	10.10	63.2	4 881.8	7 275	0.17
Sn	mg/kg	2.9	0.7	2.9	1.3	0.24	3.0	2.9	0.4	0.2	1.5	1.8	2.5	3.3	4.5	5.6	11.8	1.4	8.1	7 317	2.9
Sr	mg/kg	204	37	202	1	0.18	199	200	9	136	151	162	191	210	256	386	1 249	11.0	202.1	7 090	200
Th	mg/kg	10.4	2.0	10.2	1.2	0.20	11.2	10.5	1.2	0.4	4.4	5.9	9.2	11.7	14.3	15.6	22.0	2.0	30.4	7 373	10.4
Ti	mg/kg	3 722	296	3 711	1	0.08	3 759	3 728	119	2 054	2 706	3 120	3 600	3 841	4 289	4 931	8 809	0.2	0.1	7 060	3 720
Tl	mg/kg	0.58	0.08	0.58	1.14	0.13	0.57	0.58	0.05	0.32	0.41	0.44	0.53	0.63	0.74	0.79	0.89	0.2	0.1	7 409	0.58
U	mg/kg	2.34	0.31	2.32	1.14	0.13	2.38	2.33	0.19	1.12	1.51	1.77	2.14	2.52	2.96	3.38	5.34	0.5	2.6	7 337	2.33
V	mg/kg	75.5	10.0	74.8	1.1	0.13	75.4	75.3	6.0	41.2	49.2	54.4	69.4	81.4	96.4	104.4	130.1	0.1	0.7	7 383	75.4
W	mg/kg	1.64	0.19	1.62	1.13	0.12	1.66	1.65	0.10	0.31	1.04	1.22	1.54	1.74	1.98	2.23	3.01	0.0	2.9	7 246	1.64
Y	mg/kg	23.7	1.7	23.6	1.1	0.07	24.0	23.8	1.0	13.5	17.9	20.1	22.7	24.7	26.7	28.6	37.8	0.0	3.6	7 276	23.7
Zn	mg/kg	65.3	12.7	64.2	1.2	0.19	62.2	64.6	6.8	30.7	34.4	41.5	58.2	71.9	91.0	99.8	414.5	3.5	82.6	7 387	65.0
Zr	mg/kg	235	48	230	1	0.21	242	231	25	104	138	159	205	256	347	453	731	1.9	9.5	7 235	230
Al_2O_3	%	12.03	0.92	12.00	1.08	0.08	12.06	11.98	0.55	7.47	9.31	10.18	11.47	12.59	13.99	14.69	15.66	0.1	1.0	7 326	12.04
CaO	%	5.30	1.39	5.07	1.40	0.26	5.76	5.46	0.59	1.11	1.38	1.85	4.87	6.06	7.73	8.77	14.88	0.0	1.7	7 415	5.30
MgO	%	2.04	0.37	2.00	1.20	0.18	1.90	1.96	0.23	0.75	1.15	1.35	1.80	2.29	2.84	3.09	3.43	0.4	0.2	7 398	2.03
K_2O	%	2.35	0.16	2.34	1.07	0.07	2.29	2.33	0.09	1.50	1.96	2.07	2.24	2.44	2.72	2.90	3.11	0.6	1.4	7 328	2.34
Na_2O	%	1.97	0.52	1.91	1.26	0.26	1.88	1.86	0.18	0.76	1.03	1.26	1.69	2.07	3.49	4.09	5.77	1.9	5.2	6 813	1.85
SiO_2	%	60.75	3.76	60.63	1.07	0.06	61.78	61.16	2.29	40.24	49.80	52.38	58.53	63.21	67.76	70.60	73.15	0.0	0.7	7 385	60.80
TFe_2O_3	%	4.38	0.72	4.33	1.18	0.16	4.00	4.30	0.42	2.16	2.73	3.06	3.92	4.78	6.07	6.63	9.05	0.6	1.0	7 355	4.36
SOC	%	0.74	0.28	0.68	1.60	0.38	0.79	0.76	0.17	0.04	0.11	0.20	0.56	0.91	1.27	1.53	2.82	0.2	1.4	7 399	0.73
pH	无量纲						8.24	8.23	0.15	5.66	7.29	7.76	8.08	8.39	8.74	8.89	9.36				

表 2.6.1B 济阳坳陷深层土壤（150~200 cm）地球化学参数（n=1886）

指标	单位	算术平均值 X_a	算术标准差 S_a	几何平均值 X_g	几何标准差 S_g	变异系数 CV	众值 X_{mo}	中位值 X_{me}	中位值绝对离差 MAD	最小值 X_{min}	$X_{0.5\%}$	$X_{2.5\%}$	$X_{25\%}$	$X_{75\%}$	$X_{97.5\%}$	$X_{99.5\%}$	最大值 X_{max}	偏度系数 SK	峰度系数 BK	n'	基准值 X_a'
Ag	mg/kg	0.058	0.014	0.056	1.274	0.24	0.056	0.056	0.008	0.015	0.027	0.033	0.049	0.066	0.088	0.098	0.140	0.6	1.3	1 871	0.057
As	mg/kg	10.4	2.9	10.1	1.3	0.28	8.6	9.9	1.7	3.8	4.8	6.2	8.4	12.1	17.1	19.8	24.5	0.9	0.9	1 858	10.3
Au	μg/kg	1.5	0.4	1.5	1.3	0.29	1.2	1.4	0.2	0.7	0.8	0.9	1.2	1.7	2.7	3.3	5.5	1.7	7.2	1 836	1.5
B	mg/kg	51.0	8.0	50.4	1.2	0.16	50.8	50.7	4.8	15.0	29.6	35.9	46.0	55.8	67.3	77.9	93.0	0.3	1.4	1 859	50.9
Ba	mg/kg	481	75	479	1	0.16	459	476	24	386	398	415	452	500	567	670	2 790	19.0	536.9	1 852	477
Be	mg/kg	1.89	0.25	1.87	1.14	0.13	1.80	1.87	0.15	1.25	1.32	1.43	1.72	2.03	2.41	2.72	2.97	0.5	0.8	1 865	1.88
Bi	mg/kg	0.24	0.07	0.23	1.32	0.28	0.19	0.23	0.04	0.07	0.10	0.12	0.20	0.28	0.41	0.47	0.52	0.7	0.8	1 862	0.24
Br	mg/kg	6.9	8.5	4.8	2.1	1.23	3.3	4.1	1.6	0.7	1.3	1.7	2.9	7.2	31.4	58.3	95.8	4.3	26.0	1 598	4.2
TC	%	1.34	0.34	1.29	1.34	0.25	1.27	1.33	0.18	0.11	0.34	0.59	1.16	1.54	2.04	2.32	2.71	0.0	1.1	1 859	1.34
Cd	mg/kg	0.108	0.030	0.104	1.322	0.28	0.090	0.100	0.020	0.033	0.050	0.060	0.090	0.123	0.180	0.200	0.270	0.7	0.9	1 866	0.107
Ce	mg/kg	65.5	6.9	65.1	1.1	0.11	64.7	65.2	4.1	39.1	46.6	51.9	61.4	69.5	79.5	88.5	104.1	0.3	1.9	1 855	65.3
Cl	mg/kg	1 559	2 960	556	4	1.90	239	385	235	47	54	73	213	1 245	10 707	19 040	24 528	3.7	16.7	1 302	313
Co	mg/kg	11.3	2.3	11.1	1.2	0.20	10.6	11.1	1.6	6.1	6.6	7.4	9.7	12.8	16.3	17.8	22.4	0.5	0.1	1 878	11.3
Cr	mg/kg	65.5	7.5	65.1	1.1	0.12	64.1	65.0	4.7	40.3	45.9	51.4	60.6	70.0	81.3	89.1	122.4	0.6	2.6	1 867	65.4
Cu	mg/kg	21.2	5.3	20.5	1.3	0.25	19.2	20.8	3.2	7.2	8.3	10.4	17.8	24.4	32.7	37.5	43.8	0.4	0.6	1 871	21.1
F	mg/kg	522	83	515	1	0.16	486	517	52	271	306	345	469	574	693	748	813	0.1	0.3	1 881	522
Ga	mg/kg	14.3	2.0	14.1	1.1	0.14	13.7	14.0	1.3	9.4	9.8	10.8	12.9	15.6	18.8	20.2	22.4	0.5	0.4	1 872	14.2
Ge	mg/kg	1.25	0.11	1.25	1.09	0.09	1.20	1.25	0.05	0.80	0.96	1.06	1.20	1.30	1.50	1.55	1.62	0.0	0.3	1 870	1.25
Hg	mg/kg	0.019	0.044	0.017	1.418	2.27	0.016	0.017	0.003	0.005	0.007	0.010	0.014	0.020	0.033	0.051	1.400	29.7	903.5	1 821	0.017
I	mg/kg	1.69	0.79	1.53	1.55	0.47	1.30	1.49	0.45	0.47	0.54	0.70	1.11	2.06	3.70	4.91	6.11	1.5	3.1	1 833	1.61
La	mg/kg	34.3	3.1	34.1	1.1	0.09	34.8	34.3	1.9	23.1	25.7	28.3	32.3	36.1	40.7	43.5	46.8	0.1	0.7	1 868	34.3
Li	mg/kg	32.9	7.0	32.2	1.2	0.21	31.0	32.2	4.4	17.3	18.2	20.3	28.1	37.2	48.2	53.6	59.9	0.5	0.3	1 873	32.8
Mn	mg/kg	546	111	536	1	0.20	475	523	67	311	366	394	464	605	808	913	1 383	1.2	2.6	1 858	540
Mo	mg/kg	0.58	0.14	0.57	1.26	0.24	0.54	0.56	0.08	0.27	0.30	0.36	0.49	0.65	0.93	1.05	1.33	1.0	1.9	1 849	0.57
N	%	0.034	0.012	0.032	1.356	0.35	0.027	0.031	0.006	0.015	0.016	0.019	0.026	0.040	0.058	0.077	0.187	3.0	28.5	1 854	0.033
Nb	mg/kg	13.4	1.0	13.4	1.1	0.07	13.6	13.5	0.5	8.6	9.7	10.9	12.9	14.0	15.2	15.8	17.8	0.0	2.9	1 825	13.5
Ni	mg/kg	27.4	5.7	26.8	1.2	0.21	26.2	26.9	3.6	13.2	14.1	16.3	23.6	30.9	39.5	43.7	58.0	0.4	0.5	1 880	27.4

376

指标	单位	算术平均值 X_a	算术标准差 S_a	几何平均值 X_g	几何标准差 S_g	变异系数 CV	众值 X_{mo}	中位值 X_{me}	中位绝对离差 MAD	最小值 X_{min}	累积频率 $X_{0.5\%}$	$X_{2.5\%}$	$X_{25\%}$	$X_{75\%}$	$X_{97.5\%}$	$X_{99.5\%}$	最大值 X_{max}	偏度系数 SK	峰度系数 BK	n'	基准值 X_a'
P	mg/kg	596	79	591	1	0.13	595	603	25	252	345	396	578	628	731	913	1 350	0.3	9.3	1 670	607
Pb	mg/kg	18.8	3.2	18.5	1.2	0.17	17.0	18.4	2.1	10.7	12.3	13.9	16.4	20.7	26.1	28.7	31.8	0.7	0.5	1 869	18.7
Rb	mg/kg	91.6	10.5	91.0	1.1	0.11	89.1	90.1	7.1	66.2	71.0	74.5	84.0	98.3	114.3	121.2	132.8	0.6	0.1	1 879	91.4
S	mg/kg	207	128	189	1	0.62	152	174	30	75	90	106	146	218	528	716	3 350	9.6	199.7	1 688	176
Sb	mg/kg	0.89	0.21	0.86	1.29	0.24	0.85	0.87	0.13	0.32	0.39	0.47	0.75	1.01	1.35	1.56	1.77	0.4	0.6	1 869	0.88
Sc	mg/kg	10.5	1.8	10.3	1.2	0.17	9.9	10.3	1.1	5.1	6.4	7.1	9.2	11.6	14.4	15.9	17.3	0.4	0.3	1 869	10.4
Se	mg/kg	0.09	0.02	0.09	1.28	0.27	0.08	0.09	0.01	0.03	0.05	0.05	0.08	0.10	0.15	0.18	0.32	1.7	8.7	1 850	0.09
Sn	mg/kg	2.5	0.6	2.5	1.2	0.23	2.4	2.5	0.3	1.3	1.4	1.7	2.2	2.8	3.7	4.5	9.8	2.6	24.7	1 860	2.5
Sr	mg/kg	200	21	199	1	0.10	196	198	8	126	150	161	190	206	246	295	396	2.1	12.8	1 791	198
Th	mg/kg	10.6	1.9	10.4	1.2	0.18	10.9	10.6	1.2	1.9	4.3	7.0	9.4	11.9	14.5	15.6	16.3	0.0	0.8	1 867	10.7
Ti	mg/kg	3 659	280	3 648	1	0.08	3 650	3 680	131	2 108	2 508	2 948	3 543	3 805	4 154	4 491	5 660	0.0	5.6	1 792	3 678
Tl	mg/kg	0.58	0.08	0.58	1.14	0.14	0.57	0.58	0.05	0.29	0.41	0.45	0.53	0.63	0.76	0.81	0.89	0.4	0.1	1 878	0.58
U	mg/kg	2.26	0.31	2.24	1.15	0.14	2.06	2.25	0.19	1.16	1.49	1.70	2.06	2.44	2.93	3.20	4.37	0.5	1.7	1 871	2.26
V	mg/kg	73.7	11.7	72.8	1.2	0.16	74.6	72.9	7.3	39.8	46.0	51.0	66.1	80.8	98.9	107.3	119.0	0.3	0.3	1 878	73.5
W	mg/kg	1.64	0.20	1.63	1.13	0.12	1.64	1.64	0.12	0.94	1.04	1.20	1.53	1.76	2.00	2.19	2.87	0.0	1.5	1 860	1.64
Y	mg/kg	23.7	1.9	23.6	1.1	0.08	24.3	23.9	1.0	12.1	15.8	19.2	22.7	24.8	27.0	28.5	33.2	0.0	3.6	1 834	23.8
Zn	mg/kg	60.3	17.1	58.6	1.3	0.28	50.2	58.2	7.7	29.8	31.0	36.0	51.2	66.9	87.6	108.8	412.2	6.7	109.5	1 858	59.2
Zr	mg/kg	240	56	234	1	0.23	201	231	31	112	140	156	204	266	365	501	634	1.6	5.7	1 848	236
Al₂O₃	%	11.81	1.01	11.77	1.09	0.09	11.15	11.71	0.67	8.63	9.06	9.90	11.11	12.51	13.90	14.52	15.73	0.2	0.3	1 880	11.81
CaO	%	5.67	1.22	5.50	1.29	0.22	5.34	5.66	0.57	1.02	1.76	2.57	5.17	6.33	8.01	9.24	10.01	0.0	1.7	1 816	5.73
MgO	%	1.90	0.34	1.87	1.19	0.18	1.77	1.85	0.18	0.77	1.13	1.29	1.69	2.10	2.64	2.90	3.25	0.6	0.5	1 873	1.89
K₂O	%	2.28	0.17	2.28	1.07	0.07	2.18	2.25	0.11	1.95	2.00	2.05	2.16	2.38	2.67	2.79	3.03	0.6	0.5	1 865	2.28
Na₂O	%	1.93	0.35	1.90	1.19	0.18	1.98	1.91	0.20	0.79	1.12	1.33	1.71	2.11	2.69	3.16	4.11	0.8	2.8	1 859	1.92
SiO₂	%	61.02	3.85	60.90	1.07	0.06	62.41	61.52	2.47	46.29	50.01	52.79	58.50	63.66	67.58	70.19	72.63	0.0	0.2	1 879	61.06
TFe₂O₃	%	4.23	0.75	4.16	1.19	0.18	4.09	4.12	0.48	2.51	2.63	2.87	3.70	4.69	5.96	6.45	7.31	0.6	0.4	1 872	4.21
SOC	%	0.23	0.11	0.21	1.60	0.48	0.15	0.21	0.07	0.03	0.06	0.08	0.15	0.30	0.48	0.65	1.05	1.3	4.1	1 858	0.23
pH	无量纲						8.58	8.61	0.12	7.28	8.11	8.31	8.50	8.73	9.02	9.17	9.66				

表 2.6.2A 临清坳陷表层土壤（0～20 cm）地球化学参数 （n=2 407）

指标	单位	算术平均值 X_a	算术标准差 S_a	几何平均值 X_g	几何标准差 S_g	变异系数 CV	众值 X_{mo}	中位值 X_{me}	中位绝对离差 MAD	最小值 X_{min}	$X_{0.5\%}$	$X_{2.5\%}$	$X_{25\%}$	$X_{75\%}$	$X_{97.5\%}$	$X_{99.5\%}$	最大值 X_{max}	偏度系数 SK	峰度系数 BK	背景值 n'	背景值 X_a'
Ag	mg/kg	0.067	0.015	0.065	1.252	0.23	0.060	0.065	0.009	0.027	0.035	0.041	0.057	0.075	0.101	0.125	0.195	1.2	5.1	2 360	0.066
As	mg/kg	10.7	2.1	10.5	1.2	0.20	9.6	10.4	1.1	0.1	6.3	7.4	9.5	11.7	15.5	19.4	42.0	2.4	23.6	2 338	10.5
Au	µg/kg	1.7	0.6	1.6	1.3	0.35	1.4	1.6	0.3	0.5	0.8	1.0	1.4	1.9	2.9	4.2	15.1	6.4	113.5	2 339	1.7
B	mg/kg	50.2	6.7	49.7	1.1	0.13	50.1	50.4	4.2	22.3	30.6	36.8	46.0	54.4	62.9	68.4	81.9	0.0	0.8	2 386	50.2
Ba	mg/kg	492	42	490	1	0.09	468	485	23	395	415	432	465	512	581	639	1 077	2.7	25.0	2 353	489
Be	mg/kg	1.85	0.16	1.85	1.09	0.09	1.78	1.84	0.10	1.30	1.46	1.55	1.75	1.95	2.22	2.38	2.69	0.5	0.9	2 381	1.85
Bi	mg/kg	0.28	0.08	0.27	1.22	0.30	0.25	0.27	0.02	0.09	0.17	0.20	0.25	0.30	0.44	0.62	2.56	11.8	265.8	2 282	0.27
Br	mg/kg	4.4	1.3	4.2	1.4	0.29	4.4	4.4	0.8	0.6	1.2	2.0	3.6	5.2	6.9	8.3	10.0	0.2	0.5	2 387	4.4
TC	%	1.72	0.25	1.70	1.15	0.15	1.62	1.69	0.14	0.93	1.12	1.28	1.56	1.84	2.31	2.66	3.61	1.0	3.8	2 347	1.70
Cd	mg/kg	0.153	0.043	0.149	1.243	0.28	0.140	0.149	0.019	0.080	0.080	0.100	0.130	0.167	0.240	0.340	1.090	6.7	110.8	2 319	0.148
Ce	mg/kg	65.4	5.3	65.2	1.1	0.08	66.2	65.4	3.1	37.9	49.9	54.8	62.3	68.5	76.6	82.2	92.8	0.1	1.4	2 368	65.4
Cl	mg/kg	255	374	182	2	1.47	94	150	51	60	70	79	111	257	1 048	2 497	6 433	7.5	82.4	2 070	160
Co	mg/kg	10.9	1.5	10.8	1.1	0.14	10.4	10.7	0.8	6.0	7.6	8.4	10.0	11.6	14.7	17.5	19.3	1.2	3.6	2 342	10.8
Cr	mg/kg	62.6	6.5	62.3	1.1	0.10	64.7	62.6	3.9	31.5	43.6	49.5	58.7	66.5	76.1	80.8	86.3	0.0	1.1	2 381	62.6
Cu	mg/kg	21.3	14.3	20.8	1.2	0.67	20.1	20.5	1.9	8.9	12.9	14.9	18.8	22.7	29.9	38.9	696.1	43.8	2 069.4	2 337	20.7
F	mg/kg	538	60	534	1	0.11	546	536	36	318	388	423	499	571	664	741	842	0.5	2.0	2 375	536
Ga	mg/kg	13.9	1.5	13.8	1.1	0.11	13.8	13.8	0.8	7.8	10.0	11.1	13.0	14.7	17.5	19.4	22.1	0.7	2.2	2 356	13.8
Ge	mg/kg	1.31	0.13	1.30	1.10	0.10	1.30	1.30	0.10	0.90	1.00	1.10	1.20	1.40	1.60	1.60	1.80	0.1	0.0	2 394	1.31
Hg	mg/kg	0.043	0.035	0.037	1.627	0.82	0.031	0.035	0.009	0.008	0.012	0.017	0.027	0.048	0.122	0.199	0.844	9.5	168.2	2 198	0.036
I	mg/kg	2.02	0.84	1.86	1.55	0.41	1.48	1.89	0.51	0.02	0.45	0.78	1.45	2.48	3.88	5.28	8.44	1.3	4.0	2 370	1.98
La	mg/kg	33.5	2.5	33.4	1.1	0.08	32.2	33.5	1.5	20.6	26.9	28.6	32.1	35.0	39.0	41.9	45.2	0.2	1.7	2 366	33.4
Li	mg/kg	31.7	4.6	31.4	1.2	0.15	31.5	31.2	2.6	14.9	21.0	23.5	28.8	34.1	43.0	48.4	58.5	0.8	2.2	2 357	31.4
Mn	mg/kg	542	67	538	1	0.12	535	533	36	344	391	432	500	573	700	817	941	1.2	3.6	2 348	537
Mo	mg/kg	0.59	0.12	0.58	1.21	0.21	0.57	0.57	0.06	0.28	0.35	0.40	0.51	0.64	0.87	1.08	1.55	1.6	7.0	2 344	0.58
N	%	0.087	0.017	0.085	1.227	0.20	0.088	0.087	0.010	0.026	0.040	0.054	0.077	0.096	0.121	0.143	0.228	0.5	3.1	2 375	0.086
Nb	mg/kg	13.5	1.3	13.4	1.1	0.09	13.5	13.6	0.6	3.1	9.9	11.2	12.9	14.1	15.0	15.8	31.1	3.3	57.5	2 353	13.5
Ni	mg/kg	26.7	3.7	26.4	1.1	0.14	26.1	26.3	2.0	13.3	18.1	20.2	24.5	28.5	35.1	42.2	50.7	1.1	4.0	2 352	26.4

指标	单位	算术平均值 X_a	算术标准差 S_a	几何平均值 X_g	几何标准差 S_g	变异系数 CV	众值 X_{mo}	中位值 X_{me}	中位绝对离差 MAD	最小值 X_{min}	累积频率 $X_{0.5\%}$	$X_{2.5\%}$	$X_{25\%}$	$X_{75\%}$	$X_{97.5\%}$	$X_{99.5\%}$	最大值 X_{max}	偏度系数 SK	峰度系数 BK	n'	背景值 X_a'
P	mg/kg	1054	204	1034	1	0.19	956	1038	128	540	641	692	917	1179	1489	1681	2610	0.6	1.8	2390	1048
Pb	mg/kg	21.9	4.0	21.7	1.2	0.18	20.6	21.3	1.5	14.2	16.6	17.5	20.0	23.2	29.6	38.0	125.3	9.0	200.0	2321	21.5
Rb	mg/kg	89.5	6.2	89.2	1.1	0.07	89.8	88.6	3.6	73.5	76.4	79.2	85.4	92.6	104.0	113.1	125.1	1.0	2.3	2366	89.1
S	mg/kg	258	148	238	1	0.57	181	226	41	106	122	139	190	280	578	1100	2617	6.9	75.3	2249	231
Sb	mg/kg	0.93	0.23	0.91	1.22	0.25	0.88	0.90	0.08	0.01	0.55	0.66	0.83	0.99	1.32	1.58	8.27	15.1	436.0	2316	0.91
Sc	mg/kg	10.2	1.3	10.1	1.1	0.12	10.2	10.1	0.6	4.8	7.0	7.9	9.5	10.8	13.1	15.4	18.4	1.0	4.1	2340	10.1
Se	mg/kg	0.19	0.07	0.18	1.26	0.35	0.17	0.18	0.02	0.02	0.10	0.12	0.16	0.21	0.29	0.49	1.64	10.0	173.4	2335	0.18
Sn	mg/kg	3.4	1.0	3.3	1.3	0.29	3.2	3.3	0.5	1.0	1.6	2.0	2.8	3.8	5.9	7.2	15.6	2.1	13.4	2339	3.3
Sr	mg/kg	202	15	201	1	0.07	196	199	7	161	171	179	192	208	239	253	265	1.1	1.6	2340	200
Th	mg/kg	10.5	1.3	10.4	1.1	0.12	10.6	10.7	0.7	6.3	7.0	7.5	9.9	11.3	13.0	14.2	17.0	0.0	1.0	2394	10.5
Ti	mg/kg	3729	211	3723	1	0.06	3778	3777	102	2235	2870	3179	3642	3863	4019	4078	4192	0.6	4.4	2323	3754
Tl	mg/kg	0.59	0.08	0.59	1.15	0.14	0.58	0.58	0.05	0.34	0.40	0.44	0.54	0.64	0.78	0.85	0.94	0.6	1.2	2365	0.59
U	mg/kg	2.30	0.28	2.28	1.13	0.12	2.47	2.29	0.17	0.82	1.48	1.75	2.13	2.47	2.85	3.15	4.61	0.5	4.6	2369	2.30
V	mg/kg	76.3	7.7	75.9	1.1	0.10	74.2	75.7	4.5	46.3	56.3	62.0	71.6	80.6	93.7	103.6	116.6	0.5	1.9	2363	76.0
W	mg/kg	1.62	0.18	1.61	1.11	0.11	1.59	1.61	0.09	0.77	1.10	1.28	1.53	1.70	1.95	2.28	4.35	1.9	27.1	2332	1.61
Y	mg/kg	23.0	1.5	22.9	1.1	0.07	23.4	23.2	0.8	2.1	17.5	19.9	22.4	23.9	25.1	26.1	37.7	0.0	29.6	2355	23.1
Zn	mg/kg	63.3	9.3	62.7	1.2	0.15	60.3	62.6	4.8	29.8	41.6	46.5	58.2	67.7	83.0	98.8	162.4	1.5	9.6	2352	62.6
Zr	mg/kg	235	31	232	1	0.13	241	236	18	115	133	164	218	253	293	329	402	0.0	1.8	2361	235
Al_2O_3	%	11.92	0.65	11.90	1.06	0.06	11.95	11.85	0.36	9.97	10.35	10.76	11.53	12.26	13.52	14.14	14.90	0.7	1.4	2364	11.88
CaO	%	5.32	0.76	5.27	1.14	0.14	4.89	5.16	0.32	3.97	4.16	4.37	4.86	5.53	7.42	9.08	10.29	2.3	8.0	2262	5.18
MgO	%	1.95	0.25	1.94	1.13	0.13	1.97	1.93	0.13	1.17	1.36	1.49	1.80	2.07	2.52	2.92	3.29	0.8	2.7	2351	1.93
K_2O	%	2.32	0.11	2.31	1.05	0.05	2.25	2.29	0.06	2.09	2.13	2.16	2.24	2.37	2.58	2.71	2.91	1.2	2.1	2353	2.31
Na_2O	%	1.92	0.21	1.90	1.13	0.11	1.95	1.93	0.12	0.80	1.13	1.42	1.81	2.05	2.25	2.36	2.81	0.0	3.0	2346	1.93
SiO_2	%	61.61	2.79	61.55	1.05	0.05	62.00	62.23	1.26	45.06	49.01	53.70	60.67	63.29	65.39	66.96	69.41	0.0	5.1	2284	62.05
TFe_2O_3	%	4.10	0.47	4.07	1.12	0.12	3.94	4.03	0.24	2.36	2.95	3.25	3.82	4.32	5.22	5.99	6.68	0.9	2.7	2347	4.06
SOC	%	0.75	0.17	0.73	1.26	0.23	0.80	0.74	0.10	0.16	0.33	0.44	0.65	0.85	1.08	1.43	2.12	1.0	5.5	2369	0.75
pH	无量纲						8.10	8.17	0.14	7.04	7.48	7.74	8.03	8.31	8.65	8.83	9.15				

表 2.6.2B 临清坳陷深层土壤（150~200 cm）地球化学参数（n=625）

指标	单位	算术平均值 X_a	算术标准差 S_a	几何平均值 X_g	几何标准差 S_g	变异系数 CV	众值 X_{mo}	中位值 X_{me}	中位绝对离差 MAD	最小值 X_{min}	$X_{0.5\%}$	$X_{2.5\%}$	$X_{25\%}$	$X_{75\%}$	$X_{97.5\%}$	$X_{99.5\%}$	最大值 X_{max}	偏度系数 SK	峰度系数 BK	n'	基准值 X_a'
Ag	mg/kg	0.059	0.012	0.057	1.247	0.21	0.061	0.059	0.008	0.021	0.030	0.033	0.051	0.066	0.084	0.093	0.114	0.2	0.7	621	0.058
As	mg/kg	10.4	2.6	10.1	1.3	0.25	9.8	10.0	1.4	4.2	5.4	6.3	8.8	11.6	16.8	19.3	21.5	1.0	1.6	613	10.3
Au	μg/kg	1.7	0.4	1.6	1.3	0.27	1.5	1.6	0.3	0.9	0.9	1.0	1.3	1.9	2.8	3.5	4.0	1.4	3.0	608	1.6
B	mg/kg	52.2	7.9	51.6	1.2	0.15	51.5	52.8	4.7	21.4	28.8	33.2	47.9	57.3	66.6	72.2	84.1	0.0	1.2	617	52.4
Ba	mg/kg	474	37	472	1	0.08	464	468	20	390	402	413	450	492	566	620	688	1.2	3.3	607	470
Be	mg/kg	1.94	0.23	1.93	1.12	0.12	1.97	1.92	0.13	1.34	1.50	1.57	1.79	2.05	2.45	2.69	2.92	0.7	1.0	618	1.93
Bi	mg/kg	0.25	0.06	0.25	1.27	0.25	0.22	0.24	0.04	0.11	0.14	0.16	0.21	0.29	0.41	0.48	0.57	1.1	2.0	616	0.25
Br	mg/kg	2.6	0.8	2.5	1.4	0.30	2.6	2.5	0.5	0.8	0.9	1.2	2.1	3.1	4.2	4.8	5.4	0.4	0.2	622	2.6
TC	%	1.33	0.24	1.31	1.19	0.18	1.22	1.27	0.14	0.75	0.91	0.98	1.16	1.44	1.92	2.32	2.50	1.2	2.4	612	1.31
Cd	mg/kg	0.110	0.027	0.108	1.249	0.24	0.090	0.105	0.015	0.050	0.070	0.077	0.090	0.122	0.180	0.209	0.244	1.4	2.8	606	0.108
Ce	mg/kg	65.9	5.8	65.7	1.1	0.09	69.5	65.9	3.6	43.7	49.4	53.6	62.5	69.5	76.8	81.6	90.3	0.0	0.7	621	66.0
Cl	mg/kg	212	119	186	2	0.56	133	178	57	63	66	80	132	256	509	707	797	1.7	3.8	599	195
Co	mg/kg	11.4	2.0	11.3	1.2	0.18	9.9	11.1	1.2	6.6	7.5	8.3	10.0	12.6	15.9	19.0	19.5	0.9	1.3	613	11.3
Cr	mg/kg	62.3	7.5	61.9	1.1	0.12	62.3	61.9	4.5	38.0	44.5	49.1	57.8	66.6	79.0	83.5	85.8	0.3	0.4	620	62.3
Cu	mg/kg	20.8	4.5	20.4	1.2	0.22	19.5	19.9	2.6	10.1	12.5	14.1	17.7	23.4	31.2	36.4	39.0	0.9	1.0	616	20.6
F	mg/kg	523	74	518	1	0.14	488	517	46	277	335	387	474	568	691	759	795	0.4	0.8	616	522
Ga	mg/kg	14.1	1.7	14.0	1.1	0.12	14.1	13.8	1.0	10.3	10.8	11.5	12.9	14.9	18.4	20.5	21.7	1.1	1.8	609	13.9
Ge	mg/kg	1.30	0.16	1.29	1.14	0.12	1.30	1.30	0.10	0.60	0.80	0.90	1.20	1.40	1.60	1.70	1.70	0.0	1.5	617	1.31
Hg	mg/kg	0.017	0.007	0.015	1.444	0.44	0.012	0.015	0.004	0.005	0.006	0.008	0.012	0.019	0.035	0.053	0.075	2.9	15.7	606	0.016
I	mg/kg	1.47	0.46	1.41	1.35	0.31	1.47	1.41	0.24	0.54	0.57	0.77	1.18	1.67	2.65	3.38	3.82	1.3	3.2	602	1.42
La	mg/kg	33.6	2.9	33.5	1.1	0.09	32.0	33.4	1.9	24.0	26.4	28.1	31.7	35.5	39.6	42.0	43.4	0.2	0.3	620	33.6
Li	mg/kg	33.6	6.3	33.0	1.2	0.19	31.0	32.3	3.4	17.1	20.3	23.9	29.6	36.7	48.8	54.7	63.3	1.0	1.7	611	33.1
Mn	mg/kg	549	94	542	1	0.17	536	530	54	359	396	419	484	596	792	906	952	1.3	2.1	605	539
Mo	mg/kg	0.61	0.14	0.60	1.25	0.23	0.47	0.59	0.08	0.28	0.35	0.39	0.52	0.68	0.92	1.09	1.24	0.9	1.3	615	0.60
N	%	0.033	0.009	0.031	1.290	0.28	0.027	0.031	0.005	0.016	0.018	0.020	0.027	0.036	0.058	0.063	0.071	1.3	2.1	599	0.031
Nb	mg/kg	13.8	1.0	13.7	1.1	0.07	13.7	13.8	0.5	9.5	10.0	11.2	13.3	14.4	15.4	16.1	16.9	0.0	2.5	603	13.9
Ni	mg/kg	27.7	5.1	27.2	1.2	0.18	25.3	26.9	3.1	13.5	17.0	19.8	24.1	30.6	39.1	45.7	48.2	0.8	1.2	612	27.4

指标	单位	算术平均值 X_a	算术标准差 S_a	几何平均值 X_g	几何标准差 S_g	变异系数 CV	众值 X_{mo}	中位值 X_{me}	中位绝对离差 MAD	最小值 X_{min}	累积频率 $X_{0.5\%}$	$X_{2.5\%}$	$X_{25\%}$	$X_{75\%}$	$X_{97.5\%}$	$X_{99.5\%}$	最大值 X_{max}	偏度系数 SK	峰度系数 BK	n'	基准值 X_a'
P	mg/kg	605	44	604	1	0.07	608	602	18	475	509	536	585	621	691	794	1 161	4.1	44.3	601	602
Pb	mg/kg	19.1	2.9	18.9	1.2	0.15	17.0	18.5	1.6	14.0	14.6	15.2	17.0	20.6	26.6	30.3	31.2	1.2	1.7	607	18.8
Rb	mg/kg	90.9	9.2	90.5	1.1	0.10	89.6	89.5	5.6	71.2	74.4	76.8	84.2	95.9	113.5	122.5	125.3	0.9	1.1	612	90.3
S	mg/kg	174	64	165	1	0.37	159	159	30	76	86	96	136	196	323	419	689	2.6	14.2	602	166
Sb	mg/kg	0.99	0.19	0.98	1.21	0.19	0.96	0.98	0.11	0.47	0.58	0.67	0.87	1.10	1.43	1.63	1.83	0.7	1.5	616	0.98
Sc	mg/kg	10.5	1.6	10.4	1.2	0.15	9.7	10.2	0.9	6.5	6.6	7.9	9.5	11.2	14.4	15.7	17.0	0.8	1.4	614	10.4
Se	mg/kg	0.09	0.02	0.09	1.21	0.20	0.09	0.09	0.01	0.05	0.06	0.06	0.08	0.10	0.14	0.16	0.17	1.1	2.3	608	0.09
Sn	mg/kg	2.6	0.5	2.6	1.2	0.18	2.4	2.6	0.3	1.4	1.6	1.8	2.3	2.9	3.7	4.0	4.2	0.5	0.3	619	2.6
Sr	mg/kg	199	12	199	1	0.06	199	199	8	153	162	179	191	206	226	243	250	0.4	1.4	616	199
Th	mg/kg	10.9	1.5	10.7	1.2	0.14	11.1	10.9	0.9	6.8	7.4	7.9	10.0	11.7	13.9	15.2	16.0	0.1	0.3	622	10.8
Ti	mg/kg	3 768	217	3 762	1	0.06	3 829	3 808	112	2 598	2 919	3 179	3 675	3 903	4 081	4 204	4 245	0.0	3.5	601	3 796
Tl	mg/kg	0.58	0.07	0.58	1.13	0.13	0.55	0.57	0.05	0.38	0.40	0.46	0.53	0.62	0.74	0.81	0.83	0.5	0.6	619	0.58
U	mg/kg	2.33	0.24	2.31	1.11	0.11	2.30	2.33	0.14	1.43	1.66	1.82	2.19	2.48	2.78	2.97	3.24	0.0	0.7	621	2.33
V	mg/kg	77.5	9.5	76.9	1.1	0.12	76.3	76.3	5.7	46.0	53.0	60.0	71.3	83.0	98.3	109.2	113.6	0.5	1.0	616	77.2
W	mg/kg	1.64	0.18	1.63	1.12	0.11	1.70	1.63	0.10	0.96	1.01	1.24	1.54	1.73	1.99	2.27	2.46	0.0	2.6	602	1.64
Y	mg/kg	23.1	1.5	23.1	1.1	0.06	22.8	23.2	0.8	17.3	18.2	19.8	22.4	24.0	25.6	27.1	28.4	0.0	1.9	604	23.2
Zn	mg/kg	59.2	10.7	58.3	1.2	0.18	53.0	57.6	6.4	31.2	37.3	42.0	51.7	65.4	84.5	95.4	103.6	0.8	1.0	618	58.8
Zr	mg/kg	232	50	227	1	0.21	197	225	28	132	138	156	199	256	354	411	460	1.1	2.0	609	228
Al_2O_3	%	11.60	0.84	11.57	1.07	0.07	11.67	11.44	0.51	9.59	10.01	10.32	11.00	12.08	13.56	14.17	15.31	0.8	0.8	615	11.55
CaO	%	5.86	0.77	5.81	1.13	0.13	5.39	5.70	0.42	4.02	4.34	4.79	5.36	6.23	7.79	8.93	9.56	1.3	2.6	604	5.78
MgO	%	1.95	0.24	1.93	1.13	0.13	1.99	1.93	0.16	1.14	1.33	1.55	1.78	2.09	2.52	2.65	2.89	0.5	0.7	621	1.95
K_2O	%	2.27	0.15	2.27	1.07	0.07	2.16	2.24	0.09	1.98	2.01	2.06	2.16	2.35	2.65	2.83	2.90	1.1	1.7	608	2.26
Na_2O	%	1.92	0.25	1.91	1.15	0.13	2.02	1.96	0.15	0.97	1.02	1.32	1.79	2.09	2.30	2.37	2.57	0.0	1.5	611	1.94
SiO_2	%	61.36	3.50	61.26	1.06	0.06	63.72	62.25	1.86	46.03	49.13	52.68	59.70	63.78	66.13	67.14	68.98	0.0	1.8	609	61.66
TFe_2O_3	%	4.16	0.65	4.11	1.16	0.16	3.62	4.04	0.38	2.55	2.77	3.14	3.71	4.50	5.74	6.35	6.76	0.9	1.3	613	4.11
SOC	%	0.21	0.08	0.19	1.45	0.39	0.19	0.19	0.05	0.05	0.07	0.10	0.15	0.25	0.42	0.50	0.60	1.2	2.3	607	0.20
pH	无量纲						8.61	8.64	0.13	8.18	8.22	8.30	8.52	8.78	9.13	9.26	9.34				

表 2.6.3A 鲁中隆起表层土壤 (0~20 cm) 地球化学参数 (n=12 015)

指标	单位	算术平均值 X_a	算术标准差 S_a	几何平均值 X_g	几何标准差 S_g	变异系数 CV	众值 X_{mo}	中位值 X_{me}	中位绝对离差 MAD	最小值 X_{min}	$X_{0.5\%}$	$X_{2.5\%}$	$X_{25\%}$	$X_{75\%}$	$X_{97.5\%}$	$X_{99.5\%}$	最大值 X_{max}	偏度系数 SK	峰度系数 BK	背景值 n'	背景值 X_a'
Ag	mg/kg	0.076	0.039	0.071	1.401	0.51	0.066	0.070	0.013	0.008	0.032	0.039	0.058	0.084	0.145	0.262	1.770	12.3	377.6	11 526	0.071
As	mg/kg	8.8	3.4	8.1	1.5	0.39	9.3	8.9	2.2	1.3	2.3	3.1	6.4	10.9	15.6	21.9	69.1	1.5	14.2	11 874	8.7
Au	μg/kg	1.7	1.4	1.5	1.5	0.87	1.3	1.5	0.3	0.3	0.6	0.7	1.2	1.9	3.1	6.8	95.6	31.1	1 662.0	11 694	1.5
B	mg/kg	46.9	18.5	42.9	1.6	0.40	52.0	47.4	10.2	3.1	8.2	13.2	35.5	56.3	88.2	116.7	380.0	1.2	11.3	11 800	45.7
Ba	mg/kg	548	139	537	1	0.25	468	522	58	217	340	394	473	599	810	1 026	6 288	11.5	360.7	11 700	537
Be	mg/kg	2.09	0.35	2.06	1.18	0.17	1.87	2.04	0.21	0.99	1.31	1.50	1.86	2.29	2.86	3.24	11.51	2.2	42.5	11 849	2.08
Bi	mg/kg	0.32	0.26	0.29	1.42	0.81	0.28	0.29	0.06	0.04	0.11	0.15	0.24	0.36	0.56	0.97	19.00	40.2	2 548.0	11 719	0.30
Br	mg/kg	3.8	1.6	3.5	1.5	0.41	3.1	3.5	0.8	0.4	1.3	1.7	2.8	4.5	7.7	10.1	20.3	1.7	6.2	11 645	3.7
TC	%	1.33	0.73	1.17	1.66	0.55	0.77	1.18	0.42	0.19	0.33	0.43	0.82	1.70	3.02	4.54	11.01	2.3	13.1	11 676	1.25
Cd	mg/kg	0.156	0.730	0.141	1.386	4.68	0.140	0.140	0.026	0.033	0.062	0.077	0.116	0.168	0.280	0.418	79.750	107.8	11 747.3	11 546	0.141
Ce	mg/kg	72.5	20.3	70.5	1.3	0.28	73.2	69.8	7.3	13.4	36.2	45.2	63.0	77.6	121.3	165.3	735.6	7.2	165.8	11 393	69.6
Cl	mg/kg	130	210	96	2	1.61	65	82	20	31	42	48	65	115	565	1 384	4 770	9.6	134.1	10 251	82
Co	mg/kg	13.7	3.8	13.2	1.3	0.28	13.4	13.0	2.0	4.2	6.5	8.2	11.2	15.4	22.5	30.2	50.1	1.7	6.4	11 743	13.4
Cr	mg/kg	69.1	28.0	65.6	1.4	0.41	65.6	66.9	9.0	10.0	24.2	32.5	57.7	75.7	126.9	200.9	739.6	7.2	111.7	11 525	65.5
Cu	mg/kg	27.2	10.5	25.8	1.4	0.38	24.0	25.3	4.4	4.1	10.8	14.2	21.5	30.6	50.9	75.4	313.0	5.2	87.5	11 562	25.9
F	mg/kg	586	167	567	1	0.29	572	555	74	218	304	361	488	640	1 029	1 327	2 196	2.1	8.7	11 447	560
Ga	mg/kg	16.9	2.4	16.7	1.2	0.14	16.5	16.8	1.6	8.1	10.6	12.0	15.4	18.5	21.6	23.0	30.6	0.0	0.0	11 978	16.9
Ge	mg/kg	1.36	0.19	1.35	1.15	0.14	1.20	1.35	0.14	0.45	0.97	1.03	1.22	1.49	1.79	1.97	3.03	0.6	1.2	11 892	1.36
Hg	mg/kg	0.045	0.130	0.034	1.757	2.92	0.030	0.032	0.009	0.002	0.009	0.013	0.024	0.044	0.125	0.320	7.729	36.7	1 694.8	11 092	0.033
I	mg/kg	2.01	1.10	1.83	1.51	0.55	1.45	1.81	0.43	0.20	0.65	0.86	1.41	2.29	4.34	7.50	28.20	6.4	94.0	11 420	1.84
La	mg/kg	36.9	10.7	35.9	1.2	0.29	34.8	35.4	3.3	12.1	18.8	23.8	32.4	39.1	62.1	85.1	502.2	10.2	329.2	11 284	35.3
Li	mg/kg	34.4	9.0	33.3	1.3	0.26	35.0	33.6	5.1	9.7	16.1	19.7	28.6	38.9	54.3	72.6	123.0	1.3	5.4	11 791	33.8
Mn	mg/kg	632	181	611	1	0.29	550	600	85	167	291	367	524	701	1 083	1 426	3 109	2.2	13.3	11 609	612
Mo	mg/kg	0.64	0.40	0.61	1.34	0.62	0.57	0.60	0.09	0.20	0.30	0.36	0.51	0.71	1.16	1.69	33.91	52.1	4 184.9	11 515	0.61
N	%	0.100	0.033	0.096	1.350	0.33	0.104	0.098	0.017	0.018	0.041	0.051	0.080	0.116	0.168	0.226	0.601	2.7	24.3	11 788	0.098
Nb	mg/kg	14.2	2.5	14.0	1.2	0.18	14.0	14.1	1.1	6.1	8.0	9.5	13.0	15.2	19.8	25.5	42.6	1.9	12.8	11 568	14.0
Ni	mg/kg	31.5	14.9	29.8	1.4	0.47	33.2	30.0	4.8	5.6	11.8	15.6	25.2	34.8	60.6	107.1	568.8	10.8	257.9	11 567	29.7

382

指标	单位	算术平均值 X_a	算术标准差 S_a	几何平均值 X_g	几何标准差 S_g	变异系数 CV	众值 X_{mo}	中位值 X_{me}	中位绝对离差 MAD	最小值 X_{min}	累积频率 $X_{0.5\%}$	$X_{2.5\%}$	$X_{25\%}$	$X_{75\%}$	$X_{97.5\%}$	$X_{99.5\%}$	最大值 X_{max}	偏度系数 SK	峰度系数 BK	n'	背景值 X_a'
P	mg/kg	839	292	798	1	0.35	770	802	161	195	338	428	654	978	1 441	2 003	6 195	3.2	33.4	11 770	816
Pb	mg/kg	26.4	12.8	25.2	1.3	0.49	24.0	24.6	3.3	8.7	13.0	16.2	21.5	28.3	46.5	81.6	629.1	18.1	625.2	11 463	24.8
Rb	mg/kg	102.6	21.5	100.6	1.2	0.21	96.7	98.6	9.7	20.0	50.3	68.1	90.2	110.9	155.7	190.1	259.7	1.3	4.3	11 566	100.6
S	mg/kg	258	447	217	2	1.73	196	206	41	67	98	116	171	256	568	1 788	12 225	17.0	339.3	11 195	208
Sb	mg/kg	0.77	0.54	0.72	1.43	0.70	0.68	0.74	0.17	0.11	0.29	0.34	0.57	0.91	1.33	1.86	45.37	52.2	4 113.8	11 827	0.74
Sc	mg/kg	11.3	2.6	11.0	1.3	0.23	10.6	11.0	1.4	2.9	5.3	6.8	9.7	12.6	17.3	20.5	30.4	0.8	2.1	11 795	11.2
Se	mg/kg	0.21	0.11	0.20	1.39	0.53	0.17	0.19	0.03	0.05	0.10	0.12	0.16	0.23	0.44	0.73	5.23	14.3	491.1	11 254	0.19
Sn	mg/kg	3.1	1.0	3.0	1.3	0.31	3.0	3.0	0.5	0.3	1.4	1.7	2.6	3.5	5.1	7.1	25.0	4.7	69.5	11 731	3.0
Sr	mg/kg	205	92	189	1	0.45	196	188	45	53	75	94	143	232	457	599	1 202	2.0	6.2	11 318	188
Th	mg/kg	12.8	5.6	12.1	1.4	0.44	11.6	11.7	1.7	2.0	5.6	7.1	10.1	13.5	29.7	43.9	82.8	3.7	20.5	11 075	11.6
Ti	mg/kg	3 942	689	3 885	1	0.18	3 914	3 895	324	1 245	2 254	2 689	3 593	4 243	5 414	7 011	10 797	1.5	8.6	11 682	3 893
Tl	mg/kg	0.63	0.15	0.62	1.24	0.23	0.61	0.62	0.07	0.13	0.34	0.41	0.55	0.68	1.02	1.28	1.90	1.8	6.7	11 507	0.61
U	mg/kg	2.35	0.61	2.29	1.26	0.26	2.24	2.28	0.25	0.61	1.05	1.42	2.04	2.54	3.90	5.65	10.03	2.7	16.7	11 439	2.27
V	mg/kg	83.1	17.1	81.4	1.2	0.21	80.2	81.7	9.1	25.5	41.5	51.8	73.2	91.6	121.9	146.1	250.3	1.0	4.3	11 764	82.1
W	mg/kg	1.65	0.62	1.58	1.36	0.38	1.69	1.68	0.24	0.40	0.54	0.73	1.40	1.89	2.42	3.91	26.04	12.8	400.0	11 861	1.62
Y	mg/kg	23.4	4.1	23.0	1.2	0.17	23.3	23.7	2.2	6.9	11.4	14.4	21.3	25.8	30.7	34.7	79.6	0.3	7.4	11 842	23.4
Zn	mg/kg	70.7	21.6	68.7	1.3	0.31	66.2	68.3	8.6	21.9	35.5	44.0	60.4	77.7	109.3	147.7	994.6	12.4	403.2	11 688	68.8
Zr	mg/kg	255	48	251	1	0.19	261	254	26	83	125	171	227	280	349	444	888	1.6	13.1	11 769	254
Al_2O_3	%	13.52	1.24	13.46	1.10	0.09	13.81	13.59	0.81	7.73	10.59	11.05	12.72	14.33	15.84	16.64	18.00	0.0	0.0	11 977	13.51
CaO	%	3.12	2.03	2.59	1.82	0.65	1.50	2.36	0.94	0.43	0.77	0.97	1.63	4.34	7.75	11.10	22.40	1.6	3.8	11 794	2.98
MgO	%	1.64	0.57	1.55	1.38	0.35	1.58	1.57	0.32	0.40	0.63	0.83	1.26	1.89	2.99	4.18	6.83	1.9	8.2	11 657	1.58
K_2O	%	2.47	0.39	2.44	1.17	0.16	2.28	2.40	0.18	0.65	1.45	1.79	2.25	2.63	3.43	3.89	5.36	0.9	2.8	11 621	2.44
Na_2O	%	1.92	0.69	1.80	1.46	0.36	1.68	1.81	0.43	0.13	0.58	0.77	1.46	2.38	3.41	3.82	5.09	0.5	0.0	11 987	1.92
SiO_2	%	61.72	4.38	61.56	1.08	0.07	63.09	62.07	2.66	28.10	45.84	51.94	59.29	64.64	69.22	71.62	75.33	0.0	2.1	11 840	61.93
TFe_2O_3	%	4.80	0.99	4.70	1.23	0.21	4.59	4.66	0.59	1.85	2.53	3.12	4.13	5.35	7.02	8.15	12.29	0.8	2.2	11 860	4.75
SOC	%	0.94	0.43	0.87	1.49	0.45	0.77	0.87	0.20	0.08	0.28	0.38	0.69	1.11	1.90	3.09	6.75	3.0	22.1	11 648	0.89
pH	无量纲						7.50	7.56	0.53	4.55	4.91	5.19	6.63	7.99	8.40	8.59	8.96				

383

表 2.6.3B　鲁中隆起深层土壤（150～200 cm）地球化学参数（n=3 008）

指标	单位	算术平均值 X_a	算术标准差 S_a	几何平均值 X_g	几何标准差 S_g	变异系数 CV	众值 X_{mo}	中位值 X_{me}	中位绝对离差 MAD	最小值 X_{min}	$X_{0.5\%}$	$X_{2.5\%}$	$X_{25\%}$	$X_{75\%}$	$X_{97.5\%}$	$X_{99.5\%}$	最大值 X_{max}	偏度系数 SK	峰度系数 BK	n'	基准值 X_a'
Ag	mg/kg	0.068	0.066	0.064	1.357	0.97	0.063	0.063	0.010	0.019	0.030	0.037	0.053	0.074	0.120	0.192	3.328	41.4	2 034.7	2 899	0.063
As	mg/kg	9.5	3.4	8.8	1.5	0.36	8.9	9.4	2.0	1.1	2.3	3.7	7.3	11.2	16.9	22.3	47.6	1.2	7.3	2 963	9.3
Au	μg/kg	1.9	4.3	1.7	1.4	2.27	1.5	1.6	0.3	0.3	0.8	0.9	1.4	2.0	3.4	7.9	218.0	44.0	2 161.9	2 898	1.7
B	mg/kg	45.8	16.6	42.7	1.5	0.36	49.5	46.0	9.6	2.3	10.2	15.5	35.5	54.8	80.6	98.3	293.0	1.6	17.7	2 977	45.2
Ba	mg/kg	562	136	550	1	0.24	538	534	61	18	351	409	483	615	847	1 112	3 881	6.5	126.9	2 914	549
Be	mg/kg	2.14	0.34	2.11	1.17	0.16	2.01	2.11	0.22	0.39	1.37	1.58	1.90	2.35	2.88	3.26	4.20	0.6	1.5	2 979	2.13
Bi	mg/kg	0.27	0.09	0.26	1.35	0.31	0.25	0.27	0.05	0.03	0.11	0.14	0.22	0.32	0.45	0.56	1.54	2.2	21.3	2 958	0.27
Br	mg/kg	3.4	1.6	3.1	1.5	0.46	2.7	3.1	0.8	0.1	1.0	1.4	2.4	4.0	7.4	10.5	19.6	2.0	8.3	2 881	3.2
TC	%	0.81	0.63	0.62	2.11	0.79	0.33	0.60	0.33	0.03	0.11	0.16	0.34	1.19	2.16	3.00	12.49	3.5	43.1	2 940	0.75
Cd	mg/kg	0.103	0.034	0.098	1.363	0.33	0.100	0.100	0.020	0.020	0.040	0.054	0.080	0.120	0.186	0.242	0.464	2.0	10.8	2 926	0.100
Ce	mg/kg	73.4	17.7	71.6	1.2	0.24	65.1	70.2	7.1	13.9	40.7	49.3	63.9	78.7	119.1	156.4	310.3	2.8	19.2	2 878	70.9
Cl	mg/kg	86	82	73	2	0.96	48	64	15	29	35	40	53	91	237	376	2 868	15.7	466.8	2 500	63
Co	mg/kg	14.9	5.3	14.2	1.3	0.36	12.9	13.8	2.2	5.3	7.6	8.7	11.9	16.5	27.2	42.2	113.3	4.7	54.9	2 879	14.1
Cr	mg/kg	70.0	24.5	67.0	1.3	0.35	65.4	67.7	8.6	11.3	27.2	35.9	59.2	76.2	127.6	206.5	361.0	4.3	34.7	2 876	66.7
Cu	mg/kg	26.1	13.8	24.9	1.3	0.53	24.0	24.8	3.9	5.6	11.3	14.8	21.1	28.8	44.1	64.2	600.4	25.8	1 025.1	2 905	24.9
F	mg/kg	571	152	555	1	0.27	509	537	64	151	330	379	483	619	977	1 281	2 064	2.5	11.6	2 847	545
Ga	mg/kg	17.5	2.4	17.3	1.2	0.14	17.5	17.7	1.5	1.8	11.1	12.2	16.1	19.1	21.7	23.0	26.5	0.0	0.8	2 997	17.5
Ge	mg/kg	1.39	0.19	1.37	1.15	0.14	1.30	1.38	0.13	0.49	0.99	1.05	1.25	1.51	1.78	1.93	2.78	0.5	1.1	2 992	1.38
Hg	mg/kg	0.022	0.027	0.019	1.578	1.22	0.014	0.018	0.004	0.004	0.007	0.009	0.014	0.023	0.054	0.121	0.978	20.4	620.3	2 820	0.018
I	mg/kg	1.92	0.83	1.78	1.49	0.43	1.82	1.76	0.44	0.42	0.62	0.80	1.38	2.29	3.98	5.56	8.20	1.8	6.2	2 903	1.83
La	mg/kg	36.8	8.5	36.0	1.2	0.23	35.5	35.5	3.5	7.0	21.3	25.4	32.3	39.3	56.9	81.7	135.4	3.2	22.4	2 860	35.6
Li	mg/kg	35.3	8.9	34.3	1.3	0.25	33.3	34.4	4.8	5.0	17.9	21.6	29.7	39.4	54.6	72.7	113.9	1.8	8.8	2 942	34.6
Mn	mg/kg	740	446	679	1	0.60	574	640	113	156	312	400	544	791	1 734	3 254	8 250	7.1	86.9	2 778	651
Mo	mg/kg	0.61	0.23	0.58	1.33	0.37	0.52	0.57	0.09	0.21	0.28	0.34	0.49	0.68	1.04	1.45	4.75	6.2	83.5	2 922	0.58
N	%	0.050	0.020	0.047	1.444	0.41	0.040	0.044	0.010	0.018	0.021	0.024	0.037	0.060	0.100	0.128	0.180	1.5	3.6	2 895	0.047
Nb	mg/kg	14.3	2.4	14.1	1.2	0.17	14.4	14.2	1.1	5.3	8.3	10.1	13.1	15.3	19.1	25.2	41.2	2.1	16.1	2 901	14.1
Ni	mg/kg	32.4	12.8	30.8	1.4	0.39	27.5	30.7	4.7	4.8	12.9	17.3	26.1	35.6	60.8	106.2	188.9	4.4	33.4	2 886	30.6

指标	单位	算术平均值 X_a	算术标准差 S_a	几何平均值 X_g	几何标准差 S_g	变异系数 CV	众值 X_{mo}	中位值 X_{me}	中位绝对离差 MAD	最小值 X_{min}	累积频率 $X_{0.5\%}$	$X_{2.5\%}$	$X_{25\%}$	$X_{75\%}$	$X_{97.5\%}$	$X_{99.5\%}$	最大值 X_{max}	偏度系数 SK	峰度系数 BK	基准值 n'	X_a'
P	mg/kg	532	218	501	1	0.41	609	501	101	63	226	274	407	606	1 036	1 659	4 059	4.4	44.6	2 881	500
Pb	mg/kg	23.6	8.1	22.7	1.3	0.34	20.0	22.2	3.2	8.3	12.5	14.5	19.4	25.8	41.2	72.1	130.5	4.6	38.8	2 885	22.4
Rb	mg/kg	103.0	19.2	101.2	1.2	0.19	97.5	100.7	10.6	6.5	52.0	70.9	90.9	112.3	147.4	175.7	218.2	0.8	3.0	2 921	102.1
S	mg/kg	133	57	125	1	0.43	137	122	27	31	64	72	98	152	256	410	903	4.1	35.5	2 901	126
Sb	mg/kg	0.82	0.28	0.78	1.40	0.34	0.88	0.82	0.16	0.19	0.27	0.36	0.65	0.97	1.42	1.92	4.05	2.0	15.2	2 958	0.81
Sc	mg/kg	11.7	2.3	11.5	1.2	0.20	12.6	11.6	1.4	1.3	6.2	7.7	10.2	12.9	17.0	19.2	23.4	0.6	1.6	2 954	11.6
Se	mg/kg	0.11	0.05	0.11	1.41	0.40	0.09	0.10	0.02	0.02	0.05	0.06	0.08	0.13	0.23	0.31	0.73	2.6	17.4	2 905	0.11
Sn	mg/kg	2.8	0.8	2.7	1.3	0.28	2.8	2.7	0.4	0.5	1.4	1.7	2.4	3.1	4.1	5.1	22.0	7.3	151.2	2 952	2.7
Sr	mg/kg	196	87	181	1	0.45	191	182	40	45	78	93	140	216	441	587	969	2.3	8.5	2 817	179
Th	mg/kg	12.7	4.6	12.1	1.3	0.36	12.1	11.9	1.7	0.8	5.9	7.3	10.2	13.6	26.0	36.3	52.1	3.1	15.0	2 827	11.8
Ti	mg/kg	3 974	661	3 922	1	0.17	3 765	3 921	326	267	2 341	2 836	3 621	4 290	5 268	6 881	10 487	1.8	13.3	2 943	3 939
Tl	mg/kg	0.64	0.13	0.62	1.21	0.20	0.61	0.62	0.06	0.23	0.34	0.43	0.56	0.69	0.95	1.18	1.44	1.3	4.8	2 909	0.62
U	mg/kg	2.25	0.48	2.20	1.23	0.22	2.11	2.20	0.23	0.71	1.08	1.43	1.99	2.45	3.37	4.44	6.04	1.7	7.7	2 899	2.21
V	mg/kg	87.0	16.3	85.5	1.2	0.19	85.0	85.5	9.8	9.0	47.2	58.0	76.5	96.1	121.9	144.1	194.4	0.8	3.2	2 968	86.4
W	mg/kg	1.70	0.54	1.64	1.31	0.32	1.66	1.72	0.22	0.41	0.63	0.84	1.47	1.91	2.41	3.50	11.93	7.1	115.0	2 956	1.67
Y	mg/kg	23.8	3.7	23.5	1.2	0.15	23.4	24.0	2.0	7.9	12.2	15.8	21.9	25.9	30.6	34.5	41.2	0.0	1.5	2 961	23.8
Zn	mg/kg	64.4	13.5	63.1	1.2	0.21	59.3	63.1	7.2	12.0	37.4	43.5	56.2	70.6	95.9	118.4	224.3	1.8	11.6	2 924	63.2
Zr	mg/kg	247	44	243	1	0.18	248	245	24	19	134	169	221	269	339	421	817	1.6	13.2	2 932	245
Al_2O_3	%	14.00	1.47	13.92	1.12	0.11	14.16	14.21	0.82	2.06	10.27	10.81	13.29	14.94	16.50	17.51	20.00	0.0	1.9	2 999	14.00
CaO	%	3.19	2.21	2.61	1.87	0.69	1.38	2.35	0.99	0.61	0.77	0.97	1.58	4.69	8.02	11.02	30.32	2.2	14.9	2 954	3.05
MgO	%	1.65	0.62	1.58	1.32	0.37	1.69	1.58	0.24	0.39	0.76	0.96	1.34	1.82	2.93	4.02	20.81	11.4	317.3	2 880	1.57
K_2O	%	2.43	0.35	2.40	1.16	0.14	2.34	2.39	0.19	0.14	1.42	1.80	2.21	2.59	3.24	3.56	4.01	0.4	2.2	2 951	2.42
Na_2O	%	1.85	0.62	1.75	1.43	0.34	1.68	1.77	0.37	0.06	0.61	0.82	1.44	2.18	3.24	3.67	4.09	0.6	0.2	2 992	1.84
SiO_2	%	61.52	3.98	61.36	1.08	0.07	63.37	62.07	2.27	5.01	47.32	52.53	59.49	64.14	67.46	69.74	72.87	0.0	16.4	2 960	61.74
TFe_2O_3	%	4.96	0.99	4.86	1.22	0.20	4.77	4.85	0.61	0.78	2.92	3.37	4.28	5.52	7.15	8.37	10.80	0.8	2.0	2 977	4.93
SOC	%	0.37	0.24	0.31	1.85	0.64	0.22	0.30	0.12	0.01	0.05	0.09	0.21	0.46	1.01	1.32	1.65	1.6	3.3	2 866	0.33
pH	无量纲						8.32	8.10	0.30	5.03	5.41	5.90	7.59	8.33	8.77	8.99	9.29				

表 2.6.4A　鲁西南潜隆起表层土壤 (0~20 cm) 地球化学参数 (n=4 989)

指标	单位	算术平均值 X_a	算术标准差 S_a	几何平均值 X_g	几何标准差 S_g	变异系数 CV	众值 X_{mo}	中位值 X_{me}	中位绝对离差 MAD	最小值 X_{min}	累积频率 $X_{0.5\%}$	$X_{2.5\%}$	$X_{25\%}$	$X_{75\%}$	$X_{97.5\%}$	$X_{99.5\%}$	最大值 X_{max}	偏度系数 SK	峰度系数 BK	背景值 n'	X_a'
Ag	mg/kg	0.069	0.024	0.067	1.281	0.34	0.059	0.067	0.010	0.013	0.034	0.042	0.058	0.077	0.110	0.159	0.948	14.3	453.5	4 846	0.067
As	mg/kg	10.9	3.5	10.4	1.4	0.32	10.1	10.3	1.7	1.4	4.9	5.7	8.7	12.2	19.9	22.7	34.1	1.2	2.1	4 834	10.5
Au	μg/kg	1.8	1.2	1.6	1.4	0.66	1.5	1.6	0.3	0.4	0.7	0.9	1.3	2.0	3.5	5.9	46.0	17.3	528.2	4 784	1.6
B	mg/kg	52.1	8.4	51.4	1.2	0.16	56.0	52.5	4.8	19.0	27.3	33.6	47.4	57.0	68.9	76.0	93.7	0.0	1.0	4 935	52.2
Ba	mg/kg	516	50	514	1	0.10	510	506	28	324	423	444	481	541	640	684	794	1.0	1.5	4 900	514
Be	mg/kg	1.96	0.22	1.95	1.12	0.12	1.88	1.92	0.13	1.06	1.51	1.61	1.81	2.07	2.51	2.69	3.82	1.0	1.9	4 892	1.95
Bi	mg/kg	0.31	0.10	0.30	1.29	0.33	0.26	0.29	0.04	0.10	0.17	0.20	0.25	0.34	0.53	0.58	3.29	8.3	191.0	4 768	0.30
Br	mg/kg	4.1	1.6	3.9	1.4	0.39	3.3	3.9	0.7	0.4	1.6	2.1	3.3	4.7	6.8	12.6	34.0	5.5	68.4	4 878	4.0
TC	%	1.85	0.90	1.71	1.46	0.49	1.82	1.77	0.25	0.24	0.62	0.80	1.51	2.02	3.73	7.97	13.50	4.8	39.6	4 750	1.71
Cd	mg/kg	0.163	0.083	0.156	1.309	0.51	0.140	0.150	0.020	0.058	0.083	0.098	0.130	0.180	0.290	0.358	4.710	34.5	1 833.8	4 719	0.153
Ce	mg/kg	66.4	8.3	65.9	1.1	0.13	65.6	65.6	4.5	29.8	47.0	52.6	61.3	70.4	85.6	98.4	116.0	1.0	3.2	4 865	65.9
Cl	mg/kg	198	245	148	2	1.24	86	128	43	42	53	61	93	204	789	1 690	5 536	7.1	89.8	4 327	133
Co	mg/kg	12.8	2.8	12.5	1.2	0.22	11.6	12.2	1.6	6.8	8.1	8.8	10.9	14.1	19.9	21.9	25.8	1.1	1.2	4 891	12.6
Cr	mg/kg	64.8	9.5	64.1	1.2	0.15	64.4	63.1	5.0	31.9	42.9	50.1	58.7	69.3	88.7	96.6	146.3	1.0	2.3	4 871	64.1
Cu	mg/kg	25.7	7.2	24.8	1.3	0.28	22.2	23.7	3.6	9.7	13.9	16.2	20.7	28.8	45.0	48.5	65.9	1.2	1.4	4 756	24.7
F	mg/kg	583	105	575	1	0.18	533	565	57	282	380	424	514	629	851	936	1 501	1.2	2.6	4 880	576
Ga	mg/kg	15.2	2.1	15.0	1.1	0.14	14.6	14.7	1.2	7.9	11.3	12.1	13.7	16.2	20.1	21.8	23.9	0.9	0.8	4 918	15.1
Ge	mg/kg	1.30	0.12	1.30	1.09	0.09	1.30	1.30	0.07	0.66	0.96	1.08	1.24	1.37	1.53	1.64	2.36	0.3	4.0	4 932	1.30
Hg	mg/kg	0.042	0.073	0.035	1.602	1.74	0.029	0.033	0.008	0.005	0.013	0.017	0.026	0.044	0.104	0.271	3.375	28.5	1 081.3	4 660	0.034
I	mg/kg	2.26	1.71	2.04	1.49	0.76	1.40	1.94	0.46	0.56	0.84	1.07	1.56	2.55	4.35	12.56	37.20	10.1	150.3	4 850	2.07
La	mg/kg	35.4	3.9	35.2	1.1	0.11	34.8	34.8	1.9	21.1	25.2	29.1	33.2	37.0	44.6	50.5	59.4	1.1	3.7	4 832	35.2
Li	mg/kg	35.5	7.7	34.7	1.2	0.22	34.0	34.0	4.0	15.0	20.9	23.9	30.4	39.0	55.3	59.0	63.0	1.0	0.9	4 864	34.9
Mn	mg/kg	620	125	609	1	0.20	533	589	65	333	422	455	533	673	948	1 031	1 690	1.3	2.5	4 741	603
Mo	mg/kg	0.62	0.23	0.59	1.35	0.38	0.56	0.57	0.10	0.21	0.35	0.35	0.48	0.69	1.10	1.79	4.98	4.4	45.1	4 821	0.59
N	%	0.105	0.054	0.098	1.385	0.52	0.092	0.094	0.014	0.024	0.043	0.059	0.082	0.110	0.225	0.504	1.011	6.4	60.4	4 642	0.094
Nb	mg/kg	13.5	1.1	13.5	1.1	0.08	13.5	13.6	0.6	6.7	10.0	11.0	13.0	14.2	15.8	16.5	18.4	0.0	1.9	4 932	13.6
Ni	mg/kg	29.9	6.5	29.3	1.2	0.22	28.0	28.7	3.2	12.9	17.9	20.9	25.9	32.6	44.4	47.6	212.4	5.3	128.6	4 940	29.7

指标	单位	算术平均值 X_a	算术标准差 S_a	几何平均值 X_g	几何标准差 S_g	变异系数 CV	众值 X_{mo}	中位值 X_{me}	中位绝对离差 MAD	最小值 X_{min}	累积频率						最大值 X_{max}	偏度系数 SK	峰度系数 BK	n'	背景值 X_a'
											$X_{0.5\%}$	$X_{2.5\%}$	$X_{25\%}$	$X_{75\%}$	$X_{97.5\%}$	$X_{99.5\%}$					
P	mg/kg	1 006	210	984	1	0.21	972	994	117	318	525	621	882	1 118	1 433	1 761	2 943	1.1	6.2	4 932	997
Pb	mg/kg	21.9	3.8	21.6	1.2	0.17	20.5	21.1	2.1	12.8	15.6	16.6	19.3	23.8	30.1	35.1	79.4	2.1	15.9	4 918	21.7
Rb	mg/kg	96.1	11.1	95.5	1.1	0.12	91.0	93.7	6.4	44.1	74.6	80.0	88.4	101.9	120.9	128.8	154.9	0.8	0.7	4 951	95.9
S	mg/kg	361	844	254	2	2.34	174	219	44	73	123	144	188	292	909	7 408	12 884	9.3	96.8	4 398	226
Sb	mg/kg	0.94	0.26	0.91	1.33	0.28	0.94	0.93	0.14	0.29	0.42	0.48	0.79	1.07	1.55	1.76	2.69	0.7	1.4	4 936	0.93
Sc	mg/kg	11.3	1.9	11.2	1.2	0.17	10.6	10.9	1.0	5.3	7.6	8.5	10.0	12.1	16.5	17.3	19.3	1.1	1.2	4 740	11.0
Se	mg/kg	0.20	0.09	0.19	1.31	0.45	0.17	0.18	0.02	0.08	0.10	0.12	0.16	0.21	0.33	0.86	1.87	7.7	85.3	4 805	0.19
Sn	mg/kg	3.3	0.9	3.2	1.3	0.29	3.0	3.1	0.4	1.3	1.8	2.1	2.7	3.6	5.4	7.6	19.4	4.0	37.8	4 825	3.2
Sr	mg/kg	213	47	210	1	0.22	204	206	10	92	128	155	198	219	317	471	1 060	6.4	72.2	4 551	207
Th	mg/kg	11.6	1.7	11.5	1.1	0.14	10.9	11.2	0.8	6.5	8.1	9.1	10.5	12.3	15.6	17.0	30.5	1.2	4.3	4 914	11.5
Ti	mg/kg	3 716	295	3 705	1	0.08	3 808	3 700	174	1 987	2 856	3 219	3 524	3 872	4 402	4 708	5 194	0.3	2.4	4 870	3 709
Tl	mg/kg	0.59	0.09	0.59	1.16	0.15	0.55	0.59	0.06	0.34	0.41	0.45	0.53	0.64	0.79	0.93	1.19	0.8	1.8	4 919	0.59
U	mg/kg	2.43	0.52	2.39	1.16	0.21	2.41	2.38	0.19	1.31	1.68	1.87	2.20	2.58	3.15	4.93	15.49	10.6	206.6	4 879	2.38
V	mg/kg	80.5	11.4	79.7	1.1	0.14	76.2	78.3	6.4	38.2	59.1	63.5	72.6	86.0	108.4	115.0	146.0	0.9	1.0	4 939	80.1
W	mg/kg	1.67	0.23	1.65	1.15	0.14	1.59	1.65	0.13	0.71	1.03	1.24	1.53	1.79	2.21	2.40	3.20	0.5	1.9	4 914	1.66
Y	mg/kg	23.3	1.7	23.3	1.1	0.07	22.7	23.3	0.9	4.7	16.9	20.0	22.5	24.3	26.6	28.2	30.9	0.0	6.7	4 879	23.4
Zn	mg/kg	68.1	13.6	66.9	1.2	0.20	59.0	65.1	6.7	33.0	43.4	48.5	59.3	73.6	101.1	109.2	214.3	1.4	4.7	4 947	67.7
Zr	mg/kg	226	48	221	1	0.21	207	224	30	67	107	132	197	257	324	355	419	0.1	0.3	4 962	226
Al_2O_3	%	12.66	1.17	12.61	1.10	0.09	12.05	12.46	0.73	6.59	10.39	10.90	11.80	13.34	15.18	16.14	20.77	0.7	1.0	4 947	12.64
CaO	%	5.28	2.31	4.69	1.71	0.44	5.53	5.57	0.78	1.01	1.21	1.38	4.74	6.33	8.95	13.48	26.41	1.3	11.0	4 954	5.19
MgO	%	2.00	0.45	1.94	1.27	0.22	1.90	1.95	0.28	0.81	0.92	1.09	1.77	2.31	2.88	3.04	3.26	0.0	0.0	4 989	2.00
K_2O	%	2.35	0.17	2.34	1.08	0.07	2.27	2.31	0.09	1.07	1.95	2.13	2.24	2.43	2.78	2.86	3.22	0.6	3.0	4 909	2.35
Na_2O	%	1.76	0.38	1.71	1.29	0.22	1.96	1.83	0.20	0.51	0.67	0.82	1.58	2.00	2.38	2.62	3.05	0.0	0.6	4 968	1.76
SiO_2	%	59.91	5.32	59.65	1.10	0.09	62.14	60.81	2.65	25.76	39.67	47.15	57.75	63.20	68.16	69.35	72.51	0.0	3.9	4 932	60.16
TFe_2O_3	%	4.57	0.87	4.49	1.19	0.19	4.03	4.34	0.43	2.63	3.15	3.41	3.97	4.92	6.87	7.20	8.47	1.2	1.1	4 813	4.48
SOC	%	0.91	0.59	0.84	1.43	0.65	0.77	0.79	0.12	0.14	0.36	0.50	0.69	0.94	2.03	5.41	11.43	7.5	80.0	4 572	0.79
pH	无量纲						7.99	8.07	0.21	4.87	5.58	6.32	7.86	8.28	8.70	8.87	9.08				

表2.6.4B 鲁西南潜隆起深层土壤 (150~200 cm) 地球化学参数 (n=1 259)

指标	单位	算术平均值 X_a	算术标准差 S_a	几何平均值 X_g	几何标准差 S_g	变异系数 CV	众值 X_{mo}	中位值 X_{me}	中位绝对离差 MAD	最小值 X_{min}	累积频率 $X_{0.5\%}$	$X_{2.5\%}$	$X_{25\%}$	$X_{75\%}$	$X_{97.5\%}$	$X_{99.5\%}$	最大值 X_{max}	偏度系数 SK	峰度系数 BK	基准值 n'	基准值 X_a'
Ag	mg/kg	0.059	0.014	0.057	1.275	0.24	0.050	0.058	0.009	0.023	0.029	0.035	0.049	0.067	0.090	0.106	0.145	0.7	1.4	1 246	0.058
As	mg/kg	10.2	3.3	9.8	1.3	0.32	8.5	9.5	1.5	3.4	4.5	5.9	8.2	11.4	19.3	23.3	33.2	1.8	5.7	1 190	9.7
Au	μg/kg	1.7	1.1	1.6	1.4	0.62	1.4	1.5	0.3	0.4	0.6	0.9	1.3	1.9	3.6	6.5	20.0	9.4	128.5	1 208	1.6
B	mg/kg	48.6	7.5	48.0	1.2	0.15	46.5	48.6	4.6	24.9	27.7	33.5	44.0	53.1	64.0	72.7	81.7	0.3	1.1	1 238	48.4
Ba	mg/kg	495	74	490	1	0.15	461	471	30	390	404	416	448	518	687	789	1 113	2.2	8.0	1 199	484
Be	mg/kg	1.96	0.28	1.94	1.15	0.14	1.76	1.91	0.17	1.32	1.43	1.54	1.76	2.12	2.64	2.81	3.07	0.8	0.6	1 249	1.95
Bi	mg/kg	0.25	0.07	0.24	1.28	0.28	0.23	0.23	0.03	0.12	0.14	0.16	0.20	0.28	0.44	0.53	0.56	1.5	3.1	1 211	0.24
Br	mg/kg	2.4	0.8	2.3	1.4	0.32	2.0	2.3	0.4	0.3	0.9	1.1	1.9	2.9	4.3	5.1	7.7	1.0	2.4	1 244	2.4
TC	%	1.16	0.50	1.02	1.83	0.43	1.24	1.20	0.18	0.06	0.12	0.19	1.02	1.38	2.28	2.68	5.05	0.4	3.5	1 250	1.15
Cd	mg/kg	0.106	0.034	0.102	1.332	0.32	0.090	0.100	0.016	0.031	0.050	0.060	0.086	0.120	0.210	0.245	0.278	1.7	3.9	1 186	0.100
Ce	mg/kg	69.0	8.8	68.5	1.1	0.13	68.8	67.9	4.9	41.7	48.4	53.8	63.3	73.4	91.3	98.0	112.6	0.8	1.7	1 229	68.5
Cl	mg/kg	147	80	129	2	0.54	88	132	51	41	48	54	84	190	338	455	775	1.7	6.4	1 229	141
Co	mg/kg	11.9	2.7	11.6	1.2	0.23	10.8	11.2	1.6	7.1	7.5	8.2	9.9	13.4	18.4	21.1	23.8	1.0	0.9	1 237	11.8
Cr	mg/kg	63.7	9.5	63.0	1.2	0.15	61.5	62.0	4.9	29.2	44.3	49.9	57.6	67.9	88.2	98.0	102.5	1.0	1.7	1 220	62.9
Cu	mg/kg	22.3	5.9	21.6	1.3	0.27	20.0	20.9	3.4	10.7	12.6	14.7	17.9	25.4	38.6	41.6	45.8	1.2	1.3	1 217	21.7
F	mg/kg	536	90	529	1	0.17	481	521	49	305	357	404	477	578	767	813	1 020	1.0	1.3	1 228	529
Ga	mg/kg	14.8	2.8	14.5	1.2	0.19	13.0	13.9	1.6	8.8	10.0	10.8	12.7	16.5	21.0	23.9	26.5	0.9	0.5	1 245	14.7
Ge	mg/kg	1.29	0.12	1.28	1.09	0.09	1.20	1.30	0.10	1.00	1.01	1.10	1.20	1.39	1.54	1.62	1.80	0.6	0.4	1 253	1.29
Hg	mg/kg	0.018	0.011	0.017	1.487	0.63	0.017	0.016	0.003	0.001	0.006	0.009	0.013	0.020	0.038	0.062	0.276	11.0	219.7	1 199	0.017
I	mg/kg	1.44	0.56	1.35	1.43	0.39	1.24	1.32	0.30	0.39	0.55	0.67	1.07	1.69	2.87	3.44	6.17	1.6	5.8	1 222	1.39
La	mg/kg	34.4	4.2	34.1	1.1	0.12	32.5	33.7	2.2	21.4	26.0	27.9	31.7	36.2	45.1	50.2	55.0	1.2	2.6	1 217	34.0
Li	mg/kg	34.3	7.5	33.5	1.2	0.22	32.4	32.7	4.4	17.4	20.4	23.8	28.9	38.0	54.4	59.7	62.9	1.1	1.2	1 221	33.6
Mn	mg/kg	585	201	562	1	0.34	474	523	72	260	385	412	466	640	1 009	1 636	3 571	4.8	48.4	1 198	554
Mo	mg/kg	0.56	0.14	0.54	1.26	0.25	0.47	0.53	0.07	0.22	0.30	0.36	0.47	0.62	0.94	1.08	1.45	1.4	3.6	1 215	0.54
N	%	0.034	0.015	0.031	1.422	0.44	0.026	0.030	0.007	0.015	0.016	0.018	0.024	0.038	0.072	0.106	0.188	2.9	16.6	1 191	0.031
Nb	mg/kg	13.7	1.1	13.6	1.1	0.08	13.7	13.6	0.6	8.7	10.8	11.8	13.0	14.2	16.1	17.2	18.2	0.4	1.3	1 242	13.7
Ni	mg/kg	27.9	6.2	27.3	1.2	0.22	25.5	26.4	3.5	12.6	17.4	19.6	23.5	31.0	43.2	49.1	77.2	1.3	3.8	1 233	27.5

指标	单位	算术平均值 X_a	算术标准差 S_a	几何平均值 X_g	几何标准差 S_g	变异系数 CV	众值 X_{mo}	中位值 X_{me}	中位绝对离差 MAD	最小值 X_{min}	累积频率 $X_{0.5\%}$	$X_{2.5\%}$	$X_{25\%}$	$X_{75\%}$	$X_{97.5\%}$	$X_{99.5\%}$	最大值 X_{max}	偏度系数 SK	峰度系数 BK	n'	基准值 X'_a
P	mg/kg	580	100	573	1	0.17	587	591	24	261	308	373	562	613	702	1 162	1716	3.0	29.5	1 084	592
Pb	mg/kg	19.8	3.9	19.4	1.2	0.20	15.8	18.9	2.4	11.3	13.8	14.7	16.8	22.0	29.5	32.7	34.6	1.0	0.8	1 231	19.5
Rb	mg/kg	92.2	12.2	91.4	1.1	0.13	79.1	89.1	7.3	69.3	73.9	76.5	82.9	99.2	121.9	130.5	145.1	1.0	0.6	1 244	91.7
S	mg/kg	150	52	143	1	0.34	137	143	28	67	72	81	118	174	267	405	545	2.3	10.2	1 224	145
Sb	mg/kg	0.95	0.26	0.92	1.30	0.27	0.88	0.91	0.13	0.31	0.43	0.53	0.80	1.06	1.61	1.93	2.75	1.3	4.2	1 219	0.92
Sc	mg/kg	10.8	2.0	10.6	1.2	0.19	9.8	10.3	1.1	6.3	7.1	7.9	9.4	11.9	16.0	17.7	20.0	1.1	1.5	1 225	10.6
Se	mg/kg	0.09	0.03	0.09	1.31	0.32	0.08	0.09	0.01	0.04	0.04	0.05	0.08	0.10	0.17	0.21	0.39	2.7	15.5	1 194	0.09
Sn	mg/kg	2.6	0.5	2.6	1.2	0.20	2.4	2.5	0.3	1.3	1.5	1.7	2.3	2.9	3.8	4.2	6.4	0.9	2.9	1 247	2.6
Sr	mg/kg	203	30	201	1	0.15	204	202	8	107	126	143	194	210	278	347	593	3.2	31.1	1 100	203
Th	mg/kg	10.7	2.2	10.4	1.2	0.21	10.3	10.4	1.3	4.8	7.0	7.4	9.2	11.8	15.6	18.1	21.5	0.8	1.4	1 239	10.5
Ti	mg/kg	3 799	308	3 787	1	0.08	3 767	3 747	141	2 324	2 953	3 324	3 622	3 917	4 583	4 853	5 129	0.7	2.4	1 195	3 774
Tl	mg/kg	0.59	0.10	0.58	1.18	0.17	0.51	0.58	0.06	0.23	0.38	0.43	0.53	0.65	0.81	0.90	1.00	0.6	0.7	1 243	0.59
U	mg/kg	2.33	0.33	2.30	1.15	0.14	2.27	2.30	0.17	1.40	1.54	1.70	2.14	2.49	3.00	3.64	4.29	1.0	4.5	1 235	2.30
V	mg/kg	80.3	12.2	79.5	1.2	0.15	73.3	77.8	7.3	50.1	55.0	63.0	71.7	87.1	110.9	119.8	126.1	0.9	0.8	1 233	79.6
W	mg/kg	1.67	0.22	1.66	1.14	0.13	1.54	1.64	0.12	0.90	1.08	1.30	1.54	1.78	2.20	2.38	3.16	0.7	2.7	1 238	1.66
Y	mg/kg	23.2	1.8	23.1	1.1	0.08	23.0	23.0	1.0	12.8	18.3	19.8	22.0	24.2	27.2	28.8	30.3	0.1	2.4	1 238	23.1
Zn	mg/kg	61.0	13.9	59.7	1.2	0.23	54.0	58.5	7.4	32.6	38.2	43.2	52.2	67.3	94.1	101.4	287.6	4.1	55.2	1 222	59.7
Zr	mg/kg	243	54	237	1	0.22	242	238	33	119	123	139	207	274	361	411	526	0.5	1.0	1 247	241
Al_2O_3	%	12.06	1.55	11.97	1.13	0.13	10.85	11.47	0.81	9.61	10.02	10.24	10.86	13.19	15.54	16.26	16.90	0.9	0.0	1 255	12.05
CaO	%	5.20	1.91	4.72	1.64	0.37	5.43	5.55	0.56	1.09	1.18	1.35	4.99	6.13	8.92	9.84	16.50	0.0	1.3	1 257	5.18
MgO	%	1.81	0.32	1.78	1.20	0.18	1.90	1.80	0.18	0.77	1.01	1.23	1.62	1.98	2.60	2.91	3.07	0.5	1.5	1 229	1.79
K_2O	%	2.26	0.17	2.26	1.07	0.07	2.16	2.22	0.09	1.64	1.98	2.06	2.15	2.34	2.72	2.88	2.98	1.3	2.4	1 201	2.24
Na_2O	%	1.89	0.33	1.85	1.23	0.18	2.09	1.96	0.17	0.62	0.73	1.03	1.73	2.10	2.37	2.86	3.11	0.0	1.8	1 209	1.91
SiO_2	%	61.82	4.22	61.66	1.08	0.07	65.18	62.96	1.84	40.77	46.09	48.69	60.32	64.50	67.26	68.74	72.13	0.0	3.0	1 180	62.58
TFe_2O_3	%	4.28	0.88	4.20	1.21	0.21	3.72	4.03	0.51	2.77	2.93	3.20	3.62	4.74	6.58	7.11	8.12	1.2	1.1	1 224	4.20
SOC	%	0.20	0.15	0.17	1.76	0.72	0.13	0.16	0.05	0.03	0.05	0.06	0.12	0.24	0.61	0.89	1.91	3.4	22.1	1 162	0.17
pH	无量纲						8.58	8.56	0.16	5.69	7.53	7.80	8.40	8.72	9.12	9.30	9.43				

表 2.6.5A　沂沭断裂带表层土壤（0～20 cm）地球化学参数　（n = 2 101）

指标	单位	算术平均值 X_a	算术标准差 S_a	几何平均值 X_g	几何标准差 S_g	变异系数 CV	众值 X_{mo}	中位值 X_{me}	中位绝对差 MAD	最小值 X_{min}	$X_{0.5\%}$	$X_{2.5\%}$	$X_{25\%}$	$X_{75\%}$	$X_{97.5\%}$	$X_{99.5\%}$	最大值 X_{max}	偏度系数 SK	峰度系数 BK	背景值 n'	背景值 X_a'
Ag	mg/kg	0.074	0.021	0.072	1.265	0.29	0.067	0.070	0.009	0.033	0.042	0.048	0.062	0.081	0.124	0.174	0.331	3.7	28.5	2 023	0.071
As	mg/kg	6.6	2.4	6.2	1.4	0.36	6.1	6.4	1.3	1.0	2.6	3.2	5.1	7.7	11.2	14.5	55.2	5.1	87.9	2 062	6.4
Au	μg/kg	1.4	1.4	1.3	1.5	0.96	1.1	1.2	0.2	0.5	0.6	0.7	1.0	1.5	3.1	5.5	35.4	16.8	358.9	1 973	1.2
B	mg/kg	37.0	12.6	34.9	1.4	0.34	36.2	36.5	7.1	5.8	11.0	15.9	29.0	43.4	67.3	83.1	108.7	0.8	1.8	2 062	36.2
Ba	mg/kg	717	288	690	1	0.40	575	666	97	311	391	464	583	796	1 155	1 435	6 243	10.9	185.1	2 047	692
Be	mg/kg	1.89	0.29	1.87	1.16	0.15	1.85	1.87	0.18	1.07	1.23	1.36	1.70	2.06	2.51	2.71	3.30	0.4	0.8	2 091	1.88
Bi	mg/kg	0.23	0.11	0.22	1.35	0.49	0.20	0.22	0.04	0.09	0.11	0.13	0.18	0.26	0.40	0.61	3.61	15.2	397.0	2 053	0.22
Br	mg/kg	3.7	1.5	3.4	1.5	0.41	2.7	3.3	0.8	0.7	1.2	1.7	2.6	4.4	7.3	9.1	20.3	1.9	10.1	2 052	3.5
TC	%	0.99	0.48	0.92	1.45	0.49	0.88	0.90	0.20	0.21	0.41	0.49	0.72	1.13	2.11	3.26	7.81	4.6	41.1	2 013	0.92
Cd	mg/kg	0.125	0.056	0.118	1.374	0.45	0.115	0.115	0.021	0.040	0.056	0.068	0.097	0.140	0.234	0.432	1.157	6.8	88.8	2 019	0.118
Ce	mg/kg	68.9	15.9	67.2	1.3	0.23	68.4	67.5	9.3	28.8	35.1	43.2	58.4	77.3	105.0	124.0	161.2	0.9	2.4	2 056	67.7
Cl	mg/kg	106	139	89	2	1.32	68	80	18	31	40	48	65	108	308	568	5 065	23.3	775.9	1 883	83
Co	mg/kg	12.9	4.8	12.3	1.4	0.37	10.6	12.1	2.4	4.3	5.7	6.8	9.9	14.8	24.4	41.1	46.8	2.5	11.8	2 034	12.4
Cr	mg/kg	73.1	28.6	69.0	1.4	0.39	64.6	66.6	12.4	24.8	31.3	39.0	55.8	82.0	149.2	229.8	289.8	2.5	10.2	1 996	68.4
Cu	mg/kg	22.8	8.1	21.7	1.4	0.35	20.4	21.6	4.3	8.3	10.0	12.6	17.6	26.1	42.5	56.7	124.3	2.8	19.7	2 037	21.9
F	mg/kg	475	125	460	1	0.26	375	454	78	215	254	289	385	544	779	947	1 169	1.1	1.9	2 060	467
Ga	mg/kg	15.9	2.2	15.8	1.2	0.14	14.4	15.8	1.5	9.9	10.7	11.8	14.4	17.4	20.6	21.8	27.4	0.3	0.0	2 099	15.9
Ge	mg/kg	1.29	0.16	1.28	1.13	0.13	1.27	1.29	0.10	0.83	0.91	1.01	1.19	1.39	1.61	1.74	3.92	2.2	31.4	2 088	1.29
Hg	mg/kg	0.039	0.062	0.032	1.677	1.59	0.028	0.030	0.007	0.005	0.010	0.015	0.023	0.039	0.118	0.322	2.270	24.0	804.5	1 920	0.030
I	mg/kg	1.85	0.70	1.75	1.40	0.38	1.95	1.74	0.35	0.42	0.69	0.91	1.41	2.15	3.51	5.39	7.42	2.2	10.7	2 037	1.78
La	mg/kg	35.7	8.4	34.7	1.3	0.24	32.8	34.8	4.9	15.5	19.1	22.5	30.2	40.0	55.2	68.5	84.1	1.2	3.3	2 055	35.0
Li	mg/kg	29.1	9.2	27.7	1.4	0.32	24.5	27.4	5.7	11.0	12.6	15.3	22.5	34.4	49.0	59.9	90.3	1.1	2.7	2 070	28.6
Mn	mg/kg	578	153	559	1	0.26	501	558	90	216	303	333	477	656	936	1 122	1 740	1.1	3.6	2 060	567
Mo	mg/kg	0.57	0.22	0.54	1.35	0.39	0.53	0.53	0.09	0.22	0.28	0.33	0.44	0.63	1.08	1.89	3.41	4.2	33.7	2 005	0.54
N	%	0.094	0.026	0.090	1.312	0.28	0.095	0.090	0.016	0.027	0.040	0.054	0.076	0.108	0.153	0.185	0.249	1.0	2.0	2 071	0.092
Nb	mg/kg	13.4	2.4	13.2	1.2	0.18	12.9	13.2	1.3	7.5	8.4	9.6	11.9	14.6	18.0	26.6	34.9	2.2	12.4	2 061	13.2
Ni	mg/kg	31.5	16.7	29.0	1.5	0.53	24.1	28.0	5.9	8.5	12.9	16.1	22.7	34.7	73.7	140.5	205.5	4.2	26.2	1 986	28.4

指标	单位	算术平均值 X_a	算术标准差 S_a	几何平均值 X_g	几何标准差 S_g	变异系数 CV	众值 X_{mo}	中位值 X_{me}	中位绝对离差 MAD	最小值 X_{min}	$X_{0.5\%}$	$X_{2.5\%}$	$X_{25\%}$	$X_{75\%}$	$X_{97.5\%}$	$X_{99.5\%}$	最大值 X_{max}	偏度系数 SK	峰度系数 BK	n'	背景值 X_a'
P	mg/kg	735	205	708	1	0.28	602	707	123	294	338	411	595	845	1 213	1 456	2 039	1.0	2.4	2 062	721
Pb	mg/kg	25.5	7.8	24.8	1.2	0.31	22.5	24.0	2.4	9.8	15.4	18.1	21.9	27.1	41.0	70.4	158.3	6.8	79.2	2 001	24.4
Rb	mg/kg	98.2	14.5	97.2	1.2	0.15	99.4	96.5	8.6	41.2	52.6	75.5	88.8	106.3	129.4	148.2	204.1	0.7	3.5	2 054	97.8
S	mg/kg	215	111	200	1	0.52	181	193	37	71	101	116	161	237	445	999	1 759	6.2	60.6	1 991	197
Sb	mg/kg	0.59	0.15	0.58	1.27	0.26	0.55	0.57	0.08	0.30	0.34	0.37	0.50	0.67	0.94	1.15	2.61	2.4	19.2	2 055	0.58
Sc	mg/kg	9.8	2.6	9.5	1.3	0.27	8.1	9.4	1.6	3.7	5.1	5.8	8.0	11.3	15.7	20.3	24.1	1.1	2.1	2 060	9.6
Se	mg/kg	0.17	0.05	0.16	1.27	0.32	0.14	0.16	0.02	0.06	0.09	0.11	0.14	0.18	0.27	0.37	1.20	6.9	97.4	2 027	0.16
Sn	mg/kg	2.5	0.7	2.4	1.3	0.26	2.5	2.5	0.4	0.2	1.2	1.5	2.1	2.8	4.0	5.2	7.8	1.5	6.7	2 053	2.5
Sr	mg/kg	222	72	212	1	0.33	197	206	38	102	110	124	175	254	395	498	1 090	2.1	12.6	2 047	215
Th	mg/kg	11.6	3.5	11.1	1.3	0.31	10.1	11.0	1.6	4.3	5.7	7.1	9.5	12.8	21.0	28.4	53.8	3.0	19.4	2 017	11.1
Ti	mg/kg	3 899	905	3 814	1	0.23	4 174	3 837	431	1 614	2 183	2 622	3 383	4 250	5 858	9 212	11 483	2.7	14.6	2 035	3 796
Tl	mg/kg	0.61	0.11	0.60	1.18	0.18	0.56	0.59	0.06	0.25	0.38	0.46	0.54	0.66	0.87	1.07	2.15	2.5	21.7	2 030	0.60
U	mg/kg	2.03	0.47	1.97	1.25	0.23	2.04	1.98	0.27	0.79	1.03	1.26	1.72	2.28	3.13	3.83	5.30	1.0	2.9	2 059	1.99
V	mg/kg	77.9	21.4	75.3	1.3	0.27	67.0	73.8	12.6	34.0	41.7	47.0	63.5	89.0	130.3	175.3	224.3	1.5	4.4	2 038	75.6
W	mg/kg	1.29	0.42	1.23	1.34	0.33	1.21	1.26	0.21	0.42	0.54	0.65	1.04	1.47	2.04	3.02	8.47	4.6	58.0	2 073	1.26
Y	mg/kg	21.6	3.1	21.4	1.2	0.14	22.3	21.8	1.9	9.7	12.6	15.4	19.7	23.5	27.4	29.9	33.9	0.0	0.5	2 082	21.6
Zn	mg/kg	60.3	16.2	58.4	1.3	0.27	55.9	58.5	9.4	23.4	31.1	35.9	49.7	68.6	94.5	123.1	273.8	2.5	21.2	2 063	59.1
Zr	mg/kg	279	43	275	1	0.15	276	276	28	146	181	201	249	307	366	404	468	0.3	0.4	2 086	278
Al$_2$O$_3$	%	12.97	1.16	12.92	1.09	0.09	13.75	12.95	0.83	9.61	10.09	10.68	12.15	13.83	15.13	15.80	17.49	0.0	0.0	2 098	12.96
CaO	%	1.78	0.94	1.62	1.50	0.53	1.26	1.48	0.34	0.51	0.77	0.91	1.22	2.02	4.46	6.56	11.50	3.0	14.8	1 939	1.57
MgO	%	1.36	0.64	1.26	1.46	0.47	1.12	1.20	0.27	0.32	0.53	0.65	0.97	1.57	2.99	4.41	8.26	2.8	14.5	1 974	1.25
K$_2$O	%	2.55	0.31	2.53	1.13	0.12	2.44	2.50	0.17	1.30	1.70	2.04	2.35	2.71	3.28	3.65	3.97	0.7	1.7	2 059	2.54
Na$_2$O	%	2.16	0.51	2.10	1.28	0.24	1.88	2.10	0.35	0.79	0.97	1.24	1.79	2.51	3.27	3.45	4.04	0.3	0.0	2 097	2.15
SiO$_2$	%	65.06	4.20	64.92	1.07	0.07	66.44	65.33	2.72	43.83	50.29	55.75	62.51	67.98	72.28	73.71	75.77	0.0	1.0	2 071	65.26
TFe$_2$O$_3$	%	4.34	1.22	4.19	1.30	0.28	3.74	4.14	0.73	1.65	2.25	2.63	3.50	4.98	7.18	10.46	12.41	1.6	5.4	2 046	4.22
SOC	%	0.89	0.35	0.84	1.38	0.39	0.72	0.84	0.16	0.19	0.38	0.47	0.69	1.02	1.59	2.34	7.30	5.0	66.9	2 049	0.86
pH	无量纲						7.50	6.84	0.83	4.48	4.70	4.97	5.93	7.60	8.10	8.25	8.64				

表2.6.5B 沂沭断裂带深层土壤（150~200 cm）地球化学参数（n=529）

指标	单位	算术平均值 X_a	算术标准差 S_a	几何平均值 X_g	几何标准差 S_g	变异系数 CV	众值 X_{mo}	中位值 X_{me}	中位绝对离差 MAD	最小值 X_{min}	$X_{0.5\%}$	$X_{2.5\%}$	$X_{25\%}$	$X_{75\%}$	$X_{97.5\%}$	$X_{99.5\%}$	最大值 X_{max}	偏度系数 SK	峰度系数 BK	基准值 n'	基准值 X_a'
Ag	mg/kg	0.066	0.035	0.063	1.352	0.53	0.066	0.061	0.010	0.008	0.033	0.038	0.052	0.072	0.112	0.174	0.594	10.1	136.4	510	0.063
As	mg/kg	7.8	2.6	7.3	1.4	0.33	8.0	7.7	1.6	2.1	2.7	3.4	6.0	9.1	13.1	16.2	25.3	1.2	5.2	523	7.6
Au	μg/kg	1.5	0.6	1.4	1.3	0.43	1.3	1.4	0.2	0.7	0.8	0.9	1.2	1.6	2.9	5.0	10.3	6.5	73.3	509	1.4
B	mg/kg	34.3	12.4	31.9	1.5	0.36	31.5	33.4	7.3	3.1	9.4	12.5	26.1	40.5	63.0	79.8	90.6	0.8	1.7	522	33.7
Ba	mg/kg	710	191	689	1	0.27	635	677	102	311	391	463	585	787	1142	1484	2247	2.1	10.0	516	692
Be	mg/kg	2.01	0.30	1.99	1.16	0.15	1.92	1.97	0.20	1.32	1.38	1.52	1.79	2.20	2.66	2.94	3.24	0.6	0.4	525	2.00
Bi	mg/kg	0.21	0.07	0.20	1.37	0.31	0.20	0.20	0.04	0.08	0.08	0.10	0.17	0.25	0.36	0.42	0.50	0.7	1.0	522	0.21
Br	mg/kg	3.6	1.8	3.2	1.7	0.50	2.4	3.3	1.1	0.1	0.7	1.0	2.3	4.6	8.0	10.4	11.6	1.1	2.1	522	3.5
TC	%	0.52	0.39	0.43	1.82	0.76	0.30	0.39	0.15	0.08	0.12	0.16	0.29	0.63	1.51	2.32	3.85	3.2	17.3	504	0.46
Cd	mg/kg	0.083	0.071	0.077	1.403	0.85	0.069	0.076	0.014	0.037	0.037	0.042	0.063	0.093	0.146	0.272	1.568	17.5	362.5	513	0.077
Ce	mg/kg	73.3	17.4	71.4	1.3	0.24	65.1	71.0	10.7	31.5	39.2	45.3	60.9	82.8	113.3	125.5	187.1	1.1	3.6	525	72.8
Cl	mg/kg	68	58	62	1	0.85	50	58	9	31	36	39	50	71	158	213	1216	15.3	295.7	483	59
Co	mg/kg	15.4	5.3	14.6	1.4	0.34	12.6	14.6	3.0	6.4	7.4	8.1	11.8	17.8	27.7	35.9	49.5	1.5	5.1	519	15.0
Cr	mg/kg	78.4	31.4	74.1	1.4	0.40	73.7	72.5	13.2	31.8	38.5	43.5	60.0	86.9	158.6	228.7	367.3	3.3	19.0	502	73.2
Cu	mg/kg	23.0	9.7	21.7	1.4	0.42	23.6	21.2	4.1	11.1	11.9	12.6	17.5	26.1	41.0	67.1	123.6	4.4	34.3	514	21.9
F	mg/kg	520	145	503	1	0.28	452	487	80	274	302	340	417	588	851	1005	1589	1.7	6.5	518	509
Ga	mg/kg	17.1	2.3	16.9	1.2	0.14	17.0	17.2	1.5	11.1	11.4	12.2	15.6	18.6	21.3	22.8	24.7	0.0	0.0	528	17.1
Ge	mg/kg	1.37	0.20	1.36	1.15	0.14	1.32	1.35	0.13	0.88	0.94	1.04	1.23	1.49	1.82	1.92	1.94	0.4	0.1	529	1.37
Hg	mg/kg	0.018	0.026	0.015	1.626	1.44	0.012	0.014	0.003	0.004	0.005	0.007	0.011	0.018	0.052	0.114	0.531	15.5	296.7	495	0.014
I	mg/kg	2.02	0.66	1.93	1.33	0.33	1.85	1.91	0.33	0.80	0.94	1.07	1.62	2.31	3.44	4.22	9.56	3.4	33.0	517	1.96
La	mg/kg	37.1	9.2	36.0	1.3	0.25	37.5	35.9	5.7	15.8	21.5	23.4	30.6	42.2	58.1	69.9	87.5	1.2	3.0	520	36.5
Li	mg/kg	33.9	10.4	32.5	1.3	0.31	22.8	32.0	6.3	15.8	17.7	19.9	26.4	39.5	55.9	77.9	91.6	1.4	3.5	519	33.2
Mn	mg/kg	761	334	706	1	0.44	623	695	159	272	326	351	555	881	1697	2167	3057	2.4	9.9	503	706
Mo	mg/kg	0.55	0.24	0.51	1.44	0.45	0.40	0.49	0.11	0.20	0.22	0.27	0.40	0.62	1.33	1.68	2.22	2.5	9.3	504	0.51
N	%	0.038	0.012	0.037	1.304	0.31	0.030	0.035	0.005	0.022	0.023	0.024	0.030	0.042	0.069	0.091	0.120	2.3	8.0	502	0.036
Nb	mg/kg	13.5	2.7	13.3	1.2	0.20	11.4	13.3	1.6	6.7	8.5	9.6	11.7	14.8	19.5	26.3	32.6	1.8	8.9	518	13.3
Ni	mg/kg	35.8	16.8	33.3	1.4	0.47	26.0	32.8	6.4	16.0	16.9	18.0	26.5	39.7	83.5	118.4	177.3	3.5	19.3	498	32.6

指标	单位	算术平均值 X_a	算术标准差 S_a	几何平均值 X_g	几何标准差 S_g	变异系数 CV	众值 X_{mo}	中位值 X_{me}	中位绝对离差 MAD	最小值 X_{min}	累积频率 $X_{0.5\%}$	$X_{2.5\%}$	$X_{25\%}$	$X_{75\%}$	$X_{97.5\%}$	$X_{99.5\%}$	最大值 X_{max}	偏度系数 SK	峰度系数 BK	基准值 n'	X_a'
P	mg/kg	446	210	409	1	0.47	368	392	103	164	188	212	308	529	947	1 469	1 747	2.2	7.9	509	418
Pb	mg/kg	23.1	8.6	22.3	1.3	0.37	20.4	21.9	2.7	7.6	14.2	15.6	19.5	24.8	36.7	54.0	164.5	9.6	145.2	504	22.0
Rb	mg/kg	102.2	17.3	100.7	1.2	0.17	106.4	101.8	10.6	34.1	62.3	75.3	90.2	111.4	141.5	164.9	182.5	0.7	2.1	519	101.5
S	mg/kg	98	28	95	1	0.29	77	93	15	48	57	62	80	111	169	218	317	2.1	9.5	512	95
Sb	mg/kg	0.68	0.18	0.66	1.30	0.27	0.74	0.66	0.11	0.28	0.32	0.39	0.56	0.78	1.10	1.26	1.37	0.7	0.7	520	0.67
Sc	mg/kg	10.8	3.0	10.5	1.3	0.28	9.7	10.3	1.8	5.0	5.8	6.5	8.8	12.3	17.8	21.4	25.3	1.2	2.4	519	10.6
Se	mg/kg	0.10	0.03	0.09	1.35	0.32	0.09	0.09	0.02	0.05	0.05	0.05	0.08	0.11	0.18	0.21	0.32	1.6	5.7	515	0.10
Sn	mg/kg	2.3	0.5	2.3	1.2	0.23	2.5	2.3	0.3	1.2	1.4	1.5	1.9	2.6	3.4	3.8	6.5	1.3	7.0	523	2.3
Sr	mg/kg	214	75	202	1	0.35	136	197	39	82	98	115	162	243	423	489	550	1.4	2.5	501	202
Th	mg/kg	11.9	4.8	11.3	1.3	0.40	10.7	10.9	1.6	4.4	5.5	7.1	9.5	13.0	21.2	40.2	65.2	4.9	39.5	505	11.2
Ti	mg/kg	4 029	1 049	3 924	1	0.26	3 603	3 897	472	2 252	2 350	2 630	3 447	4 372	6 646	8 844	13 292	3.0	18.2	505	3 870
Tl	mg/kg	0.62	0.12	0.61	1.19	0.19	0.56	0.61	0.06	0.24	0.39	0.46	0.56	0.68	0.86	1.14	1.61	2.4	14.7	517	0.62
U	mg/kg	1.99	0.47	1.93	1.27	0.24	1.87	1.94	0.28	0.81	0.97	1.15	1.69	2.28	3.11	3.43	3.89	0.6	1.0	522	1.97
V	mg/kg	88.5	22.3	85.9	1.3	0.25	79.0	86.5	12.5	46.2	51.0	55.0	74.0	100.0	141.0	185.0	190.5	1.3	3.3	516	86.4
W	mg/kg	1.38	0.34	1.33	1.29	0.25	1.50	1.37	0.22	0.49	0.61	0.76	1.15	1.58	2.05	2.20	3.07	0.4	0.9	526	1.37
Y	mg/kg	22.5	3.4	22.2	1.2	0.15	21.6	22.2	2.1	11.7	14.3	15.9	20.3	24.6	29.9	31.7	33.1	0.2	0.4	525	22.4
Zn	mg/kg	60.3	18.8	58.0	1.3	0.31	53.8	58.9	10.7	31.2	32.7	34.7	47.4	68.7	94.4	161.0	204.4	2.8	15.7	519	58.6
Zr	mg/kg	246	40	243	1	0.16	244	244	26	125	143	171	218	270	325	337	383	0.1	0.1	526	246
Al_2O_3	%	13.83	1.32	13.77	1.11	0.10	13.87	14.05	0.73	9.88	10.14	10.66	13.19	14.65	16.06	17.12	17.30	0.0	0.6	529	13.83
CaO	%	2.16	1.41	1.86	1.66	0.65	1.10	1.66	0.50	0.73	0.84	0.93	1.28	2.56	6.21	9.06	9.65	2.3	6.3	479	1.79
MgO	%	1.57	0.70	1.47	1.42	0.44	1.16	1.40	0.26	0.63	0.68	0.81	1.16	1.77	3.09	5.09	8.02	3.5	21.8	506	1.47
K_2O	%	2.49	0.33	2.47	1.14	0.13	2.36	2.45	0.20	1.32	1.69	1.85	2.28	2.67	3.21	3.44	3.57	0.3	0.6	524	2.49
Na_2O	%	2.06	0.56	1.98	1.32	0.27	1.69	1.97	0.34	0.70	0.89	1.16	1.68	2.42	3.28	3.61	3.84	0.5	0.0	526	2.05
SiO_2	%	62.37	3.87	62.24	1.07	0.06	62.93	62.70	2.44	45.93	49.15	54.11	59.89	64.95	69.10	70.66	72.13	0.0	1.2	523	62.53
TFe_2O_3	%	4.90	1.26	4.76	1.28	0.26	4.25	4.78	0.76	2.53	2.77	2.99	4.04	5.57	7.67	9.23	12.74	1.2	3.9	519	4.82
SOC	%	0.32	0.14	0.29	1.53	0.43	0.27	0.30	0.08	0.04	0.07	0.12	0.23	0.38	0.64	0.90	1.18	1.6	5.7	513	0.30
pH	无量纲						8.20	7.89	0.37	5.67	6.04	6.47	7.44	8.21	8.52	8.69	8.72				

表2.6.6A　胶北隆起表层土壤（0~20 cm）地球化学参数（n=3 095）

指标	单位	算术平均值 X_a	算术标准差 S_a	几何平均值 X_g	几何标准差 S_g	变异系数 CV	众值 X_{mo}	中位值 X_{me}	中位绝对离差 MAD	最小值 X_{min}	累积频率						最大值 X_{max}	偏度系数 SK	峰度系数 BK	背景值	
											$X_{0.5\%}$	$X_{2.5\%}$	$X_{25\%}$	$X_{75\%}$	$X_{97.5\%}$	$X_{99.5\%}$				n'	X_a'
Ag	mg/kg	0.088	0.093	0.078	1.525	1.05	0.061	0.073	0.016	0.030	0.037	0.042	0.059	0.093	0.225	0.495	2.894	17.1	428.8	2 866	0.074
As	mg/kg	7.2	5.6	6.5	1.5	0.78	5.6	6.4	1.3	1.5	2.5	3.1	5.1	7.8	15.9	35.5	162.3	13.0	273.0	2 940	6.4
Au	μg/kg	4.9	15.8	2.5	2.4	3.21	1.3	2.0	0.7	0.5	0.7	0.9	1.4	3.4	28.3	81.2	438.0	15.0	310.1	2 613	2.1
B	mg/kg	31.2	15.6	28.1	1.6	0.50	28.4	29.6	6.9	2.0	3.4	9.7	22.7	36.4	67.7	106.7	258.9	3.5	29.1	2 972	29.1
Ba	mg/kg	823	306	774	1	0.37	530	737	175	193	384	444	595	985	1 603	1 877	2 613	1.2	1.5	3 017	798
Be	mg/kg	1.85	0.42	1.80	1.25	0.23	1.87	1.81	0.23	0.62	0.87	1.15	1.58	2.05	2.88	3.46	4.17	1.0	2.7	3 014	1.81
Bi	mg/kg	0.27	0.23	0.24	1.59	0.84	0.20	0.23	0.05	0.03	0.06	0.10	0.18	0.29	0.74	1.45	5.83	9.7	161.1	2 896	0.23
Br	mg/kg	4.2	2.2	3.8	1.5	0.51	3.4	3.7	0.9	0.6	1.4	2.0	3.0	4.8	9.2	13.1	39.1	4.6	48.7	2 936	3.9
TC	%	0.87	0.42	0.80	1.47	0.49	0.72	0.79	0.16	0.12	0.21	0.37	0.65	0.96	1.89	3.08	7.11	4.2	35.2	2 952	0.80
Cd	mg/kg	0.148	0.269	0.123	1.650	1.82	0.118	0.117	0.029	0.010	0.033	0.056	0.091	0.154	0.398	0.825	10.540	28.4	991.2	2 878	0.119
Ce	mg/kg	62.3	27.2	58.3	1.4	0.44	54.3	57.5	10.1	7.4	16.3	28.8	48.5	69.3	127.9	215.7	373.0	3.7	23.5	2 939	58.0
Cl	mg/kg	185	506	119	2	2.73	82	104	29	34	42	53	80	148	670	4 169	9 226	11.5	154.5	2 727	106
Co	mg/kg	11.5	5.1	10.5	1.6	0.44	9.6	10.4	2.9	0.8	1.9	4.3	8.0	14.2	24.2	29.8	45.2	1.2	2.4	3 025	11.2
Cr	mg/kg	59.1	38.3	53.4	1.6	0.65	44.6	54.6	13.2	3.7	9.4	21.0	42.4	69.0	121.6	180.3	1118.3	14.8	378.6	2 997	55.3
Cu	mg/kg	29.7	23.3	24.4	1.9	0.78	18.5	23.4	8.6	2.3	4.3	7.5	16.6	36.3	82.7	124.1	514.4	5.7	79.7	2 942	26.2
F	mg/kg	488	183	463	1	0.38	419	453	77	96	159	256	384	545	899	1 246	3 388	4.0	39.7	2 978	465
Ga	mg/kg	17.2	2.8	17.0	1.2	0.17	16.5	17.2	1.8	7.3	10.2	11.6	15.3	19.0	23.1	25.2	29.4	0.2	0.3	3 083	17.2
Ge	mg/kg	1.26	0.18	1.25	1.16	0.14	1.30	1.25	0.11	0.50	0.76	0.93	1.14	1.37	1.62	1.85	2.98	0.7	4.4	3 046	1.26
Hg	mg/kg	0.074	0.440	0.041	2.191	5.95	0.023	0.036	0.014	0.005	0.009	0.013	0.025	0.056	0.309	0.967	22.415	43.6	2 167.5	2 721	0.037
I	mg/kg	2.24	2.56	2.03	1.48	1.14	1.91	2.07	0.44	0.44	0.60	0.91	1.65	2.52	4.03	7.56	119.00	33.5	1 433.0	3 015	2.07
La	mg/kg	33.1	15.3	30.8	1.4	0.46	31.2	30.3	5.2	4.9	9.2	16.0	25.5	36.0	72.3	125.2	204.0	3.9	24.7	2 908	30.3
Li	mg/kg	24.0	7.0	23.1	1.3	0.29	21.5	23.2	3.2	4.1	6.3	11.9	20.2	26.7	41.0	51.8	76.4	1.3	5.1	2 959	23.5
Mn	mg/kg	503	156	480	1	0.31	460	487	84	63	117	239	409	580	837	1 107	2 788	2.1	19.3	3 029	495
Mo	mg/kg	0.60	0.40	0.55	1.44	0.66	0.45	0.53	0.10	0.20	0.25	0.31	0.44	0.65	1.37	2.44	11.70	11.8	249.1	2 910	0.54
N	%	0.085	0.027	0.081	1.397	0.32	0.080	0.084	0.015	0.016	0.024	0.032	0.070	0.099	0.141	0.203	0.339	1.5	9.6	3 039	0.084
Nb	mg/kg	12.2	2.6	11.9	1.2	0.21	11.8	12.0	1.3	2.7	4.5	7.7	10.8	13.3	17.5	24.2	45.7	2.0	18.2	2 976	12.0
Ni	mg/kg	25.9	15.3	23.4	1.6	0.59	20.1	23.4	5.9	2.0	4.5	9.6	18.2	30.4	54.4	78.1	375.7	9.6	183.3	2 994	24.3

指标	单位	算术平均值 X_a	算术标准差 S_a	几何平均值 X_g	几何标准差 S_g	变异系数 CV	众值 X_{mo}	中位值 X_{me}	中位绝对离差 MAD	最小值 X_{min}	累积频率 $X_{0.5\%}$	$X_{2.5\%}$	$X_{25\%}$	$X_{75\%}$	$X_{97.5\%}$	$X_{99.5\%}$	最大值 X_{max}	偏度系数 SK	峰度系数 BK	n'	背景值 X_a'
P	mg/kg	661	297	612	1	0.45	428	617	143	95	154	262	486	776	1 299	1 736	7 591	5.7	104.3	3 009	633
Pb	mg/kg	30.4	34.2	27.5	1.4	1.12	25.0	26.9	4.0	8.9	13.1	15.6	23.2	31.1	57.1	145.8	934.9	18.8	433.4	2 932	26.8
Rb	mg/kg	92.7	18.3	90.9	1.2	0.20	92.6	92.2	8.7	29.7	49.0	57.9	83.5	100.9	136.2	158.9	211.9	0.7	2.6	3 030	91.6
S	mg/kg	224	449	190	2	2.00	185	181	36	11	74	102	150	225	509	1 171	16 151	25.8	775.5	2 879	183
Sb	mg/kg	0.64	0.73	0.58	1.43	1.14	0.55	0.56	0.10	0.15	0.23	0.31	0.47	0.68	1.26	2.46	26.60	28.4	966.7	2 928	0.57
Sc	mg/kg	9.0	3.4	8.3	1.5	0.38	8.1	8.4	1.9	0.6	1.4	3.4	6.8	10.7	17.4	20.6	23.5	0.9	1.3	3 034	8.8
Se	mg/kg	0.17	0.07	0.16	1.38	0.44	0.14	0.16	0.03	0.03	0.06	0.08	0.13	0.18	0.32	0.49	1.68	7.2	105.1	2 949	0.16
Sn	mg/kg	2.7	1.4	2.5	1.5	0.50	2.3	2.5	0.5	0.3	0.6	1.3	2.1	3.0	5.7	11.0	27.5	5.2	55.0	2 938	2.5
Sr	mg/kg	294	144	268	2	0.49	240	259	65	70	98	121	205	343	679	978	1 287	2.1	7.1	2 965	274
Th	mg/kg	9.7	3.6	9.1	1.4	0.37	8.1	9.1	1.7	1.2	2.4	4.5	7.5	11.0	19.5	25.4	34.2	1.6	5.0	2 962	9.2
Ti	mg/kg	3 357	868	3 232	1	0.26	3 543	3 330	477	251	701	1 668	2 866	3 817	5 053	6 231	11 661	0.8	7.0	3 013	3 343
Tl	mg/kg	0.60	0.14	0.59	1.22	0.23	0.59	0.59	0.06	0.25	0.32	0.37	0.54	0.65	0.86	1.00	4.69	8.9	254.5	3 045	0.59
U	mg/kg	1.71	0.47	1.65	1.33	0.28	1.50	1.68	0.26	0.35	0.54	0.85	1.43	1.95	2.71	3.38	6.38	1.1	6.3	3 045	1.69
V	mg/kg	67.6	23.7	63.4	1.5	0.35	62.0	64.6	14.3	6.8	12.4	28.4	51.9	81.1	122.1	156.9	193.5	0.8	1.8	3 041	66.2
W	mg/kg	1.38	0.87	1.25	1.51	0.63	1.14	1.23	0.25	0.31	0.42	0.54	1.01	1.53	2.97	6.04	18.12	7.6	101.2	2 948	1.25
Y	mg/kg	20.0	4.4	19.5	1.3	0.22	18.5	19.8	2.3	1.2	5.9	11.4	17.6	22.3	28.5	33.5	72.5	1.2	14.7	3 014	19.9
Zn	mg/kg	62.4	27.5	58.4	1.4	0.44	54.7	58.8	11.6	5.1	14.6	27.2	48.2	71.8	111.6	174.1	689.5	7.2	122.2	3 024	60.0
Zr	mg/kg	253	50	247	1	0.20	254	255	30	51	75	146	225	285	344	412	518	0.0	1.9	3 019	254
Al_2O_3	%	13.68	1.56	13.59	1.13	0.11	14.12	13.89	1.01	6.56	9.05	10.04	12.63	14.74	16.30	17.34	20.56	0.0	0.7	3 044	13.75
CaO	%	1.71	0.91	1.55	1.52	0.53	1.14	1.48	0.38	0.38	0.64	0.79	1.15	2.03	3.85	6.18	13.79	3.6	26.4	2 955	1.58
MgO	%	1.28	0.69	1.14	1.64	0.54	1.23	1.13	0.31	0.05	0.16	0.47	0.86	1.51	2.95	4.72	8.27	2.6	13.1	2 941	1.17
K_2O	%	2.66	0.47	2.61	1.21	0.18	2.71	2.70	0.30	0.78	1.49	1.69	2.36	2.97	3.55	3.89	4.26	0.0	0.0	3 086	2.66
Na_2O	%	2.41	0.59	2.33	1.30	0.24	2.09	2.40	0.40	0.28	1.03	1.28	2.02	2.80	3.55	3.87	4.14	0.0	0.0	3 092	2.41
SiO_2	%	67.23	4.35	67.08	1.07	0.07	65.48	67.43	2.76	35.53	53.48	58.37	64.46	69.94	75.27	80.76	83.96	0.0	2.1	3 024	67.21
TFe_2O_3	%	4.02	1.38	3.78	1.44	0.34	3.32	3.79	0.84	0.30	0.90	1.73	3.08	4.83	7.20	8.42	11.63	0.7	0.9	3 062	3.97
SOC	%	0.80	0.33	0.74	1.57	0.42	0.78	0.77	0.15	0.01	0.09	0.23	0.63	0.93	1.57	2.72	3.71	2.5	14.4	2 993	0.77
pH	无量纲						5.27	6.37	0.92	4.29	4.64	4.86	5.54	7.43	8.44	8.92	9.47				

表 2.6.6B　胶北隆起深层土壤（150~200 cm）地球化学参数（n=800）

指标	单位	算术平均值 X_a	算术标准差 S_a	几何平均值 X_g	几何标准差 S_g	变异系数 CV	众值 X_{mo}	中位值 X_{me}	中位绝对离差 MAD	最小值 X_{min}	$X_{0.5\%}$	$X_{2.5\%}$	$X_{25\%}$	$X_{75\%}$	$X_{97.5\%}$	$X_{99.5\%}$	最大值 X_{max}	偏度系数 SK	峰度系数 BK	基准值 n'	基准值 X_a'
Ag	mg/kg	0.064	0.048	0.059	1.414	0.75	0.050	0.057	0.010	0.020	0.030	0.037	0.048	0.068	0.133	0.257	1.107	14.2	285.7	748	0.057
As	mg/kg	7.0	5.6	6.1	1.6	0.80	5.8	6.3	1.7	1.2	1.8	2.4	4.6	7.8	14.7	45.4	71.3	7.1	66.6	771	6.2
Au	μg/kg	2.4	8.5	1.7	1.7	3.49	1.2	1.5	0.4	0.5	0.7	0.9	1.2	2.1	6.9	26.0	216.0	20.9	500.8	733	1.6
B	mg/kg	29.6	15.4	25.9	1.7	0.52	31.0	28.1	7.7	1.7	2.9	6.8	19.9	35.3	70.2	110.0	142.1	2.1	9.5	773	27.7
Ba	mg/kg	833	322	781	1	0.39	571	733	173	329	374	459	592	1 002	1 645	1 894	2 303	1.3	1.5	780	807
Be	mg/kg	1.89	0.40	1.85	1.24	0.21	1.86	1.88	0.25	0.70	0.84	1.15	1.63	2.12	2.84	3.25	3.37	0.5	1.0	791	1.88
Bi	mg/kg	0.22	0.16	0.19	1.61	0.75	0.18	0.19	0.04	0.03	0.04	0.07	0.15	0.24	0.50	1.12	2.37	7.1	75.4	757	0.19
Br	mg/kg	3.8	2.1	3.4	1.6	0.56	2.7	3.3	0.9	0.3	0.9	1.4	2.5	4.5	8.9	14.1	22.5	2.8	14.0	773	3.5
TC	%	0.44	0.32	0.37	1.65	0.73	0.32	0.34	0.09	0.12	0.14	0.17	0.27	0.47	1.39	2.15	3.05	3.4	15.5	721	0.35
Cd	mg/kg	0.073	0.061	0.064	1.578	0.83	0.050	0.063	0.014	0.010	0.020	0.025	0.050	0.079	0.166	0.473	0.863	8.0	84.3	751	0.063
Ce	mg/kg	62.7	26.3	58.6	1.4	0.42	57.8	59.0	11.1	12.4	15.4	28.2	48.7	71.6	119.3	210.8	289.9	3.1	18.6	772	59.4
Cl	mg/kg	189	542	102	2	2.87	75	87	27	27	36	43	64	123	1 141	3 928	7 910	9.1	101.1	690	85
Co	mg/kg	12.2	6.1	11.0	1.6	0.50	9.9	11.1	3.2	0.8	1.4	4.1	8.5	14.8	26.5	44.5	47.9	2.0	7.4	777	11.6
Cr	mg/kg	57.6	27.5	52.2	1.6	0.48	64.0	54.3	12.8	2.8	7.4	20.0	42.1	67.7	114.4	190.3	284.7	2.9	17.6	775	54.3
Cu	mg/kg	19.9	11.4	17.6	1.6	0.58	15.4	17.9	5.1	1.4	2.8	6.5	13.6	23.6	45.0	68.0	158.7	3.8	32.4	764	18.2
F	mg/kg	471	222	440	1	0.47	408	434	78	96	115	224	366	524	892	1 238	4 210	7.5	108.6	767	442
Ga	mg/kg	17.4	2.9	17.2	1.2	0.17	17.1	17.6	1.7	8.9	9.8	10.6	15.8	19.2	23.1	25.5	28.0	0.0	0.4	798	17.4
Ge	mg/kg	1.26	0.21	1.24	1.18	0.16	1.22	1.24	0.13	0.51	0.68	0.89	1.13	1.38	1.70	1.86	2.21	0.3	1.0	787	1.26
Hg	mg/kg	0.021	0.055	0.015	1.865	2.56	0.013	0.014	0.004	0.003	0.004	0.005	0.011	0.019	0.062	0.252	1.123	14.2	244.4	739	0.014
I	mg/kg	2.24	1.58	2.03	1.52	0.71	1.85	2.01	0.47	0.43	0.67	0.91	1.60	2.57	4.57	6.83	36.50	13.4	276.5	778	2.10
La	mg/kg	32.3	14.7	30.1	1.4	0.46	30.9	30.2	5.5	6.5	9.4	14.1	25.0	36.0	60.1	119.0	172.6	4.1	28.1	769	30.2
Li	mg/kg	25.2	7.6	24.0	1.4	0.30	24.6	24.5	4.1	4.2	5.7	12.5	20.6	29.0	43.0	53.0	62.9	0.8	2.3	788	24.8
Mn	mg/kg	536	209	499	1	0.39	421	505	104	82	119	218	410	623	1 088	1 484	1 621	1.5	4.1	777	515
Mo	mg/kg	0.53	0.37	0.47	1.53	0.70	0.40	0.45	0.10	0.20	0.21	0.23	0.37	0.56	1.31	3.23	4.70	5.8	47.6	746	0.46
N	%	0.036	0.012	0.034	1.308	0.33	0.035	0.033	0.006	0.017	0.020	0.023	0.029	0.039	0.067	0.096	0.149	3.4	21.6	768	0.034
Nb	mg/kg	12.1	3.5	11.7	1.3	0.29	11.7	12.0	1.4	3.8	4.4	7.4	10.6	13.4	16.7	27.9	54.6	5.5	58.0	780	11.9
Ni	mg/kg	27.6	17.3	24.7	1.6	0.63	25.9	25.6	6.0	2.4	4.1	10.3	19.5	31.4	58.0	97.8	314.8	7.7	105.7	771	25.4

指标	单位	算术平均值 X_a	算术标准差 S_a	几何平均值 X_g	几何标准差 S_g	变异系数 CV	众值 X_{mo}	中位值 X_{me}	中位绝对离差 MAD	最小值 X_{min}	$X_{0.5\%}$	$X_{2.5\%}$	$X_{25\%}$	$X_{75\%}$	$X_{97.5\%}$	$X_{99.5\%}$	最大值 X_{max}	偏度系数 SK	峰度系数 BK	n'	X_a'
P	mg/kg	356	195	324	1	0.55	296	310	72	133	142	169	247	397	893	1 495	2 160	3.6	20.1	748	316
Pb	mg/kg	24.3	9.2	23.1	1.4	0.38	22.9	23.6	3.7	8.9	10.5	13.1	19.4	27.0	44.2	75.4	118.1	4.4	35.2	776	23.1
Rb	mg/kg	93.8	19.5	91.8	1.2	0.21	90.6	94.2	10.6	32.3	43.5	55.2	82.8	104.0	133.4	171.7	209.0	0.7	3.7	789	93.1
S	mg/kg	136	99	124	1	0.73	99	117	17	65	73	81	102	138	303	884	1 354	7.2	65.8	738	117
Sb	mg/kg	0.69	1.36	0.59	1.52	1.96	0.69	0.60	0.13	0.15	0.18	0.29	0.46	0.73	1.23	4.00	36.83	23.9	627.7	770	0.59
Sc	mg/kg	9.4	3.5	8.7	1.5	0.38	7.7	9.0	2.1	0.6	1.4	3.8	7.1	11.4	17.6	21.9	30.8	0.9	2.4	792	9.2
Se	mg/kg	0.10	0.05	0.09	1.50	0.47	0.09	0.09	0.02	0.03	0.03	0.04	0.07	0.12	0.22	0.34	0.48	2.7	13.8	776	0.10
Sn	mg/kg	2.3	0.7	2.2	1.4	0.32	2.1	2.2	0.4	0.3	0.5	1.2	1.8	2.6	3.8	4.6	12.0	3.3	38.1	787	2.3
Sr	mg/kg	284	144	256	2	0.51	218	244	67	92	98	119	192	336	655	924	1 137	2.0	6.0	771	265
Th	mg/kg	9.7	3.7	9.0	1.5	0.39	9.6	9.2	2.0	1.6	2.5	3.9	7.3	11.2	19.0	24.4	43.2	2.0	10.6	777	9.3
Ti	mg/kg	3 377	1 050	3 220	1	0.31	3 599	3 358	499	440	656	1 616	2 824	3 826	5 121	9 524	11 085	2.1	13.0	775	3 315
Tl	mg/kg	0.59	0.12	0.58	1.24	0.21	0.60	0.59	0.06	0.19	0.26	0.33	0.52	0.65	0.84	1.02	1.35	0.6	3.9	779	0.59
U	mg/kg	1.63	0.45	1.56	1.35	0.28	1.64	1.64	0.27	0.40	0.49	0.75	1.35	1.88	2.54	3.17	3.88	0.5	2.0	792	1.61
V	mg/kg	69.6	26.6	64.6	1.5	0.38	59.0	67.9	15.0	8.9	12.4	26.6	53.1	83.3	129.8	172.9	285.8	1.4	6.7	783	67.6
W	mg/kg	1.38	1.18	1.21	1.58	0.86	1.27	1.22	0.29	0.32	0.40	0.47	0.94	1.51	3.25	8.33	21.00	9.3	121.8	766	1.22
Y	mg/kg	20.7	4.6	20.2	1.3	0.22	20.7	20.7	2.8	3.7	6.5	11.1	18.0	23.6	30.4	35.2	42.9	0.0	1.7	786	20.7
Zn	mg/kg	54.6	19.1	51.4	1.4	0.35	52.9	52.9	10.1	6.5	11.0	24.1	43.4	63.5	96.6	144.7	195.2	1.7	8.2	779	52.9
Zr	mg/kg	233	49	227	1	0.21	201	232	29	58	77	128	205	263	322	381	524	0.0	2.3	786	233
Al$_2$O$_3$	%	14.20	1.75	14.08	1.14	0.12	14.25	14.46	0.91	8.04	9.13	9.74	13.43	15.30	17.15	18.18	18.64	0.0	0.9	796	14.23
CaO	%	1.84	1.25	1.59	1.66	0.68	1.01	1.45	0.41	0.44	0.54	0.73	1.13	2.08	5.67	8.21	10.98	2.9	11.3	742	1.57
MgO	%	1.30	0.72	1.16	1.64	0.55	1.13	1.16	0.28	0.05	0.13	0.44	0.91	1.50	2.96	5.58	7.59	3.1	16.5	761	1.19
K$_2$O	%	2.60	0.50	2.55	1.22	0.19	2.75	2.65	0.33	1.06	1.33	1.63	2.26	2.92	3.51	3.81	4.11	0.0	0.0	798	2.60
Na$_2$O	%	2.36	0.62	2.28	1.33	0.26	2.23	2.35	0.41	0.49	0.97	1.20	1.95	2.78	3.59	3.91	4.21	0.1	0.0	798	2.36
SiO$_2$	%	66.51	4.30	66.37	1.07	0.07	66.29	66.52	2.26	51.35	52.97	57.33	64.25	68.77	75.65	82.37	84.60	0.2	2.1	782	66.46
TFe$_2$O$_3$	%	4.19	1.52	3.91	1.47	0.36	4.28	4.02	0.86	0.66	0.84	1.71	3.22	4.96	7.50	10.67	11.37	0.9	2.3	786	4.09
SOC	%	0.30	0.17	0.26	1.65	0.57	0.21	0.27	0.07	0.01	0.03	0.10	0.21	0.34	0.73	1.05	2.32	4.0	32.7	764	0.27
pH	无量纲						6.76	7.32	0.57	4.61	5.05	5.73	6.85	8.05	8.73	9.04	9.25				

397

表 2.6.7A 胶莱盆地西部表层土壤（0~20 cm）地球化学参数（n=3 156）

指标	单位	算术平均值 X_a	算术标准差 S_a	几何平均值 X_g	几何标准差 S_g	变异系数 CV	众值 X_{mo}	中位值 X_{me}	中位绝对离差 MAD	最小值 X_{min}	$X_{0.5\%}$	$X_{2.5\%}$	$X_{25\%}$	$X_{75\%}$	$X_{97.5\%}$	$X_{99.5\%}$	最大值 X_{max}	偏度系数 SK	峰度系数 BK	n'	X_a'
Ag	mg/kg	0.078	0.059	0.074	1.318	0.76	0.072	0.072	0.009	0.035	0.045	0.050	0.063	0.082	0.139	0.282	2.507	26.4	963.9	2 975	0.071
As	mg/kg	7.9	2.3	7.6	1.3	0.29	7.2	7.7	1.4	2.3	3.5	4.4	6.4	9.1	12.9	17.2	24.0	1.3	5.0	3 111	7.8
Au	μg/kg	1.6	1.9	1.4	1.4	1.24	1.2	1.4	0.3	0.6	0.7	0.8	1.1	1.7	2.9	6.8	87.7	32.0	1 300.5	3 010	1.4
B	mg/kg	35.5	8.6	34.6	1.3	0.24	32.2	35.1	4.4	1.4	16.6	21.8	30.7	39.4	55.0	70.5	177.4	2.5	28.1	3 060	34.8
Ba	mg/kg	795	306	764	1	0.39	738	736	103	322	463	527	645	868	1 387	2 107	6 466	7.9	110.0	3 008	751
Be	mg/kg	1.75	0.27	1.73	1.16	0.16	1.67	1.71	0.15	0.89	1.23	1.33	1.57	1.87	2.40	2.85	3.51	1.3	4.1	3 071	1.72
Bi	mg/kg	0.23	0.10	0.22	1.29	0.43	0.20	0.21	0.03	0.06	0.12	0.15	0.19	0.25	0.39	0.67	3.74	16.5	514.9	3 037	0.22
Br	mg/kg	4.7	5.5	4.0	1.5	1.18	2.7	3.9	0.9	1.0	1.8	2.1	3.0	5.0	8.8	46.3	116.9	10.9	148.9	3 046	4.0
TC	%	0.91	0.32	0.87	1.36	0.35	0.79	0.85	0.16	0.18	0.43	0.52	0.70	1.03	1.68	2.26	4.39	2.3	11.4	3 020	0.87
Cd	mg/kg	0.112	0.060	0.104	1.410	0.54	0.090	0.100	0.017	0.034	0.051	0.061	0.084	0.120	0.245	0.459	0.932	6.2	60.5	2 964	0.101
Ce	mg/kg	63.3	18.6	61.2	1.3	0.29	50.2	60.2	8.8	28.2	34.1	38.9	52.3	70.3	103.2	149.0	336.5	3.6	31.7	3 056	61.1
Cl	mg/kg	248	1 322	94	2	5.34	60	78	19	37	43	48	63	109	573	12 159	25 041	10.9	133.5	2 752	80
Co	mg/kg	11.2	3.3	10.8	1.3	0.30	11.4	10.7	2.1	2.7	5.7	6.5	8.9	13.0	19.4	22.9	34.1	1.2	2.8	3 097	11.0
Cr	mg/kg	64.2	26.2	60.9	1.4	0.41	59.1	58.4	9.0	13.4	30.6	37.7	50.7	69.7	133.0	199.3	437.6	4.5	37.1	2 949	59.1
Cu	mg/kg	20.8	13.6	19.3	1.4	0.66	17.1	18.4	3.3	6.5	9.9	11.5	15.6	22.5	43.7	73.3	472.8	16.7	465.7	2 967	18.8
F	mg/kg	455	130	439	1	0.29	428	427	66	203	258	287	369	508	803	1 013	1 560	1.8	5.9	3 026	437
Ga	mg/kg	14.6	2.1	14.5	1.2	0.14	13.6	14.5	1.3	6.0	10.0	10.7	13.2	15.9	19.2	21.3	24.6	0.4	0.8	3 129	14.6
Ge	mg/kg	1.30	0.15	1.30	1.12	0.12	1.29	1.29	0.09	0.54	0.96	1.05	1.20	1.40	1.63	1.80	2.52	0.6	2.2	3 117	1.30
Hg	mg/kg	0.037	0.043	0.031	1.591	1.19	0.025	0.029	0.007	0.006	0.013	0.016	0.024	0.038	0.101	0.217	1.041	13.5	246.1	2 908	0.030
I	mg/kg	2.34	1.01	2.21	1.39	0.43	1.80	2.14	0.39	0.46	0.99	1.25	1.80	2.62	4.49	8.59	14.60	4.4	33.1	3 025	2.20
La	mg/kg	33.1	10.1	32.1	1.3	0.30	28.5	31.5	4.2	15.2	18.4	20.9	27.8	36.1	55.1	85.4	214.4	4.9	53.9	3 034	31.8
Li	mg/kg	26.5	7.0	25.7	1.3	0.26	26.5	25.6	3.7	11.1	14.7	16.6	22.0	29.4	43.5	60.4	78.6	1.9	7.1	3 063	25.8
Mn	mg/kg	609	207	580	1	0.34	600	572	113	161	307	344	469	703	1 113	1 486	2 888	2.0	9.1	3 067	589
Mo	mg/kg	0.55	0.32	0.51	1.43	0.58	0.43	0.48	0.09	0.21	0.27	0.30	0.40	0.59	1.27	2.19	5.20	6.9	77.4	2 965	0.49
N	%	0.087	0.019	0.085	1.236	0.22	0.083	0.085	0.011	0.030	0.043	0.056	0.075	0.097	0.124	0.153	0.292	1.2	7.8	3 121	0.086
Nb	mg/kg	12.7	1.8	12.5	1.1	0.14	12.2	12.5	0.8	3.4	8.7	9.6	11.7	13.4	16.6	20.7	31.2	2.0	12.6	3 058	12.5
Ni	mg/kg	25.8	9.7	24.5	1.4	0.38	23.2	23.8	4.4	7.8	12.9	14.9	19.8	29.0	50.0	72.0	147.6	3.2	22.4	3 014	24.4

指标	单位	算术平均值 X_a	算术标准差 S_a	几何平均值 X_g	几何标准差 S_g	变异系数 CV	众值 X_{mo}	中位值 X_{me}	中位绝对离差 MAD	最小值 X_{min}	累积频率						最大值 X_{max}	偏度系数 SK	峰度系数 BK	n'	背景值 X_a'
											$X_{0.5\%}$	$X_{2.5\%}$	$X_{25\%}$	$X_{75\%}$	$X_{97.5\%}$	$X_{99.5\%}$					
P	mg/kg	665	199	638	1	0.30	649	636	110	161	289	367	537	759	1 145	1 361	2 417	1.4	5.2	3 078	648
Pb	mg/kg	25.4	11.5	24.5	1.3	0.45	21.0	23.8	2.5	11.3	16.0	17.7	21.4	26.5	43.6	86.2	351.9	13.3	280.9	2 967	23.7
Rb	mg/kg	88.6	13.5	87.7	1.2	0.15	84.5	87.5	7.2	56.1	61.6	66.5	80.4	94.7	122.2	143.7	176.7	1.3	3.9	3 058	87.2
S	mg/kg	241	679	193	2	2.82	164	180	29	63	102	119	153	215	559	2 370	27 560	27.7	960.3	2 921	181
Sb	mg/kg	0.65	0.34	0.63	1.28	0.51	0.61	0.62	0.09	0.25	0.36	0.41	0.54	0.72	1.05	1.47	16.15	32.1	1 440.2	3 065	0.63
Sc	mg/kg	8.5	2.0	8.3	1.3	0.23	7.8	8.2	1.1	2.2	4.6	5.4	7.2	9.5	13.2	15.3	21.8	1.0	2.6	3 086	8.3
Se	mg/kg	0.16	0.05	0.15	1.29	0.31	0.14	0.15	0.02	0.05	0.09	0.10	0.13	0.18	0.27	0.41	0.94	3.7	32.3	3 046	0.15
Sn	mg/kg	2.6	0.7	2.5	1.3	0.28	2.5	2.5	0.3	1.0	1.5	1.7	2.2	2.9	4.2	6.2	13.2	4.5	41.4	3 058	2.5
Sr	mg/kg	209	78	201	1	0.37	181	198	34	94	111	128	167	236	355	458	2 978	14.9	498.0	3 053	202
Th	mg/kg	9.8	3.3	9.5	1.3	0.33	8.8	9.3	1.1	2.8	5.5	6.4	8.3	10.6	15.3	24.9	79.8	8.4	127.3	3 051	9.4
Ti	mg/kg	3 488	528	3 449	1	0.15	3 582	3 480	314	1 077	2 138	2 491	3 144	3 778	4 654	5 285	7 014	0.5	1.9	3 118	3 472
Tl	mg/kg	0.56	0.11	0.55	1.18	0.19	0.55	0.54	0.05	0.32	0.37	0.41	0.50	0.59	0.78	0.96	2.11	4.3	48.8	3 073	0.55
U	mg/kg	1.92	0.37	1.89	1.19	0.19	1.77	1.87	0.19	0.61	1.17	1.38	1.70	2.07	2.69	3.35	6.85	2.8	24.8	3 081	1.89
V	mg/kg	71.0	16.2	69.3	1.2	0.23	76.0	68.8	9.6	17.3	38.7	46.0	60.0	79.3	109.8	132.8	157.4	1.1	2.7	3 085	69.8
W	mg/kg	1.28	0.33	1.25	1.24	0.26	1.26	1.25	0.15	0.46	0.73	0.83	1.10	1.41	1.92	2.69	7.06	4.6	56.2	3 079	1.25
Y	mg/kg	20.9	2.5	20.8	1.1	0.12	20.8	21.0	1.6	9.6	13.9	15.8	19.4	22.5	25.7	27.6	40.8	0.2	2.7	3 129	20.9
Zn	mg/kg	51.6	18.9	49.3	1.3	0.37	46.7	47.6	7.8	22.1	27.6	30.7	40.7	57.1	95.0	146.2	275.7	3.8	28.2	3 006	48.7
Zr	mg/kg	302	51	298	1	0.17	302	295	30	113	196	218	267	328	417	471	519	0.7	0.9	3 125	300
Al_2O_3	%	12.62	1.37	12.54	1.12	0.11	12.36	12.60	0.82	7.69	8.85	9.74	11.79	13.44	15.44	16.30	18.47	0.1	0.6	3 138	12.60
CaO	%	1.54	0.91	1.36	1.59	0.59	1.15	1.28	0.31	0.28	0.51	0.63	1.01	1.69	4.38	5.83	9.09	2.6	8.9	2 858	1.30
MgO	%	1.14	0.46	1.07	1.41	0.40	0.89	1.06	0.21	0.29	0.49	0.57	0.86	1.29	2.29	3.32	5.13	2.7	13.7	3 016	1.07
K_2O	%	2.46	0.36	2.44	1.15	0.15	2.25	2.38	0.21	1.44	1.86	1.96	2.21	2.65	3.37	3.73	4.55	1.2	2.3	3 065	2.43
Na_2O	%	1.94	0.38	1.91	1.20	0.19	1.71	1.85	0.22	0.71	1.28	1.43	1.68	2.17	2.80	3.17	5.67	1.3	4.4	3 116	1.93
SiO_2	%	68.63	4.12	68.50	1.06	0.06	69.88	68.78	2.43	47.00	57.57	59.91	66.23	71.07	76.96	79.42	83.36	0.0	0.5	3 149	68.65
TFe_2O_3	%	3.86	0.87	3.77	1.25	0.23	3.65	3.74	0.54	1.25	2.16	2.50	3.24	4.34	6.00	7.00	8.37	0.9	1.6	3 096	3.81
SOC	%	0.83	0.24	0.80	1.29	0.29	0.74	0.79	0.13	0.16	0.40	0.50	0.68	0.94	1.32	1.86	3.66	2.8	19.9	3 084	0.81
pH	无量纲						7.52	7.02	0.74	4.58	4.87	5.15	6.18	7.68	8.27	8.38	8.64				

表 2.6.7B 胶莱盆地西部深层土壤（150～200 cm）地球化学参数（n=790）

指标	单位	算术平均值 X_a	算术标准差 S_a	几何平均值 X_g	几何标准差 S_g	变异系数 CV	众值 X_{mo}	中位值 X_{me}	中位绝对离差 MAD	最小值 X_{min}	累积频率						最大值 X_{max}	偏度系数 SK	峰度系数 BK	基准值	
											$X_{0.5\%}$	$X_{2.5\%}$	$X_{25\%}$	$X_{75\%}$	$X_{97.5\%}$	$X_{99.5\%}$				n'	X_a'
Ag	mg/kg	0.065	0.028	0.062	1.288	0.44	0.059	0.062	0.009	0.034	0.036	0.041	0.053	0.071	0.102	0.162	0.664	13.4	269.7	761	0.061
As	mg/kg	8.4	3.2	7.9	1.4	0.38	7.1	8.1	1.8	2.5	2.9	3.6	6.5	9.9	14.6	17.5	52.9	3.9	49.6	782	8.2
Au	μg/kg	1.7	3.7	1.5	1.4	2.18	1.5	1.5	0.3	0.7	0.8	0.9	1.2	1.8	2.6	4.5	104.5	27.0	745.5	771	1.5
B	mg/kg	33.1	8.2	32.1	1.3	0.25	32.6	32.4	5.0	7.5	15.5	19.7	27.7	37.8	51.3	61.6	72.4	0.8	2.0	772	32.5
Ba	mg/kg	783	215	759	1	0.27	763	742	120	393	452	507	636	886	1 263	1 739	2 613	2.1	9.7	774	766
Be	mg/kg	1.84	0.29	1.82	1.17	0.16	1.81	1.83	0.18	1.09	1.26	1.38	1.64	2.00	2.53	2.94	3.41	0.9	2.4	775	1.82
Bi	mg/kg	0.21	0.07	0.21	1.27	0.33	0.21	0.21	0.03	0.08	0.10	0.13	0.18	0.24	0.31	0.41	1.47	8.7	139.9	777	0.21
Br	mg/kg	4.2	3.3	3.5	1.7	0.80	2.8	3.4	1.1	0.6	1.0	1.4	2.5	4.9	9.9	25.5	44.4	5.9	52.1	752	3.7
TC	%	0.63	0.45	0.51	1.84	0.72	0.31	0.45	0.16	0.12	0.18	0.21	0.32	0.76	1.86	2.24	2.47	1.6	2.0	670	0.46
Cd	mg/kg	0.078	0.033	0.072	1.453	0.42	0.065	0.071	0.015	0.007	0.026	0.038	0.058	0.090	0.156	0.262	0.312	2.4	11.1	757	0.073
Ce	mg/kg	70.6	21.4	67.9	1.3	0.30	68.3	68.5	12.0	28.8	35.2	39.8	57.2	81.0	110.8	147.2	330.9	3.1	30.3	779	69.3
Cl	mg/kg	174	737	80	2	4.22	63	68	14	33	38	43	57	85	670	5 775	9 907	9.9	107.5	704	68
Co	mg/kg	14.9	6.0	13.9	1.5	0.40	13.1	13.7	3.5	5.3	6.1	7.0	10.6	18.0	30.8	35.4	41.4	1.2	1.7	762	14.3
Cr	mg/kg	69.9	31.0	65.4	1.4	0.44	61.0	61.6	10.9	28.9	33.2	39.0	52.7	75.6	157.6	233.6	289.8	3.1	13.3	726	62.5
Cu	mg/kg	19.3	6.6	18.6	1.3	0.34	15.9	18.2	3.0	8.2	9.7	11.3	15.5	21.6	33.6	47.7	117.1	5.2	62.0	766	18.6
F	mg/kg	497	168	477	1	0.34	426	461	73	227	277	310	400	547	856	1 242	2 198	3.6	25.4	759	475
Ga	mg/kg	15.4	2.2	15.2	1.2	0.14	15.0	15.4	1.5	10.3	10.8	11.4	13.8	16.9	19.6	20.7	21.5	0.0	0.0	790	15.4
Ge	mg/kg	1.32	0.21	1.30	1.17	0.16	1.28	1.32	0.14	0.82	0.87	0.97	1.17	1.44	1.75	1.92	2.25	0.3	0.4	787	1.32
Hg	mg/kg	0.018	0.055	0.014	1.592	3.12	0.012	0.013	0.003	0.003	0.005	0.007	0.011	0.016	0.035	0.145	1.345	20.3	452.3	740	0.013
I	mg/kg	2.49	0.99	2.32	1.44	0.40	2.06	2.31	0.52	0.67	0.98	1.14	1.83	2.88	4.95	6.42	9.66	1.7	5.3	766	2.38
La	mg/kg	34.6	10.1	33.5	1.3	0.29	36.8	33.8	5.2	17.2	18.7	21.0	28.5	38.6	53.5	71.2	172.4	4.6	50.5	772	33.7
Li	mg/kg	29.3	7.6	28.5	1.3	0.26	23.6	28.4	4.6	11.9	16.0	18.2	23.9	33.2	46.8	58.4	94.8	1.6	8.0	774	28.8
Mn	mg/kg	897	542	778	2	0.60	564	717	235	298	319	345	538	1 097	2 260	3 144	4 923	2.0	6.5	760	828
Mo	mg/kg	0.56	0.28	0.52	1.43	0.49	0.41	0.51	0.11	0.21	0.24	0.28	0.41	0.64	1.13	2.35	3.58	4.5	33.5	752	0.52
N	%	0.035	0.009	0.034	1.252	0.25	0.035	0.033	0.005	0.022	0.023	0.023	0.029	0.039	0.056	0.068	0.109	2.0	8.8	773	0.035
Nb	mg/kg	12.6	2.0	12.5	1.2	0.16	13.1	12.5	1.1	6.6	8.1	9.2	11.4	13.6	16.4	22.4	27.1	1.6	8.7	777	12.5
Ni	mg/kg	32.2	14.6	29.8	1.5	0.45	29.5	29.5	7.4	12.4	14.0	15.9	22.8	37.8	71.2	99.0	176.6	2.9	16.3	749	29.8

指标	单位	算术平均值 X_a	算术标准差 S_a	几何平均值 X_g	几何标准差 S_g	变异系数 CV	众值 X_{mo}	中位值 X_{me}	中位绝对离差 MAD	最小值 X_{min}	累积频率 $X_{0.5\%}$	$X_{2.5\%}$	$X_{25\%}$	$X_{75\%}$	$X_{97.5\%}$	$X_{99.5\%}$	最大值 X_{max}	偏度系数 SK	峰度系数 BK	基准值 n'	X_a'
P	mg/kg	361	173	334	1	0.48	256	309	60	129	162	194	260	401	892	1 168	1 648	2.9	11.8	738	325
Pb	mg/kg	23.1	7.0	22.5	1.2	0.30	20.4	22.3	2.7	11.4	14.3	15.8	19.6	24.9	35.1	50.3	144.6	8.1	123.1	765	22.3
Rb	mg/kg	89.4	14.6	88.3	1.2	0.16	82.6	86.9	8.4	40.4	58.0	68.9	79.4	96.8	126.1	145.9	176.7	1.1	3.0	768	88.2
S	mg/kg	138	177	120	1	1.28	99	114	18	54	62	74	99	136	254	1 306	3 681	13.3	227.7	748	116
Sb	mg/kg	0.82	0.29	0.78	1.40	0.35	0.79	0.78	0.17	0.30	0.34	0.42	0.63	0.97	1.53	1.86	2.33	1.1	2.0	774	0.80
Sc	mg/kg	9.6	2.3	9.4	1.3	0.24	10.6	9.4	1.4	5.2	5.4	6.1	8.0	10.8	14.7	18.6	22.5	1.1	2.5	779	9.5
Se	mg/kg	0.09	0.04	0.08	1.42	0.39	0.08	0.09	0.02	0.03	0.04	0.04	0.07	0.11	0.17	0.21	0.52	3.0	27.4	778	0.09
Sn	mg/kg	2.3	0.5	2.3	1.2	0.23	2.2	2.3	0.3	1.2	1.4	1.6	2.0	2.5	3.6	4.9	7.3	2.5	14.7	769	2.3
Sr	mg/kg	208	67	199	1	0.32	180	194	38	76	107	119	163	244	349	506	817	2.4	13.8	775	203
Th	mg/kg	10.2	2.8	9.9	1.3	0.27	10.1	10.0	1.2	4.3	5.5	6.4	8.7	11.1	15.5	25.1	39.2	3.8	28.8	764	9.9
Ti	mg/kg	3 585	644	3 527	1	0.18	3 588	3 577	398	1 953	2 151	2 432	3 173	3 964	5 018	5 408	7 076	0.4	1.0	787	3 575
Tl	mg/kg	0.57	0.08	0.57	1.15	0.15	0.58	0.56	0.05	0.35	0.36	0.44	0.52	0.61	0.78	0.89	1.01	1.0	3.1	767	0.56
U	mg/kg	1.96	0.39	1.92	1.20	0.20	1.77	1.91	0.20	0.86	1.21	1.32	1.72	2.13	2.75	3.23	6.29	2.6	21.6	772	1.93
V	mg/kg	78.9	19.0	76.7	1.3	0.24	73.4	78.3	12.7	37.8	41.3	47.1	65.0	90.3	122.2	144.0	152.0	0.6	0.5	782	78.3
W	mg/kg	1.35	0.34	1.31	1.24	0.25	1.41	1.33	0.18	0.63	0.77	0.85	1.15	1.51	1.88	2.35	6.67	5.4	77.8	780	1.33
Y	mg/kg	21.8	2.6	21.6	1.1	0.12	22.5	21.9	1.9	14.1	15.2	16.8	20.0	23.6	26.6	28.9	31.8	0.0	0.1	787	21.7
Zn	mg/kg	50.0	22.5	47.7	1.3	0.45	41.0	48.3	8.5	23.9	26.0	28.4	39.2	55.8	79.8	124.1	512.7	11.9	230.6	772	48.1
Zr	mg/kg	274	43	271	1	0.16	271	272	27	143	173	196	247	299	358	393	543	0.5	1.8	787	274
Al_2O_3	%	13.32	1.51	13.23	1.12	0.11	14.27	13.37	0.99	9.53	9.99	10.39	12.35	14.34	16.03	17.02	17.34	0.0	0.0	790	13.32
CaO	%	2.60	2.15	1.97	2.03	0.83	0.93	1.62	0.65	0.53	0.59	0.69	1.13	3.34	8.25	9.98	10.52	1.6	1.6	665	1.78
MgO	%	1.34	0.51	1.27	1.37	0.38	1.22	1.23	0.20	0.45	0.55	0.73	1.06	1.49	2.53	3.44	6.91	3.2	23.0	761	1.28
K_2O	%	2.37	0.39	2.34	1.17	0.16	2.26	2.30	0.22	0.98	1.66	1.80	2.10	2.58	3.29	3.67	4.17	0.9	1.2	779	2.36
Na_2O	%	1.84	0.37	1.80	1.21	0.20	1.71	1.78	0.21	0.73	1.07	1.28	1.59	2.02	2.68	3.09	3.40	0.9	1.3	778	1.82
SiO_2	%	64.52	4.39	64.37	1.07	0.07	63.02	64.79	2.97	49.18	52.48	55.70	61.65	67.69	72.16	74.41	76.84	0.0	0.0	788	64.56
TFe_2O_3	%	4.32	1.06	4.20	1.28	0.24	3.16	4.25	0.72	2.18	2.35	2.61	3.55	5.00	6.57	7.53	8.79	0.5	0.4	784	4.29
SOC	%	0.29	0.11	0.27	1.45	0.38	0.26	0.28	0.07	0.07	0.10	0.13	0.21	0.36	0.56	0.72	1.06	1.5	5.3	771	0.28
pH	无量纲						8.32	8.08	0.33	5.72	6.25	6.82	7.50	8.30	8.65	8.82	8.95				

表 2.6.8A　胶莱盆地东部表层土壤（0~20 cm）地球化学参数（n=1 424）

指标	单位	算术平均值 X_a	算术标准差 S_a	几何平均值 X_g	几何标准差 S_g	变异系数 CV	众值 X_{mo}	中位值 X_{me}	中位绝对离差 MAD	最小值 X_{min}	$X_{0.5\%}$	$X_{2.5\%}$	$X_{25\%}$	$X_{75\%}$	$X_{97.5\%}$	$X_{99.5\%}$	最大值 X_{max}	偏度系数 SK	峰度系数 BK	背景值 n'	背景值 X_a'
Ag	mg/kg	0.075	0.100	0.069	1.371	1.34	0.061	0.067	0.011	0.030	0.033	0.041	0.057	0.080	0.135	0.220	3.704	33.3	1 198.3	1 359	0.068
As	mg/kg	6.2	2.4	5.8	1.4	0.39	5.8	5.7	1.2	1.5	2.4	3.0	4.6	7.2	12.1	17.0	32.6	2.4	13.9	1 367	5.9
Au	μg/kg	1.4	0.9	1.2	1.5	0.63	1.0	1.2	0.2	0.4	0.5	0.7	1.0	1.5	3.0	5.5	16.8	7.8	104.5	1 340	1.2
B	mg/kg	25.6	8.6	24.1	1.4	0.34	25.6	25.0	5.3	2.6	5.0	11.4	19.7	30.4	44.9	56.2	82.1	0.8	2.5	1 405	25.2
Ba	mg/kg	988	446	914	1	0.45	747	909	204	127	262	415	740	1 154	1 882	2 315	8 832	5.1	72.6	1 398	958
Be	mg/kg	2.31	0.69	2.23	1.30	0.30	2.05	2.13	0.33	0.83	1.26	1.48	1.85	2.60	3.97	5.07	8.15	1.9	7.3	1 376	2.23
Bi	mg/kg	0.25	0.16	0.23	1.45	0.62	0.20	0.22	0.04	0.05	0.09	0.12	0.19	0.28	0.52	1.31	2.64	7.6	85.1	1 356	0.23
Br	mg/kg	4.2	4.9	3.4	1.7	1.16	2.6	3.1	0.7	0.4	1.2	1.6	2.5	3.9	16.9	43.5	55.3	6.1	46.5	1 265	3.1
TC	%	0.84	0.41	0.77	1.46	0.48	0.60	0.75	0.15	0.16	0.27	0.37	0.61	0.93	1.84	3.18	4.04	3.3	17.0	1 347	0.77
Cd	mg/kg	0.120	0.065	0.110	1.500	0.54	0.100	0.106	0.023	0.011	0.032	0.056	0.086	0.134	0.275	0.453	1.193	5.5	63.0	1 326	0.108
Ce	mg/kg	88.9	32.6	84.2	1.4	0.37	69.1	82.3	14.8	21.4	30.2	46.6	69.1	100.8	170.8	216.6	521.1	2.9	24.6	1 372	84.9
Cl	mg/kg	427	1 595	128	3	3.74	70	94	28	38	44	48	71	148	4 687	13 406	22 670	7.7	72.4	1 155	91
Co	mg/kg	11.3	3.9	10.7	1.4	0.35	9.6	10.8	2.3	1.7	3.0	5.0	8.7	13.5	20.7	24.8	32.1	0.8	1.4	1 400	11.1
Cr	mg/kg	53.6	25.3	48.8	1.5	0.47	35.9	48.0	11.8	6.1	11.5	22.4	37.0	61.8	123.3	160.7	216.9	1.9	5.1	1 346	49.2
Cu	mg/kg	20.0	8.8	18.4	1.5	0.44	17.7	18.2	4.1	3.3	4.8	8.3	14.6	23.0	42.2	66.8	85.9	2.4	11.2	1 365	18.7
F	mg/kg	433	113	420	1	0.26	390	419	59	112	161	248	368	484	678	917	1 289	1.4	6.8	1 386	425
Ga	mg/kg	16.6	2.1	16.5	1.1	0.12	17.1	16.6	1.3	7.8	10.0	12.4	15.4	18.0	20.5	22.1	24.1	0.0	1.0	1 402	16.7
Ge	mg/kg	1.31	0.14	1.30	1.11	0.10	1.26	1.30	0.08	0.82	0.95	1.06	1.23	1.39	1.61	1.80	2.00	0.5	1.8	1 401	1.31
Hg	mg/kg	0.034	0.032	0.028	1.754	0.96	0.023	0.026	0.007	0.003	0.006	0.011	0.020	0.035	0.107	0.235	0.436	6.0	50.9	1 291	0.026
I	mg/kg	2.54	1.31	2.32	1.50	0.51	1.61	2.26	0.56	0.52	0.87	1.16	1.76	2.96	5.56	10.50	15.10	3.5	20.6	1 363	2.35
La	mg/kg	47.8	18.9	45.0	1.4	0.40	39.5	43.4	8.3	12.7	17.5	24.6	36.2	54.2	94.2	129.9	259.1	2.6	15.0	1 361	45.1
Li	mg/kg	22.2	6.0	21.4	1.3	0.27	18.6	21.2	3.6	5.7	8.1	13.1	18.1	25.5	35.8	43.8	57.9	1.1	3.3	1 392	21.8
Mn	mg/kg	610	149	593	1	0.25	549	595	85	151	255	354	517	694	919	1 171	1 749	1.2	6.3	1 407	603
Mo	mg/kg	0.91	0.68	0.81	1.52	0.75	0.67	0.77	0.18	0.28	0.36	0.42	0.62	1.00	2.00	4.50	13.90	8.9	125.0	1 327	0.79
N	%	0.081	0.027	0.077	1.380	0.33	0.080	0.078	0.013	0.021	0.026	0.034	0.066	0.092	0.142	0.202	0.318	2.0	11.0	1 387	0.078
Nb	mg/kg	18.5	6.6	17.6	1.4	0.36	14.4	16.6	2.8	5.9	8.2	11.2	14.3	20.9	35.5	47.3	74.8	2.3	9.1	1 335	17.3
Ni	mg/kg	23.1	11.0	21.0	1.5	0.48	17.1	20.5	5.0	2.8	5.5	10.0	16.2	26.4	55.1	68.3	100.6	2.1	6.7	1 341	21.1

指标	单位	算术平均值 X_a	算术标准差 S_a	几何平均值 X_g	几何标准差 S_g	变异系数 CV	众值 X_{mo}	中位值 X_{me}	中位绝对离差 MAD	最小值 X_{min}	$X_{0.5\%}$	$X_{2.5\%}$	$X_{25\%}$	$X_{75\%}$	$X_{97.5\%}$	$X_{99.5\%}$	最大值 X_{max}	偏度系数 SK	峰度系数 BK	n'	背景值 X_a'
P	mg/kg	693	266	643	1	0.38	698	659	162	126	177	281	510	834	1 294	1 637	2 220	1.0	2.1	1 398	676
Pb	mg/kg	29.6	13.1	28.0	1.4	0.44	22.4	26.8	4.0	11.1	14.8	17.0	23.2	31.6	59.2	100.7	187.1	5.3	44.9	1 328	27.0
Rb	mg/kg	108.0	23.0	105.7	1.2	0.21	95.2	104.5	13.9	55.9	62.8	73.4	92.0	120.0	158.9	192.4	245.5	1.0	2.0	1 403	106.8
S	mg/kg	276	1 328	190	2	4.81	150	170	30	28	77	109	146	216	791	2 064	41 827	26.2	753.5	1 273	172
Sb	mg/kg	0.58	0.24	0.55	1.32	0.43	0.55	0.55	0.08	0.24	0.28	0.35	0.47	0.63	0.96	1.77	5.93	10.0	178.7	1 376	0.55
Sc	mg/kg	8.2	2.4	7.8	1.4	0.29	7.7	8.0	1.3	0.8	2.0	4.0	6.7	9.4	13.5	15.6	24.9	0.7	3.0	1 401	8.1
Se	mg/kg	0.19	0.08	0.18	1.39	0.44	0.17	0.17	0.03	0.05	0.06	0.09	0.15	0.21	0.37	0.60	1.63	6.0	77.3	1 356	0.18
Sn	mg/kg	2.6	0.9	2.5	1.3	0.36	2.3	2.5	0.4	0.3	1.1	1.5	2.2	2.9	4.5	6.6	19.7	6.2	86.2	1 371	2.5
Sr	mg/kg	265	108	243	2	0.41	241	253	69	27	62	98	186	323	510	631	956	0.9	1.9	1 401	259
Th	mg/kg	13.9	6.7	12.7	1.5	0.49	9.9	11.8	2.7	2.5	4.4	6.6	9.8	16.1	31.8	40.5	96.9	2.8	19.0	1 342	12.7
Ti	mg/kg	3 728	730	3 644	1	0.20	3 469	3 749	431	542	1 192	2 202	3 305	4 158	5 141	5 528	6 857	0.0	1.6	1 401	3 755
Tl	mg/kg	0.67	0.16	0.66	1.25	0.24	0.58	0.65	0.10	0.36	0.39	0.44	0.56	0.76	1.05	1.21	1.86	1.1	2.8	1 395	0.66
U	mg/kg	2.26	0.72	2.16	1.34	0.32	1.98	2.07	0.32	0.52	0.86	1.26	1.81	2.57	4.15	4.99	8.09	1.6	5.3	1 372	2.17
V	mg/kg	71.9	19.7	69.1	1.3	0.27	58.3	71.6	13.2	14.3	23.1	35.5	58.4	84.7	112.6	127.9	174.3	0.4	1.0	1 416	71.6
W	mg/kg	1.39	1.08	1.30	1.38	0.78	1.43	1.32	0.24	0.40	0.48	0.72	1.08	1.55	2.33	3.66	36.98	25.9	828.5	1 383	1.31
Y	mg/kg	22.8	4.6	22.4	1.2	0.20	23.1	22.7	2.2	5.9	9.8	14.0	20.4	24.8	32.4	39.3	85.2	2.2	25.7	1 383	22.7
Zn	mg/kg	62.8	27.0	58.8	1.4	0.43	48.6	59.4	11.4	10.0	13.7	29.2	48.6	71.9	121.6	176.5	448.3	5.1	55.1	1 377	59.7
Zr	mg/kg	336	81	326	1	0.24	305	326	34	51	87	191	293	363	523	688	1 008	1.6	8.5	1 351	329
Al_2O_3	%	13.75	1.09	13.70	1.09	0.08	14.15	13.89	0.59	6.22	8.88	11.18	13.23	14.42	15.54	16.19	17.26	0.0	5.2	1 381	13.84
CaO	%	1.22	0.57	1.11	1.52	0.47	0.97	1.10	0.30	0.18	0.35	0.52	0.84	1.46	2.48	4.00	6.01	2.4	11.5	1 384	1.16
MgO	%	1.06	0.45	0.98	1.52	0.43	0.68	1.00	0.27	0.11	0.25	0.44	0.75	1.29	2.10	2.68	4.35	1.4	4.4	1 392	1.03
K_2O	%	3.15	0.46	3.11	1.16	0.15	2.97	3.15	0.31	1.98	2.17	2.31	2.81	3.43	4.08	4.51	5.00	0.4	0.2	1 416	3.14
Na_2O	%	2.56	0.41	2.53	1.17	0.16	2.31	2.55	0.28	1.45	1.61	1.85	2.29	2.84	3.42	3.86	4.73	0.4	0.8	1 412	2.55
SiO_2	%	67.02	3.55	66.93	1.05	0.05	68.27	67.21	2.42	55.44	58.00	60.07	64.68	69.51	73.63	77.79	81.68	0.0	0.5	1 410	66.98
TFe_2O_3	%	3.92	0.95	3.80	1.30	0.24	3.96	3.90	0.62	0.96	1.36	2.17	3.28	4.53	5.91	6.55	7.59	0.2	0.4	1 415	3.91
SOC	%	0.81	0.38	0.74	1.57	0.47	0.70	0.73	0.15	0.04	0.08	0.27	0.61	0.91	1.71	3.01	4.14	2.9	15.4	1 362	0.75
pH	无量纲						5.48	5.97	0.67	4.37	4.68	4.92	5.42	6.96	8.29	8.81	9.39				

表 2.6.8B 胶莱盆地东部深层土壤（150～200 cm）地球化学参数（n=382）

指标	单位	算术平均值 X_a	算术标准差 S_a	几何平均值 X_g	几何标准差 S_g	变异系数 CV	众值 X_{mo}	中位值 X_{me}	中位绝对离差 MAD	最小值 X_{min}	累积频率 $X_{0.5\%}$	$X_{2.5\%}$	$X_{25\%}$	$X_{75\%}$	$X_{97.5\%}$	$X_{99.5\%}$	最大值 X_{max}	偏度系数 SK	峰度系数 BK	基准值 n'	基准值 X_a'
Ag	mg/kg	0.062	0.021	0.059	1.332	0.34	0.056	0.058	0.009	0.027	0.029	0.035	0.050	0.069	0.108	0.172	0.225	2.8	14.2	370	0.060
As	mg/kg	6.5	2.4	6.1	1.4	0.36	4.7	6.3	1.5	2.0	2.4	3.2	4.7	7.8	12.3	14.0	14.4	0.9	0.8	372	6.3
Au	μg/kg	1.3	0.8	1.2	1.4	0.59	1.1	1.2	0.2	0.5	0.6	0.7	1.0	1.4	2.4	3.2	13.8	11.4	177.8	370	1.2
B	mg/kg	25.6	11.1	23.4	1.6	0.43	26.6	24.9	5.7	1.4	3.8	8.3	19.6	30.7	46.5	56.2	146.9	3.7	37.1	374	24.8
Ba	mg/kg	996	548	910	1	0.55	820	903	219	199	333	425	734	1 176	1 885	2 648	6 760	5.8	55.7	373	942
Be	mg/kg	2.37	0.83	2.28	1.29	0.35	2.10	2.22	0.32	0.96	1.17	1.55	1.94	2.63	3.73	4.85	13.48	6.9	86.0	375	2.30
Bi	mg/kg	0.22	0.11	0.21	1.49	0.50	0.23	0.21	0.04	0.04	0.06	0.09	0.17	0.26	0.43	1.04	1.23	4.5	33.4	371	0.21
Br	mg/kg	3.9	5.3	3.0	1.9	1.34	1.8	2.8	0.8	0.4	0.6	1.1	2.1	3.8	13.4	26.7	76.6	8.6	103.2	336	2.7
TC	%	0.42	0.30	0.37	1.58	0.71	0.28	0.34	0.08	0.14	0.17	0.19	0.27	0.47	1.06	2.09	3.05	4.3	25.9	350	0.35
Cd	mg/kg	0.087	0.075	0.073	1.718	0.86	0.052	0.072	0.019	0.014	0.015	0.026	0.055	0.094	0.239	0.560	0.943	6.1	55.1	345	0.070
Ce	mg/kg	88.2	35.0	83.0	1.4	0.40	60.6	81.2	13.4	13.6	32.2	42.7	69.5	98.6	171.1	220.2	421.0	3.3	23.6	365	83.6
Cl	mg/kg	370	1 484	111	3	4.01	55	77	24	33	35	41	59	143	2 994	6 856	23 615	11.3	162.5	300	74
Co	mg/kg	12.6	5.1	11.6	1.5	0.41	9.6	11.9	2.7	1.3	2.6	4.9	9.4	15.1	24.7	30.9	42.7	1.3	3.9	374	12.2
Cr	mg/kg	57.2	33.4	50.7	1.6	0.58	33.2	50.4	13.1	4.3	11.5	18.2	38.9	66.2	126.4	167.2	430.1	4.5	41.3	367	53.0
Cu	mg/kg	19.2	13.4	17.3	1.6	0.70	17.1	17.3	4.2	2.6	3.8	6.4	13.7	21.8	43.1	58.9	224.6	9.9	144.5	364	17.4
F	mg/kg	448	142	428	1	0.32	360	433	73	126	132	231	363	516	741	986	1 564	1.9	10.8	376	439
Ga	mg/kg	17.2	2.1	17.1	1.1	0.12	16.8	17.4	1.2	9.2	11.1	12.4	16.1	18.5	21.4	22.5	24.0	0.0	1.3	377	17.3
Ge	mg/kg	1.38	0.17	1.37	1.13	0.12	1.31	1.38	0.10	0.70	0.94	1.04	1.28	1.47	1.68	1.79	2.30	0.3	3.3	378	1.38
Hg	mg/kg	0.018	0.028	0.015	1.643	1.55	0.011	0.014	0.003	0.003	0.005	0.007	0.011	0.019	0.043	0.080	0.508	15.0	259.0	353	0.014
I	mg/kg	2.78	1.57	2.48	1.57	0.57	2.56	2.37	0.63	0.69	0.85	1.15	1.86	3.23	7.15	10.70	11.30	2.7	9.7	360	2.48
La	mg/kg	46.9	19.1	44.1	1.4	0.41	40.7	42.1	7.1	8.7	17.6	23.9	36.4	52.6	91.4	113.8	236.7	3.6	27.7	370	44.7
Li	mg/kg	24.8	7.4	23.7	1.4	0.30	18.5	23.9	4.4	5.2	7.8	12.6	19.8	28.4	42.8	50.0	53.7	0.8	1.5	373	24.2
Mn	mg/kg	671	231	636	1	0.34	710	632	118	130	278	321	529	776	1 168	1 626	2 123	1.6	5.9	372	649
Mo	mg/kg	0.95	1.33	0.79	1.60	1.39	0.61	0.75	0.17	0.26	0.33	0.41	0.61	0.96	2.45	5.17	18.49	11.0	137.1	351	0.75
N	%	0.042	0.021	0.039	1.444	0.49	0.030	0.035	0.007	0.019	0.022	0.023	0.030	0.047	0.095	0.159	0.177	3.1	13.5	355	0.037
Nb	mg/kg	17.9	5.6	17.2	1.3	0.31	13.8	16.2	2.4	6.4	9.4	11.9	14.2	20.3	31.6	45.1	48.1	2.0	6.0	369	17.2
Ni	mg/kg	26.7	16.6	23.8	1.6	0.62	20.4	22.6	5.8	3.5	5.1	9.5	18.6	30.7	62.1	82.3	233.8	5.8	64.0	364	24.3

指标	单位	算术平均值 X_a	算术标准差 S_a	几何平均值 X_g	几何标准差 S_g	变异系数 CV	众值 X_{mo}	中位值 X_{me}	中位绝对离差 MAD	最小值 X_{min}	$X_{0.5\%}$	$X_{2.5\%}$	$X_{25\%}$	$X_{75\%}$	$X_{97.5\%}$	$X_{99.5\%}$	最大值 X_{max}	偏度系数 SK	峰度系数 BK	n'	基准值 X_a'
P	mg/kg	507	371	433	2	0.73	339	427	143	133	136	190	291	606	1 220	2 176	4 549	4.8	40.3	362	447
Pb	mg/kg	29.6	31.1	26.4	1.4	1.05	24.0	25.3	3.7	9.7	12.7	15.4	22.0	29.7	63.1	203.0	513.1	11.8	167.1	357	25.2
Rb	mg/kg	109.2	21.9	107.2	1.2	0.20	104.3	106.0	14.1	60.6	66.3	77.4	93.3	123.1	153.5	188.6	240.2	1.2	3.8	375	107.7
S	mg/kg	164	299	126	2	1.83	99	112	20	55	55	73	95	140	593	1 524	4 466	10.7	135.2	342	113
Sb	mg/kg	0.67	0.85	0.58	1.50	1.27	0.48	0.59	0.12	0.16	0.27	0.30	0.47	0.71	1.08	6.91	12.85	11.3	140.7	371	0.58
Sc	mg/kg	8.9	2.7	8.5	1.4	0.31	9.6	8.8	1.6	1.2	1.8	3.8	7.3	10.4	14.2	17.0	24.0	0.5	2.8	377	8.8
Se	mg/kg	0.14	0.10	0.12	1.53	0.73	0.11	0.12	0.03	0.03	0.05	0.06	0.10	0.16	0.30	0.41	1.60	9.1	121.9	366	0.13
Sn	mg/kg	2.5	1.2	2.4	1.3	0.50	2.2	2.3	0.3	1.0	1.1	1.4	2.1	2.7	3.8	5.3	20.0	9.9	128.1	377	2.4
Sr	mg/kg	250	119	226	2	0.48	211	232	70	47	61	91	169	307	475	743	1214	2.4	13.4	374	240
Th	mg/kg	13.2	5.7	12.2	1.5	0.43	9.6	11.7	2.1	2.4	4.5	5.7	9.7	14.5	27.0	32.6	49.7	2.0	6.6	362	12.3
Ti	mg/kg	3 845	903	3 723	1	0.24	3 774	3 831	479	492	1 173	1 961	3 379	4 320	5 597	6 448	9 265	0.4	5.1	368	3 864
Tl	mg/kg	0.67	0.13	0.65	1.22	0.20	0.68	0.66	0.09	0.35	0.39	0.44	0.57	0.74	0.94	1.03	1.30	0.6	0.8	380	0.66
U	mg/kg	2.19	0.75	2.08	1.37	0.34	2.04	2.04	0.31	0.57	0.70	1.16	1.78	2.46	3.77	5.15	7.62	2.2	11.3	377	2.14
V	mg/kg	76.9	23.7	73.0	1.4	0.31	81.0	75.5	14.0	8.4	23.7	30.6	61.5	90.0	123.8	159.1	196.0	0.6	2.4	378	76.3
W	mg/kg	1.41	0.58	1.33	1.40	0.41	1.47	1.35	0.24	0.40	0.57	0.66	1.10	1.59	2.49	4.15	6.96	4.0	29.7	370	1.34
Y	mg/kg	23.7	4.6	23.2	1.2	0.19	23.1	23.7	2.1	7.4	9.5	12.3	21.7	25.8	32.7	36.6	49.5	0.2	4.8	360	23.9
Zn	mg/kg	61.4	47.8	55.0	1.5	0.78	51.2	56.0	11.0	9.8	11.9	22.4	45.7	68.6	109.2	440.7	689.8	9.0	100.7	370	55.8
Zr	mg/kg	308	86	297	1	0.28	304	303	33	52	97	182	269	334	475	681	1 063	2.8	20.2	362	303
Al_2O_3	%	14.34	1.26	14.28	1.10	0.09	15.02	14.48	0.66	8.48	9.95	11.16	13.69	15.05	16.65	17.48	17.65	0.0	2.8	370	14.46
CaO	%	1.14	0.58	1.04	1.53	0.51	0.89	1.04	0.30	0.28	0.41	0.48	0.77	1.36	2.28	3.66	6.08	3.0	16.9	371	1.07
MgO	%	1.16	0.50	1.05	1.59	0.43	0.84	1.08	0.30	0.10	0.18	0.42	0.82	1.42	2.35	3.03	3.26	1.0	1.6	374	1.12
K_2O	%	3.07	0.47	3.04	1.16	0.15	2.88	3.05	0.31	2.10	2.15	2.32	2.74	3.34	4.09	4.33	5.12	0.5	0.6	380	3.06
Na_2O	%	2.51	0.47	2.46	1.21	0.19	2.45	2.50	0.33	1.17	1.32	1.61	2.17	2.82	3.48	3.78	4.68	0.4	1.0	380	2.50
SiO_2	%	66.02	4.09	65.89	1.06	0.06	67.27	66.07	2.48	50.87	54.79	58.23	63.59	68.54	74.47	77.24	80.69	0.0	1.1	378	66.03
TFe_2O_3	%	4.22	1.17	4.05	1.36	0.28	4.22	4.19	0.74	0.79	1.30	1.94	3.47	4.96	6.50	7.99	10.10	0.4	1.9	378	4.19
SOC	%	0.38	0.28	0.32	1.76	0.74	0.29	0.30	0.09	0.04	0.06	0.11	0.22	0.44	1.03	1.84	2.24	3.3	14.5	354	0.32
pH	无量纲						7.50	7.02	0.48	5.10	5.20	5.55	6.45	7.43	8.41	8.93	9.17				

表 2.6.9A 威海隆起表层土壤 (0~20 cm) 地球化学参数 (n=1 703)

指标	单位	算术平均值 X_a	算术标准差 S_a	几何平均值 X_g	几何标准差 S_g	变异系数 CV	众值 X_{mo}	中位值 X_{me}	中位绝对离差 MAD	最小值 X_{min}	累积频率 $X_{0.5\%}$	$X_{2.5\%}$	$X_{25\%}$	$X_{75\%}$	$X_{97.5\%}$	$X_{99.5\%}$	最大值 X_{max}	偏度系数 SK	峰度系数 BK	背景值 n'	背景值 X_a'
Ag	mg/kg	0.065	0.058	0.059	1.458	0.90	0.050	0.055	0.010	0.022	0.028	0.033	0.046	0.069	0.137	0.323	1.610	16.7	385.1	1 605	0.057
As	mg/kg	4.7	3.5	4.3	1.4	0.74	4.2	4.3	0.9	0.9	1.9	2.4	3.5	5.3	8.1	13.6	107.0	18.9	498.2	1 660	4.4
Au	μg/kg	2.4	5.6	1.6	2.0	2.31	1.2	1.3	0.3	0.4	0.5	0.6	1.1	1.9	11.6	37.5	84.4	10.1	121.3	1 511	1.4
B	mg/kg	17.4	7.2	16.2	1.5	0.42	13.2	16.2	3.5	1.9	6.2	8.0	13.0	20.0	34.0	58.0	68.0	2.3	9.9	1 655	16.6
Ba	mg/kg	1 197	466	1 121	1	0.39	1 036	1 083	217	331	469	564	895	1 364	2 387	2 975	3 734	1.5	3.2	1 637	1 140
Be	mg/kg	2.04	0.80	1.95	1.35	0.39	1.74	1.92	0.26	0.44	0.71	1.05	1.69	2.23	3.92	6.11	16.43	6.2	77.4	1 623	1.94
Bi	mg/kg	0.23	0.22	0.19	1.70	0.96	0.16	0.18	0.05	0.02	0.05	0.07	0.14	0.24	0.65	1.60	4.61	8.7	124.3	1 567	0.19
Br	mg/kg	4.4	4.1	3.7	1.7	0.94	3.1	3.4	0.7	0.6	1.2	1.7	2.7	4.3	15.3	31.5	50.9	5.3	36.1	1 531	3.4
TC	%	0.69	0.27	0.65	1.44	0.38	0.63	0.66	0.11	0.11	0.15	0.26	0.56	0.77	1.35	2.04	3.47	2.5	14.4	1 642	0.66
Cd	mg/kg	0.108	0.173	0.092	1.601	1.60	0.090	0.090	0.019	0.010	0.020	0.035	0.073	0.113	0.213	0.600	4.799	19.3	443.3	1 619	0.092
Ce	mg/kg	68.8	29.0	63.6	1.5	0.42	60.2	65.6	13.2	7.4	12.9	24.7	53.3	79.6	124.8	215.0	399.0	6.9	56.3	1 667	66.2
Cl	mg/kg	384	1 285	140	3	3.34	74	107	31	28	51	59	81	153	3 660	9 484	16 768	28.4	922.1	1 415	104
Co	mg/kg	9.3	3.8	8.4	1.6	0.41	8.4	8.9	2.2	0.6	1.0	2.7	6.9	11.2	18.2	22.6	32.5	1.0	2.8	1 674	9.1
Cr	mg/kg	48.6	29.9	43.3	1.6	0.62	42.6	42.7	10.7	6.8	8.9	16.0	33.7	56.2	109.3	154.0	562.0	6.3	76.1	1 636	44.7
Cu	mg/kg	19.9	14.7	16.7	1.8	0.74	13.8	16.2	4.6	1.1	1.9	4.2	12.4	22.2	59.1	86.3	189.0	4.3	32.4	1 558	16.5
F	mg/kg	432	148	410	1	0.34	335	412	74	100	124	191	344	492	780	1 033	2 040	2.4	15.7	1 654	416
Ga	mg/kg	16.7	2.6	16.4	1.2	0.15	17.0	17.0	1.2	4.4	6.6	9.0	15.6	18.1	20.8	22.1	25.4	0.0	3.5	1 617	17.0
Ge	mg/kg	1.22	0.14	1.21	1.12	0.12	1.24	1.21	0.09	0.81	0.89	0.97	1.12	1.30	1.51	1.62	2.08	0.5	1.3	1 697	1.22
Hg	mg/kg	0.041	0.213	0.025	1.936	5.16	0.019	0.023	0.006	0.004	0.005	0.008	0.018	0.032	0.127	0.538	7.450	28.4	922.1	1 512	0.023
I	mg/kg	3.58	6.09	2.76	1.79	1.70	2.03	2.65	0.75	0.37	0.56	1.08	1.98	3.55	10.70	29.10	123.00	12.8	202.5	1 558	2.65
La	mg/kg	36.8	16.8	33.5	1.6	0.46	27.3	34.1	8.0	3.2	6.2	12.5	27.2	43.7	69.3	125.9	208.0	2.4	14.4	1 668	35.3
Li	mg/kg	17.0	4.8	16.3	1.4	0.28	15.9	16.6	2.5	1.6	5.0	7.4	14.3	19.3	28.1	33.2	45.2	0.8	3.2	1 663	16.7
Mn	mg/kg	513	171	483	1	0.33	466	506	94	50	87	187	412	599	861	1 124	1 981	1.2	7.1	1 681	506
Mo	mg/kg	0.76	0.82	0.66	1.59	1.08	0.49	0.61	0.14	0.20	0.23	0.32	0.49	0.82	2.05	3.68	21.00	14.6	301.9	1 580	0.63
N	%	0.069	0.021	0.065	1.430	0.31	0.069	0.069	0.011	0.015	0.016	0.021	0.058	0.079	0.113	0.142	0.225	0.6	3.9	1 678	0.067
Nb	mg/kg	14.4	4.1	13.9	1.3	0.28	14.0	14.1	1.6	4.0	5.4	7.5	12.4	15.7	24.0	36.7	54.8	2.4	14.1	1 634	14.0
Ni	mg/kg	19.1	13.8	16.7	1.7	0.72	14.7	16.5	4.7	1.7	2.8	5.3	12.6	22.7	43.8	70.1	319.0	9.7	171.9	1 645	17.6

406

指标	单位	算术平均值 X_a	算术标准差 S_a	几何平均值 X_g	几何标准差 S_g	变异系数 CV	众值 X_{mo}	中位值 X_{me}	中位绝对离差 MAD	最小值 X_{min}	$X_{0.5\%}$	$X_{2.5\%}$	$X_{25\%}$	$X_{75\%}$	$X_{97.5\%}$	$X_{99.5\%}$	最大值 X_{max}	偏度系数 SK	峰度系数 BK	n'	背景值 X_a'
P	mg/kg	627	295	571	2	0.47	562	580	139	95	115	191	459	749	1 235	1 966	4 667	3.2	27.8	1 662	600
Pb	mg/kg	30.0	15.8	28.2	1.4	0.53	22.2	28.1	5.2	10.3	14.0	16.4	22.6	33.1	57.6	87.5	464.0	13.9	343.9	1 624	28.0
Rb	mg/kg	95.4	20.0	93.3	1.2	0.21	92.9	94.8	11.6	30.5	48.9	60.1	82.9	106.1	138.4	163.1	240.5	0.6	2.5	1 683	94.8
S	mg/kg	234	1 026	156	2	4.38	132	143	23	16	38	63	124	174	684	2 048	30 800	22.4	572.8	1 558	144
Sb	mg/kg	0.44	0.15	0.42	1.29	0.34	0.38	0.42	0.06	0.13	0.19	0.25	0.37	0.48	0.67	0.95	3.08	7.7	119.0	1 655	0.42
Sc	mg/kg	7.5	2.8	6.9	1.6	0.37	7.2	7.3	1.7	0.6	1.1	2.2	5.7	9.0	13.5	17.2	19.3	0.5	1.0	1 681	7.3
Se	mg/kg	0.17	0.05	0.16	1.38	0.32	0.17	0.16	0.02	0.04	0.05	0.07	0.14	0.19	0.29	0.41	0.57	1.8	9.1	1 662	0.16
Sn	mg/kg	2.2	1.4	2.1	1.3	0.63	2.2	2.2	0.3	0.6	0.9	1.2	1.9	2.5	3.5	4.5	54.6	29.7	1 085.7	1 665	2.2
Sr	mg/kg	324	153	298	1	0.47	242	285	73	94	128	150	226	380	701	1 114	1 390	2.4	9.8	1 642	304
Th	mg/kg	11.4	8.2	9.6	1.7	0.72	7.3	8.6	1.9	1.4	2.0	3.8	7.2	11.9	36.2	49.2	71.6	2.7	9.3	1 453	8.6
Ti	mg/kg	3 187	749	3 078	1	0.24	3 179	3 221	378	284	744	1 363	2 826	3 593	4 521	5 835	7 372	0.0	3.2	1 642	3 223
Tl	mg/kg	0.59	0.15	0.57	1.28	0.25	0.55	0.57	0.08	0.15	0.29	0.36	0.50	0.66	0.94	1.11	1.65	1.0	3.1	1 662	0.58
U	mg/kg	2.00	1.04	1.80	1.54	0.52	1.65	1.71	0.34	0.40	0.53	0.80	1.43	2.15	4.98	6.39	10.40	2.3	8.0	1 527	1.71
V	mg/kg	58.7	21.9	54.4	1.5	0.37	58.6	56.6	12.1	6.3	10.1	20.3	45.4	69.8	106.7	141.7	177.4	0.9	2.6	1 677	57.5
W	mg/kg	1.25	0.92	1.08	1.67	0.74	0.74	1.07	0.30	0.08	0.30	0.35	0.81	1.43	3.15	5.88	20.20	7.8	120.4	1 605	1.10
Y	mg/kg	19.6	5.1	18.8	1.4	0.26	18.7	19.9	2.7	2.2	4.4	8.0	16.9	22.5	29.1	35.6	49.4	0.0	2.1	1 657	19.6
Zn	mg/kg	53.0	20.9	49.1	1.5	0.40	63.5	50.8	9.6	3.4	6.8	15.7	41.9	61.1	98.9	148.0	261.0	2.5	16.0	1 645	51.0
Zr	mg/kg	293	143	272	1	0.49	264	269	40	42	69	130	234	315	714	1 192	1 526	3.9	21.1	1 599	270
Al_2O_3	%	13.83	1.81	13.68	1.17	0.13	13.96	14.08	0.81	4.18	5.90	8.06	13.23	14.85	16.48	16.97	19.03	0.0	5.5	1 614	14.14
CaO	%	1.48	0.69	1.35	1.56	0.47	1.12	1.37	0.38	0.22	0.34	0.53	1.02	1.79	3.11	4.44	6.89	1.9	7.5	1 655	1.41
MgO	%	0.97	0.58	0.82	1.83	0.60	0.67	0.83	0.28	0.01	0.06	0.24	0.59	1.20	2.34	3.48	7.84	2.6	16.2	1 648	0.90
K_2O	%	3.11	0.52	3.06	1.18	0.17	3.05	3.09	0.30	1.31	1.86	2.19	2.78	3.37	4.26	4.96	6.20	0.7	2.2	1 663	3.07
Na_2O	%	2.71	0.55	2.65	1.27	0.20	3.02	2.74	0.31	0.51	0.90	1.42	2.42	3.05	3.76	4.05	4.52	0.0	0.9	1 689	2.73
SiO_2	%	68.39	4.29	68.26	1.06	0.06	69.35	68.28	2.09	51.38	57.13	60.82	65.94	70.24	78.86	85.85	89.12	1.0	3.8	1 626	68.01
TFe_2O_3	%	3.36	1.09	3.15	1.48	0.33	3.42	3.28	0.61	0.29	0.47	1.17	2.71	3.94	5.72	7.08	8.60	0.5	1.7	1 682	3.31
SOC	%	0.65	0.27	0.59	1.68	0.41	0.65	0.63	0.11	0.02	0.04	0.12	0.53	0.75	1.29	1.77	3.44	1.8	11.6	1 650	0.62
pH	无量纲						5.37	5.78	0.51	3.80	4.68	4.87	5.36	6.53	8.39	8.98	9.33				

表 2.6.9B 威海隆起深层土壤（150~200 cm）地球化学参数（n=447）

指标	单位	算术平均值 X_a	算术标准差 S_a	几何平均值 X_g	几何标准差 S_g	变异系数 CV	众值 X_{mo}	中位值 X_{me}	中位绝对离差 MAD	最小值 X_{min}	$X_{0.5\%}$	$X_{2.5\%}$	$X_{25\%}$	$X_{75\%}$	$X_{97.5\%}$	$X_{99.5\%}$	最大值 X_{max}	偏度系数 SK	峰度系数 BK	基准值 n'	基准值 X_a'
Ag	mg/kg	0.059	0.054	0.053	1.468	0.92	0.043	0.051	0.010	0.022	0.024	0.029	0.042	0.063	0.108	0.259	0.876	11.6	158.2	432	0.053
As	mg/kg	4.7	1.8	4.4	1.5	0.38	4.7	4.6	1.1	0.8	1.4	1.9	3.4	5.7	8.1	11.3	16.4	1.1	4.4	441	4.6
Au	μg/kg	1.7	1.3	1.5	1.6	0.79	1.3	1.4	0.3	0.4	0.5	0.6	1.1	1.8	4.7	11.2	14.0	5.5	38.5	423	1.4
B	mg/kg	19.7	7.9	18.3	1.5	0.40	20.2	19.7	4.4	3.4	4.6	7.6	14.8	23.3	37.8	49.8	76.9	2.0	10.4	434	18.9
Ba	mg/kg	1172	429	1105	1	0.37	883	1071	219	481	511	588	883	1369	2219	2839	3134	1.3	2.3	436	1136
Be	mg/kg	2.11	0.58	2.03	1.34	0.28	1.91	2.07	0.25	0.50	0.62	0.86	1.85	2.34	3.58	4.39	6.40	1.5	9.0	416	2.07
Bi	mg/kg	0.21	0.20	0.18	1.71	0.94	0.19	0.19	0.05	0.03	0.03	0.06	0.14	0.24	0.49	1.28	2.74	8.7	99.0	429	0.19
Br	mg/kg	4.4	4.2	3.5	1.9	0.95	2.7	3.4	1.1	0.5	0.7	1.2	2.4	4.5	17.4	29.9	34.0	3.8	18.4	408	3.3
TC	%	0.41	0.17	0.39	1.44	0.42	0.38	0.38	0.09	0.12	0.15	0.18	0.30	0.48	0.85	1.36	1.50	2.3	9.3	432	0.39
Cd	mg/kg	0.062	0.036	0.055	1.580	0.58	0.052	0.055	0.013	0.008	0.015	0.021	0.043	0.070	0.163	0.222	0.457	4.3	35.1	418	0.055
Ce	mg/kg	72.6	25.6	67.6	1.5	0.35	73.5	70.3	12.9	10.1	12.7	23.0	58.7	84.7	132.1	162.3	189.1	0.7	2.2	441	71.3
Cl	mg/kg	377	1100	130	3	2.92	67	94	26	37	46	51	73	137	3613	7549	9700	5.3	31.5	370	92
Co	mg/kg	10.1	4.4	9.0	1.7	0.44	11.3	9.9	2.6	0.6	0.8	2.1	7.3	12.6	19.6	24.0	39.0	1.1	5.3	439	9.8
Cr	mg/kg	50.2	35.1	44.1	1.7	0.70	47.5	46.3	12.0	4.5	7.1	11.9	35.0	59.2	108.6	163.0	607.1	9.4	142.2	432	46.4
Cu	mg/kg	15.6	7.7	14.0	1.6	0.49	15.8	14.9	3.4	1.4	1.9	3.6	11.4	18.0	33.3	47.4	79.3	2.8	17.9	429	14.6
F	mg/kg	410	140	388	1	0.34	390	397	62	86	90	147	339	464	740	1094	1364	2.0	10.9	430	397
Ga	mg/kg	17.2	3.0	16.9	1.2	0.18	16.5	17.6	1.2	4.9	5.9	8.3	16.4	18.7	22.3	24.3	26.6	0.0	3.2	417	17.7
Ge	mg/kg	1.22	0.15	1.21	1.13	0.12	1.23	1.21	0.11	0.82	0.92	0.97	1.11	1.32	1.51	1.59	1.67	0.2	0.0	446	1.22
Hg	mg/kg	0.015	0.009	0.013	1.552	0.61	0.013	0.013	0.003	0.002	0.003	0.005	0.010	0.016	0.033	0.076	0.115	5.5	49.3	427	0.013
I	mg/kg	3.92	4.78	3.08	1.91	1.22	1.99	3.11	1.17	0.43	0.52	0.80	2.04	4.55	10.90	21.50	87.00	12.4	206.5	417	3.20
La	mg/kg	38.6	14.9	35.6	1.5	0.39	38.1	37.2	7.7	4.0	7.1	12.0	30.3	45.6	74.6	89.6	108.1	0.9	2.3	439	37.7
Li	mg/kg	19.5	6.5	18.3	1.5	0.33	21.2	19.4	3.5	3.3	3.7	5.5	16.1	23.1	33.8	39.3	49.8	0.4	1.9	444	19.4
Mn	mg/kg	541	234	496	2	0.43	454	523	113	59	66	154	412	636	1014	1276	3213	3.7	38.2	437	522
Mo	mg/kg	0.78	0.56	0.68	1.62	0.72	0.58	0.63	0.16	0.20	0.21	0.30	0.50	0.86	1.90	3.51	7.45	5.5	50.6	418	0.67
N	%	0.038	0.012	0.037	1.328	0.31	0.036	0.036	0.006	0.018	0.019	0.022	0.031	0.043	0.067	0.089	0.106	1.6	4.3	436	0.037
Nb	mg/kg	14.7	4.5	14.2	1.3	0.31	14.6	14.4	1.5	4.6	5.3	7.8	12.9	15.9	22.5	32.3	74.0	5.6	68.0	432	14.3
Ni	mg/kg	20.2	14.4	17.5	1.7	0.71	19.4	18.6	4.9	1.5	1.6	3.9	13.9	23.6	43.5	61.0	249.0	9.5	144.9	431	18.7

指标	单位	算术平均值	算术标准差	几何平均值	几何标准差	变异系数	众值	中位值	中位绝对离差	最小值	累积频率						最大值	偏度系数	峰度系数		基准值
		X_a	S_a	X_g	S_g	CV	X_{mo}	X_{me}	MAD	X_{min}	$X_{0.5\%}$	$X_{2.5\%}$	$X_{25\%}$	$X_{75\%}$	$X_{97.5\%}$	$X_{99.5\%}$	X_{max}	SK	BK	n'	X_a'
P	mg/kg	366	209	325	2	0.57	284	315	94	91	98	140	232	434	1 035	1 329	1 592	2.3	7.7	428	334
Pb	mg/kg	27.7	10.7	26.4	1.3	0.39	25.6	26.0	4.5	10.7	12.7	15.9	21.9	31.1	45.6	62.5	161.0	6.2	66.3	438	26.7
Rb	mg/kg	96.9	18.9	95.0	1.2	0.20	99.9	96.8	12.0	36.1	43.0	62.0	84.3	108.5	134.1	148.1	191.7	0.3	1.8	442	96.9
S	mg/kg	156	185	132	2	1.18	114	120	18	68	76	83	103	140	592	1 153	2 923	9.3	119.8	396	117
Sb	mg/kg	0.49	0.23	0.46	1.39	0.48	0.41	0.47	0.09	0.14	0.17	0.22	0.38	0.57	0.82	1.05	4.29	9.8	154.9	439	0.47
Sc	mg/kg	8.1	2.9	7.4	1.6	0.35	8.8	8.1	1.8	0.8	0.9	2.1	6.2	9.9	13.8	15.6	20.0	0.0	0.6	445	8.0
Se	mg/kg	0.14	0.06	0.13	1.44	0.44	0.12	0.13	0.03	0.04	0.04	0.06	0.11	0.17	0.25	0.36	0.94	5.3	61.9	437	0.14
Sn	mg/kg	2.2	0.6	2.2	1.3	0.26	2.0	2.2	0.3	0.7	1.1	1.3	1.8	2.5	3.5	4.2	5.8	1.1	4.1	438	2.2
Sr	mg/kg	319	143	295	1	0.45	258	274	67	122	130	160	224	383	680	931	1 182	1.9	6.1	432	303
Th	mg/kg	11.7	11.1	10.1	1.6	0.95	9.6	9.6	2.1	1.7	2.2	4.1	8.0	12.5	29.8	41.5	206.6	12.5	214.2	415	10.0
Ti	mg/kg	3 279	852	3 142	1	0.26	3 665	3 358	457	675	745	1 355	2 870	3 785	4 703	5 707	8 048	0.0	2.6	435	3 296
Tl	mg/kg	0.61	0.14	0.60	1.26	0.22	0.60	0.60	0.09	0.22	0.28	0.37	0.52	0.69	0.87	1.07	1.23	0.5	1.2	442	0.61
U	mg/kg	2.01	1.42	1.80	1.56	0.71	1.68	1.77	0.35	0.28	0.43	0.67	1.46	2.20	4.45	5.59	25.80	10.9	176.7	420	1.81
V	mg/kg	64.1	22.8	59.0	1.6	0.36	63.9	64.1	15.3	7.0	8.7	18.7	49.6	80.0	107.6	120.6	151.8	0.0	0.1	446	63.9
W	mg/kg	1.27	0.70	1.12	1.64	0.55	1.06	1.15	0.30	0.32	0.32	0.35	0.91	1.49	3.00	4.87	5.71	2.5	10.6	428	1.16
Y	mg/kg	20.7	6.0	19.7	1.4	0.29	20.0	20.9	3.1	3.7	4.2	7.6	17.7	24.0	31.1	42.6	56.5	0.6	5.5	432	20.6
Zn	mg/kg	49.9	17.2	46.3	1.6	0.34	47.0	49.8	8.3	4.0	5.9	11.9	41.6	58.0	87.0	105.3	157.0	0.9	5.8	441	49.0
Zr	mg/kg	273	138	254	1	0.51	238	253	37	59	72	117	218	291	547	1 226	1 709	5.7	46.9	427	253
Al$_2$O$_3$	%	14.67	2.18	14.46	1.20	0.15	14.14	14.94	0.92	5.20	5.63	7.46	14.14	15.94	17.65	19.00	19.31	0.0	4.4	415	15.11
CaO	%	1.37	0.77	1.21	1.61	0.56	0.95	1.19	0.34	0.32	0.35	0.44	0.92	1.63	3.14	5.21	7.16	3.0	15.9	429	1.26
MgO	%	1.01	0.69	0.85	1.86	0.68	0.64	0.88	0.24	0.03	0.06	0.18	0.68	1.21	2.29	5.95	7.38	4.4	31.4	434	0.92
K$_2$O	%	3.01	0.52	2.97	1.18	0.17	2.92	2.99	0.30	1.58	1.91	2.07	2.68	3.29	3.98	5.35	6.12	1.2	6.1	440	2.98
Na$_2$O	%	2.54	0.61	2.46	1.30	0.24	2.49	2.55	0.37	0.78	0.92	1.29	2.15	2.90	3.81	4.32	4.60	0.1	0.4	445	2.53
SiO$_2$	%	67.43	4.47	67.29	1.07	0.07	65.09	66.86	2.23	56.34	57.43	60.68	64.79	69.20	80.23	84.68	86.65	1.4	3.6	422	66.75
TFe$_2$O$_3$	%	3.66	1.19	3.40	1.55	0.33	3.06	3.68	0.75	0.30	0.39	0.96	2.94	4.44	5.95	6.82	7.91	0.0	0.6	445	3.64
SOC	%	0.31	0.16	0.27	1.79	0.52	0.28	0.28	0.08	0.01	0.02	0.07	0.21	0.38	0.68	0.91	1.23	1.4	3.7	436	0.30
pH	无量纲						6.35	6.72	0.42	4.94	5.27	5.57	6.25	7.11	8.39	8.85	9.27				

表2.6.10A 胶南隆起表层土壤（0~20 cm）地球化学参数（n=1 469）

指标	单位	算术平均值 X_a	算术标准差 S_a	几何平均值 X_g	几何标准差 S_g	变异系数 CV	众值 X_{mo}	中位值 X_{me}	中位绝对离差 MAD	最小值 X_{min}	累积频率						最大值 X_{max}	偏度系数 SK	峰度系数 BK	n'	背景值 X_a'
											$X_{0.5\%}$	$X_{2.5\%}$	$X_{25\%}$	$X_{75\%}$	$X_{97.5\%}$	$X_{99.5\%}$					
Ag	mg/kg	0.059	0.023	0.057	1.343	0.38	0.052	0.055	0.009	0.008	0.029	0.036	0.047	0.065	0.116	0.161	0.413	5.2	56.6	1 397	0.056
As	mg/kg	4.8	1.3	4.6	1.3	0.28	4.8	4.6	0.8	0.8	2.2	2.6	3.9	5.5	7.7	9.3	11.8	0.8	1.6	1 449	4.7
Au	μg/kg	1.1	0.5	1.0	1.3	0.49	1.0	1.0	0.2	0.4	0.5	0.6	0.8	1.2	1.8	3.1	15.0	14.7	369.0	1419	1.0
B	mg/kg	21.4	7.1	20.1	1.4	0.33	18.5	20.8	4.5	1.9	5.3	9.3	16.5	25.5	36.4	43.7	51.7	0.5	0.6	1 457	21.2
Ba	mg/kg	1106	307	1066	1	0.28	1 072	1 058	178	350	493	607	905	1 278	1 809	2 088	3 609	1.1	3.7	1 443	1 088
Be	mg/kg	1.97	0.42	1.94	1.21	0.21	1.76	1.89	0.21	0.77	1.31	1.45	1.70	2.14	3.12	3.67	4.90	1.6	4.6	1 396	1.91
Bi	mg/kg	0.19	0.09	0.18	1.34	0.47	0.17	0.18	0.03	0.06	0.08	0.11	0.15	0.20	0.39	0.61	2.21	9.9	182.4	1 402	0.18
Br	mg/kg	2.7	1.5	2.5	1.4	0.56	2.1	2.5	0.5	0.8	1.1	1.4	2.0	3.0	5.0	11.8	30.2	8.6	120.1	1 415	2.5
TC	%	0.67	0.26	0.64	1.36	0.38	0.52	0.63	0.11	0.13	0.23	0.36	0.54	0.75	1.21	1.95	4.19	4.7	44.2	1 412	0.64
Cd	mg/kg	0.115	0.151	0.102	1.481	1.31	0.086	0.097	0.020	0.024	0.044	0.057	0.080	0.123	0.268	0.454	4.810	24.6	710.0	1 391	0.100
Ce	mg/kg	82.8	31.4	78.1	1.4	0.38	58.5	77.3	14.0	24.5	32.3	40.2	64.8	93.2	179.4	239.1	260.2	2.1	6.9	1 403	77.9
Cl	mg/kg	113	284	78	2	2.51	58	68	15	31	37	42	56	92	419	2 165	5 741	12.0	178.5	1 326	70
Co	mg/kg	10.0	3.3	9.5	1.4	0.33	8.6	9.5	1.8	2.1	4.2	5.3	7.7	11.4	18.5	22.7	30.5	1.4	3.1	1 425	9.7
Cr	mg/kg	47.0	25.0	43.5	1.4	0.53	38.5	42.0	7.8	7.4	16.5	22.7	35.3	51.7	101.4	163.0	535.8	7.7	117.9	1 387	42.9
Cu	mg/kg	16.8	8.9	15.3	1.5	0.53	12.9	14.7	3.2	2.9	5.7	7.9	11.9	18.8	43.2	59.6	121.8	3.6	23.8	1 358	14.9
F	mg/kg	393	139	374	1	0.35	301	365	63	139	182	217	312	436	798	1 037	1 640	2.4	10.4	1 401	371
Ga	mg/kg	16.4	2.4	16.3	1.2	0.14	15.8	16.3	1.7	6.9	11.5	12.4	14.7	18.1	21.3	23.1	25.5	0.3	0.0	1 464	16.4
Ge	mg/kg	1.29	0.16	1.28	1.14	0.13	1.25	1.28	0.10	0.67	0.89	0.98	1.18	1.38	1.64	1.81	1.97	0.3	0.8	1 446	1.28
Hg	mg/kg	0.031	0.093	0.024	1.652	3.02	0.021	0.023	0.005	0.005	0.008	0.011	0.018	0.029	0.081	0.191	3.280	30.3	1 029.6	1 341	0.023
I	mg/kg	1.99	0.73	1.89	1.36	0.37	1.76	1.85	0.34	0.39	0.81	1.07	1.55	2.26	3.63	5.03	14.20	4.5	56.3	1 421	1.90
La	mg/kg	43.4	18.6	40.5	1.4	0.43	37.2	39.0	7.6	12.0	16.9	21.2	32.4	48.4	102.0	140.9	154.5	2.4	8.3	1 392	40.0
Li	mg/kg	17.8	4.1	17.4	1.3	0.23	15.7	17.4	2.4	4.4	9.4	11.3	15.2	19.9	26.6	36.6	43.3	1.2	3.9	1 440	17.6
Mn	mg/kg	580	147	563	1	0.25	557	560	84	162	305	359	479	651	946	1 166	1 283	1.1	2.2	1 428	567
Mo	mg/kg	0.66	0.47	0.62	1.36	0.72	0.53	0.59	0.09	0.21	0.33	0.39	0.51	0.70	1.25	2.02	15.52	22.4	682.1	1 385	0.60
N	%	0.072	0.018	0.070	1.275	0.25	0.066	0.069	0.010	0.018	0.029	0.042	0.062	0.080	0.109	0.130	0.239	1.5	10.2	1 443	0.071
Nb	mg/kg	15.5	3.3	15.2	1.2	0.21	14.1	15.0	1.5	7.3	9.2	11.1	13.5	16.5	24.5	30.4	39.6	1.8	6.2	1 394	15.0
Ni	mg/kg	19.9	12.7	18.3	1.5	0.64	15.6	17.8	3.5	2.6	7.1	9.5	14.6	21.7	42.1	66.5	304.5	11.2	210.4	1 377	18.0

指标	单位	算术平均值 X_a	算术标准差 S_a	几何平均值 X_g	几何标准差 S_g	变异系数 CV	众值 X_{mo}	中位值 X_{me}	中位绝对离差 MAD	最小值 X_{min}	累积频率 $X_{0.5\%}$	$X_{2.5\%}$	$X_{25\%}$	$X_{75\%}$	$X_{97.5\%}$	$X_{99.5\%}$	最大值 X_{max}	偏度系数 SK	峰度系数 BK	n'	背景值 X_a'
P	mg/kg	638	298	589	1	0.47	465	571	129	158	226	299	460	735	1 489	2 023	3 501	2.7	12.4	1 393	587
Pb	mg/kg	27.8	13.8	26.5	1.3	0.50	25.2	25.4	3.2	11.7	17.0	19.0	22.6	29.2	51.4	88.9	362.3	13.3	274.1	1 380	25.7
Rb	mg/kg	93.1	14.7	92.1	1.2	0.16	88.7	90.4	8.2	63.7	67.2	72.3	83.2	100.3	133.3	147.4	173.7	1.3	2.5	1 409	91.3
S	mg/kg	159	75	151	1	0.47	149	146	20	62	89	102	128	170	291	504	2 125	14.0	329.4	1 392	148
Sb	mg/kg	0.48	0.10	0.47	1.23	0.22	0.43	0.47	0.06	0.21	0.26	0.32	0.41	0.53	0.68	0.76	1.60	2.1	18.2	1 459	0.47
Sc	mg/kg	7.9	2.4	7.5	1.4	0.30	6.7	7.6	1.4	1.4	3.2	4.1	6.3	9.0	13.8	16.2	19.7	0.9	1.6	1 439	7.7
Se	mg/kg	0.16	0.05	0.16	1.26	0.29	0.14	0.16	0.02	0.04	0.06	0.10	0.14	0.18	0.24	0.35	1.14	8.3	145.7	1 425	0.16
Sn	mg/kg	2.3	0.6	2.3	1.2	0.25	2.2	2.3	0.3	0.9	1.2	1.5	2.0	2.6	3.3	4.2	14.6	7.2	141.8	1 447	2.3
Sr	mg/kg	256	106	238	1	0.41	176	234	58	75	106	124	180	299	559	664	999	1.6	4.0	1 418	244
Th	mg/kg	10.7	6.1	9.8	1.5	0.57	8.4	9.1	1.4	3.3	4.6	5.6	7.9	11.1	30.1	50.2	66.4	4.2	23.0	1 330	9.2
Ti	mg/kg	3 507	702	3 440	1	0.20	3 209	3 420	374	1 172	1 853	2 317	3 069	3 832	5 137	6 220	8 235	1.0	3.1	1 437	3 462
Tl	mg/kg	0.56	0.10	0.55	1.17	0.17	0.51	0.54	0.05	0.33	0.39	0.42	0.50	0.60	0.78	0.95	1.18	1.5	4.0	1 438	0.55
U	mg/kg	1.76	0.62	1.69	1.30	0.35	1.67	1.64	0.19	0.82	0.99	1.12	1.46	1.84	3.86	5.18	7.04	3.6	18.1	1 363	1.62
V	mg/kg	63.8	19.2	61.3	1.3	0.30	59.0	60.0	10.0	15.5	32.7	37.9	51.4	71.2	115.1	146.0	183.0	1.6	4.3	1 409	61.3
W	mg/kg	1.01	0.34	0.96	1.34	0.34	1.11	0.97	0.16	0.40	0.44	0.53	0.81	1.14	1.70	2.98	4.73	3.5	27.0	1 431	0.97
Y	mg/kg	25.2	5.0	24.7	1.2	0.20	20.4	24.7	3.2	10.6	13.7	17.2	21.6	28.1	36.2	42.5	49.9	0.7	1.4	1 455	25.0
Zn	mg/kg	58.2	24.1	54.1	1.5	0.42	54.2	53.6	12.7	9.1	21.2	26.4	42.4	68.4	115.7	170.6	223.9	2.0	7.4	1 422	55.4
Zr	mg/kg	357	62	352	1	0.17	354	353	35	101	192	250	319	390	493	565	805	0.9	4.0	1 434	355
Al_2O_3	%	13.13	1.14	13.08	1.09	0.09	13.49	13.16	0.74	6.86	10.16	10.72	12.42	13.91	15.14	15.73	16.88	0.0	0.5	1 464	13.13
CaO	%	1.29	0.58	1.19	1.49	0.45	1.05	1.14	0.29	0.37	0.49	0.59	0.90	1.53	2.83	3.53	5.42	1.7	5.0	1 402	1.21
MgO	%	0.95	0.48	0.86	1.56	0.50	0.71	0.82	0.23	0.16	0.30	0.39	0.63	1.13	2.30	2.79	4.13	1.8	4.8	1 393	0.88
K_2O	%	3.10	0.38	3.08	1.13	0.12	3.02	3.06	0.22	2.09	2.24	2.41	2.86	3.31	3.97	4.28	4.73	0.5	0.6	1 453	3.09
Na_2O	%	2.75	0.37	2.72	1.15	0.14	2.63	2.73	0.22	1.57	1.72	2.01	2.52	2.97	3.53	3.94	4.66	0.2	1.1	1 455	2.74
SiO_2	%	68.23	4.04	68.11	1.06	0.06	69.42	68.44	2.58	49.53	56.28	59.63	65.86	71.07	75.23	76.98	81.98	0.0	0.3	1 460	68.29
TFe_2O_3	%	3.53	0.92	3.42	1.29	0.26	3.01	3.39	0.54	1.01	1.79	2.14	2.90	4.00	5.68	6.84	8.98	1.1	2.4	1 440	3.47
SOC	%	0.67	0.24	0.63	1.40	0.36	0.60	0.64	0.11	0.03	0.16	0.35	0.54	0.75	1.22	1.65	3.40	3.5	28.7	1 414	0.64
pH	无量纲						5.36	5.57	0.40	4.54	4.64	4.82	5.24	6.13	7.86	8.28	9.56				

表 2.6.10B　胶南隆起深层土壤（150~200 cm）地球化学参数　（n=385）

指标	单位	算术平均值 Xa	算术标准差 Sa	几何平均值 Xg	几何标准差 Sg	变异系数 CV	众值 Xmo	中位值 Xme	中位绝对离差 MAD	最小值 Xmin	X0.5%	X2.5%	X25%	X75%	X97.5%	X99.5%	最大值 Xmax	偏度系数 SK	峰度系数 BK	n'	基准值 Xa'
Ag	mg/kg	0.056	0.021	0.054	1.306	0.37	0.048	0.053	0.008	0.022	0.031	0.035	0.046	0.062	0.085	0.114	0.275	6.0	58.8	377	0.054
As	mg/kg	5.6	2.7	5.1	1.5	0.48	5.1	5.1	1.4	1.3	1.7	2.2	3.8	6.6	12.1	17.8	20.4	1.8	5.5	368	5.2
Au	μg/kg	1.1	0.4	1.1	1.3	0.35	0.9	1.1	0.2	0.5	0.6	0.7	0.9	1.3	2.0	2.7	5.5	4.4	41.4	371	1.1
B	mg/kg	20.8	8.6	18.8	1.6	0.41	22.0	20.7	6.1	3.3	4.5	6.2	14.6	26.7	38.7	43.7	51.4	0.4	0.0	384	20.7
Ba	mg/kg	1 119	321	1 076	1	0.29	853	1 074	207	465	570	645	879	1 308	1 862	2 131	2 831	1.0	2.0	379	1 102
Be	mg/kg	2.09	0.48	2.05	1.22	0.23	2.01	2.01	0.23	1.25	1.38	1.45	1.80	2.27	3.29	3.69	6.95	3.5	27.8	368	2.02
Bi	mg/kg	0.18	0.07	0.17	1.43	0.39	0.17	0.18	0.04	0.04	0.06	0.07	0.14	0.21	0.31	0.45	0.93	3.6	32.7	378	0.18
Br	mg/kg	2.4	1.4	2.1	1.6	0.60	1.7	2.2	0.6	0.4	0.6	0.8	1.7	2.8	5.5	10.0	17.5	4.7	37.1	371	2.2
TC	%	0.33	0.14	0.31	1.41	0.41	0.28	0.29	0.06	0.16	0.17	0.18	0.25	0.38	0.67	1.06	1.13	2.3	8.3	369	0.31
Cd	mg/kg	0.080	0.045	0.072	1.538	0.56	0.064	0.068	0.016	0.018	0.028	0.035	0.055	0.090	0.168	0.351	0.371	3.2	15.3	373	0.074
Ce	mg/kg	87.1	31.7	82.4	1.4	0.36	68.1	80.5	15.2	30.4	35.6	43.4	67.3	99.3	170.7	232.8	235.8	1.8	5.2	370	82.8
Cl	mg/kg	97	337	61	2	3.45	42	53	11	27	31	33	44	70	226	1 684	5 620	13.1	198.1	351	55
Co	mg/kg	12.0	5.1	11.1	1.5	0.43	9.4	11.2	2.8	3.7	4.1	5.1	8.8	14.6	24.5	34.8	36.5	1.7	4.4	371	11.4
Cr	mg/kg	51.5	29.8	46.5	1.5	0.58	44.2	46.6	10.3	14.2	16.7	20.7	36.1	56.9	110.6	216.9	304.7	4.3	27.7	367	46.6
Cu	mg/kg	15.5	6.6	14.4	1.5	0.43	14.6	14.4	3.3	3.6	5.3	6.8	11.5	18.1	29.0	50.7	62.2	2.4	11.5	375	14.8
F	mg/kg	418	133	400	1	0.32	381	393	65.	173	182	225	333	469	743	923	993	1.3	2.3	375	406
Ga	mg/kg	17.1	2.4	16.9	1.1	0.14	16.2	16.9	1.6	11.1	11.8	12.7	15.4	18.6	22.0	22.9	25.2	0.3	0.0	384	17.0
Ge	mg/kg	1.37	0.18	1.35	1.14	0.13	1.50	1.36	0.14	0.66	0.95	1.04	1.24	1.50	1.68	1.77	1.82	0.0	0.0	384	1.37
Hg	mg/kg	0.017	0.046	0.014	1.585	2.67	0.011	0.014	0.003	0.005	0.005	0.007	0.011	0.017	0.036	0.065	0.897	18.8	363.5	361	0.013
I	mg/kg	2.30	1.20	2.11	1.47	0.52	1.82	2.01	0.51	0.68	0.96	1.17	1.62	2.68	4.71	7.69	13.70	4.7	38.1	373	2.16
La	mg/kg	44.3	16.9	41.9	1.4	0.38	34.7	40.5	7.3	15.0	18.0	25.0	34.0	49.1	93.8	115.8	151.4	2.2	7.2	362	41.2
Li	mg/kg	20.9	6.3	20.1	1.3	0.30	18.8	20.0	3.7	7.9	9.5	11.3	16.8	24.0	34.0	48.9	57.0	1.5	5.1	379	20.5
Mn	mg/kg	716	367	653	1	0.51	573	619	147	197	253	340	510	806	1 785	2 646	2 776	2.7	9.7	357	635
Mo	mg/kg	0.65	0.29	0.61	1.40	0.45	0.51	0.58	0.11	0.28	0.29	0.36	0.49	0.74	1.36	2.13	3.22	3.6	21.0	365	0.60
N	%	0.035	0.010	0.034	1.276	0.30	0.029	0.033	0.004	0.023	0.023	0.024	0.029	0.037	0.063	0.086	0.109	2.6	-10.8	360	0.033
Nb	mg/kg	15.4	3.1	15.2	1.2	0.20	13.3	14.8	1.5	7.9	9.3	11.3	13.4	16.5	24.0	27.3	31.3	1.6	3.8	365	15.0
Ni	mg/kg	24.3	15.0	21.9	1.5	0.62	19.6	21.9	5.7	6.6	7.5	9.7	16.5	28.8	50.7	77.1	224.4	6.9	83.0	368	22.3

指标	单位	算术平均值 X_a	算术标准差 S_a	几何平均值 X_g	几何标准差 S_g	变异系数 CV	众值 X_{mo}	中位值 X_{me}	中位绝对离差 MAD	最小值 X_{min}	累积频率 $X_{0.5\%}$	$X_{2.5\%}$	$X_{25\%}$	$X_{75\%}$	$X_{97.5\%}$	$X_{99.5\%}$	最大值 X_{max}	偏度系数 SK	峰度系数 BK	基准值 n'	X_a'
P	mg/kg	433	289	368	2	0.67	412	342	100	105	125	153	256	480	1 333	1 672	1 919	2.2	5.5	346	354
Pb	mg/kg	26.0	9.7	25.0	1.3	0.37	22.8	23.9	2.8	15.8	16.7	17.7	21.5	27.6	45.8	94.7	118.9	5.1	36.7	360	24.2
Rb	mg/kg	96.7	15.6	95.5	1.2	0.16	88.6	94.4	6.7	49.1	58.4	73.7	88.8	102.9	134.6	156.1	189.6	1.4	5.1	367	95.0
S	mg/kg	102	48	97	1	0.47	94	95	15	51	54	58	83	112	179	243	842	10.3	153.2	370	96
Sb	mg/kg	0.57	0.22	0.53	1.42	0.38	0.44	0.52	0.12	0.21	0.26	0.29	0.42	0.66	1.17	1.36	1.45	1.4	2.2	370	0.54
Sc	mg/kg	8.6	2.6	8.3	1.4	0.30	8.9	8.5	1.7	3.2	3.7	4.2	6.8	10.2	14.7	16.5	17.6	0.5	0.3	382	8.6
Se	mg/kg	0.12	0.03	0.12	1.33	0.29	0.12	0.12	0.02	0.04	0.05	0.07	0.10	0.14	0.20	0.23	0.25	0.7	0.6	382	0.12
Sn	mg/kg	2.3	0.5	2.2	1.2	0.20	2.4	2.3	0.3	1.2	1.2	1.5	2.0	2.5	3.2	3.9	5.2	1.1	4.6	378	2.3
Sr	mg/kg	248	107	228	1	0.43	210	227	56	74	84	110	173	288	531	640	679	1.4	2.2	368	233
Th	mg/kg	10.6	4.5	9.9	1.4	0.43	10.4	9.6	1.7	4.1	4.8	5.6	8.1	11.8	22.6	32.1	48.4	3.2	17.3	361	9.7
Ti	mg/kg	3 607	701	3 538	1	0.19	2 754	3 570	414	1 752	2 071	2 253	3 183	3 994	5 041	5 716	6 079	0.3	0.4	382	3 589
Tl	mg/kg	0.56	0.09	0.55	1.18	0.17	0.55	0.55	0.05	0.34	0.37	0.41	0.50	0.61	0.81	0.85	0.94	0.9	1.4	372	0.55
U	mg/kg	1.67	0.52	1.61	1.32	0.31	1.64	1.61	0.24	0.46	0.73	0.98	1.40	1.86	2.82	3.84	5.50	2.6	14.4	367	1.60
V	mg/kg	71.2	20.4	68.4	1.3	0.29	86.0	69.3	13.3	24.5	31.9	37.6	56.3	83.0	118.0	133.0	136.0	0.6	0.3	382	70.7
W	mg/kg	1.18	0.69	1.11	1.39	0.59	1.17	1.12	0.22	0.46	0.52	0.58	0.91	1.35	1.84	2.94	12.68	12.1	196.3	377	1.12
Y	mg/kg	26.2	5.3	25.7	1.2	0.20	25.3	25.5	2.8	13.6	14.8	18.4	23.0	28.5	38.3	46.4	59.9	1.5	6.4	375	25.7
Zn	mg/kg	57.8	21.9	54.3	1.4	0.38	45.3	52.3	10.9	18.3	19.6	30.1	43.7	67.6	112.6	135.4	185.7	1.7	5.0	369	54.8
Zr	mg/kg	314	65	308	1	0.21	288	306	38	178	187	209	270	346	478	514	632	1.0	2.0	374	308
Al_2O_3	%	13.96	1.04	13.92	1.08	0.08	14.15	14.05	0.69	10.04	10.66	11.97	13.35	14.69	15.75	16.32	16.60	0.0	0.9	377	14.03
CaO	%	1.29	0.64	1.18	1.52	0.49	0.98	1.12	0.25	0.42	0.51	0.57	0.91	1.45	3.12	3.86	4.86	2.0	5.2	360	1.17
MgO	%	1.06	0.49	0.97	1.51	0.46	0.89	0.93	0.23	0.28	0.35	0.44	0.75	1.26	2.28	3.10	3.80	1.8	4.8	368	0.99
K_2O	%	3.01	0.41	2.98	1.15	0.14	2.90	2.98	0.27	2.07	2.22	2.29	2.70	3.25	3.82	4.13	4.46	0.4	0.1	384	3.00
Na_2O	%	2.63	0.48	2.58	1.21	0.18	2.30	2.60	0.30	1.41	1.49	1.74	2.30	2.93	3.62	4.00	4.11	0.2	0.0	384	2.63
SiO_2	%	65.74	3.88	65.62	1.06	0.06	65.68	66.03	2.71	55.31	56.59	58.28	62.91	68.45	73.34	75.03	76.89	0.0	0.0	385	65.74
TFe_2O_3	%	3.99	0.96	3.87	1.28	0.24	3.84	3.88	0.63	1.61	1.92	2.28	3.35	4.60	5.98	6.44	6.49	0.3	0.0	385	3.99
SOC	%	0.31	0.14	0.28	1.45	0.44	0.24	0.27	0.06	0.12	0.13	0.15	0.23	0.35	0.64	0.90	1.25	2.5	10.3	373	0.29
pH	无量纲						6.90	6.95	0.35	5.23	5.34	5.66	6.59	7.28	8.31	8.71	9.02				

参考文献

成杭新等.2014.中国城市土壤化学元素的背景值与基准值.地学前缘,21(3):265-306.

代杰瑞等.2020.山东省县(区)级土壤地球化学基准值与背景值.北京:海洋出版社.

侯青叶等.2020.中国土壤地球化学参数.北京:地质出版社.

庞绪贵等.2016.中华人民共和国多目标区域地球化学图集(山东省).北京:地质出版社.

山东省地质矿产局.1996.山东省环境地质图集.济南:山东省地图出版社.

山东省土壤普查办公室.1994.山东土壤.北京:中国农业出版社.

杨忠芳等.2019.爱恨交织的化学元素.北京:地质出版社.

中国环境监测总站.1990.中国土壤元素背景值.北京:中国环境科学出版社.

周国华等.2007.浙江省农业地质环境调查评价方法技术.北京:地质出版社.

附　图

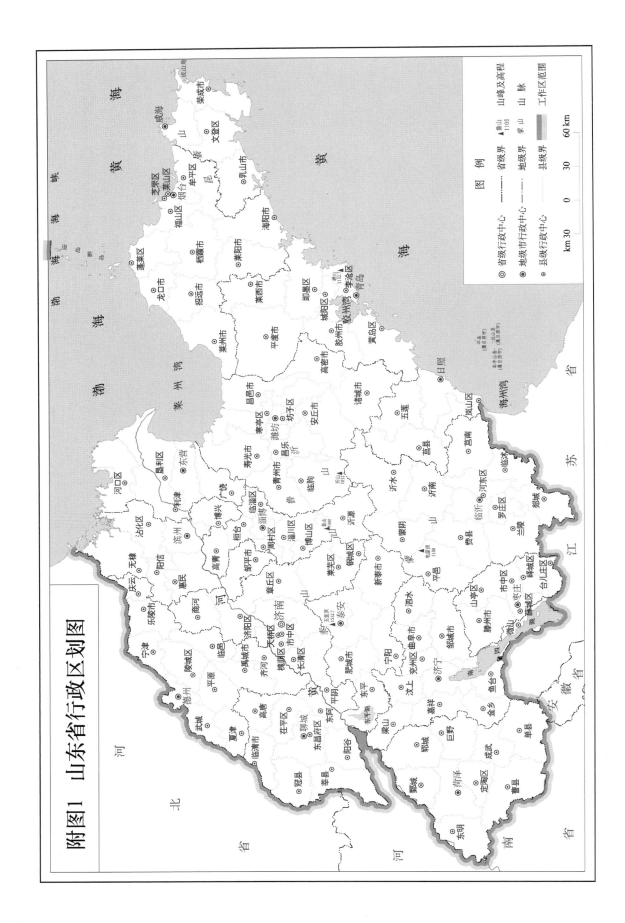

附图1 山东省行政区划图

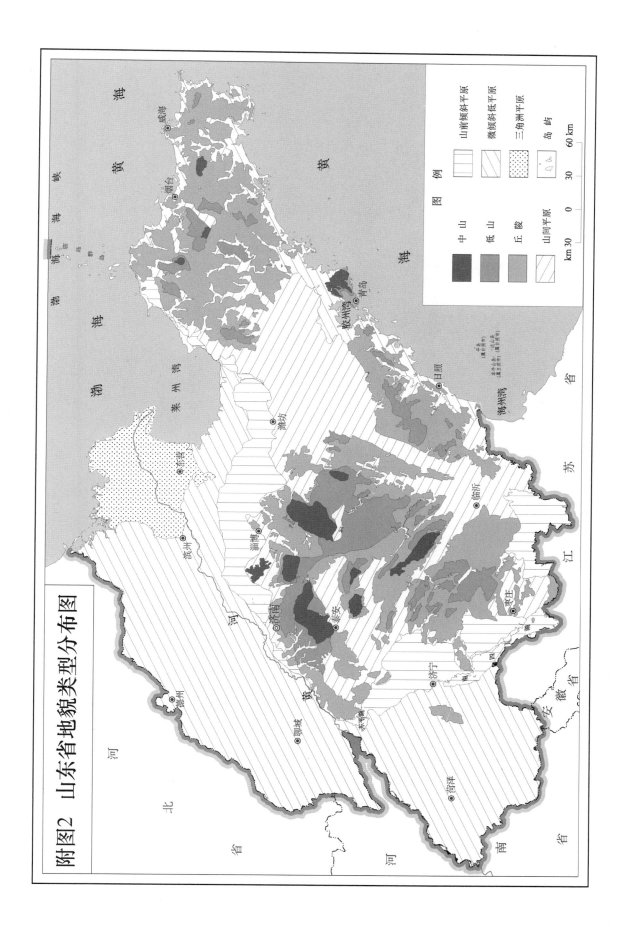

附图2 山东省地貌类型分布图

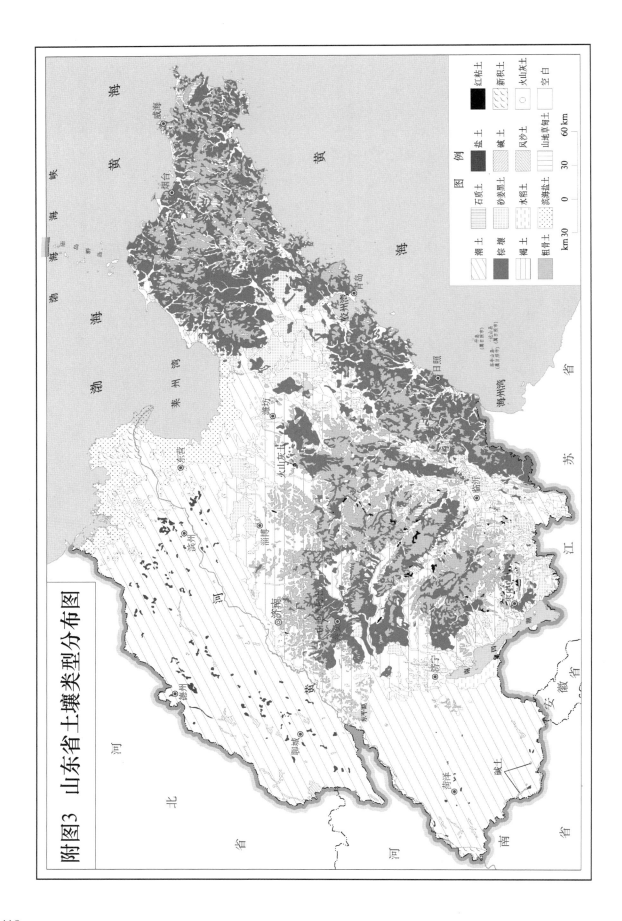

附图3 山东省土壤类型分布图

图 例

红黏土　新积土　火山灰土　空白

盐土　碱土　风沙土　山地草甸土

石质土　砂姜黑土　水稻土　滨海盐土

潮土　棕壤　褐土　粗骨土

km 30　0　30　60 km

418

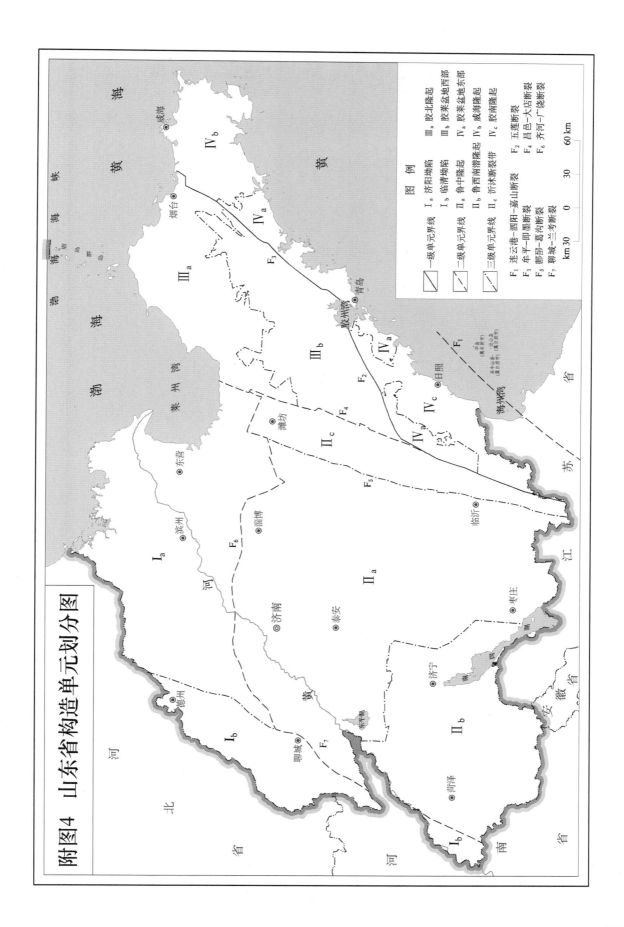

附图4 山东省构造单元划分图

图例

一级单元界线

二级单元界线

三级单元界线

F₁ 连云港-泗阳-嘉山断裂

F₂ 五连断裂

F₃ 牟平-即墨断裂

F₄ 昌邑-大店断裂

F₅ 郯庐-葛沟断裂

F₆ 齐河-广饶断裂

F₇ 聊城-兰考断裂

Iₐ 济阳坳陷

I_b 临清坳陷

IIₐ 鲁中隆起

II_b 鲁西南潜隆起

II_c 沂沭断裂带

IIIₐ 胶北隆起

III_b 胶莱盆地西部

IVₐ 胶莱盆地东部

IV_b 威海隆起

IV_c 胶南隆起

419